注册建筑师考试丛书

二级注册建筑师考试教材

·2·

建筑结构与设备

（第十六版）

《注册建筑师考试教材》编委会　编

曹纬浚　主编

中国建筑工业出版社

图书在版编目(CIP)数据

二级注册建筑师考试教材. 2，建筑结构与设备 /《注册建筑师考试教材》编委会编 ；曹纬浚主编. — 16 版. — 北京 ：中国建筑工业出版社，2021. 11

（注册建筑师考试丛书）

ISBN 978-7-112-26686-9

Ⅰ. ①二… Ⅱ. ①注… ②曹… Ⅲ. ①建筑结构－资格考试－自学参考资料②房屋建筑设备－资格考试－自学参考资料 Ⅳ. ①TU

中国版本图书馆 CIP 数据核字（2021）第 208458 号

责任编辑：张　建　黄　翊

责任校对：焦　乐

注册建筑师考试丛书

二级注册建筑师考试教材

·2·

建筑结构与设备

（第十六版）

《注册建筑师考试教材》编委会　编

曹纬浚　主编

*

中国建筑工业出版社出版、发行（北京海淀三里河路 9 号）

各地新华书店、建筑书店经销

北京红光制版公司制版

北京市密东印刷有限公司印刷

*

开本：787 毫米×1092 毫米　1/16　印张：34¾　字数：846 千字

2021 年 11 月第十六版　2021 年 11 月第一次印刷

定价：**99.00** 元

ISBN 978-7-112-26686-9

（38489）

《注册建筑师考试教材》

编　委　会

序

赵春山

（住房和城乡建设部执业资格注册中心原主任）

我国正在实行注册建筑师执业资格制度，从接受系统建筑教育到成为执业建筑师之前，首先要得到社会的认可，这种社会的认可在当前表现为取得注册建筑师执业注册证书，而建筑师在未来怎样行使执业权力，怎样在社会上进行再塑造和被再评价从而建立良好的社会资源，则是另一个角度对建筑师的要求。因此在如何培养一名合格的注册建筑师的问题上有许多需要思考的地方。

一、正确理解注册建筑师的准入标准

我们实行注册建筑师制度始终坚持教育标准、职业实践标准、考试标准并举，三者之间相辅相成、缺一不可。所谓教育标准就是大学专业建筑教育。建筑教育是培养专业建筑师必备的前提。一个建筑师首先必须经过大学的建筑学专业教育，这是基础。职业实践标准是指经过学校专门教育后又经过一段有特定要求的职业实践训练积累。只有这两个前提条件具备后才可报名参加考试。考试实际就是对大学建筑教育的结果和职业实践经验积累结果的综合测试。注册建筑师的产生都要经过建筑教育、实践、综合考试三个过程，而不能用其中任何一个去代替另外两个过程，专业教育是建筑师的基础，实践则是在步入社会以后通过经验积累提高自身能力的必经之路。从本质上说，注册建筑师考试只是一个评价手段，真正要成为一名合格的注册建筑师还必须在教育培养和实践训练上下功夫。

二、关注建筑专业教育对职业建筑师的影响

应当看到，我国的建筑教育与现在的人才培养、市场需求尚有脱节的地方，比如在人才知识结构与能力方面的实践性和技术性还有欠缺。目前在建筑教育领域实行了专业教育评估制度，一个很重要的目的是想以评估作为指挥棒，指挥或者引导现在的教育向市场靠拢，围绕着市场需求培养人才。专业教育评估在国际上已成为一种通行的做法，是一种通过社会或市场评价教育并引导教育围绕市场需求培养合格人才的良好机制。

当然，大学教育本身与社会的具体应用需要之间有所区别，大学教育更侧重于专业理论基础的培养，所以我们就从衡量注册建筑师第二个标准——实践标准上来解决这个问题。注册建筑师考试前要强调专业教育和三年以上的职业实践。现在专门为报考注册建筑师提供一个职业实践手册，包括设计实践、施工配合、项目管理、学术交流四个方面共十项具体实践内容，并要求申请考试人员在一名注册建筑师指导下完成。

理论和实践是相辅相成的关系，大学的建筑教育是基础理论与专业理论教育，但必须

要给学生一定的时间使其把理论知识应用到实践中去，把所学和实践结合起来，提高自身的业务能力和专业水平。

大学专业教育是作为专门人才的必备条件，在国外也是如此。发达国家对一个建筑师的要求是：没有经过专门的建筑学教育是不能称之为建筑师的，而且不能进入该领域从事与其相关的职业。企业招聘人才也首先要看他们是否具备扎实的基本知识和专业本领，所以大学的本科建筑教育是必备条件。

三、注意发挥在职教育对注册建筑师培养的补充作用

在职教育在我国有两个含义：一种是后补充学历教育，即本不具备专业学历，但工作后经过在职教育通过社会自学考试，取得从事现职业岗位要求的相应学历；还有一种是继续教育，即原来学的本专业和其他专业学历，随着科技发展和自身业务领域的拓宽，原有的知识结构已不适应了，于是通过在职教育去补充相关知识。由于我国建筑教育在过去一段时期底子薄，培养数量与社会需求差距很大。改革开放以后为了满足快速发展的建筑市场需求，一批没有经过规范的建筑教育的人员进入了建筑师队伍。而要解决好这一历史问题，提高建筑师队伍整体职业素质，在职教育有着重要的补充作用。

继续教育是在职教育的一种行之有效的教育形式，它特指具有专业学历背景的在职人员从业后，因社会的发展使得原有知识需要更新，要通过参加新知识、新技术的学习以调整原有知识结构、拓宽知识范围。它在性质上与在职培训相同，但又不能完全画等号。继续教育是有计划性、目标性、提高性的，从整体人才队伍和个人知识总体结构上作调整和补充。当前，社会在职教育在制度上和措施上还不够完善，质量很难保证。有一些人把在职读学历作为“镀金”，把继续教育当作“过关”。虽然最后证明拿到了，但实际的本领和水平并没有相应提高。为此需要我们做两方面的工作，一是要让我们的建筑师充分认识到在职教育是我们执业发展的第一需求；二是我们的教育培训机构要完善制度、改进措施、提高质量，使参加培训的人员有所收获。

四、为建筑师创造一个良好的职业环境

要向社会提供高水平、高质量的设计产品，关键还是要靠注册建筑师的自身素质，但也不可忽视社会环境的影响。大众审美的提高可以让建筑师感受到社会的关注，增强自省意识，努力创造出一个经受得住大众评价的作品。但目前实际上建筑师的很多设计思想受开发商与业主方面很大的影响，有时建筑水平并不完全取决于建筑师，而是取决于开发商与业主的喜好。有的业主审美水平不高，很多想法往往只是自己的意愿，这就很难做出与社会文化、科技、时代融合的建筑产品。要改善这种状态，首先要努力创造尊重知识、尊重人才的社会环境。建筑师要维护自己的职业权力，大众要尊重建筑师的创作成果，业主不要把个人喜好强加于建筑师。同时建筑师自身也要提高自己的素质和修养，增强社会责任感，建立良好的社会信誉。要让创造出的作品得到大众的尊重，首先自己要尊重自己的劳动成果。

五、认清差距，提高自身能力，迎接挑战

目前中国的建筑师与国际水平还存在着一定差距，而面对信息化时代，如何缩小差距

以适应时代变革和技术进步，及时调整并制定新的对策，成为建筑教育需要探讨解决的问题。

我们现在的建筑教育不同程度地存在重艺术、轻技术的倾向。在注册建筑师资格考试中明显感觉到建筑师们在相关的技术知识包括结构、设备、材料方面的把握上有所欠缺，这与教育有一定的关系。学校往往比较注重表现能力方面的培养，而技术方面的教育则相对不足。尽管这些年有的学校进行了一些课程调整，加强了技术方面的教育，但从整体来看，现在的建筑师在知识结构上还是存在缺欠。

建筑是时代发展的历史见证，它凝固了一个时期科技、文化发展的印记，建筑师如果不能与时代发展相适应，努力学习和掌握当代社会发展的科学技术与人文知识，提高建筑的科技、文化内涵，就很难创造出高水平的作品。

当前，我们的建筑教育可以利用互联网加强与国外信息的交流，了解和掌握国外在建筑方面的新思路、新理念、新技术。这里想强调的是，我们的建筑教育还是应该注重与社会发展相适应。当今，社会进步速度很快，建筑所蕴含的深厚文化底蕴也在不断地丰富、发展。现代建筑创作不能单一强调传统文化，要充分运用现代科技发展成果，使建筑在经济、安全、健康、适用和美观方面得到全面体现。在人才培养上也要与时俱进。加强建筑师科技能力的培养，让他们学会适应和运用新技术、新材料去进行建筑创作。

一个好的建筑要实现它的内在和外表的统一，必须要做到：建筑的表现、材料的选用、结构的布置以及设备的安装融为一体。但这些在很多建筑中还做不到，这说明我们一些建筑师在对新结构、新设备、新材料的掌握和运用上能力不够，还需要加大学习的力度。只有充分掌握新的结构技术、设备技术和新材料的性能，建筑师才能够更好地发挥创造水平，把技术与艺术很好地融合起来。

中国加入 WTO 以后面临国外建筑师的大量进入，这对中国建筑设计市场将会有很大的冲击，我们不能期望通过政府设立各种约束限制国外建筑师的进入而自保，关键是要使国内建筑师自身具备与国外建筑师竞争的能力，充分迎接挑战、参与竞争，通过实践提高我们的设计水平，为社会提供更好的建筑作品。

前　　言

一、本套书编写的依据、目的及组织构架

原建设部和人事部自1995年起开始实施注册建筑师执业资格考试制度。

本套书以考试大纲为依据，结合考试参考书目和现行规范、标准进行编写，并结合历年真实考题的知识点作出修改补充。由于多年不断对内容的精益求精，本套书是目前市面上同类书中，出版较早、流传较广、内容严谨、口碑销量俱佳的一套注册建筑师考试用书。

本套书的编写目的是指导复习，因此在保证内容综合全面、考点覆盖面广的基础上，力求重点突出、详略得当；并着重对工程经验的总结、规范的解读和原理、概念的辨析。

为了帮助考生准备注册考试，本书的编写教师自1995年起就先后参加了全国一、二级注册建筑师考试辅导班的教学工作。他们都是在本专业领域具有较深造诣的教授、一级注册建筑师、一级注册结构工程师和具有丰富考试培训经验的名师、专家。

本套《注册建筑师考试丛书》自2001年出版至今，除2002、2015、2016三年停考之外，每年均对教材内容作出修订完善。现全套书包含：《一级注册建筑师考试教材》（共6个分册）、《一级注册建筑师考试历年真题与解析》（知识题科目，共5个分册）；《二级注册建筑师考试教材》（简称《二级教材》，共3个分册）、《二级注册建筑师考试历年真题与解析》（简称《二级真题与解析》，知识题科目，共2个分册）。

二、本书（本版）修订说明

今年各章均增补了部分2021年试题作为例题，并编写了详细解析和参考答案。

（1）第三章“荷载及结构设计”中根据《建筑结构可靠性设计统一标准》GB 50068，增加了可变作用的准永久值、可变作用的伴随值等术语。突出了极限状态设计原则和对结构耐久性极限状态设计内容的要求和掌握。对耐久性极限状态内容进行了修改、补充和完善，突出对结构概念知识和内容的要求和掌握。根据《建筑结构荷载规范》GB 50009，增加了有关荷载组合、基本组合、标准组合、准永久组合、基本雪压、基本风压、温度作用的基本术语。根据《混凝土结构设计规范》GB 50010，增加了“最大力下的总伸长率”的概念。修改了关于受扭构件破坏形态的内容。

（2）第四章“建筑抗震设计基本知识”中对建筑抗震设计在建筑场地选择、建筑体型即平面布置的规则性、结构体系的选择、隔震和消能减震技术应用等部分的内容作了必要的补充。根据《中国地震动参数区划图》GB 18306，我国境内无非抗震设防地区，因此删去了“非抗震”的内容。补充了框架结构、剪力墙结构、框架-剪力墙结构和混合结构等常用结构形式的布置原则。修改、补充了隔震结构布置的相关要求。

（3）第五章“地基与基础”中结合《建筑工程抗浮技术标准》JGJ 476的要求，对建筑抗浮设计等级作了补充。对山区地基基础设计的一般规定作了补充。

三、本套书配套使用说明

考生在复习全国二级注册建筑师资格考试“建筑结构与设备”“法律 法规 经济与施工”两科的同时，除应阅读相应的标准、规范外，还应多做试题，以便巩固知识、加深理解和记忆。《二级真题与解析》是《二级教材》第 2、3 分册的配套试题集。收录了若干年知识题的真实试题，并依据考点将考题归类，每个考点皆作了知识上的梳理和总结，以便考生记忆；每道考题皆附详解和答案。

《二级教材》第 1 分册紧扣全国二级注册建筑师资格考试“场地与建筑设计（作图）”“建筑构造与详图（作图）”的考试大纲要求和多年真实试题的命题思路，针对作图题的读题分析、解题步骤和得分技巧作了详尽的阐述。书中收录了多年真实试题，并附详解和评分标准，对二级注册建筑师资格考试“场地与建筑设计（作图）”“建筑构造与详图（作图）”两科的复习大有助益。

四、《二级教材》各分册作者

《第 1 分册　场地与建筑设计 建筑构造与详图（作图）》——第一、二篇魏鹏；第三篇魏鹏、高云蔚、苌小芳。

《第 2 分册　建筑结构与设备》——第一章钱民刚；第二章黄莉、王昕禾；第三章黄莉、冯东；第四、五章黄莉、叶飞；第六章许萍；第七章贾昭凯、贾岩；第八章冯玲。

《第 3 分册　法律 法规 经济与施工》——第一章李魁元；第二章陈向东；第三章穆静波；第四章晁军、尹桔。

除上述编写者之外，多年来曾参与或协助本套书编写、修订的人员有：王其明、姜中光、翁如璧、耿长孚、任朝钧、曾俊、林焕枢、张文革、李德富、吕鉴、朋改非、杨金铎、周慧珍、刘宝生、张英、陶维华、郝昱、赵欣然、霍新民、何玉章、颜志敏、曹一兰、周庄、陈庆年、周迎旭、阮广青、张炳珍、杨守俊、王志刚、何承奎、孙国樑、张翠兰、毛元钰、曹欣、楼香林、李广秋、李平、邓华、翟平、曹铎、栾彩虹、徐华萍、樊星。

在此预祝各位考生取得好成绩，考试顺利过关！

《注册建筑师考试教材》编委会

2021 年 9 月

目　　录

第一章　建　筑　力　学

建筑力学包括静力学、材料力学、结构力学三部分内容。

第一节　静力学基本知识和基本方法

静力学研究物体在力作用下的平衡规律，主要包括物体的受力分析、力系的等效简化、力系的平衡条件及其应用。

一、静力学基本知识

（一）静力学的基本概念

1. 力的概念

力是物体间相互的机械作用，这种作用将使物体的运动状态发生变化——运动效应，或使物体的形状发生变化——变形效应。力的量纲为牛顿（N）。力的作用效果取决于力的三要素：力的大小、方向、作用点。力是矢量，满足矢量的运算法则。当求共点二力之合力时，采用力的平行四边形法则：其合力可由两个共点力为边构成的平行四边形的对角线确定，见图 1-1(*a*)。或者说，合力矢等于此二力的几何和，即

$$F_R = F_1 + F_2 \tag{1-1}$$

显然，求 F_R 时，只需画出平行四边形的一半就够了，即以力矢 F_1 的尾端 B 作为力矢 F_2 的起点，连接 AC 所得矢量即为合力 F_R。如图 1-1(*b*) 所示三角形 ABC 称为力三角形。这种求合力的方法称为力的三角形法则。

力的三角形法则可以很容易地扩展成力的多边形法则。设一平面汇交力系 F_1，F_2，F_3，F_4，各力作用线汇交于点 A，如图 1-2 (*a*) 所示。

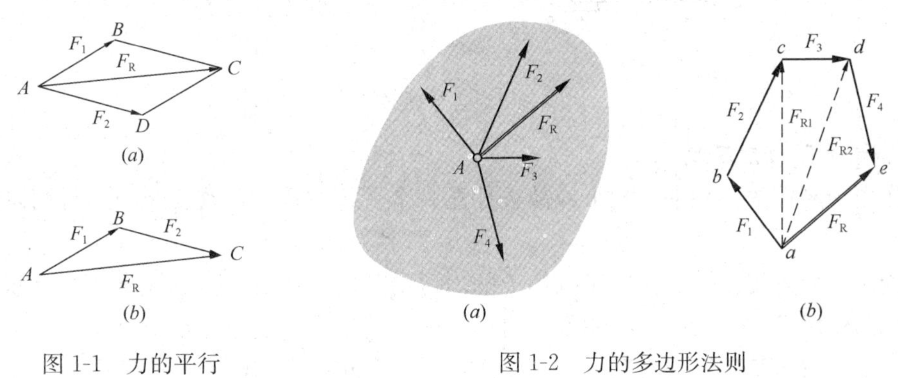

图 1-1　力的平行四边形法则

图 1-2　力的多边形法则

(*a*) 平面汇交力系；(*b*) 力的多边形

为合成此力系，可根据力的平行四边形法则，逐步两两合成各力，最后求得一个通过

汇交点 A 的合力 F_R；还可以用更简便的方法求此合力 F_R 的大小与方向。任取一点 a，将各分力的矢量依次首尾相连，由此组成一个不封闭的**力多边形** $abcde$，如图 1-2（b）所示。此图中的虚线$\overrightarrow{ac}$矢（F_{R1}）为力 F_1 与 F_2 的合力矢，又虚线$\overrightarrow{ad}$矢（F_{R2}）为力 F_{R1} 与 F_3 的合力矢，在作力多边形时不必画出。

例 1-1 （2005 年） 平面汇交力系（F_1、F_2、F_3、F_4、F_5）的力多边形如图 1-3 所示，该力系的合力等于(　　)。

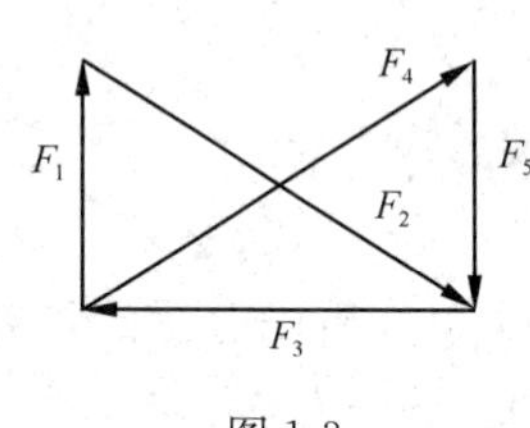

图 1-3

A　F_3　　B　$-F_3$　　C　F_2　　D　F_5

解析： 根据力的多边形法则可知，F_1、F_2 和 F_3 首尾顺序连接而成的力矢三角形自行封闭，封闭边为零，故 F_1、F_2 和 F_3 的合力为零。剩余的二力 F_4 和 F_5 首尾顺序连接，其合力应是从 F_4 的起点指向 F_5 的终点，即 $-F_3$ 的方向。

答案： B

2. 刚体的概念

在物体受力以后的变形对其运动和平衡的影响小到可以忽略不计的情况下，便可把物体抽象成为不变形的力学模型——刚体。

3. 力系的概念

同时作用在刚体上的一群力，称为力系。

4. 平衡的概念

平衡是指物体相对惯性参考系静止或作匀速直线平行移动的状态。

（二）静力学的基本原理

1. 二力平衡原理

不计自重的刚体在二力作用下平衡的必要和充分条件是：二力沿着同一作用线，大小相等，方向相反。仅受两个力作用且处于平衡状态的物体，称为二力体，又称二力构件、二力杆，见图 1-4。

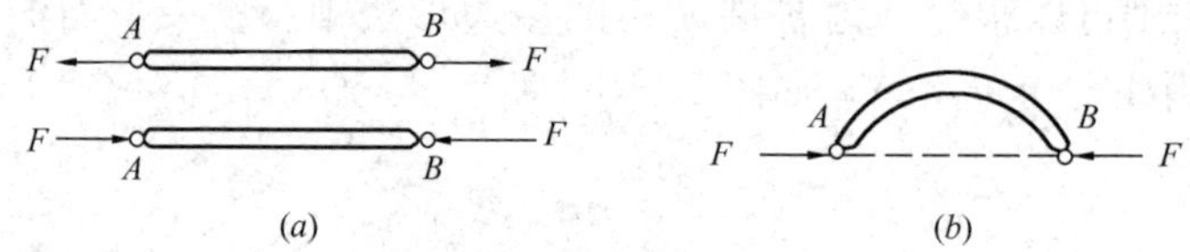

图 1-4　二力平衡必共线

2. 加减平衡力系原理

在作用于刚体的力系中，加上或减去任意一个平衡力系，不改变原力系对刚体的作用效应。

推论Ⅰ　力的可传性。 作用于刚体上的力可沿其作用线滑移至刚体内任意点而不改变力对刚体的作用效应；因此，对刚体而言，力的三要素实际上是大小、方向和作用线。

推论Ⅱ　三力平衡汇交定理。 作用于刚体上三个相互平衡的力，若其中两个力的作用线汇交于一点，则此三力必在同一平面内，且第三个力的作用线通过汇交点，如图 1-5 所示。

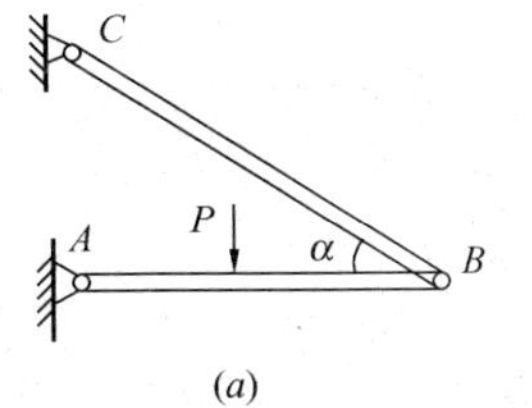

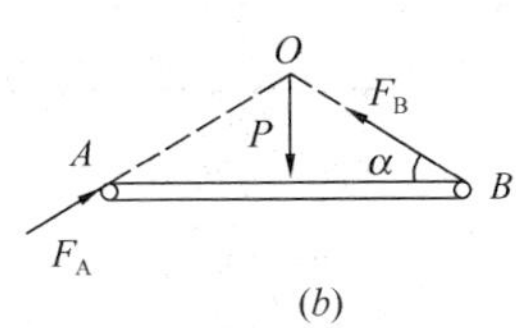

图 1-5　三力平衡必汇交

（三）约束与约束力（约束反力）

阻碍物体运动的限制条件称为约束，约束对被约束物体的机械作用称为约束力（或约束反力）。**约束反力的方向永远与主动力的运动趋势相反。**

工程中常见的几种典型约束的性质以及相应约束力的确定方法见表 1-1。

几种典型约束的性质及相应约束力的确定方法　　　表 1-1

约束的类型	约束的性质	约束力的确定
柔体约束（如绳索、胶带、链条等）	柔体约束只能限制物体沿着柔体的中心线伸长方向的运动，而不能限制物体沿其他方向的运动	约束力必定沿柔体的中心线，且背离被约束的物体
光滑接触约束	光滑接触约束只能限制物体沿接触面的公法线指向支承面的运动，而不能限制物体沿接触面或离开支承面的运动	光滑接触面的约束力通过接触点，沿接触面的公法线并指向被约束的物体
可动铰支座（辊轴支座）	可动铰支座不能限制物体绕销钉的转动和沿支承面的运动，而只能限制物体在支承面垂直方向的运动	可动铰支座的约束反力通过销钉中心且垂直于支承面，指向待定
链杆约束	链杆约束只能限制物体沿链杆中心线方向的运动，而其他方向的运动都不能限制	链杆约束的约束反力沿着链杆中心线，指向待定

续表

约束的类型	约束的性质	约束力的确定
固定铰链支座 圆柱铰链(中间铰)	铰链约束只能限制物体在垂直于销钉轴线的平面内任意方向的运动，而不能限制物体绕销钉的转动	约束反力作用在垂直于销钉轴线的平面内，通过销钉中心，而方向待定
定向支座	定向支座只能限制物体沿支座链杆方向的运动和物体绕支座的转动，而不能限制物体沿支承面的运动	约束力可表示为一个垂直于支承面的力和一个约束力偶，指向与主动力相反
固定端约束	固定端约束既能限制物体移动，又能限制物体绕固定端转动	约束反力可表示为两个互相垂直的分力和一个约束力偶，指向均待定

【口诀】　1，2，3。

即：第 1 类约束，有 1 个约束力；第 2 类约束，有 2 个约束力；第 3 类约束，有 3 个约束力（约束力偶可当作广义力）。

图 1-6 和图 1-7 中给出了可动铰支座和链杆、圆柱铰链（中间铰）与固定铰链支座的实例、简图、分解图和约束力的图示。

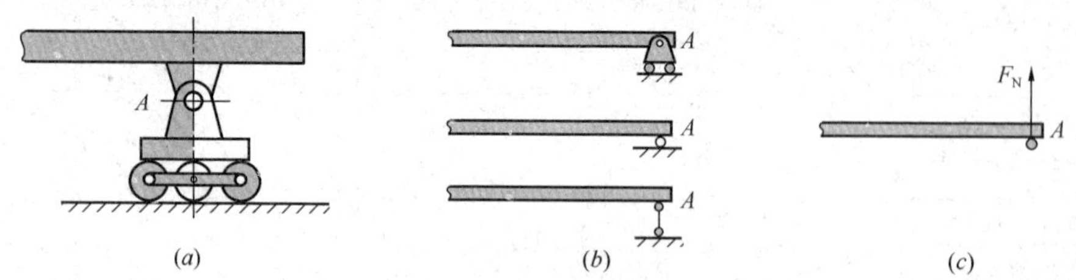

图 1-6　可动铰支座和链杆

（a）辊轴实例；（b）简图；（c）约束力

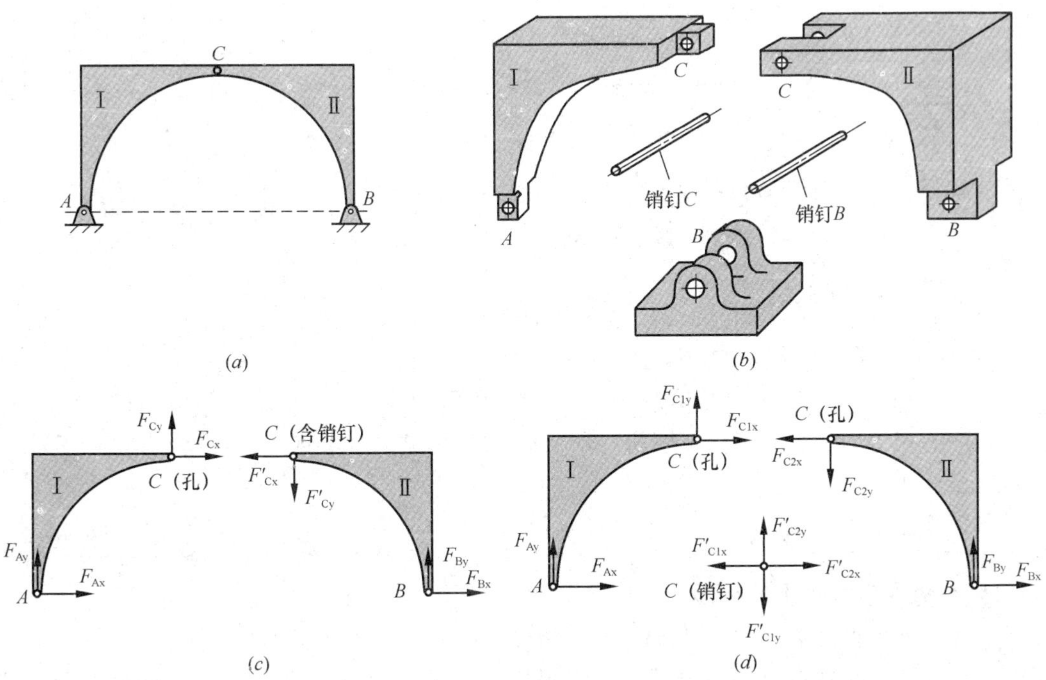

图 1-7　圆柱铰链（中间铰）与固定铰链支座

（*a*）拱形桥；（*b*）中间铰链 *C* 和固定铰链 *B* 分解图；（*c*）约束力（不单独分析销钉 *C*）；（*d*）约束力（单独分析销钉 *C*）

例 1-2　（2010 年）图 1-8 所示固定铰支座的 4 种画法中，错误的是：

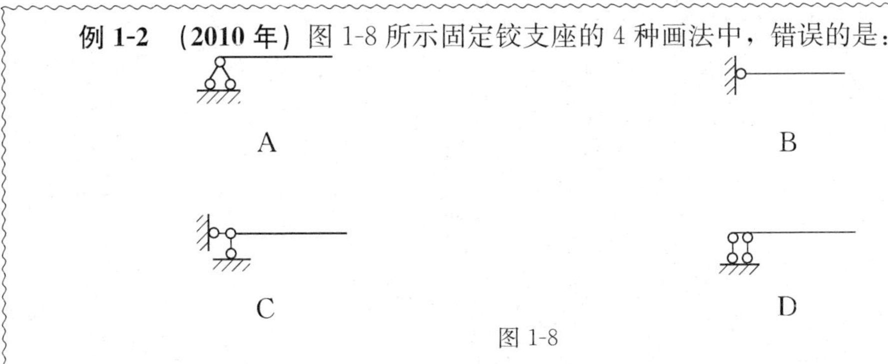

图 1-8

解析：固定铰支座所能约束的位移为水平位移、竖向位移。A、B、C 正确，D 错误。

答案：D

例 1-3　图 1-9 所示支承可以简化为下列哪一种支座形式？

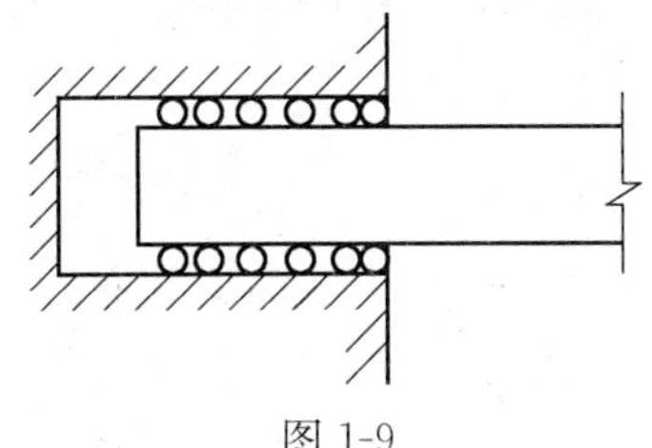

图 1-9

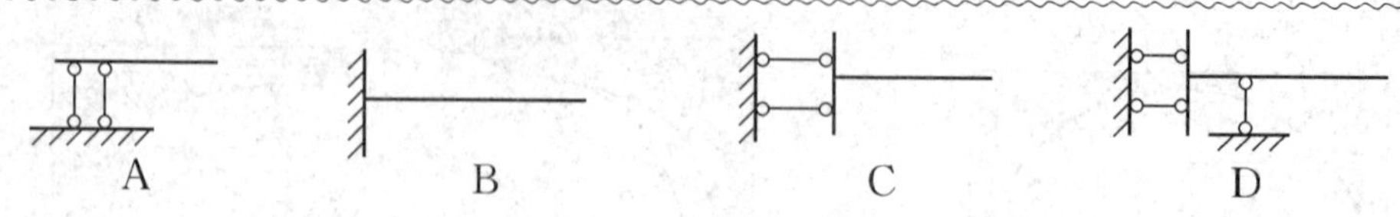

解析：支承所能约束的位移为转动和竖向位移。

答案：A

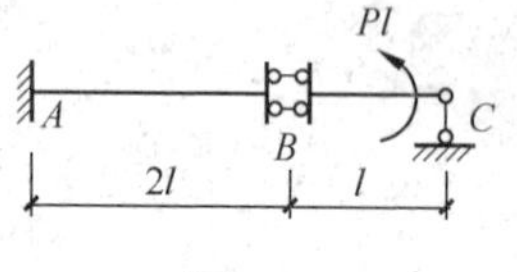

图 1-10

例 1-4 （**2009 年**）图 1-10 所示结构固定支座 A 处竖向反力为：

A P　　B $2P$　　C 0　　D $0.5P$

解析：B 处的定向支座只能传递水平力和力偶，不能传递竖向力。

答案：C

（四）力在坐标轴上的投影

过力矢 F 的两端 A、B，向坐标轴作垂线，在坐标轴上得到垂足 a、b，线段 ab，再冠之以正负号，便称为力 F 在坐标轴上的投影。如图 1-11 中所示的 X、Y 即为力 F 分别在 x 与 y 轴上的投影，其值为力 F 的模乘以力与投影轴正向间夹角的余弦，即：

$$X = |F| \cos\alpha$$
$$Y = |F| \cos\beta = |F| \sin\alpha \tag{1-2}$$

图 1-11

若力与任一坐标轴 x 平行，即 $\alpha=0°$或 $\alpha=180°$时：

$$X = |F| \text{ 或 } X = -|F|$$

若力与任一坐标轴 x 垂直，即 $\alpha=90°$时：

$$X=0$$

合力投影定理。平面汇交力系的合力在某坐标轴上的投影等于其各分力在同一坐标轴上的投影的代数和。

$$F_x = \Sigma X_i \quad F_y = \Sigma X_i Y_i \tag{1-3}$$

例 1-5 （**2004 年**）平面力系 P_1、P_2 汇交在 O 点，其合力的水平分力和垂直分力分别为 P_x、P_y，如图 1-12 所示。试判断以下 P_x、P_y 值哪项正确？

A $P_x=3\sqrt{3}$，$P_y=1$　　　　B $P_x=3$，$P_y=3\sqrt{3}$

C　$P_x=3$，$P_y=-\sqrt{3}$　　　　D　$P_x=3\sqrt{3}$，$P_y=3$

解析： $P_x=P_1\sin30°+P_2\sin30°=3$

$P_y=-P_1\cos30°+P_2\cos30°=-\sqrt{3}$

答案： C

例 1-6　(2004 年) 图 1-13 所示平面平衡力系中，P_2 的正确数值是多少？（与图 1-13 中方向相同为正值，反之为负值）

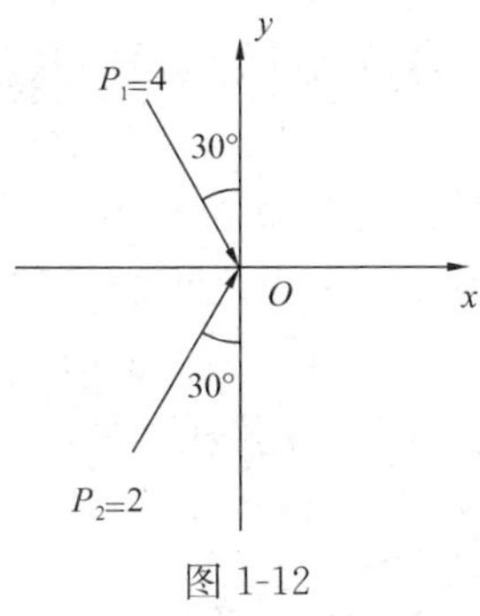

图 1-12

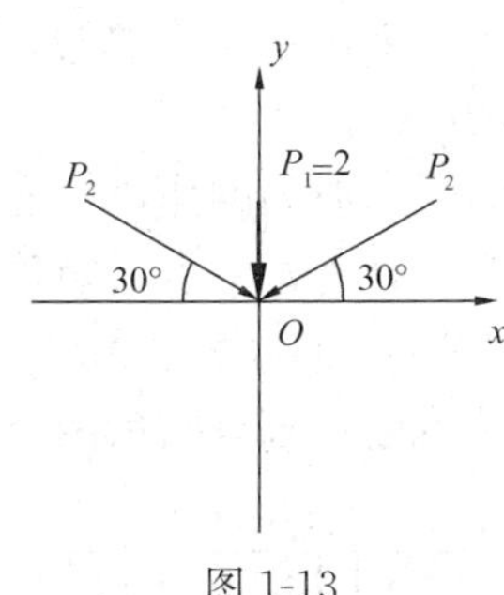

图 1-13

A　$P_2=-2$　　　　B　$P_2=-4$

C　$P_2=2$　　　　D　$P_2=4$

解析： 因为$\sum F_y=-P_1-2P_2\sin30°=0$　所以 $P_2=-P_1=-2$

答案： A

思考： 画出此三力平衡的力的三角形。

（五）力矩及其性质

1. 力对点之矩

力使物体绕某支点（或矩心）转动的效果可用力对点之矩度量。设力 F 作用于刚体上的 A 点，如图 1-14 所示，用 r 表示空间任意点 O 到 A 点的矢径，于是，力 F 对 O 点的力矩定义为矢径 r 与力矢 F 的矢量积，记为 $M_O(F)$。即

$$M_O(F)=r\times F \tag{1-4}$$

式 (1-4) 中点 O 称作力矩中心，简称矩心。力 F 使刚体绕 O 点转动效果的强弱取决于：①力矩的大小；②力矩的转向；③力和矢径所组成平面的方位。因此，力矩是一个矢量，矢量的模即力矩的大小为

$$|M_O(F)|=|r\times F|=rF\sin\theta=Fd \tag{1-5}$$

矢量的方向与 OAB 平面的法线 n 一致，按右手螺旋法则来确定。力矩的单位为 N·m或 kN·m。

在平面问题中，如图 1-15 所示，力对点之矩为代数量，表示为：

$$M_O(F)=\pm Fd \tag{1-6}$$

式中 d 为力到矩心 O 的垂直距离，称为力臂。习惯上，力使物体绕矩心逆时针转动时，式 (1-6) 取正号，反之取负号。

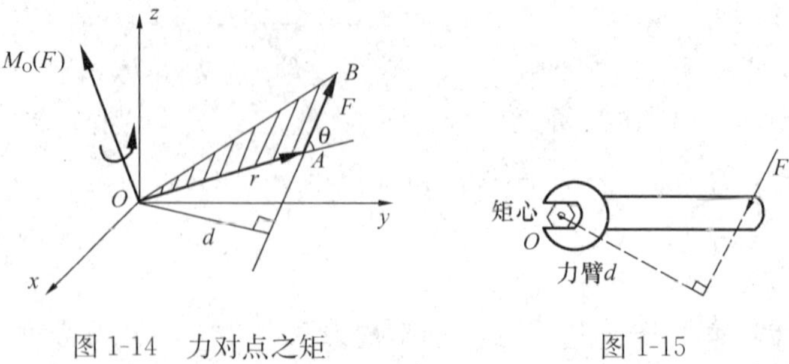

图 1-14　力对点之矩　　　　图 1-15

2. 力矩的性质

（1）力对点之矩，不仅取决于力的大小，同时还取决于矩心的位置，故不明确矩心位置的力矩是无意义的。

（2）力的数值为零，或力的作用线通过矩心时，力矩为零。

（3）合力矩定理：合力对一点之矩等于各分力对同一点之矩的代数和，即：

$$M_O(R)=M_O(F_1)+M_O(F_2)+\cdots+M_O(F_n)=\sum M_O(F) \tag{1-7}$$

由合力矩定理，可以得到分布力的合力大小和合力作用线的位置，如图 1-16 所示。

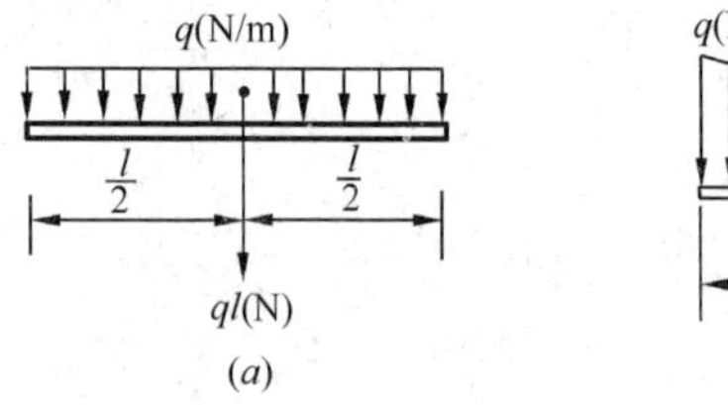

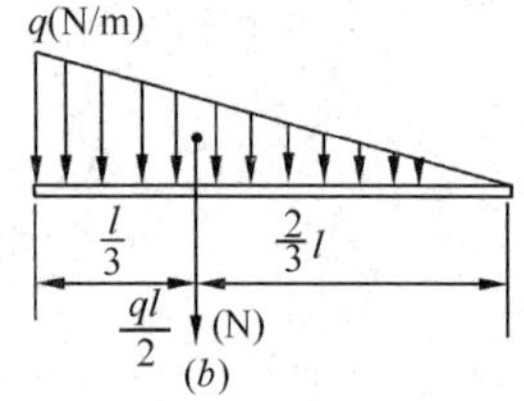

图 1-16

（*a*）均布荷载的合力；（*b*）三角形线性分布荷载的合力

由图 1-16 可见，分布荷载的合力大小等于分布荷载的面积，而分布荷载的合力作用线则通过分布荷载面积的形心。

例 1-7　（2011 年） 建筑立面如图 1-17(*a*) 所示，在图示荷载作用下的基底倾覆力矩为：

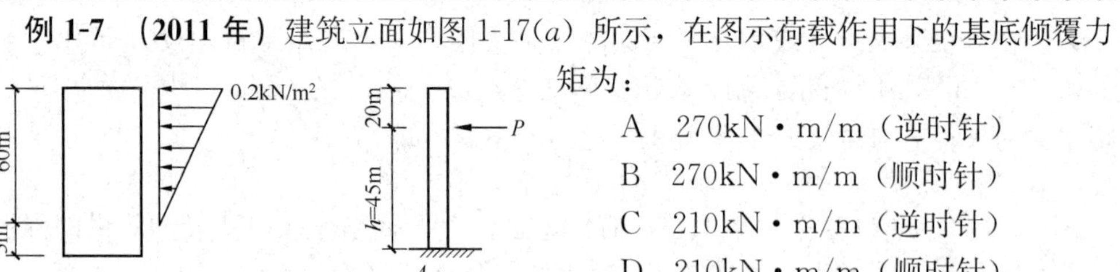

图 1-17

A　270kN·m/m（逆时针）

B　270kN·m/m（顺时针）

C　210kN·m/m（逆时针）

D　210kN·m/m（顺时针）

解析：考虑到此建筑立面纵深厚度为 1m，可以把图 1-17（*a*）中的面荷载视为线荷载（0.2kN/m）。这样其合力 P 等于三角形的面积 $\frac{1}{2}\times60\times0.2=6$kN，合力 P 的作用线位于三角形的形心处，距顶点为 $\frac{1}{3}\times60=20$m，如图 1-17（*b*）所示。对基底的倾覆力矩 $M_A(P)=Ph=6\times45=270$kN·m，为逆时针方向。

答案：A

（六）力偶、力偶矩

1. 力偶

大小相等、方向相反、作用线平行但不重合的两个力组成的力系，称为力偶。用符号（F，F'）表示。如图 1-18 所示。图中的 L 平面为力偶作用平面，d 为两力之间的距离，称为力偶臂。

2. 力偶的性质

（1）力偶无合力，即不能简化为一个力，或者说不能与一个力等效。故力偶对刚体只产生转动效应而不产生移动效应。

（2）力偶对刚体的转动效应用力偶矩度量。

在空间问题中，力偶矩为矢量，其方向由右手定则确定，如图 1-18 所示。

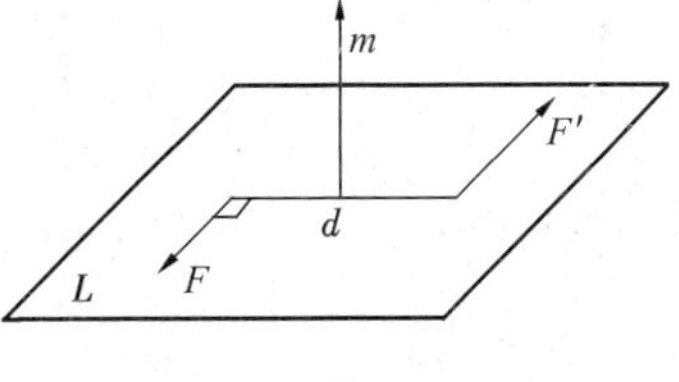

图 1-18

在平面问题中，力偶矩为代数量，表示为：

$$m = \pm Fd \tag{1-8}$$

通常取逆时针转向的力偶矩为正，反之为负。

（3）作用在刚体上的两个力偶，其等效的充分必要条件是此二力偶的力偶矩矢相等。由此性质可得到如下推论：

推论Ⅰ 只要力偶矩矢保持不变，力偶可在其作用面内任意移动和转动，亦可在其平行平面内移动，而不改变其对刚体的作用效果。因此力偶矩矢为自由矢量。

推论Ⅱ 只要力偶矩矢保持不变，力偶中的两个力及力偶臂均可改变，而不改变其对刚体的作用效果。

由力偶的上述性质可知，力偶对刚体的作用效果取决于力偶的三要素，即力偶矩的大小、力偶作用平面的方位及力偶在其作用面内的转向。

图 1-19(a)、(b)表示的为同一个力偶，其力偶矩为 $m=Fd$。

在平面力系中，力偶对平面内任一点的力偶矩都相同，与点的位置无关。

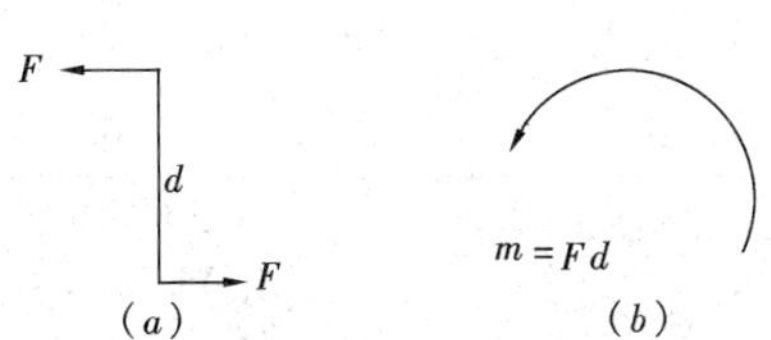

图 1-19

（七）力的平移定理

显然，力可沿作用线移动，而不改变其对刚体的作用效果，现在要来研究如何将力的作用线进行平移。

如图 1-20 所示，在 B 点加一对与力 F 等值、平行的平衡力，并使 $F=F'=-F''$，其中 F 与F''构成一力偶，称为附加力偶，其力偶矩 $m=Fd=m_B(F)$。这样，作用于 A 点的力 F 与作用于 B 点的力 F'和一个力偶矩为 m 的附加力偶等效。由此得出结论：作用于刚体上的力

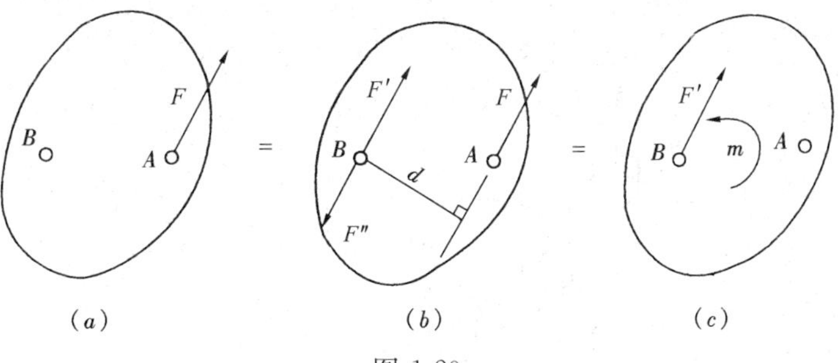

图 1-20

F 可平移至体内任一指定点，但同时必须附加一力偶，其力偶矩等于原力 F 对于新作用点 B 之矩。这就是力的平移定理。

力的平移定理在力系的简化和工程计算中有广泛的应用。

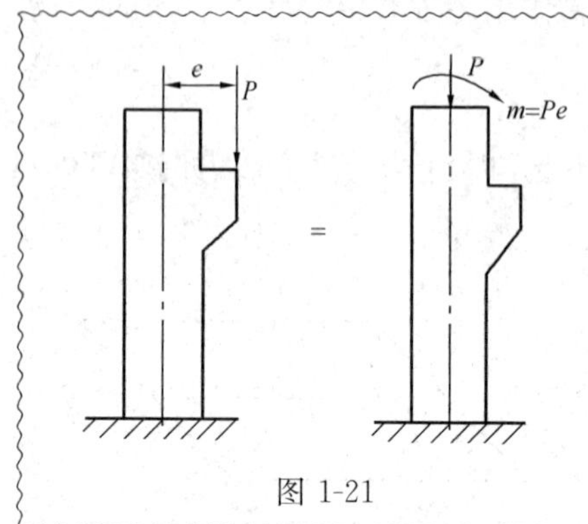

图 1-21

例 1-8 图 1-21 所示为工业厂房中常见的牛腿柱。偏心压力 P 可以平行移动到牛腿柱的轴线上，成为一个轴向压力 P 和一个力偶 $m=Pe$，牛腿柱的计算可简化为轴向压缩和弯曲的组合变形。

利用力的平移定理，可以把任意力系简化为一个主矢 F'_R 和一个主矩 M_O 的简化结果。

二、静力学基本方法

【口诀】 取，画，列。

（1）选取适当的研究对象。可以选取整体，也可以选取某一部分。选取的原则是能够通过已知力求得未知力。

（2）画出研究对象的受力图。一般先画已知的主动力，后画未知的约束反力。约束反力的方向永远与主动力的运动趋势相反。只画研究对象的外力，不画其内力。作用力与反作用力大小相等、方向相反，作用在一条直线上，作用在两个物体上。

（3）列出平衡方程求未知力。

根据平衡条件 $F'_R=0$，$M_O=0$，可得平面任意力系和平面特殊力系的几种不同形式的平衡方程（表 1-2）。

平面力系的平衡方程 **表 1-2**

力(偶)系	平面任意力系	平面汇交力系	平面平行力系（取 y 轴与各力作用线平行）	平面力偶系
平衡条件	主矢、主矩同时为零 $F'_R=0$，$M_O=0$	合力为零 $F_R=0$	主矢、主矩同时为零 $F'_R=0$ $M_O=0$	合力偶矩为零 $M=0$
基本形式平衡方程	$\Sigma F_x=0$ $\Sigma F_y=0$ $\Sigma m_O(F)=0$	$\Sigma F_x=0$ $\Sigma F_y=0$	$\Sigma F_y=0$ $\Sigma m_O(F)=0$	$\Sigma m=0$
二力矩形式平衡方程	$\Sigma F_x=0$(或$\Sigma F_y=0$) $\Sigma m_A(F)=0$ $\Sigma m_B(F)=0$ A、B 两点连线不垂直于 x 轴(或 y 轴)	$\Sigma m_A(F)=0$ $\Sigma m_B(F)=0$ A、B 两点与力系的汇交点不在同一直线上	$\Sigma m_A(F)=0$ $\Sigma m_B(F)=0$ A、B 两点连线不与各力平行	无

续表

力(偶)系	平面任意力系	平面汇交力系	平面平行力系（取 y 轴与各力作用线平行）	平面力偶系
三力矩形式平衡方程	$\Sigma m_A(F)=0$ $\Sigma m_B(F)=0$ $\Sigma m_C(F)=0$ A、B、C 三点不在同一直线上	无	无	无

【注意】 重点掌握平面力系基本形式平衡方程的本质，就是要使物体保持静止不动：

$\Sigma F_x=0$：水平方向合力为零，向左力=向右力。

$\Sigma F_y=0$：铅垂方向合力为零，向上力=向下力。

$\Sigma M_O(F)=0$：对任选点 O 合力矩为零，顺时针力矩=逆时针力矩。

掌握了这个本质，就可以融会贯通，灵活运用。

例 1-9 两圆管重量分别为 12kN 和 4kN，放在支架 ABC 上图 1-22(a) 所示位置。试判断 BC 杆内力为何值？

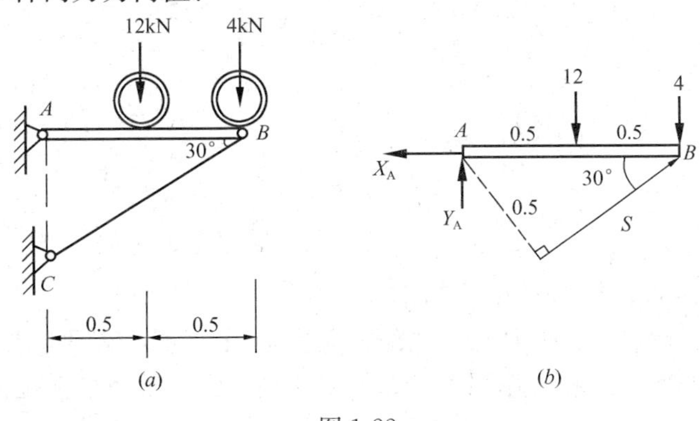

图 1-22

A　$20\sqrt{3}$kN　　B　10kN　　C　$10\sqrt{3}$kN　　D　20kN

解析： 取 AB 为研究对象，画 AB 受力图如图 1-22(b)所示，对支点 A 取力矩。

$$\Sigma M_A=0：S\times 0.5=12\times 0.5+4\times 1$$

$$S=20\text{kN}$$

答案： D

【注意】 在应用力矩方程时，选未知力的交点(往往是支点)为矩心，计算是最简单、最方便的。静力学创始人阿基米德的名言：“给我一个支点，我可以撬起地球”。他讲的就是杠杆原理，就是力矩方程。这是静力学的精华所在。

例 1-10 节点法解简单桁架，如图 1-23(a)所示。

桁架特点：

(1) 荷载作用于节点(铰链)处。

(2) 各杆自重不计，是二力杆(受拉或受压)。

节点法：以节点为研究对象，由已知力依次求出各未知力。

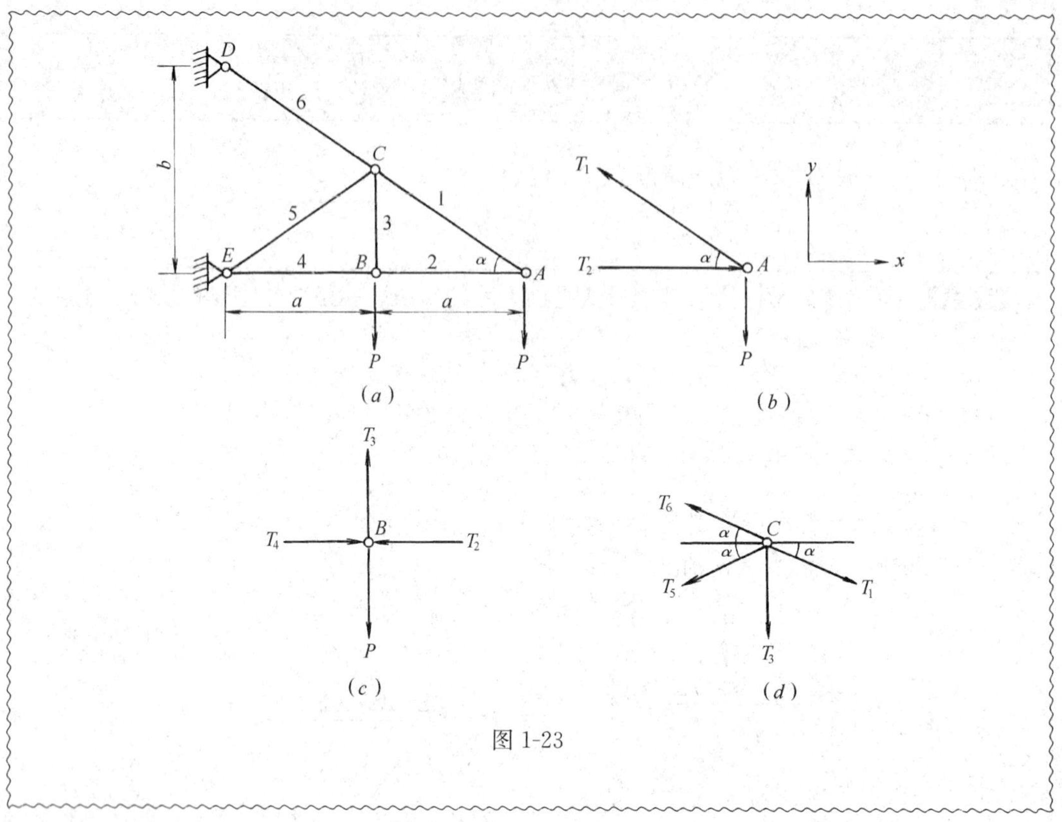

图 1-23

【注意】 所选节点，其未知力不能超过两个。

在画节点的受力图和杆的受力图中，既要考虑节点的平衡，又要考虑杆的平衡。在桁架中，杆和节点之间的作用力和反作用力，如果一个是拉力，另一个也拉力；如果一个是压力，另一个也是压力。

见图 1-23(*b*)。

节点 A：$\begin{cases}\Sigma X=0：T_2-T_1\cos\alpha=0\\ \Sigma Y=0：T_1\sin\alpha-P=0\end{cases}$

求出：$T_1=\dfrac{P}{\sin\alpha}$，$T_2=P\cot\alpha$

见图 1-23(*c*)。

节点 B：$\begin{cases}T_4=T_2=P\cot\alpha\\ T_3=P\end{cases}$

见图 1-23(*d*)。

节点 C：

$$\begin{cases}T_1\cos\alpha=T_5\cos\alpha+T_6\cos\alpha\\ T_6\sin\alpha=T_5\sin\alpha+T_1\sin\alpha+T_3\end{cases}$$

求出：$T_6=\dfrac{3P}{2\sin\alpha}$，$T_5=-\dfrac{P}{2\sin\alpha}$（与所设方向相反）。

例 1-11　截面法求指定杆所受的力：不需逐一求所有的杆。

已知：$P=1200\text{N}$，$F=400\text{N}$，$a=4\text{m}$，$b=3\text{m}$。求 1、2、3、4 杆所受的力。

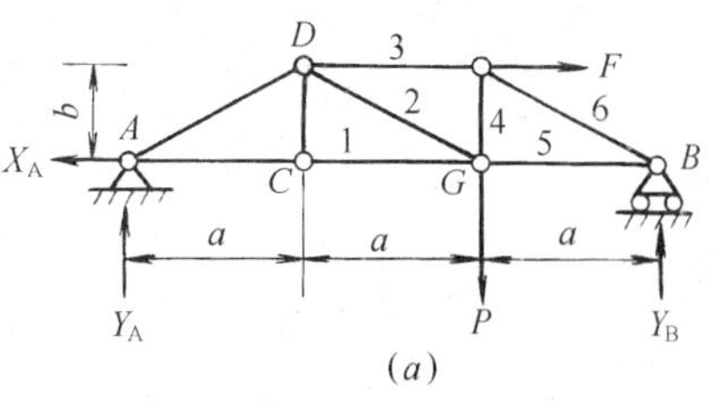

（1）取整体平衡，求支反力，如图 1-24(a)所示。

$$\sum m_A=0: -P\cdot 2a-F\cdot b+Y_B\cdot 3a=0$$

$$Y_B=\frac{2Pa+Fb}{3a}=900\text{N}$$

$$\sum X=0: X_A=F=400\text{N}$$

$$\sum Y=0: Y_A+Y_B-P=0$$

$$Y_A=P-Y_B=300\text{N}$$

（2）假想一适当截面，把桁架截开成两部分，选取一部分作为研究对象，如图 1-24(b)所示，求 S_1，S_2，S_3。

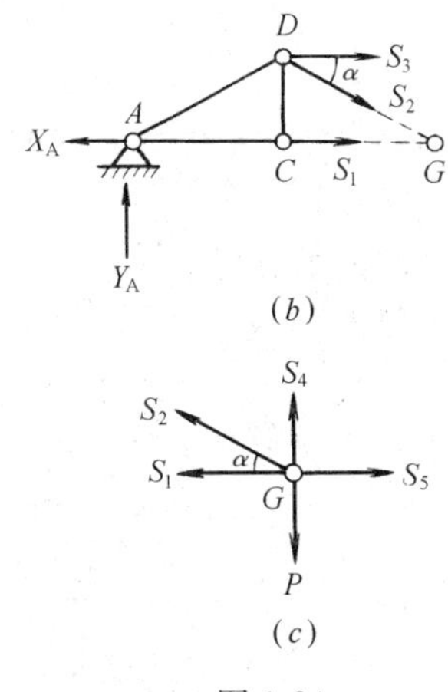

图 1-24

$$\sum m_D=0: \quad S_1 b-X_A\cdot b-Y_A\cdot a=0$$

$$S_1=\frac{X_A\cdot b+Y_A\cdot a}{b}=800\text{N}（拉力）$$

$$\sum Y=0: \quad Y_A-S_2\cdot\sin\alpha=0$$

$$S_2=\frac{Y_A}{\sin\alpha}=500\text{N}（拉力）\left(\sin\alpha=\frac{3}{5}\right)$$

$$\sum m_G=0: \quad -S_3\cdot b-Y_A\cdot 2a=0$$

$$S_3=-\frac{2aY_A}{b}=-800\text{N}（压力）$$

（3）最后再用节点法求 S_4：取节点 G，如图 1-24(c)所示。

$$\sum Y=0: S_4+S_2\sin\alpha-P=0$$

$$S_4=P-S_2\sin\alpha=900\text{N}（拉力）$$

【注意】 零杆的判断。

在桁架的计算中，有时会遇到某些杆件内力为零的情况。这些内力为零的杆件称为零杆。出现零杆的情况可归结如下：

（1）两杆节点 A 上无荷载作用时[图 1-25(a)]，则该两杆的内力都等于零，$N_1=N_2=0$。

（2）三杆节点 B 上无荷载作用时[图 1-25(b)]，如果其中有两杆在一直线上，则另一杆必为零杆，$N_3=0$。

上述结论都不难由节点平衡条件得以证实，在分析桁架时，可先利用它们判断出零杆，以简化计算。

以⊕代表受拉杆，⊖代表受压杆，○代表零杆，则下图所示桁架在图示荷载作用下的内力符号如图 1-26 所示。

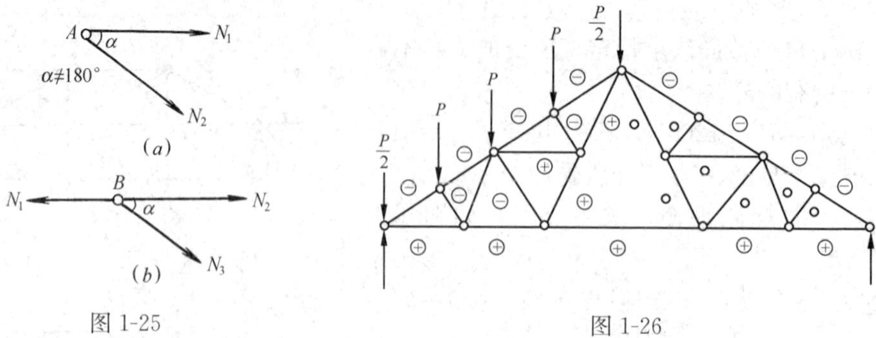

图 1-25　　　　图 1-26

【注意】 四杆节点的受力特点。

四杆节点无荷载作用时，要注意以下两种情况：

(1)“X”形节点 C [图 1-27 (a)]，其中 $N_1=N_2$(受拉或受压)，$N_3=N_4$(受拉或受压)。

(2)“K”形节点 D [图 1-27 (b)]，其中 $N_1=-N_2$，属于反对称的受力特点。

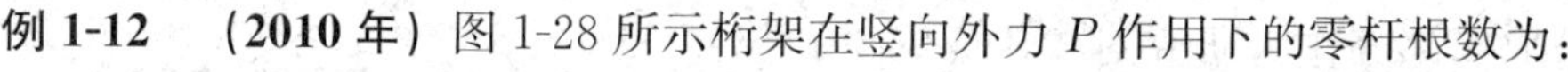

例 1-12　(2010 年) 图 1-28 所示桁架在竖向外力 P 作用下的零杆根数为：

A　1 根　　B　3 根　　C　5 根　　D　7 根

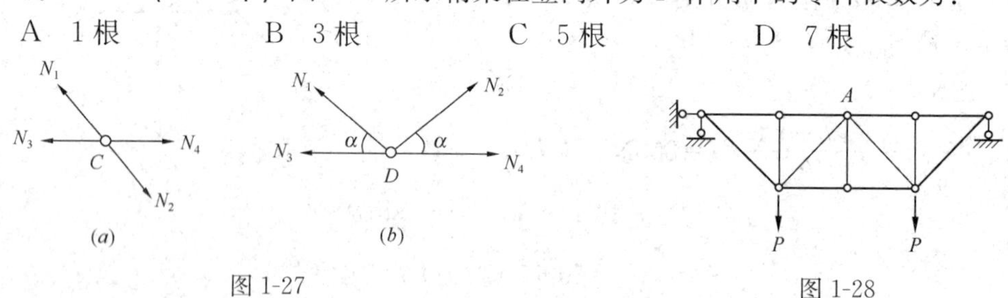

图 1-27　　　　图 1-28

解析：图示结构为对称结构受对称荷载作用，在对称轴上反对称内力应该为零。由零杆判别法可知，三根竖杆为零杆。三根竖杆去掉后，A 点成为“K”形节点，属于反对称的受力特点，故通过 A 点的二根斜杆内力也是零。

答案：C

例 1-13　图 1-29 所示 4 个桁架结构中，哪个结构中斜腹杆是零杆？

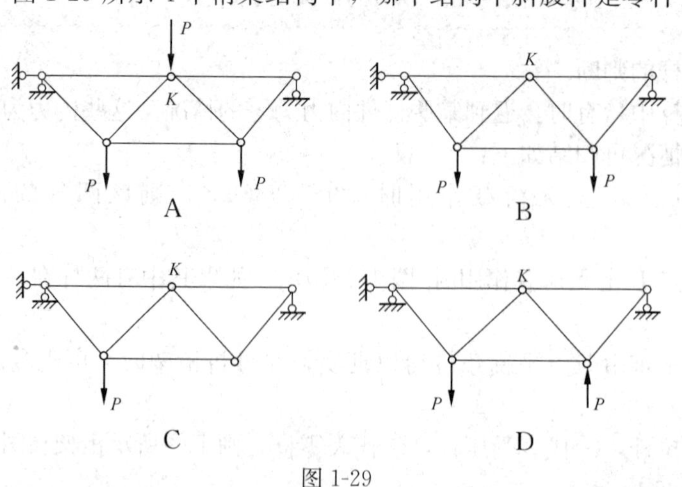

图 1-29

解析： 在分析图 1-30 中，A 图中节点 K 上有外力，C 图中荷载不对称，D 图中荷载反对称，都不符合 K 字形节点两根斜杆为零的条件，注意 D 图的下弦水平杆为零杆。只有 B 图符合结构对称、荷载对称，K 字形节点上无外力，而且 K 字形节点在对称轴上的条件。这时 K 字形节点上的反对称力为零，两根斜杆是零杆。

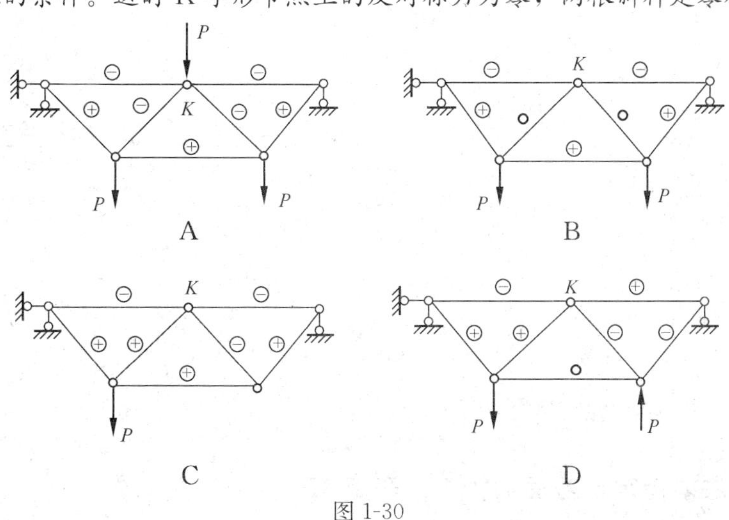

图 1-30

答案： B

例 1-14 （2010 年） 图 1-31（a）所示结构固定支座 A 的竖向反力为：

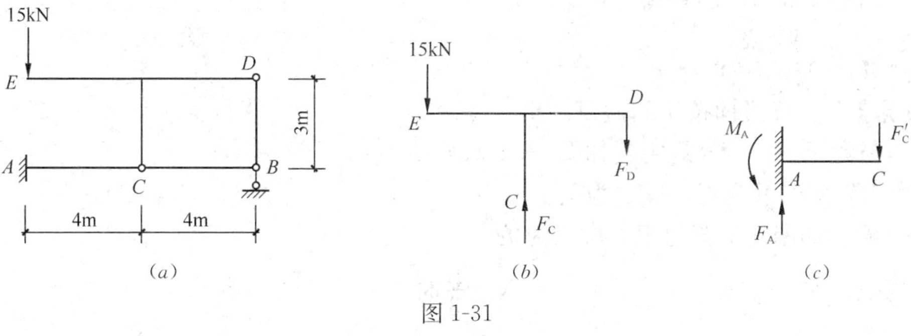

图 1-31

A　30kN　　B　20kN　　C　15kN　　D　0kN

解析： 这是一个物体系统的平衡问题。首先，根据零件判别法，由 B 点的受力分析可知 BC 杆为零杆，可以把 BC 杆撤去以简化计算。然后，取 CDE 杆为研究对象，画出杆 CDE 的受力图如图 1-31（b）所示。由 $\sum M_D=0$，可得：

$$F_C\times4=15\times8 \quad 所以\ F_C=30\text{kN}$$

再取 AC 杆，画 AC 杆受力图，如图 1-31（c）所示，由 $\sum F_Y=0$：$F_A=F'_C=30\text{kN}$。

答案： A

第二节　静定梁的受力分析、剪力图与弯矩图

单跨静定梁分为悬臂梁、简支梁、外伸梁三种形式。

例 1-15 如图 1-32（a）所示。

$$\begin{cases}\sum m_A=0：Y_B\cdot L=P\cdot\dfrac{2}{3}L \text{ 得 } Y_B=\dfrac{2}{3}P\\ \sum m_B=0：Y_A\cdot L=P\cdot\dfrac{L}{3}\text{ 得 } Y_A=\dfrac{P}{3}\\ \sum X=0：X_A=0\end{cases}$$

检验：$\sum Y=Y_A+Y_B-P=0$。

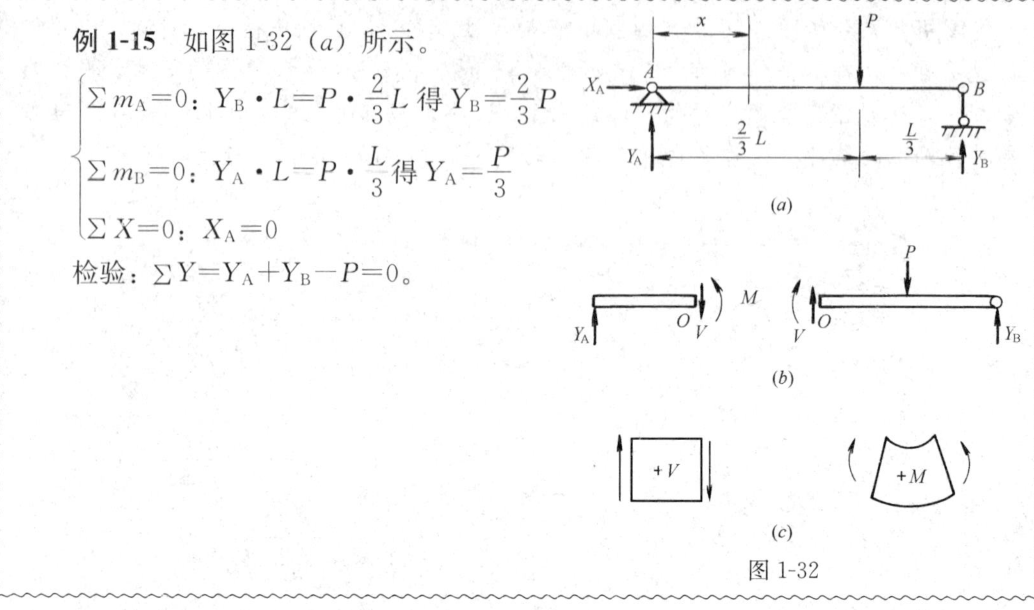

图 1-32

一、截面法求指定 x 截面剪力 V，弯矩 M

（1）截开：如图 1-32（b）所示；

（2）取左（或右）为研究对象；

（3）画左（或右）的受力图；

（4）列左（或右）的平衡方程。

$\sum Y=0$：$V=Y_A$

$\sum M_O=0$：$M=Y_A\cdot x$

【注意】 V、M 方向按正向假设画出。

剪力与弯矩＋、－号规定：如图 1-32（c）所示。

剪力 V：顺时针为正，反之为负。

弯矩 M：如图向上弯为正，反之为负。

上题中，如 $X=\dfrac{L}{3}$ 时：

则

$$V=Y_A=\frac{P}{3} \quad \oplus$$

$$M=Y_A\cdot\frac{L}{3}=\frac{PL}{9} \quad \oplus$$

从左、从右计算结果相同。

例 1-16 外伸梁如图 1-33（a）所示，求 $V_{C左}$，$M_{C左}$，$V_{C右}$，$M_{C右}$。

$$\sum M_A=0：qa^2+qa\cdot 3a=Y_B\cdot 2a+qa\cdot\frac{a}{2}$$

$$Y_B=\frac{7}{4}qa$$

$$\sum M_B=0：Y_A\cdot 2a+qa^2+qa\cdot a=qa\cdot\frac{5}{2}a$$

$$Y_A=\frac{qa}{4}$$

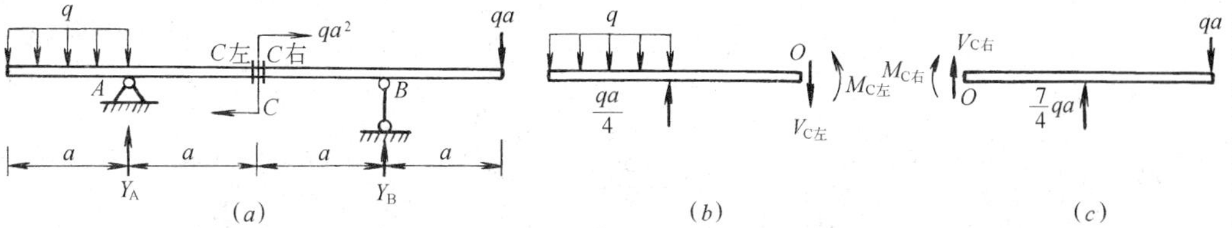

图 1-33

检验：$\sum Y=Y_A+Y_B-qa-qa=0$

如图 1-33（b）所示：　　$\sum Y=0$：$\frac{qa}{4}=V_{C左}+qa$

$$V_{C左}=\frac{qa}{4}-qa=-\frac{3}{4}qa \tag{1-9}$$

$$\sum M_O=0：M_{C左}+qa\cdot\frac{3}{2}a=\frac{qa}{4}\cdot a$$

$$M_{C左}=\frac{qa}{4}\cdot a-\frac{3}{2}qa^2=-\frac{5}{4}qa^2 \tag{1-10}$$

如图 1-33（c）所示：　　$\sum Y=0$：$V_{C右}+\frac{7}{4}qa=qa$

$$V_{C右}=qa-\frac{7}{4}qa=-\frac{3}{4}qa \tag{1-11}$$

$$\sum M_O=0：M_{C右}+qa\cdot 2a=\frac{7}{4}\cdot qa\cdot a$$

$$M_{C右}=\frac{7}{4}qa\cdot a-qa\cdot 2a=-\frac{1}{4}qa^2 \tag{1-12}$$

由式（1-9）～式（1-12）可以看出以下求剪力和弯矩的规律。

二、直接法求 V、M

剪力 V＝截面一侧（左侧或右侧）所有竖向外力的代数和，弯矩 M＝截面一侧（左侧或右侧）所有外力对截面形心 O 力矩的代数和。

式中各项的＋、－号：如图 1-34 所示为＋、反之为－。

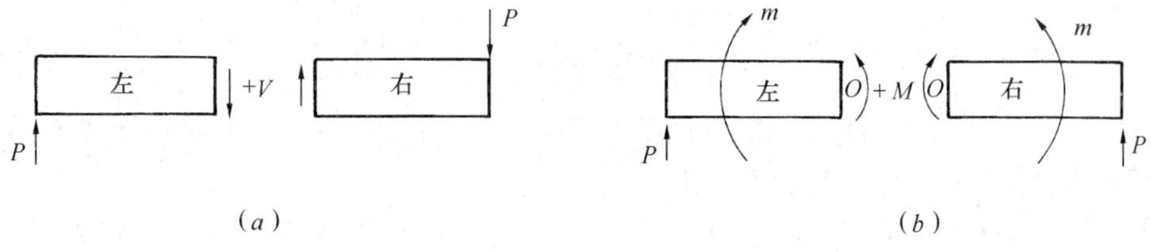

图 1-34

（a）产生正号剪力的外力；（b）产生正号弯矩的外力和外力偶

剪力图与弯矩图：根据剪力方程 $V=V(x)$，弯矩方程 $M=M(x)$ 画出。在图 1-35 中列出了几种常用的剪力图和弯矩图。

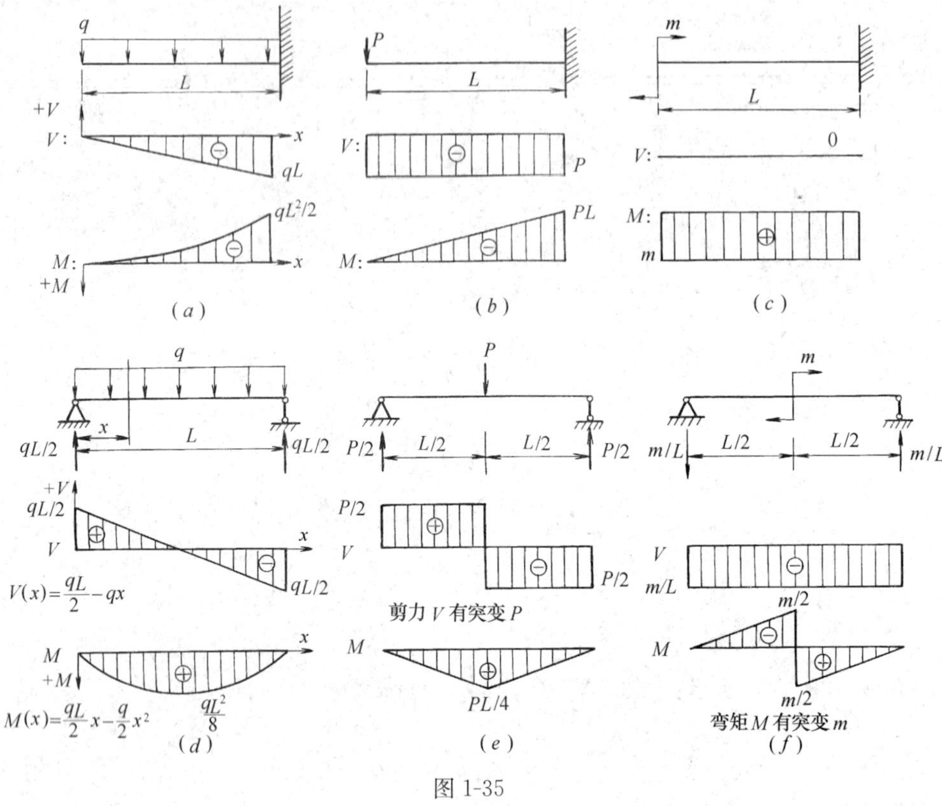

图 1-35

$q(x)$，$V(x)$，$M(x)$的微分关系：$\frac{dV}{dx}=q(x)$，$\frac{dM}{dx}=V(x)$，$\frac{d^2M}{dx^2}=q(x)$。根据微分关系可以得到荷载图、剪力图、弯矩图之间的规律，如图 1-36 所示。

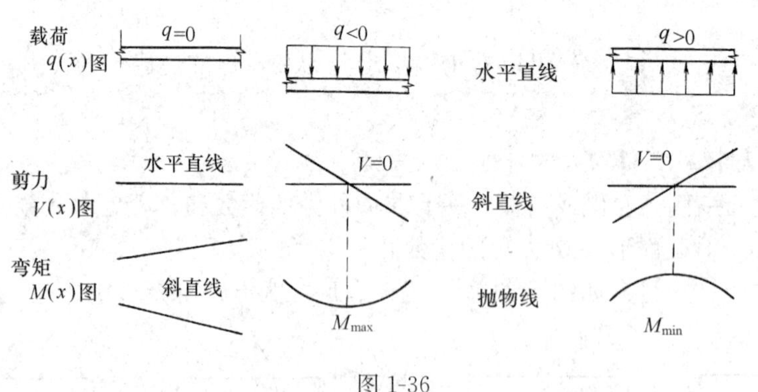

图 1-36

从图 1-35、图 1-36 可以看出不同荷载情况下梁式直杆内力图的形状特征如下：

【口诀】 零、平、斜；平、斜、抛。

（1）无荷载区段：V 图为平直线，M 图为斜直线。当 V 为正时，M 图线相对于基线为顺时针转（锐角方向）；当 V 为负时，为逆时针转；当 $V=0$ 时，M 图为平直线。

（2）均布荷载区段：V 图为斜直线，M 图为二次抛物线，抛物线的凸出方向与荷载指向一致，$V=0$ 处 M 有极值。

（3）集中荷载作用处，V 图有突变，突变值等于该集中荷载值；M 图为一尖角，尖角主向与荷载指向一致；若 V 发生变化，则 M 有极值。

（4）集中力偶作用处：M 图有突变，突变值等于该集中力偶值；V 图无变化。

（5）铰接点一侧截面上：若无集中力偶作用，则弯矩等于零；若有集中力偶作用，则弯矩等于该集中力偶值。

（6）自由端截面上：若无集中力（力偶）作用，则剪力（弯矩）等于零；若有集中力（力偶）作用，则剪力（弯矩）值等于该集中力（力偶）值。

内力图的上述特征（微分规律、突变规律和端点规律）适用于梁、刚架、组合结构等各类结构的梁式直杆，并且与结构是静定还是超静定无关。

三、快速作图法（简易作图法）

快速作图法又称简易作图法，如图 1-37、图 1-38 所示，其步骤如下：

（1）求支反力，并校核；

（2）根据外力不连续点分段；

（3）确定各段 V、M 图的大致形状；

（4）由直接法求分段点、极值点的 V、M 值。

例 1-17　如图 1-37 所示。

例 1-18　如图 1-38 所示。

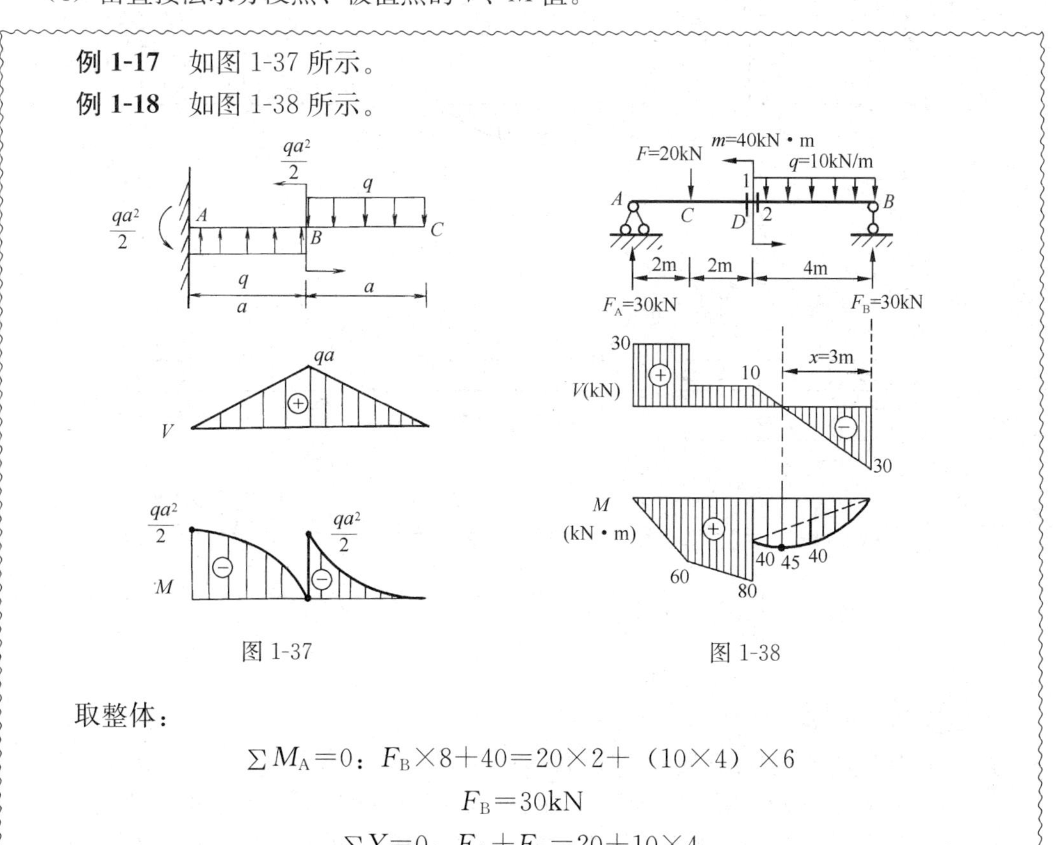

图 1-37　　　　图 1-38

取整体：

$$\sum M_A=0：F_B\times8+40=20\times2+(10\times4)\times6$$

$$F_B=30\text{kN}$$

$$\sum Y=0：F_A+F_B=20+10\times4$$

$$F_A=30\text{kN}$$

直接法（截面法）：

$$V_1=30-20=10\text{kN}$$

$$V_2=10\times4-30=10\text{kN}$$

$$M_1=30\times4-20\times2=80\text{kN}\cdot\text{m}$$

$$M_2=30\times4-(10\times4)\times2=40\text{kN}\cdot\text{m}$$

$$V(x)=10x-30=0,\ x=3\text{m}$$

$$M(x)=30\times3-10\times3\times\frac{3}{2}=45\text{kN}\cdot\text{m}$$

四、叠加法作弯矩图

梁上同时作用几个荷载时所产生的弯矩等于各荷载单独作用时的弯矩的代数和。

例 1-19 如图 1-39 所示。

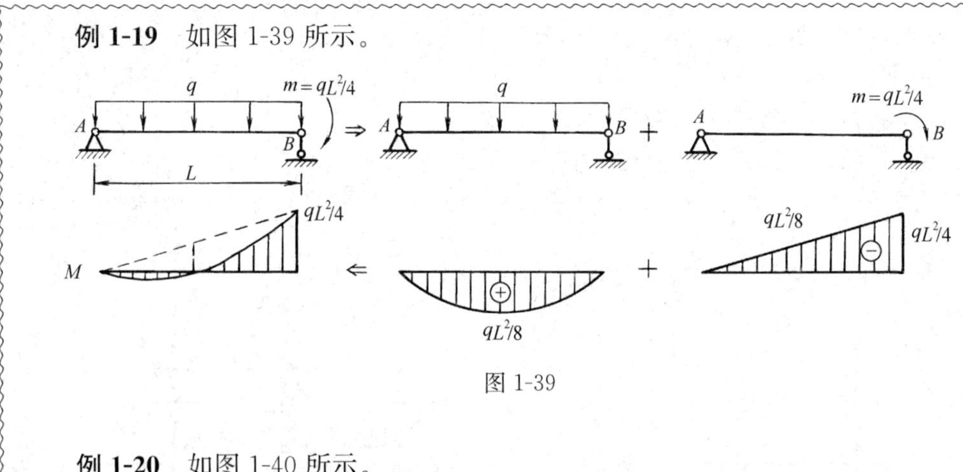

图 1-39

例 1-20 如图 1-40 所示。

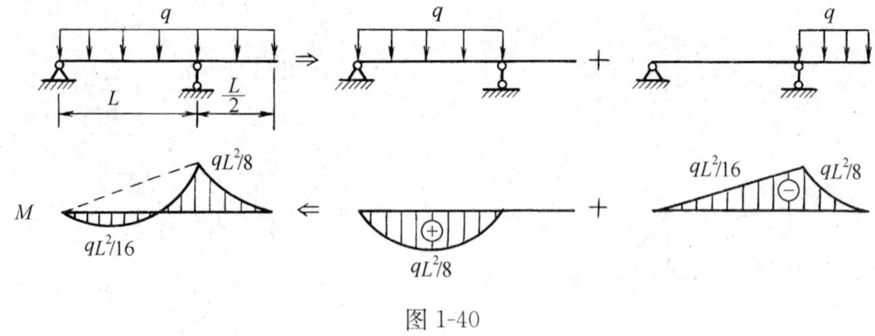

图 1-40

例 1-21 如图 1-41 所示。

本例中求 BC 段弯矩图的方法称为区段叠加法，可推广到求任一杆段的弯矩图：

（1）先求出杆段两端的弯矩值，画出杆段在杆端弯矩作用下对应的直线图形。

（2）再叠加上将杆段视为简支梁在杆段荷载作用下的弯矩图，就可以了。叠加时注意应是对应点处弯矩值代数相加（参见例 1-18）。

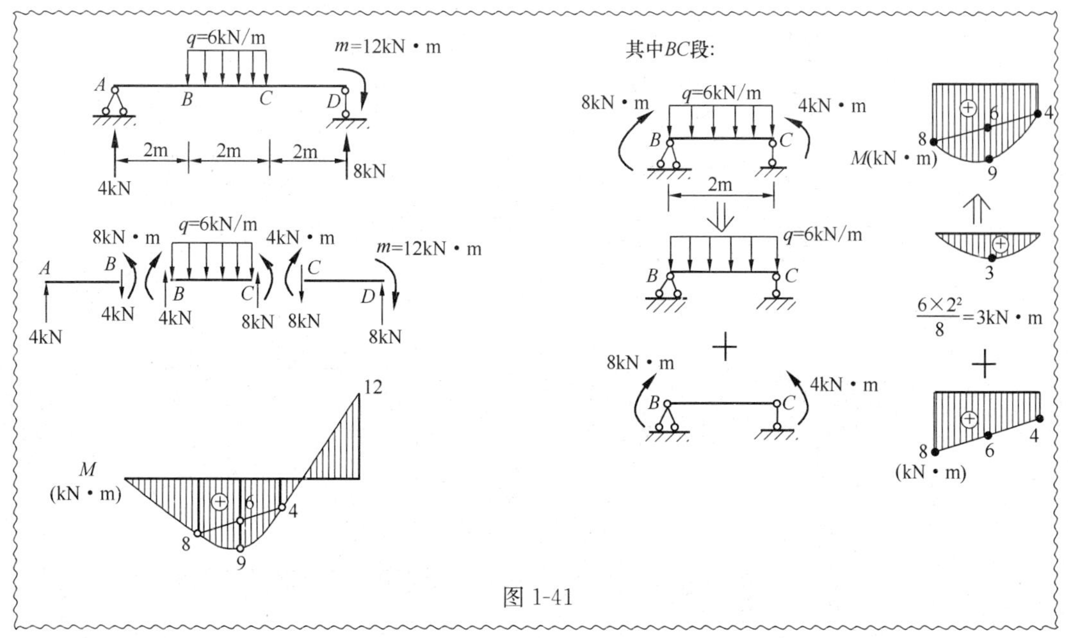

图 1-41

第三节　静定结构的受力分析、剪力图与弯矩图

静定结构包括静定桁架、静定梁、多跨静定梁、静定刚架、三铰刚架、三铰拱等。

（一）多跨静定梁

多跨静定梁是由若干根梁用铰相连，并与基础用若干个支座连接而成的静定结构。例如图 1-41 中所示的多跨静定梁，AB 部分（在竖向荷载作用下）不依赖于其他部分的存在就能独立维持其自身的平衡，故称为基本部分；BC 部分则必须依赖于基本部分才能维持其自身的平衡，故称为附属部分。

受力分析时要从中间铰链处断开，首先分析比较简单的附属部分，然后分别按单跨静定梁处理，如图 1-42～图 1-45 所示。

（二）静定刚架

静定平面刚架的常见形式有悬臂刚架、简支刚架、外伸刚架，它们是由单片刚接杆件与基础直接相连，各有三个支座反力。

弯矩 M 画在受拉一侧，剪力 V、轴力 N 要标明＋、－号。

实际上，如果观察者站在刚架内侧，把正弯矩画在刚架内侧，把负弯矩画在刚架外侧，那么与弯矩画在受拉一侧是完全一致的。如图 1-46、图 1-47、图 1-48 所示。

校核：利用刚结点 C 的平衡。

（三）三铰刚架

三铰刚架由两片刚接杆件与基础之间通过三个铰两两铰接而成，有 4 个支座反力（图 1-49）；三铰刚架的一个重要受力特性是在竖向荷载的作用下会产生水平反力（即推力）。多跨（或多层）静定刚架则与多跨静定梁类似，其各部分可以分为基本部分［如图 1-50（a）中的 ACD 部分］和附属部分［如图 1-50（a）中的 BC 部分］。

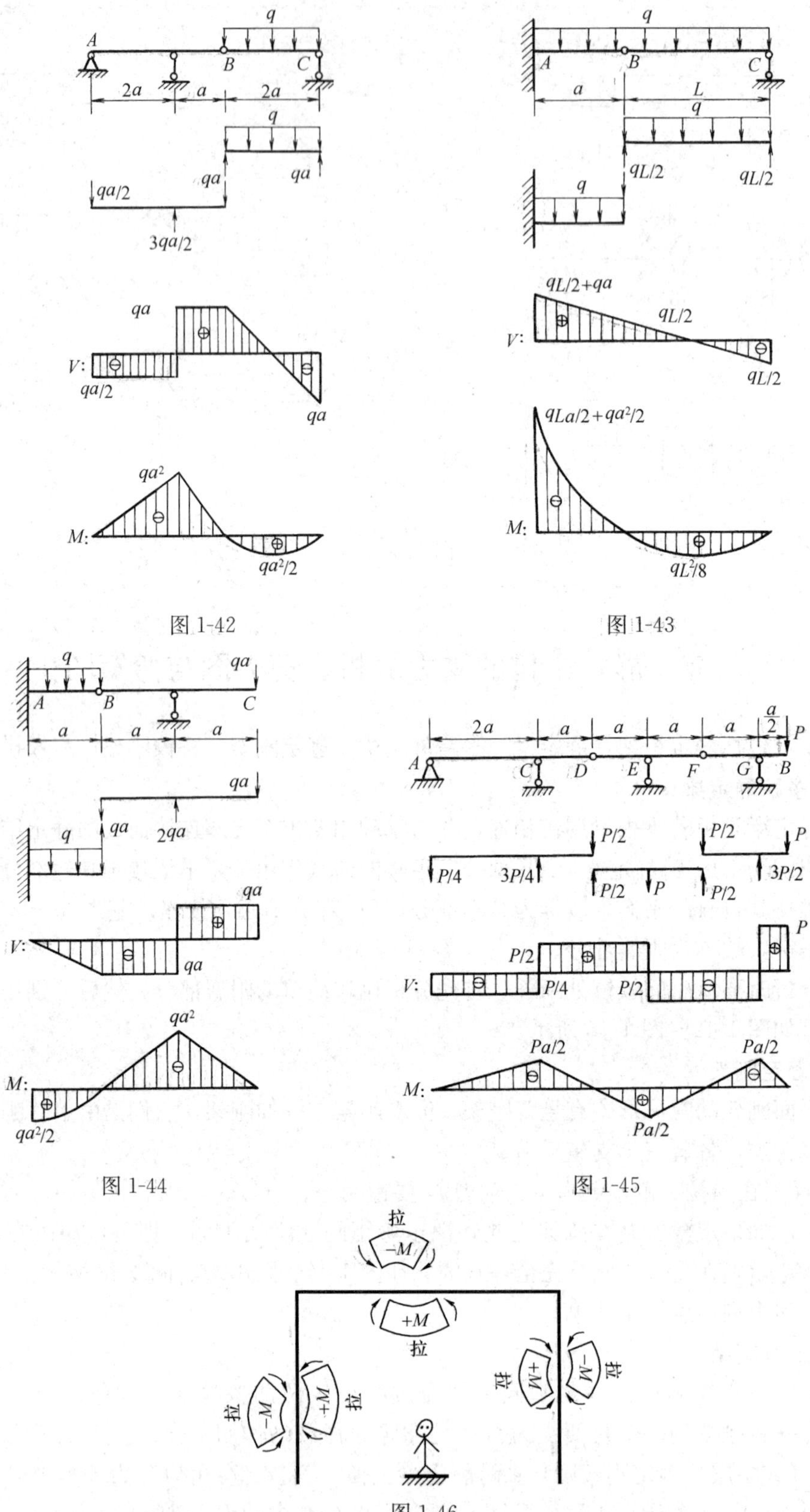

图 1-42

图 1-43

图 1-44

图 1-45

图 1-46

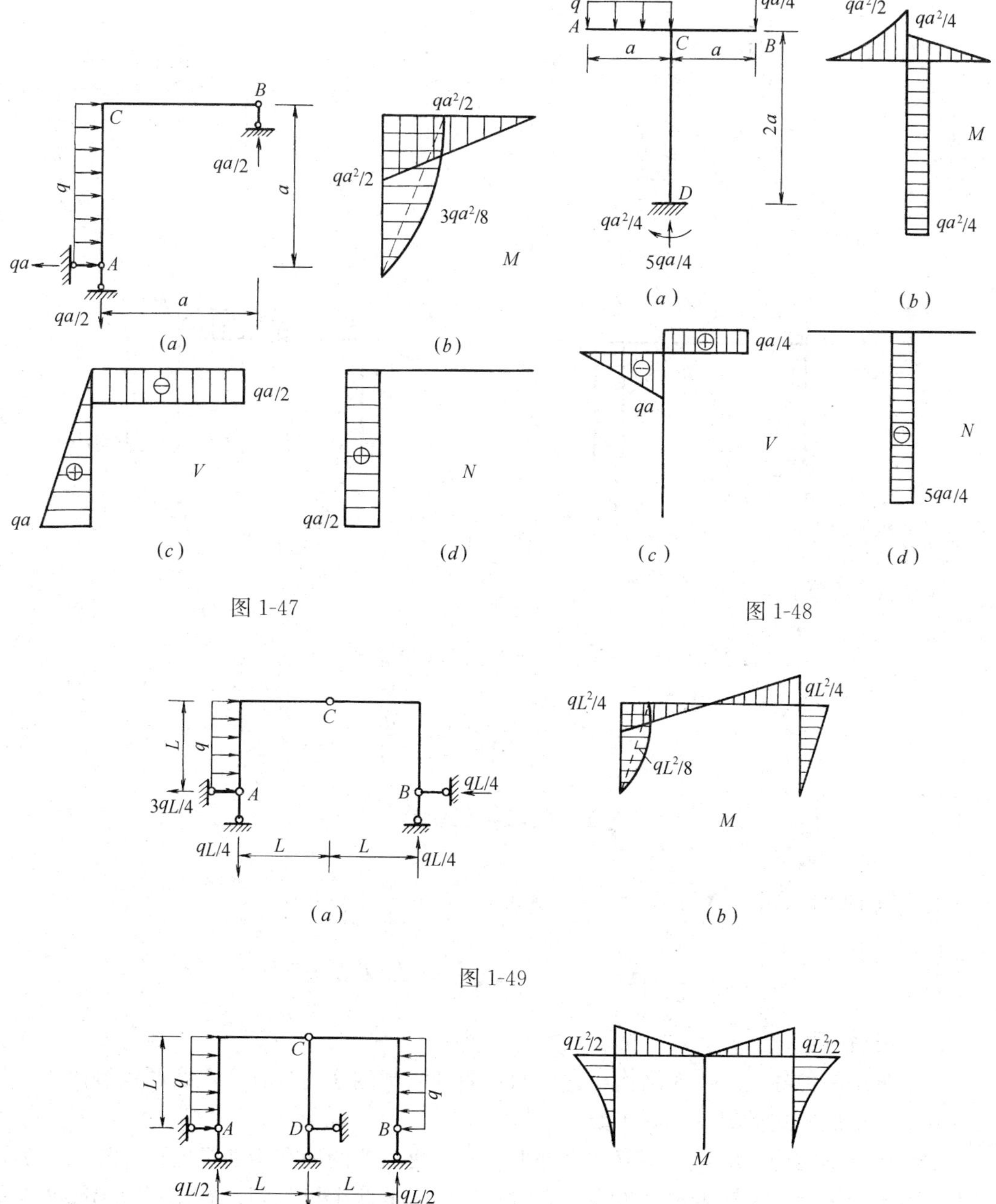

图 1-47

图 1-48

图 1-49

图 1-50

如图 1-51（a）所示的三铰刚架。可先取整体研究平衡：

$$\sum m_A=0：Y_B \cdot 2a=qa \cdot \frac{3}{2}a，Y_B=\frac{3}{4}qa$$

$$\sum m_B=0：Y_A \cdot 2a=qa \cdot \frac{a}{2}，Y_A=\frac{qa}{4}$$

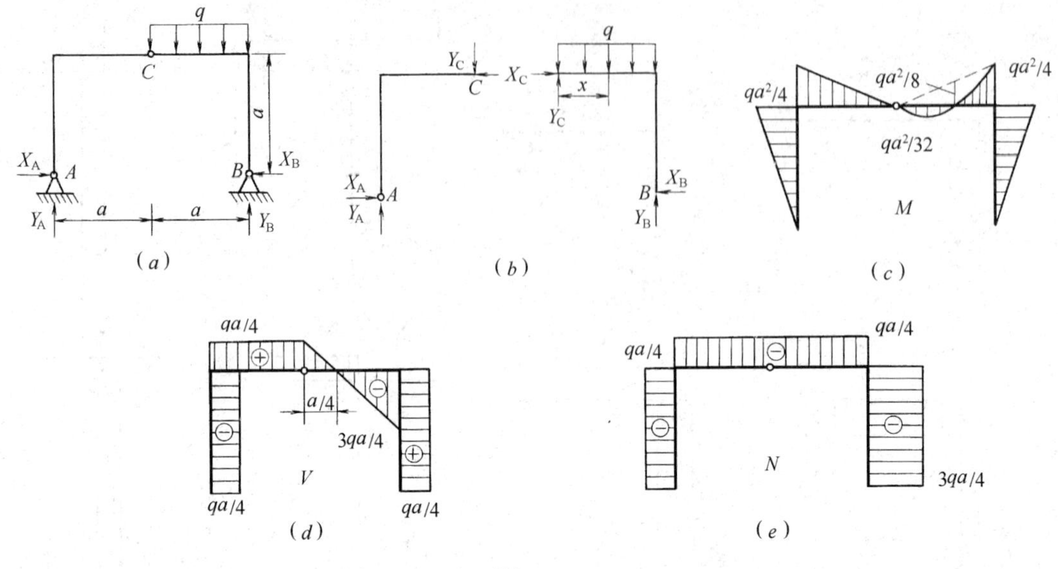

图 1-51

再取 AC 平衡：

$$\sum m_C=0：X_A \cdot a=Y_A \cdot a，X_A=Y_A=\frac{qa}{4}$$

$$\sum X=0：X_C=X_A=\frac{qa}{4}$$

$$\sum Y=0：Y_C=Y_A=\frac{qa}{4}$$

最后取 BC 平衡： $X_B=X_C=\frac{qa}{4}$，令 $V(x)=\frac{qa}{4}-qx=0$，

得： $x=\frac{a}{4}\quad M(x)=\frac{qa}{4}\cdot\frac{a}{4}-\frac{q}{2}\left(\frac{a}{4}\right)^2=\frac{qa^2}{32}$

（四）三铰拱

三铰拱是一种静定的拱式结构，它由两片曲杆与基础间通过三个铰两两铰接而成，与三铰刚架的组成方式类似，都属于推力结构。

拱结构与梁结构的区别，不仅在于外形不同，更重要的还在于在竖向荷载作用下是否产生水平推力。为避免产生水平推力，有时在三铰拱的两个拱脚间设置拉杆来消除所承受的推力，这就是所谓的带拉杆的三铰拱。如图 1-52(a)所示三铰拱的水平推力 F_x 等于相应简支梁[图 1-52(c)]上与拱的中间铰位置相对应的截面 C 的弯矩 M_C^0 除以拱高 f，即 $F_x=\frac{M_C^0}{f}$。拱的合理轴线，可以在给定荷载作用下，使拱上各截面只承受轴力，而弯矩为零。

（五）应力、惯性矩、极惯性矩、截面模量和面积矩的概念

应力是横截面上内力分布的集度，数值上等于单位面积上的内力。应力的单位与压强相同，量纲是 Pa，1Pa=1N/m^2，1kPa=10^{3}Pa，1MPa=10^{6}Pa=1N/mm^2，1GPa=10^{9}Pa。

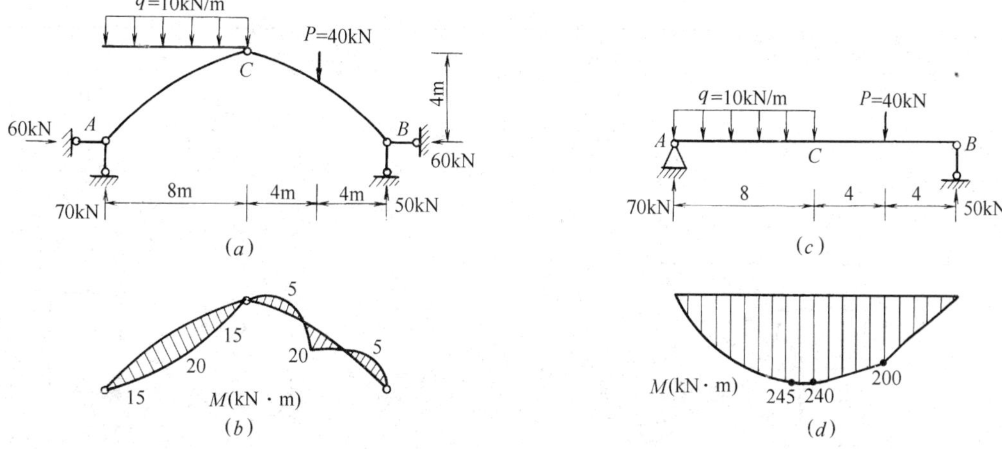

图 1-52

正应力 σ 是与横截面垂直（正交）的应力分量，剪应力 τ 是与横截面相切的应力分量。

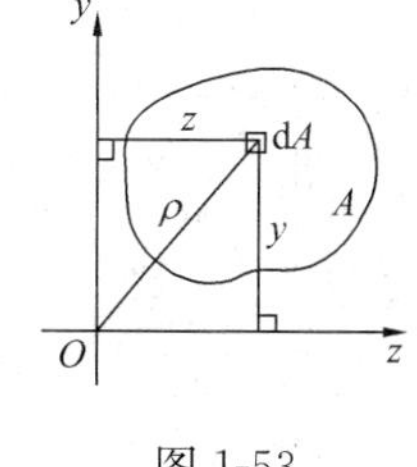

图 1-53

惯性矩、极惯性矩、截面模量和面积矩都是只与截面的形状与尺寸有关的截面图形的几何性质，图 1-53 中 A 为截面面积。

惯性矩 $$I_z = \int_A y^2 \mathrm{d}A \quad I_y = \int_A z^2 \mathrm{d}A \tag{1-13}$$

极惯性矩 $$I_P = \int_A \rho^2 \mathrm{d}A = I_z + I_y \tag{1-14}$$

抗弯截面模量 $$W_z = \frac{I_z}{y_{\max}} \tag{1-15}$$

抗扭截面模量 $$W_P = \frac{I_P}{\rho_{\max}} \tag{1-16}$$

面积矩 $$S_z = \int_A y \mathrm{d}A = A \cdot y_c = A_1 y_1 + A_2 y_2 + A_3 y_3 + \cdots\cdots \tag{1-17}$$

惯性矩的平行移轴公式 $$I_z = I_{z_c} + a^2 A \tag{1-18}$$

其中 z_c 为形心轴，a 为两平行轴 z 轴与 z_c 轴之间的距离。

（六）杆的四种基本变形一览表（表 1-3）

表 1-3

类　型	轴向拉伸（压缩）	剪　切	扭　转	平面弯曲
外力特点	P P P P	P P	m m	q A C B

续表

类　型	轴向拉伸（压缩）	剪　切	扭　转	平面弯曲	
横截面内力	轴力 N 等于截面一侧所有轴向外力代数和	剪力 V 等于 P	扭矩 T 等于截面一侧对 x 轴外力偶矩代数和	弯矩 M 等于截面一侧外力对截面形心力矩代数和	剪力 V 等于截面一侧所有竖向外力代数和
应力分布情况	P σ P σ 均布	τ 假设均布	τ_ρ 线性分布	σ 线性分布	τ 抛物线分布
应力公式	$\sigma=\frac{N}{A}$	$\tau=\frac{V}{A_s}$ $\sigma_{bs}=\frac{P_{bs}}{A_{bs}}$	$\tau_\rho=\frac{T}{I_P}\rho$	$\sigma=\frac{M}{I_z}y$	$\tau=\frac{VS_z}{bI_z}$
强度条件	$\sigma_{max}=\frac{N_{max}}{A}\leqslant[\sigma]$	$\tau=\frac{V}{A_s}\leqslant[\tau]$ $\sigma_{bs}=\frac{P_{bs}}{A_{bs}}\leqslant[\sigma_{bs}]$	$\tau_{max}=\frac{T_{max}}{W_P}\leqslant[\tau]$	$\sigma_{max}=\frac{M_{max}}{W_z}\leqslant[\sigma]$	$\tau_{max}=\frac{V_{max}S_{zmax}}{bI_z}\leqslant[\tau]$ 矩形 $\tau_{max}=\frac{3V_{max}}{2A}$
变形	$\Delta l=\frac{Nl}{EA}$		$\phi=\frac{Il}{GI_P}$	$f_c=\frac{5ql^4}{384EI}$	$Q_A=\frac{ql^3}{24EI}$
刚度条件			$\theta=\frac{I}{GI_P}\leqslant[\theta]$	$f_{max}\leqslant\left[\frac{f}{l}\right]$	$\theta_{max}\leqslant[\theta]$

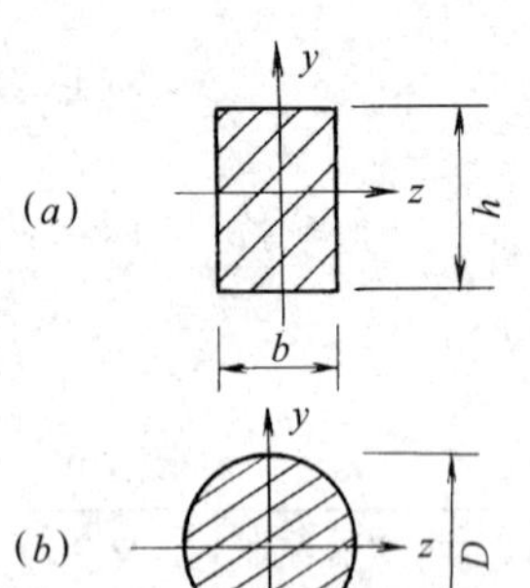

其中　矩形截面如图 1-54（a）所示：

$$I_z=\frac{bh^3}{12}\quad W_z=\frac{bh^2}{6}\quad I_y=\frac{hb^3}{12}\quad W_y=\frac{hb^2}{6}\tag{1-19}$$

圆形截面如图 1-54（b）所示：

$$I_z=I_y=\frac{\pi}{64}D^4\quad W_z=W_y=\frac{\pi}{32}D^3\tag{1-20}$$

$$I_P=\frac{\pi}{32}D^4\quad W_P=\frac{\pi}{16}D^3\tag{1-21}$$

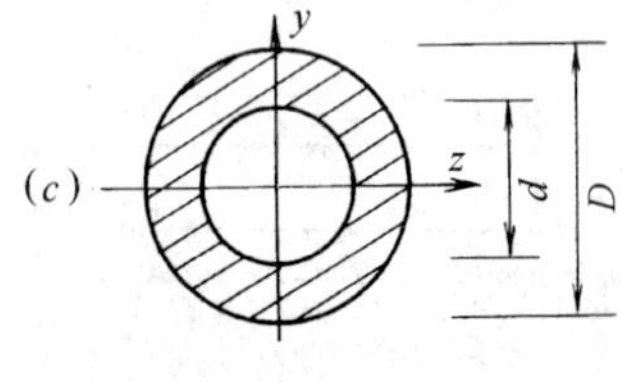

图 1-54

空心圆截面如图 1-54（c）所示，设 $\alpha=\frac{d}{D}$

$$I_z=I_y=\frac{\pi}{64}D^4(1-\alpha^4)\quad W_z=W_y=\frac{\pi}{32}D^3(1-\alpha^4)\tag{1-22}$$

$$I_P=\frac{\pi}{32}D^4(1-\alpha^4)\quad W_P=\frac{\pi}{16}D^3(1-\alpha^4)\tag{1-23}$$

表 1-3 中 E 为材料拉压弹性模量，A 为横截面面积，G

为材料剪变模量。EA 为杆件的抗拉（压）刚度，GA 为杆件的抗剪刚度，GI_P 为杆件的抗扭刚度，EI 为杆件的抗弯刚度。

（七）静定结构的基本特征

在几何组成方面，静定结构是没有多余约束的几何不变体系。在静力学方面，静定结构的全部反力和内力均可由静力平衡条件确定。其反力和内力只与荷载以及结构的几何形状和尺寸有关，而与构件所用材料及其截面形状和尺寸无关，与各杆间的刚度比无关。

由于静定结构不存在多余约束，因此可能发生的支座沉降、温度改变、制造误差，以及材料的收缩或徐变，会导致结构产生位移，但不会产生反力和内力。

常用的几类静定结构的内力特点：

（1）梁。梁为受弯构件，由于其截面上的应力分布不均匀，故材料的效用得不到充分发挥。简支梁一般多用于小跨度的情况。在同样跨度并承受同样均布荷载的情况下，悬臂梁的最大弯矩值和最大挠度值都远大于简支梁，故悬臂梁一般只宜作跨度很小的阳台、雨篷、挑廊等承重结构。

（2）桁架。在理想的情况下，桁架各杆只产生轴力，其截面上的应力分布均匀且能同时达到极限值，故材料效用能得到充分发挥，与梁相比它能跨越较大的跨度。

（3）三铰拱。三铰拱也是受弯结构，由于有水平推力，所以拱的截面弯矩比相应简支梁的弯矩要小，利用空间也比简支梁优越，常用作屋面承重结构（图 1-50）。

（4）三铰刚架。内力特点与三铰拱类似，且具有较大的空间，多用于屋面的承重结构。

第四节　图乘法求位移

结构在荷载或其他一些因素（如温度改变、支座移动、材料收缩、制造误差等）的作用下会产生变形和位移。结构位移计算的常用方法是单位荷载法，它是基于变形体系的虚功原理建立的。

利用虚功原理计算结构的位移，首先要虚设一个单位力状态，即在原结构所沿位移方向虚设一个与所求位移对应的单位力。这样，力状态的外力（包括单位力及所引起的支座反力）在实际状态的位移上所做的虚功，就等于力状态的内力在实际位移状态的变形上所做的虚功（或称虚变形能），即：

$$1\times\Delta+\Sigma\overline{R}c=\Sigma\int\overline{N}\mathrm{d}u+\Sigma\int\overline{M}\mathrm{d}\varphi+\Sigma\int\overline{V}\mathrm{d}v$$

或

$$\Delta=\Sigma\int\overline{N}\mathrm{d}u+\Sigma\int\overline{M}\mathrm{d}\varphi+\Sigma\int\overline{V}\mathrm{d}v-\Sigma\overline{R}c$$

式中，Δ 为所求位移；$\overline{R}$ 和 $\overline{N}$、$\overline{M}$、$\overline{V}$ 分别为虚拟力状态中的支座反力、轴力、弯矩和剪力，c 为实际状态的支座位移。

对于桁架结构，$\Delta=\sum_{i=1}^{n}\frac{N_i\overline{N}_i l_i}{EA}$　　（1-24）

式中　N_i——外荷载产生的各杆轴力；

$\overline{N}_i$——单位荷载产生的各杆轴力；

l_i——各杆长度；

EA——各杆抗拉刚度。

对于梁和刚架结构，荷载作用下杆件的剪切和轴向变形对位移的贡献一般较小，可以忽略。这样梁和刚架在荷载作用下的位移计算公式可以简化为（因梁截面的弯曲变形为$d\varphi=\frac{M_P}{EI}dx$）：

$$\Delta=\sum\int\frac{\overline{M}M_P}{EI}dx \tag{1-25}$$

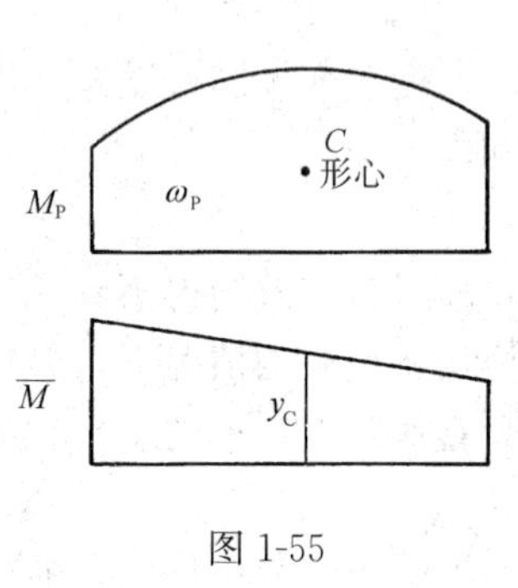

图 1-55

利用上式计算梁和刚架的位移时，如果结构满足以下三个条件，则可采用图乘法代替公式中的积分运算：

（1）杆轴为直线；

（2）杆段 EI＝常数；

（3）各杆段的两个弯矩图至少有一个为直线图形。

利用图乘法，各杆段的上述积分式就等于一个图形的面积乘以其形心对应位置的另一图形的竖标，但取竖标的图形必须为直线（图 1-55）。

$$\Delta=\sum_{i=1}^{n}\int_{Li}\frac{M_P\overline{M}}{EI}dx=\sum_i\frac{1}{EI}\omega_P\cdot y_C \tag{1-26}$$

式中 M_P——外荷载作用时的弯矩图；

$\overline{M}$——单位荷载作用时的弯矩图；

ω_P——M_P 图的面积；

y_C——M_P 图形心对应的 $\overline{M}$ 图的坐标。

【注意】 1. 结果按 ω_P 与 y_C 在基线的同一侧时为正，否则为负；

2. y_C 必须从直线图形上取得；

3. 叠加法：$\Delta=\frac{1}{EI}$（$\omega_1y_1+\omega_2y_2+\omega_3y_3$）

其中 M_P、$\overline{M}$ 都可以是几个图形组成，求代数和；

4. 常遇图形的面积及其形心的位置如下（图 1-56 中曲线为二次抛物线）。

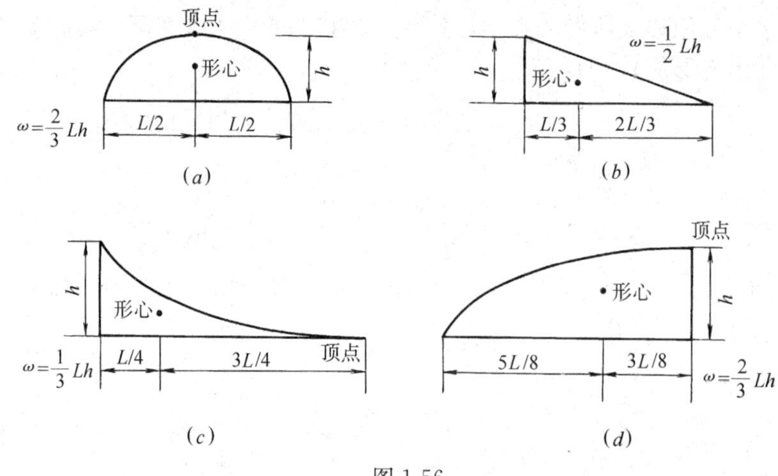

图 1-56

例 1-22 试求图 1-57 所示简支梁 A 端的角位移 Φ_A 和中点 C 的竖向位移 Δ_C，EI 为常数，$\omega=\omega_1+\omega_2$。

$$\Phi_A=\frac{1}{EI}\omega\cdot y_C=\frac{1}{EI}\left(\frac{2}{3}L\cdot\frac{qL^2}{8}\right)\times\frac{1}{2}$$

$$=\frac{qL^3}{24EI}\ (\downarrow)$$

$$\Delta_C=\frac{1}{EI}\ (\omega_1y_1+\omega_2y_2)\ =\frac{2}{EI}\omega_1y_1$$

$$=\frac{2}{EI}\left(\frac{2}{3}\cdot\frac{L}{2}\cdot\frac{qL^2}{8}\right)\cdot\frac{5}{32}L$$

$$=\frac{5qL^4}{384EI}\ (\downarrow)$$

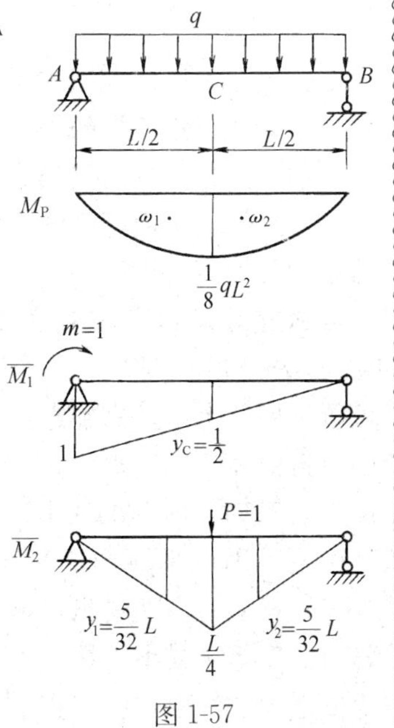

图 1-57

第五节 超 静 定 结 构

一、平面体系的几何组成分析

(一) 几何不变体系、几何可变体系

1. 几何不变体系

在不考虑材料应变的条件下，任意荷载作用后体系的位置和形状均能保持不变［图 1-58 (*a*)、(*b*)、(*c*)］。这样的体系称为几何不变体系。

2. 几何可变体系

在不考虑材料应变的条件下，即使在微小的荷载作用下，也会产生机械运动而不能保持其原有形状和位置的体系［图 1-58 (*d*)、(*e*)、(*f*)］称为几何可变体系（也称为常变体系）。

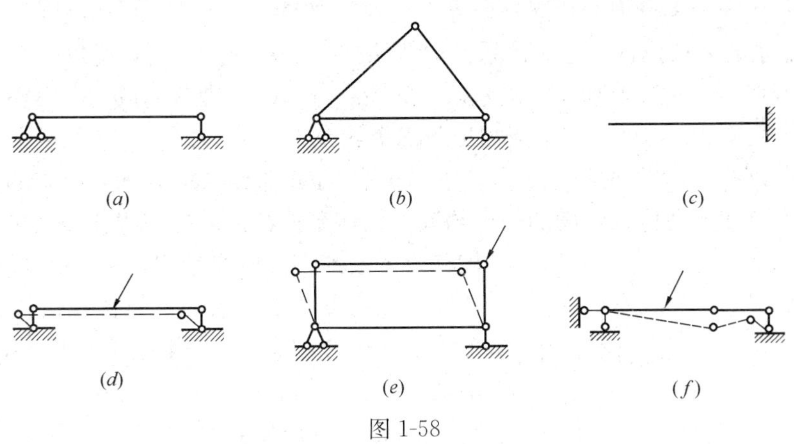

图 1-58

（二）自由度和约束的概念

1. 自由度

在介绍自由度之前，先了解一下有关刚片的概念。在几何组成分析中，把体系中的任何杆件都看成是不变形的平面刚体，简称**刚片**。显然，每一杆件或每根梁、柱都可以看作是一个刚片，建筑物的基础或地球也可看作是一个大刚片，某一几何不变部分也可视为一个刚片。这样，平面杆系的几何组成分析就在于分析体系各个刚片之间的连接方式能否保证体系的几何不变性。

自由度是指确定体系位置所需要的独立坐标（参数）的数目。例如，一个点在平面内运动时，其位置可用两个坐标来确定，因此平面内的一个点有两个自由度［图 1-59（a）］。又如，一个刚片在平面内运动时，其位置要用 x、y、φ 三个独立参数来确定，因此平面内的一个刚片有三个自由度［图 1-59（b）］。由此看出，**体系几何不变的必要条件是自由度等于或小于零。**那么，如何适当、合理地给体系增加约束，使其成为几何不变体系是以下要解决的问题。

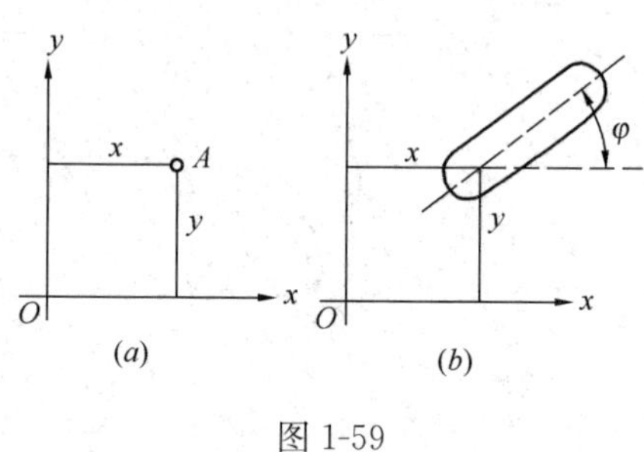

图 1-59

2. 约束和多余约束

减少体系自由度的装置称为约束。减少一个自由度的装置即为一个约束，并以此类推。约束主要有链杆（一根两端铰接于两个刚片的杆称为链杆，如直杆、曲杆、折杆）、单铰（即连接两个刚片的铰）和刚结点三种形式。假设有两个刚片，其中一个不动设为基础，此时体系的自由度为 3。若用一链杆将它们连接起来，如图 1-60（a）所示，则除了确定链杆连接处 A 的位置需一转角坐标 φ_1 外，确定刚片绕 A 转动时的位置还需一转角坐标 φ_2，此时只需两个独立坐标就能确定该体系的运动位置，则体系的自由度为 2，它比没有链杆时减少了一个自由度，所以**一根链杆相当于一个约束**；若用一个单铰把刚片同基础连接起来，如图 1-60（b）所示，则只需转角坐标 φ 就能确定体系的运动位置，这时体系比原体系减少了两个自由度，所以**一个单铰相当于两个约束**；若将刚片同基础刚性连接起来，如图 1-60（c），则它们成为一个整体，都不能动，体系的自由度为 0，因此**刚结点相当于三个约束**。

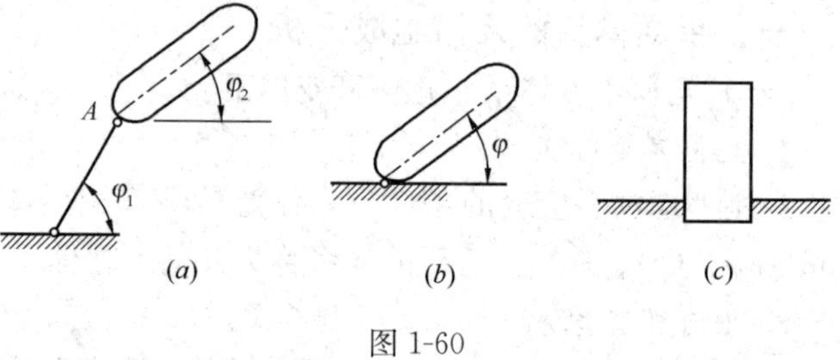

图 1-60

一个平面体系，通常都是由若干个构件加入一定约束组成的。加入约束的目的是减少体系的自由度。**如果在体系中增加一个约束，而体系的自由度并不因此而减少，则该约束被称为多余约束。**应当指出，多余约束只说明为保持体系几何不变是多余的，但在几何体系中增设多余约束，往往可改善结构的受力状况，并非真是多余。

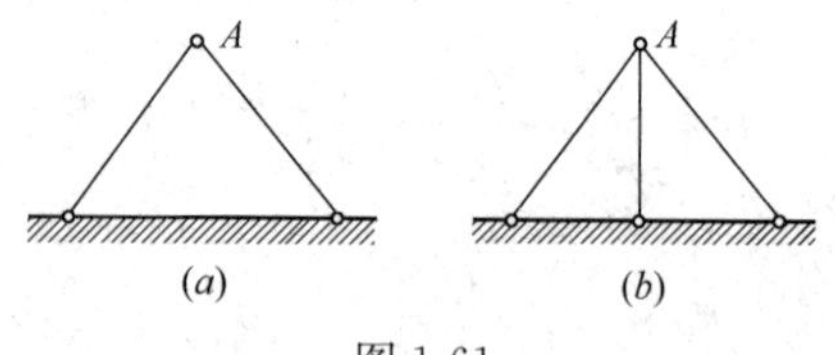

图 1-61

如图 1-61 所示，平面内有一自由点 A，在图

1-61（a）中 A 点通过两根链杆与基础相连，这时两根链杆分别使 A 点减少一个自由度而使 A 点固定不动，因而两根链杆都非多余约束。在图 1-61（b）中 A 点通过三根链杆与基础相连，这时 A 虽然固定不动，但减少的自由度仍然为 2，显然三根链杆中有一根没有起到减少自由度的作用，因而是多余约束（可把其中任意一根作为多余约束）。

又如图 1-62（a）表示在点 A 加一根水平的支座链杆 1 后，A 点还可以移动，是几何可变体系。

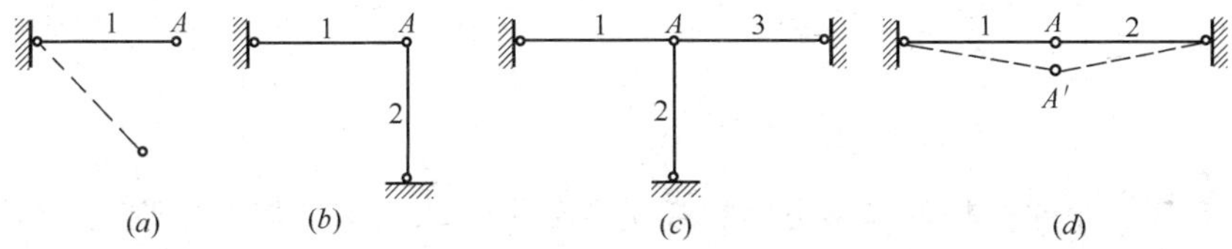

图 1-62

图 1-62（b）是用两根不在一直线上的支座链杆 1 和 2 把 A 点连接在基础上，A 点上下、左右移动的自由度全被限制住了，不能发生移动。故图 1-62（b）是**约束数目恰好够用的几何不变体系，称为无多余约束的几何不变体系。**

图 1-62（c）是在图 1-62（b）上又增加一根水平的支座链杆 3，这第三根链杆，就保持几何不变而言，是多余的。故图 1-62（c）是有一个多余约束的几何不变体系。

图 1-62（d）是用在一条水平直线上的两根链杆 1 和 2 把 A 点连接在基础上，保持几何不变的约束数目是够用的。但是这两根水平链杆只能限制 A 点的水平位移，不能限制 A 点的竖向位移。在图 1-62（d）两根链杆处于水平线上的瞬时，A 点可以发生很微小的竖向位移到 A' 点处，这时，链杆 1 和 2 不再在一直线上，A' 点就不继续向下移动了。这种本来是几何可变的，经微小位移后又成为几何不变的体系，称为**瞬变体系**。瞬变体系是约束数目够用，由于约束的布置不恰当而形成的体系。瞬变体系在工程中也是不能采用的。

（三）几何不变体系的基本组成规则

基本规则是几何组成分析的基础，在进行几何组成分析之前先介绍一下虚铰的概念：

如果两个刚片用两根链杆连接［图 1-63（a）］，则这两根链杆的作用就和一个位于两杆交点 O 的铰的作用完全相同。由于在这个交点 O 处并不是真正的铰，所以称它为**虚铰**。虚铰的位置即在这两根链杆的交点上，如图 1-63（a）的 O 点。

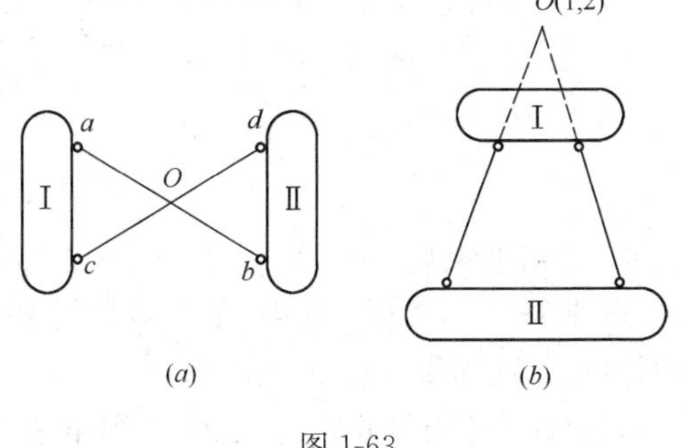

图 1-63

如果连接两个刚片的两根链杆并没有相交，则虚铰在这两根链杆延长线的交点上，如图 1-63（b）所示。

下面就分别叙述组成几何不变平面体系的三个基本规则：

1. 二元体概念及二元体规则

图 1-64（a）所示为一个三角形铰接体系，假如链杆Ⅰ固定不动，那么通过前面的叙述，我们已知它是一个几何不变体系。

将图 1-64（a）中的链杆Ⅰ看作一个刚片，成为图 1-64（b）所示的体系。从而得出：

规则 1（二元体规则）：一个点与一个刚片用两根不共线的链杆相连，则组成无多余约束的几何不变体系。

由两根不共线的链杆连接一个节点的构造，称为二元体［如图 1-64（*b*）中的 *BAC*］。

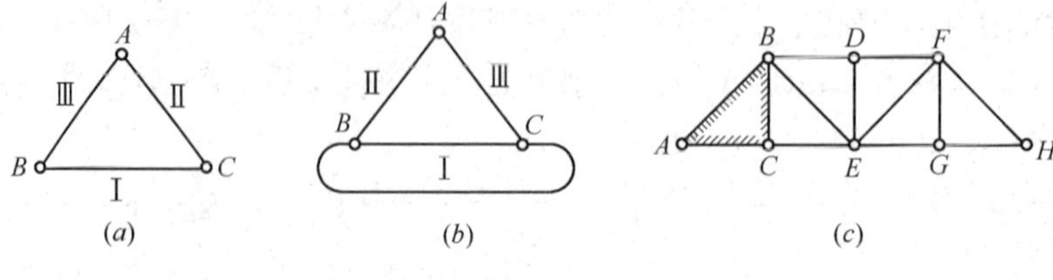

图 1-64

推论 1：**在一个平面杆件体系上增加或减少若干个二元体，都不会改变原体系的几何组成性质。**

如图 1-64（*c*）所示的桁架，就是在铰接三角形 *ABC* 的基础上，依次增加二元体而形成的一个无多余约束的几何不变体系。同样，我们也可以对该桁架从 *H* 点起依次拆除二元体而成为铰接三角形 *ABC*。

2. 两刚片规则

将图 1-64（*a*）中的链杆Ⅰ和链杆Ⅱ都看作是刚片，就成为图 1-65（*a*）所示的体系。从而得出：

规则 2（两刚片规则）：两刚片用不在一条直线上的一个铰（*B* 铰）和一根链杆（*AC* 链杆）连接，则组成无多余约束的几何不变体系。例如简支梁、外伸梁就是实例。

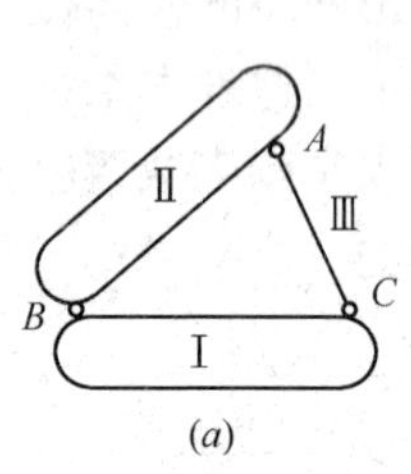

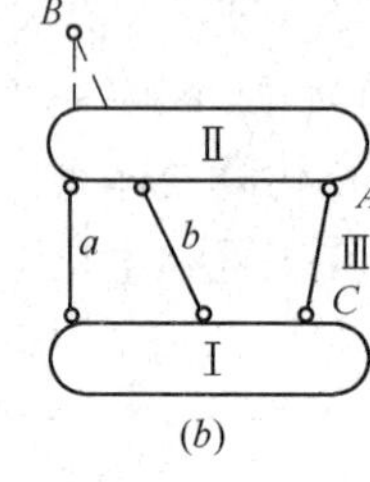

图 1-65

如果将图 1-65（*a*）中连接两刚片的铰 *B* 用虚铰代替，即用两根不共线、不平行的链杆 *a*、*b* 来代替，就成为图 1-65（*b*）所示体系，则有：

推论 2：**两刚片用既不完全平行也不交于一点的三根链杆连接，则组成无多余约束的几何不变体系。**

如果三根链杆完全平行或交于一点，则成为可变体系。

3. 三刚片规则

将图 1-64（*a*）中的链杆Ⅰ、链杆Ⅱ和链杆Ⅲ都看作是刚片，就成为图 1-66（*a*）所示的体系。从而得出：

规则 3（三刚片规则）：三刚片用不在一条直线上的三个铰两两连接，则组成无多余约束的几何不变体系。例如三铰刚架、三铰拱就是实例。

如果三个铰在一条直线上，则成为瞬变体系。

如果将图中连接三刚片之间的铰 *A*、*B*、*C* 全部用虚铰代替，即都用两根不共线、不平行的链杆来代替，就成为图 1-66（*b*）所示体系，则有：

推论 3：**三刚片分别用不完全平行也不共线的二根链杆两两连接，且所形成的三个虚铰不在同一条直线上，则组成无多余约束的几何不变体系。**

从以上叙述可知，这三个规则及其推论，实际上都是三角形规律的不同表达方式，即三个不共线的铰，可以组成无多余约束的铰接三角形体系。

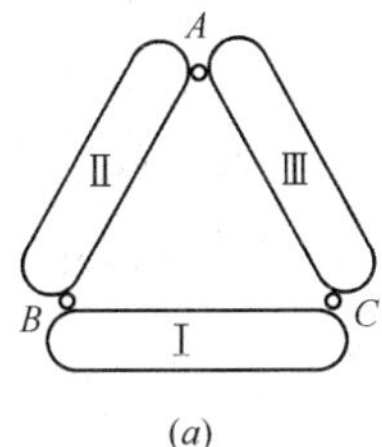

(a)

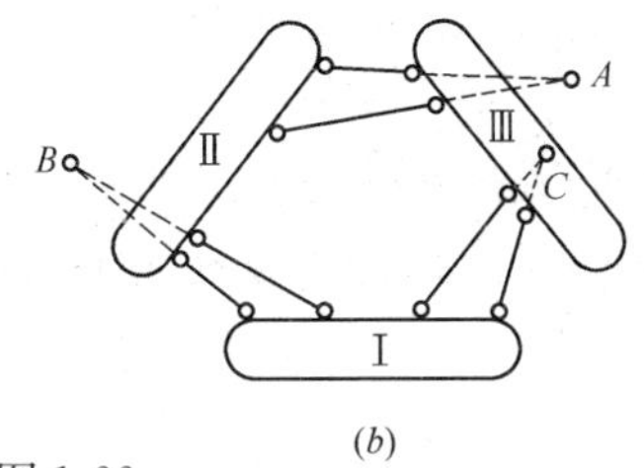

(b)

图 1-66

例 1-23 **（2011 年）** 图 1-67 所示结构属于何种体系？

A　无多余约束的几何不变体系

B　有多余约束的几何不变体系

C　常变体系

D　瞬变体系

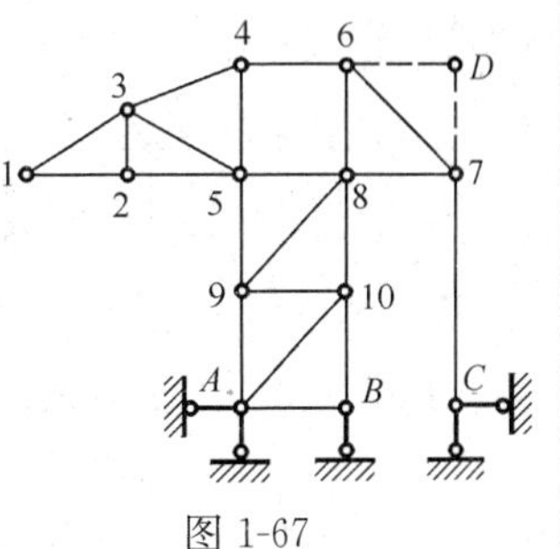

图 1-67

解析：【方法一】依次拆除二元体 1、2、3、4、5、6、7、8、9、10，得到一个简支梁 AB 和一个铰链支座 C（也是一个二元体）。显然是无多余约束的几何不变体系。

【方法二】把三角形结构 1-2-3-4-5 看作刚片Ⅰ，把三角形 6-7-8 看作刚片Ⅱ，把三角形结构 5-8-9-10-A-B 与地面连接在一起看作刚片Ⅲ。这三个刚片用铰链 5、铰链 8 和虚铰 D 三个铰链两两相连，组成一个无多余约束的几何不变体系。

答案： A

【注意】　从本题可以看到，采用不同的基本组成规则，分析的结果是唯一的。在分析具体问题时，要根据不同情况灵活运用，尽可能采用最简捷的方法。

二、超静定结构的特点和优点

（一）特点

（1）反力和内力只用静力平衡条件不能全部确定。

（2）具有多余约束（多余联系）的几何不变体系。

（3）超静定结构在荷载作用下的反力和内力仅与各杆的相对刚度有关，一般相对刚度较大的杆，其反力和内力也较大；各杆内力之比等于各杆刚度之比（见例 1-24）。

（4）超静定结构在发生支座沉降、温度改变、制造误差，以及材料的收缩或徐变时，可能会产生内力。要看这些因素引起的变形是否受超静定结构多余约束的阻碍，如果有，一般各杆刚度绝对值增大，内力也随之增大；如果没有，可以自由变形，就不会引起内力。

例 1-24　图 1-68 所示结构中哪根杆剪力最大？

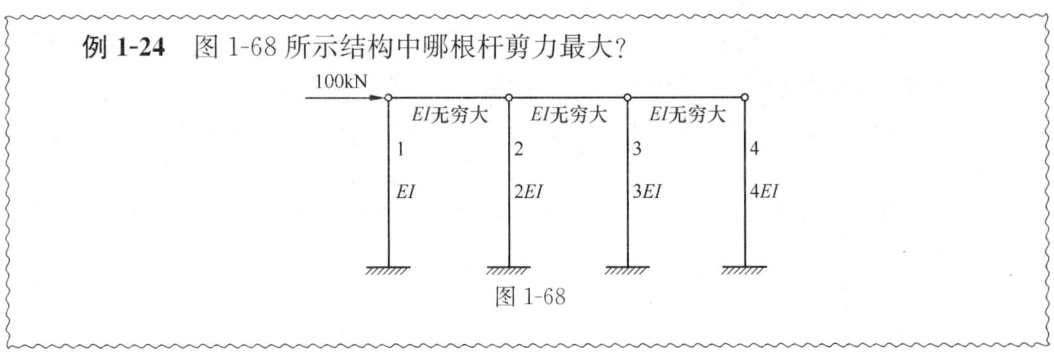

图 1-68

A　杆 1　　　　B　杆 2　　　　C　杆 3　　　　D　杆 4

解析： 此结构显然是一个超静定结构。100kN 的外力要按照各杆的刚度比来分配。1、2、3、4 各杆所受的外力分别是 10kN、20kN、30kN、40kN，显然 4 杆的内力最大，剪力也最大。

答案： D

例 1-25　（2009 年） 下图（a）所示排架的环境温度升高 t℃时，以下说法错误的是：

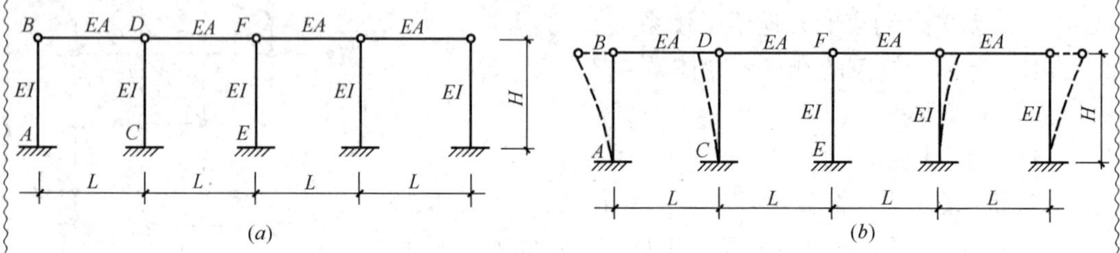

图 1-69

A　横梁中仅产生轴力　　　　B　柱底弯矩 $M_{AB}>M_{CD}>M_{EF}$

C　柱 EF 中不产生任何内力　　D　柱高 H 减小，柱底弯矩 M_{AB}减小

解析： 图 1-69(a) 所示对称结构，温度升高引起的变形也是对称的。由于横梁受热膨胀而伸长，越外侧的柱子累积的变形越大，如图 1-69(b) 所示，受弯矩越大，而温度升高时柱高 H 也增大。显然 D 是错误的。

答案： D

（二）优点

（1）防护能力强；

（2）内力和变形分布较均匀、内力和变形的峰值较小。

三、超静定次数的确定

超静定次数=多余约束（多余反力）的数目

确定方法：去掉结构的多余约束，使原结构变成一个静定的基本结构，则所去掉的约束（联系）的数目即为结构的超静定次数。

在结构上去掉多余约束的方法，通常有如下几种：

（1）切断一根链杆，或撤去一个支座链杆，相当于去掉一个联系（图 1-70、图 1-71）。

（2）去掉一个固定铰或中间铰，相当于去掉两个联系（图 1-72）。

（3）将一刚接处切断，或者撤去一个固定支座，相当于去掉三个联系（图 1-73、图 1-74）。

（4）将一固定支座改成铰支座，或将受弯杆件某处改成铰接，相当于去掉一个联系（图 1-73）。

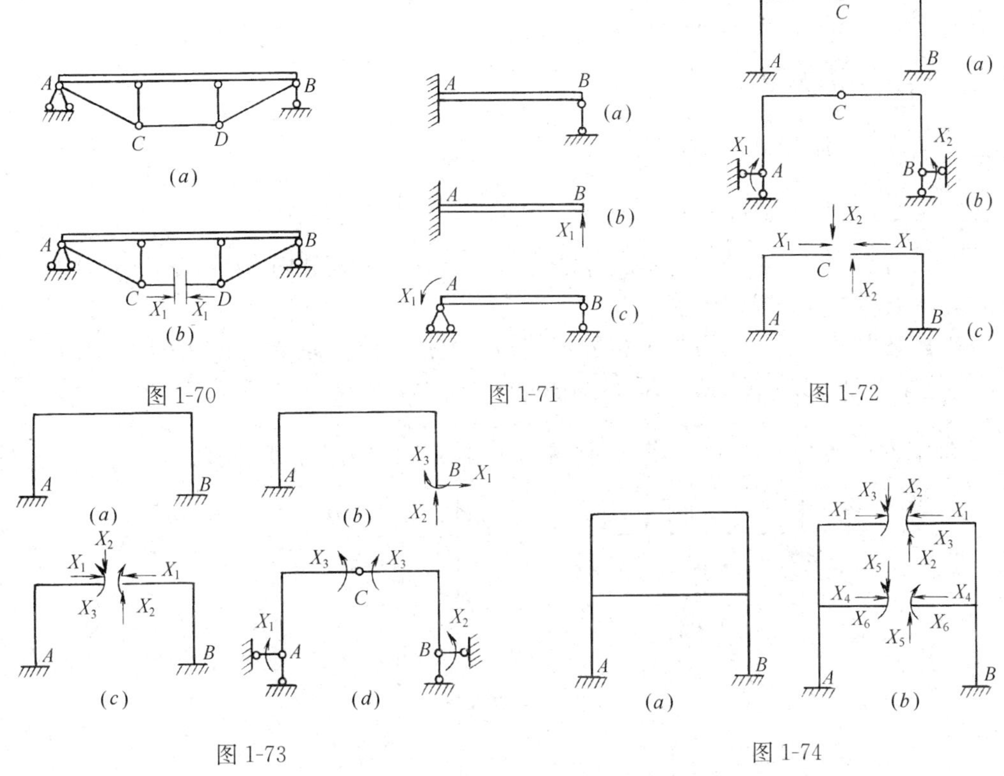

图 1-70　图 1-71　图 1-72

图 1-73　图 1-74

四、用力法求解超静定结构

步骤：

（1）确定基本未知量——多余力的数目 n。

（2）去掉结构的多余联系得出一个静定的基本结构，并以多余力代替相应多余联系的作用。

（3）根据基本结构在多余力和原有荷载的共同作用下，在去掉多余联系处（B 点）的位移应与原结构中相应的位移相同的条件下，建立力法典型方程：

$$\begin{cases}\Delta_1=\delta_{11}X_1+\delta_{12}X_2+\cdots\cdots+\Delta_{1P}=0\\ \Delta_2=\delta_{21}X_1+\delta_{22}X_2+\cdots\cdots+\Delta_{2P}=0\\ \cdots\cdots\\ \Delta_n=\delta_{n1}X_1+\delta_{n2}X_2+\cdots\cdots+\Delta_{nP}=0\end{cases}$$

式中　δ_{11}、δ_{21}、δ_{n1} 分别表示当 $X_1=1$ 单独作用于基本结构时，B 点沿 X_1、X_2 和 X_n 方向的位移。

δ_{12}、δ_{22}、δ_{n2} 分别表示当 $X_2=1$ 单独作用于基本结构时，B 点沿 X_1、X_2 和 X_n 方向的位移。

Δ_{1P}、Δ_{2P}、Δ_{nP} 分别表示当荷载单独作用于基本结构时，B 点沿 X_1、X_2 和 X_n 方向的位移。

Δ_1、Δ_2、Δ_n 分别表示去掉多余联系处（B 点）沿 X_1、X_2、X_n 方向的总位移。

其中各系数和自由项都为基本结构的位移，因而可用图乘法求得，如：

$$\delta_{11}=\frac{1}{EI}\int_L\overline{M_1}\,\overline{M_1}\mathrm{d}x$$

$$\delta_{12}=\delta_{21}=\frac{1}{EI}\int_L \overline{M_1}\,\overline{M_2}\mathrm{d}x$$

$$\delta_{22}=\frac{1}{EI}\int_L \overline{M_2}\,\overline{M_2}\mathrm{d}x$$

$$\Delta_{1P}=\frac{1}{EI}\int_L \overline{M_1}\,M_P\mathrm{d}x$$

$$\Delta_{2P}=\frac{1}{EI}\int_L \overline{M_2}\,M_P\mathrm{d}x,\cdots\cdots$$

为此，需要作出基本结构的单位内力图$\overline{M_1}$、$\overline{M_2}$……和荷载内力图 M_P。

（4）解典型方程，求出各多余力。

（5）多余力确定后，即可按分析静定结构的方法，给出原结构的内力图（最后内力图），按叠加原理：$M=X_1\overline{M_1}+X_2\overline{M_2}+\cdots\cdots+M_P$。

例 1-26 如图 1-75（a）所示梁超静定次数 $n=1$，力法典型方程：

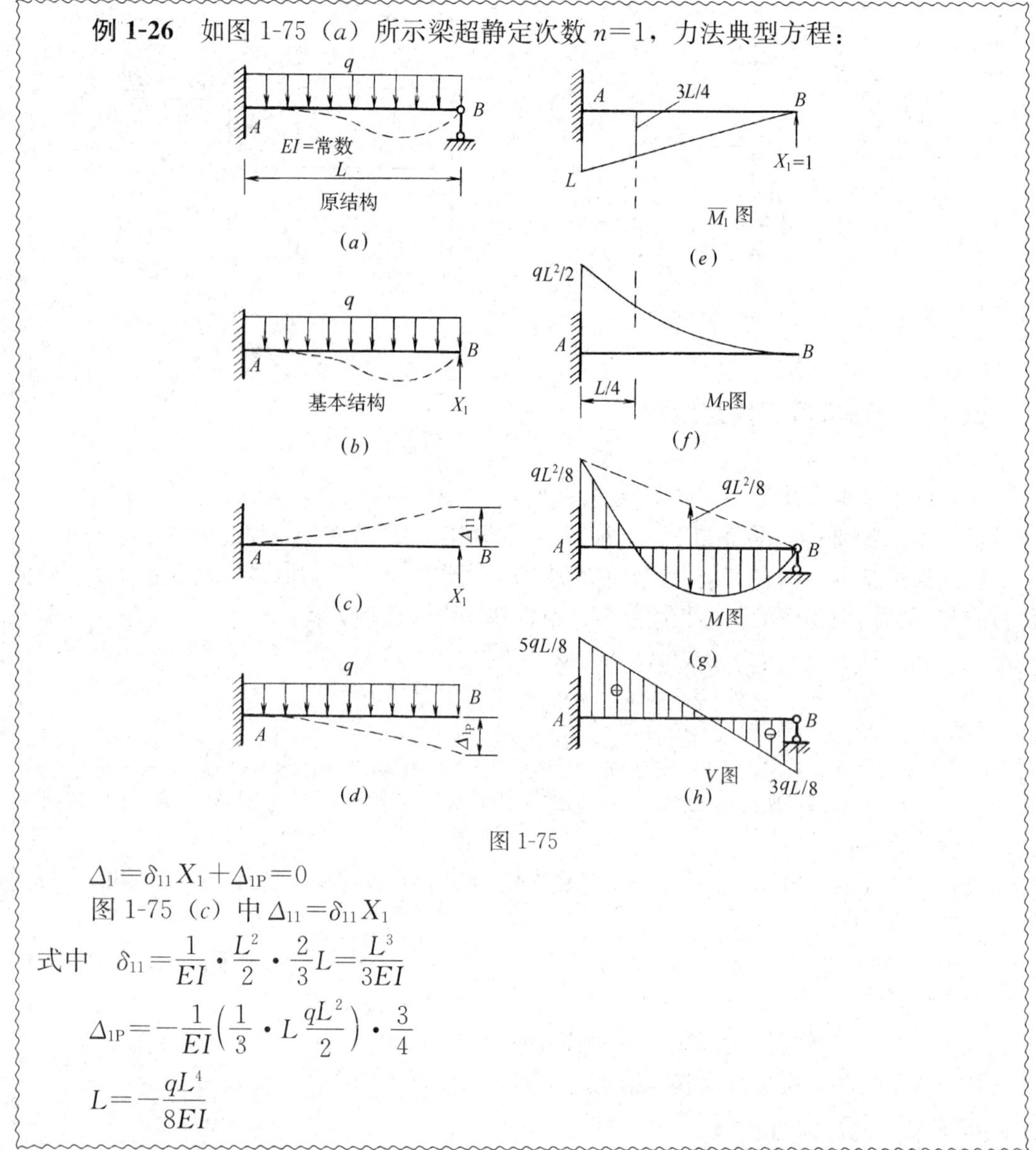

图 1-75

$\Delta_1=\delta_{11}X_1+\Delta_{1P}=0$

图 1-75（c）中 $\Delta_{11}=\delta_{11}X_1$

式中 $\delta_{11}=\frac{1}{EI}\cdot\frac{L^2}{2}\cdot\frac{2}{3}L=\frac{L^3}{3EI}$

$\Delta_{1P}=-\frac{1}{EI}\left(\frac{1}{3}\cdot L\frac{qL^2}{2}\right)\cdot\frac{3}{4}$

$L=-\frac{qL^4}{8EI}$

所以 $X_1=-\frac{\Delta_{1P}}{\delta_{11}}=\frac{qL^4}{8EI}\cdot\frac{3EI}{L^3}$

$=\frac{3}{8}qL$

而 $M_A=X_1\overline{M}_1+M_P=X_1L-\frac{qL^2}{2}=\frac{3}{8}qL^2-\frac{qL^2}{2}=-\frac{1}{8}qL^2$

例 1-27 如图 1-76 所示。

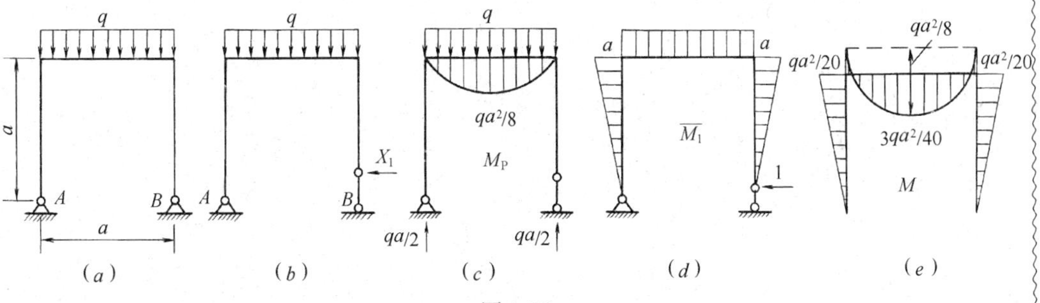

图 1-76

超静定次数 $n=1$

力法方程：

$$\Delta_1=\delta_{11}X_1+\Delta_{1P}=0$$

因为 $$\delta_{11}=\frac{1}{EI}\int_L\overline{M}_1\,\overline{M}_1\mathrm{d}x=\frac{2}{EI}\frac{a^2}{2}\frac{2}{3}a+\frac{1}{EI}a^2\cdot a=\frac{5a^3}{3EI}$$

$$\Delta_{1P}=\frac{1}{EI}\int_L\overline{M}_1M_P\mathrm{d}x=\frac{-1}{EI}\left(\frac{2}{3}a\frac{qa^2}{8}\right)a=-\frac{qa^4}{12EI}$$

所以 $$\Delta_1=\frac{5a^3}{3EI}X_1-\frac{qa^4}{12EI}=0$$

$$X_1=\frac{qa}{20}$$

$$M=X_1\overline{M}_1+M_P$$

五、利用对称性求解超静定结构

图 1-77（a）、（b）对称结构受正对称荷载作用。

图 1-77（c）、（d）对称结构受反对称荷载作用。

不难发现，对称结构在正对称荷载作用下，其内力和位移都是正对称的，且在对称轴上反对称的多余力为零；对称结构在反对称荷载作用下，其内力和位移都是反对称的，且在对称轴上对称的多余力为零。注意：轴力和弯矩是对称内力，剪力是反对称内力。

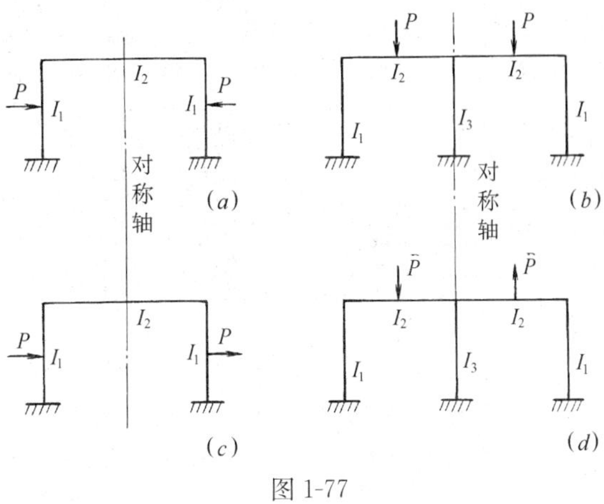

图 1-77

实际上，如果结构对称、荷载对称，则轴力图、弯矩图对称，剪力图反对称，在对称轴上剪力为零。如果结构对称、荷载反对称，则轴力图、弯矩图反对称，剪力图对称，在对称轴上轴力、弯矩均为零。

例 1-28 如图 1-78（a）所示为 3 次超静定结构。依对称性取一半为研究对象，如图 1-78（b）所示，其中反对称力 $X_2=0$。

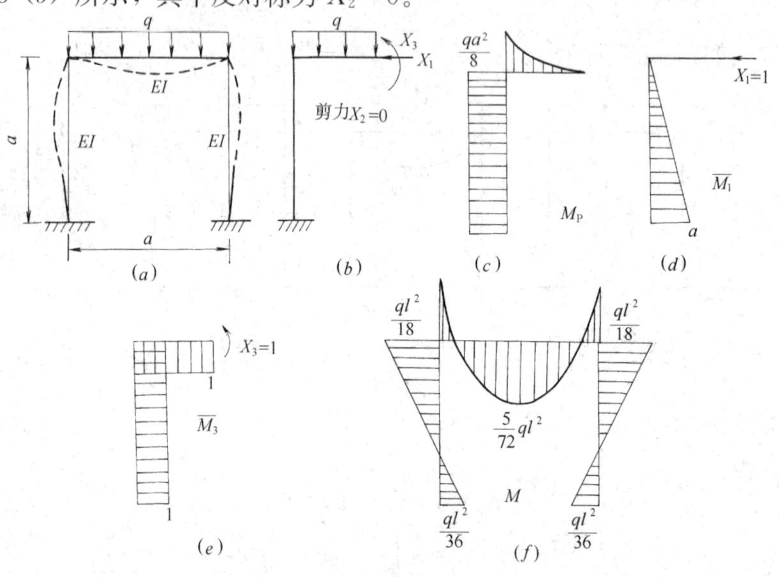

图 1-78

用 Δ_1 表示切口两边截面的水平相对线位移，Δ_2 表示其铅垂相对线位移，Δ_3 表示其相对转角，由于 $X_2=0$，则力法方程化简为 $\begin{cases}\Delta_1=\delta_{11}X_1+\delta_{13}X_3+\Delta_{1P}=0\\ \Delta_3=\delta_{31}X_1+\delta_{33}X_3+\Delta_{3P}=0\end{cases}$

由图 1-78（c）、（d）、（e）所示 M_P、$\overline{M}_1$、$\overline{M}_3$ 的图形，可得：

$$\delta_{11}=\frac{1}{EI}\frac{a^2}{2}\frac{2}{3}a=\frac{a^3}{3EI}$$

$$\delta_{33}=\frac{1}{EI}\left(\frac{a}{2}\times1\times1+a\times1\times1\right)=\frac{3a}{2EI}$$

$$\delta_{13}=\delta_{31}=\frac{1}{EI}\cdot\frac{a^2}{2}\cdot1=\frac{a^2}{2EI}$$

$$\Delta_{1P}=-\frac{1}{EI}\cdot\frac{a^2}{2}\cdot\frac{qa^2}{8}=-\frac{qa^4}{16EI}$$

$$\Delta_{3P}=-\frac{1}{EI}\left(\frac{1}{3}\frac{a}{2}\frac{qa^2}{8}\cdot1+\frac{qa^2}{8}\cdot a\cdot1\right)=-\frac{7qa^3}{48EI}$$

代回力法方程，得
$$\begin{cases}\dfrac{a^3}{3EI}X_1+\dfrac{a^2}{2EI}X_3-\dfrac{qa^4}{16EI}=0\\ \dfrac{a^2}{2EI}X_1+\dfrac{3a}{2EI}X_3-\dfrac{7qa^3}{48EI}=0\end{cases}$$

解出
$$X_1=\frac{qa}{12},\ X_3=\frac{5}{72}qa^2$$

由 $M(x)=M_P+X_1\overline{M}_1+X_3\overline{M}_3$ 可得到最后弯矩图，如图 1-78（f）所示；根据荷载图与弯矩图可知位移变形图，如图 1-78（a）中虚线所示。

例 1-29 图 1-79（a）原为 3 次超静定结构，但可把它分解成图 1-79（b）和图 1-79（c）的叠加。而图 1-79（b）不产生弯矩，所以图 1-79（a）的弯矩与图 1-79（c）相同。利用图 1-79（c）的反对称性，把它从对称轴切断，则对称内力 $X_1=0$，$X_3=0$，力法方程化简为一次：

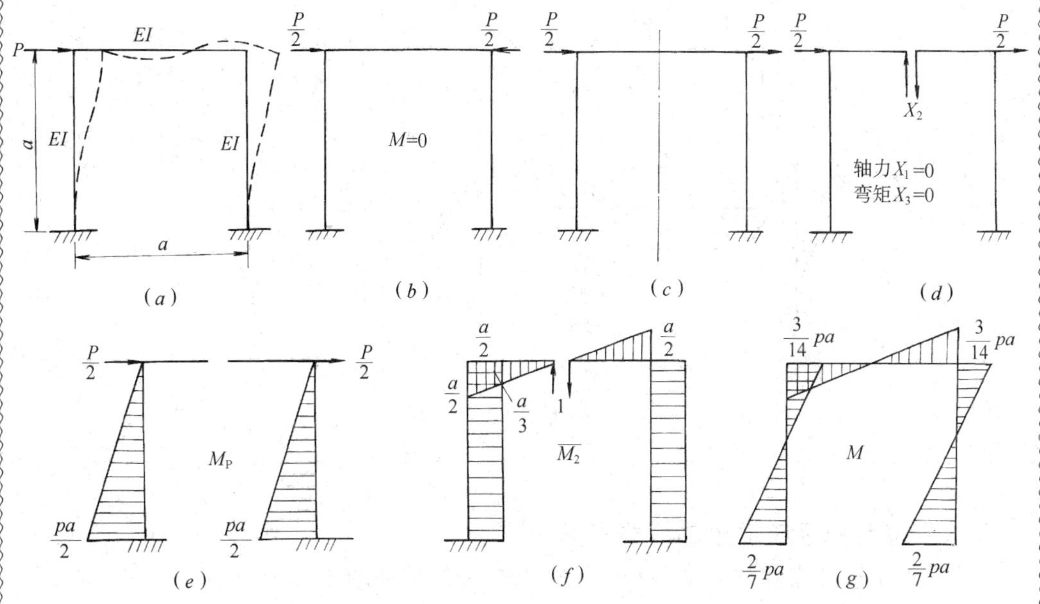

图 1-79

$$\Delta_2=\delta_{22}X_2+\Delta_{2P}=0$$

取左半部分计算：$\delta_{22}=\dfrac{1}{EI}\left(\dfrac{1}{2}\cdot\dfrac{a}{2}\cdot\dfrac{a}{2}\cdot\dfrac{a}{3}+\dfrac{a}{2}\cdot a\cdot\dfrac{a}{2}\right)=\dfrac{7a^3}{24EI}$

$$\Delta_{2P}=-\frac{1}{EI}\left(\frac{1}{2}a\cdot\frac{Pa}{2}\right)\frac{a}{2}=-\frac{Pa^3}{8EI}$$

代回力法方程，可得 $X_2=\dfrac{3}{7}P$。

利用 $M=M_P+X_2\overline{M}_2$ 画出弯矩图 1-79（g），其中右半部分可利用反对称性画出。根据荷载图与弯矩图可知位移变形图如图 1-79（a）中虚线所示。

例 1-30 奇数跨和偶数跨两种对称刚架的简化。

图 1-80（a）中 C 截面不会发生转角和水平线位移，但可发生竖向线位移；同时在 C 面上将有弯矩和轴力，但无剪力。故可用图 1-80（c）中 C 处的定向支撑来代替。

图 1-80（b）中 CD 杆只有轴力和轴向变形（否则不对称）。在刚架分析中，一般忽略轴力的影响，所以 C 点将无任何位移发生。故可用图 1-80（d）中 C 处的固定支座来代替。

图 1-80（a）、（b）的弯矩图的大致形状如图 1-80（e）、（f）所示。

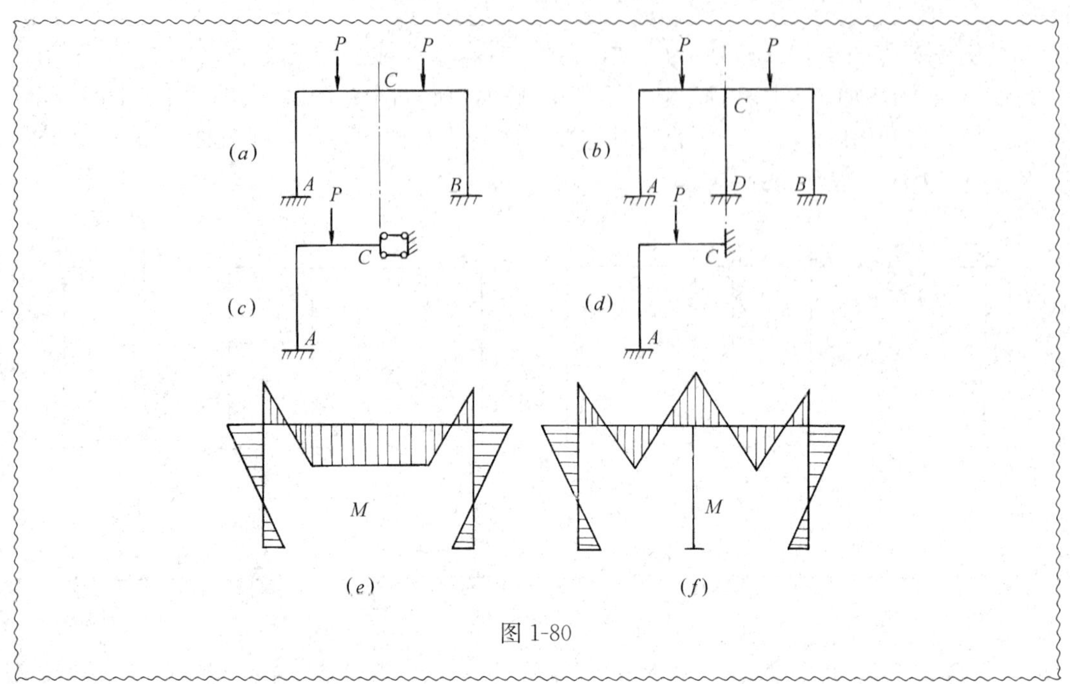

图 1-80

六、多跨超静定连续梁的活载布置

多跨越静定连续梁在均布荷载作用下的弯矩和位移如图 1-81 所示。

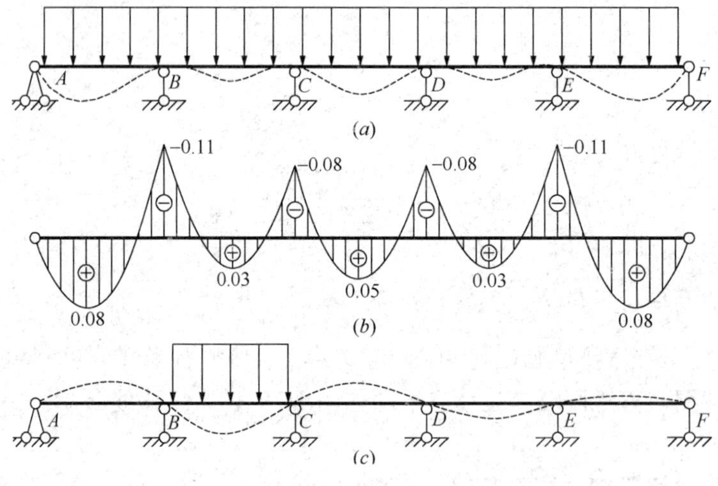

图 1-81

应用结构力学的影响线理论，可以找到多跨超静定连续梁相应内力量值的最不利荷载位置。我们以图 1-82（a）所示五跨连续梁有关弯矩的最不利活载的布置为例，说明其规律性。

（1）从图 1-82（b）、（c）中可知：求某跨跨中附近的最大正弯矩时，应在该跨布满活载，其余每隔一跨布满活载。

（2）从图 1-82（d）、（e）、（f）、（g）中可知：求某支座的最大负弯矩时，应在该支座相邻两跨布满活载，其余每隔一跨布满活载（特殊结构除外）。掌握上述规律后，对于有关多跨连续梁的相应问题，就可以迎刃而解了。

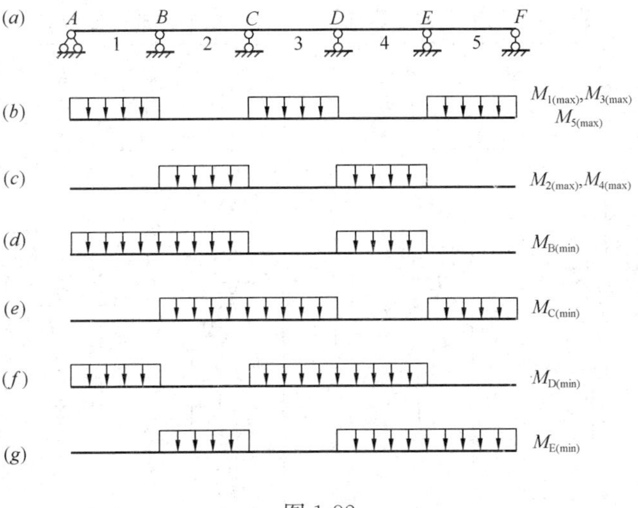

图 1-82

对于不同的超静定结构，有时使用位移法和力矩分配法也很方便。由于篇幅所限，兹不赘述。

第六节　压　杆　稳　定

轴向拉压杆组成的桁架结构在建筑物和桥梁中有着广泛的应用。19 世纪末以来，单纯的强度计算已不能满足工程中压杆设计的需要，压杆稳定问题日益突出。所谓压杆稳定是指中心受压直杆直线平衡的状态在微小外力干扰去除后自我恢复的能力。压杆失稳是指压杆在轴向压力作用下不能维持直线平衡状态而突然变弯的现象。压杆的临界力 F_{cr}是使压杆直线形式的平衡由稳定开始转化为不稳定的最小轴向压力。也可以说，临界力 F_{cr}是压杆保持直线形式的稳定平衡所能够承受的最大荷载。

不同杆端约束下细长中心受压直杆的临界力表达式，可通过平衡或类比的方法推出。本节给出几种典型的理想支承约束条件下，细长中心受压直杆的欧拉公式表达式（表 1-4）。

由表 1-4 所给的结果可以看出，中心受压直杆的临界力 F_{cr}受到杆端约束情况的影响。杆端约束越强，杆的抗弯能力就越大，其临界力也越高。对于各种杆端约束情况，细长中心受压等直杆临界力的欧拉公式可写成统一的形式：

$$F_{cr} = \frac{\pi^2 EI}{(\mu l)^2} \tag{1-27}$$

式中，EI 为杆的抗弯刚度，因数 μ 称为压杆的**长度因数**，与杆端的约束情况有关。μl 称为原压杆的**相当长度**，其物理意义可从表 1-4 中各种杆端约束下细长压杆失稳时挠曲线形状的比拟来说明：由于压杆失稳时挠曲线上拐点处的弯矩为零，故可设想拐点处有一铰，而将压杆在挠曲线两拐点间的一段看作两端铰支压杆，并利用两端铰支压杆临界力的欧拉公式（式 1-27），得到原支承条件下压杆的临界力 F_{cr}。这两拐点之间的长度，即为原压杆的相当长度 μl。或者说，相当长度为各种支承条件下的细长压杆失稳时，挠曲线中相当于半波正弦曲线的一段长度。

各种支承约束条件下等截面细长压杆临界力的欧拉公式 **表 1-4**

支端情况	两端铰支	一端固定另端铰支	两端固定	一端固定另端自由	两端固定但可沿横向相对移动
失稳时挠曲线形状		C—挠曲线拐点	C、D—挠曲线拐点		C—挠曲线拐点
临界力 F_{cr} 欧拉公式	$F_{cr}=\frac{\pi^2 EI}{l^2}$	$F_{cr}\approx\frac{\pi^2 EI}{(0.7l)^2}$	$F_{cr}=\frac{\pi^2 EI}{(0.5l)^2}$	$F_{cr}=\frac{\pi^2 EI}{(2l)^2}$	$F_{cr}=\frac{\pi^2 EI}{l^2}$
长度因数 μ	$\mu=1$	$\mu\approx0.7$	$\mu=0.5$	$\mu=2$	$\mu=1$

应当注意，细长压杆临界力的欧拉公式（式 1-27）中，I 是横截面对某一形心主惯性轴的惯性矩。若杆端在各个方向的约束情况相同（如球形铰等），则 I 应取最小的形心主惯性矩。若杆端在不同方向的约束情况不同（如柱形铰），则 I 应取挠曲时横截面对其相应方向的中性轴的惯性矩。在工程实际问题中，支承约束程度与理想的支承约束条件总有所差异，因此，其长度因数 μ 值应根据实际支承的约束程度，以表 1-4 作为参考来加以选取。在有关的设计规范中，对各种压杆的 μ 值多有具体的规定。

例 1-31 （2011 年） 对于相同材料的等截面轴心受压杆件，在图 1-83 中的三种情况下，其承载能力 P_1、P_2、P_3 的比较结果为：

A $P_1=P_2<P_3$　　B $P_1=P_2>P_3$

C $P_1>P_2>P_3$　　D $P_1<P_2<P_3$

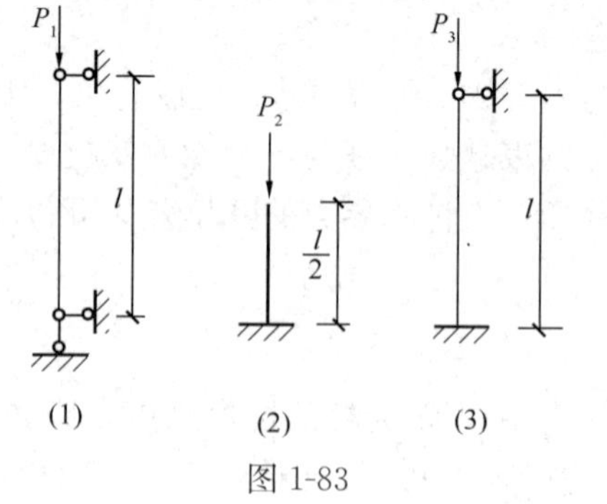

图 1-83

解析：图中杆 1 的相当长度为 $1\times l=l$；

杆 2 的相当长度为 $2\times\frac{l}{2}=l$；

杆 3 的相当长度为 $0.7l$。

由公式 $F_{cr}=\frac{\pi^2 EI}{(\mu l)^2}$ 可知，当 EI 相同时，μl 越小，F_{cr} 越大，故杆 3 的临界力 P_3 最大，而杆 1 和杆 2 的临界力 $P_1=P_2$。

答案：A

习　题

1-1　**(2019)**题 1-1 图所示结构，A 点的剪力是(　　)。

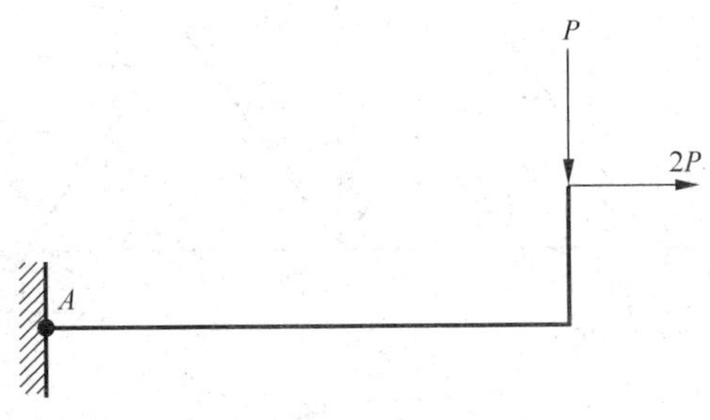

题 1-1 图

A　0　　B　P　　C　$2P$　　D　$3P$

1-2　**(2019)**题 1-2 图所示结构，定性支座的反力表示正确的是(　　)。

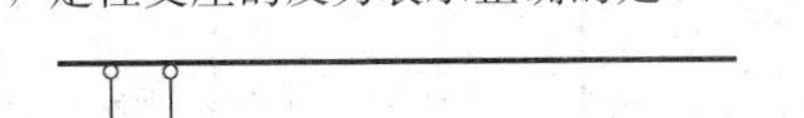

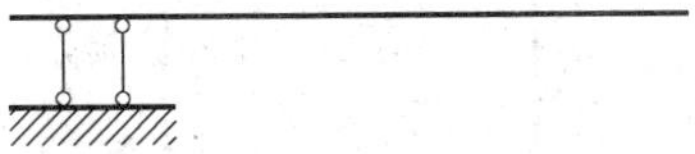

题 1-2 图

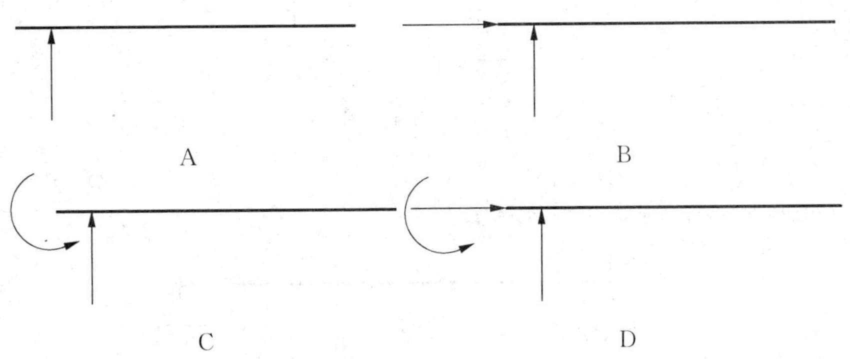

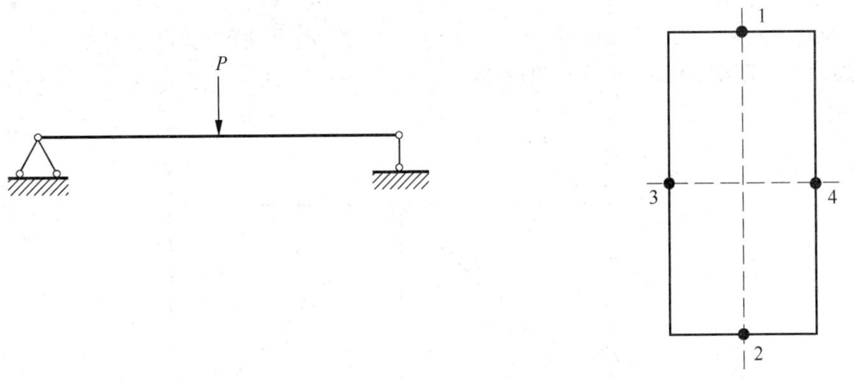

1-3　**(2019)**题 1-3 图所示为梁的受力简图，图中梁截面变形最大的位置是(　　)。

题 1-3 图

A　1　　B　2　　C　3　　D　4

1-4 **(2019)**题 1-4 图所示结构，杆 1 的内力是(　　)。

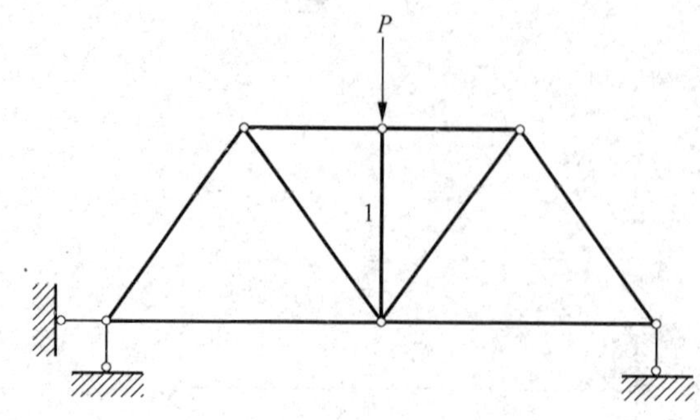

题 1-4 图

A　0　　　B　$P/2$　　　C　P　　　D　$2P$

1-5 **(2019)**题 1-5 图所示结构，超静定次数为(　　)。

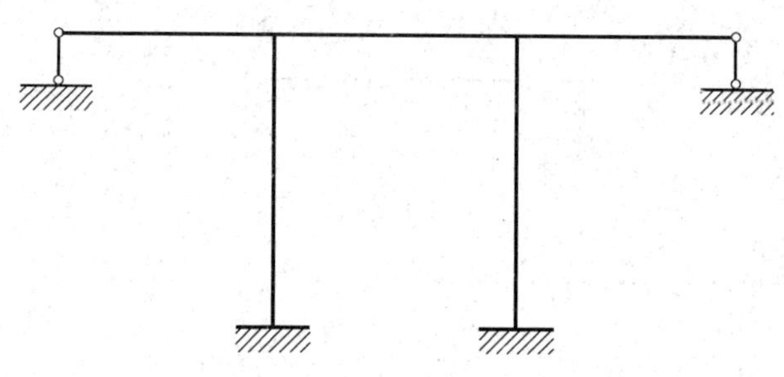

题 1-5 图

A　2 次　　　B　3 次　　　C　4 次　　　D　5 次

1-6 **(2019)**题 1-6 图所示结构的几何体系是(　　)。

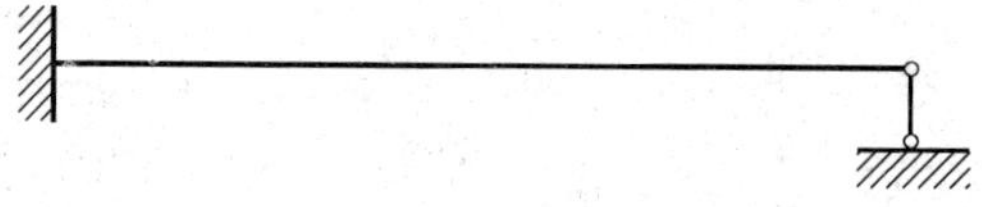

题 1-6 图

A　几何可变体系　　　B　瞬变体系

C　无多余约束的几何不变体系　　　D　有多余约束的几何不变体系

1-7 **(2019)**题 1-7 图所示桁架的零杆数量是(　　)。

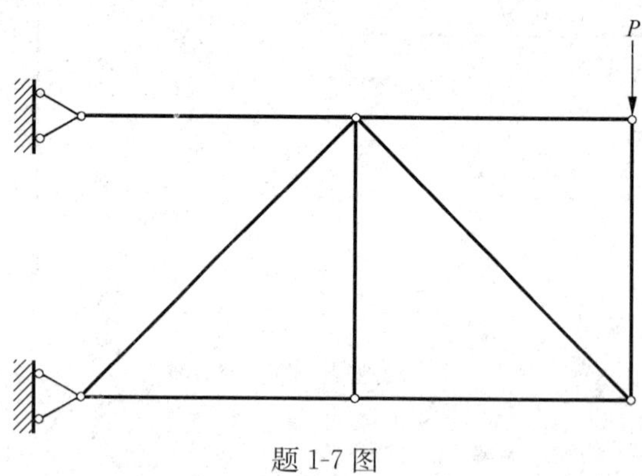

题 1-7 图

A　2　　　　B　3　　　　C　4　　　　D　5

1-8　**(2019)**下列梁弯矩示意图正确的是(　　)。

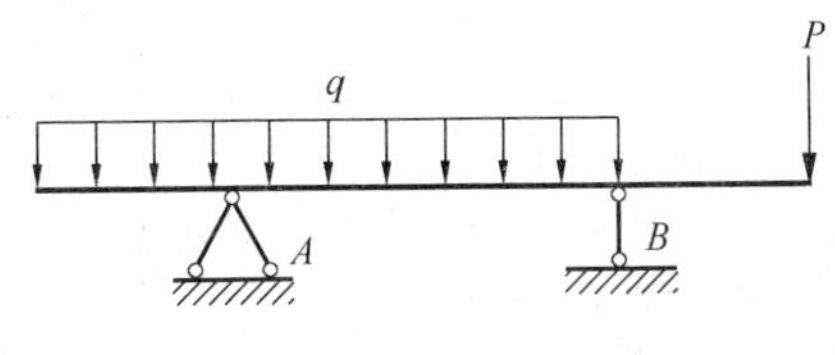

题 1-8 图

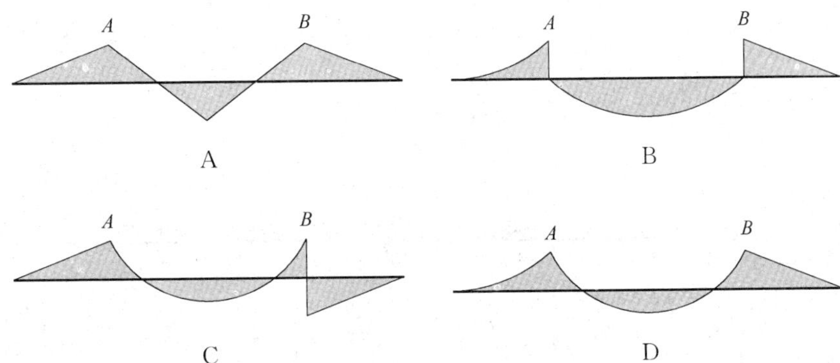

1-9　**(2019)**题 1-9 图所示桁架的零杆数量是(　　)。

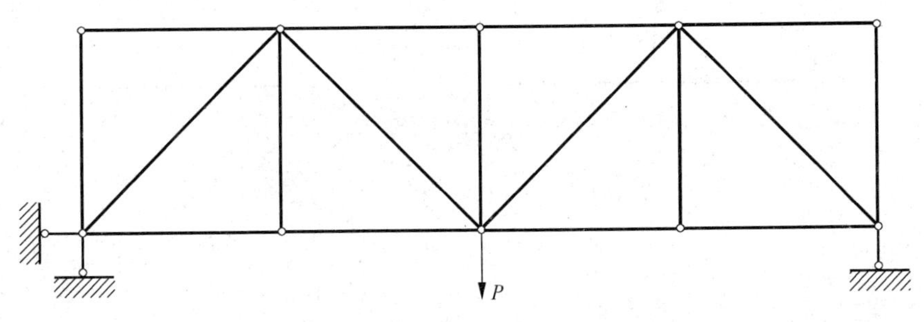

题 1-9 图

A　3　　　　B　5　　　　C　7　　　　D　9

1-10　**(2019)**图示结构各杆件截面和材料相同，A 点水平位移最小的是(　　)。

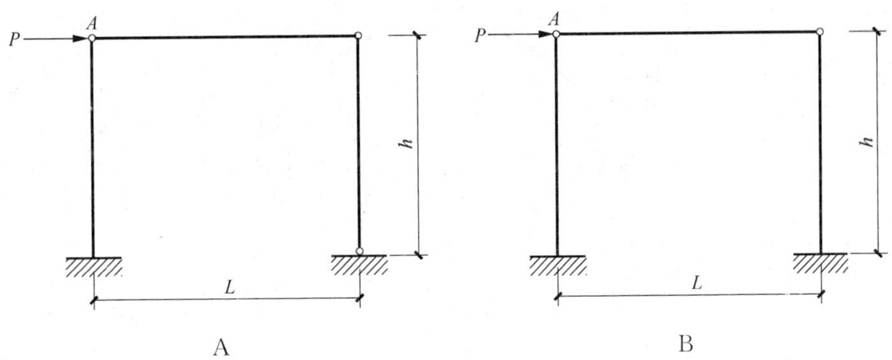

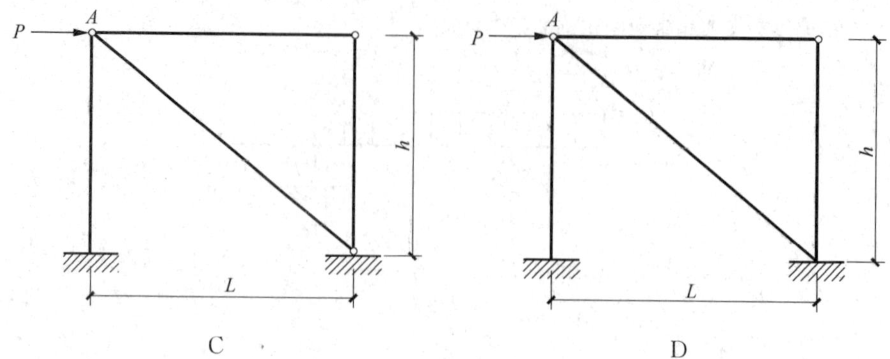

1-11 **(2019)**图示相同截面尺寸的梁，A 点挠度最小的是(　　)。

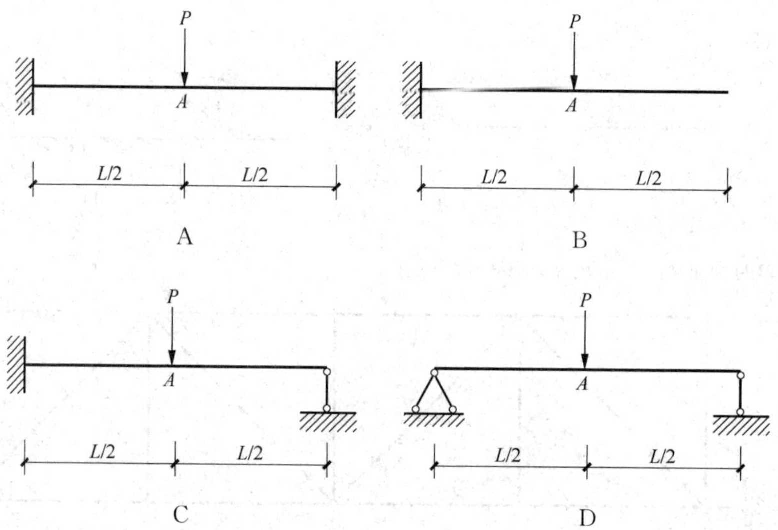

1-12 **(2019)**题 1-12 图所示三铰拱，支座 B 的水平推力是(　　)。

A　0　　B　$P/4$　　C　$P/2$　　D　P

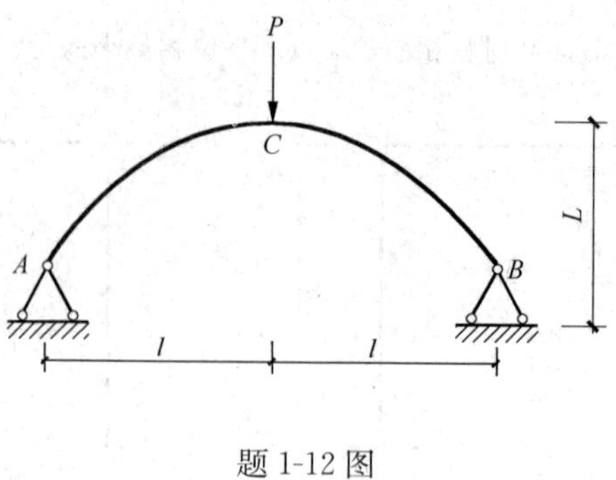

题 1-12 图

1-13 **(2019)**图示连续梁，变形示意正确的是(　　)。

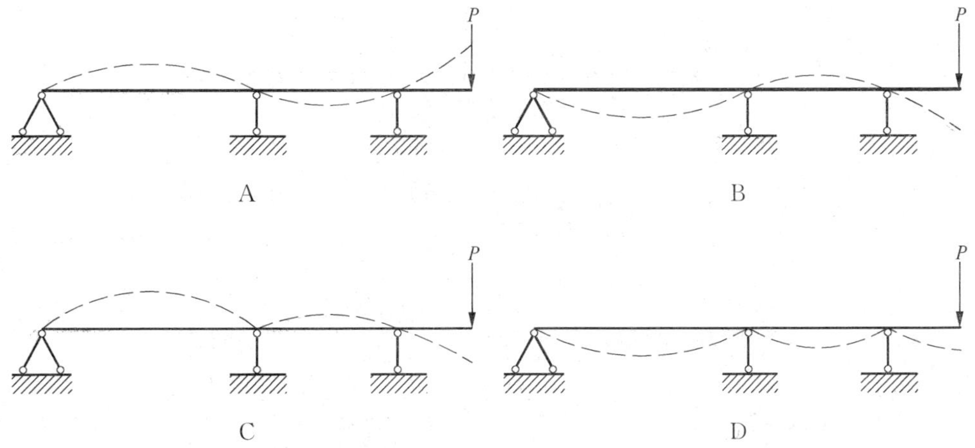

1-14 **(2018)**题 1-14 图所示结构，杆件 1 的内力是(　　)。

A　P（拉力）

B　P（压力）

C　$\sqrt{2}P$（拉力）

D　$\sqrt{2}P$（压力）

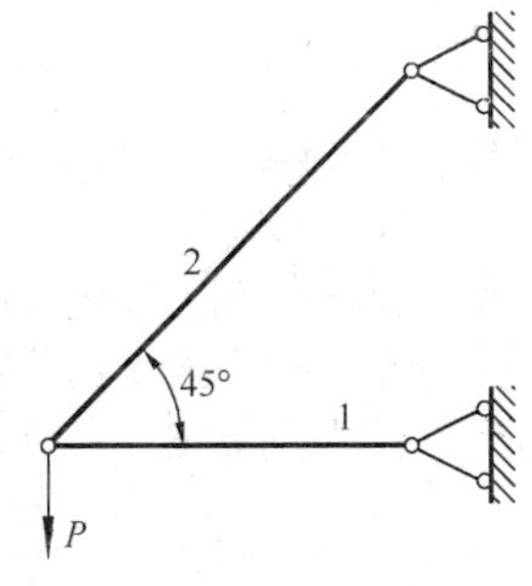

题 1-14 图

1-15 **(2018)**题 1-15 图所示简支梁，四种梁截面的面积相等，受力最合理的是(　　)。

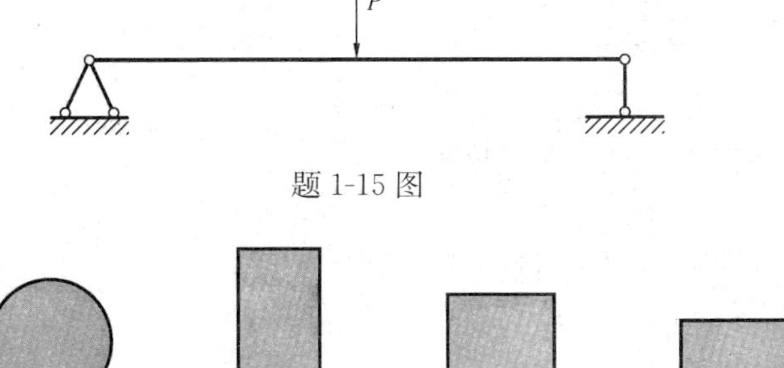

题 1-15 图

A　B　C　D

1-16 **(2018)**题 1-16 图所示梁弯矩图，正确的是(　　)。

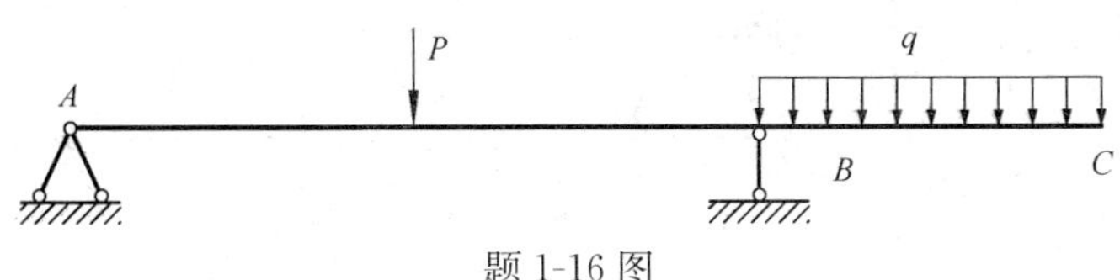

题 1-16 图

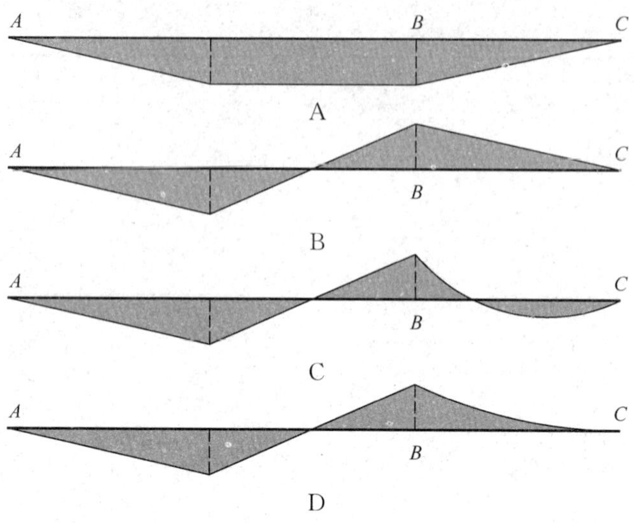

1-17 **(2018)**题 1-17 图所示结构的超静定次数是(　　)。

A　2 次　　B　3 次　　C　4 次　　D　5 次

1-18 **(2018)** 题 1-18 图所示结构的几何体系是(　　)。

A　无多余约束的几何不变体系　　B　有多余约束的几何不变体系

C　可变体系　　D　瞬变体系

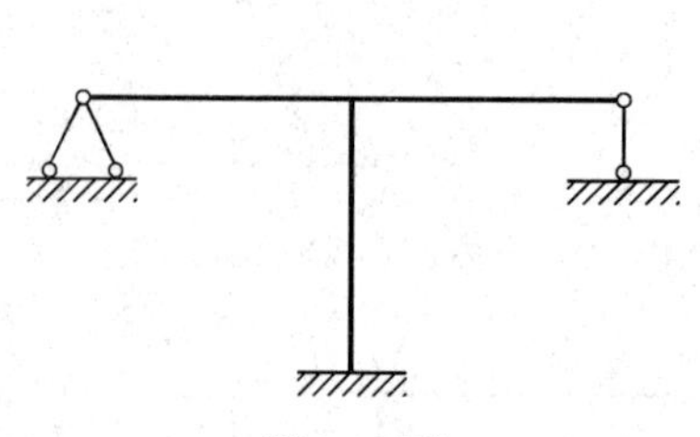

题 1-17 图

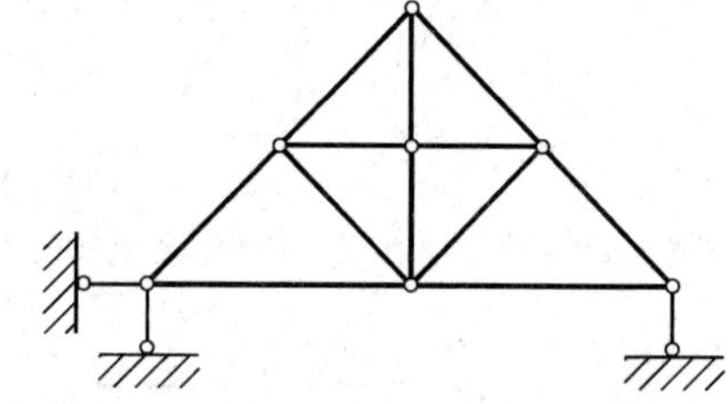

题 1-18 图

1-19 **(2018)** 题 1-19 图所示桁架的零杆数量是(　　)。

A　4　　B　5　　C　6　　D　7

1-20 **(2019)** 题 1-20 图所示桁架，杆件 1 的内力是(　　)。

A　P　　B　$\sqrt{2}P$　　C　$2P$　　D　0

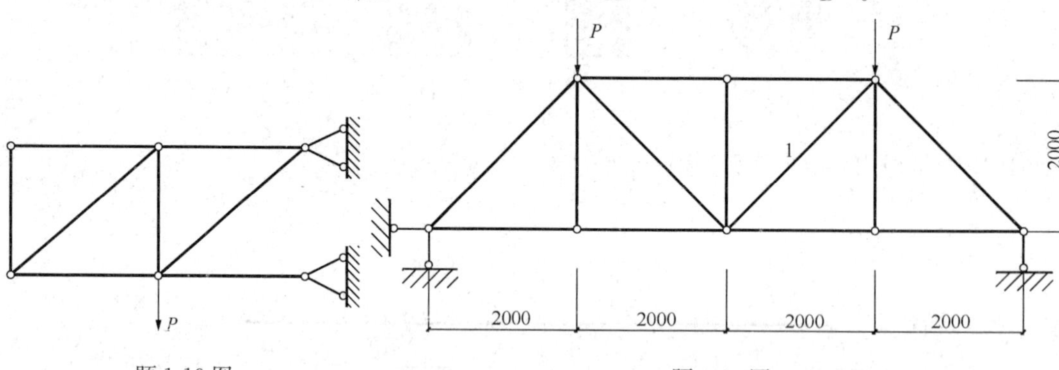

题 1-19 图

题 1-20 图

1-21 **(2018)**当杆件 1 温度升高 Δt 时，杆件 1 的轴力变化情况是(　　)。

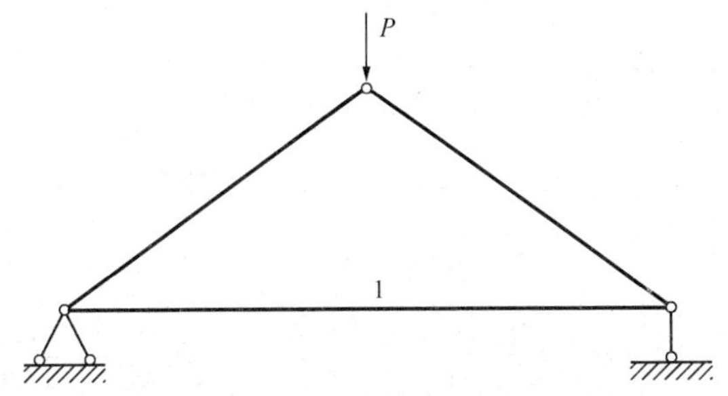

题 1-21 图

A 变大　　B 变小　　C 不变　　D 轴力为零

1-22 **(2018)**图示四种不同约束的轴向压杆，临界承载力最大的是(　　)。

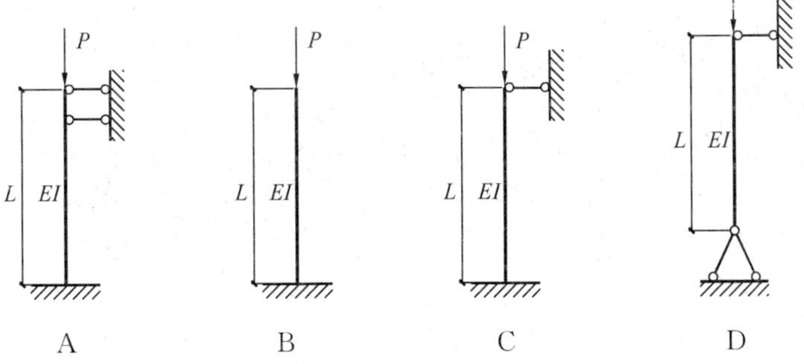

1-23 **(2018)**题 1-23 图所示结构的弯矩图，正确的是(　　)。

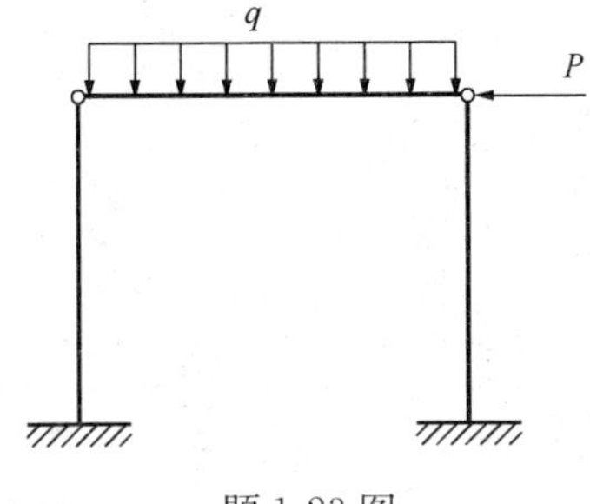

题 1-23 图

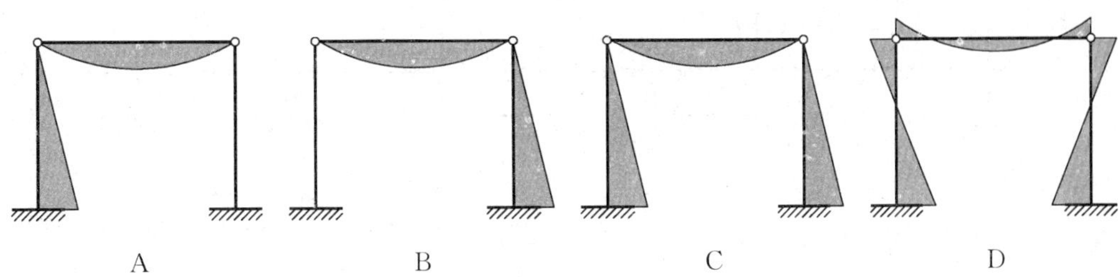

1-24　**(2018)**题 1-24 图所示结构的剪力图，正确的是(　　)。

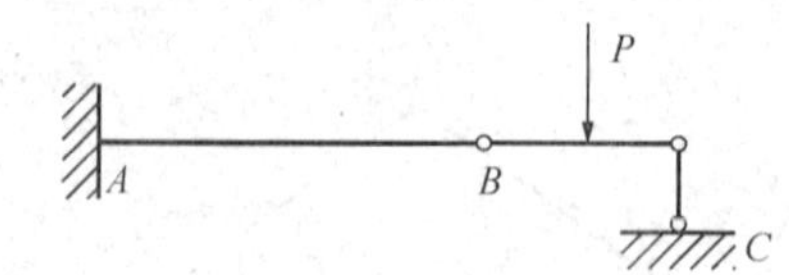

题 1-24 图

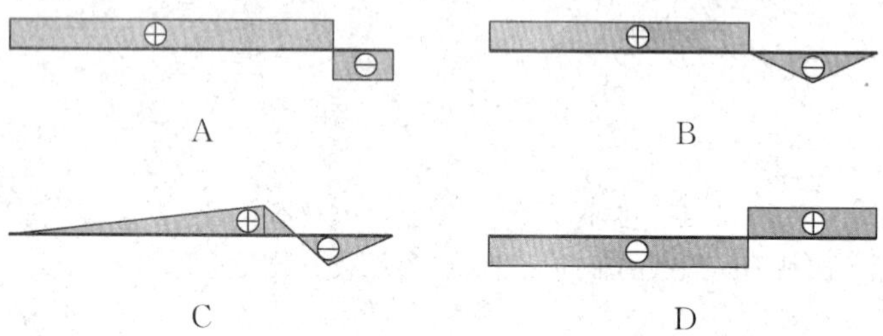

1-25　**(2018)**图示悬臂梁，端点 A 挠度最大的是(　　)。

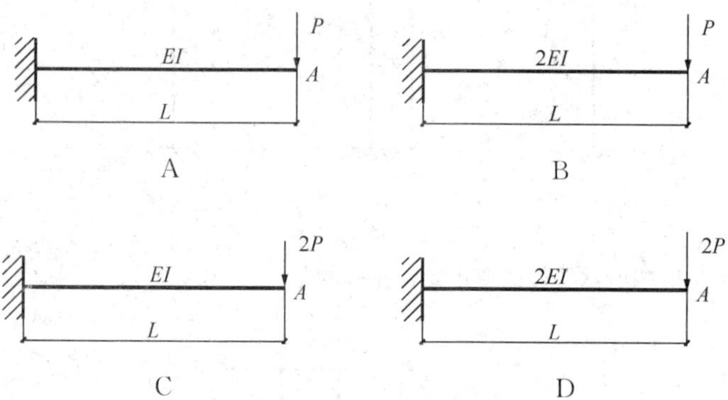

1-26　**(2018)**图示连续梁，变形示意正确的是(　　)。

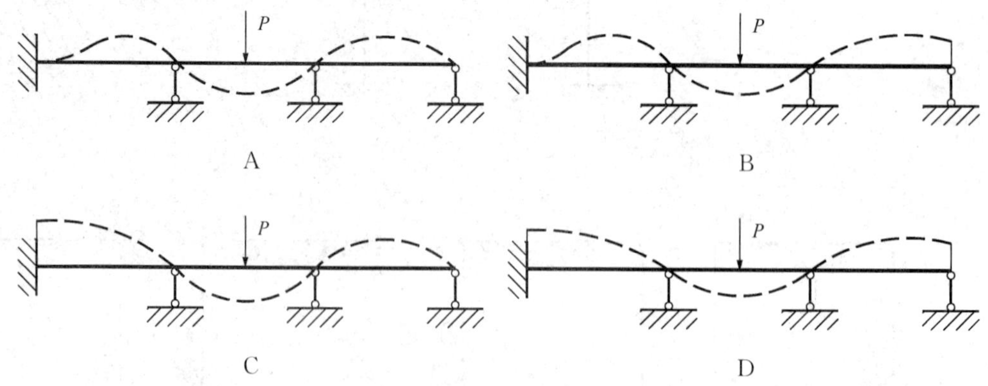

1-27　题 1-27 图所示结构为几次超静定结构?

A　0 次　　B　1 次　　C　2 次　　D　3 次

1-28 题 1-28 图所示结构为几次超静定结构？

A 1 次　　B 2 次　　C 3 次　　D 4 次

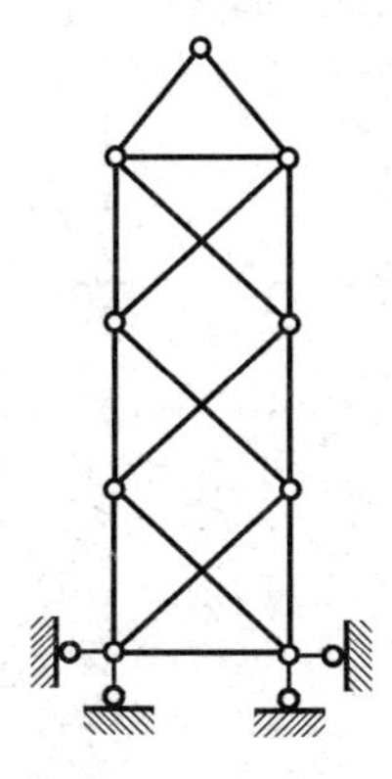

题 1-27 图

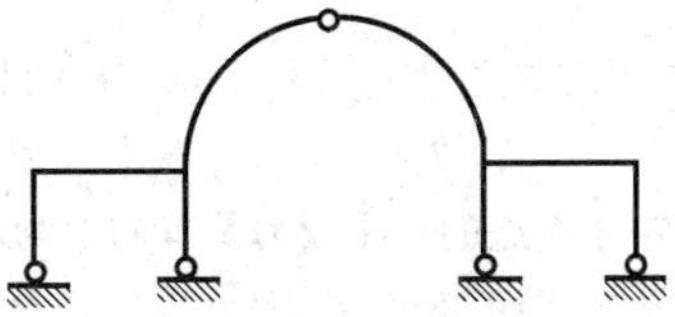

题 1-28 图

1-29 题 1-29 图所示结构零杆有几根？

A 0 根　　B 2 根　　C 3 根　　D 4 根

1-30 题 1-30 图所示结构内力不为 0 的杆是（　　）。

A *AE* 段　　B *AD* 段　　C *CE* 段　　D *BD* 段

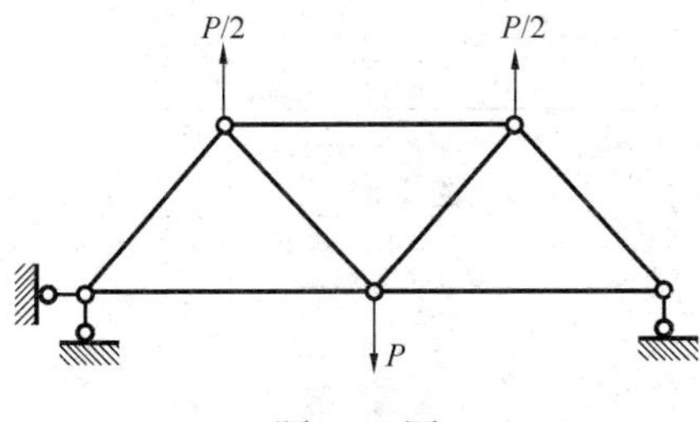

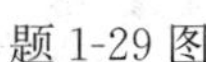

题 1-29 图

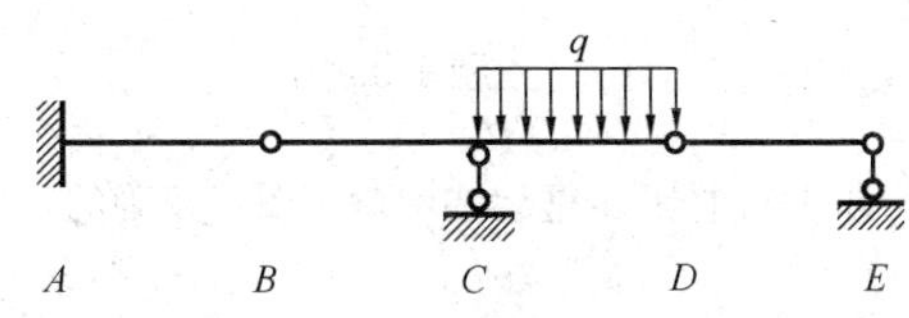

题 1-30 图

1-31 题 1-31 图所示 *A* 支座处的弯矩值为（　　）。

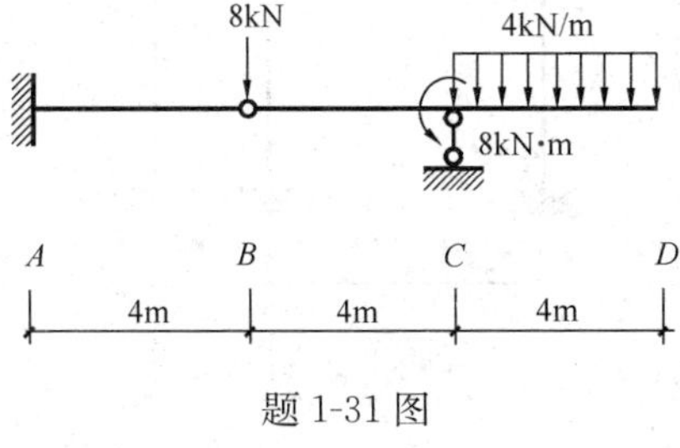

题 1-31 图

A 8kN·m　　B 16kN·m　　C 32kN·m　　D 48kN·m

1-32 图示结构在外部荷载作用下，弯矩图错误的是（　　）。

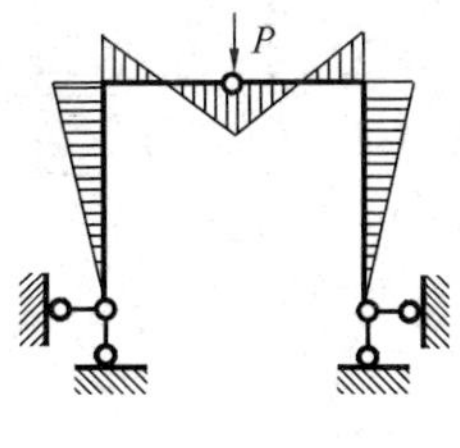

A

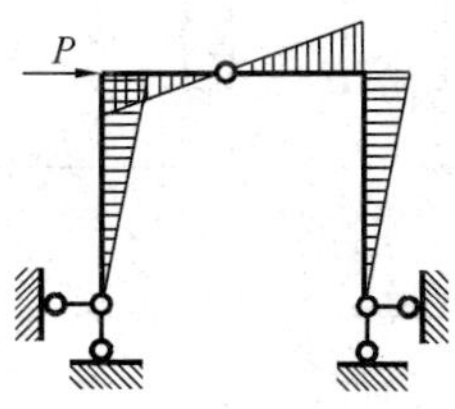

B

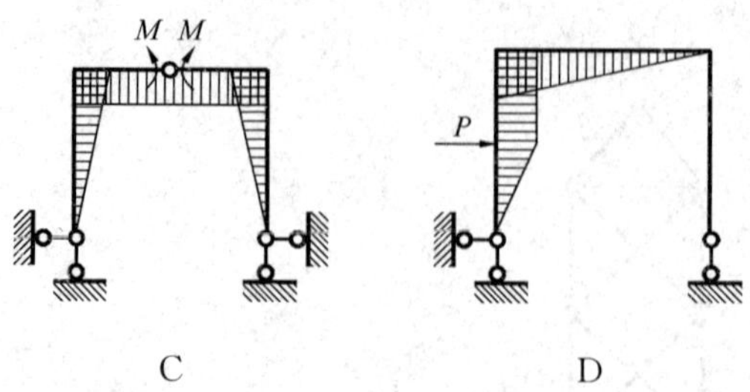

1-33 题1-33图所示对称结构在外力作用下，零杆的数量是(　　)。

A　1　　　B　2　　　C　3　　　D　4

1-34 题1-34图所示结构 A 点的支座反力是（向上为正）(　　)。

A　$R_a=0$　　　B　$R_a=1/2P$　　　C　$R_a=P$　　　D　$R_a=1/2P$

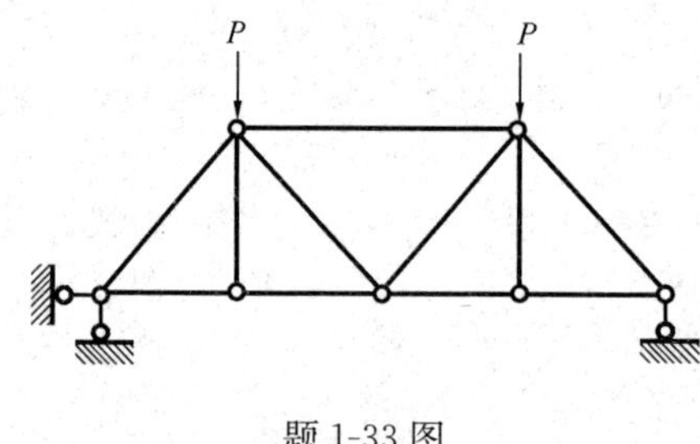

题1-33图

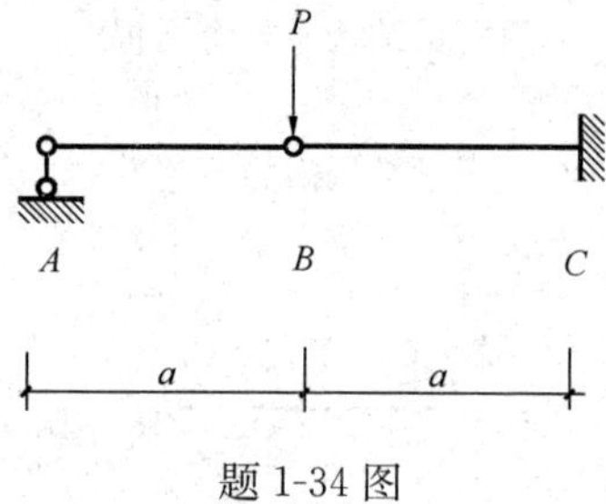

题1-34图

1-35 题1-35图所示框架结构弯矩图，正确的是(　　)。

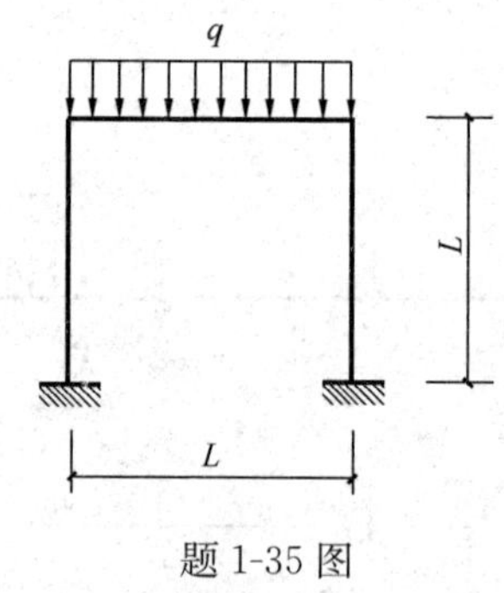

题1-35图

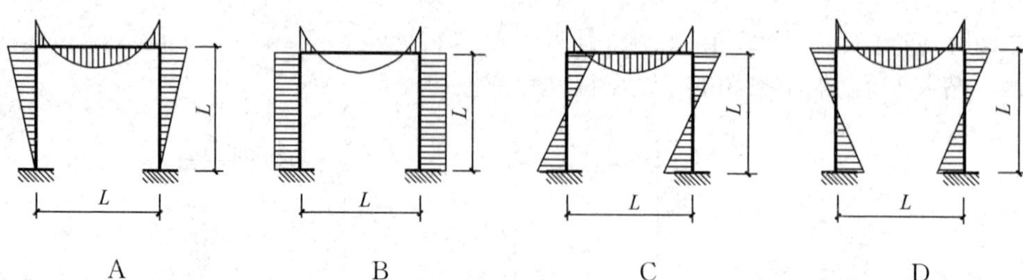

1-36 题1-36图所示框架结构弯矩图，正确的是(　　)。

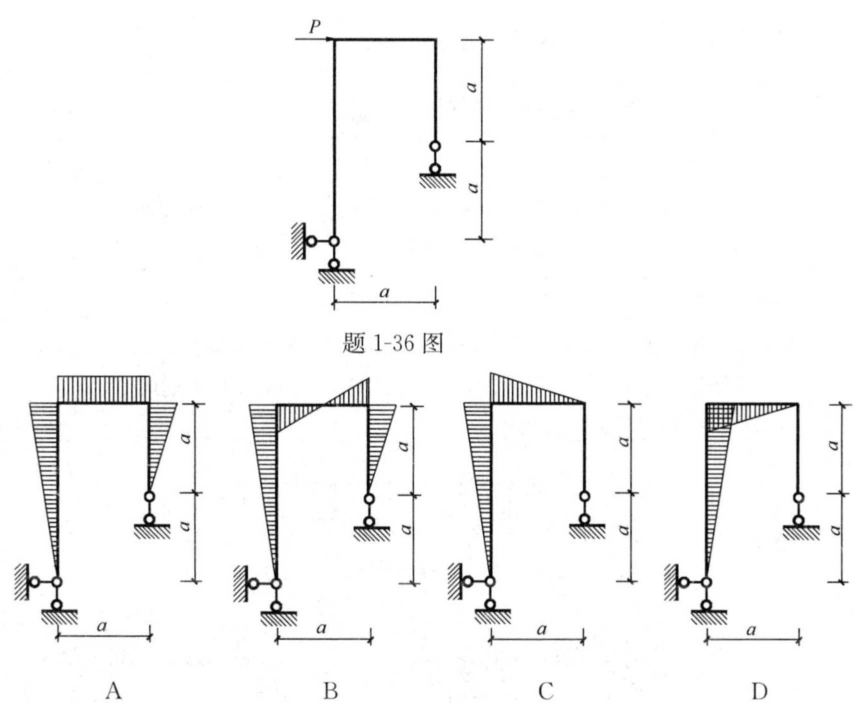

题 1-36 图

1-37 在外力作用下，题 1-37 图所示结构轴力图正确的是(　　)。

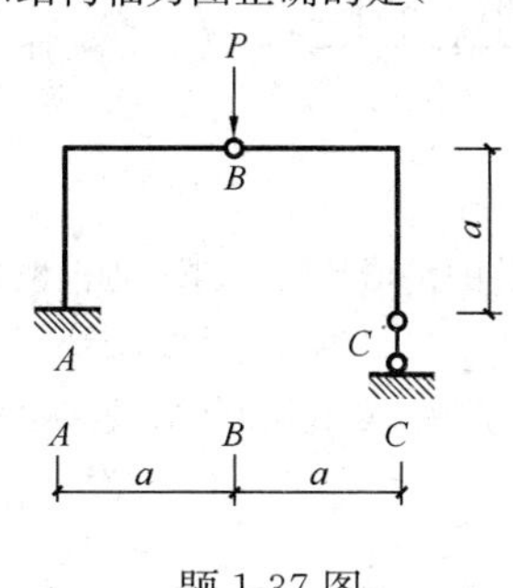

题 1-37 图

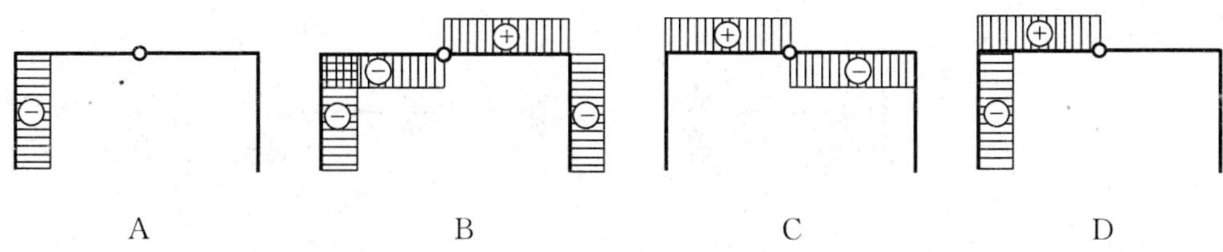

1-38 题 1-38 图所示结构有多少根零杆？

A　4 根　　B　5 根　　C　6 根　　D　7 根

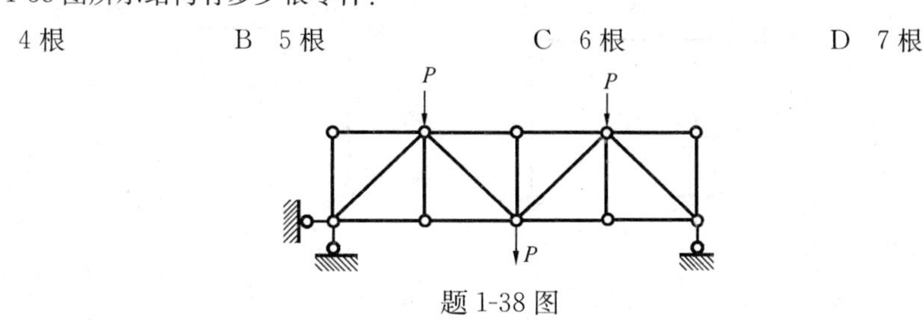

题 1-38 图

1-39 简支梁在两种荷载作用下，以下说法错误的是(　　)。

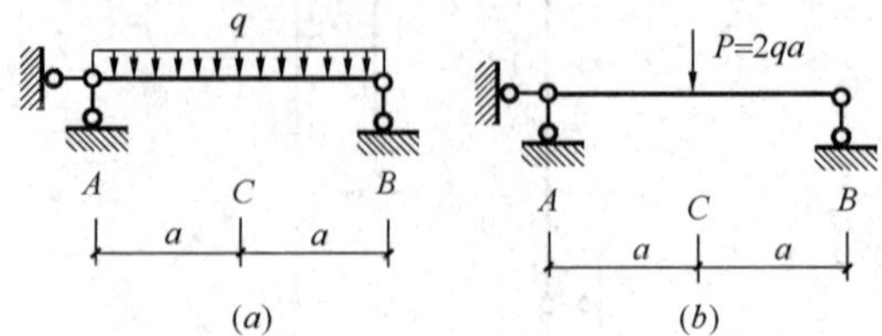

题 1-39 图

A　下图 C 点弯矩大　　　　B　下图 C 点挠度大

C　二者剪力图相同　　　　D　二者支座反力相同

1-40 题 1-40 图所示结构弯矩正确的是(　　)。

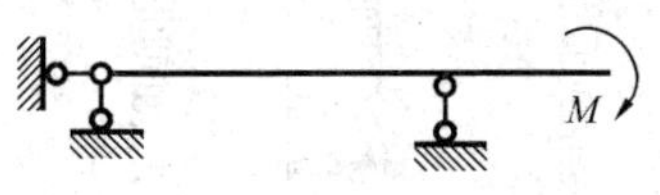

题 1-40 图

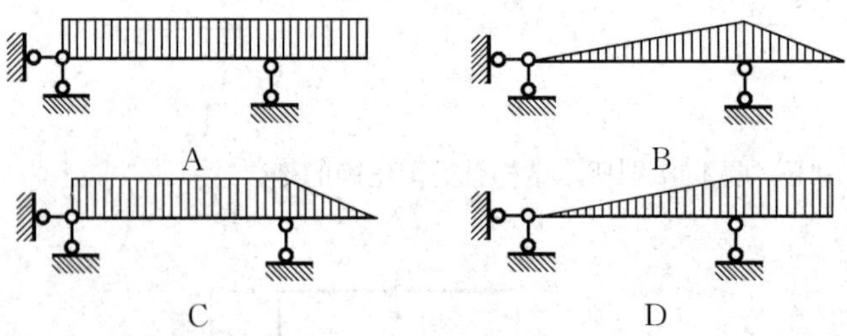

1-41 为减少 B 点的水平位移，最有效的是增加哪个杆的轴向刚度 EA?

A　AB 杆　　B　BC 杆　　C　BD 杆　　D　CD 杆

1-42 题 1-42 图所示结构跨中弯矩值为 M，在截面刚度 E 扩大 1 倍就能为 $2E$ 时，M 值为多少?

A　$1/2M$　　B　$1M$　　C　$2M$　　D　$4M$

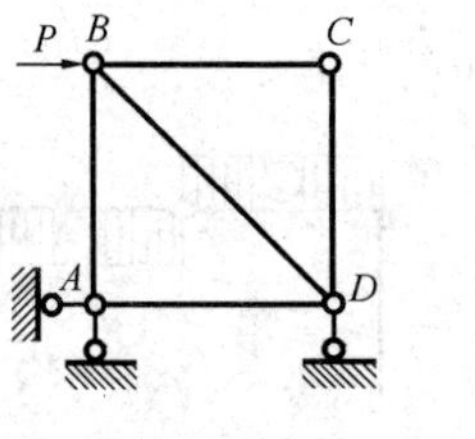

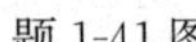

题 1-41 图

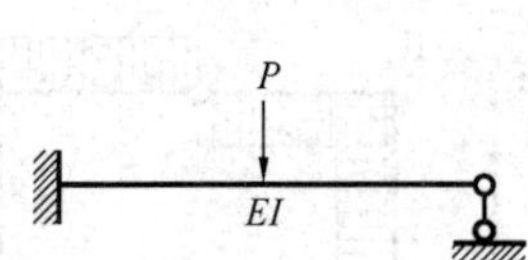

题 1-42 图

1-43 O 点水平位移最小的是(　　)。

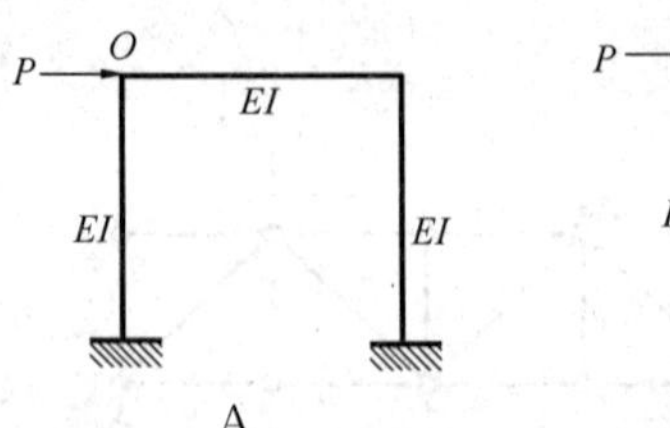

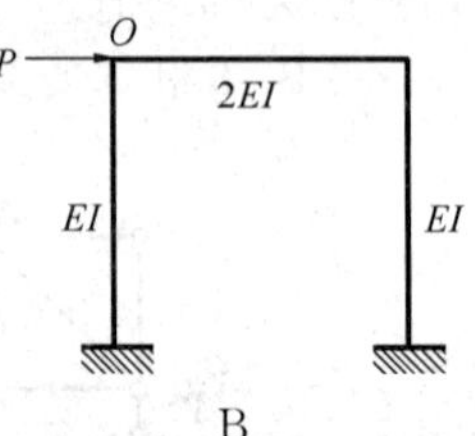

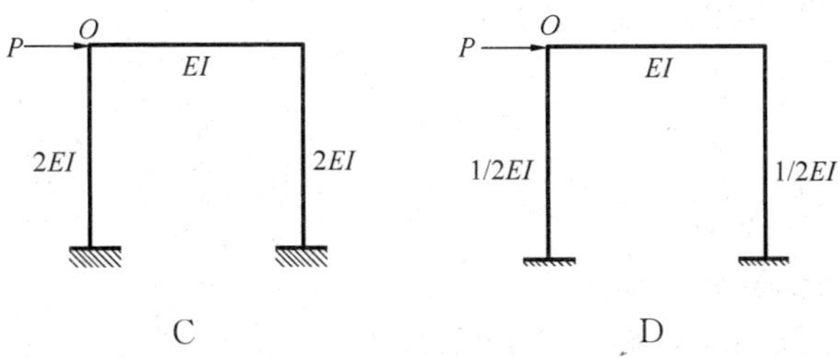

1-44 半径为 R 的圆弧拱结构，在均布荷载 q 作用下，下列说法错误的是(　　)。

A　减少矢高 H，支座水平推力变大

B　$L=2R$，$H=R$ 时，水平推力为 0

C　支座竖向反力比同等条件简支梁的竖向反力小

D　跨中点的弯矩比同条件简支梁跨中弯矩小

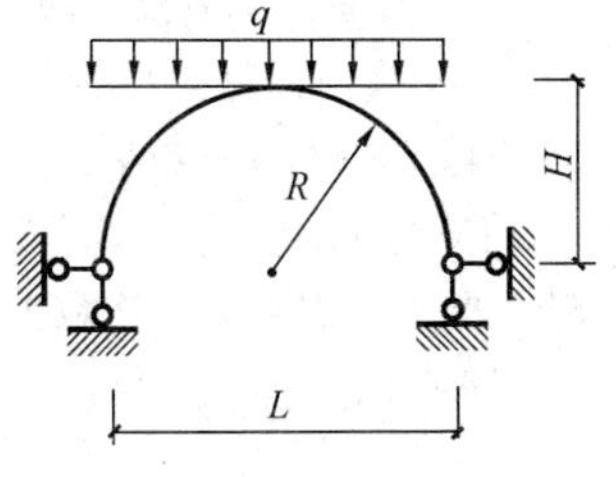

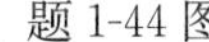
题 1-44 图

1-45 钢架结构发生竖向沉降 ΔL，轴力图正确的是(　　)。

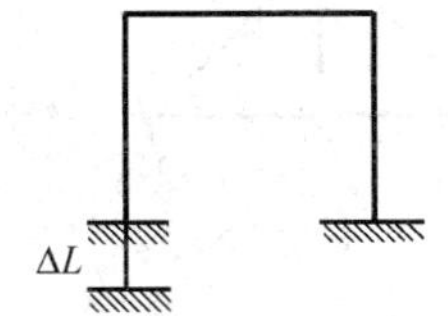

题 1-45 图

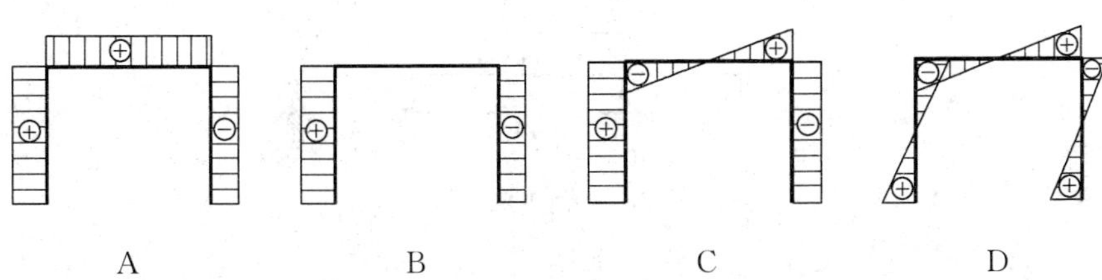

1-46 单层多跨框架，温度均匀变化（Δt 不等于 0）A、B、C 三点的弯矩大小排序是(　　)。

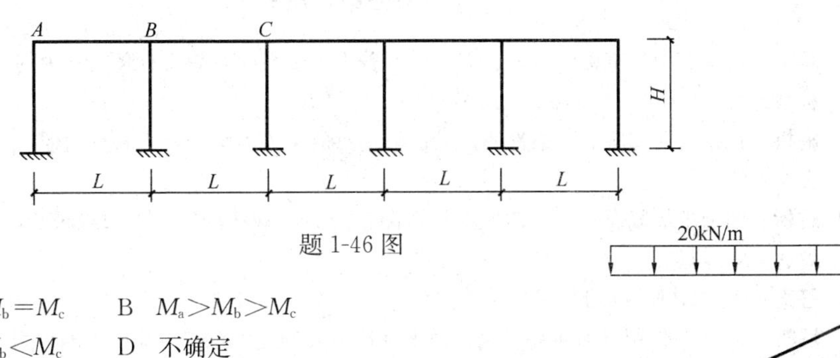

题 1-46 图

A　$M_a=M_b=M_c$　　B　$M_a>M_b>M_c$

C　$M_a<M_b<M_c$　　D　不确定

1-47 题 1-47 图所示结构 C 点处的轴力为(　　)。

A　40kN　　B　$\frac{80}{3\sqrt{3}}$kN

C　10kN　　D　$\frac{20}{3\sqrt{3}}$kN

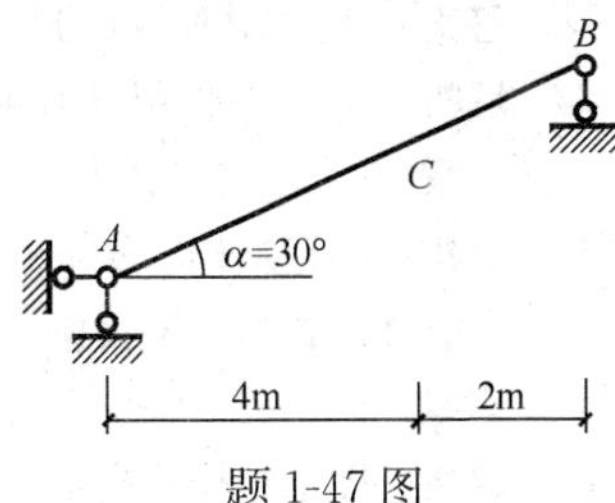

题 1-47 图

1 - 48　题 1-48 图所示结构中 C 点内力有(　　)。

A　无内力

B　剪力

C　剪力、轴力

D　剪力、弯矩、轴力

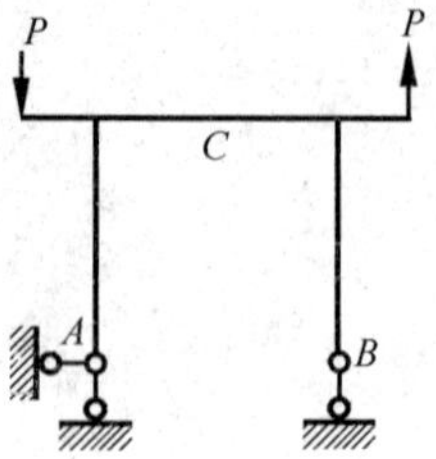

题 1-48 图

1 - 49　三铰拱的受力特点是(　　)。

A　在竖向荷载作用下，除产生竖向反力外，还产生水平推力

B　竖向反力为零

C　竖向力随着拱高增大而增大

D　竖向力随着拱高增大而减不小

1 - 50　题 1-50 图零杆数量为(　　)。

A　1 根　　B　2 根　　C　3 根　　D　4 根

1 - 51　题 1-51 图超静定次数为(　　)。

A　1 次　　B　2 次　　C　3 次　　D　4 次

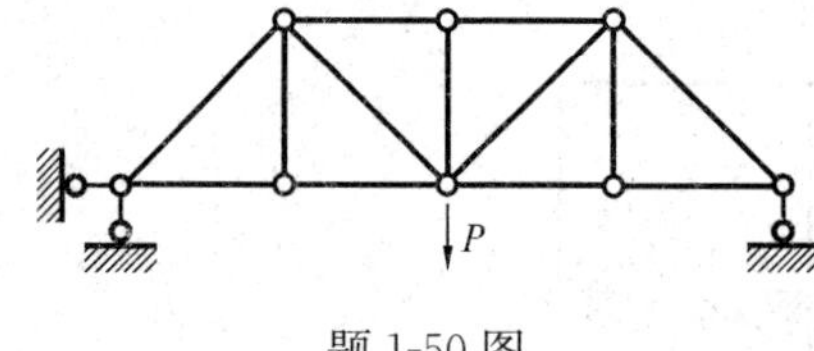

题 1-50 图

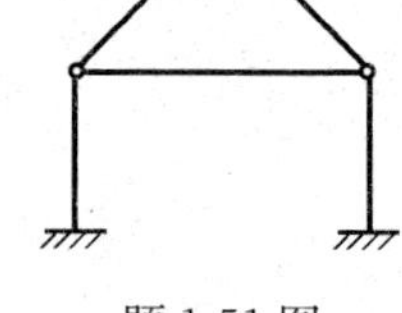

题 1-51 图

1 - 52　图示结构在外荷载 q 情况下，产生内力的杆件是(　　)。

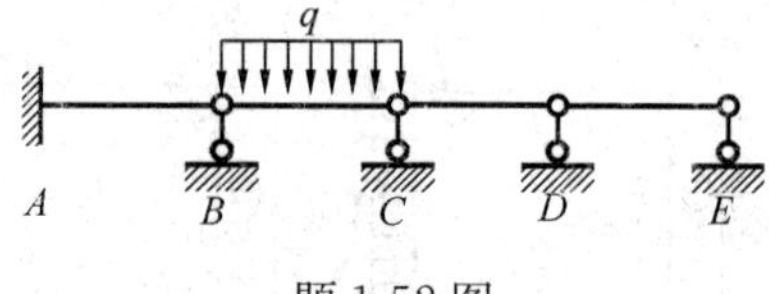

题 1-52 图

A　AE　　B　BC　　C　AC　　D　DE

参考答案及解析

1 - 1　**解析：** 由求剪力的直接法可知，A 截面的剪力等于截面右侧所有竖向外力的代数和，剪力为 P。

答案： B

1 - 2　**解析：** 根据定向支座的约束性质，其能够提供的反力为竖向反力和反力偶。

答案： C

1 - 3　**解析：** 图示矩形截面梁受弯曲变形，弯曲正应力在截面的上、下边缘最大，其变形也最大，故应选 1、2 两点。

答案： A、B（原题如此）

1 - 4　**解析：** 取 P 力作用点为研究对象，由十字形节点的受力特点可知杆 1 的内力为 P。

答案： C

1 - 5　**解析：** 图示结构，从中间对称轴刚接处截开（相当于去掉 3 个联系），再去掉左、右两端两个支座链杆（相当于各去掉 1 个联系），则成为两个静定的悬臂刚架，故为 5 次超静定结构。

答案： D

1 - 6　**解析：** 图示结构相当于一个静定的悬臂梁加一个多余约束——支座链杆，故应选 D。

答案：D

1 - 7　**解析：**运用桁架结构三杆节点的"零杆判断法"可知，下边中点是三杆节点，中间的竖杆是零杆；右上角节点是两杆节点，上边右面的横杆是零杆。

答案：A

1 - 8　**解析：**根据"零、平、斜，平、斜、抛"的微分规律和弯矩图的突变规律，可知 D 图是正确的。

答案：D

1 - 9　**解析：**根据零杆判别法，左上角和右上角两个"两杆节点"所联系的 4 根杆为零杆；再根据三杆节点的判别法，可知其余的三根竖杆也是零杆，共有 7 根零杆。

答案：C

1 - 10　**解析：**从 4 个图的约束看，第 4 个图（D 图）的杆端约束最强，而且有斜杆支撑，故 D 图的 A 点水平位移最小。

答案：D

1 - 11　**解析：**超静定结构的超静定次数越高，其所受的弯矩越小，中点挠度也越小。A 图是 3 次超静定结构，C 图是一次超静定结构，B 图和 D 图是静定结构。显然 A 图超静定次数最高，其 A 点挠度最小。

答案：A

1 - 12　**解析：**图示三铰拱支座 B 的水平推力 F_x 等于相应简支梁的中点弯矩 $M_c^0=\frac{P}{2}\cdot l$ 除以拱高 l，等于$\frac{P}{2}$，选 C。

答案：C

1 - 13　**解析：**图示连续梁的变形曲线是一条沿外力 P 方向的连续曲线，而且应呈现出"按下葫芦浮起瓢"的特点，应该选 B。

答案：B

1 - 14　**解析：**由 P 力作用点 A 的受力图（见解图）可见，三力平衡组成的等腰直角三角形自行封闭，杆件 1 受力是 P（压力）。

答案：B

题 1-14 解图

1 - 15　**解析：**图示 4 种梁截面受力最合理的是矩形截面，其截面面积离中性轴最远，可以充分发挥材料的效用。

答案：B

1 - 16　**解析：**根据"零、平、斜，平、斜、抛"的微分规律，可知图 D 是正确的。

答案：D

1 - 17　**解析：**图示结构去掉左边的固定铰链支座（相当于去掉两个联系），再去掉右边的链杆支座（相当于去掉一个联系），原结构就成为一个静定的悬臂刚架，故为 3 次超静定。

答案：B

1 - 18　**解析：**图示结构中的 5 个铰接三角形可以看作是一个几何不变的大刚片，如解图所示。与地面以简支梁的方式连接，组成一个静定结构，可见有一个多余约束。

答案：B

题 1-18 解图

1 - 19　**解析：**图示桁架中，依次考察左上角、左下角和中间上方的三个两杆节点，根据"零杆判别法"可知有 6 个零杆。

答案：C

1 - 20　**解析：**图示桁架，根据三杆节点的"零杆判别法"可知三根竖杆是零杆。去掉这三根竖杆以后，中间的两根斜腹杆与下面二根杆成为K形节点，属于反对称力。在图示结构对称、荷载对称的情况下，K形节点的两根斜腹杆为零杆，共有5根零杆。杆1内力为零。

答案：D

1-21 解析：图示结构是一个无多余约束的几何不变体系，当温度升高时，杆件中的轴力不变。

答案：C

1-22 解析：根据压杆临界力的欧拉公式可知，压杆的两端约束越强，临界承载力越大。显然A图的杆端约束最强，μ最小，临界承载力最大。

答案：A

1-23 解析：图示结构是一次超静定结构，左右两根柱子刚度相同，水平力P平均分配给两根立柱，所以两根立柱都有弯矩。又因为左上角和右上角都是铰链，弯矩都应该是零，所以只能选C。

答案：C

1-24 解析：根据突变规律，在集中力P作用点处应该有剪力的突变，故只能选A。

答案：A

1-25 解析：悬臂梁的端点挠度与外力成正比，与梁的抗弯刚度成反比。图C受的外力$2P$最大，而其抗弯刚度EI最小，所以图C的端点A挠度最大。

答案：C

1-26 解析：图示连续梁的变形曲线是一条符合两端约束条件的连续光滑曲线，所以只能选A。

答案：A

1-27 解析：去掉上面和下面两根横杆，则成为由7个二元体组成的静定结构，故有两个多余约束，属于2次超静定结构。

答案：C

1-28 解析：去掉左、右两端的两个固定铰链支座，相当于去掉4个多余约束，则成为一个静定的三铰结构，故有4个多余约束，属于4次超静定结构。

答案：D

1-29 解析：图示桁架受到一组自相平衡的力系作用，根据“加减平衡力系原理”，这一组力系不会产生支座反力。因此两个端点都可以看作两杆节点无外力作用，这两个端点所连接的四根杆都是零杆。

答案：D

1-30 解析：首先分析DE杆的受力，可知其受力为零。再依次分析BCD杆和AB杆的受力，可知其受力图如解图所示，故AB杆和BC杆受力不为零，内力也不为零。

题1-30解图

答案：B

1-31 解析：首先从中间铰链处断开，为方便起见，把中间铰链B连同其上作用的集中力8kN放在AB杆上，把均布力的合力用集中力16kN代替，作用在CD段的中点，如解图所示。

取BCD杆为研究对象，$\sum M_C=0$，

可得到：$F_B\times4+8=16\times2$　$\therefore F_B=6$

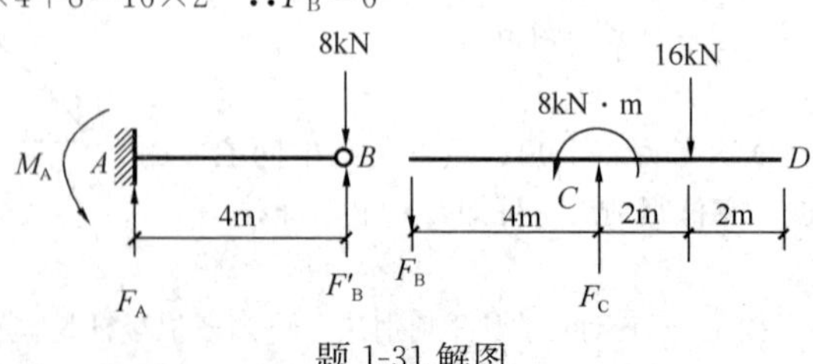

题1-31解图

再取 AB 杆为研究对象，由直接法得：

$M_A=6\times4-8\times4=-8\text{kN}\cdot\text{m}$（绝对值为 8kN·m）

答案： A

1-32 **解析：** 原题中所列 4 个结构在外部荷载作用下的弯矩图中，图 A 显然是错误的，因为在中间铰链处，没有集中力偶作用，弯矩应该是零，不是零就是错误的。其他三个弯矩图正确。

答案： A

1-33 **解析：** 此题为对称结构受对称荷载作用，在对称轴上 K 形节点的两根斜杆为反对称内力的杆，这两根杆为零杆。再根据三杆节点的零杆判别法可知，两根竖杆也是零杆，故有 4 根零杆。

答案： D

1-34 **解析：** A 点可以看作是桁架结构中的两杆结点，无外力作用，所以 A 点的链杆支座是零杆，A 点支座反力是零。

答案： A

1-35 **解析：** 根据教材上有关利用对称性求解超静定结构的有关例题，可知：只有 D 图是正确的。

答案： D

1-36 **解析：** 根据受力分析可知，右下角的链杆支座只有一个铅垂向上的支座反力，所以右侧的杆没有弯矩，只能选 C 或者 D，而 C 图的弯矩图不符合把弯矩画在受拉一侧的规律，故选 D。

答案： D

1-37 **解析：** 根据 BC 段的受力分析，可知 BC 杆上没有任何外力，所以原结构受力相当于一个悬臂刚架 AC 受一个集中力 P 作用，而且横梁上没有轴力，故选 A。

答案： A

1-38 **解析：** 如解图所示，节点 A 和 B 是属于两杆节点，故杆 1、2、3、4 均为零杆；而 C、D、E 三个节点均属于三杆节点，故杆 5、6、7 亦为零杆。其有 7 根零杆。

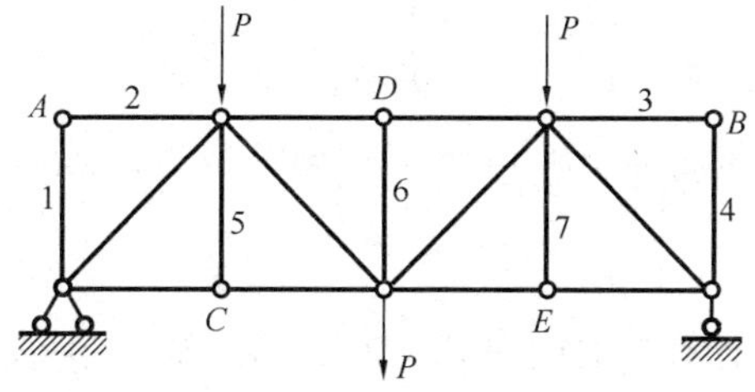

题 1-38 解图

答案： D

1-39 **解析：** 图示两根梁的支座反力相同，都是$\frac{ql}{2}$，最大剪力相同，也都是$\frac{ql}{2}$，但是剪力图不同，如解图所示，而 A、B、C 都是正确的。

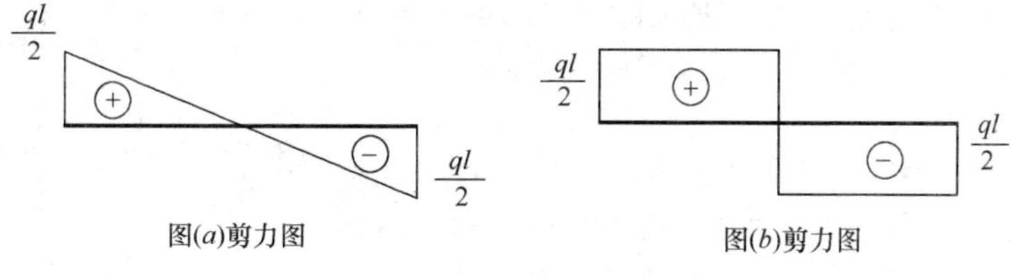

图(*a*)剪力图　　图(*b*)剪力图

题 1-39 解图

答案： C

1-40 **解析**：根据梁的弯矩图的端点规律，左端设有集中力偶，故弯矩为零，右端有集中力偶，右端弯矩就是集中力偶的力偶矩 M，故应该选 D。

答案：D

1-41 **解析**：由节点法可以从节点 C 上求出 $N_{BC}=N_{CD}=0$；从节点 B 可以求出 $N_{BA}=P$，$N_{BD}=-\sqrt{2}P$；从节点 D 可以求出 $N_{AD}=P$。可见 BD 杆的轴力最大，杆长最长，由胡克定律可知：$\Delta l=\dfrac{Nl}{EA}$，所以最有效的方法是增加 BD 杆的轴向刚度 EA。

答案：C

1-42 **解析**：从超静定结构的有关例题可以看出，超静定梁的弯矩大小与其本身的抗弯刚度 EI 的大小无关。

答案：B

1-43 **解析**：图示刚架的 O 点的水平位移和刚架的总体刚度（特别是两个竖杆的刚度）成反比。由于图 C 的总体刚度之和最大，为 $5EI$，所以 C 图中 O 点水平位移最小。

答案：C

1-44 **解析**：图示两铰拱水平推力不是零，而且支座竖向反力和同等条件简支梁的竖向反力相同，所以 B、C 的说法都是错误的。

答案：B、C（原题如此）

1-45 **解析**：图示刚架左侧支座发生沉降，相当于在左侧支座产生一个向下的铅垂力，相应地右侧支座也要产生一个向上的铅垂力，而水平横梁上则无轴向力，故选 B。

答案：B

1-46 **解析**：因为结构对称，环境温度变化 Δt 也是对称的，所以图示超静定结构的变形也是对称的。由于变形的累积效应，越往外累积的变形越大，相应的弯矩也越大，故应该选 B。

答案：B

1-47 **解析**：首先求支座反力 $F_A=F_B=\dfrac{1}{2}\times20\times6=60\text{kN}$。

取 C 截面右侧，见解图可知：$F_N=60\times\cos60°-20\times2\times\cos60°=10\text{kN}$

答案：C

题 1-47 解图

1-48 **解析**：根据结构的对称性和反对称性规律：如果结构对称、荷载反对称，则轴力图、弯矩图反对称，剪力图对称，在对称轴上轴力、弯矩均为零。此题就是结构对称、荷载反对称的，所以在对称轴上轴力、弯矩均为零，只有剪力不为零。

答案：B

1-49 **解析**：拱结构与梁结构的区别，在于拱结构在竖向荷载作用下，除产生竖向反力外，还产生水平推力。所以选项 A 是正确的，其余的 B、C、D 选项都是错误的。

答案：A

1-50 **解析**：根据桁架结构的零杆判别法，考察三杆节点 A、B、C 可知，三根竖杆 1、2、3 是零杆。如解图所示。

答案：C

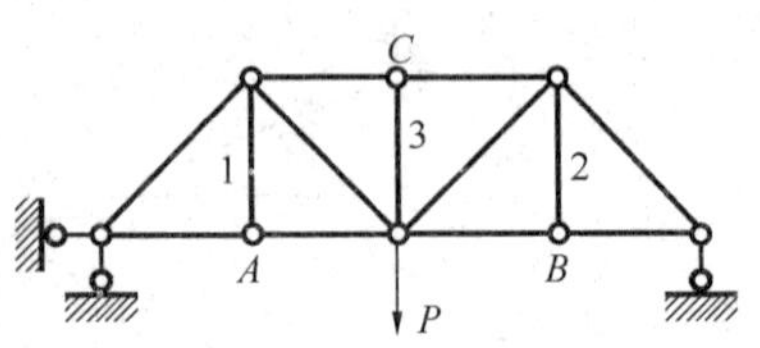

题 1-50 解图

1-51 **解析**：原结构去掉右下角的固定端 D 支座（相当于去掉 3 个约束），再把上面 C 点的中间铰链变成链杆支座（相当于去掉 1 个约束），变成了解图所示的静定结构，悬臂刚架 $ABCD$ 加简支钢架 BC，共去掉了 4 个多余约束，为 4 次超静定结构。

答案：D

1-52 **解析：** 首先分析 BC 杆，可知 B、C 两点都有支座反力，再把 B、C 两点的支座反力的反作用力加在 AB 杆和 CDE 杆上，如解图所示，可见各杆上面均有力的作用，故各杆都要产生内力。

答案： A

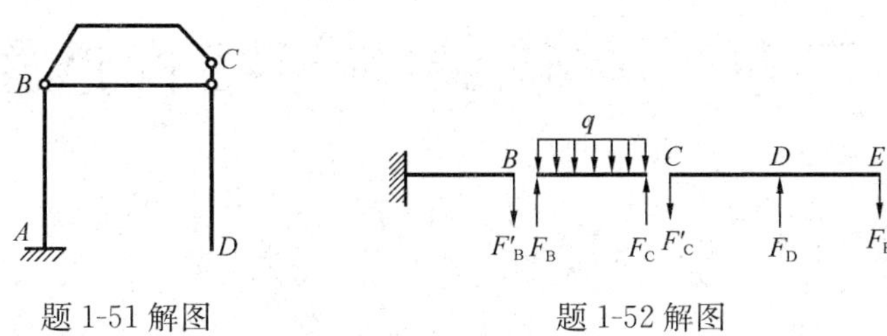

题 1-51 解图　　　　题 1-52 解图

第二章　建筑结构与结构选型

第一节　概　　述

一、建筑结构的基本概念

（一）基本术语

1. 建筑物

人类建造活动的一切成果，如房屋建筑、桥梁、码头、水坝等。房屋建筑以外的其他建筑物有时也称构筑物。

2. 结构

能承受和传递作用并具有适当刚度的由各连接部件组合而成的整体，俗称承重骨架。

3. 工程结构

房屋建筑、铁路、公路、水运和水利水电等各类土木工程的建筑物结构的总称。

4. 结构体系

结构中的所有承重构件及其共同工作的方式。

5. 建筑结构

组成工业与民用建筑包括基础在内的承重体系，为房屋建筑结构的简称。对组成建筑结构的构件、部件，当其含义不致混淆时，亦可统称为结构。

6. 建筑结构单元

房屋建筑结构中，由伸缩缝、沉降缝或防震缝隔开的区段。

7. 作用

施加在结构上的集中力或分布力和引起结构外加变形或约束变形的原因。前者也称直接作用（荷载），后者也称间接作用。

8. 作用效应

由作用引起的结构或结构构件的反应。如内力、变形等。

9. 结构抗力

结构或结构构件承受作用效应的能力。如承载力、刚度等。

（二）建筑结构的组成（图 2-1）

建筑结构一般都是由以下结构构件组成：

结构构件是指在物理上可以区分出的部分，如柱、墙、梁、板、基础桩等。

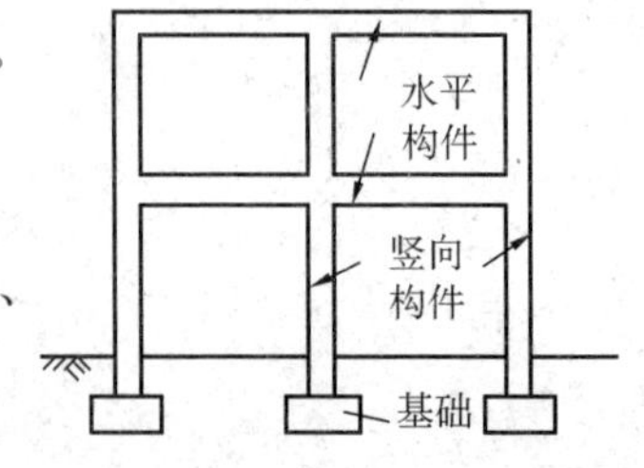

图 2-1　结构骨架简图

1. 水平构件

用以承受竖向荷载的构件，一般有梁和板。

2. 竖向构件

用以支承水平构件或承受水平荷载的构件，一般有柱、墙和基础桩。

注：基础是指将结构所承受的各种作用传递到地基（支承基础的土或岩体）上的结构组成部分，一般有：无筋扩展基础、扩展基础、柱下条形基础、高层建筑箱形和筏形基础、桩基础。

部件是指结构中由若干构件组成的具有一定功能的组合件，如楼梯、阳台、屋盖等。

（三）建筑结构的类型

1. 按组成建筑结构的主要建筑材料划分

（1）木结构：原木结构、方木结构、胶合木结构；

（2）砌体结构：砖砌体结构、砌块砌体结构、石砌体结构、配筋砌体结构；

（3）钢结构：冷弯型钢结构、预应力钢结构；

（4）混凝土结构：素混凝土结构、钢筋混凝土结构、预应力混凝土结构；

（5）混合结构：对高层建筑结构，由钢框架（框筒）、型钢混凝土框架（框筒）、钢管混凝土框架（框筒）与钢筋混凝土核心筒组成，并共同承受水平和竖向力作用的结构。在多层房屋建筑中，该术语专指一般以砌体为主要承重构件和混凝土楼盖和屋盖（或木屋架屋盖、钢木屋架屋盖）等共同组成的结构。

注：组合结构是指同一截面或各杆件由两种或两种以上材料制成的结构。

2. 按组成建筑结构的结构形式划分

（1）平板结构体系。一般有：常规平板结构（板式结构、梁板式结构）、桁架与屋架结构、刚架与排架结构、空间网格结构（双层或多层网架、直线形立体桁架结构）、高层建筑结构（框架、剪力墙、框架-剪力墙、筒体、悬挂结构）。

（2）曲面结构体系。一般有：拱结构、空间网格结构（单层、双层或局部双层网壳、曲线形立体桁架结构）、索结构（悬索结构、斜拉结构、张弦结构、索穹顶）、薄壁空间结构（薄壳、折板、幕结构）等。

注：膜建筑是20世纪中期发展起来的一种新型建筑形式。膜不是结构，是建筑的围护系统，而真正的结构是那些支承和固定膜的钢结构，可分为充气膜建筑和张拉膜建筑。

幕结构是由双曲面壳结构经转化而形成的一种结构形式，也可称其为双向折板结构。

3. 按建筑结构的承载方式划分

（1）墙承载结构，如砌体结构、砖木结构、剪力墙结构等；

（2）柱结构，如框架结构、排架结构、刚架结构等；

（3）特殊类型结构，这里指不归入前两种类型的结构，如拱结构和大跨度空间结构等。

注：参见——樊振和．建筑结构体系及选型［M］．北京：中国建筑工业出版社，2011。

4. 规范对单层、多层、高层以及大跨度建筑的规定

《民用建筑设计统一标准》GB 50352—2019：

（1）建筑高度不大于27.0m的住宅建筑、建筑高度不大于24.0m的公共建筑及建筑高度大于24.0m的单层公共建筑为低层或多层民用建筑。

（2）建筑高度大于27.0m的住宅建筑和建筑高度大于24.0m的非单层公共建筑，且高度不大于100.0m的，为高层民用建筑。

（3）建筑高度大于100.0m的，为超高层建筑。

《建筑设计防火规范》GB 50016—2014（2018年版）：

（1）建筑高度不大于 27m 的住宅建筑（包括设置商业服务网点的建筑）为单、多层民用建筑。

（2）建筑高度大于 24m 的单层公共建筑和建筑高度不大于 24m 的其他公共建筑为单、多层民用建筑。

（3）其他为高层民用建筑，并分为一类和二类。

《高层建筑混凝土结构技术规程》JGJ 3—2010：

10 层及 10 层以上或房屋高度大于 28m 的住宅建筑和房屋高度大于 24m 的其他高层民用建筑。

《空间网格结构技术规程》JGJ 7—2010：

本规程中大、中、小跨度划分系针对屋盖而言；大跨度为 60m 以上；中跨度为 30～60m；小跨度为 30m 以下。

《建筑抗震设计规范》GB 50011—2010（2016 年版）：

现浇钢筋混凝土房屋的大跨度框架是指跨度不小于 18m 的框架。

《钢结构设计标准》GB 50017—2017：

大跨度屋盖结构体系指跨度大于等于 60m 的屋盖结构，可采用桁架、刚架或拱等平面结构，以及网架、网壳、索膜结构等空间结构。

二、建筑结构基本构件与结构设计

组成结构体系的单元体称为基本构件。按受力特征来划分主要有以下三类：轴心受力构件、偏心受力构件和受弯构件。

按其主要受力性质常常又划分为：拉杆、压杆和受弯构件。

（一）轴心受力构件

当构件所受外力的作用点与构件截面的形心重合时，则构件横截面产生的应力为均匀分布，这种构件称为轴心受力构件。可分为：

1. 轴心受拉构件

构件所受的力，使构件横断面仅产生均匀拉应力时即为轴心受拉构件。常用于桁架的下弦杆及受拉斜腹杆。

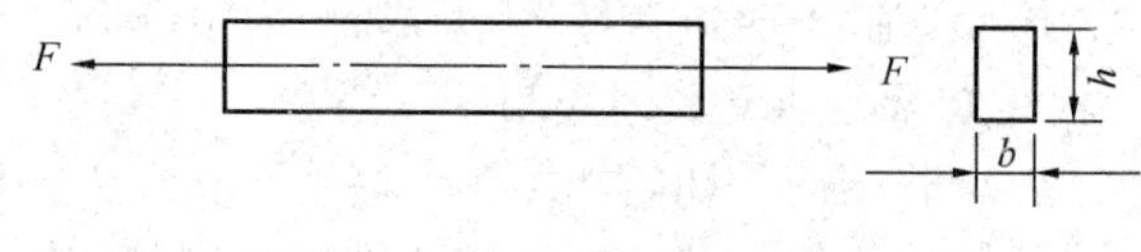

图 2-2　轴心受拉构件

如图 2-2 所示构件内的应力为：

$$\sigma_1 = \frac{F}{bh} \tag{2-1}$$

此构件的承载能力为 $\sigma_1 \leqslant [\sigma]$。

式中　$[\sigma]$——材料的允许应力。

这种构件最能充分发挥材料的强度。

2. 轴心受压构件

外力以压力的方式作用在构件的轴心处，使构件产生均匀压应力时，即为轴心受压构件，如图 2-3 所示。

其截面应力为：

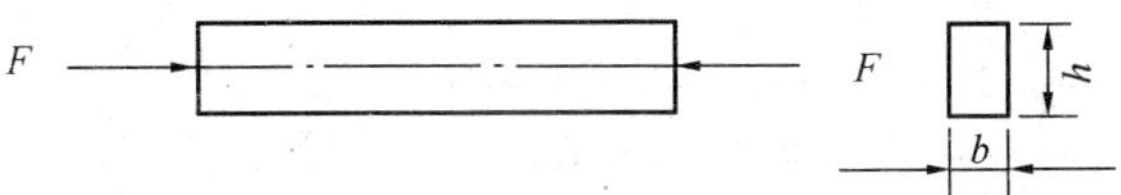

图 2-3　轴心受压构件

$$\sigma_1=\frac{F}{bh} \tag{2-2}$$

但轴心受压构件的实际承载力是由稳定性控制，稳定系数 $\psi<1$，故其承载力的表达式为：

$$\sigma_2=\frac{F}{\psi bh}\leqslant[\sigma] \tag{2-3}$$

这是因为受压构件承载时，截面应力尚未达到材料的强度设计值前就会因弯折而失去承载能力，这种现象称为丧失稳定性。上式中的 ψ 值即为按稳定考虑的承载力与强度承载力的比值，称为稳定系数。

由此可见，相同材料的拉杆与压杆受同样的荷载 F 作用时，拉杆所需的截面尺寸要比压杆小。

拉杆所需截面为：　$A_1=\frac{F}{[\sigma]}$

压杆所需截面为：　$A_2=\frac{F}{\psi[\sigma]}$

式中　$[\sigma]$——材料的强度设计值（即允许应力）。

$\psi<1$，故 $A_2>A_1$

ψ 值与杆件的长细比 λ 有关，$\lambda=\frac{l_0}{i}$；

式中　l_0——杆件计算长度；

i——截面的回转半径，$i=\sqrt{\frac{I}{A}}$；

I——截面的惯性矩，矩形截面时：$I=\frac{1}{12}bh^3$，$A=b\times h$

所以　$i=\sqrt{\frac{1}{12}\cdot b\cdot h^3/b\cdot h}=\sqrt{\frac{1}{12}\cdot h^2}=\sqrt{\frac{1}{12}}h=0.289h$

λ 越大，ψ 越小，则实际承载力越小。

一般提高压杆承载力的措施为：

（1）选用有较大 i 值的截面，即面积分布尽量远离中和轴；

（2）改变柱端固接条件或增设中间支承，以改变杆件计算长度 l_0。

（二）偏心受力构件的分类

即分为偏心受拉和偏心受压构件。

1. 偏心受拉构件

（1）定义：构件承受的拉力作用点与构件的轴心偏离，使构件既受拉又受弯时，即为偏心受拉构件（亦称拉弯构件）。常见于屋架下弦有节间荷载时。

（2）构件的受力状态（图 2-4）。

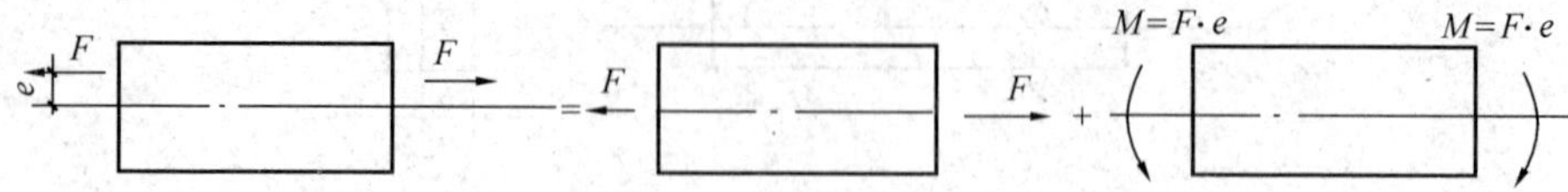

图 2-4　偏心受拉构件

由图 2-4 可知其截面产生的应力是由两种应力叠加的，其边沿应力公式为：

$$\sigma_{\min}^{\max}=\frac{F}{bh}\pm\frac{M}{W}=\frac{F}{bh}\pm\frac{Fe}{\frac{1}{6}bh^2}=\frac{F}{bh}\left(1\pm\frac{6e}{h}\right) \tag{2-4}$$

构件的承载能力应满足 $\sigma_{\max}\leqslant[\sigma]$。

式中　$\sigma_{\max}$——边沿最大拉应力；

$\sigma_{\min}$——边沿最小拉应力；

W——截面抵抗矩。

由上式可见，在受同样的外拉力时，偏心受拉构件的应力要比轴心受拉构件增大许多，因此在结构设计中应尽量避免出现这种构件。

2. 偏心受压构件

(1) 定义：构件承受的压力作用点与构件的轴心偏离，使构件既受压又受弯时，即为偏心受压构件（亦称压弯构件）。常见于屋架的上弦杆、框架结构柱、砖墙及砖垛等。

(2) 构件的受力状态（图 2-5）。

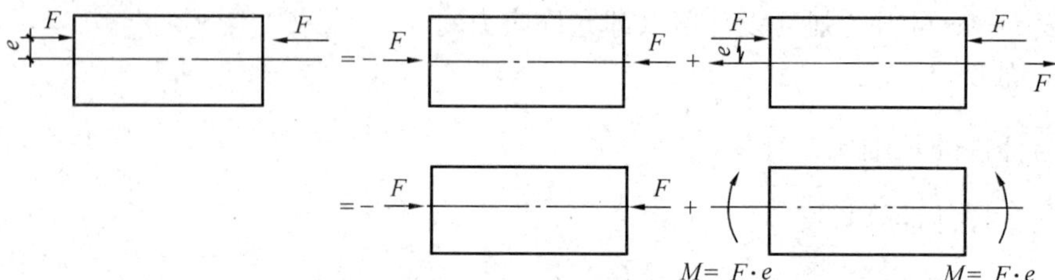

图 2-5　偏心受压构件

截面产生的边沿应力公式为：

$$\sigma_{\min}^{\max}=\frac{F}{bh}\pm\frac{M}{W}=\frac{F}{bh}\left(1\pm\frac{6e}{h}\right) \tag{2-5}$$

式中　$\sigma_{\max}$——边沿最大压应力；

$\sigma_{\min}$——边沿最小压应力。

由上式可见，在受同样的压力 F 时，当作用点与截面轴心偏离时，截面内的压应力增加甚多，而且当偏心距较大时，截面内除压应力外将产生一部分拉应力。

在实践中尚有双向偏心构件。

（三）受弯构件

1. 定义

当一水平构件在跨间承受荷载，使其产生弯曲，构件将产生弯矩和剪力，截面内将产生弯曲应力和剪应力。这种构件即称为受弯构件。这是结构设计中最常见的构件。

2. 受弯构件的受力状态

（1）简支梁在不同荷载作用下的弯矩 M 及剪力 V（图 2-6）；

（2）多跨连续梁在均布荷载作用下的弯矩和剪力（图 2-7）。

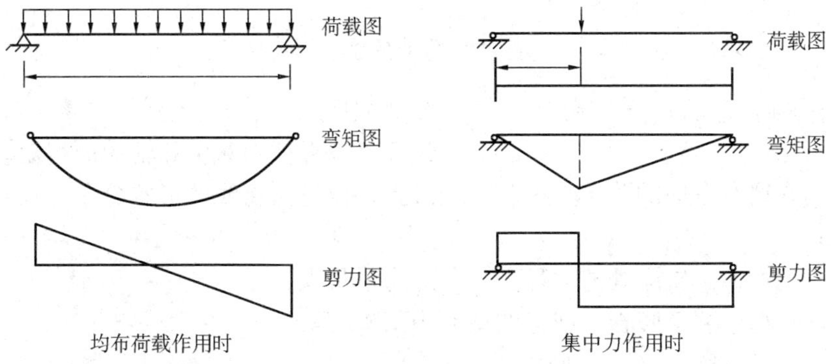

图 2-6　简支梁在不同荷载作用下的弯矩 M 及剪力 V

在跨度范围内弯矩和剪力都是变化的。

（3）梁截面内的应力分布

1）弯曲应力（图 2-8）

$$\sigma=\pm\frac{M\cdot y}{I} \tag{2-6}$$

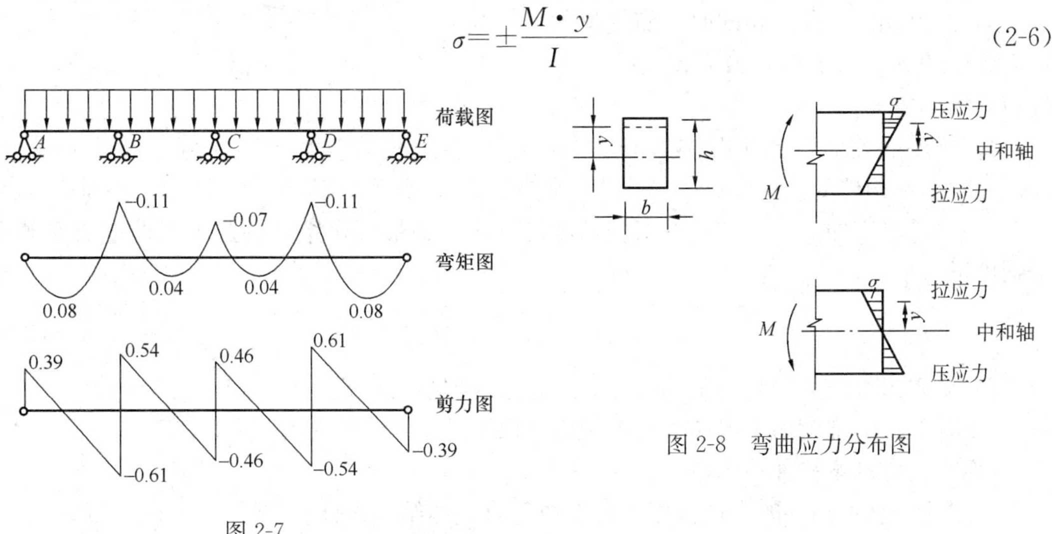

图 2-7

图 2-8　弯曲应力分布图

边沿最大应力：

$$\pm\sigma_{\max}=\pm\frac{M\cdot\frac{h}{2}}{\frac{1}{12}\cdot bh^{3}}=\pm\frac{6\cdot M}{bh^{2}}$$

式中　$+\sigma_{\max}$——边沿最大拉应力；

　　　$-\sigma_{\max}$——边沿最大压应力。

弯曲应力沿截面高度为三角形分布，中和轴处应力为零；向下弯曲时（↶）中和轴以上为压应力，中和轴以下为拉应力；向上弯曲时（↷），中和轴以上为拉应力，以下为压应力。

2）剪应力

剪应力在截面上的分布也是不均匀的，其分布规律如图 2-9 所示。

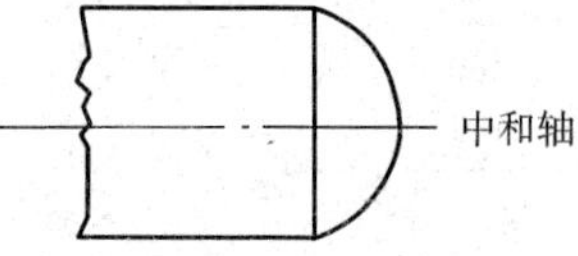

图 2-9　剪应力分布规律图

平均剪应力：　$\tau=\frac{V}{bh}$　(2-7)

截面上的剪应力　$\tau=\frac{VS}{Ib}$　(2-8)

式中　I——截面惯性矩；

S——计算点以上截面对中和轴的面积矩。

①剪应力在梁高方向的分布是中和轴处最大，以近抛物线的形状分布，在截面边沿处剪应力为零；

②沿梁长度方向，支座处剪力最大，剪应力也最大；

③截面的抗剪主要靠腹板（即梁的截面中部）。

（4）受弯构件的变形（图 2-10）

受弯构件在荷载作用下要产生弯曲，于是将产生弯曲变形，使梁产生挠度。

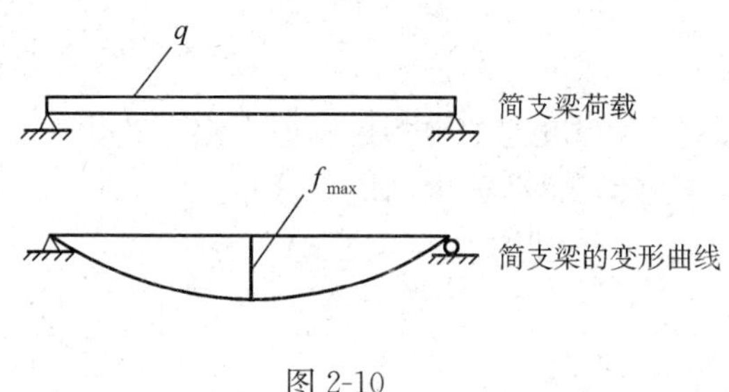

图 2-10

1）梁的挠度跨中最大。

2）挠度的大小与正弯矩成正比。

3）跨度相同、荷载相同时，简支梁的挠度比连续梁、两端固定或一端固定、一端简支的梁要大。

4）挠度的大小与梁的 EI 成反比。

（5）受弯构件的设计要点

1）要满足弯曲应力不超过材料的强度设计值。即最大弯矩处的最大弯曲应力必须小于强度设计值。

$$\sigma_{max}=\frac{M_{max}}{W}\leqslant[\sigma]\tag{2-9}$$

2）梁内最大剪力的断面平均剪应力不超过材料抗剪的设计值。

3）梁的最大挠度值不得超过规范规定的限值。

（四）几种基本构件的比较

上述几种基本构件的合理应用，就能取得合理的结构设计。

1. 轴心受拉构件是受力最好的构件

（1）最能充分发挥材料性能。因在外力作用下，沿构件全长及截面的内力及应力都是均匀分布；

（2）在承受相同的荷载下，与受压和受弯构件相比所需的断面最小；

（3）只有具有最多数量的轴拉构件和较少轴压和受弯构件组成的结构体系才是最省材料和经济、合理的体系。

2. 轴压构件

承载力受稳定的影响，故应避免长杆受压，设计时要特别注意侧向稳定。

3. 偏心受压构件

在相同截面下，因受偏心弯矩的影响，其承载力将随偏心距的加大而大为减小。而且，也要考虑侧向稳定的影响。

4. 受弯构件

(1) 构件内的内力不均匀分布，因此不能充分发挥材料的作用。

(2) 还存在变形能否满足要求的问题，有时虽已满足强度要求，变形不能满足时，则应按变形要求增大构件断面尺寸。

第二节　多层建筑结构体系

建筑高度不大于27.0m的住宅建筑、建筑高度不大于24.0m的公共建筑及建筑高度大于24.0m的单层公共建筑为低层或多层民用建筑；建筑高度大于27.0m的住宅建筑和建筑高度大于24.0m的非单层公共建筑，且高度不大于100.0m的，为高层民用建筑；建筑高度大于100.0m为超高层建筑。

一、多层砌体结构

(一) 概述

(1) 砌体结构房屋是指同一房屋结构体系中，采用两种或两种以上不同材料组成的承重结构体系。

(2) 砖砌体结构是指由钢筋混凝土楼（屋）盖和砖墙承重的结构体系（亦称砖混结构）。

(3) 砌体结构一般是指采用钢筋混凝土楼（屋）盖和用砖或其他块体（如混凝土砌块）砌筑的承重墙组成的结构体系。

(4) 过去，曾有过用木楼（屋）盖与砖墙承重组成的结构体系，称为砖木结构。目前已很少采用。

(二) 砌体结构的优缺点和应用范围

1. 主要优点

(1) 主要承重结构（承重墙）是用砖（或其他块体）砌筑而成的，这种材料任何地区都有，便于就地取材。常用的墙体材料有：①烧结普通砖：黏土砖（已禁用）、煤矸石砖、页岩砖、煤矸石页岩砖；②烧结多孔砖：黏土多孔砖（P型、M型）、煤矸石多孔砖、页岩多孔砖；③蒸压灰砂砖、蒸压粉煤灰砖；④混凝土小型空心砌块。

(2) 墙体既是围护和分隔的需要，又可作为承重结构，一举两得。

(3) 多层房屋的纵横墙体布置一般很容易达到刚性方案的构造要求，故砌体结构的刚度较大。

(4) 施工比较简单，进度快，技术要求低，施工设备简单。

2. 主要缺点

(1) 砌体强度比混凝土强度低得多，故建造房屋的层数有限，一般不超过7层。

(2) 砌体是脆性材料，抗压能力尚可；抗拉、抗剪强度都很低，因此抗震性能较差。

(3) 多层砌体房屋一般宜采用刚性方案，故其横墙间距受到限制，因此不可能获得较大的空间，故一般只能用于住宅、普通办公楼、学校、小型医院等民用建筑以及中小型工业建筑。

（三）砖砌体房屋的墙体布置方案

1. 横墙承重方案

楼层的荷载通过板梁传至横墙，横墙作为主要承重竖向构件，纵墙仅起围护、分隔、自承重及形成整体作用。

优点：横墙较密，房屋横向刚度较大，整体刚度好。外纵墙不是承重墙立面处理比较方便，可以开设较大的门窗洞口。抗震性能较好。

缺点：横墙间距较密，房间布置的灵活性差，故多用于宿舍、住宅等居住建筑。

2. 纵墙承重方案

其受力特点是：板荷载传给梁，再由梁传给纵墙。这时纵墙是主要承重墙。横墙只承受小部分荷载，横墙的设置主要为了满足房屋刚度和整体性的需要，其间距比较大。

优点：房间的空间可以较大，平面布置比较灵活。

缺点：房屋的刚度较差，纵墙受力集中，纵墙较厚或要加壁柱。

适用于：教学楼、试验室、办公楼、医院等。

3. 纵横墙承重方案

根据房间的开间和进深要求，有时需采取纵横墙同时承重的方案。

横墙的间距比纵墙承重方案小，所以房屋的横向刚度比纵墙承重方案有所提高。

4. 内框架承重方案

砌体结构房屋抗震设计的适用范围，随国家经济的发展而不断改变。1989 年版《建筑抗震设计规范》删去了“底部内框架砖房”的结构形式；2001 年版规范删去了混凝土中型砌块和粉煤灰中型砌块的规定，并将“内框架砖房”限制于多排柱内框架；2010 年的修订，考虑到“内框架砖房”已很少使用且抗震性能较低，取消了相关内容。

5. 底部框架抗震墙结构方案

在砌体结构的底部 1～2 层砌体墙不落地，而采用框架—抗震墙支承上部砌体承重墙。

适用于：住宅带底商的建筑。

（四）砌体房屋的构造要求

（1）要满足墙体的高厚比。

1）《砌体结构设计规范》GB 50003—2011（以下简称《砌体规范》）规定砖墙（或砖柱）的允许高厚比应按下式验算（《砌体规范》，6.1.1 式）：

$$\beta=\frac{H_0}{h}\leqslant\mu_1\mu_2\ [\beta] \tag{2-10}$$

式中 H_0——墙、柱的计算高度，应按《砌体规范》第 5.1.3 条采用；

h——墙厚或矩形柱与 H_0 相对应的边长；

μ_1——非承重墙允许高厚比的修正系数，$h=240$，$\mu_1=1.2$；$h=90$，$\mu_1=1.5$；

μ_2——有门窗洞口墙允许高厚比的修正系数，$\mu_2=1-0.4\dfrac{b_s}{s}$；

b_s——在宽度 s 范围内的门窗洞口总宽度；

s——相邻窗间墙或壁柱之间的距离；

$[\beta]$——墙、柱的允许高厚比，应按《砌体规范》表 6.1.1 采用，当与墙连接的相邻两横墙间的距离 $s\leqslant\mu_1\mu_2\ [\beta]\ h$ 时，墙的高度可不受上述限制。

注：①上端为自由端时，墙的允许高厚比，除按上述规定提高外，尚可提高 30%。

②对厚度小于 90mm 的墙，当双面用不低于 M10 的水泥砂浆抹面，包括抹面层的墙厚不小于 90mm 时，可按墙厚等于 90mm 验算高厚比。

2）当高厚比不能满足要求时，可采取以下措施：

① 增加墙体厚度；

② 加设壁柱（即墙垛）；

③ 加设构造柱；

④ 减小横墙间距。

（2）要注意控制横墙的间距。

砖砌体房屋的静力计算有三种计算方案（表 2-1）：

① 刚性方案。在荷载作用下，楼层视为墙、柱的不动铰支座。即认为房屋不产生水平位移（图 2-11）。

房屋静力计算方案确定表 **表 2-1**

	屋盖或楼盖类别	刚性方案	刚弹性方案	弹性方案
1	整体式、装配整体式和装配式无檩体系钢筋混凝土屋盖或楼盖	$s<32$	$32\leqslant s\leqslant 72$	$s>72$
2	装配式有檩体系钢筋混凝土屋盖、轻钢屋盖和有密铺望板的木屋盖或木楼盖	$s<20$	$20\leqslant s\leqslant 48$	$s>48$
3	瓦材屋面的木屋盖和轻钢屋盖	$s<16$	$16\leqslant s\leqslant 36$	$s>36$

注：s 为房屋横墙间距，单位为 m。

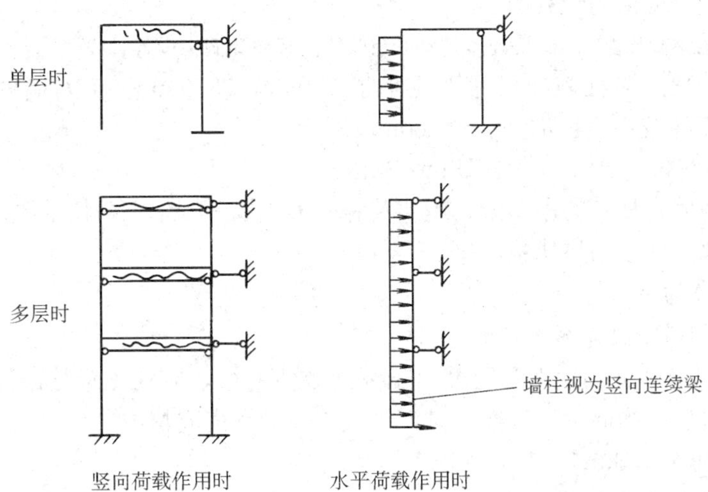

图 2-11 刚性方案

② 刚弹性方案。在荷载作用下，楼层视为墙柱可动铰支座，楼盖平面较大，可考虑空间工作的平面排架或框架计算。其空间影响系数可按《砌体规范》表 4.2.4 采用。

③ 弹性方案。房屋在水平力作用下将产生水平位移，房屋的静力计算可按屋架、大梁与墙（柱）为铰接的不考虑空间工作的平面排架或框架计算（图 2-12）。

（3）纵墙尽可能贯通。

（4）预制钢筋混凝土板在混凝土圈梁上的支承长度不应小于 80mm，板端伸出的钢筋

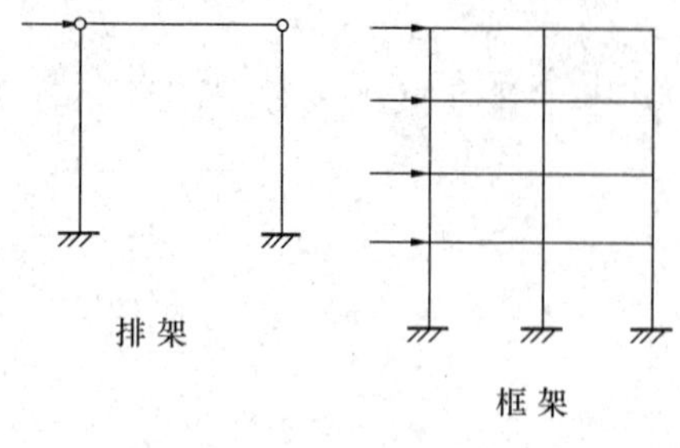

图 2-12 弹性方案

应与圈梁可靠连接，且同时浇筑；预制钢筋混凝土板在墙上的支承长度不应小于 100mm，并应按下列方法进行连接：

① 板支承于内墙时，板端钢筋伸出长度不应小于 70mm，且与支座处沿墙配置的纵筋绑扎，用强度等级不应低于 C25 的混凝土浇筑成板带；

② 板支承于外墙时，板端钢筋伸出长度不应小于 100mm，且与支座处沿墙配置的纵筋绑扎，并用强度等级不应低于 C25 的混凝土浇筑成板带；

③ 预制钢筋混凝土板与现浇板对接时，预制板端钢筋应伸入现浇板中进行连接后，再浇筑现浇板。

（5）墙体转角处和纵横墙交接处应沿竖向每隔 400～500mm 设拉结钢筋，其数量为每 120mm墙厚不少于 1 根直径 6mm 的钢筋；或采用焊接钢筋网片，埋入长度从墙的转角或交接处算起，对实心砖墙每边不小于 500mm，对多孔砖墙和砌块墙不小于 700mm。

（6）填充墙、隔墙应分别采取措施与周边主体结构构件可靠连接，连接构造和嵌缝材料应能满足传力、变形、耐久和防护要求。

（7）在砌体中留槽洞及埋设管道时，应遵守下列规定：

① 不应在截面长边小于 500mm 的承重墙体、独立柱内埋设管线；

② 不宜在墙体中穿行暗线或预留、开凿沟槽，当无法避免时应采取必要的措施或按削弱后的截面验算墙体的承载力。

注：对受力较小或未灌孔的砌块砌体，允许在墙体的竖向孔洞中设置管线。

（8）承重的独立砖柱截面尺寸不应小于 240mm×370mm。毛石墙的厚度不宜小于 350mm，毛料石柱较小边长不宜小于 400mm。

注：当有振动荷载时，墙、柱不宜采用毛石砌体。

（9）支承在墙、柱上的吊车梁、屋架及跨度大于或等于下列数值的预制梁的端部，应采用锚固件与墙、柱上的垫块锚固：

① 对砖砌体为 9m；

② 对砌块和料石砌体为 7.2m。

（10）跨度大于 6m 的屋架和跨度大于下列数值的梁，应在支承处砌体上设置混凝土或钢筋混凝土垫块；当墙中设有圈梁时，垫块与圈梁宜浇成整体。

① 对砖砌体为 4.8m；

② 对砌块和料石砌体为 4.2m；

③ 对毛石砌体为 3.9m。

（11）当梁跨度大于或等于下列数值时，其支承处宜加设壁柱，或采取其他加强措施：

① 对 240mm 厚的砖墙为 6m；对 180mm厚的砖墙为 4.8m；

② 对砌块、料石墙为 4.8m。

（12）山墙处的壁柱或构造柱宜砌至山墙顶部，且屋面构件应与山墙可靠拉结。

（13）砌块砌体应分皮错缝搭砌，上下皮搭砌长度不应小于 90mm。当搭砌长度不满足上述要求时，应在水平灰缝内设置不小于 2 根直径不小于 4mm 的焊接钢筋网片（横向钢筋的间距不应大于 200mm，网片每端应伸出该垂直缝不小于 300mm）。

（14）砌块墙与后砌隔墙交接处，应沿墙高每 400mm 在水平灰缝内设置不少于 2 根直径不小于 4mm、横筋间距不应大于 200mm 的焊接钢筋网片（图 2-13）。

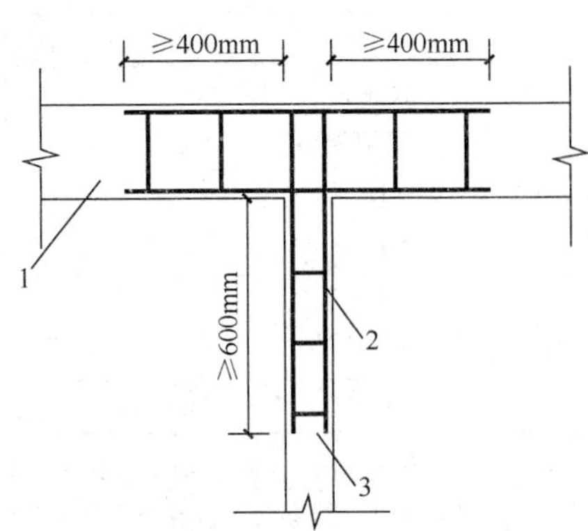

图 2-13　砌块墙与后砌隔墙交接处钢筋网片

1—砌块墙；2—焊接钢筋网片；3—后砌隔墙

（15）混凝土砌块房屋，宜将纵横墙交接处，距墙中心线每边不小于 300mm 范围内的孔洞，采用不低于 Cb20 混凝土沿全墙高灌实。

（16）混凝土砌块墙体的下列部位，如未设圈梁或混凝土垫块，应采用不低于 Cb20 混凝土将孔洞灌实：

① 搁栅、檩条和钢筋混凝土楼板的支承面下，高度不应小于 200mm 的砌体；

② 屋架、梁等构件的支承面下，长度不应小于 600mm，高度不应小于 600mm 的砌体；

③ 挑梁支承面下，距墙中心线每边不应小于 300mm，高度不应小于 600mm 的砌体。

（17）夹芯墙的夹层厚度，不宜大于 120mm。

（18）外叶墙的砖及混凝土砌块的强度等级，不应低于 MU10。

（19）夹芯墙的有效面积，应取承重或主叶墙的面积。高厚比验算时，夹芯墙的有效厚度，按下式计算：

$$h_l=\sqrt{h_1^2+h_2^2} \tag{2-11}$$

式中　h_l——夹芯复合墙的有效厚度；

h_1、h_2——分别为内、外叶墙的厚度。

（20）夹芯墙外叶墙的最大横向支承间距，宜按下列规定采用：设防烈度为 6 度时不宜大于 9m，7 度时不宜大于 6m，8、9 度时不宜大于 3m。

（21）夹芯墙的内、外叶墙，应由拉结件可靠拉结，拉结件宜符合下列规定：

① 当采用环形拉结件时，钢筋直径不应小于 4mm，当为 Z 形拉结件时，钢筋直径不应小于 6mm；拉结件应沿竖向梅花形布置，拉结件的水平和竖向最大间距分别不宜大于 800mm 和 600mm；对有振动或有抗震设防要求时，其水平和竖向最大间距分别不宜大于 800mm 和 400mm；

② 当采用可调拉结件时，钢筋直径不应小于 4mm，拉结件的水平和竖向最大间距均不宜大于 400mm。叶墙间灰缝的高差不大于 3mm，可调拉结件中孔眼和扣钉间的公差不大于 1.5mm；

③ 当采用钢筋网片作拉结件时，网片横向钢筋的直径不应小于 4mm；其间距不应大于 400mm；网片的竖向间距不宜大于 600mm；对有振动或有抗震设防要求时，不宜大于 400mm；

④ 拉结件在叶墙上的搁置长度，不应小于叶墙厚度的 2/3，并不应小于 60mm；

⑤ 门窗洞口周边 300mm 范围内应附加间距不大于 600mm 的拉结件。

（22）在正常使用条件下，应在墙体中设置伸缩缝。伸缩缝应设在因温度和收缩变形引起应力集中、砌体产生裂缝可能性最大处。伸缩缝的间距可按表 2-2 采用。

砌体房屋伸缩缝的最大间距（m） **表 2-2**

屋盖或楼盖类别		间　距
整体式或装配整体式钢筋混凝土结构	有保温层或隔热层的屋盖、楼盖	50
	无保温层或隔热层的屋盖	40
装配式无檩体系钢筋混凝土结构	有保温层或隔热层的屋盖、楼盖	60
	无保温层或隔热层的屋盖	50
装配式有檩体系钢筋混凝土结构	有保温层或隔热层的屋盖	75
	无保温层或隔热层的屋盖	60
瓦材屋盖、木屋盖或楼盖、轻钢屋盖		100

注：1. 对烧结普通砖、烧结多孔砖、配筋砌块砌体房屋，取表中数值；对石砌体、蒸压灰砂普通砖、蒸压粉煤灰普通砖、混凝土砌块、混凝土普通砖和混凝土多孔砖房屋，取表中数值乘以 0.8 的系数，当墙体有可靠外保温措施时，其间距可取表中数值；

2. 在钢筋混凝土屋面上挂瓦的屋盖应按钢筋混凝土屋盖采用；

3. 层高大于 5m 的烧结普通砖、烧结多孔砖、配筋砌块砌体结构单层房屋，其伸缩缝间距可按表中数值乘以 1.3；

4. 温差较大且变化频繁地区和严寒地区不采暖的房屋及构筑物墙体的伸缩缝的最大间距，应按表中数值予以适当减小；

5. 墙体的伸缩缝应与结构的其他变形缝相重合，缝宽度应满足各种变形缝的变形要求；在进行立面处理时，必须保证缝隙的变形作用。

（23）房屋顶层墙体，宜根据情况采取下列措施：

① 屋面应设置保温、隔热层；

② 屋面保温（隔热）层或屋面刚性面层及砂浆找平层应设置分隔缝，分隔缝间距不宜大于 6m，其缝宽不小于 30mm，并与女儿墙隔开；

③ 采用装配式有檩体系钢筋混凝土屋盖和瓦材屋盖；

④ 顶层屋面板下设置现浇钢筋混凝土圈梁，并沿内外墙拉通，房屋两端圈梁下的墙体内宜设置水平钢筋；

⑤ 顶层墙体有门窗等洞口时，在过梁上的水平灰缝内设置 2～3 道焊接钢筋网片或 2 根直径 6mm 钢筋，焊接钢筋网片或钢筋应伸入洞口两端墙内不小于 600mm；

⑥ 顶层及女儿墙砂浆强度等级不低于 M7.5（Mb7.5、Ms7.5）；

⑦ 女儿墙应设置构造柱，构造柱间距不宜大于 4m，构造柱应伸至女儿墙顶并与现浇钢筋混凝土压顶整浇在一起；

⑧ 对顶层墙体施加竖向预应力。

（24）房屋底层墙体，宜根据情况采取下列措施：

① 增大基础圈梁的刚度；

② 在底层的窗台下墙体灰缝内设置 3 道焊接钢筋网片或 2 根直径 6mm 钢筋，并应伸入两边窗间墙内不小于 600mm。

（25）在每层门、窗过梁上方的水平灰缝内及窗台下第一和第二道水平灰缝内，宜设置焊接钢筋网片或 2 根直径 6mm 钢筋，焊接钢筋网片或钢筋应伸入两边窗间墙内不小于 600mm。当墙长大于 5m 时，宜在每层墙高度中部设置 2～3 道焊接钢筋网片或 3 根直径 6mm 的通长水平钢筋，竖向间距为 500mm。

（26）房屋两端和底层第一、第二开间门窗洞处，可采取下列措施：

① 在门窗洞口两边墙体的水平灰缝中，设置长度不小于 900mm、竖向间距为 400mm 的 2 根直径 4mm 的焊接钢筋网片。

② 在顶层和底层设置通长钢筋混凝土窗台梁，窗台梁高宜为块材高度的模数，梁内纵筋不少于 4 根，直径不小于 10mm，箍筋直径不小于 6mm，间距不大于 200mm，混凝土强度等级不低于 C20。

③ 在混凝土砌块房屋门窗洞口两侧不少于一个孔洞中设置直径不小于 12mm 的竖向钢筋，竖向钢筋应在楼层圈梁或基础内锚固，孔洞用不低于 Cb20 混凝土灌实。

（27）填充墙砌体与梁、柱或混凝土墙体结合的界面处（包括内、外墙），宜在粉刷前设置钢丝网片，网片宽度可取 400mm，并沿界面缝两侧各延伸 200mm，或采取其他有效的防裂、盖缝措施。

（28）当房屋刚度较大时，可在窗台下或窗台角处墙体内、在墙体高度或厚度突然变化处设置竖向控制缝。竖向控制缝宽度不宜小于 25mm，缝内填以压缩性能好的填充材料，且外部用密封材料密封，并采用不吸水的、闭孔发泡聚乙烯实心圆棒（背衬）作为密封膏的隔离物（图 2-14）。

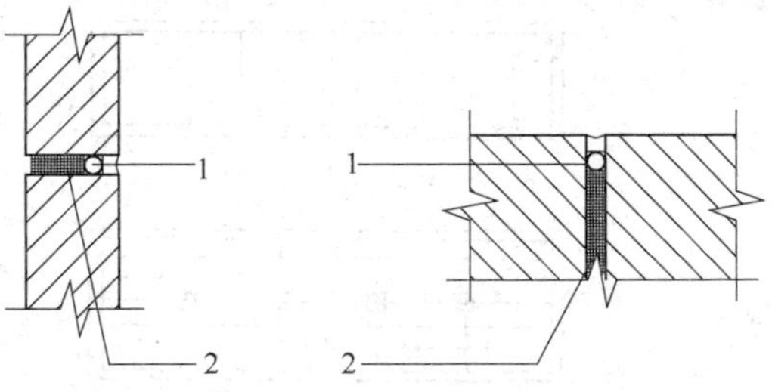

1
1
2
2

图 2-14　控制缝构造

1—不吸水的、闭孔发泡聚乙烯实心圆棒；
2—柔软、可压缩的填充物

（29）夹芯复合墙的外叶墙宜在建筑墙体适当部位设置控制缝，其间距宜为6～8m。

（30）设计使用年限为 50 年时，地面以下或防潮层以下的砌体，所用材料的最低强度等级应符合表 2-3 的规定。

地面以下或防潮层以下的砌体、潮湿房间的墙所用材料的最低强度等级　　表 2-3

潮湿程度	烧结普通砖	混凝土普通砖、蒸压普通砖	混凝土砌块	石材	水泥砂浆
稍潮湿的	MU15	MU20	MU7.5	MU30	M5
很潮湿的	MU20	MU20	MU10	MU30	M7.5
含水饱和的	MU20	MU25	MU15	MU40	M10

注：1. 在冻胀地区，地面以下或防潮层以下的砌体，不宜采用多孔砖，如采用时，其孔洞应用不低于 M10 的水泥砂浆预先灌实。当采用混凝土空心砌块时，其孔洞应采用强度等级不低于 Cb20 的混凝土预先灌实。
2. 对安全等级为一级或设计使用年限大于 50a 的房屋，表中材料强度等级应至少提高一级。

（五）多层砖砌体房屋的楼盖

1. 装配式楼盖（由预制板和预制梁组成）

（1）预制板

实心楼板、槽形板。

预应力空心楼板：短向板、长向板。

预应力空心大楼板。

双钢筋叠合板。

预应力叠合板。

优点：节约模板，施工速度快，有利于建筑工业化，节约钢材。

缺点：楼层整体性较差，抗震性能不如现浇楼盖，必须有起重设备，开间尺寸受限制。

（2）预制梁

其优、缺点同预制板。

2. 现浇楼盖

现浇楼盖一般由现浇楼板和现浇梁组成。

（1）单向板肋形楼盖或平板楼盖［图 2-15（*a*）］。

（2）双向板肋形楼盖。

（3）主梁、次梁[图 2-15(*b*)～(*e*)]。

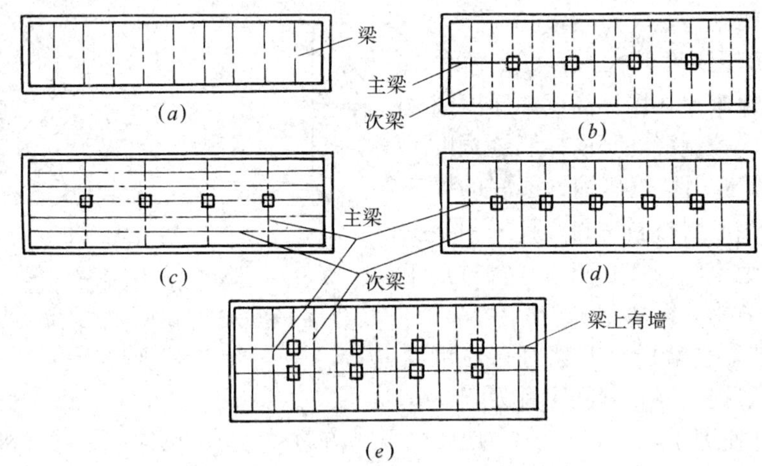

图 2-15　单向板楼盖的几种结构布置

（4）梁、板的经济跨度：

单向板：2～3m

双向板：3～6m

次梁：3～5m

主梁：5～8m

（5）梁、板常用截面尺寸参考值（表 2-4）：

板厚
- 单向板
  - 单跨简支时　$h \geqslant \frac{l}{30}$
  - 多跨连续时　$h \geqslant \frac{l}{40}$
  - 且 屋顶板 $h \geqslant 6$cm；楼面板 $h \geqslant 6$cm
- 双向板
  - 单跨简支时　$h \geqslant \frac{l}{40}$
  - 多跨连续时　$h \geqslant \frac{l}{50}$
  - 且 $h \geqslant 8$cm
- 悬臂板　$h \geqslant \frac{l}{12}$
- 无梁板
  - 有托板 $\frac{l}{32} \sim \frac{l}{40}$
  - 无托板 $\frac{l}{30} \sim \frac{l}{35}$

梁截面参考值表 **表 2-4**

截面 $b\times h$	主梁	次梁	悬臂梁
梁高 h	$\left(\frac{1}{9}\sim\frac{1}{13}\right)l$	$\left(\frac{1}{11}\sim\frac{1}{15}\right)l$	$\geqslant\frac{l}{6}$
梁宽 b	$\left(\frac{2}{3}\sim\frac{1}{3}\right)h$	$\left(\frac{1}{2}\sim\frac{1}{3}\right)h$	$\left(\frac{1}{2}\sim\frac{1}{3}\right)h$

注：l——梁板的跨度。简支梁 $h=\left(\frac{1}{12}\sim\frac{1}{15}\right)l$；连续梁 $h=\left(\frac{1}{12}\sim\frac{1}{20}\right)l$；井字梁 $h=\left(\frac{1}{15}\sim\frac{1}{20}\right)l$；单向密肋梁 $h=\left(\frac{1}{18}\sim\frac{1}{22}\right)l$。

（6）现浇钢筋混凝土板的厚度不应小于表 2-5 规定的数值。

现浇钢筋混凝土板的最小厚度（mm） **表 2-5**

板的类别		最小厚度	板的类别		最小厚度
单向板	屋面板	60	密肋板	肋间距小于或等于 700mm	40
	民用建筑楼板	60		肋间距大于 700mm	50
	工业建筑楼板	70	悬臂板	板的悬臂长度小于或等于 500mm	60
	行车道下的楼板	80		板的悬臂长度大于 500mm	80
双向板		80	无梁楼板		150

（7）混凝土板应按下列原则进行计算：

1）两对边支承的板应按单向板计算；

2）四边支承的板应按下列规定计算：

①当长边与短边长度之比小于或等于 2.0 时，应按双向板计算；

②当长边与短边长度之比大于 2.0，但小于 3.0 时，宜按双向板计算；当按沿短边方向受力的单向板计算时，应沿长边方向布置足够数量的构造钢筋。

二、框架结构体系

（一）框架结构的特点与优点

1. 基本概念

（1）框架是由梁和柱刚性连接的骨架结构。

（2）框架结构采用的材料：

① 型钢；

② 钢筋混凝土。

2. 框架结构的特点

（1）框架的连接点是刚节点，是一个几何不变体。

（2）在竖向荷载作用下，梁、柱互相约束，从而减少横梁的跨中弯矩，其变形及弯矩图见图 2-16。

（3）在水平力作用下，梁柱的刚接可提高柱子的抗推刚度减小水平变形，成为很好的抗侧力结构（图 2-17）。

3. 框架结构的优点

（1）框架结构所用的钢筋混凝土或型钢有很好的抗压和抗弯能力，因此，可以加大建筑物的空间和高度。

（2）可以减小建筑物的质量。

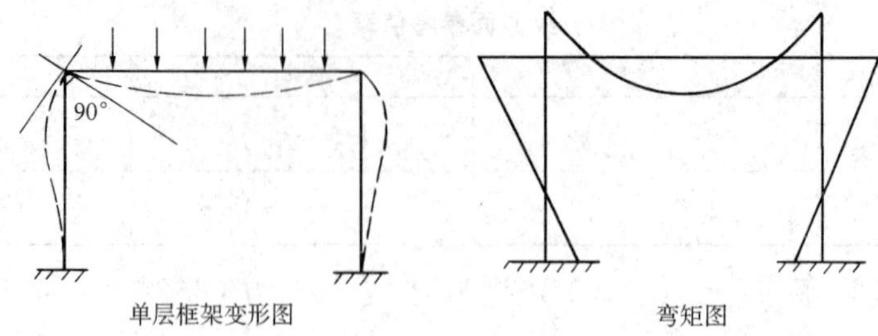

图 2-16　单层框架（刚架）竖向荷载作用下变形及弯矩图

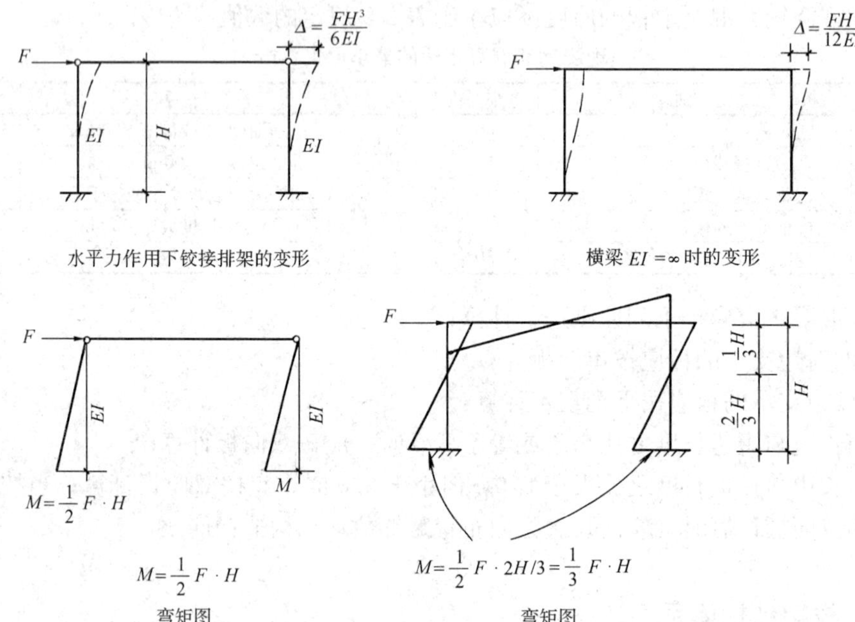

图 2-17

（3）有较好的抗震能力。

（4）有较好的延性。

（5）有较好的整体性。

4. 框架结构的缺点

因构件截面尺寸不可能太大，故强度和刚度受到一定限制，因此房屋的高度受到限制。

（二）框架结构的类型

1. 按构件组成划分为两种类型

（1）梁板式结构。由梁、板、柱三种基本构件组成骨架形成的框架结构。

（2）无梁式结构。由板和柱子组成的结构。

2. 按框架的施工方法划分为四种类型

（1）现浇整体式框架

框架全部构件均在现场现浇成整体。

① 整体性和抗震性能好；

② 构件尺寸不受标准构件限制。

（2）装配式框架

框架全部构件采用预制装配：

① 可加速施工进度，提高建筑工业化程度；

② 节点构造刚性差，抗震性能差。

（3）半现浇框架

梁、柱现浇，楼板预制或现浇，预制梁板。

① 梁、柱整体性较好，适用于抗震建筑；

② 楼板预制可节约模板，约 20%。

（4）装配整体式框架

预制梁、柱，装配时通过局部现浇混凝土使构件连接成整体。

① 保证了节点的刚接，结构整体性好；

② 可省去连接件；

③ 增加了后浇混凝土工序；

④ 比全现浇可节省模板及加快进度。

（三）框架结构的平面布置方式（图 2-18）

（1）横向为主要承重框架，纵向为连系梁，只适用于非地震区。

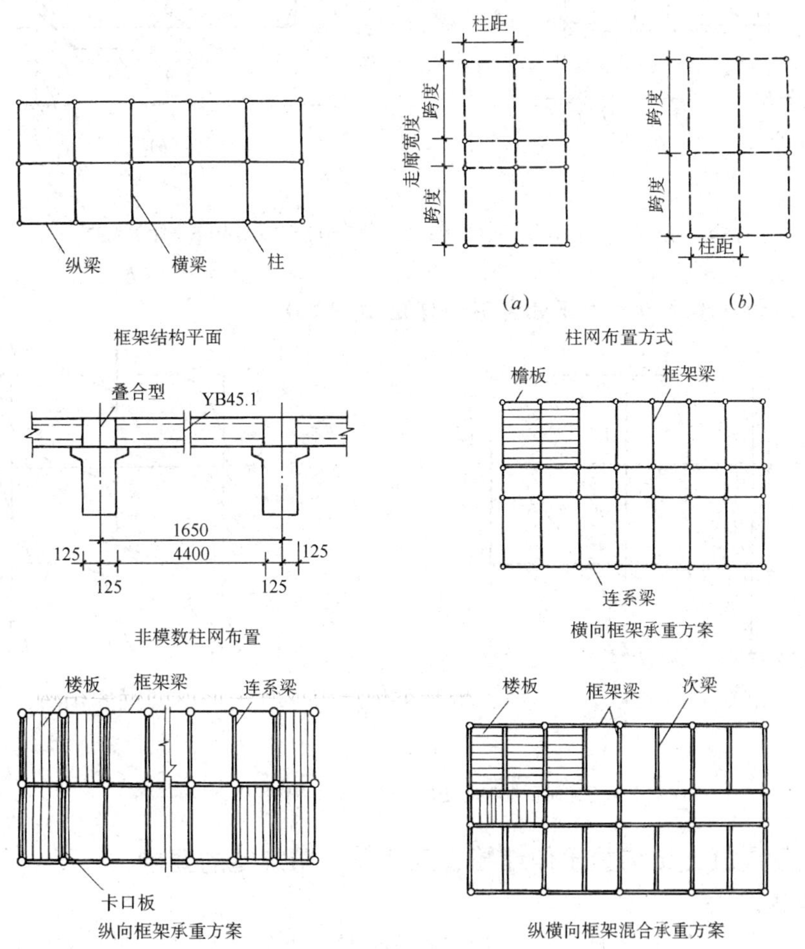

图 2-18

（a）内廊式；（b）跨度组合式

（2）纵向为主要承重框架，横向为连系梁：

① 有利于提高楼层净高的有效利用。

② 房间的使用和划分比较灵活。

③ 不适用于地震区。

（3）主要承重框架纵横两个方向布置：

① 当两个方向的水平力相差不大时，则必须采用这种布置。

② 适用于地震区及平面为正方形的房屋。

（四）框架结构的受力特性

1. 框架结构在竖向力作用下的变形和弯矩(图 2-19)

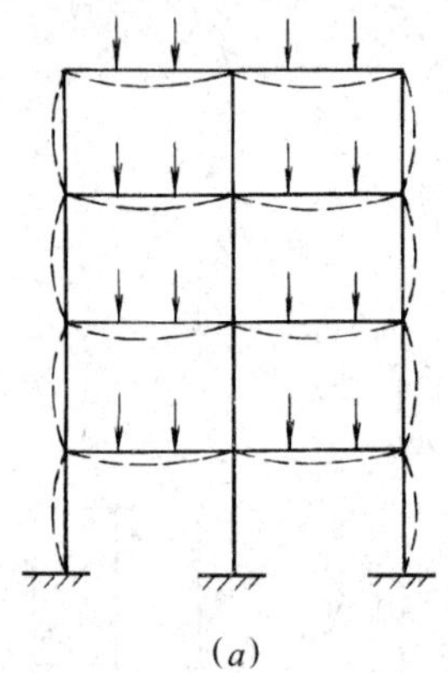

(*a*)

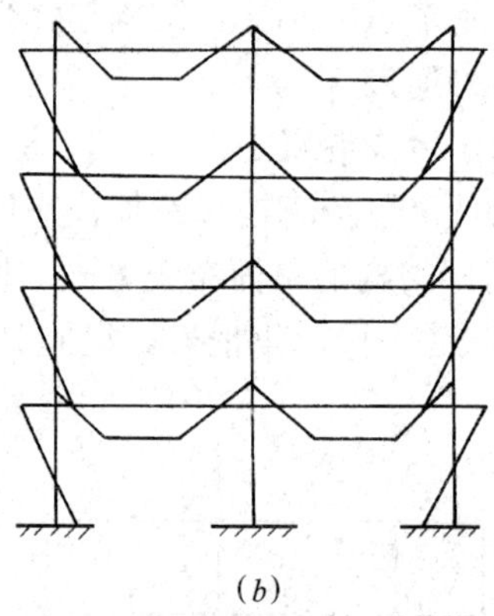

(*b*)

图 2-19

(*a*) 框架在竖向力作用下的变形；(*b*) 框架在竖向力作用下产生的弯矩

2. 框架结构在水平力作用下的变形和弯矩(图 2-20)

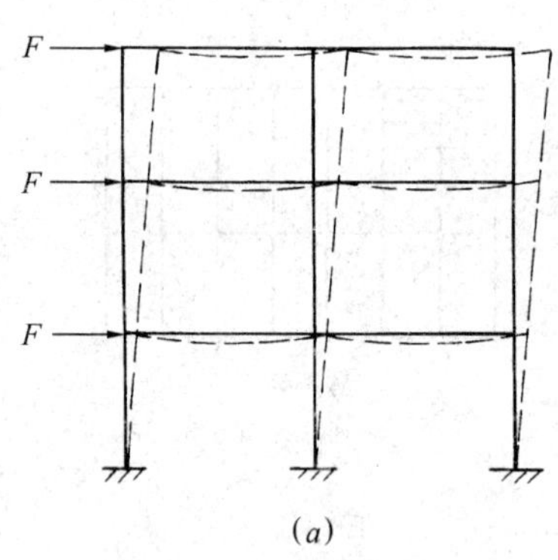

(*a*)

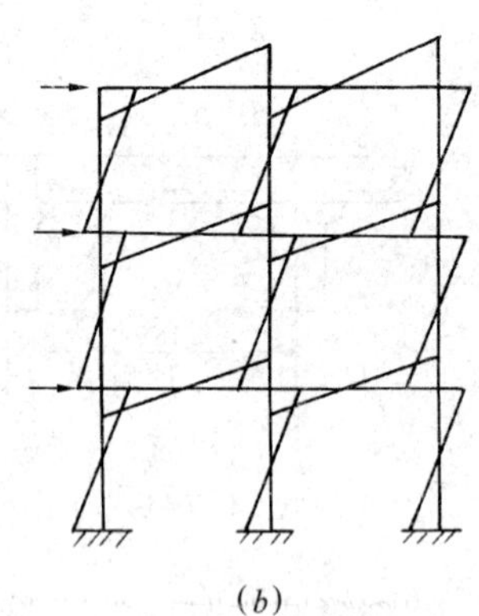

(*b*)

图 2-20

(*a*) 水平力作用下框架的变形；(*b*) 水平力作用下框架的弯矩

三、钢筋混凝土结构关于伸缩缝、沉降缝、防震缝的要求

（一）伸缩缝

（1）为防止由于温差和混凝土干缩引起钢筋混凝土的开裂，应在结构中设置伸缩缝，钢筋混凝土结构伸缩缝的最大间距宜符合表 2-6 的规定。

钢筋混凝土结构伸缩缝最大间距（m） **表 2-6**

结构类别		室内或土中	露天
排架结构	装配式	100	70
框架结构	装配式	75	50
	现浇式	55	35
剪力墙结构	装配式	65	40
	现浇式	45	30
挡土墙、地下室墙壁等类结构	装配式	40	30
	现浇式	30	20

注：1. 装配整体式结构房屋的伸缩缝间距宜按表中现浇式的数值取用；

2. 框架-剪力墙结构或框架—核心筒结构房屋的伸缩缝间距可根据结构的具体布置情况取表中框架结构与剪力墙结构之间的数值；

3. 当屋面无保温或隔热措施时，框架结构、剪力墙结构的伸缩缝间距宜按表中露天栏的数值取用；

4. 现浇挑檐、雨罩等外露结构的伸缩缝间距不宜大于 12m。

（2）对下列情况，表 2-6 中的伸缩缝最大间距宜适当减小：

① 柱高（从基础顶面算起）低于 8m 的排架结构；

② 屋面无保温或隔热措施的排架结构；

③ 位于气候干燥地区、夏季炎热且暴雨频繁地区的结构或经常处于高温作用下的结构；

④ 采用滑模类施工工艺的剪力墙结构；

⑤ 材料收缩较大、室内结构因施工外露时间较长等。

（3）对下列情况，如有充分依据和可靠措施，表 2-6 中的伸缩缝最大间距可适当增大：

① 混凝土浇筑采用后浇带分段施工；后浇带的间距 30～40m，后浇带的位置，应设置于温度应力较大的部位，构件受力较小的部位，一般在跨距的 1/3 处；带宽 800～1000mm；钢筋采用搭接接头，后浇带混凝土宜在两个月后浇灌，混凝土强度等级应提高一级；

② 采用专门的预应力措施；

③ 采用减小混凝土温度变化或收缩的措施。

当增大伸缩缝间距时，尚应考虑温度变化和混凝土收缩对结构的影响。

（二）沉降缝

（1）当建筑物体形比较复杂，地基土比较软弱或压缩性不均匀时，宜根据其平面形状和高度差异情况，在适当部位用沉降缝将其划分成若干个刚度较好的单元；当高度差异或荷载差异较大时，可将两者隔开一定距离。当拉开距离后的两单元必须连接时，应采用能自由沉降的连接构造。

（2）建筑物的下列部位，宜设置沉降缝：

① 建筑平面的转折部位；

② 高度差异或荷载差异处；

③ 长高比过大的砌体承重结构或钢筋混凝土框架结构的适当部位；

④ 地基土的压缩性有显著差异处；

⑤ 建筑结构或基础类型不同处；

⑥ 分期建造房屋的交界处。

沉降缝应有足够的宽度，缝宽可按表 2-7 选用。

房屋沉降缝的宽度　　表 2-7

房　屋　层　数	沉　降　缝　宽　度　(mm)
二～三	50～80
四～五	80～120
五　层　以　上	不小于 120

(3) 相邻建筑物基础间的净距，可按表 2-8 选用。

相邻建筑物基础间的净距 (m)　　表 2-8

影响建筑的预估平均沉降量 s (mm) ＼ 被影响建筑的长高比	$2.0 \leqslant \frac{L}{H_f} < 3.0$	$3.0 \leqslant \frac{L}{H_f} < 5.0$
70～150	2～3	3～6
160～250	3～6	6～9
260～400	6～9	9～12
＞400	9～12	≥12

注：1. 表中 L 为建筑物长度或沉降缝分隔的单元长度 (m)；H_f 为自基础底面标高算起的建筑物高度 (m)；

2. 当被影响建筑的长高比为 $1.5 < L/H_f < 2.0$ 时，其间净距可适当缩小。

3. 当高层建筑与相连的裙房之间不设置沉降缝时，宜在裙房一侧设置后浇带，其位置宜设在自主楼边柱算起的第二跨内，后浇带宽 800～1000mm，后浇带混凝土的强度等级应提高一级，需根据实测沉降值，并计算后期沉降差，当能满足设计要求后（或主体结构完工后）方可进行浇注。

(三) 防震缝

钢筋混凝土房屋宜避免采用《建筑抗震设计规范》GB 50011—2010 (2016 年版) 第 3.4 节规定的不规则建筑结构方案，不设防震缝；当需要设置防震缝时，应符合下列规定：

(1) 防震缝最小宽度应符合下列要求：

① 框架结构房屋的防震缝宽度，当高度不超过 15m 时可采用 100mm；超过 15m 时，6 度、7 度、8 度和 9 度相应每增加高度 5m、4m、3m 和 2m，宜加宽 20mm。

② 框架—抗震墙结构房屋的防震缝宽度可采用 (1) 项规定数值的 70%，抗震墙结构房屋的防震缝宽度可采用 (1) 项规定数值的 50%；且均不宜小于 100mm。

③ 防震缝两侧结构类型不同时，宜按需要较宽防震缝的结构类型和较低房屋高度确定缝宽。

(2) 8 度、9 度框架结构房屋防震缝两侧结构高度、刚度或层高相差较大时，可在缝两侧房屋的尽端沿全高设置垂直于防震缝的抗撞墙，每一侧抗撞墙的数量不应少于两道，宜分别对称布置，墙肢长度可不大于一个柱距，框架和抗撞墙的内力应按设置和不设置抗撞墙两种情况分别进行分析，并按不利情况取值。防震缝两侧抗撞墙的端柱和框架的边柱，箍筋应沿房屋全高加密。

（3）有抗震设防要求的建筑物，当需要设置伸缩缝或沉降缝时，其缝宽及结构布置均应满足防震缝的要求。

（4）防震缝两侧应形成各自独立的结构单元，即在防震缝处，应设置双柱（双墙）。

（5）防震缝只需设置于上部结构。

例 2-1　现浇框架结构在露天情况下伸缩缝的最大距离为：

A　不超过 10m　　B　35m

C　两倍房宽　　D　不受限制

解析：按规范要求，现浇钢筋混凝土框架结构在露天环境下伸缩缝的最大距离为 35m。

答案：B

规范：《混凝土结构设计规范》GB 50010—2010（2015 年版）第 8.1.1 条表 8.1.1。

第三节　单层厂房的结构体系

一、单层工业厂房的结构形式

（1）单层钢筋混凝土柱厂房：主要承重构件采用钢筋混凝土柱，钢筋混凝土屋架（薄腹梁）或钢屋架。当有吊车时，一般采用钢筋混凝土吊车梁。

（2）单层钢结构厂房：可采用刚接框架、铰接框架、门式刚架或其他结构体系。

门式刚架轻型厂房：门式刚架是由柱和梁结合在一起，形状像门字的结构。有钢筋混凝土门式刚架和钢门式刚架两种。其形状如图 2-21 所示。

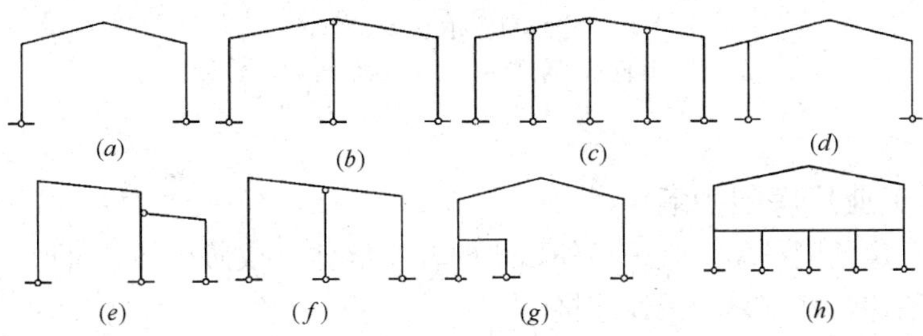

图 2-21　门式刚架形式示例

(*a*) 单跨刚架；(*b*) 双跨刚架；(*c*) 多跨刚架；(*d*) 带挑檐刚架；(*e*) 带毗屋刚架；(*f*) 单坡刚架；(*g*) 纵向带夹层刚架；(*h*) 端跨带夹层刚架

（3）单层砖柱厂房，是指内烧结普通砖、混凝土普通砖砌筑的砖柱承重的中小型单层工业厂房。

二、单层工业厂房的柱网布置

单层厂房柱子的开间尺寸一般均为 6.0m，当有特殊需要时，也可为：9m、12m。厂房的跨度（即柱子的进深间距）一般为：9m、12m、15m、18m、21m、24m、27m、30m……柱网的尺寸都是3.0m的模数。厂房的山墙应布置抗风柱，其间距一般为6.0m，亦可根据山墙门洞位置，调整确定抗风柱的位置（图2-22）。

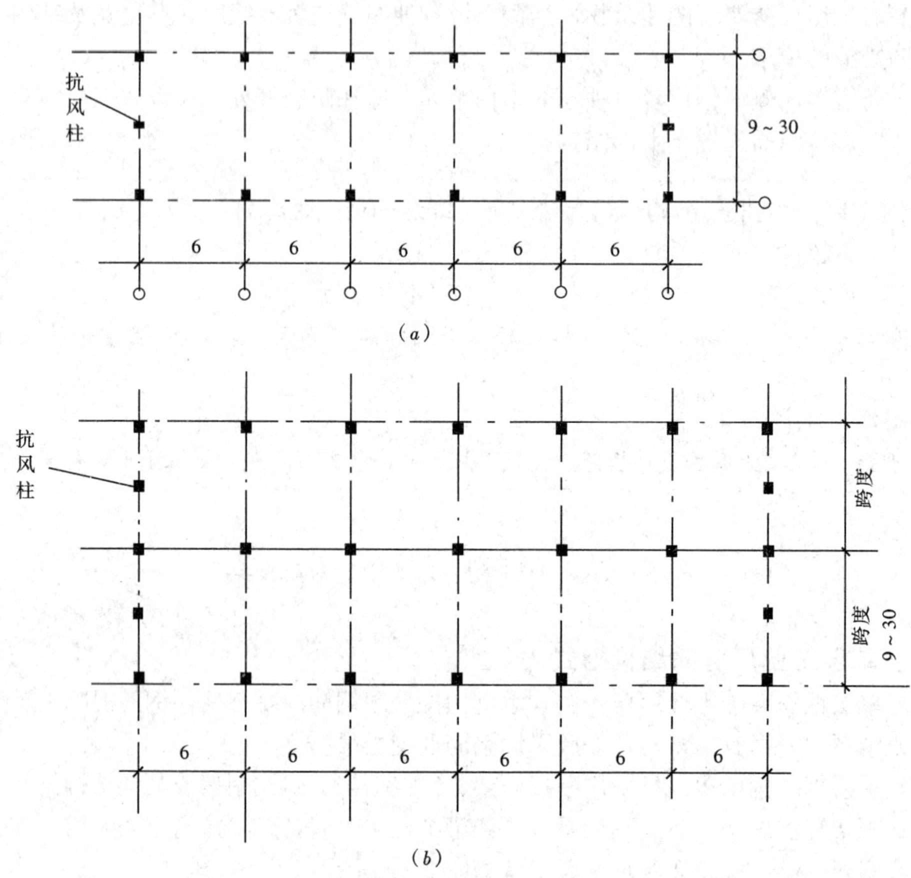

图2-22 柱网布置示意图（单位：m）

(a) 单跨柱网布置示意图；(b) 多跨柱网布置示意图

三、单层工业厂房围护墙

单层工业厂房的围护墙，宜采用外贴式的轻质墙体（或砖砌体），即外墙体紧贴柱外皮设置，轻质墙体与柱宜采用柔性连接。

(1) 当有抗震设防要求时，单层钢筋混凝土柱厂房的砌体隔墙和围护墙应符合下列要求：

1) 砌体隔墙与柱宜脱开或柔性连接，并应采取措施使墙体稳定，隔墙顶部应设现浇钢筋混凝土压顶梁。

2) 厂房的砌体围护墙宜采用外贴式并与柱可靠拉结；不等高厂房的高跨封墙和纵横向厂房交接处的悬墙采用砌体时，不应直接砌在低跨屋盖上。

3) 砌体围护墙在下列部位应设置现浇钢筋混凝土圈梁：

① 梯形屋架端部上弦和柱顶的标高处应各设一道，但屋架端部高度不大于900mm时

可合并设置。

② 8 度和 9 度时，应按上密下稀的原则，每隔 4m 左右在窗顶增设一道圈梁，不等高厂房的高低跨封墙和纵墙跨交接处的悬墙，圈梁的竖向间距不应大于 3m。

③ 山墙沿屋面应设钢筋混凝土卧梁，并应与屋架端部上弦标高处的圈梁连接。

4）圈梁的构造应符合下列规定：

① 圈梁宜闭合，圈梁截面宽度宜与墙厚相同，截面高度不应小于 180mm；圈梁的纵筋，6～8 度时不应少于 4ϕ12，9 度时不应少于 4ϕ14。

② 厂房转角处柱顶圈梁在端开间范围内的纵筋，6～8 度时不宜少于 4ϕ14，9 度时不宜少于 4ϕ16，转角两侧各 1m 范围内的箍筋直径不宜小于 ϕ8，间距不宜大于 100mm；圈梁转角处应增设不少于 3 根且直径与纵筋相同的水平斜筋。

③ 圈梁应与柱或屋架牢固连接，山墙卧梁应与屋面板拉结；顶部圈梁与柱或屋架连接的锚拉钢筋不宜少于 4ϕ12，且锚固长度不宜少于 35 倍钢筋直径，防震缝处圈梁与柱或屋架的拉结宜加强。

5）8 度Ⅲ、Ⅳ类场地和 9 度时，砖围护墙下的预制基础梁应采用现浇接头；当另设条形基础时，在柱基础顶面标高处应设置连续的现浇钢筋混凝土圈梁，其配筋不应少于 4ϕ12。

6）墙梁宜采用现浇，当采用预制墙梁时，梁底应与砖墙顶面牢固拉结并应与柱锚拉；厂房转角处相邻的墙梁，应相互可靠连接。

（2）有抗震设防要求的单层钢结构厂房的砌体围护墙不应采用嵌式，8 度时尚应采取措施，使墙体不妨碍厂房柱列沿纵向的水平位移。

四、单层工业厂房的屋盖结构

1. 组成

一般由屋面梁（或屋架）、屋面板、檩条、托架、天窗架、屋盖支撑系统等组成。

（1）屋面根据材料的不同分为：由轻型板材组成的有檩体系和由大型屋面板（预制）组成的无檩体系。

（2）有檩体系是在屋面梁（或屋架）上铺设檩条，檩条上放置轻型板材而成。檩条的间距 1.0～5.0m，视轻型板材的承载能力而定，支承檩条的屋架间距一般为 6.0～12.0m，屋面坡度为 1/20～1/50。

（3）无檩体系是指在屋面梁或屋架上，直接放置预制大型钢筋混凝土预制板的屋盖。大型屋面板的尺寸一般为 1.5m×6.0m、3.0m×6.0m，屋架间距为 6.0m，屋面坡度为1/10～1/12。

2. 屋盖支撑系统

（1）屋盖结构的支撑系统，通常由下列支撑组成：

① 屋架和天窗架的横向支撑；还可分为屋架和天窗架的上弦横向支撑以及屋架下弦横向水平支撑。

② 屋架的纵向支撑；还可分为屋架上弦纵向支撑和屋架下弦纵向水平支撑。

③ 屋架和天窗架的垂直支撑。

④ 屋架和天窗架的水平系杆；还可分为屋架和天窗架上弦水平系杆以及屋架下弦水

平系杆。

所有支撑应与屋架、托架、天窗架和檩条（或大型屋面板）等组成完整的体系。

（2）屋盖结构的支撑形式一般可按以下要求采用：

① 屋架和天窗架的上弦横向支撑，屋架下弦横向水平支撑和屋架上弦纵向支撑以及屋架下弦纵向水平支撑，一般采用十字交叉的形式（图 2-23）。

② 屋架和天窗架的垂直支撑，可参考图 2-24(a)～(d)的形式选用；其中，图 2-24（c）一般用于天窗架两侧的垂直支撑，图 2-24（d）为兼作檩条的垂直支撑。

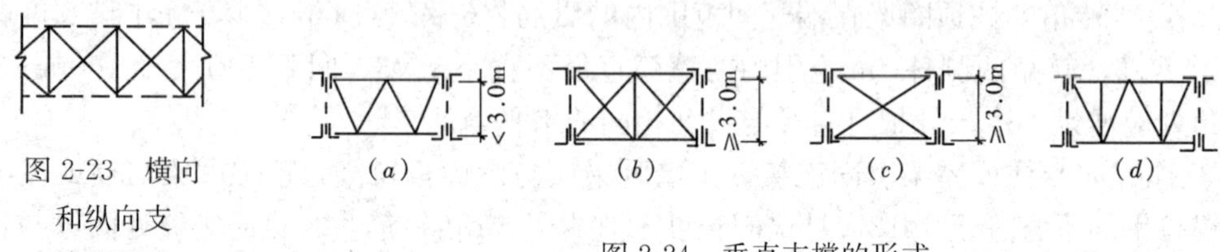

图 2-23　横向和纵向支撑的形式

图 2-24　垂直支撑的形式

③ 屋架和天窗架的水平系杆，包括柔性系杆（拉杆）和刚性系杆（压杆），通常，柔性系杆采用单角钢，刚性系杆采用由两个角钢组成的十字形截面。

在有檩屋盖体系中，檩条可兼作横向支撑的承压杆（刚性杆）。此时，充任支撑承压杆的檩条应计算其所承受的轴心力。

（3）屋盖结构支撑是屋盖结构的一个组成部分，它的作用是将厂房某些局部水平荷载传递给主要承重结构，并保证屋盖结构构件在安装和使用过程中的整体刚度和稳定性。

各种支撑的主要作用如下：

① 屋架和天窗架上弦横向支撑，主要是保证屋架和天窗架上弦的侧向稳定，当屋架上弦横向支撑作为山墙抗风柱的支承点时，还能将水平风荷载或地震水平作用传到纵向柱列。

屋架下弦横向水平支撑，当作为山墙抗风柱的支承点时，或当屋架下弦设有悬挂吊车和其他悬挂运输设备时，能将水平风荷载或悬挂吊车等产生的水平力或地震水平作用传到纵向柱列；同时能使下弦杆在动荷载作用下不致产生过大的振动。

② 屋架的纵向支撑通常和横向支撑构成封闭的支撑体系，加强整个厂房的刚度。屋架下弦纵向水平支撑能使吊车产生的水平作用分布到邻近的排架柱上，并承受和传递纵墙墙架柱传来的水平风荷载或地震水平作用。当厂房设有托架时，还能保证托架的平面外稳定。

③ 屋架的垂直支撑及水平系杆主要是保证屋架上弦杆的侧向稳定和缩短屋架下弦杆平面外的计算长度。屋架端部的垂直支撑，承受由屋架横向支撑传来的水平风荷载或纵向地震水平作用；中部的垂直支撑主要是保证安装时屋架位置的正确性。当下弦横向水平支撑和垂直支撑设置在厂房两端或温度伸缩缝区段两端的第二个屋架间时，则第一个屋架间的下弦水平系杆，除能缩短屋架下弦平面外的计算长度外，当山墙抗风柱与屋架下弦连接时，尚有传递山墙水平风荷载和稳定抗风柱的作用。

④ 天窗架的垂直支撑及水平系杆除了保证天窗架的侧向稳定外，对于天窗架侧立柱处的垂直支撑，还能承受和传递由天窗架上弦横向支撑传来的水平风力和纵向地震水平

力；天窗中部的垂直支撑主要是为了安装的需要而设置的。

（4）在进行屋盖结构支撑的布置时，应考虑：厂房的跨度和高度，柱网布置，屋盖结构形式，有无天窗，吊车类型、起重量和工作制，有无振动设备，有无特殊的局部水平荷载等因素。

通常，每一温度伸缩缝区段，或分期建设的工程，应分别设置完整的支撑系统。

（5）在无檩屋盖体系中，当采用宽度为 1.5m 的钢筋混凝土大型屋面板，且大型屋面板与屋架或天窗架的连接均能满足下列要求时，可考虑屋面板能起一定的支撑作用。此时，屋架上弦杆或天窗架上弦杆平面外的计算长度可取两块屋面板的宽度。

① 每块屋面板与屋架上弦杆或天窗架上弦杆的焊接应保证三点焊牢，在厂房端部或温度伸缩缝处，当不可能焊接三点时，允许沿屋面板纵肋一侧焊接两点。

② 当屋架间距为 6m 时，每点的焊缝长度不小于 70mm，焊缝厚度不小于 5mm；或焊缝长度不小于 60mm。焊缝厚度不小于 6mm。当屋架间距大于 6m 时，焊缝长度不小于 80mm，焊缝厚度不小于 6mm。

③ 屋面板肋间的空隙，应用 C15～C20 细石混凝土灌实。

④ 跨度为 6m 的屋面板的支承长度不小于 60mm；跨度大于 6m 的屋面板的支承长度不小于 80mm。

第四节　木屋盖的结构形式与布置

（一）概述

（1）木屋盖结构是指用木梁或木屋架（桁架）、檩条（木檩或钢檩），木望板及屋面防水材料等组成的屋盖。

（2）木屋盖根据房屋的情况，可用于单层空旷房屋的屋盖，也可用于多层房屋的屋盖。

1）单层空旷房屋的木屋盖结构的特点是：

① 跨度较大（一般为 9～15m），主要受弯构件采用木屋架（桁架）。

② 屋盖结构中屋架（桁架）的支点一般为：钢筋混凝土柱、砌体墙（墙垛、砖柱）。

2）多层房屋的木屋盖一般用于多层砌体房屋的屋顶，屋盖中的主要受弯构件为木梁（跨度≤6.0m）或檩条，这些受弯构件的支点为砌体墙；当檩条直接搭在墙上时，俗称硬山搁檩。

（二）桁架和木梁的一般规定

（1）木材宜用作受压或受弯构件，在作为屋架时，受拉杆件宜采用钢材（如：屋架下弦及受拉竖杆），当采用木下弦时，对于圆木，其跨度不宜大于 15m；对于方木，不应大于 12m。采用钢下弦，其跨度可适当加大，但一般不宜大于 18m。

（2）受弯构件采用木梁时，其跨度一般不大于 6.0m，超过 6.0m 时，宜采用桁架（屋架）。

（3）桁架或木梁的间距：当采用木檩时，其间距不宜大于 4.0m；当采用钢檩条时，其间距不宜大于 6.0m。

（4）桁架的形状：一般为三角形，也可采用梯形、弧形和多边形屋架。屋架中央高度与跨度之比，不应小于表 2-9 规定的数值。桁架应有约为跨度 1/200 的起拱。

桁架最小高跨比 **表 2-9**

序　号	桁　架　类　型	h/l
1	三角形木桁架	1/5
2	三角形钢木桁架；平行弦木桁架；弧形、多边形和梯形木桁架	1/6
3	弧形、多边形和梯形钢木桁架	1/7

注：h——桁架中央高度；

l——桁架跨度。

（5）当屋顶需设天窗时，天窗架的跨度不宜大于屋架跨度的 1/3。

（三）木屋盖的支撑

（1）为防止桁架的侧倾，保证受压弦杆的侧向稳定，承担和传递纵向水平力，应采取有效措施保证结构在施工和使用期间的空间稳定。

（2）屋盖中的支撑，应根据结构形式和跨度、屋面构造及荷载等情况选用上弦横向支撑或垂直支撑。但当房屋跨度较大或有锻锤、吊车等振动影响时，除应选用上弦横向支撑外，尚应加设垂直支撑。

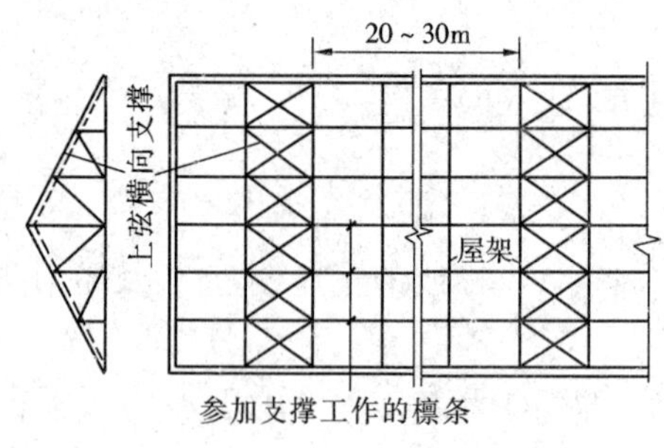

图 2-25　上弦横向支撑

支撑构件的截面尺寸，可按构造要求确定。

注：垂直支撑系指在两榀屋架的上、下弦间设置交叉腹杆（或人字腹杆），并在下弦平面设置纵向水平系杆，用螺栓连接，与上部锚固的檩条构成一个不变的竖向桁架体系。

（3）当采用上弦横向支撑时，若房屋端部为山墙，则应在房屋端部第二开间内设置（图 2-25）；若房屋端部为轻型挡风板，则在第一开间内设置。若房屋纵向很长，对于冷摊瓦屋面或大跨度房屋尚应沿纵向每隔 20～30m 设置一道。

上弦横向支撑的斜杆如选用圆钢，应设有调整松紧的装置。

（4）下列部位均应设置垂直支撑：

① 梯形屋架的支座竖杆处；

② 下弦低于支座的下沉式屋架的折点处；

③ 设有悬挂吊车的吊轨处；

④ 杆系拱、框架结构的受压部位处；

⑤ 大跨度梁的支座处。

（5）垂直支撑的设置应符合下列规定：

① 应根据屋架跨度尺寸的大小，沿跨度方向设置一道或两道；

② 除设有吊车的结构外，可仅在无山墙的房屋两端第一开间，或有山墙的房屋两端第二开间内设置，但均应在其他开间设置通长的水平系杆；

③ 设有吊车的结构应沿房屋纵向间隔设置，并在垂直支撑的下端设置通长的屋架下

弦纵向水平系杆；

④ 对上弦设置横向支撑的屋盖，当加设垂直支撑时，可仅在有上弦横向支撑的开间中设置，但应在其他开间设置通长的下弦纵向水平系杆。

(6) 对于下列非开敞式的房屋，可不设置支撑。但若房屋纵向很长，则应沿纵向每隔20～30m设置一道支撑：

① 当有密铺屋面板和山墙，且跨度不大于9m时；

② 当房屋为四坡顶，且半屋架与主屋架有可靠连接时；

③ 当房屋的屋盖两端与其他刚度较大的建筑物相连时。

(7) 当屋架设有天窗时，可按3条和4条的规定设置天窗架支撑。天窗架的两边柱处，设置柱间支撑。在天窗范围内沿主屋架脊节点和支撑节点，应设通长的纵向水平系杆。

(8) 有抗震设防要求时木屋盖的支撑布置，宜符合表2-10的要求；支撑与屋架或天窗架应采用螺栓连接；山墙应沿屋面设置现浇钢筋混凝土卧梁，并应与屋盖构件锚拉。

木屋盖的支撑布置　　　表2-10

<table>
<tr><th colspan="2" rowspan="4">支撑名称</th><th colspan="6">烈　　度</th></tr>
<tr><th>6、7</th><th colspan="3">8</th><th colspan="2">9</th></tr>
<tr><th rowspan="2">各类屋盖</th><th colspan="2">满铺望板</th><th rowspan="2">稀铺望板或无望板</th><th rowspan="2">满铺望板</th><th rowspan="2">稀铺望板或无望板</th></tr>
<tr><th>无天窗</th><th>有天窗</th></tr>
<tr><td rowspan="3">屋架支撑</td><td>上弦横向支撑</td><td colspan="2">同非抗震设计</td><td>房屋单元两端天窗开洞范围内各设一道</td><td>屋架跨度大于6m时，房屋单元两端第二开间及每隔20m设一道</td><td>屋架跨度大于6m时，房屋单元两端的第二开间各设一道</td><td>屋架跨度大于6m时，房屋单元两端第二开间及每隔20m设一道</td></tr>
<tr><td>下弦横向支撑</td><td colspan="5">同非抗震设计</td><td>屋架跨度大于6m时，房屋单元两端第二开间及每隔20m设一道</td></tr>
<tr><td>跨中竖向支撑</td><td colspan="5">同非抗震设计</td><td>隔间设置并加下弦通长水平系杆</td></tr>
<tr><td rowspan="2">天窗架支撑</td><td>天窗两侧竖向支撑</td><td colspan="4">天窗两端第一开间各设一道</td><td colspan="2">天窗两端第一开间及每隔20m左右设一道</td></tr>
<tr><td>上弦横向支撑</td><td colspan="6">跨度较大的天窗，参照无天窗屋架的支撑布置</td></tr>
</table>

(四) 单层及多层房屋木结构坡屋顶的结构布置

木结构坡屋顶的主要受力构件包括以下几种：

(1) 受弯构件（即水平构件）：木梁（跨度≤6.0m时）、屋架（跨度>6.0m时）、檩条（采用木檩时，跨度≤4.0m；采用钢檩条时，跨度≤6.0m）。

(2) 竖向构件：用于支承受弯构件的结构构件。

① 墙体或墙垛：用墙体支承檩条时称为硬山搁檩；墙体作为屋架支承时，一般应加墙垛；
② 木柱：用木柱作为屋架或木梁的支承；
③ 钢筋混凝土柱：用于支承屋架或梁（木梁或钢筋混凝土梁）。

习　题

2-1　**(2019、2018)** 绿色建筑评价中的“四节”是指（　　）。

A　节地、节电、节能、节材　　B　节地、节能、节水、节电
C　节地、节电、节水、节材　　D　节地、节能、节水、节材

2-2　**(2019)** 下列绿色建筑设计的做法中，错误的是（　　）。

A　对结构构件进行优化设计　　B　采用规则的建筑形体
C　装修工程宜二次装修设计　　D　采用工业化生产的预制构件

2-3　**(2019)** 某小型体育馆屋盖平面尺寸为 30m×50m，最经济合理的屋盖结构是（　　）。

A　钢筋混凝土井字梁　　B　钢筋混凝土桁架
C　钢屋架　　D　预应力混凝土大梁

2-4　**(2019)** 图示结构平面布置图，其结构体系是（　　）。

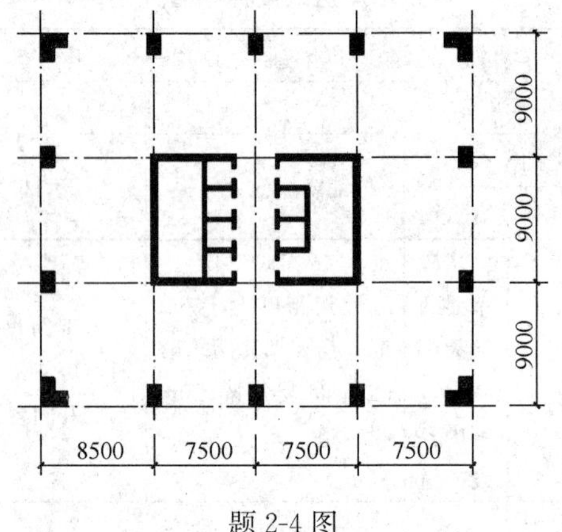

题 2-4 图

A　框架结构　　B　抗震墙结构
C　框架—核心筒结构　　D　筒中筒结构

2-5　**(2018)** 不属于节材措施的是（　　）。

A　根据受力特点选择材料用量最少的结构体系
B　合理采用高性能结构材料
C　在大跨度结构中，优先采用钢结构
D　因美观要求采用建筑形体不规则的结构

2-6　**(2018)** 绿色建筑设计中，应优先选用的建筑材料是（　　）。

A　不可再利用的建筑材料　　B　不可再循环的建筑材料
C　以各种废弃物为原料生产的建筑材料　　D　高耗能的建筑材料

参考答案及解析

2-1　**解析：**《绿色建筑评价标准》GB 50378—2019 第 2.0.2 条，绿色建筑是指在建筑的全寿命期内，最大限度地节约资源，节能、节地、节水、节材，保护环境和减少污染，为人们提供健康、适用、高效的使用空间，实现人与自然和谐共生的高质量建筑。

答案：D

2-2 解析：绿色建筑设计理念包括节约资源：在建筑设计、建造和建筑材料的选择中，均考虑资源的合理使用和处置。要减少资源的使用，力求使资源可再生利用。故C选项做法错误。

答案：C

2-3 解析：小型体育馆平面尺寸为30m×50m，采用钢屋架最经济合理。

答案：C

2-4 解析：根据《建筑抗震设计规范》GB 50011—2010（2016年版）第6.1.1条表6.1.1注2，由周边稀柱框架与核心筒组成的结构是框架—核心筒结构。

答案：C

2-5 解析：《民用建筑绿色设计规范》JGJ/T 229—2010第6.1.4条，因美观要求采用建筑形体不规则的结构，造成结构不合理、空间浪费或构造过于复杂等，引起建造材料大量增加或运营费用过高。这些做法为片面追求美观而造成资源的巨大消耗，不符合绿色建筑的原则，不属于节材措施。

答案：D

2-6 解析：《民用建筑绿色设计规范》第7.3.1条，在满足功能要求的情况下，宜选用可再循环的建筑材料、可再利用的建筑材料；宜使用以各种废弃物为原料生产的建筑材料。

答案：C

第三章　荷载及结构设计

第一节　建筑结构可靠性设计及荷载

本章内容涉及《建筑结构可靠性设计统一标准》GB 50068—2018 和《建筑结构荷载规范》GB 50009—2012 两本国家标准。其中，《建筑结构可靠性设计统一标准》GB 50068—2018 为新版标准，原《建筑结构可靠度设计统一标准》GB 50068—2001 自 2019 年 4 月 1 日起废止。

《建筑结构可靠性设计统一标准》GB 50068—2018（以下简称《统一标准》），本次修订的主要技术内容如下：

（1）与《工程结构可靠性设计统一标准》GB 50153—2008 进行了全面协调；

（2）调整了建筑结构安全度的设置水平，提高了相关作用分项系数的取值，并对作用的基本组合，取消了原标准当永久荷载效应为主时起控制作用的组合式；

（3）增加了地震设计状况，并对建筑结构抗震设计，引入了“小震不坏、中震可修、大震不倒”的设计理念；

（4）完善了既有结构可靠性评定的规定；

（5）新增了结构整体稳固性设计的相关规定；

（6）新增了结构耐久性极限状态设计的相关规定等。

一、建筑结构可靠性设计

建筑结构设计宜采用以概率理论为基础、以分项系数表达的极限状态设计方法。当缺乏统计资料时，建筑结构设计可根据可靠的工程经验或必要的试验研究进行，也可采用容许应力（基础设计时，用容许应力方法确定基础底面积，用极限状态方法确定基础厚度及配筋）或单一安全系数（在地基稳定性验算中，要求抗滑力矩与滑动力矩之比大于安全系数 K）等经验方法进行。

（一）术语

需掌握的基本术语详见《统一标准》，其中比较重要的部分节选如下：

2.1.1　结构

能承受作用并具有适当刚度的由各连接部件有机组合而成的系统。

2.1.2　结构构件

结构在物理上可以区分出的部件。

2.1.3　结构体系

结构中的所有承重构件及其共同工作的方式。

2.1.5　设计使用年限

设计规定的结构或结构构件不需进行大修即可按预定目的使用的年限。

2.1.6 设计状况

表征一定时段内实际情况的一组设计条件，设计应做到在该组条件下结构不超越有关的极限状态。

2.1.7 持久设计状况

在结构使用过程中一定出现，且持续期很长的设计状况，其持续期一般与设计使用年限为同一数量级。

2.1.8 短暂设计状况

在结构施工和使用过程中出现概率较大，而与设计使用年限相比，其持续期很短的设计状况。

2.1.9 偶然设计状况

在结构使用过程中出现概率很小，且持续期很短的设计状况。

2.1.10 地震设计状况

结构遭受地震时的设计状况。

2.1.11 荷载布置

在结构设计中，对自由作用的位置、大小和方向的合理确定。

2.1.13 极限状态

整个结构或结构的一部分超过某一特定状态就不能满足设计规定的某一功能要求，此特定状态为该功能的极限状态。

2.1.14 承载能力极限状态

对应于结构或结构构件达到最大承载力或不适于继续承载的变形的状态。

2.1.15 正常使用极限状态

对应于结构或结构构件达到正常使用的某项规定限值的状态。

2.1.18 耐久性极限状态

对应于结构或结构构件在环境影响下出现的劣化达到耐久性能的某项规定限值或标志的状态。

2.1.19 抗力

结构或结构构件承受作用效应和环境影响的能力。

2.1.20 结构整体稳固性

当发生火灾、爆炸、撞击或人为错误等偶然事件时，结构整体能保持稳固且不出现与起因不相称的破坏后果的能力。

2.1.21 关键构件

结构承载能力极限状态性能所依赖的结构构件。

2.1.22 连续倒塌

初始的局部破坏，从构件到构件扩展，最终导致整个结构倒塌或与起因不相称的一部分结构倒塌。

2.1.23 可靠性

结构在规定的时间内，在规定的条件下，完成预定功能的能力。

2.1.24 可靠度

结构在规定的时间内，在规定的条件下，完成预定功能的概率。

2.1.25　失效概率 p_f

结构不能完成预定功能的概率。

2.1.26　可靠指标 β

度量结构可靠度的数值指标，可靠指标 β 为失效概率 p_f 负的标准正态分布函数的反函数。

2.1.36　作用

加在结构上的集中力或分布力和引起结构外加变形或约束变形的原因。前者为直接作用，也称为荷载；后者为间接作用。

2.1.37　外加变形

结构在地震、不均匀沉降等因素作用下，边界条件发生变化而产生的位移和变形。

2.1.38　约束变形

结构在温度变化、湿度变化及混凝土收缩等因素作用下，由于存在外部约束而产生的内部变形。

2.1.39　作用效应

由作用引起的结构或结构构件的反应。

2.1.41　永久作用

在设计使用年限内始终存在且其量值变化与平均值相比可以忽略不计的作用；或其变化是单调的并趋于某个限值的作用。

2.1.42　可变作用

在设计使用年限内其量值随时间变化，且其变化与平均值相比不可忽略不计的作用。

2.1.43　偶然作用

在设计使用年限内不一定出现，而一旦出现其量值很大，且持续期很短的作用。

2.1.44　地震作用

地震动对结构所产生的作用。

2.1.52　作用的标准值

作用的主要代表值。可根据对观测数据的统计、作用的自然界限或工程经验确定。

2.1.53　设计基准期

为确定可变作用等取值而选用的时间参数。

2.1.54　可变作用的组合值

使组合后的作用效应的超越概率与该作用单独出现时其标准值作用效应的超越概率趋于一致的作用值；或组合后使结构具有规定可靠指标的作用值。可通过组合值系数对作用标准值的折减来表示。

2.1.56　可变作用的准永久值

在设计基准期内被超越的总时间占设计基准期的比率较大的作用值。可通过准永久值系数对作用标准值的折减来表示。

2.1.57　可变作用的伴随值

在作用组合中，伴随主导作用的可变作用值。可变作用的伴随值可以是组合值、频遇值或准永久值。

2.1.58　作用的代表值

极限状态设计所采用的作用值。它可以是作用的标准值或可变作用的伴随值。

2.1.59　作用的设计值

作用的代表值与作用分项系数的乘积。

2.1.60　作用组合；荷载组合

在不同作用的同时影响下，为验证某一极限状态的结构可靠度而采用的一组作用设计值。

2.1.61　环境影响

环境对结构产生的各种机械的、物理的、化学的或生物的不利影响。环境影响会引起结构材料性能的劣化，降低结构的安全性或适用性，影响结构的耐久性。

2.1.62　材料性能的标准值

符合规定质量的材料性能概率分布的某一分位值或材料性能的名义值。

2.1.63　材料性能的设计值

材料性能的标准值除以材料性能分项系数所得的值。

2.1.66　结构分析

确定结构上作用效应的过程或方法。

注：新版《统一标准》术语增加了50条，限于篇幅，不能一一引用，上述基本术语需认真理解记忆。

（二）基本要求

3.1.1　结构的设计、施工和维护应使结构在规定的设计使用年限内以规定的可靠度满足规定的各项功能要求。

3.1.2　结构应满足下列功能要求：

1　能承受在施工和使用期间可能出现的各种作用；

2　保持良好的使用性能；

3　具有足够的耐久性能；

4　当发生火灾时，在规定的时间内可保持足够的承载力；

5　当发生爆炸、撞击、人为错误等偶然事件时，结构能保持必要的整体稳固性，不出现与起因不相称的破坏后果，防止出现结构的连续倒塌。

3.1.3　结构设计时，应根据下列要求采取适当的措施，使结构不出现或少出现可能的损坏：

1　避免、消除或减少结构可能受到的危害；

2　采用对可能受到的危害反应不敏感的结构类型；

3　采用当单个构件或结构的有限部分被意外移除或结构出现可接受的局部损坏时，结构的其他部分仍能保存的结构类型；

4　不宜采用无破坏预兆的结构体系；

5　使结构具有整体稳固性。

3.1.4　宜采取下列措施满足对结构的基本要求：

1　采用适当的材料；

2　采用合理的设计和构造；

3　对结构的设计、制作、施工和使用等制定相应的控制措施。

【注意】在建筑结构必须满足的5项功能中（上述第3.1.2条），第1、4、5这三项是对结构安全性的要求，第2项是对结构适用性的要求，第3项是对结构耐久性的要求，三者可概括为对结构可靠性的要求。

注：1. 新版《统一标准》取消了“正常施工”“正常使用”“正常维护”的表述，条文说明中仅对耐久性提出了“正常维护”和“正常使用”，也就是说，需要考虑非正常情况，规范要求更严格了。

2. 第5条“结构整体稳固性设计”是针对偶然作用的，偶然作用包括爆炸、撞击、火灾、极度腐蚀、设计施工错误和疏忽等。爆炸、撞击等是以荷载的形式直接作用于结构的，而火灾和极度腐蚀是以降低结构的承载力为特征的。虽然同样是偶然作用，但作用的方式不同，设计中采用的措施和方法也不同。

（三）安全等级和可靠度

1. 安全等级

结构的安全等级与破坏后果有关；同时，结构安全等级又与“结构构件的可靠指标（β）”相关联。

【注意】大型的公共建筑等重要结构为一级；普通的住宅和办公楼等一般结构为二级；小型的或临时性储存建筑等次要结构为三级。新版《统一标准》要求如下。

3.2.1　建筑结构设计时，应根据结构破坏可能产生的后果，即危及人的生命、造成经济损失、对社会或环境产生影响等的严重性，采用不同的安全等级。建筑结构安全等级的划分应符合表3.2.1的规定。

建筑结构的安全等级　　**表3.2.1**

安全等级	破坏后果
一级	很严重：对人的生命、经济、社会或环境影响很大
二级	严重：对人的生命、经济、社会或环境影响较大
三级	不严重：对人的生命、经济、社会或环境影响较小

3.2.2　建筑结构中各类结构构件的安全等级，宜与结构的安全等级相同，对其中部分结构构件的安全等级可进行调整，但不得低于三级。

2. 可靠度

可靠度是结构在规定的时间内，在规定的条件下，完成预定功能的概率，而可靠度是通过可靠指标β来控制的。预定功能指的是：结构的设计、施工和维护应使结构在规定的设计使用年限内，以规定的可靠度满足规定的各项功能要求。结构应满足的5项功能要求详见前文所述或《统一标准》第3.1.2条。

可靠指标β的功能主要有两个：其一，它是度量结构构件可靠性大小的尺度，对有充分的统计数据的结构构件，其可靠性大小可通过可靠指标β度量与比较；其二，目标可靠指标是分项系数法所采用的各分项系数取值的基本依据。为此，不同安全等级和失效模式的可靠指标宜适当拉开档次（《统一标准》第3.2.5条）。

《统一标准》表3.2.6中规定的房屋建筑结构构件持久设计状况承载能力极限状态设计的可靠指标，是以建筑结构安全等级为二级时延性破坏的β值3.2作为基准，其他情况下相应增减0.5。可靠指标β为3.2时，其失效概率运算值p_f为6.9×10^{-4}。可以这样理解，50 年“失效概率”是万分之六点九；所以“失效概率”越低，可靠度越高。

3.2.3　可靠度水平的设置应根据结构构件的安全等级、失效模式和经济因素等确定。对结构的安全性、适用性和耐久性可采用不同的可靠度水平。

3.2.4　当有充分的统计数据时，结构构件的可靠度宜采用可靠指标 β 度量。结构构件设计时采用的可靠指标，可根据对现有结构构件的可靠度分析，并结合使用经验和经济因素等确定。

（四）设计使用年限和耐久性

1. 设计使用年限

建筑结构的设计基准期应为 50 年，即房屋建筑结构的可变作用取值是按 50 年确定的。建筑结构设计时，应规定结构的设计使用年限。

【注意】① 设计使用年限是“设计规定的结构或结构构件不需进行大修即可按预定目的使用的年限”。② 应区分概念“设计基准期”和“设计使用年限”；当结构的设计使用年限与设计基准期不同时，应对可变作用的标准值进行调整；这是因为结构上的各种可变作用均是根据设计基准期确定其标准值的（γ_L：考虑结构设计使用年限的荷载调整系数）。

3.3.3　建筑结构的设计使用年限，应按表 3.3.3 采用。

建筑结构的设计使用年限　　　　**表 3.3.3**

类型	设计使用年限（年）
临时性建筑结构	5
易于替换的结构构件	25
普通房屋和构筑物	50
标志性建筑和特别重要的建筑结构	100

2. 耐久性

结构耐久性是指在服役环境作用和正常使用维护条件下，结构抵御结构性能劣化（或退化）的能力。因此，在结构全寿命性能变化过程中，原则上结构劣化过程的各个阶段均可以选作耐久性极限状态的基准。

3.3.4　建筑结构设计时应对环境影响进行评估，当结构所处的环境对其耐久性有较大影响时，应根据不同的环境类别采用相应的结构材料、设计构造、防护措施、施工质量要求等，并应制定结构在使用期间的定期检修和维护制度，使结构在设计使用年限内不致因材料的劣化而影响其安全或正常使用。

3.3.5 ……耐久性极限状态设计可根据本标准附录 C 的规定进行。

（五）极限状态设计原则

结构的可靠性包括安全性、适用性和耐久性，相应的可靠性设计也应包括承载能力、正常使用和耐久性三种极限状态设计。

注：新版《统一标准》增加了结构耐久性极限状态设计的内容。

1. 极限状态

4.1.1　极限状态可分为承载能力极限状态、正常使用极限状态和耐久性极限状态。极限状态应符合下列规定：

1 当结构或结构构件出现下列状态之一时，应认定为超过了承载能力极限状态：

1）结构构件或连接因超过材料强度而破坏，或因过度变形而不适于继续承载；

2）整个结构或其一部分作为刚体失去平衡；

3）结构转变为机动体系；

4）结构或结构构件丧失稳定；

5）结构因局部破坏而发生连续倒塌；

6）地基丧失承载力而破坏；

7）结构或结构构件的疲劳破坏。

2 当结构或结构构件出现下列状态之一时，应认定为超过了正常使用极限状态：

1）影响正常使用或外观的变形；

2）影响正常使用的局部损坏；

3）影响正常使用的振动；

4）影响正常使用的其他特定状态。

3 当结构或结构构件出现下列状态之一时，应认定为超过了耐久性极限状态：

1）影响承载能力和正常使用的材料性能劣化；

2）影响耐久性能的裂缝、变形、缺口、外观、材料削弱等；

3）影响耐久性能的其他特定状态。

4.1.2 对结构的各种极限状态，均应规定明确的标志或限值。

4.1.3 结构设计时应对结构的不同极限状态分别进行计算或验算。当某一极限状态的计算或验算起控制作用时，可仅对该极限状态进行计算或验算。

2. 设计状况

新标准修订时，借鉴了欧洲规范《结构设计基础》EN 1990:2002 的规定；在原有三种设计状况的基础上，增加了地震设计状况。

4.2.1 建筑结构设计应区分下列设计状况：

1 持久设计状况，适用于结构使用时的正常情况；

2 短暂设计状况，适用于结构出现的临时情况，包括结构施工和维修时的情况等；

3 偶然设计状况，适用于结构出现的异常情况，包括结构遭受火灾、爆炸、撞击时的情况等；

4 地震设计状况，适用于结构遭受地震时的情况。

4.2.2 对不同的设计状况，应采用相应的结构体系、可靠度水平、基本变量和作用组合等进行建筑结构可靠性设计。

3. 极限状态设计

建筑结构按极限状态设计时，对不同的设计状况应采用相应的作用组合，在每一种作用组合中还必须选取其中的最不利组合进行有关的极限状态设计。设计时应针对各种有关的极限状态进行必要的计算或验算；当有实际工程经验时，也可采用构造措施来代替验算。

4.3.1 对本标准第 4.2.1 条规定的四种建筑结构设计状况，应分别进行下列极限状态设计：

1 对四种设计状况均应进行承载能力极限状态设计；

2 对持久设计状况尚应进行正常使用极限状态设计，并宜进行耐久性极限状态设计；

3 对短暂设计状况和地震设计状况可根据需要进行正常使用极限状态设计；

4 对偶然设计状况可不进行正常使用极限状态和耐久性极限状态设计。

4.3.2 进行承载能力极限状态设计时，应根据不同的设计状况采用下列作用组合：

1 对于持久设计状况或短暂设计状况，应采用作用的基本组合；

2 对于偶然设计状况，应采用作用的偶然组合；

3 对于地震设计状况，应采用作用的地震组合。

4.3.3 进行正常使用极限状态设计时，宜采用下列作用组合：

1 对于不可逆正常使用极限状态设计，宜采用作用的标准组合；

2 对于可逆正常使用极限状态设计，宜采用作用的频遇组合；

3 对于长期效应是决定性因素的正常使用极限状态设计，宜采用作用的准永久组合。

总之四种建筑结构设计状况，应分别进行的极限状态设计如表 3-1 所示。

四种建筑结构设计状况所应进行的极限状态设计 **表 3-1**

设计状况	承载能力极限状态	正常使用极限状态	耐久性极限状态
持久设计状况	应，基本组合	应	宜
短暂设计状况	应，基本组合	根据需要	—
偶然设计状况	应，偶然组合	不进行	不进行
地震设计状况	应，地震组合	根据需要	—

（六）结构上的作用和环境影响

建筑结构设计时，应考虑结构上可能出现的各种直接作用、间接作用和环境影响。

1. 概述

外界因素包括在结构上可能出现的各种作用和环境影响，其中最主要的是各种作用。而就作用形态的不同，还可分为直接作用和间接作用，直接作用是指施加在结构上的集中力或分布力，习惯上常被称为荷载；不以力的形式出现在结构上的作用，则被归类为间接作用。它们都是引起结构外加变形和约束变形的原因，例如地面运动、基础沉降、材料收缩、温度变化等。无论是直接作用还是间接作用，都将使结构产生作用效应，诸如应力、内力、变形、裂缝等。

环境影响与作用不同，它是指能使结构材料随时间逐渐劣化的外界因素。随其性质的不同，环境影响可以是机械的、物理的、化学的或生物的。与作用一样，它们也会影响到结构的安全性和适用性。环境影响可分为永久影响、可变影响和偶然影响。例如，对处于海洋环境中的混凝土结构，氯离子对钢筋的腐蚀作用是永久影响，空气湿度对木材强度的影响是可变影响等。

2. 结构上的作用

5.2.2 同时施加在结构上的各单个作用对结构的共同影响，应通过作用组合来考虑；对不可能同时出现的各种作用，不应考虑其组合。

5.2.3 结构上的作用可按下列性质分类：

1 按随时间的变化分类：1）永久作用；2）可变作用；3）偶然作用。

2　按随空间的变化分类：1）固定作用；2）自由作用。

3　按结构的反应特点分类：1）静态作用；2）动态作用。

4　按有无限值分类：1）有界作用；2）无界作用。

5　其他分类。

作用还有其他分类方式，例如，当进行结构疲劳验算时，可按作用随时间变化的低周性和高周性分类；当考虑结构徐变效应时，可按作用在结构上持续期的长短分类。

5.2.7　建筑结构按不同极限状态设计时，在相应的作用组合中对可能同时出现的各种作用，应采用不同的作用代表值。对可变作用，其代表值包括标准值、组合值、频遇值和准永久值。组合值、频遇值和准永久值可通过对可变作用的标准值分别乘以不大于1的组合值系数 ψ_c、频遇值系数 ψ_f 和准永久值系数 ψ_q 等折减系数表示。

5.2.8　对偶然作用，应采用偶然作用的设计值……

5.2.9　对地震作用，应采用地震作用的标准值……

作用按随时间的变化分类是作用最主要的分类方式，它直接关系到作用变量概率模型的选择。永久作用、可变作用和偶然作用的归类情况如表 3-2 所示。

永久作用、可变作用和偶然作用的归类情况　　　　**表 3-2**

永久作用	可变作用	偶然作用
1　结构自重	1　使用时人员、物件等荷载	1　撞击
2　土压力	2　施工时结构的某些自重	2　爆炸
3　水位不变的水压力	3　安装荷载	3　罕遇地震
4　预应力	4　车辆荷载	4　龙卷风
5　地基变形	5　吊车荷载	5　火灾
6　混凝土收缩	6　风荷载	6　极严重的侵蚀
7　钢材焊接变形	7　雪荷载	7　洪水作用
8　引起结构外加变形或约束变形的各种施工因素	8　冰荷载	
	9　多遇地震	
	10　正常撞击	
	11　水位变化的水压力	

注：在上述作用的举例中，地震作用和撞击既可作为可变作用，也可作为偶然作用，这完全取决于对结构重要性的评估；对一般结构，可以按规定的可变作用考虑。

3. 环境影响

5.3.1　环境影响可分为永久影响、可变影响和偶然影响三类。

环境影响对结构的效应主要是针对材料性能的降低，它是与材料本身有密切关系的；因此，环境影响的效应应根据材料特点而加以规定。在多数情况下涉及化学的和生物的损害，其中环境湿度的因素是关键的。

目前对环境影响只能根据材料特点，按其抗侵蚀性的程度来划分等级，设计时按等级采取相应措施。

（七）分项系数设计方法

1. 一般规定

8.1.2 基本变量的设计值可按下列规定确定：

1 作用的设计值 F_d 可按下式确定：

$$F_d = \gamma_F F_r \tag{8.1.2-1}$$

式中：F_r——作用的代表值；

γ_F——作用的分项系数。

2 材料性能的设计值 f_d 可按下式确定：

$$f_d = \frac{f_k}{\gamma_M} \tag{8.1.2-2}$$

式中：f_k——材料性能的标准值；

γ_M——材料性能的分项系数，其值按有关的结构设计标准的规定采用。

注：几何参数的设计值与结构抗力的设计值详见《统一标准》。

2. 承载能力极限状态

对作用的基本组合，原标准给出了设计表达式，设计人员可用作设计，但仅限于作用与作用效应按线性关系考虑的情况；为非线性关系时不适用。新版《统一标准》首次提出考虑结构设计使用年限的荷载调整系数 γ_L。

8.2.1 结构或结构构件按承载能力极限状态设计时，应考虑下列状态：

1 结构或结构构件的破坏或过度变形，此时结构的材料强度起控制作用；

2 整个结构或其一部分作为刚体失去静力平衡，此时结构材料或地基的强度不起控制作用；

3 地基破坏或过度变形，此时岩土的强度起控制作用；

4 结构或结构构件疲劳破坏，此时结构的材料疲劳强度起控制作用。

8.2.2 结构或结构构件按承载能力极限状态设计时，应符合下列规定：

1 结构或结构构件的破坏或过度变形的承载能力极限状态设计，应符合下式规定：

$$\gamma_0 S_d \leqslant R_d \tag{8.2.2-1}$$

式中：γ_0——结构重要性系数，其值按本标准第 8.2.8 条的有关规定采用；

S_d——作用组合的效应设计值；

R_d——结构或结构构件的抗力设计值。

2 结构整体或其一部分作为刚体失去静力平衡的承载能力极限状态设计，应符合下式规定：

$$\gamma_0 S_{d,dst} \leqslant S_{d,stb} \tag{8.2.2-2}$$

式中：$S_{d,dst}$——不平衡作用效应的设计值；

$S_{d,stb}$——平衡作用效应的设计值。

……

8.2.3 承载能力极限状态设计表达式中的作用组合，应符合下列规定：

1 作用组合应为可能同时出现的作用的组合；

2 每个作用组合中应包括一个主导可变作用或一个偶然作用或一个地震作用；

3 当结构中永久作用位置的变异，对静力平衡或类似的极限状态设计结果很敏感时，该永久作用的有利部分和不利部分应分别作为单个作用；

4 当一种作用产生的几种效应非全相关时，对产生有利效应的作用，其分项系数的取值应予以降低；

5 对不同的设计状况应采用不同的作用组合。

8.2.4 对持久设计状况和短暂设计状况，应采用作用的基本组合，并应符合下列规定：

1 基本组合的效应设计值按下式中最不利值确定：

$$S_d = S\left(\sum_{i\geqslant 1} \gamma_{G_i} G_{ik} + \gamma_P P + \gamma_{Q_1} \gamma_{L_1} Q_{1k} + \sum_{j>1} \gamma_{Q_j} \psi_{cj} \gamma_{L_j} Q_{jk}\right) \tag{8.2.4-1}$$

式中：$S(\cdot)$——作用组合的效应函数；

G_{ik}——第 i 个永久作用的标准值；

P——预应力作用的有关代表值；

Q_{1k}——第 1 个可变作用的标准值；

Q_{jk}——第 j 个可变作用的标准值；

γ_{G_i}——第 i 个永久作用的分项系数，应按本标准第 8.2.9 条的有关规定采用；

γ_P——预应力作用的分项系数，应按本标准第 8.2.9 条的有关规定采用；

γ_{Q_1}——第 1 个可变作用的分项系数，应按本标准第 8.2.9 条的有关规定采用；

γ_{Q_j}——第 j 个可变作用的分项系数，应按本标准第 8.2.9 条的有关规定采用；

γ_{L_1}、γ_{L_j}——第 1 个和第 j 个考虑结构设计使用年限的荷载调整系数，应按本标准第 8.2.10 条的有关规定采用；

ψ_{cj}——第 j 个可变作用的组合值系数，应按现行有关标准的规定采用。

2 当作用与作用效应按线性关系考虑时，基本组合的效应设计值按下式中最不利值计算：

$$S_d = \sum_{i\geqslant 1} \gamma_{G_i} S_{G_{ik}} + \gamma_P S_P + \gamma_{Q_1} \gamma_{L_1} S_{Q_{1k}} + \sum_{j>1} \gamma_{Q_j} \psi_{cj} \gamma_{L_j} S_{Q_{jk}} \tag{8.2.4-2}$$

式中：$S_{G_{ik}}$——第 i 个永久作用标准值的效应；

S_P——预应力作用有关代表值的效应；

$S_{Q_{1k}}$——第 1 个可变作用标准值的效应；

$S_{Q_{jk}}$——第 j 个可变作用标准值的效应。

8.2.5 对偶然设计状况，应采用作用的偶然组合。

8.2.6 对地震设计状况，应采用作用的地震组合。

8.2.7 当进行建筑结构抗震设计时，结构性能基本设防目标应符合下列规定：

1 遭遇多遇地震影响，结构主体不受损坏或不需修复即可继续使用；

2 遭遇设防地震影响，可能发生损坏，但经一般修复仍可继续使用；

3 遭遇罕遇地震影响，不致倒塌或发生危及生命的严重破坏。

8.2.8 结构重要性系数 γ_0，不应小于表 8.2.8 的规定。

结构重要性系数 γ_0 **表 8.2.8**

结构重要性系数	对持久设计状况和短暂设计状况			对偶然设计状况和地震设计状况
	安全等级			
	一级	二级	三级	
γ_0	1.1	1.0	0.9	1.0

关于结构重要性系数，《建筑抗震设计规范》GB 50011—2010（2016年版）第5.4.1条条文说明规定："根据地震作用的特点、抗震设计的现状，以及抗震设防分类与《统一标准》中安全等级的差异，重要性系数对抗震设计的实际意义不大，本规范（《抗震规范》）对建筑重要性的处理仍采用抗震措施的改变来实现，不考虑此项系数"。

8.2.9 建筑结构的作用分项系数，应按表8.2.9采用。

建筑结构的作用分项系数 **表8.2.9**

作用分项系数 \ 适用情况	当作用效应对承载力不利时	当作用效应对承载力有利时
γ_G	1.3	≤1.0
γ_P	1.3	≤1.0
γ_Q	1.5	0

【注意】新版《统一标准》的修订将永久作用分项系数γ_G由1.2调整为1.3，可变作用分项系数γ_Q由1.4调整为1.5；同时，相应调整预应力作用的分项系数γ_P由1.2调整为1.3。

8.2.10 建筑结构考虑结构设计使用年限的荷载调整系数，应按表8.2.10采用。

建筑结构考虑结构设计使用年限的荷载调整系数 γ_L **表8.2.10**

结构的设计使用年限（年）	γ_L
5	0.9
50	1.0
100	1.1

注：对设计使用年限为25年的结构构件，γ_L应按各种材料结构设计标准的规定采用。

3. 正常使用极限状态

对承载能力极限状态，安全与失效之间的分界线是清晰的；如钢材的屈服、混凝土的压坏、结构的倾覆、地基的滑移，都是清晰的物理现象。对正常使用极限状态，能正常使用与不能正常使用之间的分界线是模糊的，难以找到清晰的物理界限区分正常与不正常；在很大程度上依靠工程经验确定。

8.3.1 结构或结构构件按正常使用极限状态设计时，应符合下式规定：

$$S_d \leqslant C \tag{8.3.1}$$

式中：S_d——作用组合的效应设计值；

C——设计对变形、裂缝等规定的相应限值，应按有关的结构设计标准的规定采用。

新版《统一标准》按正常使用极限状态设计时的3种组合，分别有2种计算公式，新增加了"当作用与作用效应按非线性关系考虑时"组合的效应设计值计算公式。

8.3.2 按正常使用极限状态设计时，宜根据不同情况采用作用的标准组合、频遇组合或准永久组合，并应符合下列规定：

1 标准组合应符合下列规定：

1）标准组合的效应设计值按下式确定：

$$S_d = S\left(\sum_{i\geqslant 1} G_{ik} + P + Q_{1k} + \sum_{j>1} \psi_{cj} Q_{jk}\right) \tag{8.3.2-1}$$

2）当作用与作用效应按线性关系考虑时，标准组合的效应设计值按下式计算：

$$S_d = \sum_{i\geqslant 1} S_{G_{ik}} + S_P + S_{Q_{1k}} + \sum_{j>1} \psi_{cj} S_{Q_{jk}} \tag{8.3.2-2}$$

2　频遇组合应符合下列规定：

……

3　准永久组合应符合下列规定：

……

8.3.3　对正常使用极限状态，材料性能的分项系数 γ_M，除各种材料的结构设计标准有专门规定外，应取为1.0。

【注意】建筑结构设计宜采用以概率理论为基础、以分项系数表达的极限状态设计方法。

（八）耐久性极限状态

1. 一般规定

（1）结构的设计使用年限应根据建筑物的用途和环境的侵蚀性确定。

（2）结构的耐久性极限状态设计，应使结构构件出现耐久性极限状态标志或限值的年限不小于其设计使用年限。

（3）结构构件的耐久性极限状态设计，应包括保证构件质量的预防性处理措施、减小侵蚀作用的局部环境改善措施、延缓构件出现损伤的表面防护措施和延缓材料性能劣化速度的保护措施。

2. 设计使用年限

（1）结构的设计使用年限，宜按《统一标准》表3.3.3的规定采用；

（2）必须定期涂刷的防腐蚀涂层等结构的设计使用年限可为20～30年。

（3）预计使用时间较短的建筑物，其结构的设计使用年限不宜小于30年。

3. 环境影响种类

结构的环境影响可分成无侵蚀性的室内环境影响和侵蚀性环境影响等。

4. 耐久性极限状态

各类结构构件及其连接，应依据环境侵蚀和材料的特点确定耐久性极限状态的标志和限值。具体标志和限值见《统一标准》附录C.4。

5. 耐久性极限状态设计方法和措施

（1）建筑结构的耐久性可采用下列方法进行设计：经验方法、半定量的方法、定量控制耐久性失效概率的方法。

（2）对缺乏侵蚀作用或作用效应统计规律的结构或结构构件，宜采取经验方法确定耐久性的系列措施。

（3）采取经验方法保障的结构构件耐久性宜包括的技术措施见《统一标准》附录C.5。

二、建筑结构荷载

（一）概述

1. 结构上的作用及荷载分类

《建筑结构荷载规范》GB 50009—2012（以下简称《荷载规范》）中规定，建筑结构设计中涉及的作用应包括直接作用（荷载）和间接作用。《荷载规范》仅对荷载和温度作用作出规定，有关可变荷载的规定同样适用于温度作用。荷载可分为三类：永久荷载、可变荷载和偶然荷载。

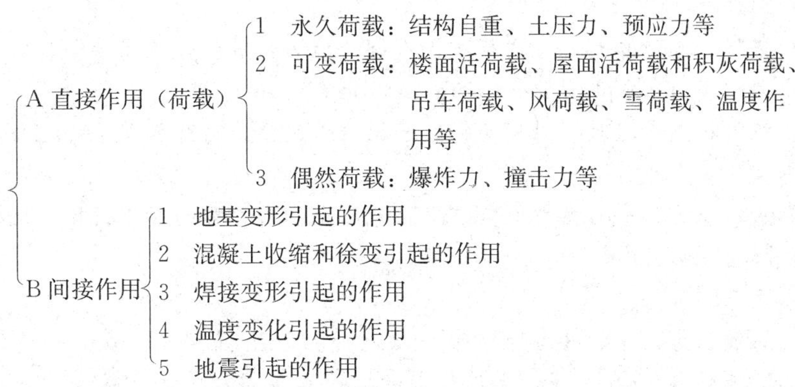

【要点】结构上的作用是指能使结构产生效应（结构或构件的内力、应力、位移、应变、裂缝等）的各种原因的总称。

直接作用是指作用在结构上的力集（包括集中力和分布力），习惯上统称为荷载，如永久荷载、活荷载、吊车荷载、雪荷载、风荷载以及偶然荷载等。

间接作用是指那些不是直接以力集的形式出现的作用，如地基变形、混凝土收缩和徐变、焊接变形、温度变化以及地震等引起的作用等。

2. 基本术语

2.1.4 荷载代表值

设计中用以验算极限状态所采用的荷载量值，例如标准值、组合值、频遇值和准永久值。

2.1.6 标准值

荷载的基本代表值，为设计基准期内最大荷载统计分布的特征值（例如均值、众值、中值或某个分位值）。

2.1.7 组合值

对可变荷载，使组合后的荷载效应在设计基准期内的超越概率，能与该荷载单独出现时的相应概率趋于一致的荷载值；或使组合后的结构具有统一规定的可靠指标的荷载值。

2.1.8 频遇值

对可变荷载，在设计基准期内，其超越的总时间为规定的较小比率或超越频率为规定频率的荷载值。

2.1.9 准永久值

对可变荷载，在设计基准期内，其超越的总时间约为设计基准期一半的荷载值。

2.1.10 荷载设计值

荷载代表值与荷载分项系数的乘积。

2.1.11 荷载效应

由荷载引起结构或结构构件的反应，例如内力、变形和裂缝等。

2.1.13 荷载组合

按极限状态设计时，为保证结构的可靠性而对同时出现的各种荷载设计值的规定。

2.1.14 基本组合

承载能力极限状态计算时，永久荷载和可变荷载的组合。

2.1.15 标准组合

正常使用极限状态计算时，采用标准值或组合值为荷载代表值的组合。

2.1.17 准永久组合 quasi-permanent combination

正常使用极限状态计算时，对可变荷载采用准永久值为荷载代表值的组合。

2.1.21 基本雪压

雪荷载的基准压力，一般按当地空旷平坦地面上积雪自重的观测数据，经概率统计得出 50 年一遇最大值确定。

2.1.22 基本风压

风荷载的基准压力，一般按当地空旷平坦地面上 10m 高度处 10min 平均的风速观测数据，经概率统计得出 50 年一遇最大值确定的风速再考虑相应的空气密度，按贝努利公式确定的风压。

2.1.24 温度作用

结构或结构构件中由于温度变化所引起的作用。

3. 荷载代表值

虽然任何荷载都具有不同性质的变异性，但在设计中，不可能直接引用反映荷载变异性的各种统计参数，通过复杂的概率运算进行具体设计。因此，在设计时，除了采用能便于设计者使用的设计表达式外，对荷载仍应赋予一个规定的量值，称为荷载代表值。

【注意】荷载可根据不同的设计要求，规定不同的代表值，以使之能更确切地反映它在设计中的特点。《荷载规范》给出了荷载的 4 种代表值：标准值、组合值、频遇值和准永久值。荷载标准值是荷载的基本代表值，而其他代表值都可以在标准值的基础上乘以相应的系数后得出。

3.1.2 建筑结构设计时，应按下列规定对不同荷载采用不同的代表值：

1 对永久荷载应采用标准值作为代表值；

2 对可变荷载应根据设计要求采用标准值、组合值、频遇值或准永久值作为代表值；

3 对偶然荷载应按建筑结构使用的特点确定其代表值。

3.1.3 确定可变荷载代表值时应采用 50 年设计基准期。

3.1.4 荷载的标准值，应按本规范各章的规定采用。

3.1.5 承载能力极限状态设计或正常使用极限状态按标准组合设计时，对可变荷载应按规定的荷载组合采用荷载的组合值或标准值作为其荷载代表值。可变荷载的组合值，应为可变荷载的标准值乘以荷载组合值系数。

3.1.6 正常使用极限状态按频遇组合设计时，应采用可变荷载的频遇值或准永久值作为其荷载代表值；按准永久组合设计时，应采用可变荷载的准永久值作为其荷载代表值。可变荷载的频遇值，应为可变荷载标准值乘以频遇值系数。可变荷载准永久值，应为可变荷载标准值乘以准永久值系数。

4. 荷载组合

《建筑结构荷载规范》GB 50009—2012 节选：

3.2.1 建筑结构设计应根据使用过程中在结构上可能同时出现的荷载，按承载能力极限状态和正常使用极限状态分别进行荷载组合，并应取各自的最不利的组合进行设计。

3.2.2 对于承载能力极限状态，应按荷载的基本组合或偶然组合计算荷载组合的效应设计值，并应采用下列设计表达式进行设计：

$$\gamma_0 S_d \leqslant R_d \tag{3.2.2}$$

式中：γ_0——结构重要性系数，应按各有关建筑结构设计规范的规定采用；

S_d——荷载组合的效应设计值；

R_d——结构构件抗力的设计值，应按各有关建筑结构设计规范的规定确定。

注：上述公式（《建筑结构荷载规范》GB 50009—2012）与新版《统一标准》的公式基本一致。

3.2.3 荷载基本组合的效应设计值 S_d，应从下列荷载组合值中取用最不利的效应设计值确定：

1 由可变荷载控制的效应设计值，应按下式进行计算：

$$S_d = \sum_{j=1}^{m} \gamma_{G_j} S_{G_j k} + \gamma_{Q_1} \gamma_{L_1} S_{Q_1 k} + \sum_{i=2}^{n} \gamma_{Q_i} \gamma_{L_i} \psi_{c_i} S_{Q_i k} \tag{3.2.3-1}$$

2 由永久荷载控制的效应设计值，应按下式进行计算：

$$S_d = \sum_{j=1}^{m} \gamma_{G_j} S_{G_j k} + \sum_{i=1}^{n} \gamma_{Q_i} \gamma_{L_i} \psi_{c_i} S_{Q_i k} \tag{3.2.3-2}$$

注：1.《建筑结构荷载规范》GB 50009—2012 基本组合中的效应设计值仅适用于荷载与荷载效应为线性的情况；

2. 新版《统一标准》增加了预应力作用的分项，其他部分与式（3.2.3-1）基本一致，请读者注意区分两本规范中公式的不同。

3. 新版《统一标准》取消了永久荷载控制的荷载基本组合的效应设计值公式（3.2.3-2）。

3.2.4 基本组合的荷载分项系数，应按下列规定采用：

1 永久荷载的分项系数应符合下列规定：

1）当永久荷载效应对结构不利时，对由可变荷载效应控制的组合应取 1.2，对由永久荷载效应控制的组合应取 1.35；

2）当永久荷载效应对结构有利时，不应大于 1.0。

2 可变荷载的分项系数应符合下列规定：

1）对标准值大于 $4kN/m^2$ 的工业房屋楼面结构的活荷载，应取 1.3；

2）其他情况，应取 1.4。

……

【注意】新版《统一标准》将永久作用分项系数由 1.2 调整为 1.3，可变作用分项系数由 1.4 调整为 1.5，并取消了永久荷载为主时的分项系数 1.35。

目前《荷载规范》还未根据新版《统一标准》作出修订；对于新建工程项目，设计时需采用新版《统一标准》的荷载基本组合公式及其作用分项系数。也就是说不能按《荷载规范》第 3.2.4 条取值，而应按《统一标准》第 8.2.9 条建筑结构的作用分项系数表取值。

（二）荷载的标准值

1. 民用建筑楼面均布活荷载

（1）楼面活荷载标准值

楼面活荷载是房屋结构设计中的主要荷载。《荷载规范》规定的民用建筑楼面均布活荷载标准值及其组合值、频遇值、准永久值系数的取值，不应小于表 3-3 的规定。

民用建筑楼面均布活荷载标准值及其组合值、频遇值和准永久值系数　　表 3-3

<table>
<tr><th>项次</th><th colspan="3">类　　别</th><th>标准值（kN/m^2）</th><th>组合值系数 ψ_c</th><th>频遇值系数 ψ_f</th><th>准永久值系数 ψ_q</th></tr>
<tr><td rowspan="2">1</td><td colspan="3">（1）住宅、宿舍、旅馆、办公楼、医院病房、托儿所、幼儿园</td><td>2.0</td><td>0.7</td><td>0.5</td><td>0.4</td></tr>
<tr><td colspan="3">（2）试验室、阅览室、会议室、医院门诊室</td><td>2.0</td><td>0.7</td><td>0.6</td><td>0.5</td></tr>
<tr><td>2</td><td colspan="3">教室、食堂、餐厅、一般资料档案室</td><td>2.5</td><td>0.7</td><td>0.6</td><td>0.5</td></tr>
<tr><td rowspan="2">3</td><td colspan="3">（1）礼堂、剧场、影院、有固定座位的看台</td><td>3.0</td><td>0.7</td><td>0.5</td><td>0.3</td></tr>
<tr><td colspan="3">（2）公共洗衣房</td><td>3.0</td><td>0.7</td><td>0.6</td><td>0.5</td></tr>
<tr><td rowspan="2">4</td><td colspan="3">（1）商店、展览厅、车站、港口、机场大厅及其旅客等候室</td><td>3.5</td><td>0.7</td><td>0.6</td><td>0.5</td></tr>
<tr><td colspan="3">（2）无固定座位的看台</td><td>3.5</td><td>0.7</td><td>0.5</td><td>0.3</td></tr>
<tr><td rowspan="2">5</td><td colspan="3">（1）健身房、演出舞台</td><td>4.0</td><td>0.7</td><td>0.6</td><td>0.5</td></tr>
<tr><td colspan="3">（2）运动场、舞厅</td><td>4.0</td><td>0.7</td><td>0.6</td><td>0.3</td></tr>
<tr><td rowspan="2">6</td><td colspan="3">（1）书库、档案库、贮藏室</td><td>5.0</td><td>0.9</td><td>0.9</td><td>0.8</td></tr>
<tr><td colspan="3">（2）密集柜书库</td><td>12.0</td><td>0.9</td><td>0.9</td><td>0.8</td></tr>
<tr><td>7</td><td colspan="3">通风机房、电梯机房</td><td>7.0</td><td>0.9</td><td>0.9</td><td>0.8</td></tr>
<tr><td rowspan="4">8</td><td rowspan="4">汽车通道及客车停车库</td><td rowspan="2">（1）单向板楼盖（板跨不小于 2m）和双向板楼盖（板跨不小于 3m×3m）</td><td>客车</td><td>4.0</td><td>0.7</td><td>0.7</td><td>0.6</td></tr>
<tr><td>消防车</td><td>35.0</td><td>0.7</td><td>0.5</td><td>0.0</td></tr>
<tr><td rowspan="2">（2）双向板楼盖（板跨不小于 6m×6m）和无梁楼盖（柱网不小于 6m×6m）</td><td>客车</td><td>2.5</td><td>0.7</td><td>0.7</td><td>0.6</td></tr>
<tr><td>消防车</td><td>20.0</td><td>0.7</td><td>0.5</td><td>0.0</td></tr>
<tr><td rowspan="2">9</td><td rowspan="2">厨房</td><td colspan="2">（1）餐厅</td><td>4.0</td><td>0.7</td><td>0.7</td><td>0.7</td></tr>
<tr><td colspan="2">（2）其他</td><td>2.0</td><td>0.7</td><td>0.6</td><td>0.5</td></tr>
<tr><td>10</td><td colspan="3">浴室、卫生间、盥洗室</td><td>2.5</td><td>0.7</td><td>0.6</td><td>0.5</td></tr>
<tr><td rowspan="3">11</td><td rowspan="3">走廊、门厅</td><td colspan="2">（1）宿舍、旅馆、医院病房、托儿所、幼儿园、住宅</td><td>2.0</td><td>0.7</td><td>0.5</td><td>0.4</td></tr>
<tr><td colspan="2">（2）办公楼、餐厅、医院门诊部</td><td>2.5</td><td>0.7</td><td>0.6</td><td>0.5</td></tr>
<tr><td colspan="2">（3）教学楼及其他可能出现人员密集的情况</td><td>3.5</td><td>0.7</td><td>0.5</td><td>0.3</td></tr>
<tr><td rowspan="2">12</td><td rowspan="2">楼梯</td><td colspan="2">（1）多层住宅</td><td>2.0</td><td>0.7</td><td>0.5</td><td>0.4</td></tr>
<tr><td colspan="2">（2）其他</td><td>3.5</td><td>0.7</td><td>0.5</td><td>0.3</td></tr>
</table>

续表

项次	类别		标准值（kN/m^2）	组合值系数 ψ_c	频遇值系数 ψ_f	准永久值系数 ψ_q
13	阳台	（1）可能出现人员密集的情况	3.5	0.7	0.6	0.5
		（2）其他	2.5	0.7	0.6	0.5

注：1. 本表所给各项活荷载适用于一般使用条件，当使用荷载较大、情况特殊或有专门要求时，应按实际情况采用；

2. 第 6 项书库活荷载，当书架高度大于 2m 时，书库活荷载尚应按每米书架高度不小于 $2.5kN/m^2$ 确定；

3. 第 8 项中的客车活荷载仅适用于停放载人少于 9 人的客车；消防车活荷载适用于满载总重为 300kN 的大型车辆；当不符合本表的要求时，应将车轮的局部荷载按结构效应的等效原则，换算为等效均布荷载；

4. 第 8 项消防车活荷载，当双向板楼盖板跨介于 3m×3m～6m×6m 之间时，应按跨度线性插值确定；

5. 第 12 项楼梯活荷载，对预制楼梯踏步平板，尚应按 1.5kN 集中荷载验算；

6. 本表各项荷载不包括隔墙自重和二次装修荷载。对固定隔墙的自重应按永久荷载考虑，当隔墙位置可灵活自由布置时，非固定隔墙的自重应取不小于 1/3 的每延米长墙重（kN/m）作为楼面活荷载的附加值（kN/m^2）计入，附加值不小于 $1.0kN/m^2$。

（2）楼面活荷载标准值的折减系数

设计楼面梁、墙、柱及基础时，表 3-3 中的楼面活荷载标准值折减系数不应小于下列规定：

1）设计楼面梁时：

① 第 1（1）项当楼面梁从属面积超过 $25m^2$ 时，应取 0.9；

② 第 1（2）～第 7 项当楼面梁从属面积超过 $50m^2$ 时应取 0.9；

③ 第 8 项对单向板楼盖的次梁和槽形板的纵肋应取 0.8；对单向板楼盖的主梁应取 0.6；对双向板楼盖的梁应取 0.8；

④ 第 9～第 13 项应采用与所属房屋类别相同的折减系数。

2）设计墙、柱和基础时：

① 第 1（1）项应按表 3-4 规定采用；

② 第 1（2）～第 7 项应采用与其楼面梁相同的折减系数；

③ 第 8 项的客车对单向板楼盖应取 0.5，对双向板楼盖和无梁楼盖应取 0.8；

④ 第 9～第 13 项应采用与所属房屋类别相同的折减系数。

注：楼面梁的从属面积应按梁两侧各延伸二分之一梁间距的范围内的实际面积确定。

活荷载按楼层的折减系数　　表 3-4

墙、柱、基础计算截面以上的层数	1	2～3	4～5	6～8	9～20	＞20
计算截面以上各楼层活荷载总和的折减系数	1.00 (0.90)	0.85	0.70	0.65	0.60	0.55

注：当楼面梁的从属面积超过 $25m^2$ 时，应采用括号内的系数。

2. 民用建筑屋面均布活荷载

房屋建筑的屋面，其水平投影面上的屋面均布活荷载的标准值及其组合值系数、频遇值系数和准永久值系数的取值，不应小于表 3-5 的规定。

屋面均布活荷载标准值及其组合值系数、频遇值系数和准永久值系数　　表 3-5

项　次	类　别	标准值 (kN/m²)	组合值系数 ψ_c	频遇值系数 ψ_f	准永久值系数 ψ_q
1	不上人的屋面	0.5	0.7	0.5	0.0
2	上人的屋面	2.0	0.7	0.5	0.4
3	屋顶花园	3.0	0.7	0.6	0.5
4	屋顶运动场地	3.0	0.7	0.6	0.4

3. 雪荷载

雪荷载是房屋屋面结构的主要荷载之一。在寒冷地区的大跨、轻质屋盖结构，对雪荷载更为敏感。

（1）雪荷载标准值及基本雪压

《荷载规范》规定，屋面水平投影面上的雪荷载标准值，应按下式计算：

$$s_k = \mu_r s_0 \tag{3-1}$$

式中　s_k——雪荷载标准值，kN/m²；

μ_r——屋面积雪分布系数；

s_0——基本雪压，kN/m²。

基本雪压应采用规范规定的 50 年重现期的雪压；对雪荷载敏感的结构（主要指大跨、轻质屋盖结构），应采用 100 年重现期的雪压。

基本雪压应按《荷载规范》全国基本雪压分布图的规定采用。山区的雪荷载应通过实际调查后确定；当无实测资料时，可按当地邻近空旷平坦地面的雪荷载值乘以 1.2 采用。

全国基本雪压取值范围为 0～1.0kN/m²（个别地区，如新疆阿勒泰市达 1.65kN/m²），在无雪地区，雪载可以为零。

（2）屋面积雪分布系数

屋面积雪分布系数实际上就是将地面基本雪压换算为屋面雪荷载的换算系数，它与屋面形式、朝向及风力等因素有关。

《荷载规范》规定的屋面积雪分布系数，应根据不同类别的屋面形式，按《荷载规范》表 7.2.1 采用。

（3）设计建筑结构及屋面的承重构件时，应按下列规定采用积雪的分布情况：

1）屋面板和檩条按积雪不均匀分布的最不利情况采用；

2）屋架和拱壳应分别按全跨积雪均匀分布、不均匀分布和半跨积雪的均匀分布的最不利情况采用；

3）框架和柱可按全跨积雪均匀分布情况采用。

4. 风荷载

风荷载是建筑结构上的一种主要的直接作用，对高层建筑尤为重要。

风压随高度而增大，且与地面的粗糙度有关；建筑物体形与尺寸不同，作用在建筑物表面上的实际风压力（或吸力）不同；风压不是静态压力，实际上是脉动风压，对于高宽比较大的房屋结构，应考虑风的动力效应。

（1）风荷载标准值及基本风压

垂直于建筑物表面上的风荷载标准值，应按下列规定确定：

1）当计算主要受力结构时

$$w_k = \beta_z \mu_s \mu_z w_0 \quad (3\text{-}2)$$

式中 w_k——风荷载标准值（kN/m^2）；

β_z——高度 z 处的风振系数；

μ_s——风荷载体形系数；

μ_z——风压高度变化系数；

w_0——基本风压（kN/m^2）。

2）当计算围护结构时

$$w_k = \beta_{gz} \mu_{s1} \mu_z w_0 \quad (3\text{-}3)$$

式中 β_{gz}——高度 z 处的阵风系数。计算围护结构（包括门窗）风荷载时的阵风系数按《荷载规范》表 8.6.1 确定，其值与离地面的高度及地面粗糙度类别有关；从表中可以看出：

1）当地面粗糙度相同时，离地面越高，β_{gz} 值越小；

2）对同一高度，β_{gz} 则 A 类<B 类<C 类<D 类；

3）β_{gz} 值的变化区间为 1.40～2.40。

μ_{s1}——风荷载局部体型系数。

基本风压应按《荷载规范》附录 E.5 中附表 E.5 给出的 50 年重现期的风压采用，但不得小于 0.3kN/m^2。

全国基本风压值范围为 0.3～0.9kN/m^2。

对于高层建筑、高耸结构以及对风荷载比较敏感的其他结构，基本风压应适当提高，并应符合有关的结构设计规范的规定。

例 3-1 对于特别重要或对风荷载比较敏感的高层建筑，确定基本风压的重现期应为下列何值？

A 10 年　　B 25 年　　C 50 年　　D 100 年

解析： 根据《荷载规范》第 8.1.2 条及《高层建筑混凝土结构技术规程》JGJ 3—2010 第 4.2.2 条，基本风压应采用按规定的方法确定的 50 年重现期的风压，但不得小于 0.3kN/m^2。对于高层建筑、高耸建筑以及对风荷载比较敏感的其他建筑结构，基本风压的取值应适当提高，并应符合有关结构设计规范的规定。根据《高层建筑混凝土结构技术规程》JGJ 3—2010 第 4.2.2 条：对风荷载比较敏感的高层建筑，承载力设计时按基本风压的 1.1 倍采用。即现规范不强调按 100 年重现期的风压值采用，而是直接按基本风压值的 1.1 倍采用。

答案： C

（2）风压高度变化系数 μ_z

对于平坦或稍有起伏的地形，风压高度变化系数应根据地面粗糙度类别按表 3-6 确定。

地面粗糙度可分为 A、B、C、D 四类：

1）A 类指近海海面和海岛、海岸、湖岸及沙漠地区；

2）B 类指田野、乡村、丛林、丘陵以及房屋比较稀疏的乡镇；

3）C类指有密集建筑群的城市市区；

4）D类指有密集建筑群且房屋较高的城市市区。

风压高度变化系数 μ_z **表 3-6**

离地面或海平面高度（m）	地面粗糙度类别			
	A	B	C	D
5	1.09	1.00	0.65	0.51
10	1.28	1.00	0.65	0.51
15	1.42	1.13	0.65	0.51
20	1.52	1.23	0.74	0.51
30	1.67	1.39	0.88	0.51
40	1.79	1.52	1.00	0.60
50	1.89	1.62	1.10	0.69
60	1.97	1.71	1.20	0.77
70	2.05	1.79	1.28	0.84
80	2.12	1.87	1.36	0.91
90	2.18	1.93	1.43	0.98
100	2.23	2.00	1.50	1.04
150	2.46	2.25	1.79	1.33
200	2.64	2.46	2.03	1.58
250	2.78	2.63	2.24	1.81
300	2.91	2.77	2.43	2.02
350	2.91	2.91	2.60	2.22
400	2.91	2.91	2.76	2.40
450	2.91	2.91	2.91	2.58
500	2.91	2.91	2.91	2.74
≥550	2.91	2.91	2.91	2.91

从表 3-6 中，可以看出：

1）当地面粗糙度类别相同时，离地面越高，μ_z 值越大，但当达到一定高度后，μ_z 越接近以至相同；

2）对同一高度，μ_z 则A类>B类>C类>D类，但当高度不小于550m后，其值相同；

3）表中 μ_z 的变化范围为0.51～2.91，当离地面5～10m高，B类时，μ_z＝1.0。

（3）风荷载体型系数 μ_s

风荷载体型系数是指风作用在建筑物表面一定面积范围内所引起的平均压力（或吸力）与来流风的速度压的比值，它主要与建筑物的体型和尺度有关，也与周围环境和地面粗糙度有关。

风速只是代表在自由气流中各点的风速。气流以不同形式在房屋表面绕过，房屋对气流形成某种干扰，因此房屋设计时不能直接以自由气流的风速作为结构荷载。

风压在建筑物各表面上的分布是不均匀的，设计上取其平均值采用。

在房屋的迎风墙面上，墙面受正风压（压力）；在背风墙面上受负风压（吸力）；在侧墙面上受负风压；在屋面上，因屋面形状的不同，风压可表现为正风压或负风压。

《荷载规范》规定的房屋风荷载体型系数可按表 3-7 采用。更多内容详见《荷载规范》表 8.3.1。

风荷载体型系数 μ_s **表 3-7**

项次	类别	体型及体型系数 μ_s
1	封闭式 落地双 坡屋面	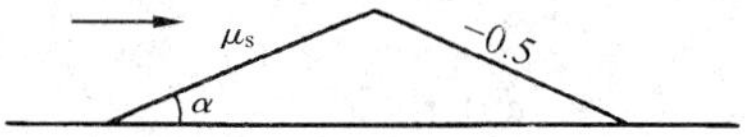 μ_s　−0.5　α α：0°　30°　≥60° μ_s：0　+0.2　+0.8 中间值按插入法计算
2	封闭式 双坡屋面	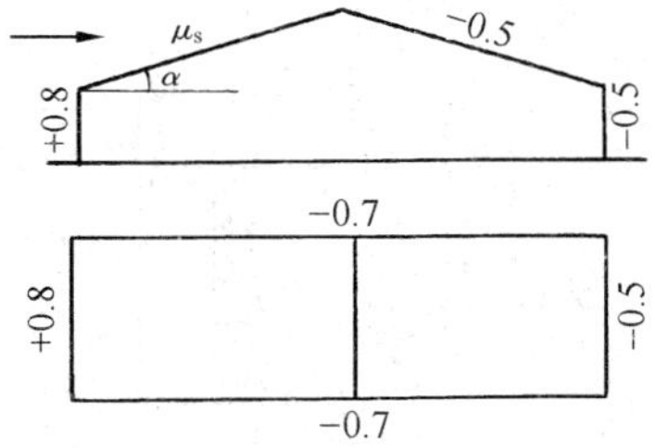 μ_s　−0.5　α　+0.8　−0.5 −0.7　+0.8　−0.5　−0.7 α / μ_s： ≤15° / −0.6 30° / 0 ≥60° / +0.8 中间值按插入法计算
3	封闭式 单坡屋面	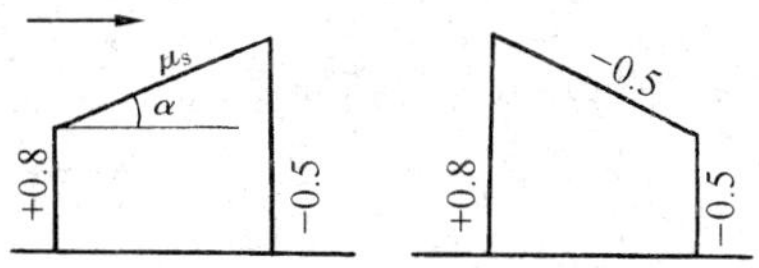 μ_s　α　+0.8　−0.5 −0.5　+0.8　−0.5 迎风坡面的 μ_s 按第 2 项采用
4	封闭式 带天窗 双坡屋 面	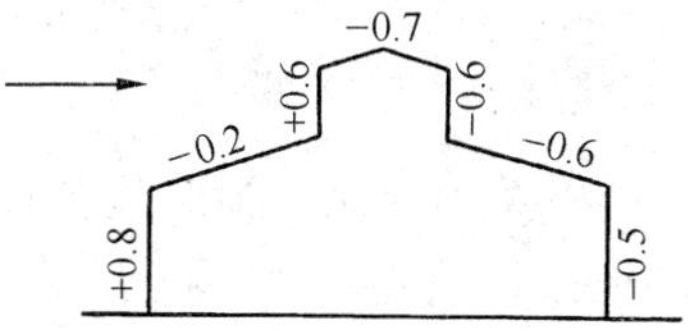 −0.7　+0.6　−0.6　−0.2　−0.6　+0.8　−0.5 带天窗的拱形屋面可按本图采用
5	封闭式 双跨双 坡屋面	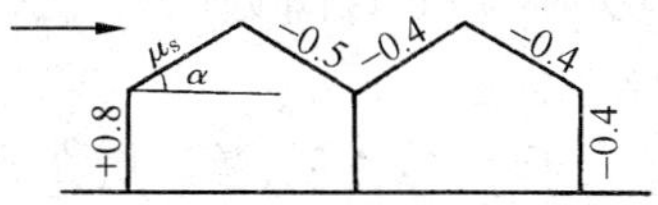 μ_s　α　−0.5　−0.4　−0.4　+0.8　−0.4 迎风坡面的 μ_s 按第 2 项采用
6	封闭式 房屋和 构筑物	(*a*) 正多边形（包括矩形）平面 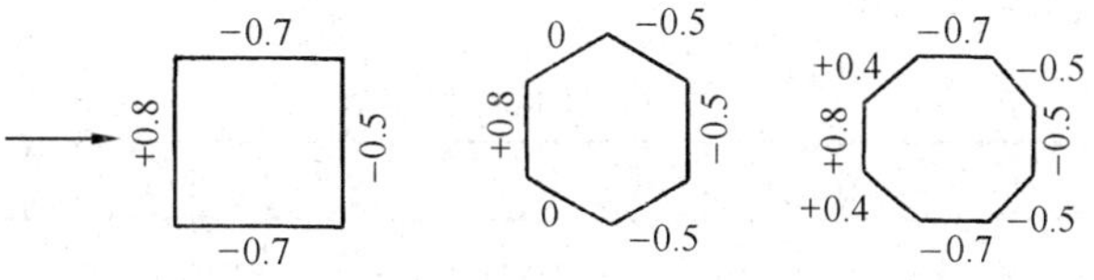 −0.7　+0.8　−0.5　−0.7 0　−0.5　+0.8　−0.5　0　−0.5 −0.7　+0.4　−0.5　+0.8　−0.5　+0.4　−0.5　−0.7 (*b*) Y 形平面 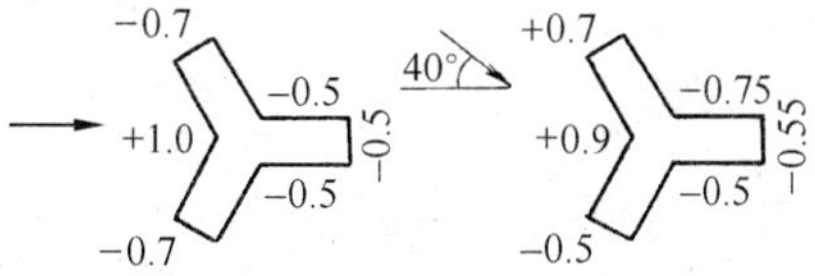 −0.7　−0.5　+1.0　−0.5　−0.5　−0.7 40°　+0.7　−0.75　+0.9　−0.55　−0.5　−0.5

续表

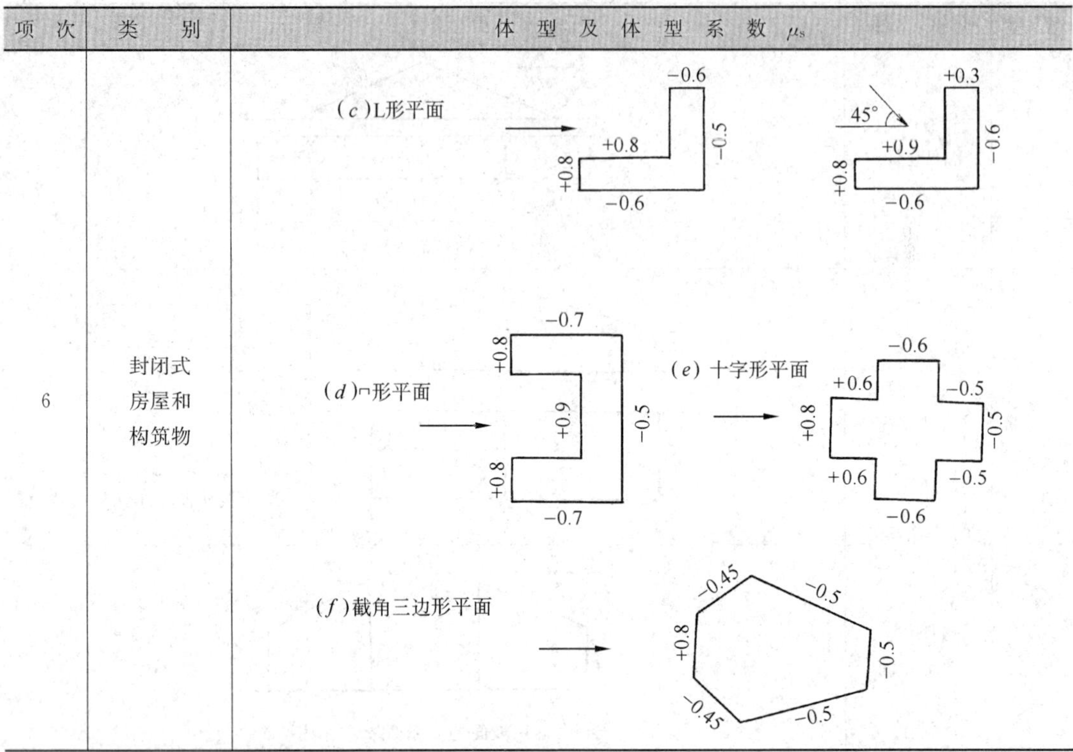

项次	类别	体型及体型系数 μ_s
6	封闭式房屋和构筑物	(*c*)L形平面 (*d*)ㄈ形平面 (*e*) 十字形平面 (*f*)截角三边形平面

注：1. 表图中符号→表示风向；+表示压力；−表示吸力；

2. 表中的系数未考虑邻近建筑群体的影响。

表 3-7 中未列入的房屋类别详见《荷载规范》。

(4) 顺风向风振和风振系数 β_z

《荷载规范》规定，对于基本自振周期 T_1 大于 0.25s 的工程结构，如房屋、屋盖及各种高耸结构，以及高度大于 30m 且高宽比大于 1.5 的高层建筑，应考虑风压脉动对结构产生顺风向风振的影响。

顺风向风振系数值大于 1。其值与脉动增大系数、脉动影响系数、振型系数有关。其值计算详见《荷载规范》的规定。

5. 常用材料和构件自重

常用材料和构件的自重见表 3-8。

常用材料和构件自重表 **表 3-8**

项次	名称	自重 (kN/m³)	备注
1	木材	4～9	随树种和含水率而不同
2	钢	78.5	
3	铝	27	铝合金 28kN/m³
4	黏土	13.5～20	与含水率有关
5	花岗岩、大理石	28	
6	普通砖	19	机器制

续表

项　　次	名　　　称	自重（kN/m³）	备　　　注
7	混凝土空心小砌块	11.8	390mm×190mm×190mm
8	水泥砂浆	20	
9	素混凝土	22～24	振捣或不振捣
10	焦渣混凝土	16～17	承重用
11	焦渣混凝土	10～14	填充用
12	泡沫混凝土	4～6	
13	水泥焦渣	14	
14	钢筋混凝土	24～25	
15	焦渣	10	
16	普通玻璃	25.6	
17	水	10	温度4℃密度最大时
18	书籍	5	书架藏置
19	浆砌机砖	19	
20	双面抹灰板条隔墙	0.9	角面抹灰厚16～24mm，龙骨在内
21	C形轻钢龙骨隔墙	0.27～0.54	与层数及有无保温层有关
22	贴瓷砖墙面	0.5	包括水泥浆打底，共厚25mm
23	木屋架	$0.07+0.007l$	按屋面水平投影面积计算，跨度l以m计
24	钢屋架	$0.12+0.11l$	无天窗，包括支撑，按屋面水平投影面积计算，跨度l以m计
25	石板瓦屋面	0.46～0.96	厚度6.3～12.1mm
26	彩色钢板波形瓦	0.12～0.13	0.6mm厚彩色钢板
27	玻璃屋顶	0.3	9.5mm夹丝玻璃，框架自重在内
28	油毡防水层	0.25～0.4	与层数有关
29	V形轻钢龙骨吊顶	0.12～0.25	
30	松木地板	0.18	
31	缸砖地面	1.7～2.1	60mm砂垫层，53mm面层，平铺
32	玻璃幕墙	1.0～1.5	一般可按单位面积玻璃自重增大20%～30%采用

注：1. 以上材料自重单位，第1～第19项为kN/m³，第20～第32项为kN/m²。

2. 以上常用材料自重中，应熟记下列材料自重值：

钢筋混凝土　25kN/m³
钢　78.5kN/m³
砖砌体　18～20kN/m³
木材（由于树种和含水率不同差别较大，可以榆、松、水曲柳为例）7kN/m³
焦渣混凝土（承重用）　16～17kN/m³
焦渣混凝土（填充用）　10～14kN/m³
泡沫混凝土　4～6kN/m³
花岗岩、大理石　28kN/m³
水泥焦渣　14kN/m³
铝　27kN/m³

例 3-2 （2012）下列常用建筑材料中，重度最小的是：

A 钢　　B 混凝土　　C 大理石　　D 铝

解析：题中材料重度分别是：钢 78.5kN/m³，混凝土 22～24kN/m³，大理石 28kN/m³，铝 27kN/m³，相比之下，混凝土的重度最轻。一般我们感觉混凝土比铝重，是因为我们接触的构件体积相差很大，铝构件一般都很薄。如果同体积下比较则混凝土轻。

答案：D

规范：《建筑结构荷载规范》GB 50009—2012 附录 A。

注：重度是指单位体积的重量。

第二节　砌　体　结　构

一、砌体材料及其力学性能

（一）砌体分类

砌体是由各种块材和砂浆按一定的砌筑方法砌筑而成的整体。它分为无筋砌体和配筋砌体两大类。无筋砌体又因所用块材不同分为砖砌体、砌块砌体和石砌体。在砌体水平灰缝中配有钢筋或在砌体截面中设有钢筋混凝土小柱者称为配筋砌体。以砌体作为建筑物主要受力构件（如墙、柱）的结构即为砌体结构，是砖砌体、砌块砌体和石砌体结构的统称。

1. 砖砌体

由砖与砂浆砌筑而成的砌体，其中砖包括烧结普通砖、烧结多孔砖、蒸压灰砂普通砖、蒸压粉煤灰普通砖、混凝土普通砖、混凝土多孔砖。

（1）烧结普通砖

由煤矸石、页岩、粉煤灰或黏土为主要原料，经过焙烧而成的实心砖。分烧结煤矸石砖、烧结页岩砖、烧结粉煤灰砖、烧结黏土砖等。具有全国统一规格，尺寸为 240mm×115mm×53mm。这种类型的砖强度高、耐久性和保温隔热性能良好，是最常见的砌体材料。由于采用黏土材料会耗费土地资源，不符合绿色环保和可持续发展的理念，因此，目前黏土砖的应用受到政策上的限制，越来越多的地区已经禁止使用黏土砖及其制品。由限制使用到全面禁止，是黏土砖使用的发展方向。

（2）烧结多孔砖

由煤矸石、页岩、粉煤灰或黏土为主要原料，经过焙烧而成、孔洞率不大于 35%，孔的尺寸小而数量多，主要用于承重部位的砖。由于含有孔洞，因此，砖的自重减轻，保温隔热性能得到进一步改善。

（3）蒸压灰砂普通砖

以石灰等钙质材料和砂等硅质材料为主要原料，经坯料制备、压制排气成型、高压蒸汽养护而成的实心砖。其规格与普通烧结砖相同。

（4）蒸压粉煤灰普通砖

以石灰、消石灰（如电石渣）或水泥等钙质材料与粉煤灰等硅质材料及集料（砂等）

为主要原料，参加适量石膏，经坯料制备、压制排气成型、高压蒸汽养护而成的实心砖。其规格与普通烧结砖相同。

（5）混凝土砖

以水泥为胶结材料，以砂、石等为主要集料，加水搅拌、成型、养护制成的一种多孔混凝土半盲孔砖或实心砖。多孔砖的主要规格尺寸为240mm×115mm×90mm、240mm×190mm×90mm、190mm×190mm×90mm等；实心砖的主要规格尺寸为240mm×115mm×53mm、240mm×115mm×90mm等。

2. 砌块砌体

由砌块与砂浆砌筑而成，砌块材料有混凝土、粉煤灰等。目前，我国常用的为混凝土小型空心砌块，由普通混凝土或轻集料混凝土制成，主要规格尺寸为390mm×190mm×190mm，空心率为25%～50%（图3-1）。

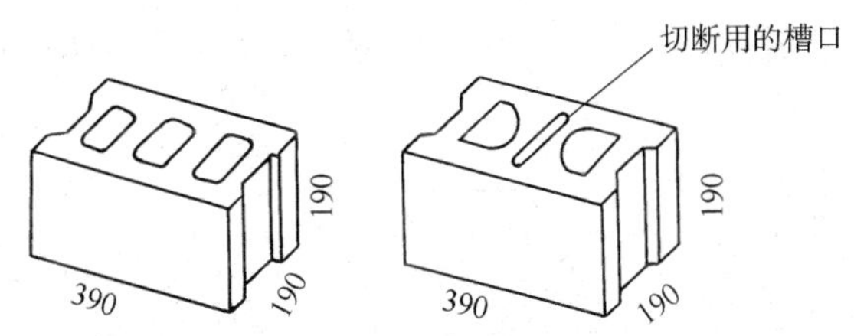

图3-1 混凝土小型空心砌块（单位：mm）

3. 砂浆

（1）普通砂浆

由水泥、砂、水以及根据需要掺入的掺和料和外加剂等组分，按一定比例，采用机械拌和制成，用于砌筑烧结普通砖、烧结多孔砖的砌筑砂浆。

（2）混凝土砌块专用砂浆

由水泥、砂、水以及根据需要掺入的掺和料和外加剂等组分，按一定比例，采用机械拌和制成，专门用于砌筑混凝土砌块的砌筑砂浆。

（3）蒸压灰砂普通砖、蒸压粉煤灰普通砖专用砌筑砂浆

由水泥、砂、水以及根据需要掺入的掺和料和外加剂等组分，按一定比例，采用机械拌和制成，专门用于砌筑蒸压灰砂普通砖或蒸压粉煤灰普通砖的砌筑砂浆，且砌体抗剪强度应不低于烧结普通砖砌体的取值的砂浆。

4. 配筋砌体

在砌体中配置钢筋或钢筋混凝土时，称为配筋砖砌体。目前，我国采用的配筋砌体有：

（1）网状配筋砖砌体

在砌体水平灰缝中配置双向钢筋网，可加强轴心受压或偏心受压墙（或柱）的承载能力，见图3-2（*a*）。

（2）组合砌体

由砌体和钢筋混凝土组成，钢筋混凝土薄柱也可用钢筋砂浆面层代替，如图3-2（*b*）所示。主要用于偏心受压墙、柱。

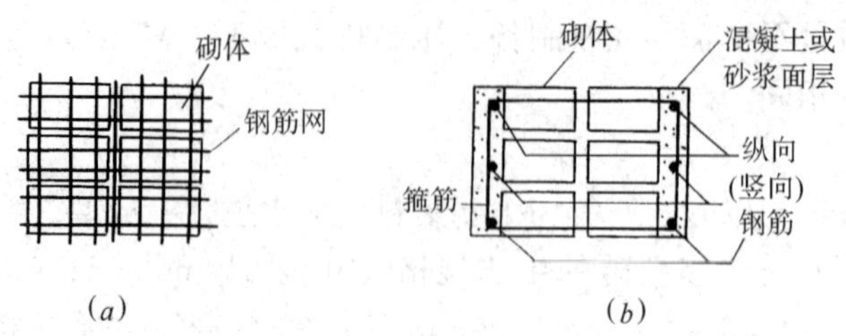

图 3-2 配筋砌体

(a) 网状配筋砖砌体；(b) 组合砌体

此外，在砌体结构拐角处或内外墙交接处放置的钢筋混凝土构造柱，也是一种重要的组合砌体，但其作用只是对墙体变形起约束作用，提高房屋抗震能力。

5. 石砌体

由石材和砂浆或由石材和混凝土砌筑而成（图 3-3）。石砌体可用作一般民用建筑的承重墙、柱和基础。

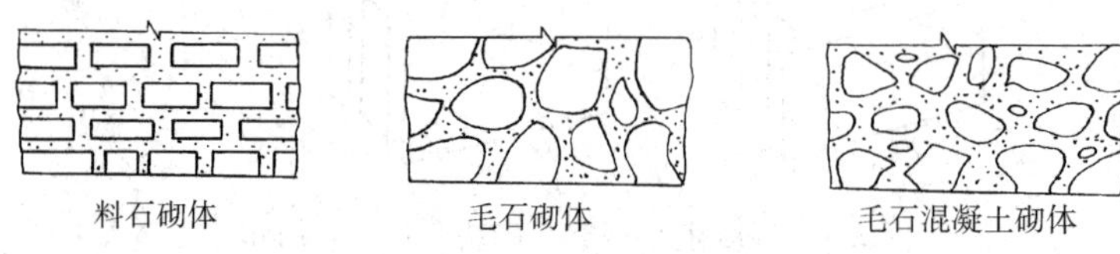

图 3-3 石砌体

6. 构造柱

通常指在砌体房屋墙体的规定部位，按构造配筋，并按先砌墙、后浇灌混凝土柱的施工顺序制成的混凝土柱。砌体与构造柱交接处应做成马牙槎，并沿柱高度一定距离内在墙水平灰缝内设置水平钢筋与构造柱拉结。

7. 圈梁

在房屋的檐口、窗顶、楼层、吊车梁顶或基础顶面标高处，沿砌体墙水平方向设置封闭状的按构造配筋的混凝土梁式构件。

（二）砌体材料的强度等级

块材和砂浆的强度等级，依据其抗压强度来划分。它是确定砌体在各种受力情况下强度的基本数据。

（1）烧结普通砖、烧结多孔砖的强度等级分为 5 级，以 MU 表示，单位为 MPa，即 MU30、MU25、MU20、MU15、MU10。砖的抗压强度应根据抗压强度和抗折强度综合评定。

（2）蒸压灰砂普通砖、蒸压粉煤灰普通砖的强度等级分为 3 级，即 MU25、MU20、MU15。

（3）砌块的强度等级分为 5 级，即 MU20、MU15、MU10、MU7.5、MU5。

（4）石材的强度等级由边长为 70mm 的立方体试块的抗压强度来表示，可分为 7 级，即 MU100、MU80、MU60、MU50、MU40、MU30、MU20。

（5）砂浆的强度等级由边长为 70.7mm 的立方体试块，在标准条件下养护，进行抗压试验，取其抗压强度平均值。砂浆强度等级分为 5 级，以 M 表示。

烧结普通砖、烧结多孔砖、蒸压灰砂普通砖和蒸压粉煤灰普通砖砌体采用的普通砂浆强度等级为：M15、M10、M7.5、M5 和 M2.5；蒸压灰砂普通砖和蒸压粉煤灰普通砖砌体采用的专用砌筑砂浆强度等级为：Ms15、Ms10、Ms7.5、Ms5。

混凝土普通砖、混凝土多孔砖、单排孔混凝土砌块和煤矸石混凝土砌块砌体采用的砌筑砂浆强度等级为：Mb20、Mb15、Mb10、Mb7.5、Mb5。

双排孔或多排孔混凝土轻集料砌块砌体采用的砌筑砂浆强度等级为：Mb10、Mb7.5、Mb5。

毛料石、毛石砌体采用的砌筑砂浆强度等级为：M7.5、M5 和 M2.5。

当验算施工阶段砌体承载力时，砂浆强度取为 0。

（三）砌体的受力性能及影响砌体抗压强度的因素

砌体受压时单块块材处在复杂应力状态下工作，不仅受压，并且还受弯、受剪和受拉，从而使块材抗压强度不能充分发挥，因此，砌体的抗压强度低于所用块材的抗压强度。

影响砌体抗压强度的因素有：

1. 块材和砂浆强度的影响

块材和砂浆强度是影响砌体抗压强度的主要因素，砌体强度随块材和砂浆强度的提高而提高。对提高砌体强度而言，提高块材强度比提高砂浆强度更有效。

一般情况下，砌体强度低于块材强度。当砂浆强度等级较低时，砌体强度高于砂浆强度；当砂浆强度等级较高时，砌体强度低于砂浆强度。

2. 块材的表面平整度和几何尺寸的影响

块材表面越平整，灰缝厚薄越均匀，砌体的抗压强度可提高。当块材翘曲时，砂浆层严重不均匀，将产生较大的附加弯曲应力使块材过早破坏。

块材高度大时，其抗弯、抗剪和抗拉能力增大；块材较长时，在砌体中产生的弯剪应力也较大。

3. 砌筑质量的影响

砌体砌筑时水平灰缝的均匀性、厚度、饱满度、砖的含水率及砌筑方法，均影响到砌体的强度和整体性。水平灰缝厚度应为 8～12mm（一般宜为 10mm）；水平灰缝饱满度应不低于 80%；砌体砌筑时，应提前将砖浇水湿润，含水率不宜过大或过低（一般要求控制在 10%～15%）；砌筑时砖砌体应上下错缝，内外搭接。

二、砌体房屋的静力计算

房屋中的墙、柱等竖向构件用砌体材料，屋盖、楼盖等水平承重构件用钢筋混凝土或其他材料建造的房屋，由于采用了两种或两种以上材料，称为混合结构房屋，或称为砌体结构房屋。

（一）砌体结构房屋承重墙布置的三种方案

1. 横墙承重体系

在多层住宅、宿舍中，横墙间距较小，可做成横墙承重体系，楼面和屋面荷载直接传至横墙和基础。这种承重体系由于横墙间距小，因此房屋空间刚度较大，有利于抵抗水平风荷载和地震作用，也有利于调整房屋的不均匀沉降。

2. 纵墙承重体系

在食堂、礼堂、商店、单层小型厂房中，将楼、屋面板（或增设檩条）铺设在大梁（或屋架）上，大梁（或屋架）放置在纵墙上，当进深不大时，也可将楼、屋面板直接放置在纵墙上，通过纵墙将荷载传至基础，这种体系称为纵墙承重体系。

纵墙承重体系可获得较大的使用空间，但这类房屋的横向刚度较差，应加强楼、屋盖与纵墙的连接，这种体系不宜用于多层建筑物。

3. 纵横墙承重体系

在教学楼、实验楼、办公楼、医院门诊楼中，部分房屋需要做成大空间，部分房间可以做成小空间，根据楼、屋面板的跨度，跨度小的可将板直接搁置在横墙上，跨度大的方向可加设大梁，板荷载传至大梁，大梁支承在纵墙上，这样设计成纵横墙同时承重，这种体系布置灵活，其空间刚度介于上述两种体系之间。

（二）砌体结构房屋静力计算的三种方案

砌体结构房屋，根据其横墙间距的大小、屋（楼）盖结构刚度的大小及山墙在自身平面内的刚度（即房屋空间刚度），可将房屋的静力计算分为三种方案，下面以单层房屋为例。

1. 刚性方案

房屋空间刚度大，在荷载作用下墙柱内力可按顶端具有不动铰支承的竖向结构计算。

2. 刚弹性方案

在荷载作用下，墙柱内力可考虑空间工作性能影响系数，按顶端为弹性支承的平面排架计算。

3. 弹性方案

在荷载作用下，由于空间刚度很差，墙柱内力按有侧移的平面排架计算。

规范将房屋按屋盖或楼盖的平面刚度分为三种类型，并按房屋横墙间距确定静力计算方案，见表 3-9。

房屋的静力计算方案 **表 3-9**

	屋盖或楼盖类别	刚性方案	刚弹性方案	弹性方案
1	整体式、装配整体式和装配式无檩体系钢筋混凝土屋盖或钢筋混凝土楼盖	$s<32$	$32\leqslant s\leqslant 72$	$s>72$
2	装配式有檩体系钢筋混凝土屋盖、轻钢屋盖和有密铺望板的木屋盖或木楼盖	$s<20$	$20\leqslant s\leqslant 48$	$s>48$
3	瓦材屋面的木屋盖和轻钢屋盖	$s<16$	$16\leqslant s\leqslant 36$	$s>36$

注：表中 s 为房屋横墙间距，其长度单位为 m。

对于单层砌体房屋，在风载作用下，一般可按刚性、弹性、刚弹性三种方案进行设计。

对于多层砌体房屋，在风载作用下，一般均按刚性方案设计，很少情况下按弹性方案设计。

作为刚性和刚弹性方案的横墙，为了保证屋盖水平梁的支座位移不致过大，横墙应符合下列要求，以保证其平面刚度。

(1）横墙中开有洞口时，洞口的水平截面面积不应超过横墙截面面积的 50%。

(2）横墙厚度不宜小于 180mm。

(3）单层房屋的横墙长度不宜小于其高度，多层房屋横墙长度，不宜小于 $H/2$（H 为横墙总高度)。

当横墙不能同时满足上述要求时，应对横墙刚度进行验算，如其最大水平位移值 $u_{\max} \leqslant H/4000$ 时，仍可视作刚性或刚弹性方案的横墙。

(三）刚性方案房屋的静力计算

1. 单层房屋承重纵墙

(1）计算单元和计算简图

当楼、屋盖类别为整体式、装配整体式和装配式无檩体系钢筋混凝土屋盖或楼盖时，对有门洞的外墙，可取一个开间的墙体作为计算单元，对无门窗洞口的纵墙，可取 1.0m 墙体作为计算单元。

当楼、屋盖类别为装配式有檩体系钢筋混凝土屋盖、轻钢屋盖和有密铺望板的木屋盖或木楼盖、瓦材屋面的木屋盖或轻钢屋盖时，可取一个开间的墙体作为计算单元。

在竖向和水平荷载作用下，可将墙上端视作为不动铰支座支承于屋盖，下端嵌固于基础顶面的竖向构件，计算简图见图 3-4。

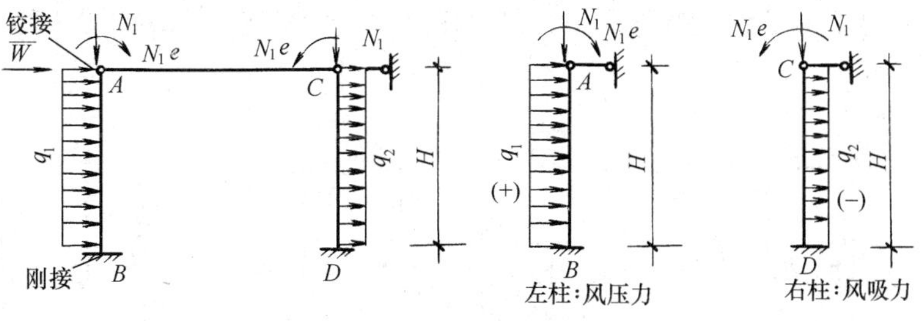

图 3-4

作用于排架上的竖向荷载（包括屋盖自重、屋面活载和雪载)，以集中力 N_1 的形式作用于墙顶端。由于屋架或大梁对墙体中心线有偏心距 e，屋面竖向荷载还产生弯矩 $M=N_1 \cdot e$。

作用于屋面以上的风载简化为集中力形式直接通过屋盖传至横墙，对纵墙不产生内力。作用于墙面以上的风荷载为均布荷载，迎风面为压力，背风面为吸力。

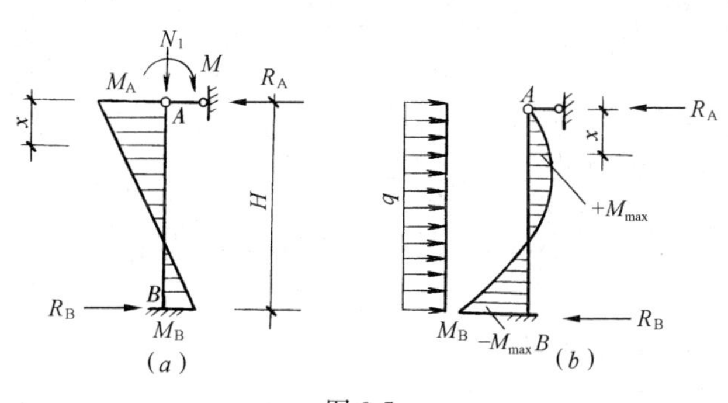

图 3-5

(a）竖向荷载作用下；(b）水平荷载作用下

墙体自重作用于墙体中心线上，对等截面墙时，墙体自重不产生弯矩。

(2）内力计算

竖向荷载作用下，内力如图3-5（a)所示。

水平荷载作用下，内力如图3-5（b)所示。

(3）截面承载力验算

取纵墙顶部和底部两个控

制截面进行内力组合，考虑荷载组合系数，取最不利内力进行验算。

2. 多层房屋承重纵墙

多层房屋通常选取荷载较大、截面较弱的一个开间作为计算单元，如图 3-6 所示，受荷宽度为$\frac{l_1+l_2}{2}$。

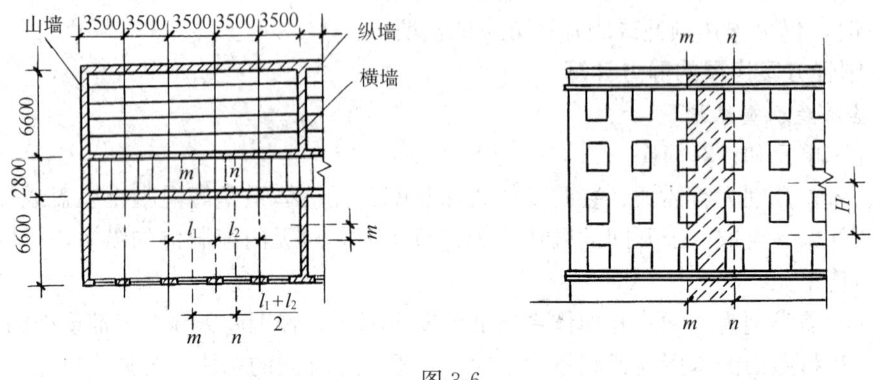

图 3-6

在竖向荷载作用下，多层房屋墙体在每层范围内，可近似地看作两端铰支的竖向构件，如图 3-7（*b*）所示；在水平荷载作用下，可视作竖向的多跨连续梁，如图 3-7（*c*）所示。

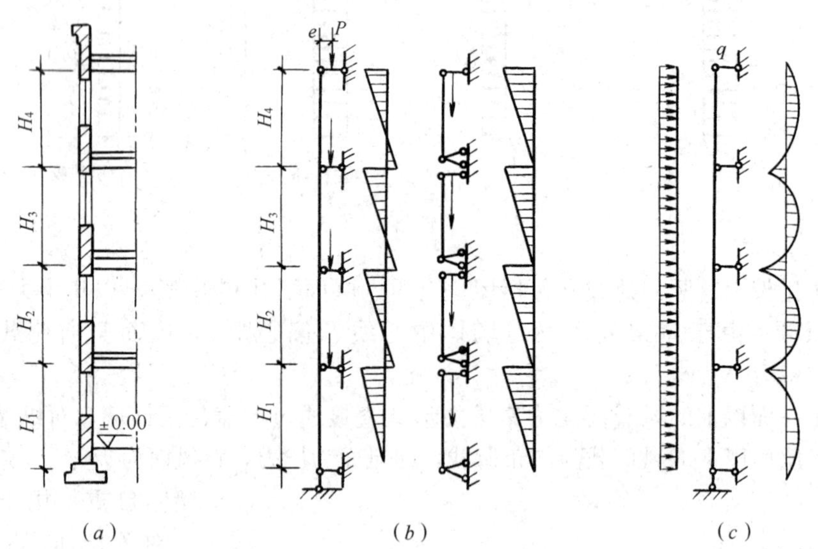

图 3-7　外纵墙计算图形

（*a*）外纵墙剖面；（*b*）竖向荷载作用下；（*c*）水平荷载作用下

刚性方案多层房屋因风荷载引起的内力较小，当刚性房屋外墙符合下列要求时，可不考虑风荷载的影响。

（1）洞口水平截面面积不超过全截面面积的 2/3；

（2）层高和总高不超过表 3-10 的规定；

（3）屋面自重不小于 0.8kN/m²。

外墙不考虑风荷载影响时的最大高度　　　　表 3-10

基本风压值（kN/m²）	层　高（m）	总　高（m）
0.4	4.0	28
0.5	4.0	24
0.6	4.0	18
0.7	3.5	18

注：对于多层砌块房屋 190mm 厚的外墙，当层高不大于 2.8m，总高不大于 19.6m，基本风压不大于 0.7kN/m² 时可不考虑风荷载的影响。

当必须考虑风荷载时，风荷载引起的弯矩 M，可按下式计算：

$$M=\frac{wH_i^2}{12} \tag{3-4}$$

式中　w——沿楼层高均布风荷载设计值（kN/m）；

H_i——层高（m）。

（四）弹性方案单层房屋的静力计算

1. 计算简图

对于弹性方案单层房屋，在荷载作用下，墙柱内力可按有侧移的平面排架计算，不考虑房屋的空间工作，计算简图按下列假定确定：

（1）屋架或屋面梁与墙柱的连接，可视为可传递垂直力和水平力的铰，墙、柱下端与基础顶面为固定端。

（2）将屋架或屋面大梁视作刚度无限大的水平杆件，在荷载作用下，不产生拉伸或压缩变形。

根据上述假定，计算简图为铰接平面排架。

2. 内力计算

（1）屋盖荷载（图 3-8）

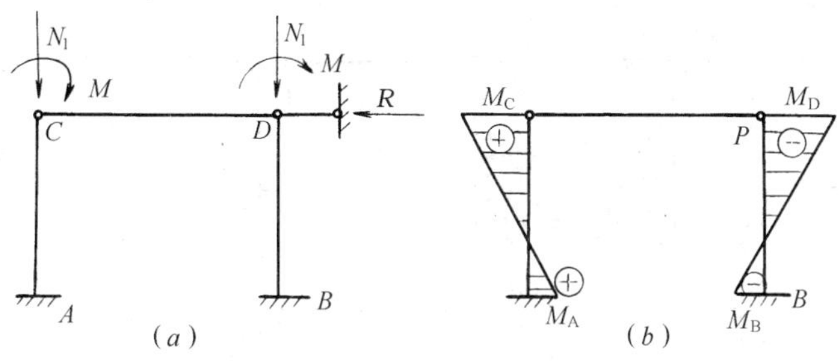

图 3-8　竖向荷载作用下

屋盖荷载 N_1 作用点对砌体重心有偏心距 e_1，所以柱顶作用有轴向力 N_1 和弯矩 $M=N_1 \cdot e_1$。由于荷载对称，柱顶无位移，假想柱顶支座反力 $R=0$。

（2）风荷载

屋盖结构传来的风荷载以集中力 $\overline{W}$ 作用于柱顶，迎风面风载为 W_1，背风面为 W_2，见图 3-9（a）。

1）先在排架上端加一假想的不动铰支座，成为无侧移的平面排架，算出在荷载作用

下该支座的反力 R，画出排架柱的内力图［图 3-9（b）、（e）］。

2）将柱顶支座反力 R 反方向作用在排架顶端，算出排架内力，画出相应的内力图［图 3-9（c）、（f）］。

3）将上述两种计算结果叠加，假想的柱顶支座反力 R 相互抵消，叠加后的内力图即为弹性方案有侧移平面排架的计算结果［图 3-9（d）］。

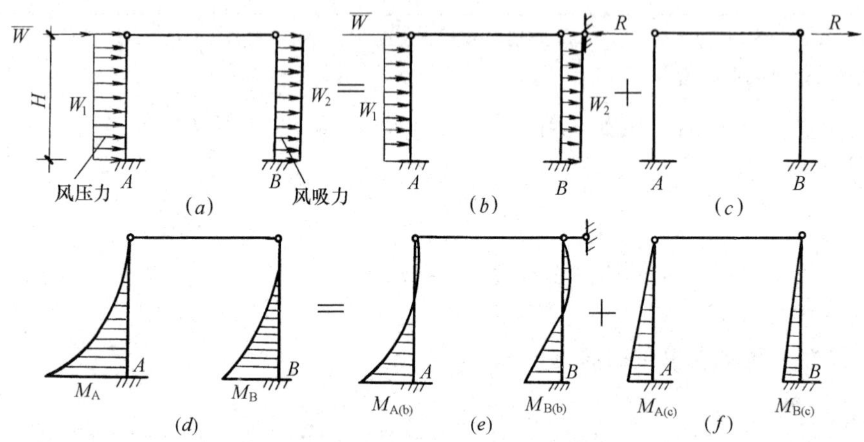

图 3-9　水平风荷载作用下

（五）刚弹性方案房屋的静力计算

在水平荷载作用下，刚弹性方案房屋产生水平位移较弹性方案小。在静力计算中，屋盖作为墙柱的弹性支承，计算方法类似于弹性方案，不同的仅是考虑房屋的空间作用，将作用在排架顶端的支座反力 R 改为 $\eta_i R$，η_i 为空间性能影响系数（表 3-11）。

对多层刚弹性方案房屋，只需在各层横梁与柱连接点处加一水平支杆，求出各层水平支杆反力 R_i 后，再将 $\eta_i R$ 反向施加在相应的水平支杆上，计算其内力，最后将结果叠加，见图 3-10。

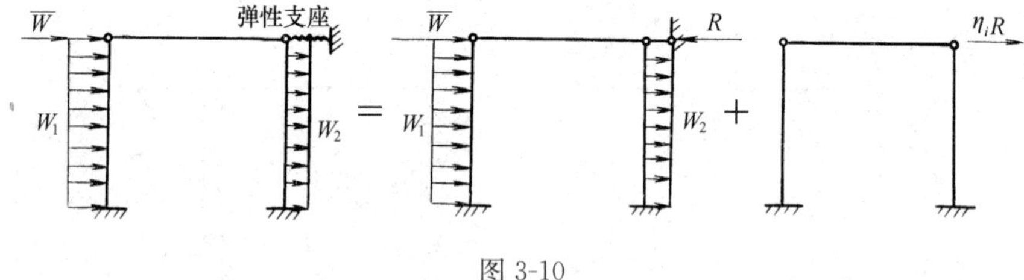

图 3-10

房屋各层的空间性能影响系数 η_i　　表 3-11

屋盖或楼盖类别	横墙间距 s（m）														
	16	20	24	28	32	36	40	44	48	52	56	60	64	68	72
1	—	—	—	—	0.33	0.39	0.45	0.50	0.55	0.60	0.64	0.68	0.71	0.74	0.77
2	—	0.35	0.45	0.54	0.61	0.68	0.73	0.78	0.82	—	—	—	—	—	—
3	0.37	0.49	0.60	0.68	0.75	0.81	—	—	—	—	—	—	—	—	—

注：i 取 1～n，n 为房屋的层数。

三、无筋砌体构件承载力计算

（一）受压构件

（1）在工程中无筋砌体受压构件是最常遇到的，如砌体结构房屋的窗间墙和砖柱，它们承受上部传来的竖向荷载和自身重量。《砌体结构设计规范》GB 50003—2011（以下简称《砌体规范》）对不同高厚比 $\beta=\frac{H_0}{h}$ 和不同偏心率 $\frac{e}{h}\left(或\frac{e}{h_T}\right)$ 的受压构件承载力采用下式计算：

$$N \leqslant \varphi f A \tag{3-5}$$

式中 N——轴向力设计值；

φ——高厚比 β 和轴向力的偏心距 e 对受压构件承载力的影响系数，可按《砌体规范》附录 D 的规定采用；

f——砌体的抗压强度设计值，按《砌体规范》第 3.2.1 条采用。对无筋砌体，当截面面积小于 $0.3m^2$ 时，应乘以调整系数 γ_a，γ_a 为其截面面积加 0.7（构件截面面积以 m^2 计）；

A——截面面积，对各类砌体均应按毛截面计算；对带壁柱墙，其翼缘宽度可按《砌体规范》第 4.2.8 条采用。

注：对矩形截面构件，当轴向力偏心方向的截面边长大于另一方向的边长时，除按偏心受压计算外，还应对较小边长方向，按轴心受压进行验算。

（2）计算影响系数 φ 或查 φ 表时，构件高厚比 β 应按下列公式确定：

对矩形截面
$$\beta=\gamma_\beta \frac{H_0}{h} \tag{3-6}$$

对 T 形截面
$$\beta=\gamma_\beta \frac{H_0}{h_T} \tag{3-7}$$

式中 γ_β——不同砌体材料的高厚比修正系数，按表 3-12 采用；

H_0——受压构件的计算高度，按表 3-13 确定；

h——矩形截面轴向力偏心方向的边长，当轴心受压时为截面较小边长；

h_T——T 形截面的折算厚度，可近似按 $3.5i$ 计算；

i——截面回转半径。

高厚比修正系数 γ_β **表 3-12**

砌体材料类别	γ_β
烧结普通砖、烧结多孔砖	1.0
混凝土普通砖、混凝土多孔砖、混凝土及轻集料混凝土砌块	1.1
蒸压灰砂普通砖、蒸压粉煤灰普通砖、细料石	1.2
粗料石、毛石	1.5

注：对灌孔混凝土砌块砌体，γ_β 取 1.0。

（3）受压构件的计算高度 H_0，应根据房屋类别和构件支承条件等按表 3-13 采用。表中的构件高度 H 应按下列规定采用：

1）房屋底层，为楼板顶面到构件下端支点的距离。下端支点的位置可取在基础顶面。当埋置较深且有刚性地坪时，可取室外地面下 500mm 处。

2）房屋其他层，为楼板或其他水平支点间的距离。

3）对于无壁柱的山墙，可取层高加山墙尖高度的 1/2；对于带壁柱的山墙可取壁柱处的山墙高度。

受压构件的计算高度 H_0 **表 3-13**

房屋类别			柱		带壁柱墙或周边拉结的墙		
			排架方向	垂直排架方向	$s>2H$	$2H \geqslant s>H$	$s \leqslant H$
有吊车的单层房屋	变截面柱上段	弹性方案	$2.5H_u$	$1.25H_u$	$2.5H_u$		
		刚性、刚弹性方案	$2.0H_u$	$1.25H_u$	$2.0H_u$		
	变截面柱下段		$1.0H_l$	$0.8H_l$	$1.0H_l$		
无吊车的单层和多层房屋	单　跨	弹性方案	$1.5H$	$1.0H$	$1.5H$		
		刚弹性方案	$1.2H$	$1.0H$	$1.2H$		
	多　跨	弹性方案	$1.25H$	$1.0H$	$1.25H$		
		刚弹性方案	$1.10H$	$1.0H$	$1.1H$		
	刚性方案		$1.0H$	$1.0H$	$1.0H$	$0.4s+0.2H$	$0.6s$

注：1. 表中，H_u 为变截面柱的上段高度；H_l 为变截面柱的下段高度；

2. 对于上端为自由端的构件，$H_0=2H$；

3. 独立砖柱，当无柱间支撑时，柱在垂直排架方向的 H_0 应按表中数值乘以 1.25 后采用；

4. s 为房屋横墙间距；

5. 自承重墙的计算高度应根据周边支承或拉结条件确定。

（二）局部受压

当荷载均匀作用在砌体局部受压面积上时，其承载能力按下式计算：

$$N_l \leqslant \gamma \cdot f \cdot A_l \tag{3-8}$$

$$\gamma = 1 + 0.35\sqrt{\frac{A_0}{A_l} - 1} \tag{3-9}$$

式中 N_l——局部受压面积上的轴向力设计值。

γ——砌体局部抗压强度提高系数。由于局部受压砌体有套箍作用存在，其抗压强度的提高通过 γ 来考虑，$\gamma \geqslant 1.0$。

计算所得的 γ 值，尚应符合下列规定：

（1）在图 3-11（a）的情况下，$\gamma \leqslant 2.5$；

（2）在图 3-11（b）的情况下，$\gamma \leqslant 2.0$；

（3）在图 3-11（c）的情况下，$\gamma \leqslant 1.5$；

（4）在图 3-11（d）的情况下，$\gamma \leqslant 1.25$；

（5）对多孔砖砌体和按《砌体规范》第 6.2.13 条的要求灌孔的砌块砌体，在（1）、（2）款的情况下，尚应符合 $\gamma \leqslant 1.5$；未灌孔混凝土砌块砌体，$\gamma = 1.0$；

（6）对多孔砖砌体孔洞难以灌实时，应按 $\gamma = 1.0$ 取用；当设置混凝土垫块时，按垫块下的砌体局部受压计算。

A_l——局部受压面积。

A_0——影响砌体局部抗压强度的计算面积，按图 3-11 计算。即按下列规定采用：

(1) 在图 3-11 (a) 的情况下，$A_0=(a+c+h)h$；

(2) 在图 3-11 (b) 的情况下，$A_0=(b+2h)h$；

(3) 在图 3-11 (c) 的情况下，$A_0=(a+h)h+(b+h_1-h)h_1$；

(4) 在图 3-11 (d) 的情况下，$A_0=(a+h)h$。

式中 a、b——矩形局部受压面积 A_l 的边长；

h、h_1——墙厚或柱的较小边长，墙厚；

c——矩形局部受压面积的外边缘至构件边缘的较小距离，当大于 h 时，应取 h。

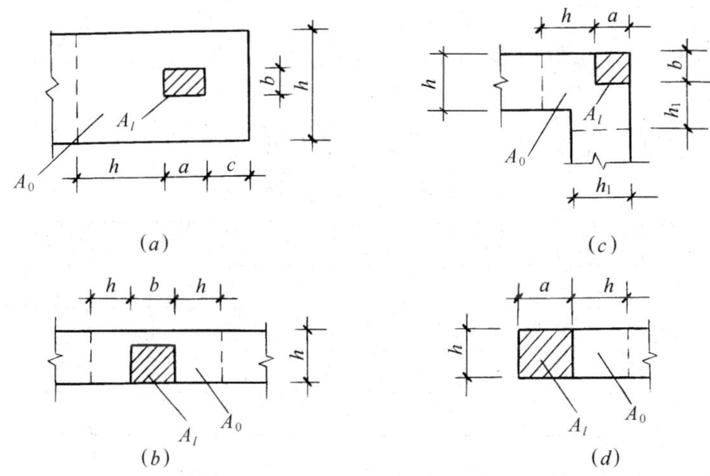

图 3-11　影响局部抗压强度的面积 A

(三) 轴心受拉构件

轴心受拉构件的承载力，应按下式计算：

$$N_t \leqslant f_t \cdot A \tag{3-10}$$

式中 N_t——轴心拉力设计值；

f_t——砌体轴心抗拉强度设计值，应按《砌体规范》表 3.2.2 采用。

(四) 受弯构件

受弯构件的抗弯承载力，应按下式计算：

$$M \geqslant f_{tm} \cdot W \tag{3-11}$$

式中 M——弯矩设计值；

f_{tm}——砌体的弯曲抗拉强度设计值，按《砌体规范》表 3.2.2 采用；

W——截面抵抗矩。

(五) 受剪构件

沿通缝或沿阶梯形截面破坏时受剪构件的承载力，应按下式计算：

$$V \leqslant (f_v + \alpha\mu\sigma_0)A \tag{3-12}$$

式中，符号及有关计算见《砌体规范》第 5.5.1 条。

四、构造要求

（一）墙、柱的允许高厚比

（1）墙、柱的高厚比应按下式验算：

$$\beta=\frac{H_0}{h}\leqslant\mu_1\mu_2\ [\beta] \tag{3-13}$$

式中 H_0——墙、柱的计算高度，应按《砌体规范》第 5.1.3 条采用；

h——墙柱或矩形柱与 H_0 相对应的边长；

μ_1——自承重墙允许高厚比的修正系数。μ_1 表示非承重墙与承重墙不同，安全度可以降低些；

μ_2——有门窗洞口墙允许高厚比的修正系数。μ_2 表示墙洞的削弱对墙体稳定的不利影响；

$[\beta]$——墙、柱的允许高厚比，应按表 3-14 采用。

墙、柱的允许高厚比 [β] 值 **表 3-14**

砌体类型	砂浆强度等级	墙	柱
无筋砌体	M2.5	22	15
	M5.0 或 Mb5.0、Ms5.0	24	16
	≥M7.5 或 Mb7.5、Ms7.5	26	17
配筋砌块砌体	—	30	21

（2）带壁柱墙和带构造柱墙的高厚比验算，应按下列规定进行：

按式（3-13）验算带壁柱墙的高厚比，此时公式中 h 应改用带壁柱墙截面的折算厚度 h_T，在确定截面回转半径时，墙截面的翼缘宽度，可按《砌体规范》第 4.2.8 条的规定采用；当确定带壁柱墙的计算高度 H_0 时，s 应取相邻横墙间的距离。

（3）厚度 h 不大于 240mm 的自承重墙（非承重墙），允许高厚比修正系数 μ_1，应按下列规定采用：

1）h＝240mm　　μ_1＝1.2；

2）h＝90mm　　μ_1＝1.5；

3）240mm＞h＞90mm　　μ_1 可按插入法取值。

（4）对有门窗洞口的墙，允许高厚比修正系数 μ_2，应按下式计算：

$$\mu_2=1-0.4\frac{b_s}{s} \tag{3-14}$$

b_s、s 影响 μ_2，要提高 μ_2，就要减小 b_s/s，即减小洞口宽度。

式中 b_s——在宽度 s 范围内的门窗洞口总宽度；

s——相邻窗间墙或壁柱之间的距离。

当按公式（3-14）算得 μ_2 的值小于 0.7 时，应取 0.7。当洞口高度等于或小于墙高的 1/5，可取 μ_2 为 1.0。

当洞口高度等于或小于墙高的 4/5 时，可按独立墙段验算高厚比。

（二）一般构造要求

（1）五层及五层以上房屋的墙，以及受振动或层高大于 6m 的墙、柱所用材料的最低强度等级，应符合下列要求：

1）砖采用 MU10；

2）砌块采用 MU7.5；

3）石材采用 MU30；

4）砂浆采用 M5。

（2）地面以下或防潮层以下的砌体，潮湿房间的墙，所用材料的最低强度等级应符合表 3-15 的要求。

地面以下或防潮层以下的砌体、潮湿房间的墙，所用材料的最低强度等级　　表 3-15

潮湿程度	烧结普通砖	混凝土普通砖、蒸压普通砖	混凝土砌块	石　材	水泥砂浆
稍潮湿的	MU15	MU20	MU7.5	MU30	M5
很潮湿的	MU20	MU20	MU10	MU30	M7.5
含水饱和的	MU20	MU25	MU15	MU40	M10

（3）承重的独立砖柱截面尺寸不应小于 240mm×370mm。毛石墙的厚度不宜小于 350mm，毛料石柱较小边长不宜小于 400mm。

（4）跨度大于 6m 的屋架和跨度大于下列数值的梁，应在支承处砌体上设置混凝土或钢筋混凝土垫块；当墙中设有圈梁时，垫块与圈梁宜浇成整体。

① 对砖砌体为 4.8m；

② 对砌块和料石砌体为 4.2m；

③ 对毛石砌体为 3.9m。

（5）当梁跨度大于或等于下列数值时，其支承处宜加设壁柱，或采取其他加强措施：

① 对 240mm 厚的砖墙为 6m，对 180mm 厚的砖墙为 4.8m；

② 对砌块、料石墙为 4.8m。

（6）预制钢筋混凝土板在混凝土圈梁上的支承长度不应小于 80mm，板端伸出的钢筋应与圈梁可靠连接，且同时浇筑；预制钢筋混凝土板在墙上的支承长度不应小于 100mm，并应按下列方法进行连接：

① 板支承于内墙时，板端钢筋伸出长度不应小于 70mm，且与支座处沿墙配置的纵筋绑扎，并用强度等级不低于 C25 的混凝土浇筑成板带；

② 板支承于外墙时，板端钢筋伸出长度不应小于 100mm，并用强度等级不低于 C25 的混凝土浇筑成板带；

③ 预制钢筋混凝土板与现浇板对接时，预制板端钢筋应伸入现浇板中进行连接后，再浇筑现浇板。

（7）填充墙、隔墙应分别采取措施与周边构件可靠连接。

（8）山墙处的壁柱宜砌至山墙顶部，屋面构件应与山墙可靠拉结。

（9）砌块砌体应分皮错缝搭砌，上下皮搭砌长度不得小于 90mm。当搭砌长度不满足上述要求时，应在水平灰缝内设置不少于 2ϕ4 的焊接钢筋网片（横向钢筋的间距不宜大于 200mm），网片每端均应超过该垂直缝，其长度不得小于 300mm。

（10）砌块墙与后砌隔墙交接处，应沿墙高每 400mm 在水平灰缝内设置不少于 2ϕ4、横筋间距不大于200mm的焊接钢筋网片（图3-12）。

（11）混凝土砌块房屋，宜将纵横墙交接处、距墙中心线每边不小于300mm范围内的孔洞，采用不低于Cb20的混凝土沿全墙高灌实。

（12）在砌体中留槽洞及埋设管道时，应遵守下列规定：

① 不应在截面长边小于500mm的承重墙体、独立柱内埋设管线；

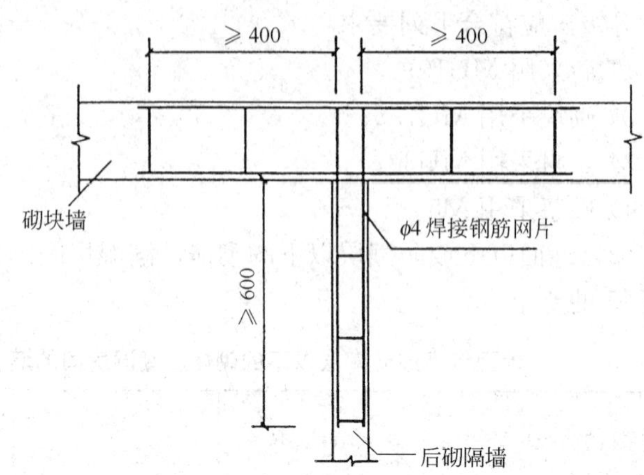

图3-12　砌块墙与后砌隔墙交接处钢筋网片

② 不宜在墙体中穿行暗线或预留、开凿沟槽，无法避免时应采取必要的措施或按削弱后的截面验算墙体的承载力。

对受力较小或未灌孔的砌块砌体，允许在墙体的竖向孔洞中设置管线。

（三）防止或减轻墙体开裂的主要措施

（1）为了防止或减轻房屋在正常使用条件下，由温差和砌体干缩引起的墙体竖向裂缝，应在墙体中设置伸缩缝。伸缩缝应设在因温度和收缩变形可能引起应力集中、砌体产生裂缝可能性最大的地方。伸缩缝的间距可按表3-16采用。

砌体房屋伸缩缝的最大间距（m）　　**表3-16**

屋盖或楼盖类别		间　距
整体式或装配整体式钢筋混凝土结构	有保温层或隔热层的屋盖、楼盖	50
	无保温层或隔热层的屋盖	40
装配式无檩体系钢筋混凝土结构	有保温层或隔热层的屋盖、楼盖	60
	无保温层或隔热层的屋盖	50
装配式有檩体系钢筋混凝土结构	有保温层或隔热层的屋盖	75
	无保温层或隔热层的屋盖	60
瓦材屋盖、木屋盖或楼盖、轻钢屋盖		100

注：1. 对烧结普通砖、烧结多孔砖、配筋砌块砌体房屋，取表中数值；对石砌体、蒸压灰砂普通砖、蒸压粉煤灰普通砖、混凝土砌块、混凝土普通砖和混凝土多孔砖房屋，取表中数值乘以0.8的系数。当墙体有可靠外保温措施时，其间跨可取表中数值；

2. 在钢筋混凝土屋面上挂瓦的屋盖应按钢筋混凝土屋盖采用；

3. 层高大于5m的烧结普通砖、烧结多孔砖、配筋砌块砌体结构单层房屋，其伸缩缝间距可按表中数值乘以1.3；

4. 温差较大且变化频繁地区和严寒地区不采暖的房屋及构筑物墙体的伸缩缝的最大间距，应按表中数值予以适当减小；

5. 墙体的伸缩缝应与结构的其他变形缝相重合，缝宽度应满足各种变形缝的变形要求，在进行立面处理时，必须保证缝隙的变形作用。

（2）为了防止或减轻房屋顶层墙体的裂缝，可根据情况采取下列措施：

① 屋面应设置保温、隔热层；

② 屋面保温（隔热）层或屋面刚性面层及砂浆找平层应设置分隔缝，分隔缝间距不宜大于 6m，并与女儿墙隔开，其缝宽不小于 30mm；

③ 顶层屋面板下设置现浇钢筋混凝土圈梁，并沿内外墙拉通，房屋两端圈梁下的墙体内宜适当设置水平钢筋；

④ 顶层及女儿墙砂浆强度等级不低于 M5；

⑤ 女儿墙应设置构造柱，构造柱间距不宜大于 4m，构造柱应伸至女儿墙顶并与现浇钢筋混凝土压顶整浇在一起；

⑥ 房屋顶层端部墙体内适当增设构造柱。

（3）为防止或减轻房屋底层墙体裂缝，可根据情况采取下列措施：

① 增大基础圈梁的刚度；

② 在底层的窗台下墙体灰缝内设置 3 道焊接钢筋网片或 2ϕ6 钢筋，并伸入两边窗间墙内不小于 600mm；

③ 采用钢筋混凝土窗台板，窗台板嵌入窗间墙内不小于 600mm。

（4）墙体转角处和纵横墙交接处宜沿竖向每隔 400～500mm 设拉结钢筋，其数量为每 120mm 墙厚不少于 1ϕ6 或焊接钢筋网片，埋入长度从墙的转角或交接处算起，每边不小于 600mm。

（5）为防止或减轻混凝土砌块房屋顶层两端和底层第一、第二开间门窗洞处的裂缝，可采取下列措施：

① 在门窗洞口两侧不少于一个孔洞中设置不小于 1ϕ12 钢筋，钢筋应在楼层圈梁或基础锚固，并采用不低于 C20 灌孔混凝土灌实；

② 在门窗洞口两边的墙体的水平灰缝中，设置长度不小于 900mm、竖向间距为 400mm 的 2ϕ4 焊接钢筋网片；

③ 在顶层和底层设置通长钢筋混凝土窗台梁，窗台梁的高度宜为块高的模数，纵筋不少于 4ϕ10、箍筋 ϕ6@200，Cb20 混凝土。

五、圈梁、过梁、墙梁和挑梁

（一）圈梁

（1）为了增强房屋的整体刚度，防止由于地基不均匀沉降或有较大振动荷载等对房屋引起的不利影响，可在墙中设置现浇钢筋混凝土圈梁。

（2）车间、仓库、食堂等空旷的单层房屋应按下列规定设置圈梁：

① 砖砌体房屋，檐口标高为 5～8m 时，应在檐口标高处设置圈梁一道，檐口标高大于 8m，应增加设置数量；

② 砌块及料石砌体房屋，檐口标高为 4～5m 时，应在檐口标高处设置圈梁一道；檐口标高大于 5m 时，应增加设置数量。

对有吊车或较大振动设置的单层工业房屋，除在檐口或窗顶标高处设置现浇钢筋混凝土圈梁外，尚应增加设置数量。

（3）宿舍、办公楼等多层砌体民用房屋，且层数为 3～4 层时，应在檐口标高处设置圈梁一道；当层数超过 4 层时，应在所有纵横墙上隔层设置。

多层砌体工业房屋，应每层设置现浇钢筋混凝土圈梁。

(4) 圈梁应符合下列构造要求：

① 圈梁宜连续地设在同一水平面上，并形成封闭状；当圈梁被门窗洞口截断时，应在洞口上部增设相同截面的附加圈梁。附加圈梁与圈梁的搭接长度不应少于其中到中垂直间距的 2 倍，且不得小于 1m（图 3-13）。

② 纵横墙交接处的圈梁应有可靠的连接。

③ 钢筋混凝土圈梁的宽度宜与墙厚相同，当墙厚 h 不小于 240mm 时，其宽度不宜小于 $2h/3$。圈梁高度不应小于 120mm。纵向钢筋不应小于 4ϕ10，绑扎接头的搭接长度按受拉钢筋考虑，箍筋间距不应大于 300mm。

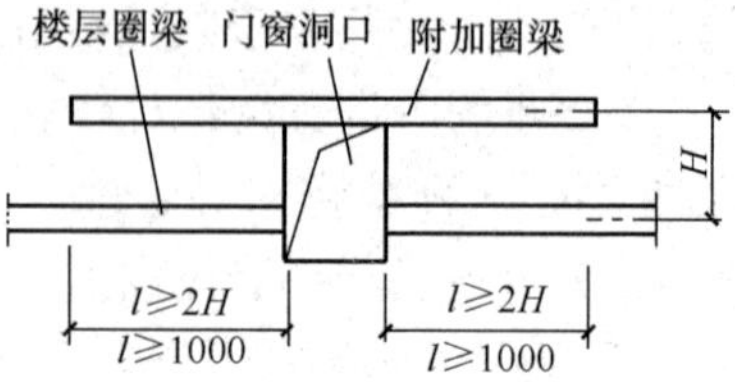

图 3-13

④ 圈梁兼作过梁时，过梁部分的钢筋应按计算用量另行增配。

(5) 采用现浇钢筋混凝土楼（屋）盖的多层砌体结构房屋，当层数超过 5 层时，除在檐口标高处设置一道圈梁外，可隔层设置圈梁并与楼（屋）面板一起现浇。未设置圈梁的楼面板嵌入墙内的长度不应小于 120mm，并沿墙长配置不少于 2ϕ10 的纵向钢筋。

(二) 过梁

(1) 砖砌过梁的跨度不应超过下列规定：

钢筋砖过梁为 1.5m；

砖砌平拱为 1.2m。

对有较大振动荷载或可能产生不均匀沉降的房屋，应采用钢筋混凝土过梁。

(2) 过梁的荷载应按下列规定采用：

1) 梁、板荷载

对砖和小型砌块砌体，当梁、板下的墙体高度 $h_w < l_n$ 时（l_n 为过梁的净跨），应计入梁、板传来的荷载；当梁、板下的墙体高度 $h_w \geqslant l_n$ 时，可不考虑梁、板荷载。

2) 墙体荷载

① 对砖砌体，当过梁上的墙体高度 $h_w < l_n/3$ 时，应按墙体的均布自重采用；当墙体高度 $h_w \geqslant l_n/3$ 时，应按高度为 $l_n/3$ 的墙体的均布自重采用。

② 对混凝土砌块砌体，当过梁上的墙体高度 $h_w < l_n/2$ 时，应按墙体的均布自重采用；当墙体高度 $h_w \geqslant l_n/2$ 时，应按高度为 $l_n/2$ 墙体的均布自重采用。

(3) 砖砌过梁的构造要求应符合下列规定：

① 砖砌过梁截面计算高度内的砂浆不宜低于 M5；

② 砖砌平拱用竖砖砌筑部分的高度不应小于 240mm；

③ 钢筋砖过梁底面砂浆层处的钢筋，其直径不应小于 5mm，间距不宜大于 120mm，钢筋伸入支座砌体内的长度不宜小于 240mm，砂浆层的厚度不宜小于 30mm。

(三) 墙梁

(1) 墙梁包括简支墙梁、连续墙梁和框支墙梁。可划分为承重墙梁和自承重墙梁。

(2) 采用烧结普通砖和烧结多孔砖砌体和配筋砌体的墙梁设计应符合表 3-17 的规定。墙梁计算高度范围内每跨允许设置一个洞口；洞口边至支座中心的距离 a_i，距边支座不应

小于 $0.15l_{0i}$，距中支座不应小于 $0.07l_{0i}$。对多层房屋的墙梁，各层洞口宜设置在相同位置，并宜上、下对齐。

墙梁的一般规定　　表 3-17

墙梁类别	墙体总高度（m）	跨度（m）	墙高 h_w/l_{0i}	托梁高 h_b/l_{0i}	洞宽 b_h/l_{0i}	洞高 h_h
承重墙梁	≤18	≤9	≥0.4	≥1/10	≤0.3	$\leqslant 5h_w/6$ 且 $h_w-h_h\geqslant 0.4$m
自承重墙梁	≤18	≤12	≥1/3	≥1/15	≤0.8	—

注：1. 采用混凝土小型砌块砌体的墙梁可参照使用；

2. 墙体总高度指托梁顶面到檐口的高度，带阁楼的坡屋面应算到山尖墙 1/2 高度处；

3. 对自承重墙梁，洞口至边支座中心的距离不宜小于 $0.1l_{0i}$，门窗洞上口至墙顶的距离不应小于 0.5m；

4. h_w——墙体计算高度，按《砌体规范》第 7.3.3 条取用；

h_b——托梁截面高度；

l_{0i}——墙梁计算跨度，按《砌体规范》第 7.3.3 条取用；

b_h——洞口宽度；

h_h——洞口高度，对窗洞取洞顶至托梁顶面距离。

（3）墙梁的计算简图应按图 3-14 采用。

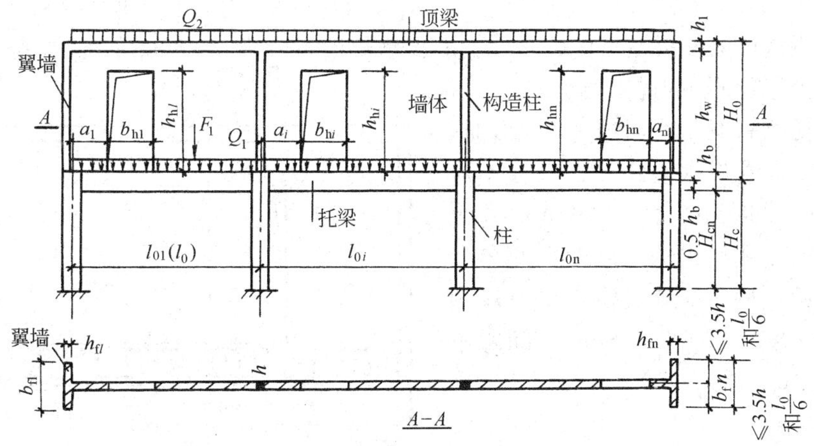

图 3-14　墙梁的计算简图

（4）墙梁除应符合《砌体规范》和《混凝土规范》的有关构造规定外，尚应符合下列构造要求：

1）材料

① 托梁的混凝土强度等级不应低于 C30；

② 纵向钢筋宜采用 HRB335、HRB400 或 RRB400 级钢筋；

③ 承重墙梁的块体强度等级不应低于 MU10，计算高度范围内墙体的砂浆强度等级不应低于 M10。

2）墙体

① 框支墙梁的上部砌体房屋，以及设有承重的简支墙梁或连续墙梁的房屋，应满足刚性方案房屋的要求。

② 墙梁的计算高度范围内的墙体厚度，对砖砌体不应小于 240mm，对混凝土小型砌块砌体不应小于 190mm。

③ 墙梁洞口上方应设置混凝土过梁，其支承长度不应小于 240mm；洞口范围内不应施加集中荷载。

④ 承重墙梁的支座处应设置落地翼墙，翼墙厚度，对砖砌体不应小于 240mm，对混凝土砌块砌体不应小于 190mm，翼墙宽度不应小于墙梁墙体厚度的 3 倍，并与墙梁墙体同时砌筑。当不能设置翼墙时，应设置落地且上、下贯通的构造柱。

⑤ 当墙梁墙体在靠近支座 1/3 跨度范围内开洞时，支座处应设置落地且上、下贯通的构造柱，并应与每层圈梁连接。

⑥ 墙梁计算高度范围内的墙体，每天可砌高度不应超过 1.5m，否则，应加设临时支撑。

3）托梁

① 有墙梁的房屋的托梁两边各一个开间及相邻开间处应采用现浇混凝土楼盖，楼板厚度不宜小于 120mm。当楼板厚度大于 150mm 时，宜采用双层双向钢筋网，楼板上应少开洞，洞口尺寸大于 800mm 时应设洞边梁。

② 托梁每跨度部的纵向受力钢筋应通长设置，不得在跨中段弯起或截断。钢筋接长应采用机械连接或焊接。

③ 承重墙梁的托梁在砌体墙、柱上的支承长度不应小于 350mm。纵向受力钢筋伸入支座应符合受拉钢筋的锚固要求。

④ 当托梁高度 h_b 不小于 500mm 时，应沿梁高设置通长水平腰筋，直径不应小于 12mm，间距不应大于200mm。

⑤ 墙梁偏开洞口的宽度及两侧各一个梁高 h_b 范围内直至靠近洞口的支座边的托梁箍筋直径不宜小于 8mm，间距不应大于 100mm（图 3-15）。

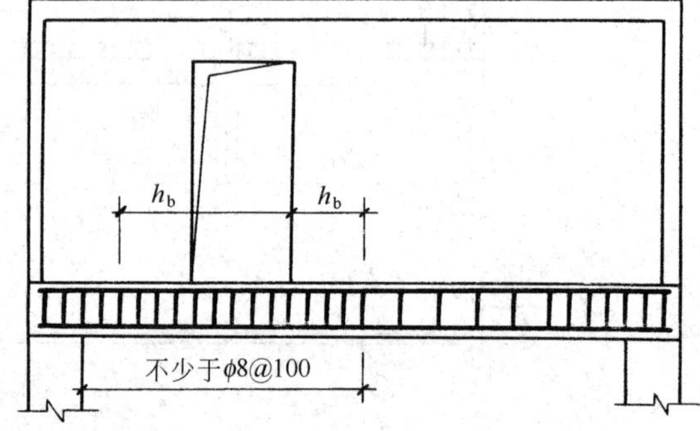

图 3-15　偏开洞时托梁箍筋加密区

（四）挑梁

（1）砌体墙中钢筋混凝土挑梁的抗倾覆应按下式验算：

$$M_{ov} \leqslant M_r \tag{3-15}$$

式中　M_{ov}——挑梁的荷载设计值对计算倾覆点产生的倾覆力矩；

M_r——挑梁的抗倾覆力矩设计值，可按式（3-18）计算。

（2）挑梁计算倾覆点至墙外边缘的距离可按下列规定采用：

1）当 $l_1 \geqslant 2.2h_b$ 时

$$x_0 = 0.3h_b \tag{3-16}$$

且不大于 $0.13l_1$。

2）当 $l_1 < 2.2h_b$ 时

$$x_0 = 0.13l_1 \tag{3-17}$$

式中　l_1——挑梁埋入砌体墙中的长度（mm）；

x_0——计算倾覆点至墙外边缘的距离（mm）；

h_b——挑梁的截面高度（mm）。

注：当挑梁下有构造柱时，计算倾覆点至墙外边缘的距离可取 $0.5x_0$。

（3）挑梁的抗倾覆力矩设计值可按下式计算：

$$M_r = 0.8G_r\ (l_2 - x_0) \tag{3-18}$$

式中 G_r——挑梁的抗倾覆荷载，为挑梁尾端上部 45°扩展角的阴影范围（其水平长度为 l_3）内本层的砌体与楼面恒荷载标准值之和（图 3-16）；

l_2——G_r 作用点至墙外边缘的距离。

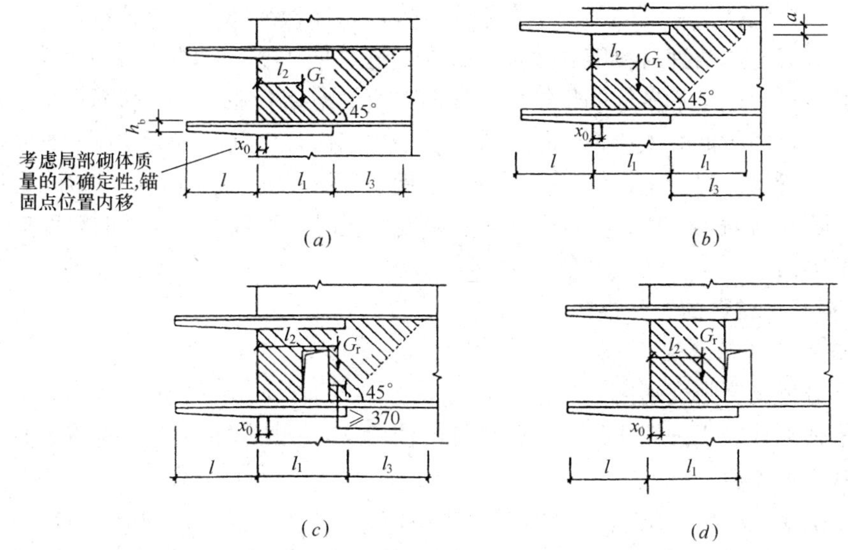

图 3-16　挑梁的抗倾覆荷载

（a）$l_3 \leqslant l_1$ 时；（b）$l_3 > l_1$ 时；（c）洞在 l_1 之内；（d）洞在 l_1 之外

（4）挑梁设计除应符合《混凝土规范》的有关规定外，尚应满足下列要求：

① 纵向受力钢筋至少应有 1/2 的钢筋面积伸入梁尾端，且不少于 2ϕ12。其余钢筋伸入支座的长度不应小于 $2l_1/3$。

② 挑梁埋入砌体长度 l_1 与挑出长度 l 之比宜大于 1.2；当挑梁上无砌体时，l_1 与 l 之比宜大于 2。

（5）雨篷等悬挑构件可按上述（1）～（3）条进行抗倾覆验算，其抗倾覆荷载 G_r 可按图 3-17 采用，图中 G_r 距墙外边缘的距离为 $l_2 = l_1/2$，$l_3 = l_n/2$。

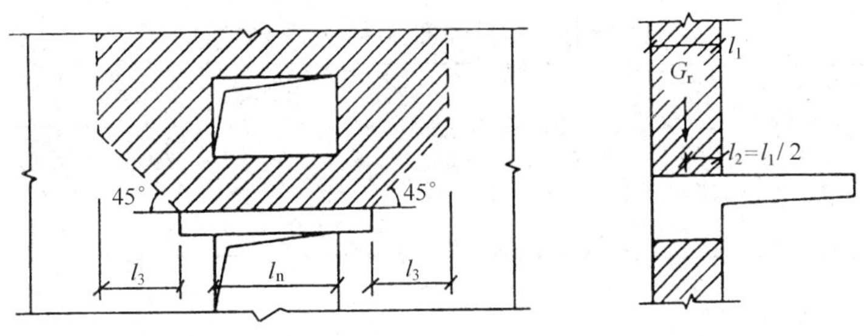

图 3-17　雨篷的抗倾覆荷载

第三节　钢筋混凝土结构

一、概述

（一）钢筋混凝土的基本概念

混凝土的抗压强度很高，但抗拉强度很低，在拉应力处于很小的状态时即出现裂缝，影响了构件的使用，为了提高构件的承载能力，在构件中配置一定数量的钢筋，用钢筋承担拉力而让混凝土承担压力，发挥各自材料的特性，从而可以使构件的承载能力得到很大的提高。这种由混凝土和钢筋两种材料组成的构件，称为钢筋混凝土结构。

钢筋和混凝土这两种材料能有效地结合在一起共同工作，主要是由于混凝土硬结后，钢筋与混凝土之间产生了良好的粘结力，使两者可靠地结合在一起，从而保证了在荷载作用下构件中的钢筋与混凝土协调变形、共同受力。其次，钢筋与混凝土两种材料的温度线膨胀系数很接近——混凝土：1.0×10^{-5}/℃；钢：1.2×10^{-5}/℃（1×10^{-5}/℃，即温度每升高1℃，每1m伸长0.01mm）；因此，当温度变化时，不致产生较大的温度应力而破坏两者之间的粘结。

（二）混凝土材料的力学性能

1. 混凝土强度标准值

（1）立方体抗压强度 $f_{cu,k}$

混凝土强度等级应按立方体抗压强度标准值确定，立方体抗压强度标准值是混凝土力学指标的基本代表值。

立方体抗压强度标准值系指按标准方法制作、养护的边长为150mm的立方体试件，在28d或设计规定龄期以标准试验方法测得的具有95%保证率的抗压强度值。

我国《混凝土结构设计规范》GB 50010—2010（2015年版）（以下简称《混凝土规范》）规定，将混凝土的强度等级分为14级：C15、C20、C25、C30、C35、C40、C45、C50、C55、C60、C65、C70、C75、C80。符号中C表示混凝土，C后面的数字表示立方体抗压强度标准值，单位为N/mm^2。

（2）轴心抗压强度标准值 f_{ck}

轴心抗压强度 f_c 也称为棱柱体抗压强度。设计中通常采用的构件并不是立方体构件，而是长度往往大于边长。根据试验结果，随着长度的增加，抗压强度也随之降低，但当长宽比大于一定数值后，抗压强度值即趋于定值。试验中取长宽比大于3～4的正方形棱柱体作为试块，按表3-18采用。

混凝土轴心抗压强度标准值（N/mm^2）　　**表3-18**

强度	混凝土强度等级													
	C15	C20	C25	C30	C35	C40	C45	C50	C55	C60	C65	C70	C75	C80
f_{ck}	10.0	13.4	16.7	20.1	23.4	26.8	29.6	32.4	35.5	38.5	41.5	44.5	47.4	50.2

轴心抗压强度小于立方体抗压强度，$f_{cu}\approx0.67f_{cu,k}$。

（3）轴心抗拉强度标准值 f_{tk}

混凝土抗拉强度取棱柱体 100mm×100mm×500mm 的试件，沿试块轴线两端预埋钢筋（其直径应保证试件受拉破坏时钢筋不被拉断，锚固长度应保证破坏时钢筋不被拔出），通过对钢筋施加拉力使试件受拉，试件破坏时的平均拉应力即为轴心抗拉强度 f_t。

混凝土的抗拉强度取决于水泥石（在凝结硬化过程中，水泥和水形成水泥石）的强度和水泥石与骨料间的粘结强度。采用增加水泥用量减少水灰比以及采用表面粗糙的骨料，可提高混凝土的抗拉强度，按表 3-19 采用。

混凝土轴心抗拉强度标准值（N/mm²） **表 3-19**

强度	混凝土强度等级													
	C15	C20	C25	C30	C35	C40	C45	C50	C55	C60	C65	C70	C75	C80
f_{tk}	1.27	1.54	1.78	2.01	2.20	2.39	2.51	2.64	2.74	2.85	2.93	2.99	3.05	3.11

【要点】混凝土的抗拉强度很低，大约只相当于立方体抗压强度的 1/16～1/8 倍。

以上三种强度大小排序为：$f_{tk}<f_{ck}<f_{cu,k}$。

2. 混凝土强度的设计值

混凝土的强度设计值由强度标准值除以混凝土材料分项系数 γ_c 确定。混凝土的材料分项系数取为 1.40。

（1）轴心抗压强度设计值 f_c

轴心抗压强度设计值等于 $f_{tk}/1.40$，结果见表 3-20。

混凝土轴心抗压强度设计值（N/mm²） **表 3-20**

强度	混凝土强度等级													
	C15	C20	C25	C30	C35	C40	C45	C50	C55	C60	C65	C70	C75	C80
f_c	7.2	9.6	11.9	14.3	16.7	19.1	21.1	23.1	25.3	27.5	29.7	31.8	33.8	35.9

（2）轴心抗拉强度设计值 f_t

轴心抗拉强度设计值等于 $f_{tk}/1.40$，结果见表 3-21。

混凝土轴心抗拉强度设计值（N/mm²） **表 3-21**

强度	混凝土强度等级													
	C15	C20	C25	C30	C35	C40	C45	C50	C55	C60	C65	C70	C75	C80
f_t	0.91	1.10	1.27	1.43	1.57	1.71	1.80	1.89	1.96	2.04	2.09	2.14	2.18	2.22

3. 混凝土的变形

混凝土的变形分为两类。一类是在荷载作用下的受力变形，如单向短期加荷、多次重复加荷以及在长期荷载作用下的变形。另一类与受力无关，称为体积变形，如混凝土的收缩、膨胀以及由于温度变化所产生的变形。

（1）混凝土的弹性模量

图 3-18 为混凝土棱柱体受压试验的应力-应变曲线。从应力-应变曲线的原点 O 作曲

线的切线，该切线的正切称为混凝土的弹性模量，用 E_c 表示，它反映了混凝土的应力与其弹性应变的关系，即：

$$E_c = \frac{\sigma_c}{\varepsilon_{ce}} \tag{3-19}$$

对于一定强度等级的混凝土，弹性模量 E_c 是一定值，例如：C30 混凝土的弹性模量为 $3.0\times10^4 N/mm^2$。

混凝土的变形模量为连接原点和曲线上任一点 A 的割线的正切，以 E'_c 表示，也称为割线模量。

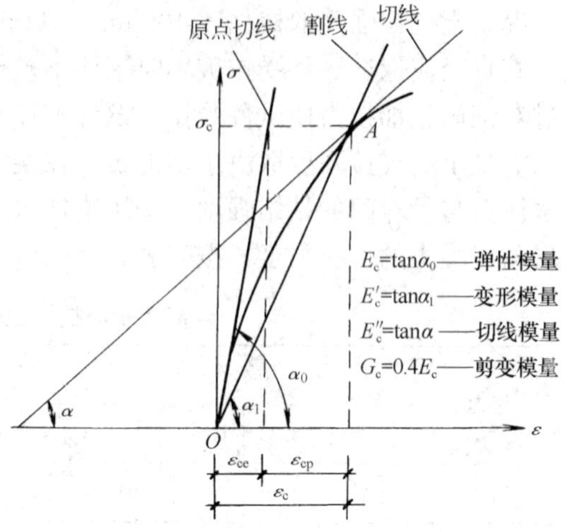

图 3-18　混凝土应力-应变曲线与各种切线图

【要点】在计算钢筋混凝土构件变形、预应力混凝土截面预压应力以及超静定结构内力时，都需引入混凝土的弹性模量。混凝土的弹性模量 $E=\sigma/\varepsilon$ 反映了材料抵抗弹性变形的能力。

混凝土的剪变模量 G_c 可按相应弹性模量值的 40%采用，即

$$G_c = 0.4E_c \tag{3-20}$$

（2）混凝土在长期荷载作用下的变形——徐变

在荷载的长期作用下，即使荷载维持不变，混凝土的变形仍会随时间而增长，这种现象称为徐变。

影响徐变的因素有以下几方面：

1）水灰比大，徐变大；水泥用量多，徐变越大；

2）养护条件好，混凝土工作环境湿度大，徐变越小；

3）水泥和骨料的质量好、级配好，徐变越小；

4）加荷时混凝土的龄期越早，徐变越大；

5）加荷前混凝土的强度越高，徐变越小；

6）构件的尺寸越大，体表比（即构件的体积与表面积之比）越大，徐变越小。

徐变在开始发展很快，以后逐渐减慢，最后趋于稳定。通常在前 6 个月可完成最终徐变量的 70%～80%，在第一年内可完成 90%左右，其余部分在后续几年中完成。

（3）混凝土的收缩与膨胀

混凝土在空气中结硬体积会收缩，在水中结硬体积要膨胀。但是，膨胀值要比收缩值小得多，由于膨胀对结构往往是有利的，所以一般不须考虑。

影响收缩的因素有以下几方面：

1）水泥强度等级越高、用量越多、水灰比越大，收缩越大；

2）骨料的弹性模量大，收缩越小；

3）养护条件好，在硬结和使用过程中周围环境湿度大，收缩越小；

4）混凝土振捣密实，收缩越小；

5）构件的体表比越大，收缩越小。

收缩变形在开始阶段发展较快，2 周可完成全部收缩量的 25%，1 个月约完成 50%，

3 个月后增长缓慢。

例 3-3 下列关于混凝土收缩的叙述，哪一项是正确的？

A 水泥强度等级越高，收缩越小　　B 水泥用量越多，收缩越小

C 水灰比越大，收缩越大　　D 环境温度越低，收缩越大

答案： C

4. 混凝土材料的选用

钢筋混凝土结构不宜采用强度过低的混凝土，因为当混凝土强度过低时，钢筋与混凝土之间的粘结强度太低，将影响钢筋强度的充分利用。规范规定：

（1）素混凝土结构的混凝土强度等级不应低于 C15；钢筋混凝土结构的混凝土强度等级不应低于 C20；采用强度等级 400MPa 及以上的钢筋时，混凝土强度等级不应低于 C25。

（2）预应力混凝土结构的混凝土强度等级不宜低于 C40，且不应低于 C30。

（3）承受重复荷载的钢筋混凝土构件，混凝土强度等级不应低于 C30。

（三）钢筋的种类及其力学性能

1. 钢筋的品种和级别

在钢筋混凝土中，采用的钢材类型有两大类：一类是劲性钢筋，由型钢（如角钢、槽钢、工字钢等）组成。在混凝土构件中配置型钢称为劲性钢筋混凝土，通常在荷重大的构件中采用。另一类是柔性钢筋，即通常所指的钢筋。柔性钢筋又包括钢筋和钢丝两类。钢筋按外形分为光圆钢筋和带肋钢筋两种。钢筋的品种很多，可分为碳素钢和普通低合金钢。碳素钢按其含碳量的多少，分为低碳钢（含碳小于 0.25%）、中碳钢（含碳 0.25%～0.6%）和高碳钢（含碳 0.6%～1.4%）。低碳钢强度低但塑性好，称为软钢；高碳钢强度高但塑性、可焊性差，称为硬钢。普通低合金钢，除了含有碳素钢的元素外，又加入了少量的合金元素，如锰、硅、矾、钛等，大部分低合金钢属于软钢。

根据新版《混凝土规范》，对钢筋的牌号、强度级别和应用作了较大的补充和修改（详见第 4.2.2、4.2.3 条）。新规范提倡应用高强、高性能钢筋。

对热轧带肋钢筋，增加了强度为 500MPa 级的热轧钢筋；推广 400MPa、500MPa 级高强热轧带肋钢筋作为纵向受力的主导钢筋；限制并逐步淘汰 335MPa 级热轧带肋钢筋的应用；用 300MPa 级光圆钢筋取代 235MPa 级光圆钢筋；推广具有较好的延性、可焊性、机械连接性能及施工适应性的 HRB 系列普通热轧带肋钢筋；列入采用控温轧制工艺生产的 HRBF 系列细晶粒带肋钢筋。

对预应力钢筋，增补高强、大直径的钢绞线，列入大直径预应力螺纹钢筋（精轧螺纹钢筋）；列入中强度预应力钢丝以补充中等强度预应力筋的空缺，用于中、小跨度的预应力构件；淘汰锚固性能很差的刻痕钢丝。

在设计中应用新规范时，要照顾到新老规范过渡期的特点以及钢材产品市场的供需情况。同时，要注意满足最小配筋率及抗震等要求。

为了解决钢筋密集施工不便的问题，可采用加大钢筋直径或并筋方案。并筋可采用二并筋或三并筋方案：二并筋 ∞，钢筋面积取 1.41 倍单根钢筋直径面积；三并筋 ♣，钢筋面积取 1.73 倍单根钢筋直径面积。

2. 钢筋的应力—应变曲线和力学性能指标

钢筋混凝土及预应力混凝土结构中所用的钢筋可分为两类：有明显屈服点的钢筋（一般称为软钢）和无明显屈服点的钢筋（一般称为硬钢）。

有明显屈服点的钢筋的应力-应变曲线如图 3-19 所示。图中，a 点以前应力与应变按比例增加，其关系符合胡克定律，这时如卸去荷载，应变将恢复到 0，即无残余变形，a 点对应的应力称为比例极限；过 a 点后，应变较应力增长为快；到达 b 点后，应变急剧增加，而应力基本不变，应力-应变曲线呈现水平段 cd，钢筋产生相当大的塑性变形，此阶段称为屈服阶段。b、c 两点分别称为上屈服点和下屈服点。由于上屈服点 b 为开始进入屈服阶段的应力，呈不稳定状态，而下屈服点 c 比较稳定，因此，将下屈服点 c 的应力称为"屈服强度"。当钢筋屈服塑流到一定程度，即到达图中的 d 点，cd 段称为屈服台阶，过 d 点后，应力应变关系又形成上升曲线，但曲线趋平，其最高点为 e，de 段称为钢筋的"强化阶段"，相应于 e 点的应力称为钢筋的极限强度，过 e 点后，钢筋薄弱断面显著缩小，产生"颈缩"现象（图3-20），此时变形迅速增加，应力随之下降，直至到达 f 点时，钢筋被拉断。

无明显屈服点的钢筋的应力-应变曲线如图 3-21 所示。这类钢筋的极限强度一般很高，但变形很小。由于没有明显的屈服点和屈服台阶，因此通常取相应于残余应变 $\varepsilon=0.2\%$时的应力 $\sigma_{0.2}$作为名义屈服点（或称假想屈服点），而将其强度称为条件屈服强度。无明显屈服点的钢筋在很小的应变状态时即被拉断。

钢筋的力学性能指标有 4 个，即屈服强度、极限抗拉强度、伸长率和冷弯性能。

（1）屈服强度

如上所述，对于软钢，取下屈服点 c 的应力作为屈服强度。对无明显屈服点的硬钢，设计上通常取残余应变为 0.2%时所对应的应力作为假想的屈服点，称为条件屈服强度，用 $\sigma_{0.2}$来表示。对钢丝和热处理钢筋的 $\sigma_{0.2}$，规范统一取 0.85 倍极限抗拉强度。

（2）极限抗拉强度

对于软钢，取应力-应变曲线中的最高点 e 为极限抗拉强度；对于硬钢，规范规定，将应力-应变曲线的最高点作为强度标准值的取值依据。

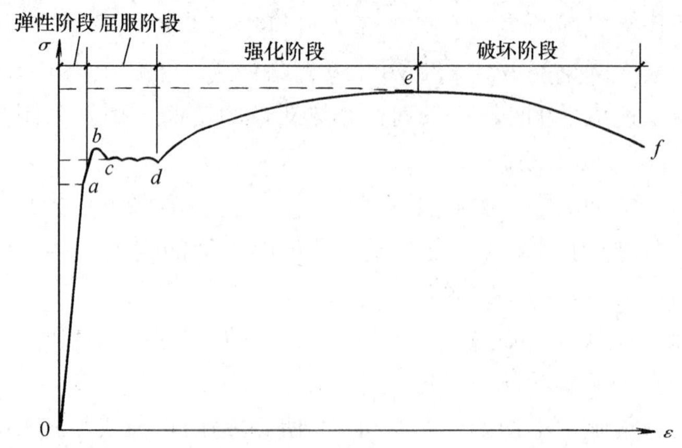

图 3-19 有明显屈服点的钢筋的应力-应变曲线

（如 HPB300、HRB335、HRBF335、HRB400、HRBF400、RRB400、HRB500、HRBF500）

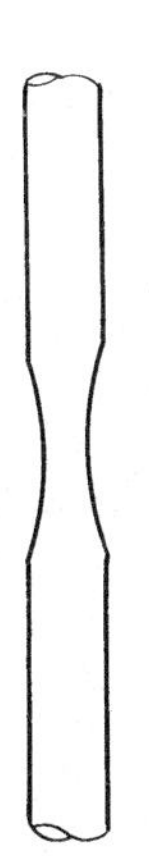

图 3-20　钢筋受拉时的“颈缩”现象

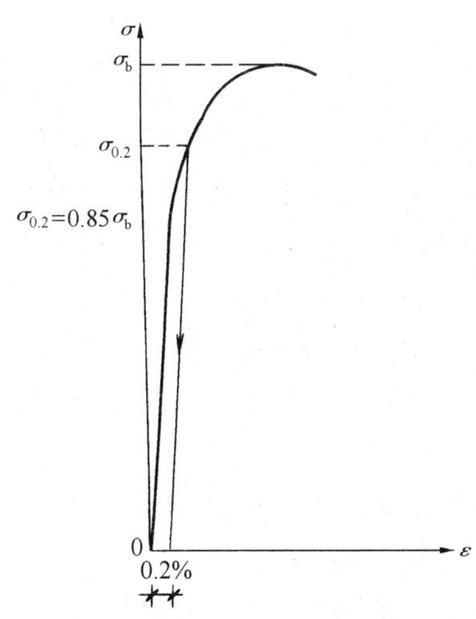

图 3-21　无明显屈服点钢筋的应力-应变曲线
（如消除应力钢丝、钢绞线）

（3）伸长率

钢筋除了要有足够的强度外，还应具有一定的塑性变形能力，伸长率即是反映钢筋塑性性能的一个指标。伸长率大的钢筋塑性性能好，拉断前有明显预兆；伸长率小的钢筋塑性性能较差，其破坏突然发生，呈脆性特征。

1）钢筋的断后伸长率（延伸率）

钢筋拉断后的伸长值与原长的比称为钢筋的断后伸长率 δ，按下式计算：

$$\delta=\frac{l-l_0}{l_0}\times 100\% \tag{3-21}$$

式中　δ——断后伸长率（%）；

l——试件拉断并重新拼合后，量测得到的标距范围内的长度；

l_0——试件拉伸前的量测标距长度，一般可取 $l_0=5d$ 或 $l_0=10d$（d 为钢筋直径），相应的断后伸长率表示为 δ_5 或 δ_{10}。

断后伸长率只能反映钢筋残余变形的大小，忽略了钢筋的弹性变形，不能反映钢筋受力时的总体变形能力。

2）钢筋最大力下的总伸长率（均匀延伸率）

钢筋在达到最大应力时的变形包括塑性残余变形和弹性变形两部分，最大力下的总伸长率 δ_{gt} 可用下式表示：

$$\delta_{gt}=\left(\frac{L-L_0}{L_0}+\frac{\sigma_b}{E_s}\right)\times 100\% \tag{3-22}$$

式中　δ_{gt}——最大力下的总伸长率（%）；

L——试验后量测标记之间的距离；

L_0——试验前的原始标距（不包含颈缩区）；

σ_b——钢筋的最大拉应力（即极限抗拉强度）；

E_s——钢筋的弹性模量。

式（3-22）括号中的第一项反映了钢筋的塑性残余变形，第二项反映了钢筋在最大拉应力下的弹性变形。

（4）冷弯试验（图 3-22）

冷弯试验是检验钢筋塑性的另一种方法。伸长率一般不能反映钢筋的脆化倾向，而冷弯性能可间接地反映钢筋的塑性性能和内在质量。冷弯试验合格的标准为在规定的 D 和 α 下冷弯后的钢筋无裂纹、鳞落或断裂现象。

【要点】 上述钢筋的 4 项指标中，对有明显屈服点的钢筋均须进行测定，对无明显屈服点的钢筋则只测定后 3 项。

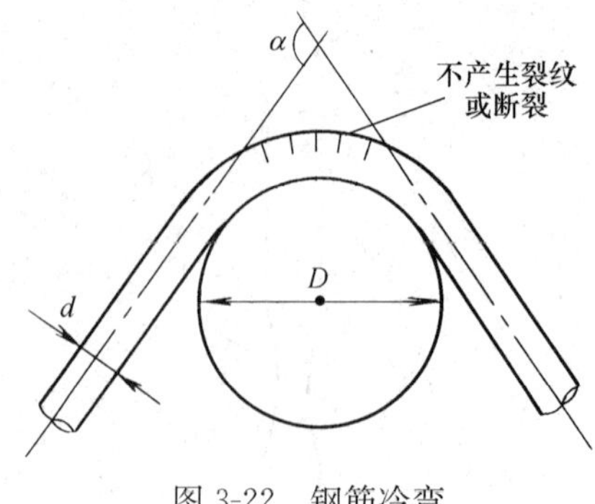

图 3-22　钢筋冷弯

3. 钢筋强度的标准值和设计值

（1）钢筋强度的标准值

规范规定，钢筋强度标准值应具有不小于 95％的保证率。

普通钢筋采用屈服强度作为标志。预应力钢筋无明显的屈服点，一般采用极限强度作为标志。在钢筋标准中，一般取 0.002 残余应变所对应的应力作为其条件屈服强度标准值。对传统的预应力钢丝、钢绞线取 $0.85\sigma_b$ 作为条件屈服强度（σ_b——极限抗拉强度）。

（2）钢筋强度的设计值

普通钢筋的屈服强度标准值 f_{yk}、极限强度标准值 f_{stk}应按《混凝土规范》表 4.2.2-1 采用；预应力钢丝、钢绞线和预应力螺纹钢筋的屈服强度标准值 f_{pyk}、极限强度标准值 f_{ptk}应按《混凝土规范》表 4.2.2-2 采用。

普通钢筋的抗拉强度设计值 f_y、抗压强度设计值 f'_y 应按《混凝土规范》表 4.2.3-1 采用；预应力筋的抗拉强度设计值 f_{py}、抗压强度设计值 f'_{py}应按《混凝土规范》表 4.2.3-2 采用。

4. 钢筋材料的选用

（1）纵向受力普通钢筋可采用 HRB400、HRB500、HRBF400、HRBF500、HRB335、RRB400、HPB300 钢筋；梁、柱和斜撑构件的纵向受力普通钢筋宜采用 HRB400、HRB500、HRBF400、HRBF500 钢筋。

（2）箍筋宜采用 HRB400、HRBF400、HRB335、HRB300、HRB500、HRBF500 钢筋。

（3）预应力筋宜采用预应力钢丝、钢绞线和预应力螺纹钢筋。

（四）钢筋与混凝土之间的粘结力

钢筋混凝土构件在荷载作用下，钢筋与混凝土接触面上将产生剪应力，这种剪应力称为粘结力。

钢筋与混凝土之间的粘结力由以下三部分组成：

（1）由于混凝土收缩将钢筋握裹挤压而产生的摩擦力；

（2）由于混凝土颗粒的化学作用产生的混凝土与钢筋之间的胶合力；

（3）由于钢筋表面凹凸不平与混凝土之间产生的机械咬合力。

上述三部分中，以机械咬合力作用最大，约占总粘结力的一半以上。带肋钢筋比光圆钢筋的机械咬合力作用大。此外，钢筋表面的轻微锈蚀也可增加与混凝土的粘结力。

粘结力的测定通常采用拔出试验方法(图 3-23)。将钢筋的一端埋入混凝土内，在另一端施加拉力将钢筋拔出，则粘结强度为：

$$f_\tau = \frac{P}{\pi dl} \tag{3-23}$$

式中 P——拔出力；

d——钢筋直径；

l——钢筋埋入长度。

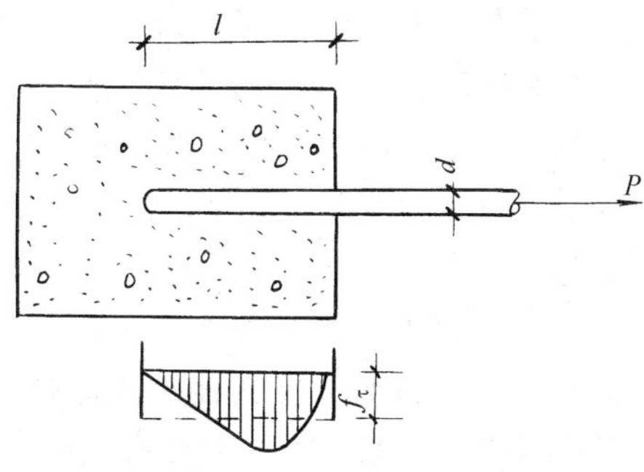

图 3-23 钢筋拔出试验中粘结应力分布图

根据拔出试验可知：

(1) 粘结应力按曲线分布，最大粘结应力在离试件端头某一距离处，且随拔出力的大小而变化。

(2) 钢筋锚入长度越长，拔出力越大，但埋入过长时则尾部的粘结应力很小，甚至为零。

(3) 粘结强度随混凝土强度等级的提高而增大。

(4) 带肋钢筋的粘结强度比光圆钢筋的大。根据试验资料，光圆钢筋的粘结强度为 1.5～3.5N/mm^2，带肋钢筋的粘结强度为 2.5～6.0N/mm^2，其中较大的值系由较高的混凝土强度等级所得。

(5) 在光圆钢筋末端做弯钩可以大大提高拔出力。

(五) 预应力混凝土结构的基本概念

1. 预应力结构的特点

普通钢筋混凝土结构或构件，由于混凝土的极限抗拉应变较小（约为 0.0001～0.00015），在使用荷载的作用下，构件均带裂缝工作。对于使用上要求不开裂的构件，受拉钢筋的应力为 20～30N/mm^2，远小于其屈服强度；如果钢筋应力达到 250N/mm^2 时，裂缝宽度已达 0.2～0.3mm，不宜在高湿度及侵蚀性环境中使用。总之，普通混凝土构件由于抗裂性能较差，控制裂缝开展的能力较弱，不易充分利用高强材料，而预应力结构则可以解决这些问题。

预应力混凝土结构，是在结构承受外荷载之前，预先施加压力，使其在外荷载作用时的受拉区混凝土内产生压应力，以抵消或减小外荷载产生的拉应力。这样，构件在正常使用情况下将不开裂或裂缝宽度较小。采用预应力结构的原因主要有以下几方面：

(1) 满足裂缝控制要求，以改善普通混凝土构件的抗裂性能；

(2) 充分利用高强度材料，因钢筋预先受拉混凝土受压，则在使用荷载的作用下，就能充分利用高强度的钢筋；

(3) 提高构件的刚度，由于提高了构件的抗裂度或减小了裂缝的宽度，使刚度不致因裂缝而降低太多。同时，由于预加压力的偏心作用使构件产生的反拱（反向挠曲），还可以抵消或减小在使用荷载作用下的变形。

预应力混凝土结构可以分为全预应力混凝土和部分预应力混凝土。当构件是按使用荷载作用下截面上混凝土不出现拉应力的要求进行设计时，一般称为全预应力混凝土；当构件是按在使用荷载作用下允许出现裂缝，但最大裂缝宽度不超过允许值的要求进行设计时，一般称为部分预应力混凝土。

对于后张法施工的预应力混凝土构件，通常的做法是在构件中预留孔道，待预应力筋张拉至控制应力后，用压力灌浆将孔道填实。这种预应力构件中钢筋与混凝土之间存在粘结力，其钢筋称为有粘结预应力筋。如果预应力筋与混凝土接触表面之间不存在粘结作用，两者能相对滑移的，则其钢筋称为无粘结预应力筋。

无粘结预应力筋的一般做法是将预应力筋的外表面涂以沥青，油脂等防锈材料，以减小张拉时的摩擦力且防止锈蚀，然后用纸带或塑料带包裹或套以塑料管，将其就位于模板中再浇捣混凝土，待混凝土达到规定强度后即可进行张拉。与有粘结后张预应力混凝土构件相比，采用无粘结预应力筋不需要留孔、穿筋和灌浆，可以简化施工工艺。

2. 施加预应力的方法及预应力材料

张拉预应力钢筋的方法主要有两种：一种是先张法，另一种是后张法。

（1）先张法

在浇灌混凝土之前先张拉钢筋的方法，称为先张法。其主要工序如下（图 3-24）：

1）在台座上张拉钢筋，并将它临时锚固在台座上，如图 3-24（*a*）、（*b*）所示。

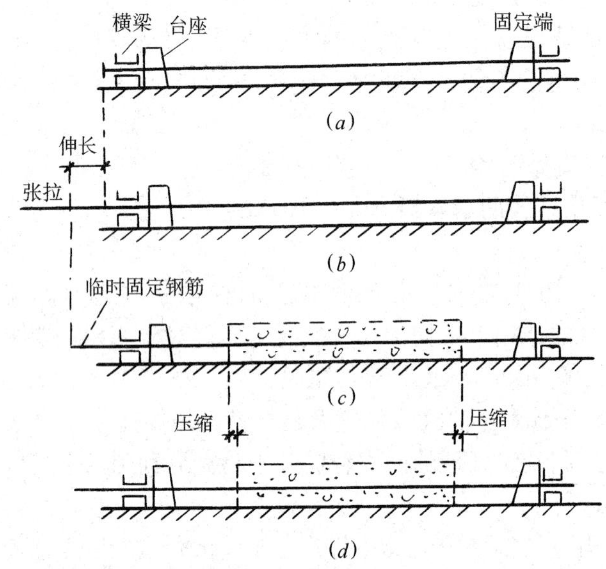

图 3-24　先张法主要工序示意图

（*a*）钢筋就位；（*b*）张拉钢筋；（*c*）临时固定钢筋，浇灌混凝土并养护；（*d*）放松钢筋，钢筋回缩，混凝土受预压

2）支模、绑扎钢筋，并浇灌混凝土，见图 3-24（*c*）。

3）待混凝土达到设计强度的 75％以上，切断并放松预应力筋，钢筋回缩挤压混凝土使混凝土受压，见图 3-24（*d*）。

（2）后张法

在混凝土结硬后再张拉预应力筋的方法称为后张法。其主要工序为（图 3-25）：

1）先浇灌混凝土构件，并在构件中预留孔道，见图 3-25（*a*）。

2）待混凝土到达规定的强度后，穿钢筋并张拉钢筋，同时混凝土受到预压，见图 3-25(*b*)。

3）当张拉预应力筋达到规定值后，在张拉端用锚具锚住，使构件保持预压状态，见图 3-25（*c*）。

4）最后在预留孔道内灌浆，使预应力筋与混凝土形成整体，见图 3-25（*d*）。

（3）预应力混凝土材料

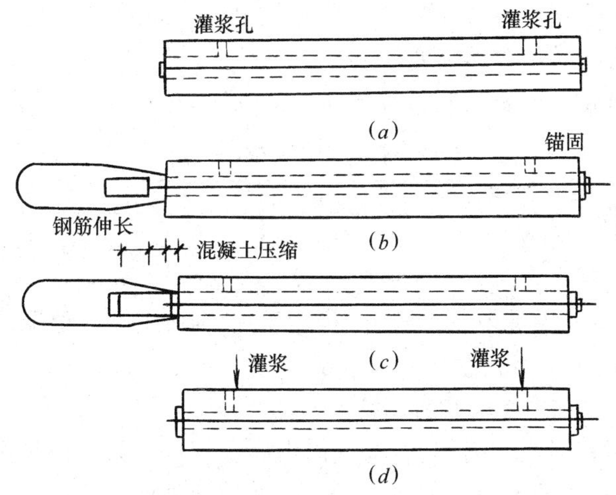

图 3-25　后张法主要工序示意图

(*a*) 制作构件，预留孔道，穿入预应力钢筋；(*b*) 安装千斤顶；(*c*) 张拉钢筋；

(*d*) 锚住钢筋，拆除千斤顶，孔道压力灌浆

预应力混凝土结构的混凝土强度等级不应低于 C30；当采用钢绞线、钢丝、热处理钢筋作为预应力钢筋时，混凝土强度等级不宜低于 C40。

预应力钢筋宜采用碳素钢丝、刻痕钢丝、钢绞线和热处理钢筋，以及冷拉Ⅱ、Ⅲ、Ⅳ级钢筋。

3. 预应力混凝土构件计算的一般规定

(1) 预应力筋的张拉控制应力 σ_{con}

张拉控制应力是指张拉钢筋时预应力筋中达到的最大应力值，即用张拉设备所控制的总张拉力除以预应力钢筋截面面积所得出的应力值，以 σ_{con} 表示，其值见《混凝土规范》表 6.1.3。

(2) 预应力损失

预应力筋从张拉、锚固至运输、安装使用的各个过程中，由于张拉工艺和材料特性等种种原因，钢筋中的张拉应力将逐渐降低，称为预应力损失。预应力损失会降低预应力混凝土构件的抗裂性及刚度。

常见的预应力损失包括以下 7 项：

1) 张拉端锚具变形和预应力筋内缩引起的预应力损失 σ_{l1}，可以通过减少垫板块数或增加台座长度的办法以减小损失。

2) 预应力筋与孔道壁、张拉端锚口之间，以及在转向块处摩擦引起的预应力损失 σ_{l2}，可以通过两端张拉或超张拉的办法以减小损失。

3) 蒸养时受张拉预应力筋与承受拉力设备之间温差引起的预应力损失 σ_{l3}，可以采用两次升温的办法以减小损失。后张法无此项损失。

4) 预应力筋的应力松弛引起的预应力损失 σ_{l4}，可以采用超张拉的办法以减小损失。

5) 环形构件螺旋式预应力筋挤压混凝土引起的预应力损失 σ_{l5}，此项约占总损失的 50%～60%。

6) 用螺旋式预应力钢筋作配筋的环形构件，由于混凝土的局部挤压引起的预应力损

失 σ_{l6}。当环形构件直径≥3m 时，可忽略不计。先张法无此项损失。

7）混凝土弹性压缩引起的预应力损失 σ_{l7}。

《混凝土规范》规定，预应力构件在各阶段的预应力损失值宜按表 3-22 进行组合。

各阶段预应力损失值的组合　　表 3-22

预应力损失值的组合	先张法构件	后张法构件
混凝土预压前（第一批）的损失 $\sigma_{l\text{I}}$	$\sigma_{l1}+\sigma_{l2}+\sigma_{l3}+\sigma_{l4}$	$\sigma_{l1}+\sigma_{l2}$
混凝土预压后（第二批）的损失 $\sigma_{l\text{II}}$	$\sigma_{l5}+\sigma_{l7}$	$\sigma_{l4}+\sigma_{l5}+\sigma_{l6}+\sigma_{l7}$

如果求得的预应力总损失值 σ_l 小于下列数值时，则按下列数值取用：

先张法：100N/mm^2；后张法：80N/mm^2。

4. 预应力构件和非预应力构件的比较

现对两种构件进行比较。一种是普通钢筋混凝土构件，另一种是截面尺寸，材料及配筋数量均与普通构件相同的预应力混凝土构件。通过两种构件的比较，说明预应力混凝土构件的受力特点如下：

（1）在非预应力构件中，在构件开裂前钢筋的应力值很小，而在预应力构件中预应力钢筋一直处于高拉应力状态，充分利用了钢筋和混凝土两种材料的特性。

（2）预应力构件产生裂缝时的外荷载远比非预应力构件的大。即预应力构件的抗裂度比非预应力构件大为提高，同时也提高了构件的刚度。

（3）由于两种构件破坏时都是受拉钢筋达到抗拉强度而受压区混凝土被压碎，故此两种构件的承载能力相等。

二、承载能力极限状态计算

（一）正截面承载力计算

1. 一般规定

（1）基本假定

1）截面应变保持平面。

2）不考虑混凝土的抗拉强度。

3）混凝土受压时的应力与应变关系按有关规定取用。

4）纵向钢筋应力等于钢筋应变与其弹性模量的乘积，但其绝对值不应大于其相应的强度设计值。即：

$$-f'_y \leqslant \sigma_{si} \leqslant f_y \tag{3-24}$$

式中　f_y、f'_y——普通钢筋的抗拉、抗压强度设计值；

σ_{si}——第 i 层纵向普通钢筋的应力，正值代表拉应力，负值代表压应力。

受拉钢筋的极限拉应变取 0.01。

（2）受压区混凝土的等效矩形应力图形

在实际工程设计中，为了简化计算，受压区混凝土的应力图形可采用等效的矩形应力分布图形来代替曲线的应力分布图形。但应满足以下两个条件：

1）曲线应力分布图形和等效矩形应力分布图形的面积相等，即合力大小相等；

2）两个图形合力作用点的位置相同。

（3）相对界限受压区高度 ξ_b

当纵向受拉钢筋屈服与受压区混凝土破坏同时发生时，即达到所谓“界限破坏”。

界限受压区高度 x_b 与截面有效高度 h_0 的比值即为相对界限受压区高度 $\xi_b = x_b/h_0$。经推导，ξ_b 与钢筋抗拉强度设计值 f_y 和钢筋的弹性模量 E_s 有关。

（4）纵向钢筋应力 σ_s

纵向钢筋应力应符合规范的相关规定。钢筋应力应符合式（3-24）。

2. 受弯构件正截面承载力计算

（1）受弯构件破坏的基本特征

根据梁内配筋的多少，钢筋混凝土梁分为适筋梁、超筋梁和少筋梁，它们的破坏形式很不相同。

1）适筋梁的破坏（拉压破坏）

分三个阶段：

第Ⅰ阶段（未裂阶段）

开始加荷时，纯弯段截面的弯矩很小，混凝土处于弹性工作阶段，截面应力很小，沿截面高度呈三角形分布。当弯矩增加到第Ⅰ阶段末时，受拉区塑性变形明显发展，拉应力分布逐渐变化为曲线。此时所能承受的弯矩 M_{cr} 称为开裂弯矩，其应力分布图是计算构件抗裂能力的依据。

第Ⅱ阶段（开裂阶段）

在裂缝截面处，受拉区混凝土大部分退出工作，拉应力基本上由钢筋承担，是构件正常使用状态下所处的阶段。当对构件的变形和裂缝宽度有限制时，以该阶段的应力图作为计算依据。当到达第Ⅱ阶段末时，钢筋应力达到屈服强度，即 $\sigma_s = f_y$。

第Ⅲ阶段（破坏阶段）

由于钢筋屈服，受拉区垂直裂缝向上延伸，裂缝宽度迅速发展，受压区高度减小，应力图形为曲线分布，最后受压区边缘混凝土到达极限应变值时，构件即破坏，此时弯矩值达到极限弯矩 M_u。我们将Ⅲ阶段末的应力图形作为构件受弯承载力的依据。

从图 3-26 中可以看出，适筋梁破坏过程经历的三个阶段正截面应力分布的变化特征是：随着荷载的逐步增加，中和轴也逐步上移；同时，受拉区混凝土拉应力逐步转移给纵向受拉钢筋，使其达到屈服强度；最后，混凝土受压区应力图形面积逐步减小，由三角形分布逐步变成接近于矩形分布。

由上所述，适筋梁的破坏属拉压破坏，破坏前纵向钢筋先屈服，然后裂缝开展很宽，构件挠度也较大，这种破坏是有预兆的，称为塑性破坏。由于适筋梁受力合理，可以充分发挥材料的强度，因此实际工程中都把钢筋混凝土梁设计成适筋梁。

2）超筋梁的破坏（受压破坏）

当梁的纵向配筋率 $\rho = \frac{A_s}{bh_0}$ 过大时，亦即 ρ 大于 ρ_{max}，由于配筋过多，破坏时钢筋应力尚未达到屈服强度，而受压区混凝土先达到极限应变被压坏。破坏时受拉区的裂缝开展不大，挠度也不明显，因此破坏是突然发生的，没有明显的预兆，属于脆性破坏。

3）少筋梁的破坏（瞬时受拉破坏）

当梁的纵向配筋率 ρ 低于最小配筋率 ρ_{min} 时，构件只要一开裂，原来由混凝土承受的拉应力全部转移给纵向钢筋承担，钢筋应力骤然增加，但因钢筋数量太少，很快就屈服，

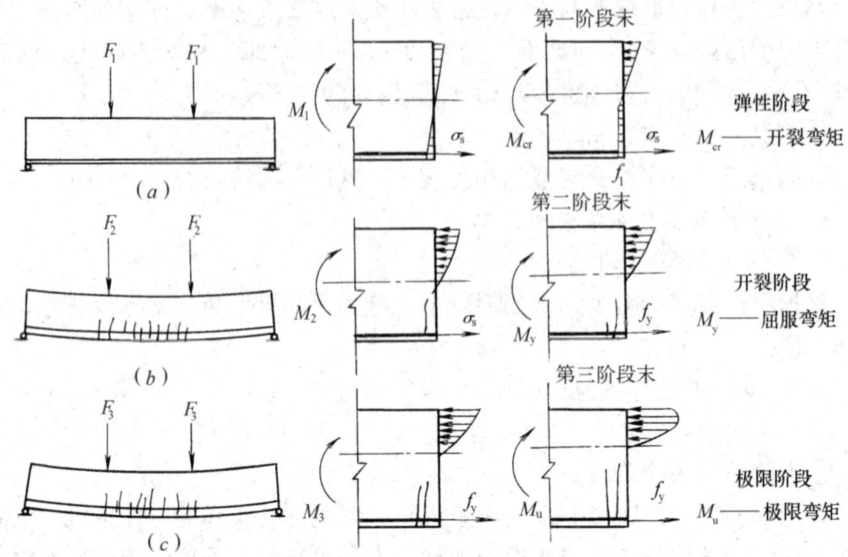

图 3-26　钢筋混凝土梁受弯时各阶段正截面应力分布

(a) 第Ⅰ阶段；(b) 第Ⅱ阶段；(c) 第Ⅲ阶段

甚至被拉断，这种破坏无明显预兆，也属于脆性破坏。

实际工程中，应当避免出现超筋梁和少筋梁。

(2) 单筋矩形截面计算

1) 基本计算公式

对适筋梁，根据前述第Ⅲ阶段末的应力分布图，将混凝土受压区应力图形进一步简化成矩形分布，即图 3-27。

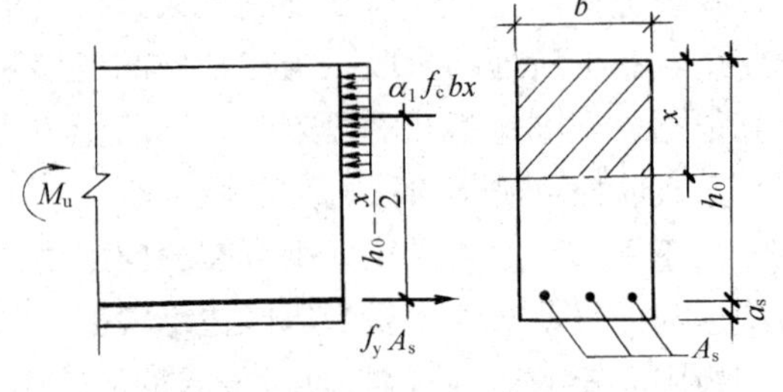

图 3-27　单筋矩形截面梁的受弯承载力计算简图

由平衡条件可得基本计算公式为：

$$\Sigma X = 0 \qquad \alpha_1 f_c b x = f_y A_s \tag{3-25}$$

$$\Sigma M = 0 \qquad M = \alpha_1 f_c b x \left(h_0 - \frac{x}{2}\right) \tag{3-26}$$

或

$$M = f_y A_s \left(h_0 - \frac{x}{2}\right) \tag{3-27}$$

式中　$h_0 = h - a_s$；

a_s——受拉钢筋合力点至截面受拉边缘的距离；

α_1——系数，按《混凝土规范》第 6.2.6 条的规定计算。当混凝土强度等级不超过 C50 时，α_1 取为 1.0，当为 C80 时，取为 0.94，其间按线性内插法确定。

两个独立方程，可求解两个未知量：x 和 A_s。实际上，还可采用系数简化法和近似法求解。近似法公式：$A_s = \dfrac{M}{0.9h_0 f_y}$。

2) 适用条件

为了保证受弯构件适筋破坏，不出现超筋和少筋破坏，基本计算公式 (3-25) ～式 (3-27) 必须满足下列适用条件：

或
$$\left.\begin{aligned}\xi &\leqslant \xi_b \\ x &\leqslant x_b = \xi_b h_0 \\ \rho &\leqslant \rho_{max} = \xi_b \frac{\alpha_1 f_c}{f_y}\end{aligned}\right\} \tag{3-28}$$

为了避免出现少筋破坏，尚须满足

或
$$\left.\begin{aligned}\rho &\geqslant \rho_{min} \\ A_s &\geqslant \rho_{min} b h\end{aligned}\right\} \tag{3-29}$$

3）最大配筋率 ρ_{max} 和最小配筋率 ρ_{min}

最大配筋率 ρ_{max} 是保证梁不发生超筋破坏的上限配筋率。其值为：

$$\rho_{max} = \xi_b \frac{\alpha_1 f_c}{f_y} \tag{3-30}$$

最小配筋率 ρ_{max} 是根据钢筋混凝土受弯构件破坏时所能承受的弯矩 M 等于同截面的素混凝土受弯构件截面所能承受的弯矩 M_{cr}，并考虑温度、收缩应力、构造要求和设计经验等因素确定的。最小配筋率 ρ_{min} 见表 3-23。

纵向受力钢筋的最小配筋百分率 $\boldsymbol{\rho_{min}}$（%） **表 3-23**

受力类型			最小配筋百分率
受压构件	全部纵向钢筋	强度等级 500MPa	0.50
		强度等级 400MPa	0.55
		强度等级 300MPa、335MPa	0.60
	一侧纵向钢筋		0.20
受弯构件、偏心受拉、轴心受拉构件一侧的受拉钢筋			0.20 和 $45f_t/f_y$ 中的较大值

注：1. 受压构件全部纵向钢筋最小配筋百分率，当采用 C60 以上强度等级的混凝土时，应按表中规定增加 0.10；
2. 板类受弯构件（不包括悬臂板）的受拉钢筋，当采用强度等级 400MPa、500MPa 的钢筋时，其最小配筋百分率应允许采用 0.15 和 $45f_t/f_y$ 中的较大值；
3. 偏心受拉构件中的受压钢筋，应按受压构件一侧纵向钢筋考虑；
4. 受压构件的全部纵向钢筋和一侧纵向钢筋的配筋率以及轴心受拉构件和小偏心受拉构件一侧受拉钢筋的配筋率均应按构件的全截面面积计算；
5. 受弯构件、大偏心受拉构件一侧受拉钢筋的配筋率应按全截面面积扣除受压翼缘面积 $(b_f'-b)\ h_f'$ 后的截面面积计算；
6. 当钢筋沿构件截面周边布置时，“一侧纵向钢筋”系指沿受力方向两个对边中一边布置的纵向钢筋。

计算 ρ_{min} 时，截面高度采用整个高度 h 而不是有效高度 h_0。

要提高单筋矩形截面受弯构件承载能力，最有效的办法是加大截面高度，另外，减小跨度（如在梁跨中加设柱）也是有效的办法。

例 3-4 钢筋混凝土矩形截面受弯梁，当受压区高度与截面有效高度 h_0 之比值大于 0.55 时，下列哪一种说法是正确的？

A 钢筋首先达到屈服 B 受压区混凝土首先压溃

C 斜截面裂缝增大 D 梁属于延性破坏

解析：对钢筋混凝土矩形截面受弯梁，当 $x/h_0=\xi>\xi_b=0.55$ 时，属于超筋梁，即钢筋超量配置未达到屈服时，受压区混凝土会先被压溃，属于脆性破坏，设计时应避免。因此 B 选项说法正确。

答案：B

注：超筋与适筋梁的界限值 ξ_b 与材料强度等级有关。当混凝土强度等级＜C50，钢筋取 HRB335 时 ξ_b 为 0.55，钢筋 HRB400 时 ξ_b 则为 0.518。

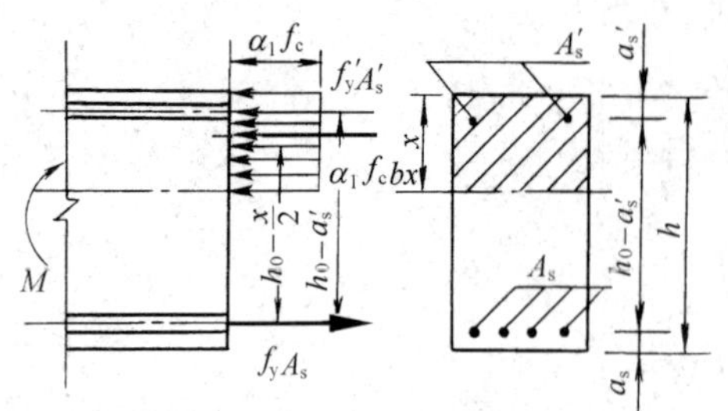

图 3-28　双筋截面应力状态

(3) 双筋矩形截面计算

在单筋截面受拉区配置受拉钢筋的同时，在受压区按计算需要配置一定数量的纵向受压钢筋，用来协助受压区混凝土承担一部分压力，称为双筋截面（图 3-28）。显然，用钢筋协助混凝土受压是不经济的，所以，只有在下列情况下才考虑采用：

1）弯矩很大，按单筋矩形截面计算会出现超筋梁（$\xi > \xi_b$），而梁的截面尺寸和混凝土强度等级受到限制；

2）在不同荷载组合情况下，梁截面承受变号弯矩作用；

由于受压钢筋的存在，增加了截面的刚度和延性，有利于改善构件的抗震性能，减小在荷载长期作用下产生的徐变，对减小构件在荷载长期作用下的挠度也是有利的。

【要点】单筋截面中受压区的架立钢筋是根据构造配置，计算时不参与受力，双筋截面中的受压钢筋是根据计算确定的。双筋截面中配置了受压钢筋而不需另设架立钢筋。

为了防止构件出现超筋破坏，应满足：

$$\xi \leqslant \xi_b \quad \text{或} \quad x \leqslant \xi_b h_0 \tag{3-31}$$

为了保证受压钢筋达到规定的抗压强度设计值，应满足：$x \geqslant 2a'_s$（即受压钢筋必须在混凝土受压区压应力合力之上）。

当 $x < 2a'_s$ 时，为了简化计算，可近似地取 $x = 2a'_s$，即认为混凝土受压区压应力的合力与受压钢筋 A'_s 重合（图 3-29）。

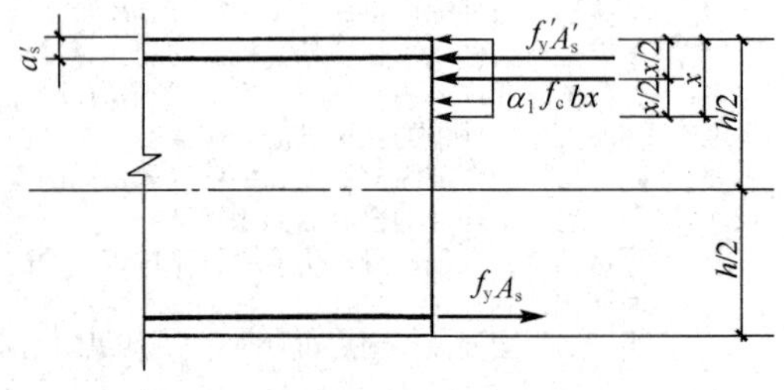

图 3-29　$x < 2a'_s$ 时的受弯承载力

(4) T 形截面计算

受弯构件在破坏时，大部分受拉区混凝土早已退出工作。若将受拉区混凝土的一部分去掉，并将受拉钢筋集中配置，而保持截面高度不变，就形成了 T 形截面（图 3-30）。而截面的承载力计算值与原有矩形截面完全相同。这样既可节省混凝土，减轻结构自重，又不影响截面的受弯承载力。

T 形截面（包括工字形截面）梁应用广泛。如现浇肋梁楼盖，楼板与梁浇筑在一起形成了 T 形截面梁。预制构件中的槽形板、空心板等，从结构设计的角度，实际都是 T 形截面（图 3-31）。

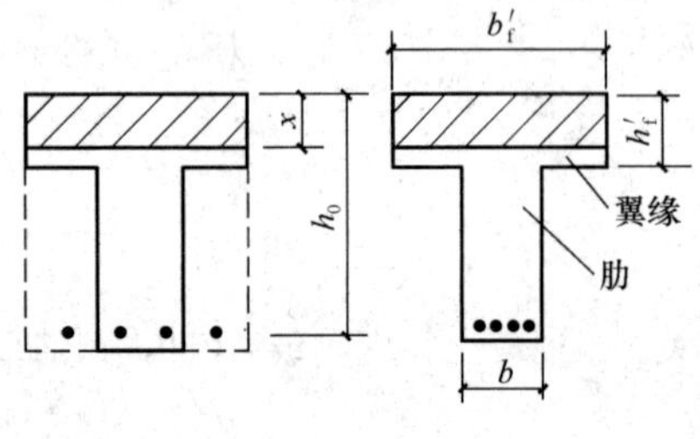

图 3-30　T 形截面

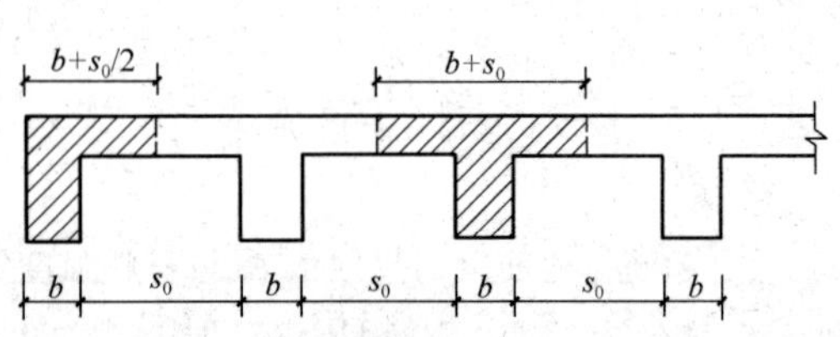

图 3-31　T 形截面梁受压翼缘计算宽度的确定

对现浇楼盖和装配整体式楼盖，宜考虑楼板作为翼缘对梁刚度和承载力的影响。考虑到远离梁肋处的压应力很小，故在设计中把翼缘限制在一定范围内，称为翼缘的计算宽度 b_f'。T形、I形及倒 L 形截面受弯构件位于受压区的翼缘计算宽度 b_f'可按《混凝土规范》表 5.2.4 所列情况中的最小值取用。

3. 受压构件正截面承载力计算

钢筋混凝土受压构件，分为轴心受压构件和偏心受压构件两大类。其中，当轴向力只在一个方向有偏心时称为单向偏心受压构件；当在两个方向均有偏心时，称为双向偏心受压构件（图 3-32）。

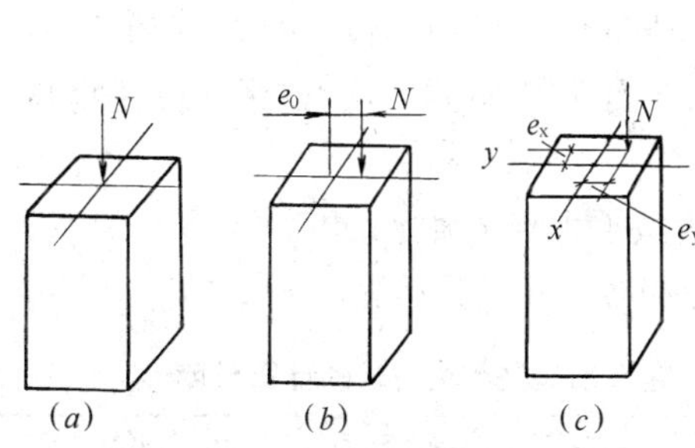

图 3-32　钢筋混凝土受压构件

（a）轴心受压；（b）单向偏心受压；（c）双向偏心受压

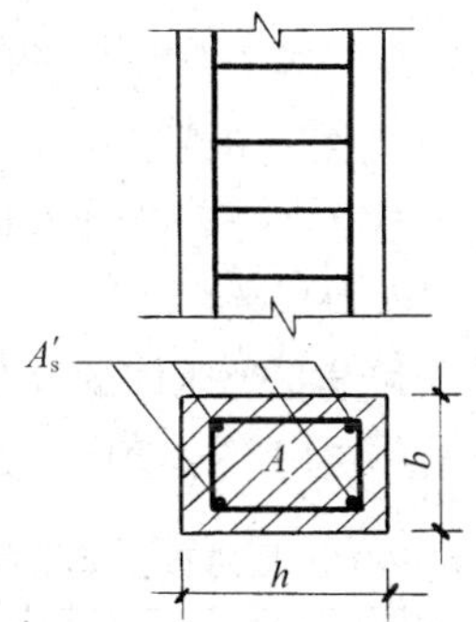

图 3-33　配置箍筋的钢筋混凝土轴心受压构件截面

（1）轴心受压构件

轴压柱箍筋配置形式分普通箍筋和螺旋箍筋（或焊接环式间接钢筋）两种。

1）配置普通箍筋的轴心受压构件

图 3-33，轴心受压构件的正截面承载力按下式计算：

$$N \leqslant 0.9\varphi(f_c A + f'_y A'_s) \tag{3-32}$$

式中　N——轴向压力设计值；

φ——钢筋混凝土构件的稳定系数，按表 3-24 采用；

f'_y——纵向钢筋的抗压强度设计值（$f'_y \leqslant 400\text{N/mm}^2$）；

f_c——混凝土的轴心抗压强度设计值，按《混凝土规范》表 4.1.4-1 采用；其中在确定构件的计算长度时，按《混凝土规范》第 6.2.20 条取用；

A——构件截面面积；

A'_s——全部纵向普通钢筋的截面面积。

当纵向钢筋配筋率大于 3%时，式（3-32）中的 A 应改用（$A-A'_s$）代替。

【要点】 轴心受压构件的受力性能与构件的长细比（矩形截面为 l_0/b）有关。由于材料性质和施工因素造成的偏心影响，使长柱承载能力低于短柱。另外，由于长细比过大，也可能使长柱发生“失稳破坏”。因此，式（3-32）中引入了稳定系数来反映长柱承载力较短柱的降低程度；系数 φ 见表 3-23，φ 越小，承载能力降低越多。

钢筋混凝土轴心受压构件的稳定系数 φ 　　　　表 3-24

矩　形	l_0/b	≤8	10	12	14	16	18	20	22	24	26	28
圆　形	l_0/d	≤7	8.5	10.5	12	14	15.5	17	19	21	22.5	24
任意形	l_0/i	≤28	35	42	48	55	62	69	76	83	90	97
	φ	1.00	0.98	0.95	0.92	0.87	0.81	0.75	0.70	0.65	0.60	0.56
矩　形	l_0/b	30	32	34	36	38	40	42	44	46	48	50
圆　形	l_0/d	26	28	29.5	31	33	34.5	36.5	38	40	41.5	43
任意形	l_0/i	104	111	118	125	132	139	146	153	160	167	174
	φ	0.52	0.48	0.44	0.40	0.36	0.32	0.29	0.26	0.23	0.21	0.19

注：1. l_0 为构件的计算长度，对钢筋混凝土柱可按表 3-24 及表 3-25 取用；

2. b 为矩形截面的短边尺寸；d 为圆形截面的直径；i 为截面的最小回转半径。

柱的计算长度等于其几何长度乘以一个系数，即 $l_0=\psi l$。在材料力学中，ψ 与柱两端的支承条件有关。当两端铰接时，$\psi=1.0$；一端固定、另一端铰接时，$\psi=0.7$；两端固定时，$\psi=0.5$；一端固定，另一端自由时，$\psi=2.0$。实际工程中，柱的支承条件比材料力学中设定的理想化条件远为复杂。

轴心受压和偏心受压柱的计算长度 l_0 应按下列规定确定：

刚性屋盖单层房屋排架柱、露天吊车柱和栈桥柱，其计算长度 l_0 按表 3-25 取用。

刚性屋盖单层房屋排架柱、露天吊车柱和栈桥柱的计算长度 　　　　表 3-25

柱的类别		l_0		
		排架方向	垂直排架方向	
			有柱间支撑	无柱间支撑
无吊车房屋柱	单　跨	$1.5H$	$1.0H$	$1.2H$
	两跨及多跨	$1.25H$	$1.0H$	$1.2H$
有吊车房屋柱	上　柱	$2.0H_u$	$1.25H_u$	$1.5H_u$
	下　柱	$1.0H_l$	$0.8H_l$	$1.0H_l$
露天吊车柱和栈桥柱		$2.0H_l$	$1.0H_l$	—

注：1. 表中 H 为从基础顶面算起的柱子全高；H_l 为从基础顶面至装配式吊车梁底面或现浇式吊车梁顶面的柱子下部高度；H_u 为从装配式吊车梁底面或从现浇式吊车梁顶面算起的柱子上部高度；

2. 表中有吊车房屋排架柱的计算长度，当计算中不考虑吊车荷载时，可按无吊车房屋柱的计算长度采用，但上柱的计算长度仍可按有吊车房屋采用；

3. 表中有吊车房屋排架柱的上柱在排架方向的计算长度，仅适用于 H_u/H_l 不小于 0.3 的情况；当 H_u/H_l 小于 0.3 时，计算长度宜采用 $2.5H_u$。

一般多层房屋中梁柱为刚接的框架结构，各层柱的计算长度 l_0 按表 3-26 取用。

框架结构各层柱的计算长度 　　　　表 3-26

楼盖类型	柱的类别	l_0
现浇楼盖	底层柱	$1.0H$
	其余各层柱	$1.25H$
装配式楼盖	底层柱	$1.25H$
	其余各层柱	$1.5H$

注：表中 H 对底层柱为从基础顶面到一层楼盖顶面的高度；对其余各层柱为上下两层楼盖顶面之间的高度。

【要点】影响轴心受压柱承载力的主要因素是混凝土强度等级和构件截面面积，而用加大受压钢筋数量来提高承载力是不经济的，且钢筋强度不能充分发挥。

2）配置螺旋箍筋或焊接环式间接钢筋的轴心受压构件（图 3-34）

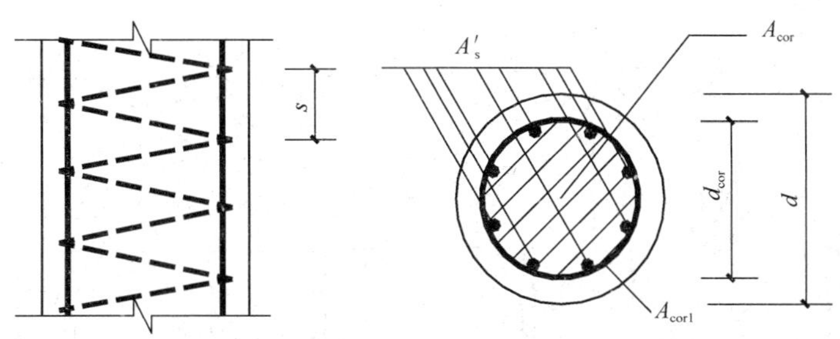

图 3-34　配置螺旋式间接钢筋的钢筋混凝土轴心受压构件

由于螺旋箍筋对核心混凝土的约束作用，提高了核心混凝土的抗压强度，从而使构件的承载力有所提高。配有螺旋箍筋柱的承载力计算公式为：

$$N \leqslant 0.9(f_c A_{cor} + f'_y A'_s + 2\alpha f_y A_{sso}) \tag{3-33}$$

式中　A_{cor}——构件的核心截面面积：间接钢筋内表面范围内的混凝土面积；

f_y——螺旋筋（或焊接环式间接钢筋）的抗拉强度设计值；

A_{sso}——螺旋式或焊接环式间接钢筋的换算截面面积；

α——间接钢筋对混凝土约束的折减系数：当混凝土强度等级不超过 C50 时，取 1.0；当混凝土强度等级为 C80 时，取 0.85，其间按线性内插法确定。

注意：规范规定按公式（3-33）算得的构件受压承载能力设计值不应大于按公式（3-32）算得的构件受压承载力设计值的 1.5 倍，且不得小于 1.0 倍。

例 3-5　下列关于钢筋混凝土柱的箍筋作用的叙述中，不对的是：

A　纵筋的骨架　　　　B　增强斜截面抗剪能力

C　增强正截面抗弯能力　　　　D　增强抗震中的延性

解析：钢筋混凝土柱箍筋的作用与正截面抗弯承载力无关。

答案：C

（2）偏心受压构件

偏压柱按受力情况分为大偏压和小偏压两种，按配筋形式分为对称配筋和非对称配筋两种。

1）偏心受压构件受力性能及有关规定

① 偏心受压构件的破坏分两种情况：

大偏心受压破坏（受拉破坏）如图 3-35(a) 所示：当偏心距较大或受拉钢筋较少时，构件的破坏是由于纵向受拉钢筋先达到屈服引起的，因此，属于受拉破坏。钢筋屈服后垂直裂缝发展，受压区高度减小，压应力值加大，最后导致压区混凝土压坏。这种情况，构件的承载力取决于受拉钢筋的强度。

小偏心受压破坏（受压破坏）如图 3-35(b)、(c) 所示：当偏心距较小或偏心距虽然较大但纵向受拉钢筋较多时，构件的破坏是由压区混凝土达到极限应变值 ε_{cu} 引起的。破坏时，距轴向力较远一侧的混凝土可能受压，也可能受拉。受拉区混凝土可能出现裂缝，也可能不出现裂缝，但处于该位置的纵向钢筋不论受拉或受压一般均未达到屈服。

大小偏心受压构件按相对受压区高度 ξ 来判别。

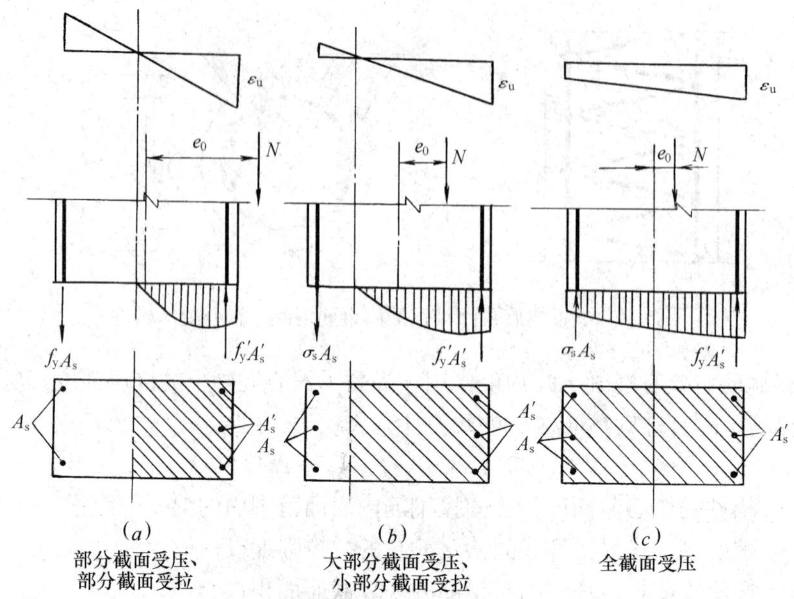

图 3-35　偏心受压构件

(a) 大偏心受压；(b)、(c) 小偏心受压

当 $\xi \leqslant \xi_b$ 时，属大偏心受压构件；当 $\xi > \xi_b$ 时，属小偏心受压构件。其中，ξ——相对受压区高度；ξ_b——界限相对受压区高度。

② 三个偏心距：荷载偏心距 e_0、附加偏心距 e_a 及初始偏心距 e_i：

荷载偏心距 e_0 是指轴向压力 N 对截面重心的偏心距，$e_0 = M/N$。

附加偏心距 e_a 是指考虑到荷载作用位置及施工时可能产生偏差等因素，计算时对荷载偏心距进行修正。其值应取 20mm 和偏心方向截面最大尺寸的 1/30 两者中的较大值。

实际设计计算时，规范采用初始偏心距 e_i 代替荷载偏心距 e_0，其计算公式为：

$$e_i = e_0 + e_a \tag{3-34}$$

③ 除排架结构柱外，其他偏心受压构件考虑轴向压力在挠曲杆件中产生的效应后控制截面的弯矩设计值，应将计算弯矩乘以偏心距调节系数和弯矩增大系数，详见《混凝土规范》第 6.2（Ⅲ）节。

2）矩形截面偏心受压构件

① 大偏心受压构件（$\xi \leqslant \xi_b$）

根据假定，受压钢筋应力达到 f'_y，受拉区混凝土不参加工作，受拉钢筋应力达到 f_y。

② 小偏心受压构件（$\xi > \xi_b$）

由于距轴向力较远一侧钢筋中心应力值，不论受压或受拉均未达到强度设计值（即 $\sigma_s < f_y$ 或 $\sigma_s < f'_y$）。

例 3-6　下列关于钢筋混凝土偏心受压构件的抗弯承载力的叙述，哪一项是正确的？

A　大、小偏压时均随轴力增加而增加　　B　大、小偏压时均随轴力增加而减小

C　小偏压时随轴力增加而增加　　D　大偏压时随轴力增加而增加

解析：对大偏心受压，属于受拉破坏。随着构件轴力的增加，可以减轻截面的受拉程度，截面的抗弯能力也随着提高。故答案是D。

答案：D

4. 受拉构件正截面承载力计算

（1）轴心受拉构件承载力计算

由于混凝土抗拉强度很低，轴心受拉构件按正截面计算时，不考虑混凝土参加工作，拉力全部由纵向钢筋承担。计算公式为：

$$N \leqslant f_y A_s + f_{py} A_p \tag{3-35}$$

式中　N——轴向拉力设计值；

A_s、A_p——纵向普通钢筋、预应力筋的全部截面面积。

（2）偏心受拉构件承载力计算

根据偏心拉力的作用位置不同，偏心受拉构件分为大偏心受拉和小偏心受拉两种。当轴向拉力的作用位置在钢筋 A_s 和 A'_s 之间时，不管偏心距大小如何，构件破坏时，均为全截面受拉，这种情况称为小偏心受拉；当轴向拉力作用在钢筋 A_s 和 A'_s 的范围以外时，受荷后截面部分受压、部分受拉，其破坏形态与大偏心受压构件类似，这种情况称为大偏心受拉。

（二）斜截面承载力计算

1. 受弯构件沿斜截面破坏的主要形态

根据试验证明，由于荷载的类别（集中或均布荷载）、加载方式（直接加载或间接加载）、剪跨比、腹筋用量等因素的影响，梁沿斜截面破坏可归纳为三种主要破坏形态，即：斜压破坏、剪压破坏、斜拉破坏。

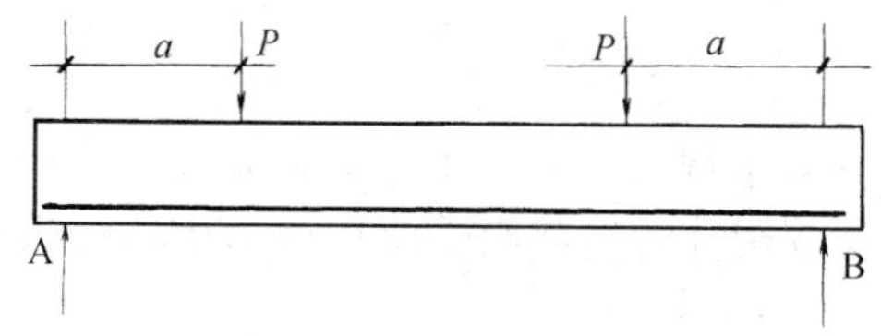

图 3-36　承受两个集中荷载的简支梁

（1）剪跨比的概念

对于承受两个集中荷载的简支梁（图3-36），集中荷载至支座的距离 a 称为剪跨，剪跨 a 与截面有效高度 h_0 的比值称为剪跨比，即：

$$\lambda = \frac{a}{h_0} = \frac{Va}{Vh_0} = \frac{M}{Vh_0} \tag{3-36}$$

式（3-36）表明，剪跨比 λ 反映了截面上弯矩与剪力的相对比值。

（2）三种主要破坏形态

1）斜压破坏。当剪跨比较小，或腹筋配置过多时，可能产生斜压破坏。破坏时，首先在梁腹部出现若干条大体相互平行的斜裂缝，随着荷载的增加，这些大体相互平行的斜裂缝将梁腹部分割成若干个倾斜的受压小柱体，最后，这些小斜柱体的混凝土在弯矩和剪力复合作用下，被压碎而破坏，如图 3-37(a) 所示，破坏时腹筋未达到屈服强度，因而，这种破坏属于脆性破坏，设计时应予避免。

2）斜拉破坏。当剪跨比较大，或腹筋配置较少时，可能产生斜拉破坏。破坏时，斜裂缝一旦出现，即很快形成一条主斜裂缝并迅速扩展到集中荷载作用点处，梁被分成两部分而破坏，见图 3-37(c)。这种破坏无明显的预兆，危险性较大，属于脆性破坏，设计时应予避免。

3）剪压破坏。当腹筋配置适当，剪跨比适中时，可能产生剪压破坏。剪压破坏的特征是，随着荷载的增加开始先出现一些垂直裂缝和由垂直裂缝延伸出来的细微的斜裂缝。当荷载增加到一定程度时，在数条斜裂缝中，将出现一条较长较宽的主要裂缝（即称为临界斜裂缝）。荷载再继续增加，临界斜裂缝不断向上延伸，使与其相交的箍筋达到屈服，同时，剪压区混凝土在剪应力和压应力共同作用下达到极限强度而破坏，见图 3-37(*b*)。这种破坏是由于箍筋先屈服而后混凝土被压碎，破坏前虽有一定预兆，但这种预兆远没有适筋梁正截面破坏明显。同时，考虑到强剪弱弯的设计要求，斜截面受剪承载力应有较大的可靠性，因此，将剪压破坏仍归为脆性破坏。设计时应把构件控制在剪压破坏类型。

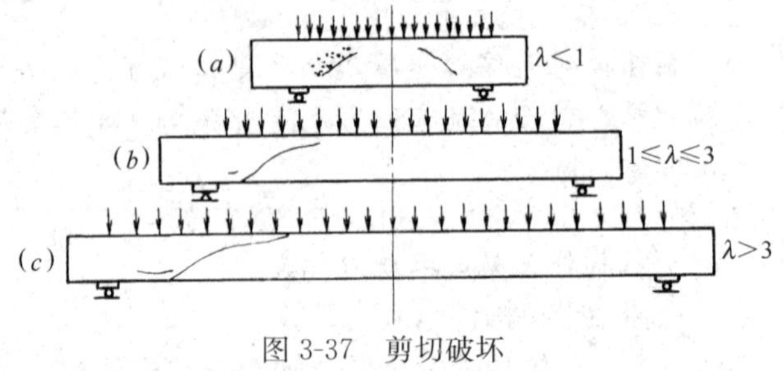

图 3-37　剪切破坏
(*a*) 斜压破坏；(*b*) 剪压破坏；(*c*) 斜拉破坏

规范中给出了梁中允许的最大配箍量以避免形成斜压破坏；同时又规定了最小配箍量以防止发生斜拉破坏。

2. 受弯构件斜截面承载力计算公式

(1) 不配置箍筋和弯起钢筋的一般板类受弯构件的斜截面承载力

均布荷载作用下，无腹筋梁的剪切破坏可能发生在支座附近，也可能发生在跨中，只要支座处最大剪力不大于 $0.7\beta_h f_t bh_0$，即能保证梁不发生剪切破坏。因此，规范对均布荷载作用下无腹筋梁的斜截面承载力取为：

$$V_c = 0.7\beta_h f_t bh_0 \tag{3-37}$$

式中　V_c——构件斜截面上的最大剪力设计值；

β_h——截面高度影响系数；

f_t——混凝土轴心抗拉强度设计值，按《混凝土规范》表 4.1.4-2 采用。

(2) 仅配置箍筋时，矩形、T 形和 I 形截面受弯构件的斜截面受剪承载力应符合下列规定：

$$V \leqslant V_{cs} + V_p \tag{3-38}$$

$$V_{cs} = \alpha_{cv} f_t bh_0 + f_{yv}\frac{A_{sv}}{s}h_0 \tag{3-39}$$

$$V_p = 0.05N_{p0} \tag{3-40}$$

式中　V_{cs}——构件斜截面上混凝土和箍筋的受剪承载力设计值；

V_p——由预加力所提高的构件受剪承载力设计值；

α_{cv}——斜截面混凝土受剪承载力系数，对于一般受弯构件取 0.7；对集中荷载作用下（包括作用有多种荷载，其中集中荷载对支座截面或节点边缘所产生的剪力值占总剪力的 75%以上的情况）的独立梁，取 α_{cv} 为 $\frac{1.75}{\lambda+1}$，λ 为计算截面的剪跨比，可取 λ 等于 a/h_0，当 λ 小于 1.5 时，取 1.5，当 λ 大于 3 时，取 3，a 取集中荷载作用点至支座截面或节点边缘的距离；

A_{sv}——配置在同一截面内箍筋各肢的全部截面面积，即 nA_{sv1}，此处，n 为在同一个截面内箍筋的肢数，A_{sv1} 为单肢箍筋的截面面积；

s——沿构件长度方向的箍筋间距；

f_{yv}——箍筋的抗拉强度设计值，按《混凝土规范》第 4.2.3 条的规定采用；

N_{p0}——计算截面上混凝土法向预应力等于零时的预加力。

(3) 配置箍筋和弯起钢筋时，矩形、T 形和 I 形截面受弯构件的斜截面受剪承载力应符合下列规定（图 3-38）：

$$V \leqslant V_{cs} + V_p + 0.8 f_y A_{sb} \sin\alpha_s + 0.8 f_p A_{pb} \sin\alpha_p \tag{3-41}$$

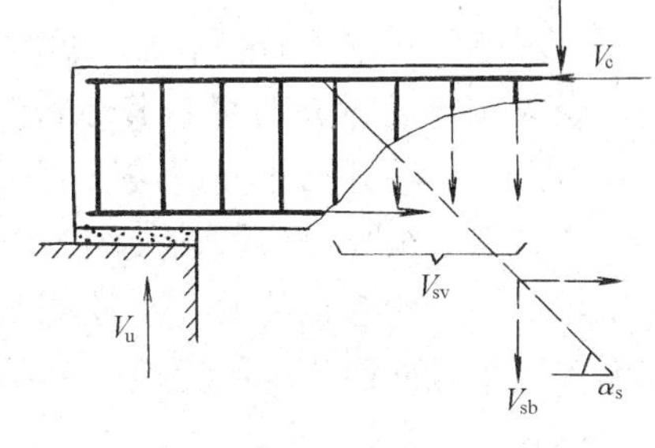

图 3-38　斜截面受剪承载力计算截面

式中　V——配置弯起钢筋处的剪力设计值，按《混凝土规范》第 6.3.6 条的规定取用；

V_p——由预加力所提高的构件受剪承载力设计值，按式（3-40）计算，但计算预加力 N_{p0} 时不考虑弯起预应力筋的作用；

A_{sb}、A_{pb}——分别为同一平面内的弯起普通钢筋、弯起预应力筋的截面面积；

α_s、α_p——分别为斜截面上弯起普通钢筋、弯起预应力筋的切线与构件纵轴线的夹角。

【要点】 影响斜截面承载能力的主要因素是混凝土的强度等级，箍筋的直径、肢数和间距，梁的截面尺寸等，而与纵向钢筋无关。

对于承受以集中荷载为主（包括作用有多种荷载，其中集中荷载对支座截面或节点边缘所产生的剪力值占总剪力值的 75%的情况）的矩形截面梁，应考虑剪跨比 λ 的影响，按下式计算：

$$V \leqslant V_u = \frac{1.75}{\lambda+1} f_t b h_0 + f_{yv} \frac{A_{sv}}{s} h_0 + 0.8 f_y A_{sb} \sin\alpha_s \tag{3-42}$$

3. 受弯构件斜截面受剪承载力计算公式的适用条件：

(1) 矩形、T 形和工字形截面的受弯构件的受剪截面应符合下列条件：

当 $\dfrac{h_w}{b} \leqslant 4.0$ 时，　　$V \leqslant 0.25\beta_c f_c b h_0$　　(3-43)

当 $\dfrac{h_w}{b} \geqslant 6.0$ 时，　　$V \leqslant 0.2\beta_c f_c b h_0$　　(3-44)

当 $4.0 < \dfrac{h_w}{b} < 6.0$ 时，按线性内插法确定。

式中　V——构件斜截面上的最大剪力设计值；

β_c——混凝土强度影响系数：当混凝土强度等级不超过 C50 时，取 $\beta_c = 1.0$；当混凝土强度等级为 C80 时，取 $\beta_c = 0.8$；其间按线性内插法确定；

f_c——混凝土轴心抗压强度设计值，按《混凝土规范》表 4.1.3-1 采用；

b——对矩形截面取截面宽度；对 T 形截面或工字形截面取腹板宽度；

h_0——截面的有效高度；

h_w——截面的腹板高度：对矩形截面取有效高度 h_0；对 T 形截面取有效高度减去翼缘高度；对工字形截面取腹板净高。

【要点】 剪压比为梁所受的剪力与梁的轴心抗压能力（$f_c b h_0$）的比值。控制剪压比的大小等于控制梁的截面尺寸不能太小，配筋率不能太大和剪力不能太大。当配筋率大于最大配筋率时，会发生斜压破坏。因此，控制剪压比是防止斜压破坏的措施。控制剪力的大小，可以达到限制斜裂缝宽度的作用。

（2）为了防止斜截面产生斜拉破坏，箍筋配置也不能过少。

（3）规范还对箍筋直径和最大间距 s 加以限制（详见《混凝土规范》第 9.2.9 条）。

4. 斜截面受剪承载力的计算截面

剪力设计值的计算截面应按下列规定采用：

（1）支座边缘处的斜截面（图 3-39 截面 1-1）；

（2）受拉区弯起钢筋弯起点处的斜截面（图 3-39 截面 2-2 和 3-3）；

（3）箍筋截面面积或间距改变处的斜截面（图 3-39 截面 4-4）；

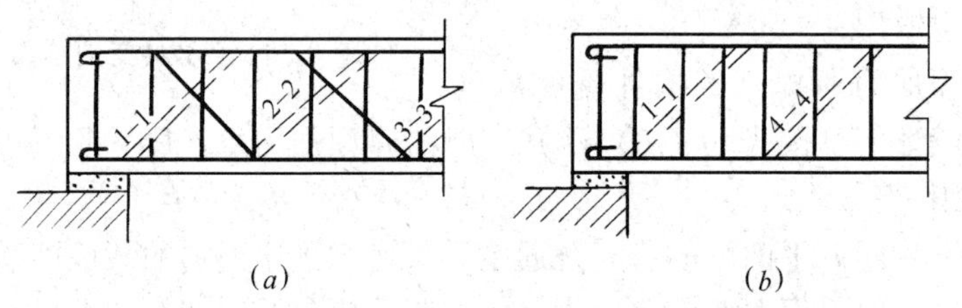

图 3-39　斜截面受剪承载力剪力设计值的计算截面

（a）弯起钢筋；（b）箍筋

1-1—支座边缘处的斜截面；2-2、3-3—受拉区弯起钢筋弯起点的斜截面；4-4—箍筋截面面积或间距改变处的斜截面

（4）截面尺寸改变处的斜截面。

（三）扭曲截面承载力计算

在实际工程中，结构或构件处于纯扭的情况很少，大多数都是处于弯矩、剪力和扭矩共同作用下的复合受扭情况，比如吊车梁、雨棚梁和框架边梁等。受扭构件常见的截面形式有矩形、T 形、工字形和箱形等。

1. 影响受扭构件破坏特征的主要因素

除混凝土强度等级和构件截面尺寸外，影响受扭构件破坏特征的主要因素有：

（1）受扭纵向钢筋的配筋率 $\rho_{tl}=A_{stl}/bh$，其中，A_{stl} 为对称布置的全部受扭纵向钢筋的截面面积，b、h 分别为受扭构件截面短边、长边尺寸。

（2）受扭箍筋的配箍率 $\rho_{sv}=2A_{st1}/bs$，其中，A_{st1} 为沿截面周边配置的受扭箍筋单肢截面面积，s 为受扭箍筋的间距。

（3）受扭纵筋与受扭箍筋的配筋强度比值 ζ，即沿截面核心周长单位长度上受扭纵筋的强度与沿构件轴线单位长度上受扭箍筋的强度之比，$\zeta=\dfrac{f_y A_{stl} s}{f_{yv} A_{st1} u_{cor}}$，式中 u_{cor} 为截面核心部分的周长，$u_{cor}=2(b_{cor}+h_{cor})$，$b_{cor}$、$h_{cor}$ 分别为箍筋内表面范围内截面核心部分的短边、长边尺寸。

2. 受扭构件的破坏形态

受扭构件的破坏形态可分为少筋破坏、适筋破坏、部分超筋破坏和超筋破坏。

（1）少筋破坏

当受扭纵筋和受扭箍筋配置均过少时，受扭裂缝一旦出现，即出现类似素混凝土的脆性断裂，其破坏特征类似于受弯构件的少筋梁，属于脆性破坏，设计中应予避免。

（2）适筋破坏

当受扭纵筋和受扭箍筋配置适当，且 ζ（$0.6\leqslant\zeta\leqslant1.7$）合适时，在出现多条螺旋状裂缝后，破坏时与斜裂缝相交的纵筋和箍筋都达到屈服，然后受压区混凝土达到极限压应变，发生三面受拉、一面受压的空间扭曲截面破坏。这种破坏与受弯构件的适筋梁类似，属于延性破坏。

（3）部分超筋破坏

若受扭纵筋和受扭箍筋不匹配，两者配筋率相差较大，例如，纵筋的配筋率比箍筋的配筋率小很多，破坏时仅纵筋屈服，而箍筋达不到屈服；反之，则箍筋屈服，纵筋达不到屈服。其破坏也有一定的预兆，但部分材料强度不能充分利用，在设计中也可采用。

（4）超筋破坏

当受扭纵筋和受扭箍筋配置均太大时，受压面混凝土达到极限压应变被压碎时，与斜裂缝相交的纵筋和箍筋均没有达到屈服。破坏预兆不明显，属于脆性破坏，材料强度不能充分利用，设计中也应予避免。

3. 受扭构件承载力计算

受扭构件的承载力一般由三部分组成，截面核心混凝土、受扭箍筋和沿构件截面周边均匀布置的受扭纵向钢筋。

受扭构件的承载力计算，根据截面上的受力性质不同，可分为纯扭构件、剪扭构件和弯剪扭构件。

对于剪扭构件应考虑剪力和扭矩共同作用下，混凝土承载力降低的相关性，分别计算出抗剪箍筋和抗扭箍筋，两者的和即为受剪扭构件的总配箍量。

对于弯剪扭构件仅需考虑剪力与扭矩的相关性，弯矩不考虑它们之间的相关性。抗弯承载力计算的纵向受力钢筋应配置在截面受拉区，抗扭承载力计算的纵向钢筋应沿截面核心周边均匀布置。

【要点】影响受扭构件承载力的因素有：截面形状和尺寸、混凝土强度等级、箍筋的直径和间距、纵向钢筋的截面面积（沿构件周边的全部纵向钢筋）、纵箍比等。在截面面积相等的条件下，采用圆形截面（特别是环形截面）优于方形、矩形截面；薄而高的截面是不利的。

三、正常使用极限状态验算

钢筋混凝土构件，除了有可能由于承载力不足超过承载能力极限状态外，还有可能由于变形过大或裂缝宽度超过允许值，使构件超过正常使用极限状态而影响正常使用。因此规范规定，根据使用要求，构件除进行承载力计算外，尚需进行正常使用极限状即变形及裂缝宽度的验算。

（一）正常使用极限状态的验算

（1）对于正常使用极限状态，结构构件应分别按荷载的准永久组合并考虑长期作用的影响或标准组合并考虑长期作用的影响，采用下列极限状态设计表达式进行验算：

$$S\leqslant C \tag{3-45}$$

式中 S——正常使用极限状态荷载组合的效应设计值；

C——结构构件达到正常使用要求所规定的变形、裂缝宽度、应力和自振频率等的限值。

（2）钢筋混凝土受弯构件的最大挠度应按荷载的准永久组合，预应力混凝土受弯构件的最大挠度应按荷载的标准组合，并均应考虑荷载长期作用的影响进行计算，其计算值不应超过表 3-27 规定的挠度限值。

受弯构件的挠度限值　　表 3-27

<table>
<tr><th colspan="2">构件类型</th><th>挠度限值</th></tr>
<tr><td rowspan="2">吊车梁</td><td>手动吊车</td><td>$l_0/500$</td></tr>
<tr><td>电动吊车</td><td>$l_0/600$</td></tr>
<tr><td rowspan="3">屋盖、楼盖及楼梯构件</td><td>当 $l_0 < 7\text{m}$ 时</td><td>$l_0/200(l_0/250)$</td></tr>
<tr><td>当 $7\text{m} \leqslant l_0 \leqslant 9\text{m}$ 时</td><td>$l_0/250\ (l_0/300)$</td></tr>
<tr><td>当 $l_0 > 9\text{m}$ 时</td><td>$l_0/300\ (l_0/400)$</td></tr>
</table>

注：1. 表中 l_0 为构件的计算跨度，计算悬臂构件的挠度限值时，其计算跨度 l_0 按实际悬臂长度的 2 倍取用；
2. 表中括号内的数值适用于使用上对挠度有较高要求的构件；
3. 如果构件制作时预先起拱，且使用上也允许，则在验算挠度时，可将计算所得的挠度值减去起拱值；对预应力混凝土构件，尚可减去预加力所产生的反拱值；
4. 构件制作时的起拱值和预加力所产生的反拱值，不宜超过构件在相应荷载组合作用下的计算挠度值。

（3）结构构件正截面的裂缝控制等级分为三级。裂缝控制等级的划分应符合下列规定：

一级——严格要求不出现裂缝的构件，按荷载标准组合计算时，构件受拉边缘混凝土不应产生拉应力。

二级——一般要求不出现裂缝的构件，按荷载标准组合计算时，构件受拉边缘混凝土拉应力不应大于混凝土抗拉强度标准值。

三级——允许出现裂缝的构件：对钢筋混凝土构件，按荷载准永久组合并考虑长期作用影响计算时，构件的最大裂缝宽度不应超过表 3-28 规定的最大裂缝宽度限值。对预应力混凝土构件，按荷载标准组合并考虑长期作用的影响计算时，构件的最大裂缝宽度不应超过表 3-28 规定的最大裂缝宽度限值；对二 a 类环境的预应力混凝土构件，尚应按荷载准永久组合计算，且构件受拉边缘混凝土的拉应力不应大于混凝土的抗拉强度标准值。

结构构件的裂缝控制等级及最大裂缝宽度的限值（mm）　　表 3-28

<table>
<tr><th rowspan="2">环境类别</th><th colspan="2">钢筋混凝土结构</th><th colspan="2">预应力混凝土结构</th></tr>
<tr><th>裂缝控制等级</th><th>w_{lim}</th><th>裂缝控制等级</th><th>w_{lim}</th></tr>
<tr><td>一</td><td rowspan="4">三级</td><td>0.30（0.40）</td><td rowspan="2">三级</td><td>0.20</td></tr>
<tr><td>二 a</td><td rowspan="3">0.20</td><td>0.10</td></tr>
<tr><td>二 b</td><td>二级</td><td>—</td></tr>
<tr><td>三 a、三 b</td><td>一级</td><td>—</td></tr>
</table>

注：1. 对处于年平均相对湿度小于 60%地区一类环境下的受弯构件，其最大裂缝宽度限值可采用括号内的数值；
2. 在一类环境下，对钢筋混凝土屋架、托架及需作疲劳验算的吊车梁，其最大裂缝宽度限值应取为 0.20mm；对钢筋混凝土屋面梁和托梁，其最大裂缝宽度限值应取为 0.30mm；
3. 在一类环境下，对预应力混凝土屋架、托架及双向板体系，应按二级裂缝控制等级进行验算；对一类环境下的预应力混凝土屋面梁、托梁、单向板，应按表中二 a 类环境的要求进行验算；在一类和二 a 类环境下需作疲劳验算的预应力混凝土吊车梁，应按裂缝控制等级不低于二级的构件进行验算；
4. 表中规定的预应力混凝土构件的裂缝控制等级和最大裂缝宽度限值仅适用于正截面的验算；预应力混凝土构件的斜截面裂缝控制验算应符合《混凝土规范》第 7 章的有关规定；
5. 对于烟囱、筒仓和处于液体压力下的结构，其裂缝控制要求应符合专门标准的有关规定；
6. 对于处于四、五类环境下的结构构件，其裂缝控制要求应符合专门标准的有关规定；
7. 表中的最大裂缝宽度限值为用于验算荷载作用引起的最大裂缝宽度。

（4）结构构件应根据结构类别和表 3-29 规定的环境类别，按表 3-28 的规定选用不同的裂缝控制等级及最大裂缝宽度限值 w_{lim}。

混凝土结构的环境类别 **表 3-29**

环境类别	条 件
一	室内干燥环境； 无侵蚀性静水浸没环境
二 a	室内潮湿环境； 非严寒和非寒冷地区的露天环境； 非严寒和非寒冷地区与无侵蚀性的水或土壤直接接触的环境； 严寒和寒冷地区的冰冻线以下与无侵蚀性的水或土壤直接接触的环境
二 b	干湿交替环境； 水位频繁变动环境； 严寒和寒冷地区的露天环境； 严寒和寒冷地区冰冻线以上与无侵蚀性的水或土壤直接接触的环境
三 a	严寒和寒冷地区冬季水位变动区环境； 受除冰盐影响环境； 海风环境
三 b	盐渍土环境； 受除冰盐作用环境； 海岸环境
四	海水环境
五	受人为或自然的侵蚀性物质影响的环境

注：1. 室内潮湿环境是指构件表面经常处于结露或湿润状态的环境；
2. 严寒和寒冷地区的划分应符合现行国家标准《民用建筑热工设计规范》GB 50176 的有关规定；
3. 海岸环境和海风环境宜根据当地情况，考虑主导风向及结构所处迎风、背风部位等因素的影响，由调查研究和工程经验确定；
4. 受除冰盐影响环境是指受到除冰盐盐雾影响的环境；受除冰盐作用环境是指被除冰盐溶液溅射的环境以及使用除冰盐地区的洗车房、停车楼等建筑；
5. 暴露的环境是指混凝土结构表面所处的环境。

（二）受弯构件挠度的验算

钢筋混凝土和预应力混凝土受弯构件的挠度可按照力学方法计算，且不应超过表3-27规定的限值。

在等截面构件中，可假定各同号弯矩区段内的刚度相等，并取用该区段内最大弯矩处的刚度。当计算跨度内的支座截面刚度不大于跨中截面刚度的 2 倍或不小于跨中截面刚度的 1/2 时，该跨也可按等刚度构件进行计算，其构件刚度可取跨中最大弯矩截面的刚度。

当计算结果不能满足要求时，说明受弯构件的刚度不足。可以采用增加截面高度、提高混凝土强度等级，增加配筋等办法解决。其中以增加梁的截面高度效果最为显著，宜优先采用。

（三）裂缝的形成、控制和宽度验算

1. 裂缝的形成和开展

引起钢筋混凝土结构产生裂缝的原因很多，主要因素有：荷载效应、外加变形和约束变形、钢筋锈蚀等。

在合理设计和正常施工的条件下，荷载效应的直接作用往往不是形成裂缝宽度过大的主要原因，许多裂缝是几种因素综合的结果，其中温度与收缩是裂缝出现和发展的主要因素。

一般情况下，可以通过下列措施来避免裂缝的产生，如：合理地设置温度缝来避免或减少温度裂缝的出现；通过设置沉降缝、选择刚度大的基础类型、做好地基持力层的选择和验槽处理工作，来防止或减少由于不均匀沉降引起的沉降裂缝；通过保证混凝土保护层的厚度来防止纵向钢筋锈蚀，以免引起沿钢筋长度方向的纵向裂缝；通过布置构造钢筋

（如梁中的腰筋和板、墙中的分布钢筋）来避免收缩裂缝。

影响裂缝宽度的主要因素有：

（1）钢筋应力。

（2）钢筋与混凝土之间的粘结强度。

（3）钢筋的有效约束区：通过粘结力将拉力扩散到混凝土，能有效约束混凝土回缩的区域，称为钢筋的有效约束区，或称钢筋的有效埋置区。在设计中，采用较小直径钢筋，沿截面受拉区外缘以不大的间距均匀布置，使裂缝分散和裂缝宽度减小，就是利用了约束区的概念。

（4）混凝土保护层的厚度。

2. 控制裂缝宽度的构造措施

（1）对跨中垂直裂缝的控制

当梁的腹板高度 h_w 不小于 450mm 时，在梁的两侧应沿高度配置纵向构造钢筋，每侧纵向钢筋的截面面积不应少于腹板截面面积 bh_w 的 0.1%，间距不宜大于 200mm。

（2）对斜裂缝的控制

为了减小斜裂缝的宽度，要求每一条斜裂缝至少有一根箍筋通过，当剪力较大时至少有 2 根箍筋通过。因此，箍筋的布置应本着“细而密”的原则。规范表 9.2.9 中，在“V 大于 $0.7f_tbh_0+0.05N_{P0}$”一栏对构件出现裂缝后箍筋的最大间距 s_{max} 作了规定。试验资料分析表明，箍筋配置如能满足受剪承载力的要求，又能满足 s_{max} 的构造规定，则同时可以满足在使用阶段下裂缝宽度不大于 0.2mm 的要求。

（3）对节点边缘垂直裂缝宽度的控制

满足受拉纵筋的水平锚固长度是控制节点边缘垂直裂缝宽度的有效措施。

图 3-40 表示中间层框架梁的端节点，上部纵向受拉钢筋锚入节点的锚固长度分水平段和垂直段两部分。因此，规范规定水平段长度不能小于 $0.4l_a$。由于垂直长度的存在，受拉钢筋一般不会发生被拔出的现象。

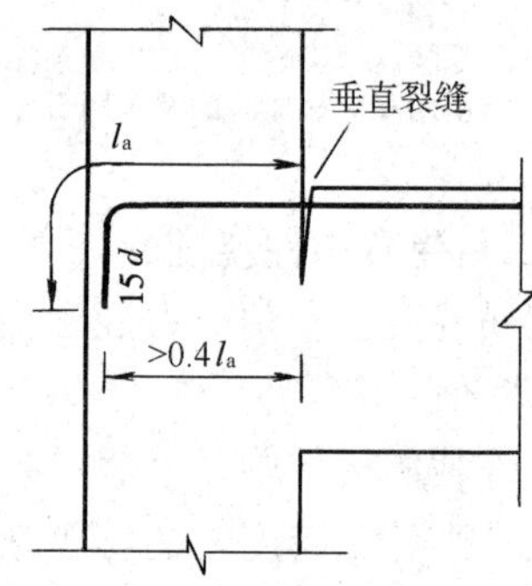

图 3-40　梁上部纵向受拉钢筋在框架中间层端节点内的锚固

3. 最大裂缝宽度控制

钢筋混凝土和预应力混凝土构件，三级裂缝控制等级时，钢筋混凝土构件的最大裂缝宽度可按荷载准永久组合并考虑长期作用影响的效应计算，预应力混凝土构件的最大裂缝宽度可按荷载标准组合并考虑长期作用影响的效应计算。最大裂缝宽度应符合下列规定：

$$w_{max} \leqslant w_{lim} \tag{3-46}$$

规范给出了最大裂缝宽度 w_{max} 按下式计算：

$$w_{max} = \alpha_{cr}\psi\frac{\sigma_s}{E_s}\left(1.9c_s + 0.08\frac{d_{eq}}{\rho_{te}}\right) \tag{3-47}$$

式中　α_{cr}——构件受力特征系数；

ψ——裂缝间纵向受拉钢筋应变不均匀系数；

ρ_{te}——按有效受拉混凝土截面面积计算的纵向受拉钢筋配筋率；

σ_s——按荷载效应的准永久组合计算的钢筋混凝土构件纵向受拉普通钢筋的应力或按标准组合计算的预应力混凝土构件纵向受拉钢筋的等效应力。

E_s——钢筋弹性模量（N/mm^2）；

c_s——最外层纵向受拉钢筋外边缘至受拉区底边的距离（mm），当 $c_s<20$ 时，取 $c_s=20$；当 $c_s>65$ 时，取 $c_s=65$；

d_{eq}——受拉区纵向钢筋的等效直径（mm）。

【要点】一般情况下，钢筋混凝土构件总是在带有裂缝的情况下工作的，也就是说，除特殊不允许出现裂缝的情况外，钢筋混凝土构件是允许出现裂缝的，只是对裂缝最大宽度加以限制。

有关裂缝控制等级及最大裂缝宽度限值见表 3-27。

例 3-7 采用哪一种措施可以减小普通钢筋混凝土简支梁裂缝的宽度？

A 增加箍筋的数量　　　　B 增加底部主筋的直径

C 减小底部主筋的直径　　D 增加顶部构造钢筋

解析：根据《混凝土规范》第 7.1.2 条式（7.1.2-1），钢筋的粗细对混凝土裂缝宽度有影响。当钢筋截面面积相同时，钢筋越细，与混凝土接触的表面积就越大，粘结性能就越好，裂缝间距就越小，裂缝宽度也越小。

由混凝土最大裂缝宽度计算公式（3-47）也可分析出两者之间的关系，即当简支梁底部主筋直径 d_{eq} 减小时，w_{max} 将减小，因此答案应为 C。

答案：C

四、构造规定

（一）伸缩缝

1. 设置伸缩缝的目的

伸缩缝的设置，是为了防止温度变化和混凝土收缩而引起结构过大的附加内应力，从而避免当受拉的内应力超过混凝土的抗拉强度时引起结构产生裂缝。

温度变化包括大气温度发生变化和太阳辐射使结构各部位的温度变化不同，从而导致温差内应力。对超静定结构来说，即使结构各部位间的温差很小，但温度变化引起构件伸缩也会引起内应力。温度变化越大，结构或构件越长，产生的变形和引起的内应力也越大。一般来说，温度应力主要集中在结构的顶部和底部，顶部主要由屋盖和建筑物内部的温差引起，底部则因地基和建筑物温度的不同引起。

混凝土收缩是指在混凝土硬化过程中因体积减小而引起收缩，从而使超静定结构构件的变形被约束而引起收缩拉应力，当拉应力超过混凝土的抗拉强度时，就会产生裂缝。

2. 钢筋混凝土结构伸缩缝最大间距

设计中为了控制结构物的裂缝，其中一个重要的措施就是用温度伸缩缝将过长的建筑物分成几个部分，使每一个部分的长度不超过规范规定的伸缩缝最大间距要求。《混凝土规范》给出了钢筋混凝土结构伸缩缝的最大间距，见表 3-30。

钢筋混凝土结构伸缩缝最大间距（m）　　表 3-30

结构类别	室内或土中		露天
排架结构	装配式	100	70
框架结构	装配式	75	50
	现浇式	55	35
剪力墙结构	装配式	65	40
	现浇式	45	30
挡土墙、地下室墙壁等类结构	装配式	40	30
	现浇式	30	20

注：1. 装配整体式结构房屋的伸缩缝间距，可根据结构的具体情况取表中装配式结构与现浇式结构之间的数值；
2. 框架-剪力墙结构或框架-核心筒结构房屋的伸缩缝间距可根据结构的具体布置情况取表中框架结构与剪力墙结构之间的数值；
3. 当屋面无保温或隔热措施时，框架结构、剪力墙结构的伸缩缝间距宜按表中露天栏的数值取用；
4. 现浇挑檐、雨罩等外露结构的伸缩缝间距不宜大于 12m。

从表中可以看出，在确定伸缩缝最大间距时，主要考虑的因素有以下几点：

（1）要区别结构构件工作环境是在室内（或土中）还是在露天。对于直接暴露在大气中的结构，由于气温变化明显，会产生较大的伸缩，因而比围护在室内或埋在地下的结构，温度应力要大得多。因此，对前者伸缩缝最大间距的限制比后者要严，也就是说，前者比后者的限值要小。

（2）要区别结构体系和结构构件的类别。结构物是由许多构件组成的，每个构件受到周围构件的约束，同时也约束周围的构件。排架结构比框架结构、框架结构比剪力墙结构的刚度小，因而引起的内应力较小。因此，伸缩缝最大间距的限值也呈递减的趋势。另外，对于挡土墙、地下室墙壁等体型大的结构，由于混凝土体积大，故由温度和收缩引起的变形和内应力积聚也大得多，往往容易引起裂缝，因而其伸缩缝最大间距的限值也更严。

（3）要区别是装配式结构或整体现浇式结构。由于混凝土收缩早期较大，后期逐渐减小。装配式结构预制构件的收缩变形大部分在吊装前即已完成，装配成整体后因收缩引起的内应力就比现浇结构要小。因此，对同一种结构体系和构件类别来说，由于施工方法的不同，对整体现浇式结构最大伸缩缝间距的限值要比装配式结构严。

（4）规范表中数值不是绝对的，使用时可根据具体条件适当调整。例如对于屋面无保温隔热措施的结构、外墙装配内墙现浇或采用滑模施工的剪力墙结构、位于气候干燥地区及夏季炎热且暴雨频繁地区的结构或经常处于高温环境下的结构，均应根据实践经验适当减小伸缩缝的间距。

（5）从表中可看出，在确定伸缩缝最大间距时，未考虑地域和气候条件。我国各地区气候相差虽然悬殊，但在一般情况下，温差的变化对结构应力的影响差别并不很大。因此，未把地域和气候条件作为一个因素来考虑。

3. 伸缩缝的做法

（1）当建筑物需设沉降缝、防震缝时，沉降缝、防震缝可以和伸缩缝合并，但伸缩缝的宽度应满足防震缝宽度的要求。

（2）根据规范第 8.1.4 条规定，当设置伸缩缝时，排架、框架结构的双柱基础可不断开。这是由于考虑到位于地下的结构处在温度变化不大的环境中的缘故。

4. 控制结构裂缝的构造措施和施工措施

为了控制结构裂缝，增大伸缩缝的间距，可采取以下一些措施：

（1）在建筑物的屋盖加强保温措施，如采用加大屋面隔热保温层的厚度、设置架空通风双层屋面等。

（2）将结构顶层局部改变为刚度较小的形式，或将顶层结构分成长度较小的几个部分（如在顶层部位，将下层剪力墙分成两道较薄的墙）。

（3）在温度影响较大的部位（如顶层、底层、山墙、内纵墙端开间）适当提高构件的配筋率。在满足构件承载力的要求下，采用直径细而间距密的钢筋，避免采用直径粗而间距稀的配筋形式。适当增加分布钢筋的用量。

（4）对现浇结构可采用分段施工。在施工中设置后浇带（在基础、楼板、墙等构件中），使在施工中混凝土可以自由收缩，待主体结构完工后再用比主体结构高一级的掺有添加剂的混凝土补浇后浇带。

（5）改善混凝土的质量，施工中加强养护，可减少干缩的影响。

（二）混凝土保护层

构件中普通钢筋及预应力筋的混凝土保护层指构件最外层钢筋（包括箍筋、构造钢筋、分布筋等）的外缘至混凝土表面的距离，保护层厚度应满足下列要求：

（1）构件中受力钢筋的保护层厚度不应小于钢筋的公称直径 d。

（2）设计使用年限为 50 年的混凝土结构，最外层钢筋的保护层厚度不应小于表3-31中的规定。设计使用年限为 100 年的混凝土结构，最外层钢筋保护层厚度不应小于表 3-31中数值的 1.4 倍。

混凝土保护层的最小厚度 c（mm） **表 3-31**

环境类别	板、墙、壳	梁、柱、杆
一	15	20
二 a	20	25
二 b	25	35
三 a	30	40
三 b	40	50

注：1. 混凝土强度等级不大于 C25 时，表中保护层厚度数值应增加 5mm；

2. 钢筋混凝土基础宜设置混凝土垫层，基础中钢筋的混凝土保护层厚度应从垫层顶面算起，且不应小于 40mm。

（3）当有充分依据并采取下列措施时，可适当减小混凝土保护层的厚度。

1）构件表面有可靠的防护层；

2）采用工厂化生产的预制构件；

3）在混凝土中掺加阻锈剂或采用阴极保护处理等防锈措施；

4）当对地下室墙体采取可靠的建筑防水做法或防护措施时，与土层接触一侧钢筋的保护层厚度可适当减少，但不应小于 25mm。

（4）当梁、柱、墙中纵向受力钢筋的保护层厚度大于 50mm 时，宜对保护层采取有效的构造措施。当在保护层内配置防裂、防剥落的钢筋网片时，网片钢筋的保护层厚度不应小于 25mm。

（三）钢筋的锚固

1. 钢筋与混凝土的粘结

钢筋与混凝土之间的粘结力，主要由三部分组成：

（1）钢筋与混凝土接触面由于化学作用产生的胶结力；

（2）由于混凝土硬化时收缩，对钢筋产生握裹作用。由于握裹作用及钢筋表面粗糙不平，在接触面上引起摩阻力；

（3）对光面钢筋，由于其表面粗糙不平产生咬合力；对带肋钢筋，由于带肋钢筋肋间嵌入混凝土而形成的机械咬合作用。

综上所述，光圆钢筋和带肋钢筋粘结机理的主要差别在于，光圆钢筋粘结力主要来自胶结力和摩阻力，而带肋钢筋的粘结力主要来自机械咬合作用。

2. 钢筋锚固长度

（1）影响粘结强度的因素

1）混凝土的强度。粘结强度随混凝土强度的提高而提高，与混凝土的抗拉强度近似成正比。

2）保护层厚度、钢筋间距。保护层太薄、钢筋间距太小，将使粘结强度显著降低。

3）钢筋表面形状。变形钢筋粘结强度大于光面钢筋。

4）横向钢筋。如梁中配置的钢箍可以提高粘结强度。

（2）锚固长度

1）当计算中充分利用钢筋的抗拉强度时，受拉钢筋的锚固长度应符合下列要求：

① 基本锚固长度应按下列公式计算：

普通钢筋

$$l_{ab} = \alpha \frac{f_y}{f_t} d \tag{3-48}$$

预应力筋

$$l_{ab} = \alpha \frac{f_{py}}{f_t} d \tag{3-49}$$

式中 l_{ab}——受拉钢筋的基本锚固长度；

f_y、f_{py}——普通钢筋、预应力筋的抗拉强度设计值；

f_t——混凝土轴心抗拉强度设计值，当混凝土强度等级高于C60时，按C60取值；

d——锚固钢筋的直径；

α——锚固钢筋的外形系数，按表3-32取用。

锚固钢筋的外形系数 α **表3-32**

钢筋类型	光圆钢筋	带肋钢筋	螺旋肋钢丝	三股钢绞线	七股钢绞线
α	0.16	0.14	0.13	0.16	0.17

注：光圆钢筋末端应做180°弯钩，弯后平直段长度不应小于$3d$，但作受压钢筋时可不做弯钩。

②受拉钢筋的锚固长度应根据锚固条件按下式计算，且不应小于200mm：

$$l_a = \zeta_a l_{ab} \tag{3-50}$$

式中 l_a——受拉钢筋的锚固长度；

ζ_a——锚固长度修正系数，对普通钢筋按《混凝土规范》第8.3.2条的规定取用，当多于一项时，可按连乘计算，但不应小于0.6；对预应力筋，可取1.0。

梁柱节点中纵向受拉钢筋的锚固要求应按《混凝土规范》第 9.3 节（Ⅱ）中的规定执行。

③当锚固钢筋的保护层厚度不大于 $5d$ 时，锚固长度范围内应配置横向构造钢筋，其直径不应小于 $d/4$；对梁、柱、斜撑等构件间距不应大于 $5d$，对板、墙等平面构件间距不应大于 $10d$，且均不应大于 100mm，d 为锚固钢筋的直径。

2）纵向受拉普通钢筋的锚固长度修正系数 ζ_a 应按下列规定取用：

①当带肋钢筋的公称直径大于 25mm 时取 1.10；

②环氧树脂涂层带肋钢筋取 1.25；

③施工过程中易受扰动的钢筋取 1.10；

④当纵向受力钢筋的实际配筋面积大于其设计计算面积时，修正系数取设计计算面积与实际配筋面积的比值，但对有抗震设防要求及直接承受动力荷载的结构构件，不应考虑此项修正；

⑤锚固钢筋的保护层厚度为 $3d$ 时修正系数可取 0.80，保护层厚度为 $5d$ 时修正系数可取 0.70，中间按内插取值，此处 d 为锚固钢筋的直径。

3）当纵向受拉普通钢筋末端采用弯钩或机械锚固措施时，包括弯钩或锚固端头在内的锚固长度（投影长度）可取为基本锚固长度 l_{ab} 的 60%。弯钩和机械锚固的形式见图 3-41。

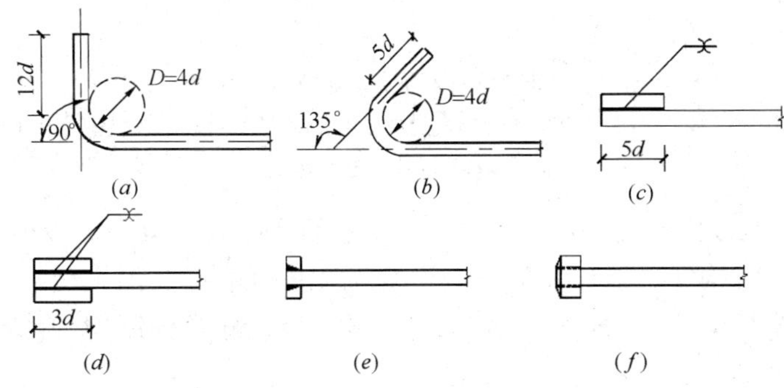

图 3-41　弯钩和机械锚固的形式和技术要求

(a) 90°弯钩；(b) 135°弯钩；(c) 一侧贴焊锚筋；(d) 两侧贴焊锚筋；(e) 穿孔塞焊锚板；(f) 螺栓锚头

4）混凝土结构中的纵向受压钢筋，当计算中充分利用其抗压强度时，锚固长度不应小于相应受拉锚固长度的 70%。

受压钢筋不应采用末端弯钩和一侧贴焊锚筋的锚固措施。

受压钢筋锚固长度范围内的横向构造钢筋应符合《混凝土规范》第 8.3.1 条的有关规定。

5）承受动力荷载的预制构件，应将纵向受力普通钢筋末端焊接在钢板或角钢上，钢板或角钢应可靠地锚固在混凝土中。钢板或角钢的尺寸应按计算确定，其厚度不宜小于 10mm。

其他构件中受力普通钢筋的末端也可通过焊接钢板或型钢实现锚固。

（四）钢筋的连接

（1）钢筋的连接可采用绑扎搭接、机械连接或焊接。机械连接接头和焊接接头的类型及质量应符合国家现行有关标准的规定。在结构的重要构件和关键传力部位，纵向受力钢筋不宜设置连接接头。

受力钢筋的连接接头宜设置在受力较小处，在同一根钢筋上宜少设接头。

（2）轴心受拉及小偏心受拉杆件（如桁架和拱的拉杆）的纵向受力钢筋不得采用绑扎搭接；其他构件中的钢筋采用绑扎搭接时，受拉钢筋直径不宜大于 25mm，受压钢筋直径不宜大于 28mm。

（3）同一构件中相邻纵向受力钢筋的绑扎搭接接头宜相互错开。钢筋绑扎搭接接头连接区段的长度为 1.3 倍搭接长度，凡搭接接头中点位于该连接区段长度内的搭接接头均属于同一连接区段（图 3-42）。同一连接区段内纵向受力钢筋搭接接头面积百分率为该区段内有搭接接头的纵向受力钢筋与全部纵向受力钢筋截面面积的比值。当直径不同的钢筋搭接时，按直径较小的钢筋计算。

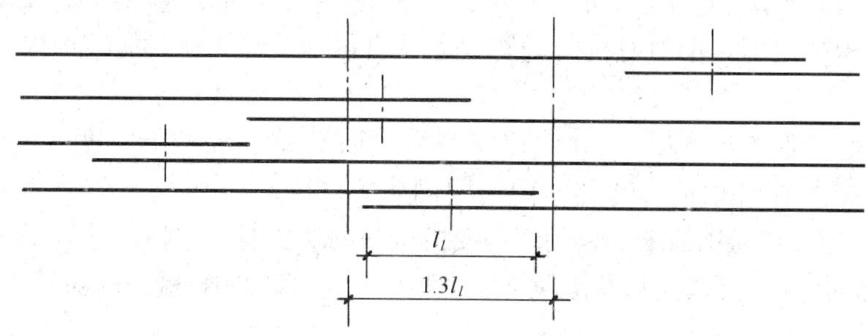

图 3-42　同一连接区段内的纵向受拉钢筋绑扎搭接接头

注：图中所示同一连接区段内（1.3l_l）的搭接接头钢筋为两根，当钢筋直径相同时，钢筋搭接接头面积百分率为 50%。

位于同一连接区段内的受拉钢筋搭接接头面积百分率：对梁类、板类及墙类构件，不宜大于 25%；对柱类构件，不宜大于 50%。当工程中确有必要增大受拉钢筋搭接接头面积百分率时，对梁类构件，不宜大于 50%；对板、墙、柱及预制构件的拼接处，可根据实际情况放宽。

（4）纵向受拉钢筋绑扎搭接接头的搭接长度，应根据位于同一连接区段内的钢筋搭接接头面积百分率按《混凝土规范》式（8.4.4）计算，且不应小于 300mm。

（5）构件中的纵向受压钢筋，当采用搭接连接时，其受压搭接长度不应小于《混凝土规范》第 8.4.4 条纵向受拉钢筋搭接长度的 70%，且不应小于 200mm。

（6）在梁、柱类构件的纵向受力钢筋搭接长度范围内的横向构造钢筋应符合《混凝土规范》第 8.3.1 条的要求；当受压钢筋直径大于 25mm 时，尚应在搭接接头两个端面外 100mm 的范围内各设置两道箍筋。

（7）纵向受力钢筋的焊接接头应相互错开。钢筋连接区段的长度为 35d（d 为连接钢筋的较小直径），凡接头中点位于该连接区段长度内的焊接接头均属于同一连接区段。

位于同一连接区段内的纵向受力钢筋的焊接接头面积百分率，对纵向受拉钢筋接头，不宜大于 50%。纵向受压钢筋的接头百分率可不受限制。

（五）纵向钢筋最小配筋率

（1）钢筋混凝土结构构件中纵向受力钢筋的最小配筋百分率 ρ_{min} 不应小于表 3-22 规定的数值。

（2）卧置于地基上的混凝土板，板中受拉钢筋的最小配筋率可适当降低，但不应小于 0.15%。

五、结构构件的基本规定

（一）板

（1）现浇钢筋混凝土板的厚度不应小于表3-33规定的数值。

现浇钢筋混凝土板的最小厚度（mm） **表3-33**

板的类别		最小厚度
单向板	屋面板	60
	民用建筑楼板	60
	工业建筑楼板	70
	行车道下的楼板	80
双向板		80
密肋楼盖	面板	50
	肋高	250
悬臂板（根部）	悬臂长度不大于500	60
	悬臂长度1200	100
无梁楼板		150
现浇空心楼盖		200

（2）混凝土板的计算原则

1）两对边支承的板应按单向板计算；

2）四边支承的板应按下列规定计算：

① 当长边与短边长度之比不大于2.0时，应按双向板计算；

② 当长边与短边长度之比大于2.0，但小于3.0时，宜按双向板计算；

③ 当长边与短边长度之比不小于3.0时，宜按沿短边方向受力的单向板计算，并应沿长边方向布置构造钢筋。

（3）板的跨厚比：钢筋混凝土单向板不大于30，双向板不大于40；无梁支承的有柱帽板不大于35，无梁支承的无柱帽板不大于30。预应力板可适当增加；当板的荷载、跨度较大时宜适当减小。

（4）当多跨单向板、多跨双向板采用分离式配筋时，跨中正弯矩钢筋宜全部伸入支座；支座负弯矩钢筋向跨内的延伸长度应覆盖负弯矩图并满足钢筋锚固的要求。

（5）板中受力钢筋的间距，当板厚不大于150mm时，不宜大于200mm；当板厚大于150mm时，不宜大于板厚的1.5倍，且不宜大于250mm。

（6）简支板或连续板下部纵向受力钢筋伸入支座的锚固长度不应小于钢筋直径的5倍，且宜伸过支座中心线。当连接板内温度、收缩应力较大时，伸入支座的锚固长度宜适当增加。

（7）按简支边或非受力边设计的现浇混凝土板，当与混凝土梁、墙整体浇筑或嵌固在砌体墙内时，应设置板面构造钢筋，并符合下列要求：

1）钢筋直径不宜小于8mm，间距不宜大于200mm，且单位宽度内的配筋面积不宜小于跨中相应方向板底钢筋截面面积的1/3。与混凝土梁、混凝土墙整体浇筑单向板的非受力方向，钢筋截面面积尚不宜小于受力方向跨中板底钢筋截面面积的1/3。

2）钢筋从混凝土梁边、柱边、墙边伸入板内的长度不宜小于$l_0/4$，砌体墙支座处钢筋伸入板边的长度不宜小于 $l_0/7$，其中计算跨度 l_0 对单向板按受力方向考虑，对双向板按短边方向考虑。

3）在楼板角部，宜沿两个方向正交、斜向平行或放射状布置附加钢筋。

4）钢筋应在梁内、墙内或柱内可靠锚固。

（8）当按单向板设计时，应在垂直于受力的方向布置分布钢筋，单位宽度上的配筋不宜小于单位宽度上的受力钢筋的 15%，且配筋率不宜大于 0.15%；分布钢筋直径不宜小于 6mm，间距不宜大于 250mm；当集中荷载较大时，分布钢筋的配筋面积尚应增加，且间距不宜大于 200mm。

当有实践经验或可靠措施时，预制单向板的分布钢筋可不受本条的限制。

（9）在温度、收缩应力较大的现浇板区域。应在板的表面双向配置防裂构造钢筋。配筋率均不宜小于 0.10%，间距不宜大于 200mm。防裂构造钢筋可利用原有钢筋贯通布置，也可另行设置钢筋并与原有钢筋按受拉钢筋的要求搭接或在周边构件中锚固。

楼板平面的瓶颈部位宜适当增加板厚和配筋。沿板的洞边、凹角部位宜加配防裂构造钢筋，并采取可靠的锚固措施。

（10）混凝土厚板及卧置于地基上的基础筏板，当板的厚度大于 2m 时，除应沿板的上、下表面布置的纵、横方向钢筋外，尚宜在板厚度不超过 1m 范围内设置与板面平行的构造钢筋网片，网片钢筋直径不宜小于 12mm，纵横方向的间距不宜大于 300mm。

（11）混凝土板中配置抗冲切箍筋或弯起钢筋时，应符合下列构造要求：

1）板的厚度不应小于 150mm；

2）按计算所需的箍筋及相应的架立钢筋应配置在与 45°冲切破坏锥面相交的范围内，且从集中荷载作用面或柱截面边缘向外的分布长度不应小于 $1.5h_0$（图 3-43a）；箍筋直径不应小于 6mm，且应做成封闭式，间距不应大于 $h_0/3$，且不应大于 100mm；

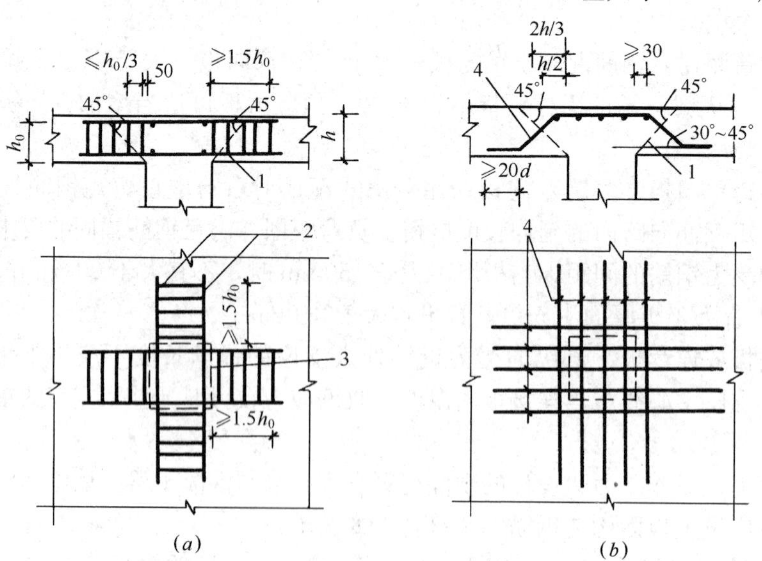

图 3-43　板中抗冲切钢筋布置

（a）用箍筋作抗冲切钢筋；（b）用弯起钢筋作抗冲切钢筋

注：图中尺寸单位 mm。

1—冲切破坏锥面；2—架立钢筋；3—箍筋；4—弯起钢筋

3）按计算所需弯起钢筋的弯起角度可根据板的厚度在30°～45°之间选取；弯起钢筋的倾斜段应与冲切破坏锥面相交（图3-43*b*），其交点应在集中荷载作用面或柱截面边缘以外（1/2～2/3）h的范围内。弯起钢筋直径不宜小于12mm，且每一方向不宜少于3根。

（二）梁

（1）钢筋混凝土梁纵向受力钢筋的直径，当梁高$h \geqslant 300$mm时，不应小于10mm；当梁高$h<300$mm时，不应小于8mm。梁上部纵向钢筋水平方向的净间距（钢筋外边缘之间的最小距离）不应小于30mm和1.5d（钢筋的最大直径）；梁下部纵向钢筋水平方向的净间距不应小于25mm和d。当梁的下部纵向钢筋配置多于两层时，两层以上钢筋水平方向的中距应比下面两层的中距增大一倍。各层钢筋之间的净间距不应小于25mm和d。

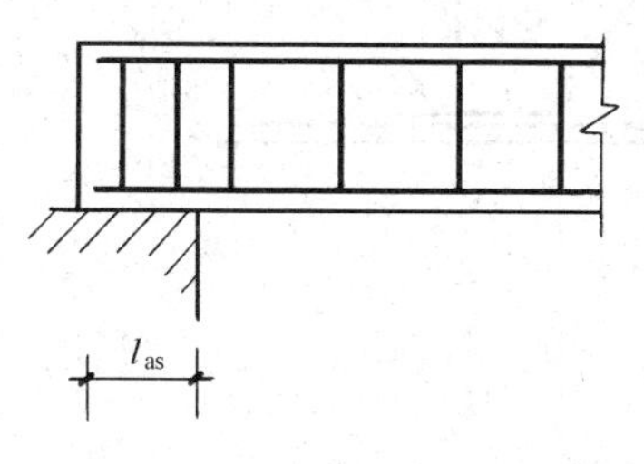

图3-44　纵向受力钢筋伸入梁简支支座的锚固

伸入梁支座范围内的纵向受力钢筋根数不应少于两根。

（2）钢筋混凝土简支梁和连续梁简支端的下部纵向受力钢筋，从支座边缘算起伸入支座内的锚固长度l_{as}（图3-44）应符合下列规定：

1）当$V \leqslant 0.7f_tbh_0$时，$l_{as} \geqslant 5d$；

2）当$V>0.7f_tbh_0$时，带肋钢筋：$l_{as} \geqslant 12d$；光圆钢筋：$l_{as} \geqslant 15d$。

d为钢筋的最大直径。

（3）钢筋混凝土梁支座截面负弯矩纵向受拉钢筋不宜在受拉区截断。

（4）在钢筋混凝土悬臂梁中，应有不少于两根上部钢筋伸至悬臂梁外端，并向下弯折不小于12d。其余钢筋不应在梁的上部截断，而应按《混凝土规范》第9.2.8条规定的弯起点位置向下弯折，并按《混凝土规范》第9.2.7条的规定在梁的下边锚固。

（5）梁内受扭纵向钢筋应符合下列规定：

沿截面周边布置的受扭纵向钢筋的间距不应大于200mm和梁截面短边长度；除应在梁截面四角设置受扭纵向钢筋外，其余受扭纵向钢筋宜沿截面周边均匀对称布置。受扭纵向钢筋应按受拉钢筋锚固在支座内。

（6）在混凝土梁中，宜采用箍筋作为承受剪力的钢筋。

当采用弯起钢筋时，其弯起角宜取45°或60°；在弯终点外应留有平行于梁轴线方向的锚固长度，且在受拉区不应小于20d，在受压区不应小于10d，d为弯起钢筋的直径；梁底层钢筋中的角部钢筋不应弯起，顶层钢筋中的角部钢筋不应弯下。

（7）按承载力计算不需要箍筋的梁，当截面高度大于300mm时，应沿梁全长设置构造箍筋；当截面高度$h=150$～300mm时，可仅在构件端部各四分之一跨度范围内设置箍筋；但当在构件中部二分之一跨度范围内有集中荷载作用时，则应沿梁全长设置箍筋；当截面高度小于150mm时，可不设箍筋。

（8）梁中箍筋的间距应符合下列规定：

1）梁中箍筋的最大间距宜符合《混凝土规范》表9.2.9的规定。

2）当梁中配有按计算需要的纵向受压钢筋时，箍筋应做成封闭式；此时，箍筋的间距不应大于15d（d为纵向受压钢筋的最小直径），同时不应大于400mm。当一层内的纵向受压钢筋多于 5 根且直径大于 18mm 时，箍筋间距不应大于 10d。当梁的宽度大于 400mm 且一层内的纵向受压钢筋多于 3 根时，或当梁的宽度不大于 400mm 但一层内的纵向受压钢筋多于 4 根时，应设置复合箍筋。

(9) 位于梁下部或梁截面高度范围内的集中荷载，应全部由附加横向钢筋承担，附加横向钢筋宜采用箍筋。箍筋应布置在长度为 $2h_1$ 与 $3b$ 之和的范围内（图 3-45）。当采用吊筋时，弯起段应伸至梁上边缘，且末端水平段长度不应小于《混凝土规范》第 9.2.7 条的规定。

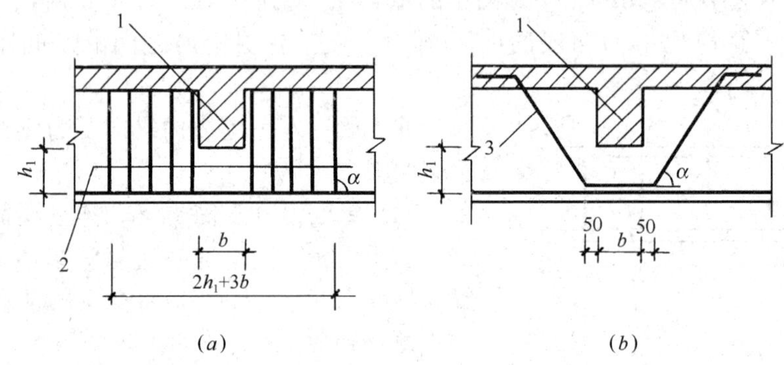

图 3-45　梁截面高度范围内有集中荷载作用时附加横向钢筋的布置

(a) 附加箍筋；(b) 附加吊筋

1—传递集中荷载的位置；2—附加箍筋；3—附加吊筋

注：图中尺寸单位：mm

(10) 折梁的内折角处应增设箍筋。箍筋应能承受未在压区锚固纵向受拉钢筋的合力，且在任何情况下不应小于全部纵向钢筋合力的 35%。

(11) 当梁的腹板高度 h_w 不小于 450mm 时，在梁的两个侧面应沿高度配置纵向构造钢筋。

(12) 薄腹梁或需作疲劳验算的钢筋混凝土梁，应在下部 1/2 梁高的腹板内沿两侧配置直径 8～14mm 的纵向构造钢筋，其间距为 100～150mm 并按下密上疏的方式布置。在上部 1/2 梁高的腹板内，纵向构造钢筋可按《混凝土规范》第 9.2.13 条的规定配置。

(三) 柱

(1) 柱中纵向钢筋的配置应符合下列规定：

1) 纵向受力钢筋直径不宜小于 12mm；全部纵向钢筋的配筋率不宜大于 5%；

2) 柱中纵向钢筋的净间距不应小于 50mm，且不宜大于 300mm；

3) 偏心受压柱的截面高度不小于 600mm 时，在柱的侧面上应设置直径不小于 10mm 的纵向构造钢筋，并相应设置复合箍筋或拉筋；

4) 圆柱中纵向钢筋不宜少于 8 根，不应少于 6 根，且宜沿周边均匀布置。

(2) 柱中的箍筋应符合下列规定：

1) 箍筋直径不应小于 $d/4$，且不应小于 6mm，d 为纵向钢筋的最大直径；

2) 箍筋间距不应大于 400mm 及构件截面的短边尺寸，且不应大于 15d，d 为纵向钢筋的最小直径；

3）柱及其他受压构件中的周边箍筋应做成封闭式；对圆柱中的箍筋，搭接长度不应小于《混凝土规范》第8.3.1条规定的锚固长度，且末端应做成135°弯钩，弯钩末端平直段长度不应小于$5d$，d为箍筋直径；

4）当柱截面短边尺寸大于400mm且各边纵向钢筋多于3根时，或当柱截面短边尺寸不大于400mm但各边纵向钢筋多于4根时，应设置复合箍筋；

5）柱中全部纵向受力钢筋的配筋率大于3%时，箍筋直径不应小于8mm，间距不应大于$10d$，且不应大于200mm，d为纵向受力钢筋的最小直径。箍筋末端应做成135°弯钩，且弯钩末端平直段长度不应小于箍筋直径的10倍；

6）在配有螺旋式或焊接环式箍筋的柱中，如在正截面受压承载力计算中考虑间接钢筋的作用时，箍筋间距不应大于80mm及$d_{cor}/5$，且不宜小于40mm，d_{cor}为按箍筋内表面确定的核心截面直径。

（四）墙

（1）竖向构件截面长边、短边（厚度）的比值大于4时，宜按墙的要求进行设计。

钢筋混凝土剪力墙的厚度：支撑预制楼（屋面）板的墙，其厚度不宜小于140mm；对剪力墙结构尚不宜小于层高的1/25，对框架-剪力墙结构尚不宜小于层高的1/20。

当采用预制板时，支承墙的厚度应满足墙内竖向钢筋贯通的要求。

（2）厚度大于160mm的墙应配置双排分布钢筋网；结构中重要部位的剪力墙，当其厚度不大于160mm时，也宜配置双排分布钢筋网。

双排分布钢筋网应沿墙的两个侧面布置，且应采用拉筋连系；拉筋直径不宜小于6mm，间距不宜大于600mm。

（3）在平行于墙面的水平荷载和竖向荷载作用下，墙体宜根据结构分析所得的内力和《混凝土规范》第6.2节的有关规定，分别按偏心受压或偏心受拉进行正截面承载力计算，并按《混凝土规范》第6.3节的有关规定进行斜截面受剪承载力计算。在集中荷载作用处，尚应按《混凝土规范》第6.6节进行局部受压承载力计算。

在承载力计算中，剪力墙的翼缘计算宽度可取剪力墙的间距、门窗洞间翼墙的宽度、剪力墙厚度加两侧各6倍翼墙厚度、剪力墙墙肢总高度的1/10四者中的最小值。

（4）墙水平及竖向分布钢筋直径不宜小于8mm，间距不宜大于300mm。可利用焊接钢筋网片进行墙内配筋。

墙水平分布钢筋的配筋率$\rho_{sh}\left(\dfrac{A_{sh}}{bs_v}，s_v \text{为水平分布钢筋的间距}\right)$和竖向分布钢筋的配筋率$\rho_{sv}\left(\dfrac{A_{sv}}{bs_h}，s_h \text{为竖向分布钢筋的间距}\right)$不宜小于0.20%；重要部位的墙，水平和竖向分布钢筋的配筋率宜适当提高。

墙中温度、收缩应力较大的部位，水平分布钢筋的配筋率宜适当提高。

（5）对于房屋高度不大于10m且不超过3层的墙，其截面厚度不应小于120mm，其水平与竖向分布钢筋的配筋率均不宜小于0.15%。

（6）墙中配筋构造应符合下列要求：

1）墙竖向分布钢筋可在同一高度搭接，搭接长度不应小于$1.2l_a$。

2）墙水平分布钢筋的搭接长度不应小于$1.2l_a$。同排水平分布钢筋的搭接接头之间以及上、下相邻水平分布钢筋的搭接接头之间，沿水平方向的净间距不宜小于500mm。

3）墙中水平分布钢筋应伸至墙端，并向内水平弯折10d，d为钢筋直径。

4）端部有翼墙或转角的墙，内墙两侧和外墙内侧的水平分布钢筋应伸至翼墙或转角外边，并分别向两则水平弯折15d。在转角墙处，外墙外侧的水平分布钢筋应在墙端外角处弯入翼墙，并与翼墙外侧的水平分布钢筋搭接。

5）带边框的墙，水平和竖向分布钢筋宜分别贯穿柱、梁或锚固在柱、梁内。

（7）墙洞口连梁应沿全长配置箍筋，箍筋直径不应小于6mm，间距不宜大于150mm。在顶层洞口连梁纵向钢筋伸入墙内的锚固长度范围内，应设置间距不大于150mm的箍筋，箍筋直径宜与跨内箍筋直径相同。同时，门窗洞边的竖向钢筋应满足受拉钢筋锚固长度的要求。

墙洞口上、下两边的水平钢筋除应满足洞口连梁正截面受弯承载力的要求外，尚不应少于2根直径不小于12mm的钢筋。对于计算分析中可忽略的洞口，洞边钢筋截面面积不宜小于洞口截断的水平分布钢筋总截面面积的一半。纵向钢筋自洞口边伸入墙内的长度不应小于受拉钢筋的锚固长度。

（8）剪力墙墙肢两端应配置竖向受力钢筋，并与墙内的竖向分布钢筋共同用于墙的正截面受弯承载力计算。每端的竖向受力钢筋不宜少于4根直径为12mm或2根直径为16mm的钢筋，并宜沿该竖向钢筋方向配置直径不小于6mm、间距为250mm的箍筋或拉筋。

（五）预埋件及吊环

（1）受力预埋件的锚筋应采用HRB400或HPB300钢筋，不应采用冷加工钢筋。

（2）吊环应采用HPB300钢筋或Q235B圆钢，并应符合下列规定：

1）吊环锚入混凝土中的深度不应小于30d并应焊接或绑扎在钢筋骨架上，d为吊环钢筋或圆钢的直径。

2）应验算在荷载标准值作用下的吊环应力，验算时每个吊环可按两个截面计算。对HPB300钢筋，吊环应力不应大于65N/mm^2；对Q235B圆钢，吊环应力不应大于50N/mm^2。

3）当在一个构件上设有4个吊环时，应按3个吊环进行计算。

第四节 钢 结 构

一、钢结构的特点和应用范围

新版《钢结构设计标准》GB 50017—2017中钢结构为以梁、柱、支撑、楼盖组成的民用建筑，以及具有以上结构体系的厂房、工业构架、工业建筑、构筑物，不含壳体、悬索等特殊建筑。

（一）钢结构的特点

和其他材料的结构相比，钢结构具有如下特点：

（1）钢材的强度高，结构的重量轻

钢材的密度虽然比其他建筑材料大，但它的强度很高，同样受力情况下，所需的截面面积小，所以钢结构自重小，可以做成跨度较大的结构。

(2) 钢材的塑性韧性好

钢材的塑性好，结构在荷载作用下可经受较大的变形，因此一般情况下不会产生突然断裂。钢材的韧性好，在变形过程中会吸收能量，因此对动荷载尤其是地震作用的适应性较强。

(3) 钢材的材质均匀，可靠性高

钢材内部组织均匀、各向同性。钢结构的实际工作性能与所采用的理论计算结果符合程度好，因此，结构的可靠性高。

(4) 钢材具有可焊性

由于钢材具有可焊性，使钢结构的连接大为简化，适应于制造各种复杂形状的结构。

(5) 钢结构制作、安装的工业化程度高

钢结构的制作主要是在专业化金属结构厂进行，因而制作简便，精度高。制成的构件运到现场安装，装配化程度高，安装速度快，工期短。

(6) 钢结构的密封性好

钢材内部组织很致密，当采用焊接连接，甚至采用铆钉或螺栓连接时，都容易做到紧密不渗漏。

(7) 钢结构耐热，不耐火

当钢材表面温度在150℃以内时，钢材的强度变化很小，因此钢结构适用于热车间。当温度超过150℃时，其强度明显下降。当温度达到500～600℃时，强度几乎为零。所以，发生火灾时，钢结构的耐火时间较短，会发生突然的坍塌。钢结构，一般都需要采取隔热和耐火措施。

(8) 钢材的耐腐蚀性差

钢材在潮湿环境中，特别是处于有腐蚀性介质环境中容易锈蚀，需要定期维护，增加了维护费用。

(9) 钢材的导热性能好

钢材的导热性能好，因此，建筑外围钢结构一般要采取隔热措施，防止冷桥。

(10) 装配式钢结构

钢结构构件为工厂加工、现场安装，符合装配式结构的要求，对要求装配式施工的建筑可采用钢结构。

(11) 绿色建筑

钢结构材料可重复利用，现场安装，污染小，符合绿色建筑的要求。

(二) 钢结构的应用范围

(1) 大跨度结构

结构跨度越大，自重在全部荷载中所占比重也就越大，减轻结构自重可以获得明显的经济效果。钢结构强度高而重量轻，特别适合于大跨结构，如大会堂、体育场、剧场、会展建筑、航站楼、交通枢纽、飞机装配车间等大跨度楼（屋）盖以及铁路、公路桥梁等。

(2) 重型工业厂房结构

在跨度、柱距较大，有大吨位吊车的重型工业厂房以及某些高温车间，可以部分采用钢结构（如钢屋架、钢吊车梁）或全部采用钢结构（如冶金厂的平炉车间，重型机器厂的铸钢车间，造船厂的船台车间等）。

（3）受动力荷载影响的结构

设有较大锻锤或产生动力作用的厂房，或对抗震性能要求高的结构，宜采用钢结构，因钢材有良好的韧性。

（4）高层建筑和高耸结构

当房屋层数多和高度大时，采用其他材料的结构，给设计和施工增加困难。因此，高层建筑的骨架宜采用钢结构。

高耸结构包括塔架和桅杆结构，如高压电线路的塔架、广播和电视发射用的塔架、桅杆等，宜采用钢结构。

（5）可拆卸的移动结构

需要搬迁的结构，如建筑工地生产和生活用房的骨架、临时性展览馆等，用钢结构最为适宜，因钢结构重量轻，而且便于拆装。

（6）容器和其他构筑物

冶金、石油、化工企业大量采用钢板制作容器，包括油罐、气罐、热风炉、高炉等。此外，经常使用的还有皮带通廊栈桥、管道支架等钢构筑物。

（7）轻型钢结构

当荷载较小时，小跨度结构的自重也就成为一个重要因素，这时采用钢结构较为合理。这类结构多用圆钢、小角钢或冷弯薄壁型钢制作。

（三）钢结构设计内容

为满足建筑方案的要求，从根本上保证结构安全，钢结构设计应包括以下内容：

（1）结构方案设计，包括结构选型、构件布置；

（2）选择材料及截面；

（3）作用及作用效应分析；

（4）结构的极限状态验算；

（5）结构、构件的连接构造；

（6）支座、运输、安装、防腐和防火要求；

（7）满足特殊要求的结构的专门性能设计。

二、钢结构材料

（一）钢材性能

承重结构所用的钢材应具有力学性能和化学成分合格保证项目。钢材的主要力学性能包括屈服强度 f_y、抗拉强度 f_u、断后伸长率、冷弯性能、冲击韧性，需要检测的主要化学成分为硫、磷，对于焊接结构尚应检查碳当量。钢材牌号由代表屈服强度“屈”字的汉语拼音首字母 Q、规定的最小屈服强度数值、质量等级符号（A、B、C、D、E、F）几部分组成，例如 Q355B 表示钢材的最小屈服强度为 355MPa，质量等级为 B（质量等级代表钢材的冲击韧性）。我国常用的钢材为 Q235、Q355、Q390、Q420、Q460 和 Q345GJ 等，其中 Q235 钢属于碳素钢，主要成分为铁和碳，其余钢材为低合金钢，即在碳素钢的基础上冶炼时加入锰、钒等合金元素，用于提高钢材强度。国家标准对于上述结构钢的化学成分、拉伸性能、弯曲性能、冲击性能、厚度方向性能、尺寸、外形、表面质量等均作了具体规定。工程师应遵循技术可靠、经济合理的原则，综合考虑结构的重要性、荷载特征、结构形式、应力状态、连接方法、工作环境、钢材厚度和价格等因素，选择合适的钢材牌号和材料保证项目。

名词解释：屈服强度 f_y 又称屈服点，是衡量结构的承载能力和确定强度设计值的重要指标，钢材达到屈服点后，应变急剧增长，从而使结构变形迅速增加以至于不能继续使用。抗拉强度 f_u 是衡量钢材抵抗拉断的性能指标，直接反映钢材内部组织的优劣。断后伸长率是衡量钢材塑性性能的重要指标。冷弯性能表征钢材的弯曲变形性能和抗分层性能，是衡量钢材质量的综合性指标。硫、磷是钢材中的主要杂质，对钢材的力学性能和焊接接头的裂纹敏感性都有较大影响。建筑钢结构的焊接性能主要取决于碳当量，碳当量越高，焊接性能越差，焊接难度越大。冲击韧性（冲击吸收能）表示材料在冲击荷载下抵抗变形和断裂的能力。

（二）影响钢材力学性能的主要因素

钢结构有性质完全不同的两种破坏形式，即塑性破坏和脆性破坏。塑性破坏的主要特征是具有较大的、明显可见的塑性变形，且仅在构件中的应力达到抗拉强度后才发生。由于塑性破坏有明显的预兆，能及时发现而采取补救措施，因此，实际上结构是极少发生塑性破坏的。脆性破坏的特征是破坏前的塑性变形很小，甚至没有塑性变形，构件截面上的平均应力比较低（低于屈服点）。由于脆性破坏前无任何预兆，无法及时察觉予以补救，所以危险性极大。讨论影响钢材力学性能的因素时，应特别注意导致钢材变脆的因素。

1. 化学成分的影响

碳素钢中，铁元素含量约占 99%，其他元素有碳、磷、氮、硫、氧、锰、硅等，它们的总和约占 1%。低合金钢中，除上述元素外，还有合金元素，其含量不大于 5%。尽管碳和其他元素含量很小，但对钢材的机械性能却有着极大的影响。

普通碳素结构钢中，碳是除铁以外的最主要元素。随着含碳量的增加，钢材的强度提高，塑性、冲击韧性下降，冷弯性能、可焊性和抗锈蚀性能变差。因此，虽然碳是钢材获得足够强度的主要元素，但钢结构中，特别是焊接结构，并不采用含碳量高的钢材。

磷、氮、硫和氧是有害的杂质元素。随着磷、氮含量的增加，钢材的强度提高，塑性、冲击韧性严重下降，特别是在温度较低时促使钢材变脆（称冷脆），磷还会降低钢材的可焊性。硫和氧的含量增加会降低钢材的热加工性能，并降低钢材的塑性、冲击韧性，硫还会降低钢材的可焊性和抗锈蚀性能。所以，对磷、氮、硫和氧的含量应严格加以限制（均不超过 0.05%）。

锰和硅是有益的元素，能起到脱氧的作用，当含量适中时，能提高钢材的强度，而对塑性和冲击韧性无明显影响。

2. 冶炼、浇铸的影响

我国目前钢结构用钢，主要是由平炉和氧气转炉冶炼而成。这两种冶炼方法炼制的钢材，质量大体相当。

钢材冶炼后按浇铸方法（也称脱氧方法）的不同分为沸腾钢、镇静钢、半镇静钢和特殊镇静钢。沸腾钢采用锰铁作脱氧剂，脱氧不完全，钢材质量较差，但成本低；镇静钢用锰铁加硅或铝脱氧，脱氧较彻底，材质好，但成本较高；半镇静钢脱氧程序、质量和成本介于沸腾钢和镇静钢之间；特殊镇静钢的脱氧程序比镇静钢更高，质量最好，但成本也最高。

3. 应力集中的影响

当构件截面的完整性遭到破坏，如开孔、截面改变等，构件截面的应力分布不再保持均匀，在截面缺陷处的附近产生高峰应力，而截面其他部分应力则较低，这种现象称为应力集中（图 3-46）。应力集中是导致钢材发生脆性破坏的主要因素之一。试验表明，截面改变越突然、尖锐程度越大的地方，应力集中越严重，引起脆性破坏的危险性就越大。因此，在结构设计中应使截面的构造合理。如截面必须改变时，要平缓过渡。构件制造和施工时，应尽可能防止造成刻槽等缺陷。

4. 温度的影响

钢材在正温范围内，约在 100℃以上时，随着温度的升高，钢材的强度降低，塑性增大。在 250℃左右，钢材的抗拉强度有所提高，而塑性、韧性均下降，这种现象称为蓝脆现象，钢结构不宜在该温度范围内加工。温度达到500～600℃时，强度几乎为零。因此，当结构表面经常受较高的辐射热（150℃以上）时，应采取隔热措施，如加挡板或设循环水管等，加以保护。为提高钢结构耐火时间，可在构件上按需要涂不同厚度的防火涂料。

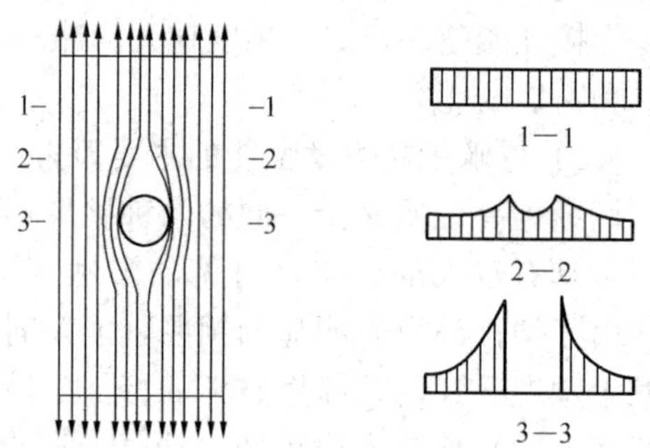

图 3-46　带圆孔试件的应力集中

当温度低于常温时，随着温度的下降，钢材的强度有所提高，而塑性和冲击韧性下降，当温度下降到某一负温值时，钢材的塑性和冲击韧性急剧降低，这种现象称为钢材的低温冷脆现象（简称冷脆）。因此，处于低温条件下的结构，应选择耐低温性能比较好的钢材，如镇静钢，低合金结构钢。

5. 钢材硬化的影响

钢材的硬化包括时效硬化和冷作硬化。时效硬化是指高温时溶化于铁中的少量氮和碳，随时间的增长逐渐从固溶体中析出，形成氮化物或碳化物，对钢材的塑性变形起遏制作用，从而使钢材强度提高、塑性和冲击韧性下降。冷作硬化（也称应变硬化）是指钢材在间歇重复荷载作用下，钢材的弹性区扩大，屈服点提高，而塑性和冲击韧性下降。钢结构设计中，不考虑硬化后强度提高的有利影响，相反，对重要的结构或构件要考虑硬化后塑性和冲击韧性下降的不利影响。

6. 焊接影响

焊接连接时，由于焊缝及其附近的高温区的金属经过高温和冷却的过程，金属内部组织发生了变化，使钢材变脆变硬。同时，焊接还会产生焊接缺陷和焊接应力，也是促使钢材发生脆性破坏的因素。

大量的脆性破坏事故说明，事故的发生经常是几种因素的综合。根据具体情况正确选用钢材是从根本上防止脆性破坏的办法，同时也要在设计、制造和使用上注意消除促使钢材向脆性转变的因素。

（三）钢材的种类、选择和规格

1. 钢材的种类

《钢结构设计标准》GB 50017—2017（以下简称《钢结构标准》）推荐的承重结构用钢材有碳素结构钢（简称碳素钢）和低合金高强度结构钢（简称低合金钢）两种。

（1）碳素钢

我国生产的专用于结构的碳素钢 Q235（Q 是屈服点的汉语拼音首位字母，数值表示钢材的屈服点，单位 N/mm^2）。钢结构用钢材主要是 Q235，其含碳量和强度、塑性、加工性能等均适中。碳素钢牌号的全部表示是 Q×××后附加质量等级和脱氧方法符号，如 Q235—A·F、Q235—C 等。Q235 钢共分为 A、B、C、D 四个质量等级（A 级最差，D 级最好）。A、B 级钢按脱氧方法分为沸腾钢（符号 F）、半镇静钢（符号 b）或镇静钢（符号 Z），C 级为镇静钢，D 级为特殊镇静钢（符号 TZ）；Z 和 TZ 在牌号中省略不写。

（2）低合金钢

低合金钢是在冶炼碳素钢时加一种或几种适量合金元素，以提高钢材强度、冲击韧性等而又不太降低其塑性。

钢结构常用的低合金钢有：Q355、Q390、Q420、Q460 和 Q345GJ。

2. 钢材的选择

选择钢材的目的是要在保证结构安全可靠的基础上，经济合理地使用钢材。通常要考虑：

（1）选择钢材的依据

1）结构或构件的重要性；

2）荷载性质（静力荷载或动力荷载）；

3）连接方法（焊接、铆钉或螺栓连接）；

4）工作条件（温度及腐蚀介质）。

（2）建筑钢结构的选材要求

1）承重结构所用的钢材应具有屈服强度、抗拉强度、断后伸长率和硫、磷含量的合格保证，对焊接结构尚应具有碳当量的合格保证。

焊接承重结构以及重要的非焊接承重结构采用的钢材应具有冷弯试验的合格保证；对直接承受动力荷载或需验算疲劳的构件所用钢材尚应具有冲击韧性的合格保证。

2）钢材质量等级的选用应符合下列规定：

① A 级钢仅可用于结构工作温度高于 0℃的不需要验算疲劳的结构，且 Q235A 钢不宜用于焊接结构。

② 需验算疲劳的焊接结构用钢材应符合下列规定：

当工作温度 $t>0$℃时，其质量等级不应低于 B 级；

当工作温度 0℃$\geqslant t>-20$℃时，Q235、Q355 钢不应低于 C 级，Q390、Q420 及 Q460 钢不应低于 D 级；

当工作温度 $t\leqslant-20$℃时，Q235 钢和 Q355 钢不应低于 D 级，Q390 钢、Q420 钢、Q460 钢应选用 E 级。

③ 需验算疲劳的非焊接结构，其钢材质量等级要求可较上述焊接结构降低一级但不

应低于 B 级。吊车起重量不小于 50t 的中级工作制吊车梁，其质量等级要求应与需要验算疲劳的构件相同。

3）工作温度 $t \leqslant -20℃$ 的受拉构件及承重构件的受拉板材应符合下列规定：

① 所用钢材厚度或直径不宜大于 40mm，质量等级不宜低于 C 级；

② 当钢材厚度或直径不小于 40mm 时，其质量等级不宜低于 D 级；

③ 重要承重结构的受拉板材宜满足现行国家标准《建筑结构用钢板》GB/T 19879 的要求。

3. 型钢与钢板

钢结构所用的钢材常由钢厂以热轧钢板和热轧型钢供应，由钢结构制造厂按照设计图纸制成构件或结构，然后运至工地进行拼装。

（1）热轧钢板

热轧钢板分为热轧厚板、薄板、扁钢，热轧厚板厚度为 4.5～60mm，常用于制作各种板结构和焊接组合截面，用途极为广泛；扁钢宽度≤200mm，应用较少；薄板厚度为 0.35～4mm，主要用于制作冷弯薄壁型钢。钢板常用"—宽度×厚度×长度"表示，短划线"—"表示钢板截面，例如—600×10×12000，单位为 mm，通常不加注明。

（2）热轧型钢

我国市场的热轧型钢主要包括角钢、槽钢、工字钢、H 型钢、剖分 T 型钢、无缝钢管（图 3-47）。

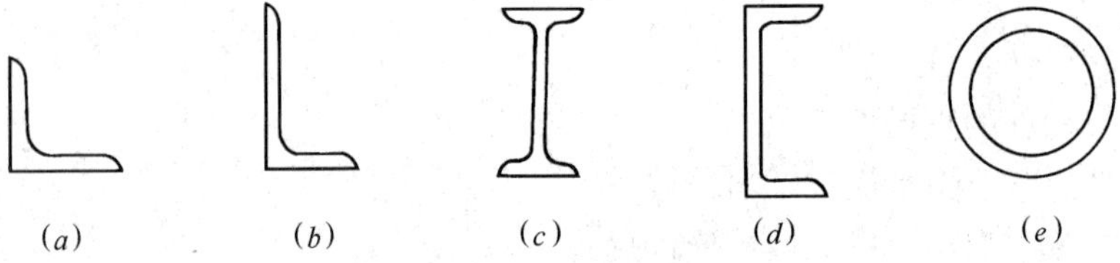

图 3-47　型钢的截面形式

(*a*) 等肢角钢；(*b*) 不等肢角钢；(*c*) 工字钢；(*d*) 槽钢；(*e*) 钢管

角钢，有等肢和不等肢两种。等肢角钢以肢宽和厚度表示，如 L100×10 为肢宽 100mm，厚 10mm 的等肢角钢。不等肢角钢则以两肢宽度和厚度表示，如 L100×80×8 为长肢宽 100mm、短肢宽 80mm，厚度为 8mm 的角钢。角钢长度一般为 4～19m。

槽钢，用号数表示，号数即为其高度的厘米数。号数 14 以上还附以字母 a 或 b 或 c 以区别腹板厚度，如 [32a 即高度为 320mm、腹板为较薄的槽钢。槽钢长度一般为 5～19m。

工字钢和槽钢一样用号数表示，20 号以上也附以区别腹板厚度的字母。如 I40c 即高度为 400mm、腹板为较厚的工字钢。常用的工字钢有普通工字钢和轻型工字钢两种。工字钢长度一般为 5～19m。

H 型钢与普通工字钢的区别在于翼缘内外表面平行，不像普通工字钢翼缘的厚度方向有坡度，便于和其他构件连接，应用极为广泛。H 型钢标注方法为"H 高度×宽度×腹板厚度×翼缘厚度"，例如 H350×150×10×16，单位为 mm。

钢管在网架及桁架结构中应用非常广泛，也可作为柱子使用，钢管符号为"ϕ 外径×厚度"，例如 ϕ95×5。除了热轧无缝钢管之外，由钢板焊接而成的钢管也很常用。

(3) 冷弯薄壁型钢

冷弯薄壁型钢由钢板冷加工（模压或冷弯）而成，截面种类多样，例如角钢、槽钢、Z 型钢、C 型钢、圆管、方管、矩形钢管、压型钢板等。这些型钢可单独使用，也可形成组合截面，在轻型钢结构建筑中应用广泛（图 3-48）。

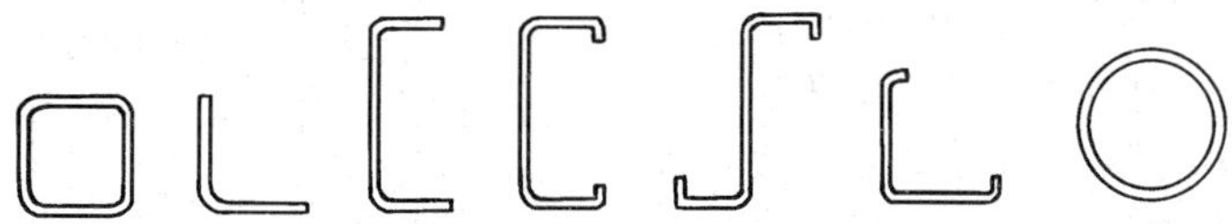

图 3-48 薄壁型钢的截面形式

三、钢结构的计算方法与基本构件的设计

（一）钢结构的计算方法

钢结构和混凝土结构、砌体结构一样，其设计也是要求结构或构件满足承载能力极限状态和正常使用极限状态的要求。

1. 承载能力极限状态

采用以概率理论为基础的极限状态设计方法（疲劳问题除外），用分项系数的设计表达式进行计算，计算内容有强度和稳定（包括整体稳定、局部稳定）。但钢结构的设计表达式则采用应力形式，即：

$$\gamma_0\sigma_d \leqslant f_d \tag{3-51}$$

式中 γ_0——结构重要性系数，对安全等级为一级、二级、三级的结构构件可分别取 1.1、1.0、0.9（一般工业与民用建筑钢结构的安全等级应取为二级）；

σ_d——荷载（包括永久荷载和可变荷载）的设计值在结构构件截面或连接中产生的应力效应；

f_d——结构构件或连接的强度设计值。

《钢结构标准》给出了材料的设计用强度指标，计算时可直接查用（见《钢结构标准》第 4.4.1～4.4.3 条）。

2. 正常使用极限状态

钢结构或构件按正常使用极限状态设计时，应考虑荷载效应的标准组合，其表达式为：

$$\nu_k \leqslant [\nu] \tag{3-52}$$

式中 ν_k——荷载（包括永久荷载和可变荷载）的标准值在结构或构件中产生的变形值；

$[\nu]$——结构或构件的容许变形值。

《钢结构标准》给出了结构或构件的变形容许值，计算时直接查用（见《钢结构标准》附录 B）。

（二）基本构件设计

钢结构的基本构件有轴心受力构件、受弯构件和拉弯、压弯构件。普通钢结构中，一般受力构件及其连接中不应采用厚度小于 5mm 的钢板，厚度不小于 3mm 的钢管，截面小于 L45×4 或 L56×36×4 的角钢（焊接结构）和截面小于 L50×5 的角钢（螺栓连接或铆钉连接的结构）。轻型钢结构采用圆钢或小角钢（小于 L45×4 或 L56×36×4）制作，受力构件及其连接中不宜采用厚度小于 4mm 的钢板；圆钢直径不宜小于 12mm（对于屋架），8mm（对于檩条或拉条），16mm（对于支撑）。

1. 轴心受力构件

（1）轴心受力构件的应用和截面形式

轴心受力构件包括轴心受拉构件和轴心受压构件，也包括轴心受压柱。

在钢结构中，屋架、托架、塔架和网架等各种类型的平面或空间桁架以及支撑系统，通常由轴心受拉和轴心受压构件组成。工作平台、多层和高层房屋骨架的柱，承受梁或桁架传来的荷载，当荷载为对称布置且不考虑水平荷载时，属于轴心受压柱。柱通常由柱头、柱身和柱脚三部分组成（图 3-49）。

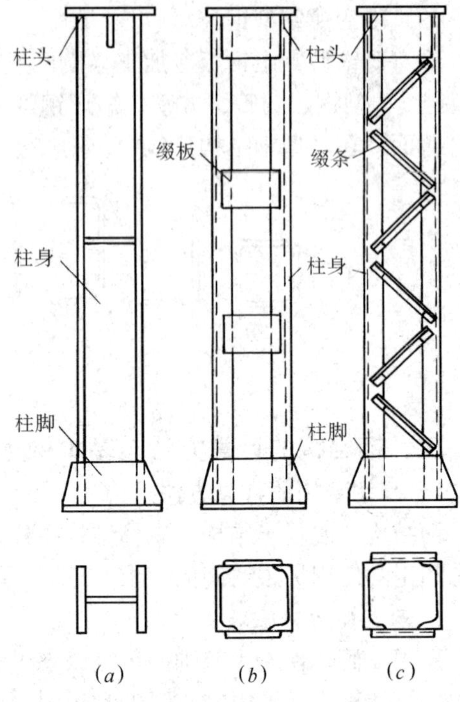

图 3-49　柱组成

(*a*) 实腹式柱；(*b*) 格构式柱（缀板式）；(*c*) 格构式柱（缀条式）

在普通桁架、塔架、网架及其支撑系统中的杆件，常采用图 3-50 所示的截面形式。轴心受压柱以及受力较大的轴心受力构件采用图 3-51 所示的截面形式，其中图 3-51(*a*) 为实腹式构件，图 3-51 (*b*) 为格构式构件。

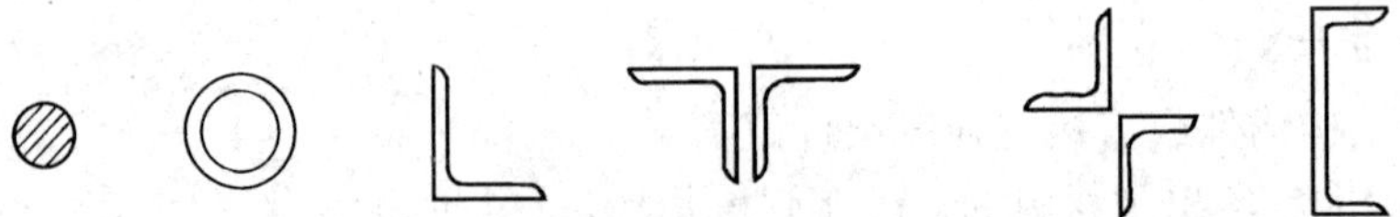

图 3-50　普通桁架杆件的截面形式

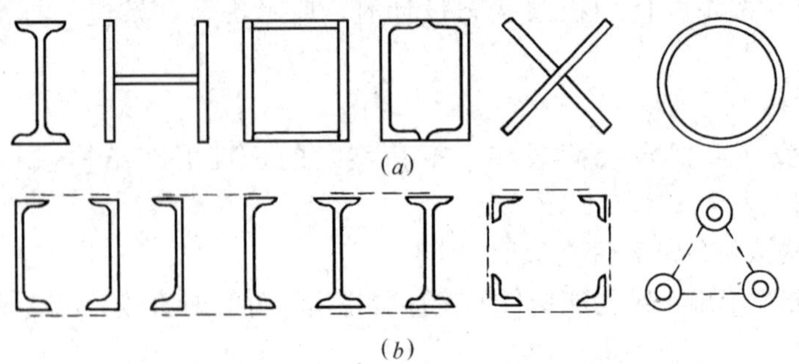

图 3-51　柱和重型桁架杆件的截面形式

(*a*) 实腹式构件；(*b*) 格构式构件

（2）轴心受拉构件的计算

设计轴心受拉构件时，根据结构的用途、构件受力大小和材料供应情况选用合理的截面形式。轴心受拉构件的计算包括强度和刚度两方面的内容。

1）强度

轴心受拉构件的强度按下式计算：

毛截面屈服：

$$\sigma=\frac{N}{A}\leqslant f \tag{3-53}$$

净截面断裂

$$\sigma=\frac{N}{A_n}\leqslant 0.7f_u \tag{3-54}$$

式中 N——所计算截面处的拉力设计值；

f——钢材的抗拉强度设计值；

A——构件的毛截面面积；

A_n——构件的净截面面积，当构件多个截面有孔时，取最不利的截面；

f_u——钢材的抗拉强度最小值。

2）刚度

轴心受拉构件的刚度通常用长细比 λ 来衡量，长细比是构件的计算长度 l_0 与构件截面回转半径 i 的比值，即 $\lambda=l_0/i$。λ 越小，构件刚度越大，反之则刚度越小。在材料力学中，$i=\sqrt{\frac{I}{A}}$。

λ 过大会使构件在使用过程中由于自重发生挠曲，在动荷载作用下容易产生振动，在运输和安装过程中容易产生弯曲。因此，设计时应使构件最大长细比不超过规定的容许长细比，即：

$$\lambda\leqslant[\lambda] \tag{3-55}$$

式中 $[\lambda]$——构件容许长细比，按表 3-34 采用。

（3）实腹式轴心受压构件的计算

实腹式轴心受压构件的计算包括强度、整体稳定、局部稳定和刚度四个方面的内容。

受拉构件的容许长细比 **表 3-34**

构件名称	承受静力荷载或间接承受动力荷载的结构			直接承受动力荷载的结构
	一般建筑结构	对腹杆提供平面外支点的弦杆	有重级工作制起重机的厂房	
桁架的构件	350	250	250	250
吊车梁或吊车桁架以下柱间支撑	300	—	200	—

续表

构件名称	承受静力荷载或间接承受动力荷载的结构			直接承受动力荷载的结构
	一般建筑结构	对腹杆提供平面外支点的弦杆	有重级工作制起重机的厂房	
除张紧的圆钢外的其他拉杆、支撑、系杆等	400	—	350	—

注：1. 除对腹杆提供平面外支点的弦杆外，承受静力荷载的结构受拉构件，可仅计算竖向平面内的长细比。
2. 在直接或间接承受动力荷载的结构中，计算单角钢受拉构件的长细比时，应采用角钢的最小回转半径，但计算在交叉点相互连接的交叉杆件平面外的长细比时，可采用与角钢肢边平行轴的回转半径。
3. 中、重级工作制吊车桁架下弦杆的长细比不宜超过 200。
4. 在设有夹钳或刚性料耙等硬钩起重机的厂房中，支撑的长细比不宜超过 300。
5. 受拉构件在永久荷载与风荷载组合作用下受压时，其长细比不宜超过 250。
6. 跨度等于或大于 60m 的桁架，其受拉弦杆和腹杆的长细比，承受静力荷载或间接承受动力荷载时，不宜超过 300；直接承受动力荷载时，不宜超过 250。
7. 柱间支撑按拉杆设计时，竖向荷载作用下柱子的轴力应按无支撑时考虑。

1）强度

轴心受压构件的强度计算公式同轴心受拉构件一样，采用公式（3-53）及式（3-54），但式中 N 为轴心压力设计值，f 为钢材抗压强度设计值。

2）整体稳定

① 概述

轴心受压构件的破坏形式主要分为两类。短而粗的杆件主要由强度控制，当构件某一截面上的平均应力达到控制应力如屈服点后，即认为构件达到极限承载能力。细而长的杆件主要由整体稳定控制，在截面的平均应力远低于控制应力前，构件会由于变形突然增大而失去稳定，丧失继续承载的能力，也称为屈曲。理论上任何材质的压杆都存在稳定问题，但是由于钢材强度高，杆件通常都比较细长，所以稳定问题比较突出。

实际的轴心压杆通常存在初始缺陷，例如荷载存在偏心、杆件存在初始弯曲变形、截面存在加工或者焊接引起的残余应力，通常将不考虑上述缺陷的压杆称为"理想轴心压杆"，其弹性稳定问题由数学家欧拉最早发现，具体可见材料力学。

a. 初始缺陷

初始缺陷包括初弯曲和初偏心。构件在制造、运输和安装过程中，不可避免地会产生微小的初弯曲；由于构造或施工的原因，轴向压力没有通过构件截面的形心而形成偏心。这样，在轴向压力作用下，构件侧向挠度从加载起就会不断增加，使得构件除受有轴向压力作用外，实际上还存在因构件挠曲而产生的弯矩（图 3-52），从而降低了构件的稳定承载力。

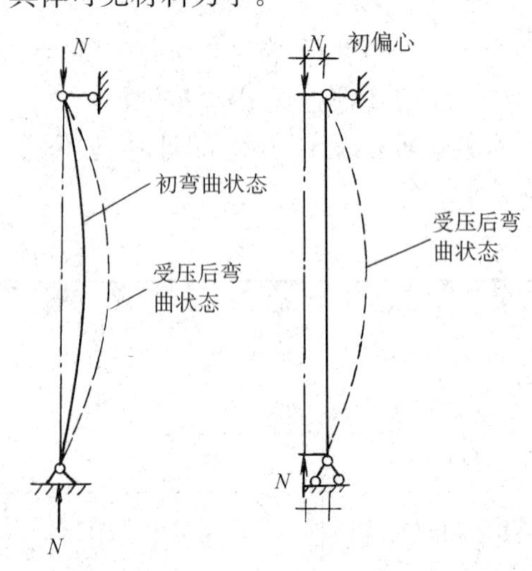

图 3-52　有初始缺陷的轴心受压构件

b. 残余应力

残余应力是指构件受力前，构件内就已经存在自相平衡的初应力。构件的焊接、钢材的轧制、火焰切割等会产生残余应力。残余应力通常不会影响构件的静力强度承载力，因它本身自相平衡。但残余压应力将使其所处截面提早发生塑性，导致轴心受压构件的刚度和稳定承载力下降。

② 整体稳定计算

轴心受压构件整体稳定按下式计算：

$$\frac{N}{\varphi A f} \leqslant 1.0 \tag{3-56}$$

式中 A——构件毛截面面积；

φ——轴心受压构件稳定系数，它与构件的长细比、钢材屈服强度有关。

根据构件的长细比，按钢材的种类、截面的分类（a、b、c、d 四类）查《钢结构标准》附录 D 得到轴心受压构件的稳定系数 φ 值。

③ 局部稳定

钢结构截面通常由若干矩形板件连接而成（圆管除外），板件之间相互支承。对于轴心受压杆件，各板块受到沿纵向分布的均布压力，各板件也存在稳定性问题。当压力增大到一定程度后，在构件整体失稳前，个别板件可能会先失去稳定性，偏离其正常位置而发生波形屈曲，导致此板件丧失承载能力或承载力降低，进而导致整个构件的承载力降低（图 3-53）。钢结构设计时一般避免局部失稳，但是对于四边支承杆件，可以利用其屈曲后承载力。

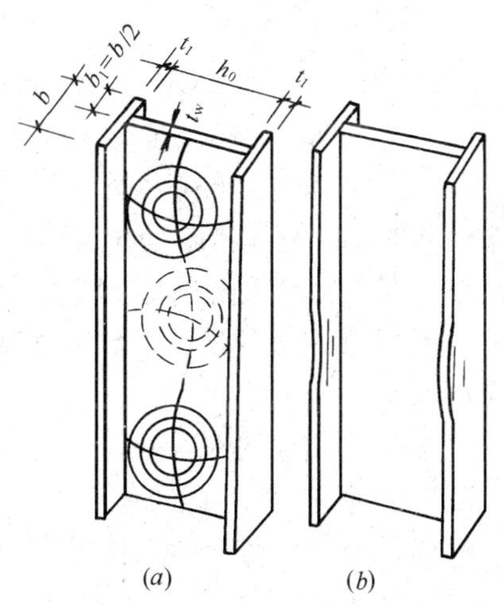

图 3-53 实腹式轴压构件局部屈曲

（a）腹板屈曲；（b）翼缘板屈曲

《钢结构标准》对实腹式组合截面的轴心受压构件的局部稳定采取限制板件宽（高）厚比的方法来保证。对于工程中常用的工字形组合截面轴心受压构件，其板件宽厚比应符合下列规定：

翼缘板：
$$\frac{b_1}{t_1} \leqslant (10+0.1\lambda)\varepsilon_k \tag{3-57}$$

腹板：
$$\frac{h_0}{t_w} \leqslant (25+0.5\lambda)\varepsilon_k \tag{3-58}$$

式中 b_1、t_1——分别为翼缘板的外伸宽度和厚度；

h_0、t_w——分别为腹板的计算高度和厚度；

ε_k——钢号修正系数；$\varepsilon_k=\sqrt{235/f_y}$，$f_y$ 为钢材的屈服点；

λ——构件对截面两主轴（x 轴、y 轴）长细比中的较大值，即 $\lambda=\max(\lambda_x、\lambda_y)$；当 $\lambda<30$ 时，取 30；当 $\lambda>100$ 时，取 100。

由于轧制的工字钢、槽钢的翼缘板和腹板均较厚，局部稳定均能满足要求。

④ 刚度

轴心受压构件的刚度同轴心受拉构件一样用长细比来衡量。

对于受压构件，长细比更为重要。长细比过大，会使其稳定承载力降低太多，在较小荷载下就会丧失整体稳定，因此其容许长细比［λ］限制更应严格。受压构件的容许长细比按表 3-35 采用。

受压构件的长细比容许值　　表 3-35

构件名称	容许长细比
轴心受压柱、桁架和天窗架中的压杆	150
柱的缀条、吊车梁或吊车桁架以下的柱间支撑	150
支撑	200
用以减小受压构件计算长度的杆件	200

注：1. 当杆件内力设计值不大于承载能力的 50%时，容许长细比值可取 200。
2. 计算单角钢受压构件的长细比时，应采用角钢的最小回转半径，但计算在交叉点相互连接的交叉杆件平面外的长细比时，可采用与角钢肢边平行轴的回转半径。
3. 跨度等于或大于 60m 的桁架，其受压弦杆、端压杆和直接承受动力荷载的受压腹杆的长细比不宜大于 120。
4. 验算容许长细比时，可不考虑扭转效应。

构件计算长度 l_0 的确定，见《钢结构标准》第 7.4.1 条表 7.4.1-1 及表 7.4.1-2。

⑤ 轴心受压构件截面的设计原则

a. 截面面积的分布应尽可能远离主轴线，以增加截面的回转半径，从而提高构件的稳定性和刚度。具体措施是在满足局部稳定和使用等条件下，尽量加大截面轮廓尺寸而减小板厚，在工字形截面中应取腹板较薄而翼缘较厚。

b. 使两个主轴的稳定系数尽量接近，这样构件对两个主轴的稳定性接近相等，即等稳定设计。

c. 便于与其他构件连接。

d. 构造简单、制造方便。

e. 选用能得到供应的钢材规格。

单角钢截面适用于塔架、桅杆结构。双角钢便于在不同情况下组成接近等稳定的压杆截面，常用于节点连接杆件的桁架中。用单独的热轧普通工字钢作轴心受压构件，制造最省工，但它的两个主轴回转半径相差较大，当构件对两个主轴的计算长度相差不多时，其两个主轴的稳定性相差很大，用料费。用三块钢板焊成的工字形组合截面轴压柱，具有组织灵活、截面的面积分布合理，便于采用自动焊和构造简单等特点。这种截面通常高度和宽度做得相同，当构件对两个主轴的计算长度相差一倍时，能接近等稳定，故应用最广泛。箱形、十字形、钢管截面，其截面对两个主轴的回转半径相近或相等，箱形截面的抗扭刚度大，但与其他构件的连接比较困难。格构式轴压构件的优点是肢件的间距可以调整，能够使两个主轴稳定性相等，用料较实腹式经济，但制作较费工。格构式轴心受压构件的计算有强度、整体稳定、单肢稳定、刚度及连接肢件的缀材计算等内容。

2. 受弯构件（梁）

（1）受弯构件的应用及截面形式

受弯构件是用以承受横向荷载的构件，也称之为梁，应用很广泛。例如建筑中的楼（屋）盖梁、檩条、墙架梁、工作平台梁以及吊车梁等。

梁按受力和使用要求可采用型钢梁和组合梁。前者加工简单、价格较廉，但截面尺寸受到规格的限制。后者适用于荷载和跨度较大、采用型钢梁不能满足受力要求的情况。

型钢梁通常采用热轧工字钢和槽钢（图 3-54a、b），荷载和跨度较小时，也可采用冷弯薄壁型钢（图 3-54c、d），但因截面较薄，对防腐要求较高。

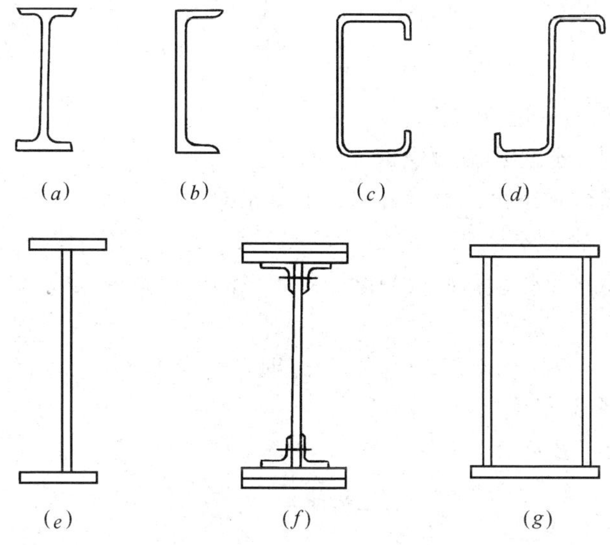

图 3-54　梁的截面形式

组合梁由钢板用焊缝或铆钉或螺栓连接而成。其截面组成较灵活，可使材料在截面上的分布更为合理，用料省。用三块钢板焊成的工字形组合梁（图 3-54e），构造简单、制作方便，故应用最为广泛。承受动荷载的梁，如钢材质量不满足焊接结构要求时，可采用铆接或高强度螺栓连接（图 3-54f）。当梁的荷载很大而其截面高度受到限制，或抗扭要求较高时，可采用箱形截面（图 3-54g）。

梁按其弯曲变形情况不同，分为仅在一个主平面内受弯的单向弯曲梁和在两个主平面内受弯的双向弯曲梁（也称斜弯曲梁）。工程中大多数是单向弯曲梁，屋面檩条和吊车梁等是双向弯曲梁。这里只讲单向弯曲梁。

（2）梁的计算

梁的计算包括强度、整体稳定、局部稳定和刚度四个方面的内容。

1）抗弯强度（正应力）计算

梁在横向荷载作用下，在其截面中将产生弯曲正应力和剪应力（图 3-55），梁的截面通常由抗弯强度和抗剪强度确定。

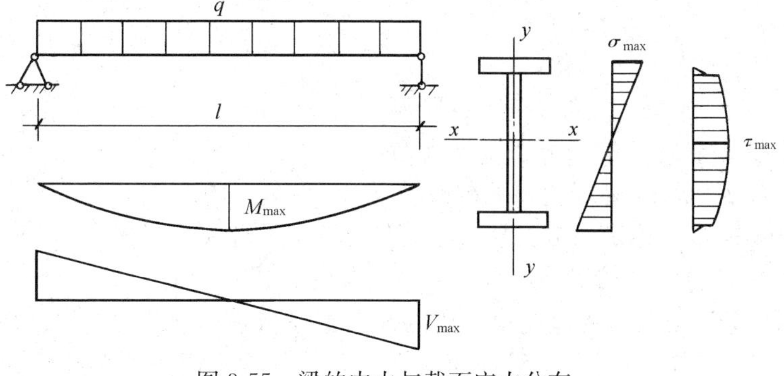

图 3-55　梁的内力与截面应力分布

① 抗弯强度（正应力）计算

梁的抗弯强度按下式计算：

$$\frac{M_x}{\gamma_x W_{nx}} \leqslant f \tag{3-59}$$

式中 M_x——绕 x 轴的弯矩设计值；

W_{nx}——截面对 x 轴的净截面模量；

f——钢材抗弯强度设计值（抗拉、抗压相同）；

γ_x——考虑梁截面塑性变形的塑性发展系数，按《钢结构标准》表 8.1.1 采用。当梁直接承受动荷载或当梁受压翼缘的外伸宽度（b）与相应厚度（t）的比值为：

$$13\varepsilon_k < b/t \leqslant 15\varepsilon_k \text{ 时，} \gamma_x = 1.0$$

② 抗剪强度（剪应力）计算

梁的抗剪强度按下式计算：

$$\tau = \frac{VS}{It_w} \leqslant f_v \tag{3-60}$$

式中 V——计算截面沿膜板平面作用的剪力设计值；

S——计算剪应力处以上毛截面对中和轴的面积矩；

I——毛截面惯性矩；

t_w——腹板的厚度；

f_v——钢材抗剪强度设计值。

2）整体稳定

① 概述

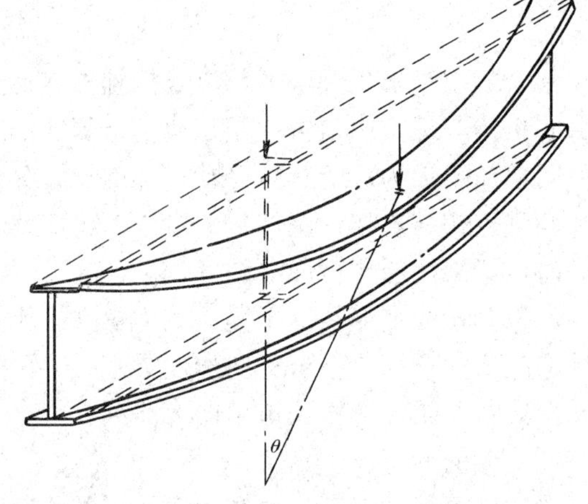

图 3-56 梁的整体失稳

如图 3-56 所示，梁在最大刚度平面内弯曲（绕 x 轴弯曲），当受压翼缘的弯曲应力达到某一值后，就会出现平面的弯曲和扭转，最后使梁迅速丧失承载力，这种现象称梁丧失整体稳定。梁丧失整体稳定时的荷载一般低于强度破坏时的荷载，且失稳破坏是突然发生的，危害性大。因此，除计算梁的强度外，还必须验算其稳定性。稳定计算公式为：

$$\frac{M_x}{\varphi_b W_x f} \leqslant 1.0 \tag{3-61}$$

式中 M_x——绕 x 轴作用的最大弯矩设计值；

W_x——按受压翼缘确定的梁毛截面模量；

φ_b——梁的整体稳定系数，按《钢结构标准》附录 C 确定。

② 提高梁整体稳定性的措施

梁的整体稳定性与梁端支座约束、梁的侧向支撑布置、梁截面的惯性矩（平面外的惯性矩、极惯性矩、抗扭惯性矩）、沿截面高度方向的荷载作用点位置等因素有关。限制支座处截面向外转动可以有效地提高梁的整体稳定性。梁的整体失稳本质上是梁发生侧向弯曲及扭转变形，通过在梁面外施加能够阻止这种变形的面外支撑，可以有效提高梁的整体稳定性，此类支撑可以是间断式的支撑体系，也可以是连续的支撑体系，例如与梁可靠连接的楼板系统（钢筋混凝土板或者符合一定连接要求的金属屋面板）。

3）局部稳定

从经济的观点出发，设计组合梁截面时总是力求采用高而薄的腹板以增大截面的抗弯刚度；采用宽而薄的翼缘板以提高梁的整体稳定。但当钢板过薄时，腹板或受压翼缘在尚未达到强度限值或丧失整体稳定之前，就可能发生波曲或屈曲而偏离其正常位置，这种现象称梁的局部失稳。梁的局部失稳会恶化梁的整体工作性能，必须避免。

为保证梁受压翼缘的局部稳定，应满足：

$$\frac{b_1}{t} \leqslant 15\varepsilon_k \tag{3-62}$$

式中 b_1、t——分别为受压翼缘的外伸宽度和厚度。

为保证梁腹板的局部稳定，较为经济的办法是设置加劲肋（图 3-57）。按腹板高（h_0）厚（t_w）比的不同，当 $h_0/t_w \leqslant 80\varepsilon_k$ 时，一般梁不设置加劲肋；当 $80\varepsilon_k < h_0/t_w \leqslant 170\varepsilon_k$ 时，应设置横向加劲肋；当 $h_0/t_w > 170\varepsilon_k$ 时，一般应设置横向加劲肋和在受压区设置纵向加劲肋（详见《钢结构标准》第 6.3.2 条）。

当梁上作用集中荷载时，应设置短加劲肋。

轧制的工字钢和槽钢，其翼缘和腹板都比较厚，不会发生局部失稳，不必采取措施。

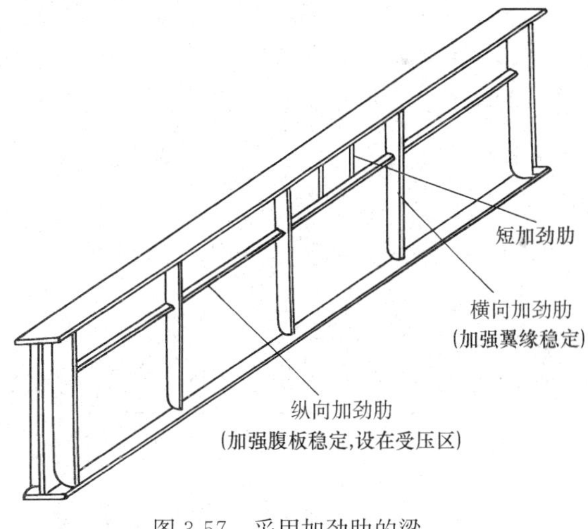

图 3-57 采用加劲肋的梁

4）刚度

梁的刚度用变形（即挠度）来衡量，变形过大会影响正常使用，同时也给人带来不安全感。

梁的刚度应满足：

$$\nu \leqslant [\nu] \tag{3-63}$$

式中 ν——梁的最大挠度，按材料力学中计算杆件挠度的方法计算；

$[\nu]$——梁的容许挠度，按《钢结构标准》附录 B.1 采用。

3. 拉弯和压弯构件

拉弯和压弯构件的应用及截面形式

拉弯和压弯构件是指同时承受轴心拉力或轴心压力及弯矩的构件，也称为偏心受拉或偏心受压构件。拉弯和压弯构件的弯矩可以由纵向荷载不通过构件截面形心的偏心引起，也可由横向荷载引起（图 3-58）。

钢结构中常采用拉弯和压弯构件，尤其是压弯构件的应用更为广泛。例如单层厂房的柱、多层或高层房屋的框架柱、承受不对称荷载的工作平台柱、支架柱等。桁架中承受节间荷载的杆件则常是压弯或拉弯构件。

拉弯和压弯构件，当弯矩较小时，截面形式与一般轴心受力构件截面形式相同（图 3-59、图 3-60）；当弯矩较大时，应采用在弯矩作用平面内高度较大的截面。对于压弯构件，如只有一个方向的弯矩较大时（如绕 x 轴的弯矩），可采用如图 3-61 所示的单轴对称的截面形式，并使较大翼缘位于受压较大一侧。

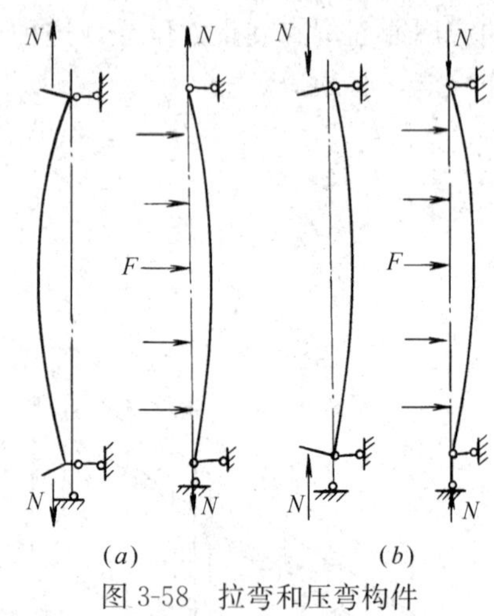

图 3-58　拉弯和压弯构件
（a）拉弯构件；（b）压弯构件

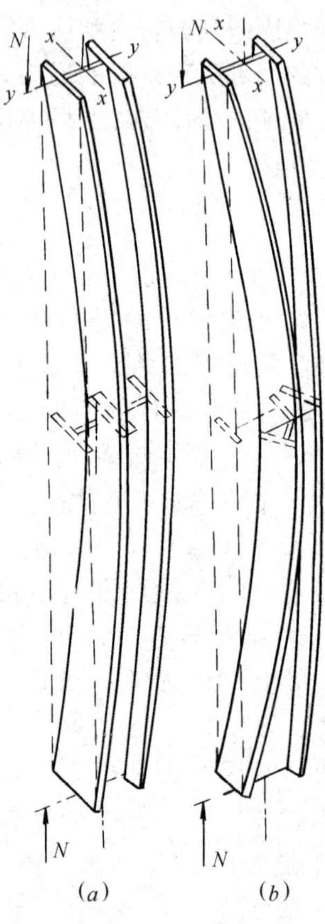

图 3-60　压弯构件两种整体屈曲（两端铰接）
（a）弯矩作用平面内（弯曲）屈曲；
（b）弯矩作用平面外（弯扭）屈曲

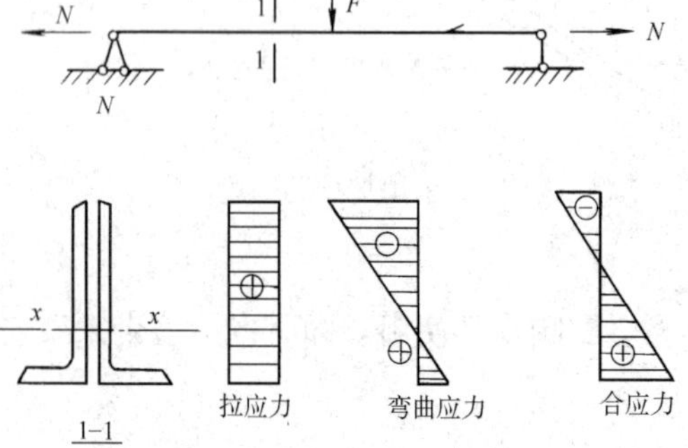

图 3-59　拉弯构件截面应力分布

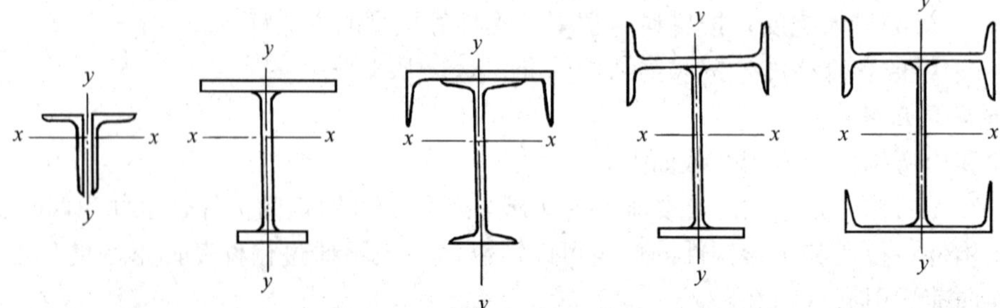

图 3-61　实腹式压弯构件截面形式

(1) 拉弯构件的计算

拉弯构件的计算一般只需要考虑强度和刚度两个方面。但对以承受弯矩为主的拉弯构件，当截面一侧最外纤维发生较大的压应力时，则也应考虑和计算构件的整体稳定以及受压板件的局部稳定性。这里只讲一般受力情况下拉弯构件的计算。

1) 强度

拉弯构件的截面上，除有轴心拉力产生的拉应力外，还有弯矩产生的弯曲应力，构件截面的应力应为两者之和（图 3-59）。截面设计时，应按截面上最大正应力计算强度：

$$\frac{N}{A_n} \pm \frac{M_x}{\gamma_x W_{nx}} \leqslant f \tag{3-64}$$

式中 N、M_x——分别为轴心拉力设计值和绕 x 轴的弯矩设计值。其余符号意义同前。

2) 刚度

拉弯构件的刚度计算与轴心受拉构件相同，其容许长细比也相同。

(2) 压弯构件的计算

实腹式压弯构件的计算包括强度、整体稳定、局部稳定和刚度四个方面的内容。

1) 强度

压弯构件的强度与拉弯构件一样采用公式（3-64）计算，但式中 N 为轴心压力的设计值。

2) 整体稳定

压弯构件的承载力通常是由稳定性控制。现以弯矩在一个主平面内作用的压弯构件为例，说明其丧失整体稳定现象（图 3-60）。在 N 和 M_x 共同作用下，一开始构件就在弯矩作用平面内发生变形，呈弯曲状态，当 N 和 M_x 同时增加到一定值时则达到极限，超过此极限，构件的内外力平衡被破坏，表现出构件不再能够抵抗外力作用而被压溃，这种现象称为构件在弯矩作用平面内丧失整体稳定，见图 3-60(a)。

对侧向刚度较小的压弯构件，当 N 和 M_x 增加到一定值时，构件在弯矩作用平面外不能保持平直，突然发生平面外的弯曲变形，并伴随截面绕纵轴的扭转，从而丧失承载力，这种现象称为构件在弯矩作用平面外丧失稳定，见图 3-60(b)。

压弯构件需要进行弯矩作用平面内和弯矩作用平面外的稳定计算，计算较复杂。有关整体稳定计算，参照《钢结构标准》有关规定。

3) 局部稳定

实腹式压弯构件，当板件过薄时，腹板或受压翼缘在尚未达到强度极限值或构件丧失整体稳定之前，就可能发生波曲及屈曲（即局部失稳）。压弯构件的局部稳定采用限制板件宽（高）厚比的方法来保证。

4) 刚度

压弯构件的刚度计算与轴心受压构件相同，容许长细比也相同。

四、钢结构的连接

(一) 钢结构的连接方法

钢结构的连接方法有焊接连接、铆钉连接和螺栓连接（图 3-62）。

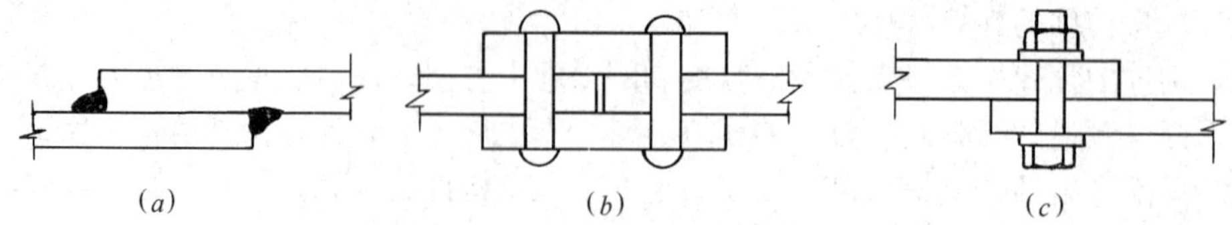

图 3-62　钢结构的连接方法

(a) 焊接连接；(b) 铆钉连接；(c) 螺栓连接

1. 焊接连接

焊接是钢结构中应用最广泛的一种连接方法。它的优点是构造简单，用钢量省，加工简便，连接的密封性好，刚度大，易于采用自动化操作。缺点是焊件会产生焊接残余应力和焊接残余变形；焊接结构对裂纹敏感，局部裂纹会迅速扩展到整个截面；焊缝附近材质变脆。

焊接连接的方法有很多，其中手工电弧焊、自动或半自动埋弧电弧焊和二氧化碳气体保护焊最为常见。

手工电弧焊由焊条，夹焊条的焊把，电焊机，焊件和导线组成。常用的焊条为 E43××、E50××和 E55××型。字母 E 表示焊条，后面的两位数表示熔敷金属（焊缝金属）抗拉强度的最小值，如 43 表示熔敷金属抗拉强度为 $f_u=43kg/mm^2$；第三位数字表示适用的焊接位置（平焊、横焊、立焊和仰焊）；第三位和第四位数字组合时表示药皮类型和适用的焊接电源种类。手工电弧焊设备简单，操作灵活，适用性强，是钢结构中最常用的焊接方法。后两种焊接方法的生产效率高，焊接质量好，在金属结构制造厂中常用。

2. 铆钉连接

铆钉连接是将一端带有预制钉头的铆钉，插入被连接构件的钉孔中，利用铆钉或压铆机将另一端压成封闭钉头而成。铆钉连接因费钢费工，劳动条件差，成本高，现已很少采用。但因铆钉连接的塑性和韧性好，传力可靠，质量易于检查，所以在某些重型和经常受动力荷载作用的结构中，有时仍采用铆钉连接。

3. 螺栓连接

螺栓连接可分为普通螺栓连接和高强度螺栓连接。

(1) 普通螺栓连接，主要用在安装连接和可拆装的结构中。普通螺栓有两种类型：一种是粗制螺栓（称为 C 级），它的制作精度较差，孔径比栓杆直径大 1.0～1.5mm，便于制作和安装。粗制螺栓连接，适用于承受拉力，而受剪性能较差。因此，它常用于承受拉力的安装螺栓连接（同时有较大剪力时常另加承托承受），次要结构和可拆卸结构的抗剪连接，以及安装时的临时固定。另一种是精制螺栓（A 级或 B 级），它的制作精度较高，孔径比栓杆直径只大 0.3～0.5mm，连接的受力性能较粗制螺栓连接好，但其制作和安装都较费工，价格昂贵，故钢结构中较少采用。

(2) 高强度螺栓（包括螺帽和垫圈均采用高强度材料制作），安装时，用特制的扳手拧紧螺母给栓杆施加很大的预拉力，从而在被连接板件的接触面上产生很大的压力（图 3-63）。当受剪力时，按设计和受力要求的不同，可分为摩擦型和承压型两种。

摩擦型高强度螺栓连接：这种连接仅依靠板件接触面间的摩擦力传递剪力，即保证连接在整个使用期间剪力不超过最大摩擦力。这种连接，板件间不会产生相对滑移，其工作性能可靠，耐疲劳，在我国已取代铆钉连接并得到越来越广泛的应用，可应用于非地震区

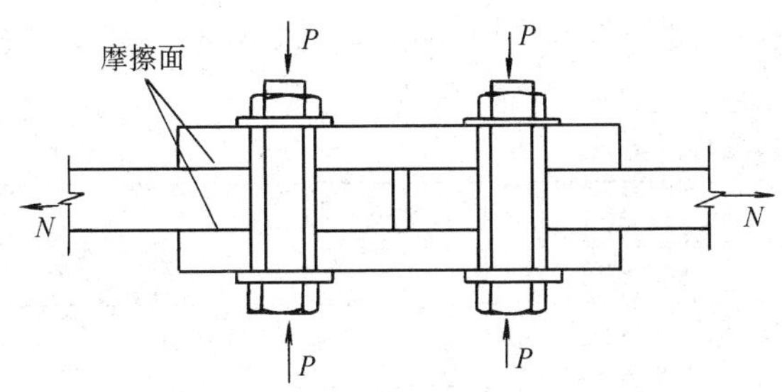

图 3-63　高强度螺栓连接

或地震区。

承压型高强度螺栓连接：这种连接是依靠板件间的摩擦力与栓杆承压和抗剪共同承受剪力。连接的承载力较摩擦型的高，可节约螺栓。但这种连接受剪时的变形比摩擦型大，所以只适用于承受静荷载和对结构变形不敏感的连接中，不宜用于地震区。

高强度螺栓的强度等级分 8.8 级和 10.9 级两种。小数点前“8”和“10”表示螺栓经热处理后的最低抗拉强度；“.8”和“.9”表示螺栓经热处理后的屈服点与抗拉强度之比。如 8.8 级表示螺栓经热处理后的最低抗拉强度 $f_u \geqslant 800\text{N/mm}^2$，屈服点与抗拉强度之比为 0.8。高强度螺栓连接采用标准圆孔时，其孔径比栓杆直径大 1.5～3.0mm。

（二）焊接连接的构造和计算

1. 连接形式和焊缝形式

连接形式有对接、搭接和 T 形连接三种基本形式（图 3-64）。

焊缝形式有对接焊缝和角焊缝两种。对接焊缝指焊缝金属填充在由被连接板件构成的坡口内，成为被连接板件截面的组成部分，见图 3-64(*a*)、(*d*)。角焊缝指焊缝金属填充在由被连接板件构成的直角或斜角区域内，见图 3 64(*b*)、(*c*)。板件构成为直角时称为直角角焊缝；为锐角或钝角时称为斜角角焊缝。直角角焊缝最常用。

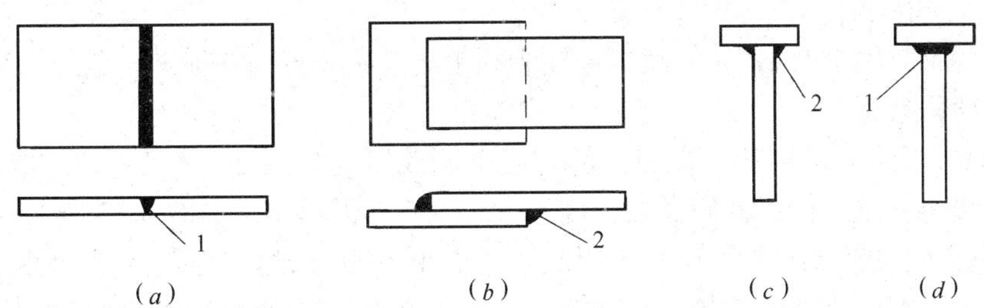

图 3-64　焊接连接的形式

(*a*) 对接；(*b*) 搭接；(*c*)、(*d*) T 形连接

1—对接焊缝；2—角焊缝

由对接焊缝构成的对接，构件位于同一平面，截面无显著变化，传力直接，应力集中小，钢板和焊条用量省。但要求构件平直，板较厚时（≥10mm）还要对板的焊接边缘进行坡口加工，故较费工。角焊缝连接，由于板件相叠，截面突变，应力集中较大，且较费料，但施工简便，因而应用较普遍。T 形连接板件相互垂直，一般采用角焊缝，直接承受动力荷载时应采用对接焊缝。

2. 焊缝代号

钢结构图纸中用焊缝代号标注焊缝形式、尺寸和辅助要求。焊缝代号由引出线、图形符号和辅助符号三部分组成。图形符号表示焊缝剖面的基本形式。当引出线的箭头指向焊缝所在的一面时，应将图形符号和焊缝尺寸等注在水平横线的上面；当箭头指向对应焊缝所在的另一面时，则应将图形符号和焊缝尺寸标注在水平横线下面。表 3-36 给出了几个常用焊缝的形式及标注方法。

焊缝形式及标注方法 **表 3-36**

焊缝名称	角焊缝				槽焊缝	对接焊缝
	单面焊缝	双面焊缝	安装焊缝	周围焊缝		
形式	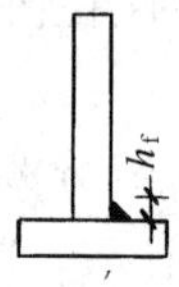 h_f	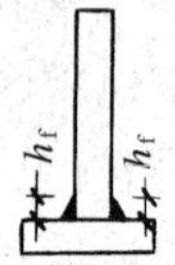 h_f　h_f		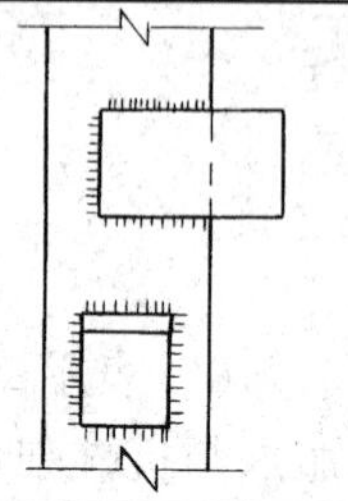	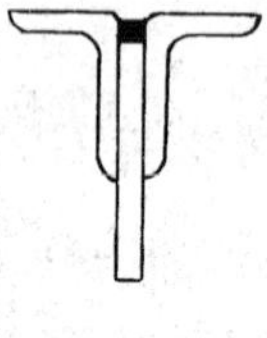	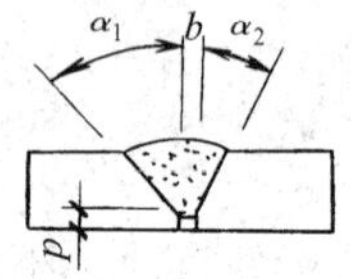 α_1　b　α_2　p
标注方法	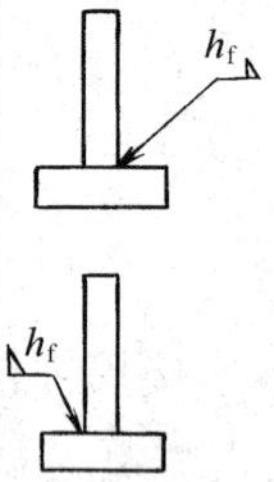 h_f　h_f	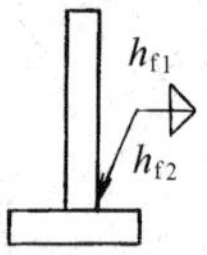 h_{f1}　h_{f2}	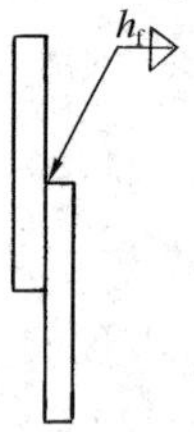 h_f	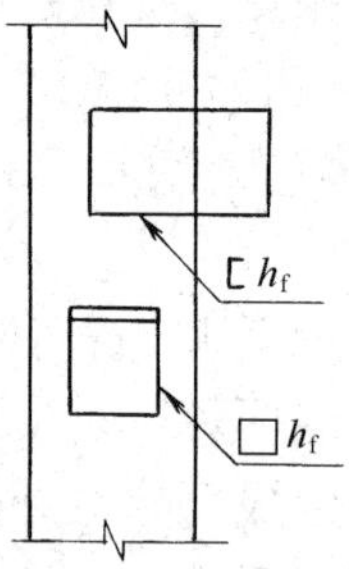 h_f　h_f	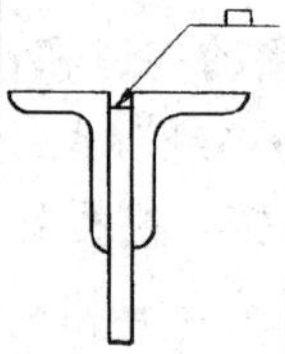	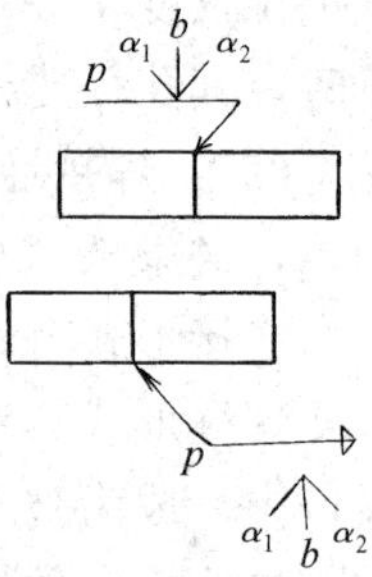 p　α_1　b　α_2　p　α_1　b　α_2

3. 对接焊缝连接的构造和计算

（1）对接焊缝的构造

1）对接焊缝的坡口形式，宜根据板厚和施工条件按现行国家标准《钢结构焊接规范》GB 5066 的要求选用。

2）在对接焊缝的拼接处，当焊件的宽度不同或厚度相差 4mm 以上时，应分别在宽度方向或厚度方向从一侧或两侧做成坡度不大于 1/2.5 的斜角，如图 3-65 所示。

3）对接焊缝的起点和终点，常因不能熔透而出现凹形焊口，为避免其受力而出现裂纹及应力集中，对于重要的连接，焊接时应采用引弧板，将焊缝两端引至引弧板上，然后再将多余的部分割除（图 3-66）。

（2）对接焊缝的计算

1）对接焊缝的强度

《钢结构工程施工质量验收规范》对焊缝的质量检验标准分成三级：一、二级要求焊缝不但要通过外观检查，同时要通过 X 光或 γ 射线的一、二级检验标准；三级则只要求通过外观检查。能通过一、二级检验标准的焊缝，其质量为一、二级，焊缝的抗拉强度设计值与焊件的抗拉强度设计值相同；未通过一、二级检验标准或只通过外观检查的对接焊缝，其质量均属于三级，焊缝的抗拉强度设计值为焊件强度设计值的 0.85 倍。当对接焊缝承受压力或剪力时，焊缝中的缺陷对强度无明显影响。因此，对接焊缝的抗压和抗剪强度设计值均与焊件的抗压和抗剪强度设计值相同。

2）对接焊缝的计算

对接焊缝截面上的应力分布与焊件截面上的应力分布相同，按力学中计算杆件截面应力的方法计算焊缝截面的应力，并保证不超过焊缝的强度设计值。

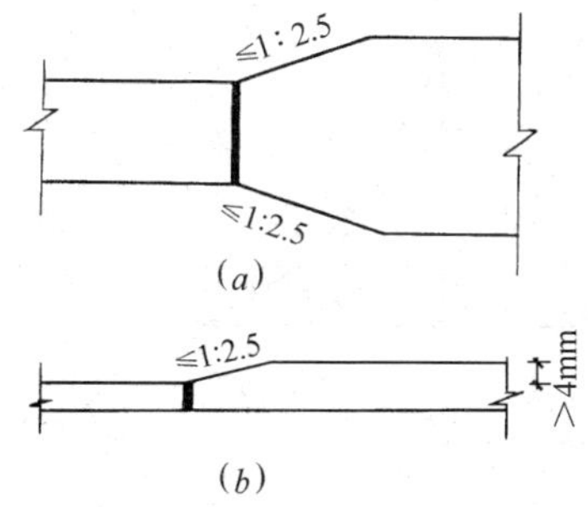

图 3-65 变宽度变厚度钢板的焊接

(a) 变宽度；(b) 变厚度

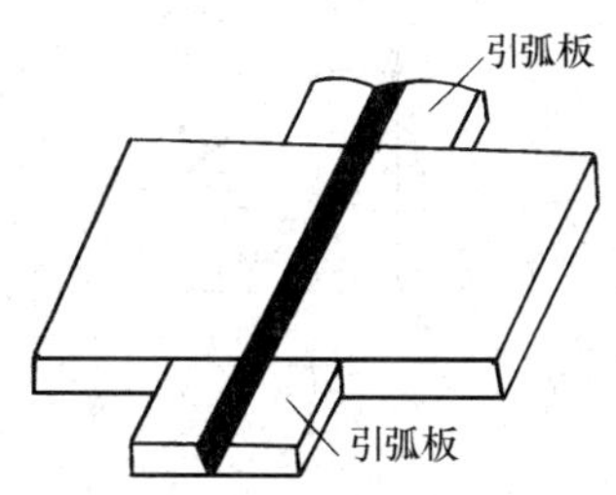

图 3-66 对接焊缝的引弧板

对接焊缝在轴向力（拉力或压力）作用下，见图 3-67(a)，假设焊缝截面上的应力是均匀分布的，按下式计算：

$$\sigma=\frac{N}{l_{w}h_{e}}\leqslant f_{t}^{w} \text{ 或 } f_{c}^{w} \tag{3-65}$$

式中 N——轴心拉力或轴心压力设计值；

l_{w}——焊缝计算长度，取等于焊件宽度，当未采用引弧板时取焊件宽度减去 10mm；

h_{e}——对接接头中较薄焊件厚度（T 形接头中为腹板厚度）；

f_{t}^{w}、f_{c}^{w}——分别为对接焊缝的抗拉，抗压强度设计值。

当承受轴心力的焊件用斜对接焊缝时，如图 3-67(b) 所示，若焊缝与作用力间的夹角符合 $\tan\theta\leqslant1.5$ 时，其强度可不计算。

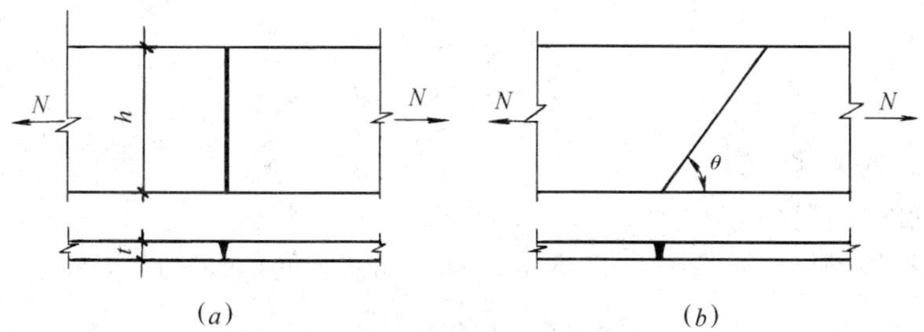

图 3-67

(a) 直焊缝；(b) 斜焊缝

4. 直角角焊缝的构造和计算

(1) 角焊缝的构造

直角角焊缝是钢结构中最常用的角焊缝。这里主要讲述直角角焊缝的构造和计算。

1) 角焊缝的尺寸

直角角焊缝中最常用的是普通式（图 3-68a），其他如平坡凸形（图 3-68b）、凹面形（图 3-68c），主要是为了改变受力状态，减小应力集中，一般多用于直接承受动力荷载的结构构件的连接中。角焊缝的焊脚尺寸是指角焊缝的直角边，以其中较小的直角边 h_{f} 表示（图 3-68），与 h_{f} 成 45°喉部的长度为角焊缝的有效高度 h_{e}（亦即角焊缝的计算高度），

$h_e = \cos 45° \times h_f \approx 0.7h_f$。

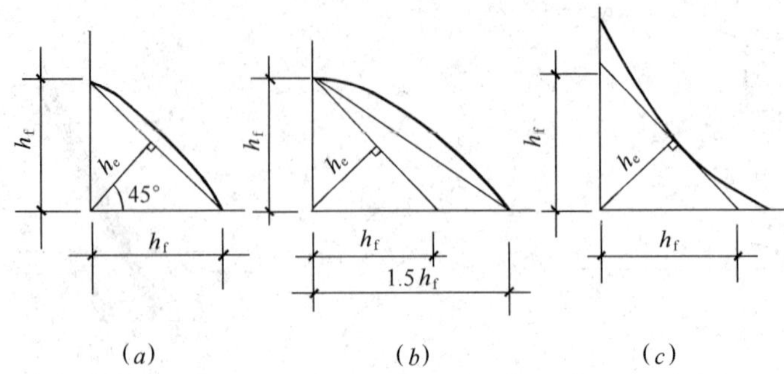

图 3-68　直角角焊缝截面的有效高度

(a) 普通形；(b) 平坡凸形；(c) 凹面形

2) 角焊缝计算长度。焊缝计算长度 l_w 取其实际长度减去 $2h_f$。

角焊缝按外力作用方向分为平行于外力作用方向的侧面角焊缝和垂直于外力作用方向的正面角焊缝或称端焊缝（图 3-69）。

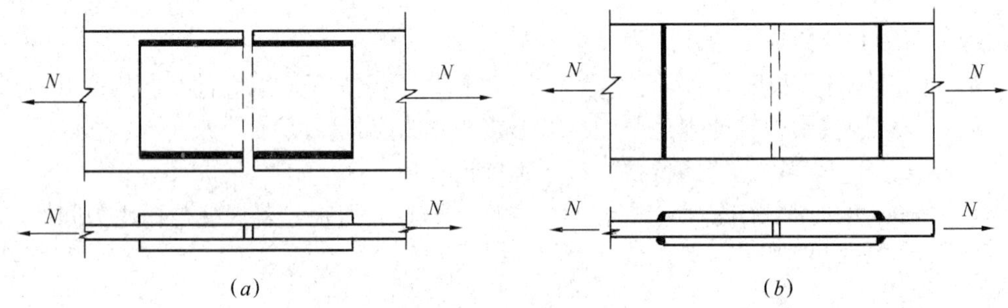

图 3-69

(a) 侧面角焊缝；(b) 正面角焊缝

(2) 角焊缝的尺寸限制

1) 角焊缝的焊脚尺寸

角焊缝最小焊脚尺寸宜按表 3-37 取值，承受动荷载的角焊缝最小焊脚尺寸为 5mm。

角焊缝最小焊脚尺寸（mm）　　**表 3-37**

母材厚度 t	角焊缝最小焊脚尺寸 h_f
$t \leqslant 6$	3
$6 < t \leqslant 12$	5
$12 < t \leqslant 20$	6
$t > 20$	8

注：1. 采用不预热的非低氢焊接方法进行焊接时，t 等于焊接连接部位中较厚件厚度，宜采用单道焊缝；采用预热的非低氢焊接方法或低氢焊接方法进行焊接时，t 等于焊接连接部位中较薄件厚度；

2. 焊缝尺寸 h_f 不要求超过焊接连接部位中较薄件厚度的情况除外。

搭接焊缝沿母材棱边的最大焊脚尺寸，当板厚不大于 6mm 时，应为母材厚度，当板厚大于 6mm 时，应为母材厚度减去 1～2mm（图 3-70）。

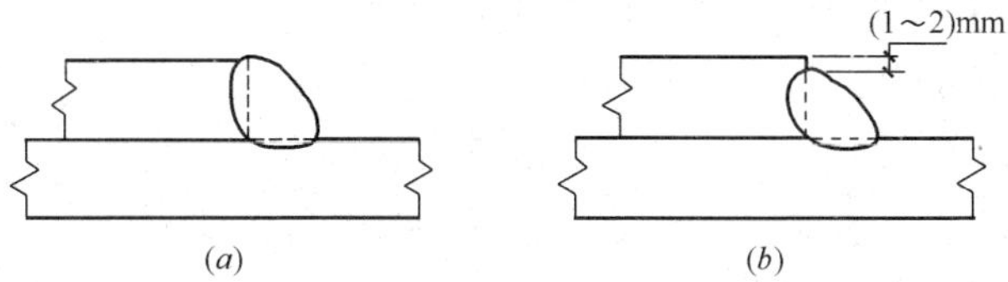

图 3-70　搭接焊缝沿母材棱边的最大焊脚尺寸

（a）母材厚度小于等于 6mm 时；（b）母材厚度大于 6mm 时

2）角焊缝的计算长度

角焊缝的最小计算长度：侧面角焊缝和正面角焊缝的最小计算长度 $l_{wmin}=8h_f$ 和 40mm。

角焊缝的最小计算长度应为其焊脚尺寸 h_f 的 8 倍，且不应小于 40mm；焊缝计算长度应为扣除引弧、收弧长度后的焊缝长度。

断续角焊缝焊段的最小长度不应小于最小计算长度。

角焊缝的搭接焊接连接中，当焊缝计算长度 l_w 超过 $60h_f$ 时，焊缝的承载力设计值应乘以折减系数 α_f，$\alpha_f=1.5-\dfrac{l_w}{120h_f}$，并不小于 0.5。

（3）其他构造要求

1）传递轴向力的部件，其搭接连接最小搭接长度应为较薄件厚度的 5 倍，且不应小于 25mm，并应施焊纵向或横向双角焊缝。

2）只采用纵向角焊缝连接型钢杆件端部时，型钢杆件的宽度不应大于 200mm，当宽度大于 200mm 时，应加横向角焊缝或中间塞焊；型钢杆件每一侧纵向角焊缝的长度不应小于型钢杆件的宽度。

3）型钢杆件搭接连接采用围焊时，在转角处应连续施焊。杆件端部搭接角焊缝作绕焊时，绕焊长度不应小于焊脚尺寸的 2 倍，并应连续施焊。

4）在次要构件或次要焊接连接中，可采用断续角焊缝。断续角焊缝焊段的长度不得小于 $10h_f$或 50mm，其净距不应大于 $15t$（对受压构件）或 $30t$（对受拉构件），t 为较薄焊件厚度。腐蚀环境中不宜采用断续角焊缝。

（4）角焊缝的计算

1）计算原则

角焊缝的受力状态十分复杂，建立角焊缝的计算公式主要靠试验分析。通过对角焊缝的大量试验分析，得到如下结论及计算原则：

① 计算时，不论角焊缝受力方向如何，均取角焊缝在 45°喉部截面为计算截面，计算截面高度为 h_e（不考虑余高，如图 3-68 所示）。

② 正面角焊缝的强度一般为侧面角焊缝强度的 1.35～1.55 倍。

③ 角焊缝的抗拉、抗压、抗剪设计强度设计值均采用同一指标，用 f_f^w 表示。

2）角焊缝的计算

① 角焊缝在轴心力作用下的计算

轴心力指外力作用通过焊缝群的形心。

a. 在与焊缝长度方向平行的轴心力作用下，如图 3-69（a）所示：

$$\tau_f=\frac{N}{h_e l_w}\leqslant f_f^w \tag{3-66}$$

式中　τ_f——按角焊缝的计算截面计算，沿焊缝长度方向的剪应力；

N——轴心力（拉力、压力、剪力）；

h_e——角焊缝计算截面的高度，直角角焊缝取 $0.7h_f$；

l_w——角焊缝的计算长度，对每条焊缝取其实际长度减去 $2h_f$；

f_f^w——角焊接的强度设计值。

b. 在与焊缝长度方向垂直的轴心力作用下，如图 3-69(b) 所示：

$$\sigma_f = \frac{N}{h_e l_w} \leqslant \beta_f f_f^w \tag{3-67}$$

式中　σ_f——按角焊缝计算截面计算，垂直于焊缝长度方向的应力；

β_f——正面角焊缝强度提高系数，直接承受动荷载时取 1.0；其他荷载情况取 1.22。

② 角焊缝在其他力或各种力综合作用下的计算：

图 3-71(a) 为搭接连接，图 3-71(b) 为 T 形连接，在轴心力 N、剪力 V 和扭矩 T 或弯矩 M 的共同作用下，焊缝危险点（图中 A 点）应满足：

$$\sqrt{\left(\frac{\sigma_f}{\beta_f}\right)^2 + \tau_f^2} \leqslant f_f^w \tag{3-68}$$

式中　σ_f——按焊缝有效截面（$h_e l_w$）计算，垂直于焊缝长度方向的应力；

τ_f——按焊缝有效截面计算，沿焊缝长度方向的剪应力；

其他符号同前。

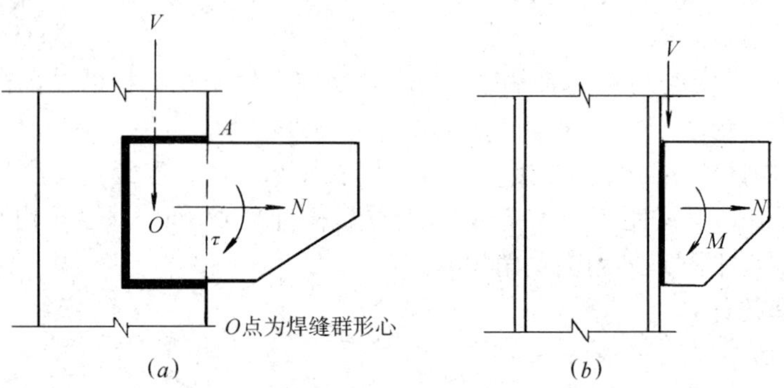

图 3-71　角焊缝在几种力综合作用下

（三）螺栓连接的构造与计算

1. 螺栓连接的构造

（1）螺栓的排列

螺栓的排列分并列和错列两种形式（图 3-72）。并列形式比较简单、整齐，应尽可能采用；错列形式可以减少钢板截面面积的削弱，在型钢的肢上布置螺栓时，常受到肢宽的限制而必须采用错列。

（2）螺栓排列的要求

1）受力要求：按受力要求，螺栓的间距不宜过大或过小。例如，受压构件顺作用力方向的中距过小时，构件容易压屈鼓出；端距过小时，前部钢板则可能被剪坏。

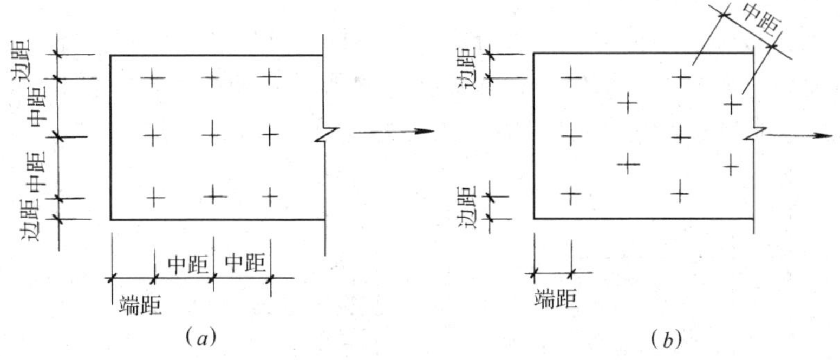

图 3-72　螺栓的排列

(*a*) 并列；(*b*) 错列

中心距：$3d_0$；端距（顺力方向）：$2d_0$；边距（垂直力方向）：$1.5d_0$

d_0—螺栓（或铆钉）孔径

2）构造要求：螺栓间距过大时，构件接触面不严密，当湿度较大时，潮气易侵入，使钢材锈蚀，故螺栓间距不能过大。

3）施工要求：布置螺栓时，还要考虑用扳手拧螺栓的可能性。

（3）螺栓及孔的图例

螺栓、孔、电焊铆钉的图例见表 3-38。

螺栓、孔、电焊铆钉图例　　　　**表 3-38**

序号	名　称	图　例	说　明
1	永久螺栓	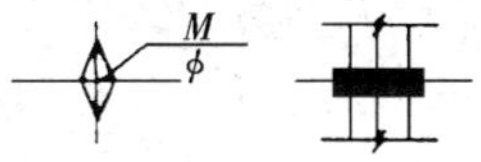 M φ	①细“+”线表示定位线 ②*M* 表示螺栓型号 ③φ 表示螺栓孔直径 ④*d* 表示膨胀螺栓、电焊铆钉直径 ⑤采用引出线标注螺栓时，横线上标注螺栓规格，横线下标注螺栓孔直径
2	高强螺栓	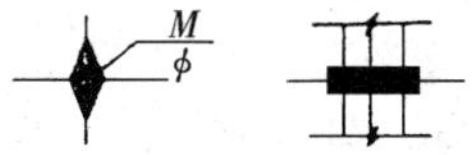 M φ	
3	安装螺栓	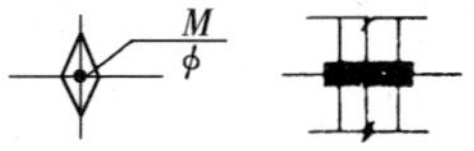 M φ	
4	胀锚螺栓	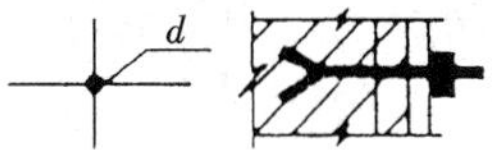 d	
5	圆形螺栓孔	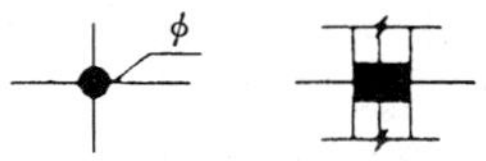 φ	
6	长圆形螺栓孔	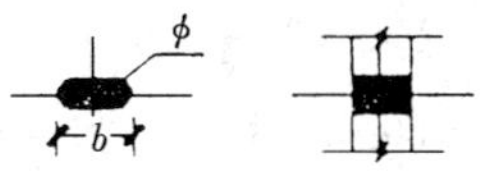 φ b	
7	电焊铆钉	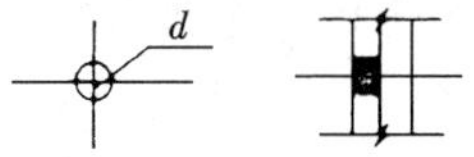 d	

2. 普通螺栓连接的计算

普通螺栓连接按螺栓的传力方式可分为抗剪螺栓、抗拉螺栓和同时抗剪及抗拉螺栓连接。抗剪螺栓是依靠栓杆的抗剪以及螺栓对孔壁的承压传递垂直于螺栓杆方向的剪力（图3-73）；抗拉螺栓则是螺栓承受沿杆长方向的拉力（图3-74）。

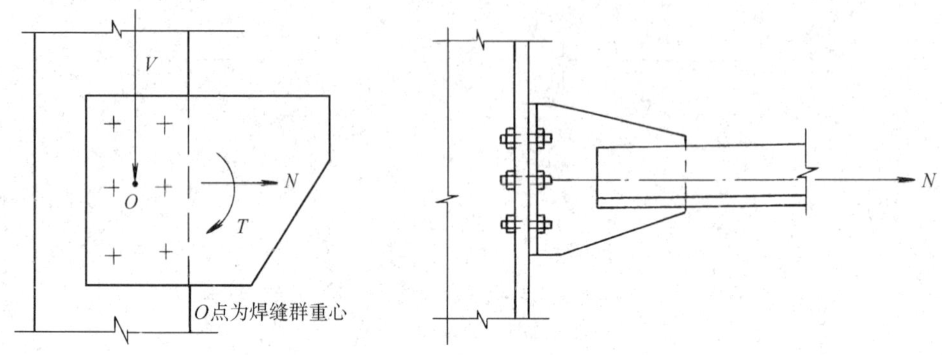

图 3-73 抗剪螺栓连接

图 3-74 抗拉普通螺栓连接

（1）抗剪普通螺栓连接的计算

1）连接的破坏形式

抗剪普通螺栓连接有五种可能的破坏形式：

① 当螺栓直径较小，板件较厚时，螺栓可能被剪断，见图 3-75(*a*)；

② 当螺栓直径较大，板件相对较薄时，构件孔壁可能被挤压破坏，见图 3-75(*b*)；

③ 当栓孔对构件的削弱过大时，构件可能在削弱处被拉断，见图 3-75(*c*)；

④ 当螺栓杆过长时，螺栓杆可能发生过大的弯曲变形而使连接破坏，见图 3-75(*d*)；

⑤ 当端距过小时，板端可能受冲剪而破坏，见图 3-75(*e*)。

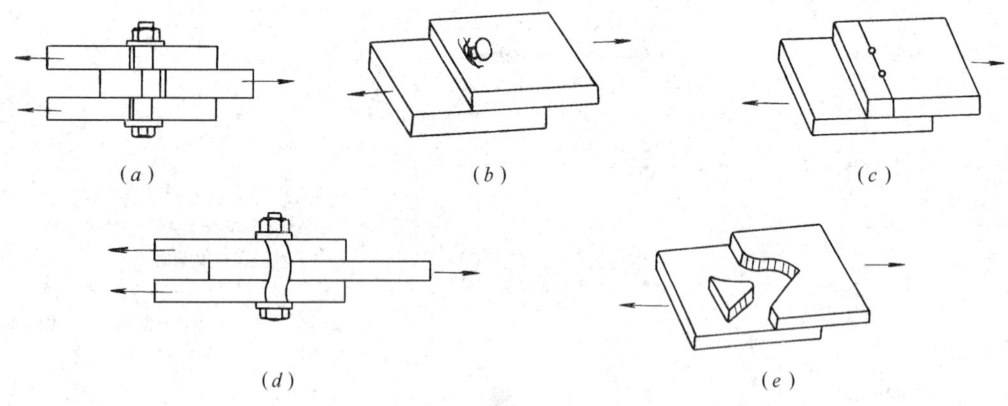

图 3-75 抗剪普通螺栓连接的破坏形式

上述五种情况中，后两种情况可以采取构造措施防止，如被连接构件板重叠厚度不大于 5 倍的螺栓直径，可以避免螺栓过度弯曲破坏；端距不小于 2 倍螺栓的孔径，可以避免构件端部板被剪坏。前三种情况则须通过计算来保证。

2）抗剪普通螺栓连接的计算。

① 一个抗剪螺栓的承载力

抗剪承载力设计值：
$$N_v^b = n_v \frac{\pi d^2}{4} f_v^b \tag{3-69}$$

承压承载力设计值：
$$N_c^b = d \sum t f_c^b \tag{3-70}$$

式中 n_v——螺栓的受剪面数，单面受剪时，取 $n_v=1$，双面受剪时，取 $n_v=2$；

d——螺栓杆直径，常用的直径有 16mm、20mm；

$\sum t$——在不同受力方向中一个受力方向的承压构件的总厚度的最小值；

f_v^b、f_c^b——分别为螺栓的抗剪强度设计值和承压强度设计值，按《钢结构标准》表 4.4.6 采用。

② 抗剪螺栓连接的计算

如图 3-73 所示，抗剪螺栓连接在几种外力综合作用下，每个螺栓应满足：

$$N_v \leqslant N_v^b \text{ 及 } N_c^b \tag{3-71}$$

（2）抗拉螺栓连接的计算

如图 3-74 所示，普通螺栓承受沿螺栓杆轴线方向拉力 N 的作用，此时一个螺栓的抗拉承载力设计值为：

$$N_t^b = \frac{\pi d_e^2}{4} f_t^b \tag{3-72}$$

式中 d_e——螺栓在螺纹处的有效直径；

f_t^b——螺栓抗拉强度设计值，按《钢结构标准》表 4.4.6 采用。

抗拉螺栓连接中，每个螺栓应满足：

$$N_t \leqslant N_t^b \tag{3-73}$$

（3）普通螺栓同时承受剪力和拉力的计算

如图 3-76 所示，螺栓群同时承受剪力和拉力，每个螺栓应同时满足：

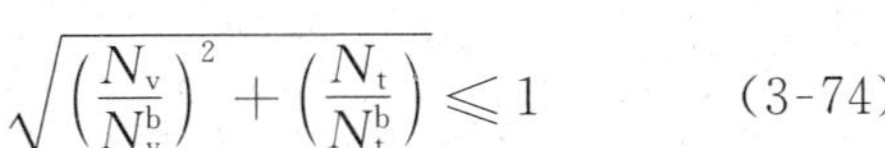

$$\sqrt{\left(\frac{N_v}{N_v^b}\right)^2 + \left(\frac{N_t}{N_t^b}\right)^2} \leqslant 1 \tag{3-74}$$

$$N_v \leqslant N_c^b \tag{3-75}$$

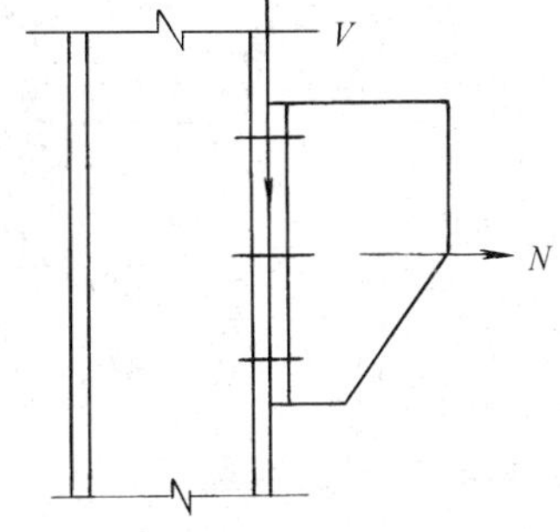

图 3-76 螺栓同时承受剪力和拉力

式中 N_v、N_t——每个螺栓所受的剪力和拉力。

五、构件的连接构造

单个构件必须通过相互连接才能形成整体。构件间的连接，按传力和变形情况可分为铰接、刚接和介于二者之间的半刚接三种基本类型。半刚接在设计中采用较少，故这里仅讲述铰接和刚接的构造。

（一）次梁与主梁的连接

1. 次梁与主梁铰接

次梁与主梁铰接从构造上可分为两类：一类如图 3-77（a）所示的叠接，即次梁直接放在主梁上，并用焊缝或螺栓连接。叠接需要的结构高度大，所以应用常受到限制。另一类是如图 3-77(b)、(c) 所示主梁与次梁的侧向连接。这种连接可以减小梁格的结构高度，并增加梁格刚度，应用较多。图 3-77(b) 为次梁借助于连接角钢与主梁连接，连接角钢与次梁采用螺栓和安装焊缝相连。图 3-77(c) 的构造是将次梁用螺栓或安装焊缝连接于主梁的加劲肋上。

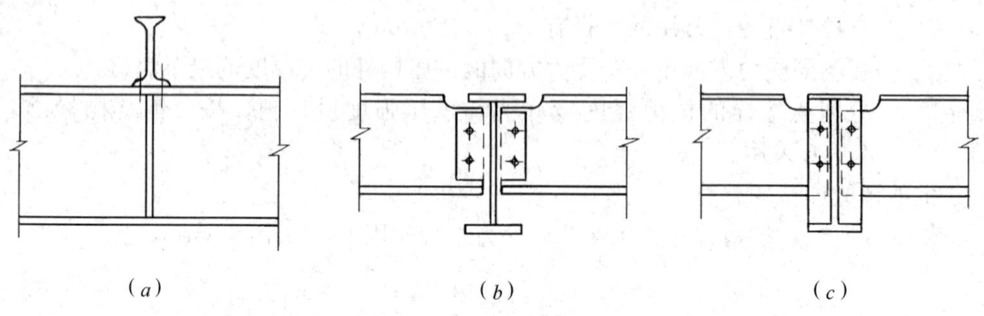

图 3-77 次梁与主梁铰接

2. 次梁与主梁刚接

次梁与主梁刚接可采用如图 3-78 所示的构造，这种连接的实质是把相邻次梁连接或支承于主梁上的连续梁。为了承受次梁端部的弯矩 M，在次梁上翼缘处设置连接盖板，盖板与次梁上翼缘用焊缝连接。次梁下翼缘与支托顶板也用焊缝连接。

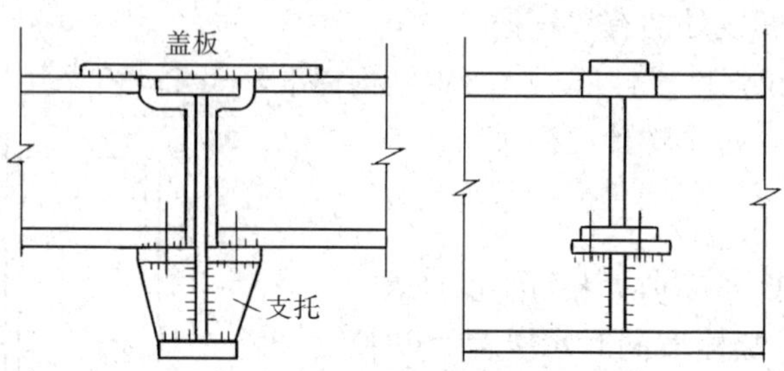

图 3-78 次梁与主梁刚接

(二) 梁与柱的连接

1. 梁与柱的铰接

梁与柱的铰接有两种构造形式：一种是将梁直接放在柱顶上（图 3-79）；另一种是将梁与柱的侧连接（图 3-80）。

图 3-79 是梁支承于柱顶的铰接构造，梁的反力通过柱的顶板传给柱；顶板一般取16～20mm厚，与柱焊接；梁与顶板用普通螺栓相连。图 3-79(a) 中，梁支承加劲肋对准柱的翼缘，相邻梁之间留一空隙，以便安装时有调节余地。最后用夹板和构造螺栓相连。这种连接形式传力明确，构造简单，但当两相邻

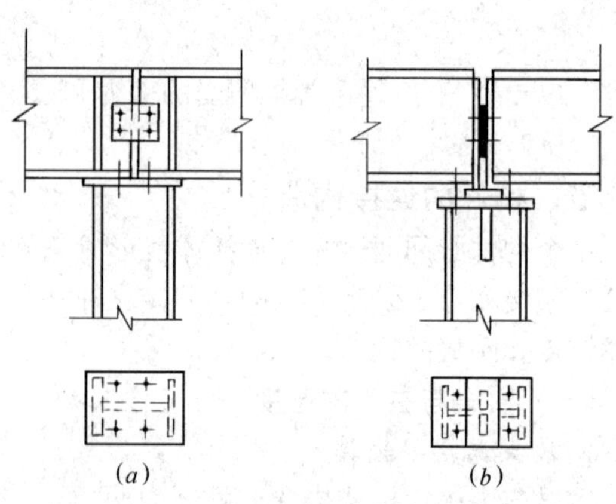

图 3-79 梁与柱铰接

梁反力不等时即引起柱的偏心受压。图 3-79(*b*) 中，梁的反力通过突缘加劲肋作用于柱轴线附近，即使两相邻梁反力不等，柱仍接近轴心受压。突缘加劲肋底部应刨平顶紧于柱顶板；在柱顶板下应设置加劲肋；两相邻梁间应留一些空隙便于安装时调节，最后嵌入合适的垫板并用螺栓相连。

图 3-80 是梁与柱侧相连，常用于多层框架中，图 3-80(*a*) 适用于梁反力较小的情况，梁直接放置在柱的牛腿上，用普通螺栓相连；梁与柱侧间留一空隙，用角钢和构造螺栓相连。图 3-80(*b*) 做法适用于梁反力较大情况，梁的反力由端加劲肋传给支托；支托采用厚钢板或加劲后的角钢与柱侧用焊缝相连；梁与柱侧仍留一空隙，安装后用垫板和螺栓相连。

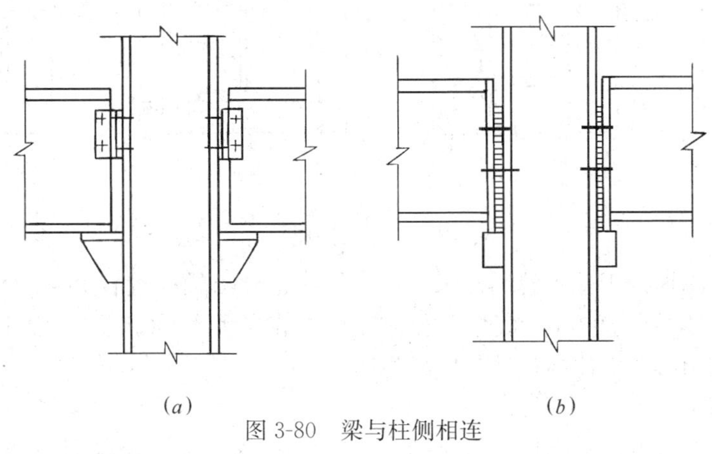

图 3-80　梁与柱侧相连

2. 梁与柱的刚接

刚接的构造要求是不仅传递反力且能有效地传递弯矩。图 3-81 是梁与柱刚接的一种构造形式。这里，梁端弯矩由焊于柱翼缘的上下水平连接板传递，梁端剪力由连接于梁腹板的垂直肋板传递。为保证柱腹板不至于压坏或局部失稳以及柱翼缘板受拉发生局部弯曲，通常应设置水平加劲肋。

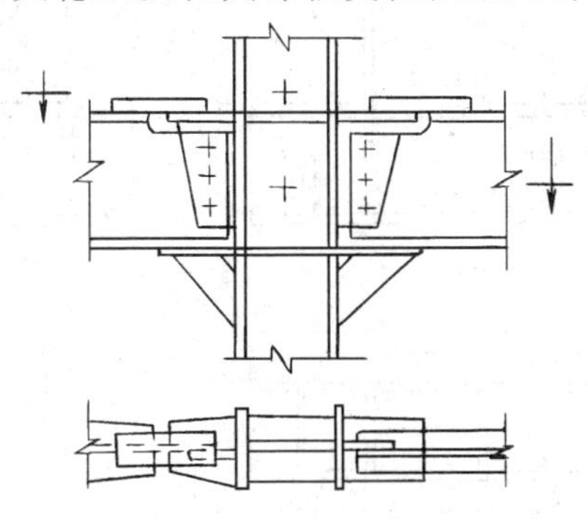
图 3-81　梁与柱刚接

(三) 柱脚

柱脚的作用是把柱下端固定并将其内力传给基础。由于混凝土的强度远低于钢材的强度，所以必须把柱的底部放大，以增加其与基础顶部的接触面积。

1. 铰接柱脚

铰接柱脚主要传递轴心压力。因此，轴心受压柱脚一般都做成铰接。当柱轴压力较小时，可采用图 3-82(*a*) 的构造形式，柱通过焊缝将压力传给底板，由底板再传给基础。当柱轴压力较大时，为增加底板的刚度又不使底板太厚以及减小柱端与底板间连接焊缝的长度，通常采用图3-82(*b*)、(*c*)、(*d*) 的构造形式，在柱端和底板间增设一些中间传力零件，如靴梁、隔板和肋板等。如图3-82(*b*)所示加肋板的柱脚，此时底板宜做成正方形；如图3-82(*c*)所示加隔板的柱脚，底板常做成长方形。图 3-82(*d*)为格构式轴心受压柱的柱脚。

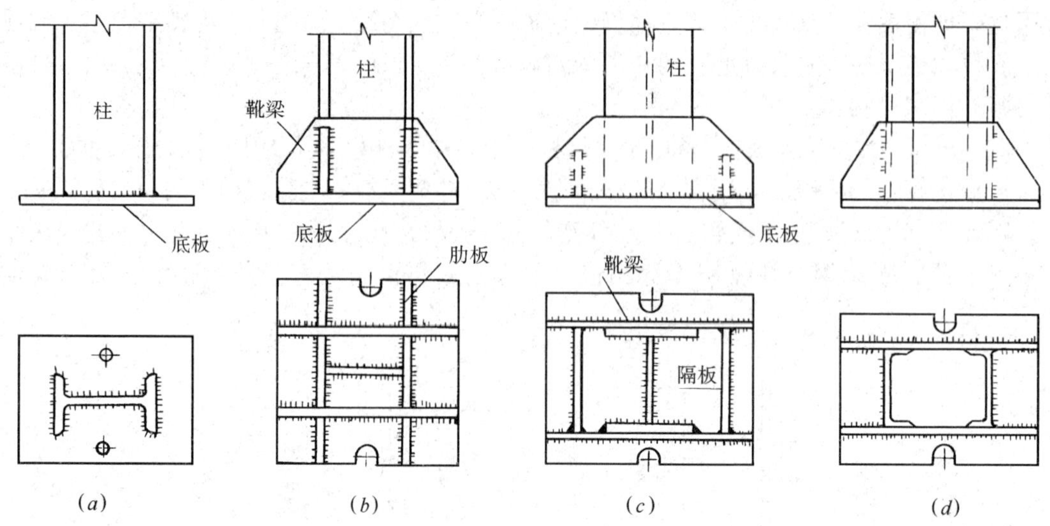

图 3-82　铰接柱脚

柱脚通常采用埋设于基础的锚栓来固定。铰接柱脚沿轴线设置 2～4 个紧固于底板上的锚栓，锚栓直径 20～30mm，底板孔径应比锚栓直径大 1～1.5 倍，待柱就位并调整到设计位置后，再用垫板套住锚栓并与底板焊牢。

2. 刚接柱脚

图 3-83 是常见的刚接柱脚，一般用于压弯柱。图 3-83(*a*) 是整体式柱脚，用于实腹柱和肢件间距较小的格构柱。当肢件间距较大时，为节省钢材，多采用分离式柱脚，见图 3-83(*b*)。

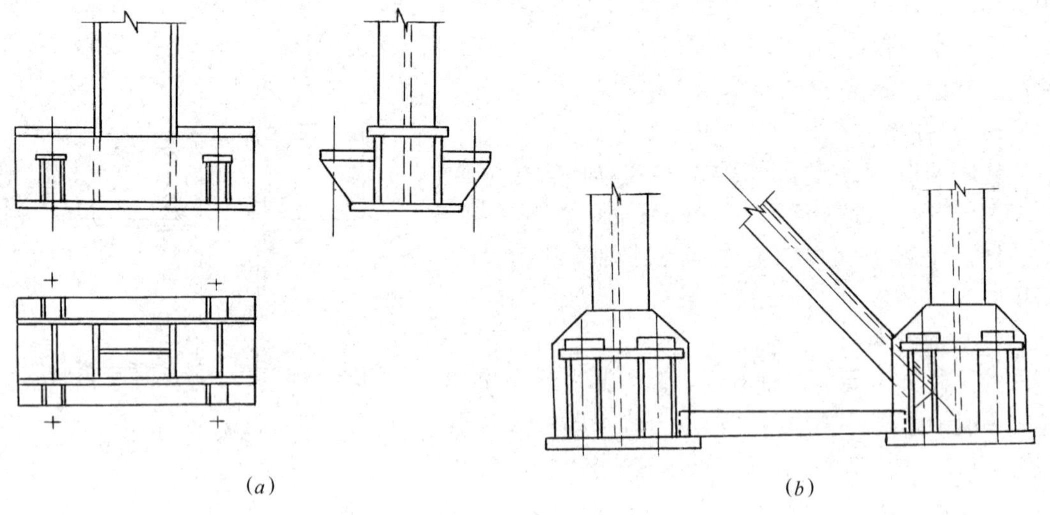

图 3-83　刚接柱脚

刚接柱脚传递轴力、剪力和弯矩。剪力主要由底板与基础顶面间摩擦传递。在弯矩作用下，若底板范围内产生拉力，则由锚栓承受，故锚栓须经过计算确定。锚栓不宜固定在底板上，而应采用如图 3-83 所示的构造，在靴梁两侧焊接两块间距较小的肋板，锚栓固定在肋板上面的水平板上。为方便安装，锚栓不宜穿过底板。

六、钢屋盖

（一）钢屋盖结构的组成

钢屋盖结构是由屋面、屋架和支撑三部分组成。

根据屋面材料和屋面结构布置情况不同，可分为无檩屋盖和有檩屋盖两种（图 3-84）。无檩屋盖是由钢屋架直接支承大型屋面板；有檩屋盖是在钢屋架上放檩条，在檩条上再铺设石棉瓦、预应力混凝土槽板、钢丝网水泥槽形板、大波瓦等轻型屋面材料，由于这些轻型屋面材料的跨度较小，故需要在屋架之间设置檩条。

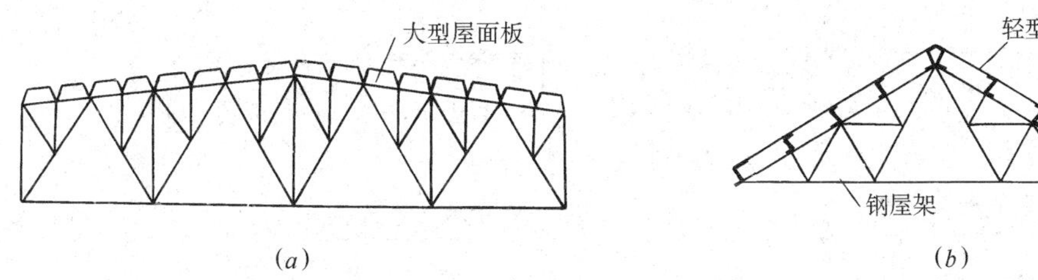

图 3-84　钢屋盖结构的组成

(a) 无檩屋盖；(b) 有檩屋盖

无檩屋盖的承重构件仅有钢屋架和大型屋面板，故构件种类和数量都少，安装效率高，施工进度快，便于做保温层，而且屋盖的整体性好，横向刚度大，耐久好，在工业厂房中普遍采用。但也有不足之处，即大型屋面板自重大，用料费、运输和安装不便。

有檩屋盖的承重构件有钢屋架、檩条和轻型屋面材料，故构件种类和数量较多，安装效率低。但是，结构自重轻、用料省、运输和安装方便。

（二）钢屋架

屋架的外形、弦杆节间的划分和腹杆布置，应根据房屋的使用要求、屋面材料、荷载、跨度、构件的运输条件以及有无天窗或悬挂式起重设备等因素，按下列原则综合考虑：

（1）屋架的外形应与屋面材料所要求的排水坡度相适应。

（2）屋架的外形尽可能与其弯矩图相适应，使弦杆各节间的内力相差不大。

（3）腹杆的布置要合理。腹杆的总长度要短，数目要少，并应使较长的腹杆受拉、较短的腹杆受压。尽可能使荷载作用于屋架的节点上，避免弦杆受弯。杆件的交角不要小于 30°。

（4）节点构造要简单合理、易于制造。当屋架的跨度或高度超过运输界限尺寸时，应将屋架分为若干个尺寸较小的运送单元。

（5）对于设有天窗架或悬挂式起重运输设备的房屋，还要配合天窗架的尺寸和悬挂吊点的位置来划分和布置腹杆。

（三）钢屋盖的支撑

在屋盖结构中，仅仅将简支在柱顶的屋架用大型屋面板或檩条连接起来，它仍是一种几何可变体系，这样的屋盖体系是不稳定的，承担不了水平风荷载的作用。在水平荷载作用下所有的屋架有向同一个方向倾倒的危险，如图 3-85(*a*) 所示。为了保证房屋的安全，适用和满足施工要求，就要保证结构的稳定性，提高房屋的整体刚度，在体系中就必须设置支撑，将屋架、天窗架、山墙等平面结构互相联系起来成为稳定的空间体系（图 3-85*b*）。

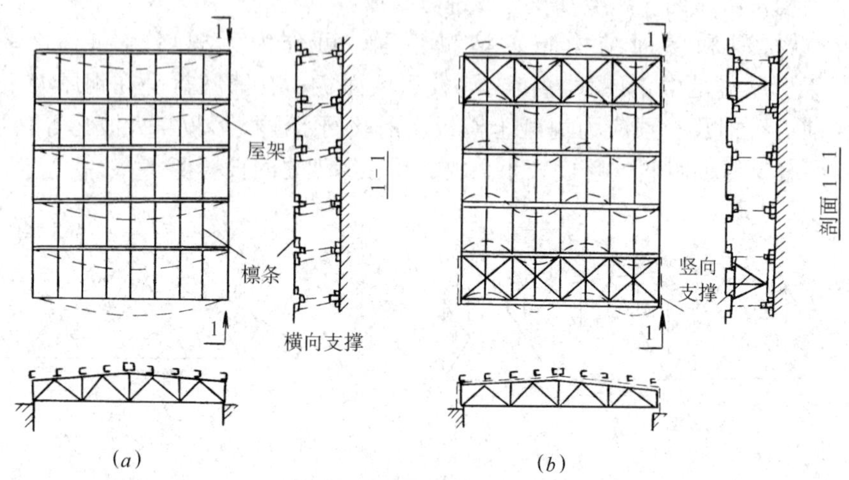

图 3-85　屋盖结构简图

(*a*) 屋架没有支撑时整体丧失稳定的情况；(*b*) 布置支撑后屋盖稳定，屋架上弦自由长度减小

根据支撑设置部位和所起作用的不同，可将支撑分为上弦横向支撑、下弦横向水平支撑、下弦纵向水平支撑、竖向支撑和系杆五种，见图 3-86 和图 3-87。

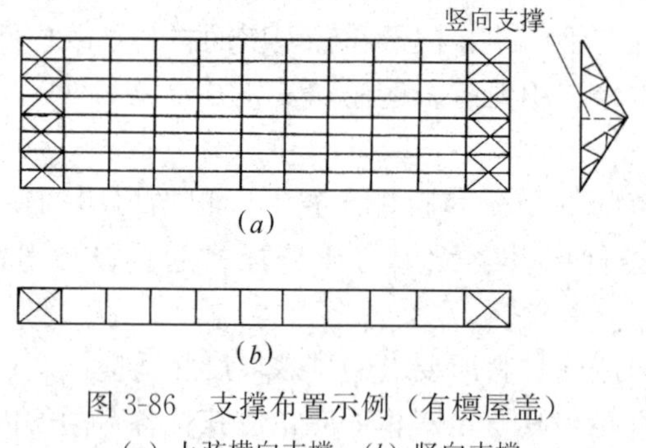

图 3-86　支撑布置示例（有檩屋盖）

(*a*) 上弦横向支撑；(*b*) 竖向支撑

（四）钢结构的防锈处理

钢结构除必须采取防锈措施（彻底除锈后，涂以油漆和镀锌等）外，尚应在构造上尽量避免出现难于检查、清刷和油漆之处，以及能积留湿气和大量灰尘的死角或凹槽。闭口截面构件应沿全长和端部焊接封闭。

柱脚在地面以下的部分应采用强度等级较低的混凝土包裹（保护层厚度不应小于 50mm），并应使包裹的混凝土高过地面约 150mm。当柱脚底面在地面以上时，则柱脚底面应高出地面不小于 100mm。

受侵蚀介质作用的结构以及在使用期间不能重新油漆的结构部位应采取特殊的防锈措施。受侵蚀性介质作用的柱脚不宜埋入地下。

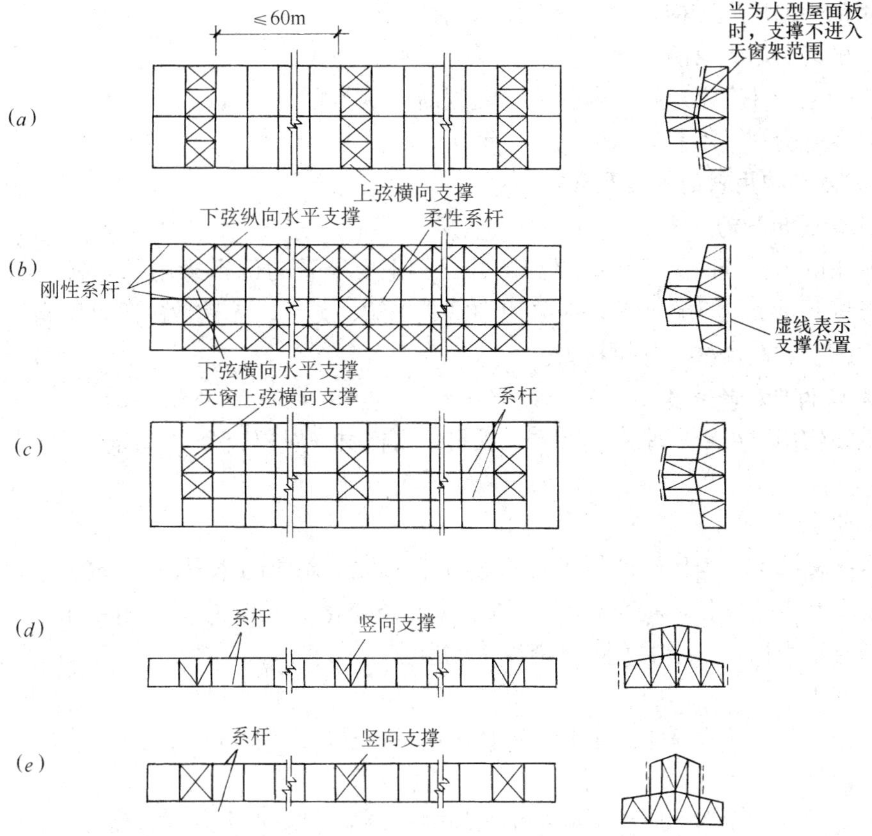

图 3-87 设有天窗的梯形屋架支撑布置示例（无檩屋盖）

(*a*) 屋架上弦横向支撑；(*b*) 屋架下弦水平支撑；(*c*) 天窗上弦横向支撑；
(*d*) 屋架跨中及支座处的竖向支撑；(*e*) 天窗架侧柱竖向支撑

第五节 木 结 构

一、木结构用木材

(一) 木结构的特点和适用范围

由木材或主要由木材组成的承重结构称为木结构。由于树木分布广泛，易于取材，采伐加工方便，同时木材质轻，所以很早就被广泛用来建造房屋和桥梁。木材是天然生成的建筑材料，它有以下一些缺点：各向异性、天然缺陷（木节、裂缝、斜纹等）、天然尺寸受限制、易腐、易蛀、易裂和翘曲。因此，木结构要求采用合理的结构形式和节点连接形式，施工时应严格保证施工质量，并在使用中经常注意维护，以保证结构具有足够的可靠性和耐久性。

由于木材生长速度缓慢，我国木材资源有限，因此目前在大、中城市的建设中已不准采用木结构。但在木材产区的县镇，砖木混合结构的房屋还比较常见。近年来，胶合木结构也正在积极研究推广，速生树种的应用范围也在不断扩大，因此，木结构在一定范围内还会得到利用和发展。

承重木结构应在正常温度和湿度环境中的房屋结构和构筑物中使用。凡处于下列生产、使用条件的房屋和构筑物不应采用木结构：

（1）极易引起火灾的；

（2）受生产性高温影响，木材表面温度高于50℃的；

（3）经常受潮且不易通风的。

（二）木结构用材的种类及分类

1. 木结构用材的种类

结构用的木材分两类：针叶材和阔叶材。主要承重构件宜采用针叶材，如红松、云杉、冷杉等；重要的木质连接件应采用细密、直纹、无节、无其他缺陷且耐腐的硬质阔叶材，如榆树材、槐树材、桦树材等。

2. 木结构用材的分类

承重结构用材可采用原木、方木、板材、规格材、层板胶合木、结构复合木材和木基结构板。

（1）原木

原木又称圆木，为伐倒的树干经打枝和造材加工而成的木段。可分为整原木和半原木。原木根部直径较粗，梢部直径较细，其直径变化一般取沿长度相差1m变化9mm。原木梢部直径为梢径。原木直径以梢径来度量。

（2）方木

直角锯切且截面宽厚比小于3的锯材，也称方材，常用厚度为60～240mm。

（3）板材

直角锯切且截面宽厚比大于或等于3的锯材，常用厚度为15～80mm。

（4）规格材

木材截面的宽度和高度按规定尺寸加工的规格化木材。

（5）结构复合木材

采用木质的单板、单板条或木片等，沿构件长度方向排列组坯，并采用结构用胶粘剂叠层胶合而成，专门用于承重结构的复合材料。包括旋切板胶合木、平行木片胶合木、层叠木片胶合木和定向木片胶合木，以及其他具有类似特征的复合木产品。

（6）胶合木层板

用于制作层板胶合木的板材，接长时采用胶合指形接头。

（7）层板胶合木

以厚度不大于45mm的胶合木层板沿顺纹方向叠层胶合而成的木制品。也称胶合木或结构用集成材。

（8）木基结构板

以木质单板或木片为原料，采用结构胶粘剂热压制成的承重板材，包括结构胶合板和定向木片板。

（三）木材的力学性能

1. 木材的受拉性能

木材顺纹抗拉强度最高，而横纹抗拉强度很低，仅为顺纹抗拉强度的1/10～1/40。木材在受拉破坏前变形很小，没有显著的塑性变形，因此属于脆性破坏。

2. 木材的顺纹受压性能

由木材顺纹受压时的应力应变关系（图 3-88）可见，木材受压时具有较好的塑性变形，它可以使应力集中逐渐趋于缓和，所以局部削弱的影响比受拉时小得多。木节对受压强度的影响也较小，斜纹和裂缝等缺陷和疵病也较受拉时的影响缓和，所以木材的受压工作要比受拉工作可靠得多。

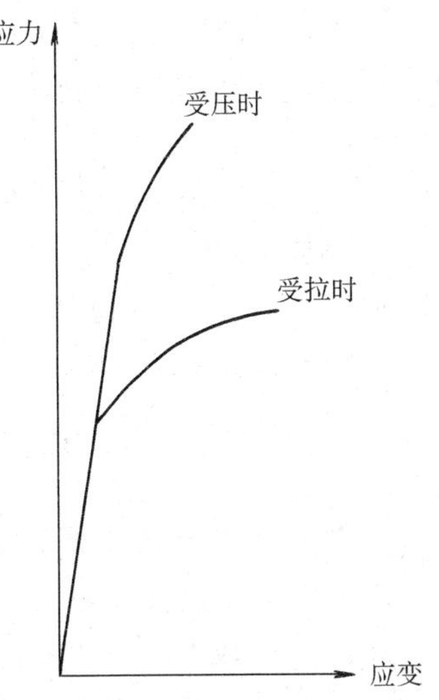

图 3-88　木材受拉、受压时的应力-应变曲线

3. 木材的受弯性能

由木材横向弯曲试验得到试件中部（纯弯曲段）截面的应力分布（图 3-89）。从图中可以看出，截面的应力只在加荷初期才呈直线分布。随着荷载的增加，在截面的受压区，压应力分布将逐渐成为曲线，而受拉区内应力的分布仍接近于直线，中和轴逐渐下移。当受压边缘纤维应力达到其强度极限值时将保持不变，此时的塑性区不断向内扩展，拉应力不断增大，直到边缘拉应力到达抗拉强度极限时，试件即告破坏。木材的抗弯强度极限是从测得的破坏弯矩 M 按 $\sigma=\frac{M}{W}$求得的（W——试件截面抵抗矩），是假定法向应力呈直线分布导出的，并不代表试件破坏时截面的实际应力，它实际上是一个虚设的极限应力，按这个公式求得的极限抗弯强度只是一个折算指标。

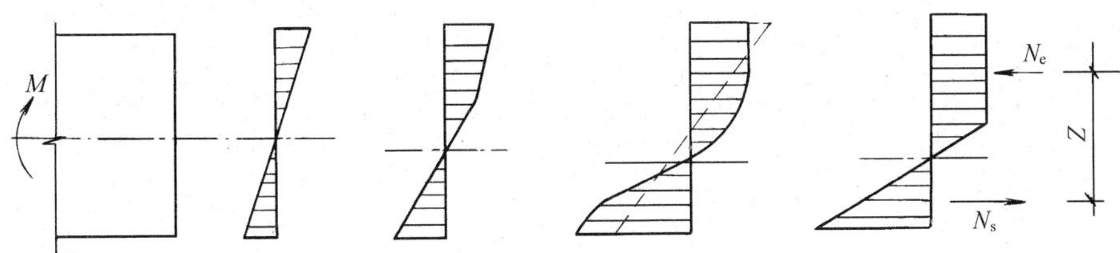

图 3-89　木材受弯的应力阶段

4. 木材的承压性能

两个构件利用表面互相接触传递压力叫作承压；作用在接触面上的应力称作承压力。在构件的接头和连接中常遇到这种情况。

木材承压工作按外力与木纹所成角度的不同，可分为顺纹承压、横纹承压和斜纹承压三种形式（图 3-90）。

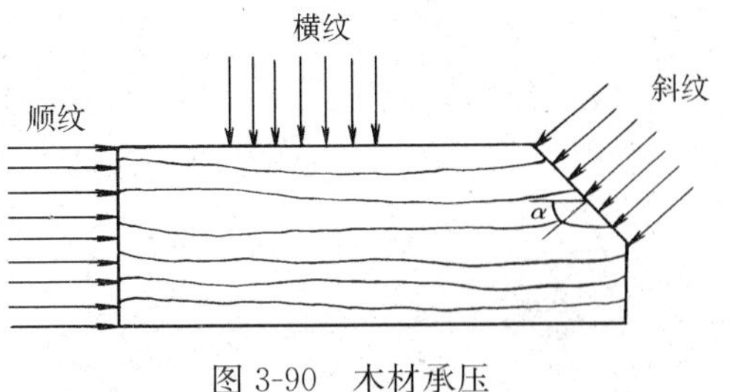

图 3-90　木材承压

木材的强度等级以抗弯强度设计值表示，如 TC17 的抗弯强度 $f_m=17\text{N/mm}^2$。根据《木结构设计标准》GB 50005—2017（以下简称《木结构标准》）表 4.3.1-3，同一木材强度等级中，抗弯强度（f_m）>顺纹抗压及承压（f_c）>顺纹抗拉（f_t）>横纹承压（$f_{c,90}$）>顺纹抗剪（f_v）。

当采用原木，验算部位未经切削时，其顺纹抗压、抗弯强度设计值和弹性模量可提高 15%；当构件矩形截面的短边尺寸≥150mm 时，其强度设计值可提高 10%；当采用含水率大于 25%的湿材时，各种木材的横纹承压强度设计值和弹性模量，以及落叶树木材的抗弯强度设计值宜降低 10%。

（1）顺纹承压

木材的顺纹承压强度一般略低于顺纹抗压的强度，这是由于承压面不可能完全平整，致使承压力分布不均匀；又由于两构件的年轮不可能对准，一构件晚材压入另一构件早材，也使变形增大。但两者相差很小，所以，《木结构标准》将顺纹承压与顺纹抗压强度取同一值。

（2）横纹承压

横纹承压分为局部长度承压、局部长度和局部宽度承压、全表面承压三种情况（图 3-91）。

局部长度承压的强度较高，因为局部长度承压时，不承压部分的纤维对其受压部分的纤维的变形有阻止作用，实际上起到了支持和减载的作用。在局部长度承压中，承压面长度越小，承压强度越高，但如构件全长 l 与承压面长度 l_c 之比 $l/l_c>3$ 时，承压强度将不再提高。此外，如未承压长度不小于构件厚度时，两端将出现开裂（图 3-92），因此构造上要求保证未承压长度小于承压面的长度和构件的厚度。

在部分宽度上的局部承压，因为木材在横纹方向彼此牵制作用很小，所以局部承压中不考虑在宽度方向未受力部分的影响。

木材全部表面横纹承压时变形较大，加荷至一定限度后，由于细胞壁逐渐破裂被压扁，塑性变形发展很快，当所有细胞壁被压扁，木材被压实，其变形逐渐减小直至纤维束失去稳定而破坏。所以横纹全部表面承压的强度最低。

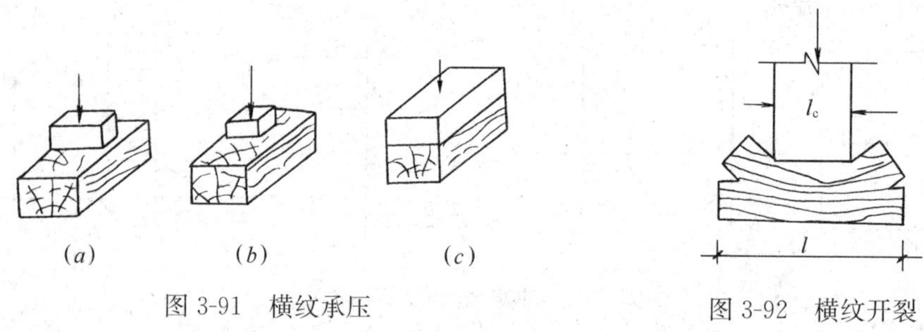

图 3-91　横纹承压

图 3-92　横纹开裂

（3）斜纹承压

斜纹承压即外力与木纹成一定角度的局部承压。斜纹承压的强度介于顺纹承压和横纹承压之间。其值随 α 角（图 3-90）的增加而降低。

5. 木材的受剪性能

木材的受剪可分为截纹受剪、顺纹受剪和横纹受剪（图 3-93）。

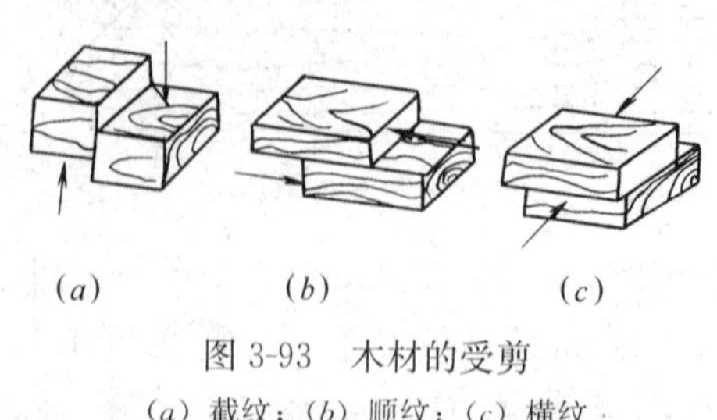

图 3-93　木材的受剪

(a) 截纹；(b) 顺纹；(c) 横纹

截纹受剪是指剪切面垂直于木纹，木材对这种剪切的抵抗能力很大，一般不会发生这种破坏。顺纹受剪是指作用力与木板平行。横纹受剪是指作用力与木纹垂直。横纹剪切强度约为顺纹剪切强度的一半，而截纹剪切则为顺纹剪切强度的 8 倍。木结构中通常多用顺纹受剪。剪切破坏属于脆性破坏。

(四) 影响木材力学性能的因素

木材是由管状细胞组成的天然有机材料，它的力学性能受着许多因素的影响。

1. 木材的缺陷

天然生长的木材不可避免会存在一些缺陷，对木材影响最大的缺陷是腐朽、虫蛀，这是任何等级的木材绝对不允许的；此外，对木材影响较大的缺陷有木节、斜纹、裂缝以及髓心。

《木结构标准》将木材材质按缺陷的多少和大小，以及承重结构的受力要求，分Ⅰ、Ⅱ、Ⅲ三个等级（Ⅰ级最好，Ⅲ级最差），见《木结构标准》表 3.1.2。普通木结构承重结构构件按受力方式及受力重要性分为三类：受拉或拉弯构件材质等级选用$Ⅰ_a$级；受弯或压弯构件材质等级选用$Ⅱ_a$级；受压构件及次要受弯构件（如吊顶小龙骨）材质等级选用$Ⅲ_a$级，见《木结构标准》表 3.1.3。轻型木结构用规格材可分为目测分级规格材和机械应力分级规格材。目测分级规格材的材质等级分为七级，见《木结构标准》表 3.1.8。机械分级规格材按强度等级分为八级，其等级应符合《木结构标准》表 3.1.6 的规定。

木材强度等级是指不同树种的木材，按抗弯强度设计值来划分的等级。

对木材材质的要求排序为：受拉＞受弯＞受压。

2. 含水率

木材的含水率对木材强度有很大影响，木材强度一般随含水率的增加而降低，当含水率达到纤维饱和点时，含水率再增加，木材强度也不再降低。含水率对受压、受弯、受剪及承压强度影响较大，而对受拉强度影响较小。

按含水率的大小，木材可分为干材（含水率≤18%）、半干材（含水率＝18%～25%）和湿材（含水率＞25%）。

制作构件时，木材的含水率应符合下列规定：

（1）板材、规格材和工厂加工的方木不应大于 19%；

（2）方木、原木受拉构件的连接板不应大于 18%；

（3）作为连接件，不应大于 15%；

（4）胶合木层板和正交胶合木层板应为 8%～15%，且同一构件各层木板间的含水率差别不应大于 5%；

（5）井干式木结构构件采用原木制作时不应大于 25%；采用方木制作时不应大于 20%；采用胶合原木木材制作时不应大于 18%；

（6）现场制作的方木或原木构件的木材含水率不应大于 25%。当受条件限制，使用含水率大于 25%木材制作方木或原木结构时，应符合《木结构标准》第 3.1.13 条的要求。

3. 木纹斜度

木材是一种各向异性的材料，不同方向的受力性能相差很大，同一木材的顺纹强度最高，横纹强度最低。

此外，木材的力学性能还与受荷载作用时间、温度的高低、湿度等因素的影响有关。受荷载作用随时间的增长，木材的强度和刚度下降。温度升高、湿度增大，木材的强度和刚度下降。

二、木结构构件的计算

木结构计算时，规范规定：

(1) 验算挠度和稳定时，取构件的中央截面；

(2) 验算抗弯强度时，取最大弯矩处的截面；

(3) 标注原木直径时，以小头为准。

(一) 木结构的设计方法

木结构采用以概率理论为基础的极限状态设计方法，计算时考虑以下两种极限状态：

1. 承载能力极限状态

与钢结构一样，按承载能力极限状态设计时，木结构的设计表达式采用应力表示的计算式，木材强度的设计值按《木结构标准》表 4.3.1-3 采用。计算内容包括强度和稳定。

2. 正常使用极限状态

按正常使用极限状态设计时，对结构和构件采用荷载的标准值（按荷载的短期效应组合）验算其变形；对受压构件验算其长细比。

(二) 木结构构件的计算

1. 轴心受拉构件

轴心受拉构件的承载力按下式计算：

$$\frac{N}{A_n} \leqslant f_t \tag{3-76}$$

式中 N——轴心受拉构件拉力设计值；

A_n——受拉构件的净截面面积，计算 A_n 时应扣除分布在 150mm 长度上的缺孔投影面积（图 3-94）；

f_t——木材顺纹抗拉强度设计值，单位：N/mm²。

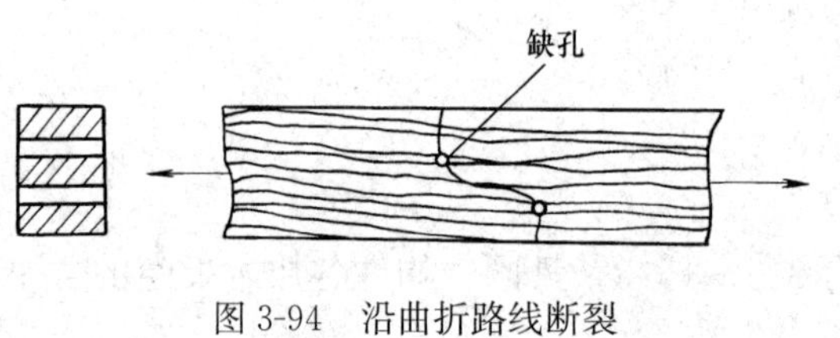

图 3-94　沿曲折路线断裂

2. 轴心受压构件

(1) 强度计算

$$\frac{N}{A_n} \leqslant f_c \tag{3-77}$$

式中 N——轴心压力设计值；

A_n——受压构件净截面面积；

f_c——木材顺纹抗压强度设计值。

(2) 稳定计算

对于比较细长的压杆，一般在强度破坏前，就因失去稳定而破坏。因此轴心受压构件还需进行稳定计算，即：

$$\frac{N}{\varphi A_0} \leqslant f_c \tag{3-78}$$

式中 N——轴心受压构件压力设计值；

A_0——受压构件截面的计算面积，按《木结构标准》第 5.1.3 条确定；

φ——轴心受压构件稳定系数。

按稳定验算时受压构件截面的计算面积，应按下列规定采用：

1) 无缺口时，取 $A_0=A$，A 为受压构件的全截面面积；

2）缺口不在边缘时（如图 3-95a）取 $A_0=0.9A$；

3）缺口在边缘且为对称时（如图 3-95b），$A_0=A_n$；

4）缺口在边缘但不对称时（如图 3-95c），取 $A_0=A_n$，且应按偏心受压构件计算；

5）验算稳定时，螺栓孔可不作为缺口考虑；

6）对于原木应取平均直径计算面积。

轴向受压构件稳定系数 φ 的取值应按下列公式确定：

$$\lambda_c = c_c\sqrt{\frac{\beta E_k}{f_{ck}}} \tag{3-79}$$

$$\lambda = \frac{l_0}{i} \tag{3-80}$$

当 $\lambda > \lambda_c$ 时
$$\varphi = \frac{a_c^2 \beta E_k}{\lambda^2 f_{ck}} \tag{3-81}$$

当 $\lambda \leqslant \lambda_c$ 时
$$\varphi = \frac{1}{1+\frac{\lambda^2 f_{ck}}{b_c^2 \beta E_k}} \tag{3-82}$$

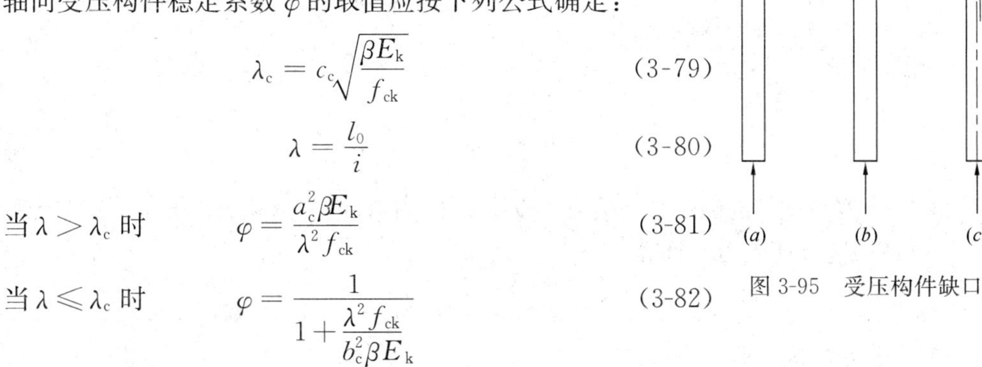

图 3-95　受压构件缺口

式中　λ——受压构件长细比；

i——构件截面的回转半径（mm）；

l_0——受压构件的计算长度（mm），应按《木结构标准》第 5.1.5 条的规定确定；

f_{ck}——受压构件材料的抗压强度标准值（N/mm^2）；

E_k——构件材料的弹性模量标准值（N/mm^2）；

a_c、b_c、c_c——材料相关系数，应按《木结构标准》表 5.1.4 的规定取值；

β——材料剪切变形相关系数，应按《木结构标准》表 5.1.4 的规定取值。

（3）刚度验算

受压构件的刚度以长细比 λ 表示，为避免受压构件因长细比过大，在自重作用下下垂过大，以及避免过分颤动，受压构件的长细比应满足：

$$\lambda \leqslant [\lambda] \tag{3-83}$$

式中　$[\lambda]$——受压构件长细比限值。按《木结构标准》表 4.3.17 采用。

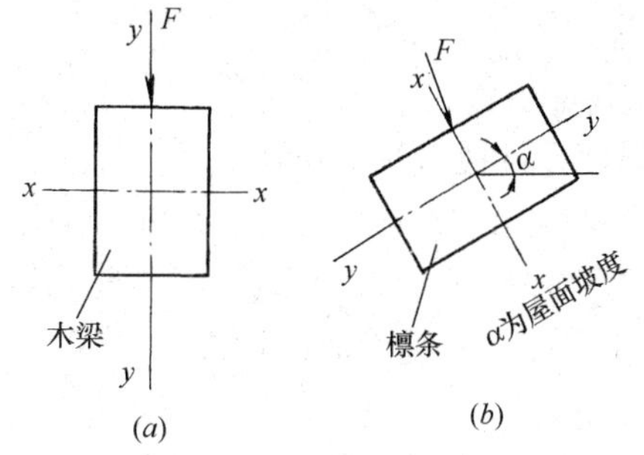

图 3-96　受弯构件的受力

（a）单向受弯构件；（b）双向受弯构件

3. 受弯构件

受弯构件有单向受弯构件和双向受弯构件两种。当荷载的作用平面与截面主轴平面重合时为单向受弯构件，见图 3-96(a)，如房屋中木梁；当荷载的作用平面与截面主轴平面不重合时为双向受弯构件，见图 3-96(b)，如檩条、挂瓦条。

檩条计算时需将竖向荷载 F 分解为垂直于斜屋面和平行于斜屋面的两个分力。强度按式（3-87）计算，挠度按式（3-88）验算。

（1）单向受弯构件的计算

1）强度计算

按承载能力极限状态要求，受弯构件应满足强度要求，包括弯曲正应力和剪应力计算。

a. 抗弯强度（正应力）计算

$$\frac{M}{W_{\mathrm{n}}} \leqslant f_{\mathrm{m}} \tag{3-84}$$

式中 M——受弯构件弯矩设计值；

W_{n}——受弯构件的净截面抵抗矩；

f_{m}——木材抗弯强度设计值。

b. 稳定验算

$$\frac{M}{\varphi_l W_{\mathrm{n}}} \leqslant f_{\mathrm{m}}$$

φ_l——受弯构件的侧向稳定系数，应按《木结构标准》第 5.2.2 条和 5.2.3 条确定。

c. 抗剪强度（剪应力）计算

$$\frac{VS}{Ib} \leqslant f_{\mathrm{v}} \tag{3-85}$$

式中 V——受弯构件剪力设计值；

I——构件的全截面惯性矩；

S——剪切面以上的截面面积对中性轴的面积矩；

b——构件的截面宽度；

f_{v}——木材顺纹抗剪强度设计值。

2）挠度验算

为满足正常使用极限状态要求，对于受弯构件还需验算其挠度：

$$w \leqslant [w] \tag{3-86}$$

式中 w——构件按荷载效应的标准组合计算的挠度；

$[w]$——受弯构件的挠度限值，按《木结构标准》表 4.3.15 的规定采用。

（2）双向受弯构件计算

1）强度计算

$$\frac{M_{\mathrm{x}}}{W_{\mathrm{nx}} f_{\mathrm{mx}}} + \frac{M_{\mathrm{y}}}{W_{\mathrm{ny}} f_{\mathrm{my}}} \leqslant 1 \tag{3-87}$$

式中 M_{x}、M_{y}——相对于构件截面 x 轴和 y 轴产生的弯矩设计值；

W_{nx}、W_{ny}——对构件截面 x 轴、y 轴的净截面抵抗矩；

f_{mx}、f_{my}——构件正向弯曲或侧向弯曲的抗弯强度设计值（$\mathrm{N/mm^2}$）。

2）挠度验算

$$w = \sqrt{w_{\mathrm{x}}^2 + w_{\mathrm{y}}^2} \leqslant [w] \tag{3-88}$$

式中 w_{x}、w_{y}——荷载效应的标准组合计算的沿构件截面 x，y 轴方向的挠度。

（3）受弯构件上的切口设计

1）应尽量减小切口引起的应力集中，宜采用逐渐变化的锥形切口，不宜采用直角形切口；

2）简支梁支座处受拉边的切口深度，锯材不应超过梁截面高度的 1/4；层板胶合材不应超过梁截面高度的 1/10；

3）可能出现负弯矩的支座及其附近区域不应设置切口。

4. 拉弯、压弯构件计算

(1) 拉弯构件

受拉同时受弯的构件称为拉弯构件。拉弯构件所产生的弯矩可能是由于横向荷载引起、拉力的偏心作用引起，或者是由于不对称的截面削弱引起。

拉弯构件的承载力按下式计算：

$$\frac{N}{A_n f_t} + \frac{M}{W_n f_m} \leqslant 1 \tag{3-89}$$

式中符号意义同前。

(2) 压弯构件

构件受轴向压力的同时还承受弯矩作用的构件称为压弯构件。压弯构件所产生弯矩的原因与拉弯构件相同。木结构中，压弯构件较为常见，当屋架上弦节点间放置檩条时，即为压弯构件。

压弯构件的受力特点是：当构件弯曲时，除初始弯矩和挠曲外，还出现了由轴向压力引起的附加弯矩（图 3-97），在计算中必须考虑这一因素。

1）强度计算

$$\frac{N}{A_n f_c} + \frac{M}{W_n f_m} \leqslant 1 \tag{3-90}$$

$$M = Ne_0 + M_0 \tag{3-91}$$

式中符号意义同前。

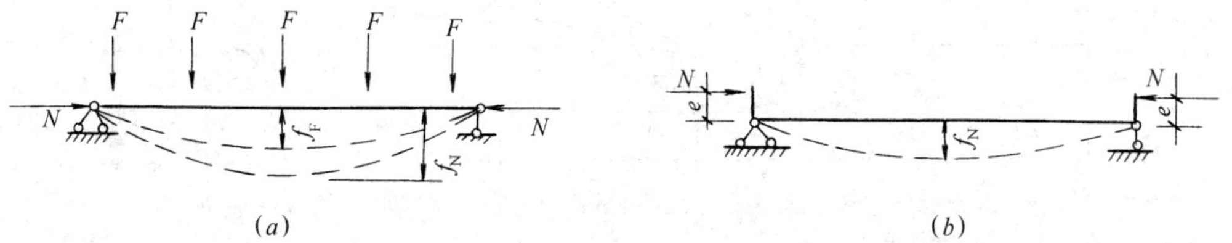

图 3-97 压弯构件的受力

(a) 压弯构件；(b) 偏心受压构件

2）稳定计算

弯矩作用平面内

$$\frac{N}{\varphi \varphi_m A_0} \leqslant f_c \tag{3-92}$$

$$\varphi_m = (1-k)^2(1-k_0) \tag{3-93}$$

$$k = \frac{Ne_0 + M_0}{Wf_m\left(1+\sqrt{\dfrac{N}{Af_c}}\right)} \tag{3-94}$$

$$k_0 = \frac{Ne_0}{Wf_m\left(1+\sqrt{\dfrac{N}{Af_c}}\right)} \tag{3-95}$$

式中 φ——轴心受压构件的稳定系数；

A_0——计算面积，按《木结构规范》第 5.1.3 条确定；

φ_m——考虑轴向力和初始弯矩共同作用的折减系数；

N——轴向压力设计值；

M_0——横向荷载作用下跨中最大初始弯矩设计值；

e_0——构件的初始偏心距（mm），当不能确定时，可按 0.05 倍构件截面高度采用；

f_c、f_m——考虑调整系数后的木材顺纹抗压强度设计值、抗弯强度设计值（N/mm^2）；

W——构件全截面抵抗矩（mm^3）。

3）压弯构件或偏心受压构件弯矩作用平面外的侧向稳定性，应按下式验算：

$$\frac{N}{\varphi_y A_0 f_c}+\left(\frac{M}{\varphi_l W f_m}\right)^2 \leqslant 1 \tag{3-96}$$

式中 φ_y——轴心压杆在垂直于弯矩作用平面 y-y 方向按长细比 λ_y 确定的轴心压杆稳定系数，按《木结构标准》第 5.1.4 条确定。其余符号意义同前。

三、木结构的连接

（一）齿连接

齿连接是通过构件与构件之间直接抵承传力，所以齿连接只应用在受压构件与其他构件连接的节点上。

齿连接有单齿连接与双齿连接（图 3-98），应符合下列规定：

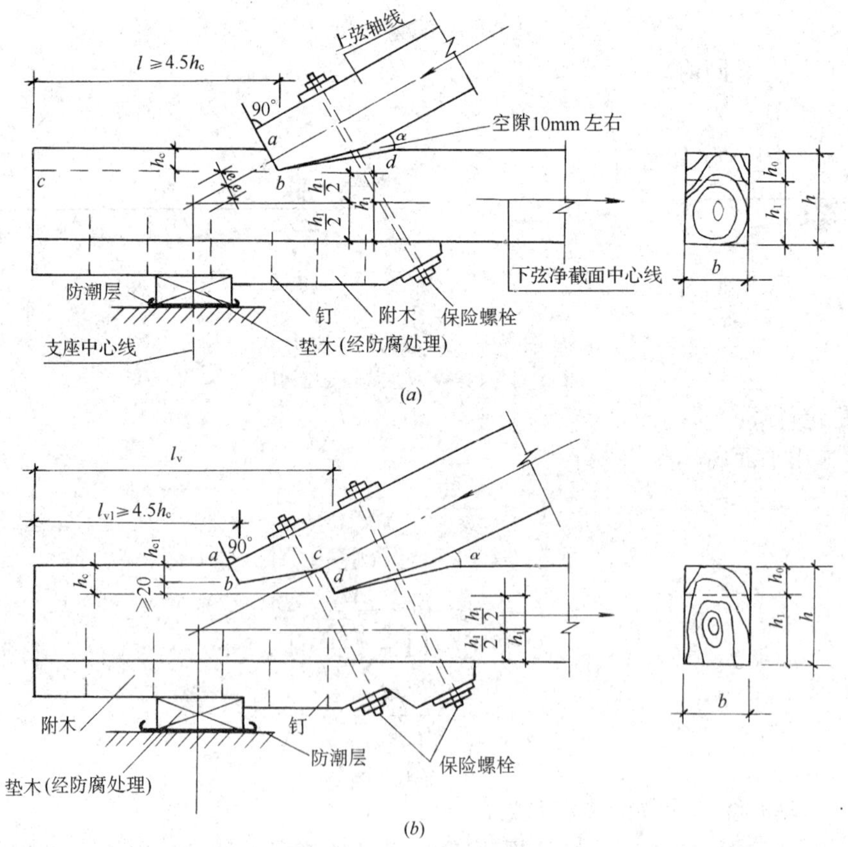

图 3-98 齿连接

（a）单齿连接；（b）双齿连接

（1）齿连接的承压面应与所连接的压杆轴线垂直；

（2）单齿连接应使压杆轴线通过承压面中心；

（3）木桁架支座节点的上弦轴线和支座反力的作用线，当采用方木或板材时，宜与下弦净截面的中心线交汇于一点；当采用原木时，可与下弦毛截面的中心线交汇于一点，此时，刻齿处的截面可按轴心受拉验算；

（4）齿连接的齿深，对于方木不应小于 20mm；对于原木不应小于 30mm；

（5）桁架支座节点齿深不应大于 $h/3$，中间节点的齿深不应大于 $h/4$，h 为沿齿深方向的构件截面高度；

（6）双齿连接中，第二齿的齿深 h_c 应比第一齿的齿深 h_{c1} 至少大 20mm。

（7）当受条件限制只能采用湿材制作时，木桁架支座节点齿连接的剪面长度应比计算值加长 50mm。

（8）桁架支座节点采用齿连接时，应设置保险螺栓，但不考虑保险螺栓与齿的共同工作。保险螺栓的设置和验算应符合《木结构标准》第 6.1.5 条的规定；

（9）双齿连接计算受剪应力时，全部剪力应由第二齿的剪面承受；第二齿剪面的计算长度 l_v 的取值，不应大于齿深 h_c 的 10 倍。

（二）销连接

根据穿过被连接构件间剪力面数目可分为单剪连接和双剪连接（图 3-99）。

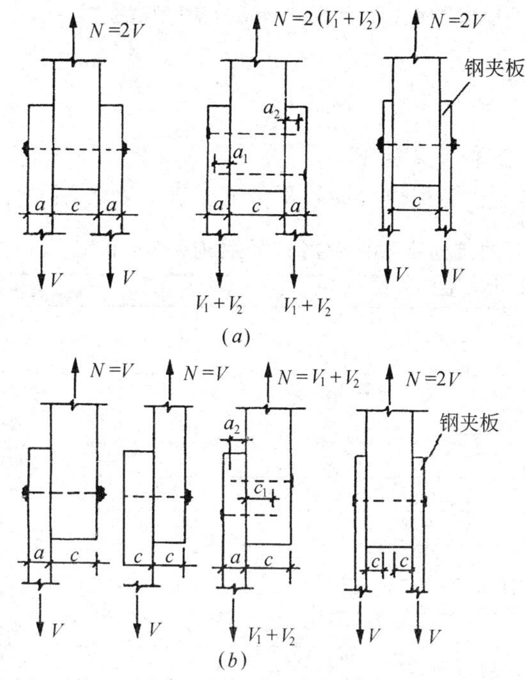

图 3-99　双剪连接和单剪连接（可用木夹板也可用钢夹板）

（a）双剪连接；（b）单剪连接

销轴类紧固件的端距、边距、间距和行距最小尺寸应符合表 3-39 的规定。当采用螺栓、销或六角头木螺钉作为紧固件时，其直径不应小于6mm。

销轴类紧固件的端距、边距、间距和行距的最小值尺寸 **表 3-39**

距离名称	顺纹荷载作用时		横纹荷载作用时	
最小端距 e_1	受力端	$7d$	受力边	$4d$
	非受力端	$4d$	非受力边	$1.5d$
最小边距 e_2	当 $l/d \leqslant 6$	$1.5d$	$4d$	
	当 $l/d > 6$	取 $1.5d$ 与 $r/2$ 两者较大值		
最小间距 s	$4d$		$4d$	
最小行距 r	$2d$		当 $l/d \leqslant 2$	$2.5d$
			当 $2 < l/d < 6$	$(5l+10d)/8$
			当 $l/d \geqslant 6$	$5d$
几何位置示意图	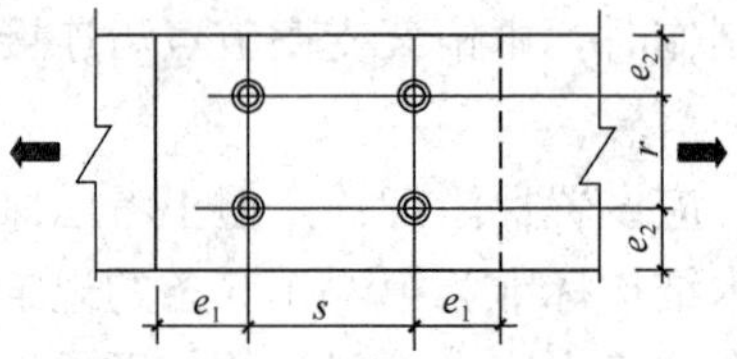		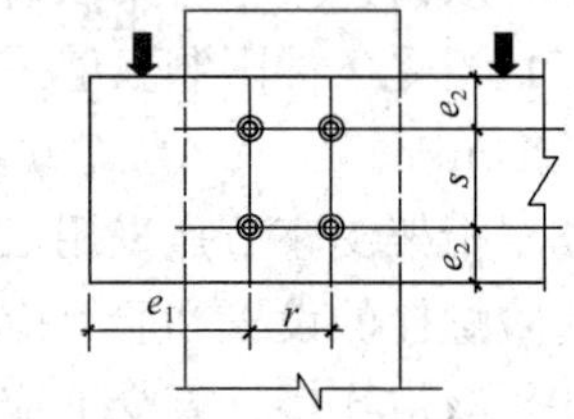	

注：1. 受力端为销槽受力指向端部；非受力端为销槽受力背离端部；受力边为销槽受力指向边部；非受力边为销槽受力背离端部。

2. 表中 l 为紧固件长度，d 为紧固件的直径；并且 l/d 值应取下列两者中的较小值：

1）紧固件在主构件中的贯入深度 l_m 与直径 d 的比值 l_m/d；

2）紧固件在侧面构件中的总贯入深度 l_s 与直径 d 的比值 l_s/d。

3. 当钉连接不预钻孔时，其端距、边距、间距和行距应为表中数值的 2 倍。

四、木结构防火和防护

（一）木结构的防火

1. 建筑构件的燃烧性能和耐火极限

木结构建筑构件的燃烧性能和耐火极限不应低于表 3-40 的规定。

木结构建筑中构件的燃烧性能和耐火极限 **表 3-40**

构 件 名 称	燃烧性能和耐火极限（h）
防火墙	不燃性 3.00
电梯井墙体	不燃性 1.00
承重墙、住宅建筑单元之间的墙和分户墙、楼梯间的墙	难燃性 1.00
非承重外墙、疏散走道两侧的隔墙	难燃性 0.75
房间隔墙	难燃性 0.50
承重柱	可燃性 1.00
梁	可燃性 1.00
楼板	难燃性 0.75
屋顶承重构件	可燃性 0.50
疏散楼梯	难燃性 0.50
吊顶	难燃性 0.15

注：1. 除现行国家标准《建筑设计防火规范》GB 50016 另有规定外，当同一座木结构建筑存在不同高度的屋顶时，较低部分的屋顶承重构件和屋面不应采用可燃性构件；当较低部分的屋顶承重构件采用难燃性构件时，其耐火极限不应小于 0.75h；

2. 轻型木结构建筑的屋顶，除防水层、保温层和屋面板外，其他部分均应视为屋顶承重构件，且不应采用可燃性构件，耐火极限不应低于 0.50h；

3. 当建筑的层数不超过 2 层、防火墙间的建筑面积小于 $600m^2$，且防火墙间的建筑长度小于 60m 时，建筑构件的燃烧性能和耐火极限应按现行国家标准《建筑设计防火规范》GB 50016 中有关四级耐火等级建筑的要求确定。

2. 建筑的层数、长度和面积

木结构建筑最大允许层数、高度、长度和面积不应超过表 3-41 和表 3-42 的规定。

木结构建筑或木结构组合建筑的允许层数和允许建筑高度　　表 3-41

木结构建筑的形式	普通木结构建筑	轻型木结构建筑	胶合木结构建筑		木结构组合建筑
允许层数（层）	2	3	1	3	7
允许建筑高度（m）	10	10	不限	15	24

木结构建筑中防火墙间的允许建筑长度和每层最大允许建筑面积　　表 3-42

层数（层）	防火墙间的允许建筑长度（m）	防火墙间的每层最大允许建筑面积（m^2）
1	100	1800
2	80	900
3	60	600

注：1. 当设置自动喷水灭火系统时，防火墙间的允许建筑长度和每层最大允许建筑面积可按本表的规定增加 1.0 倍，对于丁、戊类地上厂房，防火墙间的每层最大允许建筑面积不限。
2. 体育场馆等高大空间建筑，其建筑高度和建筑面积可适当增加。

3. 防火间距

木结构建筑之间、木结构建筑与其他耐火等级的建筑之间的防火间距不应小于表 3-43 的规定。

民用木结构建筑之间及其与其他民用建筑的防火间距（m）　　表 3-43

建筑耐火等级或类别	一、二级	三级	木结构建筑	四级
木结构建筑	8	9	10	11

注：1. 两座木结构建筑之间或木结构建筑与其他民用建筑之间，外墙均无任何门、窗、洞口时，防火间距可为 4m；外墙上的门、窗、洞口不正对且开口面积之和不大于外墙面积的 10%时，防火间距可按本表的规定减少 25%。
2. 当相邻建筑外墙有一面为防火墙，或建筑物之间设置防火墙且墙体截断不燃性屋面或高出难燃性、可燃性屋面不低于 0.5m 时，防火间距不限。

4. 材料的燃烧性能

（1）木结构采用的建筑材料，其燃烧性能的技术指标应符合《建筑材料及制品燃烧性能分级》GB 8624 的规定。

（2）管道及包覆材料或内衬：

管道内的流体能够造成管道外壁温度达到 120℃及其以上时，管道及其包覆材料或内衬以及施工时使用的胶粘剂必须是不燃材料。

外壁温度低于 120℃的管道及其包覆材料或内衬，其燃烧性能不应低于 B_1 级。

（3）填充材料：建筑中的各种构件或空间需填充吸声、隔热、保温材料时，这些材料的燃烧性能不应低于 B_1 级。

5. 采暖通风

（1）木结构建筑内严禁设计使用明火采暖、明火生产作业等方面的设施。

（2）用于采暖或炊事的烟道、烟囱、火炕等应采用非金属不燃材料制作，并应符合下列规定：

与木构件相邻部位的壁厚不小于 240mm；

与木结构之间的净距不小于 100mm，且其周围具备良好的通风环境。

6. 天窗

由不同高度部分组成的一座木结构建筑，较低部分屋面上开设的天窗与相接的较高部分外墙上的门、窗、洞口之间最小距离不应小于5.00m，当符合下列情况之一时，其距离可不受限制：

(1) 天窗安装了自动喷水灭火系统或为固定式乙级防火窗；

(2) 外墙面上的门为遇火自动关闭的乙级防火门，窗口、洞口为固定式的乙级防火窗。

7. 密闭空间

木结构建筑中，下列存在密闭空间的部位应采取防火分隔措施：

(1) 轻型木结构建筑，当层高小于或等于3m时，位于墙骨柱之间，楼、屋盖的梁底部处；当层高大于3m时，位于墙骨柱之间、沿墙高每隔3m处，及楼、屋盖的梁底部处。

(2) 水平构件（包括屋盖、楼盖）和墙体竖向构件的连接处。

(3) 楼梯上下第一步踏板与楼盖交接处。

(二) 木结构的防护

(1) 木结构中的下列部位应采取防潮和通风措施：

1) 在桁架和大梁的支座下应设置防潮层。

2) 在木柱下应设置柱墩，严禁将木柱直接埋入土中。

3) 桁架、大梁的支座节点或其他不得封闭在墙、保温层或通风不良的环境中的承重木构件（图3-100、图3-101）。

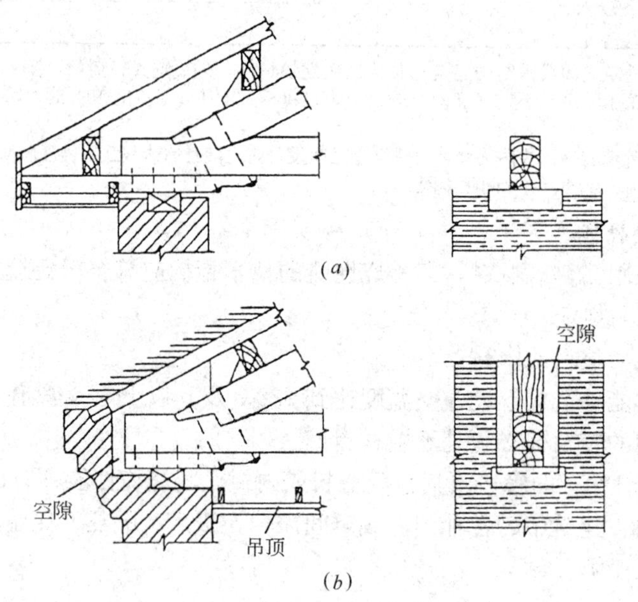

图3-100 外排水屋盖支座节点通风构造示意图

4) 处于房屋隐蔽部分的木结构，应设通风孔洞。

5) 露天结构在构造上应避免任何部分有积水的可能，并应在构件之间留有空隙（连接部位除外）。

6) 当室内外温差很大时，房屋的围护结构（包括保温吊顶），应采取有效的保温和隔

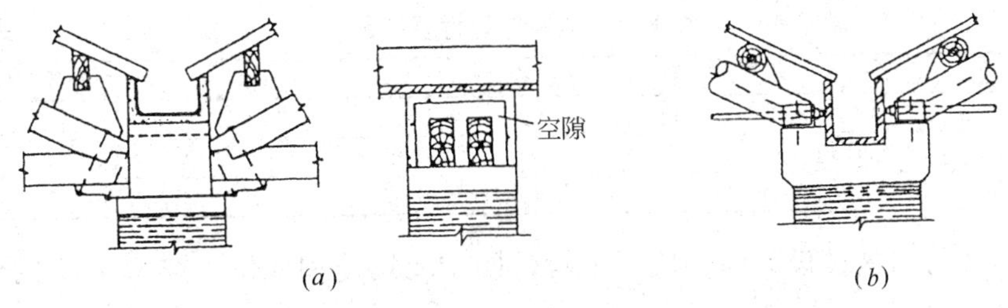

图 3-101　内排水屋盖支座节点通风构造示意图

汽措施。

（2）木结构构造上的防腐、防虫措施，除应在设计图纸中加以说明外，尚应要求在施工的有关工序交接时，检查其施工质量，如发现有问题应立即纠正。

（3）下列情况，除从结构上采取通风防潮措施外，尚应进行药剂处理：

1）露天结构；

2）内排水桁架的支座节点处；

3）檩条、格栅、柱等木构件直接与砌体、混凝土接触部位；

4）白蚁容易繁殖的潮湿环境中使用的木构件；

5）承重结构中使用马尾松、云南松、湿地松、桦木以及新利用树种中易腐朽或易遭虫害的木材。

（4）常用的药剂配方及处理方法，可按现行国家标准《木结构工程施工质量验收规范》GB 50206 的规定采用。

注：① 虫害主要指白蚁、长蠹虫、粉蠹虫及天牛等的蛀蚀。

② 实践证明，沥青只能防潮，防腐效果很差，不宜单独使用。

（5）用防腐、防虫药剂处理木构件时，应按设计指定的药剂成分、配方及处理方法采用。受条件限制而需改变药剂或处理方法时，应征得设计单位同意。

在任何情况下，均不得使用未经鉴定合格的药剂。

（6）木构件（包括胶合木构件）的机械加工应在药剂处理前进行。木构件经防腐防虫处理后，应避免重新切割或钻孔。由于技术上的原因，确有必要作局部修整时，必须对木材暴露的表面涂刷足够的同品牌或同品种药剂。

（7）木结构的防腐、防虫，采用药剂加压处理时，该药剂在木材中的保持量和透入度应达到设计文件规定的要求。设计未作规定时，则应符合现行国家标准《木结构工程施工质量验收规范》GB 50206 的相关规定。

五、其他

（1）承重结构用材，分为原木、锯材（方木、板材、规格材）和胶合材。用于普通木结构的原木、方木和板材的材质等级分为三级；胶合木构件的材质等级分为三级；轻型木结构用规格材分为目测分级规格材和机械分级规格材，目测分级规格材的材质等级分为七级；机械分级规格材按强度等级分为八级。

（2）普通木结构构件设计时，应根据构件的主要用途按表 3-44 的要求选用相应的材质等级。

普通木结构构件的材质等级　　表 3-44

项　次	主　要　用　途	材质等级
1	受拉或拉弯构件	Ⅰ$_a$
2	受弯或压弯构件	Ⅱ$_a$
3	受压构件及次要受弯构件（如吊顶小龙骨等）	Ⅲ$_a$

（3）胶合木结构构件设计时，应根据构件的主要用途和部位，按表 3-45 的要求选用相应的材质等级。

胶合木结构构件的木材材质等级　　表 3-45

项次	主　要　用　途	材质等级	木材等级配置图
1	受拉或拉弯构件	Ⅰ$_b$	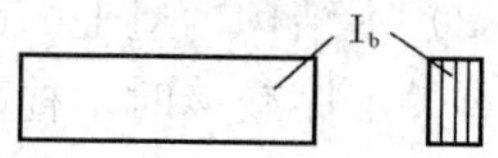
2	受压构件（不包括桁架上弦和拱）	Ⅲ$_b$	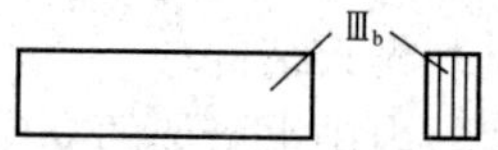
3	桁架上弦或拱，高度不大于 500mm 的胶合梁 （1）构件上、下边缘各 0.1h 区域，且不少于两层板 （2）其余部分	 Ⅱ$_b$ Ⅲ$_b$	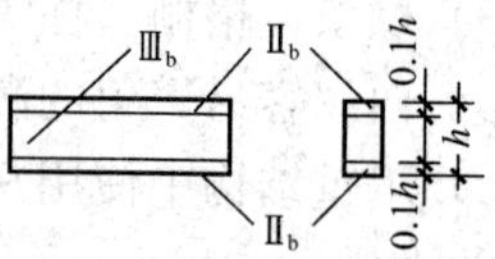
4	高度大于 500mm 的胶合梁 （1）梁的受拉边缘 0.1h 区域，且不少于两层板 （2）距受拉边缘 0.1h～0.2h 区域 （3）受压边缘 0.1h 区域，且不少于两层板 （4）其余部分	 Ⅰ$_b$ Ⅱ$_b$ Ⅱ$_b$ Ⅲ$_b$	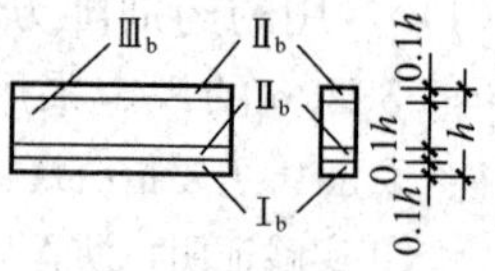

（4）当采用目测分级规格材设计轻型木结构构件时，应根据构件的用途按表 3-46 要求选用相应的材质等级。

目测分级规格材的材质等级　　表 3-46

类别	主　要　用　途	材质等级	截面最大尺寸（mm）
A	结构用搁栅、结构用平放厚板和轻型木框架构件	Ⅰ$_c$	285
		Ⅱ$_c$	
		Ⅲ$_c$	
		Ⅳ$_c$	
B	仅用于墙骨柱	Ⅳ$_{c1}$	
C	仅用于轻型木框架构件	Ⅱ$_{c1}$	90
		Ⅲ$_{c1}$	

（5）承重结构用胶必须满足结合部位的强度和耐久性的要求，应保证其胶合强度不低于木材顺纹抗剪和横纹抗拉的强度，并应符合环境保护的要求。

（6）受弯构件的计算挠度，应满足表 3-47 的挠度限值。

受弯构件挠度限值 表 3-47

项 次	构 件 类 别		挠度限值 [ω]
1	檩 条	$l \leqslant 3.3m$	1/200
		$l > 3.3m$	1/250
2	椽 条		1/150
3	吊顶中的受弯构件		1/250
4	楼板梁和搁栅		1/250

注：表中，l——受弯构件的计算跨度。

(7) 验算桁架受压构件的稳定时，其计算长度 l_0 应按下列规定采用：

1) 平面内：取节点中心间距；

2) 平面外：屋架上弦取锚固檩条间的距离，腹杆取节点中心的距离；在杆系拱、框架及类似结构中的受压下弦，取侧向支撑点间的距离。

(8) 受压构件的长细比，不应超过表 3-48 规定的长细比限值。

受压构件长细比限值 表 3-48

项 次	构 件 类 别	长细比限值 [λ]
1	结构的主要构件（包括桁架的弦杆、支座处的竖杆或斜杆以及承重柱等）	120
2	一般构件	150
3	支撑	200

(9) 原木构件沿其长度的直径变化率，可按每米 9mm（或按当地经验数值）采用。

(10) 木结构设计应符合下列要求：

1) 木材宜用于结构的受压或受弯构件，对于在干燥过程中容易翘裂的树种木材（如落叶松、云南松等），当用作桁架时，宜采用钢下弦；若采用木下弦，对于原木，其跨度不宜大于 15m，对于方木不应大于 12m，且应采取有效防止裂缝危害的措施；

2) 木屋盖宜采用外排水，若必须采用内排水时，不应采用木制天沟；

3) 必须采取通风和防潮措施，以防木材腐朽和虫蛀。

(11) 杆系结构中的木构件，当有对称削弱时，其净截面面积不应小于构件毛截面面积的 50%；当有不对称削弱时，其净截面面积不应小于构件毛截面面积的 60%。

在受弯构件的受拉边，不得打孔或开设缺口。

(12) 桁架的圆钢下弦、三角形桁架跨中竖向钢拉杆、受振动荷载影响的钢拉杆以及直径等于或大于 20mm 的钢拉杆和拉力螺栓，必须采用双螺帽。

木结构的钢材部分，应有防锈措施。

(13) 桁架中央高度与跨度之比，不应小于表 3-49 规定的数值。

桁架最小高跨比 表 3-49

序 号	桁 架 类 型	h/l
1	三角形木桁架	1/5
2	三角形钢木桁架；平行弦木桁架；弧形、多边形和梯形木桁架	1/6
3	弧形、多边形和梯形钢木桁架	1/7

注：h——桁架中央高度；
　　l——桁架跨度。

（14）桁架制作应按其跨度的 1/200 起拱。

（15）受拉下弦接头应保证轴心传递拉力，下弦接头不宜多于两个。接头每端的螺栓由计算确定，但不宜少于 6 个，且不应排成单行。当采用木夹板时，其厚度不应小于下弦宽度的 1/2；当桁架跨度较大时，木夹板厚度不宜小于 100mm；当采用钢夹板时，其厚度不应小于 6mm。

习　题

3-1　**(2019)**煤气管道爆炸产生的荷载属于(　　)。

A　可变荷载　　B　偶然荷载　　C　永久荷载　　D　静力荷载

3-2　一般上人平屋面的均布荷载标准值为(　　)。

A　0.5kN/m²　　B　0.7kN/m²　　C　2.0kN/m²　　D　2.5kN/m²

3-3　**(2018)**同一高度处，下列地区风压高度变化系数 μ_z 最大的是(　　)。

A　湖　　B　乡村

C　有密集建筑群的城市市区　　D　有密集建筑群且房屋较高的城市市区

3-4　**(2018)**下列填充墙体材料中，重度最轻的是(　　)。

A　烧结多孔砖　　B　混凝土空心砌块

C　蒸压灰砂普通砖　　D　蒸压加气混凝土砌块

3-5　**(2019)**确定楼面活荷载标准值的设计基准期应为(　　)。

A　5 年　　B　25 年　　C　50 年　　D　70 年

3-6　**(2019)**设计时可不考虑消防车荷载的构件是(　　)。

A　板　　B　梁　　C　柱　　D　基础

3-7　我国荷载规范规定的基本雪压是以当地一般空旷平坦地面上统计所得多少年一遇的最大积雪自重确定的？

A　10 年　　B　20 年　　C　30 年　　D　50 年

3-8　图示单跨封闭式单坡屋面，屋面坡度为 1∶5，风荷载体型系数正确的是(　　)。

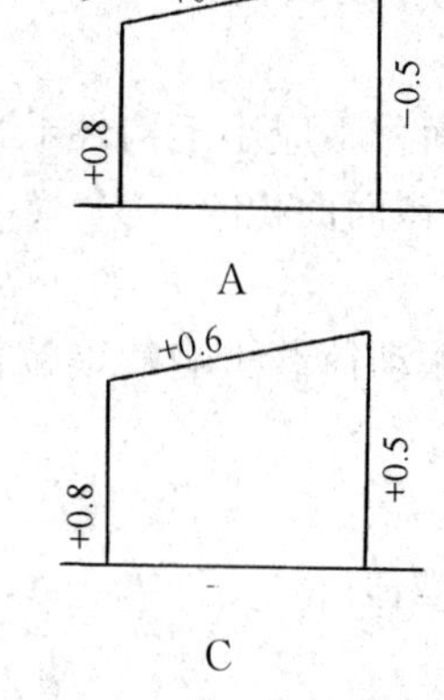

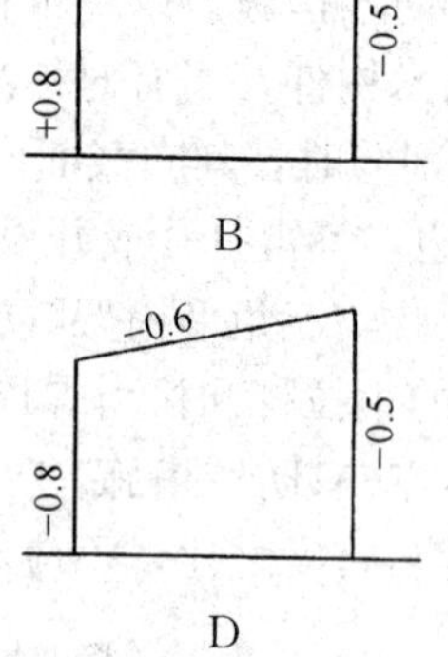

3-9　承重结构设计中，下列属于承载能力极限状态设计的内容是(　　)。

Ⅰ. 构件和连接的强度破坏；Ⅱ. 疲劳破坏；Ⅲ. 影响结构正常使用的局部损坏；

Ⅳ. 结构和构件丧失稳定，结构转变为机动体系和结构倾覆

A　Ⅰ、Ⅱ　　B　Ⅰ、Ⅱ、Ⅲ　　C　Ⅰ、Ⅱ、Ⅳ　　D　Ⅰ、Ⅱ、Ⅲ、Ⅳ

3-10　钢筋和混凝土两种材料能有效结合在一起共同工作，下列说法不正确的是(　　)。

A　钢筋与混凝土之间有可靠的粘结强度

B 钢筋与混凝土两种材料的温度线膨胀系数相近

C 钢筋与混凝土都有较高的抗拉强度

D 混凝土对钢筋具有良好的保护作用

3-11 **(2018)**当采用强度等级 400MPa 的钢筋时，钢筋混凝土结构的混凝土强度等级最低限值是(　　)。

A C15　　B C20　　C C25　　D C30

3-12 **(2019)**确定混凝土强度等级的依据是(　　)。

A 轴心抗拉强度标准值　　B 立方体抗压强度标准值

C 轴心抗压强度设计值　　D 立方体抗压强度设计值

3-13 对于室内正常环境的预应力混凝土结构，设计使用年限为 100 年时，规范要求其混凝土最低强度等级为(　　)。

A C25　　B C30　　C C35　　D C40

3-14 关于混凝土徐变的叙述，以下正确的是(　　)。

A 混凝土徐变是指缓慢发生的自身收缩

B 混凝土徐变是在长期不变荷载作用下产生的

C 混凝土徐变持续时间较短

D 粗骨料的含量与混凝土的徐变无关

3-15 控制混凝土的碱含量，其作用是(　　)。

A 减小混凝土的收缩　　B 提高混凝土的耐久性

C 减小混凝土的徐变　　D 提高混凝土的早期强度

3-16 **(2019、2018)**图示承受均布荷载的悬臂梁，可能发生的弯曲裂缝是(　　)。

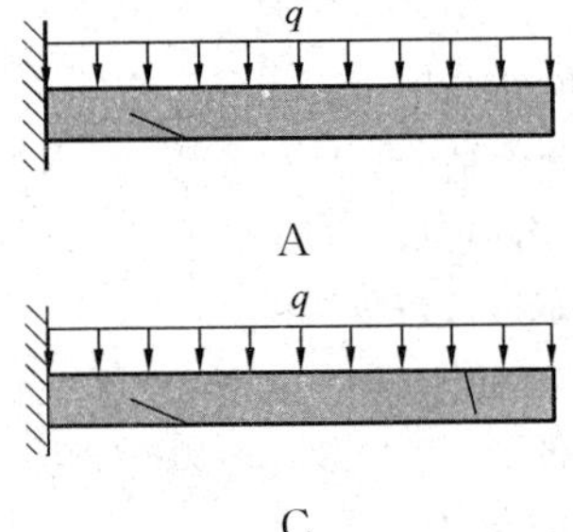

B

D

3-17 设计中采用的钢筋混凝土适筋梁，其受弯破坏形式为(　　)。

A 受压区混凝土先达到极限应变而破坏

B 受拉区钢筋先达到屈服，然后受压区混凝土破坏

C 受拉区钢筋先达到屈服，直至被拉断，受压区混凝土未破坏

D 受拉区钢筋与受压区混凝土同时达到破坏

3-18 箍筋配置数量适当的钢筋混凝土梁，其受剪破坏的形式是(　　)。

A 梁剪弯段中混凝土先被压碎，其箍筋尚未屈服

B 受剪斜裂缝出现后，梁箍筋立即达到屈服，破坏时以斜裂缝将梁分为两段

C 受剪斜裂缝出现并随荷载增加而发展，然后箍筋达到屈服，直到受压区混凝土达到破坏

D 受拉纵筋先屈服，然后受压区混凝土破坏

3-19 下述有关钢筋混凝土梁箍筋作用的叙述中，不正确的是(　　)。

A 增强构件抗剪能力　　B 增强构件抗弯能力

C 稳定钢筋骨架　　D 增强构件的抗扭能力

3-20 决定钢筋混凝土柱承载能力的因素，不存在的是(　　)。

A 混凝土的强度等级　　B 钢筋的强度等级

C 钢筋的截面面积　　D 箍筋的肢数

3-21 钢管混凝土构件在纵向压力作用下，关于其受力性能的描述，下列错误的是(　　)。

A 延缓了核心混凝土受压时的纵向开裂

B 提高了核心混凝土的塑性性能

C 降低了核心混凝土的承载力，但提高了钢管的承载力

D 提高了钢管管壁的稳定性

3-22 钢筋混凝土楼盖梁如出现裂缝是(　　)。

A 不允许　　B 允许，但应满足构件变形的要求

C 允许，但应满足裂缝宽度的要求　　D 允许，但应满足裂缝开展深度的要求

3-23 以下关于钢筋混凝土梁的变形及裂缝的叙述，错误的是(　　)。

A 进行梁的变形和裂缝验算是为了保证梁的正常使用

B 由于梁的类型不同，规范规定了不同的允许挠度值

C 处于室内环境下且年平均相对湿度大于60%的梁，其裂缝宽度允许值为0.3mm

D 悬臂梁的允许挠度较简支梁允许挠度值为小

3-24 某工程采用现浇钢筋混凝土结构，其次梁（以受弯为主）计算跨度 $l_0=8.5$m，使用中对挠度要求较高，已知：其挠度计算值为42.5mm，起拱值为8.5mm，下列关于次梁的总挠度复核结论中正确的是(　　)。

A 挠度 $f=42.5\text{mm}>l_0/250=34\text{mm}$，不满足规范要求

B 挠度 $f=42.5\text{mm}>l_0/300=28.3\text{mm}$，不满足规范要求

C 挠度 $f=42.5-8.5=34\text{mm}=l_0/250$，满足规范要求

D 挠度 $f=42.5-8.5=34\text{mm}>l_0/300=28.3\text{mm}$，不满足规范要求

3-25 钢筋混凝土梁，为了减小弯曲产生的裂缝宽度，下列措施无效的是(　　)。

A 提高混凝土强度等级　　B 加大纵向钢筋用量

C 加密箍筋　　D 将纵向钢筋改成较小直径

3-26 **(2019、2018)** 关于减少超长钢筋混凝土结构收缩裂缝的做法，错误的是(　　)。

A 设置伸缩缝　　B 设置后浇带

C 增配通长构造钢筋　　D 采用高强混凝土

3-27 混凝土结构设计规范规定，混凝土强度等级为C40时，偏心受压构件受拉钢筋的最小配筋率为0.2%。对于图示中的工字形截面柱，其最小配筋面积应为(　　)。

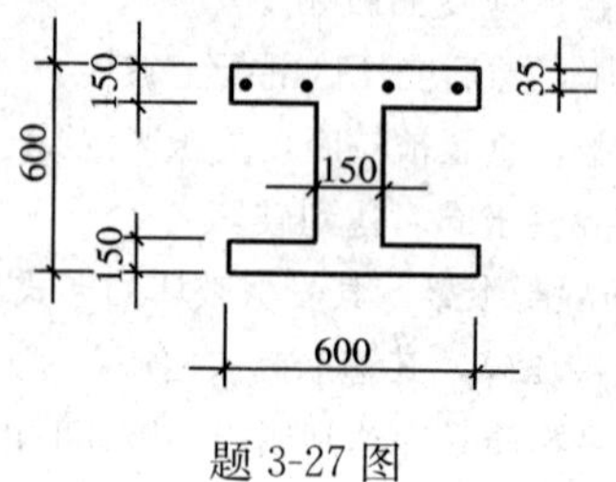

题3-27图

A $A_s=(600\times600-450\times300)\times0.2\%=450\text{mm}^2$

B $A_s=(600\times565-450\times300)\times0.2\%=408\text{mm}^2$

C $A_s=150\times600\times0.2\%=180\text{mm}^2$

D $A_s=150\times565\times0.2\%=170\text{mm}^2$

3-28 以下关于钢筋混凝土现浇楼板中分布筋作用的叙述中，正确的是(　　)。

Ⅰ. 固定受力筋，形成钢筋骨架；Ⅱ. 将板上荷载传递到受力钢筋；

Ⅲ. 防止由于温度变化和混凝土收缩产生裂缝；Ⅳ. 增强板的抗弯和抗剪能力

A　Ⅰ、Ⅱ、Ⅲ　　B　Ⅱ、Ⅲ、Ⅳ　　C　Ⅰ、Ⅲ、Ⅳ　　D　Ⅰ、Ⅱ、Ⅳ

3-29 按规范确定钢筋混凝土构件中纵向受拉钢筋最小锚固长度时，应考虑：Ⅰ. 混凝土的强度等级；Ⅱ. 钢筋的钢号；Ⅲ. 钢筋的外形（光圆、螺纹等）；Ⅳ. 钢筋末端是否有弯钩；Ⅴ. 是否有抗震要求。下列正确的是(　　)。

A　Ⅰ、Ⅱ、Ⅲ、Ⅳ、Ⅴ　　B　Ⅰ、Ⅱ、Ⅲ、Ⅴ　　C　Ⅰ、Ⅲ、Ⅳ、Ⅴ　　D　Ⅱ、Ⅲ、Ⅳ、Ⅴ

3-30 **(2018)**图示纵向钢筋机械锚固形式中，错误的是(　　)。

A　末端两侧贴焊锚筋　　B　末端与钢板穿孔塞焊

C　末端与钢板贴脚焊接　　D　末端带螺栓锚头

3-31 钢筋混凝土构件保护层厚度在设计时可不考虑的因素是(　　)。

A　钢筋种类　　B　混凝土强度等级　　C　构件使用环境　　D　构件类别

3-32 受力预埋件的锚筋不应采用的钢筋是(　　)。

A　HPB300 级钢筋　　B　HRB335 级钢筋　　C　HRB400 级钢筋　　D　冷加工钢筋

3-33 **(2019)**混凝土预制构件吊环应采用的钢筋是(　　)。

A　HPB300　　B　HRB335　　C　HRB400　　D　HRB500

3-34 **(2019)**图示柱截面最外层钢筋的混凝土保护层厚度 c，标注正确的是(　　)。

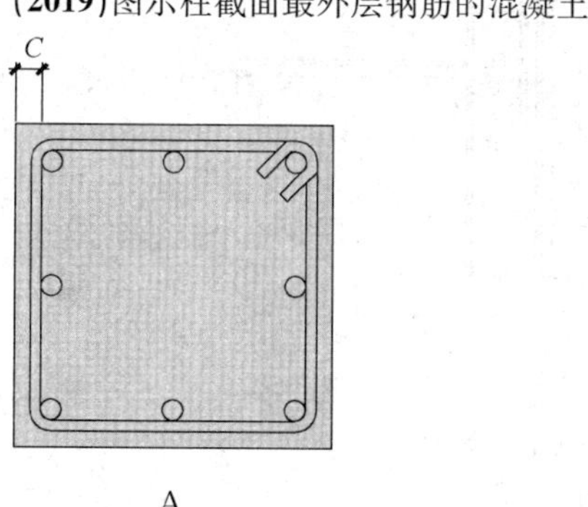

A

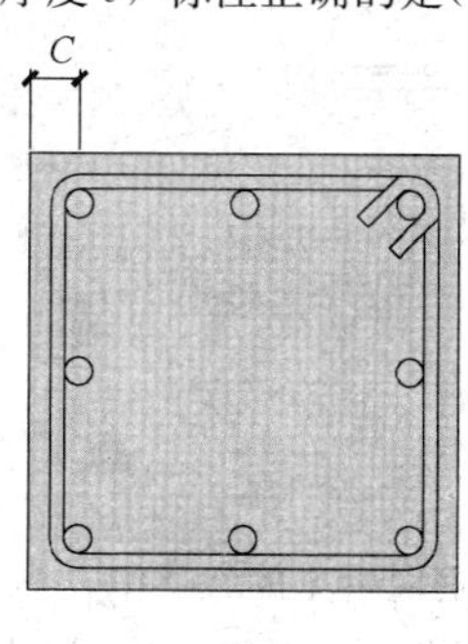

B

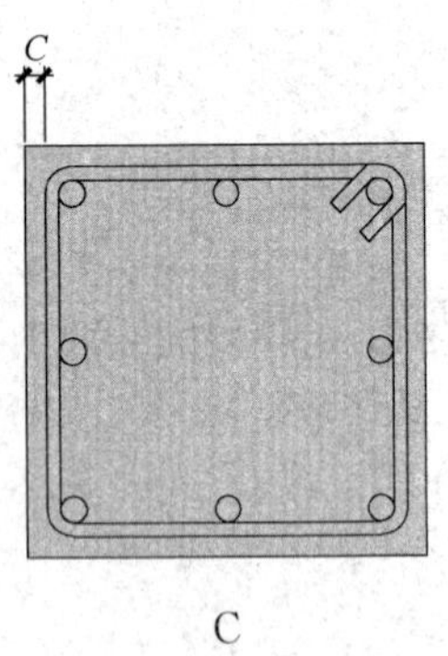

C

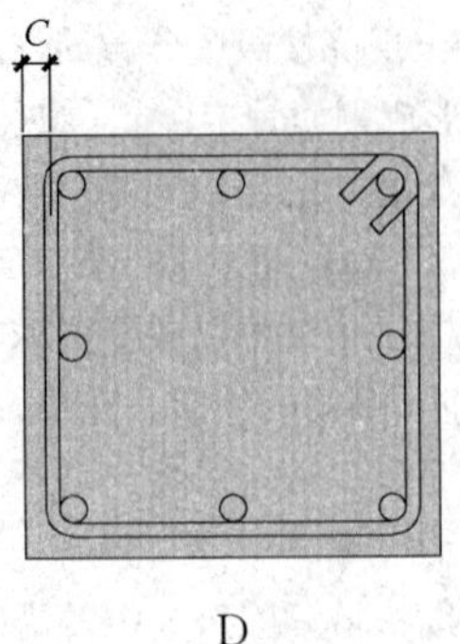

D

3-35 **(2019)**图示坡屋面屋顶折板配筋构造正确的是(　　)。

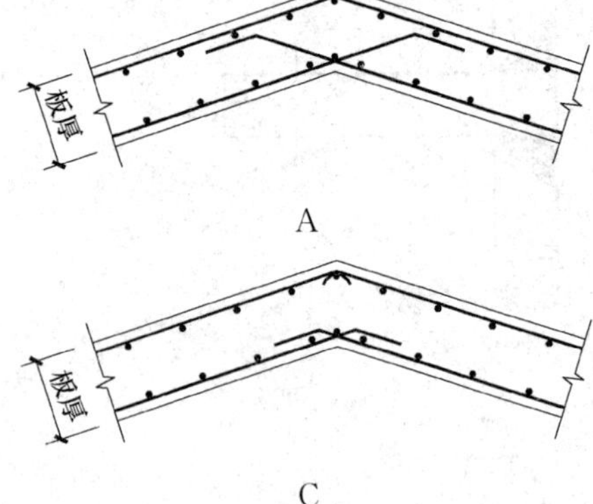

A

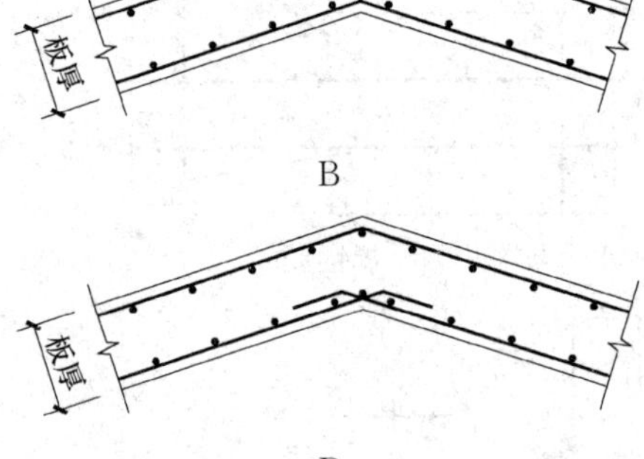

B

C

D

3-36 下列框架顶层端节点梁、柱纵向钢筋锚固与搭接示意图中，正确的是(　　)。

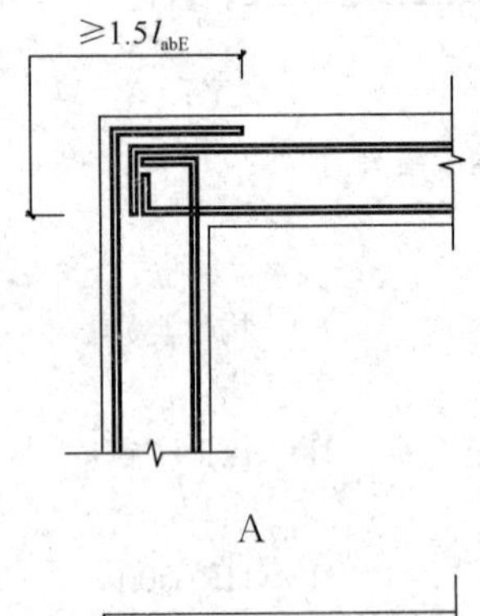

A

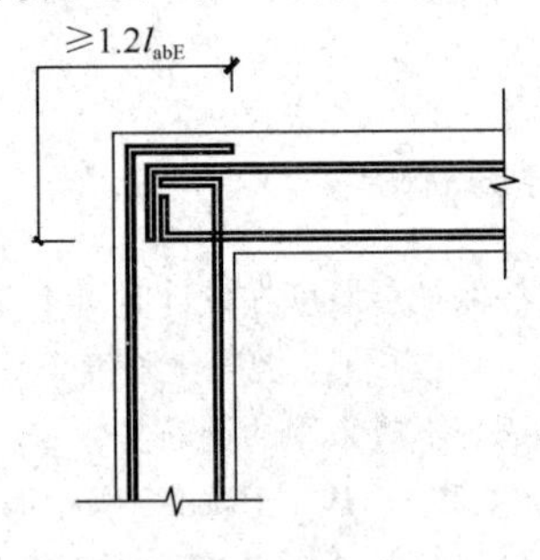

B

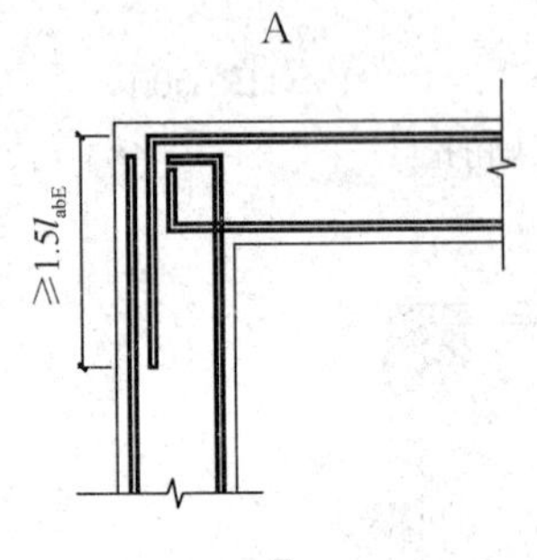

C

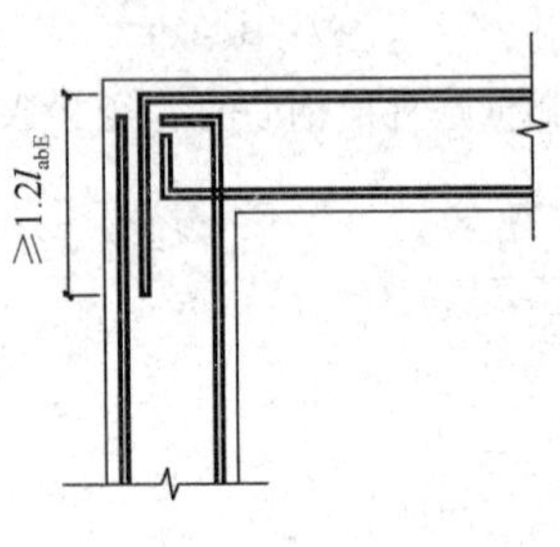

D

3-37 下列有关预应力钢筋混凝土的叙述中，不正确的是(　　)。

A　先张法靠钢筋与混凝土粘结力作用施加预应力

B 先张法适合于预制厂中制作中、小型构件

C 后张法靠锚具施加预应力

D 无粘结法预应力采用先张法

3-38 合理配置预应力钢筋的作用是(　　)。

Ⅰ. 可提高构件的抗裂度；Ⅱ. 可提高构件的极限承载能力；

Ⅲ. 可减小截面受压区高度，增加构件的转动能力；Ⅳ. 可适当减小构件截面的高度

A Ⅰ、Ⅱ　　B Ⅰ、Ⅳ　　C Ⅰ、Ⅱ、Ⅲ　　D Ⅰ、Ⅱ、Ⅲ、Ⅳ

3-39 相同牌号同一规格钢材的下列强度设计值中，取值相同是(　　)。

Ⅰ. 抗拉；Ⅱ. 抗压；Ⅲ. 抗剪；Ⅳ. 抗弯；Ⅴ. 端面承压

A Ⅰ、Ⅱ、Ⅲ　　B Ⅰ、Ⅱ、Ⅳ　　C Ⅰ、Ⅳ、Ⅴ　　D Ⅱ、Ⅲ、Ⅴ

3-40 (2018)关于钢结构优点的说法，错误的是(　　)。

A 结构强度高　　B 结构自重轻　　C 施工周期短　　D 防火性能好

3-41 下列关于钢材性能的评议中，正确的是(　　)。

A 抗拉强度与屈服强度比值越小，越不容易产生脆性断裂

B 建筑钢材的焊接性能主要取决于碳含量

C 非焊接承重结构的钢材不需要硫、磷含量的合格保证

D 钢材冲击韧性不受工作温度变化影响

3-42 对于民用建筑承受静力荷载的钢屋架，下列关于选用钢材钢号和对钢材要求的叙述中，不正确的是(　　)。

A 可选用 Q235 钢

B 可选用 Q345 钢

C 钢材须具有抗拉强度、屈服强度、伸长率的合格保证

D 钢材须具有常温冲击韧性的合格保证

3-43 提高 H 型钢梁整体稳定的有效措施之一是(　　)。

A 加大受压翼缘宽度　　B 加大受拉翼缘宽度

C 增设腹板加劲肋　　D 增加构件的长细比

3-44 关于钢结构梁柱板件宽厚比限值的规定，下列说法不正确的是(　　)。

A 控制板件宽厚比限值，主要是保证梁柱具有足够的强度

B 控制板件宽厚比限值，主要是防止构件局部失稳

C 箱形截面壁板宽厚比限值，比工字形截面翼缘外伸部分宽厚比限值大

D Q345 钢材比 Q235 钢材宽厚比限值小

3-45 下列关于钢构件长细比的表述中，正确的是(　　)。

A 长细比是构件长度与构件截面高度之比

B 长细比是构件长度与构件截面宽度之比

C 长细比是构件对主轴的计算长度与构件截面高度之比

D 长细比是构件对主轴的计算长度与构件截面对主轴的回转半径之比

3-46 钢材的对接焊缝能承受的内力，说法准确的是(　　)。

A 能承受拉力和剪力　　B 能承受拉力，不能承受弯矩

C 能承受拉力、剪力和弯矩　　D 只能承受拉力

3-47 (2019)常用于可拆卸钢结构的连接方式是(　　)。

A 焊接连接　　B 普通螺栓连接　　C 高强度螺栓连接　　D 铆钉连接

3-48 高层钢结构房屋钢梁与钢柱的连接，目前我国一般采用的方式是(　　)。

A 螺栓连接　　B 焊接连接　　C 栓焊混合连接　　D 铆钉连接

3-49 以下关于钢屋架支撑的叙述中，错误的是(　　)。

A　在建筑物的纵向，上弦横向水平支撑、下弦横向水平支撑、屋盖竖向支撑、天窗架竖向支撑应设在同一柱间

B　当采用大型屋面板，且每块板与屋架保证三点焊接时，可不设置上弦横向水平支撑（但在天窗架范围内应设置）

C　下柱柱间支撑应设在建筑物纵向的两尽端

D　纵向水平支撑应设置在屋架下弦端节间平面内，与下弦横向水平支撑组成封闭体系

3-50 钢屋架和檩条组成的钢结构屋架体系，设置支撑系统的目的是(　　)。

Ⅰ. 承受纵向水平力；Ⅱ. 保证屋架上弦出平面的稳定；

Ⅲ. 便于屋架的检修和维修；Ⅳ. 防止下弦过大的出平面的振动

A　Ⅰ、Ⅱ、Ⅲ　　B　Ⅱ、Ⅲ、Ⅳ　　C　Ⅰ、Ⅱ、Ⅳ　　D　Ⅰ、Ⅲ、Ⅳ

3-51 **(2018)**烧结普通砖强度等级划分的依据是(　　)。

A　抗拉强度　　B　抗压强度　　C　抗弯强度　　D　抗剪强度

3-52 **(2019)**下列墙体材料中，结构自重最轻、保温隔热性能最好的是(　　)。

A　石材　　B　烧结多孔砖　　C　混凝土多孔砖　　D　陶粒空心砌块

3-53 下列关于砌筑砂浆的说法不正确是(　　)。

A　砂浆的强度等级是按立方体试块进行抗压试验而确定

B　石灰砂浆强度低，但砌筑方便

C　水泥砂浆适用于潮湿环境的砌体

D　用同强度等级的水泥砂浆及混合砂浆砌筑的墙体，前者强度设计值高于后者

3-54 砌体的抗压强度是(　　)。

A　恒大于砂浆的抗压强度　　B　恒小于砂浆的抗压强度

C　恒大于块体(砖、石、砌块)的抗压强度　　D　恒小于块体(砖、石、砌块)的抗压强度

3-55 关于砌体抗剪强度的叙述，下列正确的是(　　)。

A　与块体强度等级、块体种类、砂浆强度等级均相关

B　与块体强度等级无关，与块体种类、砂浆强度等级有关

C　与块体种类无关，与块体强度等级、砂浆强度等级有关

D　与砂浆种类无关，与块体强度等级、块体种类有关

3-56 **(2019)**位于侵蚀性土壤环境的砌体结构，不应采用(　　)。

A　蒸压粉煤灰普通砖　B　混凝土普通砖　　C　烧结普通砖　　D　石材

3-57 对于安全等级为一级的砌体结构房屋，在严寒很潮湿的基土环境下，规范对地面以下的砌体材料最低强度等级要求，下列不正确的是(　　)。

A　烧结普通砖 MU20　　B　石材 MU40

C　混凝土砌块 MU15　　D　水泥砂浆 M10

3-58 **(2019)**图示砌体结构属于轴心受拉破坏的是(　　)。

A

B

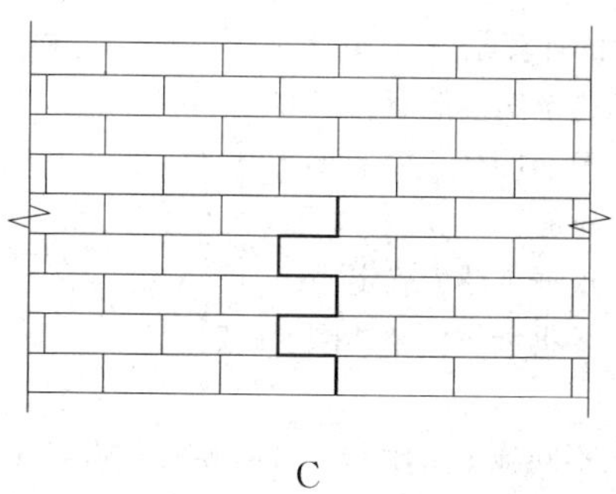

C

D

3-59 砌体结构的屋盖为瓦材屋面的木屋盖和轻钢屋盖，当采用刚性方案计算时，其房屋横墙间距应小于下列取值的是(　　)。

A　12m　　B　16m　　C　18m　　D　20m

3-60 **(2019)**下列砌体结构房屋静力计算方案中，错误的是(　　)。

A　刚性方案　　B　弹性方案　　C　塑性方案　　D　刚弹性方案

3-61 **(2018)**单层砌体结构房屋墙体采用刚性方案静力计算时，正确的计算简图是(　　)。

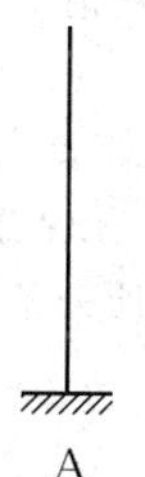

A

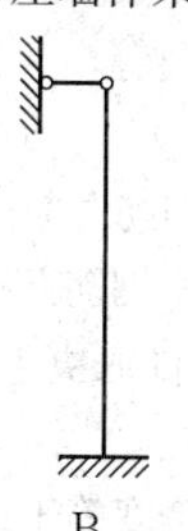

B

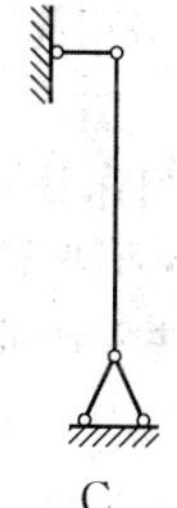

C

D

3-62 **(2019)**图示砌体结构房屋中，属于纵横墙承重方案的是(　　)。

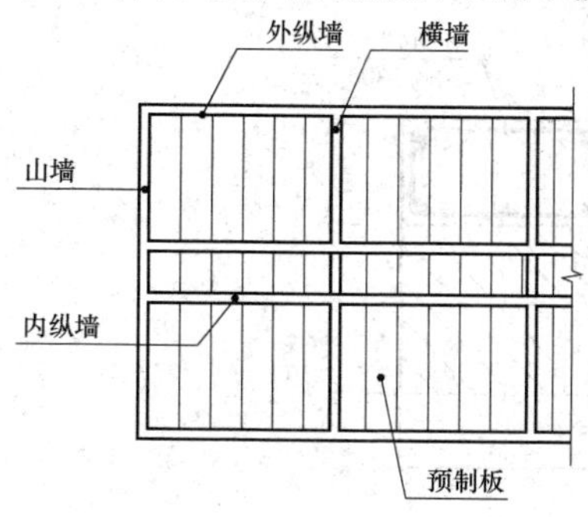

A

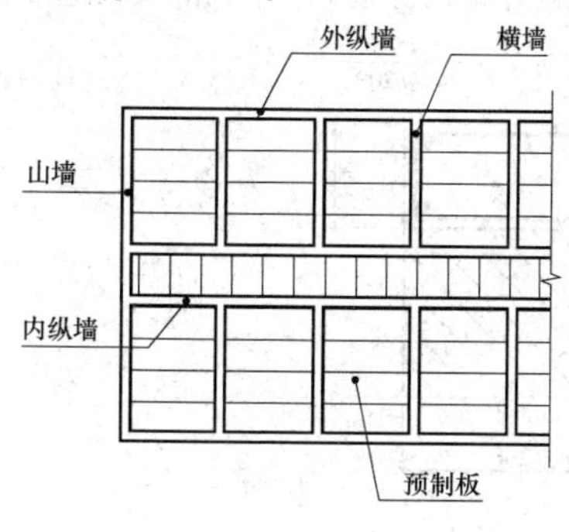

B

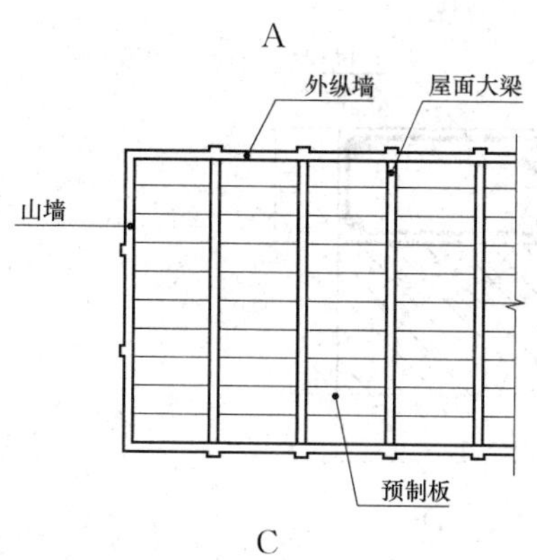

C

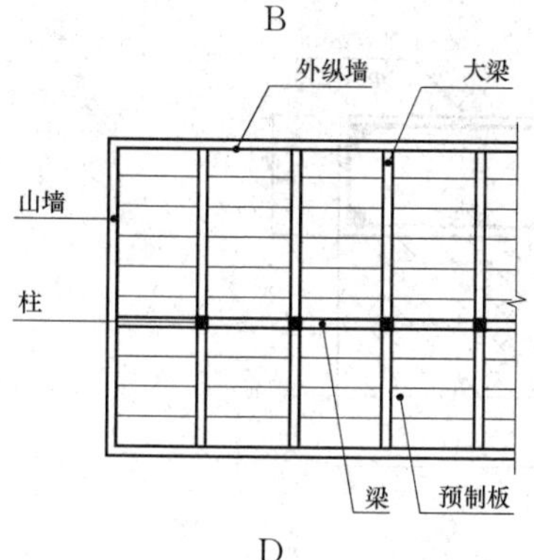

D

3-63 顶层带阁楼的坡屋面砌体结构房屋，其房屋总高度的计算是(　　)。

A 算至阁楼顶　　B 算至阁楼地面

C 算至山尖墙的 1/2 高度处　　D 算至阁楼高度的 1/2 处

3-64 砌体房屋中，在确定墙体高厚比时，下列叙述正确的是(　　)。

A 根据建筑设计需要　　B 根据承载力确定

C 根据计算需要确定　　D 根据墙体的整体刚度确定

3-65 **(2018)**与墙体允许高厚比 $[\beta]$ 无关的是(　　)。

A 块体强度等级　　B 砂浆强度等级　　C 不同施工阶段　　D 砌体类型

3-66 同一种砌体结构，当对其承重墙、柱的允许高厚比验算，当砂浆强度等级相同时，下列结论正确的是(　　)。

A 砂浆强度等级相同时，墙比柱高　　B 砂浆强度等级相同时，柱比墙高

C 砂浆强度设计值相同时，墙比柱高　　D 砂浆强度设计值相同时，柱比墙高

3-67 **(2018)**防止或减轻砌体结构顶层墙体开裂的措施中，错误的是(　　)。

A 屋面设置保温隔热层　　B 提高屋面板混凝土强度

C 采用瓦材屋盖　　D 增加顶层墙体砌筑砂浆强度

3-68 为了防止砌体房屋因温差和砌体干缩引起墙体产生竖向裂缝，应设置伸缩缝。下列情况中允许温度伸缩缝间距最大的是(　　)。

A 现浇钢筋混凝土楼（屋）盖，有保温层　　B 现浇钢筋混凝土楼（屋）盖，无保温层

C 装配式钢筋混凝土楼（屋）盖，有保温层　　D 装配式钢筋混凝土楼（屋）盖，无保温层

3-69 对厚度为 240mm 的砖墙，大梁支承处宜加设壁柱，其条件取决于大梁跨度，以下所列条件正确的是(　　)。

A 大梁跨度为 4.8m 时　　B 大梁跨度等于或大于 4.8m 时

C 大梁跨度等于或大于 6.0m 时　　D 大梁跨度为 7.2m 时

3-70 **(2018)**砌体结构房屋中，下列圈梁构造做法正确的是(　　)。

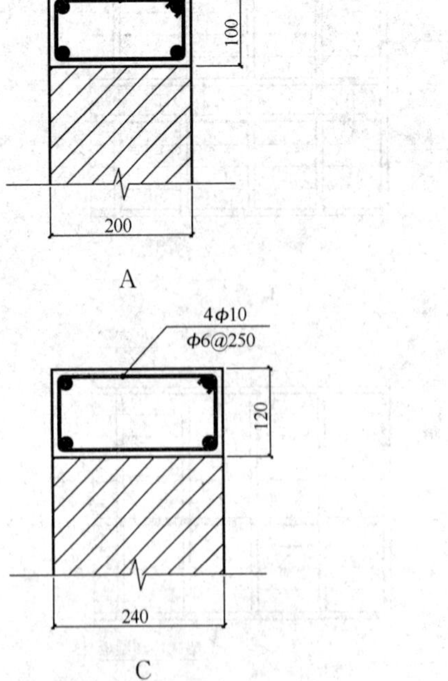

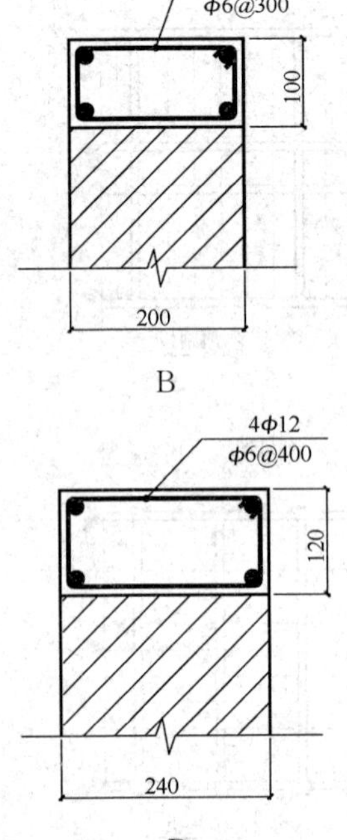

3-71 **(2019)**图示钢筋混凝土挑梁，埋入砌体长度满足要求的是(　　)。

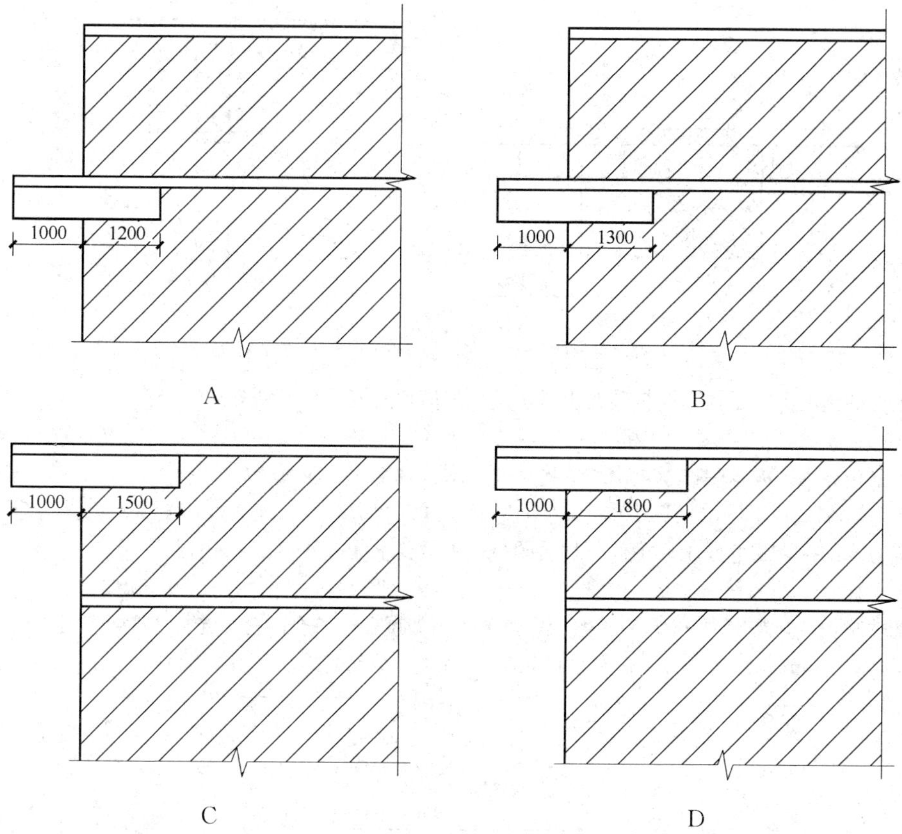

3-72 **(2018)**下列框架结构烧结多孔砖砌体填充墙的构造要求，错误的是(　　)。

A　填充墙应沿框架柱全高每隔 500～600mm 设 2ϕ6 拉筋

B　墙长 6m 时，墙顶与梁宜有拉结

C　墙长 6m 时，应设置钢筋混凝土构造柱

D　墙高超过 4m 时，墙体半高处宜设通长圈梁

3-73 **(2019)**下列框架柱与填充墙连接图中，构造做法错误的是(　　)。

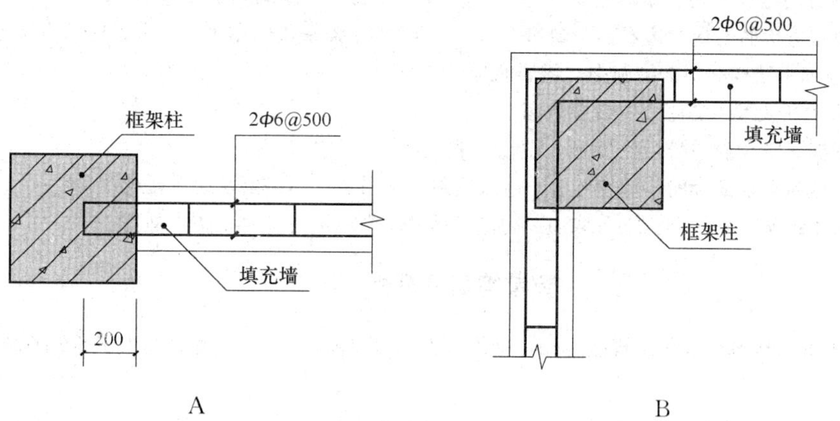

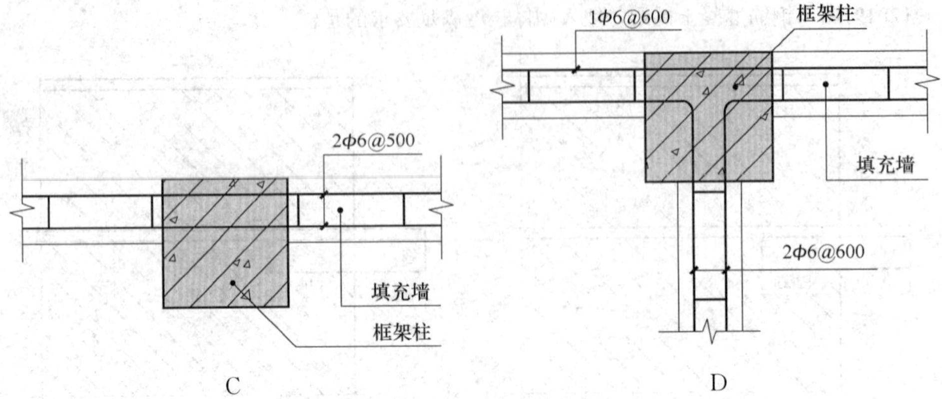

3-74 木材的强度等级是指不同树种的木材按其下列何种强度设计值划分的等级？

A 抗剪　　B 抗弯　　C 抗压　　D 抗拉

3-75 当采用原木、方木制作承重木结构构件时，木材含水率不应大于(　　)。

A 15%　　B 20%　　C 25%　　D 30%

3-76 普通木结构，受弯或压弯构件对材质的最低等级要求为(　　)。

A $Ⅰ_a$级　　B $Ⅱ_a$级　　C $Ⅲ_a$级　　D 无要求

3-77 某临时仓库，跨度为9m，采用图示三角形木桁架屋盖，符合规范规定的h最小值是(　　)。

A $h=0.9$m　　B $h=1.125$m　　C $h=1.5$m　　D $h=1.8$m

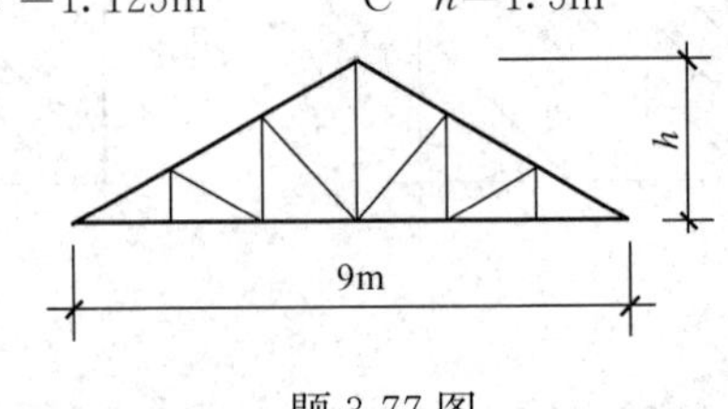

题3-77图

3-78 当木桁架支座节点采用齿连接时，下列正确的做法是(　　)。

A 必须设置保险螺栓　　B 双齿连接时，可采用一个保险螺栓

C 考虑保险螺栓与齿共同工作　　D 保险螺栓应与下弦杆垂直

3-79 **(2018)**下列普通木结构设计和构造要求中，错误的是(　　)。

A 木材宜用于结构的受压构件　　B 木材宜用于结构的受弯构件

C 木材受弯构件的受拉边不得开缺口　　D 木屋盖采用内排水时，宜采用木质天沟

3-80 **(2019)**下列木结构的防护措施中，错误的是(　　)。

A 在桁架和大梁的支座下应设置防潮层

B 在木桩下应设置柱墩，严禁将木桩直接埋入土中

C 处于房屋隐蔽部分的木屋盖结构，应采用封闭式吊顶，不得留设通风孔洞

D 露天木结构，除从结构上采取通风防潮措施外，尚应进行防腐、防虫处理

参考答案及解析

3-1 **解析：**根据《建筑结构荷载规范》GB 50009—2012第10.1.1条，爆炸、撞击引起的荷载属于偶然荷载。

答案：B

3-2 **解析：**根据《建筑结构荷载规范》第5.3.1条表5.3.1，一般上人平屋面的均布荷载标准值为

2.0kN/m^2。

答案：C

3-3 **解析：**根据《建筑结构荷载规范》第 8.2.1 条，选项 A、B、C、D 分别对应的地面粗糙度类别为 A、B、C、D 四类，同一高度处，风压高度变化系数 μ_z 逐渐减小，所以最大的是选项 A。

答案：A

3-4 **解析：**根据《建筑结构荷载规范》附录 A，题中材料重度分别为：烧结多孔砖 9.6～10.3kN/m^3，混凝土空心砌块 11.8kN/m^3，蒸压灰砂普通砖 18.0kN/m^3，蒸压加气混凝土砌块 5.5kN/m^3。最轻者为蒸压加气混凝土砌块。

答案：D

3-5 **解析：**设计基准期为确定可变荷载代表值而选用的时间参数，《建筑结构可靠性设计统一标准》第 3.3.1 条规定，建筑结构的设计基准期应为 50 年。

答案：C

3-6 **解析：**《建筑结构荷载规范》第 5.1.3 条规定，设计墙、柱时，消防车活荷载可按实际情况考虑，设计基础时可不考虑消防车荷载。

答案：D

3-7 **解析：**《建筑结构荷载规范》第 7.1.2 条规定，基本雪压应采用按《建筑结构荷载规范》规定的方法确定的 50 年重现期的雪压。

答案：D

3-8 **解析：**根据《建筑结构荷载规范》第 8.3.1 条表 8.3.1 第 5 项，墙面 μ_s 为＋0.8 和－0.5。屋面为迎风面按第 2 项采用，屋面坡度 1∶5，屋面坡角 $\alpha=11.3°\leqslant30°$，μ_s 为－0.6。选项 B 正确。

答案：B

3-9 **解析：**根据《建筑结构可靠性设计统一标准》GB 50068—2018 第 4.1.1 条第 1 款，Ⅰ、Ⅱ、Ⅳ项超过了承载能力极限状态；根据第 4.1.1 条第 2 款，Ⅲ项超过了正常使用极限状态。

答案：C

3-10 **解析：**钢筋和混凝土两种物理力学性能不同的材料之所以能有效地结合在一起共同工作，其原因有三点：①混凝土硬化后，钢筋与混凝土之间产生良好的粘结力，使两者可靠地结合在一起，在荷载作用下，可以保证钢筋与混凝土能协调变形，共同受力；②钢筋与混凝土具有基本相同的温度线膨胀系数（钢筋为 1.2×10^{-5}/°C，混凝土为 1.0×10^{-5}～1.5×10^{-5}/°C），因此当温度变化时，两者之间不会产生较大的相对变形而导致粘结力破坏；③钢筋与构件边缘之间的混凝土保护层，起着防止钢筋锈蚀和高温软化的作用，提高结构的耐久性。钢筋的抗拉强度较高，混凝土的抗拉强度很低，选项 C 错误。

答案：C

3-11 **解析：**《混凝土结构设计规范》GB 50010—2010（2015 年版）第 4.1.2 条规定，采用强度等级 400MPa 及以上的钢筋时，混凝土强度等级不应低于 C25。

答案：C

3-12 **解析：**《混凝土结构设计规范》第 4.1.1 条规定：混凝土强度等级应按混凝土立方体抗压强度标准值确定。

答案：B

3-13 **解析：**《混凝土结构设计规范》第 3.5.5 条第 1 款规定，一类环境，设计使用年限为 100 年的预应力混凝土结构的最低强度等级为 C40。

答案：D

3-14 **解析：**在荷载长期作用下，即使应力保持不变，混凝土变形仍随时间增长的现象称为徐变。选项 B 正确。

答案：B

3-15 **解析**：长期受到水作用的混凝土结构，可能引发碱骨料反应，导致混凝土胀裂。控制混凝土的碱含量，其作用是提高混凝土的耐久性。

答案：B

3-16 **解析**：对于悬臂梁，梁顶受拉，最大弯矩在固定端，所以可能出现弯曲裂缝的位置应该是梁顶靠近支座处，选项D正确。

答案：D

3-17 **解析**：钢筋混凝土适筋梁正截面破坏形式为，受拉区钢筋首先达到屈服，然后受压区混凝土达到其极限压应变被压碎而破坏。

答案：B

3-18 **解析**：箍筋配置数量适当的钢筋混凝土梁斜截面破坏形式为，与斜裂缝相交的箍筋先达到屈服，然后剪压区混凝土被压碎而破坏，即剪压破坏。

答案：C

3-19 **解析**：箍筋可以提高混凝土梁的抗剪、抗扭能力，同时与纵向受力钢筋形成稳定骨架。与抗弯能力无关。

答案：B

3-20 **解析**：普通钢筋混凝土柱承载能力与下列因素有关，混凝土和钢筋的强度，构件的截面尺寸，钢筋的截面面积，柱的计算长度（长细比），与配置的箍筋无关。

答案：D

3-21 **解析**：核心混凝土受到钢管的约束，延缓了混凝土的纵向开裂，提高了混凝土的塑性，同时混凝土也可以提高钢管的稳定性，选项A、B、D正确。选项C明显错误。

答案：C

3-22 **解析**：普通钢筋混凝土构件是允许出现裂缝的，但应满足最大裂缝宽度限值的要求。

答案：C

3-23 **解析**：钢筋混凝土梁的正常使用极限状态包括挠度和裂缝宽度验算，选项A正确；受弯构件的类型不同，《混凝土结构设计规范》第3.4.3条表3.4.3规定了不同的挠度值，选项B正确；根据《混凝土结构设计规范》第3.4.5条表3.4.5，一类环境下的受弯构件，最大裂缝宽度限值为0.3mm，选项C正确；根据《混凝土结构设计规范》第3.4.3条表3.4.3注1，计算悬臂构件的挠度限值时，其计算跨度按实际悬臂长度的2倍取用，所以悬臂梁的挠度限值较简支梁大，选项D错误。

答案：D

3-24 **解析**：根据《混凝土结构设计规范》表3.4.3注2，使用上对挠度要求较高的楼（屋）盖构件，挠度限值为$l_0/300$；根据表3.4.3注3，如果构件制作时预先起拱，则在验算挠度时，可将计算所得的挠度值减去起拱值。故选项D正确。

答案：D

3-25 **解析**：采用较高强度等级的混凝土，适当增加纵向钢筋的配筋率（减小钢筋的应力），采用较小直径的钢筋均可以减小混凝土梁正截面的裂缝宽度。箍筋对正截面的裂缝宽度没有影响。

答案：C

3-26 **解析**：选项A、B、C均是减少超长钢筋混凝土结构收缩裂缝的做法。混凝土强度越高，收缩越大，越不利于减小收缩裂缝，选项D错误。

答案：D

3-27 **解析**：根据《混凝土结构设计规范》表8.5.1注4，受压构件的全部纵向钢筋和一侧纵向钢筋的配筋率，均应按构件的全截面面积计算。

答案：A

3-28　解析：分布钢筋的作用包括：固定受力钢筋的位置，承受和分布板上局部荷载产生的内力，抵抗混凝土收缩和温度变化所产生的拉应力。

答案：A

3-29　解析：根据《混凝土结构设计规范》第 8.3.1 条第 1 款，受拉钢筋的锚固长度与混凝土强度、钢筋强度、钢筋的外形有关。根据第 8.3.3 条，当纵向受拉钢筋末端采用弯钩时，包括弯钩在内的锚固长度可取为基本锚固长度的 60%。根据第 11.1.7 条，有抗震要求的结构，纵向受拉钢筋的锚固长度应考虑抗震锚固长度修正系数，对一、二级抗震等级锚固长度修正系数取 1.15，对三级抗震等级取 1.05，对四级抗震等级取 1.00。

答案：A

3-30　解析：根据《混凝土结构设计规范》第 8.3.3 条图 8.3.3，机械锚固的形式为选项 A、B、D。钢筋末端与钢板不应采用贴脚焊缝，选项 C 错误。

答案：C

3-31　解析：根据《混凝土结构设计规范》第 8.2.1 条第 2 款表 8.2.1，混凝土保护层最小厚度与环境类别、构件种类，以及混凝土强度等级有关，与钢筋种类无关。

答案：A

3-32　解析：《混凝土结构设计规范》第 9.7.1 条规定，受力预埋件的锚筋应采用 HRB400 或 HPB300 钢筋，不应采用冷加工钢筋。

答案：D

3-33　解析：《混凝土结构设计规范》第 9.7.6 条规定，预制构件的吊环应采用 HPB300 级钢筋或 Q235B 圆钢制作，锚入混凝土的深度不应小于 $30d$（d 为吊环钢筋或圆钢的直径），并应焊接或绑扎在钢筋骨架上。

答案：A

3-34　解析：根据《混凝土结构设计规范》第 8.2.1 条第 2 款条文说明，混凝土保护层厚度应以最外层钢筋（包括箍筋、构造筋、分布钢筋）的外缘计算。选项 C 正确。

答案：C

3-35　解析：为防止受拉钢筋将折板内折角处（板底）的混凝土崩裂，板底钢筋应在折角处断开布置，并锚入受压区，满足受拉钢筋锚固长度的要求。

答案：A

3-36　解析：《混凝土结构设计规范》第 9.3.7 条第 1 款规定，当搭接接头沿顶层端节点外侧及梁端顶部布置时，搭接长度不应小于 $1.5l_{ab}$（题图中 l_{abE} 为受拉钢筋的抗震锚固长度）；第 3 款规定，当纵向钢筋搭接接头沿节点柱顶外侧直线布置时，搭接长度自柱顶算起不应小于 $1.7l_{ab}$，选项 A 正确。

答案：A

3-37　解析：无粘结预应力混凝土结构采用后张法。

答案：D

3-38　解析：施加预应力后可以提高构件的抗裂度和刚度，因此可适当减小构件的截面高度，但是不能提高构件的极限承载能力。

答案：B

3-39　解析：根据《钢结构设计标准》GB 50017—2017 第 4.4.1 条表 4.4.1，钢材的抗拉、抗压、抗弯强度设计值取值相同。

答案：B

3-40　解析：防火、防腐性能差是钢结构的主要缺点，选项 D 错误。

答案：D

3-41　解析：《钢结构设计标准》第 4.3.2 条规定，承重结构所用的钢材应具有屈服强度、抗拉强度、断后伸长率和硫、磷含量的合格保证；对焊接结构尚应具有碳当量的合格保证，因此选项 B 正确，选项 C 错误。钢结构的工作温度不同，对钢材有不同的质量等级要求，钢材的质量等级与冲击韧性相关，故选项 D 错误。钢材的强屈比（抗拉强度与屈服强度的比值）越小，说明钢材抗拉强度与屈服强度越接近，容易产生脆性破坏，选项 A 错误。

答案：B

3-42　解析：《钢结构设计标准》第 4.3.2 条规定，对直接承受动力荷载或需验算疲劳的构件所用钢材应具有冲击韧性的合格保证。承受静力荷载的钢屋架所用钢材不需要冲击韧性的合格保证。

答案：D

3-43　解析：梁的上翼缘受压，加大上翼缘宽度是提高梁整体稳定的有效措施之一。加大受拉翼缘宽度对梁的整体稳定影响不大；增设腹板加劲肋是提高梁局部稳定的措施；增加构件的长细比对整体稳定不利。

答案：A

3-44　解析：控制板件宽度比限值，主要是防止构件局部失稳，选项 B 正确；箱形截面较工字形截面稳定性好，所以翼缘外伸部分宽厚比限值大，选项 C 正确；Q345 钢比 Q235 钢强度高，所以宽厚比限值小，选项 D 正确。控制板件宽厚比限值，与构件的强度无关，选项 A 不正确。

答案：A

3-45　解析：构件的长细比 λ 等于其计算长度 l_0 与截面的回转半径 i 之比，$\lambda=l_0/i$。

答案：D

3-46　解析：钢材的对接焊缝一般为等强连接焊缝，可以承受各种性质的内力。

答案：C

3-47　解析：普通螺栓分为 A、B、C 三级，A、B 级为精制螺栓，一般不用于钢结构的连接中。C 级螺栓的制作精度、螺栓的允许偏差、孔壁表面粗糙度等要求较低，常用于安装连接及可拆卸的结构中。

答案：B

3-48　解析：高层钢结构房屋钢梁与钢柱的刚性连接中，通常钢梁的上、下翼缘采用焊接与钢柱连接，腹板采用螺栓连接，即栓焊混合连接。

答案：C

3-49　解析：选项 A、B、D 均为屋盖支撑的设置要求。下柱柱间支撑应布置在建筑物的中部，当建筑物较长时，应在 1/3 区段内各布置一道。上柱柱间支撑应布置在建筑物两端和有下柱柱间支撑的柱间。选项 C 错误。

答案：C

3-50　解析：屋盖支撑的作用包括：保证屋盖结构的横向、纵向空间刚度和空间整体性，为屋架弦杆提供必要的侧向支撑点，避免压杆侧向失稳和防止拉杆产生过大的振动，承受和传递水平荷载。不包括Ⅲ项。

答案：C

3-51　解析：块体（包括砖、砌块、石材）的强度等级是块体力学性能的基本标志，用符号“MU”表示，是由标准试验方法得出的块体极限抗压强度并按规定的评定方法确定的。

答案：B

3-52　解析：根据《建筑结构荷载规范》附录 A，题中四种材料，石材的自重最大，烧结多孔砖自重为 9.6～10.3kN/m³，混凝土空心砌块自重为 11.8kN/m³，陶粒空心砌块自重为 5.0～6.0kN/m³。所以陶粒空心砌块自重最轻，保温性能最好。

答案：D

3-53 解析：砂浆的强度等级是指按标准方法制作、养护的边长为70.7mm的立方体试块，养护28d后按标准试验方法进行抗压试验，按计算规则得出砂浆试块强度值，选项A正确。石灰砂浆是一种不含水泥的砂浆，其强度较低，耐久性差，但可塑性和保水性好，砌筑方便，选项B正确。根据《砌体结构设计规范》GB 50003—2011第4.3.5条第1款，地面以下或防潮层以下的砌体、潮湿房间的墙只能采用水泥砂浆砌筑，选项C正确。根据《砌体结构设计规范》第3.2.1条表3.2.1-1～表3.2.1-4，砌体强度设计值与砂浆强度等级有关，但一般与砂浆种类无关。选项D错误。

答案：D

3-54 解析：根据《砌体结构设计规范》第3.2.1条表3.2.1-1，砌体抗压强度随块体强度的提高而提高，且恒小于块体的抗压强度，选项C错误，选项D正确。砌体的抗压强度随砂浆的强度等级提高而提高，且小于砂浆的抗压强度；但当砂浆强度为零时（新砌筑的砂浆），砌体的抗压强度均大于零，所以砌体的抗压强度恒小于砂浆的抗压强度不准确，选项A、B不正确。

答案：D

3-55 解析：根据《砌体结构设计规范》第3.2.2条表3.2.2，砌体的抗剪强度与砌体（块体）的种类、砂浆的强度等级有关，与块体的强度等级无关。

答案：B

3-56 解析：《砌体结构设计规范》第4.3.5条第2款规定，处于环境类别3～5等有侵蚀性介质的砌体，不应采用蒸压灰砂普通砖、蒸压粉煤灰普通砖。

答案：A

3-57 解析：《砌体结构设计规范》第4.3.5条表4.3.5注2规定，对安全等级为一级或设计使用年限大于50年的房屋，表中材料强度等级应至少提高一级。根据表4.3.5，很潮湿的环境下，砌体材料的最低强度等级应为（提高一级选用）：烧结普通砖MU25，石材MU40，混凝土砌块MU15，水泥砂浆M10。

答案：A

3-58 解析：选项A图示属于砌体结构沿齿缝的轴心受拉破坏。

答案：A

3-59 解析：根据《砌体结构设计规范》第4.2.1条表4.2.1，瓦材屋面的木屋盖和轻钢屋盖，当采用刚性方案计算时，横墙的间距应小于16m。

答案：B

3-60 解析：《砌体结构设计规范》第2.1.19条规定：砌体结构房屋静力计算方案包括刚性方案、刚弹性方案和弹性方案。

答案：C

3-61 解析：采用刚性方案计算单层砌体结构房屋墙体时，假定墙下端嵌固于基础，上端与屋面大梁或屋架铰接，并且屋面结构可作为墙上端的不动铰支座。所以计算简图B正确。

答案：B

3-62 解析：图A为纵墙承重方案，图B为纵横墙承重方案，图C、D通过屋面梁将屋面荷载传给纵墙（和中柱）。

答案：B

3-63 解析：根据《砌体结构设计规范》第10.1.2条表10.1.2注1，对带阁楼的坡屋面砌体结构房屋，房屋的总高度应算至山尖墙的1/2高度处。

答案：C

3-64 解析：主要是根据房屋中墙的稳定性及刚度条件等因素来确定。

答案：D

3-65 解析：根据《砌体结构设计规范》第 6.1.1 条表 6.1.1，墙体允许高厚比［β］与砌体类型、砂浆强度等级有关，与块体强度等级无关。表注 3 规定，验算施工阶段砂浆尚未硬化的新砌砌体构件高厚比时，允许高厚比［β］对墙取 14，对柱取 11。

答案：A

3-66 解析：根据《砌体结构设计规范》第 6.1.1 条表 6.1.1，砂浆强度等级相同时，墙的允许高厚比值较柱高。

答案：A

3-67 解析：根据《砌体结构设计规范》第 6.5.2 条，选项 A、C、D 均是防止或减轻砌体结构顶层墙体开裂的措施。提高屋面板混凝土的强度即是提高了屋面板的刚度，屋面板刚度增加会抑制砌体的温度变形，使得墙体容易开裂。

答案：B

3-68 解析：根据《砌体结构设计规范》第 6.5.1 条表 6.5.1，建筑结构的刚度越大，温度变化引起的温度应力越大，要求的伸缩缝间距越小，装配式结构比现浇结构刚度小，要求的伸缩缝间距大；有保温层较无保温层更有利于减小温度应力。

答案：C

3-69 解析：《砌体结构设计规范》第 6.2.8 条第 1 款规定，厚度为 240mm 的砖墙，当梁跨度大于或等于 6m 时，其支承处宜加设壁柱。

答案：C

3-70 解析：《砌体结构设计规范》第 7.1.5 条第 3 款规定，混凝土圈梁的宽度宜与墙厚相同，高度不应小于 120mm。纵向钢筋不应少于 4 根，直径不应小于 10mm，箍筋间距不应大于 300mm，选项 A、B、D 错误。

答案：C

3-71 解析：《砌体结构设计规范》第 7.4.6 第 2 款规定，挑梁埋入砌体长度 l_1 与挑出长度 l 之比宜大于 1.2；当挑梁上无砌体时 l_1 与 l 之比宜大于 2。只有选项 B 满足要求。

答案：B

3-72 解析：《建筑抗震设计规范》GB 50011—2010（2016 年版）第 13.3.4 条第 3 款规定，填充墙应沿框架柱全高每隔 500～600mm 设 2Φ6 拉筋，拉筋伸入墙内的长度，6、7 度时宜沿墙全长贯通，8、9 度时应全长贯通。第 4 款规定，墙长大于 5m 时，墙顶与梁宜有拉结；墙长超过 8m 或层高 2 倍时，宜设置钢筋混凝土构造柱；墙高超过 4m 时，墙体半高处宜设置与柱连接且沿墙全长贯通的钢筋混凝土水平系梁。选项 A、B、D 符合构造要求，选项 C 错误。

答案：C

3-73 解析：《建筑抗震设计规范》第 13.3.4 条第 3 款规定，填充墙应沿框架柱全高每隔 500～600mm 设 2Φ6 拉筋，选项 A、C、D 符合构造要求，选项 B 中一根钢筋没有锚固在柱内。

答案：B

3-74 解析：根据《木结构设计标准》GB 50005—2017 第 4.3.1 条表 4.3.1-3，木材的强度等级是根据木材的抗弯强度设计值划分的。

答案：B

3-75 解析：《木结构设计标准》第 3.1.13 条规定，现场制作的方木或原木构件的木材含水率不应大于 25%。

答案：C

3-76 解析：根据《木结构设计标准》第 3.1.3 条表 3.1.3-1，受弯或受压构件的最低材质等级要求为 Ⅱ_a 级。

答案：B

3-77 **解析**：根据《木结构设计标准》第 7.5.3 条表 7.5.3，三角形木桁架的最小高跨比 $h/l=1/5$，则桁架高度最小值 $h=9/5=1.8\text{m}$，答案为选项 D。

答案：D

3-78 **解析**：《木结构设计标准》第 6.1.4 条规定，桁架支座节点采用齿连接时，应设置保险螺栓，但不考虑保险螺栓与齿的共同工作。选项 A 正确，选项 C 错误。第 6.1.5 条第 4 款规定，双齿连接宜选用两个直径相同的保险螺栓。选项 B 错误。第 6.1.5 条第 1 款规定，保险螺栓应与上弦轴线垂直。选项 D 错误。

答案：A

3-79 **解析**：《木结构设计标准》第 5.2.6 条，对受弯构件上的切口（包括受拉边的切口）设计作了详细的规定，所以受弯构件的受拉边可以切口，但必须符合规范的要求，选项 C 错误。

答案：C

3-80 **解析**：《木结构设计标准》第 11.2.9 条第 1 款规定，当桁架和大梁支承在砌体或混凝土上时，桁架和大梁的支座下应设置防潮层，选项 A 正确。第 11.2.9 条第 3 款规定，支承在砌体或混凝土上的木柱底部应设置垫板，严禁将木柱直接砌入砌体中，或浇筑在混凝土中，选项 B 正确。第 11.2.9 条第 4 款规定，在木结构隐蔽部位应设置通风孔洞，选项 C 错误。第 11.4.2 条规定，所有在室外使用，或与土壤直接接触的木构件，应采用防腐木材（经药剂处理的木材），选项 D 正确。

答案：C

第四章　建筑抗震设计基本知识

第一节　概　　述

一、名词术语含义

（1）地震（earthquake）。是指大地震动，包括天然地震（构造地震、火山地震、陷落地震）、诱发地震（矿山采掘活动、水库蓄水等引发的地震）和人工地震（爆破、核爆炸、物体坠落等产生的地震）。

一般指天然地震中的构造地震；震源是指产生地震的源；震中是震源在地面上的投影；震源深度是震源与震中的距离；浅源地震是震源深度小于60km的地震；中源地震是震源深度在60～300km范围内的地震；深源地震是震源深度大于300km的地震。

（2）震级。是对地震大小的量度。有地方性震级、体波震级、面波震级、矩震级（用地震矩换算的震级），表示符号均不相同，但对外发布的震级应用M表示，不应加“里氏震级”“矩震级”等附加信息。地震按震级大小的划分，大致如下：

①弱震（$M<3$）。如果震源不是很浅，这种地震人们一般不易觉察。

②有感地震（$3\leqslant M\leqslant 4.5$）。这种地震人们能够感觉到，但一般不会造成破坏。

③中强震（$4.5<M<6$）。属于可造成损坏或破坏的地震，但破坏轻重还与震源深度、震中距等多种因素有关。

④强震（$M\geqslant 6$）。是能造成严重破坏的地震，其中$M\geqslant 8$又称为巨大地震。

（3）地震烈度。指地震时某一地区地面和各类建筑物遭受一次地震影响的强弱程度。《中国地震烈度表》采用12度划分地震烈度。

（4）多遇地震烈度。设计基准期50年内，超越概率为63.2%的地震烈度。

（5）基本烈度。指中国地震烈度区划图标明的地震烈度。1990年颁布的地震烈度区划图标明的基本烈度为50年期限内，一般场地条件下，可能遭遇超越概率为10%的地震烈度。

（6）罕遇地震烈度。设计基准期内，超越概率为2%～3%的地震烈度。

（7）抗震设防烈度。必须按国家规定的权限审批、颁发的文件（图件）确定。一般情况下，建筑的抗震设防烈度应采用根据中国地震动参数区划图确定的地震基本烈度［《建筑抗震设计规范》GB 50011（以下简称《抗震规范》）设计基本地震加速度值所对应的烈度值］。

（8）地震作用。地震作用是地震动引起的结构动态作用，包括水平地震作用和竖向地震作用。地震作用不是直接的外力作用，而是结构在地震时的动力反应，是一种间接作用，过去曾称为地震荷载，它与重力荷载的性质是不同的。地震作用的大小是与地震动的性质和工程结构的动力特性有关。

（9）超越概率。一定地区范围和时间范围内，发生的地震烈度超过给定地震烈度的概率。

（10）抗震设防标准。衡量抗震设防要求高低的尺度，由抗震设防烈度或设计地震动参数及建筑抗震设防类别确定。

（11）设计地震动参数。抗震设计用的地震加速度（速度、位移）时程曲线、加速度反应谱和峰值加速度。

（12）设计基本地震加速度。50 年设计基准期超越概率 10%的地震加速度的设计取值。

（13）建筑抗震概念设计。根据地震灾害和工程经验等所形成的基本设计原则和设计思想，进行建筑和结构总体布置并确定细部构造的过程。

（14）抗震措施。除地震作用计算和抗力计算以外的抗震设计内容，包括抗震构造措施。

（15）抗震构造措施。根据抗震概念设计原则，一般不需计算而对结构和非结构各部分必须采取的各种细部要求。

二、建筑抗震设防分类和设防标准

确定抗震设防类别是建筑抗震设计的主要内容。确定具体项目的抗震设防类别，关系到地震作用的取值和抗震措施的确定，是抗震设计的依据性指标。

抗震设防的所有建筑应按现行国家标准《建筑工程抗震设防分类标准》GB 50223—2008 确定其抗震设防类别及其抗震设防标准。

（一）建筑物抗震设防类别

建筑工程应分为以下四个抗震设防类别：

（1）特殊设防类：指使用上有特殊设施，涉及国家公共安全的重大建筑工程和地震时可能发生严重次生灾害等特别重大灾害后果，需要进行特殊设防的建筑。简称甲类。

（2）重点设防类：指地震时使用功能不能中断或需尽快恢复的生命线相关建筑，以及地震时可能导致大量人员伤亡等重大灾害后果，需要提高设防标准的建筑。简称乙类。

（3）标准设防类：指大量的除 1、2、4 款以外按标准要求进行设防的建筑。简称丙类。

（4）适度设防类：指使用上人员稀少且震损不致产生次生灾害，允许在一定条件下适度降低要求的建筑。简称丁类。

【要点】

建筑工程划分不同设防类别，并提出不同设计要求，是在现有技术和经济条件下合理使用建设资金、减轻地震灾害的重要对策之一。

建筑工程抗震设防类别划分的基本原则，是从抗震设防的角度进行分类。主要指建筑遭受地震损坏对各方面影响后果的严重性。

设防类别划分需要考虑的因素主要有：

（1）建筑地震破坏造成的人员伤亡、直接和间接经济损失及社会影响的大小；

（2）城镇的大小、行业的特点、工矿企业的规模；

（3）建筑使用功能失效后，对全局的影响范围大小、抗震救灾影响及恢复的难易程度；

（4）建筑各区段的重要性有显著不同时，可按区段（包括由防震缝分开的结构单元、平面内使用功能不同的部分或同一结构单元的上下部分）划分抗震设防类别，下部区段的类别不应低于上部区段；

（5）不同行业的相同建筑，在当本行业所处地位及地震破坏所产生的后果和影响不同时，其抗震设防类别可不相同。

（二）抗震设防标准

各抗震设防类别建筑的抗震设防标准，应符合下列要求：

（1）特殊设防类（甲类），应按高于本地区抗震设防烈度提高一度的要求加强其抗震措施；但抗震设防烈度为9度时应按比9度更高的要求采取抗震措施。同时，应按批准的地震安全性评价的结果且高于本地区抗震设防烈度的要求确定其地震作用。

（2）重点设防类（乙类），应按高于本地区抗震设防烈度一度的要求加强其抗震措施；但抗震设防烈度为9度时应按比9度更高的要求采取抗震措施；地基基础的抗震措施，应符合有关规定。同时，应按本地区抗震设防烈度确定其地震作用。

（3）标准设防类（丙类），应按本地区抗震设防烈度确定其抗震措施和地震作用，达到在遭遇高于当地抗震设防烈度的预估罕遇地震影响时不致倒塌或发生危及生命安全的严重破坏的抗震设防目标。

（4）适度设防类（丁类），允许比本地区抗震设防烈度的要求适当降低其抗震措施，但抗震设防烈度为6度时不应降低。一般情况下，仍应按本地区抗震设防烈度确定其地震作用。

（5）抗震设防烈度为6度时，除《抗震规范》有具体规定外，对乙、丙、丁类建筑可不进行地震作用计算。

注：对于划为重点设防类而规模很小的工业建筑，当改用抗震性能较好的材料且符合抗震设计规范对结构体系的要求时，允许按标准设防类设防。

【要点】

建筑抗震设防标准是衡量结构抗震能力的尺度，而结构抗震能力又与结构承载力和变形能力两者分不开，因此，建筑结构抗震设防标准体现为抗震设计所采用的地震作用大小和抗震措施高低。由于地震动的不确定性和复杂性，我国抗震设防标准采用的是提高抗震措施而不提高地震作用，着眼于把有限的财力、物力用在增加结构关键部位或薄弱部位的抗震能力上，如果提高地震作用，则结构的所有构件均增加材料，投资全面增加且效果不如前者。建筑抗震设防分类标准可归纳为表4-1。

建筑抗震设防分类标准　　**表4-1**

	抗震设防标准	
	地震作用取值标准	抗震措施标准
特殊设防类(甲类)	按地震安评结果，且高于本地区抗震设防烈度的要求	按设防烈度提高一度的要求
重点设防类(乙类)	按设防烈度确定	按设防烈度提高一度的要求
标准设防类(丙类)	按设防烈度确定	按设防烈度的要求

续表

	抗震设防标准	
	地震作用取值标准	抗震措施标准
适度设防类(丁类)	按设防烈度确定	允许比设防烈度的要求适当降低，但设防烈度为 6 度时不降低

注：1. 规模很小的重点设防类工业建筑（如工矿企业的变电所、空压站、水泵房，城市供水水源的泵房等），当改用抗震性能较好的材料且符合抗震设计规范对结构体系要求时，允许按标准设防类设防。

2. 9 度设防的特殊设防、重点设防建筑其抗震措施高于 9 度，但不再提高一度。

3. 对Ⅰ类场地，甲、乙类建筑允许按本地区抗震设防烈度要求采取抗震构造措施，丙类建筑除 6 度设防外均允许降低一度采取抗震构造措施；对Ⅲ、Ⅳ类场地，当设计基本地震加速度为 0.15g 和 0.30g 时，宜提高 0.5 度（即分别按 8 度和 9 度）采取抗震构造措施。

不同抗震设防类别建筑的抗震设防标准可归纳为表 4-2。

不同抗震设防类别建筑的抗震设防标准　　表 4-2

抗震设防类别	确定地震作用时的设防标准				确定抗震措施时的设防标准			
	6 度	7 度	8 度	9 度	6 度	7 度	8 度	9 度
特殊设防类(甲类)	按地震安评结果，且高于本地区抗震设防烈度的要求				7	8	9	9+
重点设防类(乙类)	6	7	8	9	7	8	9	9+
标准设防类(丙类)	6	7	8	9	6	7	8	9
适度设防类(丁类)	6	7	8	9	6	6	7	8

注：引自朱炳寅．建筑抗震设计规范应用与分析（第二版）[M]．北京：中国建筑工业出版社，2017.

（三）抗震设防目标

（1）“三水准的设防目标”——所有进行抗震设计的建筑都必须实现的目标

抗震设计要达到的目标是在建筑受到不同强度的地震时，要求建筑具有不同的抵抗能力，对一般较小的地震，发生的可能性大，故又称多遇地震，这时要求结构不受损坏，在技术上和经济上都可以做到。而对于罕遇的强烈地震，地震作用大但发生的可能性小，在此强震作用下要保证结构完全不损坏，技术难度大，经济投入也大，是不合算的；这时允许有所损坏，但不倒塌，则将是经济合理的。

（2）“三个水准”的抗震设防目标

一般情况下（不是所有情况下）。

第一水准：遭遇众值烈度（多遇地震）影响时，建筑处于正常使用状态，从结构抗震分析角度，可以视为弹性体系，采用弹性反应谱进行弹性分析；

第二水准：遭遇基本烈度（设防地震）影响时，结构进入非弹性工作阶段，但非弹性变形或结构体系的损坏控制在可修复的范围；

第三水准：遭遇最大预估烈度（罕遇地震）影响时，结构有较大的非弹性变形，但应控制在规定的范围内，以免倒塌。

通常将其概括为：“小震不坏，中震（设防地震）可修、大震不倒”。

三水准的地震作用及不同超越概率（或重现期）的建筑结构特性见表 4-3。

三水准的地震作用及不同超越概率（或重现期）的建筑结构特性　　表 4-3

水准	烈度	50 年超越概率	重现期	建筑结构特性
第一水准	多遇地震（小震），比设防烈度地震约低一度半	63%	50 年	建筑处于正常使用状态，可视为弹性体系
第二水准	设防地震（基本烈度地震）或中国地震动参数区划图规定的峰值加速度所对应的烈度	10%	475 年	结构进入非弹性工作阶段，但非弹性变形或结构体系的损坏控制在可修复的范围
第三水准	罕遇地震（大震）	2%～3%	1641～2475 年	结构有较大的非弹性变形，但应控制在规定的范围内，以免倒塌

（3）各水准的建筑性能要求

“小震不坏”——要求建筑结构在多遇地震作用下满足承载力极限状态的要求且建筑的弹性变形不超过规定的限值；即保障人的生活、生产、经济和社会活动的正常进行。

“中震可修”——要求建筑结构具有相当的变形能力，不发生不可修复的脆性破坏，用结构的延性设计（满足抗震措施和抗震构造措施）来实现；即保障人身安全和减小经济损失。

“大震不倒”——满足建筑有足够的变形能力，其塑性变形不超过规定的限值；即避免倒塌，以保障人身安全。

（4）在抗震设计时，为满足上述三水准的目标应采用两个阶段设计法，见表 4-4。

两阶段设计实现三水准目标　　表 4-4

设计阶段	设计内容	设计步骤和三水准目标	适用的结构
第一阶段设计	承载力验算	1. 取第一水准的地震动参数计算结构的弹性地震作用标准值和相应的地震作用效应； 2. 采用分项系数设计表达式进行结构构件的承载力抗震验算； 3. 通过概念设计和抗震构造措施来满足第三水准（罕遇地震）的设计要求	适用于大多数结构（如规则结构及一般不规则结构）
第二阶段设计	弹塑性变形验算	1. 结构薄弱部位的弹塑性层间变形验算； 2. 相应的抗震构造措施来实现第三水准（罕遇地震）的设防要求	1. 对地震时易倒塌的结构； 2. 有明显薄弱层的不规则结构； 3. 有专门要求的建筑

上面提到的小震、中震（设防地震）和大震之间的数值关系为：小震比中震（设防烈度地震）低 1.5 度；大震比中震（设防烈度地震）高 1 度左右。

（5）四级地震作用

第五代《中国地震动参数区划图》GB 18306—2015 中新的区划图中国地震动峰值加速度区划图和中国地震动加速度反应谱特征周期区划图（简称“两图”）有所修订，直接给出基本地震动，是确定抗震设防的基准。用四个超越概率水平明确提出了“四级地震作用”概念，规定了“四级地震作用”相应的地震动参数确定系数（表 4-5）。

四级地震作用及不同超越概率（或重现期）的地震动参数关系　　表 4-5

四级地震作用	超越概率	重现期	与基本地震动峰值加速度关系
常遇地震动	63%	50 年	1/3 倍
基本地震动	10%	475 年	1 倍（基准值）
罕遇地震动	2%	2475 年	约 1.9 倍
极罕遇地震动	0.01%	万年	约 2.7 倍

注：《抗震规范》GB 50011—2010（2016 年版）尚未更新，与表 4-3 对照看变化。

【要点】

◆第五代《中国地震动参数区划图》GB 18306—2015 对全国抗震设防要求有所提高。新区划图有两大变化：-取消了不设防地区，其中地震动峰值加速度小于 0.05g（6 度）的分区不再出现，首次全国范围抗震设防；-区划图覆盖了全国主要乡镇和街道，并提出了四级（多遇、基本、罕遇、极罕遇）地震作用取值。

（四）地震影响

抗震设计时，结构所承受的“地震力”实际上是由于地震地面运动引起的动态作用，包括地震加速度、速度和动位移的作用，属于间接作用，不可称为“荷载”，应称为“地震作用”。

（1）建筑的重力荷载代表值。地震动产生水平方向的惯性力。当水平加速度相同时，水平惯性力与质量成 m 正比。质量 m 越大，水平惯性力就越大，从而水平地震作用也越大。计算地震作用时，由 $G=mg$，采用重力荷载代表值 G 来表征建筑的质量与地震作用的正比关系。

建筑结构的重力荷载代表值 G 应取结构和构配件自重（永久荷载）标准值和可变荷载组合值之和。各可变荷载的组合值系数应按规范取值。

（2）建筑所在地区遭受地震的影响，应采用相应于抗震设防烈度的设计基本地震加速度和特征周期来加以表征（表 4-6）。

抗震设防烈度和设计基本地震加速度值的对应关系　　表 4-6

抗震设防烈度	6	7	8	9
设计基本地震加速度值	0.05g	0.10（0.15）g	0.20（0.30）g	0.40g

注：g 为重力加速度。

现规范以地震加速度划分烈度，而不再依据破坏程度确定。《抗震规范》明确将设计基本地震加速度为 0.15g 和 0.30g 的地区仍归类为 7 度和 8 度，主要考虑现行规范的抗震构造措施均以烈度划分，没有专门针对 0.15g 和 0.30g 地区的抗震构造措施。

（3）地震影响的特征周期应根据建筑所在地的设计地震分组和场地类别确定。特征周期值是计算地震作用的重要参数，它反映了震级、震中距及场地特性的影响，采用设计地震分组法。

【要点】

◆建筑抗震设计包括：地震作用、抗震承载力计算和采取抗震构造措施以达到抗震效果。抗震设计首先要确定设防烈度，一般取基本烈度。

◆抗震措施指：除地震作用计算和抗力计算以外的抗震设计内容，包括抗震构造措施。混凝土结构的抗震措施依据抗震设防烈度和抗震等级确定。

◆《抗震规范》对设计基本加速度为 0.15g 和 0.30g 的地区仍归类为 7 度和 8 度。规范在确定场地类别时采用设计地震分组法，基本上反映了近震、中震和远震的影响。建筑工程的设计地震分为三组：第一组、第二组、第三组。

2001 年规范将 89 规范的设计近震、远震改称设计地震分组，以更好地体现震级和震中距的影响，建筑工程的设计地震分为三组。

如Ⅱ类场地，第一组、第二组和第三组的设计特征周期，应分别按 0.35s、0.40s 和 0.45s 采用，见表 4-7。对地震作用的影响由轻到重排序为第一组、第二组、第三组。

特征周期值（s） 表 4-7

设计地震分组	场地类别				
	I_0	I_1	Ⅱ	Ⅲ	Ⅳ
第一组	0.20	0.25	0.35	0.45	0.65
第二组	0.25	0.30	0.40	0.55	0.75
第三组	0.30	0.35	0.45	0.65	0.90

注："设计特征周期"即设计所用的地震影响系数相对应的特征周期（T_g）。

三、抗震设计的基本要求

（一）选择对抗震有利的场地、地基和基础

（1）选择建筑场地时，应根据工程需要和地震活动情况、工程地质和地震地质的有关资料，对抗震有利、一般、不利和危险地段做出综合评价。应选择有利地段，避开不利地段；当无法避开不利地段时，应采取有效措施。对危险地段，严禁建造甲、乙类的建筑，不应建造丙类的建筑。

对建筑抗震有利、一般、不利和危险地段的划分标准见表 4-8。

有利、一般、不利和危险地段的划分标准 表 4-8

地段类别	地质、地形、地貌
有利地段	稳定基岩，坚硬土，开阔、平坦、密实、均匀的中硬土等
一般地段	不属于有利、不利和危险的地段
不利地段	软弱土，液化土，条状突出的山嘴，高耸孤立的山丘，陡坡，陡坎，河岸和边坡的边缘，平面分布上成因、岩性、状态明显不均匀的土层（含故河道、疏松的断层破碎带、暗埋的塘浜沟谷和半填半挖地基），高含水量的可塑黄土，地表存在结构性裂缝等
危险地段	地震时可能发生滑坡、崩塌、地陷、地裂、泥石流等及发震断裂带上可能发生地表位错的部位

场地土既支承上部建筑，又传播地震波，从震源传来的地震波中含有不同周期或波长的波，当其中的周期与土层的固有周期相一致时，将会得到放大，而不一致的将会衰减，因此，场地土层条件将影响地表的震动大小和特征，并直接影响建筑物的破坏程度。合理选择对抗震有利的场地，可以避开不利地段及不在危险地段上建设，避免地震引起的地表错动、地裂、滑坡、不均匀沉陷、液化等，故选择合适的场地是结构抗震设计中十分有效

且经济可靠的抗震措施。

（2）地基和基础设计应符合下列要求：

1）同一结构单元的基础不宜设置在性质截然不同的地基上。

2）同一结构单元不宜部分采用天然地基部分采用桩基；当采用不同基础类型或基础埋深显著不同时，应根据地震时两部分地基基础的沉降差异，在基础、上部结构的相关部位采取相应措施。

3）地基为软弱黏性土、液化土、新近填土或严重不均匀土时，应根据地震时地基不均匀沉降和其他不利影响，采取相应的措施。

（二）建筑形体及其构件布置的规则性

（1）建筑设计应根据抗震概念设计的要求明确建筑形体的规则性。不规则的建筑应按规定采取加强措施；特别不规则的建筑应进行专门研究和论证，采取特别的加强措施；严重不规则的建筑不应采用。

注：形体指建筑平面形状和立面、竖向剖面的变化。

（2）建筑设计应重视其平面、立面和竖向剖面的规则性对抗震性能及经济合理性的影响，宜择优选用规则的形体，其抗侧力构件的平面布置宜规则对称、侧向刚度沿竖向宜均匀变化、竖向抗侧力构件的截面尺寸和材料强度宜自下而上逐渐减小、避免侧向刚度和承载力突变。

（3）建筑形体及其构件布置的平面、竖向不规则性，应按下列要求划分：

1）混凝土房屋、钢结构房屋和钢-混凝土混合结构房屋存在表 4-9 所列举的某项平面不规则类型或表 4-10 所列举的某项竖向不规则类型以及类似的不规则类型，应属于不规则的建筑。

图 4-1～图 4-3 为典型示例，以便理解表 4-9 中所列的不规则类型。

图 4-4～图 4-6 为典型示例，以便理解表 4-10 中所列的不规则类型。

平面不规则的主要类型 **表 4-9**

不规则类型	定义和参考指标
扭转不规则	在具有偶然偏心的水平力作用下，楼层两端抗侧力构件弹性水平位移（或层间位移）的最大值与平均值的比值大于 1.2
凹凸不规则	平面凹进的尺寸，大于相应投影方向总尺寸的 30%
楼板局部不连续	楼板的尺寸和平面刚度急剧变化，例如，有效楼板宽度小于该层楼板典型宽度的 50%，或开洞面积大于该层楼面面积的 30%，或较大的楼层错层

竖向不规则的主要类型 **表 4-10**

不规则类型	定义和参考指标
侧向刚度不规则	该层的侧向刚度小于相邻上一层的 70%，或小于其上相邻三个楼层侧向刚度平均值的 80%；除顶层或出屋面小建筑外，局部收进的水平向尺寸大于相邻下一层的 25%
竖向抗侧力构件不连续	竖向抗侧力构件（柱、抗震墙、抗震支撑）的内力由水平转换构件（梁、桁架等）向下传递
楼层承载力突变	抗侧力结构的层间受剪承载力小于相邻上一楼层的 80%

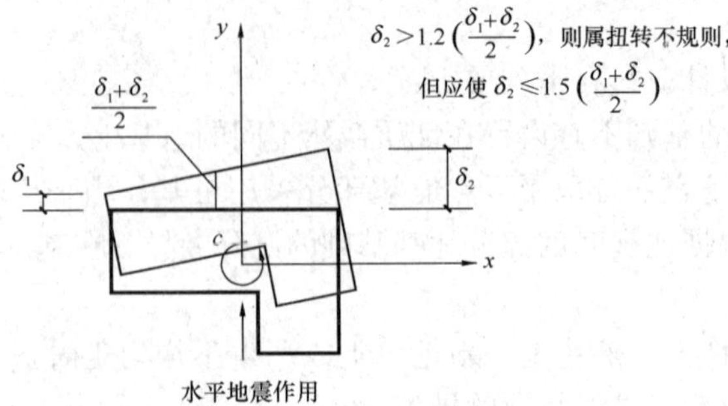

图 4-1　建筑结构平面的扭转不规则示例

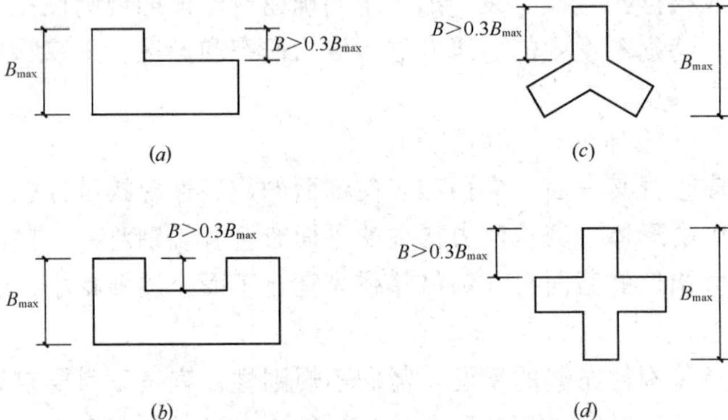

图 4-2　建筑结构平面的凸角或凹角不规则示例

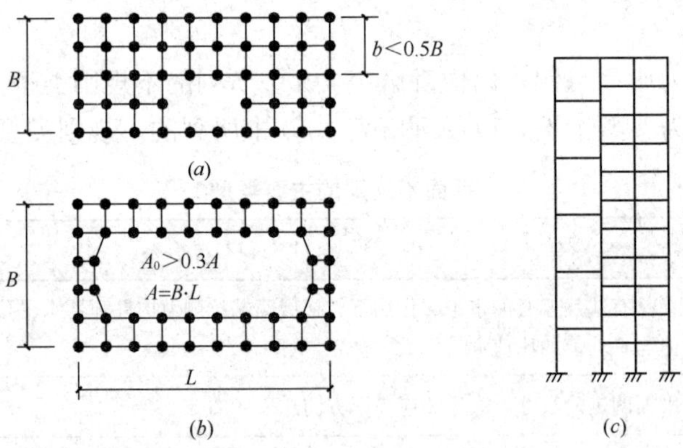

图 4-3　建筑结构平面的局部不连续示例（大开洞及错层）

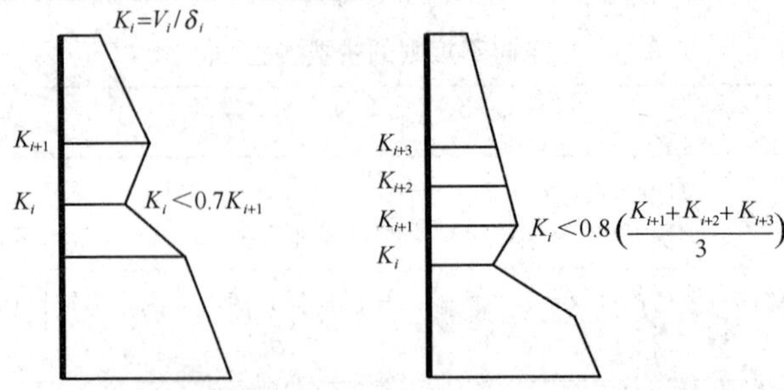

图 4-4　沿竖向的侧向刚度不规则（有软弱层）

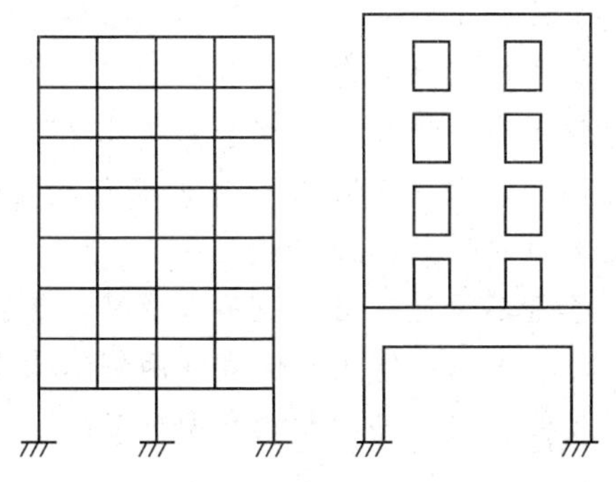

图 4-5　竖向抗侧力构件不连续示例

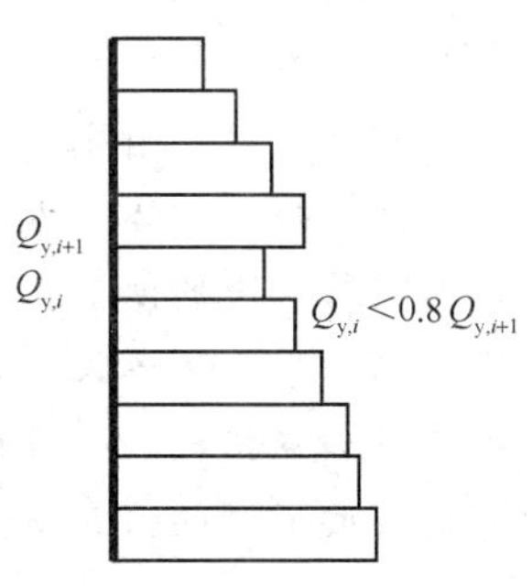

图 4-6　竖向抗侧力结构屈服抗剪强度非均匀化（有薄弱层）

2）砌体房屋、单层工业厂房、单层空旷房屋、大跨屋盖建筑和地下建筑的平面和竖向不规则性的划分，应符合抗震规范有关章节的规定。

3）当存在多项不规则或某项不规则超过规定的参考指标较多时，应属于特别不规则的建筑，见表 4-11。

特别不规则的项目举例　　　　**表 4-11**

序号	不规则类型	简要含义
1	扭转偏大	裙房以上有较多楼层考虑偶然偏心的扭转位移比大于 1.4
2	抗扭刚度弱	扭转周期比大于 0.9，混合结构扭转周期比大于 0.85
3	层刚度偏小	本层侧向刚度小于相邻上层的 50%
4	高位转换	框支墙体的转换构件位置：7 度超过 5 层，8 度超过 3 层
5	厚板转换	7～9 度设防的厚板转换结构
6	塔楼偏置	单塔或多塔合质心与大底盘的质心偏心距大于底盘相应边长 20%
7	复杂连接	各部分层数、刚度、布置不同的错层或连体两端塔楼显著不规则的结构
8	多重复杂	同时具有转换层、加强层、错层、连体和多塔类型中的 2 种以上

（4）体形复杂、平立面不规则的建筑，应根据不规则程度、地基基础条件和技术经济等因素的比较分析，确定是否设置防震缝，并分别符合下列要求：

1）当不设置防震缝时，应采用符合实际的计算模型，分析判明其应力集中、变形集中或地震扭转效应等导致的易损部位，采取相应的加强措施。

2）当在适当部位设置防震缝时，宜形成多个较规则的抗侧力结构单元。防震缝应根据抗震设防烈度、结构材料种类、结构类型、结构单元的高度和高差以及可能的地震扭转效应的情况，留有足够的宽度，其两侧的上部结构应完全分开。

3）当设置伸缩缝和沉降缝时，其宽度应符合防震缝的要求。

【要点】

◆建筑平面和竖向布置对结构的规则性影响很大，有时甚至起到决定性作用，抗震性能良好的建筑，需要建筑师与结构工程师的充分配合，不应采用严重不规则的设计方案，避免采用特别不规则的方案。

◆规则性包含了对建筑平面和立面外形尺寸、抗侧力构件的布置、质量分布、承载力分布等诸多因素的综合要求，规则的建筑方案要求建筑平、立面形状简单，结构抗侧力构件的平面布置基本对称。结构竖向刚度和承载力变化连续且均匀，没有明显突变。

◆应强调结构的概念设计，着眼于结构的总体反应，根据结构概念判断破坏机制和破坏过程，从设计开始就把握好总体布置、结构体系、承载力和刚度分布以及结构延性等，并把握关键部位，消除结构中的薄弱环节，制定有针对性的加强措施。

◆一般情况下，可设缝、可不设防震缝时，尽量不设缝。当不设防震缝时，连接处局部应力集中，需要采取加强措施。必须设置时，应有足够的宽度。防震缝两侧结构体系不同时，防震缝的宽度应按不利的（对防震缝的宽度要求更大的）结构类型确定。

（三）结构体系

结构体系就是抗震设计所采用的、主要功能为承担侧向地震作用、由不同材料组成的不同结构形式的统称。

（1）结构体系应根据建筑的抗震设防类别、抗震设防烈度、建筑高度、场地条件、地基、结构材料和施工等因素，经技术、经济和使用条件综合比较确定。

（2）结构体系应符合下列各项要求：

1）应具有明确的计算简图和合理的地震作用传递途径。

2）应避免因部分结构或构件破坏而导致整个结构丧失抗震能力或对重力荷载的承载能力。

3）应具备必要的抗震承载力，良好的变形能力和消耗地震能量的能力。

4）对可能出现的薄弱部位，应采取措施提高抗震能力。

（3）结构体系尚宜符合下列各项要求：

1）宜有多道抗震防线；

2）宜具有合理的刚度和承载力分布，避免因局部削弱或突变形成薄弱部位，产生过大的应力集中或塑性变形集中；

3）结构在两个主轴方向的动力特性宜相近。

（4）结构构件应符合下列要求：

1）砌体结构应按规定设置钢筋混凝土圈梁和构造柱、芯柱，或采用约束砌体、配筋砌体等。

2）混凝土结构构件应控制截面尺寸和受力钢筋、箍筋的设置；防止剪切破坏先于弯曲破坏，混凝土的压溃先于钢筋的屈服，钢筋的锚固粘结破坏先于构件破坏。

3）预应力混凝土构件，应配有足够的非预应力钢筋。

4）钢结构构件的尺寸应合理控制，应避免局部失稳或整个构件失稳。

5）多、高层的混凝土楼、屋盖宜优先采用现浇混凝土板。当采用预制装配式混凝土楼、屋盖时，应从楼盖体系和构造上采取措施确保各预制板之间连接的整体性。

（5）结构各构件之间的连接，应符合下列要求：

1）构件节点的破坏，不应先于其连接的构件。

2）预埋件的锚固破坏，不应先于连接件。

3）装配式结构构件的连接，应能保证结构的整体性。

4）预应力混凝土构件的预应力钢筋，宜在节点核心区以外锚固。

（6）装配式单层厂房的各种抗震支撑系统，应保证地震时厂房的整体性和稳定性。

【要点】

◆抗震结构体系要求受力明确、传力途径合理且传力路线不间断，使结构的抗震分析更符合结构在地震时的实际表现，是结构选型与布置结构抗侧力体系时首先考虑的因素之一。

◆结构体系应具备必要的抗震承载力，是指结构在地震作用下具有足够的承载能力；具有良好的延性（即变形能力和耗能能力），指结构具有足够的抗变形能力，结构的变形不致引起结构功能丧失或超越容许破坏的程度；良好的消耗地震能量的能力是指结构能吸收和消耗地震能而保存下来的能力，即良好的延性。

◆抗震结构体系中吸收和消耗地震输入能的各个部分称为抗震防线。抗震房屋必须设置多道防线。

◆结构两个主轴方向的动力特性（周期和振型）宜相近，如对有些纵横墙、长宽比较大的长矩形平面，强调两个主轴方向的均衡，避免因某一个方向先破坏而导致整体倒塌。

◆一个具有良好抗震性能的结构体系主要由以下几个方面决定：

(1) 合理的传力体系。结构体系受力明确、传力合理且传力路径不间断。

(2) 多道抗震防线。保证第一道防线抗侧力构件破坏后，第二道防线抗侧力构件仍能抵抗后续的地震作用，进而保证结构的整体安全，避免倒塌。如框架剪力墙体系中，剪力墙为第一道防线，承担大部分地震作用，框架为第二道防线，承担剪力墙开裂后转移到框架上的部分地震作用；单层工业厂房中，柱间支撑为第一道防线，承担了大部分纵向地震作用，而未设支撑的开间柱承担支撑损坏后转移来的地震作用。

(3) 足够的侧向刚度。结合建筑的使用功能要求、围护结构等非结构构件的要求以及舒适度的要求，同时，依据不同结构体系和设计地震水准，选择合适的结构抗侧刚度，满足结构侧向变形限值的要求。

(4) 足够的冗余度。结构抗震设计的最低目标是防止倒塌，结构的冗余度（超静定次数）越多，则地震时耗散地震能量的能力越强，进入倒塌的过程就越长，结构抗震安全度越高。

(5) 良好的结构屈服机制。即保证结构构件塑性铰发展从次要构件开始，最后才在主要构件上出现，并避免塑性铰集中在某些构件上，塑性铰分布广，则塑性变形发展过程长，同时，塑性铰应由足够的转动能力；出现塑性铰后，竖向承载力基本保持稳定，并可持续变形而不倒塌。

◆结构体系由不同结构构件组成，结构构件的抗震性能是保证整个结构抗震设计的基础。规范对各种不同材料的结构构件提出了改善其变形能力的原则和途径，应理解并掌握，是重要的出题点：

—无筋砌体本身是脆性材料，只能利用约束条件（圈梁、构造柱、组合柱等来分割、包围）使砌体发生裂缝后不致崩塌和散落，地震时不致丧失对重力荷载的承载能力。

—钢筋混凝土构件的抗震性能与砌体相比是更好的，但处理不当也会造成不可修复的脆性破坏，如：混凝土压碎、构件剪切破坏、钢筋锚固部分拉脱（粘结破坏）等。混凝土结构构件的尺寸控制，包括轴压比、截面长宽比、墙体高厚比、宽厚比等。

—对预应力混凝土结构构件的要求是应配置足够的非预应力钢筋，以利于改善预应力混凝土结构的抗震性能。

—钢结构房屋的延性好，但钢结构构件的压屈破坏（杆件失去稳定）或局部失稳也是一种脆性破坏，应予以防止。

—推荐采用现浇楼、屋盖，对装配式楼、屋盖需加强整体性。

例 4-1 关于混凝土结构的设计方案，下列说法错误的是：

A 应选用合理的结构体系、构件形式，并做合理的布置

B 结构的平、立面布置宜规则，各部分的质量和刚度宜均匀、连续

C 宜采用静定结构，结构传力途径应简捷、明确，竖向构件宜连续贯通、对齐

D 宜采取减小偶然作用影响的措施

解析：混凝土结构的设计方案宜**采用超静定结构**，重要构件和关键部位应增加冗余约束或有多余传力途径，以保证结构有多道抗震防线，不致因局部结构或构件破坏而使结构变成机动体系，导致整个结构丧失抗震能力或对重力荷载的承载能力。

答案：C

规范：《抗震规范》第 3.5.3 条第 1 款；《混凝土规范》第 3.2.1 条第 4 款、第 3.5.2 条。

例 4-2 下列关于钢筋混凝土结构构件应符合的力学要求中，何项错误？

A 弯曲破坏先于剪切破坏

B 钢筋屈服先于混凝土压溃

C 钢筋的锚固粘结破坏先于构件破坏

D 应进行承载能力极限状态和正常使用极限状态设计

解析：钢筋混凝土结构构件设计应**避免脆性破坏**，具体要求：**弯曲破坏先于剪切破坏；钢筋屈服先于混凝土压坏；钢筋的锚固粘结破坏晚于构件破坏**。

答案：C

规范：《抗震规范》第 3.5.5 条。

（四）非结构构件

（1）非结构构件，是指与结构相连的建筑构件、机电部件及其系统。包括建筑非结构构件和建筑附属机电设备，自身及其与结构主体的连接，应进行抗震设计。

（2）非结构构件的抗震设计，应由相关专业人员分别负责进行。

（3）附着于楼、屋面结构上的非结构构件，以及楼梯间的非承重墙体，应与主体结构有可靠的连接或锚固，避免地震时倒塌伤人或砸坏重要设备。

（4）框架结构的围护墙和隔墙，应估计其设置对结构抗震的不利影响，避免不合理设置而导致主体结构的破坏。

（5）幕墙、装饰贴面与主体结构应有可靠连接，避免地震时脱落伤人。

（6）安装在建筑上的附属机械、电气设备系统的支座和连接，应符合地震时使用功能的要求，且不应导致相关部件的损坏。

【要点】

◆非结构构件一般指不考虑承受重力荷载、风荷载及地震作用的构件，包括建筑非结构构件和建筑附属机电设备的支架等。非结构构件的地震破坏会影响安全和使用功能，需

引起重视，应进行抗震设计。

◆处理好建筑非结构构件和主体结构的关系，可防止附加灾害，减少损失，处理好两者的连接和锚固问题是关键：

—附属结构构件，如女儿墙、高低跨封墙、雨篷等的防倒塌问题，主要采取加强自身的整体性及与主体结构的锚固等抗震措施；

—装饰物，如贴面、顶棚、悬吊重物等的防脱落及装饰物破坏问题，主要采取加强与主体结构的可靠连接，对重要装饰物采用柔性连接等抗震措施；

—围护墙和隔墙、砌体填充墙与框架等与主体结构的连接，影响整个结构的动力性能和抗震能力，建议两者之间采用柔性连接或彼此脱开，可只考虑填充墙的重量而不计其刚度和强度的影响。

（五）隔震与消能减震设计

（1）隔震与消能减震设计，可用于对抗震安全性和使用功能有较高要求或专门要求的建筑。

（2）采用隔震或消能减震设计的建筑，当遭遇到本地区的多遇地震影响、设防地震影响和罕遇地震影响时，可按高于《抗震规范》第1.0.1条的基本设防目标进行设计。

【要点】

隔震和消能减震技术是减轻结构地震灾害的新技术，可有效地减小结构的地震作用。

隔震体系是通过在结构的适当位置（一般为基础顶，称为基础隔震，也可在结构的中间某一层，称为层间隔震）设置隔震层，通过延长隔震层以上结构的自振周期来达到减少隔震层以上结构水平地震作用的目的，可有效减轻结构和非结构构件地震破坏，提高地震时人员和设施的安全性，增加震后继续使用的可能性。

消能减震是通过设置消能阻尼器增加结构阻尼来减少结构的地震作用。

隔震设计与非隔震或非消能减震设计的结构相比，设防目标会有所提高，总体来说，当遭受多遇地震时，将基本不受损坏和影响使用功能；当遭受设防地震时，不需修理仍可继续使用；当遭受罕遇地震时，将不发生危及生命安全和丧失使用价值的破坏。

（六）结构材料与施工

抗震结构在材料选用、施工顺序，特别是材料代用上有其特殊的要求，主要指减少材料的脆性和贯彻原设计意图，也是重要的考试出题点。

（1）抗震结构对材料和施工质量的特别要求，应在设计文件上注明。

（2）结构材料性能指标，应符合下列最低要求：

1）砌体结构材料应符合下列规定：

①普通砖和多孔砖的强度等级不应低于MU10，其砌筑砂浆强度等级不应低于M5；

②混凝土小型空心砌块的强度等级不应低于MU7.5，其砌筑砂浆强度等级不应低于Mb7.5。

2）混凝土结构材料应符合下列规定：

①混凝土的强度等级，框支梁、框支柱及抗震等级为一级的框架梁、柱、节点核芯区，不应低于C30；构造柱、芯柱、圈梁及其他各类构件不应低于C20；

②抗震等级为一、二、三级的框架和斜撑构件（含梯段），其纵向受力钢筋采用普通钢筋时，钢筋的抗拉强度实测值与屈服强度实测值的比值不应小于1.25；钢筋的屈服强

度实测值与屈服强度标准值的比值不应大于 1.3，且钢筋在最大拉力下的总伸长率实测值不应小于 9%。

3）钢结构的钢材应符合下列规定：

① 钢材的屈服强度实测值与抗拉强度实测值的比值不应大于 0.85；

② 钢材应有明显的屈服台阶，且伸长率不应小于 20%；

③ 钢材应有良好的焊接性和合格的冲击韧性。

（3）结构材料性能指标，尚宜符合下列要求：

1）普通钢筋宜优先采用延性、韧性和焊接性较好的钢筋；普通钢筋的强度等级，纵向受力钢筋宜选用符合抗震性能指标的不低于 HRB400 级的热轧钢筋，也可采用符合抗震性能指标的 HRB335 级热轧钢筋；箍筋宜选用符合抗震性能指标的不低于 HRB335 级的热轧钢筋，也可选用 HPB300 级热轧钢筋。

2）混凝土结构的混凝土强度等级，抗震墙不宜超过 C60。其他构件，9 度时不宜超过 C60；8 度时不宜超过 C70。

3）钢结构的钢材宜采用 Q235 等级 B、C、D 的碳素结构钢及 Q345 等级 B、C、D、E 的低合金高强度结构钢；当有可靠依据时，尚可采用其他钢种和钢号。

（4）在施工中，当需要以强度等级较高的钢筋替代原设计中的纵向受力钢筋时，应按照钢筋受拉承载力设计值相等的原则换算，并应满足最小配筋率要求。

（5）采用焊接连接的钢结构，当接头的焊接拘束度较大、钢板厚度不小于 40mm 且承受沿板厚方向的拉力时，钢板厚度方向截面收缩率不应小于国家标准。

（6）钢筋混凝土构造柱和底部框架-抗震墙房屋中的砌体抗震墙，其施工应先砌墙后浇构造柱和框架梁柱。

（7）混凝土墙体、框架柱的水平施工缝，应采取措施加强混凝土的结合性能。对于抗震等级一级的墙体和转换层楼板与落地混凝土墙体的交接处，宜验算水平施工缝截面的受剪承载力。

【要点】

◆优先采用延性好、韧性及可焊性较好的热轧钢筋。对纵向受力钢筋抗拉强度实测值与屈服强度实测值的比值要求，目的是使结构构件出现塑性铰或大变形的情况下，钢筋具有一定的强度储备，保证构件的抗震承载力。

对纵向受力钢筋屈服强度实测值与屈服强度标准值的比值要求，目的是保证钢筋屈服强度不会过于离散，而影响“强柱弱梁”“强剪弱弯”的设计要求。

对钢筋最大拉力下的总伸长率要求，目的是保证结构大变形时钢筋有足够的塑性变形能力。

◆对钢筋混凝土结构中的混凝土强度等级有所限制，是因为高强混凝土具有脆性性质，且随强度等级提高而增加。

当耐久性有要求时，混凝土的最低强度等级，应遵守有关规定。

◆碳素结构钢 Q235 中，其中 A 级钢不要求任何冲击试验值，并只在用户要求时才进行冷弯实验，且不保证焊接要求的碳含量，故不建议采用。

低合金高强度结构钢 Q345 中，其中 A 级钢不保证冲击韧性要求和延性性能的基本要求，故亦不建议采用。

◆ 钢筋代换时应注意替代后的纵向钢筋的总承载力设计值不应高于原设计的纵向钢筋总承载力设计值，以免构件发生混凝土的脆性破坏（混凝土压碎、剪切破坏等）。

还应满足最小配筋率和钢筋间距等构造要求，并应注意由于钢筋的强度和直径改变，会影响正常使用极限状态挠度和裂缝宽度。

（七）建筑物地震反应观测系统

抗震设防烈度为7、8、9度时，高度分别超过160m、120m、80m的大型公共建筑，应按规定设置建筑结构的地震反应观测系统，建筑设计应留有观测仪器和线路的位置。

例 4-3 有抗震要求的钢筋混凝土框支梁的混凝土强度等级不应低于：

A C25　　B C30　　C C35　　D C40

解析： 有抗震要求的混凝土结构材料应符合下列最低要求：框支梁、框支柱及抗震等级为一级的框架梁、柱、节点核芯区，混凝土强度等级不应低于C30。

答案： B

规范：《抗震规范》第3.9.2条第2款1)；《混凝土规范》第11.2.1条第2款。

四、场地、地基和基础

地震造成建筑的破坏，除地震动直接引起的破坏外，场地条件对地震破坏的影响有以下几种情况：

（1）振动破坏。建筑结构在地面运动作用下剧烈振动，结构承载力不足、变形过大、连接破坏、构件失稳导致结构整体倾覆破坏。

（2）地基失效。结构本身具有足够的抗震能力，在地震作用下不会发生破坏；但由于地基失效导致建筑物破坏或不能正常使用。可分为以下两种情况：

1）地震引起的地质灾害（山崩、滑坡、地陷等）及地面变形（地面裂缝或错位等）对上部结构的直接危害。

2）地震引起的饱和砂土及粉土液化、软土震陷等地基失效，造成上部结构的破坏。

（一）场地

国内外大量的震害表明，不同场地上的建筑物震害差异很大。一般说来场地条件对震害影响的主要因素是：场地土的坚硬或密实程度及场地覆盖层厚度，土越软、覆盖层越厚，震害越重，反之越轻。

（1）选择建筑场地时，应按表4-8划分对建筑抗震有利、一般、不利和危险的地段。

（2）建筑场地的类别划分，应以土层等效剪切波速和场地覆盖层厚度为准。

（3）土的类型划分和剪切波速范围见表4-12。

土的类型划分和剪切波速范围　　表 4-12

土的类型	岩土名称和性状	土层剪切波速范围（m/s）
岩石	坚硬、较硬且完整的岩石	$v_s>800$
坚硬土或软质岩石	破碎和较破碎的岩石或软和较软的岩石，密实的碎石土	$800\geq v_s>500$

续表

土的类型	岩土名称和性状	土层剪切波速范围（m/s）
中硬土	中密、稍密的碎石土，密实、中密的砾、粗、中砂，$f_{ak}>150$ 的黏性土和粉土，坚硬黄土	$500 \geqslant v_s > 250$
中软土	稍密的砾、粗、中砂，除松散外的细、粉砂，$f_{ak} \leqslant 150$ 的黏性土和粉土，$f_{ak}>130$ 的填土，可塑新黄土	$250 \geqslant v_s > 150$
软弱土	淤泥和淤泥质土，松散的砂，新近沉积的黏性土和粉土，$f_{ak} \leqslant 130$ 的填土，流塑黄土	$v_s \leqslant 150$

注：f_{ak}为由载荷试验等方法得到的地基承载力特征值（kPa）；v_s为岩土剪切波速。

（4）建筑的场地类别，应根据土层等效剪切波速和场地覆盖层厚度按表 4-13 划分为四类，其中Ⅰ类分为Ⅰ$_0$、Ⅰ$_1$两个亚类。

各类建筑场地的覆盖层厚度（m） **表 4-13**

岩石的剪切波速或土的等效剪切波速（m/s）	场地类别				
	Ⅰ$_0$	Ⅰ$_1$	Ⅱ	Ⅲ	Ⅳ
$v_s>800$	0				
$800 \geqslant v_s > 500$		0			
$500 \geqslant v_{se} > 250$		<5	≥5		
$250 \geqslant v_{se} > 150$		<3	3～50	>50	
$v_{se} \leqslant 150$		<3	3～15	15～80	>80

注：表中 v_s为岩石的剪切波速；v_{se}为土层等效剪切波速。

（二）天然地基和基础

（1）下列建筑可不进行天然地基及基础的抗震承载力验算：

1）抗震规范规定可不进行上部结构抗震验算的建筑。

2）地基主要受力层范围内不存在软弱黏性土层的下列建筑：

① 一般的单层厂房和单层空旷房屋；

② 砌体房屋；

③ 不超过 8 层且高度在 24m 以下的一般民用框架和框架－抗震墙房屋；

④ 基础荷载与③项相当的多层框架厂房和多层混凝土抗震墙房屋。

注：软弱黏性土层指 7 度、8 度和 9 度时，地基承载力特征值分别小于 80kPa、100kPa 和 120kPa 的土层。

大量的一般天然地基都具有较好的抗震性能，因此规范规定了天然地基可不进行抗震承载力验算的范围。

（2）天然地基基础抗震验算时，应采用地震作用效应标准组合，且地基抗震承载力应取地基承载力特征值乘以地基抗震承载力调整系数来计算。

（3）地基抗震承载力应按下式计算：

$$f_{aE} = \zeta_a f_a \tag{4-1}$$

式中 f_{aE}——调整后的地基抗震承载力；

ζ_a——地基抗震承载力调整系数；

f_a——深宽修正后的地基承载力特征值，应按现行国家标准《建筑地基基础设计规范》GB 50007 采用。

（4）验算天然地基地震作用下的竖向承载力时，按地震作用效应标准组合的基础底面平均压力和边缘最大压力应符合下列各式要求：

$$p \leqslant f_{aE} \tag{4-2}$$

$$p_{max} \leqslant 1.2 f_{aE} \tag{4-3}$$

式中 p——地震作用效应标准组合的基础底面平均压力；

p_{max}——地震作用效应标准组合的基础边缘的最大压力。

高宽比大于4的高层建筑，在地震作用下，基础底面不宜出现脱离区（零应力区）；其他建筑，基础底面与地基土之间的脱离区（零应力区）面积不应超过基础底面面积的15%。

【要点】天然地基一般都具有较好的抗震性能，在遭受破坏的建筑中，因地基失效导致的破坏要少于上部结构惯性力的破坏，因此符合条件的地基（尤其是天然地基）可不进行抗震承载力验算。地基抗震验算时，地震作用效应采用标准组合。地基抗震承载力取值应按《建筑地基基础设计规范》GB 50007 计算的静力计算承载力特征值乘以修正系数进行修正，修正系数根据土层性质不同取1.0～1.5，具体详见《建筑抗震设计规范》GB 50011。具体规范要求可按表4-14理解。

可不进行天然地基及基础抗震承载力验算的建筑 **表 4-14**

序号	结构类型	具体内容	
1	单层结构	地基主要受力层范围不存在软弱黏土层	一般的单层厂房和单层空旷房屋
2	砌体结构		全部
3	多层框架、框架—抗震墙		不超过8层且高度在24m以下的一般民用框架和框架-抗震墙结构
4	框架厂房、抗震墙结构		基础荷载与第3项相当的多层框架厂房和多层混凝土抗震墙房屋
5	其他	《抗震规范》规定的可不进行上部结构抗震验算的建筑	

注：引自朱炳寅．建筑抗震设计规范应用与分析（第二版）[M]．北京：中国建筑工业出版社，2017.

例 4-4 地基的主要受力层范围内不存在软弱黏性土层，下列哪种建筑的天然地基需要进行抗震承载力验算？

A 6层高度18m砌体结构住宅

B 4层高度为20m框架结构教学楼

C 10层高度40m框剪结构办公楼

D 24m跨单层门式刚架厂房

解析：分析选项中结构体系和楼层数，最有可能的答案应是10层40m的框剪结构：首先是层数最高，其次是框剪结构有剪力墙。因为剪力墙（即抗震墙）承受了大部分水平地震作用，设计时应特别注意加强对抗震墙下基础及地基的抗震验算。

规范规定同样条件下，不超过8层且高度在24m以下的框架-抗震墙结构房屋可不验算，故C选项需要进行验算。

答案：C

规范：《抗震规范》第4.2.1条第2款3)。

（三）液化土和软土地基

（1）饱和砂土和饱和粉土（不含黄土）的液化判别和地基处理，6度时，一般情况下可不进行判别和处理，但对液化沉陷敏感的乙类建筑可按7度的要求进行判别和处理；7～9度时，乙类建筑可按本地区抗震设防烈度的要求进行判别和处理。

（2）地面下存在饱和砂土和饱和粉土时，除6度外，应进行液化判别；存在液化土层的地基，应根据建筑的抗震设防类别、地基的液化等级，结合具体情况采取相应的措施。

注：本条饱和土液化判别要求不含黄土和粉质黏土。

（3）对存在液化砂土层、粉土层的地基，应探明各液化土层的深度和厚度，按其液化指数综合划分地基的液化等级，见表4-15。

液化等级与液化指数的对应关系　　表4-15

液化等级	轻　微	中　等	严　重
液化指数 I_{lE}	$0<I_{lE}\leqslant 6$	$6<I_{lE}\leqslant 18$	$I_{lE}>18$

（4）当液化砂土层、粉土层较平坦且均匀时，宜按表4-16选用地基抗液化措施；尚可计入上部结构重力荷载对液化危害的影响，根据液化震陷量的估计，适当调整抗液化措施。不宜将未处理的液化土层作为天然地基持力层。

抗液化措施　　表4-16

建筑抗震设防类别	地基的液化等级		
	轻微	中等	严重
乙类	部分消除液化沉陷，或对基础和上部结构处理	全部消除液化沉陷，或部分消除液化沉陷且对基础和上部结构处理	全部消除液化沉陷
丙类	基础和上部结构处理，亦可不采取措施	基础和上部结构处理，或更高要求的措施	全部消除液化沉陷，或部分消除液化沉陷且对基础和上部结构处理
丁类	可不采取措施	可不采取措施	基础和上部结构处理，或其他经济的措施

注：甲类建筑的地基抗液化措施应进行专门研究，但不宜低于乙类的相应要求。

（5）全部消除地基液化沉陷的措施，应符合下列要求：

1）采用桩基时，桩端深入液化深度以下稳定土层中的长度（不包括桩尖部分），应按计算确定，且对碎石土，砾，粗、中砂，坚硬黏性土和密实粉土尚不应小于0.8m，对其他非岩石土尚不宜小于1.5m。

2）采用深基础时，基础底面应埋入液化深度以下的稳定土层中，其深度不应小于0.5m。

3）采用加密法（如振冲、振动加密、挤密碎石桩、强夯等）加固时，应处理至液化深度下界。

4）用非液化土替换全部液化土层，或增加上覆非液化土层的厚度。

5）采用加密法或换土法处理时，在基础边缘以外的处理宽度，应超过基础底面下处理深度的1/2且不小于基础宽度的1/5。

（6）部分消除地基液化沉陷的措施，应符合下列要求：

1）处理深度应使处理后的地基液化指数减少，其值不宜大于5；大面积筏基、箱基的中心区域，处理后的液化指数可比上述规定降低1；对独立基础和条形基础，尚不应小于基础底面下液化土特征深度和基础宽度的较大值。

2）采用振冲或挤密碎石桩加固后，桩间土的标准贯入锤击数不宜小于规范规定。

3）基础边缘以外的处理宽度，应符合规范规定。

4）采用减小液化震陷的其他方法，如增厚上覆非液化土层的厚度和改善周边的排水条件等。

（7）减轻液化影响的基础和上部结构处理，可综合采用下列各项措施：

1）选择合适的基础埋置深度。

2）调整基础底面积，减少基础偏心。

3）加强基础的整体性和刚度，如采用箱基、筏基或钢筋混凝土交叉条形基础，加设基础圈梁等。

4）减轻荷载，增强上部结构的整体刚度和均匀对称性，合理设置沉降缝，避免采用对不均匀沉降敏感的结构形式。

5）管道穿过建筑处应预留足够尺寸或采用柔性接头等。

【要点】

地震时饱和砂土、饱和粉土容易液化，从而导致震害，需要进行液化判别和处理。

应对地基液化的方法：

（1）液化判别。即按《建筑抗震设计规范》GB 50011—2010（2016年版）相关要求，对除6度设防以外的饱和砂土和饱和粉土进行液化判别。

（2）确定液化等级。

（3）根据液化等级和建筑抗震设防类别，选择处理措施。

液化处理措施一般包括地基处理和上部结构加强措施。

例4-5 抗震设计时，全部消除地基液化的措施中，下面哪一项是不正确的？

A 采用桩基，桩端伸入液化土层以下稳定土层中必要的深度

B 采用筏形基础

C 采用加密法，处理至液化深度下界

D 用非液化土替换全部液化土层

解析： 采用筏板、箱基等整体性好的基础对抗液化十分有利，但属于部分消除地基液化措施。

答案： B

规范： 《抗震规范》第4.3.8条、第4.3.7条第1款、第4.3.7条第4款、第4.3.7条第3款。

例 4-6 对抗震设防地区建筑场地液化的叙述，下列何者是错误的？

A 建筑场地存在液化土层对房屋抗震不利

B 6 度抗震设防地区的建筑场地，一般情况下可不进行场地的液化判别

C 饱和砂土与饱和粉土的地基在地震中可能出现液化

D 黏性土地基在地震中可能出现液化

解析：饱和砂土和饱和粉土在地震时易产生液化现象，对房屋抗震不利。黏土和粉质黏土因土粒间有黏性，不易液化。在 6 度区液化对房屋造成的震害比较轻微，故规范规定，饱和砂土和饱和粉土在 6 度时，一般情况下可不进行判别和处理，但对液化沉陷敏感的乙类建筑可按 7 度的要求进行判别和处理。

答案：D

规范：《抗震规范》第 4.3.1 条。

（四）桩基

承受竖向荷载为主的低承台桩基，当地面下无液化土层，且桩承台周围无淤泥、淤泥质土和地基承载力特征值不大于 100kPa 的填土时，下列建筑可不进行桩基抗震承载力验算：

（1）6～8 度时的下列建筑：

1）一般的单层厂房和单层空旷房屋；

2）不超过 8 度且高度在 24m 以下的一般民用框架房屋和框架—抗震墙房屋；

3）基础荷载与 2）项相当的多层框架厂房和多层混凝土抗震墙房屋。

（2）《抗震规范》规定的可不进行上部结构抗震验算的建筑及砌体房屋。

【要点】

◆根据桩基抗震性能一般比同类结构的天然地基要好的宏观经验，规范规定了桩基可不进行抗震验算的范围，见表 4-17。

◆注意与表 4-15 进行比较，区分不同和相似之处。

可不进行桩基抗震承载力验算的建筑 **表 4-17**

序号	设防烈度	结构类型	基本条件
1	6～8 度	一般的单层厂房和单层空旷房屋	承受竖向荷载为主的低承台桩基，当地面下无液化土层，且桩基周围无淤泥、淤泥质土和地基承载力特征值不大于 100kPa 的填土时
2		不超过 8 度且高度在 24m 以下的一般民用框架房屋和框架-抗震房屋	
3		基础荷载与第 2 项相当的多层框架厂房和多层混凝土抗震墙房屋	
4	《抗震规范》规定的可不进行上部结构抗震验算的建筑及砌体结构		

五、地震作用

1. 各类建筑结构的地震作用的相关规定

（1）一般情况下，应至少在建筑结构的两个主轴方向分别计算水平地震作用，各方向的水平地震作用应由该方向的抗侧力构件承担。

（2）有斜交抗侧力构件的结构，当相交角度大于 15°时，应分别计算各抗侧力构件方向的水平地震作用。

（3）质量和刚度分布明显不对称的结构，应计入双向水平地震作用下的扭转影响；其

他情况，应允许采用调整地震作用效应的方法计入扭转影响。

（4）高层建筑中的大跨度、长悬臂结构，7 度（0.15g）、8 度抗震设计时应考虑竖向地震作用。

（5）9 度时及 8、9 度时采用隔震设计的建筑结构，应计算竖向地震作用。

2. 地震作用大小的决定因素

（1）地震烈度的大小，烈度增大一度，地震作用增大一倍。

（2）建筑结构本身的动力特性（本身的自振周期、阻尼），自振周期越小，地震作用越大；自振周期越大，地震作用越小。阻尼小、地震作用大、阻尼大；地震作用小。

（3）建筑物本身的质量，质量越大，地震作用越大；质量越小，地震作用越小。

3. 地震作用下结构的截面抗震验算的相关规定

（1）6 度时的建筑（不规则建筑及建造于Ⅳ类场地上较高的高层建筑除外），以及生土房屋和木结构房屋等，应符合有关的抗震措施要求，但应允许不进行截面抗震验算。

（2）6 度时不规则建筑、建造于Ⅳ类场地上较高的高层建筑，7 度和 7 度以上的建筑结构（生土房屋和木结构房屋等除外），应进行多遇地震作用下的截面抗震验算。

注：采用隔震设计的建筑结构，其抗震验算应符合有关规定。

【要点】

◆ 大跨度和长悬臂结构见表 4-18：

大跨度长悬臂指：9 度和 9 度以上时跨度大于 18m 的屋架和悬挑长度 1.5m 以上的阳台和走廊；7 度（0.15g）和 8 度时跨度大于 24m 的屋架和楼盖结构、跨度大于 8m 的转换结构、悬挑长度大于 2m 的悬挑结构。此类结构震害严重。

注：平面投影尺度很大的大跨空间结构，指跨度大于 120m 或长度大于 300m 或悬臂大于 40m 的结构。

大跨度和长悬臂结构 **表 4-18**

抗震设防烈度	大跨度结构	长悬臂结构	地震作用
8 度	≥24m 屋架	≥2.0m 悬挑阳台和走廊	应计算竖向地震作用
9 度	≥18m 屋架	≥1.5m 悬挑阳台和走廊	
	高层建筑		

◆ 抗震验算规定可概括为表 4-19：

抗震验算规定 **表 4-19**

设防烈度	应进行抗震验算的建筑	允许不进行抗震验算的建筑
6 度时	不规则建筑	除应验算之外的建筑及生土房屋和木结构房屋
	建造于Ⅳ类场地上较高的高层建筑	
7 度和 7 度以上时	大多数建筑结构	生土房屋和木结构房屋

注：1. 允许不进行多遇地震作用下的抗震验算，应符合有关的抗震构造措施。
2. “较高的高层建筑”指高于 40m 的钢筋混凝土框架、高于 60m 的其他钢筋混凝土民用房屋和类似的工业厂房，以及高层钢结构房屋。

4. 多遇地震作用下的抗震变形验算

对于表 4-20 所列各类结构应进行多遇地震作用下的抗震变形验算，其楼层内最大的弹性层间位移角 θ_e 应符合下式要求，并不得大于表 4-21 中的限值。

$$\Delta u_e \leqslant [\theta_e]\ h \tag{4-4}$$

式中　Δu_e——多遇地震作用标准值产生的楼层内最大弹性层间位移；

$[\theta_e]$——弹性层间位移角限值，宜按表4-20采用；

h——计算楼层层高。

弹性层间位移角限值　表4-20

结构类型	$[\theta_e]$
钢筋混凝土框架	1/550
钢筋混凝土框架—抗震墙、板柱—抗震墙、框架—核心筒	1/800
钢筋混凝土抗震墙、筒中筒	1/1000
钢筋混凝土框支层	1/1000
多、高层钢结构	1/250

5. 结构在罕遇地震作用下薄弱层的弹塑性变形验算

结构薄弱层（部位）弹塑性层间位移应符合下式及表4-21的限值要求：

$$\Delta u_p \leqslant [\theta_p]\ h \tag{4-5}$$

式中　Δu_p——弹塑性层间位移；

$[\theta_p]$——弹塑性层间位移角限值，宜按表4-22采用；

h——薄弱层楼层高度或单层厂房上柱高度。

钢筋混凝土房屋适用的最大高度（m）　表4-21

结构类型		烈度				
		6	7	8（0.2g）	8（0.3g）	9
框架		60	50	40	35	24
框架—抗震墙		130	120	100	80	50
抗震墙		140	120	100	80	60
部分框支抗震墙		120	100	80	50	不应采用
筒体	框架—核心筒	150	130	100	90	70
	筒中筒	180	150	120	100	80
板柱—抗震墙		80	70	55	40	不应采用

注：1. 房屋高度指室外地面到主要屋面板板顶的高度（不包括局部突出屋顶部分）；
2. 框架—核心筒结构指周边稀柱框架与核心筒组成的结构；
3. 部分框支抗震墙结构指首层或底部两层为框支层的结构，不包括仅个别框支墙的情况；
4. 表中框架，不包括异形柱框架；
5. 板柱—抗震墙结构指板柱、框架和抗震墙组成抗侧力体系的结构；
6. 乙类建筑可按本地区抗震设防烈度确定其适用的最大高度；
7. 超过表内高度的房屋，应进行专门研究和论证，采取有效的加强措施。

弹塑性层间位移角限值　表4-22

结构类型	$[\theta_p]$
单层钢筋混凝土柱排架	1/30
钢筋混凝土框架	1/50
底部框架砌体房屋中的框架—抗震墙	1/100
钢筋混凝土框架—抗震墙、板柱—抗震墙、框架—核心筒	1/100
钢筋混凝土抗震墙、筒中筒	1/120
多、高层钢结构	1/50

【要点】

◆采用层间位移角作为衡量结构变形能力从而判别是否满足建筑功能要求的指标。

◆对各类钢筋混凝土结构和钢结构要求进行多遇地震作用下的弹性变形验算，实现第一水准的设防要求。弹性变形验算属于正常使用极限状态的验算。

◆在罕遇地震作用下，结构要进入弹塑性变形状态。判别薄弱层部位和验算薄弱层的弹塑性变形，其目的是实现第二阶段抗震设计“大震不倒”的设防目标。

◆钢结构在构件稳定有保证时具有较好的延性，弹塑性层间位移角限值可适当放宽至1/50。

例 4-7 某钢筋混凝土框架，为减小结构的水平地震作用，下列措施错误的是：

A 采用轻质隔墙　　B 砌体填充墙与框架主体采用柔性连接

C 加设支撑　　D 设置隔震支座

解析： 结构的水平抗震作用与结构刚度成正比关系，对柔性连接的建筑构件，可不计入刚度；设置隔震支座可减小结构的水平地震作用；采用轻质隔墙不会增大结构刚度，但会减小结构的质量；加设支撑的措施会加大结构的刚度，增大水平地震作用。

答案： C

规范：《抗震规范》第 13.2.1 条第 2 款。

注：对嵌入抗侧力构件平面内的刚性建筑非结构构件，应计入其刚度影响。

第二节　建筑结构抗震设计

一、多层钢筋混凝土房屋

（一）一般规定

（1）本部分适用的现浇钢筋混凝土房屋的结构类型和最大高度应符合表 4-21 的要求。**平面和竖向均不规则的结构，适用的最大高度应适当降低。**

注：本节的“抗震墙”指结构抗侧力体系中的钢筋混凝土剪力墙，不包括只承担重力荷载的混凝土墙。

例 4-8 根据现行《建筑抗震设计规范》，确定现浇钢筋混凝土房屋适用的最大高度与下列哪项因素无关？

A 抗震设防烈度　　B 设计地震分组

C 结构类型　　D 结构平面和竖向的规则情况

解析： 现浇钢筋混凝土房屋的最大适用高度与抗震设防烈度和结构类型有关；设计地震分组是体现震级和震中距影响的参数，与房屋适用高度无关；平面和竖向均不规则的结构，适用的最大高度宜适当降低。

答案： B

规范：《抗震规范》第 6.1.1 条表 6.1.1。

【要点】

◆钢筋混凝土房屋的抗震等级是重要的设计参数，应根据设防类别、结构类型、烈度和房屋高度四个因素确定。

◆抗震等级的划分，体现了抗震设防类别、结构类型、烈度不同时或同一烈度但高度不同时，钢筋混凝土房屋结构的延性要求不同，以及同一种构件在不同结构类型中的延性要求的不同。

◆甲、乙类建筑应按本地区抗震设防烈度提高一度的要求加强抗震措施，但抗震设防烈度9度时应按比9度更高的要求采取抗震措施。

(2) 钢筋混凝土房屋抗震等级的确定，尚应符合下列要求：

1）设置少量抗震墙的框架结构

在规定的水平力作用下，底层框架部分所承担的地震倾覆力矩大于结构总地震倾覆力矩的50%时，其框架的抗震等级应按框架结构确定，抗震墙的抗震等级可与其框架的抗震等级相同。

注：底层指计算嵌固端所在的层。

2）裙房抗震等级

裙房与主楼相连时，除应按裙房本身确定抗震等级外，相关范围不应低于主楼的抗震等级；主楼结构在裙房顶板对应的相邻上下各一层应适当加强抗震构造措施。裙房与主楼分离时，应按裙房本身确定抗震等级。

3）地下室顶板

当地下室顶板作为上部结构的嵌固部位时，地下一层的抗震等级应与上部结构相同，地下一层以下抗震构造措施的抗震等级可逐层降低一级，但不应低于四级。地下室中无上部结构的部分，抗震构造措施的抗震等级可根据具体情况采用三级或四级。

4）当甲乙类建筑按规定提高一度确定其抗震等级而房屋高度超过表4-21相应规定的上限时，应采取比一级更有效的抗震构造措施。

(3) 钢筋混凝土房屋需要设置防震缝时，应符合下列规定：

1）防震缝宽度应分别符合下列要求：

① 框架结构（包括设置少量抗震墙的框架结构）房屋的防震缝宽度，当高度不超过15m时不应小于100mm；高度超过15m时，6度、7度、8度和9度分别每增加高度5m、4m、3m和2m，宜加宽20mm；

② 框架-抗震墙结构房屋的防震缝宽度不应小于第1）条规定数值的70%，抗震墙结构房屋的防震缝宽度不应小于第1）条规定数值的50%；且均不宜小于100mm；

③ 防震缝两侧结构类型不同时，宜按需要较宽防震缝的结构类型和较低房屋高度确定缝宽。

2）8、9度框架结构房屋防震缝两侧结构层高相差较大时，防震缝两侧框架柱的箍筋应沿房屋全高加密，并可根据需要在缝两侧沿房屋全高各设置不少于两道垂直于防震缝的抗撞墙，通过抗撞墙的损坏减少防震缝两侧碰撞时框架的破坏。

(4) 框架、抗震墙应双向设置及对单跨框架结构的规定

框架结构和框架-抗震墙结构中，框架和抗震墙均应双向设置，柱中线与抗震墙中线、梁中线与柱中线之间偏心距大于柱宽的1/4时，应计入偏心的影响。

甲、乙类建筑以及高度大于 24m 的丙类建筑，不应采用单跨框架结构；高度不大于 24m 的丙类建筑不宜采用单跨框架结构。

(5) 楼屋盖的长宽比或剪力墙间距限值

框架-抗震墙、板柱-抗震墙结构以及框支层中，抗震墙之间无大洞口的楼、屋盖的长宽比或剪力墙间距，不宜超过表 4-23 或表 4-24（高层混凝土结构）的规定；超过时，应计入楼盖平面内变形的影响。

抗震墙之间楼屋盖的长宽比 **表 4-23**

楼、屋盖类型		设防烈度			
		6	7	8	9
框架—抗震墙结构	现浇或叠合楼、屋盖	4	4	3	2
	装配整体式楼、屋盖	3	3	2	不宜采用
板柱—抗震墙结构的现浇楼、屋盖		3	3	2	—
框支层的现浇楼、屋盖		2.5	2.5	2	—

剪力墙间距（m） **表 4-24**

楼盖形式	非抗震设计（取较小值）	抗震设防烈度		
		6 度、7 度（取较小值）	8 度（取较小值）	9 度（取较小值）
现　浇	5.0B，60	4.0B，50	3.0B，40	2.0B，30
装配整体	3.5B，50	3.0B，40	2.5B，30	—

注：1. 表中 B 为剪力墙之间的楼盖宽度（m）；

2. 装配整体式楼盖的现浇层应符合《高层混凝土规程》第 3.6.2 条的有关规定；

3. 现浇层厚度大于 60mm 的叠合楼板可作为现浇板考虑；

4. 当房屋端部未布置剪力墙时，第一片剪力墙与房屋端部的距离，不宜大于表中剪力墙间距的 1/2。

【要点】 楼、屋盖平面内的变形，会影响楼层水平地震剪力的作用，为使楼、屋盖具有传递水平地震剪力的刚度，在不同烈度下抗震墙之间不同类型楼、屋盖的长宽比有限值要求。

例 4-9 钢筋混凝土框架-剪力墙结构在 8 度抗震设计中，剪力墙的间距取值：

A 与楼面宽度成正比　　B 与楼面宽度成反比

C 与楼面宽度无关　　D 与楼面宽度有关，且不超过规定限值

解析： 对钢筋混凝土框-剪结构**剪力墙的间距取值与楼盖形式、抗震设防烈度及剪力墙间距之间的楼盖宽度有关，同时还应满足剪力墙间距的限值。**

答案： D

规范：《抗震规范》第 6.1.6 条表 6.1.6 及《高层混凝土规程》第 8.1.8 条表 8.1.8。

(6) 装配整体式楼、屋盖的可靠连接

采用装配整体式楼、屋盖时，应采取措施保证楼、屋盖的整体性及其与抗震墙的可靠连接。装配整体式楼、屋盖采用配筋现浇面层加强时，其厚度不应小于 50mm。

(7) 剪力墙（高层混凝土结构）设置的基本要求

1）平面布置宜简单、规则，宜沿两个主轴方向或其他方向双向布置，两个方向的侧向刚度不宜相差过大。抗震设计时，不应采用仅单向有墙的结构布置。

2）宜自下至上连续布置，避免刚度突变。

3）门窗洞口宜上下对齐、成列布置，形成明确的墙肢和连梁；宜避免造成墙肢宽度相差悬殊的洞口设置。抗震设计时，一、二、三级剪力墙的底部加强部位不宜采用上下洞口不对齐的错洞墙，全高均不宜采用洞口局部重叠的叠合错洞墙。

4）剪力墙不宜过长，较长剪力墙宜设置跨高比较大的连梁，将其分成长度较均匀的若干墙段，各墙段的高度与墙段长度之比不宜小于3，墙段长度不宜大于8。

5）抗震墙的两端（不包括洞口两侧）宜设置端柱或与另一方向的抗震墙相连；框支部分落地墙的两端（不包括洞口两侧）应设置端柱或与另一方向的抗震墙相连，框支结构示意图4-7。

6）楼梯间宜设置剪力墙，但不宜造成较大的扭转效应。

注：不同结构的抗震墙设置要求详见《抗震规范》第6.1.8、6.1.9条。

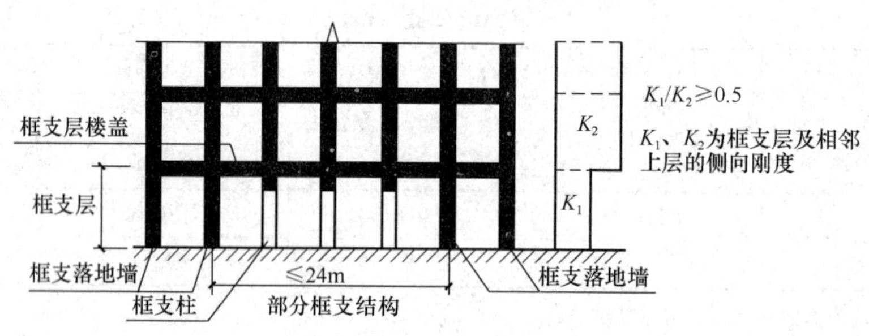

图4-7 框支结构示意图

(8) 抗震墙底部加强部位的范围应符合下列规定：

1）底部加强部位的高度，应从地下室顶板算起。

2）部分框支抗震墙结构的抗震墙，其底部加强部位的高度，可取框支层加框支层以上两层的高度及落地抗震墙总高度的1/10二者的较大值。

其他结构的抗震墙，房屋高度大于24m时，底部加强部位的高度可取底部两层和墙体总高度的1/10二者的较大值；房屋高度不大于24m时，底部加强部位可取底部一层。

3）当结构计算嵌固端位于地下一层的底板或以下时，底部加强部位尚宜向下延伸到计算嵌固端。

(9) 框架单独柱基有下列情况之一时，宜沿两个主轴方向设置基础系梁：

1）一级框架和Ⅳ类场地的二级框架；

2）各柱基础底面在重力荷载代表值作用下的压应力差别较大；

3）基础埋置较深，或各基础埋置深度差别较大；

4）地基主要受力层范围内存在软弱黏性土层、液化土层和严重不均匀土层；

5）桩基承台之间。

(10) 抗震墙基础的设置要求：

框架—抗震墙结构、板柱—抗震墙结构中的抗震墙基础和部分框支抗震墙结构的落地，抗震墙基础，应有良好的整体性和抗转动的能力。

(11) 主楼与裙房相连且采用天然地基，除应符合第一节四、(二)（天然地基和基础）的4条规定外，在多遇地震作用下，主楼基础底面尚不宜出现零应力区。

(12) 地下室顶板作为上部结构的嵌固部位时，应符合下列要求：

1）地下室顶板应避免开设大洞口；地下室在地上结构相关范围的顶板应采用现浇梁板结构，相关范围以外的地下室顶板宜采用现浇梁板结构；其楼板厚度不宜小于180mm，混凝土强度等级不宜小于C30，应采用双层双向配筋，且每层每个方向的配筋率不宜小于0.25%。

2）结构地上一层的侧向刚度，不宜大于相应范围地下一层侧向刚度的0.5倍；地下室周边宜有与其顶板相连的抗震墙。

(13) 楼梯间应符合下列要求：

1）宜采用现浇钢筋混凝土楼梯。

2）对于框架结构，楼梯间的布置不应导致结构平面特别不规则；楼梯构件与主体结构整浇时，应计入楼梯构件对地震作用及其效应的影响，应进行楼梯构件的抗震承载力验算；宜采取构造措施，减少楼梯构件对主体结构刚度的影响。

3）楼梯间两侧填充墙与柱之间应加强拉结。

(14) 框架的填充墙应符合本节非结构构件的规定。

(15) 高强混凝土结构抗震设计应符合《抗震规范》附录B的规定。

(16) 预应力混凝土结构抗震设计应符合《抗震规范》附录C的规定。

【要点】

◆抗震墙是主要抗侧力构件，是抗震作用下的主要耗能构件。其竖向布置应连续，防止刚度和承载力突变，要求抗震墙的两端（不包括洞口两侧）宜设置端柱，或与另一方向的抗震墙相连互为翼墙。

◆抗震墙的长度与高宽比要求如下：

—墙段长度不宜大于8m。大于8m时，较长的抗震墙吸收较多的地震作用。地震时，一旦长墙肢破坏，则其他墙肢难以承担。

—细高的抗震墙容易设计成弯曲破坏的延性抗震墙，从而可以避免墙的剪切脆性破坏，所以要求各墙段的高宽比不宜小于3。

◆实际工程中对较长剪力墙可通过开设施工洞的方式设置跨高比较大的连梁，将其分成长度较小、较为均匀的联肢墙。

◆对于开洞的抗震墙即联肢墙，连梁是连接各墙肢协同工作的关键构件。作为联肢抗震墙的第一道防线，抗震设计时按"强墙肢、弱连梁"的设计原则，使连梁屈服先于墙肢；按"强剪弱弯"原则使梁端出现弯曲屈服塑性铰，以耗散地震能量，具有较大的延性。

(二) 框架结构的一般要求和基本抗震构造措施

(1) 结构布置的一般要求

1）框架结构应设计成双向梁柱抗侧力体系。主体结构除个别部位外，不应采用铰接，并不应采用单跨框架。

2）框架结构填充墙及隔墙宜选用轻质墙体。如采用砌体填充墙，其布置应符合以下规定：

① 避免形成上、下层刚度变化过大。

② 避免形成短柱。

③ 减少因抗侧刚度偏心而造成的结构扭转。

3）框架结构的楼梯间应符合下列规定：

① 楼梯间的布置应尽量减小其造成的结构平面不规则。

② 宜采用现浇钢筋混凝土楼梯，楼梯结构应有足够的抗倒塌能力。

③ 宜采取措施减小楼梯对主体结构的影响。

④ 当钢筋混凝土楼梯与主体结构整体连接时，应考虑楼梯对地震作用及其效应的影响，并应对楼梯构件进行抗震承载力验算。

4）框架结构的砌体填充墙及隔墙应具有自身稳定性，砌体的砂浆强度等级及砌块的强度等级应符合《建筑抗震设计规范》GB 50011—2010（2016 年版）的要求，还应符合以下规定：

① 砌体填充墙及隔墙的墙顶应与框架梁或楼板密切结合。

② 砌体填充墙应沿框架柱全高每隔 500mm 左右设置 2 根直径 6mm 的拉筋，6 度时拉筋宜沿墙全长贯通，7、8、9 度时拉筋应沿墙全长贯通。

③ 墙长大于 5m 时，墙顶与梁（板）宜有钢筋拉结；墙长大于 8m 或层高的 2 倍时，宜设置间距不大于 4m 的钢筋混凝土构造柱；墙高超过 4m 时，墙体半高处（或门洞上皮）宜设置于柱连接且沿全长贯通的钢筋混凝土水平系梁。

④ 楼梯间采用砌体填充墙时，应设置间距不大于层高且不大于 4m 的钢筋混凝土构造柱，并应采用钢丝网砂浆面层加强。

5）框架结构不应采用部分由砌体墙承重的混合形式。框架结构中的楼、电梯间及局部突出屋顶的电梯机房、楼梯间、水箱间等，应采用框架承重，不应采用砌体墙承重。

6）框架梁、柱中心线宜重合。当梁柱中心线不能重合时，在计算中应考虑偏心对梁柱节点核心区受力和构造的不利影响，以及梁荷载对柱的偏心影响。梁、柱中心线之间的偏心距，9 度时不应大于柱截面在该方向宽度的 1/4；6～8 度时不宜大于柱截面在该方向宽度的 1/4，如偏心距不满足上述要求，可采取增设梁水平加腋等措施。详见图 4-8，并应满足下列要求：

$$b_x/l_x \leqslant 1/2$$

$$b_x/b_b \leqslant 2/3$$

$$b_b + b_x + x \geqslant b_c/2$$

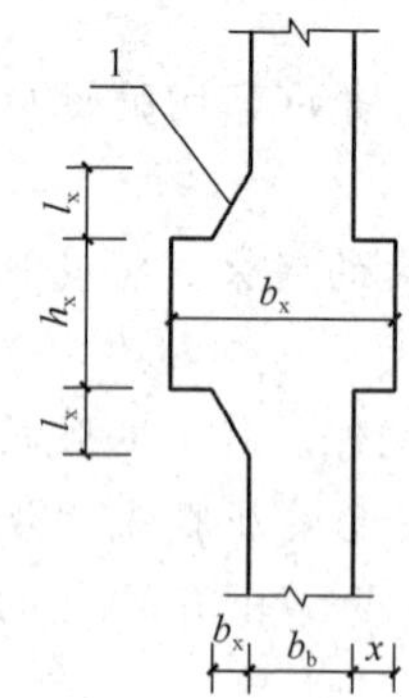

图 4-8　水平加腋梁
1—梁水平加腋

（2）梁的截面尺寸

1）框架梁宜符合下列各项要求：

截面宽度不宜小于 200mm；高层建筑结构主梁截面高度可按计算跨度的 1/18～1/10 确定；截面高宽比不宜大于 4；净跨与截面高度之比不宜小于 4。

2）梁宽大于柱宽的扁梁应符合下列要求：

采用扁梁的楼、屋盖应现浇，梁中线宜与柱中线重合，扁梁应双向布置。扁梁不宜用于一级框架结构。

（3）柱的截面尺寸，宜符合下列各项要求：

1）截面的宽度和高度，四级或不超过2层时不宜小于300mm，一、二、三级且超过2层时不宜小于400mm；圆柱的直径，四级或不超过2层时不宜小于350mm，一、二、三级且超过2层时不宜小于450mm。

2）剪跨比$\lambda=M/(V\cdot h_0)$宜大于2。

3）截面长边与短边的边长比不宜大于3。

（4）柱轴压比不宜超过表4-25的规定；建造于Ⅳ类场地且较高的高层建筑，柱轴压比限值应适当减小。

柱轴压比限值 **表4-25**

结构类型	抗震等级			
	一	二	三	四
框架结构	0.65	0.75	0.85	0.90
框架—抗震墙，板柱—抗震墙、框架—核心筒及筒中筒	0.75	0.85	0.90	0.95
部分框支抗震墙	0.6	0.7	—	

注：轴压比指柱组合的轴压力设计值与柱的全截面面积和混凝土轴心抗压强度设计值乘积之比值。

【要点】

◆单跨框架结构冗余度低，地震破坏严重，不应采用。

◆应区分单跨框架和单跨框架结构，结构中某局部为单跨框架时，不是单跨框架结构，并且不包含框架-剪力墙结构中的单跨框架。

◆框架结构与砌体结构的侧向刚度、变形能力、承载能力、设计标准等均有很大差异，在同一建筑中混用，对结构抗震会产生十分不利的影响，将造成严重的破坏，故不应采用。

◆合理控制混凝土结构构件的尺寸是规范的基本要求之一：

—梁的截面尺寸，应综合考虑建筑功能及整个框架结构中梁、柱的相互关系；在各项满足规范要求的前提下，适当减小框架梁的高度；

—控制柱的最小截面尺寸不能过小，有利于实现强柱弱梁、强剪弱弯的设计目标，提高框架结构的抗震性能。

◆轴压比限值，对建筑师来讲，掌握轴压比的概念比记住具体限值更重要。

限制框架柱的轴压比主要是为了保证柱的塑性变形能力和保证框架的抗倒塌能力，非抗震设计的柱子不受轴压比限制。剪力墙同样有轴压比要求。

（三）抗震墙结构的一般要求和基本抗震构造措施

（1）结构布置的一般要求

1）剪力墙结构应具有适宜的侧向刚度，其布置应符合下列规定：

① 平面布置宜简单、规则，宜沿两个主轴方向或其他方向双向布置，两个方向的侧向刚度不宜相差过大。不应采用仅单项有墙的结构布置。

② 宜自下到上连续布置，避免刚度突变。

③ 门窗洞口宜上下对齐、成列布置，形成明确的墙肢和连梁；宜避免造成墙肢宽度相差悬殊的洞口设置；一、二、三级剪力墙的底部加强部位不宜采用上下洞口不对齐的错

洞墙，全高均不宜采用洞口局部重叠的叠合错洞墙。

2）剪力墙不宜过长，较长剪力墙宜设置跨高比较大的连梁将其分成长度较均匀的若干墙段，各墙段的高度与墙段长度之比不宜小于3，墙段长度不宜大于8m。

3）剪力墙底部加强部位的范围，应符合下列规定：

① 底部加强部位的高度，应从地下室顶板算起；

② 底部加强部位的高度可取底部两层和墙体总高度的1/10二者的较大值；

③ 当结构计算嵌固端位于地下一层底板或以下时，底部加强部位宜延伸到计算嵌固端。

4）楼面梁不宜支承在剪力墙或核心筒的连梁上。

5）当剪力墙或核心筒墙肢与其平面外相交的楼面梁刚接时，可沿楼面梁轴线方向设置与梁相连的剪力墙、扶壁柱或在墙内设置暗柱，并应符合下列规定：

① 设置沿楼面梁轴线方向与梁相连的剪力墙时，墙的厚度不宜小于梁的截面宽度；

② 设置扶壁柱时，其截面宽度不应小于梁宽，其截面高度可计入墙厚；

③ 墙内设置暗柱时，暗柱的截面高度可取墙的厚度，暗柱的截面宽度可取梁宽加2倍墙厚；

④ 楼面梁的水平钢筋应伸入剪力墙或扶壁柱，伸入长度应符合钢筋锚固要求。钢筋锚固段的水平投影长度不宜小于$0.4l_{abE}$。

6）高层建筑结构不应全部采用短肢剪力墙；B级高度高层建筑以及抗震设防烈度为9度的A级高度高层建筑，不宜布置短肢剪力墙，不应采用具有较多短肢剪力墙的剪力墙结构。

（2）抗震墙的厚度

1）抗震墙的厚度

一、二级不应小于160mm且不宜小于层高或无支长度的1/20；三、四级不应小于140mm且不宜小于层高或无支长度的1/25；

无端柱或翼墙时，一、二级不宜小于层高或无支长度的1/16；三、四级不宜小于层高或无支长度的1/20。

2）底部加强部位的墙厚

一、二级不应小于200mm且不宜小于层高或无支长度的1/16；三、四级不应小于160mm且不宜小于层高或无支长度的1/20；

无端柱或翼墙时，一、二级不宜小于层高或无支长度的1/12，三、四级不宜小于层高或无支长度的1/16。

抗震墙厚度要求见表4-26，可据此了解抗震墙厚度的影响因素与最小厚度要求。

抗震墙最小厚度（mm） **表4-26**

抗震墙部位	抗震等级	抗震墙最小厚度及与层高或无支长度的关系		
		最小厚度	端部有端柱或翼墙	端部无端柱或翼墙
一般部位	一、二级	160	$l/20$	$l/16$
	三、四级	140	$l/25$	$l/20$
底部加强部位	一、二级	200	$l/16$	$l/12$
	三、四级	160	$l/20$	$l/16$

注：“l”为层高或抗震墙的无支长度，指沿抗震墙长度方向外两道有效横向支撑墙之间的长度。

(3) 抗震墙肢的轴压比

一、二、三级抗震墙在重力荷载代表值作用下墙肢的轴压比，一级时，9 度不宜大于 0.4，6、7、8 度不宜大于 0.5；二、三级时不宜大于 0.6。

(4) 抗震墙两端和洞口两侧应设置边缘构件，边缘构件包括暗柱、端柱和翼墙，并应符合规范要求。

(5) 抗震墙的墙肢长度不大于墙厚的 3 倍时，应按柱的有关要求进行设计；矩形墙肢的厚度不大于 300mm 时，尚宜全高加密箍筋。

(6) 跨高比较小的高连梁，可设水平缝形成双连梁、多连梁或采取其他加强受剪承载力的构造。顶层连梁的纵向钢筋伸入墙体的锚固长度范围内，应设置箍筋。

【要点】

◆抗震墙，包括抗震墙结构、框架-抗震墙结构、板柱-抗震墙结构及筒体结构中的抗震墙，是这些结构体系的主要抗侧力构件，具有“大震不倒”及震后易于修复的特点。

◆设置边缘约束构件的根本目的在于对抗震墙提供约束作用，因此有边缘构件约束的抗震墙与无边缘构件约束的抗震墙相比，极限承载力约提高 40%、极限层间位移角约增加一倍，对地震能量的消耗能力增大 20%左右，且有利于墙板的稳定。

◆对框支结构，抗震墙的底部加强部位受力很大，抗震要求应加强。

◆短肢剪力墙是指截面厚度不大于 300mm，各肢截面高度与厚度之比的最大值大于 4 但不大于 8 的抗震墙。注意抗震设计时，高层建筑结构不应全部采用短肢剪力墙。

◆特别注意，剪力墙结构应避免单向布置剪力墙，并宜使两个方向刚度接近。

◆剪力墙洞口的布置，会明显影响剪力墙的力学性能。规则开洞，洞口成列、成排布置，能形成明确的墙肢和连梁，应力分布较规则，又与当前普遍应用程序的计算简图较为符合，设计计算结果安全可靠。

◆错洞剪力墙和叠合错洞剪力墙的应力分布复杂，计算和构造都比较复杂和困难。

◆剪力墙底部加强部位是塑性铰出现及保证剪力墙安全的重要部位，一、二和三级剪力墙的底部加强部位不宜采用错洞布置，如无法避免，应控制错洞墙洞口的水平距离不小于 2m，并在设计时进行仔细计算分析，在洞口周边采取有效构造措施。

例 4-10 抗震设计的钢筋混凝土剪力墙结构中，在地震作用下的主要耗能构件为下列何项？

A 一般剪力墙　　B 短肢剪力墙　　C 连梁　　D 楼板

解析：抗震设计时，钢筋混凝土剪力墙结构体系中主要抗侧力构件是抗震墙，在剪力墙结构中连梁是抗震的第一道防线，是主要耗能构件，是弱构件。还应注意，框架—抗震墙结构体系中，相对于框架，抗震墙是第一道防线。

答案：C

(四) 框架—抗震墙结构的一般要求和基本抗震构造措施

框架—抗震墙结构是具有多道防线的抗震结构系统，抗震墙作为框架—抗震墙结构体系第一道防线的主要抗侧力构件，需要比一般的抗震墙有所加强。框架—抗震墙结构应设计成双向抗侧力体系，结构两主轴方向均应布置剪力墙。

(1) 结构布置的一般要求

1）框架-剪力墙结构可采用下列形式：

① 框架与剪力墙（单片墙、联肢墙或较小井筒）分开布置；

② 在框架结构的若干跨内嵌入剪力墙（带边框剪力墙）；

③ 在单片抗侧力结构内连续分别布置框架和剪力墙；

④ 上述两种或三种形式的混合。

2）框架-剪力墙结构应设计成双向抗侧力体系；抗震设计时，结构两主轴方向均应布置剪力墙。

3）框架-剪力墙结构中，主体结构构件之间除个别节点外不应采用铰接；梁与柱或柱与剪力墙的中线宜重合；框架梁、柱中心线之间有偏离时，应符合前述框架结构的有关规定。

4）框架-剪力墙结构中剪力墙的布置宜符合下列规定：

① 剪力墙宜均匀布置在建筑物的周边附近、楼梯间、电梯间、平面形状变化及恒载较大的部位，剪力墙间距不宜过大；

② 平面形状凹凸较大时，宜在凸出部分的端部附近布置剪力墙；

③ 纵、横剪力墙宜组成 L 形、T 形和[形等形式；

④ 单片剪力墙底部承担的水平剪力不应超过结构底部总水平剪力的 30％；

⑤ 剪力墙宜贯通建筑物的全高，宜避免刚度突变；剪力墙开洞时，洞口宜上下对齐；

⑥ 楼、电梯间等竖井宜尽量与靠近的抗侧力结构结合布置；

⑦ 剪力墙的布置宜使结构各主轴方向的侧向刚度接近。

5）长矩形平面或平面有一部分较长的建筑中，其剪力墙的布置尚宜符合下列规定：

① 横向剪力墙沿长方向的间距宜满足表 4-23 的要求，当这些剪力墙之间的楼盖有较大开洞时，剪力墙的间距应适当减小；

② 纵向剪力墙不宜集中布置在房屋的两尽端。

（2）框架—抗震墙结构的抗震墙厚度和边框设置

1）抗震墙的厚度不应小于 160mm 且不宜小于层高或无支长度的 1/20，底部加强部位的抗震墙厚度不应小于 200mm 且不宜小于层高或无支长度的 1/16。

2）有端柱时，墙体在楼盖处宜设置暗梁，暗梁的截面高度不宜小于墙厚和 400mm 的较大值；端柱截面宜与同层框架柱相同，并应满足上述（二）对框架柱的要求。

（3）抗震墙的竖向和横向分布钢筋，应双排布置，双排分布钢筋间应设置拉筋。

（4）楼面梁与抗震墙平面外连接时，不宜支承在洞口连梁上；沿梁轴线方向宜设置与梁连接的抗震墙，梁的纵筋应锚固在墙内；也可在支承梁的位置设置扶壁柱或暗柱，并应按计算确定其截面尺寸和配筋。

（5）框架—抗震墙结构的其他抗震构造措施，应符合上述（二）（框架）及（三）（抗震墙结构）的相关要求。

注：设置少量抗震墙的框架结构，其抗震墙的抗震构造措施，可仍按上述（三）对抗震墙的规定执行。

【要点】

◆框架-剪力墙结构由框架和剪力墙组成，其组成形式较灵活，设计时可根据工程具体情况，选择适当的组成形式。

◆框架-剪力墙结构中墙体是第一道方向，在设防地震、罕遇地震下先于框架破坏，框架部分按侧向刚度分配的剪力加大，需要对框架承担的剪力予以调整，以保证其作为第二道防线抗侧力能力。

◆框架-剪力墙结构时框架和剪力墙共同承担竖向和水平作用的结构体系，布置适量的剪力墙是其基本特点，在结构两个主轴方向均应布置剪力墙，宜体现多道防线的要求。

◆长矩形平面如横向剪力墙间距过大，在侧向力作用下，楼板平面不能保证刚性，而增加框架的负担，故对剪力墙的最大间距作出规定。当剪力墙之间有较大开洞是，对楼盖平面刚度有削弱，此时剪力墙的间距宜再减小。

◆长矩形平面中纵向剪力墙布置在尽端时，会造成楼盖两端的约束作用，楼盖中部的梁板容易应混凝土收缩和温度变化而出现裂缝，故宜避免。

（五）板柱—抗震墙结构抗震设计要求

（1）板柱—抗震墙结构的抗震墙，其抗震构造措施应符合本节规定，尚应符合（四）（框架—抗震墙）的有关规定；柱（包括抗震墙端柱）和梁的抗震构造措施应符合（二）（框架）的有关规定。

（2）板柱—抗震墙的结构布置，尚应符合下列要求：

1）抗震墙厚度不应小于 180mm，且不宜小于层高或无支长度的 1/20；房屋高度大于 12m 时，墙厚不应小于 200mm。

2）房屋的周边应采用有梁框架，楼、电梯洞口周边宜设置边框梁。

3）8 度时宜采用有托板或柱帽的板柱节点，托板或柱帽根部的厚度（包括板厚）不宜小于柱纵筋直径的 16 倍，托板或柱帽的边长不宜小于 4 倍板厚和柱截面对应边长之和。

4）房屋的地下一层顶板，宜采用梁板结构。

（3）板柱—抗震墙结构的板柱节点应进行冲切承载力的抗震验算。

（4）板柱—抗震墙结构的板柱节点构造应符合下列要求：

1）无柱帽平板应在柱上板带中设构造暗梁。

2）板柱节点应根据抗冲切承载力要求，配置抗剪栓钉或抗冲切钢筋。

【要点】

◆板柱—抗震墙结构系指楼层平面除周边框架柱间有梁，楼梯间有梁，内部多数柱之间不设梁，主要抗侧力结构为抗震墙或核心筒。

◆应优先考虑采用有托板或柱帽的板柱节点，有利于提高结构承受竖向荷载的能力并改善结构的抗震性能。

◆板柱节点应进行冲切承载力的抗震验算，抗剪栓钉的抗冲切效果优于抗冲切钢筋。

（六）筒体结构抗震设计要求

筒体结构包括框架—核心筒结构及筒中筒结构。

（1）框架—核心筒结构应符合下列要求：

1）核心筒与框架之间的楼盖宜采用梁板体系；部分楼层采用平板体系时应有加强措施。

2）加强层的设置应符合下列规定：

① 9 度时不应采用加强层；

② 加强层的大梁或桁架应与核心筒内的墙肢贯通；大梁或桁架与周边框架柱的连接

宜采用铰接或半刚性连接；

③ 结构整体分析应计入加强层变形的影响；

④ 施工程序及连接构造，应采取措施减小结构竖向温度变形及轴向压缩对加强层的影响。

（2）框架-核心筒结构的核心筒、筒中筒结构的内筒，其抗震墙除应符合上述（三）（抗震墙）的有关规定外，尚应符合下列要求：

1）抗震墙的厚度、竖向和横向分布钢筋应符合上述（四）（框架-抗震墙）的规定；筒体底部加强部位及相邻上一层，当侧向刚度无突变时，不宜改变墙体厚度。

2）框架-核心筒结构一、二级筒体角部的边缘构件宜按下列要求加强：

底部加强部位，约束边缘构件范围内宜全部采用箍筋，且约束边缘构件沿墙肢的长度宜取墙肢截面高度的 1/4；底部加强部位以上的全高范围内宜按转角墙的要求设置约束边缘构件。

3）内筒的门洞不宜靠近转角。

（3）楼面大梁不宜支承在内筒连梁上，楼面大梁与内筒或核心筒墙体平面外连接时，应符合上述（四）第 3 条的规定。

（4）跨高比小的连梁，可采用斜向交叉暗柱配筋，这可以改善其抗剪性能。

（5）筒体结构转换层的抗震设计应符合《抗震规范》附录 E 第 E. 2 节的规定。

二、多层砌体房屋和底部框架砌体房屋

砌体结构指普通砖（包括烧结、蒸压、混凝土普通砖）、多孔砖（包括烧结、混凝土多孔砖）和混凝土小型空心砌块等砌体承重的多层房屋，底层或底部两层框架-抗震墙砌体房屋。

（一）多层砌体房屋的震害特点

砌体结构是由砖或砌块砌筑而成的，材料呈脆性性质，其抗剪、抗拉和抗弯强度较低，所以抗震性能较差，在强烈地震作用下，破坏率较高，破坏的主要部位是墙身和构件间连接处，主要破坏特点如下：

（1）在水平地震作用下，与水平地震作用方向平行的墙体是主要承担地震作用的构件，这时墙体将因主拉应力强度不足而发生剪切破坏，出现 45°对角线裂缝，在地震反复作用下造成 X 形交叉裂缝，这种裂缝表现在砌体房屋上是下部重，上部轻；房屋的层数越多，破坏越重；横墙越少，破坏越重；墙体砂浆强度等级越低，破坏越重；层高越高，破坏越重；墙段长短不均匀布置时，破坏也多。

（2）墙体转角处及内外墙连接处的破坏

墙体转角或连接处，刚度大，应力集中，易破坏，尤其是四大阳角处，还受到扭转的影响，更容易发生破坏。内外墙连接处，有时由于内外墙分开砌筑或留直槎等原因，地震时造成外纵墙外闪、倒塌。

（3）楼盖的破坏

砌体结构中有相当多的楼板采用预制板，当楼板的搁置长度较小或无可靠拉结时，在强烈地震作用下很容易造成楼板塌落，并造成墙体倒塌。

（4）突出屋面的屋顶间等附属结构破坏

在砌体房屋中，突出屋顶的水箱间，楼电梯间及烟囱、女儿墙等附属结构，由于地震作用的鞭端效应，一般破坏较重；尤其女儿墙极易倒塌，产生次生灾害。

例 4-11 在地震作用下砖砌体的窗间墙易产生交叉裂缝，其破坏机理是：

A 弯曲破坏　　B 受压破坏　　C 受拉破坏　　D 剪切破坏

解析： 砌体结构在地震作用和竖向荷载作用下，产生斜向的复合主拉应力，其破坏机理是剪切破坏。因地震作用是反复作用的，所以产生的开裂是交叉裂缝。

答案： D

（二）抗震设计一般规定

（1）多层房屋的层数和总高度的限制

1）多层砌体房屋的层数和总高度

一般情况下，房屋的层数和总高度不应超过表 4-27 的规定。

房屋的层数和总高度限值（m） **表 4-27**

房屋类别		最小抗震墙厚度（mm）	烈度和设计基本地震加速度											
			6		7				8				9	
			0.05g		0.10g		0.15g		0.20g		0.30g		0.40g	
			高度	层数	高度	层数	高度	层数	高度	层数	高度	层数	高度	层数
多层砌体房屋	普通砖	240	21	7	21	7	21	7	18	6	15	5	12	4
	多孔砖	240	21	7	21	7	18	6	18	6	15	5	9	3
	多孔砖	190	21	7	18	6	15	5	15	5	12	4	—	—
	小砌块	190	21	7	21	7	18	6	18	6	15	5	9	3
底部框架-抗震墙砌体房屋	普通砖 多孔砖	240	22	7	22	7	19	6	16	5	—	—	—	—
	多孔砖	190	22	7	19	6	16	5	13	4	—	—	—	—
	小砌块	190	22	7	22	7	19	6	16	5	—	—	—	—

注：1. 房屋的总高度指室外地面到主要屋面板板顶或檐口的高度，半地下室从地下室室内地面算起，全地下室和嵌固条件好的半地下室应允许从室外地面算起；对带阁楼的坡屋面应算到山尖墙的 1/2 高度处；

2. 室内外高差大于 0.6m 时，房屋总高度应允许比表中的数据适当增加，但增加量应少于 1.0m；

3. 乙类的多层砌体房屋仍按本地区设防烈度查表，其层数应减少一层且总高度应降低 3m；不应采用底部框架-抗震墙砌体房屋；

4. 本表小砌块砌体房屋不包括配筋混凝土小型空心砌块砌体房屋。

2）横墙较少的多层砌体房屋，总高度应比表 4-25 的规定降低 3m，层数相应减少一层；各层横墙很少的多层砌体房屋，还应再减少一层。

注：横墙较少是指同一楼层内开间大于 4.2m 的房间占该层总面积的 40%以上；其中，开间不大于 4.2m 的房间占该层总面积不到 20%且开间大于 4.8m 的房间占该层总面积的 50%以上为横墙很少。

“横墙很少”的房屋，一般为教学楼中全部为教室的多层砌体房屋或食堂、俱乐部和会议楼等。

3）6、7 度时，横墙较少的丙类多层砌体房屋，当按规定采取加强措施并满足抗震承载力要求时，其高度和层数应允许仍按表 4-25 的规定采用。

4）采用蒸压灰砂砖和蒸压粉煤灰砖的砌体的房屋，当砌体的抗剪强度仅达到普通黏土砖砌体的70%时，房屋的层数应比普通砖房减少一层，总高度应减少3m；当砌体的抗剪强度达到普通黏土砖砌体的取值时，房屋层数和总高度的要求同普通砖房屋。

5）多层砌体承重房屋的层高不应超过3.6m。

底部框架—抗震墙砌体房屋的底部，层高不应超过4.5m；当底层采用约束砌体抗震墙时，底层的层高不应超过4.2m，见表4-28。

注：当使用功能确有需要时，采用约束砌体等加强措施的普通砖房屋，层高不应超过3.9m。

多层砌体承重房屋的层高 **表4-28**

房屋类型	层高限值	层高位置
多层砌体承重房屋	不应超过3.6m	房屋层高
底部框架—抗震墙砌体房屋的底部	不应超过4.5m	底部层高
底层采用约束砌体抗震墙	不应超过4.2m	底层层高
普通砖房屋（采用约束砌体等加强措施）	不应超过3.9m	使用功能确有需要时采用

【要点】

◆砌体结构不同于钢筋混凝土结构，主要通过对建筑高度及楼层数量等的限制来实现抗震设计的基本要求，多层砌体房屋层数和总高度的规定见表4-29。

多层砌体房屋层数和总高度的规定 **表4-29**

砌体结构情况	规范具体规定	总高度减少	层数减少
一般情况	普通多层砌体房屋、底部框架-抗震墙砌体房屋	不减	不减
横墙较少	开间大于4.2m的房间占该层总面积的40%以上	减3m	减1层
	6、7度时丙类房屋（按规定满足规范要求时）	允许不减	允许不减
横墙很少	大于4.2m的房间占该层总面积不到20%且开间大于4.8m的房间占该层总面积的50%以上	减3m	减2层
乙类房屋	仍按本地区查表	减3m	减1层
蒸压灰砂砖和蒸压粉煤灰砖	砌体抗剪强度仅达到普通黏土砖砌体的70%时	减3m	减1层
	砌体抗剪强度达到普通黏土砖砌体的取值时	不减	不减

◆多层砌体承重房屋的层高见表4-28：

例4-12 多层砌体房屋，其主要抗震措施是：

A 限制高度和层数

B 限制房屋的高跨比

C 设置构造柱和圈梁

D 限制墙段的最小尺寸，并规定横墙最大间距

解析：砌体结构的高度限制，是十分敏感且深受关注的规定，基于砌体材料的脆性性质和震害经验，限制其层数和高度是主要的抗震措施。

答案：A

规范：《抗震规范》第7.1.2条及条文说明。

例 4-13 已知 7 度区普通砖砌体房屋的最大高度 H 为 21m，最高层数 n 为 7 层，则 7 度区某普通砖砌体教学楼工程（各层横墙较少）的 H 和 n 应为下列何值？

A $H=21$m，$n=7$　　B $H=18$m，$n=6$

C $H=18$m，$n=5$　　D $H=15$m，$n=5$

解析： 已知基本条件：7 度区普通砖砌体房屋高度不应超过 21m，层数不应超过 7 层。两个特殊情况：一是中小学教学楼属于乙类建筑，高度应降低 3m 且层数减少一层；二是各层横墙较少，总高度还应比规定值降低 3m 且层数减少一层，因此总高度 $H=21-3-3=15$m；最高层数 $n=7-1-1=5$ 层，故 D 正确。

答案： D

规范：《抗震规范》第 7.1.2 条第 1、2 款及表 7.1.2。

（2）多层砌体房屋总高度与总宽度的最大比值，宜符合表 4-30 的要求：

房屋最大高宽比　　表 4-30

烈　度	6	7	8	9
最大高宽比	2.5	2.5	2.0	1.5

注：1. 单面走廊房屋的总宽度不包括走廊宽度；

2. 建筑平面接近正方形时，其高宽比宜适当减小。

【要点】

◆房屋高宽比的限值要求，是为了控制结构中不出现弯曲破坏，保证房屋的稳定性，从而可以对砌体结构的整体倾覆不做验算。

◆作为以剪切变形为主的砌体结构，应尽量避免弯曲变形的产生，当房屋的高宽比满足限值要求时，可避免在房屋底部出现水平裂缝，即不出现弯曲破坏。

◆一般砌体房屋建筑平面是矩形，对方形建筑“高宽比宜适当减小”，其根本目的在于控制建筑物出现房屋两个方向的高宽比同时接近表中最大值的不利情形。

例 4-14 多层砌体房屋抗震设计时，下列说法哪一项是不对的？

A 单面走廊房屋的总宽度不包括走廊宽度

B 建筑平面接近正方形时，其高宽比限值可适当加大

C 对带阁楼的坡屋面，房屋总高度应算到山尖墙的 1/2 高度处

D 房屋的顶层，最大横墙间距应允许适当放宽

解析： 根据抗震规范要求，单面走廊房屋的总宽度不包括走廊宽度；当建筑平面接近正方形时，其高宽比可适当减小；多层砌体房屋的顶层，除木屋盖外的最大横墙间距应允许适当放宽，但应采取相应的加强措施。

答案： B

规范：《抗震规范》第 7.1.4 条表 7.1.4 注、第 7.1.2 条表 7.1.2 注 1、第 7.1.5 条表 7.1.5 注 1.

（3）房屋抗震横墙的间距不应超过表 4-31 的要求。

房屋抗震横墙的间距（m） **表 4-31**

<table>
<tr><th colspan="2" rowspan="2">房屋类别</th><th colspan="4">烈 度</th></tr>
<tr><th>6</th><th>7</th><th>8</th><th>9</th></tr>
<tr><td rowspan="3">多层砌体房屋</td><td>现浇或装配整体式钢筋混凝土楼、屋盖</td><td>15</td><td>15</td><td>11</td><td>7</td></tr>
<tr><td>装配式钢筋混凝土楼、屋盖</td><td>11</td><td>11</td><td>9</td><td>4</td></tr>
<tr><td>木屋盖</td><td>9</td><td>9</td><td>4</td><td>—</td></tr>
<tr><td rowspan="2">底部框架—抗震墙砌体房屋</td><td>上部各层</td><td colspan="3">同多层砌体房屋</td><td>—</td></tr>
<tr><td>底层或底部两层</td><td>18</td><td>15</td><td>11</td><td>—</td></tr>
</table>

注：1. 多层砌体房屋的顶层，除木屋盖外的最大横墙间距应允许适当放宽，但应采取相应加强措施；
2. 多孔砖抗震横墙厚度为 190mm 时，最大横墙间距应比表中数值减少 3m。

（4）多层砌体房屋中砌体墙段的局部尺寸限值，宜符合表 4-32 的要求。

房屋的局部尺寸限值（m） **表 4-32**

部 位	6 度	7 度	8 度	9 度
承重窗间墙最小宽度	1.0	1.0	1.2	1.5
承重外墙尽端至门窗洞边的最小距离	1.0	1.0	1.2	1.5
非承重外墙尽端至门窗洞边的最小距离	1.0	1.0	1.0	1.0
内墙阳角至门窗洞边的最小距离	1.0	1.0	1.5	2.0
无锚固女儿墙（非出入口处）的最大高度	0.5	0.5	0.5	0.0

注：1. 局部尺寸不足时，应采取局部加强措施弥补，且最小宽度不宜小于 1/4 层高和表列数据的 80%；
2. 出入口处的女儿墙应有锚固。

（5）多层砌体房屋的建筑布置和结构体系，应符合下列要求：

1）应优先采用横墙承重或纵横墙共同承重的结构体系。不应采用砌体墙和混凝土墙混合承重的结构体系。

2）纵横向砌体抗震墙的布置应符合下列要求：

① 宜均匀对称，沿平面内宜对齐，沿竖向应上下连续；且纵横向墙体的数量不宜相差过大；

② 平面轮廓凹凸尺寸，不应超过典型尺寸的 50%；当超过典型尺寸的 25%时，房屋转角处应采取加强措施；

③ 楼板局部大洞口的尺寸不宜超过楼板宽度的 30%，且不应在墙体两侧同时开洞；

④ 房屋错层的楼板高差超过 500mm 时，应按两层计算；错层部位的墙体应采取加强措施；

⑤ 同一轴线上的窗间墙宽度宜均匀；在满足上面第 4 条要求的前提下，墙面洞口的立面面积，6、7 度时不宜大于墙面总面积的 55%，8、9 度时不宜大于 50%；

⑥ 在房屋宽度方向的中部应设置内纵墙，其累计长度不宜小于房屋总长度的 60%（高宽比大于 4 的墙段不计入）。

3）房屋有下列情况之一时宜设置防震缝，缝两侧均应设置墙体，缝宽应根据烈度和房屋高度确定，可采用 70～100mm（设防烈度高、房屋高度大时取较大值）：

① 房屋立面高差在 6m 以上；

② 房屋有错层，且楼板高差大于层高的 1/4；

③ 各部分结构刚度、质量截然不同。

4）楼梯间不宜设置在房屋的尽端或转角处。

5）不应在房屋转角处设置转角窗。

6）横墙较少、跨度较大的房屋，宜采用现浇钢筋混凝土楼、屋盖。

（6）底部框架—抗震墙砌体房屋的结构布置，应符合下列要求：

1）上部的砌体墙体与底部的框架梁或抗震墙，除楼梯间附近的个别墙段外均应对齐。

2）房屋的底部，应沿纵横两方向设置一定数量的抗震墙，并应均匀对称布置。**各类抗震墙的设置规定见表 4-33**。

底部框架-抗震墙砌体结构中各类抗震墙的适用范围　　表 4-33

设置条件	底部框架抗震墙的类型
6 度且总层数不超过 4 层时	允许采用嵌砌于框架之间的约束普通砌体抗震墙或小砌块砌体的砌体抗震墙，同一方向不应同时采用钢筋混凝土抗震墙和约束砌体抗震墙
6、7 度时	应采用钢筋混凝土抗震墙或配筋小砌块砌体抗震墙
8 度时	应采用钢筋混凝土抗震墙

3）底部框架—抗震墙砌体房屋的抗震墙应设置条形基础、筏形基础等整体性好的基础。

（7）底部框架—抗震墙砌体房屋的钢筋混凝土结构部分，除应符合《抗震规范》第 7 章（砌体结构）的规定外，尚应符合规范第 6 章（钢筋混凝土结构）的有关要求；此时，底部混凝土框架的抗震等级，6、7、8 度应分别按三、二、一级采用，混凝土墙体的抗震等级，6、7、8 度应分别按三、三、二级采用。

【要点】

◆ 砌体结构中的墙体是抗震中的主要抗侧力构件，墙体的多少直接决定了砌体结构的抗震能力的大小。纵墙长度相对较长，因此只规定了横墙的间距限值。控制了横墙的间距，也就确保了纵墙的稳定性。

◆ 多层砌体房屋的横向地震作用主要由横墙承担，地震中横墙间距大小对房屋倒塌影响很大，不仅横墙须具有足够的承载力，同时要求楼盖须具有传递地震作用给横墙的水平刚度，因此横墙间距的规定是为了满足楼盖对传递水平地震作用所需的刚度要求。

◆ 砌体房屋局部尺寸的限制，在于防止这些部位的失效而造成整栋结构的破坏甚至倒塌。

◆ 纵墙承重的结构布置方案，因横向支承较少，纵墙较易受弯曲破坏而导致倒塌，为此应优先采用横墙承重或纵横墙共同承重的结构布置方案；纵横墙均匀对称布置，可使各墙垛受力基本相同，避免薄弱部位的破坏。

◆ 楼梯间墙体缺少各层楼板的侧向支承，布置时尽量不设在尽端或采取专门的加强措施。

◆ 不应采用混凝土墙与砌体墙混合承重的体系，防止不同材料性能的墙体被各个击破。

◆ 底部框架—抗震墙砌体结构房屋的抗震设计，既要满足砌体结构房屋抗震的一般规定，也要满足多高层钢筋混凝土结构抗震的有关规定。

例 4-15 按现行《建筑抗震设计规范》，对底部框架—抗震墙砌体房屋结构的底部抗震墙要求，下列表述正确的是：

A 6 度设防且总层数不超过六层时，允许采用嵌砌于框架之间的约束普通砖砌体或小砌块砌体的砌体抗震墙

B 7 度、8 度设防时，应采用钢筋混凝土抗震墙或配筋小砌块砌体抗震墙

C 上部砌体墙与底部的框架梁或抗震墙可不对齐

D 应沿纵横两个方向，均匀、对称设置一定数量符合规定的抗震墙

解析： 底部框架—抗震墙砌体房屋的结构房屋底部，应沿纵横两方向设置一定数量的抗震墙，并应均匀对称布置。

答案： D

规范：《抗震规范》第 7.1.8 条第 1、2 款。

例 4-16 关于抗震设计的底部框架-抗震墙砌体房屋结构的说法，正确的是：

A 抗震设防烈度 6～8 度的乙类多层房屋可采用底部框架-抗震墙砌体结构

B 底部框架-抗震墙砌体房屋指底层或底部两层为框架-抗震墙结构的多层砌体房屋

C 房屋的底部应沿纵向或横向设置一定数量抗震墙

D 上部砌体墙与底部框架梁或抗震墙宜对齐

解析： 底部框架-抗震墙砌体房屋指底层或底部两层为框架-抗震墙结构的多层砌体房屋，B 选项表述正确。

乙类的多层房屋不应采用底部框架-抗震墙砌体房屋，A 选项错误。

其结构布置房屋的底部应沿纵横两方向设置一定数量的抗震墙，并应均匀对称布置，C 选项中“沿纵向或横向”表述错误，“或”应为“和”。

上部砌体墙与底部框架梁或抗震墙，除楼梯间附近的个别墙段外均应对齐，D 选项表述错误，“宜对齐”应为“应对齐”。

答案： B

规范：《抗震规范》第 7.1.1 条、第 7.1.2 条表注 3、第 7.1.8 条第 1、2 款。

（三）多层砖砌体房屋抗震构造措施

【要点】 砌体结构房屋的抗震构造重点是圈梁和构造柱的设置。震害调查和实践证明，圈梁和构造柱共同设置，能增加砌体的延性和变形能力，且可提高砌体的抗侧能力和整体性，从而保证砌体房屋在大震下，裂而不倒；设置构造柱还能提高砌体的抗剪承载力及墙体在使用阶段的稳定性和刚度。

（1）现浇钢筋混凝土构造柱（以下简称构造柱）设置要求：

1）构造柱设置部位，一般情况下应符合表 4-34 的要求。

2）外廊式和单面走廊式的多层房屋，应根据房屋增加一层的层数，按表 4-34 的要求

设置构造柱，且单面走廊两侧的纵墙均应按外墙处理。

3）横墙较少的房屋，应根据房屋增加一层的层数，按表 4-34 的要求设置构造柱。当横墙较少的房屋为外廊式或单面走廊式时，应按第（2）款的要求设置构造柱；但 6 度不超过四层、7 度不超过三层和 8 度不超过二层时，应按增加二层的层数对待。

4）各层横墙很少的房屋，应按增加二层的层数设置构造柱。

5）采用蒸压灰砂砖和蒸压粉煤灰砖的砌体房屋，当砌体的抗剪强度仅达到普通黏土砖砌体的 70%时，应根据增加一层的层数按本条（1）～（4）款的要求设置构造柱；但 6 度不超过四层、7 度不超过三层和 8 度不超过二层时，应按增加二层的层数对待。

多层砖砌体房屋构造柱设置要求　　表 4-34

<table>
<tr><th colspan="4">房屋层数</th><th colspan="2" rowspan="2">设置部位</th></tr>
<tr><th>6度</th><th>7度</th><th>8度</th><th>9度</th></tr>
<tr><td>四、五</td><td>三、四</td><td>二、三</td><td></td><td rowspan="3">楼、电梯间四角，楼梯斜梯段上下端对应的墙体处；
外墙四角和对应转角；
错层部位横墙与外纵墙交接处；
大房间内外墙交接处；
较大洞口两侧</td><td>隔 12m 或单元横墙与外纵墙交接处；
楼梯间对应的另一侧内横墙与外纵墙交接处</td></tr>
<tr><td>六</td><td>五</td><td>四</td><td>二</td><td>隔开间横墙（轴线）与外墙交接处；
山墙与内纵墙交接处</td></tr>
<tr><td>七</td><td>≥六</td><td>≥五</td><td>≥三</td><td>内墙（轴线）与外墙交接处；
内墙的局部较小墙垛处；
内纵墙与横墙（轴线）交接处</td></tr>
</table>

注：较大洞口，内墙指不小于 2.1m 的洞口；外墙在内外墙交接处已设置构造柱时应允许适当放宽，但洞侧墙体应加强。

（2）多层砖砌体房屋构造柱的构造要求

1）构造柱最小截面可采用 180mm×240mm（墙厚 190mm 时为 180mm×190mm），纵向钢筋宜采用 $4\phi12$，箍筋间距不宜大于 250mm，且在柱上下端应适当加密；6、7 度时超过六层、8 度时超过五层和 9 度时，构造柱纵向钢筋宜采用 $4\phi14$，箍筋间距不应大于 200mm；房屋四角的构造柱应适当加大截面及配筋。

2）构造柱与墙连接处应砌成马牙槎，沿墙高每隔 500mm 设 $2\phi6$ 水平钢筋和 $\phi4$ 分布短筋平面内点焊组成的拉结网片或 $\phi4$ 点焊钢筋网片，每边伸入墙内不宜小于 1m。6、7 度时底部 1/3 楼层，8 度时底部 1/2 楼层，9 度时全部楼层，上述拉结钢筋网片应沿墙体水平通长设置。

3）构造柱与圈梁连接处，构造柱的纵筋应在圈梁纵筋内侧穿过，保证构造柱纵筋上下贯通。

4）构造柱可不单独设置基础，但应伸入室外地面下 500mm，或与埋深小于 500mm 的基础圈梁相连。

5）房屋高度和层数接近表 4-24 的限值时，纵、横墙内构造柱间距尚应符合下列要求：

①横墙内的构造柱间距不宜大于层高的二倍；下部 1/3 楼层的构造柱间距适当减小；

②当外纵墙开间大于 3.9m 时，应另设加强措施。内纵墙的构造柱间距不宜大于 4.2m。

(3) 多层砖砌体房屋的现浇钢筋混凝土圈梁设置要求

1) 装配式钢筋混凝土楼、屋盖或木屋盖的砖房，应按表4-35的要求设置圈梁；纵墙承重时，抗震横墙上的圈梁间距应比表内要求适当加密。

2) 现浇或装配整体式钢筋混凝土楼、屋盖与墙体有可靠连接的房屋，应允许不另设圈梁，但楼板沿抗震墙体周边均应加强配筋并应与相应的构造柱钢筋可靠连接。

多层砖砌体房屋现浇钢筋混凝土圈梁设置要求　　表4-35

墙类	烈度		
	6、7	8	9
外墙和内纵墙	屋盖处及每层楼盖处	屋盖处及每层楼盖处	屋盖处及每层楼盖处
内横墙	同上； 屋盖处间距不应大于4.5m； 楼盖处间距不应大于7.2m； 构造柱对应部位	同上； 各层所有横墙，且间距不应大于4.5m； 构造柱对应部位	同上； 各层所有横墙

(4) 多层砖砌体房屋现浇混凝土圈梁构造要求

1) 圈梁应闭合，遇有洞口圈梁应上下搭接。圈梁宜与预制板设在同一标高处或紧靠板底。

2) 圈梁在上述第3条要求的间距内无横墙时，应利用梁或板缝中配筋替代圈梁。

3) 圈梁的截面高度不应小于120mm，配筋应符合表4-36的要求；对不良地基土要求增设的基础圈梁，截面高度不应小于180mm，配筋不应少于4ϕ12。

多层砖砌体房屋圈梁配筋要求　　表4-36

配筋	烈度		
	6、7	8	9
最小纵筋	4ϕ10	4ϕ12	4ϕ14
箍筋最大间距(mm)	250	200	150

(5) 多层砖砌体房屋的楼、屋盖设置要求

1) 现浇钢筋混凝土楼板或屋面板伸进纵、横墙内的长度，均不应小于120mm。

2) 装配式钢筋混凝土楼板或屋面板，当圈梁未设在板的同一标高时，板端伸进外墙的长度不应小于120mm，伸进内墙的长度不应小于100mm或采用硬架支模连接，在梁上不应小于80mm或采用硬架支模连接。

3) 当板的跨度大于4.8m并与外墙平行时，靠外墙的预制板侧边应与墙或圈梁拉结。

4) 房屋端部大房间的楼盖，6度时房屋的屋盖和7～9度时房屋的楼、屋盖，当圈梁设在板底时，钢筋混凝土预制板应相互拉结，并应与梁、墙或圈梁拉结。

(6) 楼、屋盖的钢筋混凝土梁或屋架应与墙、柱(包括构造柱)或圈梁可靠连接；不得采用独立砖柱。跨度不小于6m大梁的支承构件应采用组合砌体等加强措施，并满足承载力要求。

（7）6、7度时长度大于7.2m的大房间，以及8、9度时外墙转角及内外墙交接处，应沿墙高每隔500mm配置2ϕ6的通长钢筋和ϕ4分布短筋平面内点焊组成的拉结网片或ϕ4点焊网片。

（8）楼梯间设置要求：

1）顶层楼梯间墙体应沿墙高每隔500mm设2ϕ6通长钢筋和ϕ4分布短筋平面内点焊组成的拉结网片或ϕ4点焊网片；7～9度时其他各层楼梯间墙体应在休息平台或楼层半高处设置60mm厚、纵向钢筋不应少于2ϕ10的钢筋混凝土带或配筋砖带，配筋砖带不少于3皮，每皮的配筋不少于2ϕ6，砂浆强度等级不应低于M7.5且不低于同层墙体的砂浆强度等级。

2）楼梯间及门厅内墙阳角处的大梁支承长度不应小于500mm，并应与圈梁连接。

3）装配式楼梯段应与平台板的梁可靠连接，8、9度时不应采用装配式楼梯段；不应采用墙中悬挑式踏步或踏步竖肋插入墙体的楼梯，不应采用无筋砖砌栏板。

4）突出屋顶的楼、电梯间，构造柱应伸到顶部，并与顶部圈梁连接，所有墙体应沿墙高每隔500mm设2ϕ6通长钢筋和ϕ4分布短筋平面内点焊组成的拉结网片或ϕ4点焊网片。

（9）坡屋顶房屋的屋架应与顶层圈梁可靠连接，檩条或屋面板应与墙、屋架可靠连接，房屋出入口处的檐口瓦应与屋面构件锚固。采用硬山搁檩时，顶层内纵墙顶宜增砌支承山墙的踏步式墙垛，并设置构造柱。

（10）门窗洞处不应采用砖过梁；过梁支承长度，6～8度时不应小于240mm，9度时不应小于360mm。

（11）预制阳台，6、7度时应与圈梁和楼板的现浇板带可靠连接，8、9度时不应采用预制阳台。

（12）后砌的非承重砌体隔墙、烟道、风道、垃圾道等应符合《抗震规范》第13.3节的有关规定。

（13）同一结构单元的基础（或桩承台），宜采用同一类型的基础，底面宜埋置在同一标高上，否则应增设基础圈梁并应按1∶2的台阶逐步放坡。

（14）丙类的多层砖砌体房屋，当横墙较少且总高度和层数接近或达到表4-24规定限值时，应采取下列加强措施：

1）房屋的最大开间尺寸不宜大于6.6m。

2）同一结构单元内横墙错位数量不宜超过横墙总数的1/3，且连续错位不宜多于两道；错位的墙体交接处均应增设构造柱，且楼、屋面板应采用现浇钢筋混凝土板。

3）横墙和内纵墙上洞口的宽度不宜大于1.5m；外纵墙上洞口的宽度不宜大于2.1m或开间尺寸的一半；且内外墙上洞口位置不应影响内外纵墙与横墙的整体连接。

4）所有纵横墙均应在楼、屋盖标高处设置加强的现浇钢筋混凝土圈梁：圈梁的截面高度不宜小于150mm。

5）所有纵横墙交接处及横墙的中部，均应增设满足下列要求的构造柱：在纵、横墙内的柱距不宜大于3.0m，最小截面尺寸不宜小于240mm×240mm（墙厚190mm时为240mm×190mm）。

6）同一结构单元的楼、屋面板应设置在同一标高处。

7）房屋底层和顶层的窗台标高处，宜设置沿纵横墙通长的水平现浇钢筋混凝土带。

【要点】

◆构造柱能提高砌体的受剪承载力，构造柱的主要作用在于对砌体的约束，使之有较高的变形能力。构造柱一般应设置在关键部位，使一根构造柱可以发挥对多道墙的约束作用，还应设置在震害较重、连接构造比较薄弱和易于应力集中的部位。

◆圈梁能增强房屋的整体性，提高房屋的抗震能力，是抗震的有效措施。构造柱需与各层纵横墙的圈梁或现浇板连接，才能充分发挥约束作用。

◆砌体房屋楼、屋盖的抗震构造要求，包括楼板搁置长度，楼板与圈梁、墙体的拉结，屋架（梁）与墙、柱的锚固、拉结等，是保证楼、屋盖与墙体整体性的重要措施，强调楼、屋盖的整体性和完整性，确保传递水平剪力的有效性。

◆由于砌体材料的特性，较大的房间在地震中的破坏程度会加重，需要局部加强墙体的连接构造，故规范规定采用通长的拉结筋和拉结钢筋网片。

◆由于楼梯间比较空旷，破坏严重，必须采取一系列有效措施；8、9度时不应采用装配式楼梯段。

例 4-17 关于抗震设防地区多层砌块砌体房屋圈梁设置的下列叙述，哪项不正确？

A 屋盖及每层楼盖处的外墙应设置圈梁

B 屋盖及每层楼盖处的内纵墙应设置圈梁

C 内横墙在构造柱对应部位应设置圈梁

D 屋盖处内横墙的圈梁间距不应大于 15m

解析：圈梁应闭合形成“箍”的约束作用，并与构造柱一起形成多层砌体结构的“骨架”，提高砌体结构的整体性。因此，圈梁应设置在能起到“箍”的作用的房屋关键部位，例如屋盖处及每层楼盖处，以及与构造柱对应部位，均应设置圈梁；同时，内横墙的圈梁间距也不能过大，根据烈度的不同，分别有圈梁间距不大于 4.5m 或 7.2m 的要求。故题中答案 D“不应大于 15m”错误。

答案：D

规范：《抗震规范》第 7.3.3 条表 7.3.3。

例 4-18 横墙较少的普通砖住宅楼，当层数和总高度接近《抗震规范》的限值时，所采取的加强措施中下列哪一条是不合理的？

A 房屋的最大开间尺寸不宜大于 6.6m

B 同一结构单元内横墙不能错位

C 楼、屋面板应采用现浇钢筋混凝土板

D 同一结构单元内楼、屋面板应设置在同一标高处

解析：同一结构单元内横墙错位不宜超过横墙总数的 1/3，且连续错位不宜多于两道；选项 B“不能错位”错误，要求过严。

答案：B

规范：《抗震规范》第 7.3.14 条第 1、2、6 款。

（四）多层砌块房屋抗震构造措施

为了增加混凝土小型空心砌块砌体房屋的整体性和延性，提高其抗震能力，结合空心砌块的特点，采取在墙体的适当部位设置钢筋混凝土芯柱的构造措施。这些芯柱的设置要求比砖砌体房屋构造柱的设置要求严格，且芯柱与墙体的连接要采取钢筋网片。

(1) 多层小砌块房屋应按表 4-37 的要求设置钢筋混凝土芯柱。对外廊式和单面走廊式的多层房屋、横墙较少的房屋、各层横墙很少的房屋，尚应分别按上述（三）第（1）条第 2)、3)、4）款关于增加层数的对应要求，按表 4-37 的要求设置芯柱。

多层小砌块房屋芯柱设置要求　　表 4-37

<table>
<tr><th colspan="4">房屋层数</th><th rowspan="2">设置部位</th><th rowspan="2">设置数量</th></tr>
<tr><th>6度</th><th>7度</th><th>8度</th><th>9度</th></tr>
<tr><td>四、五</td><td>三、四</td><td>二、三</td><td></td><td>外墙转角，楼、电梯间四角，楼梯斜梯段上下端对应的墙体处；
大房间内外墙交接处；
错层部位横墙与外纵墙交接处；
隔 12m 或单元横墙与外纵墙交接处</td><td rowspan="2">外墙转角，灌实 3 个孔；
内外墙交接处，灌实 4 个孔；
楼梯斜段上下端对应的墙体处，灌实 2 个孔</td></tr>
<tr><td>六</td><td>五</td><td>四</td><td></td><td>同上；
隔开间横墙（轴线）与外纵墙交接处</td></tr>
<tr><td>七</td><td>六</td><td>五</td><td>二</td><td>同上；
各内墙（轴线）与外纵墙交接处；
内纵墙与横墙（轴线）交接处和洞口两侧</td><td>外墙转角，灌实 5 个孔；
内外墙交接处，灌实 4 个孔；
内墙交接处，灌实 4～5 个孔；
洞口两侧各灌实 1 个孔</td></tr>
<tr><td></td><td>七</td><td>≥六</td><td>≥三</td><td>同上；
横墙内芯柱间距不大于 2m</td><td>外墙转角，灌实 7 个孔；
内外墙交接处，灌实 5 个孔；
内墙交接处，灌实 4～5 个孔；
洞口两侧各灌实 1 个孔</td></tr>
</table>

注：外墙转角、内外墙交接处、楼电梯间四角等部位，应允许采用钢筋混凝土构造柱替代部分芯柱。

(2) 多层小砌块房屋的芯柱，应符合下列构造要求：

1）小砌块房屋芯柱截面不宜小于 120mm×120mm。

2）芯柱混凝土强度等级，不应低于 Cb20。

3）芯柱的竖向插筋应贯通墙身且与圈梁连接；插筋不应小于 1ϕ12，6、7 度时超过五层、8 度时超过四层和 9 度时，插筋不应小于 1ϕ14。

4）芯柱应伸入室外地面下 500mm 或与埋深小于 500mm 的基础圈梁相连。

5）为提高墙体抗震受剪承载力而设置的芯柱，宜在墙体内均匀布置，最大净距不宜大于 2.0m。

6）多层小砌块房屋墙体交接处或芯柱与墙体连接处应设置拉结钢筋网片，网片可采用直径 4mm 的钢筋点焊而成，沿墙高间距不大于 600mm，并应沿墙体水平通长设置。6、7 度时底部 1/3 楼层，8 度时底部 1/2 楼层，9 度时全部楼层，上述拉结钢筋网片沿墙高间距不大于400mm。

(3) 小砌块房屋中替代芯柱的钢筋混凝土构造柱，应符合下列构造要求：

1) 构造柱截面不宜小于190mm×190mm，纵向钢筋宜采用4ϕ12，箍筋间距不宜大于250mm，且在柱上下端应适当加密；6、7度时超过五层、8度时超过四层和9度时，构造柱纵向钢筋宜采用4ϕ14，箍筋间距不应大于200mm；外墙转角的构造柱可适当加大截面及配筋。

2) 构造柱与砌块墙连接处应砌成马牙槎，与构造柱相邻的砌块孔洞，6度时宜填实，7度时应填实，8、9度时应填实并插筋。构造柱与砌块墙之间沿墙高每隔600mm设置ϕ4点焊拉结钢筋网片，并应沿墙体水平通长设置。6、7度时底部1/3楼层，8度时底部1/2楼层，9度全部楼层，上述拉结钢筋网片沿墙高间距不大于400mm。

3) 构造柱与圈梁连接处，构造柱的纵筋应在圈梁纵筋内侧穿过，保证构造柱纵筋上下贯通。

4) 构造柱可不单独设置基础，但应伸入室外地面下500mm，或与埋深小于500mm的基础圈梁相连。

(4) 多层小砌块房屋的现浇钢筋混凝土圈梁的设置位置应按上述（三）第3条多层砖砌体房屋圈梁的设置要求执行，圈梁宽度不应小于190mm，配筋不应少于4ϕ12，箍筋间距不应大于200mm。

(5) 多层小砌块房屋的层数，6度时超过五层、7度时超过四层、8度时超过三层和9度时，在底层和顶层的窗台标高处，沿纵横墙应设置通长的水平现浇钢筋混凝土带。水平现浇混凝土带亦可采用槽形砌块替代模板，其纵筋和拉结钢筋不变。

(6) 丙类的多层小砌块房屋，当横墙较少且总高度和层数接近或达到表4-24的规定限值时，应符合上述（三）第14条的相关要求；其中，墙体中部的构造柱可采用芯柱替代，芯柱的灌孔数量不应少于2孔，每孔插筋的直径不应小于18mm。

(7) 小砌块房屋的其他抗震构造措施，尚应符合上述（三）第5～13条的有关要求。其中，墙体的拉结钢筋网片间距应符合本节的相应规定，分别取600mm和400mm。

【要点】 *构造柱替代芯柱，可较大程度地提高对砌块砌体的约束能力，也为施工带来方便。具体替代芯柱的构造柱基本要求，与砖房的构造柱大致相同。*

（五）底部框架-抗震墙砌体房屋抗震构造措施

(1) 底部框架-抗震墙砌体房屋的上部墙体应设置钢筋混凝土构造柱或芯柱，并应符合下列要求：

1) 钢筋混凝土构造柱、芯柱的设置部位，应根据房屋的总层数分别按上述（三）第1条、（四）第1条的规定设置。

2) 构造柱、芯柱的构造，除应符合下列要求外，尚应符合上述（三）第2条、（四）第2、3条的规定：

① 砖砌体墙中构造柱截面不宜小于240mm×240mm（墙厚190mm时为240mm×190mm）；

② 构造柱的纵向钢筋不宜少于4ϕ14，箍筋间距不宜大于200mm；芯柱每孔插筋不应小于1ϕ14，芯柱之间沿墙高应每隔400mm设ϕ4焊接钢筋网片。

3) 构造柱、芯柱应与每层圈梁连接，或与现浇楼板可靠拉接。

【要点】对比不同结构体系的构造柱设置要求，见表 4-38。

构造柱设置要求比较　　表 4-38

结构体系	多层砖砌体房屋	底部框架—抗震墙房屋
构造柱设置要求	按表 4-34 设置	相同
构造柱截面（mm）	≥180×200（墙厚 190 时为 180×190）	≥240×240
构造柱的纵向钢筋	≥4ϕ12	≥4×14
构造柱的箍筋间距	≤@250mm	≤@200mm
构造柱与圈梁或现浇板的连接	应可靠连接	相同

（2）过渡层墙体的构造，应符合下列要求：

1）上部砌体墙的中心线宜与底部的框架梁、抗震墙的中心线相重合；构造柱或芯柱宜与框架柱上下贯通。

2）过渡层应在底部框架柱、混凝土墙或约束砌体墙的构造柱所对应处设置构造柱或芯柱。

3）过渡层的砌体墙在窗台标高处，应设置沿纵横墙通长的水平现浇钢筋混凝土带。

4）过渡层的砌体墙，凡宽度不小于 1.2m 的门洞和 2.1m 的窗洞，洞口两侧宜增设截面不小于 120mm×240mm（墙厚 190mm 时为 120mm×190mm）的构造柱或单孔芯柱。

5）当过渡层的砌体抗震墙与底部框架梁、墙体不对齐时，应在底部框架内设置托墙转换梁，并且过渡层砖墙或砌块墙应采取比（4）款更高的加强措施。

【要点】上部墙体指与底部框架—抗震墙相邻的上一层砌体楼层，过渡层处于侧向刚度变化较剧烈的区域（上大下小），地震时破坏较重，应采取专门措施予以加强，详见《抗震规范》第 7.5.2 条。

（3）底部框架—抗震墙砌体房屋的底部采用钢筋混凝土墙时，其截面和构造应符合下列要求：

1）墙体周边应设置梁（或暗梁）和边框柱（或框架柱）组成的边框。

2）墙板的厚度不宜小于 160mm，且不应小于墙板净高的 1/20；墙体宜开设洞口形成若干墙段，各墙段的高宽比不宜小于 2。

3）墙体的竖向和横向分布钢筋配筋率均不应小于 0.30%，并应采用双排布置。

4）墙体的边缘构件可按抗震墙关于一般部位的规定设置。

（4）当 6 度设防的底层框架-抗震墙砖房的底层采用约束砖砌体墙时，其构造应符合下列要求：

1）砖墙厚不应小于 240mm，砌筑砂浆强度等级不应低于 M10，应先砌墙后浇框架。

2）沿框架柱每隔 300mm 配置 2ϕ8 水平钢筋和 ϕ4 分布短筋平面内点焊组成的拉结网片，并沿砖墙水平通长设置；在墙体半高处尚应设置与框架柱相连的钢筋混凝土水平系梁。

3）墙长大于 4m 时和洞口两侧，应在墙内增设钢筋混凝土构造柱。

(5) 当6度设防的底层框架—抗震墙砌块房屋的底层采用约束小砌块砌体墙时，其构造应符合下列要求：

1) 墙厚不应小于190mm，砌筑砂浆强度等级不应低于Mb10，应先砌墙后浇框架。

2) 沿框架柱每隔400mm配置2ϕ8水平钢筋和ϕ4分布短筋平面内点焊组成的拉结网片，并沿砌块墙水平通长设置；在墙体半高处尚应设置与框架柱相连的钢筋混凝土水平系梁，系梁截面不应小于190mm×190mm。

3) 墙体在门、窗洞口两侧应设置芯柱，墙长大于4m时，应在墙内增设芯柱，芯柱应符合上述（四）第2条的有关规定；其余位置，宜采用钢筋混凝土构造柱替代芯柱，钢筋混凝土构造柱应符合第（四）第3条的有关规定。

(6) 底部框架—抗震墙砌体房屋的框架柱应符合下列要求：

1) 柱的截面不应小于400mm×400mm，圆柱直径不应小于450mm。

2) 柱的轴压比，6度时不宜大于0.85，7度时不宜大于0.75，8度时不宜大于0.65。

3) 柱的配筋要求详见《抗震规范》。

(7) 底部框架—抗震墙砌体房屋的楼盖应符合下列要求：

1) 过渡层的底板应采用现浇钢筋混凝土板，板厚不应小于120mm；并应少开洞、开小洞，当洞口尺寸大于800mm时，洞口周边应设置边梁。

2) 其他楼层，采用装配式钢筋混凝土楼板时均应设现浇圈梁；采用现浇钢筋混凝土楼板时应允许不另设圈梁，但楼板沿抗震墙体周边均应加强配筋并应与相应的构造柱可靠连接。

(8) 底部框架—抗震墙砌体房屋的钢筋混凝土托墙梁，其截面和构造应符合《抗震规范》的相关要求。

(9) 底部框架—抗震墙砌体房屋的材料强度等级，应符合下列要求：

1) 框架柱、混凝土墙和托墙梁的混凝土强度等级，不应低于C30。

2) 过渡层砌体块材的强度等级不应低于MU10，砖砌体砌筑砂浆的强度等级不应低于M10，砌块砌体砌筑砂浆的强度等级不应低于Mb10。

(10) 底部框架—抗震墙砌体房屋的其他抗震构造措施，应符合本节二、(三)、(四)（多层砖砌体房屋、多层砌块房屋抗震构造措施）和本节一（多层和高层钢筋混凝土房屋）的有关要求。

三、多层钢结构房屋

【要点】钢结构的抗震性能优于钢筋混凝土结构，钢材基本上属于各向同性材料，抗压、抗拉和抗剪强度都很高，具有很好的延性。在地震作用下，不仅能减弱地震反应，而且属于较理想的弹塑性结构，具有抵抗强烈地震的变形能力。

剪切变形是钢结构耗能的主要形式，注意区分其与钢筋混凝土结构的不同。

（一）一般规定

(1) 本部分适用的钢结构民用房屋的结构类型和最大高度应符合表4-39的规定，平面和竖向均不规则的钢结构适用的最大高度宜适当降低。

注：①钢支撑-混凝土框架和钢框架-混凝土筒体结构的抗震设计，应符合《抗震规范》附录G的规定；②多层钢结构厂房的抗震设计，应符合《抗震规范》附录H第H.2节的规定。

钢结构房屋适用的最大高度（m） 表 4-39

结构类型	6、7度 (0.10g)	7度 (0.15g)	8度		9度 (0.40g)
			(0.20g)	(0.30g)	
框架	110	90	90	70	50
框架—中心支撑	220	200	180	150	120
框架—偏心支撑（延性墙板）	240	220	200	180	160
筒体（框筒、筒中筒、桁架筒、束筒）和巨型框架	300	280	260	240	180

注：1. 房屋高度指室外地面到主要屋面板板顶的高度（不包括局部突出屋顶部分）；
2. 超过表内高度的房屋，应进行专门研究和论证，采取有效的加强措施；
3. 表内的筒体不包括混凝土筒。

（2）本部分适用的钢结构民用房屋的最大高宽比不宜超过表 4-40 的规定。限制钢结构民用房屋的最大高宽比就是要确保房屋的抗倾覆整体稳定性。

钢结构民用房屋适用的最大高宽比 表 4-40

烈　度	6、7	8	9
最大高宽比	6.5	6.0	5.5

注：塔形建筑的底部有大底盘时，高宽比可按大底盘以上计算。

（3）钢结构房屋应根据设防分类、烈度和房屋高度采用不同的抗震等级，并应符合相应的计算和构造措施要求。丙类建筑的抗震等级应按表 4-41 确定。

钢结构房屋的抗震等级 表 4-41

房屋高度	烈　度			
	6	7	8	9
≤50m		四	三	二
>50m	四	三	二	一

注：1. 高度接近或等于高度分界时，应允许结合房屋不规则程度和场地、地基条件确定抗震等级；
2. 一般情况，构件的抗震等级应与结构相同；当某个部位各构件的承载力均满足 2 倍地震作用组合下的内力要求时，7～9 度的构件抗震等级应允许按降低一度确定。

（4）钢结构房屋需要设置防震缝时，缝宽应不小于相应钢筋混凝土结构房屋的 1.5 倍。

有条件时，钢结构房屋应尽量避免设置防震缝。

（5）一、二级的钢结构房屋，宜设置偏心支撑、带竖缝钢筋混凝土抗震墙板、内藏钢支撑钢筋混凝土墙板、屈曲约束支撑等消能支撑或筒体。

采用框架结构时，甲、乙类建筑和高层的丙类建筑不应采用单跨框架，多层的丙类建筑不宜采用单跨框架。

注：本部分的“一、二、三、四级”即“抗震等级为一、二、三、四级”的简称。

（6）采用框架-支撑结构的钢结构房屋，应符合下列规定：

1）支撑框架在两个方向的布置均宜基本对称，支撑框架之间楼盖的长宽比不宜大于 3。

2）三、四级且高度不大于 50m 的钢结构宜采用中心支撑，也可采用偏心支撑、屈曲约束支撑等消能支撑。

3）中心支撑框架宜采用交叉支撑，也可采用人字支撑或单斜杆支撑，不宜采用 K 形支撑。

4）偏心支撑框架的每根支撑应至少有一端与框架梁连接，并在支撑与梁交点和柱之间或同一跨内另一支撑与梁交点之间形成消能梁段。

5）采用屈曲约束支撑时，宜采用人字支撑、成对布置的单斜杆支撑等形式，不应采用 K 形或 X 形支撑，支撑与柱的夹角宜在 35°～55°之间。

（7）钢框架—筒体结构，必要时可设置由筒体外伸臂或外伸臂和周边桁架组成的加强层。

（8）钢结构房屋的楼盖应符合下列要求：

1）宜采用压型钢板现浇钢筋混凝土组合楼板或钢筋混凝土楼板，并应与钢梁有可靠连接。

2）对 6、7 度时不超过 50m 的钢结构，尚可采用装配整体式钢筋混凝土楼板，也可采用装配式楼板或其他轻型楼盖；但应将楼板预埋件与钢梁焊接，或采取其他保证楼盖整体性的措施。

3）对转换层楼盖或楼板有大洞口等情况，必要时可设置水平支撑。

（9）钢结构房屋的地下室设置

1）设置地下室时，框架—支撑（抗震墙板）结构中竖向连续布置的支撑（抗震墙板）应延伸至基础；钢框架柱应至少延伸至地下一层，其竖向荷载应直接传至基础。

2）超过 50m 的钢结构房屋应设置地下室。其基础埋置深度，当采用天然地基时不宜小于房屋总高度的 1/15；当采用桩基时，桩承台埋深不宜小于房屋总高度的 1/20。

【要点】

◆钢结构的抗震等级只与设防标准和房屋高度有关，而与房屋自身的结构类型无关（这点与混凝土结构不同）。

◆以房屋高度 50m 为界确定相应的抗震等级。6 度区房屋高度≤50m 的钢结构可按非抗震结构设计。

◆中心支撑抗侧力刚度大、加工安装简单，但变形能力弱。在水平地震作用下，中心支撑宜产生侧向屈曲。对较为规则的结构和没有明显薄弱层的结构，高度不很高时可采用中心支撑（图 4-9）来提高结构设计的经济性。

◆偏心支撑具有弹性阶段刚度接近中心支撑，弹塑性阶段的延性和耗能能力接近于延性框架的特点，是一种良好的抗震结构。偏心支撑的设计原则是强柱、强支撑、弱消能梁段。在大震时消能梁段屈服形成塑性铰，支撑斜杆、柱和其余消能梁段仍保持弹性，抗震性能好，但同时又有抗侧刚度相对较小（相比中心支撑而言）、加工安装复杂等不足。当房屋高度很高时，应采用偏心支撑结构（图 4-10）。

◆注意不宜采用K形支撑（图 4-11）。因K形支撑斜杆与柱相交，容易造成受压斜杆失稳或受拉斜杆屈服，引起较大的侧向变形，使柱发生屈曲甚至造成倒塌，因此在抗震结构中不宜采用。

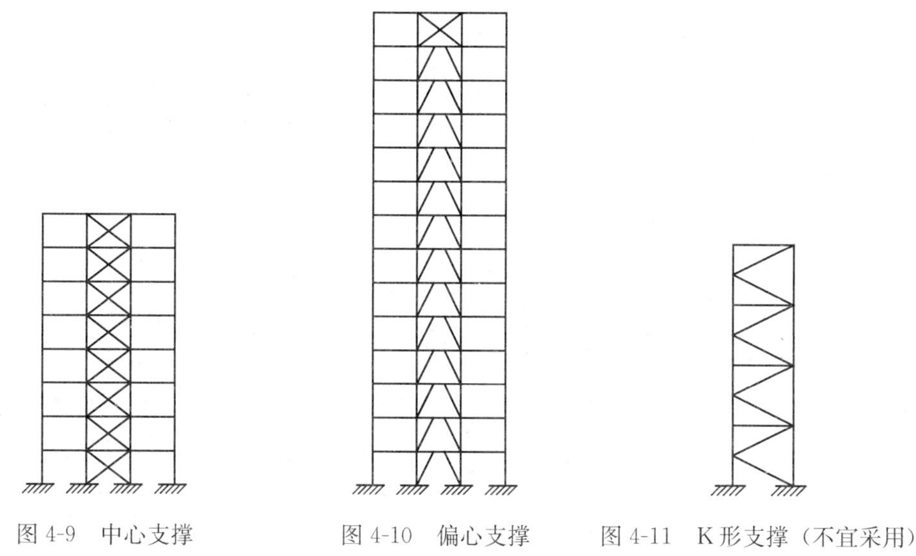

图 4-9　中心支撑　　图 4-10　偏心支撑　　图 4-11　K形支撑（不宜采用）

◆保证楼板与钢梁可靠连接的技术措施有：钢梁与现浇混凝土楼板连接时，采用抗剪连接件栓钉连接、焊接短槽钢或角钢段连接及其他连接方法，见图 4-12、图 4-13。

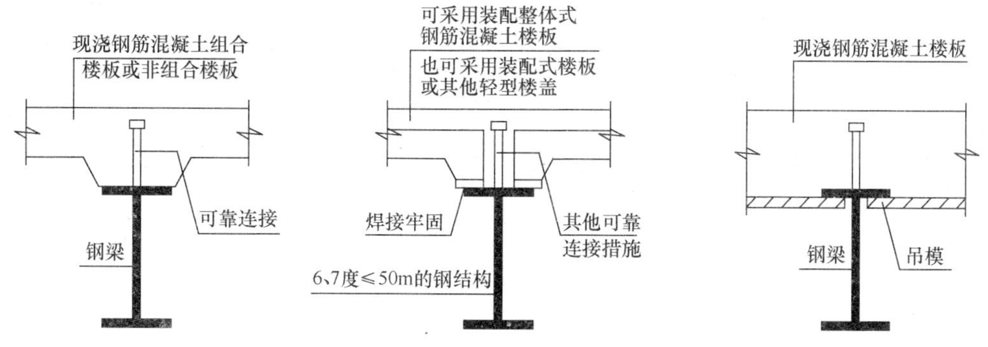

图 4-12　钢结构的楼盖

（引自：朱炳寅．建筑抗震设计规范应用与分析（第二版）．北京：中国建筑工业出版社，2017.）

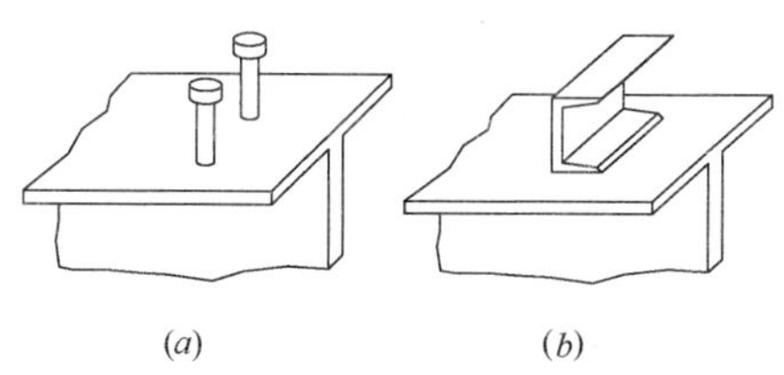

图 4-13　连接件的外形

（a）圆柱头焊钉连接件；（b）槽钢连接件

◆ 注意对单跨框架应用的限制条件。

◆ 常用的偏心支撑形式如图 4-14。

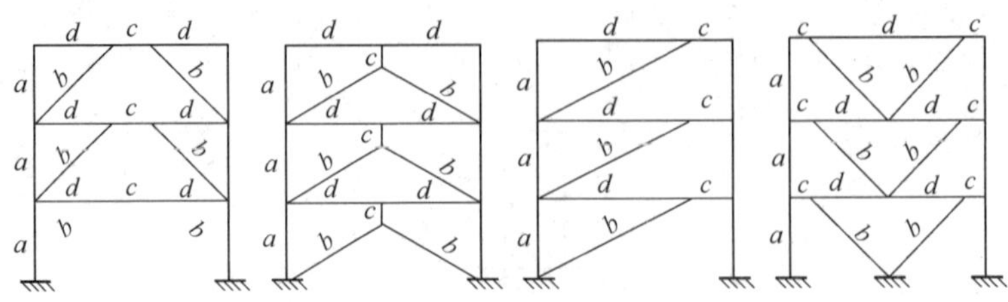

图 4-14　偏心支撑示意图

a—柱；b—支撑；c—消能梁段；d—其他梁段

◆ 钢结构房屋地下室设置要求，见图 4-15 示意。

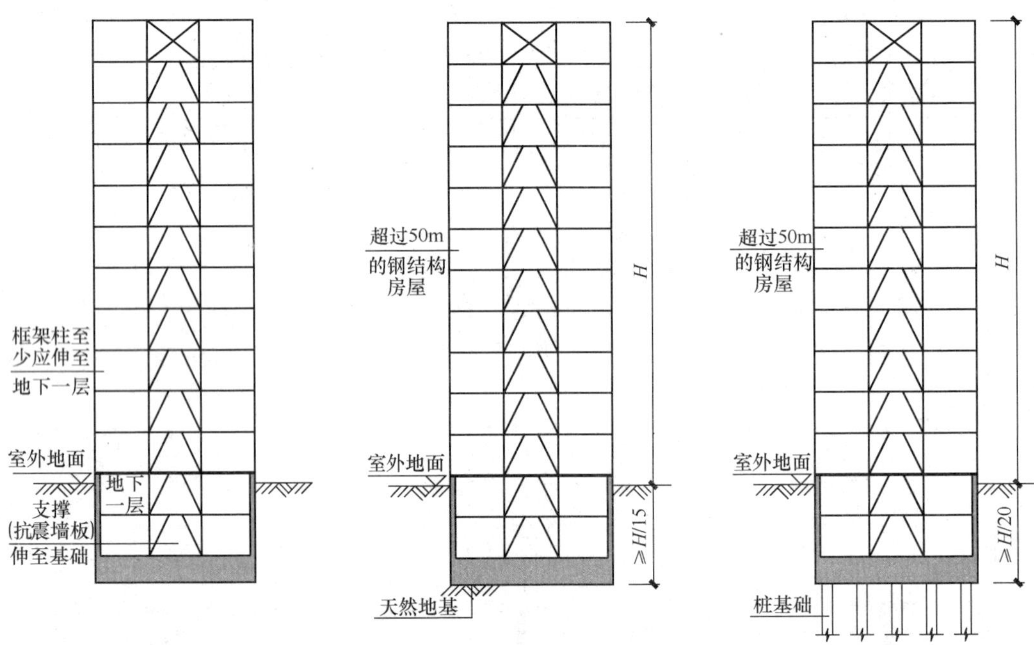

图 4-15　钢结构房屋地下室设置示意

（引自：朱炳寅．建筑抗震设计规范应用与分析（第二版）．北京：中国建筑工业出版社，2017.）

（二）钢框架结构抗震构造措施

【要点】 钢结构设计的构造要求与混凝土结构设计相同，都是根据抗震等级来确定相应的抗震构造措施，实现抗震设计的总体要求。对钢结构的抗震构造措施以掌握概念为主。

（1）框架柱的长细比控制

【要点】 长细比控制属于钢结构构件设计的重要内容。当构件由长细比控制时，应尽可能选用强度等级低的钢材，以增大构件截面，增加长细比，节约钢材造价。

（2）框架梁、柱板件宽厚比应符合规范规定。

（3）梁柱构件的侧向支承应符合下列要求：

1）梁柱构件受压翼缘应根据需要设置侧向支承。

2）梁柱构件在出现塑性铰的截面，上下翼缘均应设置侧向支承。

3）相邻两侧向支承点间的构件长细比，应符合现行国家标准《钢结构设计标准》GB 50017 的有关规定。

【要点】 框架梁受压翼缘根据需要设置侧向支撑，如图 4-16 梁的隅撑设置，其目的是确保梁柱构件的平面外整体稳定。

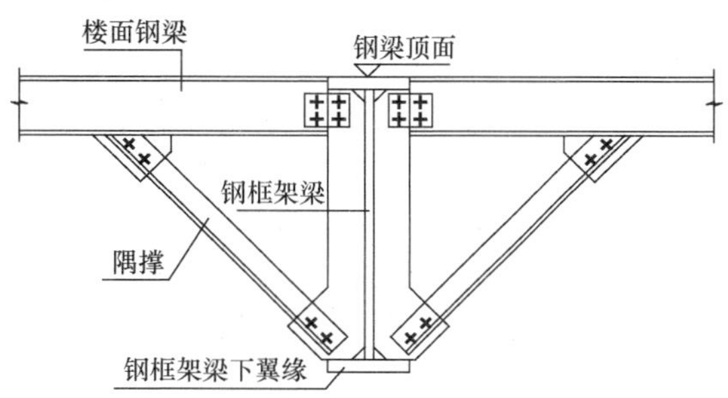

图 4-16　梁柱构件的侧向支撑示意

（引自：朱炳寅．建筑抗震设计规范应用与分析（第二版）．北京：中国建筑工业出版社，2017.）

（4）梁与柱的连接构造应符合下列要求：

1）梁与柱的连接宜采用柱贯通型。

2）柱在两个互相垂直的方向都与梁刚接时宜采用箱形截面，并在梁翼缘连接处设置隔板；当柱仅在一个方向与梁刚接时，宜采用工字形截面，并将柱腹板置于刚接框架平面内。

3）工字形柱（绕强轴）和箱形柱与梁刚接时，应符合图 4-17 的要求：

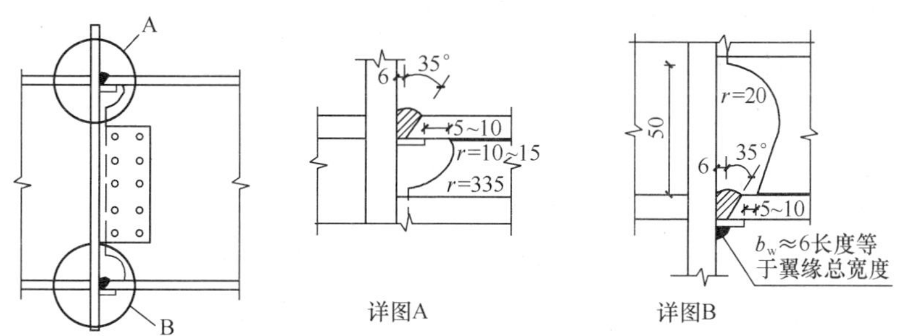

图 4-17　框架梁与柱的现场连接

① 梁翼缘与柱翼缘间应采用全熔透坡口焊缝；一、二级时，应检验焊缝的 V 形切口冲击韧性。

② 柱在梁翼缘对应位置应设置横向加劲肋（隔板），加劲肋（隔板）厚度不应小于梁翼缘厚度，强度与梁翼缘相同。

③ 梁腹板宜采用摩擦型高强度螺栓与柱连接板连接（经工艺试验合格，能确保现场焊接质量时，可用气体保护焊进行焊接）；腹板角部应设置焊接孔，孔形应使其端部与梁翼缘和柱翼缘间的全熔透坡口焊缝完全隔开。

④ 腹板连接板与柱的焊接，当板厚不大于 16mm 时，应采用双面角焊缝；焊缝有效厚度应满足等强度要求，且不小于 5mm。板厚大于 16mm 时，采用 K 形坡口对接焊缝；该焊缝宜采用气体保护焊，且板端应绕焊。

⑤ 一级和二级时，宜采用能将塑性铰自梁端外移的端部扩大形连接、梁端加盖板或骨形连接。

4）框架梁采用悬臂梁段与柱刚性连接时（图 4-18），悬臂梁段与柱应采用全焊接连

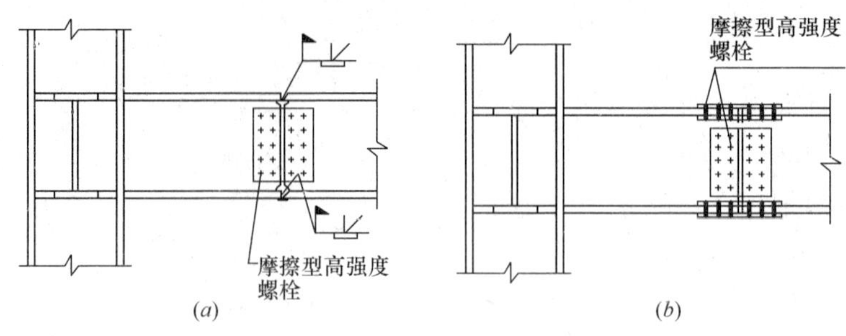

图 4-18　框架柱与梁悬臂段的连接

接，此时上下翼缘焊接孔的形式宜相同；梁的现场拼接可采用翼缘焊接腹板螺栓连接或全部螺栓连接。

5）箱形柱在与梁翼缘对应位置设置的隔板，应采用全熔透对接焊缝与壁板相连。工字形柱的横向加劲肋与柱翼缘，应采用全熔透对接焊缝连接，与腹板可采用角焊缝连接。

(5) 梁与柱刚性连接时，柱在梁翼缘上下各 500mm 的范围内，柱翼缘与柱腹板间或箱形柱壁板间的连接焊缝应采用全熔透坡口焊缝。

(6) 钢结构的刚接柱脚宜采用埋入式，也可采用外包式；6、7 度且高度不超过 50m 时也可采用外露式。

(三) 钢框架—中心支撑结构的抗震构造措施

(1) 中心支撑的杆件长细比和板件宽厚比限值应符合相应的规范规定，详见《抗震规范》第 8.4.1 条。

(2) 中心支撑节点的构造应符合《抗震规范》第 8.4.2 条。

(四) 钢框架-偏心支撑结构的抗震构造措施

偏心支撑构件和消能梁段是抗震钢框架-偏心支撑结构中的特殊构件，其构造要求比其他结构更为特殊。

对消能梁段有特殊的材料要求，对支撑斜杆及其他构件的材料可按规范的基本要求。

对钢框架-偏心支撑结构除应满足特殊要求外，还需满足《抗震规范》第 8.3 节对钢框架结构的基本要求，可与钢框架-中心支撑结构对应比较。详见《抗震规范》第 8.5 节。

例 4-19　在地震区，钢框架梁与柱的连接构造，下列说法错误的是：

A　宜采用梁贯通型

B　宜采用柱贯通型

C　柱在两个互相垂直的方向都与梁刚接时，宜采用箱形截面

D　梁翼缘与柱翼缘间应采用全熔透坡口焊缝

解析： 梁与柱连接宜采取柱贯通型。

答案： A

规范：《抗震规范》第 8.3.4 条。

例 4-20　型钢混凝土梁在型钢上设置的栓钉，其主要受力特征正确的是：

A　受剪　　　　　　　　　　　　B　受拉

C　受压　　　　　　　　　　　　　D　受弯

解析：栓钉是钢结构组合梁的抗剪连接件，其主要受力特征为受剪，也可以采用槽钢、弯筋或有可靠依据的其他类型连接件。

答案：A

规范：《钢结构设计标准》第 14.3.1 条图 14.3.1（见图 4-13）。

四、单层工业厂房

【要点】单层工业厂房，一般多是铰接排架结构，抗侧刚度小，结构的冗余量也较小，相对于其他结构形式，震害严重，因此规范对单层工业厂房的结构布置和抗震构造有专门的要求。

（一）单层钢筋混凝土柱厂房

（1）一般规定，本条内容主要适用于装配式单层钢筋混凝土柱厂房。

1）厂房的结构布置应符合下列要求：

① 多跨厂房宜等高和等长，高低跨厂房不宜采用一端开口的结构布置。

② 厂房的贴建房屋和构筑物，不宜布置在厂房角部和紧邻防震缝处。

③ 厂房体型复杂或有贴建的房屋和构筑物时，宜设防震缝；在厂房纵横跨交接处、大柱网厂房或不设柱间支撑的厂房，防震缝宽度可采用 100～150mm，其他情况可采用 50～90mm。

④ 两个主厂房之间的过渡跨至少应有一侧采用防震缝与主厂房脱开。

⑤ 厂房内上起重机的铁梯不应靠近防震缝设置；多跨厂房各跨上起重机的铁梯不宜设置在同一横向轴线附近。

⑥ 厂房内的工作平台、刚性工作间宜与厂房主体结构脱开。

⑦ 厂房的同一结构单元内，不应采用不同的结构形式；厂房端部应设屋架，不应采用山墙承重；厂房单元内不应采用横墙和排架混合承重。

⑧ 厂房柱距宜相等，各柱列的侧移刚度宜均匀，当有抽柱时，应采取抗震加强措施。

注：钢筋混凝土框排架厂房的抗震设计，应符合《抗震规范》附录 H 第 H.1 节的规定。

2）厂房天窗架的设置，应符合下列要求：

① 天窗宜采用突出屋面较小的避风型天窗，有条件或 9 度时宜采用下沉式天窗。

② 突出屋面的天窗宜采用钢天窗架；6～8 度时，可采用矩形截面杆件的钢筋混凝土天窗架。

③ 天窗架不宜从厂房结构单元第一开间开始设置；8 度和 9 度时，天窗架宜从厂房单元端部第三柱间开始设置。

④ 天窗屋盖、端壁板和侧板，宜采用轻型板材；不应采用端壁板代替端天窗架。

【要点】厂房天窗架的设置要求见表 4-42。

厂房天窗架的设置要求　　　　**表 4-42**

厂房天窗架	一般情况	其他
天窗	宜采用突出屋面较小的避风型天窗	有条件或 9 度时宜采用下沉式天窗

续表

厂房天窗架	一般情况	其他
突出屋面的天窗	宜采用钢天窗架	6～8度时，可采用矩形截面杆件的钢筋混凝土天窗架
8度和9度时的天窗架	宜从厂房单元端部第三柱间开始设置	不宜从厂房结构单元第一开间开始设置
天窗屋盖、端壁板和侧板	宜采用轻型板材	不应采用端壁板代替端天窗架

3）厂房屋架的设置应符合下列要求：

① 厂房宜采用钢屋架或重心较低的预应力混凝土、钢筋混凝土屋架。

② 跨度不大于15m时，可采用钢筋混凝土屋面梁。

③ 跨度大于24m，或8度Ⅲ、Ⅳ类场地和9度时，应优先采用钢屋架。

④ 柱距为12m时，可采用预应力混凝土托架（梁）；当采用钢屋架时，亦可采用钢托架（梁）。

⑤ 有突出屋面天窗架的屋盖不宜采用预应力混凝土或钢筋混凝土空腹屋架。

⑥ 8度（0.30g）和9度时，跨度大于24m的厂房不宜采用大型屋面板。

4）厂房柱的设置应符合下列要求：

① 8度和9度时，宜采用矩形、工字形截面柱或斜腹杆双肢柱，不宜采用薄壁工字形柱、腹板开孔工字形柱、预制腹板的工字形柱和管柱。

② 柱底至室内地坪以上500mm范围内和阶形柱的上柱宜采用矩形截面。

5）厂房围护墙、砌体女儿墙的布置、材料选型和抗震构造措施，应符合本节八（二）（非结构构件）的有关规定。

（2）抗震构造措施

1）有檩屋盖构件的连接及支撑布置，应符合下列要求：

① 檩条应与混凝土屋架（屋面梁）焊牢，并应有足够的支承长度。

② 双脊檩应在跨度1/3处相互拉结。

③ 压型钢板应与檩条可靠连接，瓦楞铁、石棉瓦等应与檩条拉结。

④ 支撑布置宜符合《抗震规范》表9.1.15的要求。

2）无檩屋盖构件的连接及支撑布置，应符合下列要求：

① 大型屋面板应与屋架（屋面梁）焊牢，靠柱列的屋面板与屋架（屋面梁）的连接焊缝长度不宜小于80mm。

② 6度和7度时有天窗厂房单元的端开间，或8度和9度时各开间，宜将垂直屋架方向两侧相邻的大型屋面板的顶面彼此焊牢。

③ 8度和9度时，大型屋面板端头底面的预埋件宜采用角钢并与主筋焊牢。

④ 非标准屋面板宜采用装配整体式接头，或将板四角切掉后与屋架（屋面梁）焊牢。

⑤ 屋架（屋面梁）端部顶面预埋件的锚筋，8度时不宜少于4ϕ10，9度时不宜少于4ϕ12。

⑥ 支撑的布置宜符合《抗震规范》表9.1.16-1的要求，有中间井式天窗时宜符合《抗震规范》表9.1.16-2的要求；8度和9度跨度不大于15m的厂房屋盖采用屋面梁时，

可仅在厂房单元两端各设竖向支撑一道；单坡屋面梁的屋盖支撑布置，宜按屋架端部高度大于 900mm 的屋盖支撑布置执行。

3）屋盖支撑尚应符合下列要求：

① 天窗开洞范围内，在屋架脊点处应设上弦通长水平压杆；8 度Ⅲ、Ⅳ类场地和 9 度时，梯形屋架端部上节点应沿厂房纵向设置通长水平压杆。

② 屋架跨中竖向支撑在跨度方向的间距，6～8 度时不大于 15m，9 度时不大于 12m；当仅在跨中设一道时，应设在跨中屋架屋脊处；当设两道时，应在跨度方向均匀布置。

③ 屋架上、下弦通长水平系杆与竖向支撑宜配合设置。

④ 柱距不小于 12m 且屋架间距 6m 的厂房，托架（梁）区段及其相邻开间应设下弦纵向水平支撑。

⑤ 屋盖支撑杆件宜用型钢。

4）突出屋面的混凝土天窗架，其两侧墙板与天窗立柱宜采用螺栓连接。

5）混凝土屋架的截面和配筋，应符合下列要求：

① 屋架上弦第一节间和梯形屋架端竖杆的配筋，6 度和 7 度时不宜少于 4ϕ12，8 度和 9 度时不宜少于 4ϕ14。

② 梯形屋架的端竖杆截面宽度宜与上弦宽度相同。

③ 拱形和折线形屋架上弦端部支撑屋面板的小立柱，截面不宜小于 200mm×200mm，高度不宜大于 500mm，主筋宜采用Π形，6 度和 7 度时不宜少于 4ϕ12，8 度和 9 度时不宜少于 4ϕ14，箍筋可采用 ϕ6，间距不宜大于 100mm。

6）厂房柱间支撑的设置和构造，应符合下列要求：

① 厂房柱间支撑的设置和构造，应符合下列规定：

a. 一般情况下，应在厂房单元中部设置上、下柱间支撑，且下柱支撑应与上柱支撑配套设置；

b. 有起重机或 8 度和 9 度时，宜在厂房单元两端增设上柱支撑；

c. 厂房单元较长或 8 度Ⅲ、Ⅳ类场地和 9 度时，可在厂房单元中部 1/3 区段内设置两道柱间支撑。

② 柱间支撑应采用型钢，支撑形式宜采用交叉式，其斜杆与水平面的交角不宜大于 55°。

③ 支撑杆件的长细比，不应超过表 4-43 的规定：

交叉支撑斜杆的最大长细比 **表 4-43**

位 置	烈 度			
	6 度和 7 度 Ⅰ、Ⅱ类场地	7 度Ⅲ、Ⅳ类场地和 8 度Ⅰ、Ⅱ类场地	8 度Ⅲ、Ⅳ类场地和 9 度Ⅰ、Ⅱ类场地	9 度Ⅲ、Ⅳ类场地
上柱支撑	250	250	200	150
下柱支撑	200	150	120	120

④ 下柱支撑的下节点位置和构造措施，应保证将地震作用直接传给基础；当 6 度和 7 度（0.10g）不能直接传给基础时，应计及支撑对柱和基础的不利影响采取加强措施。

⑤ 交叉支撑在交叉点应设置节点板，其厚度不应小于 10mm，斜杆与交叉节点板应焊接，与端节点板宜焊接。

7）8 度时跨度不小于 18m 的多跨厂房中柱和 9 度时多跨厂房各柱，柱顶宜设置通长水平压杆，此压杆可与梯形屋架支座处通长水平系杆合并设置，钢筋混凝土系杆端头与屋架间的空隙应采用混凝土填实。

【要点】

◆ 有檩屋盖主要指波形瓦（石棉瓦及槽瓦）屋盖，属于轻屋盖；有檩屋盖只要设置保证屋盖整体刚度的支撑体系，屋面瓦与檩条间以及檩条与屋架间拉结牢固，具有一定的抗震能力。

◆ 无檩屋盖指各类不用檩条的钢筋混凝土屋面板及屋架（梁）组成的屋盖，属于重屋盖，应用较多。无檩屋盖通过屋盖支撑将各构件间相互连成整体，保证屋盖具有足够的整体性，是厂房抗震的重要保证。

◆ 当厂房单元较长时或 8 度Ⅲ、Ⅳ类场地和 9 度时，温度应力及纵向地震作用效应较大，在设置一道下柱支撑不能满足要求时，可设置两道下柱支撑，但两道下柱支撑应在厂房单元中部 1/3 区段内设置，不宜设置在厂房端部。同时两道下柱支撑应适当拉开距离，以利于缩短地震作用的传递路线，见图 4-19。

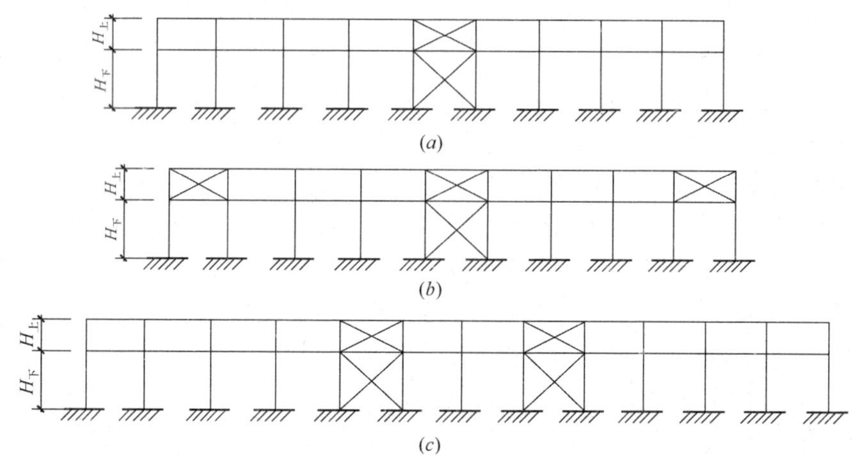

图 4-19　厂房柱间支撑设置

（a）厂房中部设置上、下柱间支撑；（b）厂房单元两端增设上柱支撑；

（c）厂房较长时在房屋中部设置柱间支撑

（二）单层钢结构厂房

钢结构厂房抗震性能好于其他结构厂房，地震作用下，震害不算严重，但也有损坏和坍塌。

1. 一般规定

（1）本条主要适用于钢柱、钢屋架或钢屋面梁承重的单层厂房。

单层的轻型钢结构厂房的抗震设计，应符合专门的规定。

（2）厂房的结构体系应符合下列要求：

1）厂房的横向抗侧力体系，可采用刚接框架、铰接框架、门式刚架或其他结构体系。

厂房的纵向抗侧力体系，8、9度应采用柱间支撑；6、7度宜采用柱间支撑，也可采用刚接框架。

2）厂房内设有桥式起重机时，起重机梁系统的构件与厂房框架柱的连接应能可靠地传递纵向水平地震作用。

3）屋盖应设置完整的屋盖支撑系统。屋盖横梁与柱顶铰接时，宜采用螺栓连接。

（3）厂房的平面布置、钢筋混凝土屋面板和天窗架的设置要求等，可参照本节第四、（一）（单层钢筋混凝土柱厂房）的有关规定。当设置防震缝时，其缝宽不宜小于单层混凝土柱厂房防震缝宽度的1.5倍。

（4）厂房的围护墙板应符合本节第八、（二）小节（非结构构件）的有关规定。

2. 抗震构造措施

（1）厂房的屋盖支撑应符合下列要求：

1）无檩屋盖的支撑系统布置，宜符合表4-44的要求。

无檩屋盖的支撑系统布置　　表4-44

<table>
<tr><th colspan="3" rowspan="2">支撑名称</th><th colspan="3">烈　度</th></tr>
<tr><th>6、7</th><th>8</th><th>9</th></tr>
<tr><td rowspan="5">屋架支撑</td><td colspan="2">上、下弦横向支撑</td><td>屋架跨度小于18m时同非抗震设计；屋架跨度不小于18m时，在厂房单元端开间各设一道</td><td colspan="2">厂房单元端开间及上柱支撑开间各设一道；天窗开洞范围的两端各增设局部上弦支撑一道；当屋架端部支承在屋架上弦时，其下弦横向支撑同非抗震设计</td></tr>
<tr><td colspan="2">上弦通长水平系杆</td><td rowspan="4">同非抗震设计</td><td colspan="2">在屋脊处、天窗架竖向支撑处、横向支撑节点处和屋架两端处设置</td></tr>
<tr><td colspan="2">下弦通长水平系杆</td><td colspan="2">屋架竖向支撑节点处设置；当屋架与柱刚接时，在屋架端节间处按控制下弦平面外长细比不大于150设置</td></tr>
<tr><td rowspan="2">竖向支撑</td><td>屋架跨度小于30m</td><td>厂房单元两端开间及上柱支撑各开间屋架端部各设一道</td><td>同8度，且每隔42m在屋架端部设置</td></tr>
<tr><td>屋架跨度大于等于30m</td><td>厂房单元的端开间，屋架1/3跨度处和上柱支撑开间内的屋架端部设置，并与上、下弦横向支撑相对应</td><td>同8度，且每隔36m在屋架端部设置</td></tr>
<tr><td rowspan="3">纵向天窗架支撑</td><td colspan="2">上弦横向支撑</td><td>天窗架单元两端开间各设一道</td><td colspan="2">天窗架单元端开间及柱间支撑开间各设一道</td></tr>
<tr><td rowspan="2">竖向支撑</td><td>跨中</td><td>跨度不小于12m时设置，其道数与两侧相同</td><td colspan="2">跨度不小于9m时设置，其道数与两侧相同</td></tr>
<tr><td>两侧</td><td>天窗架单元端开间及每隔36m设置</td><td>天窗架单元端开间及每隔30m设置</td><td>天窗架单元端开间及每隔24m设置</td></tr>
</table>

2）有檩屋盖的支撑系统布置，宜符合表4-45要求。

有檩屋盖的支撑系统布置 **表 4-45**

<table>
<tr><th colspan="2" rowspan="2">支撑名称</th><th colspan="3">烈　度</th></tr>
<tr><th>6、7</th><th>8</th><th>9</th></tr>
<tr><td rowspan="5">屋架支撑</td><td>上弦横向支撑</td><td>厂房单元端开间及每隔60m各设一道</td><td>厂房单元端开间及上柱柱间支撑开间各设一道</td><td>同8度，且天窗开洞范围的两端各增设局部上弦横向支撑一道</td></tr>
<tr><td>下弦横向支撑</td><td colspan="3">同非抗震设计；当屋架端部支承在屋架下弦时，同上弦横向支撑</td></tr>
<tr><td>跨中竖向支撑</td><td colspan="2">同非抗震设计</td><td>屋架跨度大于等于30m时，跨中增设一道</td></tr>
<tr><td>两侧竖向支撑</td><td colspan="3">屋架端部高度大于900mm时，厂房单元端开间及柱间支撑开间各设一道</td></tr>
<tr><td>下弦通长水平系杆</td><td>同非抗震设计</td><td colspan="2">屋架两端和屋架竖向支撑处设置；与柱刚接时，屋架端节间处按控制下弦平面外长细比不大于150设置</td></tr>
<tr><td rowspan="2">纵向天窗架支撑</td><td>上弦横向支撑</td><td>天窗架单元两端开间各设一道</td><td>天窗架单元两端开间及每隔54m各设一道</td><td>天窗架单元两端开间及每隔48m各设一道</td></tr>
<tr><td>两侧竖向支撑</td><td>天窗架单元端开间及每隔42m各设一道</td><td>天窗架单元端开间及每隔36m各设一道</td><td>天窗架单元端开间及每隔24m各设一道</td></tr>
</table>

3）当轻型屋盖采用实腹屋面梁、柱刚性连接的刚架体系时，屋盖水平支撑可布置在屋面梁的上翼缘平面。屋面梁下翼缘应设置隅撑侧向支承，隅撑的另一端可与屋面檩条连接。屋盖横向支撑、纵向天窗架支撑的布置可参照无檩屋盖和有檩屋盖的支撑系统布置要求。

4）屋盖纵向水平支撑的布置，尚应符合下列规定：

① 当采用托架支承屋盖横梁的屋盖结构时，应沿厂房单元全长设置纵向水平支撑；

② 对于高低跨厂房，在低跨屋盖横梁端部支承处，应沿屋盖全长设置纵向水平支撑；

③ 纵向柱列局部柱间采用托架支承屋盖横梁时，应沿托架的柱间及向其两侧至少各延伸一个柱间设置屋盖纵向水平支撑；

④ 当设置沿结构单元全长的纵向水平支撑时，应与横向水平支撑形成封闭的水平支撑体系。多跨厂房屋盖纵向水平支撑的间距不宜超过两跨，不得超过三跨；高跨和低跨宜按各自的标高组成相对独立的封闭支撑体系。

5）支撑杆宜采用型钢；设置交叉支撑时，支撑杆的长细比限值可取350。

（2）厂房框架柱的长细比限值应符合《抗震规范》的要求。

（3）厂房框架柱、梁的板件宽厚比应符合《抗震规范》的要求。

注：腹板的宽厚比，可通过设置纵向加劲肋减小。

（4）柱间支撑应符合下列要求：

1）厂房单元的各纵向柱列，应在厂房单元中部布置一道下柱柱间支撑；当7度厂房单元长度大于120m（采用轻型围护材料时为150m）、8度和9度厂房单元大于90m（采用轻型围护材料时为120m）时，应在厂房单元1/3区段内各布置一道下柱支撑；当柱距数不超过5个且厂房长度小于60m时，亦可在厂房单元的两端布置下柱支撑。

上柱柱间支撑应布置在厂房单元两端和具有下柱支撑的柱间。

2）柱间支撑宜采用X形支撑，条件限制时也可采用V形、Λ形及其他形式的支撑。X形支撑斜杆与水平面的夹角、支撑斜杆交叉点的节点板厚度，应符合本节第四、（一）（单层钢筋混凝土柱厂房）的规定。

3）柱间支撑杆件的长细比限值，应符合现行国家标准《钢结构设计标准》GB 50017的规定。

4）柱间支撑宜采用整根型钢，当热轧型钢超过材料最大长度规格时，可采用拼接等强接长。

5）有条件时，可采用消能支撑。

（5）柱脚应能可靠传递柱身承载力，宜采用埋入式、插入式或外包式柱脚，6、7度时也可采用外露式柱脚。柱脚设计应符合下列要求：

1）实腹式钢柱采用埋入式、插入式柱脚的埋入深度，应由计算确定，且不得小于钢柱截面高度的2.5倍。

2）格构式柱采用插入式柱脚的埋入深度，应由计算确定，其最小插入深度不得小于单肢截面高度（或外径）的2.5倍，且不得小于柱总宽度的0.5倍。

3）采用外包式柱脚时，实腹H形截面柱的钢筋混凝土外包高度不宜小于2.5倍的钢结构截面高度，箱形截面柱或圆管截面柱的钢筋混凝土外包高度不宜小于3.0倍的钢结构截面高度或圆管截面直径。

4）当采用外露式柱脚时，柱脚极限承载力不宜小于柱截面塑性屈服承载力的1.2倍。柱脚锚栓不宜用以承受柱底水平剪力，柱底剪力应由钢底板与基础间的摩擦力或设置抗剪键及其他措施承担。柱脚锚栓应可靠锚固。

（三）单层砖柱厂房

砖柱厂房整体性差，震害严重且不易修复，有条件时应尽量选择采用钢筋混凝土柱厂房或钢结构厂房。必须采用时，对适用范围和抗震设计要求有具体规定，详见《抗震规范》第9.3节。

例4-21 设防烈度为8度的单层钢结构厂房，正确的抗侧力结构体系是：

A 横向采用刚接框架，纵向采用铰接框架

B 横向采用铰接框架，纵向采用刚接框架

C 横向采用铰接框架，纵向采用柱间支撑

D 横向采用柱间支撑，纵向采用刚性框架

解析：厂房的横向抗侧力体系，可采用刚接框架、铰接框架、门式刚架或其他结构体系。厂房的纵向抗侧力体系，8、9度应采用柱间支撑；6、7度宜采用柱间支撑，也可采用刚接框架。

钢结构厂房一般纵向均应设置柱间支撑，地震作用主要由支撑承担和传递；采用刚性框架作为主要抗侧力结构承担和传递地震作用的抗震效果差、费用高，很少采用。

答案：C

规范：《抗震规范》第9.2.2条第1款。

五、空旷房屋和大跨屋盖建筑

（一）单层空旷房屋

单层空旷房屋指的是有较空旷的单层大厅和附属房屋组成的公共建筑。

1. 一般规定

（1）本条适用于较空旷的单层大厅和附属房屋组成的公共建筑。

（2）大厅、前厅、舞台之间，不宜设防震缝分开；大厅与两侧附属房屋之间可不设防震缝。但不设缝时应加强连接。

（3）单层空旷房屋大厅屋盖的承重结构，在下列情况下不应采用砖柱：

1）7 度（0.15*g*）、8 度、9 度时的大厅。

2）大厅内设有挑台。

3）7 度（0.10*g*）时，大厅跨度大于 12m 或柱顶高度大于 6m。

4）6 度时，大厅跨度大于 15m 或柱顶高度大于 8m。

（4）单层空旷房屋大厅屋盖的承重结构，除上面第（3）条的规定之外，可在大厅纵墙屋架支点下增设钢筋混凝土-砖组合壁柱，不得采用无筋砖壁柱。

（5）前厅结构布置应加强横向的侧向刚度，大门处壁柱和前厅内独立柱应采用钢筋混凝土柱。

（6）前厅与大厅、大厅与舞台连接处的横墙，应加强侧向刚度，设置一定数量的钢筋混凝土抗震墙。

（7）大厅部分其他要求可参照本节四（单层工业厂房），附属房屋应符合《抗震规范》的有关规定。

2. 抗震构造措施

（1）大厅的屋盖构造，应符合本节四（单层工业厂房）的规定。

（2）大厅的钢筋混凝土柱和组合砖柱应符合下列要求：

1）组合砖柱纵向钢筋的上端应锚入屋架底部的钢筋混凝土圈梁内。

2）钢筋混凝土柱应按抗震等级不低于二级的框架柱设计，其配筋量应按计算确定。

（3）前厅与大厅，大厅与舞台间轴线上横墙，应符合下列要求：

1）应在横墙两端，纵向梁支点及大洞口两侧设置钢筋混凝土框架柱或构造柱。

2）嵌砌在框架柱间的横墙应有部分设计成抗震等级不低于二级的钢筋混凝土抗震墙。

3）舞台口的柱和梁应采用钢筋混凝土结构，舞台口大梁上承重砌体墙应设置间距不大于 4m 的立柱和间距不大于 3m 的圈梁，立柱、圈梁的截面尺寸、配筋及与周围砌体的拉结应符合多层砌体房屋的要求。

4）9 度时，舞台口大梁上的墙体应采用轻质隔墙。

（4）大厅柱（墙）顶标高处应设置现浇圈梁，并宜沿墙高每隔 3m 左右增设一道圈梁。梯形屋架端部高度大于 900mm 时还应在上弦标高处增设一道圈梁。圈梁的截面高度不宜小于 180mm，宽度宜与墙厚相同，纵筋不应少于 4ϕ12，箍筋间距不宜大于 200mm。

（5）大厅与两侧附属房屋间不设防震缝时，应在同一标高处设置封闭圈梁并在交接处拉通，墙体交接处应沿墙高每隔 400mm 在水平灰缝内设置拉结钢筋网片，且每边伸入墙内不宜小于 1m。

（6）悬挑式挑台应有可靠的锚固和防止倾覆的措施。

（7）山墙应沿屋面设置钢筋混凝土卧梁，并应与屋盖构件锚拉；山墙应设置钢筋混凝土柱或组合柱，其截面和配筋分别不宜小于排架柱或纵墙组合柱，并应通到山墙的顶端与卧梁连接。

（8）舞台后墙，大厅与前厅交接处的高大山墙，应利用工作平台或楼层作为水平支撑。

【要点】

◆ 前厅与大厅、大厅与舞台之间的墙体是单层空旷房屋的主要抗侧力构件，承担横向地震作用，因此应根据抗震设防烈度及房屋的跨度、高度等因素，设置一定数量的抗震墙。

◆ 舞台口梁为悬梁，上部支承有舞台上的屋架，受力复杂，在地震作用下破坏较多。因此舞台口墙要加强与大厅屋盖体系的拉结，用钢筋混凝土墙体、立柱和水平圈梁来加强自身的整体性和稳定性。9 度时不应采用舞台口砌体墙承重。

◆ 大厅四周的墙体一般较高，需增设多道水平圈梁来加强整体性和稳定性。特别是墙顶标高处的圈梁更为重要。

◆ 大厅与两侧的附属房屋之间一般不设防震缝，其交接处受力较大，要加强连接，以增加房屋整体性。

（二）大跨屋盖建筑

《抗震规范》适用的大跨屋盖建筑是指与传统板式、梁板式屋盖结构相区别，且有更大跨越能力的屋盖体系，包括：拱、平面桁架、立体桁架、网架、网壳、张弦梁、弦支穹顶等基本形式，以及由这些基本形式组合而成的结构，不应单从跨度大小的角度来理解大跨屋盖建筑结构。

1. 一般规定

（1）本条适用于采用拱、平面桁架、立体桁架、网架、网壳、张弦梁、弦支穹顶等基本形式及其组合而成的大跨度钢屋盖建筑。

采用非常用形式以及跨度大于 120m、结构单元长度大于 300m 或悬挑长度大于 40m 的大跨钢屋盖建筑的抗震设计，应进行专门研究和论证，采取有效的加强措施。

（2）屋盖及其支承结构的选型和布置，应符合下列各项要求：

1）应能将屋盖的地震作用有效地传递到下部支承结构。

2）应具有合理的刚度和承载力分布，屋盖及其支承的布置宜均匀对称。

3）宜优先采用两个水平方向刚度均衡的空间传力体系。

4）结构布置宜避免因局部削弱或突变形成薄弱部位，产生过大的内力、变形集中。对于可能出现的薄弱部位，应采取措施提高其抗震能力。

5）宜采用轻型屋面系统。

6）下部支承结构应合理布置，避免使屋盖产生过大的地震扭转效应。

（3）屋盖体系的结构布置，尚应分别符合下列要求：

1）单向传力体系的结构布置，应符合下列规定：

① 主结构（桁架、拱、张弦梁）间应设置可靠的支撑，保证垂直于主结构方向的水平地震作用的有效传递；

② 当桁架支座采用下弦节点支承时，应在支座间设置纵向桁架或采取其他可靠措施，防止桁架在支座处发生平面外扭转。

2）空间传力体系的结构布置，应符合下列规定：

① 平面形状为矩形且三边支承一边开口的结构，其开口边应加强，保证足够的刚度；

② 两向正交正放网架、双向张弦梁，应沿周边支座设置封闭的水平支撑；

③ 单层网壳应采用刚接节点。

注：单向传力体系指平面拱、单向平面桁架、单向立体桁架、单向张弦梁等结构形式；空间传力体系指网架、网壳、双向立体桁架、双向张弦梁和弦支穹顶等结构形式，见表4-46。

大跨屋盖传力体系的结构形式 **表4-46**

单向传力体系	平面拱	单向平面桁架	单向立体桁架	单向张弦梁等
空间传力体系	网架	网壳	双向立体桁架	双向张弦梁、弦支穹顶等

【要点】

◆单向传力体系的抗震薄弱环节在垂直于主结构（桁架、张弦梁）方向的水平地震作用传递以及主结构的平面外稳定性，设置可靠的屋盖支撑是重要的抗震措施。

◆空间传力结构体系具有良好的整体性和空间受力的特点，抗震性能优于单向传力体系。

（4）当屋盖分区域采用不同的结构形式时，交界区域的杆件和节点应加强；也可设置防震缝，缝宽不宜小于150mm。

（5）屋面围护系统、吊顶及悬吊物等非结构构件应与结构可靠连接，其抗震措施应符合本节八（非结构构件）的有关规定。

2. 抗震构造措施

（1）屋盖钢杆件的长细比宜符合表4-47的规定：

钢杆件的长细比限值表 **表4-47**

杆件类型	受　拉	受　压	压　弯	拉　弯
一般杆件	250	180	150	250
关键杆件	200	150（120）	150（120）	200

注：1. 括号内数值用于8、9度；

2. 表列数据不适用于拉索等柔性构件。

【要点】杆件长细比限值参考了《钢结构设计规范》和《空间网格结构技术规程》的相关规定，并做了适当加强。应一并对照复习，理解长细比的概念。

（2）屋盖构件节点的抗震构造应符合下列要求：

1）采用节点板连接各杆件时，节点板的厚度不宜小于连接杆件最大壁厚的1.2倍。

2）采用相贯节点时，应将内力较大方向的杆件直通。直通杆件的壁厚不应小于焊于其上各杆件的壁厚。

3）采用焊接球节点时，球体的壁厚不应小于相连杆件最大壁厚的1.3倍。

4）杆件宜相交于节点中心。

（3）支座的抗震构造应符合下列要求：

1）应具有足够的强度和刚度，在荷载作用下不应先于杆件和其他节点破坏，也不得产生不可忽略的变形。支座节点构造形式应传力可靠、连接简单，并符合计算假定。

2）对于水平可滑动的支座，应保证屋盖在罕遇地震下的滑移不超出支承面，并应采取限位措施。

3）8、9度时，多遇地震下只承受竖向压力的支座，宜采用拉压型构造。

（4）屋盖结构采用隔震及减震支座时，其性能参数、耐久性及相关构造应符合本节七

（隔震和消能减震设计）的有关规定。

例 4-22 关于抗震设计的大跨度屋盖及其支承结构选型和布置的说法，正确的是：

A 宜采用整体性较好的刚性屋面系统

B 宜优先采用两个水平方向刚度均衡的空间传力体系

C 采用常用的结构形式，当跨度大于 60m 时，应进行专门研究和论证

D 下部支承结构布置不应对屋盖结构产生地震扭转效应

解析： 宜优先采用两个水平方向刚度均衡的空间传力体系。

答案： B

规范：《抗震规范》第 10.2.1 条、第 10.2.2 条第 3、5、6 款。

六、土、木、石结构房屋

（一）一般规定

（1）土、木、石结构房屋的建筑、结构布置应符合下列要求：

1）房屋的平面布置应避免拐角或突出。

2）纵横向承重墙的布置宜均匀对称，在平面内宜对齐，沿竖向应上下连续；在同一轴线上，窗间墙的宽度宜均匀。

3）多层房屋的楼层不应错层，不应采用板式单边悬挑楼梯。

4）不应在同一高度内采用不同材料的承重构件。

5）屋檐外挑梁上不得砌筑砌体。

（2）木楼、屋盖房屋应在下列部位采取拉结措施：

1）两端开间屋架和中间隔开间屋架应设置竖向剪刀撑；

2）在屋檐高度处应设置纵向通长水平系杆，系杆应采用墙揽与各道横墙连接或与木梁、屋架下弦连接牢固；纵向水平系杆端部宜采用木夹板对接，墙揽可采用方木、角铁等材料；

3）山墙、山尖墙应采用墙揽与木屋架、木构架或檩条拉结；

4）内隔墙墙顶应与梁或屋架下弦拉结。

（3）木楼、屋盖构件的支承长度应不小于表 4-48 的规定：

木楼、屋盖构件的最小支承长度（mm） **表 4-48**

构件名称	木屋架、木梁	对接木龙骨、木檩条		搭接木龙骨、木檩条
位置	墙上	屋架上	墙上	屋架上、墙上
支承长度与连接方式	240（木垫板）	60（木夹板与螺栓）	120（木夹板与螺栓）	满搭

（4）门窗洞口过梁的支承长度，6～8 度时不应小于 240mm，9 度时不应小于 360mm。

（5）当采用冷摊瓦屋面时，底瓦的弧边两角宜设置钉孔，可采用铁钉与椽条钉牢；盖瓦与底瓦宜采用石灰或水泥砂浆压垄等做法与底瓦粘结牢固。

（6）土木石房屋突出屋面的烟囱、女儿墙等易倒塌构件的出屋面高度，6、7 度时不应大于 600mm；8 度（0.20g）时不应大于 500mm；8 度（0.30g）和 9 度时不应大于 400mm。并应采取拉结措施。

注：坡屋面上的烟囱高度由烟囱的根部上沿算起。

（7）土木石房屋的结构材料应符合下列要求：

1）木构件应选用干燥、纹理直、节疤少、无腐朽的木材。

2）生土墙体土料应选用杂质少的黏性土。

3）石材应质地坚实，无风化、剥落和裂纹。

（8）土木石房屋的施工应符合下列要求：

1）HPB300 钢筋端头应设置 180°弯钩。

2）外露铁件应做防锈处理。

（二）生土房屋

（1）本条适用于 6 度、7 度（0.10g）未经焙烧的土坯、灰土和夯土承重墙体的房屋及土窑洞、土拱房。

注：① 灰土墙指掺石灰（或其他粘结材料）的土筑墙和掺石灰土坯墙；

② 土窑洞指未经扰动的原土中开挖而成的崖窑。

（2）生土房屋的高度和承重横墙墙间距应符合下列要求：

1）生土房屋宜建单层，灰土墙房屋可建二层，但总高度不应超过 6m。

2）单层生土房屋的檐口高度不宜大于 2.5m。

3）单层生土房屋的承重横墙间距不宜大于 3.2m。

4）窑洞净跨不宜大于 2.5m。

（3）生土房屋的屋盖应符合下列要求：

1）应采用轻屋面材料。

2）硬山搁檩房屋宜采用双坡屋面或弧形屋面，檩条支承处应设垫木；端檩应出檐，内墙上檩条应满搭或采用夹板对接和燕尾榫加扒钉连接。

3）木屋盖各构件应采用圆钉、扒钉、钢丝等相互连接。

4）木屋架、木梁在外墙上宜满搭，支承处应设置木圈梁或木垫板；木垫板的长度、宽度和厚度分别不宜小于 500mm、370mm 和 60mm；木垫板下应铺设砂浆垫层或黏土石灰浆垫层。

（4）生土房屋的承重墙体应符合下列要求：

1）承重墙体门窗洞口的宽度，6、7 度时不应大于 1.5m。

2）门窗洞口宜采用木过梁；当过梁由多根木杆组成时，宜采用木板、扒钉、铅丝等将各根木杆连接成整体。

3）内外墙体应同时分层交错夯筑或咬砌。外墙四角和内外墙交接处，应沿墙高每隔 500mm 左右放置一层竹筋、木条、荆条等编织的拉结网片，每边伸入墙体应不小于 1000mm 或至门窗洞边，拉结网片在相交处应绑扎；或采取其他加强整体性的措施。

（5）各类生土房屋的地基应夯实，应采用毛石、片石、凿开的卵石或普通砖基础，基础墙应采用混合砂浆或水泥砂浆砌筑。外墙宜做墙裙防潮处理（墙脚宜设防潮层）。

（6）土坯宜采用黏性土湿法成型并宜掺入草苇等拉结材料；土坯应卧砌并宜采用黏土

浆或黏土石灰浆砌筑。

(7) 灰土墙房屋应每层设置圈梁，并在横墙上拉通；内纵墙顶面宜在山尖墙两侧增砌踏步式墙垛。

(8) 土拱房应多跨连接布置，各拱脚均应支承在稳固的崖体上或支承在人工土墙上；拱圈厚度宜为 300～400mm，应支模砌筑，不应后倾贴砌；外侧支承墙和拱圈上不应布置门窗。

(9) 土窑洞应避开易产生滑坡、山崩的地段；开挖窑洞的崖体应土质密实、土体稳定、坡度较平缓、无明显的竖向节理；崖窑前不宜接砌土坯或其他材料的前脸；不宜开挖层窑，否则应保持足够的间距，且上、下不宜对齐。

(三) 木结构房屋

(1) 本节适用于 6～9 度的穿斗木构架、木柱木屋架和木柱木梁等房屋。

(2) 木结构房屋不应采用木柱与砖柱或砖墙等混合承重；山墙应设置端屋架（木梁），不得采用硬山搁檩。

(3) 木结构房屋的高度应符合下列要求：

1) 木柱木屋架和穿斗木构架房屋，6～8 度时不宜超过二层，总高度不宜超过 6m；9 度时宜建单层，高度不应超过 3.3m。

2) 木柱木梁房屋宜建单层，高度不宜超过 3m。

(4) 礼堂、剧院、粮仓等较大跨度的空旷房屋，宜采用四柱落地的三跨木排架。

(5) 木屋架屋盖的支撑布置，应符合本节四、(三)（单层砖柱厂房）的有关规定但房屋两端的屋架支撑，应设置在端开间。

(6) 木柱木屋架和木柱木梁房屋应在木柱与屋架（或梁）间设置斜撑；横隔墙较多的居住房屋应在非抗震隔墙内设斜撑；斜撑宜采用木夹板，并应通到屋架的上弦。

(7) 穿斗木构架房屋的横向和纵向均应在木柱的上、下柱端和楼层下部设置穿枋，并应在每一纵向柱列间设置 1～2 道剪刀撑或斜撑。

(8) 木结构房屋的构件连接，应符合下列要求：

1) 柱顶应有暗榫插入屋架下弦，并用 U 形铁件连接；8、9 度时，柱脚应采用铁件或其他措施与基础锚固。柱础埋入地面以下的深度不应小于 200mm。

2) 斜撑和屋盖支撑结构，均应采用螺栓与主体构件相连接；除穿斗木构件外，其他木构件宜采用螺栓连接。

3) 椽与檩的搭接处应满钉，以增强屋盖的整体性。木构架中，宜在柱檐口以上沿房屋纵向设置竖向剪刀撑等措施，以增强纵向稳定性。

(9) 木构件应符合下列要求：

1) 木柱的梢径不宜小于 150mm；应避免在柱的同一高度处纵横向同时开槽，且在柱的同一截面开槽面积不应超过截面总面积的 1/2。

2) 柱子不能有接头。

3) 穿枋应贯通木构架各柱。

(10) 围护墙应符合下列要求：

1) 围护墙与木柱的拉结应符合下列要求：

① 沿墙高每隔 500mm 左右，应采用 8 号钢丝将墙体内的水平拉结筋或拉结网片与木

柱拉结；

② 配筋砖圈梁、配筋砂浆带与木柱应采用 $\phi 6$ 钢筋或 8 号钢丝拉结。

2）土坯砌筑的围护墙，洞口宽度应符合本章（二）小节的要求。砖等砌筑的围护墙，横墙和内纵墙上的洞口宽度不宜大于 1.5m，外纵墙上的洞口宽度不宜大于 1.8m 或开间尺寸的一半。

3）土坯、砖等砌筑的围护墙不应将木柱完全包裹，应贴砌在木柱外侧。

例 4-23 地震区轻型木结构房屋梁与柱的连接做法，正确的是：

A 螺栓连接　　B 钢钉连接

C 齿连接　　D 榫式连接

解析：轻型木结构构件之间应有可靠连接，主要是钉连接。有抗震设防要求的轻型木结构，连接中关键部位应采用螺栓连接。

答案：A

规范：《抗震规范》第 11.3.8 条第 2 款。

（四）石结构房屋

（1）本条适用于 6～8 度，砂浆砌筑的料石砌体（包括有垫片或无垫片）承重的房屋。

（2）多层石砌体房屋的总高度和层数不应超过表 4-49 的规定。

多层石砌体房屋总高度（m）和层数限值　　表 4-49

墙体类别	烈度					
	6		7		8	
	高度	层数	高度	层数	高度	层数
细、半细料石砌体（无垫片）	16	五	13	四	10	三
粗料石及毛料石砌体（有垫片）	13	四	10	三	7	二

注：1. 房屋总高度的计算同本书表 4-25 注；

2. 横墙较少的房屋，总高度应降低 3m，层数相应减少一层。

（3）多层石砌体房屋的层高不宜超过 3m。

（4）多层石砌体房屋的抗震横墙间距，不应超过表 4-50 的规定。

多层石砌体房屋的抗震横墙间距（m）　　表 4-50

楼、屋盖类型	烈度		
	6	7	8
现浇及装配整体式钢筋混凝土	10	10	7
装配式钢筋混凝土	7	7	4

（5）多层石砌体房屋，宜采用现浇或装配整体式钢筋混凝土楼、屋盖。

（6）石墙的截面抗震验算，可参照《抗震规范》第 7.2 节；其抗剪强度应根据试验数据确定。

（7）多层石砌体房屋应在外墙四角、楼梯间四角和每开间的内外墙交接处设置钢筋混凝土构造柱。

(8) 抗震横墙洞口的水平截面面积，不应大于全截面面积的1/3。

(9) 每层的纵横墙均应设置圈梁，其截面高度不应小于120mm，宽度宜与墙厚相同，纵向钢筋不应小于4ϕ10，箍筋间距不宜大于200mm。

(10) 无构造柱的纵横墙交接处，应采用条石无垫片砌筑，且应沿墙高每隔500mm设置拉结钢筋网片，每边每侧伸入墙内不宜小于1m。

(11) 不应采用石板作为承重构件。

(12) 其他有关抗震构造措施要求，参照本节二、(多层砌体房屋和底部框架砌体房屋) 的相关规定。

七、隔震和消能减震设计

(一) 一般规定

(1) 本条适用于设置隔震层以隔离水平地震动的房屋隔震设计，以及设置消能部件吸收与消耗地震能量的房屋消能减震设计。

采用隔震和消能减震设计的建筑结构，应符合《抗震规范》第3.8.1条的规定，其抗震设防目标应符合《抗震规范》第3.8.2条的规定。

注：① 本节隔震设计指在房屋基础、底部或下部结构与上部结构之间设置由橡胶隔震支座和阻尼装置等部件组成具有整体复位功能的隔震层，以延长整个结构体系的自振周期，减少输入上部结构的水平地震作用，达到预期防震要求。

② 消能减震设计指在房屋结构中设置消能器，通过消能器的相对变形和相对速度提供附加阻尼，以消耗输入结构的地震能量，达到预期防震减震要求。

(2) 建筑结构隔震设计和消能减震设计确定设计方案时，除应符合《抗震规范》第3.5.1条的规定外，尚应与采用抗震设计的方案进行对比分析。

(3) 建筑结构采用隔震设计时应符合下列各项要求：

1) 结构高宽比宜小于4，且不应大于相关规范规程对非隔震结构的具体规定，其变形特征接近剪切变形，最大高度应满足本规范非隔震结构的要求；高宽比大于4或非隔震结构相关规定的结构采用隔震设计时，应进行专门研究。

2) 建筑场地宜为Ⅰ、Ⅱ、Ⅲ类，并应选用稳定性较好的基础类型。

3) 风荷载和其他非地震作用的水平荷载标准值产生的总水平力不宜超过结构总重力的10%。

4) 隔震层应提供必要的竖向承载力、侧向刚度和阻尼；穿过隔震层的设备配管、配线，应采用柔性连接或其他有效措施以适应隔震层的罕遇地震水平位移。

(4) 消能减震设计可用于钢、钢筋混凝土、钢-混凝土混合等结构类型的房屋。

消能部件应对结构提供足够的附加阻尼，尚应根据其结构类型分别符合《抗震规范》相应章节的设计要求。

(5) 隔震和消能减震设计时，隔震装置和消能部件应符合下列要求：

1) 隔震装置和消能部件的性能参数应经试验确定。

2) 隔震装置和消能部件的设置部位，应采取便于检查和替换的措施。

3) 设计文件上应注明对隔震装置和消能部件的性能要求，安装前应按规定进行检测，确保性能符合要求。

（6）建筑结构的隔震设计和消能减震设计，尚应符合相关专门标准的规定；也可按抗震性能目标的要求进行性能化设计。

（二）隔震结构的隔震措施

隔震结构的隔震措施应符合下列规定：

（1）隔震结构应采取不阻碍隔震层在罕遇地震下发生大变形的下列措施：

1）上部结构的周边应设置竖向隔离缝，缝宽不宜小于各隔震支座在罕遇地震下的最大水平位移的1.2倍且不小于200mm。对两相邻隔震结构，其缝宽取最大水平位移值之和，且不小于400mm。

2）上部结构与下部结构之间，应设置完全贯通的水平隔离缝，缝高可取20mm，并用柔性材料填充；当设置水平隔离缝确有困难时，应设置可靠的水平滑移层。

3）穿越隔震层的门廊、楼梯、电梯、车道等部位，应防止可能的碰撞。

（2）隔震层以上结构的抗震措施，当水平向减震系数大于0.40时（设置阻尼器时为0.38）不应降低非隔震时的有关要求；水平向减震系数不大于0.40时（设置阻尼器时为0.38），可适当降低前述章节中对非隔震建筑的要求，但烈度降低不得超过1度，与抵抗竖向地震作用有关的抗震构造措施不应降低。此时，对砌体结构，可按《建筑抗震设计规范》GB 50011—2010（2016年版）附录L采取抗震构造措施。

注：与抵抗竖向地震作用有关的抗震措施，对钢筋混凝土结构，指墙、柱的轴压比规定；对砌体结构，指外墙尽端墙体的最小尺寸和圈梁的有关规定。

（3）隔震层与上部结构的连接，应符合下列规定：

1）隔震层顶部应设置梁板式楼盖，且应符合下列要求：

① 隔震支座的相关部位应采用现浇混凝土梁板结构，现浇板厚度不应小于160mm；

② 隔震层顶部梁、板的刚度和承载力，宜大于一般楼盖的刚度和承载力；

③ 隔震支座附近的梁、柱应计算冲切和局部承压，加密箍筋并根据需要配置网状钢筋。

2）隔震支座和阻尼装置的连接构造，应符合下列要求：

① 隔震支座和阻尼装置应安装在便于维护人员接近的部位；

② 隔震支座与上部结构、下部结构之间的连接件，应能传递罕遇地震下支座的最大水平剪力和弯矩；

③ 外露的预埋件应有可靠的防锈措施。预埋件的锚固钢筋应与钢板牢固连接，锚固钢筋的锚固长度宜大于20倍锚固钢筋直径，且不应小于250mm。

八、非结构构件

（一）一般规定

（1）本条主要适用于非结构构件与建筑结构的连接。非结构构件包括持久性的建筑非结构构件和支承于建筑结构的附属机电设备。

注：① 建筑非结构构件指建筑中除承重骨架体系以外的固定构件和部件，主要包括非承重墙体，附着于楼面和屋面结构的构件、装饰构件和部件、固定于楼面的大型储物架等。

② 建筑附属机电设备指为现代建筑使用功能服务的附属机械、电气构件、部件和系统，主要包括电梯、照明和应急电源、通信设备，管道系统，采暖和空气调节系统，烟火监测和消防系统，公用天线等。

（2）非结构构件应根据所属建筑的抗震设防类别和非结构地震破坏的后果及其对整个建筑结构影响的范围，采取不同的抗震措施，达到相应的性能化设计目标。

建筑非结构构件和建筑附属机电设备实现抗震性能化设计目标的某些方法可按《抗震规范》附录 M 第 M.2 节执行。

（3）当抗震要求不同的两个非结构构件连接在一起时，应按较高的要求进行抗震设计。其中一个非结构构件连接损坏时，应不致引起与之相连接的有较高要求的非结构构件失效。

（4）非结构构件应根据所属建筑的抗震设防类别和非结构构件地震破坏的后果及其对整个建筑结构影响的范围，划分为下列功能级别：

1）一级，地震破坏后可能导致甲类建筑使用功能的丧失或危及乙类、丙类建筑中的人员生命安全；

2）二级，地震破坏后可能导致乙类、丙类建筑的使用功能丧失或危及丙类建筑中的人员安全；

3）三级，除一、二级及丁类建筑以外的非结构构件。

注：《非结构构件抗震设计规范》JGJ 339—2015

（二）建筑非结构构件的基本抗震措施

（1）建筑结构中，设置连接幕墙、围护墙、隔墙、女儿墙、雨篷、商标、广告牌、顶棚支架、大型储物架等建筑非结构构件的预埋件、锚固件的部位，应采取加强措施，以承受建筑非结构构件传给主体结构的地震作用。

（2）非承重墙体的材料、选型和布置，应根据烈度、房屋高度、建筑体型、结构层间变形、墙体自身抗侧力性能的利用等因素，经综合分析后确定，并应符合下列要求：

1）非承重墙体宜优先采用轻质墙体材料；采用砌体墙时，应采取措施减少对主体结构的不利影响，并应设置拉结筋、水平系梁、圈梁、构造柱等与主体结构可靠拉结。

2）刚性非承重墙体的布置，应避免使结构形成刚度和强度分布上的突变；当围护墙非对称均匀布置时，应考虑质量和刚度的差异对主体结构抗震不利的影响。

3）墙体与主体结构应有可靠的拉结，应能适应主体结构不同方向的层间位移；8、9度时应具有满足层间变位的变形能力，与悬挑构件相连接时，尚应具有满足节点转动引起的竖向变形的能力。

4）外墙板的连接件应具有足够的延性和适当的转动能力，宜满足在设防地震下主体结构层间变形的要求。

5）砌体女儿墙在人流出入口和通道处应与主体结构锚固；非出入口无锚固的女儿墙高度，6～8 度时不宜超过 0.5m，9 度时应有锚固。防震缝处女儿墙应留有足够的宽度，缝两侧的自由端应予以加强。

（3）多层砌体结构中，非承重墙体等建筑非结构构件应符合下列要求：

1）后砌的非承重隔墙应沿墙高每隔 500～600mm 配置 2ϕ6 拉结钢筋与承重墙或柱拉结，每边伸入墙内不应少于 500mm；8 度和 9 度时，长度大于 5m 的后砌隔墙，墙顶尚应与楼板或梁拉结，独立墙肢端部及大门洞边宜设钢筋混凝土构造柱。

2）烟道、风道、垃圾道等不应削弱墙体；当墙体被削弱时，应对墙体采取加强措施；不宜采用无竖向配筋的附墙烟囱或出屋面的烟囱。

3）不应采用无锚固的钢筋混凝土预制挑檐。

（4）钢筋混凝土结构中的砌体填充墙，尚应符合下列要求：

1）填充墙在平面和竖向的布置，宜均匀对称，宜避免形成薄弱层或短柱。

2）砌体的砂浆强度等级不应低于 M5；实心块体的强度等级不宜低于 MU2.5，空心块体的强度等级不宜低于 MU3.5；墙顶应与框架梁密切结合。

3）填充墙应沿框架柱全高每隔 500～600mm 设 2ϕ6 拉筋，拉筋伸入墙内的长度，6、7 度时宜沿墙全长贯通，8、9 度时应全长贯通。

4）墙长大于 5m 时，墙顶与梁宜有拉结；墙长超过 8m 或层高 2 倍时，宜设置钢筋混凝土构造柱；墙高超过 4m 时，墙体半高宜设置与柱连接且沿墙全长贯通的钢筋混凝土水平系梁。

5）楼梯间和人流通道的填充墙，尚应采用钢丝网砂浆面层加强。

（5）单层钢筋混凝土柱厂房的围护墙和隔墙，尚应符合下列要求：

1）厂房的围护墙宜采用轻质墙板或钢筋混凝土大型墙板，砌体围护墙应采用外贴式并与柱可靠拉结；外侧柱距为 12m 时应采用轻质墙板或钢筋混凝土大型墙板。

2）刚性围护墙沿纵向宜均匀对称布置，不宜一侧为外贴式，另一侧为嵌砌式或开敞式；不宜一侧采用砌体墙，一侧采用轻质墙板。

3）不等高厂房的高跨封墙和纵横向厂房交接处的悬墙宜采用轻质墙板，6、7 度采用砌体时不应直接砌在低跨屋面上。

4）砌体围护墙在下列部位应设置现浇钢筋混凝土圈梁：

① 梯形屋架端部上弦和柱顶的标高处应各设一道，但屋架端部高度不大于 900mm 时可合并设置；

② 应按上密下稀的原则每隔 4m 左右在窗顶增设一道圈梁，不等高厂房的高低跨封墙和纵墙跨交接处的悬墙，圈梁的竖向间距不应大于 3m；

③ 山墙沿屋面应设钢筋混凝土卧梁，并应与屋架端部上弦标高处的圈梁连接。

5）圈梁的构造应符合下列规定：

① 圈梁宜闭合，圈梁截面宽度宜与墙厚相同，截面高度不应小于 180mm。

② 厂房转角处柱顶圈梁在端开间范围内的纵筋按规范要求设置。

③ 圈梁应与柱或屋架牢固连接，山墙卧梁应与屋面板拉结；防震缝处圈梁与柱或屋架的拉结宜加强。

6）墙梁宜采用现浇，当采用预制墙梁时，梁底应与砖墙顶面牢固拉结并应与柱锚拉；厂房转角处相邻的墙梁，应相互可靠连接。

7）砌体隔墙与柱宜脱开或柔性连接，并应采取措施使墙体稳定，隔墙顶部应设现浇钢筋混凝土压顶梁。

8）砖墙的基础，8 度Ⅲ、Ⅳ类场地和 9 度时，预制基础梁应采用现浇接头；当另设条形基础时，在柱基础顶面标高处应设置连续的现浇钢筋混凝土圈梁。

9）砌体女儿墙高度不宜大于 1m，且应采取措施防止地震时倾倒。

（6）钢结构厂房的围护墙，应符合下列要求：

1）厂房的围护墙，应优先采用轻型板材，预制钢筋混凝土墙板宜与柱柔性连接；9 度时宜采用轻型板材。

2）单层厂房的砌体围护墙应贴砌并与柱拉结，尚应采取措施使墙体不妨碍厂房柱列沿纵向的水平位移；8、9 度时不应采用嵌砌式。

（7）各类顶棚的构件与楼板的连接件，应能承受顶棚、悬挂重物和有关机电设施的自重和地震附加作用；其锚固的承载力应大于连接件的承载力。

（8）悬挑雨篷或一端由柱支承的雨篷，应与主体结构可靠连接。

（9）玻璃幕墙、预制墙板、附属于楼屋面的悬臂构件和大型储物架的抗震构造，应符合相关专门标准的规定。

（三）建筑附属机电设备支架的基本抗震措施

（1）附属于建筑的电梯、照明和应急电源系统、烟火监测和消防系统、采暖和空气调节系统、通信系统、公用天线等与建筑结构的连接构件和部件的抗震措施，应根据设防烈度、建筑使用功能、房屋高度、结构类型和变形特征、附属设备所处的位置和运转要求等经综合分析后确定。

（2）下列附属机电设备的支架可不考虑抗震设防要求：

1）重力不超过 1.8kN 的设备。

2）内径小于 25mm 的燃气管道和内径小于 60mm 的电气配管。

3）矩形截面面积小于 0.38m^2 和圆形直径小于 0.70m 的风管。

4）吊杆计算长度不超过 300mm 的吊杆悬挂管道。

（3）建筑附属机电设备不应设置在可能导致其使用功能发生障碍等二次灾害的部位；对于有隔振装置的设备，应注意其强烈振动对连接件的影响，并防止设备和建筑结构发生谐振现象。

建筑附属机电设备的支架应具有足够的刚度和强度；其与建筑结构应有可靠的连接和锚固，应使设备在遭遇设防烈度地震影响后能迅速恢复运转。

（4）管道、电缆、通风管和设备的洞口设置，应减少对主要承重结构构件的削弱；洞口边缘应有补强措施。

管道和设备与建筑结构的连接，应能允许二者间有一定的相对变位。

（5）建筑附属机电设备的基座或连接件应能将设备承受的地震作用全部传递到建筑结构上。建筑结构中，用以固定建筑附属机电设备预埋件、锚固件的部位，应采取加强措施，以承受附属机电设备传给主体结构的地震作用。

（6）建筑内的高位水箱应与所在的结构构件可靠连接；且应计及水箱及所含水重对建筑结构产生的地震作用效应。

（7）在设防地震下需要连续工作的附属设备，宜设置在建筑结构地震反应较小的部位；相关部位的结构构件应采取相应的加强措施。

例 4-24 用于框架填充内墙的轻集料混凝土空心砌块和砂浆的强度等级不宜低于：

A 砌块 MU5，砂浆 M5　　B 砌块 MU5，砂浆 M3.5

C 砌块 MU3.5，砂浆 M5　　D 砌块 MU3.5，砂浆 M3.5

解析： 钢筋混凝土结构中的砌体填充墙，砌体的砂浆强度等级不应低于 M5；填充墙实心块体的强度等级不宜低于 MU2.5，空心块体的强度等级不宜低于 MU3.5。

答案： C

规范：《抗震规范》第 13.3.4 条第 2 款；《砌体结构设计规范》第 6.3.3 条第 1 款、第 2 款，第 3.1.2 条第 2 款。

例 4-25 关于非结构构件抗震设计的下列叙述，哪项不正确？

A 框架结构的围护墙应考虑其设置对结构抗震的不利影响，避免不合理设置导致主体结构的破坏

B 框架结构的内隔墙可不考虑其对主体结构的影响，按建筑分隔需要设置

C 建筑附属机电设备及其与主体结构的连接应进行抗震设计

D 幕墙、装饰贴面与主体结构的连接应进行抗震设计

解析： 框架结构的围护墙和隔墙，抗震设计时应考虑对主体结构的不利影响，加强连接构造，避免不合理设置导致主体结构的破坏。非结构构件，包括建筑非结构构件和建筑附属机电设备，自身及其与结构主体的连接，应进行抗震设计。

幕墙、装饰贴面与主体结构应有可靠连接，避免地震时脱落伤人。

答案： B

规范：《抗震规范》第 3.7.4 条及第 3.7.1、3.7.5 条。

九、地下建筑

（一）一般规定

（1）本条主要适用于地下车库、过街通道、地下变电站和地下空间综合体等单建式地下建筑。不包括地下铁道、城市公路隧道等。

（2）地下建筑宜建造在密实、均匀、稳定的地基上。当处于软弱土、液化土或断层破碎带等不利地段时，应分析其对结构抗震稳定性的影响，采取相应措施。

（3）地下建筑的建筑布置应力求简单、对称、规则、平顺；横剖面的形状和构造不宜沿纵向突变。

（4）地下建筑的结构体系应根据使用要求、场地工程地质条件和施工方法等确定，并应具有良好的整体性，避免抗侧力结构的侧向刚度和承载力突变。

丙类钢筋混凝土地下结构的抗震等级，6、7 度时不应低于四级，8、9 度时不宜低于三级。乙类钢筋混凝土地下结构的抗震等级，6、7 度时不宜低于三级，8、9 度时不宜低于二级。

（5）位于岩石中的地下建筑，其出入口通道两侧的边坡和洞口仰坡，应依据地形、地质条件选用合理的口部结构类型，提高其抗震稳定性。

（二）抗震构造措施和抗液化措施

（1）钢筋混凝土地下建筑的抗震构造，应符合下列要求：

1）宜采用现浇结构。需要设置部分装配式构件时，应使其与周围构件有可靠的连接。

2）地下钢筋混凝土框架结构构件的最小尺寸应不低于同类地面结构构件的规定。

3）中柱的纵向钢筋最小总配筋率，应比框架柱的配筋增加 0.2%。中柱与梁或顶板、

中间楼板及底板连接处的箍筋应加密，其范围和构造与地面框架结构的柱相同。

（2）地下建筑的顶板、底板和楼板，应符合下列要求：

1）宜采用梁板结构。当采用板柱-抗震墙结构时，无柱帽的平板应在柱上板带中设构造暗梁，其构造措施按《抗震规范》第6.6.4条的规定采用。

2）对地下连续墙的复合墙体，顶板、底板及各层楼板的负弯矩钢筋至少应有50%锚入地下连续墙，锚入长度按受力计算确定；正弯矩钢筋需锚入内衬，并均不小于规定的锚固长度。

3）楼板开孔时，孔洞宽度应不大于该层楼板宽度的30%；洞口的布置宜使结构质量和刚度的分布仍较均匀、对称，避免局部突变。孔洞周围应设置满足构造要求的边梁或暗梁。

（3）地下建筑周围土体和地基存在液化土层时，应采取下列措施：

1）对液化土层采取注浆加固和换土等消除或减轻液化影响的措施。

2）进行地下结构液化上浮验算，必要时采取增设抗拔桩、配置压重等相应的抗浮措施。

3）存在液化土薄夹层，或施工中深度大于20m的地下连续墙围护结构遇到液化土层时，可不做地基抗液化处理，但其承载力及抗浮稳定性验算应计入土层液化引起的土压力增加及摩阻力降低等因素的影响。

（4）地下建筑穿越地震时岸坡可能滑动的古河道或可能发生明显不均匀沉陷的软土地带时，应采取更换软弱土或设置桩基础等措施。

（5）位于岩石中的地下建筑，应采取下列抗震措施：

1）口部通道和未经注浆加固处理的断层破碎带区段采用复合式支护结构时，内衬结构应采用钢筋混凝土衬砌，不得采用素混凝土衬砌。

2）采用离壁式衬砌时，内衬结构应在拱墙相交处设置水平撑抵紧围岩。

3）采用钻爆法施工时，初期支护和围岩地层间应密实回填。干砌块石回填时应注浆加强。

习　题

4-1 **(2019)**题4-1图所示单层钢筋混凝土厂房平面布置图，下列做法错误的是(　　)。

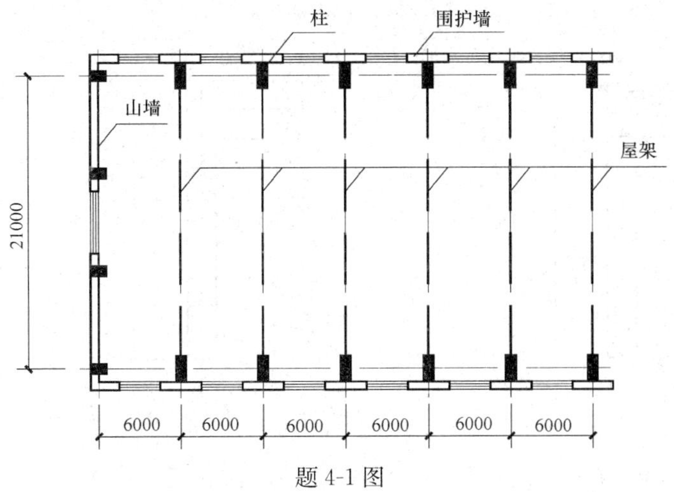

题4-1图

A　采用等距布置的钢筋混凝土柱　　　　B　厂房端部采用山墙承重

C　围护墙采用混凝土砌块　　　　　　　D　屋架采用钢屋架

4－2　**(2019)**下列砌体房屋结构竖向布置示意图中，哪一个是底部框架—抗震墙砌体房屋？

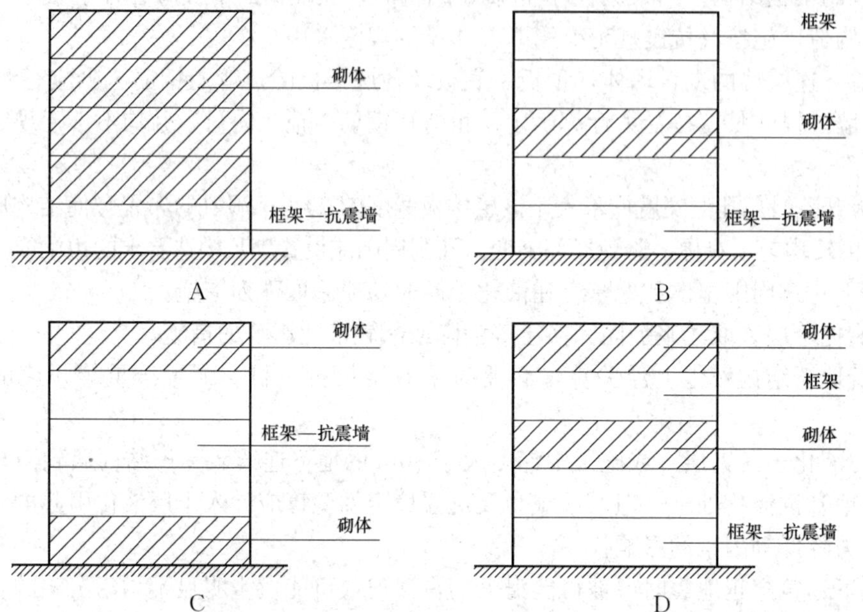

4－3　**(2019)** 相同抗震设防区，现浇钢筋混凝土房屋适用高度最小的结构形式为(　　)。

A　框架　　　　B　框架—抗震墙　　C　部分框支抗震墙　　D　框架—核心筒

4－4　**(2019)**图示 L 墙肢墙厚均为 200mm，不属于短肢抗震墙的是(　　)。

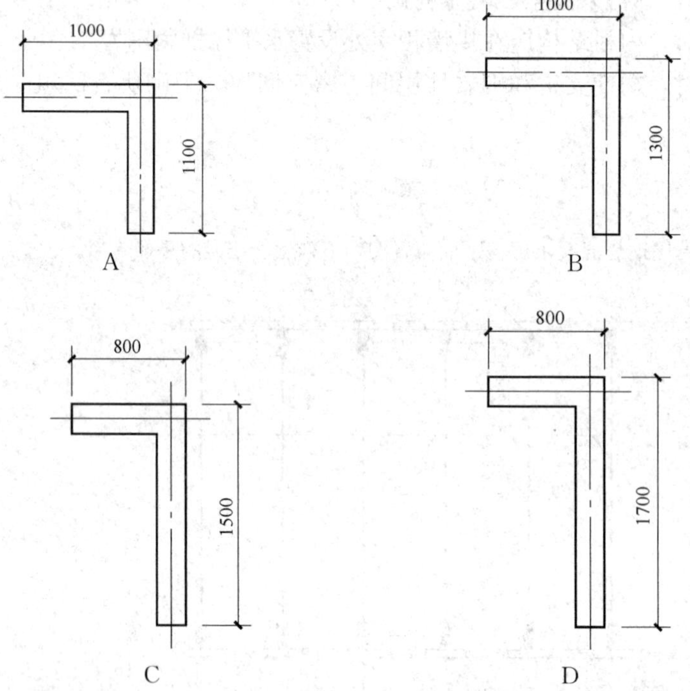

4－5　**(2019)** 图示节点 1 构造边缘构件（阴影范围），正确的是(　　)。

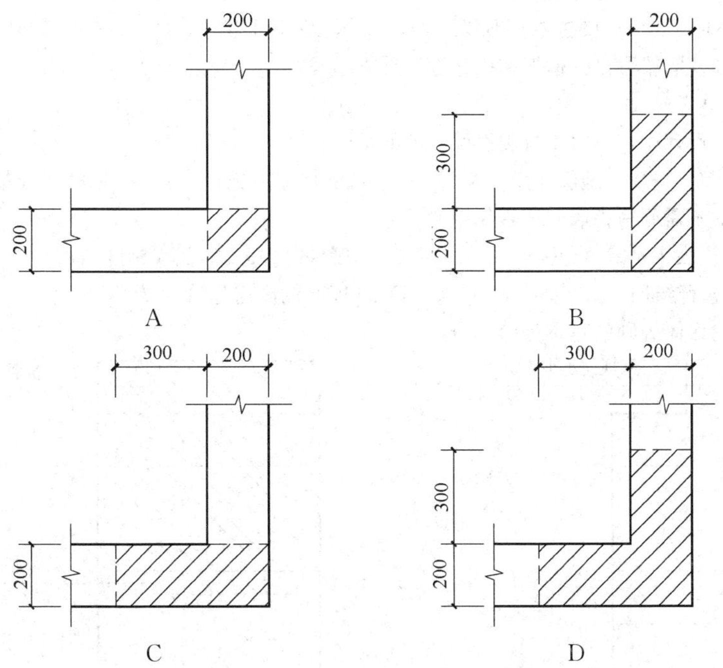

4 - 6 (2019)抗震墙 1 配筋做法正确的是(　　)。

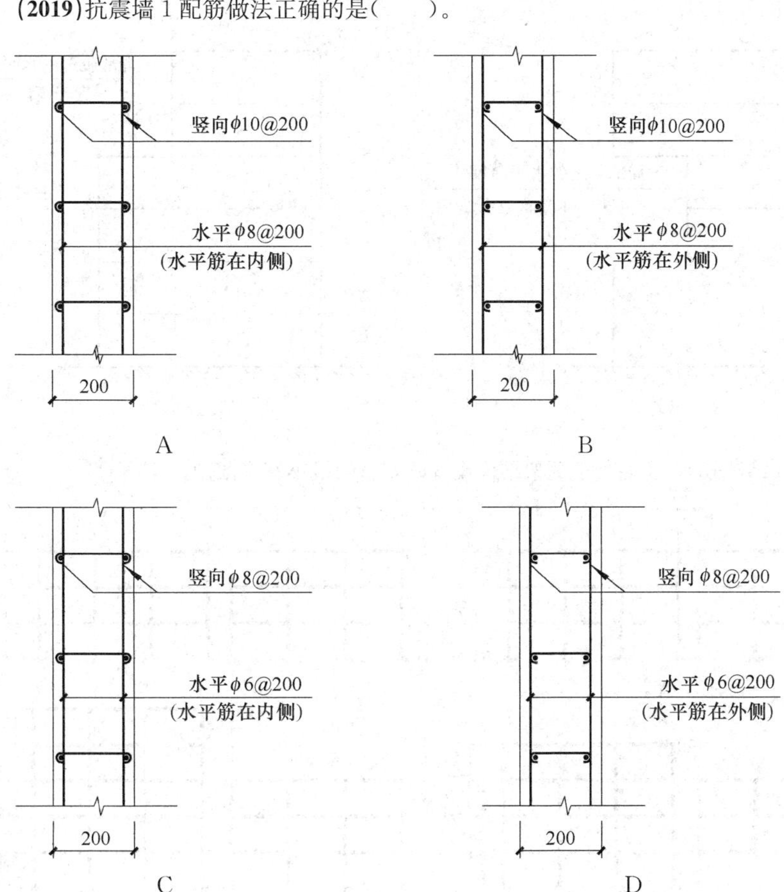

4 - 7 (2019)关于抗震设防目标的说法，错误的是(　　)。

A 多遇地震不坏　B 设防地震不裂　C 设防地震可修　D 罕遇地震不倒

4-8 (2019)所谓"强柱弱梁"是指框架结构塑性铰首先出现在(　　)。

A 梁端　B 柱端　C 梁中　D 柱中

4-9 (2019)下列结构设计中，不属于抗震设计内容的是(　　)。

A 结构平面布置　B 地震作用计算　C 抗震构造措施　D 普通楼板分布筋设计

4-10 (2019)下列结构不需要考虑竖向地震作用的是(　　)。

A 6度时的跨度大于24m的屋架　B 7度(0.15g)时的大跨度结构

C 8度时的长悬臂结构　D 9度时的高层建筑

4-11 (2019)图示竖向形体规则的建筑是(　　)。

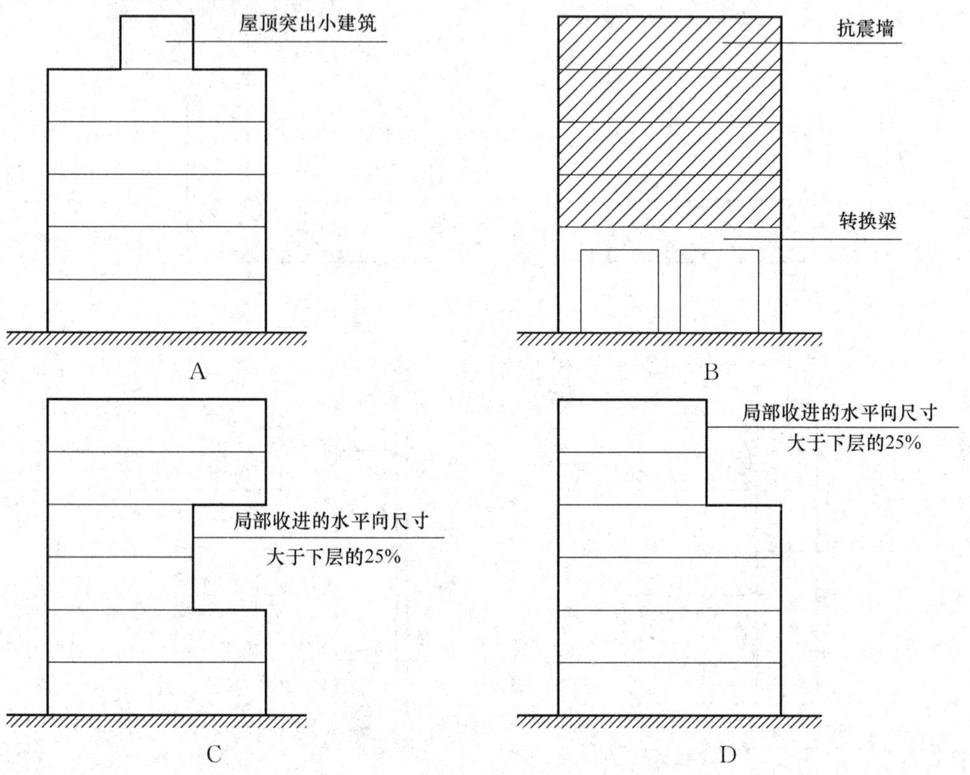

4-12 (2019、2018)图示钢筋混凝土框架结构设置防震缝的最小宽度限制，正确的是(　　)。

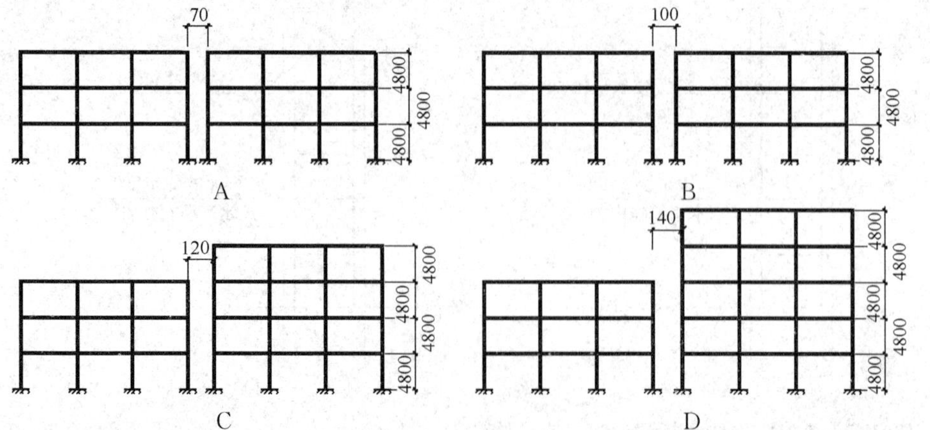

4-13 **(2019)**属于抗震标准设防类的建筑是(　　)。

A 普通住宅　　B 中小学教学楼　　C 甲级档案馆　　D 省级信息中心

4-14 **(2019)**关于多层砖砌体房屋圈梁设置的做法，错误的是(　　)。

A 装配式钢筋混凝土屋盖处的外墙可不设置圈梁

B 现浇钢筋混凝土楼盖与墙体有可靠连接的房屋，应允许不另设圈梁

C 圈梁应闭合，遇有洞口圈梁应上下搭接

D 圈梁的截面高度不应小于 120mm

4-15 **(2019)**图示砌体结构构造柱做法中，正确的是(　　)。

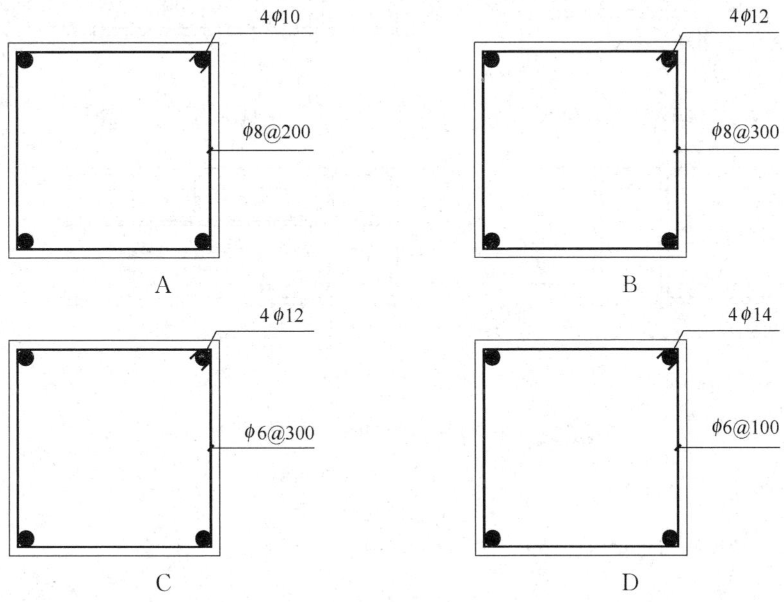

4-16 **(2018)**下列单层砖柱厂房平面布置图中，正确的是(　　)。

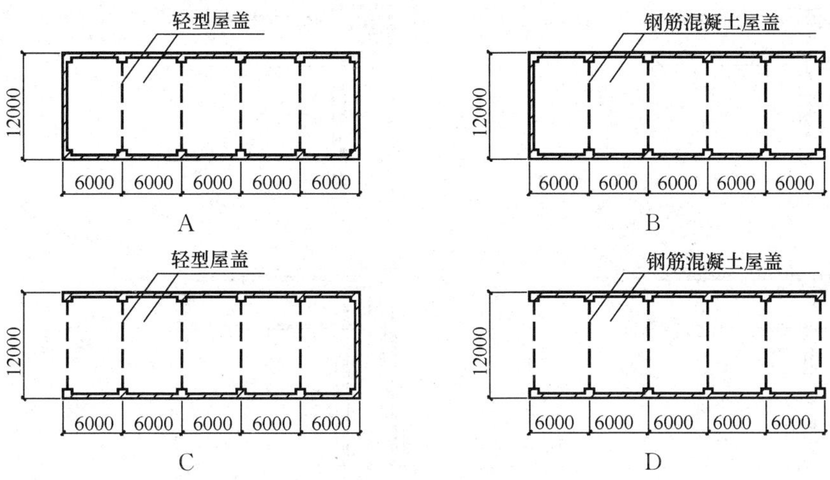

4-17 **(2018)**下列单层小剧场抗震设计的做法中，错误的是(　　)。

A 8 度抗震时，大厅不应采用砖柱

B 大厅和舞台之间宜设置防震缝分开

C 前厅与大厅连接处的横墙，应设置钢筋混凝土抗震墙

D 舞台口的柱和梁应采用钢筋混凝土结构

4-18 **(2018)**位于7度抗震区的多层砌体房屋，其最大高宽比的限值是(　　)。

A 1.5　　B 2.0　　C 2.5　　D 3.0

4-19 **(2018)**下列8度抗震区多层砌体房屋的首层平面布置图中，满足抗震设计要求的是(　　)。

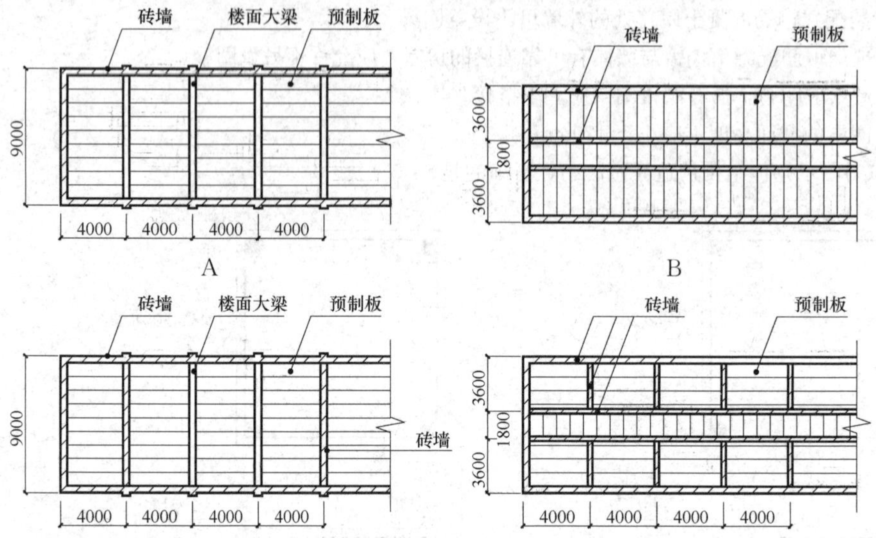

4-20 **(2018)**相同地震烈度区，现浇钢筋混凝土房屋适用高度最大的结构类型是(　　)。

A 框架　　B 框架—抗震墙

C 筒中筒　　D 框支抗震墙

4-21 **(2018)**下列框架顶层端节点梁、柱纵向钢筋锚固与搭接示意图中，正确的是(　　)。

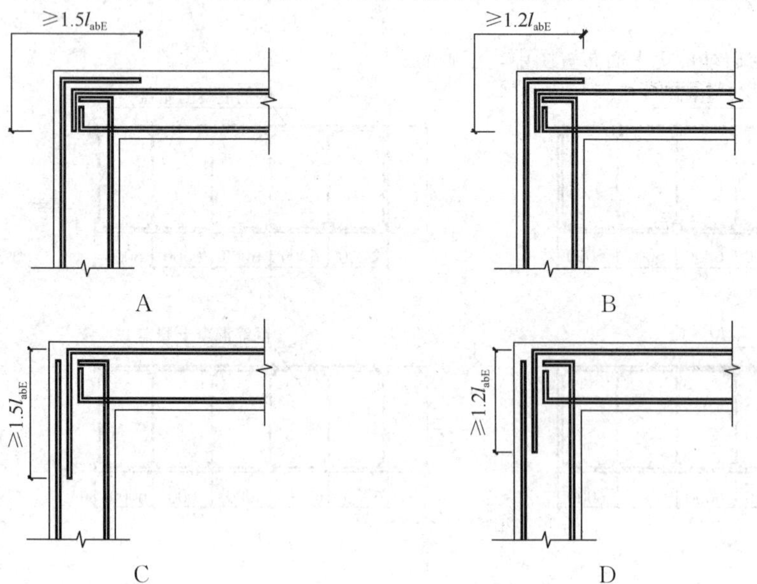

4-22 **(2018)**下列钢筋混凝土框架结构的抗震设计做法中，正确的是(　　)。

A 宜采用单跨框架　　B 电梯间采用砌体墙承重

C 框架结构填充墙宜选用轻质墙体　　D 局部突出的水箱间采用砌体墙承重

4-23 **(2018)**下列钢筋混凝土高层建筑的剪力墙开洞布置图中，抗震最不利的是(　　)。

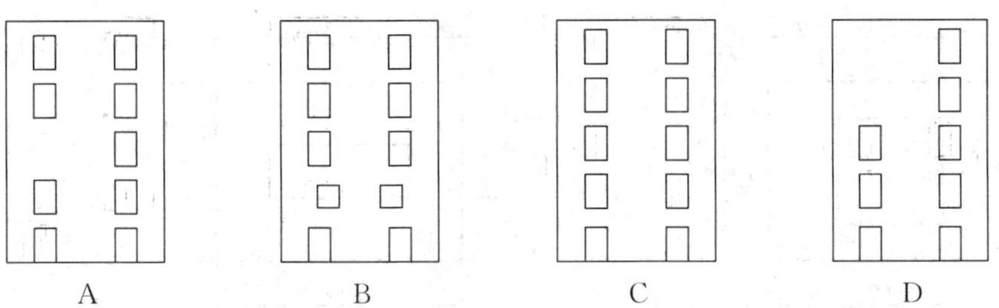

4-24 **(2018)**下列划分为建筑抗震不利地段的是(　　)。

A　稳定岩基　　B　坚硬土　　C　液化土　　D　泥石流

4-25 **(2018)**与确定建筑工程的抗震设防标准无关的是(　　)。

A　建筑场地的现状　B　抗震设防烈度　C　设计地震动参数　D　建筑抗震设防类别

4-26 **(2018)**下列结构体系布置的设计要求，错误的是(　　)。

A　应具有合理的传力路径　　B　应具备必要的抗震承载力

C　宜具有一道抗震防线　　D　宜具有合理的刚度分布

4-27 **(2018)**应按高于本地区抗震设防烈度要求加强其抗震措施的建筑是(　　)。

A　高层住宅　　B　多层办公楼　　C　大学学生宿舍　　D　小学教学楼

4-28 **(2018)**关于抗震设防目标的说法，错误的是(　　)。

A　多遇地震不坏　　B　设防地震不裂　　C　设防地震可修　　D　罕遇地震不倒

4-29 **(2018)**图示某6层普通住宅，采用钢筋混凝土抗震墙结构，抗震墙底部加强部位高度范围 H，标注正确的是(　　)。

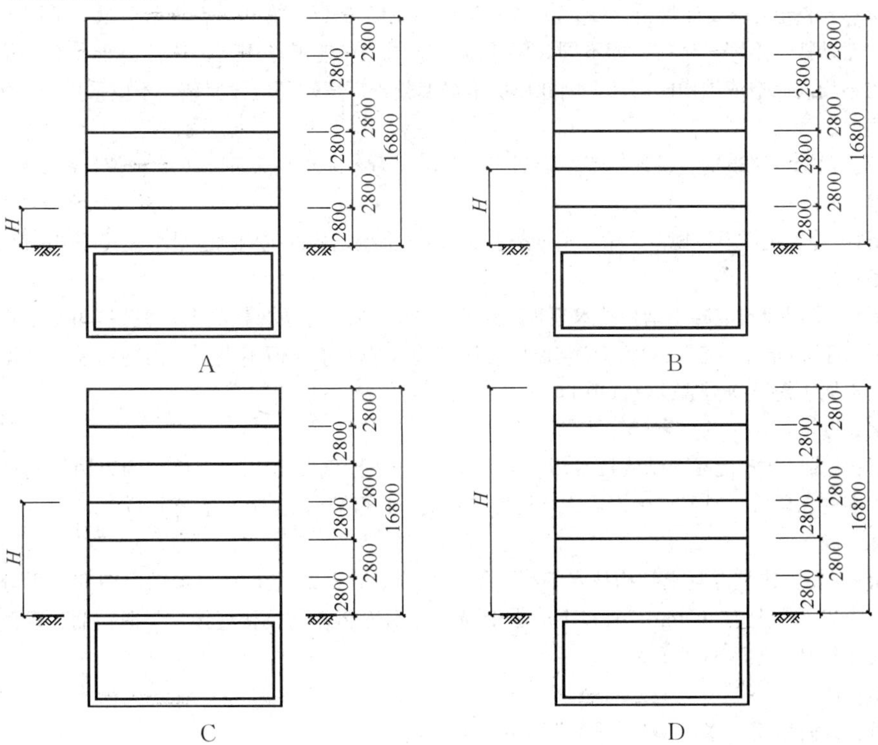

4-30 **(2018)**下列楼板平面布置图中，建筑形体平面规则的是(　　)。

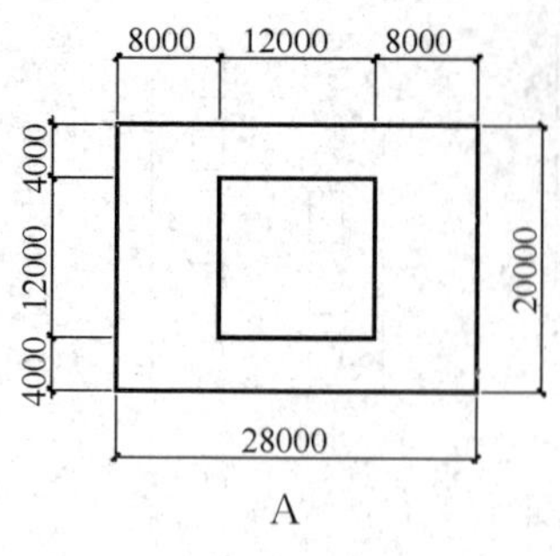

A

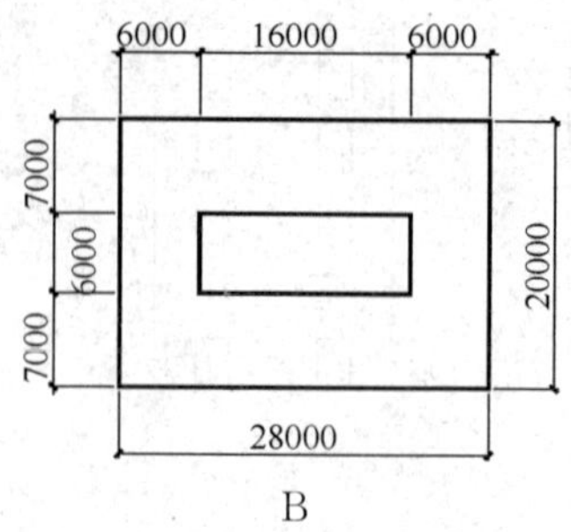

B

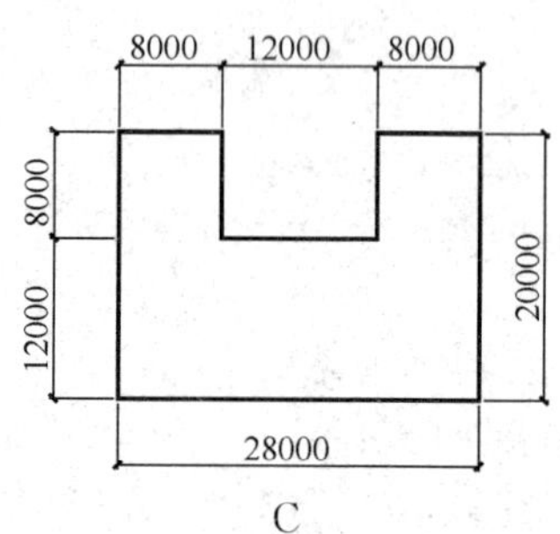

C

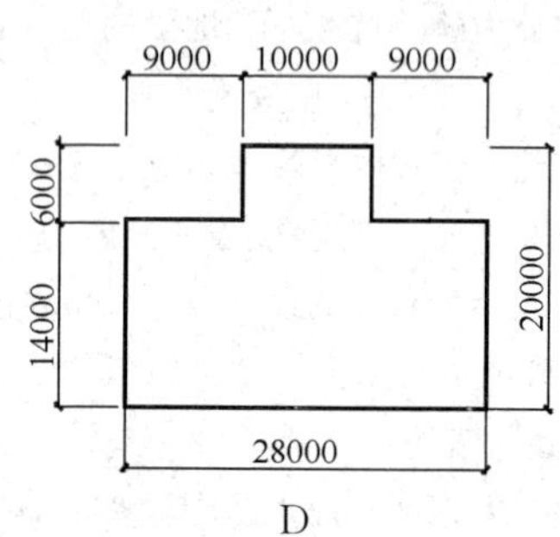

D

4-31 **(2018)**抗震等级为四级的钢筋混凝土框架圆柱，其直径的最小限值是(　　)。

A　d=250mm　　B　d=300mm　　C　d=350mm　　D　d=400mm

参考答案及解析

4-1 **解析**：《建筑抗震设计规范》GB 50011—2010（2016年版）第9.1.1条第7款，不同形式的结构，振动特性不同，材料强度不同，侧移刚度不同。在地震作用下，往往由于荷载、位移、强度的不均衡而造成结构的破坏，因此单层钢筋混凝土厂房端部应设屋架，不应采用山墙承重。

答案：B

4-2 **解析**：根据《建筑抗震设计规范》第7.5.1条，A为底部或底部两层框架-框架抗震墙砌体房屋。

答案：A

4-3 **解析**：《建筑抗震设计规范》第6.1.1条表6.1.1，框架结构的抗侧刚度最小，其适用高度也最小。

答案：A

4-4 **解析**：《高层建筑混凝土结构技术规程》JGJ 3—2010 7.1.8条2款注1，短肢抗震墙是指截面厚度不大于300mm、各肢截面高度与厚度之比的最大值大于4但不大于8的剪力墙。根据规范定义，不属于短肢剪力墙的是选项D。

答案：D

4-5 **解析**：《高层建筑混凝土结构技术规程》第7.2.15条图7.2.15，剪力墙的约束边缘构件可为暗柱、端柱和翼墙，对节点1构造边缘构件转角墙（L形墙），正确的是选项D。

答案：D

4-6 **解析**：《高层建筑混凝土结构技术规程》第7.2.18、7.2.20条，剪力墙的竖向和水平分布钢筋的间距均不宜大于300mm，直径不应小于8mm。分布钢筋的搭接连接，竖向钢筋在内侧，水平钢筋在外侧，如图B所示。

答案：B

4-7 **解析**：设防地震可修，B项“不裂”说法错误。

答案：B

4-8 **解析**：指框架结构塑性铰首先出现在梁端，形成梁铰机制，以吸收和耗散地震能量。

答案：A

4 - 9 解析：普通楼板分布筋设计不属于抗震设计内容。

答案：D

4 - 10 解析：《建筑抗震设计规范》第 5.1.1 条第 4 款，8、9 度时的大跨度、长悬臂结构及 9 度时的高层建筑，应计算竖向地震作用；根据《高层建筑混凝土结构技术规程》第 4.3.2 条第 3、4 款及条文说明，高层建筑由于高度较高，竖向地震作用效应放大比较明显，因此除了 8、9 度外，增加了大跨度、长悬臂结构 7 度（0.15g）时也应计入竖向地震作用的影响。

注：大跨度指跨度大于 24m 的楼盖结构、跨度大于 8m 的转换结构、悬挑长度大于 2m 的悬挑结构。

答案：A

4 - 11 解析：《建筑抗震设计规范》第 3.4.3 条表 3.4.3-2 及条文说明：

表 3.4.3-2 竖向不规则的主要类型

不规则类型	定义和参考指标
侧向刚度不规则	该层的侧向刚度小于相邻上一层的 70%，或小于其上相邻三个楼层侧向刚度平均值的 80%；除顶层或出屋面小建筑外，局部收进的水平向尺寸大于相邻下一层的 25%
竖向抗侧力构件不连续	竖向抗侧力构件（柱、抗震墙、抗震支撑）的内力由水平转换构件（梁、桁架等）向下传递
楼层承载力突变	抗侧力结构的层间受剪承载力小于相邻上一楼层的 80%

1. 抗震设计时，楼层抗侧力结构的承载能力突变将导致薄弱层破坏，规范规定除顶层或出屋面小建筑外，局部收进的水平向尺寸大于相邻下一层的 25%。选项 C、D 均为竖向不规则。

2. 若结构竖向抗侧力构件上、下不连续贯通，则对结构抗震不利。选项 B 为竖向不规则，选项 A 为竖向形体规则。

答案：A

4 - 12 解析：《建筑抗震设计规范》第 6.1.4 条第 1 款 1)、3)，框架结构房屋的抗震缝宽度，当高度不超过 15m 时不应小于 100mm。防震缝两侧结构类型不同时，宜按需要较宽防震缝的结构类型和较低房屋高度确定缝宽。本题较低房屋高度为 14.4m<15m，防震缝宽取 100mm。

答案：B

4 - 13 解析：根据《建筑工程抗震设防分类标准》GB 50223—2008 第 6.0.6、6.0.8 及 6.0.10 条可知，中、小学，甲级档案馆及省级信息建筑均应重点或不低于重点设防。根据第 6.0.12 条可知，居住建筑的抗震设防类别不应低于标准设防类别。

答案：A

4 - 14 解析：《建筑抗震设计规范》第 7.3.3 条、第 7.3.4 条第 1、3 款，装配式钢筋混凝土楼、屋盖房屋，应按规范要求设置圈梁，因此做法错误的是选项 A。

现浇或装配式钢筋混凝土楼、屋盖与墙体有可靠连接的房屋，应允许不另设圈梁，但楼板沿抗震墙体周边均应加强配筋并应与相应的构造柱钢筋可靠连接。选项 B、C、D 的做法正确。

答案：A

4 - 15 解析：《建筑抗震设计规范》第 7.3.2 条第 1 款，构造柱纵向钢筋宜采用 4Φ12，箍筋间距不宜大于 250mm。

答案：D

4 - 16 解析：《建筑抗震设计规范》第 9.3.2 条第 1 款、第 9.3.3 条第 1 款，单层砖柱厂房两端均应设置砖承重山墙，厂房屋盖宜采用轻型屋盖。

答案：A

4-17 解析：《建筑抗震设计规范》第10.1.2条，单层小剧场属于较空旷的单层大厅和附属房屋组成的公共建筑，大厅、前厅、舞台之间，震害较轻，不宜设防震缝分开，但不设缝时应加强连接。

答案：B

4-18 解析：《建筑抗震设计规范》第7.1.4条表7.1.4，7度抗震区的多层砌体房屋总高度与总宽度的最大比值是2.5。

答案：C

4-19 解析：《建筑抗震设计规范》第7.1.7条第1款，多层砌体房屋应优先采用横墙承重或纵横墙共同承重的结构体系，图示D是纵横墙承重，满足抗震设计要求。图示A只有横向楼面大梁没有横墙，B图是纵墙承重。

《建筑抗震设计规范》第7.1.5条，房屋抗震横墙的间距不应超过表7.1.5的要求。图示C横墙间距不满足8度抗震区抗震横墙间距最大不应超过11m的要求。

表7.1.5 房屋抗震横墙的间距（m）

房屋类别		烈度			
		6	7	8	9
多层砌体房屋	现浇或装配整体式钢筋混凝土楼、屋盖	15	15	11	7
	装配式钢筋混凝土楼、屋盖	11	11	9	4
	木屋盖	9	9	4	—
底部框架-抗震墙砌体房屋	上部各层	同多层砌体房屋			—
	底层或底部两层	18	15	11	—

答案：D

4-20 解析：《建筑抗震设计规范》第6.1.1条表6.1.1，相同地震烈度区，现浇钢筋混凝土房屋适用高度最大的是抗侧刚度最大的筒中筒结构。

答案：C

4-21 解析：《高层建筑混凝土结构技术规程》第6.5.4条第2款图6.5.4，框架顶层端节点处，在梁宽范围以内的柱外侧纵向钢筋可与梁上部纵向钢筋搭接，搭接长度不应小于$1.5l_a$。

答案：A

4-22 解析：抗震设计的框架结构不应采用单跨框架。框架结构的填充墙及隔墙宜选用轻质隔墙。宜采用现浇钢筋混凝土楼梯。框架结构中的楼、电梯间及局部突出屋顶的电梯机房、楼梯间、水箱间等，应采用框架承重，不应采用砌体墙承重。

参见《高层建筑混凝土结构技术规程》第6.1.3条，第6.1.4条第2、3款，第6.1.5条第4款。

答案：C

4-23 解析：《高层建筑混凝土结构技术规程》第7.1.1条第3款，剪力墙门窗洞口宜上下对齐、成列布置，形成明显的墙肢和连梁；宜避免造成墙肢宽度相差悬殊的洞口设置；抗震设计时，一、二、三级剪力墙全高均不宜采用叠合错洞墙，因此图示B的布置图抗震最不利。

答案：B

4-24 解析：《建筑抗震设计规范》第4.1.1条表4.1.1，划分为抗震不利地段的是液化土，泥石流是危险地段。

表4.1.1 有利、一般、不利和危险地段的划分

地段类别	地质、地形、地貌
有利地段	稳定基岩，坚硬土，开阔、平坦、密实、均匀的中硬土等
一般地段	不属于有利、不利和危险的地段

续表

地段类别	地质、地形、地貌
不利地段	软弱土，液化土，条状突出的山嘴，高耸孤立的山丘，陡坡，陡坎，河岸和边坡的边缘，平面分布上成因、岩性、状态明显不均匀的土层（含故河道、疏松的断层破碎带、暗埋的塘浜沟谷和半填半挖地基），高含水量的可塑黄土，地表存在结构性裂缝等
危险地段	地震时可能发生滑坡、崩塌、地陷、地裂、泥石流等及发震断裂带上可能发生地表位错的部位

答案：C

4-25 **解析：**《建筑工程抗震设防分类标准》第2.0.3条，抗震设防标准是衡量抗震设防要求高低的尺度，由抗震设防烈度和设计地震动参数以及建筑抗震设防类别确定，因此与建筑场地的现状无关。

答案：A

4-26 **解析：**根据《建筑抗震设计规范》第3.5.2条1、3款及3.5.3条2款可知，选项A、B、D项正确。而从第3.5.3条第1款可知，结构体系布置宜有多道抗震防线，选项C错误。

答案：C

4-27 **解析：**《建筑工程抗震设防分类标准》第6.0.8条，教育建筑中，幼儿园、小学、中学的教学用房以及学生宿舍和食堂，抗震设防类别应不低于重点设防类，因此小学教学楼应按高于本地区抗震设防烈度要求加强其抗震措施。

答案：D

4-28 **解析：**《建筑抗震设计规范》第3.1.1条及条文说明，抗震设防目标是"多遇地震不坏、设防地震可修和罕遇地震不倒"。

答案：B

4-29 **解析：**《建筑抗震设计规范》第6.1.10条第1、2、3款，抗震墙底部加强部位的范围，应符合下列规定：

1. 底部加强部位的高度，应从地下室顶板算起。

2. 部分框支抗震墙结构的抗震墙，其底部加强部位的高度，可取框支层加框支层以上两层的高度及落地抗震墙总高度的1/10二者的较大值。其他结构的抗震墙，房屋高度大于24m时，底部加强部位的高度可取底部两层和墙体总高度的1/10二者的较大值；房屋高度不大于24m时，底部加强部位可取底部一层。

3. 当结构计算嵌固端位于地下一层的底板或以下时，底部加强部位尚宜向下延伸到计算嵌固端。

本题为抗震墙结构，房屋高度16.8m<24m，底部加强部位可取底部一层，图A标注正确。

答案：A

4-30 **解析：**《建筑抗震设计规范》第3.4.3条第1款表3.4.3-1：

表3.4.3-1 平面不规则的主要类型

不规定类型	定义和参考指标
扭转不规则	在具有偶然偏心的规定水平力作用下，楼层两端抗侧力构件弹性水平位移（或层间位移）的最大值与平均值的比值大于1.2
凹凸不规则	平面凹进的尺寸，大于相应投影方向总尺寸的30%
楼板局部不连续	楼板的尺寸和平面刚度急剧变化，例如，有效楼板宽度小于该层楼板典型宽度的50%，或开洞面积大于该层楼面面积的30%，或较大的楼层错层

楼板平面布置图中，A、B属于楼板局部不连续，有效楼板宽度小于该层楼板有效宽度的50%，或开洞面积大于该层楼面面积的30%，属于建筑形体平面不规则类型；图C，平面凹进的尺寸，大于相应投影方向总尺寸的30%，属于平面不规则类型；图D，凸出的尺寸等于相应投影方向总尺寸的30%，属于建筑形体平面规则。

答案： D

4-31 **解析：**《建筑抗震设计规范》第6.3.5条第1款，柱的截面尺寸，宜符合下列各项要求：

1. 截面的宽度和高度，四级或不超过2层时不宜小于300mm，一、二、三级且超过2层时不宜小于400mm；圆柱的直径，四级或不超过2层时不宜小于350mm，一、二、三级且超过2层时不宜小于450mm。选项C正确。

2. 剪跨比宜大于2。

3. 截面长边与短边的边长比不宜大于3。

答案： C

第五章　地 基 与 基 础

第一节　　概　　述

地基基础在建筑工程中的重要性：

（1）大家知道，房屋无论大小、高低，都要建造在土层上面。房屋有楼盖（屋顶）、墙身、柱子和基础。房屋的基础埋在地面以下一定深度的土层上，实际上它是房屋墙身或柱子的延伸部分。房屋基础承担房屋屋顶、楼面、墙或柱传来的重力荷载，以及风、雪荷载和地震作用，并起承上启下的作用。

（2）地基土受力后，会发生压缩变形，为了控制房屋的下沉和保证它的稳定，以达到房屋的正常使用，通常要将房屋基础的尺寸适当放大，也就是说要比墙和柱子本身的截面尺寸大一些，以适应地基的承载能力。

（3）基础是房屋不可缺少的重要组成部分。没有一个牢靠的基础，就不能有一个完好的上部建筑。因此，为了保证房屋的安全和必要的使用年限，基础应当具备足够的强度和稳定性。地基虽不是房屋的组成部分，但它的好坏却直接影响整个房屋的安全和使用。如对地基下沉和不均匀下沉没有妥善处理，房屋建成后，会使楼板和墙体产生裂缝，并可能使房屋倾斜。以往就发生过因对地基承载力估计不足造成的房屋倒塌事故。

（4）从造价和工期来看，基础工程在建筑工程中占有很大的比重，就一般工程而言，基础造价约占建筑物总造价的10％～20％，施工工期约占25％～35％。由此可见，地基处理和基础设计，对房屋是否安全耐久和经济，具有十分重要的意义。

第二节　地基土的基本知识

一、有关名词术语

（1）地基（ground）。支承基础的土体或岩体。

（2）基础（foundation）。将结构所承受的各种作用传递到地基上的结构组成部分。

（3）地基承载力特征值。由载荷试验测定的地基土压力变形曲线线性变形段内规定的变形所对应的压力值，其最大值为比例界限值。

（4）重力密度（重度）。单位体积岩土体所承受的重力，为岩土体的密度和重力加速度的乘积。

（5）岩体结构面。岩体内开裂的和易开裂的面，如层面、节理、断层、片理等，又称不连续构造面。

（6）标准冻结深度。在地面平坦、裸露、城市之外的空旷场地中不少于10年的实测最大冻结深度的平均值。

（7）地基变形允许值。为保证建筑物正常使用而确定的变形控制值。

（8）土岩组合地基。在建筑地基的主要受力层范围内，有下卧基岩表面坡度较大的地基；或石芽密布并有出露的地基；或大块孤石或个别石芽出露的地基。

（9）地基处理。为提高地基承载力，或改善其变形性质或渗透性质而采取的工程措施。

（10）复合地基。部分土体被增强或被置换，而形成的由地基土和增强体共同承担荷载的人工地基。

（11）扩展基础。为扩散上部结构传来的荷载，使作用在基底的压应力满足地基承载力的设计要求，且基础内部的应力满足材料强度的设计要求，通过向侧边扩展一定底面积的基础。

（12）无筋扩展基础。由砖、毛石、混凝土或毛石混凝土、灰土和三合土等材料组成的，且不需配置钢筋的墙下条形基础或柱下独立基础。

（13）桩基础。由设置于岩土中的桩和连接于桩顶端的承台组成的基础。

（14）支挡结构。使岩土边坡保持稳定、控制位移、主要承受侧向荷载而建造的结构物。

（15）基坑工程。为保证地面向下开挖形成的地下空间在地下结构施工期间的安全稳定所需的挡土结构及地下水控制、环境保护等措施的总称。

二、地基土的主要物理力学指标

1. 土的形成过程

土是由岩石经物理、化学和生物风化作用形成的。岩石暴露在大气中，经受风、霜、雨、雪的侵蚀，动植物的破坏，地壳运动的压、挤，气温的变化，裂缝中积水成冰的膨胀作用等，逐渐由大块体崩解为较小的碎屑和颗粒。这些碎屑和颗粒，又受到大气中如碳酸气（CO_2）、氧气（O_2）或动植物的腐蚀等作用，使这些碎屑和颗粒分解为非常细小的颗粒状物质，这就是土的简单形成过程。

2. 土的性质

土不是坚固密实的整体，土颗粒之间有很多孔隙，在这些孔隙中有空气也有水。一般情况下，土是由三部分组成，即固体的颗粒、水和空气。这三部分之间的比例不是固定不变的，当气温升高时，土内一部分水蒸发，而使土内空气增加。土中颗粒、水和空气相互间的比例不同，反映出土处于各种不同的状态：干燥或潮湿，疏松或紧密，这对于评定土的物理和力学性质有着很重要的意义。

为研究土的物理力学性质，取一个单元土体表示土的三个组成成分，如图 5-1 所示，确定土的三个组成部分之间的相互比例关系：

（1）直接由试验测得的指标

1）土的重力密度 γ

土在天然状态下单位体积的重力称为土的重力密度，简称土的重度。

$$\gamma = g/V \tag{5-1}$$

土的重度随着土的颗粒组成，孔隙多少和水分含量的不同而变化，一般土的天然重度约为 16～22kN/m^3。

【要点】重度较小，则表示土质孔隙较多，土不紧密，因而承载力相对较低。反之，

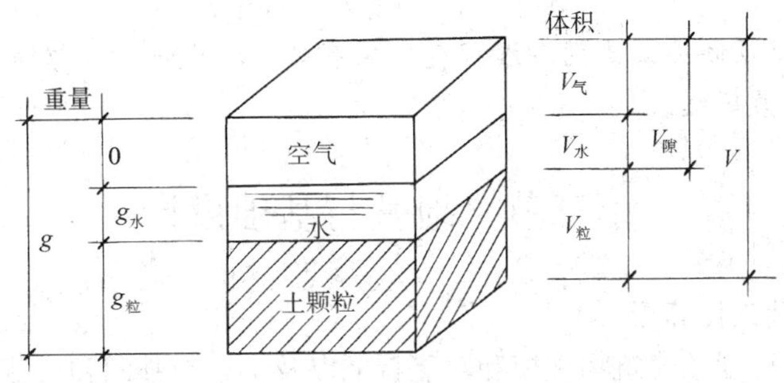

图 5-1　土的组成示意图

g—单元土的总重力；$g_{粒}$—单元土中颗粒的重力；$g_{水}$—单元土中水的重力；

V—单元土的总体积；$V_{气}$—单元土中空气的体积；$V_{粒}$—单元土中颗粒的体积；

$V_{隙}$—单元土中孔隙的体积；$V_{水}$—单元土中水所占的体积

则承载力就高。

2）土粒相对密度 d_s

干土颗粒的重度与同体积 4℃水的重力密度（γ_w）之比，称为土的相对密度，无量纲。

$$d_s=(g_{粒}/V_{粒})/\gamma_w \tag{5-2}$$

【要点】一般土粒相对密度约为 2.65～2.70。

3）含水量 ω

土中水的重量与颗粒重量的百分比。

$$\omega=(g_{水}/g_{粒})\times100\% \tag{5-3}$$

【要点】土的含水量反映土的干湿程度。含水量越大，说明土越软；如果是黏性土，土越软，其工程性质就越差。

（2）换算指标

上面三个物理指标是直接用实验方法测定的，如果已知这三个指标，就可以用公式计算出以下几个物理指标。

1）干重度 γ_d

单位体积内颗粒的重力，称为土的干重度。

$$\gamma_d=g_{粒}/V \tag{5-4}$$

【要点】干重度能够较好地反映土的密实程度；干重度越大，土越密实，强度就越高；常用作填土和人工压实土的施工控制指标。

2）孔隙比 e

土中孔隙体积与颗粒体积之比称为孔隙比。

$$e=V_{隙}/V_{粒} \tag{5-5}$$

【要点】土的孔隙比，反映土的密实程度。孔隙比越大，土越松散；孔隙比越小，土越密实；是土体的重要物理性质指标，可用来评价土体的压缩特性。

3）饱和度 S_r

土中水的体积与孔隙体积之比，以百分数计。

$$S_r = (V_{水}/V_{隙}) \times 100\% \tag{5-6}$$

【要点】 饱和度反映地基土的潮湿程度。在基础工程设计中，根据地基土的潮湿程度选用基础材料和砂浆等级。

第三节 地基与基础设计

（一）地基基础设计等级

根据地基复杂程度、建筑物规模和功能特征以及由于地基问题可能造成建筑物破坏或影响正常使用的程度，将地基基础设计分为三个设计等级；设计时应根据具体情况，按表5-1选用。

地基基础设计等级 **表 5-1**

设计等级	建筑和地基类型
甲级	重要的工业与民用建筑物 30层以上的高层建筑 体型复杂，层数相差超过10层的高低层连成一体建筑物 大面积的多层地下建筑物（如地下车库、商场、运动场等） 对地基变形有特殊要求的建筑物 复杂地质条件下的坡上建筑物（包括高边坡） 对原有工程影响较大的新建建筑物 场地和地基条件复杂的一般建筑物 位于复杂地质条件及软土地区的二层及二层以上地下室的基坑工程 开挖深度大于15m的基坑工程 周边环境条件复杂、环境保护要求高的基坑工程
乙级	除甲级、丙级以外的工业与民用建筑物 除甲级、丙级以外的基坑工程
丙级	场地和地基条件简单、荷载分布均匀的七层及七层以下民用建筑及一般工业建筑；次要的轻型建筑物 非软土地区且场地地质条件简单、基坑周边环境条件简单、环境保护要求不高且开挖深度小于5.0m的基坑工程

（二）地基基础的设计要求

根据建筑物地基基础设计等级及长期荷载作用下地基变形对上部结构的影响程度，地基基础设计应符合下列规定：

（1）所有建筑物的地基计算均应满足承载力计算的有关规定。

（2）设计等级为甲级、乙级的建筑物，均应按地基变形设计。

（3）设计等级为丙级的建筑物有下列情况之一时应作变形验算：

1）地基承载力特征值小于130kPa，且体型复杂的建筑；

2）在基础上及其附近有地面堆载或相邻基础荷载差异较大，可能引起地基产生过大的不均匀沉降时；

3）软弱地基上的建筑物存在偏心荷载时；

4）相邻建筑距离近，可能发生倾斜时；

5）地基内有厚度较大或厚薄不均的填土，其自重固结未完成时。

（4）对经常受水平荷载作用的高层建筑、高耸结构和挡土墙等，以及建造在斜坡上或边坡附近的建筑物和构筑物，尚应验算其稳定性。

（5）基坑工程应进行稳定性验算。

（6）建筑地下室或地下构筑物存在上浮问题时，尚应进行抗浮验算。

【要点】

（1）各类建筑物的地基计算均应满足地基承载力的要求。

（2）地基变形易造成上部结构破坏或开裂，控制地基变形是甲级、乙级地基基础设计的主要原则。

（3）对经常受水平荷载的高层建筑、高耸结构和挡土墙以及建筑在斜坡或边坡附近的建筑应进行稳定性验算。

（4）基坑工程应进行稳定性验算。

（5）对地下室或地下建筑应进行抗浮验算。

第四节　地基岩土的分类及工程特性指标

一、岩土的分类

作为建筑地基的岩土，可分为岩石、碎石土、砂土、粉土、黏性土和人工填土。

（1）岩石的分类

作为建筑物地基岩石，除应确定岩石的地质名称外，尚应划分其坚硬程度和完整程度。

1）岩石的坚硬程度

应根据岩块的饱和单轴抗压强度 f_{rk} 按表 5-2 分为坚硬岩、较硬岩、较软岩、软岩和极软岩。岩石的风化程度可分为未风化、微风化、中风化、强风化和全风化。

岩石坚硬程度的划分　　　　**表 5-2**

坚硬程度类别	坚硬岩	较硬岩	较软岩	软岩	极软岩
饱和单轴抗压强度标准值 f_{rk}（MPa）	$f_{rk}>60$	$60\geqslant f_{rk}>30$	$30\geqslant f_{rk}>15$	$15\geqslant f_{rk}>5$	$f_{rk}\leqslant5$

2）岩体完整程度按表 5-3 划分为完整、较完整、较破碎、破碎和极破碎。

岩体完整程度划分　　　　**表 5-3**

完整程度等级	完整	较完整	较破碎	破碎	极破碎
完整性指数	>0.75	0.75～0.55	0.55～0.35	0.35～0.15	<0.15

注：完整性指数为岩体纵波波速与岩块纵波波速之比的平方。选定岩体、岩块测定波速时应有代表性。

（2）碎石土的分类和密实度

碎石土为粒径大于 2mm 的颗粒含量超过全重 50％的土。

1）碎石土的分类

碎石土可按表 5-4 分为漂石、块石、卵石、碎石、圆砾和角砾。

碎石土的分类 表 5-4

土的名称	颗粒形状	粒组含量
漂石	圆形及亚圆形为主	粒径大于 200mm 的颗粒含量超过全重 50%
块石	棱角形为主	
卵石	圆形及亚圆形为主	粒径大于 20mm 的颗粒含量超过全重 50%
碎石	棱角形为主	
圆砾	圆形及亚圆形为主	粒径大于 2mm 的颗粒含量超过全重 50%
角砾	棱角形为主	

注：分类时应根据粒组含量栏从上到下以最先符合者确定。

2）碎石土的密实度

碎石土难以取样试验，规范采用以重型动力触探锤击数为主划分其密实度，可按表 5-5 分为松散、稍密、中密、密实。

碎石土的密实度 表 5-5

重型圆锥动力触探锤击数 $N_{63.5}$	密实度	重型圆锥动力触探锤击数 $N_{63.5}$	密实度
$N_{63.5} \leqslant 5$	松散	$10 < N_{63.5} \leqslant 20$	中密
$5 < N_{63.5} \leqslant 10$	稍密	$N_{63.5} > 20$	密实

注：1. 本表适用于平均粒径小于或等于 50mm 且最大粒径不超过 100mm 的卵石、碎石、圆砾、角砾；对于平均粒径大于 50mm 或最大粒径大于 100mm 的碎石土，可按《建筑地基基础设计规范》GB 50007—2011 附录 B 鉴别其密实度；
2. 表内 $N_{63.5}$ 为经综合修正后的平均值。

（3）砂土的分类和密实度

砂土为粒径大于 2mm 的颗粒含量不超过全重 50%、粒径大于 0.075mm 的颗粒超过全重 50%的土。

1）砂土的分类，可按表 5-6 分为砾砂、粗砂、中砂、细砂和粉砂。

砂土的分类 表 5-6

土的名称	粒组含量	土的名称	粒组含量
砾砂	粒径大于 2mm 的颗粒含量占全重 25%～50%	细砂	粒径大于 0.075mm 的颗粒含量超过全重 85%
粗砂	粒径大于 0.5mm 的颗粒含量超过全重 50%		
中砂	粒径大于 0.25mm 的颗粒含量超过全重 50%	粉砂	粒径大于 0.075mm 的颗粒含量超过全重 50%

注：分类时应根据粒组含量栏从上到下以最先符合者确定。

2）砂土的密实度，可按表 5-7 分为松散、稍密、中密、密实。

砂土的密实度 表 5-7

标准贯入试验锤击数 N	密实度	标准贯入试验锤击数 N	密实度
$N \leqslant 10$	松散	$15 < N \leqslant 30$	中密
$10 < N \leqslant 15$	稍密	$N > 30$	密实

注：当用静力触探探头阻力判定砂土的密实度时，可根据当地经验确定。

（4）黏性土

1）黏性土的塑限、液限、塑性指数、液性指数（图 5-2）

塑限是指土由可塑状态变化到半固体状态时的界限含水量，以 w_P表示。

液限是指土由可塑状态转变到流动状态时的界限含水量，以 w_L表示。

塑性指数：$I_P=w_L-w_P$，液限与塑限之差称为塑性指数，反映可塑状态下的含水量范围，用于黏性土分类。

液性指数：$I_L=(w-w_P)/I_P$，表示天然含水量与界限含水量相对关系，是判别黏性土状态（软硬程度或稀稠程度）的一个指标。

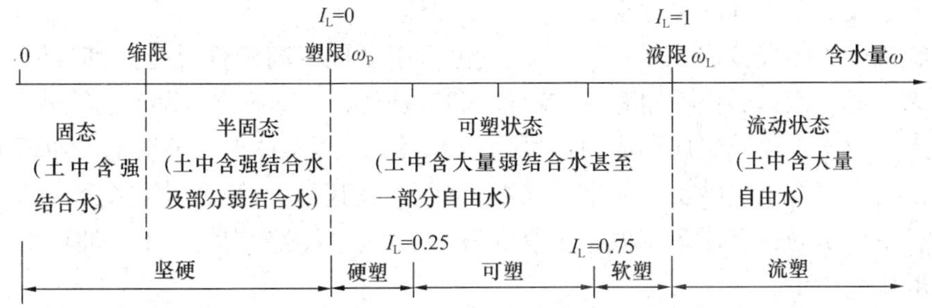

图 5-2　黏性土物理状态与含水量的关系

（引自：袁树基，袁静．建筑结构快速通．北京：中国建筑工业出版社，2014）

2）黏性土的分类

黏性土为塑性指数 I_P大于 10 的土，可按塑性指数分为黏土、粉质黏土（表 5-8）。

黏性土的分类　　**表 5-8**

塑性指数 I_p	土的名称
$I_p>17$	黏土
$10<I_p\leqslant17$	粉质黏土

注：塑性指数由相应于 76g 圆锥体沉入土样中深度为 10mm 时测定的液限计算而得。

3）黏性土的状态

可按液性指数 I_L，分为坚硬、硬塑、可塑、软塑、流塑（表 5-9）。

黏性土的状态　　**表 5-9**

液性指数 I_L	状态	液性指数 I_L	状态
$I_L\leqslant0$	坚硬	$0.75<I_L\leqslant1$	软塑
$0<I_L\leqslant0.25$	硬塑		
$0.25<I_L\leqslant0.75$	可塑	$I_L>1$	流塑

注：当用静力触探探头阻力判定黏性土的状态时，可根据当地经验确定。

【要点】

◆土中的含水量是随周围条件的变化而变化的。对于同一种土，由于含水量的不同，可以分别处于固体状态、塑性状态或流动状态，不同状态的界限含水量分别为塑限和液限。

◆ 塑性指数能判别黏性土的分类属性，液性指数能判定黏性土的坚硬状态。

◆ 在一般情况下，处于硬塑或坚硬状态的土具有较高的承载力；处于软塑或流塑状态的土具有较低的承载力，建造在这种土上的房屋，其沉降往往很大，且长期不易稳定。

（5）粉土

为介于砂土与黏性土之间，塑性指数 I_P 小于或等于 10 且粒径大于 0.075mm 的颗粒含量不超过全重 50%的土。

（6）淤泥为在静水或缓慢的流水环境中沉积，并经生物化学作用形成，其天然含水量大于液限、天然孔隙比大于或等于 1.5 的黏性土。当天然含水量大于液限而天然孔隙比小于 1.5 但大于或等于 1.0 的黏性土或粉土为淤泥质土。

（7）红黏土为碳酸盐岩系的岩石经红土化作用形成的高塑性黏土。其液限一般大于 50%。红黏土经再搬运后仍保留其基本特征，其液限大于 45%的土为次生红黏土。

（8）人工填土根据其组成和成因，可分为素填土、压实填土、杂填土、冲填土。

素填土为由碎石土、砂土、粉土、黏性土等组成的填土。经过压实或夯实的素填土为压实填土。杂填土为含有建筑垃圾、工业废料、生活垃圾等杂物的填土。冲填土为由水力冲填泥沙形成的填土。

（9）膨胀土为土中黏粒成分，主要由亲水性矿物组成，同时具有显著的吸水膨胀和失水收缩特性，其自由膨胀率大于或等于 40%的黏性土。

（10）湿陷性土为在一定压力下浸水后产生附加沉降，其湿陷系数大于或等于 0.015 的土。

例 5-1 下列关于地基土的表述中，错误的是：

A 碎石土为粒径大于 2mm 的颗粒含量超过全重 50%的土

B 砂土为粒径大于 2mm 的颗粒含量不超过全重 50%，粒径大于 0.075mm 的颗粒含量超过全重 50%的土

C 黏性土为塑性指数 I_p 小于 10 的土

D 淤泥是天然含水量大于液限、天然孔隙比大于或等于 1.5 的黏性土

解析：黏性土为塑性指数 I_p 大于 10 的土。

答案：C

规范：《建筑地基基础设计规范》GB 50007—2011（以下简称《地基基础规范》）第 4.1.5 条表 4.1.5、第 4.1.7 条表 4.1.7 及第 4.1.9 条表 4.1.9、第 4.1.12 条。

二、工程特性指标

（1）土的工程特性指标可采用以下特性指标表示：

①强度指标；②压缩性指标；③静力触探探头阻力；④动力触探锤击数；⑤标准贯入试验锤击数；⑥载荷试验承载力

（2）地基土工程特性指标的代表值应分别为：

1）标准值，抗剪强度指标应取标准值；

2）平均值，压缩性指标应取平均值；

3）特征值，载荷试验承载力应取特征值。

(3) 载荷试验应采用：

1) 浅层平板载荷试验，适用于浅层地基；

2) 深层平板载荷试验，适用于深层地基。

(4) 土的抗剪强度指标可采用以下试验方法测定：

1) 原状土室内剪切试验

2) 无侧限抗压强度试验

3) 现场剪切试验

4) 十字板剪切试验

(5) 土的压缩性指标可采用以下试验确定：

1) 原状土室内压缩试验

2) 原位浅层

3) 深层平板载荷试验

4) 旁压试验

(6) 地基土的压缩性可按以下方法划分：

按 p_1 为 100kPa，p_2 为 200kPa 时相对应的压缩系数值 a_{1-2}，划分为低、中、高压缩性，并符合以下规定：

1) 当 $a_{1-2}<0.1\text{MPa}^{-1}$ 时，为低压缩性土；

2) 当 $0.1\text{MPa}^{-1}\leqslant a_{1-2}<0.5\text{MPa}^{-1}$ 时，为中压缩性土；

3) 当 $a_{1-2}\geqslant 0.5\text{MPa}^{-1}$ 时，为高压缩性土。

【要点】

◆ 地基的强度是指土体的抗剪强度。地基虽然是受压，但其强度破坏形态却都是剪切滑移破坏。地基的变形是指土体受到压缩引起的沉降。土体被挤出的剪切滑移破坏亦称地基失稳。

◆ 一般情况下，粗颗粒岩土的地基承载力大于细颗粒岩土的地基承载力；粗颗粒的岩土压缩性小，细颗粒的岩土压缩性大。

例 5-2 在地基土的工程特性指标中，地基土的载荷试验承载力应取：

A 标准值　　B 平均值　　C 设计值　　D 特征值

解析：地基工程特性指标的代表值分别是：抗剪强度指标取标准值，压缩性指标取平均值，载荷试验承载力应取特征值。

答案：D

规范：《地基基础规范》第 4.2.2 条。

第五节　地　基　计　算

（一）基础埋置深度

(1) 基础的埋置深度，应按下列条件确定：

1) 建筑物的用途，有无地下室、设备基础和地下设施，基础的形式和构造；

2）作用在地基上的荷载大小和性质；

3）工程地质和水文地质条件；

4）相邻建筑物的基础埋深；

5）地基土冻胀和融陷的影响。

（2）在满足地基稳定和变形要求的前提下，当上层地基的承载力大于下层土时，宜利用上层土作持力层。除岩石地基外，基础埋深不宜小于 0.5m。

（3）高层建筑基础的埋置深度应满足地基承载力、变形和稳定性要求。位于岩石地基上的高层建筑，其基础埋深应满足抗滑稳定性要求。

（4）在抗震设防区，除岩石地基外，天然地基上的箱形和筏形基础其埋置深度不宜小于建筑物高度的 1/15；桩箱或桩筏基础的埋置深度（不计桩长）不宜小于建筑物高度的 1/18。位于岩石地基上的高层建筑筏形和箱形基础，其基础埋深应满足抗滑移的要求。

（5）基础宜埋置在地下水位以上，当必须埋在地下水位以下时，应采取地基土在施工时不受扰动的措施。当基础埋置在易风化的岩层上，施工时应在基坑开挖后立即铺筑垫层。

（6）当存在相邻建筑物时，新建建筑物的基础埋深不宜大于原有建筑基础。当埋深大于原有建筑基础时，两基础间应保持一定净距，其数值应根据原有建筑荷载大小、基础形式和土质情况确定。

（7）季节性冻土地基的场地冻结深度 z_d 应按规范要求计算。

（8）季节性冻土地区基础埋置深度宜大于场地冻结深度。对于深厚季节冻土地区，当建筑基础底面土层为不冻胀、弱冻胀、冻胀土时，基础埋置深度可以小于场地冻结深度。基础底面下允许冻土层最大厚度应根据当地经验确定。没有地区经验时可按《地基基础规范》附录 G 查取。此时，基础最小埋置深度 d_{min} 可按下式计算：

$$d_{min} = z_d - h_{max} \tag{5-7}$$

式中　h_{max}——基础底面下允许冻土层最大厚度（m）。

（9）地基土的冻胀类别分为：不冻胀、弱冻胀、冻胀、强冻胀和特强冻胀。在冻胀、强冻胀、特强冻胀地基上采用防冻害措施时应符合下列规定：

1）对在地下水位以上的基础，基础侧表面应回填不冻胀的中、粗砂，其厚度不应小于 200mm；对在地下水位以下的基础，可采用桩基础、保温性基础、自锚式基础（冻土层下有扩大板或扩底短桩），也可将独立基础和条形基础做成正梯形的斜面基础。

2）宜选择地势高、地下水位低、地表排水条件好的建筑场地。对低洼场地，建筑物的室外地坪标高应至少高出自然地面 300～500mm，其范围不宜小于建筑四周向外各一倍冻结深度距离的范围。

3）应做好排水设施，施工和使用期间防止水浸入建筑地基。在山区应设截水沟或在建筑物下设置暗沟，以排走地表水和潜水。

4）在强冻胀性和特强冻胀性地基上，其基础结构应设置钢筋混凝土圈梁和基础梁，并控制建筑的长高比，增强房屋的整体刚度。

5）当独立基础连系梁下或桩基础承台下有冻土时，应在梁或承台下留有相当于该土层冻胀量的空隙，以防止因土的冻胀将梁或承台拱裂。

6）外门斗、室外台阶和散水坡等部位宜与主体结构断开，散水坡分段不宜超过

1.5m，坡度不宜小于 3%，其下宜填入非冻胀性材料。

7）对跨年度施工的建筑，入冬前应对地基采取相应的防护措施；按采暖设计的建筑物，当冬季不能正常采暖时，也应对地基采取保温措施。

（二）地基设计的基本原则

地基计算包括基础埋置深度、承载力、变形、稳定性计算等，是地基设计的重要依据。

地基设计的目的：确保房屋的稳定；不因地基产生过大不均匀变形而影响房屋的安全和正常使用。进行地基设计时，需遵守下列三个原则：

（1）上部结构荷载所产生的压力不大于地基的承载力值；

（2）房屋和构筑物的地基变形值不大于其允许值；

（3）对经常受水平荷载作用的构筑物（如挡土墙）等，不致使其丧失稳定而破坏。

（三）地基承载力计算

（1）基础底面的压力，应符合下列规定：

1）当轴心荷载作用时

$$p_k \leqslant f_a \tag{5-8}$$

式中 p_k——相应于作用的标准组合时，基础底面处的平均压力值（kPa）；

f_a——修正后的地基承载力特征值（kPa）。

2）当偏心荷载作用时，除符合式（5-8）要求外，尚应符合下式规定：

$$p_{kmax} \leqslant 1.2f_a \tag{5-9}$$

式中 p_{kmax}——相应于作用的标准组合时，基础底面边缘的最大压力值（kPa）。

（2）基础底面的压力，可按下列公式确定：

1）当轴心荷载作用时

$$p_k = \frac{F_k + G_k}{A} \tag{5-10}$$

式中 F_k——相应于作用的标准组合时，上部结构传至基础顶面的竖向力值（kN）；

G_k——基础自重和基础上的土重（kN）；

A——基础底面面积（m^2）。

2）当偏心荷载作用时

$$p_{kmax} = \frac{F_k + G_k}{A} + \frac{M_k}{W} \tag{5-11}$$

$$p_{kmin} = \frac{F_k + G_k}{A} - \frac{M_k}{W} \tag{5-12}$$

式中 M_k——相应于作用的标准组合时，作用于基础底面的力矩值（kN·m）；

W——基础底面的抵抗矩（m^3）；

p_{kmin}——相应于作用的标准组合时，基础底面边缘的最小压力值（kPa）。

3）当基础底面形状为矩形且偏心距 $e>b/6$ 时（图 5-3），p_{kmax}应按下式计算：

$$p_k = \frac{2(F_k + G_k)}{3la} \tag{5-13}$$

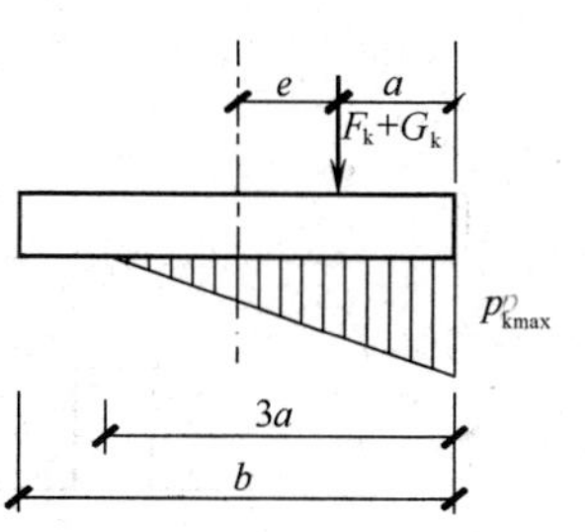

图 5-3 偏心荷载（$e>b/6$）下基底压力计算示意

b—力矩作用方向基础底面边长

式中 l——垂直于力矩作用方向的基础底面边长（m）；

a——合力作用点至基础底面最大压力边缘的距离。

（3）地基承载力修正

当基础宽度大于 3m 或埋置深度大于 0.5m 时，从载荷试验或其他原位测试、经验值等方法确定的地基承载力特征值，尚应按下式修正：

$$f_a = f_{ak} + \eta_b \gamma (b-3) + \eta_d \gamma_m (d-0.5) \tag{5-14}$$

式中 f_a——修正后的地基承载力特征值（kPa）；

f_{ak}——地基承载力特征值（kPa），按《地基基础规范》第 5.2.3 条的原则确定；

η_b、η_d——基础宽度和埋置深度的地基承载力修正系数，按基底下土的类别查《地基基础规范》取值；

γ——基础底面以下土的重度（kN/m^3），地下水位以下取浮重度；

b——基础底面宽度（m），当基础底面宽度小于 3m 时按 3m 取值，大于 6m 时按 6m 取值；

γ_m——基础底面以上土的加权平均重度（kN/m^3），位于地下水位以下的土层取有效重度；

d——基础埋置深度（m），宜自室外地面标高算起。在填方整平地区，可自填土地面标高算起，但填土在上部结构施工后完成时，应从天然地面标高算起。对于地下室，当采用箱形基础或筏形基础时，基础埋置深度自室外地面标高算起；当采用独立基础或条形基础时，应从室内地面标高算起。

【要点】

◆从公式和修正系数、土层重度，分析影响地基承载力的因素。基础埋置深度越深，基础底面以下土层的重度越大，地基承载力越高；基础宽度越大，基础底面以下土层的重度越大，地基承载力越大。

◆将地基基础看作一个受压构件来理解地基承载力计算，其实就是一个轴心或偏心受压构件简单的应力计算。

例 5-3 已知某柱下独立基础，在图示偏心荷载作用下，基础底面的土压力示意正确的是：

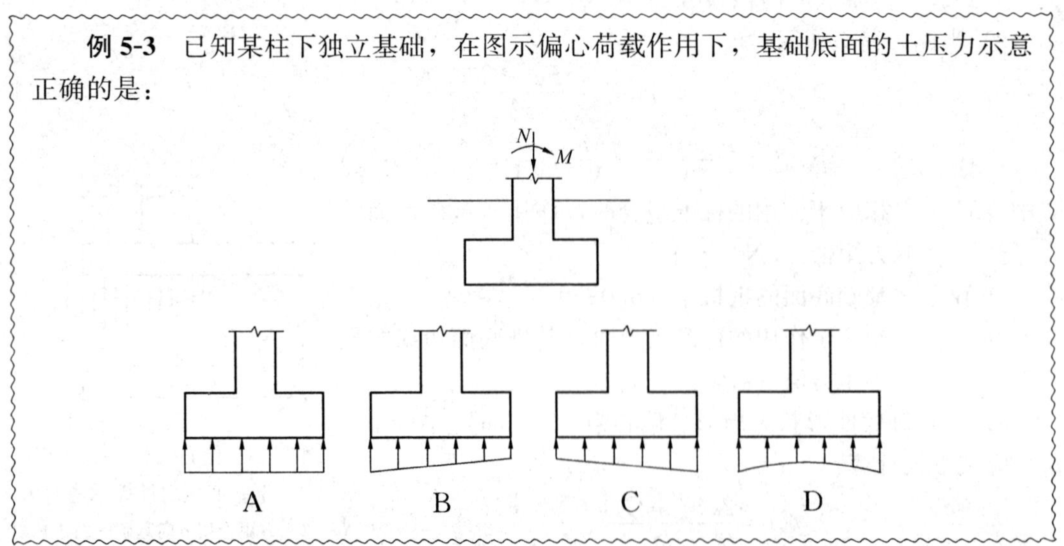

解析：有弯矩和轴压力共同作用时，为偏心受压状态，基底土压力如图 C 所示。

答案：C

注：在轴心压力作用下基础底面的土应力均匀分布，如图 A 所示。

（四）变形计算

（1）建筑物的地基变形计算值，不应大于地基变形允许值。

（2）地基变形特征可分为沉降量、沉降差、倾斜或局部倾斜。

（3）在计算地基变形时，应符合下列规定：

1）由于建筑地基不均匀、荷载差异很大、体型复杂等因素引起的地基变形，对于砌体承重结构应由局部倾斜控制；对于框架结构和单层排架结构应由相邻柱基的沉降差控制；对于多层或高层建筑和高耸结构应由倾斜控制；必要时尚应控制平均沉降量。

2）在必要情况下，需要分别预估建筑物在施工期间和使用期间的地基变形值，以便预留建筑物有关部分之间的净空，选择连接方法和施工顺序。

（4）建筑物的地基变形允许值应按规范的规定采用。

（5）计算地基变形时，地基内的应力分布，可采用各向同性均质线性变形体理论，其最终变形量可按规范要求计算（图 5-4）。

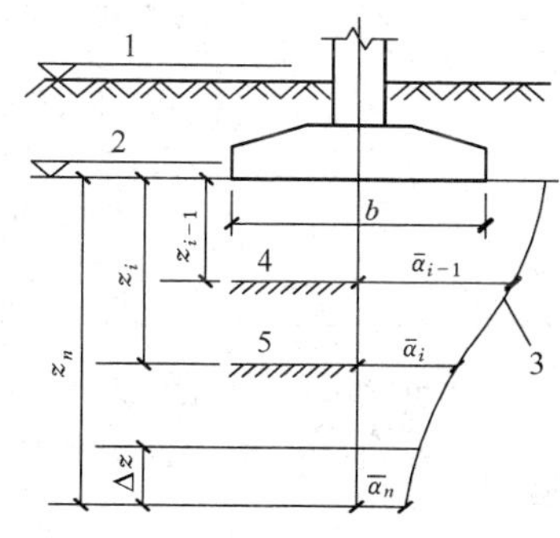

图 5-4　基础沉降计算的分层示意

1—天然地面标高；2—基底标高；3—平均附加应力系数 $\bar{\alpha}$ 曲线；4—$i-1$ 层；5—i 层

【要点】 地基变形计算主要指地基最终沉降量计算。最终沉降量是由瞬时沉降、固结沉降和次固结沉降三部分组成。

（6）在同一整体大面积基础上建有多栋高层和低层建筑，宜考虑上部结构、基础与地基的共同作用，进行变形计算。

（7）下列建筑物应在施工期间及使用期间进行变形观测：

1）地基基础设计等级为甲级的建筑物；

2）软弱地基上的地基基础设计等级为乙级的建筑物；

3）处理地基上的建筑物；

4）加层、扩建建筑物；

5）受邻近深基坑开挖施工影响或受场地地下水等环境因素变化影响的建筑物；

6）采用新型基础或新型结构的建筑物。

（五）稳定性计算

1. 地基稳定性

地基稳定性可采用圆弧滑动面法进行验算。最危险的滑动面上诸力对滑动中心所产生的抗滑力矩与滑动力矩应符合下式要求：

$$M_R/M_S \geqslant 1.2 \tag{5-15}$$

式中　M_S——滑动力矩（kN·m）；

M_R——抗滑力矩（kN·m）。

【要点】 一般对处于平整地基上的建筑物，只要基础具有必需的埋置深度以保证其承载力，就不会由于倾覆或滑移而导致破坏。但对于高大的建筑物，如地下水位在基础地面以上，特别是当建筑物经常受水平荷载或位于斜坡上，或存在倾斜或软弱底层时，有必要进行地基稳定性验算。

2. 抗浮稳定性

抗浮工程应根据工程地质和水文地质条件的复杂程度、地基基础设计等级、使用功能要求及抗浮失效可能造成的对正常使用影响程度或危害程度等划分为三个设计等级，并按表 5-10 确定。

建筑抗浮工程设计等级 **表 5-10**

抗浮工程设计等级	建筑工程特征
甲级	工程地质和水文地质条件复杂场地的工程； 设计地坪低于防洪设防水位或处于经常被淹没场地的工程； 埋深较大和结构荷载分布变化较大的工程； 对上浮、隆起及其裂缝等有特殊要求的工程； 抗浮失效危害严重的工程； 《建筑地基基础设计规范》GB 50007 规定设计等级为甲级的工程； 进行抗浮治理的既有工程
乙级	处甲级、丙级以外的工程
丙级	工程地质和水文地质条件简单场地的工程； 抗浮失效对工程安全危害不严重的工程； 《建筑地基基础设计规范》GB 50007 规定设计等级为丙级的工程； 临时性工程

建筑物基础存在浮力作用时应进行抗浮稳定性验算，并应符合下列规定：

（1）对于简单的浮力作用情况，基础抗浮稳定性应符合下式要求：

$$G_k/N_{w,k} \geqslant K_w \tag{5-16}$$

式中 G_k——建筑物自重及压重之和（kN）；

$N_{w,k}$——浮力作用值（kN）；

K_w——抗浮稳定安全系数，按表 5-11 确定。

建筑抗浮稳定安全系数 **表 5-11**

抗浮工程设计等级	施工期抗浮稳定安全系数 K_w	使用期抗浮稳定安全系数 K_w
甲级	1.05	1.10
乙级	1.00	1.05
丙级	0.95	1.00

（2）抗浮稳定性不满足设计要求时，可采用增加压重或设置抗浮构件等措施。在整体满足抗浮稳定性要求而局部不满足时，也可采用增加结构刚度的措施。

第六节 山 区 地 基

（一）一般规定

工程地质条件复杂多变是山区（包括丘陵地带）地基的显著特征。选择适宜的建设场地和建筑物地基尤为重要。山区（包括丘陵地带）地基的设计，应对下列设计条件分析认定：

（1）建设场区内，在自然条件下，有无滑坡现象，有无影响场地稳定性的断层、破碎带；

（2）在建设场地周围，有无不稳定的边坡；

（3）施工过程中，因挖方、填方、堆载和卸载等对山坡稳定性的影响；

（4）地基内岩石厚度及空间分布情况、基岩面的起伏情况、有无影响地基稳定性的临空面；

（5）建筑地基的不均匀性；

（6）岩溶、土洞的发育程度，有无采空区；

（7）出现危岩崩塌、泥石流等不良地质现象的可能性；

（8）地面水、地下水对建筑地基和建设场区的影响。

【要点】 山区地基设计应重视潜在的地质灾害对建筑安全的影响。

（二）土岩组合地基

常见的一种复杂类型地基。在建筑地基（或被沉降缝分隔区段的建筑地基）的主要受力层范围内，如遇下列情况之一者，属土岩组合地基：

（1）下卧基岩表面坡度较大的地基；

（2）石芽密布并有出露的地基；

（3）大块孤石或个别石芽出露的地基。

【要点】 当建筑物对地基变形要求较高或地质条件比较复杂不宜按一般规定进行地基处理时，可调整建筑平面位置或采用桩基或梁、拱跨越等处理措施。

在地基压缩性相差较大的部位，宜结合建筑平面形状、荷载条件设置沉降缝。

（三）填土地基

（1）当利用压实填土作为建筑工程的地基持力层时，在平整场地前，应根据结构类型、填料性能和现场条件等，对拟压实的填土提出质量要求。未经检验查明以及不符合质量要求的压实填土，均不得作为建筑工程的地基持力层。

注：按其堆填方式分为压实填土和未经填方设计已形成的填土两类。

（2）当利用未经填方设计处理形成的填土作为建筑物地基时，应查明填料成分与来源，填土的分布、厚度、均匀性、密实度与压缩性以及填土的堆积年限等情况，根据建筑物的重要性、上部结构类型、荷载性质与大小、现场条件等因素，选择合适的地基处理方法，并提出填土地基处理的质量要求与检验方法。

（3）拟填实的填土地基应根据建筑物对地基的具体要求，进行填方设计。填方设计的内容包括填料的性质、压实机械的选择、密实度要求、质量监督和检验方法等。对重大的填方工程，必须在填方设计前选择典型的场区进行现场试验，取得填方设计参数后，才能进行填方工程的设计与施工。

（4）填方工程设计前应具备详细的场地地形、地貌及工程地质勘察资料。位于塘、沟、积水洼地等地区的填土地基，应查明地下水的补给与排泄条件、底层软弱土体的清除情况、自重固结程度等。

（5）对含有生活垃圾或有机质废料的填土，未经处理不宜作为建筑物地基使用。

（6）压实填土的填料，应符合下列规定：

1）级配良好的砂土或碎石土；以卵石、砾石、块石或岩石碎屑作填料时，分层压实时其最大粒径不宜大于200mm，分层夯实时其最大粒径不宜大于400mm；

2）性能稳定的矿渣、煤渣等工业废料；

3）以粉质黏土、粉土作填料时，其含水量宜为最优含水量，可采用击实试验确定；

4）挖高填低或开山填沟的土石料，应符合设计要求；

5）不得使用淤泥、耕土、冻土、膨胀性土以及有机质含量大于5%的土。

（7）填土地基在进行压实施工时，应注意采取地面排水措施，当其阻碍原地表水畅通排泄时，应根据地形修建截水沟，或设置其他排水设施。设置在填土区的上、下水管道，应采取防渗、防漏措施，避免因漏水使填土颗粒流失，必要时应在填土土坡的坡脚处设置反滤层。

（8）位于斜坡上的填土，应验算其稳定性。对由填土而产生的新边坡，当填土边坡坡度符合边坡坡度允许值时，可不设置支挡结构。当天然地面坡度大于20%时，应采取防止填土可能沿坡面滑动的措施，并应避免雨水沿斜坡排泄。

（四）滑坡防治

（1）在建筑场区内，由于施工或其他因素的影响有可能形成滑坡的地段，必须采取可靠的预防措施。对具有发展趋势并威胁建筑物安全使用的滑坡，应及早采取综合整治措施，防止滑坡继续发展。

（2）应根据工程地质、水文地质条件以及施工影响等因素，分析滑坡可能发生或发展的主要原因，采取下列防治滑坡的处理措施：

1）排水。应设置排水沟以防止地面水浸入滑坡地段，必要时尚应采取防渗措施。在地下水影响较大的情况下，应根据地质条件，设置地下排水工程。

2）支挡。根据滑坡推力的大小、方向及作用点，可选用重力式抗滑挡墙、阻滑桩及其他抗滑结构。抗滑挡墙的基底及阻滑桩的桩端应埋置于滑动面以下的稳定土（岩）层中。必要时，应验算墙顶以上的土（岩）体从墙顶滑出的可能性。

（3）卸载。在保证卸载区上方及两侧岩土稳定的情况下，可在滑体主动区卸载，但不得在滑体被动区卸载。

（4）反压。在滑体的阻滑区段增加竖向荷载以提高滑体的阻滑安全系数。

（五）岩石地基

【要点】岩石相对于土而言，具有较坚固的刚性连接，因而具有较高的强度和较小的透水性。岩石地基具有承载力高、压缩性低和稳定性强的特点。

（1）岩石地基基础设计应符合下列规定：

1）置于完整、较完整、较破碎岩体上的建筑物可仅进行地基承载力计算。

2）地基基础设计等级为甲、乙级的建筑物，同一建筑物的地基存在坚硬程度不同，两种或多种岩体变形模量差异达2倍及2倍以上，应进行地基变形验算。

3）地基主要受力层深度内存在软弱下卧岩层时，应考虑软弱下卧岩层的影响，进行地基稳定性验算。

4）桩孔、基底和基坑边坡开挖应采用控制爆破，到达持力层后，对软岩、极软岩表面应及时封闭保护。

5）当基岩面起伏较大，且都使用岩石地基时，同一建筑物可以使用多种基础形式。

6）当基础附近有临空面时，应验算向临空面倾覆和滑移稳定性。存在不稳定的临空面时，应将基础埋深加大至下伏稳定基岩；亦可在基础底部设置锚杆，锚杆应进入下伏稳定岩体，并满足抗倾覆和抗滑移要求。同一基础的地基可以放阶处理，但应满足抗倾覆和抗滑移要求。

7）对于节理、裂隙发育及破碎程度较高的不稳定岩体，可采用注浆加固和清爆填塞等措施。

（2）对遇水易软化和膨胀、易崩解的岩石，应采取保护措施减少其对岩体承载力的影响。

（六）岩溶与土洞

岩溶是石灰岩、白云岩、石膏、岩盐等可溶性岩石在水的溶蚀作用下产生的各种地质作用、形态和现象的总称。

（1）在岩溶地区应考虑其对地基稳定的影响。

（2）由于岩溶发育具有严重的不均匀性，为区别对待不同岩溶发育程度场地上的地基基础设计，将岩溶场地分为岩溶强发育、中等发育和微发育三个等级。

（3）地基基础设计等级为甲级、乙级的建筑物主体宜避开岩溶强发育地段。

（七）土质边坡和重力式挡墙

（1）边坡设计应符合下列规定：

1）边坡设计应保护和整治边坡环境。

2）对于平整场地而出现的新边坡，应及时进行支挡或构造防护。

3）应根据边坡类型、边坡环境、边坡高度及可能的破坏模式，选择适当的边坡稳定计算方法和支挡结构形式。

4）支挡结构设计应进行整体稳定性验算、局部稳定性验算、地基承载力计算、抗倾覆稳定性验算、抗滑移稳定性验算及结构强度计算。

5）边坡工程设计前，应进行详细的工程地质勘察，并应对边坡的稳定性做出准确的评价；对周围环境的危害性做出预测。

6）边坡的支挡结构应进行排水设计。支挡结构后面的填土，应选择透水性强的填料。

（2）挡土墙分类

岩土工程中的“支挡”结构，用于“边坡”方面的支挡结构一般称“挡土墙”或“挡墙”，主要有重力式、悬臂式、扶壁式、锚杆式、锚定板式和土钉墙式，见图 5-5。

【要点】

◆用于“边坡”方面的支挡结构一般称“挡土墙”或“挡墙”，主要有重力式、悬臂式、扶壁式、锚杆式、锚定板式和土钉墙式等。其中重力式挡土墙近年考试多有涉及，应重视。

◆用于“基坑支护”的支挡结构，也属挡土墙，习惯上称为“支护结构”，主要有排桩、地下连续墙、水泥土墙、逆作拱墙等。

◆地下室和地下结构的挡墙，常与建筑物或构筑物的结构结合，由水平的顶板和地板支撑。

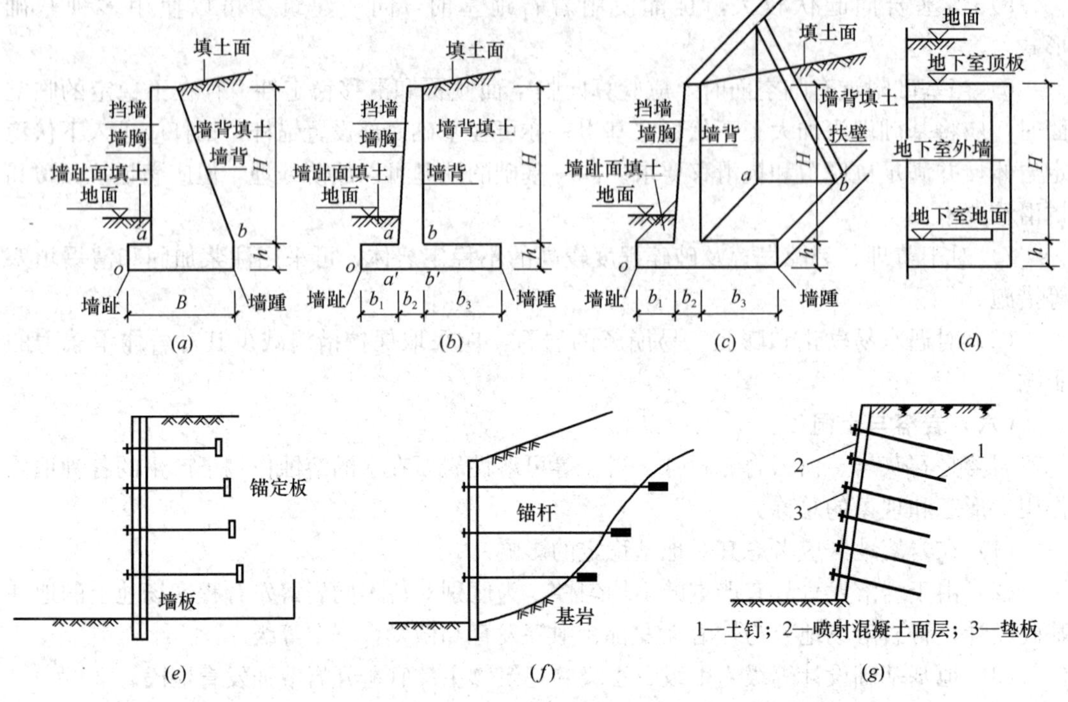

图 5-5 常见挡土墙形式

(*a*) 重力式挡墙；(*b*) 悬臂式挡墙；(*c*) 扶壁式挡墙；(*d*) 地下室外墙；
(*e*) 锚定板式；(*f*) 锚杆式；(*g*) 土钉墙式

◆锚杆式挡土墙由锚固在坚硬地基中的锚杆拉结。

(3) 挡土墙的土压力

挡土结构所受的侧向压力称为土压力。

1) 土压力分类

作用在挡土结构上的土压力，按挡土结构的位移方向、大小及土体所处的极限平衡状态，分为三种：静止土压力、主动土压力、被动土压力，见图 5-6。

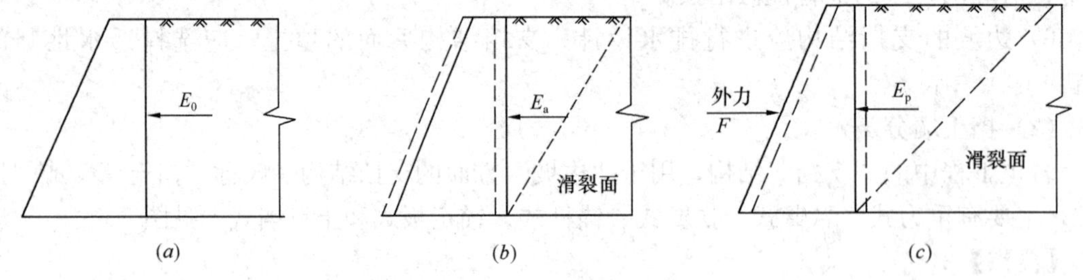

图 5-6 土压力分类

(*a*) 静止土压力；(*b*) 主动土压力；(*c*) 被动土压力

2) 土压力的大小

主动土压力最小，静止土压力居中，被动土压力最大。

主动土压力（最小）——多数挡土墙采用（土堆墙）；

静止土压力（居中）——地下室外墙；

被动土压力（最大）——拱脚基础采用（墙推土）。

3）土压力分布

土压力沿挡土结构竖向一般为三角形分布，墙顶处压力小，墙底处压力大。

如果取单位挡土结构长度，则作用在挡土结构上的静止土压力如图 5-7 所示。

$$E_0 = \frac{1}{2}\gamma h^2 K_0 \qquad (5\text{-}17)$$

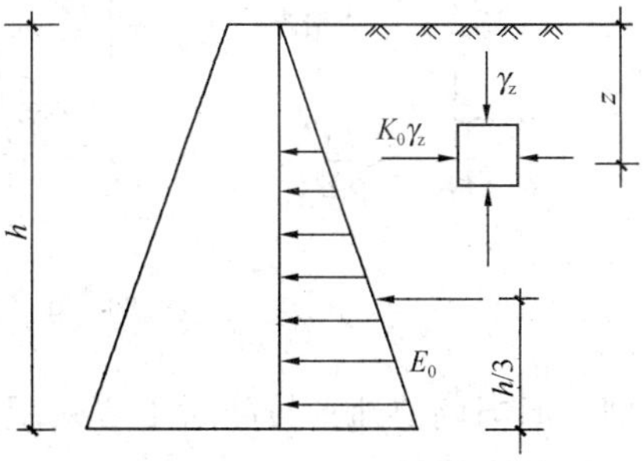

式中 E_0——静止土压力（kN）；

γ——填土的重度（kN/m^3）；

h——挡土墙高度（m）；

K_0——静止土压力系数。

图 5-7 墙背竖直时的静止土压力

（4）重力式挡土墙

重力式挡土墙应用较广泛，利用挡土结构自身的重力，以支挡土质边坡的横推力，常采用条石垒砌或采用混凝土浇筑。

1）挡土墙设计

应根据地质条件、材料和施工等因素考虑，内容包括（图 5-8）：

①抗滑移稳定性验算［图 5-8（*a*）］；

②抗倾覆稳定性验算［图 5-8（*b*）］；

③抗整体滑动稳定性（圆弧滑动面法）验算［图 5-8（*c*）］；

④地基承载力验算［图 5-8（*d*）］。

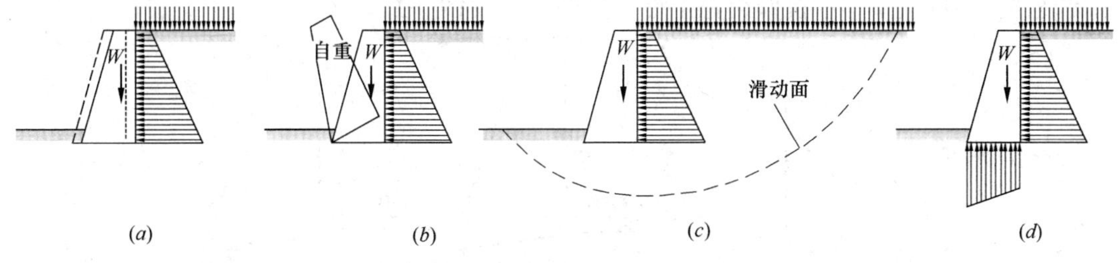

图 5-8 重力式挡土墙的验算

（*a*）抗滑移稳定性验算；（*b*）抗倾覆稳定性验算；（*c*）抗整体滑动稳定性验算；（*d*）地基承载力验算

2）重力式挡土墙的体型构造

①挡土墙的各部位名称及墙背倾斜形式

重力式挡土墙的各部位名称及墙背的倾斜形式有仰视、直立和俯斜三种，如图 5-9 所示。

相同情况下，仰斜式受到的主动土压力最小，直立式居中，俯斜式最大。为减小墙背的土压力，选择仰斜式最为合理。另外仰斜墙重心后移，加大了抗倾覆力臂，提高了抗倾覆的稳定性。

当边坡采用挖方时，仰斜式较为合理，此时墙背可以与开挖的边坡紧密贴合；如果边坡是填方，由于仰斜墙背的填土夯实比直立式和俯斜式困难，则选择直立式和俯斜式更为

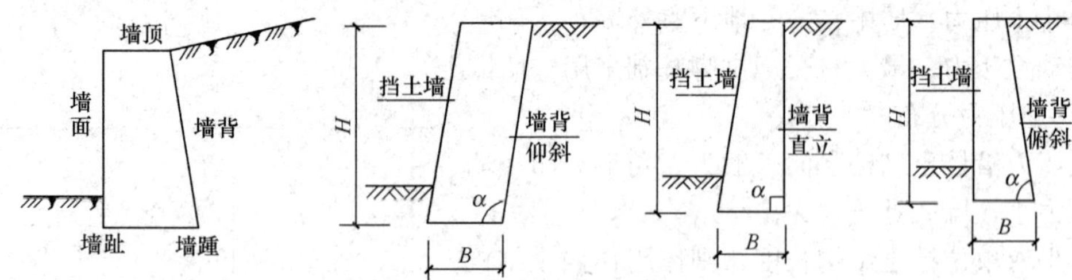

图 5-9　重力式挡土墙墙背倾斜形式

合理。但当墙前地形较陡时不宜采用。

②基底逆坡

将基底做成逆坡或将基础做成锯齿状是增加挡土墙的抗滑稳定性的有效方法。在墙体稳定性验算中，抗滑移稳定性一般比抗倾覆稳定更不易满足要求。但基底逆坡坡度也不能过大，以免造成墙身连同墙底的土体一起滑动，见图 5-10、图 5-11。

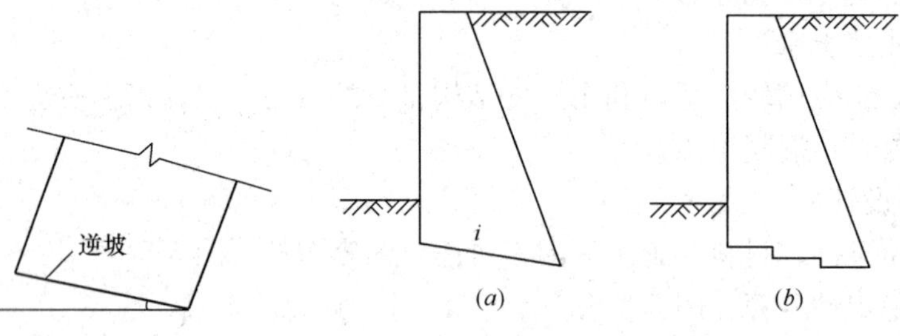

图 5-10　基底逆坡　　　图 5-11　增强挡土墙抗滑移能力的措施

③墙趾台阶

当墙高较大，基底压力超过地基承载力时，设置墙趾台阶增大底面宽度，同时还有利于提高挡土墙的抗滑移和抗倾覆稳定性，见图 5-12、图 5-13。

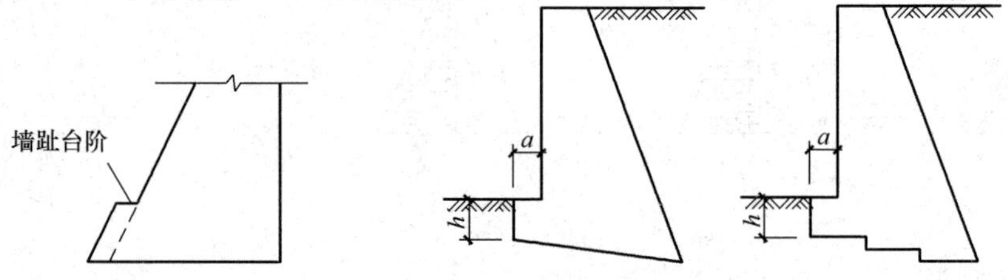

图 5-12　墙趾台阶　　　图 5-13　挡土墙下地基承载力不满足时的措施

例 5-4　某悬臂式挡土墙，如图所示，当抗滑移验算不足时，在挡土墙埋深不变的情况下，下列措施最有效的是：

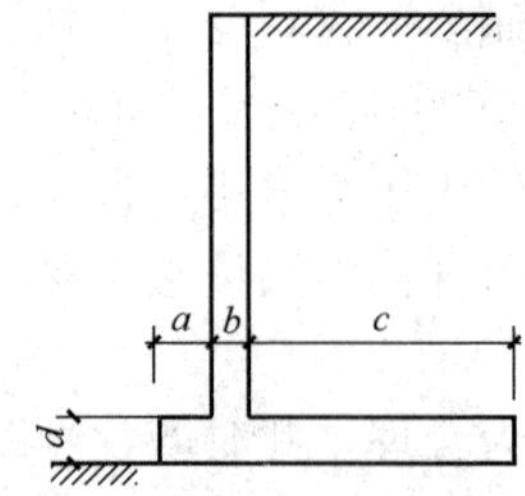

A 仅增加 a　　　　B 仅增加 b

C 仅增加 c　　　　D 仅增加 d

解析：增加 c 值，对抗滑移最有效。

答案：C

3）重力式挡土墙的构造应符合下列规定：

①重力式挡土墙适用于高度小于 8m、地层稳定、开挖土石方时不会危及相邻建筑安全的地段。

②重力式挡土墙可在基底设置逆坡。对于土质地基，基底逆坡坡度不宜大于 1∶10；对于岩石地基，基底逆坡坡度不宜大于 1∶5。

③毛石挡土墙的墙顶宽度不宜小于 400mm；混凝土挡土墙的墙顶宽度不宜小于 200mm。

④重力式挡土墙的基础埋深，应根据地基承载力、水流冲刷、岩石裂隙发育及风化程度等因素进行确定。在特强冻胀、强冻胀地区应考虑冻胀的影响。在土质地基中，基础埋置深度不宜小于 0.5m；在软质岩地基中，基础埋置深度不宜小于 0.3m。

⑤重力式挡土墙应每间隔 10～20m 设置一道伸缩缝。当地基有变化时宜加设沉降缝。在挡土墙的拐角处，应采取加强的构造措施。

（5）桩锚支挡结构体系

在有岩体存在的山区，可采用桩锚支挡结构体系。该支挡结构体系，由竖桩（立柱）、岩石锚杆等主要承力构件组成，辅以连系梁、压顶梁、面板等构件，组成完整的支挡结构体系，优于重力式挡土墙，如图 5-14。

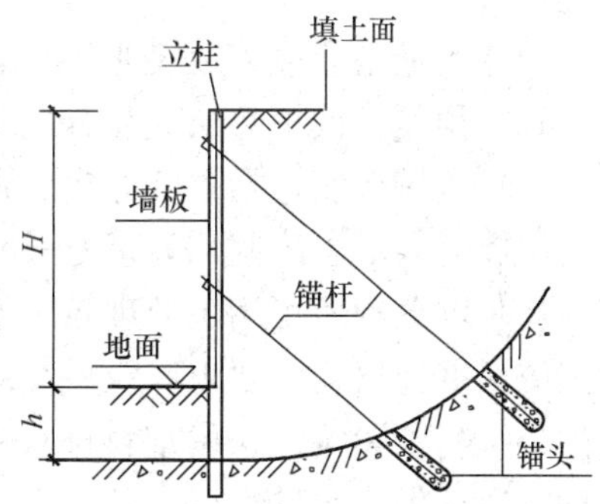

图 5-14　锚杆挡土墙由锚固在坚硬地基中的锚杆拉结

第七节　软　弱　地　基

（一）一般规定

（1）当地基压缩层主要由淤泥、淤泥质土、冲填土、杂填土或其他高压缩性土层构成时应按软弱地基进行设计。在建筑地基的局部范围内有高压缩性土层时，应按局部软弱土层处理。

（2）勘察时，应查明软弱土层的均匀性、组成、分布范围和土质情况；冲填土尚应了解排水固结条件，杂土应查明堆积历史，明确自重压力下的稳定性、湿陷性等基本因素。

（3）设计时应考虑上部结构和地基的共同作用。对建筑体型、荷载情况、结构类型和地质条件进行综合分析，确定合理的建筑措施、结构措施和地基处理方法。

（4）施工时应注意对淤泥和淤泥质土基槽底面的保护，减少扰动。荷载差异较大的建筑物，宜先建重、高部分，后建轻、低部分。

（5）活荷载较大的构筑物或构筑物群（如料仓、油罐等），使用初期应根据沉降情况控制加载速率，掌握加载间隔时间，或调整活荷载分布，避免过大倾斜。

【要点】

◆ 软土的主要物理力学特性是含水量高、高压缩性、天然抗剪强度较低等。

◆ 由于软弱土的物质组成、成因及存在环境（如水的影响等）不同，不同的软弱地基其性质可能完全不同。

（二）利用与处理

（1）利用软弱土层作为持力层时，应符合下列规定：

1）淤泥和淤泥质土，宜利用其上覆较好土层作为持力层；当上覆土层较薄时，应采取避免施工时对淤泥和淤泥质土扰动的措施。

2）冲填土、建筑垃圾和性能稳定的工业废料，当均匀性和密实度较好时，可利用作为轻型建筑物地基的持力层。

（2）局部软弱土层以及暗塘、暗沟等，可采用基础梁、换土、桩基或其他方法处理。

（3）当地基承载力或变形不能满足设计要求时，地基处理可选用机械压实、堆载预压、真空预压、换填垫层或复合地基等方法。处理后的地基承载力应通过试验确定。

（4）机械压实包括重锤夯实、强夯、振动压实等方法，可用于处理由建筑垃圾或工业废料组成的杂填土地基，处理有效深度应通过试验确定。

（5）堆载预压可用于处理较厚淤泥和淤泥质土地基。预压荷载宜大于设计荷载，预压时间应根据建筑物的要求以及地基固结情况决定，并应考虑堆载大小和速率对堆载效果和周围建筑物的影响。采用塑料排水带或砂井进行堆载预压和真空预压时，应在塑料排水带或砂井顶部做排水砂垫层。

（6）换填垫层（包括加筋垫层）可用于软弱地基的浅层处理。垫层材料可采用中砂、粗砂、砾砂、角（圆）砾、碎（卵）石、矿渣、灰土、黏性土以及其他性能稳定、无腐蚀性的材料。加筋材料可采用高强度、低徐变、耐久性好的土工合成材料。

（7）复合地基设计应满足建筑物承载力和变形要求。当地基土为欠固结土、膨胀土、湿陷性黄土、可液化土等特殊性土时，设计采用的增强体和施工工艺应满足处理后地基土和增强体共同承担荷载的技术要求。

（8）复合地基承载力特征值应通过现场复合地基载荷试验确定，或采用增强体载荷试验结果和周边土的承载力特征值结合经验确定。

（9）增强体顶部应设褥垫层。褥垫层可采用中砂、粗砂、砾砂、碎石、卵石等散体材料。碎石、卵石宜掺入20%～30%的砂。

（三）建筑措施

软弱地基上的建筑物沉降比较显著，且不均匀，沉降稳定的时间很长，如果处理不好，会造成建筑物的倾斜、开裂或损坏，造成工程事故。

地基基础和上部结构是整体，共同作用，因此地基设计上除地基变形满足建筑物允许变形外，还应根据地基不均匀变形的分布规律，在建筑布置和结构处理上采取必要措施，使上部建筑结构适应地基变形。

（1）在满足使用和其他要求的前提下，建筑体型应力求简单。当建筑体型比较复杂时，宜根据其平面形状和高度差异情况，在适当部位用沉降缝将其划分成若干个刚度较好的单元；当高度差异（或荷载差异）较大时，可将两者隔开一定距离，若拉开距离后的两单元必须连接时，应采用能自由沉降的连接构造。

（2）建筑物设置沉降缝时，应符合下列规定：

1）建筑物的下列部位，宜设置沉降缝：

①建筑平面的转折部位；

②高度差异或荷载差异处；

③长高比过大的砌体承重结构或钢筋混凝土框架结构的适当部位；

④地基土的压缩性有显著差异处；

⑤建筑结构或基础类型不同处；

⑥分期建造房屋的交界处。

2）沉降缝应有足够的宽度，沉降缝宽度可按表5-12选用。

房屋沉降缝的宽度 **表5-12**

房屋层数	沉降缝宽度（mm）
二～三	50～80
四～五	80～120
五层以上	不小于120

（3）相邻建筑物基础间的净距，可按表5-13选用。

相邻建筑物基础间的净距（m） **表5-13**

被影响建筑的长高比 / 影响建筑的预估平均沉降量 s（mm）	$2.0 \leqslant \frac{L}{H_f} < 3.0$	$3.0 \leqslant \frac{L}{H_f} < 5.0$
70～150	2～3	3～6
160～250	3～6	6～9
260～400	6～9	9～12
>400	9～12	不小于12

注：1. 表中 L 为建筑物长度或沉降缝分隔的单元长度（m）；H_f 为自基础底面标高算起的建筑物高度（m）；

2. 当被影响建筑的长高比为 $1.5 < L/H_f < 2.0$ 时，其间净距可适当缩小。

（4）相邻高耸结构或对倾斜要求严格的构筑物的外墙间隔距离，应根据倾斜允许值计算确定。

（5）建筑物各组成部分或设备之间的沉降差处理。

建筑物各组成部分的标高，应根据可能产生的不均匀沉降采取下列相应措施：

1）室内地坪和地下设施的标高，应根据预估沉降量予以提高。建筑物各部分（或设备之间）有联系时，可将沉降较大者标高提高。

2）建筑物与设备之间，应留有足够的净空。当建筑物有管道穿过时，应预留孔洞，或采用柔性的管道接头等。

【要点】

◆ 建筑体型的合理组合（体型简单、高度和荷载均匀）；

◆对体型复杂或过长的建筑物设置沉降缝，并采用增强基础和上部结构刚度的方法，使每个单元具有适应和调整地基不均匀变形的能力；

◆相邻建筑物基础间保持一定的净距；

◆建筑物各组成部分或设备之间的沉降差处理。

（四）结构措施

建筑物沉降的均匀程度不仅与地基的均匀性和上部结构的荷载分布情况有关，还与建筑物的整体刚度有关。**建筑物的整体刚度是指建筑物抵抗自身变形的能力**。

（1）为减少建筑物沉降和不均匀沉降，可采用下列措施：

1）选用轻型结构，减轻墙体自重，采用架空地板代替室内填土；

2）设置地下室或半地下室，采用覆土少、自重轻的基础形式；

3）调整各部分的荷载分布、基础宽度或埋置深度；

4）对不均匀沉降要求严格的建筑物，可选用较小的基底压力。

（2）对于建筑体型复杂、荷载差异较大的框架结构，可采用箱基、桩基、筏基等可加强基础整体刚度，减少不均匀沉降。

（3）对于砌体承重结构的房屋，宜采用下列措施增强整体刚度和承载力：

1）对于三层和三层以上的房屋，其长高比 L/H_f 宜小于或等于 2.5；当房屋的长高比为 $2.5<L/H_f\leqslant3.0$ 时，宜做到纵墙不转折或少转折，并应控制其内横墙间距或增强基础刚度和承载力。当房屋的预估最大沉降量小于或等于 120mm 时，其长高比可不受限制。

2）墙体内宜设置钢筋混凝土圈梁或钢筋砖圈梁。

3）在墙体上开洞时，宜在开洞部位配筋或采用构造柱及圈梁加强。

（4）圈梁应按下列要求设置：

1）在多层房屋的基础和顶层处应各设置一道，其他各层可隔层设置，必要时也可逐层设置。单层工业厂房、仓库，可结合基础梁、连系梁、过梁等酌情设置。

2）圈梁应设置在外墙、内纵墙和主要内横墙上，并宜在平面内连成封闭系统。

【要点】

◆减少沉降和不均匀沉降的措施。

◆框架结构（体型复杂、荷载差异较大的）可加强基础整体刚度，如采用箱基、桩基、厚筏等，以减少不均匀沉降；

◆砌体结构（加强整体刚度的措施）。

◆圈梁的设置部位和数量（关键部位、连续封闭）。圈梁应根据地基不均匀变形、建筑物建成后可能的挠曲方向等因素确定。如建筑物可能发生正向挠曲时，应保证在基础处设置；反之，若可能发生反向挠曲时，则首先应保证顶层设置圈梁。

（五）大面积地面荷载

（1）在建筑范围内具有地面荷载的单层工业厂房、露天车间和单层仓库的设计，应考虑由于地面荷载所产生的地基不均匀变形及其对上部结构的不利影响。当有条件时，宜利用堆载预压过的建筑场地。

注：地面荷载系指生产堆料、工业设备等地面堆载和天然地面上的大面积填土。

（2）地面堆载应力求均衡，并应根据使用要求、堆载特点、结构类型和地质条件，确定允许堆载量和范围。

堆载不宜压在基础上。大面积的填土，宜在基础施工前三个月完成。

（3）地面堆载荷载应满足地基承载力、变形、稳定性要求，并应考虑对周边环境的影响。当堆载量超过地基承载力特征值时，应进行专项设计。

（4）厂房和仓库的结构设计，可适当提高柱、墙的抗弯能力，增强房屋的刚度。对于中、小型仓库，宜采用静定结构。

（5）特殊情况时宜采用桩基，详见《地基基础》规范。

第八节　基　　础

房屋基础形式种类很多：有无筋扩展基础（如毛石基础、混凝土基础等），扩展基础（如杯口基础），箱形基础与筏形基础及桩基础等。

（一）无筋扩展基础

无筋扩展基础系指由砖、毛石、混凝土或毛石混凝土、灰土和三合土等材料组成的墙下条形基础或柱下独立基础。无筋扩展基础，适用于多层民用建筑和轻型厂房。

无筋扩展基础（图 5-15）高度应满足下式要求：

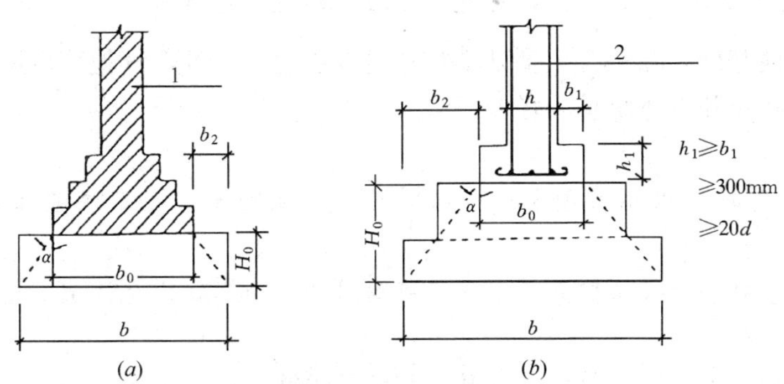

图 5-15　无筋扩展基础构造示意

d—柱中纵向钢筋直径；1—承重墙；2—钢筋混凝土柱

$$H_0 \geqslant (b-b_0)/2\tan\alpha \tag{5-18}$$

式中　b——基础底面宽度（m）；

b_0——基础顶面的墙体宽度或柱脚宽度（m）；

H_0——基础高度（m）；

$\tan\alpha$——基础台阶宽高比 $b_2 : H_0$，其允许值可按表 5-14 选用；

b_2——基础台阶宽度（m）。

无筋扩展基础台阶宽高比的允许值　　**表 5-14**

基础材料	质量要求	台阶宽高比的允许值		
		$p_k \leqslant 100$	$100 < p_k \leqslant 200$	$200 < p_k \leqslant 300$
混凝土基础	C15 混凝土	1∶1.00	1∶1.00	1∶1.25
毛石混凝土基础	C15 混凝土	1∶1.00	1∶1.25	1∶1.50

续表

基础材料	质量要求	台阶宽高比的允许值		
		$p_k \leqslant 100$	$100 < p_k \leqslant 200$	$200 < p_k \leqslant 300$
砖基础	砖不低于MU10、砂浆不低于M5	1∶1.50	1∶1.50	1∶1.50
毛石基础	砂浆不低于M5	1∶1.25	1∶1.50	—
灰土基础	体积比为3∶7或2∶8的灰土，其最小干密度： 粉土1550kg/m^3 粉质黏土1500kg/m^3 黏土1450kg/m^2	1∶1.25	1∶1.50	—
三合土基础	体积比1∶2∶4～1∶3∶6（石灰∶砂∶骨料），每层约虚铺220mm，夯至150mm	1∶1.50	1∶2.00	—

注：1. p_k为荷载效应标准组合时基础底面处的平均压力值（kPa）；
2. 阶梯形毛石基础的每阶伸出宽度，不宜大于200mm；
3. 当基础由不同材料叠合组成时，应对接触部分作抗压验算；
4. 基础底面处的平均压力值超过300kPa的混凝土基础，尚应进行抗剪验算。

上述几种刚性基础，除三合土基础不宜超过四层建筑以外，其他均可用于六层和六层以下的一般民用建筑和墙体承重的轻型厂房。

【要点】

◆ 无筋扩展基础采用刚性材料——砖、毛石、混凝土、毛石混凝土、灰土、三合土等；

◆ 无筋扩展基础的刚性角概念及常见基础材料的台阶高宽比允许值。

（二）扩展基础

扩展基础系指柱下钢筋混凝土独立基础和墙下钢筋混凝土条形基础。

（1）扩展基础的构造，应符合下列规定：

1）锥形基础的边缘高度不宜小于200mm，且两个方向的坡度不宜大于1∶3；阶梯形基础的每阶高度，宜为300～500mm。

2）垫层的厚度不宜小于70mm；垫层混凝土强度等级不宜低于C10。

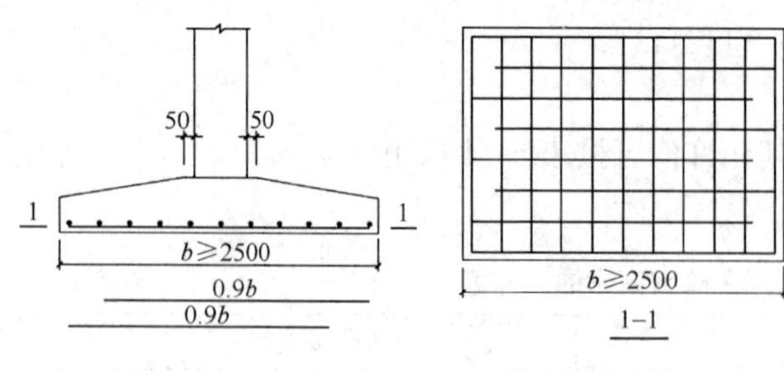

图5-16　柱下独立基础底板受力钢筋布置

3）当有垫层时钢筋保护层的厚度不应小于40mm；无垫层时不应小于70mm。

4）混凝土强度等级不应低于C20。

5）当柱下钢筋混凝土独立基础的边长和墙下钢筋混凝土条形基础的宽度大于或等于2.5m时，底板受力钢筋的长度可取边长或宽度的0.9倍，并宜交错布置（图5-16）。

6）钢筋混凝土条形基础底板在T形及十字形交接处，底板横向受力钢筋仅沿一个主要受力方向通长布置，另一方向的横向受力钢筋可布置到主要受力方向底板宽度1/4处。

在拐角处底板横向受力钢筋应沿两个方向布置（图 5-17）。

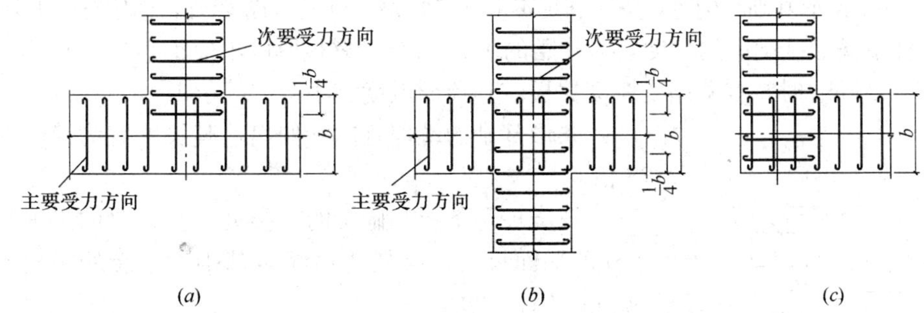

图 5-17 墙下条形基础纵横交叉处底板受力钢筋布置

（2）现浇柱的基础，其插筋的数量、直径以及钢筋种类应与柱内纵向受力钢筋相同，见图 5-18。

（3）扩展基础的计算应符合下列规定：

1）对柱下独立基础，当冲切破坏椎体落在基础底面以内时，应验算柱与基础交接处以及基础变阶处的受冲切承载力；

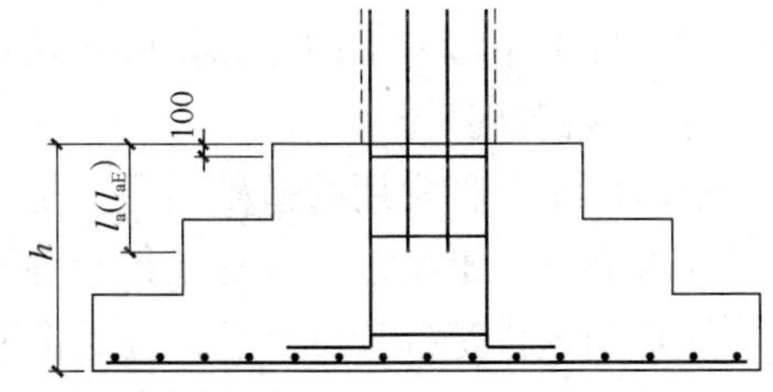

图 5-18 现浇柱的基础中插筋构造示意

2）对基础底面短边尺寸小于或等于柱宽加两倍基础有效高度的柱下独立基础，以及墙下条形基础，应验算柱（墙）与基础交接处的基础受剪切承载力；

3）基础底板的配筋，应按抗弯计算确定；

4）当基础的混凝土强度等级小于柱的混凝土强度等级时，尚应验算柱下基础顶面的局部受压承载力。

（4）柱下独立基础的受冲切承载力验算，见图 5-19。

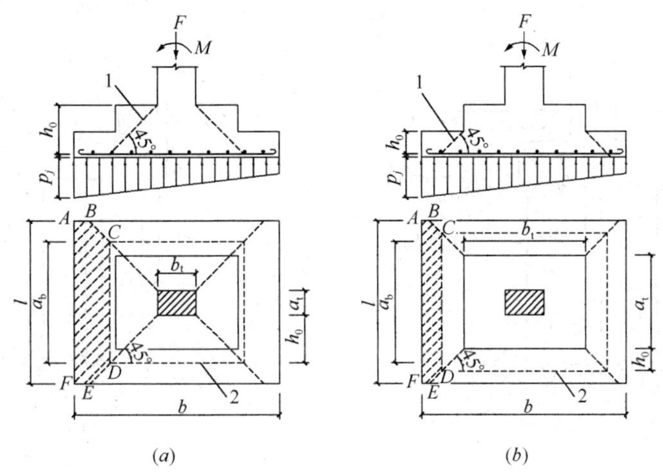

图 5-19 计算阶形基础的受冲切承载力截面位置

（a）柱与基础交接处；（b）基础变阶处

1—冲切破坏椎体最不利一侧的斜截面；2—冲切破坏椎体的底面线

（三）柱下条形基础

（1）柱下条形基础的构造，除应满足本节（二）第（1）条的要求外，尚应符合下列规定：

1）柱下条形基础梁的高度宜为柱距的1/4～1/8。翼板厚度不应小于200mm。当翼板厚度大于250mm时，宜采用变厚度翼板，其顶面坡度宜小于或等于1∶3。

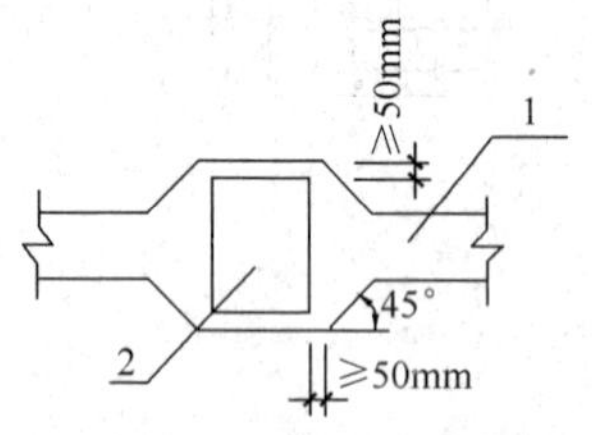

图5-20 现浇柱与条形基础梁交接处平面尺寸
1—基础梁；2—柱

2）条形基础的端部宜向外伸出，其长度宜为第一跨距的0.25倍。

3）现浇柱与条形基础梁的交接处，基础梁的平面尺寸应大于柱的平面尺寸，且柱的边缘至基础梁边缘的距离不得小于50mm（图5-20）。

4）条形基础梁顶部和底部的纵向受力钢筋除满足计算要求外，顶部钢筋应按计算配筋全部贯通，底部通长钢筋不应少于底部受力钢筋截面总面积的1/3。

5）柱下条形基础的混凝土强度等级，不应低于C20。

（2）柱下条形基础的计算，应满足抗弯、抗剪和抗冲切的要求以及其他规范规定。

（四）桩基础

桩基础是一种常用的基础形式，是深基础的一种。当天然地基上的浅基础承载力不能满足要求而沉降量又过大或地基稳定性不能满足建筑物规定时，常采用桩基础。

这是因为桩基础具有承载力高、沉降速率低、沉降量小而均匀等特点，能够承受垂直荷载、水平荷载、上拔力及由机器产生的振动或动力作用，因而应用广泛，尤其在高层建筑中应用更为普遍。

（1）桩的分类

1）竖向受压桩按桩身竖向受力情况可分为端承型桩和摩擦型桩：

①端承型桩的桩顶竖向荷载主要由桩端阻力承受（图5-21）；

②摩擦型桩的桩顶竖向荷载主要由桩侧阻力承受（图5-22）。

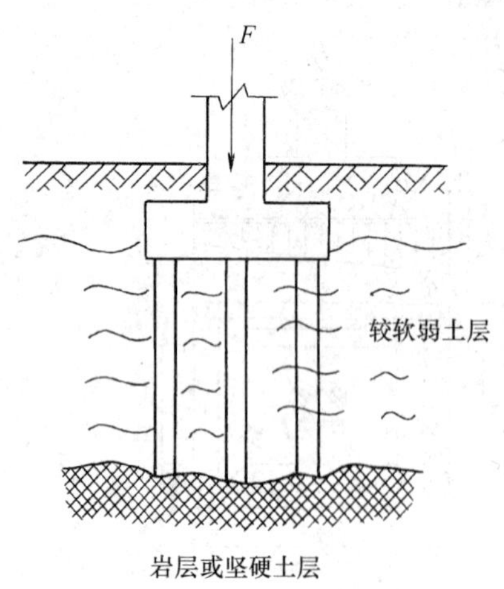

图5-21 端承型桩

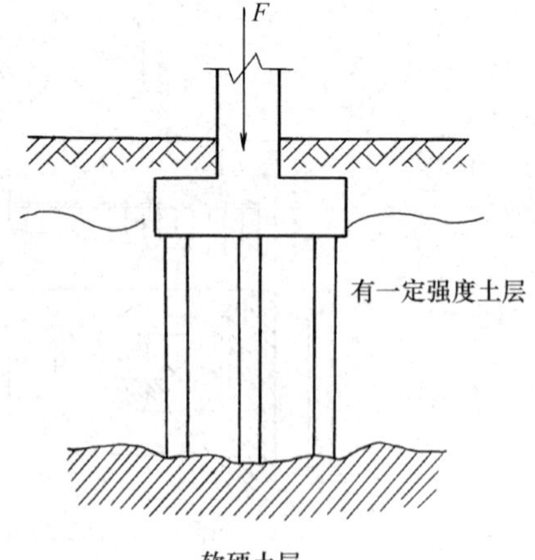

图5-22 摩擦型桩

2）按施工工艺分为预制桩和灌注桩：

①预制桩的种类，主要有钢筋混凝土桩和钢桩等多种：

预制桩的施工工艺包括制桩与沉桩两部分，沉桩工艺又根据沉桩机械的不同而有不同，主要有锤击式、静压式和振动式。

②灌注桩的种类主要分为沉管灌注桩、钻孔灌注桩和挖孔灌注桩等几大类：

灌注桩是指在施工现场通过机械钻孔、钢管挤土或人力挖掘等手段，在地基土中形成桩孔，然后在孔内放置钢筋笼、灌注混凝土而做成的钢筋混凝土桩。

依成孔方法不同分为沉管灌注桩、钻孔灌注桩和挖孔灌注桩等。沉管灌注桩包括沉管、放笼、灌注、拔管四个步骤；钻孔灌注桩指各种在地面用机械方法挖土成孔的灌注桩；挖孔灌注桩指人工下到井底挖土护壁成孔的灌注桩。

【要点】钻孔桩的优点在于施工过程无挤土、无振动、噪声小，对邻近建筑物及地下管线危害较小，且桩径不受限制，是城区高层建筑常用桩型。近年来，钻孔灌注桩后压浆技术的逐步成熟和推广，拓展了钻孔灌注桩的使用空间。

（2）桩和桩基的构造应符合下列规定：

1）摩擦型桩的中心距不宜小于桩身直径的 3 倍；扩底灌注桩的中心距不宜小于扩底直径的 1.5 倍，当扩底直径大于 2m 时，桩端净距不宜小于 1m。在确定桩距时尚应考虑施工工艺中挤土等效应对邻近桩的影响。

2）扩底灌注桩的扩底直径，不应大于桩身直径的 3 倍。

3）桩底进入持力层的深度，宜为桩身直径的 1～3 倍。在确定桩底进入持力层深度时，尚应考虑特殊土、岩溶以及震陷液化等影响。嵌岩灌注桩周边嵌入完整和较完整的未风化、微风化、中风化硬质岩体的最小深度，不宜小于 0.5m。

4）布置桩位时宜使桩基承载力合力点与竖向永久荷载合力作用点重合。

5）设计使用年限不少于 50 年时，非腐蚀环境中预制桩的混凝土强度等级不应低于 C30；预应力桩不应低于 C40，灌注桩不应低于 C25。二 b 类环境及三类、四类、五类微腐蚀环境中不应低于 C30。设计使用年限不少于 100 年的桩，桩身混凝土的强度等级宜适当提高。水下灌注混凝土的桩身混凝土强度等级不宜高于 C40。

6）桩身混凝土的材料、最小水泥用量、水灰比、抗渗等级等应符合现行国家标准《混凝土结构设计规范》GB 50010 的有关规定。

7）桩身纵向钢筋配筋长度应符合下列规定：

①受水平荷载和弯矩较大的桩，配筋长度应通过计算确定；

②桩基承台下存在淤泥、淤泥质土或液化土层时，配筋长度应穿过淤泥、淤泥质土层或液化土层；

③坡地岸边的桩、8 度及 8 度以上地震区的桩、抗拔桩、嵌岩端承桩应通长配筋；

④钻孔灌注桩构造钢筋的长度不宜小于桩长的 2/3；桩施工在基坑开挖前完成时，其钢筋长度不宜小于基坑深度的 1.5 倍。

8）桩顶嵌入承台内的长度不应小于 50mm。主筋伸入承台内的锚固长度不应小于钢筋直径（HPB300）的 30 倍和钢筋直径（HRB335 和 HRB400）的 35 倍。对于大直径灌注桩，当采用一柱一桩时，可设置承台或将桩和柱直接连接。桩和柱的连接可按《地基基础规范》第 8.2.5 条高杯口基础的要求选择截面尺寸和配筋，柱纵筋插入桩身的长度应满足锚固长度的要求。

9）灌注桩主筋混凝土保护层厚度不应小于 50mm；预制桩不应小于 45mm，预应力管桩不应小于 35mm；腐蚀环境中的灌注桩不应小于 55mm。

10）在承台及地下室周围的回填中，应满足填土密实性的要求。

例 5-5 下列关于桩和桩基础的说法，何项是不正确的？

A 桩底进入持力层的深度与地质条件及施工工艺等有关

B 桩顶应嵌入承台一定长度，主筋伸入承台长度应满足锚固要求

C 任何种类及长度的桩，其桩侧纵筋都必须沿桩身通长配置

D 在桩承台周围的回填土中，应满足填土密实性的要求

解析： 坡地岸边的桩、8 度及 8 度以上地震区的桩、抗拔桩、嵌岩端承桩应通长配筋，选项 C 中“任何种类及长度的桩……”表述错误，C 为答案。

答案： C

规范：《地基基础规范》第 8.5.3 条第 3 款、第 8.5.3 条第 8 款 4）、第 8.5.3 条第 10 款及 8.5.2 条第 12 款。

（3）单桩承载力计算

同其他结构构件设计一样，桩基础作为承托上部结构的基础，必须具有足够的承载力和抗沉降变形能力，桩和承台必须具有足够的强度、刚度和稳定性。

单桩承载力应符合下列规定：

1）轴心竖向力作用下：

$$Q_k = (F_k + G_k)/n \tag{5-19}$$

2）轴心竖向力作用下除满足上式外，尚应满足下式要求：

$$Q_k \leqslant R_a \tag{5-20}$$

3）水平荷载作用下，尚应满足下式要求：

$$H_{ik} \leqslant R_{Ha} \tag{5-21}$$

式中 Q_k——相应于作用的标准组合时，轴心竖向力作用下任一单桩的竖向力（kN）；

H_{ik}——相应于作用的标准组合时，作用于任一单桩的水平力（kN）；

F_k——相应于作用的标准组合时，作用于桩基承台顶面的竖向力（kN）；

G_k——桩基承台自重及承台上土自重标准值（kN）；

R_a、R_{Ha}——单桩竖向、水平承载力特征值（kN）；

n——桩基中的桩数。

（4）单桩竖向承载力特征值的确定应符合下列规定：

对于重要的或用桩量很大的工程，应按《地基基础规范》的规定通过一定数量的单桩竖向承载力特征值静载荷试验确定单桩竖向承载力，作为设计依据。在同一条件下的试桩数量，不宜少于总桩数的 1%且不应少于 3 根。

（5）桩身混凝土强度应满足桩的承载力设计要求。

（6）桩基沉降计算应符合下列规定：

1）对以下建筑物的桩基应进行沉降验算：

①地基基础设计等级为甲级的建筑物桩基；

②体形复杂、荷载不均匀或桩端以下存在软弱土层的设计等级为乙级的建筑物桩基；

③摩擦型桩基。

2）桩基沉降不得超过建筑物的沉降允许值，并应符合《地基基础规范》的相应规定。

（7）嵌岩桩、设计等级为丙级的建筑物桩基、对沉降无特殊要求的条形基础下不超过两排桩的桩基、吊车工作级别 A5 及 A5 以下的单层工业厂房且桩端下为密实土层的桩基，可不进行沉降验算。当有可靠地区经验时，对地质条件不复杂、荷载均匀、对沉降无特殊要求的端承型桩基也可不进行沉降验算。

（8）桩基承台的构造，除满足受冲切、受剪切、受弯承载力和上部结构的要求外，尚应符合下列要求：

1）承台的宽度不应小于 500mm。边桩中心至承台边缘的距离不宜小于桩的直径或边长，且桩的外边缘到承台边缘的距离不小于 150mm。对于条形承台梁，桩的外边缘到承台梁边缘的距离不小于 75mm。

2）承台的最小厚度不应小于 300mm。

3）承台的配筋，对于矩形承台，其钢筋应按双向均匀通长布置［图 5-23（*a*）］，钢筋直径不宜小于 10mm，间距不宜大于 200mm；对于三桩承台，钢筋应按三向板带均匀布置，且最里面的三根钢筋围成的三角形应在柱截面范围内［图 5-23（*b*）］。承台梁的主筋除满足计算要求外，尚应符合现行《混凝土结构设计规范》GB 50010 关于最小配筋率的规定，主筋直径不宜小于 12mm，架立筋不宜小于 10mm，箍筋直径不宜小于 6mm［图 5-23（*c*）］。

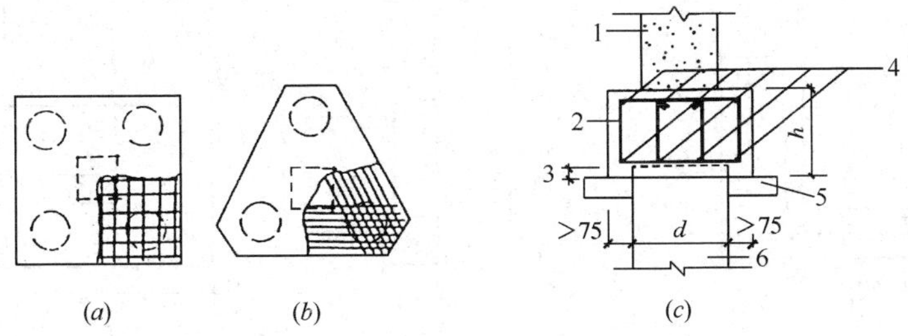

图 5-23　承台配筋示意

（*a*）矩形承台配筋；（*b*）三桩承台配筋；（*c*）承台梁配筋

1—墙；2—箍筋直径≥6mm；3—桩顶入承台≥50mm；4—承台梁内主筋除须按计算配筋外尚应满足最小配筋率；5—垫层 100mm 厚 C10 混凝土；6—桩

4）承台混凝土强度等级不应低于 C20；纵向钢筋的混凝土保护层厚度不应小于 70mm；当有混凝土垫层时，不应小于 50mm，且不应小于桩头嵌入承台内的长度。

（9）柱下承台应满足弯矩承载力、抗冲切承载力、斜截面抗剪承载力要求。

1）受弯承载力

柱下桩基承台的弯矩设计值可按下列规定计算：

多桩矩形承台计算截面取在柱边和承台高度变化处（杯口外侧或台阶边缘，图 5-24），弯矩可按下列公式计算：

$$M_x = \sum N_i y_i \tag{5-22}$$

$$M_y = \sum N_i x_i \tag{5-23}$$

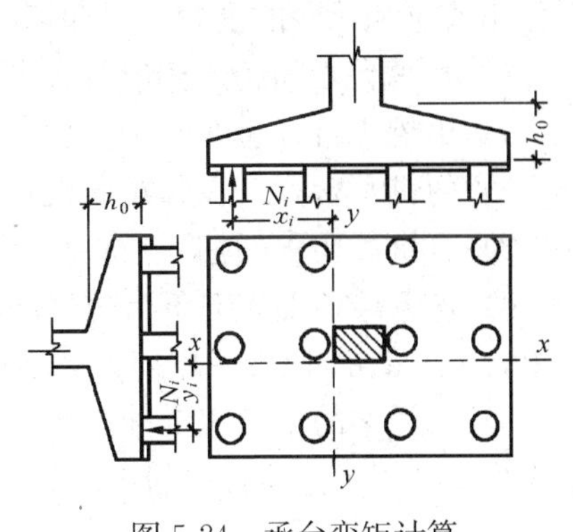

图 5-24　承台弯矩计算

式中 M_x、M_y——分别为垂直于 y 轴和 x 轴方向计算截面处的弯矩设计值（kN·m）；

x_i、y_i——垂直 y 轴和 x 轴方向自桩轴线到相应计算截面的距离（m）；

N_i——扣除承台和其上填土自重后相应于作用的基本组合时的第 i 桩竖向力设计值（kN）。

2）受冲切承载力

①桩基承台厚度应满足柱（墙）对承台的冲切和基桩对承台的冲切承载力要求；

②轴心竖向力作用下桩基承台受柱的冲切（图 5-25），可按规定计算；

③对于箱形、筏形承台，可按规定计算承台内部桩基的冲切承载力。

3）斜截面受剪承载力（图 5-26）

柱下桩基础独立承台应分别对柱边和桩边、变阶处和桩边连线形成的斜截面进行受剪承载力验算。当柱边外有多排桩形成多个剪切斜截面时，尚应对每个斜截面的受剪承载力进行验算。

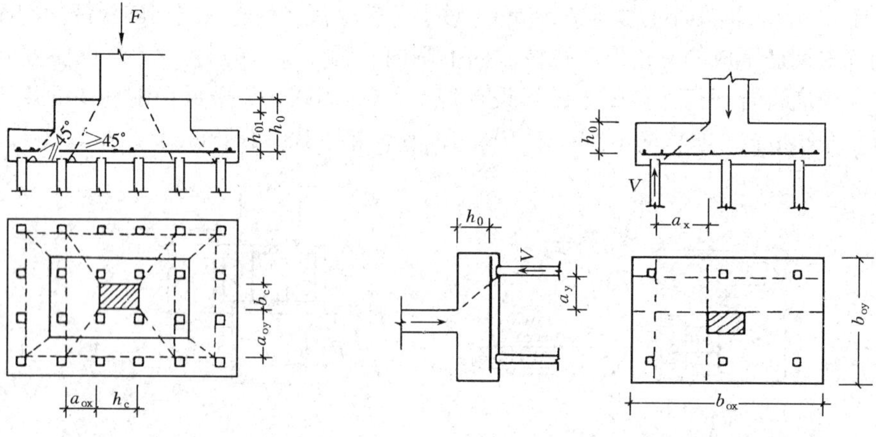

图 5-25 柱对承台的冲切　　图 5-26 承台斜截面受剪计算

4）局部受压承载力

当承台的混凝土强度等级低于柱或桩的混凝土强度等级时，尚应验算柱下或桩上承台的局部受压承载力。

5）抗震验算

当进行承台的抗震验算时，应根据现行国家标准《抗震规范》的规定对承台顶面的地震作用效应和承台的受弯、受冲切、受剪承载力进行抗震调整。

（10）承台之间的连接应符合下列要求：

1）单桩承台，宜在两个互相垂直的方向上设置连系梁。

2）两桩承台，宜在其短向设置连系梁。

3）有抗震要求的柱下独立承台，宜在两个主轴方向设置连系梁。

4）连系梁顶面宜与承台位于同一标高。连系梁的宽度不应小于 250mm，梁的高度可取承台中心距的 1/10～1/15，且不小于 400mm。

5）连系梁的主筋应按计算要求确定。连系梁内上下纵向钢筋直径不应小于 12mm 且不应少于 2 根，并应按受拉要求锚入承台。

习　　题

5-1　(2019) 岩土工程勘察报告中不需要提供的资料是(　　)。

A　各岩土层的物理力学性质指标　　B　地下水埋藏情况

C　地下室结构设计方案建议　　D　地基基础设计方案建议

5-2　(2019) 不可直接作为建筑物天然地基持力层的土层是(　　)。

A　淤泥　　B　黏土　　C　粉土　　D　泥岩

5-3　(2019) 确定基础埋置深度时，不需要考虑的条件是(　　)。

A　基础形式　　B　作用在地基上的荷载大小

C　相邻建筑物的基础埋深　　D　上部楼盖形式

5-4　(2019、2018) 下列减少建筑物沉降和不均匀沉降的结构措施中，错误的是(　　)。

A　选用轻型结构　　B　设置地下室

C　采用桩基，减少不均匀沉降　　D　减少基础整体刚度

5-5　(2019) 下列地基处理方案中，属于复合地基做法的是(　　)。

A　换填垫层　　B　机械压实　　C　灰土桩　　D　真空预压

5-6　(2019) 关于桩基础的做法，错误的是(　　)。

A　竖向受压桩按受力情况可分为摩擦型桩和端承型桩

B　同一结构单元内的桩基，可采用部分摩擦桩和部分端承桩

C　地基基础设计等级为甲级的单桩竖向承载力特征值应通过静荷载试验确定

D　承台周围回填土的压实系数不应小于0.94

5-7　(2018) 不能直接作为建筑物天然地基持力层的土层是(　　)。

A　岩石　　B　砂土　　C　泥炭质土　　D　粉土

5-8　(2018) 下列基础做法错误的是(　　)。

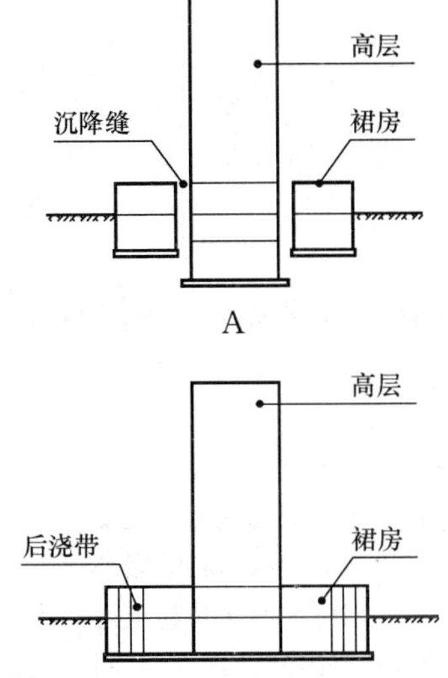

A　　C

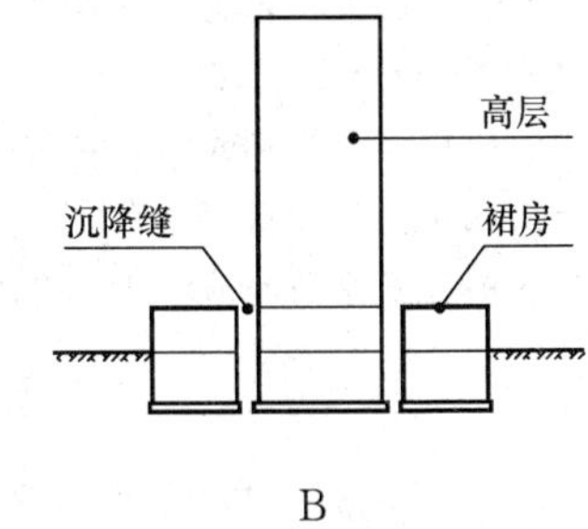

B

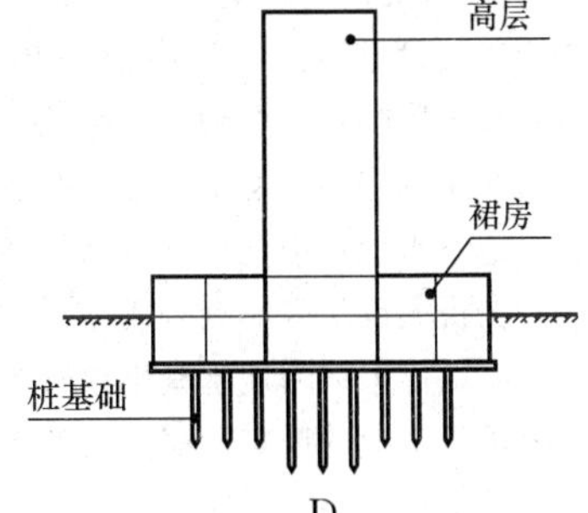

D

5-9　(2018) 图示基础型式中，名称错误的是(　　)。

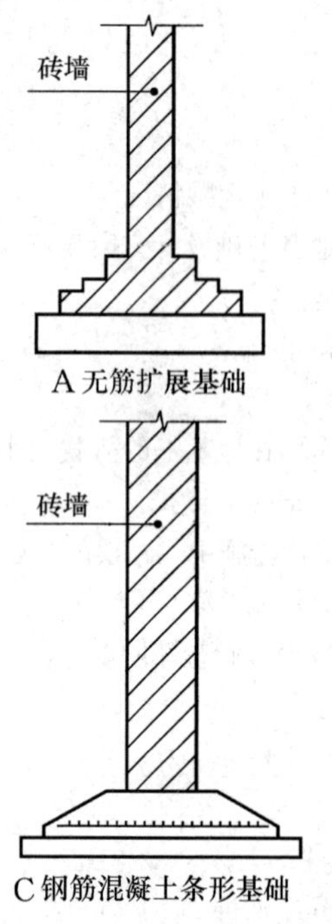

A 无筋扩展基础

C 钢筋混凝土条形基础

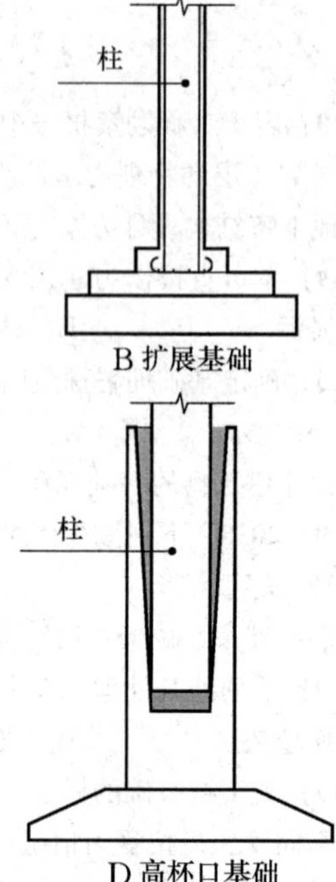

B 扩展基础

D 高杯口基础

5-10 （2018）下列基坑开挖做法中，错误的是（　　）。

A　基坑土方开挖应严格按照设计要求进行，不得超挖

B　基坑周边堆载不能超过设计规定

C　土方开挖及验槽完成后应立即施工垫层

D　当地基基础设计等级为丙级时，不用进行基坑监测

5-11 （2018）筏形基础地下室施工完毕后，应及时进行基坑回填工作，下列做法错误的是（　　）。

A　填土应按设计要求选料

B　回填时应在相对两侧或四周同时回填

C　填土应回填至地面直接夯实

D　回填土的压实系数不应小于0.94

参考答案及解析

5-1 **解析：**岩土工程勘察报告中须提供地质及水文地质参数，并对地基、基础形式提出建议（A、B、D项），不要求对结构方案提出建议（C项），故答案为C。

岩土工程勘察报告中需要提供的资料有：

（1）有无影响建筑场地稳定性的不良地质条件及其危害程度；

（2）建筑物范围内的地层结构及其均匀性，以及各岩土层的物理力学性质；

（3）地下水埋藏情况类型、水位变化幅度及规律，以及对建筑材料的腐蚀性；

（4）在抗震设防区应划分场地土类型和场地类别，并对饱和砂土及粉土进行液化判别；

（5）对可供采用的地基基础设计方案进行论证分析，提出经济合理的设计方案建议，提供与设计要求相对应的地基承载力及变形计算参数，并对设计与施工应注意的问题提出建议；

（6）当工程需要时尚应提供：

1）深基坑开挖的边坡稳定计算和支护设计所需的岩土技术参数，论证其对周围已有建筑物和地下设施的影响；

2）基坑施工降水的有关技术参数及施工降水方法的建议；

3）提供用于计算地下水浮力的设计水位。

答案：C

5-2 **解析：**《建筑地基基础设计规范》GB 50007—2011 第 7.1.1 条，当地基压缩层主要由淤泥、淤泥质土、冲填土、杂填土或其他高压缩土层构成时应按软弱地基进行设计。

第 7.2.1 条，淤泥和淤泥质土，不可直接作为建筑物天然地基持力层，宜利用其上覆较好土层作持力层，当上覆土层较薄，应采取避免施工时对淤泥和淤泥质土扰动的措施。

答案：A

5-3 **解析：**《建筑地基基础设计规范》第 5.1.1 条，基础的埋置深度，应按下列条件确定：

（1）建筑物的用途，有无地下室、设备基础和地下设施，基础的形式和构造；

（2）作用在地基上的荷载大小和性质；

（3）工程地质和水文地质条件；

（4）相邻建筑物的基础埋深；

（5）地基土冻胀和融陷的影响。

综上所述，不需要考虑的条件是上部楼盖形式。

答案：D

5-4 **解析：**《建筑地基基础设计规范》第 7.4.1 条，为减少建筑物沉降和不均匀沉降，可采用下列措施：

（1）选用轻型结构，减轻墙体自重，采用架空地板代替室内填土，A 项正确；

（2）设置地下室或半地下室，采用覆土少、自重轻的基础形式，B 项正确；

（3）调整各部分的荷载分布、基础宽度或埋置深度；

（4）对不均匀沉降要求严格的建筑物，可选用较小的基底压力。

《建筑地基基础设计规范》第 7.4.2 条，对于建筑体型复杂、荷载差异较大的框架结构，可采用箱基、桩基、筏基等加强基础整体刚度，减少不均匀沉降。故 C 项正确，D 项错误。

答案：D

5-5 **解析：**《建筑地基处理技术规范》第 2.1.16 条，灰土桩是用灰土填入孔内分层夯实形成竖向增强体的复合地基。

答案：C

5-6 **解析：**《建筑地基基础设计规范》第 8.5.2 条第 5 款，同一结构单元内的桩基，不宜选用压缩性差异较大的土层作桩端持力层，不宜采用部分摩擦桩和部分端承桩，否则会引起结构产生较大的不均匀沉降。

答案：B

5-7 **解析：**《建筑地基基础设计规范》第 4.1.12 条及条文说明，含有大量未分解的腐殖质，有机质含量大于或等于 10%且小于或等于 60%的土为泥炭质土。泥炭质土具有含水量高、压缩性高、空隙比高和天然密度低、抗剪强度低、承载力低的工程特点，不应直接作为建筑物的天然地基持力层。

答案：C

5-8 **解析：**《高层建筑筏形与箱形基础技术规范》JGJ 6—2011 第 6.2.14 图 6.2.14：带裙房高层建筑筏形基础的沉降缝和后浇带设置应符合下列要求：

当高层建筑与相连的裙房之间设置沉降缝时，高层建筑的基础埋深应大于裙房基础的埋深，其值不应小于 2m；地面以下沉降缝的缝隙应用粗砂填实，图 6.2.14（a）。图 A 做法正确，图示 B 的高层与裙房的基础埋深相同，图 B 做法错误。

当高层建筑与相连的裙房之间不设置沉降缝时，宜在裙房一侧设置用于控制沉降差的后浇带。当高层建筑基础面积满足地基承载力和变形要求时，后浇带宜设在与高层建筑相邻裙房的第一跨

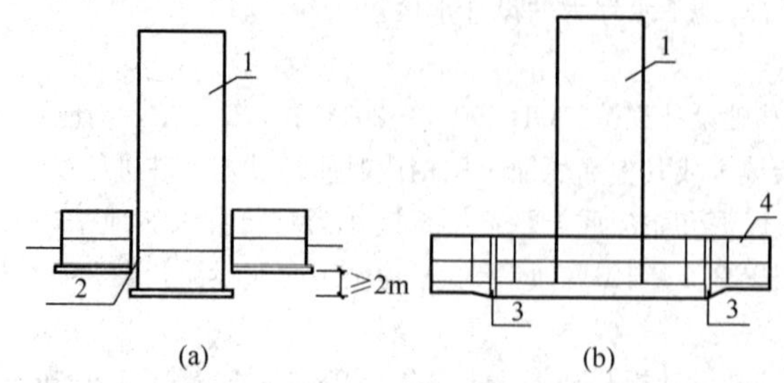

图 6.2.14　后浇带（沉降缝）示意

1—高层；2—室外地坪以下用粗砂填实；3—后浇带；4—裙房及地下室

内。当需要满足高层建筑地基承载力、降低高层建筑沉降量、减小高层建筑与裙房间的沉降差而增大高层建筑基础面积时，后浇带可设在距主楼边柱的第二跨内。此时尚应满足下列条件：

（1）地基土质应较均匀；

（2）裙房结构刚度较好且基础以上的地下室和裙房结构层数不应少于两层；

（3）后浇带一侧与主楼连接的裙房基础底板厚度应与高层建筑的基础底板厚度相同，图 6.2.14（b）。图 C 做法正确。

《高层建筑筏形基础与箱形基础技术规范》第 6.4.1 条，当筏形基础或箱形基础下的天然地基承载力或沉降值不能满足设计要求时，可采用桩筏（图 D 所示）或桩箱基础。

答案：B

5-9　**解析**：《建筑地基基础设计规范》第 8.1.1 条图 8.1.1（b），B 项为采用钢筋混凝土柱的无筋扩展基础，图示名称错误。

答案：B

5-10　**解析**：《建筑地基基础设计规范》第 9.1.9 条，基坑土方开挖应严格按照设计要求进行，不得超挖。基坑周边堆载不得超过设计规定。土方开挖完成后应立即施工垫层，对基坑进行封闭，防止水浸和暴露，并应及时进行地下结构施工。A、B、C 项做法正确。

《建筑基坑支护技术规程》第 8.2.1 条，基坑支护设计应根据支护结构类型和地下水控制方法，按表 8.2.1 选择基坑监测项目，并应根据支护结构的具体形式、基坑周边环境的重要性及地质条件的复杂性确定监测点部位和数量。

《建筑地基基础设计规范》第 3.01 条表 3.0.1，地基基础设计应根据地基复杂程度、建筑物规模和功能特征，以及由于地基问题可能造成建筑物破坏或影响正常使用的程度分为甲、乙、丙三个设计等级。

《建筑基坑支护技术规程》第 8.2.2 条，支护结构的安全等级为一级、二级的支护结构，在基坑开挖过程与支护结构使用期内，必须进行支护结构的水平位移监测和基坑开挖影响范围内建（构）筑物、地面的沉降监测。

地基基础设计等级甲、乙、丙级与支护结构的安全等级一、二、三级是两个不同概念，D 项的说法错误。

答案：D

5-11　**解析**：《高层建筑筏形基础与箱形基础技术规范》第 6.1.2 条，筏形与箱形基础地下室施工完成后，应及时进行基坑回填。回填土应按设计要求选料。回填时应先清除基坑内的杂物，在相对的两侧或四周同时进行并分层夯实，回填土的压实系数不应小于 0.94。C 项填土应回填至地面“直接夯实”做法错误。

答案：C

第六章　建 筑 给 水 排 水

第一节　建 筑 给 水 系 统

一、任务

建筑给水系统是将城镇（或自备水源）供水管网的水引入室内，输送至卫生器具、装置和设备等用水点，并满足生活用水对水质、水量、水压、安全供水以及消防给水要求的冷水供应系统。

城镇供水管网通常为低压系统，供水压力一般为0.2～0.4MPa（2～4kgf/cm^2）。

二、分类

根据用水性质不同，有3种基本的给水系统。

1. 生活给水系统

供给人们在日常生活中饮用、烹调、盥洗、淋浴、洗衣、冲厕等生活用途的用水。

根据水质的不同，生活给水系统可以分为生活饮用水系统、直饮水系统、杂用水系统等。其中，杂用水是指冲厕、道路清扫、城市绿化、洗车等非饮用水；直饮水是指经深度净化后，可以直接饮用的水。

2. 生产给水系统

供给生产过程生产设备的冷却、原料和产品的洗涤、锅炉给水及某些工业的原料用水等。由于工艺和设备不同，生产给水系统种类繁多，对水质、水量、水压以及安全等方面的要求有较大的差异。

3. 消防给水系统

消防设施灭火和控火的用水，主要包括消火栓给水系统、自动喷水灭火系统、消防水炮灭火系统等。消防用水对水质要求不高，但必须保证有足够的水量和水压。

上述3种基本给水系统，可根据具体情况、建筑物的用途和性质，以及设计标准和规范的要求，设置独立系统或组合系统，组合系统包括生活-生产给水系统、生活-消防给水系统、生产-消防给水系统、生活-生产-消防给水系统等。

高层建筑的室内消防给水系统应与生活、生产给水系统分开独立设置。

小区给水系统设计应综合利用各种水资源，重复利用再生水、雨水等非传统水源；优先采用循环和重复利用给水系统。

三、组成

建筑给水系统一般由引入管、给水管道、给水附件、配水设施、增压和贮水设备、计量仪表等组成。

（1）引入管是指将水从室外引入室内的管段。

引入管上设置的水表及其前后的阀门、泄水装置，总称为水表节点。

(2) 给水管道主要包括干管、立管、支管和分支管，其作用是将水输送和分配至各个用水点。

(3) 给水附件是指用于调节水量、水压，控制水流方向，改善水质，以及关断水流，便于管道、仪表和设备检修的各类阀门及设施。主要包括减压阀、止回阀、安全阀、泄压阀、水锤消除（吸纳）器、多功能水泵控制阀、过滤器、减压孔板、倒流防止器、真空破除器等。

(4) 配水设施是指管道末端用于取水的各类设施，如水龙头、淋浴器、消火栓等。

(5) 增压和贮水设备是指用于升压、稳压、贮存和调节水量的设备。主要包括水泵、水池、水箱、吸水井、气压给水设备、叠压给水设备等。

(6) 计量仪表主要用于计量水量、压力或温度等，如水表、压力表、温度计等。

四、给水方式

给水方式是指建筑给水系统的供水方案。

(一) 基本给水方式

1. 直接给水方式

直接利用室外给水管网水压供水的方式。直接给水方式的优点是系统简单，投资少，安装维修简单，节约资源、水质可靠、无二次污染；缺点是外网停水时内部立即停水。此方式适用于室外给水管网的流量、压力始终能满足室内用水要求的建筑。

2. 单设水箱的给水方式

屋顶设置高位水箱，直接利用室外给水管网水压将水输入高位水箱，由高位水箱向用户供水的方式。适用于室外给水管网供水压力周期性不足、压力偏高或不稳定的建筑。

3. 单设水泵的给水方式

设有水泵，利用水泵升压向用户供水的方式。适用于室外给水管网供水压力经常性不足的建筑。根据水泵运行工况的不同，分为恒速泵和变频泵给水。根据水泵与外网的连接方式的不同，分为直接连接和间接连接。

4. 设水泵和水箱的给水方式

设有水泵和高位水箱，利用水泵升压向高位水箱供水，再由高位水箱向用户供水的方式。适用于室外给水管网供水压力经常性不足且室内用水不均匀的建筑。

5. 气压给水方式

设有气压给水设备，是利用密闭贮罐内空气的可压缩性实现升压供水的方式。气压水罐是压力容器，作用相当于高位水箱，但位置可以根据需要放置在高处或低处。适用于室外管网供水压力经常性不足、室内用水不均匀且不宜设置高位水箱的建筑。

6. 叠压给水方式

设有叠压供水设备，利用室外管网供水余压直接抽水增压的方式。适用于室外给水管网供水流量满足要求，但供水压力不足且设备运行后不会对其他用户产生不利影响的建筑。当叠压供水设备直接从城镇给水管网吸水时，应经当地供水行政部门及供水部门批准。

（二）竖向分区供水

整栋高层建筑若采用同一给水系统供水，则垂直方向管线过长，下层管道中的静水压力很大，必然带来噪声、水流喷溅、漏水、附件易损等一系列弊端。为克服这一问题，保证供水安全，高层建筑应采取竖向分区供水；即在建筑物的垂直方向按层分段，各段为一区，分别组成各自的给水系统。

竖向分区供水包括垂直分区串联式、减压式、并联式和室外高低压管网直接供水四种基本形式。串联式如图 6-1 所示，并联式如图 6-2 所示。

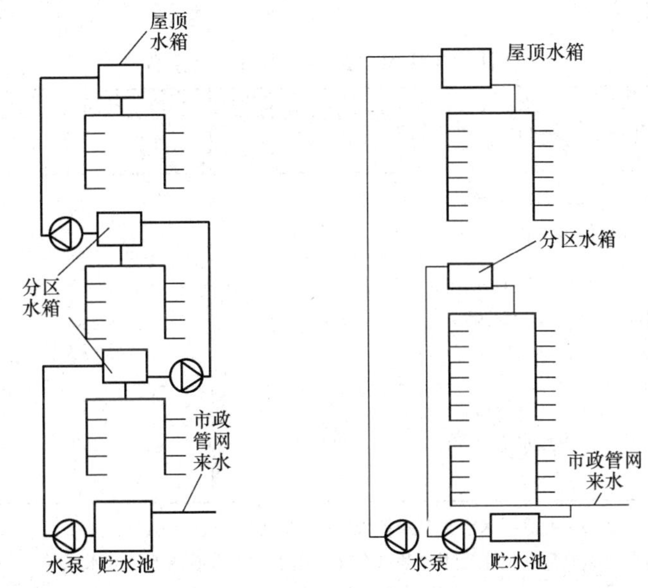

图 6-1　垂直分区串联给水方式　　　图 6-2　垂直分区并联给水方式

当建筑高度不超过 100m 时，宜采用垂直分区并联或分区减压的供水方式；建筑高度超过 100m 时，宜采用垂直串联供水方式。

五、所需水量和水压

（一）水量

小区给水设计用水量应包括：①居民生活用水量；②公共建筑用水量；③绿化用水量；④水景、娱乐设施用水量；⑤道路、广场用水量；⑥公用设施用水量；⑦未预见用水量及管网漏失水量；⑧消防用水量。其中，消防用水量仅用于校核管网计算，不计入正常用水量。

上述主要生活用水量应根据其最高日生活用水定额、小时变化系数和用水单位数，按式（6-1）～（6-3）计算：

$$Q_d = m \cdot q_d \tag{6-1}$$

$$Q_p = Q_d / T \tag{6-2}$$

$$Q_h = Q_p \cdot K_h \tag{6-3}$$

式中　Q_d——最高日用水量，L/d；

m——用水单位数，通常为人或床位数等；

q_d——最高日生活用水定额，L/（人·d）、L/（床·d）或 L/（人·班）；

Q_p——最高日平均小时用水量，L/h；

T——建筑物的用水时间，h；

Q_h——最高日最大小时用水量，L/h；

K_h——小时变化系数。

（1）住宅的最高日生活用水定额及小时变化系数，可根据住宅类别、建筑标准、卫生器具的设置标准按表 6-1 确定。

住宅生活用水定额及小时变化系数 **表 6-1**

住宅类别	卫生器具设置标准	最高日用水定额［L/（人·d）］	平均日用水定额［L/（人·d）］	最高日小时变化系数 K_h
普通住宅	有大便器、洗脸盆、洗涤盆、洗衣机、热水器和沐浴设备	130～300	50～200	2.8～2.3
	有大便器、洗脸盆、洗涤盆、洗衣机、集中热水供应（或家用热水机组）和沐浴设备	180～320	60～230	2.5～2.0
别墅	有大便器、洗脸盆、洗涤盆、洗衣机、洒水栓，家用热水机组和沐浴设备	200～350	70～250	2.3～1.8

注：1. 当地主管部门对住宅生活用水定额有具体规定时，应按当地规定执行。
2. 别墅生活用水定额中含庭院绿化用水和汽车抹车用水，不含游泳池补充水。

（2）公共建筑的用水定额及小时变化系数，根据卫生器具的完善程度、区域条件和使用要求，按表 6-2 确定。

公共建筑生活用水定额及小时变化系数 **表 6-2**

序号	建筑物名称		单位	生活用水定额（L）		使用时数（h）	最高日小时变化系数 K_h
				最高日	平均日		
1	宿舍	居室内设卫生间	每人每日	150～200	130～160	24	3.0～2.5
		设公用盥洗卫生间		100～150	90～120		6.0～3.0
2	招待所、培训中心、普通旅馆	设公用卫生间、盥洗室	每人每日	50～100	40～80	24	3.0～2.5
		设公用卫生间、盥洗室、淋浴室		80～130	70～100		
		设公用卫生间、盥洗室、淋浴室、洗衣室		100～150	90～120		
		设单独卫生间、公用洗衣室		120～200	110～160		
3	酒店式公寓		每人每日	200～300	180～240	24	2.5～2.0
4	宾馆客房	旅客	每床位每日	250～400	220～320	24	2.5～2.0
		员工	每人每日	80～100	70～80	8～10	2.5～2.0

续表

序号	建筑物名称		单位	生活用水定额(L)		使用时数(h)	最高日小时变化系数 K_h
				最高日	平均日		
5	医院住院部	设公用卫生间、盥洗室	每床位每日	100～200	90～160	24	2.5～2.0
		设公用卫生间、盥洗室、淋浴室		150～250	130～200		
		设单独卫生间		250～400	220～320		
		医务人员	每人每班	150～250	130～200	8	2.0～1.5
	门诊部、诊疗所	病人	每病人每次	10～15	6～12	8～12	1.5～1.2
		医务人员	每人每班	80～100	60～80	8	2.5～2.0
	疗养院、休养所住房部		每床位每日	200～300	180～240	24	2.0～1.5
6	养老院、托老所	全托	每人每日	100～150	90～120	24	2.5～2.0
		日托		50～80	40～60	10	2.0
7	幼儿园、托儿所	有住宿	每儿童每日	50～100	40～80	24	3.0～2.5
		无住宿		30～50	25～40	10	2.0
8	公共浴室	淋浴	每顾客每次	100	70～90	12	2.0～1.5
		浴盆、淋浴		120～150	120～150		
		桑拿浴（淋浴、按摩池）		150～200	130～160		
9	理发室、美容院		每顾客每次	40～100	35～80	12	2.0～1.5
10	洗衣房		每千克干衣	40～80	40～80	8	1.5～1.2
11	餐饮业	中餐酒楼	每顾客每次	40～60	35～50	10～12	1.5～1.2
		快餐店、职工及学生食堂		20～25	15～20	12～16	
		酒吧、咖啡馆、茶座、卡拉OK房		5～15	5～10	8～18	
12	商场	员工及顾客	每平方米营业厅面积每日	5～8	4～6	12	1.5～1.2
13	办公	坐班制办公	每人每班	30～50	25～40	8～10	1.5～1.2
		公寓式办公	每人每日	130～300	120～250	10～24	2.5～1.8
		酒店式办公		250～400	220～320	24	2.0
14	科研楼	化学	每工作人员每日	460	370	8～10	2.0～1.5
		生物		310	250		
		物理		125	100		
		药剂调制		310	250		
15	图书馆	阅览者	每座位每次	20～30	15～25	8～10	1.2～1.5
		员工	每人每日	50	40		

续表

序号	建筑物名称		单位	生活用水定额（L）		使用时数（h）	最高日小时变化系数 K_h
				最高日	平均日		
16	书店	顾客	每平方米营业厅每日	3～6	3～5	8～12	1.5～1.2
		员工	每人每班	30～50	27～40		
17	教学、实验楼	中小学校	每学生每日	20～40	15～35	8～9	1.5～1.2
		高等院校		40～50	35～40		
18	电影院、剧院	观众	每观众每场	3～5	3～5	3	1.5～1.2
		演职员	每人每场	40	35	4～6	2.5～2.0
19	健身中心		每人每次	30～50	25～40	8～12	1.5～1.2
20	体育场（馆）	运动员淋浴	每人每次	30～40	25～40	4	3.0～2.0
		观众	每人每场	3	3		1.2
21	会议厅		每座位每次	6～8	6～8	4	1.5～1.2
22	会展中心（展览馆、博物馆）	观众	每平方米展厅每日	3～6	3～5	8～16	1.5～1.2
		员工	每人每班	30～50	27～40		
23	航站楼、客运站旅客		每人次	3～6	3～6	8～16	1.5～1.2
24	菜市场地面冲洗及保鲜用水		每平方米每日	10～20	8～15	8～10	2.5～2.0
25	停车库地面冲洗水		每平方米每次	2～3	2～3	6～8	1.0

注：1. 中等院校、兵营等宿舍设置公用卫生间和盥洗室，当用水时段集中时，最高日小时变化系数 K_h 宜取高值 6.0～4.0；其他类型宿舍设置公用卫生间和盥洗室时，最高日小时变化系数 K_h 宜取低值 3.5～3.0。

2. 除注明外，均不含员工生活用水，员工最高日用水定额为每人每班 40～60L，平均日用水定额为每人每班 30～45L。

3. 大型超市的生鲜食品区按菜市场用水。

4. 医疗建筑用水中已含医疗用水。

5. 空调用水应另计。

表 6-2 中旅馆、医院的用水定额不包含专业洗衣房用水量，实际项目若设置了专业洗衣房，用水量应按该表第 10 项计算。表中没有的建筑物可参照建筑类型、使用功能相近的建筑物，如音乐厅可参照剧院，美术馆可参照博物馆，公寓式酒店可参照酒店，西餐厅可参照中餐厅下限值考虑。

（3）汽车冲洗用水定额，应根据所采用的冲洗方式、车辆用途、道路路面等级和汽车沾污程度等按表 6-3 确定。

（4）绿化浇灌用水定额应根据气候条件、植物种类、土壤理化性状、浇灌方式和管理制度等因素综合确定。当无相关资料时，小区绿化浇灌用水定额可按浇灌面积 1.0～3.0L/m^2·d 计算，干旱地区可酌情增加。

汽车冲洗最高日用水定额　　表 6-3

冲洗方式	高压水枪冲洗 [L/（辆·次）]	循环用水冲洗补水 [L/（辆·次）]	抹车、微水冲洗 [L/（辆·次）]	蒸汽冲洗 [L/（辆·次）]
轿车	40～60	20～30	10～15	3～5
公共汽车	80～120	40～60	15～30	—
载重汽车				

注：1. 汽车冲洗台自动冲洗设备用水定额有特殊要求时，其值应按产品要求确定。
2. 在水泥和沥青路面行驶的汽车，宜选用下限值；路面等级较低时，宜选用上限值。

（5）小区道路、广场的浇洒最高日用水定额可按浇洒面积 2.0～3.0L/m^2·d 计算。

（6）小区管网漏失水量和未预见水量应按计算确定，当没有相关资料时，二者之和可按最高日用水量的 8%～12%计算。

（7）建筑给水排水当量与流量的换算关系为：1.0N 给水当量＝0.2L/s；1.0N 排水当量＝0.33L/s。

（二）水压

设计水压应保证配水最不利点具有足够的流出水头（最低工作压力）。建筑内部最不利配水点所需压力如图 6-3 所示，可按式（6-4）计算。

$$H = H_1 + H_2 + H_3 + H_4 \qquad (6\text{-}4)$$

式中　H——建筑内部给水系统所属水压，kPa；

H_1——最不利点与室外引入管中心之间的位置水头，kPa；

H_2——计算管路的沿程与局部水头损失，kPa；

H_3——水流通过水表的水头损失，kPa；

H_4——最不利点的最低工作压力，kPa。

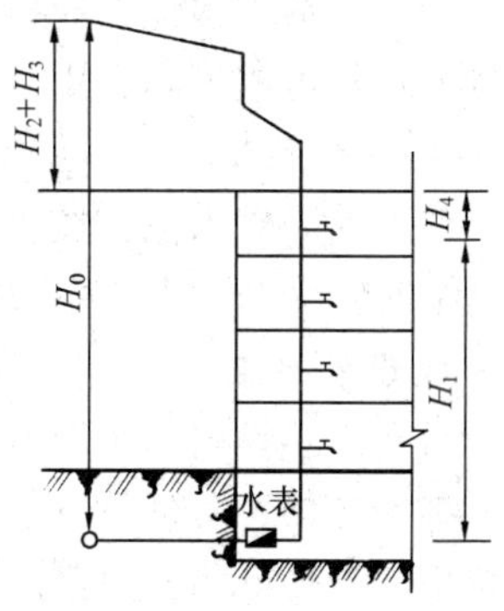

图 6-3　建筑内部给水系统压力计算示意图

关于生活给水系统压力的具体要求如下：

（1）水压估算

在初步确定给水方式时，对层高不超过 3.5m 的民用建筑，给水系统所需压力（从地面算起）可以用经验法估算：1 层需 100kPa，2 层需 120kPa；超过 2 层，每增加 1 层，增加 40kPa。

（2）单位换算

$$9.807\times10^4 Pa \approx 0.1MPa = 100kPa = 10mH_2O = 1kgf/cm^2$$

（3）卫生器具给水配件承受的最大工作压力不得大于 0.6MPa。

（4）住宅入户管的给水压力不应大于 0.35MPa；非住宅类居住建筑入户管的给水压力不宜大于 0.35MPa。生活给水系统用水点处供水压力不宜大于 0.2 MPa，并应满足卫生器具工作压力的要求。

（5）当生活给水系统分区供水时的静水压力不宜大于 0.45MPa；当设有集中热水系统时，分区静水压力不宜大于 0.55MPa。

六、增压与贮水设备

（一）贮水池（低位贮水池）

贮水池是贮存和调节水量的构筑物，根据用途不同可分为消防贮水池、生产贮水池、生活贮水池，以及上述不同用途的合用水池。

1. 设置条件

（1）当室外水源不可靠或只能定时供水时。

（2）当室外只有一根供水管，且存在下列情况时：

1）建筑小区或建筑物不能停水时，需设置生活贮水池；

2）室外消火栓设计流量大于 20L/s 或建筑高度大于 50m，需设消防贮水池；

3）市政给水管网、进水管或天然水源不能满足建筑小区或建筑物所需的用水量。

2. 有效容积的确定

（1）合用水池：应根据生活（生产）调节水量、消防储备水量和生产事故备用水量确定。

（2）生活贮水池：应按进水量与用水量变化曲线经计算确定。当资料不足时，建筑物的调节水量可按最高日用水量的 20%～25%计；居住小区的调节水量可按最高日用水量的 15%～20%计。

（3）消防贮水池：按火灾延续时间内所需消防用水总量计。一般情况下，消火栓的火灾延续时间为 2～3h，特殊时达 3～6h，自动喷水系统为 1h。

3. 设置要点

（1）建筑物内的水池（箱）应设置在专用房间内，房间应无污染、不结冻、通风良好并应维修方便；室外设置的水池（箱）及管道应采取防冻、隔热措施。当水池（箱）的有效容积大于 $50m^3$时，宜分成容积基本相等、能独立运行的两格。

（2）消防贮水池：总容量超过 $500m^3$时，应分格设置；总容量超过 $1000m^3$时，应设置独立使用的两座消防水池；供消防车取水的消防水池（作为室外消防水源时），应设取水口或取水井；取水井或取水口的保护半径应不大于 150m，距建筑物的距离（水泵房除外）不应小于 15m。

（3）供单体建筑使用的生活饮用水池（箱）应与其他用水的水池（箱）分开设置。建筑物内的生活饮用水水池（箱）体，应采用独立结构形式，不得利用建筑物的本体结构作为水池（箱）的壁板、底板及顶盖。生活饮用水水池（箱）与消防用水水池（箱）并列设置时，应有各自独立的池（箱）壁。

（4）生活饮用水水池（箱）内贮水更新时间不宜超过 48h，且应设置消毒装置。当小区的生活贮水量大于消防贮水量，水质更新周期在 48h 以内，二者可以合并设置；合用的贮水池应采取消防用水不被挪作他用的措施。

（5）贮水池应设置进水管、出水管、溢流管、泄水管、通气管和水位信号装置。进、出水管应布置在相对位置，并采取防止短路的措施；溢流管上不得设阀门，且管径宜比进水管管径大一级；泄水管应设在最低处，一般可按 2h 泄完池水确定。

（6）生活饮用水水池（箱）的构造和配管，应符合下列要求：

1）人孔、通气管、溢流管应有防止生物进入水池（箱）的措施；

2）进水管宜在水池（箱）的溢流水位以上接入。进水管口最低点高出溢流边缘的空气间隙不应小于进水管管径，且不应小于 25mm，可不大于 150mm；

3）进出水管布置不得产生水流短路，必要时应设导流装置；

4）不得接纳消防管道试压水、泄压水等回流水或溢流水；

5）泄水管和溢流管的排水应间接排水，并应符合本章第四节的要求；

6）水池（箱）材质、衬砌材料和内壁涂料，不得影响水质。

当生活饮用水水池（箱）的进水管从最高水位以上进入水池（箱），管口处为淹没出流时，应采取真空破坏器等防虹吸回流措施；不存在虹吸回流的低位生活饮用水贮水池（箱），其进水管不受以上要求限制，但进水管仍宜从最高水面以上进入水池。

（7）生活饮用水管网向下列水池（箱）补水时，应符合如下要求：

1）向消防等其他非供生活饮用的贮水池（箱）补水时，其进水管口最低点高出溢流边缘的空气间隙不应小于 150mm；

2）向中水、雨水回用水等回用水系统的贮水池（箱）补水时，其进水管口最低点高出溢流边缘的空气间隙不应小于进水管管径的 2.5 倍，且不应小于 150mm。

（8）水池（箱）内穿池壁、池底的各种管道均应设置带防水翼环的刚性或柔性防水套管。

（9）水池（箱）的材料一般为钢筋混凝土、玻璃钢、钢板等，防水内衬、防腐涂料必须无毒无害，不影响水质；外墙不能做池（箱）壁。

（10）水池（箱）与水池（箱）之间，水池（箱）与墙面之间的净距不宜小于 0.7m；安装有管道的侧面与墙面净距不宜小于 1.0m，且管道外壁与建筑本体墙面之间的通道宽度不宜小于 0.6m；设有人孔时，水池（箱）顶与建筑结构最低点的净距不得小于 0.8m；水池（箱）周围应有不小于 0.7m 的检修通道。

（11）建筑内的水池（箱）不应毗邻配变电所或在其上方，不宜毗邻居住用房或在其下方。

（12）建筑物内的生活饮用水水池（箱）及生活给水设施，不应设置于与厕所、垃圾间、污（废）水泵房、污（废）水处理机房及其他污染源毗邻的房间内；其上层不应有上述用房及浴室、盥洗室、厨房、洗衣房和其他产生污染源的房间。

（13）埋地式生活饮用水贮水池周围 10m 内，不得有化粪池、污水处理构筑物、渗水井、垃圾堆放点等污染源。生活饮用水水池（箱）周围 2m 内不得有污水管和污染物。

（二）吸水井

无调节要求的给水系统可设置吸水井。吸水井的有效容积不应小于最大一台水泵 3min 的设计流量，且满足吸水管的布置、安装、检修和防止水深过浅水泵进气等正常工作要求。

（三）水箱（高位水箱、屋顶水箱）

水箱可以起到保证水压和贮存、调节水量的作用。根据用途不同可分为消防水箱、生产水箱、生活水箱以及合用水箱。

1. 设置条件

（1）城市自来水周期性压力不足，多层建筑生活给水系统采用单设水箱的给水方式时；

（2）高层民用建筑、总建筑面积大于 10000m^2 且层数超过 2 层的公共建筑和其他重要建筑，必须设置消防水箱；

（3）高层建筑的生活和消防系统采用水箱进行竖向分区时。

2. 有效容积的确定

（1）生活水箱：理论上应根据室外给水管网或水泵向水箱供水和水箱向建筑内给水系统供水的曲线，经分析后确定。

实际工程中，因为以上曲线不易获得，可按水箱进水的不同情况采用经验法计算确定：当外网夜间进水时，宜按用水人数和最高日用水量确定有效容积；由水泵联动提升进水时，有效容积不宜大于最高日最大小时用水量的50%。

（2）消防水箱：根据消防规范的要求设置，详见本章第四节。

3. 设置要点

（1）设置高度：满足最不利用水点的最低工作压力。当达不到要求时，宜采用局部增压措施。

（2）水箱间要留有设置饮用水消毒设备、消火栓及自动喷水灭火系统的加压稳压泵以及楼门表的位置。

（3）其他要求与贮水池类似，详见贮水池部分的内容。

（四）水泵

给水系统的主要升压设备，通常采用离心式水泵。流量、扬程为水泵的主要设计参数。生活加压给水系统的水泵机组应设备用泵，备用泵的供水能力不应小于最大一台运行水泵的供水能力。水泵宜自动切换交替运行。

小区的加压给水系统，应根据小区的规模、建筑高度、建筑物的分布和物业管理等因素确定加压站的数量、规模和水压。二次供水加压设施服务半径应符合当地供水主管部门的要求，并不宜大于500m，且不宜穿越市政道路。

1. 流量

有高位水箱时，水泵的出水量不应小于最高日最大小时用水量；水泵直接供水时，水泵的出水量应按设计秒流量计算。

2. 水泵的扬程

应按能满足最不利用水点的水压确定。

3. 水泵房的布置

（1）泵房建筑的耐火等级应为一、二级。

（2）泵房应有充足的光线和良好的通风，并保证在冬季设备不发生冻结。泵房净高：当采用固定吊钩或移动支架时，不小于3.0m；当采用固定吊车时，起吊物底部与超过的物体顶部之间应有0.5m以上的净距。

（3）选泵时，应采用低噪声水泵，在有防振或安静要求的房间的上下和毗邻的房间内不得设置水泵。水泵机组的基础应设隔振装置，吸水管和出水管上应设置隔振减噪装置。管道支架、吊架和管道穿墙、楼板处，应采取防固体传声措施。必要时可在泵房的墙壁和天花上采取隔声吸声措施。

（4）泵房内应有地面排水措施，地面坡向排水沟，排水沟坡向集水坑。

（5）泵房大门应保证能使搬运的水泵机件进入，且应比最大件宽0.5m。

（6）泵房采暖温度一般为16℃，无人值班的泵房为5℃；每小时换气次数不少于

6次。

（7）水泵应采用自灌式充水，出水管设阀门、止回阀和压力表，每台水泵宜设置单独吸水管，吸水管应设过滤器及阀门。

（8）采用吸水总管时，应设置2条及以上的引水管。与水泵吸水管采用管顶平接或高出管顶连接。

（9）水泵机组布置应符合表6-4的要求。

水泵机组外轮廓面与墙和相邻机组间的间距 **表6-4**

电动机额定功率（kW）	水泵机组外廓面与墙面之间的最小间距（m）	相邻水泵机组外轮廓面之间的最小距离（m）
≤22	0.8	0.4
＞22，＜55	1.0	0.8
≥55，≤160	1.2	1.2

注：1. 水泵侧面有管道时，外轮廓面计至管道外壁面。
2. 水泵机组是指水泵与电动机的联合体，或已安装在金属座架上的多台水泵组合体。

（五）气压给水设备

依据波义耳-马略特定律，利用密闭罐中压缩空气的压力变化，调节和压送水量的供水设备，主要由水泵机组、气压水罐、电控系统、管路系统等部分组成。

（六）叠压供水设备

从有压的供水管网中直接吸水增压的供水设备，通常由水泵机组、真空抑制器、稳流补偿器、电控系统、管路系统等部分组成。

七、管道布置与敷设

（一）基本原则

（1）确保供水安全和良好的水力条件，力求经济合理。

（2）保护管道不受损坏。

埋地敷设的给水管道应避免布置在可能受重物压坏处。管道不得穿越生产设备基础；在特殊情况下必须穿越时，应采取有效的保护措施。

给水管道不得敷设在烟道、风道、电梯井、排水沟内。给水管道不得穿过大便槽和小便槽，且立管离大、小便槽端部不得小于0.5m。

给水管道不宜穿越伸缩缝、沉降缝、变形缝。如果必须穿越时，应设置补偿管道伸缩和剪切变形的装置，如橡胶管、波纹管、补偿器等。

（3）不影响生产安全和建筑物的使用。

室内给水管道的布置，不得妨碍生产操作、交通运输和建筑物的使用。给水管道不宜穿越橱窗、壁柜。

室内给水管道不应穿越变配电房、电梯机房、通信机房、大中型计算机房、计算机网络中心、音像库房等遇水会损坏设备和引发事故的房间，不得在生产设备、配电柜上方通过。不得布置在遇水会引起燃烧、爆炸的原料、产品和设备的上面。

（4）给水管道的布置应便于安装维修，室内给水管道上的各种阀门，宜装设在便于检修和便于操作的位置。

（二）管网布置

按照横向配水干管的敷设位置和供水方向，可以分为下行上给式、上行下给式和环状中分式；按照供水的安全程度，可以分为枝状管网和环状管网。室内生活给水管道可布置成枝状管网。由城镇管网直接供水的小区室外给水管网应布置成环状网，或与城镇给水管连接成环状网。环状给水管网与城镇给水管的连接管不应少于 2 条。

（三）管道敷设

（1）室内给水管道一般宜明装敷设；当暗装敷设时，应符合下列要求：

1）不得直接敷设在建筑物结构层内。

2）干管和立管应敷设在吊顶、管井、管窿内，支管宜敷设在楼（地）面的垫层内或沿墙敷设在管槽内。

3）敷设在垫层或墙体管槽内的给水支管的外径不宜大于 25mm。

4）敷设在垫层或墙体管槽内的给水管管材宜采用塑料、金属与塑料复合管材或耐腐蚀的金属管材。

5）敷设在垫层或墙体管槽内的管材，不得有卡套式或卡环式接口，柔性管材宜采用分水器向各卫生器具配水，中途不得有连接配件，两端接口应明露。

（2）塑料管在室内宜暗装敷设；明设时立管应布置在不易受撞击处。当不能避免时，应在管外加保护措施。塑料给水管道布置应符合下列规定：

1）不得布置在灶台上边缘；明设的塑料给水立管距灶台边缘不得小于 0.4m，距燃气热水器边缘不宜小于 0.2m；当不能满足上述要求时，应采取保护措施；

2）不得与水加热器或热水炉直接连接，应有不小于 0.4m 的金属管段过渡。

（3）室外明设的给水管道，应避免受阳光直接照射，塑料给水管还应有有效保护措施；在结冻地区应做绝热层，绝热层的外壳应密封防渗。

（四）其他要求

（1）埋深

① 地下室的地面下不得埋设给水管道，应设专用的管沟。

② 室外给水管道的覆土深度，应根据土壤冰冻深度、车辆荷载、管道材质及管道交叉等因素确定。管顶最小覆土深度不得小于土壤冰冻线以下 0.15m，行车道下的管线覆土深度不宜小于 0.70m。

（2）敷设在室外综合管廊（沟）内的给水管道，宜在热水、热力管道下方，冷冻管和排水管的上方。给水管道与各种管道之间的净距，应满足安装操作的需要，且不宜小于 0.3m。生活给水管道不应与输送易燃、可燃或有害的液体或气体的管道同管廊（沟）敷设。

（3）室内冷、热水管上、下平行敷设时，冷水管应在热水管下方。卫生器具的冷水连接管，应在热水连接管的右侧。建筑物内埋地敷设的生活给水管与排水管之间的最小净距，平行埋设时不宜小于 0.50m；交叉埋设时不应小于 0.15m，且给水管应在排水管的上面。

（4）需要泄空的给水管道，其横管宜设有 0.002～0.005 的坡度坡向泄水装置。

（5）穿地下室或地下构筑物外墙时，预留孔洞应加设防水套管。

（6）管道穿过承重墙、楼板或基础处应预留孔洞；管顶上部净空不得小于建筑物的沉降量，一般不小于 0.1m。

（7）根据地点和需求，应分别采取防腐、防冻、防结露等措施。

（8）管道井的尺寸，应根据管道数量、管径大小、排列方式、维修条件，结合建筑平面和结构形式等合理确定。需进人维修管道的管井，其维修人员的工作通道净宽度不宜小于0.6m。管道井应每层设外开检修门。管道井的井壁及检修门的耐火极限和管道井的竖向防火隔断，应符合消防规范的规定。

八、管材、附件与水表

（1）给水系统采用的管材和管件及连接方式，应符合国家现行标准的有关规定。管材和管件及连接方式的工作压力不得大于国家现行标准中公称压力或标称的允许工作压力。

（2）小区室外埋地给水管道采用的管材，应具有耐腐蚀和能承受相应地面荷载的能力。可采用塑料给水管、有衬里的铸铁给水管、经可靠防腐处理的钢管。

（3）室内的给水管道，应选用耐腐蚀和安装连接方便可靠的管材，可采用不锈钢管、铜管、塑料给水管、金属塑料复合管及经可靠防腐处理的钢管。高层建筑给水立管不宜采用塑料管。

（4）给水管道的下列部位应设置管道过滤器：①减压阀、泄压阀、自动水位控制阀、温度调节阀等阀件前应设置；②水加热器的进水管上，换热装置的循环冷却水进水管上宜设置。过滤器的滤网应采用耐腐蚀材料，滤网网孔尺寸应按使用要求确定。

（5）当给水管网存在短时超压工况，且短时超压会引起使用不安全时，应设置泄压阀。泄压阀前应设置阀门。

（6）安全阀阀前阀后不得设置阀门。

（7）减压阀前应设阀门和过滤器；需拆卸阀体才能检修的减压阀后，应设管道伸缩器；检修时阀后水会倒流时，阀后应设阀门；减压阀节点处的前后应装设压力表。

（8）水表应装设在观察方便，不冻结，不被任何液体及杂质所淹没和不易受损处。

九、特殊给水系统

（一）水景

（1）水景用水应循环使用，循环系统的补充水量应根据蒸发、飘失、渗漏、排污等损失确定，室内工程宜取循环水流量的1%～3%；室外工程宜取循环水流量的3%～5%。对于非循环式供水的镜湖、珠泉等静水景观，宜根据水质情况，周期性排空放水。

（2）当水景水池采用生活饮用水作为补充水时，应采取防止回流污染的措施，补水管上应设置用水计量装置。

（3）水景水池周围宜设排水设施。为维持一定的水池水位和进行表面排污，保持水面清洁，应设置溢水口；为了便于清扫、检修和防止停用时水池水质腐败或结冰，应设置泄水口。

（4）水景补充水水质应安全可靠。对于非亲水性水景，如静止镜面水景、流水型平流壁流等，因其不产生漂粒、水雾，补充水水质达到现行国家标准《地表水环境质量标准》GB 3838中的Ⅳ类标准要求即可；但对于亲水性水景，人体器官与手足有可能接触水体的水景以及产生的漂粒、水雾会吸入人体的动态水景，如冷雾喷、干泉、趣味喷泉（游乐喷泉或戏水喷泉）等，补充水水质应符合现行国家标准《生活饮用水卫生标准》GB 5749的要求。

（二）循环冷却水及冷却塔

空调循环水冷却系统中，冷却塔一般设于高层建筑的顶层或屋顶，循环水泵设于冷冻机房，冷水池设于地下或设于冷却塔底部与集水盘结合。民用建筑空调循环冷却水系统的补充水量，应根据气候条件、冷却塔形式、浓缩倍数等因素确定。建筑物空调、制冷设备冷却塔的补充水量一般按循环水量的 1%～2%计算。冷却塔有横流式、逆流式两种，选用时除满足水量要求时，噪声不能超过规定标准。

（1）当可能有冻结危险时，冬季运行的冷却塔应采取防冻措施。

（2）冷却塔应设置在专用的基础上，不得直接设置在楼板或屋面上。

（3）冷却塔应布置在建筑物的最小频率风向的上风侧；不应布置在热源、废气和烟气排放口附近，不宜布置在高大建筑物中间的狭长地带上。

（4）环境对噪声要求较高时，冷却塔可采取下列措施：①冷却塔的位置宜远离对噪声敏感的区域；②应采用低噪声型或超低噪声型冷却塔；③进水管、出水管、补充水管上应设置隔振防噪装置；④冷却塔基础应设置隔振装置；⑤建筑上应采取隔声吸音屏障。

第二节　建筑内部热水供应系统

一、组成

典型的集中热水供应系统主要由热媒系统、热水供水系统和附件三部分构成。

热媒系统，也称为第一循环系统，由热源、水加热器和热媒管网组成。

热水供水系统，也称为第二循环系统，由热水配水管网和回水管网组成。

附件，包括蒸汽、热水的控制附件以及管道的连接附件，如温度自动调节装置、减压阀、安全阀、自动排气阀、膨胀罐、管道伸缩器、检修阀、水嘴等。

二、分类

根据供水范围可分为局部热水供应系统、集中热水供应系统和区域热水供应系统。

1. 局部热水供应系统

采用小型加热器在用水场所就地加热，供局部范围内一个或几个用水点使用。适用于热水用水量小且分散的建筑，如小型饮食店、理发馆、诊所、一般的单元式居住建筑等。

2. 集中热水供应系统

在锅炉房、热交换站或加热间，将水集中加热后，通过热水管网输送到整幢或几幢建筑的热水供应系统。适用于热水用水量大，用水点多且较为集中的建筑，如旅馆、医院、公共浴室等。

3. 区域热水供应系统

在热电厂、区域锅炉房或热交换站，将水集中加热后，通过市政热力管网输送至建筑群、集中居住区或大型工业企业的热水供应系统。适用于建筑布置较为集中、热水用量较大的城市和工业企业。

热水供应系统选择应依据如下原则：①宾馆、公寓、医院、养老院等公共建筑及有使用集中供应热水要求的居住小区，宜采用集中热水供应系统；②小区集中热水供应应根据建筑物的分布情况等采用小区共用系统、多栋建筑共用系统或每幢建筑单设系统，共用系统水加热站室的服务半径不应大于500m；③普通住宅、无集中沐浴设施的办公楼及用水点分散、日用水量（按60℃计）小于5m^3的建筑宜采用局部热水供应系统；④当普通住宅、宿舍、普通旅馆、招待所等组成的小区或单栋建筑如设集中热水供应时，宜采用定时集中热水供应系统；⑤全日集中热水供应系统中的较大型公共浴室、洗衣房、厨房等耗热量较大且用水时段固定的用水部位，宜设单独的热水管网定时供应热水或另设局部热水供应系统。

三、热源的选择

1. 集中热水供应系统

集中热水供应系统的热源，可按下列顺序选择：

（1）采用具有稳定、可靠的余热、废热、地热，当以地热为热源时，应按地热水的水温、水质和水压，采取相应的技术措施处理，满足使用要求；

当采用废气、烟气、高温无毒废液等废热作为热媒时，应符合下列规定：①加热设备应防腐，其构造应便于清理水垢和杂物；②应采取措施防止热媒管道渗漏而污染水质；③应采取措施消除废气压力波动或除油。

（2）当日照时数大于1400h/年且年太阳辐射量大于4200MJ/m^2及年极端最低气温不低于−45℃的地区，采用太阳能。

（3）具备可再生低温能源的下列地区可采用热泵热水供应系统：

1）在夏热冬暖、夏热冬冷地区，采用空气源热泵；

2）在地下水源充沛、水文地质条件适宜，并能保证回灌的地区，采用地下水源热泵；

3）在沿江、沿海、沿湖，地表水源充足，水文地质条件适宜，及有条件利用城市污水、再生水的地区，采用地表水源热泵。当采用地下水源和地表水源时，应经当地水务主管部门批准，必要时应进行生态环境、水质卫生方面的评估。

（4）采用能保证全年供热的热力管网。

（5）采用区域性锅炉房或附近的锅炉房供给蒸汽或高温水。

（6）采用燃油、燃气热水机组、低谷电蓄热设备制备的热水。

2. 局部热水供应系统

局部热水供应系统的热源宜按下列顺序选择：

（1）当日照时数大于1400h/年且年太阳辐射量大于4200MJ/m^2及年极端最低气温不低于−45℃的地区，采用太阳能；

（2）在夏热冬暖、夏热冬冷地区宜采用空气源热泵；

（3）采用燃气、电能作为热源或作为辅助热源；

（4）在有蒸汽供给的地方，可采用蒸汽作为热源。

3. 其他事项

太阳能热水系统应设辅助热源及加热设施。辅助热源宜因地制宜选择，分散集热、分散供热太阳能热水系统和集中集热、分散供热太阳能热水系统宜采用燃气、电；集中集热、集中供热太阳能热水系统宜采用城市热力管网、燃气、燃油、热泵等。

升温后的冷却水，当其水质符合要求时，可作为生活用热水。

四、加热设备

按加热方式的不同，可分为直接加热和间接加热。常用的加热设备有：

1. 局部加热设备

用于局部热水供应系统，主要包括燃气热水器、电热水器、太阳能热水器。

燃气热水器是采用天然气、焦炉煤气、液化石油气和混合煤气加热冷水的设备。常见的直流快速式燃气热水器，一般安装在用水点就地加热，可随时点燃并可立即取得热水。

电热水器是把电能通过电阻丝变成热能加热冷水的设备。常见的是容积式电热水器，具有 10L～10m^{3}贮水容积，在使用前需预先加热。

太阳能热水器是将太阳能转换成热能并将水加热的装置。其优点是节省燃料、运行费用低；缺点是天气、季节、地理位置等的影响较大，占地面积也较大。通常太阳能热水器都设有辅助加热设备。

2. 集中加热设备

用于集中热水供应系统，主要包括：

（1）热水锅炉

适用于用水量均匀、耗热量不大（一般小于 380kW）的浴室、饮食店、理发馆等，有燃煤、燃气、燃油 3 种。燃煤锅炉因污染问题，许多城市已限制使用。

（2）水加热器

均为间接加热设备，主要包括如下四种类型：

1）容积式换热器

具有较大的储存和调节能力，水头损失小，出水水温较为稳定等优点；缺点是占地面积大、热交换效率较低，局部区域存在一定的微生物风险。适用于水量、水温可靠性要求较高，有安静要求的用户。

2）快速式加热器（即热式）

具有热效率高、体积小、安装搬运方便的优点；缺点是不能贮存热水，水头损失较大，在热媒或被加热水压力不稳定时，出水水温波动较大。适用于冷水硬度低、耗热量大且较为均匀的用户。

3）半容积式加热器

兼具容积式和快速式加热器的优点，具有体积小（较容积式加热器减小 2/3）、加热快、换热充分、出水水温较为稳定等优点；但构造上也较容积式和快速式加热器复杂。

4）半即热式加热器

带有超强控制，通过自动化运行实现出水水温稳定的目的；造价较高。

（3）加热水箱

通过在水箱中安装蒸汽多孔管、蒸汽喷射器或电加热管等方式，实现加热冷水目的的简单加热设备。

（4）热泵

热泵是指从自然界的空气、水或土壤中获取低品位热能，经过电力做功，生产可被利用的高品位热能的设备，主要包括水源热泵、空气源热泵、地源热泵等。

水加热设备应根据使用特点、耗热量、热源、维护管理及卫生防菌等因素选择，并应符合下列规定：①热效率高，换热效果好，节能，节省设备用房；②生活热水侧阻力损失小，有利于整个系统冷、热水压力的平衡；③设备应留有人孔等方便维护检修的装置，并应按要求配置控温、泄压等安全阀件。

五、供水方式

按管网的循环方式不同，可分为全循环、半循环、无循环三种方式；按管网的压力工况不同，可分为开式和闭式两种方式；按管网的运行方式不同，可分为全日制和定时制；按管网的循环动力不同，可分为机械循环（强制循环）和自然循环；按循环管道布置方式的不同，可分为同程式和非同程式。

（1）全循环是指热水干管、热水立管和热水支管都设置相应的循环管道，保持热水循环，各配水嘴随时打开均能提供符合设计水温要求的方式。适用于对热水供应要求比较高的建筑，如高级宾馆、饭店、高级住宅等。

（2）半循环又有立管循环和干管循环之分；其中立管循环是指热水干管和热水立管均设置循环管道，保持热水循环，打开配水嘴时只需放掉热水支管中少量的存水，就能获得规定水温的热水，如图 6-4；多用于高层建筑。干管循环是指仅热水干管设置循环管道，保持热水循环，打开配水嘴时需要放掉热水立管和支管中的冷水，才能获得规定水温的热水，如图 6-5；多用于规模较小的定时热水供应系统。

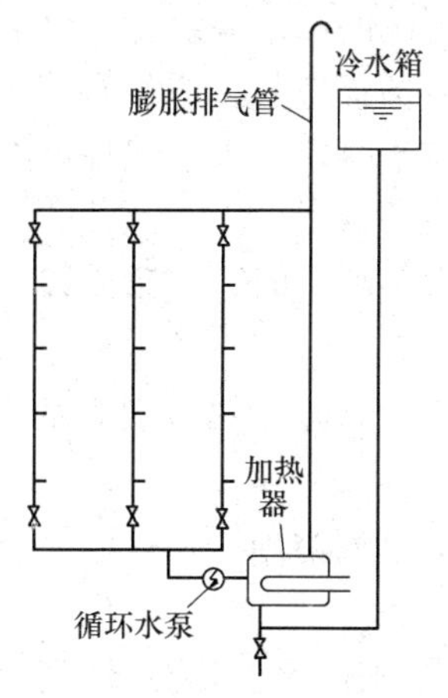

图 6-4　立管循环热水供应系统

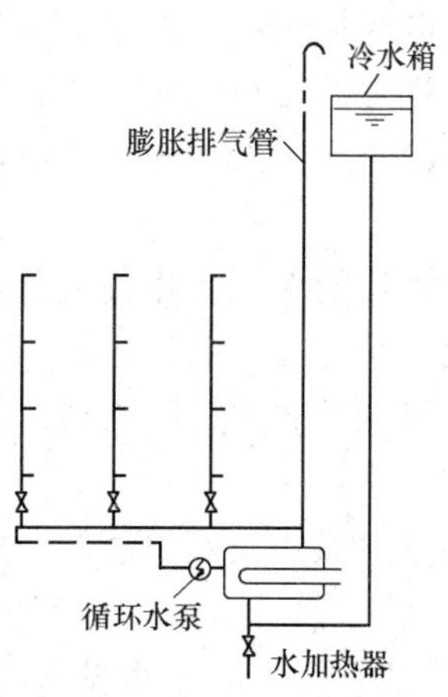

图 6-5　干管循环热水供应系统

（3）无循环是指在热水管网中不设任何循环管道，打开配水嘴时需放掉热水干管、热水立管、热水支管中的存水，才能获得规定水温的热水，如图 6-6 所示。多用于热水供应系统较小、使用要求不高的定时热水供应系统；如公共浴室、洗衣房等。

（4）开式方式是指在所有配水点关闭后，系统内的水仍与大气相通；而闭式方式是指在所有配水点关闭后，整个系统与大气隔绝，形成密闭系统。

（5）循环流量通过各循环管路的流程相当时，这种布置方式被称为同程式，否则为非同程式。

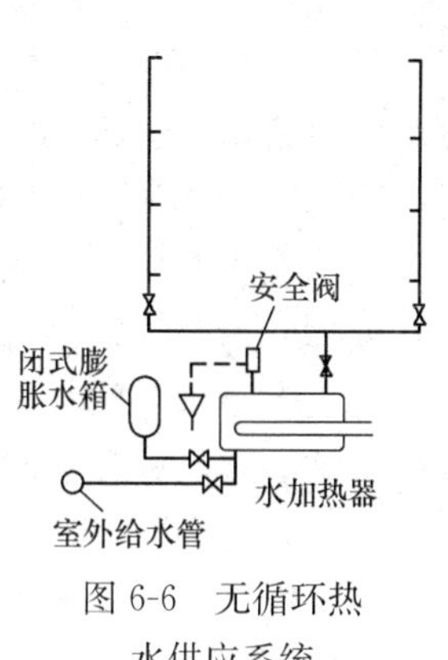

图 6-6　无循环热水供应系统

六、设置的具体要求

（1）集中热水供应系统应设热水循环系统，其设置应符合下列要求：

1）热水配水点保证出水温度不低于45℃的时间，居住建筑不应大于15s，公共建筑不应大于10s；采用干管和立管循环时，若不能满足上述要求，则应采取下列措施：支管应设自调控电伴热保温；不设分户水表的支管应设支管循环系统；

2）应合理布置循环管道，减少能耗；

3）对使用水温要求不高且不多于3个的非沐浴用水点，当其热水供水管长度大于15m时，可不设热水回水管；

（2）单栋建筑的集中热水供应系统应设热水回水管和循环水泵保证干管和立管中的热水循环。

（3）集中热水供应系统的热水循环管道宜采用同程布置；当采用异程布置时，应采取倒流循环管件、温度控制或流量控制等措施，保证干管和立管循环效果。

（4）设有集中热水供应系统的建筑物中，用水量较大的浴室、洗衣房、厨房等，宜设单独的热水管网。热水为定时供应且个别用户对热水供应时间有特殊要求时，宜设置单独的热水管网或局部加热设备。

（5）高层建筑热水系统的分区，应遵循如下原则：应与给水系统的分区一致；闭式热水供应系统的各区水加热器、贮水罐的进水均应由同区的给水系统专管供应；由热水箱和热水供水泵联合供水的热水供应系统的热水供水水泵扬程应与相应供水范围的给水泵压力协调，保证系统冷热水压力平衡；当上述条件不能满足时，应采取保证系统冷、热水压力平衡的措施。

（6）当给水管道的水压变化较大且用水点要求水压稳定时，宜采用设高位水箱重力供水的开式热水供应系统或采取稳压措施。

（7）当卫生设备设有冷、热水混合器或混合龙头时，冷、热水供应系统在配水点处应有相近的水压。

（8）公共浴室淋浴器出水水温应稳定，并宜采取下列措施：

1）采用开式热水供应系统；

2）给水额定流量较大的用水设备的管道，应与淋浴配水管道分开；

3）多于3个淋浴器的配水管道，宜布置成环形；

4）成组淋浴器的配水管的沿程水头损失，当淋浴器少于或等于6个时，可采用每米不大于300Pa；当淋浴器多于6个时，可采用每米不大于350Pa。配水管不宜变径，且其最小管径不得小于25mm。

5）公共淋浴室，宜采用单管热水供应系统或采用带定温混合阀的双管热水供应系统。单管热水供应系统应采取保证热水水温稳定的技术措施。当采用公用浴池沐浴时，应设循环水处理系统及消毒设备。

（9）除了满足给（冷）水管网敷设的要求外，热水管网的布置与敷设还应注意因温度升高带来的水的体积膨胀、管道的热胀冷缩以及保温、排气等问题，主要措施如下：

1）热水管道应选用耐腐蚀和安装连接方便可靠的管材，可采用薄壁不锈钢管、薄壁铜管、塑料热水管、复合热水管等。塑料热水管宜暗设，明设时立管宜布置在不受撞击处，当不能避免时，应在管外加保护措施。但设备机房内的管道，不应采用塑料热水管。

2）热水管道系统，应有补偿管道热胀冷缩的措施。

3）热水横管的敷设坡度上行下给式系统不宜小于 0.005，下行上给式系统不宜小于 0.003；上行下给式系统配水干管最高点应设排气装置；下行上给式配水系统，可利用最高配水点放气。系统最低点应设泄水装置。

（10）医院建筑应采用无冷温水滞水区的水加热设备。

（11）燃气热水器、电热水器必须带有保证使用安全的装置。严禁在浴室内安装直接排气式燃气热水器等在使用空间内积聚有害气体的加热设备。

（12）太阳能热水系统应根据集热器构造、冷水水质硬度及冷热水压力平衡要求等经比较确定采用直接或间接的太阳能热水系统；应根据集热器类型及其承压能力、集热系统布置方式、运行管理条件等经比较采用闭式或开式的太阳能集热系统。

（13）太阳能集热系统应设防过热、防爆、防冰冻、防倒热循环及防雷击等安全设施。

（14）水加热设备机房的设置宜符合下列要求：

1）宜与给水加压泵房相近设置；

2）宜靠近耗热量最大或设有集中热水供应的最高建筑；

3）宜位于系统的中部；

4）集中热水供应系统当设有专用热源站时，水加热设备机房与热源站宜相邻设置。

七、热水用水水质、定额与水温

生活热水的水质，应符合我国现行的《生活饮用水卫生标准》GB 5749 的要求。生活热水的水质应符合现行行业标准《生活热水水质标准》CJ/T 521 的规定。生活热水水质中的常规指标及限值、消毒剂余量及要求如表 6-5、表 6-6 所示。水加热后，水中钙、镁离子会受热析出，附着在设备和管道表面形成水垢，降低管道输水能力和设备的导热系数；因此当集中热水供应系统的原水总硬度超过 300mg/L 时，应结合用水性质与水量需求等因素，采取相应的水质软化式阻垢处理。

生活热水常规指标及限值 **表 6-5**

项目		限值	备注
常规指标	水温/℃	≥46	
	总硬度（以 $CaCO_3$ 计）(mg/L)	≤300	
	浑浊度（NTU）	≤2	
	耗氧量（COD_{M_n}）(mg/L)	≤3	
	溶解氧*（DO）(mg/L)	≤8	
	总有机碳*（TOC）(mg/L)	≤4	
	氧化物*（mg/L）	≤200	
	稳定指数*（Ryznar Stability Index，R. S. I）	6.0<R. S. I.≤7.0	需检测：水温、溶解性总固体、钙硬度、总碱度、pH 值
微生物指标	菌落总数（CFU/mL）	≤100	
	异养菌数*（HPC）(CFU/mL)	≤500	
	总大肠菌群（MPN/100mL 或 CFU/100mL）	不得检出	
	嗜肺军团菌	不得检出	采样量 500mL

注：稳定指数用于判断水质的腐蚀或结垢趋势，计算方法参见《生活热水水质标准》CJ/T 521；

* 指标为试行。试行指标于 2019 年 1 月 1 日起正式实施。

消毒剂余量及要求 **表 6-6**

消毒剂指标	管网末梢水中余量
游离余氯（采用氯消毒时测定）(mg/L)	≥0.05
二氧化氯（采用二氧化氯消毒时测定）(mg/L)	≥0.02
银离子（采用银离子消毒时）(mg/L)	≤0.05

生活用热水定额，应根据建筑的使用性质、热水水温、卫生器具的完善程度、热水供应时间、当地气候条件和生活习惯等因素合理确定。

各种卫生器具的使用温度，应符合规范要求。其中淋浴器使用水温，应根据气候条件、使用对象和使用习惯确定；幼儿园、托儿所浴盆和淋浴器的使用水温为35℃，其他建筑则为37～40℃；同时，老年人照料设施安定医院、幼儿园、监狱等建筑中为特殊人群提供淋浴热水的设施，应有防烫伤措施。

八、饮水供应

(1) 当中小学校、体育场馆等公共建筑设饮水器时，应满足下列要求：① 以温水或自来水为原水的直饮水，应进行过滤和消毒处理；② 应设循环管道，循环回水应经消毒处理；③ 饮水器的喷嘴应倾斜安装并设防护装置，喷嘴孔的高度应保证排水管堵塞时不被淹没；④ 应使同组喷嘴压力一致；⑤ 饮水器应采用不锈钢、铜镀铬或瓷质、搪瓷制品，其表面应光洁、易于清洗。阀门、水表、管道连接件、密封材料、配水水嘴等选用材质均应符合食品级卫生要求，并与管材匹配。

(2) 管道直饮水系统应满足下列要求：①一般均以城镇供水为原水，经过深度处理方法制备而成，其水质应符合国家现行标准《饮用净水水质标准》CJ 94 的要求；②系统必须独立设置；③宜采用调速泵组直接供水或处理设备置于屋顶的水箱重力式供水方式；④应设循环管道，其供、回水管网应同程布置，循环管网内水的停留时间不应超过 12h；⑤从立管接至配水龙头的支管管段长度不宜大于 3m；⑥管道直饮水系统管道应选用耐腐蚀，内表面光滑，符合食品级卫生、温度要求的薄壁不锈钢管、薄壁铜管、优质塑料管。开水管道金属管材的许用工作温度应大于 100℃。

(3) 饮水供应点的设置，应符合下列要求：①不得设在易污染的地点，对于经常产生有害气体或粉尘的车间，应设在不受污染的生活间或小室内；②位置应便于取用、检修和清扫，并应保证良好的通风和照明。

第三节 建筑消防系统

建筑消防系统根据灭火剂不同，可分为水、气体、泡沫、干粉等灭火系统。与其他灭火剂相比，水具有使用方便、灭火效果好、来源广泛、价格便宜、器材简单等优点；是目前世界各地广泛使用的主要灭火剂。值得注意的是，为保护大气臭氧层和人类生态环境，卤代烷灭火剂的生产和使用已受到限制。

市政给水、消防水池、天然水源等可作为消防水源，并宜采用市政给水；雨水清水池、中水清水池、水景和游泳池可作为备用消防水源。

建筑消防系统包括室内和室外两部分。其中，室外主要采用消火栓给水系统；室内则包括灭火器以及消火栓、自动喷水、气体等灭火系统。一起火灾灭火所需消防用水的设计流量应按建筑的室外消火栓系统、室内消火栓系统、自动喷水灭火系统、泡沫灭火系统、水喷雾灭火系统、固定消防炮灭火系统、固定冷却水系统等需要同时作用的各种水灭火系统的设计流量组成。

建筑消防系统根据压力情况，可分为高压消防给水系统、临时高压消防给水系统和低压消防给水系统。

（1）高压消防给水系统是指管网内经常保持足够的压力和消防供水量的系统。

（2）临时高压消防给水系统是指平时水压、水量不能满足消防要求，但系统中设有消防泵房，接火警后，即启动消防水泵，系统转化为高压消防给水系统满足灭火要求的系统。

（3）低压消防给水系统是指平时管网中水压较低（仅满足室外低压消防给水系统向消防车供水，该系统平时最小水压不应低于 $10mH_2O$），灭火时由消防车或其他移动式消防泵加压供水的系统。

一、民用建筑类型

民用建筑分类如表 6-7 所示。

对于高层建筑，受消防车供水压力的限制，发生火灾时建筑的高层部分有可能无法依靠室外消防设施协助救火；因此，高层建筑消防给水设计应立足“自救”，即立足于室内消防设施扑救火灾。一般高度在 24m 以下的裙房在“外救”的能力范围内，应以“外救”为主；高度为 24～50m 的部位，室外消防设施仍可通过水泵接合器升压供水，应立足“自救”并借助“外救”，二者同时发挥作用；50m 以上的部位，已超过了室外消防设施的供水能力，则完全依靠“自救”灭火。

民用建筑分类表 **表 6-7**

名称	高层民用建筑		单、多层民用建筑
	一类	二类	
住宅建筑	建筑高度大于 54m 的住宅建筑（包括设置商业服务网点的住宅建筑）	建筑高度大于 27m，但不大于 54m 的住宅建筑（包括设置商业服务网点的住宅建筑）	建筑高度不大于 27m 的住宅建筑（包括设置商业服务网点的住宅建筑）
公共建筑	1. 建筑高度大于 50m 的公共建筑； 2. 建筑高度 24m 以上、部分任一楼层建筑面积大于 $1000m^2$ 的商店、展览、电信、邮政、财贸、金融建筑和其他多种功能组合的建筑； 3. 医疗建筑、重要公共建筑； 4. 省级及以上的广播电视和防灾指挥调度建筑、网局级和省级电力调度建筑； 5. 藏书超过 100 万册的图书馆、书库	除一类高层公共建筑外的其他高层公共建筑	1. 建筑高度大于 24m 的单层公共建筑； 2. 建筑高度不大于 24m 的其他公共建筑

二、室外消火栓给水系统

城镇应沿可通行消防车的街道设置市政消火栓系统；民用建筑周围以及用于消防救援和消防车停靠的屋面上，应设置建筑室外消火栓系统。

市政消防给水设计流量，应根据当地火灾统计资料、火灾扑救用水量统计资料、灭火用水量保证率、建筑的组成和市政给水管网运行合理性等因素综合分析计算确定。

建筑物室外消火栓设计流量，应根据建筑物的用途功能、体积、耐火等级、火灾危险性等因素综合分析确定。

市政和建筑物室外消火栓给水系统的设置要求如下：

(1) 市政消火栓和建筑物室外消火栓应采用湿式消火栓系统。

(2) 市政和建筑物室外消火栓宜采用地上式消火栓；在严寒、寒冷等冬季结冰地区宜采用干式地上式室外消火栓；严寒地区宜增设消防水鹤。地下式消火栓应有明显的永久性标志。

(3) 市政消火栓应沿道路一侧设置，并宜靠近十字路口；但当市政道路宽度大于 60m 时，应在道路两侧交叉错落设置市政消火栓。市政桥桥头和城市交通隧道出入口等市政公用设施处，应设置市政消火栓。

(4) 建筑物室外消火栓的数量应根据室外消火栓设计流量和保护半径经计算确定。建筑物室外消火栓宜沿建筑周围均匀布置，且不宜集中布置在建筑一侧；建筑消防扑救面一侧的室外消火栓数量不宜少于 2 个。人防工程、地下工程等建筑物应在出入口附近设置建筑物室外消火栓，且距出入口的距离不宜小于 5m，并不宜大于 40m。停车场的室外消火栓宜沿停车场周边布置，且与最近一排汽车的距离不宜小于 7m，距加油站或油库不宜小于 15m。

(5) 甲、乙、丙类液体储罐区和液化烃罐罐区等构筑物的室外消火栓，应设在防火堤或防护墙外，数量应根据计算确定，但距罐壁 15m 范围内的消火栓，不应计算在该罐可使用的数量内。工艺装置区等采用高压或临时高压消防给水系统的场所，其周围应设置室外消火栓，数量应根据设计流量经计算确定，且间距不应大于 60m。当工艺装置区宽度大于 120m 时，宜在该装置区的路边设置室外消火栓。

(6) 市政和建筑物室外消火栓的保护半径不应超过 150m，间距不应大于 120m。

(7) 市政和建筑物室外消火栓应布置在消防车易于接近的人行道和绿地等地点，且不应妨碍交通，并应符合下列规定：

① 消火栓距路边不宜小于 0.5m，并不应大于 2.0m；距建筑外墙或外墙边缘不宜小于 5.0m。

② 消火栓应避免设置在机械易撞击的地点；确有困难时，应采取防撞措施。

三、室内消火栓给水系统

(一) 设置场所

根据《建筑设计防火规范》GB 50016—2014（2018 年版）第 8.2.1 条，下列建筑或场所应设置室内消火栓给水系统：

(1) 建筑占地面积大于 $300m^2$ 的厂房和仓库。

(2) 高层公共建筑和建筑高度大于 21m 的住宅建筑。

注：建筑高度不大于 27m 的住宅建筑，设置室内消火栓系统确有困难时，可只设置干式消防竖管和不带消火栓箱的 *DN*65 的室内消火栓。

（3）体积大于 5000m³ 的车站、码头、机场的候车（船、机）建筑、展览建筑、商店建筑、旅馆建筑、医疗建筑和图书馆建筑等单、多层建筑。

（4）特等、甲等剧场，超过 800 个座位的其他等级的剧场和电影院等以及超过 1200 个座位的礼堂、体育馆等单、多层建筑。

（5）建筑高度大于 15m 或体积大于 10000m³ 的办公建筑、教学建筑和其他单、多层民用建筑。

（6）国家级文物保护单位的重点砖木或木结构的古建筑，宜设置室内消火栓系统。

根据《建筑设计防火规范》GB 50016—2014（2018 年版）第 8.2.2 条，上述未规定的建筑或场所，或者符合上述规定的下列建筑或场所，可不设置室内消火栓给水系统，但宜设置消防软管卷盘或轻便消防水龙：

① 耐火等级为一、二级且可燃物较少的单层、多层丁、戊类厂房（仓库）；

② 耐火等级为三、四级且建筑体积不大于 3000m³ 的丁类厂房；耐火等级为三、四级且建筑体积不大于 5000m³ 的戊类厂房（仓库）；

③ 粮食仓库、金库、远离城镇且无人值班的独立建筑；

④ 存有与水接触能引起燃烧爆炸的物品的建筑；

⑤ 室内无生产、生活给水管道，室外消防用水取自储水池且建筑体积不大于 5000m³ 的其他建筑。

（二）系统组成

室内消火栓给水系统一般由消火栓设备、消防管道及附件、消防增压贮水设备、水泵接合器等组成。其中，消火栓设备由消火栓、水枪、水龙带组成，均安装于消火栓箱内。消防增压贮水设备主要包括消防水泵、消防水池和高位消防水箱。水泵接合器是连接消防车向室内消防给水系统加压供水的装置，有地下式、地上式、墙壁式三种类型。

建筑物室内消火栓设计流量，应根据建筑物的用途功能、体积、高度、耐火等级、火灾危险性等因素综合确定。消防软管卷盘、轻便消防水龙及多层住宅楼梯间中的干式消防竖管的流量，可不计入室内消防给水设计流量。

（三）设置要求

1. 消火栓设备

设有室内消火栓的建筑，包括设备层在内的各层均应设置消火栓。室内消火栓的选型应根据使用者、火灾危险性、火灾类型和不同灭火功能等因素综合确定 。

屋顶设有直升机停机坪的建筑，应在停机坪出入口处或非电器设备机房处设置消火栓，且距停机坪机位边缘的距离不应小于 5.0m。

消防电梯前室应设置室内消火栓，并应计入消火栓使用的数量。

建筑物内消火栓的设置位置应满足火灾扑救要求，且符合下列规定：室内消火栓应设置在楼梯间及其休息平台和前室、走道等明显易于取用，以及便于火灾扑救的位置；汽车库内消火栓的设置不应影响汽车的通行和车位的设置，并应确保消火栓的开启；同一楼梯间及其附近不同层设置的消火栓，其平面位置宜相同；冷库的室内消火栓应设置在常温穿堂或楼梯间内。

建筑室内消火栓栓口的安装高度应便于消防水龙带的连接和使用，其距地面高度宜为1.1m，其出水方向宜与设置消火栓的墙面成90°角或向下。

室内消火栓的布置应满足同一平面有2支消防水枪的2股充实水柱同时达到任何部位的要求，但建筑高度小于或等于24.0m且体积小于或等于5000m³的多层仓库、建筑高度小于或等于54m且每单元设置一部疏散楼梯的住宅，以及《消防给水及消火栓系统技术规程》GB 50974规定可采用1支消防水枪的场所，可采用1支消防水枪的1股充实水柱到达室内任何部位 。消火栓的布置间距不应大于30m；消火栓按1支水枪的1股充实水柱布置的建筑物，消火栓的布置间距不应大于50m。

2. 消防管道及阀门

室内消火栓系统管网应连成环状，当室外消火栓设计流量不大于20L/s，且室内消火栓不超过10个时，可布置成枝状。向环状管网供水的输水干管不应少于两条，当其中一条发生故障时，其余的输水干管应仍能满足消防给水设计流量。

室内消火栓竖管管径应根据竖管最低流量经计算确定，但不应小于100mm。

室内消火栓环状给水管道检修时应符合下列规定：检修时，关闭停用的消防竖管不超过1根，当竖管超过4根时，可关闭不相邻的两根；每根竖管与供水横干管连接处应设置阀门；同一层横干管上的消火栓，应采用阀门分成若干独立段，每段内室内消火栓的个数不应超过5个。

3. 消防水泵

消防给水系统一般应设置备用水泵，但对于建筑高度小于54m的住宅、室外消防给水设计流量小于等于25L/s的建筑、室内消防用水量小于10L/s的建筑，可不设备用泵。

消防水泵应确保从接到启泵信号到正常运转的自动启动时间不大于2min。

消防水泵房中，应设置起重设施；主要通道宽度不应小于1.2m；应至少有一个可以搬运最大设备的门。此外，消防水泵房还应根据具体情况设计相应的采暖、通风和排水设施：①严寒、寒冷等冬季结冰地区采暖温度不应低于10℃ ，但当无人值守时不应低于5℃；②通风宜按6次/h设计；③应设置排水设施。

消防水泵不宜设在有防振或有安静要求房间的上一层、下一层和毗邻位置，当必须时，应采取下列降噪减振措施：①应采用低噪声水泵；②水泵机组应设隔振装置；③水泵吸水管和出水管上应设隔振装置；④泵房内的管道支架和管道穿墙及穿楼板处，应采取防止固体传声的措施；⑤泵房内墙应采取隔声吸音的技术措施。

消防水泵房应采取防水淹没的技术措施。

独立建造的消防水泵房，其耐火等级不应低于二级。附设在建筑物内的消防水泵房，不应设置在地下三层及以下，或室内地面与室外出入口地坪高差大于10m的地下楼层。附设在建筑内的消防水泵房，应采用耐火极限不低于2.0h的隔墙和1.5h的楼板与其他部位隔开，其疏散门应直通安全出口，且开向疏散走道的门应采用甲级防火门。

当采用柴油机消防水泵时宜设置独立消防水泵房，并应设置满足柴油机运行的通风、排烟和阻火设施。

4. 高位消防水箱

高位消防水箱的有效容积应满足初期火灾消防用水量的要求，并应符合下列规定：

（1）一类高层公共建筑，不应小于 36m^3，但当建筑高度大于 100m 时，不应小于 50m^3，当建筑高度大于 150m 时，不应小于 100m^3；

（2）多层公共建筑、二类高层公共建筑和一类高层住宅，不应小于 18m^3；当一类高层住宅建筑高度超过 100m 时，不应小于 36m^3；

（3）二类高层住宅，不应小于 12m^3；

（4）建筑高度大于 21m 的多层住宅，不应小于 6m^3。

高位消防水箱的设置位置应高于其所服务的灭火设施，且最低有效水位应满足水灭火设施最不利点处的静水压力，并应按下列规定确定：

（1）一类高层公共建筑，不应低于 0.1MPa，但当建筑高度超过 100m 时，不应低于 0.15MPa；

（2）高层住宅、二类高层公共建筑、多层公共建筑，不应低于 0.07MPa，多层住宅不宜低于 0.07MPa；

（3）工业建筑不应低于 0.10MPa，当建筑体积小于 20000m^3 时，不宜低于 0.07MPa；

（4）自动喷水灭火系统应根据喷头灭火所需压力确定，但最小不应小于 0.1MPa。

5. 消防水池

当室外消防水源供给能力不足或不可靠时，需设置消防水池以贮存火灾延续时间内的室内外消防用水量。当室外给水管网能保证室外消防用水量时，仅贮存火灾延续时间内的室内消防用水量；当室外管网不能保证室外消防用水量时，除了贮存火灾延续时间内的室内消防用水量之外，还应贮存室外消防用水量不足部分的水量。

消防水池补水时间不宜超过 48h，有效容积及其他设置要求详见本章第一节。

参考《消防给水及消火栓系统技术规程》GB 50974—2014 第 4.1.3 条，消防水池的出水、排水和水位应符合下列规定：

1）消防水池的出水管应保证消防水池的有效容积能被全部利用；

2）消防水池应设置就地水位显示装置，并应在消防控制中心或值班室等地点设置显示消防水池水位的装置，同时应有最高和最低报警水位；

3）消防水池应设置溢流水管和排水设施，并应采用间接排水。

6. 水泵接合器

参考《消防给水及消火栓系统技术规程》GB 50974—2014 第 5.4.1 条、5.4.2 条，下列场所的室内消火栓给水系统应设置消防水泵接合器：

1）高层民用建筑；

2）设有消防给水的住宅、起过 5 层的其他多层民用建筑；

3）超过 2 层或建筑面积大于 10000m^2 的地下或半地下建筑（室）、室内消火栓设计流量大于 10L/s 平战结合的人防工程；

4）高层工业建筑和超过 4 层的多层工业建筑；

5）城市交通隧道。

自动喷水灭火系统、水喷雾灭火系统、泡沫灭火系统和固定消防炮灭火系统等水灭火系统，均应设置消防水泵接合器。

水泵接合器应设在室外便于消防车使用的地点，且距室外消火栓或消防水池的距离不宜小于 15m，并不宜大于 40m。

四、自动喷水灭火系统

（一）设置场所及要求

在人员密集、不易疏散、外部增援灭火与救生较困难、性质重要或火灾危害性较大的场所，应采用自动喷水灭火系统，其具体要求如下。

《建筑设计防火规范》GB 50016—2014（2018 年版）的相关规定：

下列建筑或场所除不宜用水保护或灭火者外，宜设置自动喷水灭火系统：

1. 厂房或生产部位

（1）不小于 50000 纱锭的棉纺厂的开包、清花车间，不小于 5000 锭的麻纺厂的分级、梳麻车间，火柴厂的烤梗、筛选部位；

（2）占地面积大于 1500m^{2}或总建筑面积大于 3000m^{2}的单、多层制鞋、制衣、玩具及电子等类似用途的厂房；

（3）占地面积大于 1500m^{2}的木器厂房；

（4）泡沫塑料厂的预发、成型、切片、压花部位；

（5）高层乙、丙类厂房；

（6）建筑面积大于 500m^{2}的地下或半地下丙类厂房。

2. 高层民用建筑

（1）一类高层公共建筑（除游泳池、溜冰场外）及其地下、半地下室；

（2）二类高层公共建筑及其地下、半地下室的公共活动用房、走道、办公室和旅馆的客房、可燃物品库房、自动扶梯底部；

（3）高层民用建筑内的歌舞、娱乐、放映、游艺场所；

（4）建筑高度大于 100m 的住宅建筑。

3. 单、多层民用建筑

（1）特等、甲等剧场，超过 1500 个座位的其他等级的剧场，超过 2000 个座位的会堂或礼堂，超过 3000 个座位的体育馆，超过 5000 人的体育场的室内人员休息室与器材间等；

（2）任一层建筑面积大于 1500m^{2}或总建筑面积大于 3000m^{2}的展览、商店、餐饮和旅馆建筑以及医院中同样建筑规模的病房楼、门诊楼和手术部；

（3）设置送回风道（管）的集中空气调节系统且总建筑面积大于 3000m^{2}的办公建筑等；

（4）藏书量超过 50 万册的图书馆；

（5）大、中型幼儿园的儿童用房等场所，总建筑面积大于 500m^{2}的老年人建筑；

（6）总建筑面积大于 500m^{2}的地下或半地下商店；

（7）设置在地下或半地下或地上四层及以上楼层的歌舞、娱乐、放映、游艺场所（除游泳场所外），设置在首层、二层和三层且任一层建筑面积大于 300m^{2}的地上歌舞娱乐放映游艺场所（除游泳场所外）。

《汽车库、修车库、停车场设计防火规范》GB 50067—2014 的相关规定：

Ⅰ、Ⅱ、Ⅲ类地上汽车库；停车数大于 10 辆的地下汽车库、半地下汽车库；机械式汽车库；采用汽车专用升降梯作汽车疏散出口的汽车库；Ⅰ类修车库；均应设置自动灭火系统。

下列场所宜采用水喷雾灭火系统：

（1）单台容量在 40MVA 及以上的厂矿企业油浸电力变压器，单台容量在 90MVA 及以上的电厂油浸电力变压器，单台容量在 125MVA 及以上的独立变电所油浸电力变压器；

（2）飞机发动机试验台的试车部位；

（3）充可燃油并设置在高层民用建筑内的高压电容器和多油开关室。

（二）系统分类及组成

根据喷头的开闭形式，可分为闭式系统和开式系统。常用的闭式系统有湿式、干式和预作用式；开式系统有雨淋系统和水幕系统。

1. 湿式自动喷水灭火系统

一般由湿式报警阀组、闭式喷头、供水管道、增压贮水设备、水泵接合器等组成，如图 6-7 所示。管网中充满有压水，当建筑物发生火灾，火点温度达到开启闭式喷头时，喷头出水灭火。该系统具有灭火及时，扑救效率高的优点；但由于管网中充有有压水，当渗漏时会损坏建筑装饰，影响建筑的正常使用。该系统适用于环境温度 4℃＜t＜70℃的建筑物。

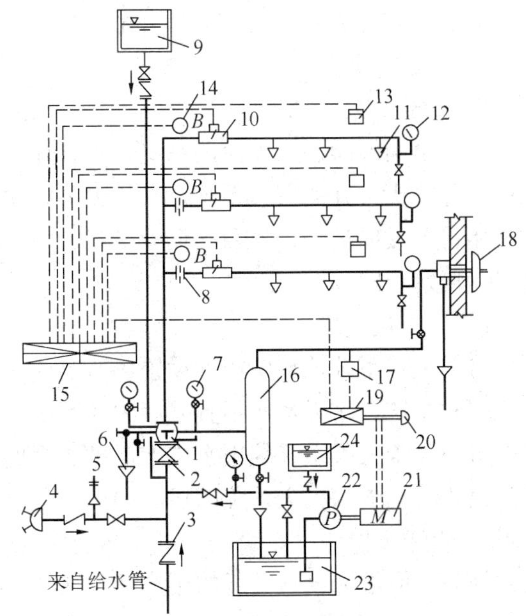

图 6-7　闭式自动喷水灭火系统示意（湿式）

1—湿式报警阀；2—闸阀；3—止回阀；4—水泵接合器；5—安全阀；6—排水漏斗；7—压力表；8—节流孔板；9—高位水箱；10—水流指示器；11—闭式喷头；12—压力表；13—感烟探测器；14—火灾报警装置；15—火灾收信机；16—延迟器；17—压力继电器；18—水力警铃；19—电气自控箱；20—按钮；21—电动机；22—水泵；23—蓄水池；24—水泵灌水箱

2. 干式自动喷水灭火系统

一般由干式报警阀组、闭式喷头、供水管道、增压贮水设备、水泵接合器等组成。管网中平时不充水，充有有压空气（或氮气）。当建筑物发生火灾，火点温度达到开启闭式喷头时，喷头开启，排气、充水、灭火。该系统灭火不如湿式系统及时；但由于管网中平时不充水，对建筑装饰无影响，对环境温度也无要求。该系统适用于 t≤4℃或 t＞70℃的建筑物。

3. 预作用式自动喷水灭火系统

一般由预作用阀、火灾探测系统、闭式喷头、供水管道、增压贮水设备、水泵接合器等组成。管网中平时不充水（无压），当建筑物发生火灾时，火灾探测器报警后，自动控制系统控制阀门排气充水，由干式变为湿式系统。只有当着火点温度达到开启闭式喷头时，才开始喷水灭火。该系统弥补了干式和湿式两种系统的缺点，适用于对建筑装饰要求高，要求灭火及时的建筑物。

4. 雨淋喷水灭火系统

一般由雨淋阀、火灾探测系统、开式喷头、供水管道、增压贮水设备、水泵接合器等组成；是喷头常开的灭火系统。当建筑物发生火灾时，由自动控制装置打开雨淋阀，使保护区域的所有喷头喷水灭火。具有出水量大，灭火及时的优点。适用于火灾蔓延快、危险性大的建筑或部位。

5. 水幕系统

一般由雨淋阀、火灾探测系统、水幕喷头、供水管道、增压贮水设备、水泵接合器等组成，是喷头常开的灭火系统。发生火灾时主要起阻火、冷却、隔离作用。防护冷却水幕应直接将水喷向被保护对象；防火分隔水幕不宜用于尺寸超过 15m（宽）×8m（高）的开口（舞台口除外）。

（三）一般规定

自动喷水系统选型应根据设置场所的建筑特征、环境条件和火灾特点等选择相应的开式或闭式系统。露天场所不宜采用闭式系统。

自动喷水灭火系统的用水应无污染、无腐蚀、无悬浮物。

设置自动喷水灭火系统的场所的火灾危险等级，应划分为轻危险级、中危险级（Ⅰ级、Ⅱ级）、严重危险级（Ⅰ级、Ⅱ级）和仓库危险级（Ⅰ级、Ⅱ级、Ⅲ级）。设置场所危险等级的划分，应根据设置场所的用途、容纳物品的火灾荷载及室内空间条件等因素，在分析火灾特点和热气流驱动洒水喷头开放及喷水到位的难易程度后确定。民用建筑和厂房采用湿式系统的设计基本参数如表 6-8 所示。

民用建筑和厂房采用湿式系统的设计基本参数 **表 6-8**

<table>
<tr><th colspan="2">火灾危险等级</th><th>最大净空高度
h（m）</th><th>喷水强度
[L/（min·m²）]</th><th>作用面积
（m²）</th></tr>
<tr><td colspan="2">轻危险级</td><td rowspan="5">$h\leqslant 8$</td><td>4</td><td rowspan="3">160</td></tr>
<tr><td rowspan="2">中危险级</td><td>Ⅰ级</td><td>6</td></tr>
<tr><td>Ⅱ级</td><td>8</td></tr>
<tr><td rowspan="2">严重危险级</td><td>Ⅰ级</td><td>12</td><td rowspan="2">260</td></tr>
<tr><td>Ⅱ级</td><td>16</td></tr>
</table>

注：系统最不利点处洒水喷头的工作压力不应低于 0.05MPa。

自动喷水灭火系统的喷头，根据产品安装方式不同，可分为普通型、下垂型、直立型、边墙型、吊顶隐蔽型；根据响应时间不同，可分为标准响应形、快速响应型。同一隔间内应采用热敏性能相同的喷头。

干式系统、预作用系统应采用直立型或干式下垂型。

下列场所宜采用快速响应喷头：①公共娱乐场所、中庭环廊；②医院、疗养院的病房及治疗区域，老年、少儿、残疾人的集体活动场所；③超出消防水泵接合器供水高度的楼层；④地下商业场所。

报警阀组宜设在安全及易于操作的地点，报警阀距地面的高度宜为 1.2m。设置报警阀组的部位应设有排水设施。

五、消防排水

（1）下列建筑物和场所应采取消防排水措施：①消防水泵房；②设有消防给水系统的地下室；③消防电梯的井底；④仓库。

消防电梯井底的排水井容量不应小于 2m^3，排水泵的排水量不应小于 10L/s。消防电梯间前室的门口宜设置挡水设施。消防电梯井、机房与相邻电梯井、机房之间应设置耐火极限不低于 2.00h 的防火隔墙，隔墙上的门应采用甲级防火门。

（2）室内消防排水宜排入室外雨水管道，地下式的消防排水设施宜与地下室其他地面废水排水设施共用。

第四节　建筑排水系统

建筑排水系统分为生活排水系统、工业废水排水系统和雨水排水系统。其中，生活排水系统用于排除人们生活过程中产生的污水和废水；工业废水排水系统用于排除生产过程中产生的污水和废水；雨水排水系统用于排除屋面和室外地面的雨雪水。生活污水是指大便器（槽）、小便器（槽）等排放的粪便水；生活废水是指洗脸盆、洗衣机、浴盆、淋浴器、洗涤盆等排水，与粪便水相比，水质污染程度较轻。小区排水系统应采用生活排水与雨水分流制排水。

一、生活排水系统

生活排水系统应具有如下功能：使污、废水迅速安全地排出室外；减少管道内部气压波动，防止系统中的水封被破坏；防止有毒有害气体进入室内。

（一）组成与排水体制

生活排水系统一般由卫生器具和生产设备受水器、排水管道、通气管道、清通设施、提升设备、污水局部处理构筑物等部分构成。

排水体制应考虑室内污水性质、污染程度、污水量，室外排水系统体制、处理要求以及有利于综合利用。

（1）在下列情况下，建筑物内宜采用生活污水与生活废水分流的排水系统：

1）当政府有关部门要求污、废水分流且生活污水需经化粪池处理后才能排入城镇排水管道时；

2）生活废水需回收利用时。

（2）消防排水、生活水池（箱）排水、游泳池放空排水、空调冷凝排水、室内水景排水、无洗车的车库和无机修的机房地面排水等宜与生活废水分流，单独设置废水管道排入室外雨水管道。

（3）下列建筑排水应单独排水至水处理或回收构筑物：

1）职工食堂、营业餐厅的厨房含有大量油脂的废水；

2）洗车冲洗水；

3）含有致病菌、放射性元素等超过排放标准的医疗、科研机构的污水；

4）水温超过 40℃的锅炉排污水；

5）用作中水水源的生活排水；

6）实验室有害有毒废水。

（二）排水定额与最小管径

住宅和公共建筑生活排水定额和小时变化系数应与其相应生活给水用水定额和小时变化系数相同。小区室外生活排水的最大小时排水流量，应按住宅生活给水最大小时流量与公共建筑生活给水最大小时流量之和的85%～95%确定。

当公共食堂厨房内的污水采用管道排除时，其管径应比计算管径大一级，但干管管径不得小于100mm，支管管径不得小于75mm；大便器排水管最小管径不得小于100mm。建筑物内排出管最小管径不得小于50mm。多层住宅厨房间的立管管径不宜小于75mm。小便槽或连接3个及3个以上的小便器，其污水支管管径不宜小于75mm；医院污物洗涤盆（池）和污水盆（池）的排水管管径，不得小于75mm。单根排水立管的排出管宜与排水立管管径相同；公共浴池的泄水管不宜小于100mm。

（三）排水管道的布置与敷设

排水管道的布置与敷设在保证排水通畅，安全可靠的前提下，还应兼顾经济、施工、管理、美观等因素。

1. 排水通畅、水力条件好

（1）排水支管不宜太长，尽量少转弯，连接的卫生器具不宜太多；

（2）立管宜靠近外墙，靠近排水量大、水中杂质多的卫生器具；

（3）排水管道以最短距离排至室外，尽量避免在室内转弯；

（4）在选择管件时，应选用顺水三通、顺水四通等。

2. 保护排水管道不受损坏

（1）排水管道不得穿过变形缝、烟道和风道。

（2）埋地管道不得布置在可能受重物压坏处或穿越生产设备基础。

（3）排水管道应避免布置在易受机械撞击处。塑料排水管不应布置在热源附近，当不能避免且管道表面受热温度大于60℃时，应采取隔热措施。塑料排水立管与家用灶具边净距不得小于0.4m。

（4）小区生活排水管道宜与道路和建筑物的周边平行布置，且在人行道或草地下；管道中心线距建筑物外墙的距离不宜小于3m，管道不应布置在乔木下面；管道与道路交叉时，宜垂直于道路中心线；干管应靠近主要排水建筑物，并布置在连接支管较多的路边侧。

（5）小区排水管道最小覆土深度应根据道路的行车等级、管材的受压强度、地基承载力等因素经计算确定，并应符合下列要求：

1）小区干道和小区组团道路下的生活排水管道，其覆土深度不宜小于0.70m；

2）生活排水管道埋设深度不得高于土壤冰冻线以上0.15m，且覆土深度不宜小于0.30m。当采用埋地塑料管道时，排出管埋设深度可不高于土壤冰冻线以上0.50m。

3. 保证设有排水管道房间或场所的正常使用

（1）排水管道不得穿越下列场所：

1）卧室、客房、病房和宿舍等人员居住的房间；

2）生活饮用水池（箱）上方；

3）遇水会引起燃烧、爆炸的原料、产品和设备的上面；

4）食堂厨房和饮食业厨房的主副食操作、烹调和备餐的上方。

（2）排水管道不得敷设在食品和贵重商品仓库、通风小室、电气机房和电梯机房内。

（3）排水管道不宜穿越橱窗、壁柜，不得穿越贮藏室。

（4）排水管、通气管不得穿越住宅客厅、餐厅，排水立管不宜靠近与卧室相邻的内墙。

（5）在有设备和地面排水的场所，应设置地漏，具体包括：

1）卫生间、盥洗室、淋浴间、开水间；

2）在洗衣机、直饮水设备、开水器等设备的附近；

3）食堂、餐饮业厨房间。

（6）地漏应设置在易溅水的器具或冲洗水嘴附近，且应在地面的最低处。地漏的类型应根据排水的性质合理确定：

1）食堂、厨房和公共浴室等排水宜设置网筐式地漏；

2）不经常排水的场所设置地漏时，应采用密闭地漏；

3）事故排水地漏不宜设水封，连接地漏的排水管道应采用间接排水；

4）设备排水应采用直通式地漏；

5）地下车库如有消防排水时，宜设置大流量专用地漏。

4. 室内环境卫生条件好

住宅厨房间的废水不得与卫生间的污水合用一根立管。当卫生间的排水支管不得穿越楼板进入下层用户时，应设置成同层排水。排水立管最低排水横支管与立管连接处距排水立管管底的垂直距离不得小于规定要求，如表 6-9 所示。

最低排水横支管与立管连接处至立管管底的最小垂直距离　　表 6-9

立管连接卫生器具的层数	垂直距离（m）	
	仅设伸顶通气	设通气立管
≤4	0.45	按配件最小安装尺寸确定
5～6	0.75	
7～12	1.20	
13～19	底层单独排出	0.75
≥20		1.20

当构造内无存水弯的卫生器具或无水封的地漏、其他设备的排水口或排水沟的排水口，与生活污水管道或其他可能产生有害气体的排水管道连接时，必须在排水口以下设置存水弯。室内排水沟与室外排水管道连接处，应设水封装置。水封装置的水封深度不得小于 50mm。严禁采用活动机械活瓣替代水封。严禁采用钟罩（扣碗）式地漏。医疗卫生机构内门诊、病房、化验室、试验室等不在同一房间内的卫生器具不得共用存水弯。卫生器具排水管段上不得重复设置水封。

当排水管道外表面可能结露时，应根据建筑物性质和使用要求，采取防结露措施等。

下列构筑物和设备的排水管与生活排水管道系统连接，应采取间接排水的方式：

(1) 生活饮用水贮水箱（池）的泄水管和溢流管；

(2) 开水器、热水器排水；

(3) 医疗灭菌消毒设备的排水；

(4) 蒸发式冷却器、空调设备冷凝水的排水；

(5) 贮存食品或饮料的冷藏库房的地面排水和冷风机融霜水盘的排水。

5. 施工安装、维护管理方便

排水管道宜在地下或楼板垫层中埋设或在地面上、楼板下明设。当建筑有要求时，可在管槽、管道井、管廊、管沟或吊顶、架空层内暗设；但应便于安装和检修。在气温较高、全年不结冻的地区，可沿建筑物外墙敷设。管道不应敷设在楼层结构层或结构柱内。

在生活排水管道上，应按规定设置检查口和清扫口。室外排水管道应在下列位置设置检查井：在管道转弯和连接处；在管道的管径、坡度改变、跌水处；当检查井井距过长时，在井距中间处。

室内生活废水在下列情况宜采用有盖的排水沟排除：

(1) 废水中含有大量悬浮物或沉淀物，需经常冲洗；

(2) 设备排水支管很多，用管道连接有困难；

(3) 设备排水点的位置不固定；

(4) 地面需经常冲洗。

6. 占地面积小，总管线短、工程造价低

排水管材选择应符合下列要求：

(1) 室内生活排水管道应采用建筑排水塑料管材、柔性接口机制排水铸铁管及相应管件，通气管材宜与排水管管材一致；

(2) 当连续排水温度大于40℃时，应采用金属排水管或耐热塑料排水管；

(3) 压力排水管道可采用耐压塑料管、金属管或钢塑复合管。

(四) 通气管道布置与敷设

建筑内部通气管的主要作用是：

(1) 排出有毒有害气体，增大排水能力；

(2) 引进新鲜空气，防止管道腐蚀；

(3) 减小压力波动，防止水封破坏；

(4) 减小排水系统的噪声。

通气管道的主要类型有：普通伸顶通气管、专用通气管、环行通气管、器具通气管、主通气管、副通气管、自循环通气管等。通气管与排水管的典型连接模式如图6-8所示。

生活排水管道系统应根据排水系统的类型，管道布置、长度，卫生器设置数量等因素设置通气管。当底层生活排水管道单独排出且符合下列条件时，可不设通气管：

(1) 住宅排水管以户排出时；

(2) 公共建筑无通气的底层生活排水支管单独排出的最大卫生器具数量符合表6-10的规定时；

(3) 排水横管长度不应大于12m。

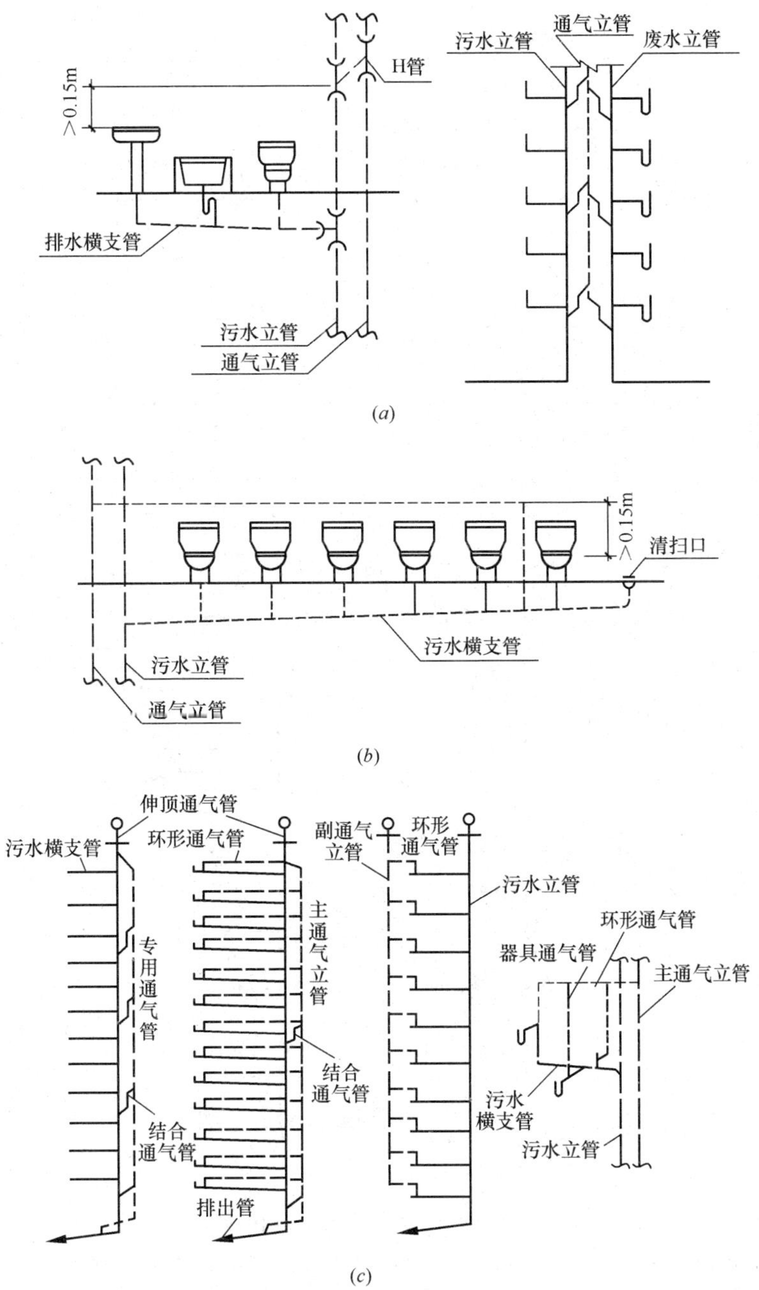

图 6-8　通气管的种类、设置和连接模式（一）

（a）H 管与通气管和排水管的连接模式；（b）环形通气管与排水管及连接模式；（c）专用通气管、主副通气管、器具通气管与排水管的连接模式

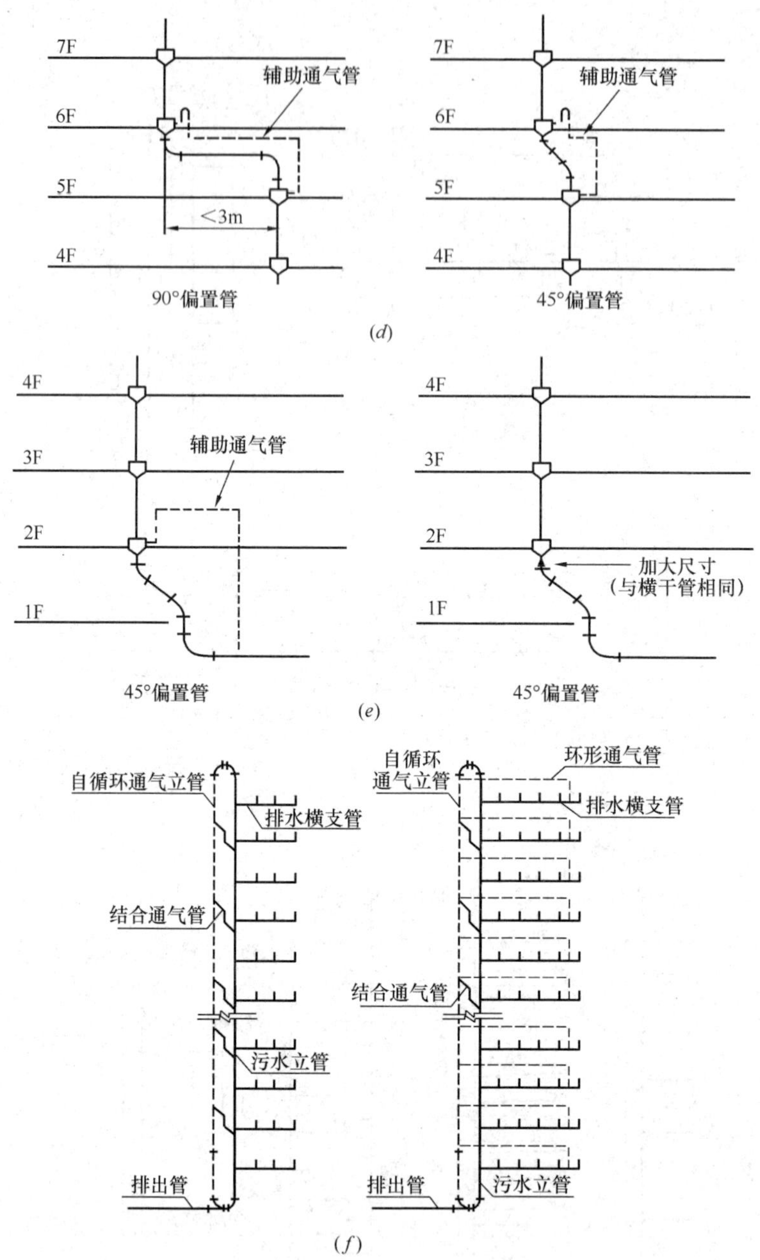

图 6-8 通气管的种类、设置和连接模式（二）

（d）偏置管设置辅助通气管模式；（e）最底层的偏置管设置辅助通气管模式；

（f）自循环通气模式（左侧：专用通气自循环；右侧：环形通气自循环）

公共建筑无通气的底层生活排水支管单独排出的最大卫生器具数量 **表 6-10**

排水横支管管径（mm）	卫生器具	数量
50	排水管径≤50mm	1
75	排水管径≤75mm	1
	排水管径≤50mm	3
100	大便器	5

注：1. 排水横支管连接地漏时，地漏可不计数量。

2. *DN*100 管道除连接大便器外，还可连接该卫生间配置的小便器及洗涤设备。

生活排水管道的立管顶端应设置伸顶通气管。伸顶通气管高出屋面不得小于 0.3m，且应大于当地最大积雪厚度；在通气管的顶端应装设风帽或网罩。在经常有人停留的平屋面上，通气管口应高出屋面 2m。当伸顶通气管为金属管材时，应根据防雷要求设置防雷装置。在通气管口周围 4m 以内有门窗时，通气管口应高出窗顶 0.6m 或引向无门窗一侧。通气管口不宜设在建筑物挑出部分（如屋檐檐口、阳台和雨棚等）的下面。在全年不结冻的地区，可在室外设吸气阀替代伸顶通气管，吸气阀设在屋面隐蔽处。

伸顶通气管不允许或不可能单独伸出屋面时，可设置汇合通气管。通气立管不得接纳器具污水、废水和雨水，不得与风道和烟道连接。在建筑物内不得设置吸气阀替代器具通气管和环形通气管。

（五）污废水提升与局部处理

1. 集水池与污水泵

建筑物室内地面低于室外地面时，应设置污水集水池、污水泵或成品污水提升装置。

（1）地下停车库应按停车层设置地面排水系统，地面冲洗排水宜排入小区雨水系统；库内如设有洗车站时，应单独设集水井和污水泵，洗车水应排入小区生活污水系统。

（2）当生活污水集水池设置在室内地下室时，池盖应密封，且应设置在独立设备间内并设通风、通气管道系统。成品污水提升装置可设置在卫生间或敞开室间内，地面宜考虑排水措施。生活排水集水池设计应符合下列规定：

集水池设计应符合下列规定：

1）生活排水集水池有效容积不宜小于最大一台污水泵 5min 的出水量，且污水泵每小时启动次数不宜超过 6 次；成品污水拉升装置的污水泵每小时启动次数应满足其产品技术要求。

2）集水池除满足有效容积外，还应满足水泵设置、水位控制器、格栅等安装、检查要求；

3）集水池设计最低水位，应满足水泵吸水要求；

4）集水池应设检修盖板；池底宜有不小于 0.05 坡度坡向泵位；集水坑的深度及平面尺寸，应按水泵类型而定；

5）污水集水池底宜设置池底冲池管；

6）集水池应设置水位指示装置，必要时应设置超警戒水位报警装置，并将信号引至物业管理中心。

（3）生活排水集水池中排水泵应设置一台备用泵；当地下室、车库冲洗地面的排水，有 2 台及 2 台以上排水泵时，可不设备用泵；地下室设备机房的集水池当接纳设备排水、水箱排水、事故溢水时，根据排水量除应设置工作泵外，还应设置备用泵。

2. 化粪池

化粪池是一种利用沉淀和厌氧发酵原理，去除生活污水中悬浮性有机物的处理设施。

（1）化粪池的设置应符合下列要求：

1）化粪池距离地下取水构筑物的净距不得小于 30m；

2）化粪池宜设置在接户管的下游端、便于机动车清掏的位置；

3）化粪池池外壁距建筑物外墙不宜小于 5m，并不得影响建筑物基础。化粪池应设通气管，通气管排出口设置位置应满足安全、环保要求。

(2) 化粪池的构造，应符合下列要求：

1) 化粪池的长度与深度、宽度的比例应按污水中悬浮物的沉降条件和积存数量，经水力计算确定；但深度（水面至池底）不得小于 1. 30m，宽度不得小于 0.75m，长度不得小于 1.00m，圆形化粪池直径不得小于 1.00m；

2) 双格化粪池第一格的容量宜为计算总容量的 75%；三格化粪池第一格的容量宜为总容量的 60%，第二格和第三格各宜为总容量的 20%；

3) 化粪池格与格、池与连接井之间应设通气孔洞；

4) 化粪池进水口、出水口应设置连接井与进水管、出水管相接；

5) 化粪池进水管口应设导流装置，出水口处及格与格之间应设拦截污泥浮渣的设施；

6) 化粪池池壁和池底，应防止渗漏；

7) 化粪池顶板上应设有人孔和盖板。

3. 医院污水处理

医院污水处理应符合下列规定：

1) 医院污水必须进行消毒处理；

2) 染病房的污水经消毒后可与普通病房污水进行合并处理；

3) 医院污水消毒宜采用氯消毒（成品次氯酸钠、氯片、漂白粉、漂粉精或液氯）；当运输或供应困难时，可采用现场制备次氯酸钠、化学法制备二氧化氯消毒方式；当有特殊要求并经技术经济比较合理时，可采用臭氧消毒法；

4) 医院建筑内含放射性物质、重金属及其他有毒、有害物质的污水，当不符合排放标准时，需进行单独处理达标后，方可排入医院污水处理站或城市排水管道。

4. 其他小型处理构筑物

(1) 当排水温度高于 40℃时，应优先考虑热量回收利用，当不可能或回收不合理时，在排入城镇排水管道排入口检测井处水温度高于 40℃应设降温池。

(2) 职工食堂和营业餐厅的含油脂污水，应经除油装置后方许排入室外污水管道。隔油设施应优先选用成品隔油装置。

(3) 当生活污水处理站布置在建筑地下室时，应有专用隔间；设置生活污水处理设施的房间或地下室应有良好的通风系统，当处理构筑物为敞开式时，每小时换气次数不宜小于 15 次；当处理设施有盖板时，每小时换气次数不宜小于 8 次；生活污水处理间应设置除臭装置，其排放口位置应避免对周围人、畜、植物造成危害和影响。

(4) 生活污水处理构筑物机械运行噪声不得超过现行国家标准《声环境质量标准》GB 3096 的规定。对建筑物内运行噪声较大的机械应设独立隔间。

(5) 小区生活污水处理设施的设置应符合下列规定：

1) 宜靠近接入市政管道的排放点；

2) 建筑小区处理站的位置宜在常年最小频率的上风向，且应用绿化带与建筑物隔开；

3) 处理站宜设置在绿地、停车坪及室外空地的地下。

二、雨水排水系统

应按当地规划确定的雨水径流控制目标，实施雨水控制利用。雨水控制及利用工程设计应符合现行的国家标准《建筑与小区雨水控制及利用工程技术规范》GB 50400

的规定。

（一）屋面雨水排水系统

建筑物屋面雨水管道应单独设置。

屋面雨水排水系统按照建筑内是否有雨水管道，可分为外排水和内排水；根据设计流态不同，可分为重力流和压力流。其中，外排水又分为檐沟外排水和天沟外排水；内排水根据悬吊管上连接的雨水斗个数，可分为单斗系统和多斗系统。

建筑屋面雨水管道设计流态宜符合下列状态：①檐沟外排水宜按重力流设计；②长天沟外排水宜按满管压力流设计；③高层建筑屋面雨水排水宜按重力流设计；④工业厂房、库房、公共建筑的大型屋面雨水排水宜按满管压力流设计；⑤在风沙大、粉尘大、降雨量小地区不宜采用满管压力流排水系统。

裙房的屋面雨水应单独排放，不得汇入高层建筑屋面排水管道系统。高层建筑阳台、露台雨水排水系统应单独设置，多层建筑阳台、露台雨水排水系统宜单独设置。

阳台雨水的立管可设置在阳台内部；当住宅阳台、露台雨水排入室外地面或雨水控制利用设施时，雨落水管应采取断接方式；当阳台、露台雨水排入小区污水管道时，应设水封井。当屋面雨落水管雨水间接排水且阳台排水有防返溢的技术措施时，阳台雨水可接入屋面雨落水管。当生活阳台设有生活排水设备及地漏时，应设专用排水立管接入污水排水系统，可不另设阳台雨水排水地漏。

在生产工艺或卫生有特殊要求的生产厂房和车间，贮存食品、贵重商品库房，通风小室、电气机房和电梯机房等场所，不应布置雨水管道。寒冷地区，雨水斗和天沟宜采用融冰措施，雨水立管宜布置在室内。天沟、檐沟排水不得流经变形缝和防火墙。天沟宽度不宜小于 300mm，并应满足雨水斗安装要求，坡度不宜小于 0.003。

建筑屋面各汇水范围内，雨水排水管立管不宜少于 2 根。建筑屋面雨水排水工程应设置溢流孔口或溢流管系等溢流设施，且溢流排水不得危害建筑设施和行人安全。下列情况下可不设溢流设施：①当采用外檐天沟排水、可直接散水的屋面雨水排水时；②民用建筑雨水管道单斗内排水系统、重力流多斗内排水系统按重现期大于或等于 100a 设计时。

重力流雨水排水系统当采用外排水时，可选用建筑排水塑料管；当采用内排水雨水系统时，宜采用承压塑料管、金属管或涂塑钢管等管材；满管压力流雨水排水系统宜采用承压塑料管、金属管、涂塑钢管、内壁较光滑的带内衬的承压排水铸铁管等，用于满管压力流排水的塑料管，其管材抗负压力应大于－80kPa。

（二）小区雨水排水系统

小区雨水排放应遵循源头减排的原则，在总体地面高程设计时，宜利用地形高程进行雨水自流排水；同时应采取防止滑坡、水土流失、塌方、泥石流、地（路）面结冻等地质灾害发生的技术措施。与建筑连通的下沉式广场地面排水当无法重力排水时，应设置雨水集水池和排水泵提升排至室外雨水检查井。

小区雨水排水系统应与生活污水系统分流。雨水回用时，应设置独立的雨水收集管道系统，雨水利用系统处理后的水可在中水贮存池中与中水合并回用。小区雨水排水口应设置在雨水控制利用设施末端，以溢流形式排放；超过雨水径流控制要求的降雨溢流进入市政雨水管渠。

小区必须设雨水管网时，雨水口的布置应根据地形、土质特征、建筑物位置设置，宜布置雨水口的地点有：道路交汇处和路面最低点、地下坡道入口处。

下列场所宜设置排水沟：室外广场、停车场、下沉式广场；道路坡度改变处；水景池周边、超高层建筑周边；采用管道敷设时覆土深度不能满足要求的区域；有条件时宜采用成品线性排水沟；土壤等具备入渗条件时宜采用渗水沟等。

与建筑连通的下沉式广场地面排水当无法重力排水时，应设置雨水集水池和排水泵提升排至室外雨水检查井。

第五节　建筑节水基本知识

随着我国经济迅速发展和人民生活水平不断提高，城市用水的供需矛盾日益突出，成为我国经济发展的重要制约因素，因此，水资源保护、节约用水已经纳入各级政府（特别是缺水地区）的日常工作。

城市节约用水工作包括：水资源合理调度、节约用水管理、工业企业节水技术和建筑节水等若干内容，本节主要讲解与建筑节水有关的内容。

建筑节水内容包括：与建筑节水有关的法规、建筑节水设备和器具及建筑中水系统。

一、相关法规

与建筑节水有关的法规及相关内容摘要如下：

(1)《建筑给水排水设计规范》GB 50015—2019

其中各类建筑有关的卫生器具、生活用水定额及小时用水变化系数部分。

(2)《民用建筑节水设计标准》GB 50555—2010

(3)《建筑中水设计标准》GB 50336—2018

建筑中水系统设计各项设计标准、实施细则等。

(4)《生活饮用水卫生标准》GB5749—2006

(5)《城市污水再生利用　城市杂用水水质》GB/T 18920—2002

包括厕所冲洗水、绿化用水、洗车、卫生扫除用水的水质标准。

(6)《节水型生活用水器具》CJ/T 164—2014

规定了节水型水嘴、便器、便器系统、便器冲洗阀、淋浴器、洗衣机、洗碗机的性能参数要求及检测方法等。

(7)《节水型卫生洁具》GB/T 31436—2015

规定了节水型坐便器、蹲便器、小便器、陶瓷片密封水嘴、机械式压力冲洗阀、非接触式给水器具、节水型延时自闭水嘴、节水型淋雨用花洒的性能参数要求及检测方法等。

(8)《水嘴水效限定值及水效等级》GB 25501—2019

(9)《坐便器水效限定值及水效等级》GB 25502—2017

(10)《小便器水效限定值及水效等级》GB 28377—2019

(11)《便器冲洗阀用水效率限定值及用水效率等级》GB 28379—2012

(12)《淋浴器水效限定值及水效等级》GB 28378—2019

(13)《蹲便器水效限定值及水效等级》GB 30717—2019

(14)《电动洗衣机能效水效限定值及等级》GB 12021.4—2013

（15）《反渗透净水机水效限定值及水效等级》GB 34914—2017

二、建筑节水设备和器具

建筑节水设备和器具是实施建筑节水的重要手段，节水器具和设备是指具有显著节水（节能）功能的用水器具和设备。

（一）建筑节水方法

建筑节水主要的节水方法和用水器具、设备：

（1）限定水量，采用限量水表实现；

（2）限定（水箱、水池）水位或水位适时传感、显示，采用水位自动控制装置、水位报警器实现；

（3）防漏，采用低位水箱的各类防漏阀、各类防漏填料等实现；

（4）限制水流量或减压，采用各类限流、节流装置、减压阀等实现；

（5）限时，采用各类延时自闭阀等；

（6）定时控制，采用定时冲洗装置等；

（7）改进操作或提高操作控制的灵敏性，前者如冷热水混合器，后者如自动水龙头、电磁式淋浴节水装置；

（8）适时调节供水水压或流量，采用水泵机组调速给水设备等实现。

（二）主要建筑节水设备和器具

1. 限量水表

限量水表是一种限定水量的节水装置，它实际上是具有水量控制功能的旋翼式水表，投入水币后按量供水，量至水止，兼具计量、限量双重功能。水币可由供水部门向用户销售或发放，以达到限量供水和节约用水的目的；这种水表为在特定条件下加强供水（节水）管理创造了条件。

2. 水位控制装置

水位控制装置是各类水箱、水池和水塔等常用的限制水位、控制流量的设备；通常将水位控制装置分为水位控制阀、水位传感控制装置两类。

（1）水位控制阀

水位控制阀是装于水箱、水池或水塔水柜进水管口并依靠水位变化控制水流的一种特种阀门。阀门的开启、关闭借助于水面浮球上下时的自重、浮力及杠杆作用。原来常用的浮球阀由于漏水等问题已经淘汰，图 6-9 是一种新式的水位控制阀，这种水位控制阀是带有限位浮球的一种液压自闭式阀门。

（2）水位传感控制装置

水位传感控制装置，通常由水位传感器和水泵机组的电控回路组成。水箱、水池水位变化通过传感器传递至水泵电控回路，以控制水泵的启停。水位传感器可分为电极式、浮标式和压力式几种类型。压力式传感器又可分为静压式和动压式两种。静压式传感器常设于水箱、水池和水塔的测压管路，动压式传感器则装于水泵出水管路，以获取水位或水压信号。

3. 减压阀

减压阀是一种自动降低管路工作压力的专门装置，它可以将阀前管路较高的水压减少至阀后管路所需的水平。减压阀广泛用于高层建筑、城市给水管网水压过高的区域、矿井

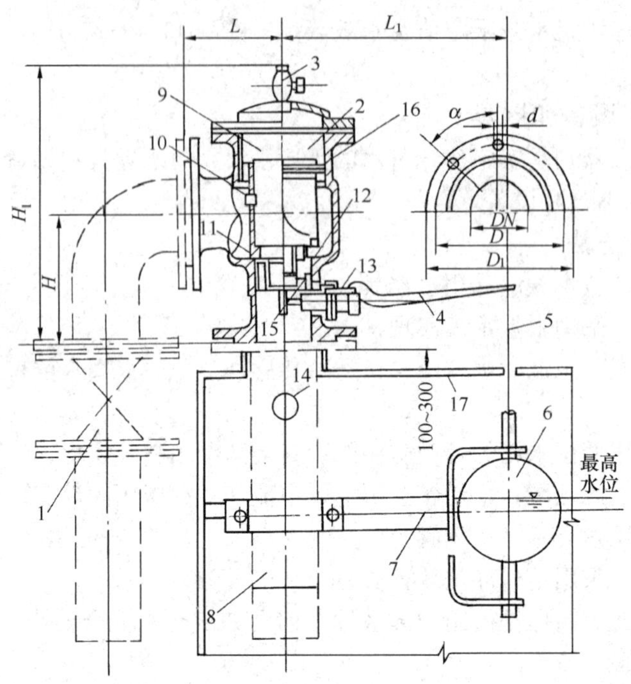

图 6-9　水位控制阀

1—闸阀；2—上空阀；3—排气阀；4—推导拉杆；5—吊绳；6—限位浮球；7—支架；8—进水管；9—活塞；10—阻尼孔；11—密封环；12—顶针；13—弹簧；14—孔眼；15—吊阀杆；16—活塞环；17—水箱体

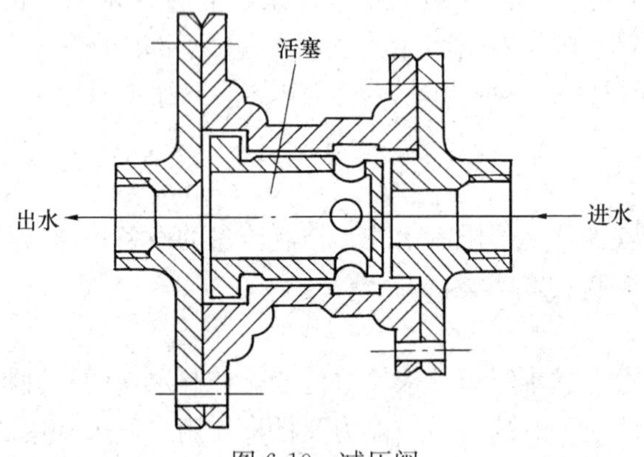

图 6-10　减压阀

及其他场合，以保证给水系统中各用水点获得适当的服务水压和流量。鉴于水的漏失率和浪费程度几乎同给水系统的水压大小成正比，因此减压阀具有改善系统运行工况和潜在节水作用，据统计其节水效果约为 20%。

减压阀的构造类型很多，以往常见的有薄膜式、内弹簧活塞式（图 6-10）等；减压阀的基本作用原理是靠阀内流道对水流的局部阻力降低水压，水压降的范围由连接阀瓣的薄膜或活塞两侧的进出口水压差自动调节。

4. 延时自动关闭（延时自闭）水龙头

延时自闭水龙头适用于公共建筑与公共场所，有时也可用于家庭。在公共建筑与公共场所应用延时自闭式水龙头的最大优点是可以减少水的浪费，据估计其节水效果约为 30%，但要求较大的可靠性，需加强管理。

按作用原理，延时自闭水龙头可分为水力式、光电感应式和电容感应式等类型。

5. 手压、脚踏式水龙头

手压、脚踏式水龙头的开启借助于手压、脚踏动作及相应传动等机械性作用，释手或松脚即自行关闭。使用时虽略感不便，但节水效果良好。后者尤适用于公共场所，如浴室、食堂和大型交通工具（列车、轮船、民航飞机）上。

6. 停水自动关闭（停水自闭）水龙头

在给水系统供水压力不足或不稳定引起管路停水的情况下，如果用水户未适时关闭水龙头，当管路系统再次来水时不免会使水大量流失，甚至会使水到处溢流造成损失。这种情况通常在供水不足地区和无良好用水习惯或一时疏忽的用水户中时有发生。停水自闭水龙头即是在这种条件下应运而生的，它除具有普通水龙头的用水功能外，还能在管路停水时自动关闭，以免发生上述现象。

7. 节水淋浴用具

在生活用水中，沐浴用水约占生活总用水量的 15%～25%，其中淋浴用水量占相当大的比例。淋浴时因调节水温和不需水擦拭身体的时间较长，若不及时调节水量会浪费很多水。这种情况在公共浴室尤甚，不关闭阀门或因设备损坏造成“长流水”现象也屡见不鲜，节约淋浴用水的途径除加强管理外，就是推广应用淋浴节水器具。

（1）冷、热水混合器具（水温调节器）（图 6-11）

无论是单体或公用淋浴设施，目前尚缺乏性能优良的冷热水混合器具。在公共浴室通常以（冷热水）混合水箱集中供水，冷、热水由混合器混合。但冷热混合器均不能随时调节水温，因此，研制开发灵敏度高、水温可随意调节的冷热水混合器甚为必要。

（2）浴用脚踏开关（图 6-12）

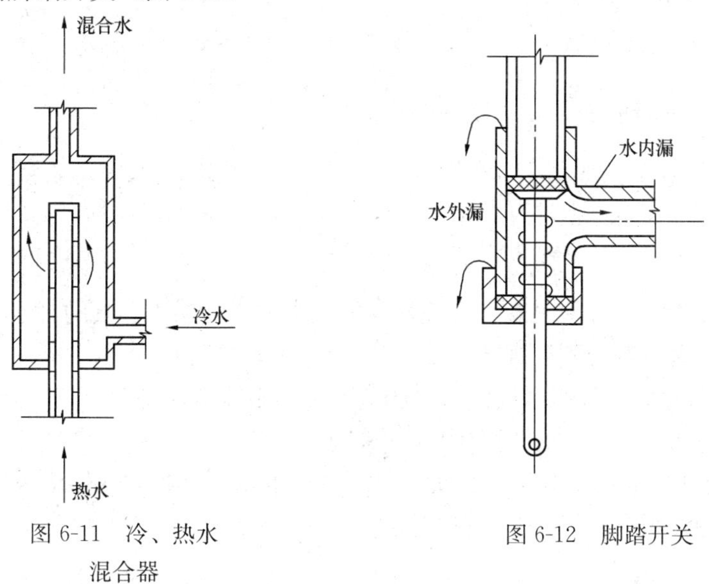

图 6-11　冷、热水混合器

图 6-12　脚踏开关

它是各地公共浴室多年沿用的节水设施，节水效果显著，但是使用不甚方便、卫生条件差、易损坏，此外由于阀件整体性差，亦存在水的内漏和外漏问题，近年已逐渐被新的淋浴节水器具所取代。

（3）电磁式淋浴节水装置（图 6-13）

整个装置由设于喷头下方墙上（或墙体内）的控制器、电磁阀等组成。使用时只需轻按控制器开关，电磁阀即开启通水，延续一段时间后电磁阀自动关闭停水，如仍需用水，可再按控制器开关。这种淋浴节水装置克服了沿袭多年的脚踏开关的缺点，其节水效果更加显著，根据已经使用的浴池统计，其节水效率约在 30%左右。考虑到浴室的环境条件，淋浴节水装置的控制器采用全密封技术，防水防潮；采用感应式开关；其使用寿命不少于 2 万次。采用电磁式淋浴节水装置的初次投资虽略显偏高，一般情况下，由于其节水节能，可在 6～12 月内收回全部投资。

（4）节水喷头

改变传统淋浴喷头形式是改革淋浴用水器具的努力目标之一。图 6-14 是一种新型节水喷头，这种喷头由节流阀、球形接头、喷孔、裙嘴等组成。节流阀用以减小和切断水流，球形接头可改变喷头方向，喷孔可减小水流量并形成小股射流。当小股射流由周边一带小孔的圆盘流出时撞到裙嘴侧缘被破碎成小水滴并吸入空气，于是充气水“水花”从裙嘴内壁以一定斜角喷出，供淋浴用。因充气水流的表面张力较小，故可更有效地湿润皮肤。

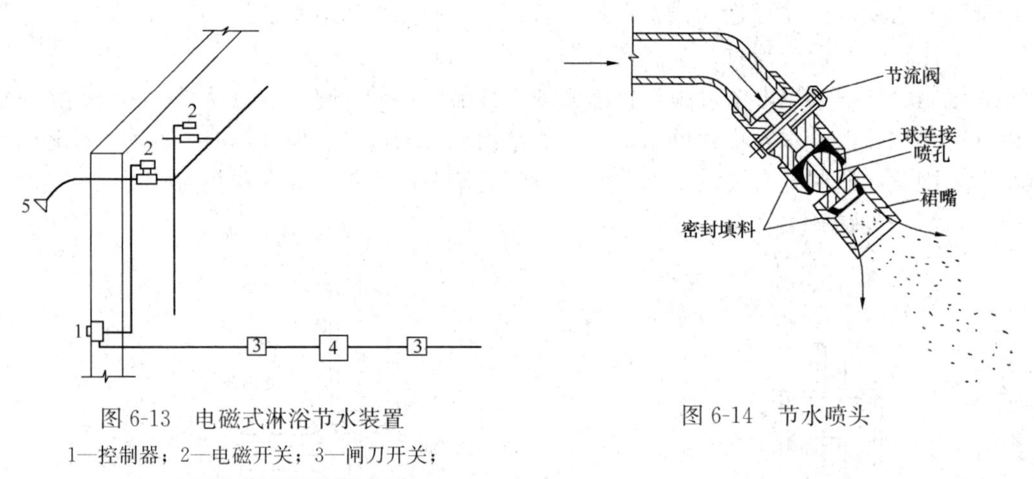

图 6-13　电磁式淋浴节水装置

1—控制器；2—电磁开关；3—闸刀开关；4—变压器；5—淋浴喷头

图 6-14　节水喷头

卫生器具和配件应符合国家现行有关标准的节水型生活用水器具的规定。公共场所卫生间的卫生器具设置应符合下列规定：

1）洗手盆应采用感应式水嘴或延时自闭式水嘴等限流节水装置；

2）小便器应采用感应式或延时自闭式冲洗阀；

3）坐式大便器宜采用设有大、小便分档的冲洗水箱，蹲式大便器应采用感应式冲洗阀、延时自闭式冲洗阀等。

三、建筑中水系统

建筑中水回用系统（即中水道）起源于日本，是将建筑内或建筑群内的生活污水进行收集和处理后供给其他用途的给水系统。这样做不仅治理了污水，而且部分缓解了用水的紧张，因此目前许多国家都积极开展中水回用技术的研究与推广。我国从 20 世纪 80 年代开始在建筑物内应用中水道技术，特别在水资源日益匮乏的今天，中水技术已经受到国家有关部门的高度重视。

（一）中水设置场所、水源种类及用途

根据《建筑中水设计标准》GB 50336—2018，以下场所应设置中水设施：

（1）建筑面积>2 万 m^2的宾馆、饭店、公寓和高级住宅等；

（2）建筑面积>3 万 m^2的机关、科研单位、大专院校和大型文体建筑等；

（3）建筑面积>5 万 m^2的集中建筑区（院校、机关大院、产业开发区）、居住小区（公寓区、别墅区等）。

根据原水的水质差异，可供选择的建筑中水水源依次为：卫生间、公共浴室的盆浴和淋浴等的排水；盥洗排水；空调循环冷却水系统排水；冷凝水；游泳池排水；洗衣排水；厨房排水；冲厕排水。其中，前 6 种水统称为优质杂排水，前 7 种统称为杂排水（也称为生活废水），上述所有的排水统称为生活排水。

为保证用水安全，医疗污水、放射性废水、生物污染废水、重金属及其他有毒有害物质超标的排水，严禁作为中水水源。

中水用作建筑杂用水和城市杂用水，如冲厕、道路清扫、消防、绿化、车辆冲洗、建筑施工等，其水质应符合现行国家标准《城市污水再生利用　城市杂用水水质》GB/T 18920 的规定。中水用于建筑小区景观环境用水时，其水质应符合现行国家标准《城市污水再生利用　景观环境用水水质》GB/T 18921 的规定。考虑到水质安全风险，中水及雨水回用水一般用于绿化、冲厕、街道清扫、车辆冲洗、建筑施工、消防等与人体不接触的杂用水。

（二）中水处理工艺

1. 中水处理单元

中水处理单元包括：预处理、生物处理、物化处理、固液分离处理、深度处理和消毒处理。中水处理典型工艺为：

原水→预处理→生物（或物化）处理→固液分离→（深度处理）→消毒→出水

其中预处理单元有格栅、调节池、毛发聚集器、隔油池等设施；生物处理单元有接触氧化池、活性污泥池、生物转盘、生物填料塔等；物化处理单元有混凝沉淀、气浮、臭氧氧化等方法；固液分离单元有砂过滤器、纤维球过滤器、沉淀池等设备；深度处理单元可视水质情况取舍，有活性炭吸附、焦炭吸附等；消毒单元常用药剂有 NaClO、液氯、O_3、ClO_2 等。

2. 中水处理工艺

常用中水处理工艺有：

（1）原水→预处理单元→生物处理单元→固液分离单元→（深度处理单元）→消毒→清水池→出水。

（2）原水→预处理单元→物化处理单元→固液分离单元→（深度处理单元）→消毒→清水池→出水。

（3）原水→预处理单元→固液分离单元→（深度处理单元）→消毒→清水池→出水。

习　题

6-1　**(2019)** 下列卫生器具或场所用水，哪一项不应使用生活杂用水？

A　冲洗便器　　B　浇洒道路　　C　绿化灌溉　　D　洗衣机

6-2　**(2019)** 下列小区给水系统设计原则，错误的是(　　)。

A　优先采用二次加压系统

B　宜实行分质供水系统

C　充分利用再生水、雨水等非传统水源

D　优先采用循环和重复利用给水系统

6-3　**(2019)** 下列生活饮用水箱的配管设计，错误的是(　　)。

A　溢流管直排屋面

B　泄水管接入伸顶通气管

C　进水管在水箱的溢流水位以上接入

D　通气管设有防止生物进入水箱的措施

6-4　**(2019)** 关于生活饮用水水池的设计要求，下列哪项是错误的?

A　生活饮用水池与其他用水水池并列设置时，宜共用分隔墙

B　宜设在专用房间内

C　不得接纳消防管道试压水、泄压水等

D　溢流管应有防止生物进入水池的措施

6-5　**(2019)** 下列塑料给水管道的布置与敷设，正确的是(　　)。

A　布置在灶台上边缘

B　与水加热器直接连接

C　穿越屋面处，采取了可靠的防水措施，不再设套管

D　在不结冻地区露天明设，不需采取保温等任何措施

6-6　**(2019)** 下列关于管道直饮水系统设计要求，错误的是(　　)。

A　管道直饮水系统必须独立设置

B　应设循环管道

C　供水、回水管网应同程布置

D　循环管网内水的停留时间不应超过24h

6-7　**(2019)** 下列建筑物和场所可不采取消防排水措施的是(　　)。

A　仓库　　B　消防水泵房

C　防排烟管道井的井底　　D　设有消防给水系统的地下室

6-8　**(2019)** 下列关于住宅内管道布置要求的说法，错误的是(　　)。

A　污水管道不得穿越客厅　　B　雨水管道可以穿越客厅

C　污水管道不得穿越卧室内壁柜　　D　雨水管道不得穿越卧室内壁柜

6-9　**(2019)** 下列哪一类建筑排水不需要单独收集处理?

A　生活废水　　B　机械自动洗车台冲洗水

C　实验室有毒有害废水　　D　营业餐厅厨房含油脂的洗涤废水

6-10　**(2019)** 下列关于建筑雨水排水工程的设计，错误的是(　　)。

A　建筑物雨水管道单独设置

B　建筑屋面雨水排水工程设置溢流设施

C　建筑屋面各汇水范围内的雨水排水立管宜设1根

D　下沉式广场地面排水设置雨水集水池和排水泵排水

6-11　**(2019修改)** 以下哪个部位可不设置倒流防止器?

A　从市政管网上直接抽水的水泵吸水管

B　从市政管网直接供给商用锅炉、热水机组的进水管

C　从小区室外管网单独接出的消防用水管

D　从市政管网单独接出的枝状生活用水管

6-12　**(2018)** 下列用水使用生活杂用水，错误的是(　　)。

A　冲厕　　B　淋浴　　C　洗车　　D　浇花

6-13 (2018) 关于小区给水设计用水量的确定，下列用水量不计入正常用水量的是(　　)。

A 绿化用水量　　B 消防用水量

C 管网漏失水量　　D 道路浇洒用水量

6-14 (2018) 下列关于建筑内生活用水高位水箱的设计，正确的是(　　)。

A 利用水箱间的墙壁做水箱壁板

B 利用水箱间的地板做水箱底板

C 利用建筑屋面楼梯间顶板做水箱顶盖

D 设置在水箱间并采用独立的结构形式

6-15 (2018) 下列生活饮用水池的配管和构造，不需要设置防止生物进入水池措施的是(　　)。

A 检修孔　　B 通气管　　C 溢流管　　D 进水管

6-16 (2018) 下列关于建筑物内给水泵房采取的减振防噪措施，错误的是(　　)。

A 管道支架采用隔振支架

B 减少墙面开窗面积

C 利用楼面作为水泵机组的基础

D 水泵吸水管和出水管上均设置橡胶软接头

6-17 (2018) 允许室内给水管道穿越下列用房的是(　　)。

A 食堂烹饪间　　B 电梯机房　　C 音像库房　　D 通信机房

6-18 (2018) 下列可作为某工厂集中热水供应系统热源的选择，不宜首选利用的是(　　)。

A 废热　　B 燃油　　C 太阳能　　D 工业余热

6-19 (2018) 下列给水系统节水节能措施中，错误的是(　　)。

A 体育场卫生间的洗手盆选用普通水嘴

B 冷水机组的冷凝废热作为生活热水的预热热源

C 地下室生活饮用水池设水位监视和溢流报警装置

D 小区的室外给水系统，充分利用城镇给水管网的水压直接供水

6-20 (2018) 下列热水箱的配件设置，错误的是(　　)。

A 设置引出室外的通气管

B 设置检修人孔并加盖

C 设置泄水管并与排水管道直接连接

D 设置溢流管并与排水管道间接连接

6-21 (2018) 下列关于排水系统水封设置的说法，错误的是(　　)。

A 存水弯的水封深度不得小于 50mm

B 可以采用活动机械密封代替水封

C 卫生器具排水管段上不得重复设置水封

D 水封装置能隔断排水管道内的有害气体窜入室内

6-22 (2018) 下列居民日常生活排水中，不属于生活废水的是(　　)。

A 洗衣水　　B 洗菜水　　C 粪便水　　D 淋浴水

6-23 (2018) 下列关于雨水排水系统的设计，错误的是(　　)。

A 高层建筑裙房屋面的雨水应单独排放

B 多层建筑阳台雨水排水系统宜单独设置

C 阳台雨水立管就近直接接入庭院雨水管道

D 生活阳台雨水可利用洗衣机排水口和地漏排水

6-24 (2018) 下列关于建筑内消防水泵房的设计，错误的是(　　)。

A 设置在地下三层　　B 疏散门直通安全出口

C　室内温度不得低于5℃　　D　泵房地面应设排水设施

6-25　(2018) 下列建筑物的消防设施可不设置消防水泵接合器的是(　　)。

A　展览厅的固定消防炮灭火系统

B　特殊重要设备室的水喷雾灭火系统

C　半地下放映场所的自动喷水灭火系统

D　无地下室3层商场室内消火栓给水系统

6-26　(2018) 下列建筑物及场所可不设置消防给水系统的是(　　)。

A　耐火等级为二级的Ⅳ级修车库

B　停车数量为6辆的停车场

C　停车数量为7辆且耐火等级为一级的汽车库

D　停车数量为8辆且耐火等级为二级的汽车库

6-27　以下哪一种用水属于生活给水系统？

A　电厂水泵冷却用水　　B　电路板洗涤用水

C　消火栓用水　　D　办公冲厕用水

6-28　以下关于水质标准的叙述，哪项正确？

A　生活给水系统水质应符合《饮用净水水质标准》

B　《生活饮用水卫生标准》中的饮用水指可以直接饮用的水

C　《饮用净水水质标准》对水质的要求高于《生活杂用水水质标准》的要求

D　饮用净水系统应用河水或湖泊水为水源，处理后的水应符合《生活饮用水卫生标准》

6-29　给水管道的布置与敷设的基本原则包括以下哪一条？

A　供水安全和水力条件良好

B　保护管道不受损坏，同时不影响生产安全和建筑物的使用

C　便于安装维修

D　以上全是

6-30　埋地式生活饮用水贮水池与化粪池的最小水平距离是(　　)。

A　5m　　B　10m　　C　15m　　D　20m

6-31　通过地震断裂带的管道、穿越铁路或其他主要交通干线及位于地基土为可液化土地段上的管道，应采用(　　)。

A　混凝土管　　B　塑料管　　C　PPR管　　D　钢管

6-32　给水管出口高出用水设备溢流水位的最小空气间隙，不得小于配水出口处给水管管径的(　　)倍。

A　2　　B　2.5　　C　3　　D　5

6-33　某产煤区的大型坑口电站，若采用集中热水供应系统，其热源应首先采用以下哪一类？

A　煤加热　　B　煤制气加热

C　电加热　　D　汽轮发电机余热

6-34　世界各地广泛使用的主要灭火剂是(　　)。

A　七氟丙烷　　B　二氧化碳　　C　干粉　　D　水

6-35　以下关于室外消火栓的说法中，错误的是(　　)。

A　在严寒、寒冷等冬季结冰地区，宜采用湿式地上式消火栓

B　市政消火栓应沿道路一侧设置，并宜靠近十字路口

C　市政桥桥头和城市交通隧道出入口等市政公用设施处，应设置市政消火栓

D　当市政道路宽度大于60m时，应在道路两侧交叉错落设置市政消火栓

6-36　我国高层建筑的火灾扑救，以下叙述哪条正确？

A　以自动喷水灭火系统为主

B　以气体灭火系统为主

C　以现代化的室外登高消防车为主

D　以室内外消火栓系统为主，辅以建筑灭火器以及自动喷水、气体等灭火系统共同作用

6-37　下列建筑物中，可不设室内消火栓的是（　　）。

A　1500 个座位的礼堂、体育馆　　B　6000m^2 的车站

C　体积为 12000m^3 的办公楼　　D　高度为 18m 的住宅

6-38　一类高层公共建筑中，以下哪项不需要设置自动喷水灭火系统？

A　走道　　B　溜冰场　　C　办公室　　D　自动扶梯底部

6-39　消火栓按 2 支水枪的 2 股充实水柱布置的建筑物，消火栓的布置间距不应大于（　　）m。

A　20　　B　30　　C　50　　D　100

6-40　充可燃油并设置在高层民用建筑内的多油开关室，应设置以下哪类系统？

A　水喷雾灭火系统　　B　水幕系统

C　雨淋系统　　D　干式自动喷水灭火系统

6-41　以下排水管选用管径哪项正确？

A　大便器排水管最小管径不得小于 50mm

B　建筑物内排出管最小管径不得小于 100mm

C　公共食堂厨房污水排出干管管径不得小于 100mm

D　医院污物洗涤盆排水管最小管径不得小于 100mm

6-42　以下哪种水宜优先被选作中水水源？

A　优质杂排水　　B　杂排水　　C　生产污水　　D　生活污水

6-43　在管道安装中，不需要设置存水弯的卫生器具是（　　）。

A　普通蹲便器　　B　低水箱坐便器

C　洗脸盆　　D　厨房洗涤盆

6-44　管道井的设置，下述哪项是错误的？

A　需进人维修的管道井，其维修人员的工作通道净宽度不得小于 0.6m

B　管道井应隔层设外开检修门

C　管道井检修门的耐火极限应符合消防规范的规定

D　管道井井壁及竖向防火隔断应符合消防规范的规定

6-45　幼儿园卫生器具热水使用温度，以下哪条错误？

A　淋浴器 37℃　　B　浴盆 35℃

C　盥洗槽水嘴 30℃　　D　洗涤盆 50℃

参考答案及解析

6-1　**解析：** 生活杂用水是指冲厕、道路清扫、消防、绿化、车辆冲洗、建筑施工等用水。

答案： D

6-2　**解析：** 根据《建筑给水排水设计标准》GB 50015—2019 中第 3.1.7 条，小区给水系统设计应综合利用各种水资源，充分利用再生水、雨水等非传统水源；优先采用循环和重复利用给水系统。

答案： D

6-3　**解析：** 根据《建筑给水排水设计标准》GB 50015—2019 中第 4.7.6 条，通气立管不得接纳器具污水、废水和雨水，不得与风道和烟道连接。

根据《建筑给水排水设计标准》GB 50015—2019 中第 3.3.18 条，生活饮用水水池（箱）的

构造和配管，应符合下列规定：

1 人孔、通气管、溢流管应有防止生物进入水池（箱）的措施；

2 进水管宜在水池（箱）的溢流水位以上接入；

3 进出水管布置不得产生水流短路，必要时应设导流装置；

4 不得接纳消防管道试压水、泄压水等回流水或溢流水；

5 泄水管和溢流管的排水应间接排水，并应符合本标准第 4.4.13 条、第 4.4.14 条的规定；

6 水池（箱）材质、衬砌材料和内壁涂料，不得影响水质。

答案：B

6-4 **解析**：根据《建筑给水排水设计标准》GB 50015—2019 中第 3.3.16 条，建筑物内的生活饮用水水池（箱）体，应采用独立结构形式，不得利用建筑物的本体结构作为水池（箱）的壁板、底板及顶盖。生活饮用水水池（箱）与消防用水水池（箱）并列设置时，应有各自独立的池（箱）壁。

根据《建筑给水排水设计标准》GB 50015—2019 中第 3.8.1 条，生活用水水池（箱）应符合下列规定：

1 水池（箱）的结构形式、设置位置、构造和配管要求、贮水更新周期、消毒装置设置等应符合本标准第 3.3.15 条～第 3.3.20 条和第 3.13.11 条的规定；

2 建筑物内的水池（箱）应设置在专用房间内，房间应无污染、不结冻、通风良好并应维修方便；室外设置的水池（箱）及管道应采取防冻、隔热措施；

3 建筑物内的水池（箱）不应毗邻配变电所或在其上方，不宜毗邻居住用房或在其下方；

4 当水池（箱）的有效容积大于 $50m^3$ 时，宜分成容积基本相等、能独立运行的两格；

5 水池（箱）外壁与建筑本体结构墙面或其他池壁之间的净距，应满足施工或装配的要求，无管道的侧面净距不宜小于 0.7m；安装有管道的侧面，净距不宜小于 1.0m，且管道外壁与建筑本体墙面之间的通道宽度不宜小于 0.6m；设有人孔的池顶，顶板面与上面建筑本体板底的净空不应小于 0.8m；水箱底与房间地面板的净距，当有管道敷设时不宜小于 0.8m；

6 供水泵吸水的水池（箱）内宜设有水泵吸水坑，吸水坑的大小和深度应满足水泵或水泵吸水管的安装要求。

根据《建筑给水排水设计标准》GB 50015—2019 中第 3.3.18 条，生活饮用水水池（箱）的构造和配管，应符合下列规定：

1 人孔、通气管、溢流管应有防止生物进入水池（箱）的措施；

2 进水管宜在水池（箱）的溢流水位以上接入；

3 进出水管布置不得产生水流短路，必要时应设导流装置；

4 不得接纳消防管道试压水、泄压水等回流水或溢流水；

5 泄水管和溢流管的排水应间接排水，并应符合本标准第 4.4.13 条、第 4.4.14 条的规定；

6 水池（箱）材质、衬砌材料和内壁涂料，不得影响水质。

答案：A

6-5 **解析**：根据《建筑给水排水设计标准》GB 50015—2019 第 3.6.19 条，在室外明设的给水管道，应避免受阳光直接照射，塑料给水管还应有有效保护措施；在结冻地区应做绝热层，绝热层的外壳应密封防渗。

根据《建筑给水排水设计标准》GB 50015—2019 第 3.6.8 条，塑料给水管道布置应符合下列规定：

1 不得布置在灶台上边缘；明设的塑料给水立管距灶台边缘不得小于 0.4m，距燃气热水器边缘不宜小于 0.2m；当不能满足上述要求时，应采取保护措施；

2 不得与水加热器或热水炉直接连接，应有不小于 0.4m 的金属管段过渡。

答案：D

6-6 解析：根据《建筑给水排水设计标准》GB 50015—2019 中第 6.3.9 条，管道直饮水系统应符合下列规定：

1 管道直饮水应对原水进行深度净化处理，水质应符合现行行业标准《饮用净水水质标准》CJ 94 的规定；

2 管道直饮水水嘴额定流量宜为 0.04～0.06L/s，最低工作压力不得小于 0.03MPa；

3 管道直饮水系统必须独立设置；

4 管道直饮水宜采用调速泵组直接供水或处理设备置于屋顶的水箱重力式供水方式；

5 高层建筑管道直饮水系统应竖向分区，各分区最低处配水点的静水压，住宅不宜大于 0.35MPa，公共建筑不宜大于 0.40MPa，且最不利配水点处的水压，应满足用水水压的要求；

6 管道直饮水应设循环管道，其供、回水管网应同程布置，当不能满足时，应采取保证循环效果的措施。循环管网内水的停留时间不应超过 12h。从立管接至配水龙头的支管管段长度不宜大于 3m；

7 办公楼等公共建筑每层自设终端净水处理设备时，可不设循环管道。

答案：D

6-7 解析：根据《消防给水及消火栓系统技术规程》GB 50974—2014 第 9.2.1 条，下列建筑物和场所应采取消防排水措施：

1 消防水泵房；

2 设有消防给水系统的地下室；

3 消防电梯的井底；

4 仓库。

答案：C

6-8 解析：根据《建筑给水排水设计标准》GB 50015—2019 第 4.4.1 条，室内排水管道布置应符合下列规定：

1 自卫生器具排至室外检查井的距离应最短，管道转弯应最少；

2 排水立管宜靠近排水量最大或水质最差的排水点；

3 排水管道不得敷设在食品和贵重商品仓库、通风小室、电气机房和电梯机房内；

4 排水管道不得穿过变形缝、烟道和风道；当排水管道必须穿过变形缝时，应采取相应技术措施；

5 排水埋地管道不得布置在可能受重物压坏处或穿越生产设备基础；

6 排水管、通气管不得穿越住户客厅、餐厅，排水立管不宜靠近与卧室相邻的内墙；

7 排水管道不宜穿越橱窗、壁柜，不得穿越贮藏室；

8 排水管道不应布置在易受机械撞击处；当不能避免时，应采取保护措施；

9 塑料排水管不应布置在热源附近；当不能避免，并导致管道表面受热温度大于 60℃时，应采取隔热措施；塑料排水立管与家用灶具边净距不得小于 0.4m；

10 当排水管道外表面可能结露时，应根据建筑物性质和使用要求，采取防结露措施。

根据《建筑给水排水设计标准》GB 50015—2019 第 5.2.20 条，居住建筑设置雨水内排水系统时，除敞开式阳台外应设在公共部位的管道井内。

答案：B

6-9 解析：根据《建筑给水排水设计标准》GB 50015—2019 第 4.2.4 条，下列建筑排水应单独排水至水处理或回收构筑物：

1 职工食堂、营业餐厅的厨房含有油脂的废水；

2　洗车冲洗水；

3　含有致病菌、放射性元素等超过排放标准的医疗、科研机构的污水；

4　水温超过 40℃的锅炉排污水；

5　用作中水水源的生活排水；

6　实验室有害有毒废水。

答案：A

6-10　**解析**：根据《建筑给水排水设计标准》GB 50015—2019 第 5.2.27 条，建筑屋面各汇水范围内，雨水排水立管不宜少于 2 根。

根据《建筑给水排水设计标准》GB 50015—2019 第 5.2.11 条，建筑屋面雨水排水工程应设置溢流孔口或溢流管系等溢流设施，且溢流排水不得危害建筑设施和行人安全。下列情况下可不设溢流设施：

1　外檐天沟排水、可直接散水的屋面雨水排水；

2　民用建筑雨水管道单斗内排水系统、重力流多斗内排水系统按重现期 P 大于或等于 100a 设计时。

根据《建筑给水排水设计标准》GB 50015—2019 第 5.3.18 条，与建筑连通的下沉式广场地面排水当无法重力排水时，应设置雨水集水池和排水泵提升排至室外雨水检查井。

答案：C

6-11　**解析**：根据《建筑给水排水设计标准》GB 50015—2019 第 3.3.7 条，从生活饮用水管道上直接供下列用水管道时，应在用水管道的下列部位设置倒流防止器：

1　从城镇给水管网的不同管段接出两路及两路以上至小区或建筑物，且与城镇给水管形成连通管网的引入管上；

2　从城镇生活给水管网直接抽水的生活供水加压设备进水管上；

3　利用城镇给水管网直接连接且小区引入管无防回流设施时，向气压水罐、热水锅炉、热水机组、水加热器等有压容器或密闭容器注水的进水管上。

根据《建筑给水排水设计标准》GB 50015—2019 第 3.3.18 条，从小区或建筑物内的生活饮用水管道系统上接下列用水管道或设备时，应设置倒流防止器：

1　单独接出消防用水管道时，在消防用水管道的起端；

2　从生活用水与消防用水合用贮水池中抽水的消防水泵出水管上。

答案：D

6-12　**解析**：生活杂用水是指冲厕、道路清扫、消防、绿化、车辆冲洗、建筑施工等用水，水质应符合《城市污水再生利用 城市杂用水水质》GB/T 18920 的规定。而淋浴的水质应符合《生活饮用水卫生标准》GB 5749 的要求。

答案：B

6-13　**解析**：小区给水设计用水量，应根据下列用水量确定：①居民生活用水量；②公共建筑生活用水量；③绿化用水量；④水景、娱乐设施用水量；⑤道路、广场用水量；⑥公用设施用水量；⑦未预见用水量及管网漏失水量；⑧消防用水量。其中，消防用水量仅用于校核管网计算，不计入正常用水量。

答案：B

6-14　**解析**：根据《建筑给水排水设计标准》GB 50015—2019 中第 3.3.16 条，建筑物内的生活饮用水水池（箱）体，应采用独立结构形式，不得利用建筑物的本体结构作为水池（箱）的壁板、底板及顶盖。生活饮用水水池（箱）与消防用水水池（箱）并列设置时，应有各自独立的池（箱）壁。

答案：D

6-15 **解析：**根据《建筑给水排水设计标准》GB 50015—2019 中第 3.3.18 条，生活饮用水水池（箱）的构造和配管，应符合下列规定：

1 人孔、通气管、溢流管应有防止生物进入水池（箱）的措施；

2 进水管宜在水池（箱）的溢流水位以上接入；

3 进出水管布置不得产生水流短路，必要时应设导流装置；

4 不得接纳消防管道试压水、泄压水等回流水或溢流水；

5 泄水管和溢流管的排水应间接排水，并应符合本标准第 4.4.13 条、第 4.4.14 条的规定；

6 水池（箱）材质、衬砌材料和内壁涂料，不得影响水质。

答案：D

6-16 **解析：**根据《建筑给水排水设计标准》GB 50015—2019 中第 3.9.10 条，建筑物内的给水泵房，应采用下列减振防噪措施：

1 应选用低噪声水泵机组；

2 吸水管和出水管上应设置减振装置；

3 水泵机组的基础应设置减振装置；

4 管道支架、吊架和管道穿墙、楼板处，应采取防止固体传声措施；

5 必要时，泵房的墙壁和天花应采取隔音吸音处理。

答案：C

6-17 **解析：**根据《建筑给水排水设计标准》GB 50015—2019 中第 3.6.2 条，室内给水管道布置应符合下列规定：

1 不得穿越变配电房、电梯机房、通信机房、大中型计算机房、计算机网络中心、音像库房等遇水会损坏设备或引发事故的房间；

2 不得在生产设备、配电柜上方通过；

3 不得妨碍生产操作、交通运输和建筑物的使用。

答案：A

6-18 **解析：**根据《建筑给水排水设计标准》GB 50015—2019 中第 6.3.1 条，集中热水供应系统的热源应通过技术经济比较，并应按下列顺序选择：

1 采用具有稳定、可靠的余热、废热、地热，当以地热为热源时，应按地热水的水温、水质和水压，采取相应的技术措施处理满足使用要求；

2 当日照时数大于 1400h/a 且年太阳辐射量大于 4200MJ/m^2 及年极端最低气温不低于 −45℃的地区，采用太阳能，全国各地日照时数及年太阳能辐照量应按本标准附录 H 取值；

3 在夏热冬暖、夏热冬冷地区采用空气源热泵；

4 在地下水源充沛、水文地质条件适宜，并能保证回灌的地区，采用地下水源热泵；

5 在沿江、沿海、沿湖，地表水源充足、水文地质条件适宜，以及有条件利用城市污水、再生水的地区，采用地表水源热泵；当采用地下水源和地表水源时，应经当地水务、交通航运等部门审批，必要时应进行生态环境、水质卫生方面的评估；

6 采用能保证全年供热的热力管网热水；

7 采用区域性锅炉房或附近的锅炉房供给蒸汽或高温水；

8 采用燃油、燃气热水机组、低谷电蓄热设备制备的热水。

答案：B

6-19 **解析：**根据《建筑给水排水设计标准》GB 50015—2019 中第 3.2.14 条，公共场所卫生间的卫生器具设置应符合下列规定：

1 洗手盆应采用感应式水嘴或延时自闭式水嘴等限流节水装置；

2　小便器应采用感应式或延时自闭式冲洗阀；

3　坐式大便器宜采用设有大、小便分档的冲洗水箱，蹲式大便器应采用感应式冲洗阀、延时自闭式冲洗阀等。

答案： A

6-20　解析： 根据《建筑给水排水设计标准》GB 50015—2019 中第 3.3.18 条，泄水管和溢流管的排水应间接排水。

答案： C

6-21　解析： 根据《建筑给水排水设计标准》GB 50015—2019 第 4.3.11 条，水封装置的水封深度不得小于 50mm，严禁采用活动机械活瓣替代水封，严禁采用钟式结构地漏。根据《建筑给水排水设计标准》GB 50015—2019 第 4.3.13 条，卫生器具排水管段上不得重复设置水封。

答案： B

6-22　解析： 生活污水是指大便器（槽）、小便器（槽）等排放的粪便水；生活废水是指洗脸盆、洗衣机、浴盆、淋浴器、洗涤盆等排水。

答案： C

6-23　解析： 根据《建筑给水排水设计标准》GB 50015—2019 第 5.2.24 条，阳台、露台雨水系统设置应符合下列规定：

1　高层建筑阳台、露台雨水系统应单独设置；

2　多层建筑阳台、露台雨水宜单独设置；

3　阳台雨水的立管可设置在阳台内部；

4　当住宅阳台、露台雨水排入室外地面或雨水控制利用设施时，雨落水管应采取断接方式；当阳台、露台雨水排入小区污水管道时，应设水封井。

5　当屋面雨落水管雨水间接排水且阳台排水有防返溢的技术措施时，阳台雨水可接入屋面雨落水管。

6　当生活阳台设有生活排水设备及地漏时，应设专用排水立管管接入污水排水系统，可不另设阳台雨水排水地漏。

答案： C

6-24　解析： 根据《消防给水及消火栓系统技术规程》GB 50974—2014 中第 5.5.12 条，消防水泵房应符合下列规定：

1　独立建造的消防水泵房耐火等级不应低于二级；

2　附设在建筑物内的消防水泵房，不应设置在地下三层及以下，或室内地面与室外出入口地坪高差大于 10m 的地下楼层；

3　附设在建筑物内的消防水泵房，应采用耐火极限不低于 2.0h 的隔墙和 1.50h 的楼板与其他部位隔开，其疏散门应直通安全出口，且开向疏散走道的门应采用甲级防火门。

答案： A

6-25　解析： 根据《消防给水及消火栓系统技术规程》GB 50974—2014 第 5.4.1 条，下列场所的室内消火栓给水系统应设置消防水泵接合器：

1　高层民用建筑；

2　设有消防给水的住宅、超过 5 层的其他多层民用建筑；

3　超过 2 层或建筑面积大于 10000m^2 的地下或半地下建筑（室）、室内消火栓设计流量大于 10L/s 平战结合的人防工程；

4　高层工业建筑和超过 4 层的多层工业建筑；

5　城市交通隧道。

根据《消防给水及消火栓系统技术规程》GB 50974—2014 第 5.4.2 条，自动喷水灭火系统、水喷雾灭火系统、泡沫灭火系统和固定消防炮灭火系统等水灭火系统，均应设置消防水泵接合器。

另外，根据《建筑设计防火规范》GB 50016—2014（2018 年版）第 8.1.3 条也可知，自动喷水灭火系统、水喷雾灭火系统、泡沫灭火系统和固定消防炮灭火系统等系统以及下列建筑的室内消火栓给水系统应设置消防水泵接合器：

1　超过 5 层的公共建筑；

2　超过 4 层的厂房或仓库；

3　其他高层建筑；

4　超过 2 层或建筑面积大于 10000m^2的地下建筑（室）。

答案：D

6-26　**解析：**根据《汽车库、修车库、停车场设计防火规范》GB 50067—2014 第 7.1.2 条，符合下列条件之一的汽车库、修车库、停车场，可不设置消防给水系统：

1　耐火等级为一、二级且停车数量不大于 5 辆的汽车库；

2　耐火等级为一、二级的Ⅳ类修车库；

3　停车数量不大于 5 辆的停车场。

答案：A

6-27　**解析：**生活给水系统供给人们在日常生活中饮用、烹调、盥洗、淋浴、洗衣、冲厕等生活用途的用水。

答案：D

6-28　**解析：**生活饮用水、管道直饮水、杂用水的水质，应分别符合现行国家标准《生活饮用水卫生标准》GB 5749、《饮用净水水质标准》CJ 94、《城市污水再生利用 城市杂用水水质》GB/T 18920 的要求。

答案：C

6-29　**解析：**根据本章第一节第七部分内容。

答案：D

6-30　**解析：**根据《建筑给水排水设计标准》GB 50015—2019 第 3.13.11 条，埋地式生活饮用水贮水池周围 10m 内，不得有化粪池、污水处理构筑物、渗水井、垃圾堆放点等污染源。生活饮用水水池（箱）周围 2m 内不得有污水管和污染物。

答案：B

6-31　**解析：**穿越铁路或其他主要交通干线以及位于地基土为液化土地段的管道，宜采用焊接钢管。

答案：D

6-32　**解析：**根据《建筑给水排水设计标准》GB 50015—2019 第 3.3.4 条，卫生器具和用水设备等的生活饮用水管配水件出水口应符合下列规定：

1　出水口不得被任何液体或杂质所淹没；

2　出水口高出承接用水容器溢流边缘的最小空气间隙，不得小于出水口直径的 2.5 倍。

答案：B

6-33　**解析：**根据《建筑给水排水设计标准》GB 50015—2019 第 6.3.1 条，集中热水供应系统的热源应通过技术经济比较，并应按下列顺序选择：

1　采用具有稳定、可靠的余热、废热、地热，当以地热为热源时，应按地热水的水温、水质和水压，采取相应的技术措施处理满足使用要求；

2　当日照时数大于 1400h/a 且年太阳辐射量大于 4200MJ/m^2 及年极端最低气温不低于－45℃的地区，采用太阳能，全国各地日照时数及年太阳能辐照量应按本标准附录 H 取值；

3　在夏热冬暖、夏热冬冷地区采用空气源热泵；

4 在地下水源充沛、水文地质条件适宜，并能保证回灌的地区，采用地下水源热泵；

5 在沿江、沿海、沿湖，地表水源充足、水文地质条件适宜，以及有条件利用城市污水、再生水的地区，采用地表水源热泵；当采用地下水源和地表水源时，应经当地水务、交通航运等部门审批，必要时应进行生态环境、水质卫生方面的评估；

6 采用能保证全年供热的热力管网热水；

7 采用区域性锅炉房或附近的锅炉房供给蒸汽或高温水；

8 采用燃油、燃气热水机组、低谷电蓄热设备制备的热水。

答案：D

6-34 **解析**：根据本章第三节内容。

答案：D

6-35 **解析**：根据《消防给水及消火栓系统技术规程》GB 50974—2014 第 7.2.1 条，市政消火栓宜采用地上式室外消火栓；在严寒、寒冷等冬季结冰地区宜采用干式地上式室外消火栓，严寒地区宜增设消防水鹤。当采用地下式室外消火栓，地下消火栓井的直径不宜小于 1.5m，且当地下式室外消火栓的取水口在冰冻线以上时，应采取保温措施。

根据《消防给水及消火栓系统技术规程》GB 50974—2014 第 7.2.3 条，市政消火栓宜在道路的一侧设置，并宜靠近十字路口，但当市政道路宽度超过 60m 时，应在道路的两侧交叉错落设置市政消火栓。

根据《消防给水及消火栓系统技术规程》GB 50974—2014 第 7.2.4 条，市政桥桥头和城市交通隧道出入口等市政公用设施处，应设置市政消火栓。

答案：A

6-36 **解析**：根据本章第三节内容。

答案：D

6-37 **解析**：根据《建筑设计防火规范》GB 50016—2014 第 8.2.1 条，下列建筑或场所应设置室内消火栓系统：

1 建筑占地面积大于 $300m^2$ 的厂房和仓库；

2 高层公共建筑和建筑高度大于 21m 的住宅建筑；

注：建筑高度不大于 27m 的住宅建筑，设置室内消火栓系统确有困难时，可只设置干式消防竖管和不带消火栓箱的 *DN*65 的室内消火栓。

3 体积大于 $5000m^3$ 的车站、码头、机场的候车（船、机）建筑、展览建筑、商店建筑、旅馆建筑、医疗建筑、老年人照料设施和图书馆建筑等单、多层建筑；

4 特等、甲等剧场，超过 800 个座位的其他等级的剧场和电影院等以及超过 1200 个座位的礼堂、体育馆等单、多层建筑；

5 建筑高度大于 15m 或体积大于 $10000m^3$ 的办公建筑、教学建筑和其他单、多层民用建筑。

答案：D

6-38 **解析**：根据《建筑设计防火规范》GB 50016—2014 第 8.3.3 条，除本规范另有规定和不宜用水保护或灭火的场所外，下列高层民用建筑或场所应设置自动灭火系统，并宜采用自动喷水灭火系统：

1 一类高层公共建筑（除游泳池、溜冰场外）及其地下、半地下室；

2 二类高层公共建筑及其地下、半地下室的公共活动用房、走道、办公室和旅馆的客房、可燃物品库房、自动扶梯底部；

3 高层民用建筑内的歌舞娱乐放映游艺场所；

4 建筑高度大于 100m 的住宅建筑。

答案：B

6-39 **解析**：根据《消防给水及消火栓系统技术规程》GB 50974—2014 第 7.4.10 条，室内消火栓宜按直线距离计算其布置间距，并应符合下列规定：

1 消火栓按 2 支消防水枪的 2 股充实水柱布置的建筑物，消火栓的布置间距不应大于 30.0m；

2 消火栓按 1 支消防水枪的 1 股充实水柱布置的建筑物，消火栓的布置间距不应大于 50.0m。

答案：B

6-40 **解析**：根据《消防给水及消火栓系统技术规程》GB 50974—2014 第 8.3.8 条，下列场所应设置自动灭火系统，并宜采用水喷雾灭火系统：

1 单台容量在 40MV·A 及以上的厂矿企业油浸变压器，单台容量在 90MV·A 及以上的电厂油浸变压器，单台容量在 125MV·A 及以上的独立变电站油浸变压器；

2 飞机发动机试验台的试车部位；

3 充可燃油并设置在高层民用建筑内的高压电容器和多油开关室。

注：设置在室内的油浸变压器、充可燃油的高压电容器和多油开关室，可采用细水雾灭火系统。

答案：A

6-41 **解析**：根据《建筑给水排水设计标准》GB 50015—2019 第 4.5.8 条，大便器排水管最小管径不得小于 100mm。

根据《建筑给水排水设计标准》GB 50015—2019 第 4.5.9 条，建筑物内排出管最小管径不得小于 50mm。第 4.5.10 条，多层住宅厨房间的立管管径不宜小于 75mm。

根据《建筑给水排水设计标准》GB 50015—2019 第 4.5.12 条，下列场所设置排水横管时，管径的确定应符合下列规定：

1 当公共食堂厨房内的污水采用管道排除时，其管径应比计算管径大一级，且干管管径不得小于 100mm，支管管径不得小于 75mm；

2 医疗机构污物洗涤盆（池）和污水盆（池）的排水管管径不得小于 75mm；

3 小便槽或连接 3 个及 3 个以上的小便器，其污水支管管径不宜小于 75mm；

4 公共浴池的泄水管不宜小于 100mm。

答案：C

6-42 **解析**：根据《建筑中水设计标准》GB 50336—2018 第 3.1.3 条，建筑物中水原水可选择的种类和选取顺序应为：

1 卫生间、公共浴室的盆浴和淋浴等的排水；

2 盥洗排水；

3 空调循环冷却水系统排水；

4 冷凝水；

5 游泳池排水；

6 洗衣排水；

7 厨房排水；

8 冲厕排水。

答案：A

6-43 **解析**：低水箱坐便器自带存水弯，其他器具均不带存水弯。

答案：B

6-44 **解析**：根据《建筑给水排水设计标准》GB 50015—2019 第 3.6.14 条，管道井尺寸应根据管道数量、管径、间距、排列方式、维修条件，结合建筑平面和结构形式等确定。需进人维修管道的管井，维修人员的工作通道净宽度不宜小于 0.6m。管道井应每层设外开检修门。管道井的井壁和检修门的耐火极限以及管道井的竖向防火隔断应符合现行国家标准《建筑设计防火规范》GB 50016 的规定。

答案：B

6-45 **解析：**根据《建筑给水排水设计标准》GB 50015—2019 表 6.2.1-2，幼儿园淋浴器的热水使用温度为 35℃。

答案：A

第七章　暖　通　空　调

第一节　供　暖　系　统

一、集中供暖室内空气计算参数

（一）采用集中供暖的气候条件

（1）累年日平均温度稳定低于或等于5℃的日数大于或等于90天的地区，宜采用集中供暖。

（2）累年日平均温度稳定低于或等于5℃的日数为60～89天、累年日平均温度稳定低于或等于5℃的日数不足60天但稳定低于或等于8℃的日数大于或等于75天的地区，其幼儿园、养老院、中小学校、医疗机构等建筑，宜采用集中供暖。

（二）集中供暖室内空气计算参数

（1）散热器等供暖，民用建筑的主要房间，严寒、寒冷地区应采用18～24℃，夏热冬冷地区宜采用16～22℃；设置值班供暖房间不应低于5℃。

（2）辐射供暖，室内设计温度宜降低2℃。

二、供暖系统分类

（一）供暖系统分类（按散热方式分）

（1）散热器供暖：自然对流为主，见图7-1。

（2）热水辐射供暖系统：辐射为主，如地面辐射供暖，见图7-2；热水吊顶（金属）辐射板辐射供暖，见图7-3。

（3）燃气红外线辐射供暖：辐射为主。

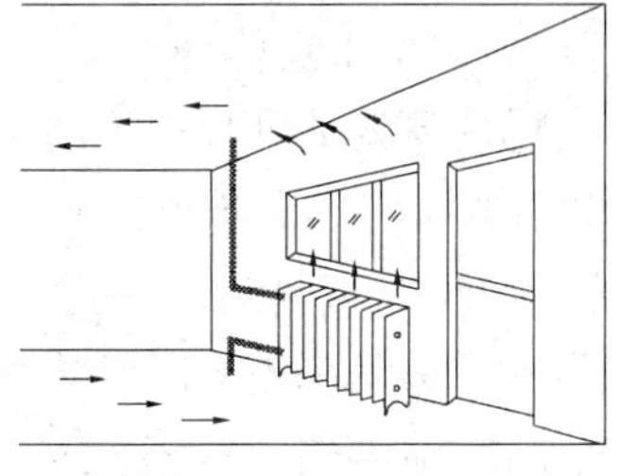

图7-1　散热器供暖

（4）热风供暖及热空气幕：强制对流为主，如送热风，见图7-4；热风机，见图7-5；热空气幕，见图7-6。

（5）电供暖：辐射为主，有电暖气、低温加热电缆地面辐射供暖，低温电热膜辐射供暖。

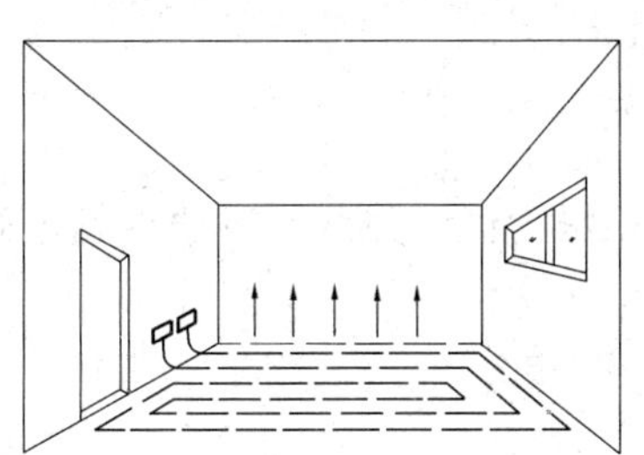

图7-2　地面辐射供暖

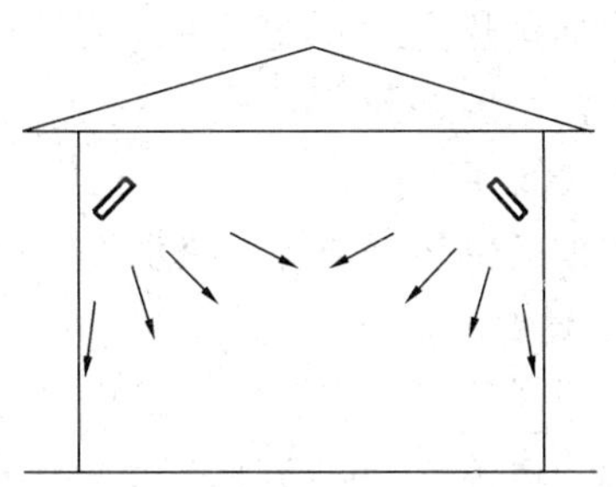

图7-3　金属辐射板辐射供暖

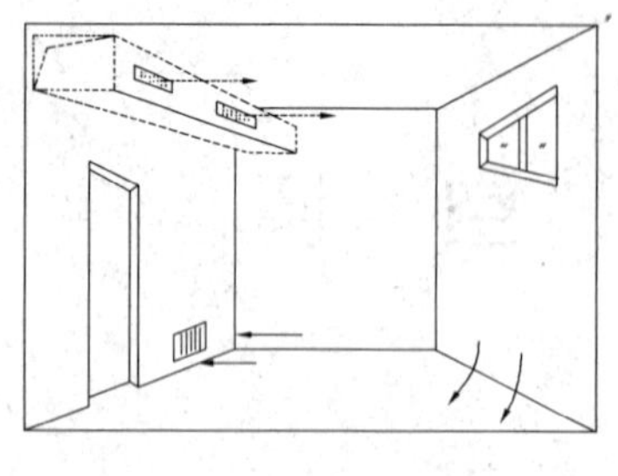
图 7-4　热风供暖

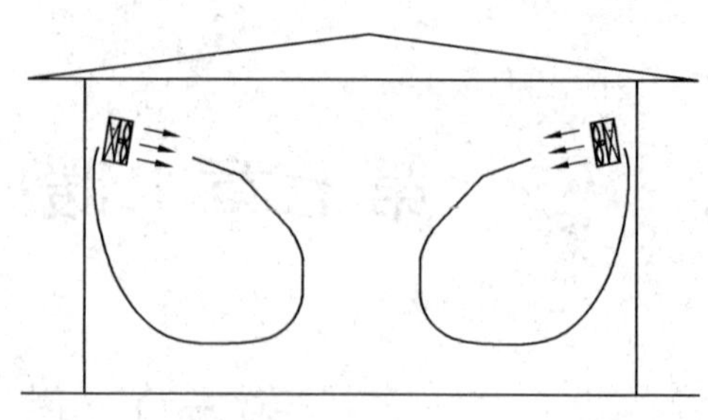
图 7-5　热风机

（二）散热设备

本节主要介绍的散热设备为散热器和地板辐射的集中热水供暖系统，其他供暖系统简单介绍。集中供暖系统一般由热源、热媒输送、散热设备三个环节组成。热媒循环于三环节中，热源将热媒加热，热媒通过热网输送到散热设备，在散热设备内散热并降温，然后再通过热网输送到热源加热，循环往复，达到供暖要求。集中供暖系统原理图见图 7-7 (*a*)、(*b*)。

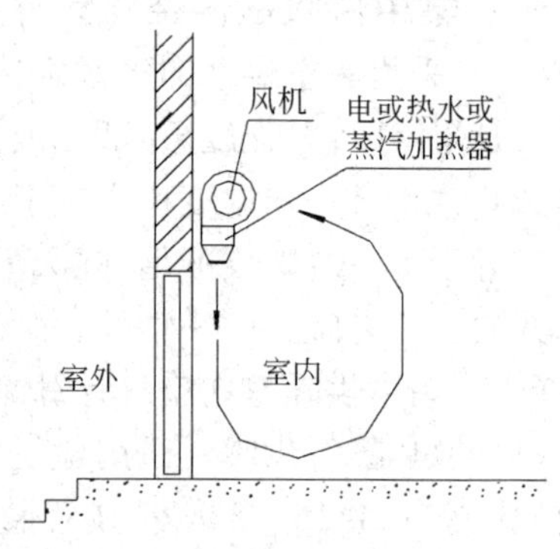

图 7-6　热空气幕

三、集中供暖热源、热媒

（一）集中供暖热源

供暖热源就是供暖用热的来源，消耗的能源一般为煤、油、燃气、电等。常用集中供暖热源有：

1. 热电厂

热电厂一般在冬季以供热为主，装机容量大、热水（蒸汽）温度高、热力网管线长、供热范围广。供热水（蒸汽）温度一般 110～130℃，甚至更高。热电厂供热水（蒸汽）一般不直接送入散热器，通过热力站换取不超过 75℃（不高于 85℃）的低温热水用来供暖。一般是对若干建筑群、生活小区、开发区等供热。

2. 区域锅炉房

较大规模的供热锅炉房，供水温度一般高于 110℃。区域锅炉房供水一般亦不直接送入散热器，通过热力站换取不超过 75℃（不高于 85℃）的低温热水用来供暖。一般是对建筑群、生活小区、开发区等供热。

3. 个体锅炉房

较小规模的供热锅炉房，热水直接用来供暖。热水为低温热水，一般不超过 85℃。

4. 溴化锂直燃机

燃烧油或燃气，冬季制取低温热水用来供暖（夏季可制取冷水用于空调制冷）。

5. 风源（水源、地源）热泵型冷热水机组

冬季制取低温热水用来供暖，气温（水温、土壤温）越低制热量越小、热水温度越低

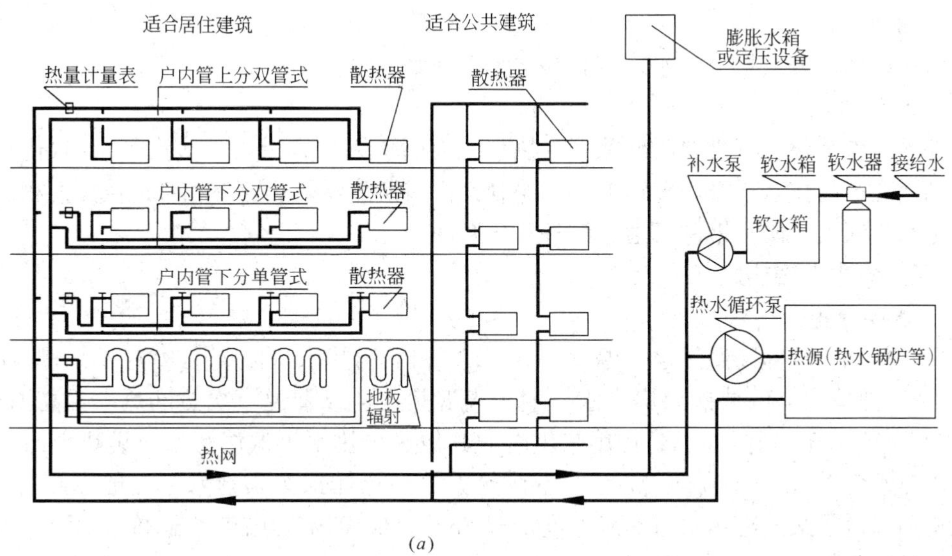

(a)

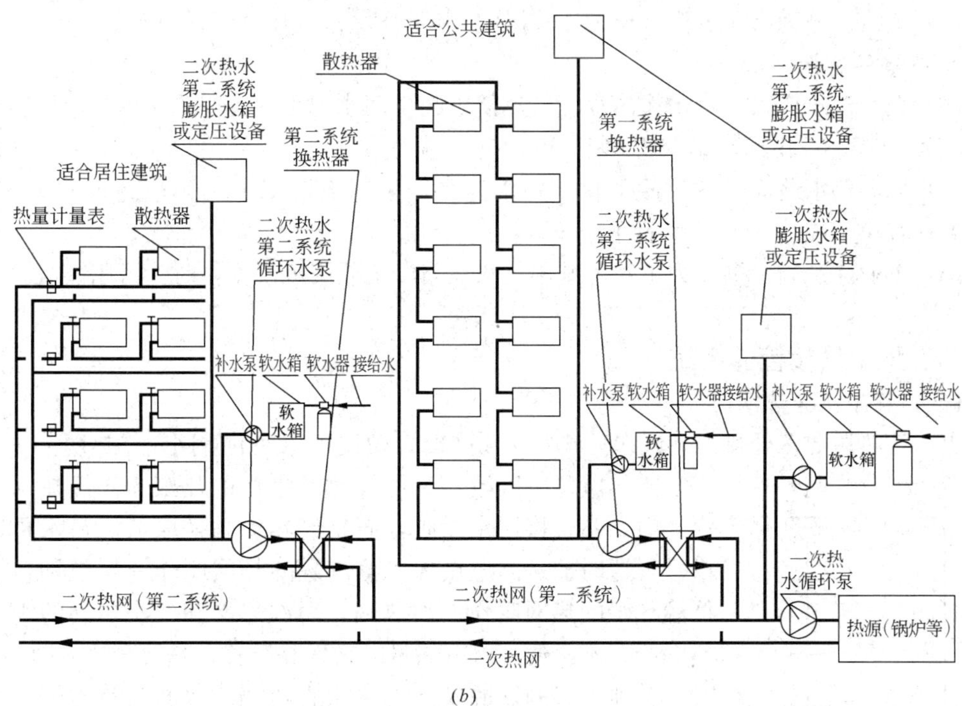

(b)

图 7-7 集中供暖系统原理图

(a) 集中供暖系统(不设换热器)原理图;(b) 集中供暖系统(设换热器)原理图

(夏季可制取冷水用于空调制冷)。

(二) 水系统的定压膨胀、补水、水处理

1. 定压膨胀

水系统要有定压,使水系统内最高点的管道和设备内充满水,没有空管;使水系统内最低点管道和设备不超压。水系统受热膨胀后体积增大,增多的这部分水要有出处以免把水管和设备压破。

2. 补水

水系统因泄漏或检修泄水，应有补水泵等补水装置。

3. 水处理

补水应作软化、有必要时作除氧（热水温度高、锅炉容量大、蒸汽等），软化是除去水中钙镁离子防止水在管内壁结垢，影响制冷机或换热器换热效率和管道截面面积。除氧是除去水中氧气，防止钢制管道、设备氧化腐蚀。

（三）集中供暖热媒

1. 热媒种类

（1）热水。分为高温热水（温度＞100℃）和低温热水（温度≤100℃，一般为85℃及以下）。热电厂或区域锅炉房供水一般为高温热水，或者说一次热网热水为高温热水，一般为110～130℃或更高。直接用来供暖的其他热源热水为低温热水，设热力站的二次热力网热水为75℃（不高于85℃）；不设热力站的个体锅炉房热水，一般不超过85℃。直燃机和风冷热泵式冷热水机热水温度低于75℃。地面辐射供暖水温35～45℃，不大于60℃；供回水温差不大于10℃，不小于5℃。

（2）蒸汽。分为高压蒸汽（压力＞70kPa）和低压蒸汽（压力≤70kPa）。

2. 热媒的选择

（1）民用建筑应采用热水作热媒。散热器供暖供回水温度宜为75℃/50℃，且供水温度不宜大于85℃，供回水温差不宜小于20℃。

（2）低温热水地面辐射供暖的供、回水温度宜采用35～45℃，不应超过60℃，供、回水温差宜小于或等于10℃，且不小于5℃。

（3）工业建筑当以供暖为主时，宜用热水；当以工艺用蒸汽为主时，可用蒸汽。

四、集中供暖管道系统

（一）集中供暖热网

由一处热源向多处热力站或多处建筑物供热时，敷设于室外的管网叫作热网。

当热电厂、区域锅炉房等热源生产的热媒为高温热水（蒸汽）时，不直接用来供暖，而是经热力站换取低温热水再用来供暖，这时输送高温热水（蒸汽）的热网叫作一次热网，输送低温热水的热网叫作二次热网。一次热网和二次热网的水一般不混合、不串通，只有热量的交换和转移，是两套热力网。

其他形式的热源生产的热媒直接用来供暖，热力网只有一套，也就没有一次、二次之分，称之为热力网。

热力网的敷设有地沟、直埋、架空三种方式。

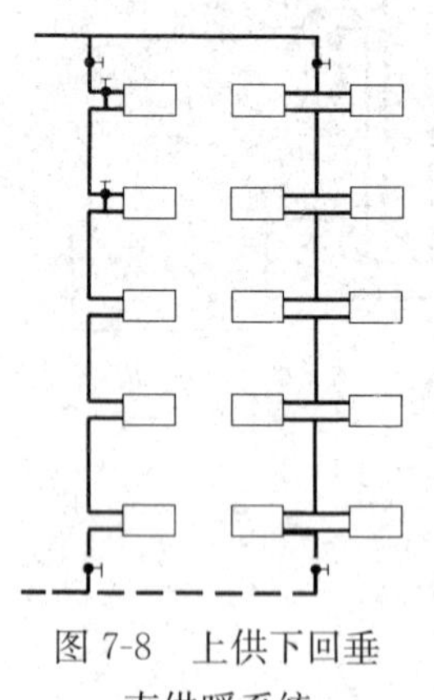

图7-8 上供下回垂直供暖系统

（二）集中供暖系统

1. 按供、回水干管位置分

（1）上供下回供暖系统。供水干管在建筑物上部，回水干管在建筑物下部，分上供下回单管供暖系统，见图7-8，适用于不设分户热计量的多层和高层建筑；上供下回双管供暖系统，见图7-9，适用于不设分户热计量的多层建筑。

（2）下供下回供暖系统。供回水干管均在建筑物下部，只有双管系统，见图7-10，适用于不设分户热计量的多层建筑。

2. 按供回水管与散热器连接方式分

(1) 单管供暖系统。串联连接，分垂直单管，见图 7-8；水平单管见图 7-11。热水供暖系统宜采用垂直单管系统，尤其是四层以上。合理时可采用水平单管。

(2) 双管供暖系统。并联连接，分垂直双管，见图 7-9，适用于不设分户热计量的多层建筑，蒸汽供暖宜采用垂直双管；水平双管，见图 7-12，适用于不设分户热计量的多层和高层建筑。

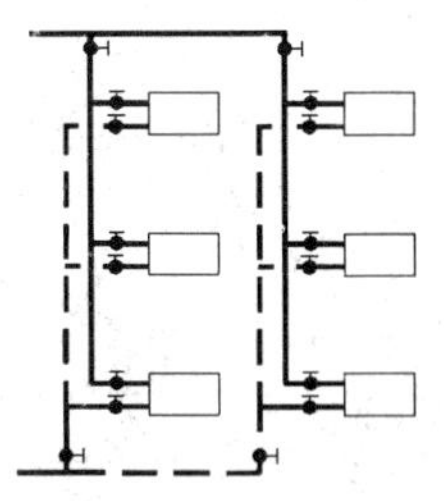

图 7-9　上供下回垂直双管供暖系统

(3) 单、双管供暖系统。有串联、有并联。一般采用垂直式，见图 7-13，适用于不设分户热计量的高层建筑。

(4) 共用干管为垂直双管，每层支管为水平双管，见图 7-14、图 7-15。适用于设分户热计量的多层和高层居住建筑。

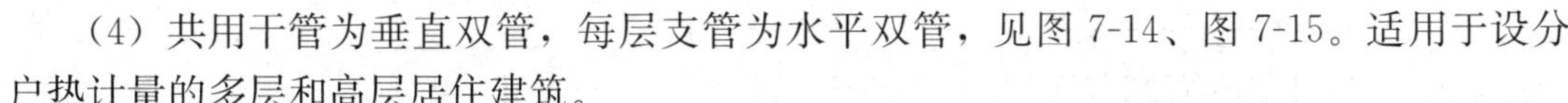

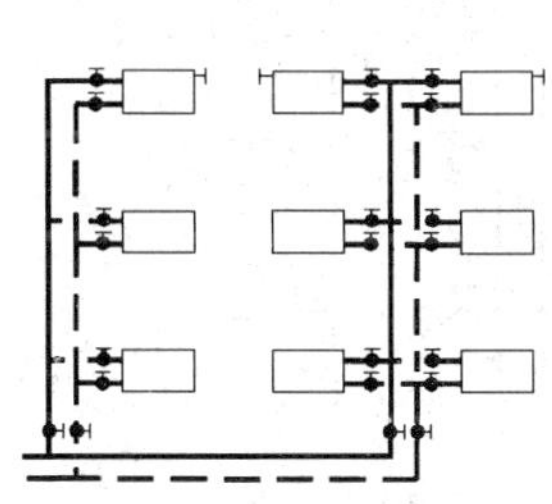

图 7-10　下供下回垂直双管供暖系统

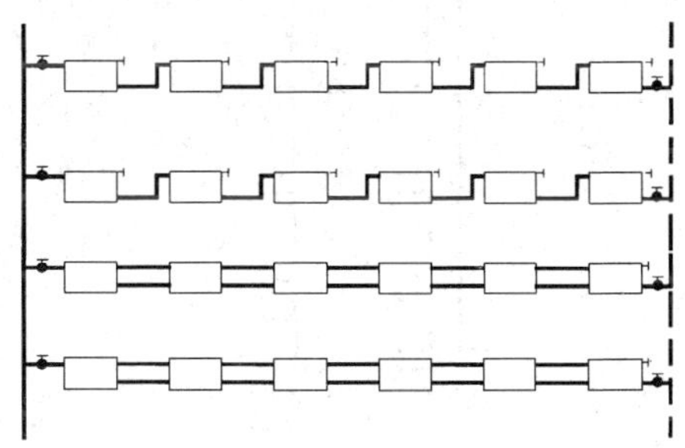

图 7-11　水平单管供暖系统

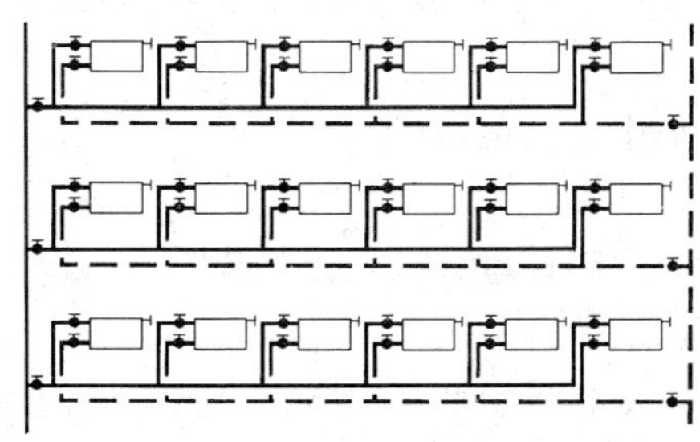

图 7-12　水平双管供暖系统

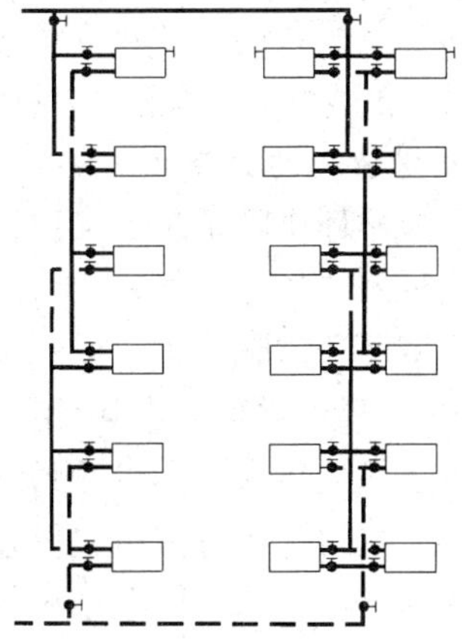

图 7-13　上供下回垂直单、双管供暖系统

3. 按各环路总长度分

(1) 同程式。从热入口开始到热出口结束，通过各立管总长度都相同，见图 7-16。管道用量大，各立管容易平衡。

(2) 异程式。从热入口开始到热出口结束，通过各立管总长度不相同，见图 7-17。管道用量小，各立管不易平衡。

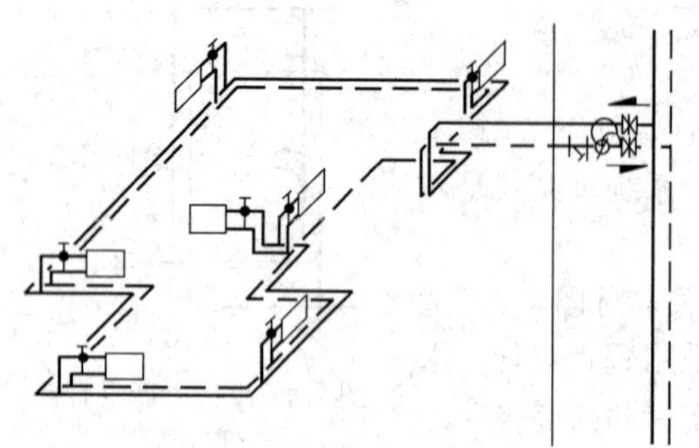

图 7-14　分户独立循环暗装水平双管系统

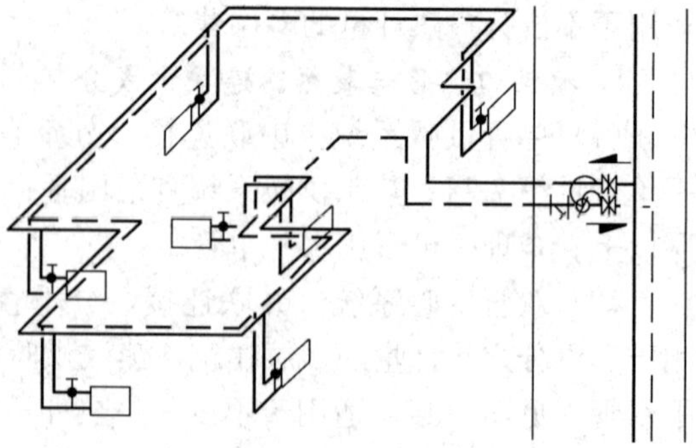

图 7-15　分户独立循环明装水平双管系统

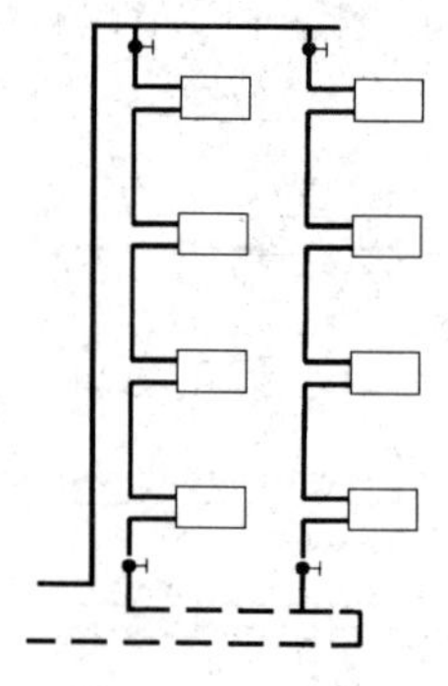

图 7-16　同程式供暖系统

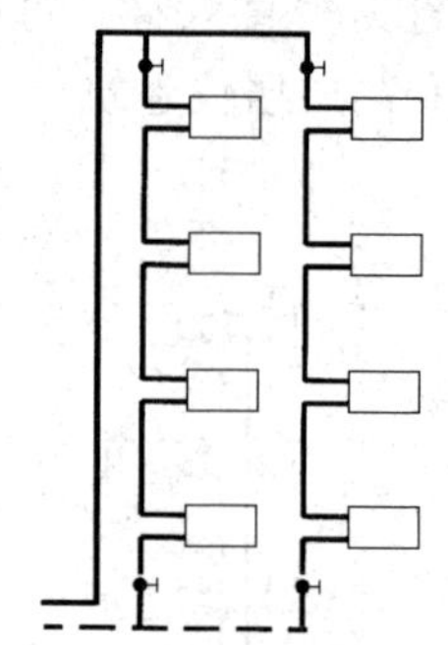

图 7-17　异程式供暖系统

4. 按热媒种类分

（1）热水供暖系统。以热水为热媒。

（2）蒸汽供暖系统。以蒸汽为热媒，又分高压蒸汽和低压蒸汽两种。工业建筑有时采用。

5. 按热媒输送动力分

（1）重力循环供暖系统。又称自然循环供暖系统，以供回水之密度差作动力，一般不作为集中供暖用，如土暖气。

（2）机械循环供暖系统。以水泵作动力，集中供暖最常用。

（三）热水集中供暖分户热计量

（1）新建住宅热水集中供暖系统，应设置分户热计量和室温控制装置。对建筑内的公共用房和公用空间，应单独设置供暖系统和热计量装置。

（2）在确定分户计量供暖系统的户内供暖设备容量、计算户内管道时，应记入向邻户传热引起的附加，但所附加的热量不应统计在供暖系统的总热负荷内。

（3）分户热计量热水集中供暖系统，应在建筑物热力入口处设置热量表、差压或流量调节装置、除污器或过滤器等。

（4）当热水集中供暖系统分户热计量装置采用热量表时应符合下列要求：

1）应采用共用立管的分户独立系统形式；

2）户用热量表的流量传感器宜安装在回水管上，热量表前应设置过滤器；

3）户内系统宜采用埋地双管（图 7-16）、架空双管式（图 7-17）；

4）系统的共用立管和入户装置，宜设于管道间内。管道间宜设于户外公共空间；

五、集中供暖散热设备

（一）散热器

1. 散热器的选择

（1）湿度较大的房间应采用耐腐蚀的散热器。

（2）用钢制散热器时，应采用闭式系统，并满足产品对水质的要求，在非供暖季节充水保养。

2. 布置散热器时的规定

（1）散热器宜安装在外墙窗台下，当安装或布置管道有困难时，也可靠内墙安装；

（2）两道外门之间的门斗内，不应设置散热器；

（3）楼梯间的散热器，宜分配在底层或按一定比例分配在下部各层；

（4）幼儿园、老年人居住活动场所、特殊功能要求的散热器必须暗装或加防护罩；

（5）散热器外表面应刷非金属涂料；

（6）有冻结危险的场所，散热器的立、支管应单独设置。

（二）热水地面辐射供暖

（1）低温热水地面辐射供暖的供、回水温度宜采用 35～45℃，不应超过 60℃，供、回水温差宜小于或等于 10℃且不宜小于 5℃。

（2）低温热水地面辐射供暖的热负荷应计算确定。全面辐射供暖的热负荷，将室内计算温度取值降低 2℃。

（3）低温热水地面辐射的有效散热量应计算确定，并应计算室内设备、家具及地面覆盖物等对有效散热量的折减。

（4）低温热水地面辐射供暖系统敷设加热管的覆盖层厚度不宜小于 50mm。覆盖层应设伸缩缝，伸缩缝的位置、距离及宽度，应会同有关专业计算确定。加热管穿过加热缝时，宜设长度不小于 100mm 的柔性套管。

（5）地面辐射供暖加热管的材质和壁厚的选择，应按工程要求的使用寿命、累计使用时间以及系统的运行水温、工作压力等条件确定。

（6）毛细管网辐射系统单独供暖时，宜首先考虑地面埋置方式，地面面积不足时再考虑墙面埋置方式；毛细管网同时用于冬季供暖和夏季供冷时，宜首先考虑顶棚安装方式，顶棚面积不足时再考虑墙面和地面埋置方式。

六、其他供暖系统形式

（一）热风供暖及热风幕

（1）符合下列条件之一时应采用热风供暖

1）能与机械送风系统合并时；

2）利用循环空气供暖技术、经济合理时；

3）由于防火、防爆和卫生要求，必须采用全新风的热风供暖时。

（2）符合下列条件之一时宜设置热空气幕

1）位于严寒地区、寒冷地区的公共建筑和工业建筑，对经常开启的外门，且不设门斗和前室时；

2）位于严寒地区、寒冷地区及其以外的公共建筑和工业建筑，当生产或使用要求不允许降低室内温度时，或经技术经济比较设置热空气幕合理时。

(3) 热空气幕的送风温度，应根据计算确定。对于公共建筑和工业建筑的外门，不宜高于 50℃；对高大的外门，不应高于 70℃。

(4) 热空气幕的出口风速，应通过计算确定。对于公共建筑的外门，不宜大于 6m/s；对于工业建筑的外门，不宜大于 25m/s。

(二) 燃气红外线辐射供暖

(1) 采用燃气红外线辐射供暖时，必须采取相应的防火、防爆和通风等安全措施。

(2) 燃气红外线辐射器的安装高度，应根据人体舒适度确定，但不应低于 3m。

(3) 允许由室内供应空气的厂房或房间，应能保证燃烧器所需要的空气量。当燃烧器所需要的空气量超过该房间的换气次数 0.5 次/h 时，应由室外供应空气。

(三) 电供暖

(1) 低温加热电缆辐射供暖和低温电热膜辐射供暖的加热元件及其表面工作温度，应符合国家现行有关产品标准规定的安全要求。

(2) 根据不同使用条件，电供暖系统应设置不同类型的温控装置。绝热层、龙骨等配件的选用及系统的使用环境，应满足建筑防火要求。

七、集中供暖系统注意的问题

(1) 高层建筑风压、热压综合影响大，使得门、窗冷风渗透量大，注意门、窗密封。

(2) 供暖水系统中注意集气、排气、泄水，水平管合理设坡度，高点排气、低点泄水。坡度一般为 0.3%。

(3) 暖气罩装修时要注意空气对流。要上部、下部均开对流孔。

(4) 整个供暖水系统设一处定压膨胀装置（膨胀水箱或定压罐或定压泵），并使系统最高点有 5kPa 以上压力。一次热网和二次热网是不同的水系统，分别设定压系统。

(5) 被楼梯、扶梯、跑马廊等贯通的空间，形成了烟囱效应，热气流易飘向高处，散热器应在底层多设。

(6) 蒸汽供暖几个问题：蒸汽温度高，一般高于 100℃，有机灰尘剧烈升华，卫生不好；蒸汽温度基本不能调节，室内温度过高时，只有停止供汽，室内温度波动大（间歇供暖）；不供汽时系统充满空气，管道易腐蚀。

(7) 供暖管道必须计算其热膨胀。当利用管段的自然补偿不能满足要求时应设置补偿器。

(8) 当供暖管道必须穿过防火墙时，在管道穿过处应采取固定和防火封堵措施，并使管道可向墙的两侧伸缩。

(9) 蒸汽供暖系统不应采用钢制柱形、板形、扁管等散热器。

(10) 多层和高层建筑热水供暖系统中，每根立管和分支管的始末段应设置调节、检修和泄水用的阀门。

(11) 热水和蒸汽供暖系统都要设放气装置。热水系统放气在高点，蒸汽系统放气在下部。

(12) 热水地面辐射供暖地面与室外空气直接接触，不供暖房间必须设绝热层；与土壤接触的底层应设绝热层和防潮层，其余地面宜设绝热层。

(13) 设置全面供暖的建筑物，其围护结构的传热阻，应根据技术经济比较确定，且应符合国家现行有关节能标准的规定。规定最小传热阻是为了节能和保持围护结构内表面有一定温度，以防止结露和冷辐射。

（14）设置全面供暖的建筑物，在满足采光要求的前提下，其开窗面积应尽量减小。

（15）与相邻房间的温差大于等于5℃时，应计算通过隔墙或楼板等的供暖传热量；与相邻房间温差小于5℃，但传热量大于该房间热负荷的10%时，应计算供暖传热量。

（16）热水供暖和蒸汽供暖均应及时排除系统中的空气。

（17）相同规模的铸铁散热器，试验数据证明：每组散热器片数越多，每片散热量越少。

（18）垂直单管无跨越管热水供暖系统无法做到分户计量和室温调节。

（19）解决供暖管由于热胀冷缩产生的变形，最简单的办法是利用管自身的弯曲。

（20）供暖房间的供暖管道不应保温。

（21）供暖管道设坡度主要是为了便于排气。

（22）热力管道输送的热量大小取决于供回水温差和流量的乘积。

（23）户式燃气供暖炉应采用全封闭式燃烧、平衡式强制排烟型。

（24）集中供暖的建筑热入口，供回水管上分别设关断阀，设过滤器及旁通阀，设平衡阀。

（25）当室内供暖系统为变流量系统时，不应设自力式流量控制阀。

第二节　通　风　系　统

通风一般有两个目的：一是稀释通风，用新鲜空气把房间内有害气体浓度稀释到允许浓度以下；二是冷却通风，用室外空气把房间内多余热量排走。

一、自然通风

（1）厨房、浴室、厕所等的垂直排风管道，应采取防止回流措施或在支管上设置防火阀，见图7-18。

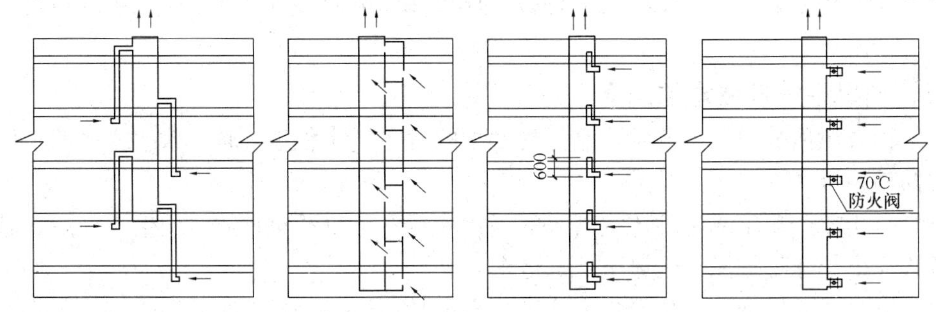

图7-18　垂直排风管道防火要求

（2）自然通风靠风压、热压、风压热压综合作用三种情况。无散热量的房间，以风压为主。放散热量的厂房应仅考虑热压作用。

（3）利用穿堂风进行自然通风的建筑，其迎风面与夏季最多风向宜成60～90°，且不应小于45°。同时，应考虑可利用的春秋季风向以充分利用自然通风。

（4）采用自然通风的生活、工作房间通风开口有效面积不应小于该房间地板面积的

5%，厨房不小于10%，并不得小于0.60m²。

夏季自然通风用的进风口，其下缘距离室内地面的高度不宜大于1.2m，并应远离污染源3m以上；冬季自然通风用的进风口，当其下缘距室内地面高度小于4m时，宜采取防止冷风吹向人员活动区的措施。

二、机械通风

（1）室内通风或采用空调时维持正压或负压的条件：产生有害气体或烟尘的房间宜负压，如卫生间、厨房、实验室等；保持室内洁净度宜正压，如空调房间、洁净房间。

（2）可能突然放散大量有害气体或有爆炸危险气体的生产厂房应设事故排风，事故排风量应按全部容积每小时8次换气。事故排风的室外排风口，应高出20m范围内最高建筑物屋面3m以上；离送风系统进风口小于20m时，应高出进风口6m以上。

（3）中、大型厨房应设机械通风。

（4）机械通风时，室外进风口距室外地面不宜小于2m，当设在绿化地带时，不宜小于1m。

（5）排风口宜设在上部、下风侧；进风口宜设在下部、上风侧。

（6）凡属下列情况之一时，应单独设置排风系统：

1）两种或两种以上的有害物质混合后能引起燃烧或爆炸时；

2）混合后能形成毒害更大或腐蚀性的混合物、化合物时；

3）混合后易使蒸汽凝结并聚积粉尘时；

4）散发剧毒物质的房间和设备；

5）建筑物内设有储存易燃易爆物质的单独房间或有防火防爆要求的单独房间。

（7）同时放散有害物质、余热、余湿时，全面通风时，应按其中所需最大的空气量确定。

（8）事故通风的通风机，应分别在室内外便于操作的地点设置电器开关。

（9）净化有爆炸危险的粉尘和碎屑的除尘器、过滤器及管道等，均应设置泄爆装置。净化有爆炸危险的粉尘的干式除尘器和过滤器应布置在系统的负压段上（即布置在风机之前）。

三、通风系统应注意的问题

（1）当发生事故向室内散发比空气密度大的有害气体和蒸汽时，事故排风的吸风口应接近地面处。

（2）对于放散粉尘或密度比空气大的气体和蒸汽，而不同时散热的生产厂房，其机械通风方式应下部地带排风，送风至上部地带。

（3）以自然通风为主的建筑物，确定其方位时，根据主要进风面和建筑物形式，应按夏季的有利风向布置。

（4）除尘系统的风管不宜采用水平敷设方式。

（5）多层和高层建筑的机械送排风系统的风管横向应按防火分区设置。

（6）输送同样的风量且风管内风速相同的情况下，风阻力由小到大的排列顺序是圆形、正方形、长方形。

（7）民用建筑设置机械排风时，燃气表间与变配电室不应同用一个排风系统。

第三节　空　调　系　统

一、集中空调室内空气计算参数

（一）舒适性空调

1. 冬季

温度：应采用16～24℃，一般20℃；

相对湿度：应大于等于30%；

风速：不应大于0.2m/s。

2. 夏季

温度：应采用24～28℃，一般26℃；

相对湿度：应采用40%～70%；

风速：不应大于0.3m/s。

（二）工艺性空调（根据工艺要求确定）

二、空调系统分类（按冷热源设置情况分）

1. 集中空调系统（包括半集中式）

冷热源集中设置。有人称为中央空调。

2. 分散空调系统

冷热源分散设置，如窗式、分体式、柜式、多联式（也有的叫小集中式、VRV）等。

本节主要介绍水冷式制冷机为冷源、锅炉或热力站或直燃机为热源的集中空调系统（包括半集中式），其他空调系统简单介绍。集中空调系统与集中供暖系统原理类似，也是由冷热源、冷热媒管道、空气处理设备（空调机、风机盘管）、送回风管道组成。集中空调制冷系统原理图见图7-19。

三、集中空调冷热源、冷热媒

（一）集中空调冷源

1. 按制冷机类型分为压缩式和（溴化锂）吸收式

（1）压缩式制冷机。特点是电动机或燃气发动机作动力，设备尺寸小，运行可靠；制冷剂为氟利昂或替代品，其中氟利昂对大气臭氧层有破坏作用，替代品破坏作用很小。氟利昂11、氟利昂12已禁用，氟利昂22过渡期用，替代品134a、123等可以用，环保型有407等。

1）活塞式制冷机。使用于中、小型工程，尤其是小型工程。能效比低，3.8左右。

2）螺杆式制冷机。使用于大、中型工程。能效比中，4.1左右。

3）离心式制冷机。使用于大、中型工程，尤其大型工程。能效比高，达4.4左右。

（2）（溴化锂）吸收式（热力式）制冷机。特点是用油、燃气、蒸汽、热水作动力，用电很少，噪声震动小，制冷剂是水，冷却水量大。

1）直燃式（燃油、燃气）溴化锂吸收式制冷机。也可产空调热水。有可靠的燃油、燃气源，并在经济上合理时采用。冬季可作热源。

2）蒸汽式溴化锂吸收式制冷机。以蒸汽作动力。有可靠的蒸汽源时采用。

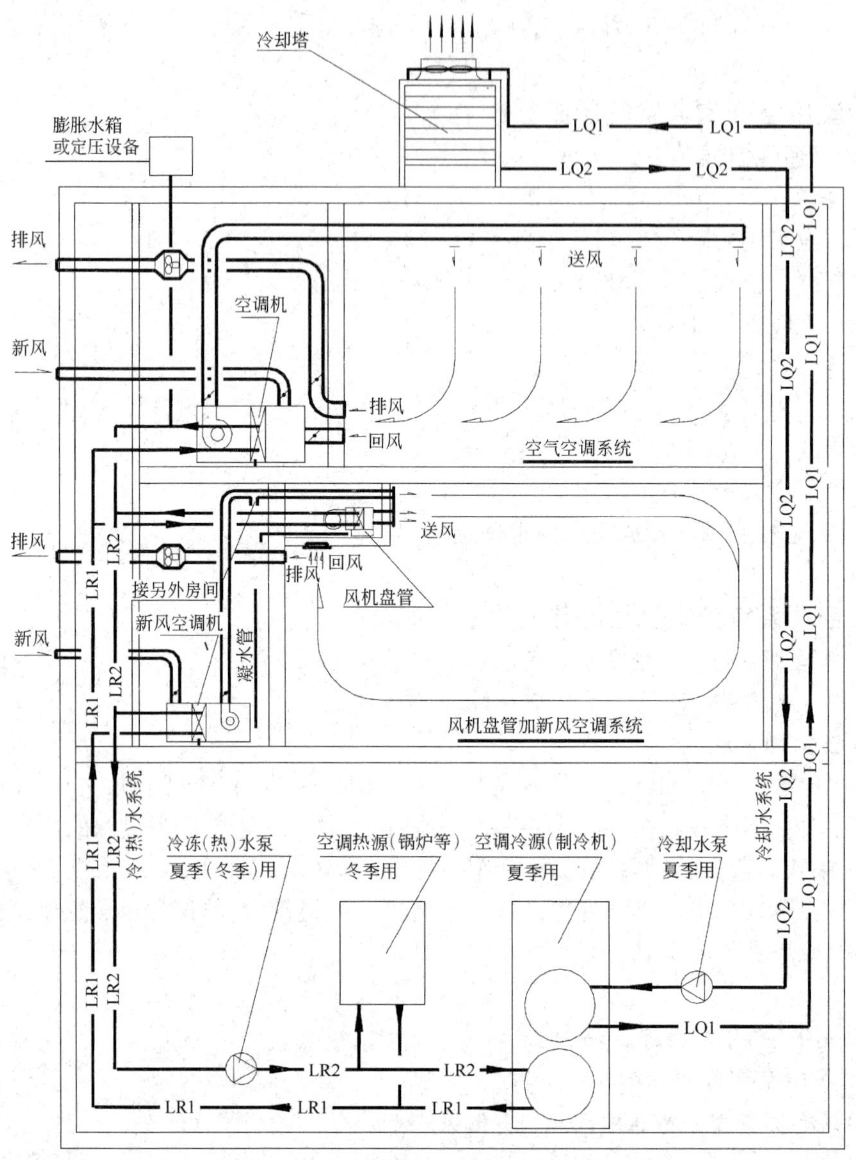

图 7-19　集中空调制冷系统原理图

3）热水式溴化锂吸收式制冷机。以高于 80℃热水作动力，效率低一些。有余热或废热时采用。

2. 按冷却介质分为水冷式和风冷式

（1）水冷式制冷机。是用水冷却制冷剂，室外空气再冷却水，要设冷却塔。冷却塔要设在室外。大、中型工程一般采用水冷式，水冷式靠蒸发把热量带入空气中。

（2）风冷式制冷机。是室外空气直接冷却制冷剂，即设冷凝器。冷凝器应设在室外或通风极好的室内。中、小型工程可采用风冷式。风冷式靠空气冷却把热量散到空气中。

3. 按功能分为单冷式和冷热式

（1）单冷式冷水机。只产冷水，如压缩式制冷机、蒸汽式溴化锂吸收式冷水机组、热水式溴化锂吸收式冷水机组。

(2) 冷热水机。产冷水也可产热水，如直燃式（燃油、燃气）溴化锂吸收式冷热水机组、热泵式冷热水机。

制冷机类型还有蒸汽喷射式、涡旋式等，空调用得较少。

4. 水冷式制冷机的冷却水系统

水冷式制冷机有冷却水系统。冷却水系统包括：冷却泵、冷却塔、冷却水管道等。同一台制冷机，冷却水泵要大于冷冻水泵。冷却塔是把室内热量散发到大气中的重要设备，放置位置要在室外并且通风好，以便于散热。

5. 中小型工程冷热源

中小型工程冷热源有单冷型、热泵型。热泵型夏季制冷，冬季制热。

(1) 风（空气）源热泵：电动机或燃气发动机作动力，空气作冷热的来源，夏季把室内热量转移到室外空气中；冬季把室外空气中的热量转移到室内（室外空气温度低于 0℃效率降低，温度越低效率越低，直至机组不能运行），一般容量较小，适合于中小型工程。可以产冷热水、冷热风、制冷（热）剂。

(2) 水源热泵：电作动力，地下水等常年稳定在 10～15℃的表面浅层水和地面下 80～150m 井水或河、湖污水作冷热源；夏季把室内热量转移到水源中，冬季把水源中的热量转移到室内。适合于温度、流量满足要求、允许使用地下水并可回灌的地区。单台容量较小，可以若干台组合。可以产冷热水、冷热媒。

(3) 地（土壤、岩石）源热泵：电作动力，土壤作冷热的来源，夏季把室内热量转移到土壤中；冬季把土壤中的热量转移到室内。需要一定数量的土壤面积，适合于别墅等。可以产冷热水、冷热风。

(4) 水环热泵

通过水环路将众多水/空气热泵机组并联成一个可回收建筑物内余热的空调系统。适合有典型内区、外区建筑，冬季内区热量转移到外区供暖。

（二）集中空调冷媒

夏季空调冷媒为冷冻水。供水温度不宜低于 5℃，一般 7℃；供回水温差不应低于5℃，一般 5℃。

（三）集中空调热源

(1) 锅炉。产空调热水。

(2) 直燃式（燃油、燃气）溴化锂吸收式冷热水机组。冬季产空调热水。

(3) 热泵冷热水机组。冬季产空调热水。气温低于−5℃时效率降低。

（四）集中空调热媒

冬季空调热媒为热水。供水温度 50～60℃；供回水温差 10～15℃，严寒和寒冷地区不小于 15℃，夏热冬冷地区不小于 10℃。

（五）空调冷热源分类汇总（图 7-20）

四、集中空调水系统

空调冷（热）源制取的冷（热）水要用管道输送到空调机或风机盘管处，输送冷（热）水的系统就是冷（热）水系统。

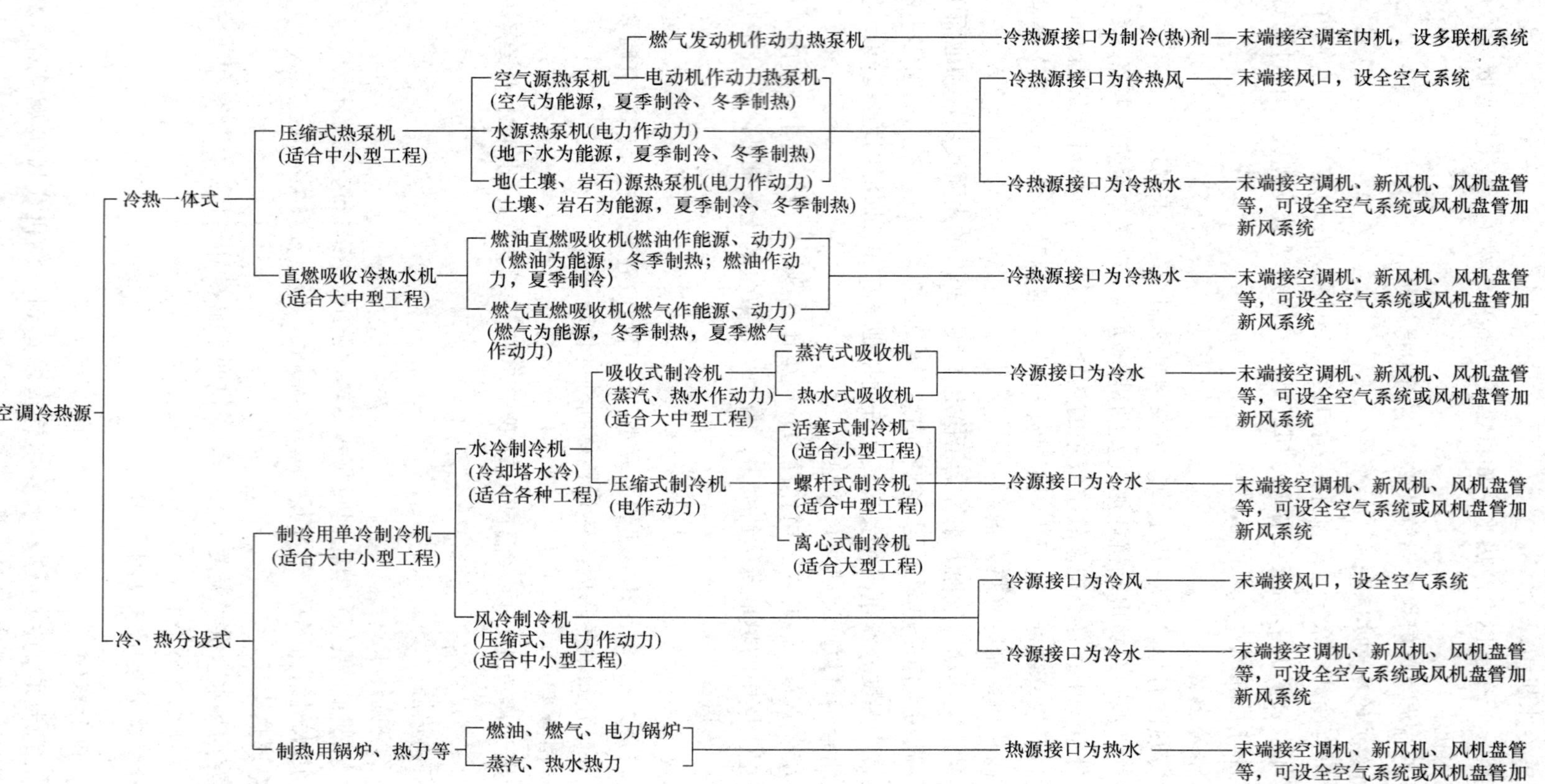

图 7-20　空调冷热源分类汇总

（一）一次泵冷（热）水系统、二次泵冷（热）水系统

1. 一次泵冷水系统

只设一级冷水循环泵，冷水流经冷（热）源和用户。一次泵冷水系统简单，投资少，见图 7-21。

2. 二次泵冷水系统

系统较大或各环路阻力相差较大时，采用二次泵。

设两级冷水循环泵，第一级泵推动冷水通过冷（热）源循环，第二级泵向用户供应冷水，两级泵形成接力，第二级泵按环路阻力的不同确定扬程，以节省电能。二次泵冷（热）水系统设计合理时节省输送冷（热）水的电能，见图 7-22。

（二）二管制、三管制、四管制冷（热）水系统

1. 二管制系统

冷水、热水共用一套供回水管。共三根管，一根供水管、一根回水管、一根凝水管，凝水管在低处。适用一般空调系统，见图 7-23。

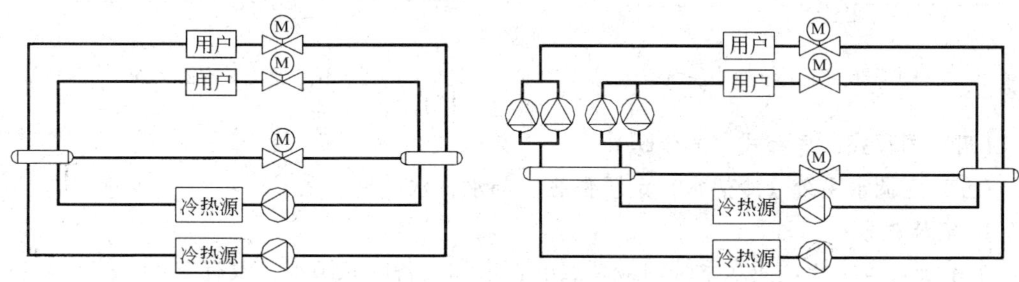

图 7-21 一次泵冷水系统　　图 7-22 二次泵冷水系统

2. 三管制系统

冷水供水管、热水供水管分别设置，冷水回水管和热水回水管共用，加一根凝水管共 4 根管。适用于较高档次的空调系统，见图 7-24。

3. 四管制系统

冷水供水、回水管和热水供水、回水管分别设置，加一根凝水管共 5 根管。适用于高档次的空调系统。管道较多，造价也高。见图 7-25。

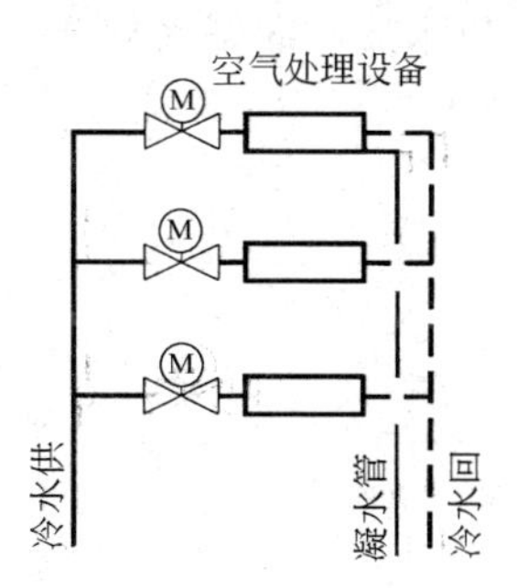

图 7-23 二管制冷水系统

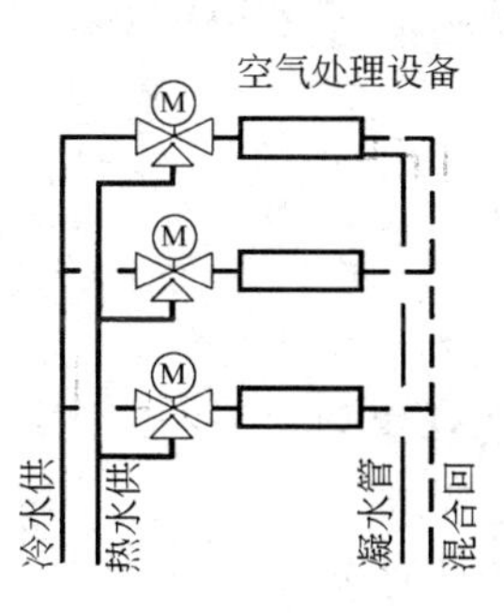

图 7-24 三管制冷水系统

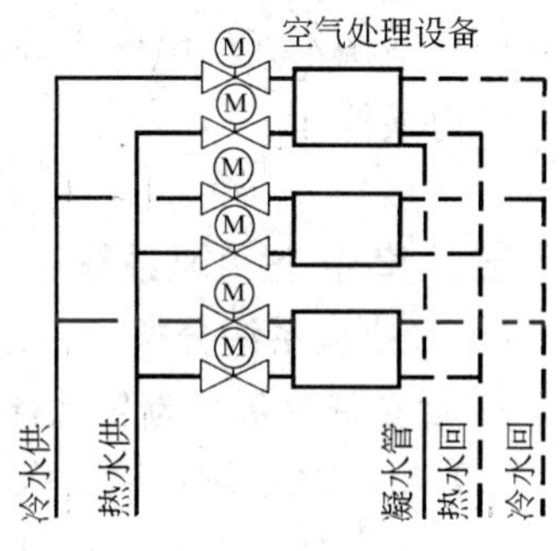

图 7-25 四管制冷水系统

（三）定流量系统、变流量系统

1. 定流量系统

流经用户管道中的流量恒定，当空气处理器需要的冷（热）量发生变化时，改变调节阀旁通水量或改变水温。空气处理器水量调节阀为三通阀或不设阀，见图 7-26。

2. 变流量系统

流经用户管道中的流量随空气处理器需要的冷（热）量而变化。空气处理器水量调节阀为二通阀，见图 7-27。

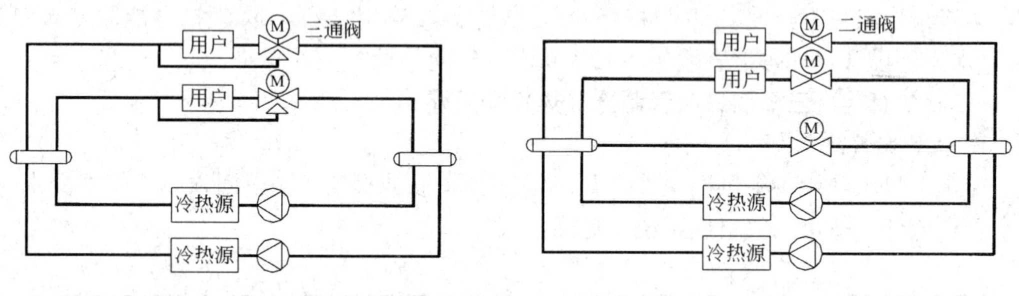

图 7-26 定流量冷水系统　　图 7-27 变流量冷水系统

（四）同程式、异程式（同供暖）

（五）空调水系统（冷热水）定压膨胀、补水、水处理

1. 定压膨胀

水系统要有定压，使水系统内最高点的管道和设备内充满水、没有空管；使水系统内最低点管道和设备不超压。水系统受热膨胀后体积增大，增多的这部分水要有出处，以免把水管和设备压破。

2. 补水

空调水系统因泄漏或检修泄水，应有补水泵等补水装置。

3. 水处理

补水应作软化，防止水在水管内壁结垢（主要是冬季），影响制冷机或换热器的传热效率和管道截面面积。

（六）空调水系统（冷热水）注意的问题

（1）供水管、回水管、凝水管均要有坡度，凝水管坡度更重要。

（2）空调水系统中压力分布：循环泵出口压力最高，沿泵出口水流方向越来越低，泵入口压力最低。

五、集中空调风系统

（一）空调系统分类

1. 按空调对象分为舒适性和工艺性空调

（1）舒适性空调：满足人体舒适要求。

（2）工艺性空调：满足设备或产品要求。

2. 按担负室内空调负荷的介质分为全空气系统、风机盘管加新风系统和全水系统

（1）全空气空调系统

室内冷（热）负荷由空气来负担，有单风道、双风道、定风量、变风量系统。恒温恒湿空调、净化空调等工艺空调一般采用全空气系统。体育馆、影剧院、商场、超高层写字楼等大空间的舒适性空调一般采用全空气系统，见图 7 19 上层。有异味的房间不应与普通房间合用一套全空气系统。

（2）空气—水系统（也叫风机盘管加新风系统）

室内冷（热）负荷由空气和水共同负担。适合于房间较多且各房间需要单独调节温度的建筑物，如旅馆、写字楼等。风机盘管加新风系统，见图 7-19 下层。

（3）全水系统。只设风机盘管的系统，没有新风要求的场所或新风不处理的场所。一般没有人，只为设备或产品降温。

（4）制冷剂系统：多联、单联分体空调。

3. 全空气空调系统按处理空气来源分

可分为：直流式（图 7-28），循环式（图 7-29），混合式（一次回风，图 7-30），混合式（二次回风，图 7-31）。

4. 按空气流量状态分

分为定流量、变流量两种。

（二）气流组织形式

合理组织室内空气的流动，使室内的温度、湿度、气流速度、洁净度、有害气体浓度等更好地满足工艺要求或符合人员的舒适感觉，是气流组织的任务。空调房间内要有送风、有回风（排风）。空调房间内各部位尽量有合理的气流。舒适性空调应使人员处于回流区或混合区，避免冷风直接吹向人体。

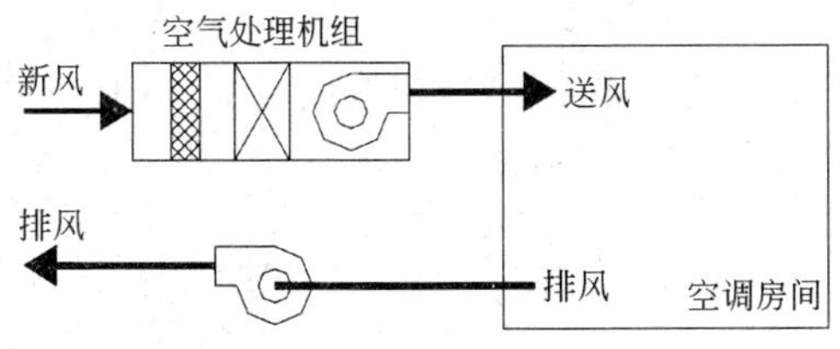

图 7-28　直流式空调系统（新风系统）

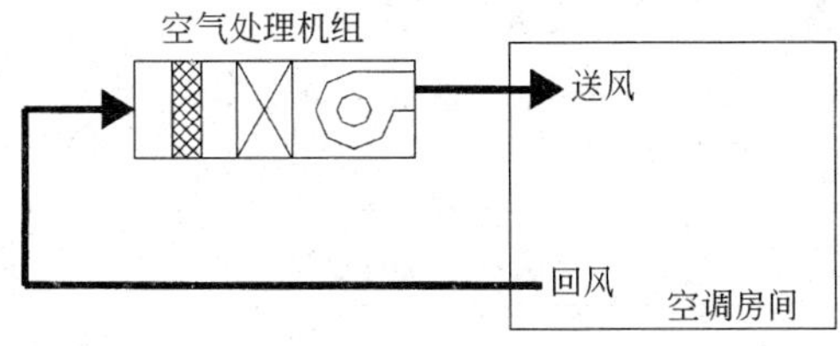

图 7-29　循环式空调系统

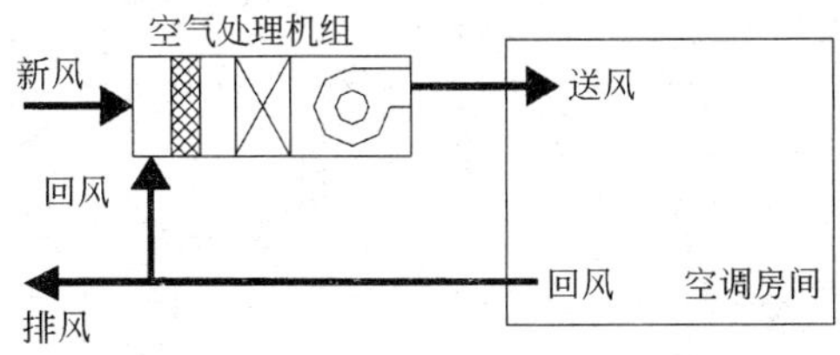

图 7-30　混合式（一次回风）空调系统

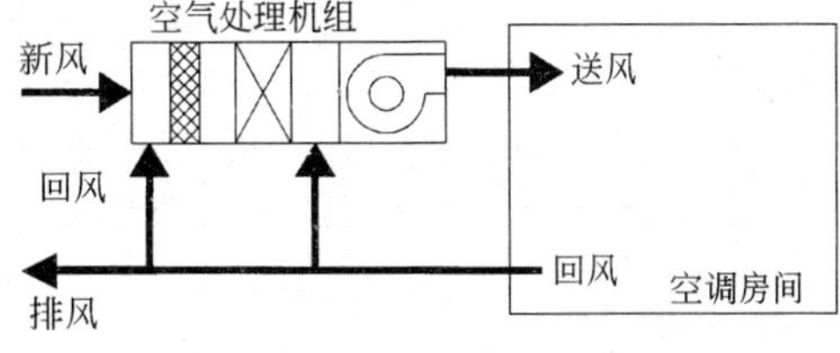

图 7-31　混合式（二次回风）空调系统

空调房间空气平衡关系：

送入风量＝回风量＋排风量（包括有组织和无组织排风）

1. 上送风方式（从顶部向下送风）

（1）散流器送风。一般侧下回，也可上回。见图 7-32、图 7-33。

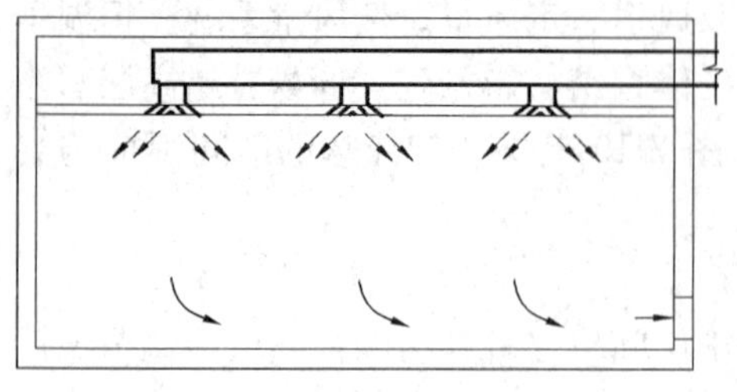

图 7-32　散流器上送风、侧下回风

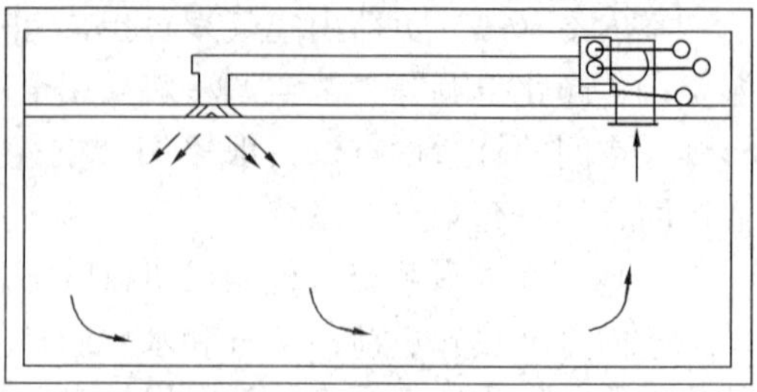

图 7-33　散流器上送风、上回风

（2）百叶风口送风。一般侧下回，可上回。见图 7-34。

（3）喷口送风、旋流风口送风。一般侧下回。见图 7-35。

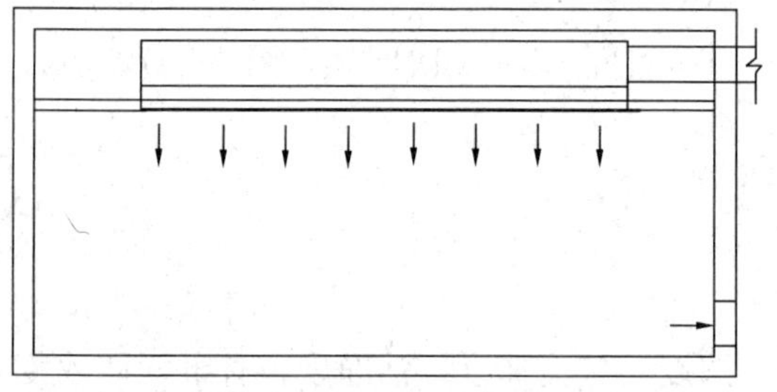

图 7-34　百叶（条形）上送风、侧下回风

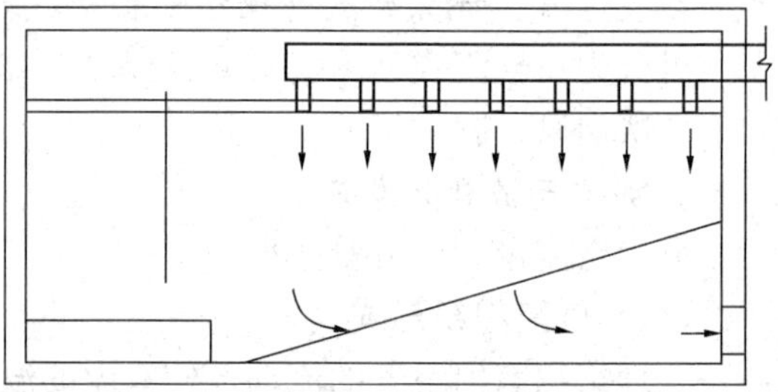

图 7-35　喷口上送风、侧下回风

2. 上侧送风方式（从上部侧墙水平或上下倾斜送风）

（1）百叶风口送风。气流宜贴附，侧下回，可上回。上回时平面上要与送风口有一定距离，见图 7-36、图 7-37。

（2）喷口送风。适用于体育馆、礼堂、剧院等高大空间，一般侧下回或侧上回，见图 7-38、图 7-39。

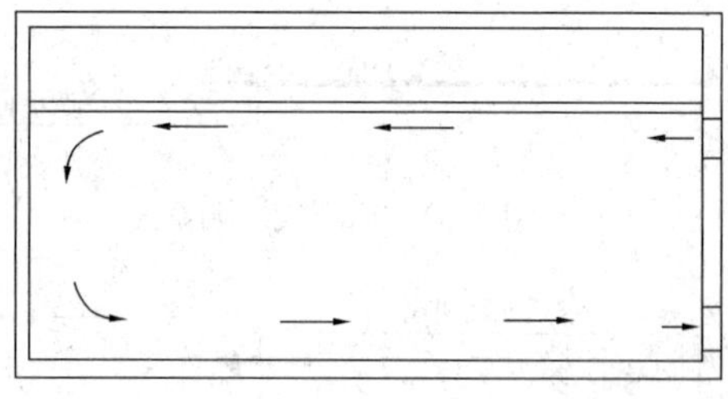

图 7-36　百叶风口上部侧送风、侧下回风

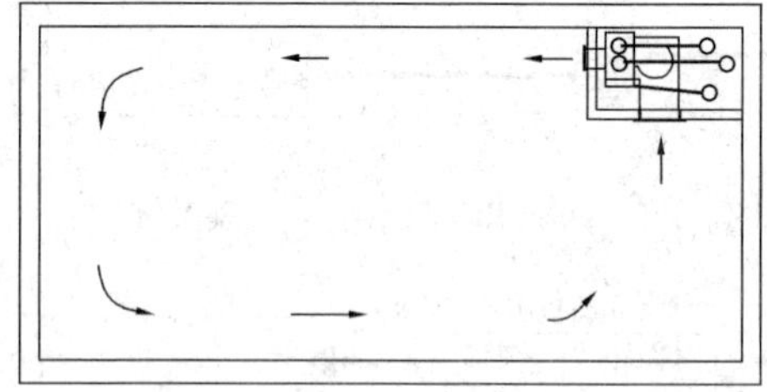

图 7-37　百叶风口上部侧送风、上回风

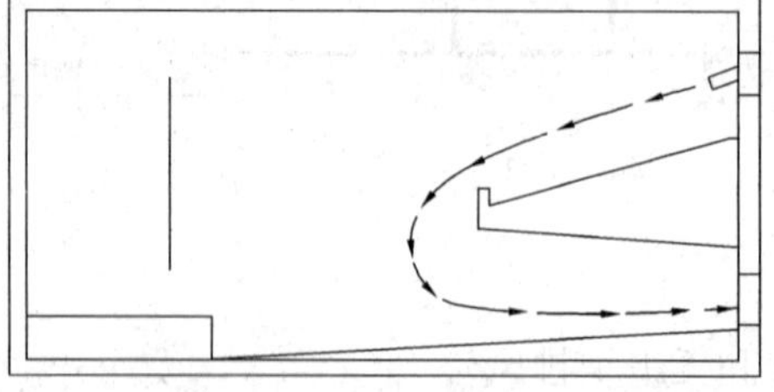

图 7-38　喷口上部侧送风、侧下回风

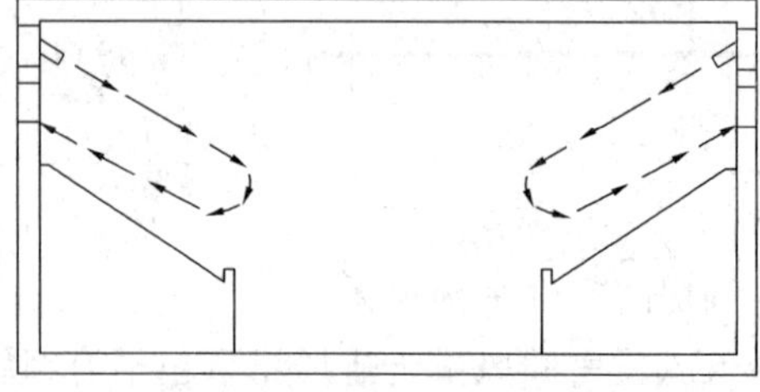

图 7-39　喷口上部侧送风、侧上回风

3. 下送风方式（从地面向上送风）

（1）剧场、体育馆等空间大的场合，座位下送风，一般上回，特点是送风温差小、温度场、风速场比较均匀。缺点是容易扬尘，见图 7-40。

（2）适用于电子计算机房，活动地板下送风，一般上回，见图 7-41。

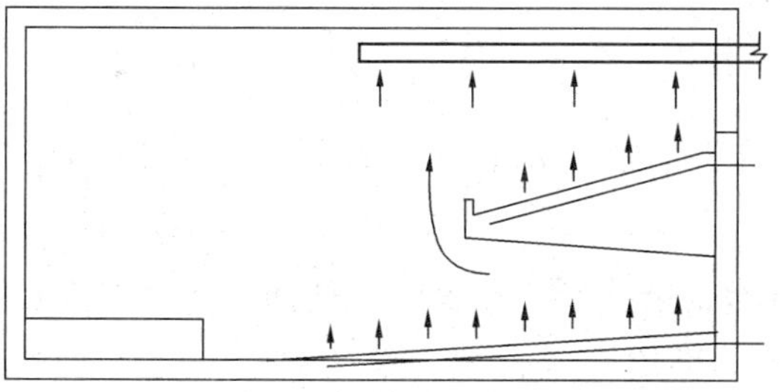

图 7-40　座椅下送风、上回风

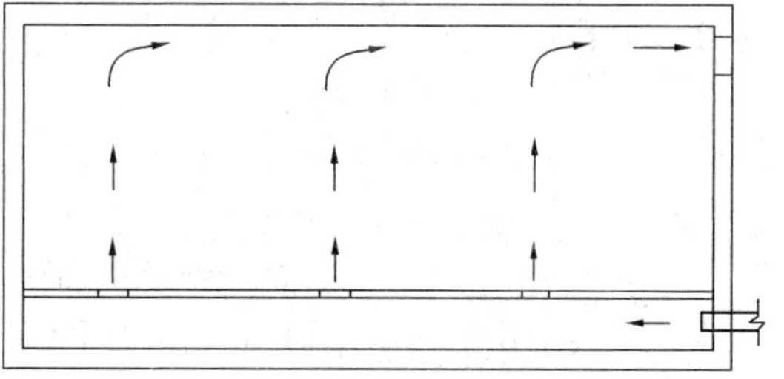

图 7-41　地板下送风、上回风

（三）空气处理

1. 冷却处理

通过冷冻水或制冷剂。

2. 加热处理

通过热水或蒸汽。

3. 去湿处理

通过制冷或吸湿剂。

4. 加湿处理

通过喷蒸汽、喷水、湿膜、超声波等。

5. 过滤处理

通过过滤器滤掉空气中的灰尘。分初效过滤（一般空调用）、中效过滤（对空气中含尘量有要求时用）、高效过滤（净化空调用）。

6. 吸附处理

通过活性炭等吸附剂吸附空气中的有害气体（空气中存在异味、有毒、有害等气体时用）。

（四）新风量确定

（1）按人员需要的新鲜空气量、排风量和维持正压所需风量这三项中的最大值。

（2）建筑物内人员所需最小新风量，应符合以下规定：

1）民用建筑人员所需最小新风量按国家现行有关卫生标准确定。办公室、客房：最小新风量每人 $30m^3/h$。

2）工业建筑应保证每人不小于 $30m^3/h$ 的新风量。

（五）空调风系统注意的问题

（1）舒适性空调每小时换气次数不宜小于 5 次。

（2）舒适性空调送风温差尽量大，但不宜大于 10℃（送风高度不大于 5m 时）。

（3）室内保持正压的空调房间，其正压值宜取 5～10Pa，不应大于 50Pa。

（4）风机盘管加新风空调系统，经处理的新风宜直接送入室内，不宜送到风机盘管的入口、出口处。

（5）空调和供暖系统膨胀（定压）水箱的膨胀管上不应设置阀门。

（6）空调水系统应设置排气和泄水装置。

（7）空调冷凝水管宜采用热水塑料管或热镀锌钢管，管道应采取防结露措施。

（8）空调冷凝水管排入污水系统时，应有空气隔断措施，冷凝水管不得与室内密闭雨水系统直接连接。

（9）空调送风口的选用：

1）在墙上向前侧送风时，距离不长时，宜采用百叶风口或条缝型风口送风；距离较长时，宜采用喷口送风。

2）在吊顶上向下送风时，宜采用圆形、方形、条缝形散流器。单位面积送风量大且人员活动区要求风速较小或温差较小时，采用孔板送风。

3）大空间建筑吊顶上向下送风时，可采用喷口、旋流风口。

（10）空调回风口的选用：一般选用百叶风口或格栅风口。

（11）空调系统过滤器的选用：

1）普通空调系统可选用初效过滤器。

2）要求较高的空调系统应增设中效过滤器。

3）净化空调系统应再增设亚高效或高效过滤器。

4）空气应先通过初效过滤器，再通过中效过滤器，最后通过高效过滤器。高效过滤器安装在室内送风口处。

六、集中空调系统自动控制

（一）自控的目的

满足室内的温度、湿度、洁净度、有害气体浓度、气流速度等要求；节约能源；自动保护；减少运行人员等。

（二）自控系统组成

自控系统由四个环节组成：敏感元件、调节器、执行机构、调节机构。当调节参数受到干扰时，敏感元件（如温度计）测得数据输送给调节器，调节器将此数据与给定值进行比较，给出调整偏差信号到执行机构（如电动机），执行机构操纵调节机构（如阀门）进行调节，以使参数达到规定的范围内。

（三）自控项目

1. 检测

如温度、湿度、有害气体浓度、压力等。

2. 显示

如上述参数显示，设备运行状态显示。

3. 保护

如空调机、制冷机的防冻；加湿器与风机联锁等。

4. 调节与控制

如温度、湿度、压力、新风量等。

(四) 空调风管、水管常用调节阀

1. 双位控制调节阀

一般用于小管径水管和风管。只有通和断两种状态。动力为电磁力，调节效果一般。

2. 连续控制调节阀

一般用于较大水管和风管。有通、断和任意中间状态。动力为正反转电动机。调节效果较好。

七、工艺性空调对围护结构的要求（表 7-1）

工艺性空调对围护结构的要求　　表 7-1

室温允许波动范围(℃)	外　墙	朝　向	楼　层	外　门	门　斗	外　窗
≥±1.0	宜减少外墙	宜北向	不宜顶层	不宜有	如有外门应设门斗	宜北向
±0.5	不宜有外墙	如有外墙宜北向	宜底层	不应有	如有外门必须设门斗	不宜有，如有应北向
±0.1～0.2	不应有外墙	—	宜底层	—	—	—

八、集中空调系统注意的问题

(1) 高大空间空调送风口，宜采用旋流风口或喷口。

(2) 空调系统的新风量，应保证补偿排风，人员所需新风量，保证室内正压，取其中最大值。

(3) 对于风机盘管的水系统，电动两通阀调节水量为变流量水系统。

(4) 空调机表面冷却器表面温度，低于空气露点温度才能使空气冷却去湿。

(5) 空调系统的过滤器，新风、回风均设过滤器但可合设。

(6) 换气次数是空调工程中常用的衡量送风量的指标，它的定义是房间送风量和房间容积的比值。

(7) 空调系统的节能运行工况，一年中新风量应冬、夏最小，过渡季最大。

(8) 对于空调定流量冷水系统，在末端装置冷却盘管处设电动三通调节阀。

(9) 防止夏季室温过冷或冬季室温过热的最好办法是设置完善的自动控制。

(10) 多联机由于冷媒管等效长度过长，不能确定性能，系数不低于 2.8 时，长度不宜超过 20m。

(11) 冷源蓄冷（蓄冰、蓄冷水）是利用低谷电制冷蓄存起来，电力高峰用冷，不节能、不节电但可以对电网削峰填谷，用户可以节省运行费（低谷电价低）。

(12) 控制风管内风速为降低阻力，降低噪声。降低阻力可减少运行费，降低噪声可保护环境。

第四节　建筑设计与供暖空调运行节能

(一) 公共建筑节能设计

1. 一般规定

(1) 建筑总平面的布置和设计，宜利用冬季日照并避开冬季主导风向，利用夏季自然通风。建筑的主朝向宜选择本地区最佳朝向或接近最佳朝向。尽量避免东西向日晒。

(2) 严寒、寒冷地区建筑的体型系数应小于或等于 0.40。

2. 围护结构热工设计

(1) 全国分 5 个热工设计分区，分别为严寒地区、寒冷地区、夏热冬冷地区、夏热冬暖地区、温和地区。

(2) 围护结构传热系数限值从小到大顺序为：严寒地区、寒冷地区、夏热冬冷地区、夏热冬暖地区、温和地区。

(3) 外墙与屋面的热桥部位的内表面温度不应低于室内空气露点温度。

(4) 建筑每个朝向的窗（包括透明幕墙）墙面积比均不应大于 0.70。

(5) 夏热冬暖地区、夏热冬冷地区的建筑以及寒冷地区中制冷负荷大的建筑，外窗（包括透明墙幕）宜设置活动式外部遮阳。

(6) 屋顶透明部分的面积不应大于屋顶总面积的 20%。

(7) 建筑中庭夏季应利用通风降温，必要时设置机械通风装置。

(8) 外窗的可开启面积不应小于窗面积的 30%，透明幕墙应有可开启部分或设有通风换气装置。

(9) 严寒地区建筑的外门应该设门斗，寒冷地区建筑的外门宜设门斗或应采取其他减少冷风渗透的措施。其他地区的建筑外门也应采取保温隔热节能措施。

(10) 建筑外门、外窗的气密性分级应符合国家标准《建筑外门窗气密、水密、抗风压性能分级及检测方法》GB/T 7106—2008 中第 4.1.2 条的规定，并应满足下列要求：

1) 10 层及以上建筑外窗的气密性不应低于 7 级；

2) 10 层以下建筑外窗的气密性不应低于 6 级；

3) 严寒和寒冷地区外门的气密性不应低于 4 级。

(11) 透明幕墙的气密性应符合国家标准《建筑幕墙》GB/T 21086 中第 5.1.3 条的规定且不应低于 3 级。

（二）居住建筑节能设计

一般规定：

(1) 建筑物朝向宜采用南北向或接近南北向，主要房间宜避开冬季主导风向。

(2) 建筑物体型系数在 0.3 及 0.3 以下；若体型系数大于 0.3，则屋顶和外墙应加强保温，其传热系数应满足规定。

（三）供暖热负荷计算时围护结构的附加耗热量

供暖热负荷计算时围护结构的附加耗热量，应按其占基本耗热量的百分率来确定。各项附加（或修正）百分率，宜按下列规定的数值选用：

(1) 朝向修正率：

北、东北、西北	0%～10%
东、西	−5%
东南、西南	−10%～−15%
南	−15%～−30%

(2) 风力附加率：建筑在不避风的高地、河岸、旷野上的建筑物以及特别高出的建筑物，垂直的外围护结构附加 5%～10%。

(3) 外门附加率：当建筑的楼层为 n 层时：

一道门：65n%；两道门（有门斗）：80n%；三道门（有两门斗）：60n%；公建主要入口：50n%。

（四）供暖空调运行节能应注意的问题

（1）设置全面供暖的建筑物，传热阻应根据有关节能标准经技术经济比较确定，且对最小传热阻有要求。

（2）供暖建筑玻璃外窗的层数与下列因素有关：室外温度、室内外温度差、朝向。

第五节　设备机房及主要设备的空间要求

（一）锅炉房

1. 锅炉类型

（1）按燃料分

分为燃煤、燃气、燃油、电锅炉。

（2）按承压分

分为有压、常压（无压）、负压（真空）锅炉。有压锅炉指锅炉承受一定压力。常压（无压）锅炉指锅炉不承受压力或承受很小压力。负压锅炉指锅炉为负压（真空）。

2. 位置选择

（1）靠近热负荷相对集中的地方。

（2）减少烟尘的影响，尽量布置在下风侧。

（3）燃料、灰渣运输方便。

（4）燃煤锅炉房宜设置在建筑物外的专用房间内。

（5）燃油、燃气锅炉房宜设置在建筑物外的专用房间内，当受条件限制必须布置在建筑内或裙房内时，应设在首层或地下一层靠外墙部位，但常压、负压锅炉可设在地下二层。不应设在人员密集的房间上一层、下一层、贴邻。

3. 锅炉台数选择

不宜少于2台，当1台满足热负荷和检修需要时可1台；新建时不宜超过5台；扩建和改建时不宜超过7台；非独立锅炉房时不宜超过4台。

4. 锅炉房的布置

（1）锅炉房平面一般包括锅炉间、风机除尘间、水泵水处理间、配电和控制室、化验室、修理间、浴厕等。

（2）锅炉房的外墙、楼地面、屋面应有相应的防爆措施。

（3）锅炉房与其他部位之间应用耐火墙、楼板隔开，门为甲级防火门。

（4）锅炉房通向室外的门向外开。辅助间、生活间等通向锅炉间的门向锅炉间开。

（5）锅炉间外墙的开窗面积应满足通风、泄压、采光要求。泄压面积不小于锅炉间占地面积的10%。

（6）热力站的开门，蒸汽热力站或长度超过12m、高于100℃的热水热力站设2个出口。

（7）燃油烧气锅炉与固体燃料锅炉烟风道应分别设置。

5. 锅炉房面积粗略估算

（1）旅馆、办公楼等公建（以10000～30000m^2为例）的燃煤锅炉房面积约占建筑面积的0.5%～1.0%，燃油、燃气锅炉房约占建筑面积的0.2%～0.6%。

(2) 居住建筑（以100000～300000m² 为例）的燃煤锅炉房面积约占建筑面积的0.2%～0.6%，燃气锅炉房约占建筑面积的0.1%～0.3%。

(二) 制冷机房

(1) 氨压缩式制冷机要求严禁采用明火供暖；设事故排风装置，换气次数不小于12次/小时，排风机选用防爆型。

(2) 燃气直燃溴化锂吸收式制冷机，要求同负压锅炉。

(3) 制冷机房在地下室时要有运输通道和通风设施。

(4) 应考虑振动、噪声对环境的影响，选好位置，作好隔声、吸声。

(5) 制冷机房面积粗略估算（以10000～30000m² 为例）：

1) 旅馆、办公楼等建筑占总建筑面积的0.925%～0.75%；

2) 商业、展览馆等建筑占总建筑面积的1.57%～1.31%。

(三) 空调机房

(1) 位置选择：在地下室时要有新风和排风通向地面。在地上时尽量靠外墙，进新风和排风方便。

(2) 防止振动、噪声的影响，做好隔声、吸声。

(3) 应有排水、地面防水。

(4) 门向外开，甲级防火门。

(5) 空调机房占用面积粗略估算（以10000～30000m² 为例）：

1) 全空气系统占总建筑面积3.9%～3.3%；

2) 风机盘管加新风系统占总建筑面积2.7%～2.25%。

第六节 建筑防烟排烟及通风空调风管防火措施

一、防排烟概念综述

防排烟是防烟和排烟的总称。

(一) 防烟概念

(1) 防烟定义：疏散、避难等空间，通过自然通风防止火灾烟气积聚或通过机械加压送风（机械加压送风包括送风井管道、送风口阀、送风机等）阻止火灾烟气侵入，叫防烟。

(2) 防烟对象：疏散、避难等空间。疏散空间包括两类楼梯间、四类前室。两类楼梯间为封闭楼梯间、防烟楼梯间；四类前室包括独立前室（防烟楼梯间前室）、共用前室（剪刀楼梯间的两部楼梯共用一个前室）、合用前室（防烟楼梯间与消防电梯合用一个前室）以及消防电梯前室。避难空间包括避难层、避难间。

(3) 防烟手段：自然通风、机械加压送风。

(二) 排烟概念

(1) 排烟定义：房间、走道等空间通过自然排烟或机械排烟将火灾烟气排至建筑物外，叫排烟。

(2) 排烟对象：房间、走道等空间。

房间包括：设置在一、二、三层且房间建筑面积大于 100m^{2}或设置在四层及以上以及地下、半地下的歌舞、娱乐、放映、游艺场所；中庭；公共建筑内地上部分建筑面积大于 100m^{2}且经常有人停留、建筑面积大于 300m^{2}且可燃物较多的房间。

走道包括：建筑内长度大于 20m 的疏散走道。

地下或半地下建筑、地上建筑内的无窗房间，当总面积大于 200m^2 或一个房间面积大于 50m^2，且经常有人停留或可燃物较多房间。

（3）排烟手段：自然排烟、机械排烟。

（三）自然通风、自然排烟概念

可开启外窗（口）位于防烟空间（即疏散、避难等空间），火灾时的作用是自然通风。

可开启外窗（口）位于排烟空间（即房间、走道等空间），火灾时的作用是自然排烟。

（四）可开启外窗（口）和固定窗的规定

（1）疏散、避难等空间（包括两类楼梯间、四类前室、两类避难场所）自然通风时，应设可开启外窗（口），其面积、位置、开启方式、开启装置等应满足现行国家标准的要求。

（2）疏散空间的封闭楼梯间、防烟楼梯间设机械加压送风时，应设固定窗，其面积、位置、开启方式、开启装置等应满足现行国家标准的要求。

（3）房间、走道等空间（包括地上、地下、半地下房间及走道、中庭、回廊等）自然排烟时，应设可开启外窗（口），其面积、数量、位置、距离、高度、开启方式、开启装置应满足现行国家标准的要求。

（4）地上的下列房间设机械排烟时，应设固定窗，其面积、数量、位置、距离、高度应满足现行国家标准的要求：任一层建筑面积大于 2500m^{2}的丙类厂房或仓库；任一层建筑面积大于 3000m^{2}的商店或展览或类似功能建筑；商店或展览或类似功能建筑中长度大于 60m 的走道；总建筑面积大于 1000m^{2}的歌舞、娱乐、放映、游艺场所；靠外墙或贯通至屋顶的中庭。

二、防烟设计

（一）防烟的一般规定

（1）建筑高度大于 50m 的公共建筑、工业建筑和建筑高度大于 100m 的住宅建筑（大于可采用自然通风防烟的建筑高度），防烟楼梯间、独立前室、共用前室、合用前室、消防电梯前室应分别采用机械加压送风（不应设自然通风）。

建筑高度大于 100m 的建筑，其机械加压送风应竖向分段独立设置，且每段高度不应超过 100m。

（2）建筑高度不大于 50m 的公共建筑、工业建筑和建筑高度不大于 100m 的住宅建筑（不大于可采用自然通风防烟的建筑高度），防烟楼梯间、独立前室、共用前室、合用前室（除共用前室与消防电梯前室合用的情况外）以及消防电梯前室，满足自然通风条件时应采用自然通风；不满足自然通风条件时，应采用机械加压送风。

防烟系统的选择尚应符合下列规定：

地下或半地下建筑、地上建筑的无窗房间，当总建筑面积大于 200m² 或一个房间面积大于 50m² 且经常有人停留或可燃物较多房间。

1）独立前室、合用前室，采用全敞开的阳台、凹廊或设有两个及以上不同朝向可开启外窗且均满足自然通风条件（满足自然通风条件的要求见自然通风设施条文），防烟楼梯间可不设防烟。

2）两类楼梯间、四类前室有条件自然通风时应采用自然通风；当不满足自然通风条件时，应采用机械加压送风。

3）防烟楼梯间满足自然通风条件，独立前室、共用前室、合用前室不满足自然通风条件，设机械加压送风。当前室送风口设置在前室顶部或正对前室入口的墙面时，防烟楼梯间可采用自然通风；当前室送风口不满足上述条件时，防烟楼梯间应采用机械加压送风。

（3）防烟楼梯间及其前室（包括独立前室、共用前室、合用前室）设置机械加压送风时应符合下列规定：

1）当采用合用前室时，防烟楼梯间、合用前室应分别独立设置机械加压送风。

2）当采用剪刀楼梯时，其两个楼梯间及其前室应分别独立设置机械加压送风。

3）当采用独立前室时，建筑高度不大于可采用自然通风防烟的建筑高度，当独立前室仅有一个门与走道或房间相通时，可仅在防烟楼梯间设置机械加压送风、前室不送风；独立前室不满足上述条件，防烟楼梯间、独立前室应分别设置机械加压送风。

（4）地下、半地下建筑仅有一层，封闭楼梯间（仅有一层）可不设机械加压送风，但首层应设置有效面积不小于 1.2m²的可开启外窗或直通室外的疏散门。

（二）自然通风设施

（1）采用自然通风的封闭楼梯间、防烟楼梯间，应在最高部位设置面积不小于 1.0m²的可开启外窗或开口；当建筑高度大于 10m 时，尚应在楼梯间外墙上每 5 层内设置总面积不小于 2.0m²的可开启外窗或开口，且布置间隔不大于 3 层。

（2）前室采用自然通风时，独立前室、消防电梯前室可开启外窗或开口面积不应小于 2.0m²，共用前室、合用前室不应小于 3.0m²。

（3）采用自然通风的避难层、避难间设有不同朝向可开启外窗时，其有效面积不应小于该避难层、避难间地面面积的 2%，且每个朝向面积不应小于 2.0m²。

（三）机械加压送风设施

（1）建筑高度不大于 50m 的建筑，当楼梯间设置加压送风井管道确有困难时，楼梯间可采用直罐式机械加压送风（无送风井管道时，直接向楼梯间机械加压送风），并应符合下列规定：

1）建筑高度大于 32m 时，应两点部位送风，间距不宜小于建筑高度的 1/2；

2）送风量应比非直罐式机械加压送风量增加 20%；

3）送风口不宜设在影响人员疏散的部位。

（2）楼梯间地上、地下部分应分别设置机械加压送风。地下部分为汽车库或设备用房时，可共用机械加压送风系统；但送风量应地上、地下部分相加；并应采取措施满足地上、地下部分的风量要求。

（3）机械加压送风风机应符合下列规定：

1）进风口应直通室外且防止吸入烟气。

2）进风口和风机宜设在机械加压送风系统下部。

3）进风口与排烟出口不应设在同一平面上；当确有困难时，进风口与排烟出口应保持一定距离。

竖向布置时，进风口在下方，两者边缘最小垂直距离不应小于 6m；水平布置时，两者边缘最小水平距离不应小于 20m。

4）送风机应设在专用机房内。

（4）机械加压送风口：楼梯间宜每隔 2～3 层设一个常开式百叶风口；前室应每层设一个常闭式风口并设手动开启装置；送风口风速不宜大于 7m/s；送风口不宜被门遮挡。

（5）机械加压送风管道：不应采用土建风道。应采用不燃材料且内壁光滑。内壁为金属时，风速不应大于 20m/s；内壁为非金属时，风速不应大于 15m/s。

（6）机械加压送风管道的设置和耐火极限：竖向设置时，应独立设于管道井内；设置在其他部位时，耐火极限不应低于 1h。水平设置在吊顶内时，耐火极限不应低于 0.5h；水平设置未在吊顶内时，耐火极限不应低于 1.0h。

（7）机械加压送风管道井隔墙耐火极限不应低于 1.0h 并应独立设置；必须设门时，应采用乙级防火门。

（8）设置机械加压送风的疏散部位不宜设置可开启外窗。

（9）设置机械加压送风的封闭楼梯间、防烟楼梯间尚应在其顶部设置不小于 1.0m^{2}的固定窗；靠外墙的防烟楼梯间尚应在其外墙上每 5 层内设置总面积不小于 2.0m^{2}的固定窗。

（10）加压送风口的层数要求

两类楼梯间每隔 2～3 层设一个常开式加压送风口；四类前室每层设一个常闭式加压送风口，并设手动开启装置。

三、排烟设计

（一）排烟的一般规定

（1）优先采用自然排烟

（2）同一防烟分区应采用同一种排烟方式

（3）关于中庭、与中庭相连通的回廊及周围场所的排烟的规定

1）中庭应设排烟。

2）周围场所按现行国家标准设排烟。

3）回廊排烟：当周围场所各房间均设排烟时，回廊可不设；但当周围场所为商店时，回廊应设；当周围场所任一房间均未设排烟时，回廊应设。

4）当中庭与周围场所未封闭时，应设挡烟垂壁。

（4）固定窗的设置规定

1）固定窗的布置位置

① 非顶层区域的固定窗应布置在外墙上；

② 顶层区域的固定窗应布置在屋顶或顶层外墙上；但未设置喷淋、钢结构屋顶、预应力混凝土屋面板时，应布置在屋顶；

③ 固定窗宜按防烟分区布置，不应跨越防火分区。

2）固定窗的有效面积

① 固定窗设在顶层，其有效面积不应小于楼面面积的 2%；

② 固定窗设在中庭，其有效面积不应小于楼面面积的 5%；

③ 固定窗设在靠外墙且不位于顶层，单个窗有效面积不应小于 1.0m² 且间距不宜大于 20m，其下沿距室内地面不宜小于层高的 1/2；供消防救援人员进入的窗口面积不计入固定窗面积但可组合布置；

④ 固定窗有效面积应按可破拆的玻璃面积计算。

（二）防烟分区、挡烟垂壁

（1）防烟分区不应跨越防火分区。

（2）防烟分区挡烟垂壁等挡烟分隔的深度：

1）自然排烟时，不应小于空间净高的 20%且不应小于 500mm；

2）机械排烟时，不应小于空间净高的 10%且不应小于 500mm。

同时，底距地面应大于疏散所需的最小清晰高度。

注：最小清晰高度：净高不大于 3m 时，不小于净高的 1/2；净高大于 3m 时，为 1.6m＋0.1 倍层高。

（3）设置排烟的建筑内，敞开楼梯、自动扶梯穿越楼板的开口部应设置挡烟垂壁等设施。

（4）防烟分区最大面积及长边的最大长度：

1）空间净高≤3m：最大面积 500m²，长边的最大长度为 24m；

2）空间净高＞3m、≤6m：最大面积 1000m²，长边的最大长度为 36m；

3）空间净高＞6m：最大面积 2000m²，长边的最大长度为 60m；

4）空间净高＞6m：最大面积同上；自然对流时，长边的最大长度为 75m；

5）空间净高＞9m：可不设挡烟垂壁；

6）走道宽度≤2.5m：长边的最大长度为 60m；

7）走道宽度＞2.5m：长边的最大长度按前四项设置。

（三）自然排烟设施

1. 自然排烟窗（口）的设置场所

自然排烟场所应设置自然排烟窗（口）。

2. 自然排烟窗 （口） 有效面积的确定

除中庭外，一个防烟分区自然排烟窗（口）的有效面积应满足以下规定：

（1）房间排烟且净高≤6m 时，自然排烟窗（口）的有效面积应≥该防烟分区建筑面积的 2%。

（2）房间排烟且净高＞6m 时，自然排烟窗（口）的有效面积应经计算确定。

（3）仅需在走道、回廊排烟时，两端自然排烟窗（口）有效面积均应≥2m² 且自然排烟窗（口）的距离不应小于走道长度的 2/3。

（4）房间、走道、回廊均排烟时，自然排烟窗（口）有效面积应≥该走道、回廊建筑面积的 2%。

（5）中庭排烟时（中庭周围场所设排烟），自然排烟窗（口）有效面积应经计算确定且≥59.5m²。

（6）中庭排烟时（中庭周围场所不需设排烟，仅在回廊排烟），自然排烟窗（口）有效面积应经计算确定且≥27.8m²。

3. 自然排烟窗（口）的位置

自然排烟窗（口）距防烟分区内任一点水平距离不应大于30m（此距离也适用于机械排烟）；当净高≥6m且具有自然对流条件时，不应大于37.5m（此距离不适用于机械排烟）。

4. 自然排烟窗（口）的布置要求

自然排烟窗（口）宜分散、均匀布置，每组长度不宜大于3.0m。

自然排烟窗（口）设在防火墙两侧时，最近边缘的水平距离不应小于2.0m。

5. 自然排烟窗（口）设在外墙的高度

自然排烟窗（口）设在外墙时，应在储烟仓内；但走道和房间净高不大于3m区域，可设在净高1/2以上。

注：储烟仓的设置要求如下：

自然排烟时：储烟仓厚度不应小于空间净高的20%且不小于0.5m；

机械排烟时：储烟仓厚度不应小于空间净高的10%且不小于0.5m；

同时，要求储烟仓底部应大于最小清晰高度（最小清晰高度为1.6m+0.1H；其中，单层空间H取净高；多层空间H取层高；但走道和房间净高不大于3m的区域取净高的1/2）。

6. 自然排烟窗（口）的开启形式

自然排烟窗（口）的开启形式应有利于火灾烟气的排出（下悬外开，即下端为轴、上端在墙外）；但房间面积不大于200m²时，开启方向可不限。

7. 自然排烟窗（口）开启的有效面积

（1）悬窗：开启角度大于70°时，按窗面积计算；不大于70°时，按最大开启时水平投影面积计算。

（2）平开窗：开启角度大于70°时，按窗面积计算；不大于70°时，按最大开启时竖向投影面积计算。

（3）推拉窗：按最大开启时窗口面积计算。

（4）平推窗：设在顶部时，按窗1/2周长与平推距离的乘积计算且不应大于窗面积；设在外墙时，按窗1/4周长与平推距离的乘积计算且不应大于窗面积。

8. 自然排烟窗（口）的开启装置

高处不便于直接开启的外窗应在距地面1.3～1.5m处的位置设置手动开启装置。

净空高度大于9.0m的中庭、建筑面积大于2000m²的营业厅、展览厅、多功能厅等场所，应设置集中手动开启装置和自动开启装置。

（四）机械排烟设施

1. 机械排烟系统水平方向布置

当建筑的机械排烟系统沿水平方向布置时，每个防火分区机械排烟系统应独立。

2. 机械排烟系统竖直方向布置

建筑高度大于50m的公共建筑和建筑高度大于100m的住宅建筑，其排烟系统应竖向分段、独立设置，且每段高度：公共建筑不应大于50m，住宅建筑不应大于100m。

3. 排烟与通风空调合用

排烟与通风空调应分开设置，确有困难可合用，但应符合排烟要求且排烟时需联动关闭的通风空调控制阀门不应超过 10 个。

4. 排烟风机出口

排烟风机出口宜设在系统最高处，烟气出口宜朝上并应高出机械加压送风和补风进风口，两者边缘最小垂直距离不应小于 6m；水平布置时，两者边缘最小水平距离不应小于 20m。

5. 排烟风机房

排烟风机房宜设在专用机房内，排烟风机两侧应有 0.6m 以上的空间。排烟与通风空调合用机房应设自动喷水灭火装置、不得设置机械加压送风机、排烟连接件应能在 280℃时连续 30min 保证结构完整性。

6. 排烟风机

排烟风机应满足 280℃时连续工作 30min，排烟风机应与风机入口处排烟防火阀连锁，该阀关闭时联动排烟风机停止运行。

7. 排烟管道

机械排烟系统应采用管道排烟但不应采用土建风道。排烟管道应采用不燃材料制作且内壁光滑。排烟管道为金属时风速不应大于 20m/s，为非金属时风速不应大于 15m/s。排烟管道厚度见现行施工规范。

8. 排烟管道的耐火极限

（1）排烟管道及其连接件应能在 280℃时连续 30min 保证结构完整性。

（2）排烟管道竖向设置时，应设在独立的管道井内，耐火极限不应低于 0.5h。

（3）排烟管道水平设置时，应设在吊顶内。当设在走廊吊顶内时，耐火极限不应低于 1.0h；当设在其他场所的吊顶内时，耐火极限不应低于 0.5h。当设在吊顶内确有困难时，可设在室内，但耐火极限不应低于 1.0h。

（4）排烟管道穿越防火分区时，耐火极限不应低于 1.0h。

（5）排烟管道设在设备用房、汽车库时，耐火极限可不低于 0.5h。

9. 排烟管道的管道井耐火极限

机械排烟管道井隔墙耐火极限不应低于 1.0h 并应独立设置；必须设门时，应采用乙级防火门。

10. 排烟管道隔热

排烟管道设在吊顶内且有可燃物时，应采用不燃材料隔热，并与可燃物保持不小于 0.15m 的距离。

11. 排烟口位置

（1）排烟口距防烟分区内任一点的水平距离不应大于 30m。

（2）排烟口应设在储烟仓内；但走道和房间净高不大于 3m 的区域，可设在净高的1/2 以上（最小清晰高度以上）；当设在侧墙时，其最近边缘与吊顶的距离不应大于 0.5m。

（3）排烟口宜设在顶棚或靠近顶棚的墙面上。

（4）排烟口宜使烟流与人流方向相反，且与附近安全出口相邻边缘的水平距离不应小于 1.5m。

（五）补风系统

（1）补风场所：除地上建筑的走道或建筑面积小于 $500m^2$ 的房间外，设置排烟系统的场所应设置补风系统。

(2) 补风量：补风应直接引入室外空气，且补风量不应小于排烟量的50%。

(3) 补风设施：补风可采用疏散外门、开启外窗等自然进风或机械送风。

(4) 补风机房：补风机应设在专用机房内。

(5) 补风口位置：补风口与排烟口在同一防烟分区时，二者水平距离不应小于5m，且补风口应在储烟仓下沿以下。

(6) 补风口风速：自然补风口风速不宜大于3m/s。

(7) 补风管道耐火极限：补风管道耐火极限不应低于0.5h；跨越防火分区时，耐火极限不应低于1.5h。

四、燃油燃气锅炉的设置

燃油燃气锅炉不应布置在人员密集场所的上一层、下一层或贴邻。应布置在首层或地下一层靠外墙部位，但常（负）压锅炉可设在地下二层或屋顶上。设在屋顶时，距通向屋面的安全出口不应小于6m。燃油燃气锅炉房疏散门均应直通室外或安全出口。燃气锅炉房应设置爆炸泄压设施。

五、通风空调风管材质

(1) 通风空调风管材质应采用不燃材料。

(2) 设备和风管的绝热材料、加湿材料、消声和粘结材料，宜采用不燃材料，确有困难时可采用难燃材料。

六、防火阀设置

1. 通风空调风管下列部位应设70℃防火阀

(1) 穿越防火分区处；

(2) 穿越通风、空调机房隔墙和楼板处；

(3) 穿越重要或火灾危险性大的隔墙和楼板处；

(4) 穿越防火分隔处的变形缝两侧；

(5) 竖向风管与每层水平风管交接处的水平管段上。

2. 排烟管道下列部位应设280℃熔断关闭排烟防火阀

(1) 垂直风管与每层水平风管交接处的水平管段上；

(2) 一个排烟系统负担多个防烟分区的排烟支管上；

(3) 排烟风机入口处；

(4) 穿越防火分区处。

第七节　燃气种类及安全措施

(一) 燃气种类

天然气、人工煤气、液化石油气。

(二) 燃气管道

(1) 地下燃气管道不得从建筑物和大型构筑物的下面穿越。

(2) 燃气引入管不得敷设在卧室、浴室、地下室、易燃或易爆物品的仓库、有腐蚀性介质的房间、配电室、变电室、电缆沟、烟道和进风道等地方。

(3) 燃气引入管进入密闭室时，密闭室必须进行改造，并设置换气口，其通风换气次数每小时不得少于3次。

(4) 燃气引入管穿过建筑物基础、墙或管沟时，均应设置在套管中，并应考虑沉降的影响，必要时应采取补偿措施。

(5) 建、构筑物内部的燃气管道应明设。当建筑或工艺有特殊要求时，可暗设，但必须便于安装和检修。

(6) 暗设燃气管道应符合下列要求：

1) 暗设的燃气立管，可设在墙上的管槽或管道井中，暗设的燃气水平管，可设在吊平顶内或管沟内。

2) 暗设的燃气管道的管沟应设活动门和通风孔；暗设在燃气管道的管沟应设活动盖板，并填充干沙。

3) 管道应有防腐绝缘层。

4) 燃气管道不得敷设在可能渗入腐蚀性介质的管沟中。

5) 当敷设燃气管道的管沟与其他管沟相交时，管沟之间应密封，燃气管道应敷设在钢套管中。

6) 敷设燃气管道的设备层和管道井应通风良好。每层的管道井应设与楼板耐火极限相同的防火隔断层，并应有进出方便的检修门。

(7) 室内燃气管道不得穿过易燃易爆品仓库、配电室、变电室、电缆沟、烟道和进出风道等地方。

(8) 室内燃气管道不应敷设在潮湿或有腐蚀性介质的房间内。当必须敷设时，必须采取防腐措施。

(9) 燃气管道严禁引入卧室。当燃气水平管道穿过卧室、浴室或地下室时，必须采用焊接连接的方式，并必须设置在套管中。燃气管道的立管不得敷设在卧室、浴室或厕所中。

(10) 当室内燃气管道穿过楼板、楼梯平台、墙壁和隔墙时，必须安装在套管中。

(11) 燃气管道必须考虑在工作环境温度下的极限变形。

(12) 地下室、半地下室、设备层和25层以上建筑的用气安全设施应符合下列要求：

1) 引入管宜设快速切断阀；

2) 管道上宜设自动切断阀、泄露报警器和送排风系统等自动切断联锁装置；

3) 25层以上建筑宜设燃气泄漏集中监视装置和压力控制装置，并宜有检修值班室。

(13) 地下室、半地下室、设备层敷设人工煤气和天然气管道时应符合下列要求：

1) 净高不应小于2.2m；

2) 应有良好的通风设施，地下室或地下设备层内应有机械通风和事故排风设施；

3) 应设有固定的照明设备；

4) 当燃气管道与其他管道一起敷设时，应敷设在其他管道的外侧；

5）燃气管道应采用焊接或法兰连接；

6）应用非燃烧体的实体墙与电话间、变电室、修理间和储藏室隔开；

7）地下室内燃气管道末端应设放散管，并应引出地上。放散管的出口位置应保证吹扫放散时的安全和卫生要求。

（14）液化石油气管道不应敷设在地下室、半地下室或设备层内。

（15）当燃气燃烧设备与燃气管道为软管连接时，其设计应符合下列要求：

1）家用燃气灶和实验室用的燃烧器，其连接软管的长度不应超过 2m，并不应有接口；

2）燃气用软管应采用耐油橡胶管；

3）软管与燃气管道、接头管、燃烧设备的连接处应采用压紧螺帽（锁母）或管卡固定；

4）软管不得穿墙、窗和门。

（16）燃气管不应敷设在楼梯间及防烟楼梯间前室内。

（三）居民生活和公共建筑用气

（1）用户计量装置的安装位置应符合下列要求：

1）宜安装在非燃结构的室内通风良好处；

2）严禁安装在卧室、浴室、危险品和易燃物品堆放处，以及与上述情况类似的地方；

3）公共建筑和工业企业生产用气的计量装置，宜设置在单独房间内。

（2）燃气表的安装应满足抄表、检修、保养和安全使用的要求。当燃气表在燃气灶具上方时，燃气表与燃气灶的水平净距不得小于 30cm。

（3）居民生活使用的各类用气设备应采用低压燃气。

（4）居民生活用气设备严禁安装在卧室内。

（5）居民住宅厨房内装有直接排气式热水器时应设排风扇。

（6）燃气灶的设置应符合下列要求：

1）燃气灶应安装在通风良好的厨房内，利用卧室的套间或用户单独使用的走廊作厨房时，应设门并与卧室隔开；

2）安装燃气灶的房间净高不得低于 2.2m；

3）燃气灶与可燃或难燃烧的墙壁之间应采取有效的防火隔热措施；燃气灶的灶面边缘和烤箱的侧壁距木质家具的净距不应小于 20cm；燃气灶与对面墙之间应有不小于 1m 的通道。

（7）燃气热水器应安装在通风良好的房间或过道内并应符合下列要求：

1）直接排气式热水器严禁安装在浴室内；

2）平衡式热水器可安装在浴室内；

3）装有直接排气式热水器或烟道式热水器的房间，房间门或墙的下部应设有效截面积不小于 30mm 的间隙；

4）房间净高应大于 2.4m；

5）可燃或难燃烧的墙壁上安装热水器时，应采取有效的防火隔热措施；

6）热水器与对面墙之间应有不小于 1m 的通道。

(8) 燃气供暖装置的设置应符合下列要求：

1) 燃气供暖装置应有熄火保护装置和排烟设施；

2) 容积式热水供暖炉应设置在通风良好的走廊或其他非居住房间内，与对面墙之间应有不小于1m的通道；

3) 供暖装置设置在可燃或难燃烧的地板上时，应采用有效的防火隔热措施。

(9) 公共建筑用气设备应安装在通风良好的专用房间内。

(10) 公共建筑用气设备的安装应符合下列要求：大锅灶和中餐菜灶应有排烟设施，大锅灶的炉膛和烟道处必须设爆破门。

(11) 燃具燃烧所产生的烟气应排出室外。

(12) 安装生活用的直接排气式燃具的厨房，应符合燃具热负荷对厨房容积和换气次数的要求。当不能满足要求时，应设置机械排烟设施。

(13) 浴室用燃气热水器的排气口应直接通向室外。排气系统与浴室必须有防止烟气泄漏的措施。

(14) 公共建筑用厨房中的燃具上方应设排气扇或吸气罩。

(15) 用气设备的排烟设施应符合下列要求：

1) 不得与使用固体燃料的设备共用一套排烟设施；

2) 当多台设备合用一个总烟道时，应保证排烟时互不影响；

3) 在容易积聚烟气的地方，应设置防爆装置；

4) 应设有防止倒风的装置。

(16) 高层建筑的共用烟道，各层排烟不得互相影响。

(17) 当用气设备的烟囱伸出室外时其高度应符合下列要求：

1) 当烟囱离屋脊小于1.5m时（水平距离），应高出屋脊0.5m；

2) 当烟囱离屋脊1.5～3.0m时（水平距离），烟囱可与屋脊等高；

3) 当烟囱离屋脊的距离大于3.0m时(水平距离)，烟囱应在屋脊水平线下10°的直线上；

4) 在任何情况下，烟囱应高出屋面0.5m；

5) 当烟囱的位置邻近高层建筑时，烟囱应高出沿高层建筑物45°的阴影线；

6) 烟囱出口应有防止雨雪进入的保护罩。

(18) 烟道排气式热水器的安全排气罩上部，应有不小于0.25m的垂直上升烟气导管，其直径不得小于热水器排烟口的直径。热水器的烟道上不应设置闸板。

(19) 居民用气设备的烟道距难燃或非燃顶棚或墙的净距不应小于5cm；距易燃的顶棚或墙的净距不应小于25cm。

(20) 有安全排气罩的用气设备不得设置烟道闸板。无安全排气罩的用气设备，在烟道上应设置闸板，闸板上应有直径大于15mm的孔。

(21) 烟囱出口的排烟温度应高于烟气露点15℃以上。

(22) 烟囱出口应设置风帽或其他防倒风装置。

(四) 调压站、调压箱

调压站距离建筑物、构筑物水平净距见表7-2。

调压站距离建筑物、构筑物水平净距（m） 表 7-2

调压站建筑形式	调压装置入口燃气压力级制	建筑物外墙面	重要公共建筑一类高层建筑	铁路中心线	城镇道路	公共电力变配电柜
地上单独建筑	高压/次高压	6～18	12～30	10～25	3～5	4～6
	中　　压	6	12	10	2	4
地面调压箱	次高压	4～7	8～14	8～12	2	4
	中　压	4	8	8	1	4
地下单独建筑	中　压	3	6	6	—	3
地下调压箱	—	3	6	6	—	3

第八节　暖通空调专业常用单位

（一）热量、冷量

（1）法定单位

W（焦耳/秒），称瓦。10^3W 可写作 kW，称千瓦；10^6W 可写作 MW，称兆瓦。

（2）非法定单位

kcal/h（千卡/时），称千卡每小时。约等于 1.163W（瓦）。

（3）非法定单位

RT 或 U.S.RT，称冷吨或美国冷吨。约等于 3517W（瓦）或 3000 kcal/h（千卡/时）。

（二）传热系数

（1）法定单位

W/（m^2·℃）：称瓦每平方米摄氏度。

（2）非法定单位

kcal/（m^2·h·℃）：称千卡每平方米小时摄氏度。约等于 1.163W/（m^2·℃）。

（三）导热系数

（1）法定单位

W/（m·℃），称瓦每米摄氏度。

（2）非法定单位

kcal/（m·h·℃）：称千卡每米小时摄氏度。约等于 1.163W/（m·℃）。

（四）压强

法定单位：Pa（N/m^2），称帕。10^3Pa 可写作 kPa，称千帕；10^6Pa 可写作 MPa，称兆帕。

（五）风量

法定单位：m^3/s。

（六）风速

法定单位：m/s。

习　题

7-1 (2019)下列哪个场所的散热器应暗装或加防护罩？

A 办公建筑　　B 酒店建筑

C 幼儿园　　D 医院门诊楼

7-2 (2019)下列防止外门冷风渗透的措施，哪项是错误的？

A 设置门斗　　B 设置热空气幕

C 经常开启的外门采用转门　　D 门斗内设置散热器

7-3 (2019)住宅厨房和卫生间安装的竖向排风道，应具备下列哪些功能？

A 防火、防结露和均匀排气　　B 防火、防倒灌和均匀排气

C 防结露、防倒灌和均匀排气　　D 防火、防结露和防倒灌

7-4 (2019)矩形截面的通风、空调风管，其长度比不宜大于(　　)。

A 2　　B 4　　C 6　　D 8

7-5 (2019)办公建筑采用下列哪个空调系统时需要的空调机房（或新风机房）面积最大？

A 风机盘管＋新风空调系统　　B 全空气空调系统

C 多联机＋新风换气机空调系统　　D 辐射吊顶＋新风空调系统

7-6 (2019)关于多联机空调室外机布置位置的说法，下列哪项是错误的？

A 受多联机空调系统最大配管长度限制

B 受室内机和室外机之间最大高差限制

C 应远离油烟排放口

D 应远离噪声源

7-7 (2019)设置在建筑物的锅炉房，下列说法错误的是(　　)。

A 应设置在靠外墙部位　　B 出入口应不少于2个

C 不宜通过窗井泄爆　　D 人员出入口至少有1个直通室外

7-8 (2019)寒冷地区的住宅建筑，当增大外墙的热阻且其他条件不变时，房间供暖热负荷如何变化？

A 增大　　B 减小　　C 不变　　D 不确定

7-9 (2019)关于新建住宅建筑热计量表的设置，错误的是(　　)。

A 应设置楼栋热计量表

B 楼栋热计量表可设置在热力入口小室内

C 分户热计量的户用热表可作为热量结算点

D 分户热量表应设置在户内

7-10 (2019)下列哪项与内保温外墙传热系数无关？

A 保温材料导热系数　　B 热桥断面面积比

C 外墙表面太阳辐射反射率　　D 外墙主体厚度

7-11 (2019)全空气系统过渡季或冬季增大新风比运行，其主要目的是(　　)。

A 利用室外新风带走室内余热　　B 利用室外新风给室内除湿

C 过渡季或冬季人员新风需求量大　　D 过渡季或冬季需要更大的室内正压

7-12 (2019)公共建筑某区域净高为5.5m，采用自然排烟，设计烟层底部高度为最小清晰高度，自然排烟窗下沿不应低于下列哪个高度？

A 4.4m　　B 2.75m　　C 2.15m　　D 1.5m

7-13 (2019)机械加压的进风口不应与排烟风机的出风口设在同一面，当确有困难时，进风口和排烟口水平布置时两者边缘最小水平距离不应小于(　　)。

A 10.0m　　B 20.0m　　C 25.0m　　D 30.0m

7-14 **(2019)**居民燃气用气设备严禁设置在(　　)。

A　外走廊　　B　生活阳台　　C　卧室内　　D　厨房内

7-15 **(2019)**关于夏热冬暖地区建筑内燃气管线的敷设，下列说法中错误的是(　　)。

A　立管不得敷设在卫生间内　　B　管线不得穿过电缆沟

C　管线不得敷设在设备层内　　D　立管可沿外墙外侧敷设

7-16 **(2018)**热水地面辐射供暖系统供水温度宜采用(　　)。

A　25℃　　B　45℃　　C　65℃　　D　85℃

7-17 **(2018)**下列各建筑，适合采用明装散热器的是(　　)。

A　幼儿园　　B　养老院　　C　医院用房　　D　普通住宅

7-18 **(2018)**户式空气源热泵的设置，做法错误的是(　　)。

A　保证进、排风通畅　　B　靠近厨房排烟出口

C　与周围建筑保持一定距离　　D　考虑室外机换热器便于清扫

7-19 **(2018)**下列哪项不属于被动式通风技术?

A　捕风装置　　B　屋顶风机

C　太阳能烟囱　　D　无动力风帽

7-20 **(2018)**设计利用穿堂风进行自然通风的板式建筑，其迎风面与夏季最多风向的夹角宜为(　　)。

A　0°角　　B　30°角　　C　45°角　　D　90°角

7-21 **(2018)**下列空调系统，需要配置室外冷却塔的是(　　)。

A　分体式空调器系统　　B　多联式空调机系统

C　冷源是风冷冷水机组的空调系统　　D　冷源是水冷冷水机组的空调系统

7-22 **(2018)**下列哪一项不会出现在空调系统中?

A　报警阀　　B　冷却盘管　　C　防火阀　　D　风机

7-23 **(2018)**关于分体式空调系统关键部件（蒸发器、冷凝器均指制冷工况部件）位置的说法，正确的是(　　)。

A　蒸发器、电辅加热在室外　　B　冷凝器、电辅加热在室内

C　压缩机、蒸发器在室内　　D　压缩机、冷凝器在室外

7-24 **(2018)**关于建筑围护结构设计要求的说法，不正确的是(　　)。

A　建筑热工设计与室内温湿度状况有关

B　外墙的热桥部位内表面温度不应低于室内空气湿球温度

C　严寒地区外窗的传热系数对供暖能耗影响大

D　夏热冬暖地区外窗的传热系数对空调能耗影响大

7-25 **(2018)**下列哪项不属于可再生能源?

A　生物质能　　B　地热能　　C　太阳能　　D　核能

7-26 **(2018)**下列哪项不符合绿色建筑评价创新项的要求?

A　围护结构热工性能比国家现行相关节能标准规定提高10%

B　应用建筑信息模型（BMI）技术

C　通过分析计算采取措施使单位建筑面积碳排放强度降低10%

D　进行节约能源资源技术创新有明显效益

7-27 **(2018)**严寒地区新建住宅设计集中供暖时，热量表需设于专用表计小室中。下列对专用表计小室的要求正确的是(　　)。

A　有地下室的建筑，设置在地下室专用空间内，空间净高不低于2.0m，表计前操作净距离不小于0.8m

B　有地下室的建筑，设置在地下室专用空间内，空间净高不低于2.4m，表计前操作净距离不

小于 1.0m

C 无地下室的建筑，在楼梯间下部设置表计小室，操作面净高不低于 2.0m，表计前操作净距离不小于 0.8m

D 无地下室的建筑，在楼梯间下部设置表计小室，操作面净高不低于 1.0m，表计前操作净距离不小于 0.8m

7 - 28 **(2018)**下列四种条件的疏散走道，可能不需要设计机械排烟的是(　　)。

A 长度 80m，走道两端设通风窗　　B 长度 70m，走道中点设通风窗

C 长度 30m，走道一端设通风窗　　D 长度 25m，无通风窗

7 - 29 **(2018)**地下车库面积 1800m^2，净高 3.5m，对其排烟系统的要求，正确的是(　　)。

A 不需要排烟

B 不需划分防烟分区

C 每个防烟分区排烟风机排烟量不小于 35000m^3/h

D 每个防烟分区排烟风机排烟量不小于 42000m^3/h

7 - 30 **(2018)**一住宅楼房间装有半密闭式燃气热水器，房间门与地面应留有间隙，间隙宽度应符合下列哪项要求？

A ≮5mm　　B ≮10mm　　C ≮20mm　　D ≮30mm

7 - 31 有集中热源的住宅不宜采用哪种供暖方式？

A 热水散热器供暖　　B 热水吊顶辐射板采暖

C 低温热水地板辐射采暖　　D 低温热水顶棚辐射采暖

7 - 32 我国目前的旅馆客房内最常见的空调系统是(　　)。

A 全空气定风量空调系统　　B 全空气变风量空调系统（VAV）

C 直流式空调系统　　D 风机盘管加新风系统

7 - 33 夏热冬冷地区进深很大的建筑，按内、外区分别设置空调系统的原因是(　　)。

A 内、外区对空调温度要求不同　　B 内、外区对空调湿度要求不同

C 内、外区冷热负荷的性质不同　　D 内、外区的空调新风量要求不同

7 - 34 下列哪项不是限定通风和空气调节系统风管内风速的目的？

A 减小系统阻力　　B 控制系统噪声

C 降低风管承压　　D 防止风管震动

7 - 35 推广冰蓄冷空调的主要目的是(　　)。

A 降低制冷耗电量　　B 减少冷源投资

C 减少制冷机房面积　　D 平衡电网的用电负荷

7 - 36 建筑高度不大于 50m 的公共建筑、工业建筑和建筑高度不大于 100m 的住宅建筑，防烟设施哪一条是不正确？

A 防烟楼梯间、独立前室（只有一个门与走廊或房间相通）、共用前室、合用前室均满足自然通风条件均设自然通风

B 防烟楼梯间、独立前室（只有一个门与走廊或房间相通）、共用前室、合用前室均不满足自然通风条件，必须独立设机械加压送风

C 防烟楼梯间满足自然通风条件设自然通风，独立前室（只有一个门与走廊或房间相通）、共用前室、合用前室不满足自然通风条件设机械加压送风

D 独立前室（只有一个门与走廊或房间相通）、共用前室、合用前室不满足自然通风条件设机械加压送风，当前室送风口设置在前室顶部或正对前室入口的墙面时，防烟楼梯间可采用自然通风；前室送风口不满足上述条件，防烟楼梯间应采用机械加压送风

7 - 37 自然排烟窗（口）哪一条设施是不正确？

A　自然排烟窗（口）有效面积，当房间排烟且净高≤6m时应≥该防烟分区建筑面积2%

B　自然排烟窗（口）距防烟分区内任一点水平距离不应大于30m

C　自然排烟窗（口）设在外墙时，应在储烟仓内，但走道和房间净高不大于3m区域，可设在净高1/2以上

D　自然排烟窗（口）高处不便于直接开启的外窗应在距地面1.0～1.8m处的位置设置手动开启装置

7-38　排烟管道下列部位应设排烟防火阀（280℃熔断关闭），哪一条不正确？

A　垂直风管与每层水平风管交接处的水平管段上

B　一个排烟系统负担多个防烟分区的排烟支管上

C　穿越排烟机房隔墙和楼板处

D　穿越防烟分区处

7-39　通风空调风管下列部位应设70℃防火阀，哪一条不正确？

A　穿越防火分区处

B　穿越通风、空调机房、重要或火灾危险性大房间隔墙和楼板处

C　穿越变形缝两侧

D　竖向风管与每层水平风管交接处的水平管段上

7-40　空调系统的节能运行工况，一年中新风量应如何变化？

A　冬、夏最小，过渡季最大　　　B　冬、夏、过渡季最小

C　冬、夏最大，过渡季最小　　　D　冬、夏、过渡季最大

7-41　采用空气源热泵冷热水机组时，空调冷热源系统的主要设备包括(　　)。

A　热泵机组、空调冷热水循环泵

B　热泵机组、冷却塔、空调冷热水循环泵

C　热泵机组、冷却塔、空调冷热水循环泵、冷却水循环泵

D　热泵机组、冷却塔、冷却水加药罐、空调冷热水循环泵、冷却水循环泵

7-42　居民生活使用的各类用气设备应采用以下何种燃气？

A　高压燃气　　　B　中压燃气

C　低压燃气　　　D　中压和低压燃气

7-43　民用建筑散热器连续集中热水供暖系统的供回水温度，不宜采用下列哪组？

A　95℃/70℃　　　B　85℃/60℃

C　80℃/55℃　　　D　75℃/50℃

7-44　下列哪项不是限定通风和空气调节系统风管内风速的目的？

A　减小系统阻力　　　B　控制系统噪声

C　降低风管承压　　　D　防止风管振动

7-45　关于节能建筑围护结构的热工性能的说法，正确的是(　　)。

A　外窗传热系数和遮阳系数越小越节能

B　围护结构各部位传热系数均应随体型系数的减小而减小

C　单一朝向外窗的辐射热以遮阳系数为主要影响因素

D　遮阳系数就是可见光透射系数

7-46　下列室内燃气管道布置方式中，正确的是(　　)。

A　燃气立管可布置在用户厨房内

B　燃气立管可布置在有外窗的卫生间

C　燃气立管可穿越无人长时间停留的密闭储藏室

D　管径小于*DN*50的燃气立管与防火电缆可共沟敷设

7-47 设计燃气锅炉房时，其泄压面积应满足锅炉间占地面积的(　　)。

A 5%　　B 10%　　C 15%　　D 20%

7-48 建筑消防电梯前室采用机械加压送风方式时，其送风口设置应(　　)。

A 每四层设一个　　B 每三层设一个

C 每两层设一个　　D 每层设一个

7-49 设有集中空调系统的酒店建筑，其客房宜选用以下哪种空调系统？

A 风机盘管加新风系统　　B 全空气定风量系统

C 恒温恒湿系统　　D 全新风定风量系统

7-50 室温允许波动范围±0.1～0.2℃的工艺空调区，以下设置哪项最合理？

A 设于顶层，不应临外墙　　B 设于顶层，靠北向外墙

C 设于底层，不应有外墙　　D 设于底层，靠北向外墙

参考答案及解析

7-1 **解析**：《民用建筑供暖通风与空气调节设计规范》GB 50736—2012 第 5.3.10 条："幼儿园、老年人和特殊功能要求（条文说明：精神病院、法院审查室等）的建筑的散热器必须暗装或加防护罩"。

答案：C

7-2 **解析**：根据《民用建筑供暖通风与空气调节设计规范》GB 50736—2012 第 5.3.7 条："布置散热器时，应符合下列规定：2 两道外门之间的门斗内，不应设置散热器"。D 项错误，其他项都是防止外门冷风渗透的措施。

答案：D

7-3 **解析**：《民用建筑供暖通风与空气调节设计规范》GB 50736—2012 第 6.3.4 条："厨房、卫生间宜设竖向排风道，竖向排风道应具有防火、防倒灌及均匀排气的功能，并应采取防止支管回流和竖井泄漏的措施"。

答案：B

7-4 **解析**：《民用建筑供暖通风与空气调节设计规范》GB 50736—2012 第 6.6.1 条："通风、空调系统的风管，宜采用圆形、扁圆形或长、短边之比不宜大于 4 的矩形截面"。

答案：B

7-5 **解析**：B 项全空气空调系统，送入房间的空调风都是从机房送出，风量最大、空调机（或新风机）最大、空调机房（或新风机房）面积最大。其他项送入房间的空调风分两部分，一部分是循环风，空气处理机在室内，不需要机房；另一部分是新风，空气处理机在机房内，机房面积小。

答案：B

7-6 **解析**：根据《民用建筑供暖通风与空气调节设计规范》GB 50736—2012 第 7.3.11 条："多联机空调系统设计室内、外机以及室内机之间的最大管长和最大高差，应符合产品技术要求；当产品技术资料无法满足核算要求时，系统冷媒管等效长度不宜超过 70m"，A、B 项正确。C 项应远离油烟排放口，防止油烟污染多联机空调室外机换热器翅片，正确。D 项应远离噪声源，不正确，多联机空调室外机不受噪声影响。

答案：D

7-7 **解析**：《锅炉房设计标准》GB 50041—2020 第 5.1.2 条："地下锅炉房采用竖井泄爆方式时，竖井的净横断面积应满足泄压面积的要求"。C 项错误。

答案：C

7-8 **解析**：《民用建筑热工设计规范》GB 50176—2016 第 2.1.9 条："传热系数：在稳态条件下，围

护结构两侧空气为单位温差时，单位时间内通过单位面积传递的热量。传热系数与传热阻互为倒数”。增大外墙的热阻即减小外墙传热系数，即房间供暖热负荷减小。

答案：B

7-9 解析：根据《供热计量技术规程》JGJ 173—2009 第 5.1.1 条：“居住建筑应以楼栋为对象设置热量表”，A 项正确；上述标准第 5.1.3 条：“新建建筑的热量表应设置在专用表计小室中”，B 项正确；上述标准第 6.1.1 条：“在每户安装户用热量表作为热量结算点时，可直接进行分户热计量”，C 项正确。D 项分户热量表应设置在户内，未见依据。

答案：D

7-10 解析：四项比较，C 项与内保温外墙传热系数关系小。

答案：C

7-11 解析：《公共建筑节能设计标准》GB 50189—2015 第 4.3.11 条：“设计定风量全空气调节系统时，宜采取实现全新风运行或可调新风比的措施，并宜设计相应的排风系统”。本条条文说明：“空调系统设计时不仅要考虑到设计工况，而且应考虑全年运行模式。在过渡季，空调系统采用全新风或增大新风比运行，都可以有效地改善空调区内空气的品质，大量节省空气处理所需消耗的能量，应该大力推广应用。在条件合适的地区应充分利用全空气空调系统的优势，尽可能利用室外天然冷源，最大限度地利用新风降温，提高室内空气品质和人员的舒适度，降低能耗”。

答案：A

7-12 解析：《建筑防烟排烟系统技术标准》GB 51251—2017 第 4.3.3 条：“自然排烟窗（口）应设置在排烟区域的顶部或外墙，并应符合下列规定：当设置在外墙上时，自然排烟窗（口）应在储烟仓以内”；上述标准第 2.1.11 条：“储烟仓：位于建筑空间顶部，由挡烟垂壁、梁或隔墙等形成的用于蓄积火灾烟气的空间。储烟仓高度即设计烟层厚度”；上述标准第 2.1.12 条：“清晰高度：烟层下缘至室内地面的高度”；上述标准第 4.6.9 条：“走道、室内空间净高不大于 3m 的区域，其最小清晰高度不宜小于净高的 1/2，其他区域最小清晰高度应按下式计算：1.6m＋净高的 1/10”。综上所述：自然排烟窗应在储烟仓以内，最小清晰高度以上为储烟仓高度，自然排烟窗下沿为储烟仓高度（即设计烟层厚度）下沿或者最小清晰高度上沿，即 1.6m＋(净高的 1/10)＝1.6m＋0.55m ＝2.15m。

答案：C

7-13 解析：《建筑防烟排烟系统技术标准》GB 51251—2017 第 3.3.5 条：“送风机的进风口不应与排烟风机的出风口设在同一面上。当确有困难时，送风机的进风口与排烟风机的出风口应分开布置，且竖向布置时，送风机的进风口应设置在排烟出口的下方，其两者边缘最小垂直距离不应小于 6m；水平布置时，两者边缘最小水平距离不应小于 20m”。

答案：B

7-14 解析：《城镇燃气设计规范》GB 50028—2006 第 10.4.2 条：“居民生活用气设备严禁设置在卧室内”。

答案：C

7-15 解析：根据《城镇燃气设计规范》GB 50028—2006 第 10.2.14 条：“燃气引入管不得敷设在卧室、卫生间、易燃或易爆品的仓库、有腐蚀性介质的房间、发电间、配电间、变电室、不使用燃气的空调机房、通风机房、计算机房、电缆沟、暖气沟、烟道和进风道、垃圾道等地方”，A、B 项正确。上述规范第 10.2.21 条：“地下室、半地下室、设备层和地上密闭房间敷设燃气管道时，应符合下列要求”，设备层符合要求，可以敷设，C 项错误。D 项立管设于室外，正确。

答案：C

7-16 解析：《民用建筑供暖通风与空气调节设计规范》GB 50736—2012 第 5.4.1 条：“热水地面辐射

供暖系统供水温度宜采用35°～45℃，不应大于60℃；供回水温差不宜大于10℃，且不宜小于5℃”。

答案：B

7-17 **解析**：《民用建筑供暖通风与空气调节设计规范》GB 50736—2012第5.3.9条：“除幼儿园、老年人和特殊功能要求（条文说明：精神病院、法院审查室等）的建筑外，散热器应明装”。

答案：D

7-18 **解析**：《民用建筑供暖通风与空气调节设计规范》GB 50736—2012第8.3.3条：“空气源热泵室外机的设置，应确保进风与排风通畅在排出空气与吸入空气之间不发生明显的气流短路；避免受污浊气流影响；噪声与排热符合周围环境要求；便于对室外机的换热器进行清扫”。

答案：B

7-19 **解析**：被动式指以非机械电气设备干预、自然的手段。

答案：B

7-20 **解析**：《民用建筑供暖通风与空气调节设计规范》GB 50736—2012第6.2.1条：“利用穿堂风进行自然通风的建筑，其迎风面与夏季最多风向宜成60°～90°角，且不应小于45°角，同时应考虑可利用的春秋季风向以充分利用自然通风”。

答案：D

7-21 **解析**：A、B、C项为风冷（利用空气直接冷却），不需要冷却塔；D项为水冷（利用冷却塔的水的蒸发冷却，最后再是空气冷却），需要冷却塔。

答案：D

7-22 **解析**：A项是自动喷水灭火系统中的一种控制阀门，其他项都是空调系统设备。

答案：A

7-23 **解析**：制冷工况下分体式空调机压缩机、冷凝器在室外，蒸发器在室内；制热工况下分体式空调机压缩机、蒸发器在室外，冷凝器在室内。

答案：D

7-24 **解析**：《民用建筑热工设计规范》GB 50176—2016第4.2.11条：“围护结构中的热桥部位应进行表面结露验算，并应采取保温措施，确保热桥内表面温度高于房间空气露点温度”。确保热桥内表面温度高于房间空气露点温度而不是湿球温度，B项不正确。根据上述条文进行表面结露验算，涉及室内温湿度；第4.2.2条：“严寒、寒冷区建筑设计必须满足冬季保温要求，夏热冬暖地区、温和区宜满足冬季保温要求”；第4.3.2条：“夏热冬暖和夏热冬冷地区建筑设计必须满足夏季防热要求，寒冷B区建筑设计宜考虑夏季防热要求”，A、C、D项均正确。

答案：B

7-25 **解析**：风能、太阳能、地热能、沼气能、水电、生物废料、排放的气体、废水净化站的气体和生物质气体等能源形式。

答案：D

7-26 **解析**：《绿色建筑评价标准》GB/T 50378—2019第7.2.4条：“围护结构热工性能比国家现行相关建筑节能设计标准规定的提高幅度达到5%，得5分；达10%，得10分；达15%，得15分”。A项只达到评分项标准。上述标准第9章“提高与创新”中没有A项内容，有B、C、D项内容。

答案：A

7-27 **解析**：《供热计量技术规程》JGJ 173—2009第5.1.4条：“专用表计小室的设置，应符合下列要求：有地下室的建筑，宜设置在地下室的专用空间内，空间净高不应低于2.0m，前操作面净距离不应小于0.8m；无地下室的建筑，宜于楼梯间下部设置小室，操作面净高不应低于1.4m，前操作面净距离不应小于1.0m”。

答案：A

7-28 解析：《建筑设计防火规范》GB 50016—2014（2018年版）第8.5.3条“民用建筑的下列场所或部位应设置排烟设施：建筑内长度大于20m的疏散走道”。各选项均需排烟，D项无通风窗，需机械排烟。根据上述标准第4.3.2条：“防烟分区内任一点与最近的自然排烟窗（口）之间的水平距离不应大于30 m”，C项满足自然排烟要求，不需机械排烟；A、B项均超过30m，不满足自然排烟要求，需设置机械排烟设施。

答案：C

7-29 解析：《汽车库、修车库、停车场设计防火规范》GB 50067—2014第8.2.1条：“除敞开式汽车库、建筑面积小于1000m² 的地下一层汽车库和修车库外，汽车库、修车库应设置排烟系统，并应划分防烟分区”，故A、B项不正确；根据上述规范第8.2.5条：“汽车库、修车库内每个防烟分区排烟风机的排烟量不应小于31500（对应净高4.0m）”，C项正确；D项不正确。

答案：C

7-30 解析：《城镇燃气设计规范》GB 50028—2006第10.4.5条：“家用燃气热水器的设置应符合：装有半封闭式热水器的房间，房间门或墙的下部应设有截面积不小于0.02m²的格栅，或在门与地面之间留有不小于30mm的间隙”。

答案：D

7-31 解析：A项：散热器供暖属于传统供暖方式，与辐射供暖方式比较，维修方便、不占用净高、不需要地面保温和辐射材料保护层、投资低。B项：热水吊顶辐射板采暖时，热水吊顶辐射板为金属辐射板，常用于3～30m的建筑物全面供暖和局部区域或局部工作地点供暖，通常用于高大空间，如大型船坞、车船飞机维修大厅等，一般为明装，住宅采用不适合。C项：低温热水地板辐射采暖，根据国内外资料和国内工程实例的实测，辐射供暖用于全面供暖时，在相同热舒适条件下的室内温度可比对流供暖时的室内温度低2～3℃，故规定辐射供暖的耗热量计算可按本规范的有关规定进行，室内设计温度取值可降低2℃，所以可以节省热能。D项：低温热水顶棚辐射采暖，低温热水顶棚辐射与低温热水地板辐射效果、节能等方面类似单独供暖时略低于低温热水地板辐射。供冷时顶棚辐射供冷效果优于地板辐射。

答案：B

7-32 解析：A项：全空气定风量空调系统适用于空间较大、人员较多，温湿度允许波动范围小，噪声或洁净度标准高的场合。B项：全空气变风量空调系统（VAV）服务于单个红包区，且部分负荷运行时间较长时，宜采用区域变风量空调系统；服务多个空调区，且各区负荷变化相差大，部分符合旅行时间较长并要求温度独立控制时，采用带末端装置的变风量空调系统。C项：下列情况采用直流式空调系统：夏季空调系统的室内空气比焓大于室外空气比焓；系统服务的各空调区排风量大于按负荷计算出的送风量；室内散发有毒有害物质，以及防火防暴要求不允许空气循环使用；卫生或公益要求采用直流式空调系统。D项：空调区较多，建筑层高较低且各区温度要求独立控制时，宜采用风机盘管加新风系统，旅馆客房是采用风机盘管加新风系统的典型建筑。

答案：D

7-33 解析：A项：内、外区对空调温度要求基本相同，有一点差异就是冬季外区冷辐射的影响温度宜高一点。B项：内、外区对空调湿度要求相同。C项：内、外区冷热负荷的性质不同，夏季外区比内区冷负荷大，冬季外区比内区热负荷大。D项：内、外区的空调新风量要求基本没有差别。

答案：C

7-34 解析：A项：减小系统阻力，限定通风和空气调节系统风管内风速，可降低空气与管壁摩擦，从而减小阻力，减小风机压头，降低电机功率，减少运行费。B项：控制系统噪声，通风和空气调节系统风管内风速超过一定限值，风管本身会产生噪声。C项：降低风管承压，风管压力对风管来说都不是很大，承压基本没有影响。D项：防止风管振动，通风和空气调节系统风管内风速超过一定限值空气流动不再是稳流，会产生湍流，严重时会产生震动。

答案：C

7-35 **解析**：A项：制冷耗电量，冰蓄冷空调在制冰阶段效率较低，从能量守恒来讲，空调用冷量与直接制冷相同时，冰蓄冷空调耗电量大。B项：冷源投资，对直接制冷增加蓄冰设备、融冰设备等会增加投资。C项：制冷机房面积，对直接制冷增加蓄冰设备、融冰设备等会增加制冷机房面积。D项：平衡电网的用电负荷，在电网低谷用电制冰、电网高峰利用蓄好的冰融化后用冷水供空调，可不用电或少用电，对电网来说属“削峰填谷”，平衡电网的用电负荷。

答案：D

7-36 **解析**：A项：《建筑防烟排烟系统技术标准》GB 51251—2017第3.1.3条：“建筑高度小于或等于50m的公共建筑、工业建筑和建筑高度小于或等于100m的住宅建筑，防烟楼梯间、独立前室、共用前室、合用前室（除共用前室与消防电梯前室合用外）及消防电梯前室，满足自然通风条件时应采用自然通风，不满足自然通风条件时应采用机械加压送风”。B项：上述标准第3.1.5条：“建筑高度不大于50m的公共建筑、工业建筑和建筑高度不大于100m的住宅建筑，当独立前室仅有一个门与走道或房间相通时，可仅在防烟楼梯间设置机械加压送风、前室不送风”；独立前室不满足上述条件，防烟楼梯间、独立前室应分别设置机械加压送风。C项：见A项《防排烟标准》规定。D项：上述标准第3.1.3条：“防烟楼梯间满足自然通风条件，独立前室、共用前室、合用前室不满足自然通风条件设机械加压送风，当前室送风口设置在前室顶部或正对前室入口的墙面时，防烟楼梯间可采用自然通风；前室送风口不满足上述条件，防烟楼梯间应采用机械加压送风”。

答案：B

7-37 **解析**：A项：《建筑防烟排烟系统技术标准》GB 51251—2017第4.6.3条：“房间排烟且净高≤6m时，自然排烟窗（口）有效面积≥该防烟分区建筑面积2%；房间排烟且净高＞6m时，自然排烟窗（口）有效面积应计算确定”。B项：上述标准第4.3.2条：“自然排烟窗（口）距防烟分区内任一点水平距离不应大于30m（注：此距离也适用机械排烟），当净高≥6m且具有自然对流条件时不应大于37.5m（注：此距离不适用机械排烟）”。C项：上述标准第4.3.3条：“自然排烟窗（口）设在外墙时，应在储烟仓内，但走道和房间净高不大于3m区域，可设在净高1/2以上”。D项：上述标准第4.3.6条：“设置在高位不便于直接开启的自然排烟窗（口），应设置距地面1.3～1.5m的手动开启装置”。

答案：D

7-38 **解析**：A项：防止火灾通过垂直排烟风管蔓延到上部、下部区域，很有必要。B项：一个排烟系统负担多个防烟分区，主排烟管道与联通防烟分区排烟支管处应设置排烟防火阀，以防止火灾通过排烟管道蔓延到其他区域。C项：排烟机房是重点防护场所，排烟管道穿越排烟机房隔墙和楼板时设防火阀，以防止火灾通过排烟管道蔓延到机房、通过风管蔓延到其他区域。D项：《建筑防烟排烟系统技术标准》GB 51251—2017第4.4.10条：“排烟管道下列部位应设排烟防火阀（280℃熔断关闭），垂直风管与每层水平风管交接处的水平管段上；一个排烟系统负担多个防烟分区的排烟支管上；排烟风机入口处；穿越防火分区处”。本条穿越防烟分区处设排烟防火阀（280℃熔断关闭），不符合穿越防火分区处设排烟防火阀（280℃熔断关闭）。

答案：D

7-39 **解析**：《建筑设计防火规范》GB 50016—2014（2018版）第9.3.11条：“通风空调风管下列部位设70℃防火阀：穿越防火分区处；穿越通风、空调机房隔墙和楼板处；穿越重要或火灾危险性大的隔墙和楼板处；穿越防火分隔处的变形缝两侧；竖向风管与每层水平风管交接处的水平管段上”。C项穿越变形缝两侧如果没有分隔墙，加防火阀没有必要。

答案： C

7-40 **解析：** A项：冬季室外空气温度低于室内温度，新风送入室内前或送入室内后应加热，能耗较高；夏季室外空气温度高于室内温度，新风送入室内前或送入室内后应冷却，能耗也较高；在满足卫生要求的前提下尽量减少新风量。过渡季室外空气温度略低于室内温度，可利用低温新风冷却室内人员、灯光、维护结构热量，作为免费冷源。冬、夏最小，过渡季最大、最节能。B项：冬、夏季新风量最小，有利于节能，过渡季新风量最小，未利用免费冷源，不利于节能。C项：冬、夏季新风量最大，浪费能源，过渡季新风量最小，未利用天然冷源，不利于节能。D项：冬、夏季新风量最大，浪费能源。

答案： A

7-41 **解析：** A项：空气源热泵冷热水机组主要设备有热泵机组、空调冷热水循环泵。B项：空气源热泵冷热水机组不需要冷却塔，水冷式冷水机组才需要冷却塔。C项：空气源热泵冷热水机组不需要冷却塔、冷却水循环泵，水冷式冷水机组才需要冷却塔、冷却水循环泵。D项：空气源热泵冷热水机组不需要冷却塔、冷却水循环泵、冷却水加药罐，水冷式冷水机组才需要冷却塔、冷却水循环泵、冷却水加药罐。

答案： A

7-42 **解析：** A项：高压燃气适合气田到用气区域间远距离输送，不适合居民生活使用的各类用气设备。B项：中压燃气适合市区内中距离输送或燃气锅炉等大型设备使用，不适合居民生活使用的各类用气设备。C项：低压燃气适合居民生活使用的各类用气设备使用。D项：中压和低压燃气，中压燃气适合市区内中距离输送或燃气锅炉等大型设备使用，不适合居民生活使用的各类用气设备。

答案： C

7-43 **解析：**《民用建筑供暖通风与空气调节设计规范》GB 50736—2012 第 5.3.1 条：“散热器集中供暖系统宜按 75/50℃连续供暖进行设计，且供水温度不宜大于 85℃”。

答案： A

7-44 **解析：** 限定通风和空气调节系统风管内风速可降低空气与管壁摩擦，从而减小系统阻力，减小系统噪声，减小风管振动影响。通风和空气调节系统风管内风速对风管承压没影响（不包括非建筑通风系统）。

答案： C

7-45 **解析：** 外窗传热系数越小，说明保温越好，遮阳系数越小，阻挡阳光热量向室内的量越小越节能。围护结构各部位传热系数均应随体型系数的增加而减小。北向外窗的辐射热不以遮阳系数为主要影响因素。遮阳系数不都是可见光透射系数。

答案： A

7-46 **解析：**《城镇燃气设计规范》GB 50028—2006 第 10.2.14 条：“燃气引入管不得敷设在卧室、卫生间、易燃或易爆品的仓库、有腐蚀性介质的房间、发电间、配电间、变电室、不使用燃气的空调机房、通风机房、计算机房、电缆沟、暖气沟、烟道和进风道、垃圾道等地方”。

答案： A

7-47 **解析：**《锅炉房设计标准》GB 50041—2020 第 5.1.2 条：“锅炉房的外墙、楼地面或屋面应有相应的防爆措施，并应有相当于锅炉间占地面积 10%的泄压面积”。

答案： B

7-48 **解析：**《建筑防烟排烟系统技术标准》GB 51251—2017 第 3.3.6 条：“除直灌式送风方式外，楼梯间宜每隔二～三层设一个常开式送风口；前室每层设一个常闭式加压送风口并应设手动开启装置”。

答案： D

7-49 **解析：**《民用建筑供暖通风与空气调节设计规范》GB 50736—2012 第 7.3.9 条："空调区较多、建筑层高较低且各区温度要求独立控制时，需要单独调节温度，宜采用风机盘管加新风空调系统"。

答案： A

7-50 **解析：**《民用建筑供暖通风与空气调节设计规范》GB 50736—2012 第 7.1.9 条："工艺空调区，室温允许波动范围±0.1～0.2℃，不应有外墙，宜底层"。

答案： C

第八章　建　筑　电　气

第一节　供 配 电 系 统

一、电力系统

发电厂、电力网和电能用户三者组合成的一个整体称为电力系统。

（一）发电厂

发电厂是生产电能的工厂，根据所转换的一次能源的种类，可分为火力发电厂，其燃料是煤、石油或天然气；水力发电厂，其动力是水力；核电站，其一次能源是核能；此外，还有风力发电站、太阳能发电站等。

（二）电力网

输送和分配电能的设备称为电力网。它包括：各种电压等级的电力线路及变电所、配电所。

1. 输电线路

输电线路的作用是把发电厂生产的电能，输送到远离发电厂的广大城市、工厂、农村。

输电线路的额定电压等级为：

500kV、330kV、220kV、110kV、（63）35kV、35kV、10kV 和 220/380V。电力网电压在 1kV 以上的电压称为高压，1kV 及以下的电压称为低压。在民用建筑中常见的等级电压为 10kV。

2. 变配电所

（1）配电所

配电所是接受电能和分配电能的场所。配电所由配电装置组成。

（2）变电所

变电所是接受电能、改变电能电压和分配电能的场所。变电所按功能分为升压变电所和降压变电所，升压变电所经常与发电厂合建在一起，我们一般说的变电所基本都是降压变电所。变电所由变压器和配电装置组成，通过变压器改变电能电压，通过配电装置分配电能。根据供电对象的不同，变电所分为区域变电所和用户变电所，区域变电所是为某一区域供电，属供电部门所有和管理，用户变电所是为某一用电单位供电，属用电单位所有和管理。

（三）电能用户

在电力系统中一切消耗电能的用电设备均称为电能用户。

用电设备按其用户可分为：

1. 动力用电设备

把电能转换为机械能，例如水泵、风机、电梯等。

2. 照明用电设备

把电能转换为光能，例如各种电光源。

3. 电热用电设备

把电能转换为热能，例如电烤箱、电加热器。

4. 工艺用电设备

把电能转换为化学能，例如电解、电镀。

二、供电的质量

供电质量指标是评价供电质量优劣的标准参数，指标包含电能质量和供电可靠性。

电能质量包括：电压、频率和波形的稳定，使之维持在额定值或允许的波动范围内，保证用户设备的正常运行。供电可靠性用供电可靠率衡量。

1. 电压

电压方面包含电压的偏差、电压的波动、电压的闪变等。

(1) 电压偏差

电压偏差是指用电设备的实际端电压偏离其额定电压的百分数。用公式表示为

$$\Delta U\%=\frac{U-U_{N}}{U_{N}}\times 100\% \tag{8-1}$$

式中 U_N——用电设备的额定电压（kV）；

U——用电设备的实际端电压（kV）。

产生电压偏差的主要原因是系统滞后的无功负荷所引起的系统电压损失。

正常运行情况下，用电设备端子处电压偏差允许值宜符合下列要求：

1）电动机为±5%额定电压；

2）照明：在一般工作场所为±5%额定电压；对于远离变电所的小面积一般工作场所，难以满足上述要求时，可为+5%，−10%额定电压；应急照明、道路照明和警卫照明等为+5%，−10%额定电压。

3）其他用电设备当无特殊规定时为±5%额定电压。

(2) 电压波动

电压波动是由于用户负荷的剧烈变化引起的。电压波动直接影响系统中其他电气设备的运行。

电压波动是指电压在短时间内的快速变动情况，通常以电压幅度波动值和电压波动频率来衡量电压波动的程度。电压波动的幅值为

$$\Delta U\%=\frac{U_{max}-U_{min}}{U_{N}}100\% \tag{8-2}$$

式中 U_{max}——用电设备端电压的最大波动值（kV）；

U_{min}——用电设备端电压的最小波动值（kV）。

(3) 电压闪变

电压波动造成灯光照度不稳定（灯光闪烁）的人眼视感反应称为闪变，换言之，闪变反映了电压波动引起的灯光闪烁对人视感产生的影响；电压闪变是电压波动引起的结果。

电压闪变与常见的电压波动不同。其一电压闪变是指电压波形上一种快速的上升级下降，而波动指电压的有效值以低于工频的频率快速或连续变动。其二闪变的特点是超高压、瞬时态及高频次。如果直观地从波形上理解，电压的波动可以造成波形的畸变、不对称，相邻峰值的变化等，但波形曲线是光滑连续的，而闪变更主要的是造成波形的毛刺及间断。

2. 频率偏差

频率偏差是指供电的实际频率与电网的标准频率的差值。

我国电网的标准频率为 50Hz，又叫工频。当电网频率降低时，用户电动机的转速将降低，因而将影响工厂产品的产量和质量。频率变化对电力系统运行的稳定性造成很大的影响。

频率偏差一般不超过±0.25Hz。调整频率的办法是增大或减少电力系统发电机有功功率。

3. 电压波形

电压的波形质量，即三相电压波形的对称性和正弦波的畸变率，也就是谐波所占的比重。

三、电力负荷分级及供电要求

负荷是电厂和电力网服务的对象，要使电厂和电力网工作得合理，首先必须了解负荷的特点和要求。一切消耗电能的设备都是电力系统中的负荷，根据电力负荷对供电可靠性的要求及中断供电在对人身安全、经济损失上所造成的影响程度进行分级，将其分为三级。

（一）一级负荷

（1）符合下列情况之一时，应视为一级负荷：

1）中断供电将造成人身伤亡时。

2）中断供电将在经济上造成重大损失时。

3）中断供电将影响重要用电单位的正常工作。例如：重要通信枢纽、重要交通枢纽、重要的经济信息中心、特级或甲级体育建筑、国宾馆、国家级及承担重大国事活动的会堂、经常用于重要国际活动的大量人员集中的公共场所等的重要用电负荷。

在一级负荷中，当中断供电后将造成重大设备损坏或发生中毒、爆炸和火灾等情况的负荷，以及特别重要场所的不允许中断供电的负荷，应视为一级负荷中特别重要的负荷。

（2）一级负荷的供电要求：

1）一级负荷应由双重电源供电，当一个电源发生故障时，另一个电源不应同时受到损坏。

2）对于一级负荷中特别重要负荷，应增设应急电源，并严禁将其他负荷接入应急供电系统。

（3）应急电源类型选择：

应急电源类型应根据一级负荷中特别重要负荷的容量、允许中断供电的时间以及要求的电源为直流或交流等条件进行选择。

1）应急电源有以下几种：

① 独立于正常电源的发电机组；

② 供电网络中独立于正常电源的专用馈电线路；

③ 蓄电池；

④ 干电池。

2）根据允许中断供电的时间可分别选择下列应急电源：

① 快速自动启动的应急发电机组，适用于允许中断供电时间为15～30s以内的供电；

② 带有自动投入装置的独立于正常电源的专用馈电线路，适用于允许中断供电时间大于电源切换时间的供电；

③ 不间断电源装置（UPS），适用于要求连续供电或允许中断供电时间为毫秒级的供电；

④ 应急电源装置（EPS），适用于允许中断供电时间为毫秒级的应急照明供电。

（二）二级负荷

（1）符合下列情况之一时，应视为二级负荷：

1）中断供电将在经济上造成较大损失时。

2）中断供电将影响较重要用电单位的正常工作。

（2）二级负荷的供电要求：

二级负荷的供电系统，宜由两回路供电。在负荷较小或地区供电条件困难时，二级负荷可由一回路6kV及以上专用的架空线路供电。当采用架空线时，可为一回路架空线供电；当采用电缆线路时，应采用两根电缆组成的线路供电，其每根电缆应能承受100%的二级负荷。

（三）三级负荷

不属于一级和二级的用电负荷应为三级负荷。三级负荷可按约定供电。

（四）民用建筑中各类建筑物的主要用电负荷

民用建筑中各类建筑物的主要用电负荷分级应符合《民用建筑电气设计标准》GB 51348—2019中附录A的规定。以住宅建筑为例（表8-1）如下。

住宅建筑中主要用电负荷的分类 **表8-1**

建筑规模	主要用电负荷名称	负荷等级
建筑高度为100m或35层及以上的住宅建筑	消防用电负荷、应急照明、航空障碍照明、走道照明、值班照明、安防系统、电子信息设备机房、客梯、排污泵、生活水泵	一级
建筑高度为50～100m且19～34层的一类高层住宅建筑	消防用电负荷、应急照明、航空障碍照明、走道照明、值班照明、安防系统、客梯、排污泵、生活水泵	
10～18层的二类高层住宅建筑	消防用电负荷、应急照明、走道照明、值班照明、安防系统、客梯、排污泵、生活水泵	二级

注：表中消防用电负荷为消防控制室、火灾自动报警及联动控制装置、火灾应急照明及疏散指示标志、防烟及排烟设施、自动灭火系统、消防水泵、消防电梯及其排水泵、电动的防火卷帘以及阀门等的消防用电。

（1）严寒和寒冷地区住宅建筑采用集中供暖系统时，热交换系统的用电负荷等级不宜低于二级。

（2）建筑高度为100m或35层及以上住宅建筑的消防用电负荷、应急照明、航空障碍照明、生活水泵宜设自备电源供电。

四、电压选择

用电单位的供电电压应根据用电容量、用电设备特性、供电距离、供电线路的回路数、当地公共电网现状及其发展规划等因素，经技术经济比较而确定。

（1）用电设备容量在250kW或需用变压器容量在160kVA以上者，应以高压方式供电；用电设备容量在250kW或需用变压器容量在160kVA以下者，应以低压方式供电，特殊情况也可以高压方式供电。

（2）多数大中型民用建筑以10kV电压供电，少数特大型民用建筑以35kV电压供电。

（3）由地区公共低压电网供电的220V负荷，线路电流不超过60A时，可用220V单相供电，否则应以220/380V三相四线制供电。

例 8-1 大型展览建筑中展厅照明用电负荷的等级是：

A 一级负荷中特别重要负荷　　B 一级负荷

C 二级负荷　　D 三级负荷

解析：根据《民用建筑电气设计标准》GB 51348—2019附录A特大型、大型、中型及小型会展建筑的主要展览用电为二级负荷。

答案：C

第二节 变电所和自备电源

一、变电设备

1. 变压器

按冷却方式不同分为油浸式、干式。干式分空气绝缘及环氧树脂浇注式、六氟化硫等。一类、二类高层建筑应选用干式（即气体绝缘）非可燃性液体绝缘的变压器。

2. 高压开关柜

柜式成套配电设备。作用：在变电所中控制电力变压器和电力线路。分固定式和手车式。

3. 低压开关柜

低压成套配电装置，用于小于500V的供电系统中，提供电力和照明配电。分固定式和抽屉式。

4. 静电电容器

分为油浸式、干式。高层建筑内应选用干式电容器，其作用是提供无功补偿。

5. 配电箱

配电箱是用户用电设备的供电和配电点，对室内线路起计量、控制、保护作用，属于小型成套电气设备，可分为照明配电箱，电力配电箱。

二、变电所位置及配电变压器的选择

（1）深入或接近负荷中心。

（2）进出线方便。

（3）接近电源侧。

（4）设备吊装、运输方便。

（5）不应设在对防电磁辐射干扰有较高要求的场所。

（6）不宜设在多尘、水雾（如大型冷却塔）或有腐蚀性气体的场所，如无法远离时，不应设在污染源的下风侧。

（7）不应设在厕所、浴室或其他经常积水场所的正下方且不宜贴邻，当贴邻时，隔墙应做无渗漏、无结露的防水处理。

（8）不应设在爆炸危险场所以内和不宜设在火灾危险场所的正上方或正下方，如布置在爆炸危险场所范围以内和布置在与火灾危险场所的建筑物毗连时，应符合《爆炸和火灾危险环境电力装置设计规范》GB 50058 的规定。

（9）变电所为独立建筑时，不宜设在地势低洼和可能积水的场所。

（10）高层建筑地下层变电所的位置，宜选择在通风、散热条件较好的场所。

（11）变电所位于高层建筑的地下层时，应避免洪水或积水从其他渠道淹浸配电所的可能性，不应设在最底层，当地下仅有一层时，应采取适当抬高该所的地面等防水措施。

（12）高层建筑的变电所。宜设在地下层或首层，当建筑物高度超过 100m 时，也可在高层区的避难层或上技术层内设置变电所。

（13）设置在民用建筑中的变压器，应选择干式、气体绝缘或非可燃性液体绝缘的变压器。当单台变压器油量为 100kg 及以上时，应有储油或挡油排油等防火措施。

（14）在多层建筑物或高层建筑物的裙房中，不宜设置油浸变压器的变电所；当受条件限制必须设置时，应将油浸变压器的变电所设置在建筑物首层靠外墙的部位，且不得设置在人员密集场所的正上方、正下方、贴邻处以及疏散出口的两旁。高层主体建筑内不应设置油浸变压器的变电所。

（15）变压器低压侧电压为 0.4kV 时，单台变压器容量不宜大于 2000kVA，当仅有一台时，不宜大于 1250kVA；预装式变电站变压器容量采用干式变压器时不宜大于 800kVA，采用油浸式变压器时不宜大于 630kVA。

三、变电所型式和布置

（1）变电所的型式应根据建筑物（群）分布、周围环境条件和用电负荷的密度综合确定，并应符合下列规定：

1）高层或大型公共建筑应设室内变电所；

2）小型分散的公共建筑群及住宅小区宜设户外预装式变电所，有条件时也可设置室内或外附式变电所。

（2）民用建筑内变电所，不应设置裸露带电导体或装置，不应设置带可燃性油的电气设备和变压器，其布置应符合下列规定：

1）35kV、20kV 或 10kV 配电装置、低压配电装置和干式变压器等可设置在同一房间内；

2）20kV、10kV 具有 IP2X 防护等级外壳的配电装置和干式变压器，可相互靠近布置。

（3）内设可燃性油浸变压器的室外独立变电所与其他建筑物之间的防火间距，应符合现行国家标准《建筑设计防火规范》GB 50016 的要求，并应符合下列规定：

1）变压器应分别设置在单独的房间内，变电所宜为单层建筑，当为两层布置时，变压器应设置在底层；

2）可燃性油浸电力电容器应设置在单独房间内；

3）变压器门应向外开启；变压器室内可不考虑吊芯检修，但门前应有运输通道；

4）变压器室应设置储存变压器全部油量的事故储油设施。

（4）有人值班的变电所应设值班室。值班室应能直通或经过走道与配电装置室相通，且值班室应有直接通向室外或通向疏散走道的门。值班室也可与低压配电装置室合并，此时值班人员工作的一端，配电装置与墙的净距不应小于 3m。

四、变电所对土建专业的要求及设备布置

（1）可燃油油浸变压器室以及电压为 35kV、20kV 或 10kV 的配电装置室和电容器室的耐火等级不得低于二级。非燃或难燃介质的配电变压器室以及低压配电装置室和电容器室的耐火等级不宜低于二级。

（2）民用建筑中变电所开向建筑内的门应采用甲级防火门，变电所直接通向室外的门应为丙级防火门。低压配电室与其他场所毗邻时，门的耐火等级应按两者中耐火等级高的确定。

（3）变电所的通风窗，应采用不燃材料制作。

（4）变压器室及配电装置室门的宽度宜按最大不可拆卸部件宽度加 0.30m，高度宜按不可拆卸部件最大高度加 0.50m。

（5）当配电装置室设在楼上时，应设吊装设备的吊装孔或吊装平台，吊装平台、门或吊装孔的尺寸，应能满足吊装最大设备的需要，吊钩与吊装孔的垂直距离应满足吊装最高设备的需要。

（6）高压配电室和电容器室，宜设不能开启的自然采光窗，窗口下沿距室外地面高度不宜小于 1.8m，临街的一面不宜开窗。

（7）变压器室、配电装置室、电容器室的门应向外开，并应装锁。相邻配电装置室之间设有防火隔墙时，隔墙上的门应为甲级防火门，并向低电压配电室开启，当隔墙仅为管理需求设置时，隔墙上的门应为双向开启的不燃材料制作的弹簧门。

（8）变电所各房间经常开启的门窗，不宜直通相邻的酸、碱、蒸汽、粉尘和噪声严重的建筑。

（9）长度大于 7m 的配电装置室，应设 2 个出口，并宜布置在配电室的两端；长度大于 60m 的配电装置室宜设 3 个出口，相邻安全出口的门间距离不应大于 40m。独立式变电所采用双层布置时，位于楼上的配电装置室应至少设一个通向室外的平台或通道的出口。

（10）变压器室、配电装置室、电容器室等应有防止雨、雪和小动物从采光窗、通风窗、门、电缆沟等进入室内的措施。

(11) 地上变电所内的变压器室宜采用自然通风，地下变电所的变压器室应设机械送排风系统，夏季的排风温度不宜高于45℃，进风和排风的温差不宜大于15℃。

(12) 在供暖地区，控制室（值班室）应供暖，供暖计算温度为18℃。在严寒地区，当配电室内温度影响电气设备元件和仪表正常运行时，应设供暖装置。控制室和配电装置室内的供暖装置，应采取防止渗漏措施，不应有法兰、螺纹接头和阀门等。

(13) 变电所的电缆沟应采取防水、排水措施。

(14) 变压器室、电容器室、配电装置室、控制室内不应有与其无关的管道明敷线路通过。

(15) 值班室与高压配电室宜直通或经过通道相通，值班室应有门直接通向户外或通向通道。有人值班的配变电所，宜设卫生间及上、下水设施。

(16) 配电装置各回路的相序排列应一致。硬导体的各相应涂色，色别应为A相黄色，B相绿色，C相红色。绞线可只标明相别。

(17) 屋内配电装置距室内屋顶（除梁外）的距离不小于1.0m，距梁底不小于0.8m。

(18) 成排布置的低压配电屏，其长度超过6m，屏后的通道应设两个出口，并宜布置在通道的两端，当两出口之间的距离超过15m时，其间尚应增加出口。

(19) 成排布置的低压配电屏，其屏前和屏后的通道宽度，不应小于表8-2中所列数值。

成排布置的配电屏通道最小宽度（m） **表8-2**

<table>
<tr><th colspan="2" rowspan="3">配电屏种类</th><th colspan="3">单排布置</th><th colspan="3">双排面对面布置</th><th colspan="3">双排背对背布置</th><th colspan="3">多排同向布置</th><th rowspan="3">屏侧通道</th></tr>
<tr><th rowspan="2">屏前</th><th colspan="2">屏后</th><th rowspan="2">屏前</th><th colspan="2">屏后</th><th rowspan="2">屏前</th><th colspan="2">屏后</th><th rowspan="2">屏间</th><th colspan="2">前、后排屏距墙</th></tr>
<tr><th>维护</th><th>操作</th><th>维护</th><th>操作</th><th>维护</th><th>操作</th><th>前排屏前</th><th>后排屏后</th></tr>
<tr><td rowspan="2">固定式</td><td>不受限制时</td><td>1.5</td><td>1.0</td><td>1.2</td><td>2.0</td><td>1.0</td><td>1.2</td><td>1.5</td><td>1.5</td><td>2.0</td><td>2.0</td><td>1.5</td><td>1.0</td><td>1.0</td></tr>
<tr><td>受限制时</td><td>1.3</td><td>0.8</td><td>1.2</td><td>1.8</td><td>0.8</td><td>1.2</td><td>1.3</td><td>1.3</td><td>2.0</td><td>1.8</td><td>1.3</td><td>0.8</td><td>0.8</td></tr>
<tr><td rowspan="2">抽屉式</td><td>不受限制时</td><td>1.8</td><td>1.0</td><td>1.2</td><td>2.3</td><td>1.0</td><td>1.2</td><td>1.8</td><td>1.0</td><td>2.0</td><td>2.3</td><td>1.8</td><td>1.0</td><td>1.0</td></tr>
<tr><td>受限制时</td><td>1.6</td><td>0.8</td><td>1.2</td><td>2.1</td><td>0.8</td><td>1.2</td><td>1.6</td><td>0.8</td><td>2.0</td><td>3.1</td><td>1.6</td><td>0.8</td><td>0.8</td></tr>
</table>

注：1. 受限制时是指受到建筑平面的限制，通道内有柱等局部突出物的限制；
2. 屏后操作通道是指需在屏后操作运行中的开关设备的通道；
3. 背靠背布置时屏前通道宽度可按本表中双排背对背布置的屏前尺寸确定；
4. 控制屏、控制柜、落地式动力配电箱前后的通道最小宽度可按本表确定；
5. 挂墙式配电箱的箱前操作通道宽度，不宜小于1m。

(20) 变电所中消防设施的设置：二类建筑的变电所可设火灾自动报警及手提式灭火装置。

五、柴油发电机房

(1) 符合下列情况之一时宜设自备应急柴油发电机组：

1) 为保证一级负荷中特别重要的负荷用电；

2）有一级负荷，但从市电取得第二电源有困难或不经济合理时。

（2）机房宜设有发电机间、控制及配电室、燃油准备及处理间、备品备件储藏间等，可根据具体情况对上述房间进行取舍、合并或增添。

（3）机组宜靠近一级负荷或配变电所设置，不宜设在大型民用建筑的主体内，机房可布置于坡屋、裙房的首层或附属建筑内，应采用耐火极限不低于2.00h的隔墙和1.50h的楼板与其他部位隔开，门应采用甲级防火门。当布置在地下层时，应处理好通风、排烟、消声和减振等问题。

（4）发电机间、控制室、配电室不应设在厕所、浴室或其他经常积水场所的正下方或贴邻。民用建筑内的柴油发电机房应设置火灾自动报警系统和自动灭火设施。

（5）机房应有良好的采光和通风，在炎热地区，有条件时宜设天窗，有热带风暴地区天窗应加挡风防雨板或专用双层百叶窗。在北方及风沙较大的地区，应有防风沙侵入的措施。机房热出风口的面积不宜小于柴油机散热面积的1.5倍；进风口的面积不宜小于柴油机散热面积的1.6倍。

（6）机房面积在50m^2及以下时宜设置不少于一个出入口，在50m^2以上时宜设置不少于两个出入口，其中一个应满足搬运机组的需要；门应为向外开启的甲级防火门；发电机间与控制室、配电室之间的门和观察窗应采取防火、隔声措施，门应为甲级防火门，并应开向发电机间。

（7）当燃油来源及运输不便或机房内机组较多、容量较大时，宜在建筑物主体外设置不大于15m^3的储油罐。

机房内应设置储油间，总储存量不应超过8h的需求量，且日用油箱储油容积不应超过1m^3，并应采取相应的防火措施；机房内储油间应采用防火墙与发电机间隔开；当必须在防火墙上开门时，应设置能自行关闭的甲级防火门。

（8）发电机间、贮油间宜做水泥压光地面，并应有防止油、水渗入地面的措施，控制室宜做水磨石地面。

（9）机房内的噪声应符合国家噪声标准规定，当机房噪声控制达不到要求时，应通过计算做消声、隔声处理。

（10）机组基础应采取减振措施，当机组设置在主体建筑内或地下层时，应防止与房屋产生共振现象。柴油机基础应采用防油浸的措施，可设置排油污的沟槽。

（11）机房内的管沟和电缆应有0.3%的坡度和排水、排油措施，沟边缘应做挡油处理。

（12）机房各工作间耐火等级与火灾危险性类别见表8-3。

机房工作间耐火等级与火灾危险性类别 **表8-3**

序号	名　　称	火灾危险性类别	耐　火　等　级
1	发电机间	丙	一级
2	控制与配电室	戊	二级
3	贮油间	丙	一级

（13）柴油发电机房应设置火灾报警装置，应设置灭火设施。当建筑内其他部位设置自动喷水灭火系统时，机房内应设置自动喷水灭火系统。

例 8-2 地上变电所中的下列房间，对通风无特殊要求的是：

A 低压配电室　　　　B 柴油发电机房

C 电容器室　　　　　D 变压器室

解析：《民用建筑电气设计标准》GB 51348—2019 中，对柴油发电机房、电容器室、变压器室的通风均有特殊要求。第 6.1.14 条：柴油发电机房宜利用自然通风排除发电机房的余热，当不能满足温度要求时，应设置机械通风装置。第 4.11.1 条：地上变电所内的变压器室宜采用自然通风，地下变电所的变压器室应设机械送排风系统，夏季的排风温度不宜高于 45℃，通风和排风的温差不宜大于 15℃。第 4.11.2 条：电容器室应有良好的自然通风，通风量应根据电容器温度类别按夏季排风温度不超过电容器所允许的最高环境空气温度计算。当自然通风不能满足排热要求时，可增设机械通风。

答案：A

第三节 民用建筑的配电系统

一、配电方式

民用建筑的配电方式有：放射式，树干式，双树干式，环行（环式），链式及其他方式的组合。

（一）高压配电方式

1. 高压单回路放射式

见图 8-1。此方式一般用于配电给二、三级负荷或专用设备，但对二级负荷供电时，尽量要有备用电源，如另有独立备用电源时，则可供电给一级负荷。

2. 高压双回路放射式

见图 8-2。此方式线路互为备用，用于配电给二级负荷，电源可靠时，可供给一级负荷。

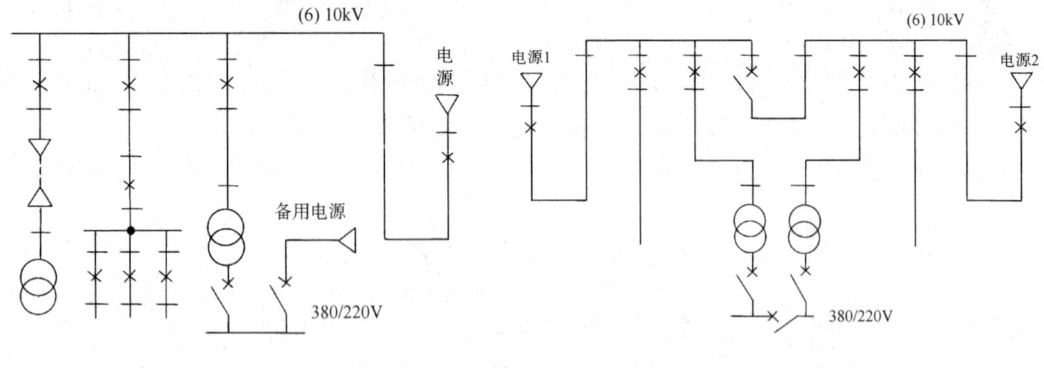

图 8-1 单回路放射式　　　　图 8-2 双回路放射式

3. 树干式

（1）单回路树干式

见图 8-3。一般用于三级负荷，每条线路装接的变压器约 5 台以内，总容量不超过 2000kVA。

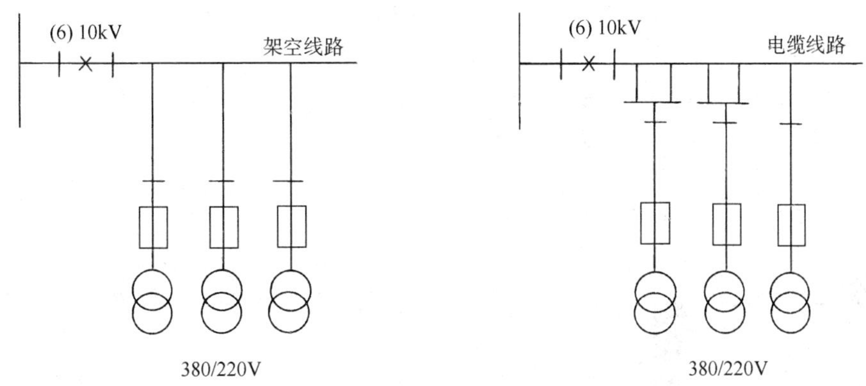

图 8-3　单回路树干式

（2）单侧供电双回路树干式

见图 8-4。供电可靠性稍低于双回路放射式，但投资少，一般用于二、三级负荷，当供电电源可靠时，也可供电给一级负荷。

4. 单侧供电环式（开环）

见图 8-5。用于对二、三级负荷供电，一般两回路电源同时工作开环运行，也可一用一备开环运行，供电可靠性较高，电力线路检修时可切换电源，故障时可切换故障点，但保护装置和整定配合都比较复杂。

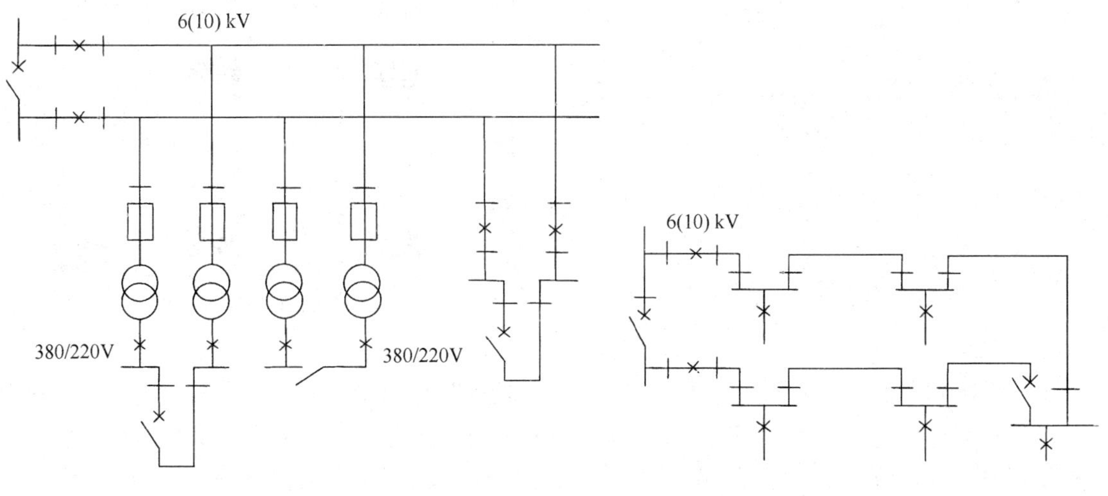

图 8-4　单侧供电双回路树干式

图 8-5　单侧供电环式（开环）

（二）低压配电方式

1. 低压放射式

见图 8-6。配电线路故障互不影响，供电可靠性高，配电设备集中，检修比较方便。系统灵活性较差，消耗有色金属较多。一般用于容量大、负荷集中或重要的用电设备；需要集中连锁启动、停车的设备；有腐蚀性介质和爆炸危险等场所不宜将配电及保护启动设备放在现场。

2. 低压树干式

见图 8-7。系统灵活性好，消耗有色金属较少，干线故障时影响范围大，一般用于用电设备布置比较均匀，容量不大，又无特殊要求的场所。

3. 低压链式

见图 8-8。用于远离配电屏而彼此相距又较近的不重要的小容量用电设备。链接的设备一般不超过 5 台，总容量不超过 10kW。

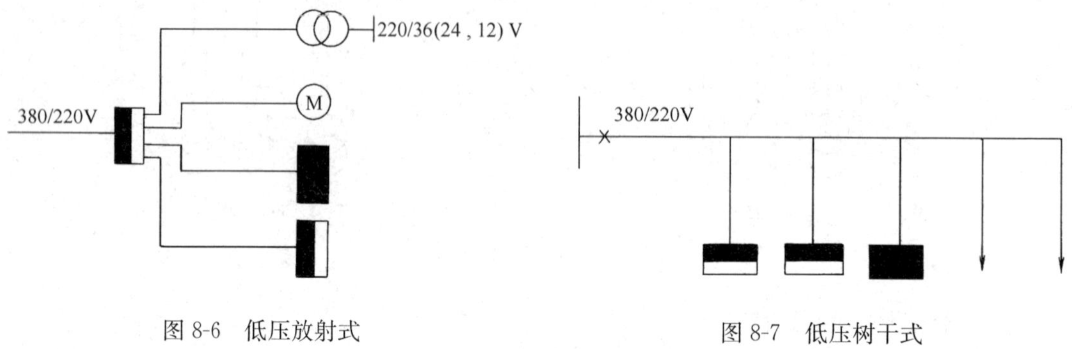

图 8-6　低压放射式　　　　图 8-7　低压树干式

4. 低压环式

见图 8-9。两回电源同时工作开环运行，供电可靠性较高，运行灵活，故障时可切除故障点。

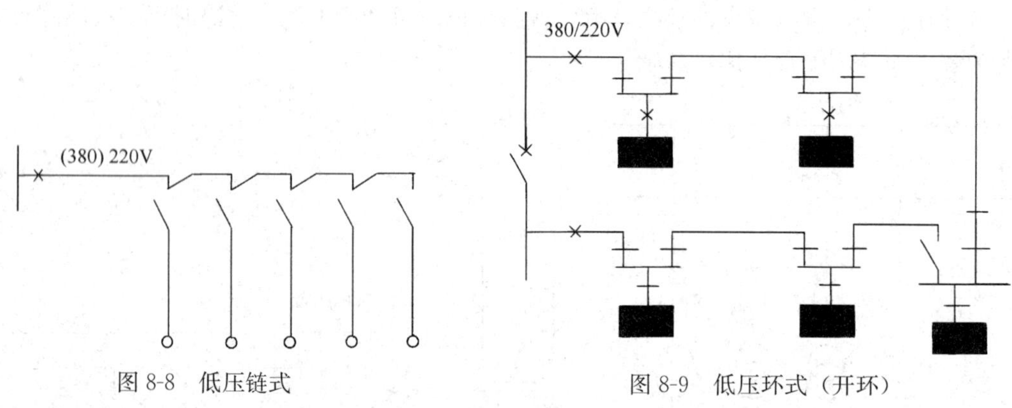

图 8-8　低压链式　　　　图 8-9　低压环式（开环）

5. 其他

在多层建筑物内，照明、电力、消防及其他防灾用电负荷，宜分别自成配电系统。由总配电箱至楼层配电箱宜采用树干式配电或分区树干式配电。对于容量较大的集中负荷或重要用电设备，应从配电室以放射式配电；楼层配电箱至用户配电箱应采用放射式配电。在高层建筑物内，向楼层各配电点供电时，宜采用分区树干式配电；由楼层配电间或竖井内配电箱至用户配电箱的配电，应采取放射式配电；对部分容量较大的集中负荷或重要用电设备，应从变电所低压配电室以放射式配电。

（三）低压配电导体选择

1. 电线、电缆及母线的材质可选用铜或铝合金。

2. 消防负荷、导体截面积在 $10mm^2$ 及以下的线路应选用铜芯。

3. 民用建筑的下列场所应选用铜芯导体：

（1）火灾时需要维持正常工作的场所；

（2）移动式用电设备或有剧烈振动的场所；

(3) 对铝有腐蚀的场所；

(4) 易燃、易爆场所；

(5) 有特殊规定的其他场所。

二、配电系统

(一) 高压配电系统

高压配电系统宜采用放射式，根据具体情况也可采用环式、树干式或双树干式。

(1) 一般按占地 $2km^2$ 或按总建筑面积 $4\times10^5 m^2$ 设置一个 10kV 配电所。当变电所在 6 个以上时，也可设置一个 10kV 配电所。变电所的设置要考虑 220/380V 低压供电半径不宜超过 300m。

(2) 大型民用建筑宜分散设置配电变压器，即分散设置变电所：

1) 单体建筑面积大或场地大，用电负荷分散；

2) 超高层建筑；

3) 大型建筑群。

(二) 低压配电系统

1. 带电导体系统的型式

带电导体系统的型式，宜采用单相二线制、两相三线制、三相三线制、三相四线制，见图 8-10～图 8-12。

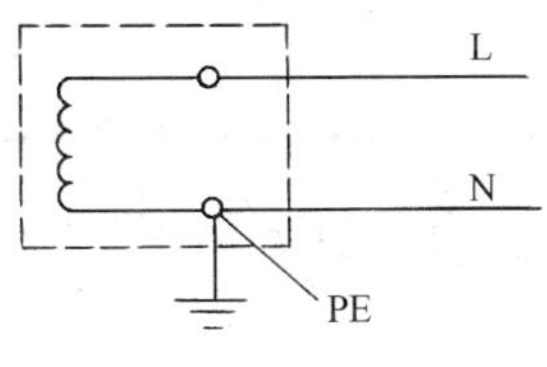

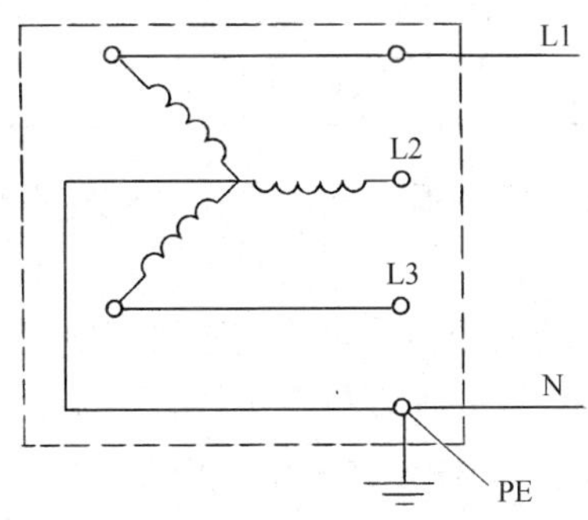

图 8-10　单相二线制

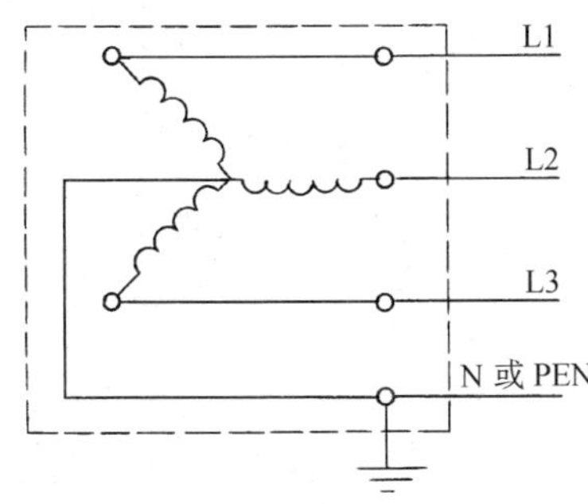

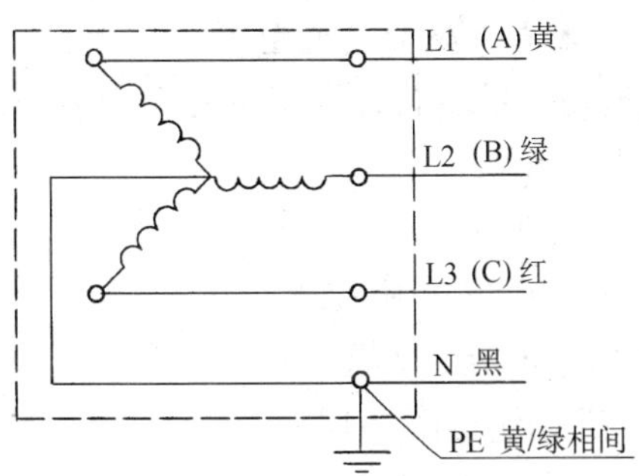

注：左图中去掉 N 线，即为三相三线制。

图 8-11　三相四线制

2. 住宅的低压配电系统

住宅建筑每户用电负荷指标见表 8-4。

（1）多层公共建筑及住宅

1）照明、电力、消防及其他防灾用电负荷，应分别自成配电系统；

2）电源可采用电缆埋地或架空进线，进线处应设置电源箱，箱内应设置总开关电器；

3）当用电负荷容量较大或用电负荷较重要时，应设置低压配电室，对容量较大和较重要的用电负荷宜从低压配电室以放射式配电；

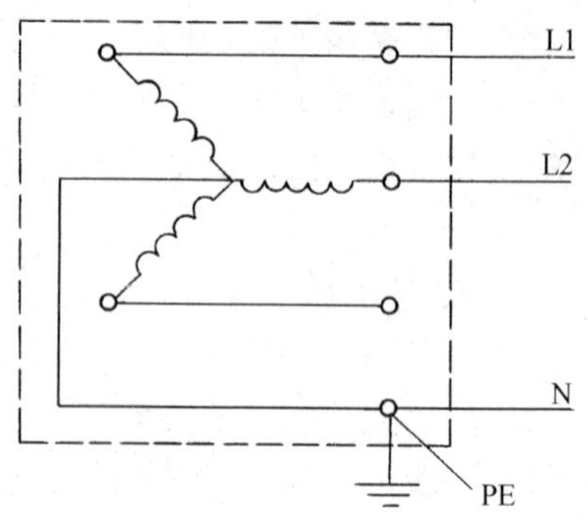

图 8-12　两相三线制

4）由低压配电室至各层配电箱或分配电箱，宜采用树干式或放射与树干相结合的混合式配电；

5）多层住宅的垂直配电干线，宜采用三相配电系统。

（2）高层公共建筑及住宅

每套住宅用电负荷和电能表的选择　　**表 8-4**

套　型	建筑面积 S（m^2）	用电负荷（kW）	电能表（单相）（A）
A	$S \leqslant 60$	3	5（20）
B	$60 < S \leqslant 90$	4	10（40）
C	$90 < S \leqslant 150$	6	10（40）

1）高层公共建筑的低压配电系统，应将照明、电力、消防及其他防灾用电负荷分别自成系统。

2）对于容量较大的用电负荷或重要用电负荷，宜从配电室以放射式配电。

3）高层公共建筑的垂直供电干线，可根据负荷重要程度、负荷大小及分布情况，采用封闭式母线槽供电的树干式配电、电缆干线供电的放射式或树干式配电、分区树干式配电等方式供电。

4）高层住宅的垂直配电干线，应采用三相配电系统。

3. 低压配电系统的接地型式

低压配电系统的接地型式，有三种类型：

（1）TN 系统

1）TN-S 系统（图 8-13）

2）TN-C 系统（图 8-14）

3）TN-C-S 系统（图 8-15）

（2）TT 系统（图 8-16）

（3）IT 系统（图 8-17）

（三）特低电压配电

额定电压为交流 50V 及以下的配电，称为特低电压配电。特低电压可分为安全特低电压（SELV）及保护特低电压（PELV）。

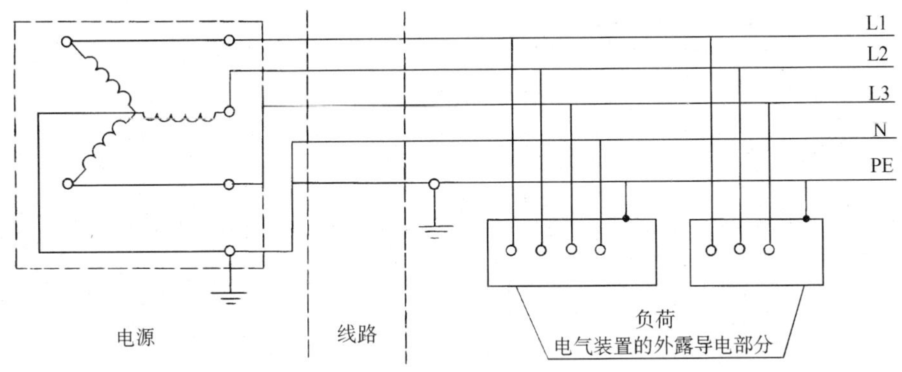

图 8-13　TN-S 系统　整个系统的中性线 N 和保护线 PE 是分开的

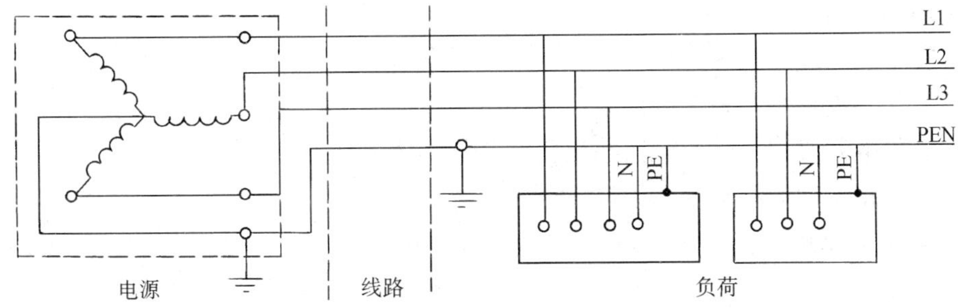

图 8-14　TN-C 系统　N 线和 PE 线是合在一起的

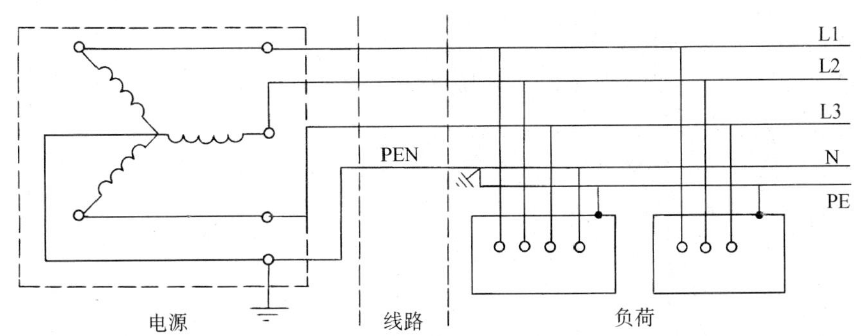

图 8-15　TN-C-S 系统　系统中有一部分 N 线和 PE 线是合一的

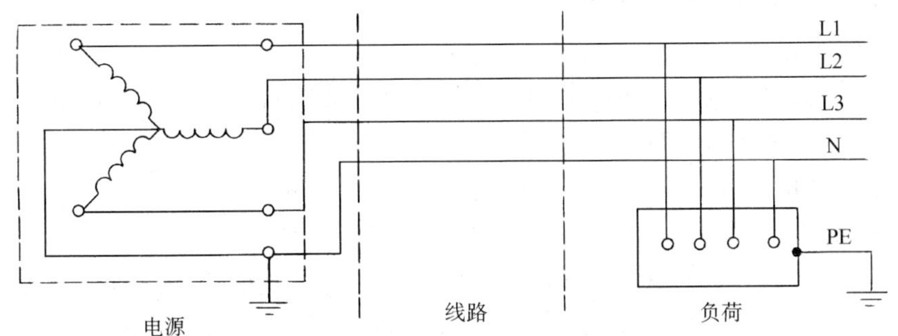

图 8-16　TT 系统

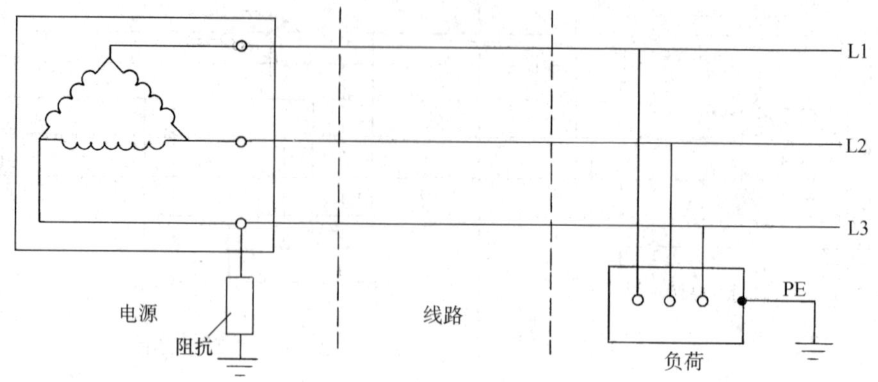

图 8-17　IT 系统

1. 特低电压电源

（1）安全隔离变压器；

（2）安全等级相当于安全隔离变压器的电源；

（3）电化电源或与电压较高回路无关的其他电源；

（4）符合相应标准的某些电子设备。

2. 特低电压配电

（1）特低电压配电回路的带电部分与其他回路之间应具有基本绝缘；

（2）安全特低电压回路的带电部分应与地之间具有基本绝缘；

（3）保护特低电压回路和设备外露可导电部分应接地。

3. 系统的插头及插座敷设要求

（1）插头必须不可能插入其他电压系统的插座内；

（2）插座必须不可能被其他电压系统的插头插入；

（3）安全特低电压系统的插头和插座不得设置保护导体触头。

4. 特低电压宜应用场所及范围

（1）潮湿场所（如喷水池、游泳池）内的照明设备；

（2）狭窄的可导电场所；

（3）正常环境条件使用的移动式手持局部照明；

（4）电缆隧道内照明。

三、配电线路

3～10kV 的配电线路为高压配电线路（简称高压线路），1kV 及以下的配电线路称为低压配电线路（简称低压线路）。

（一）室外线路

1. 架空线路

高压线路的导线，应采用三角排列或水平排列，低压线路的导线，宜采用水平排列。高、低压线路宜沿道路平行架设，电杆距路边可为 0.5～1m。接户线在受电端的对地距离，高压接户线不应小于 4m，低压接户线不应小于 2.5m。线路跨越建筑物时，导线与建筑物的垂直距离，在最大计算弧垂的情况下，高压线路不应小于 3m，低压线路不应小于2.5m，线路接近建筑物时，线路的边导线在最大计算风偏情况下，与建筑物的水平距离，高压不应小于1.50m，低压不应小于1m，导线与地面的距离，最大弧垂情况下，不应小于表8-5。

表 8-5

线路通过地区	线路电压	
	3～10kV	3kV 以下
居民区	6.50m	6.0m
非居民区	5.50m	5.0m
交通困难地区	4.5m	4.0m

2. 电缆线路

(1) 埋地敷设。沿同一路径敷设，6根及以下且现场有条件时，应埋设于冻土层以下，北京地区为0.7m，其他非寒冷地区，敷设的深度不应小于0.7m。

(2) 电缆排管敷设。沿同一路径敷设，7～12根时，宜采用电缆排管敷设。

(3) 电缆沟敷设。沿同一路径敷设13～21根时，宜采用电缆沟敷设。

(4) 电缆隧道敷设。沿同一路径敷设，多于21根时，宜采用电缆隧道敷设。

(5) 电缆沟在进入建筑物处应设防火墙。电缆隧道进入建筑物及配变电所处，应设带门的防火墙，此门应为甲级防火门并应装锁；电缆沟和电缆隧道底部应做不小于0.5%的坡度坡向集水坑（井）；电缆隧道的净高不宜低于1.9m，局部或与管道交叉处净高不宜小于1.4m；隧道内应有通风设施，宜采取自然通风；电缆隧道应每隔不大于75m的距离设安全孔（人孔），安全孔距隧道的首、末端不宜超过5m，安全孔的直径不得小于0.7m；电缆隧道内应设照明，其电压不宜超过36V，当照明电压超过36V时，应采取安全措施；与电缆隧道无关的其他管线不宜穿过电缆隧道。

（二）室内线路

敷设方式可分为明敷设——导线直接或在管子、线槽等保护体内，敷设于墙壁、顶棚的表面及桁架、支架等处。暗敷设——导线在管子、线槽等保护体内，敷设于墙壁、顶棚、地坪及楼板等内部，或者在混凝土板孔内敷线。

明敷设用的塑料导管、槽盒、接线盒、分线盒应采用阻燃性能分级为B1级的难燃制品。

布线用各种电缆、电缆桥架、金属线槽及封闭式母线在穿越防火分区楼板、隔墙时，其空隙应采用相当于建筑构件耐火极限的不燃烧材料填塞密实。

1. 直敷布线

直敷布线可用于正常环境室内场所和挑檐下的室外场所。直敷布线应采用不低于B_2级阻燃护套绝缘电线，其截面不宜大于6mm^2。

建筑物顶棚内、墙体及顶棚的抹灰层、保温层及装饰面板内，不得采用直敷布线。

在有可燃物的闷顶和封闭吊顶内明敷的配电线路，应采用金属导管或金属槽盒布线。

直敷布线在室内敷设时，电线水平敷设至地面的距离不应小于2.5m，垂直敷设至地面低于1.8m部分应穿导管保护。

2. 金属导管布线

金属导管布线宜用于室内外场所，不宜用于对金属导管有严重腐蚀的场所。

穿导管的绝缘电线，其总截面积不应超过导管内截面积的 40%。

穿金属导管的交流线路，应将同一回路的所有相导体和中性导体和 PE 导体穿于同一根导管内。不同回路的线路能否共管敷设，应根据发生故障的危害性和相互之间在运行和维修时的影响决定。

3. 金属槽盒布线

金属槽盒布线宜用于正常环境的室内场所明敷，封闭式金属槽盒，可在建筑顶棚内敷设。有严重腐蚀的场所不宜采用金属槽盒。

同一配电回路的所有相导体和中性导体和 PE 导体，应敷设在同一金属槽盒内。

同一路径的不同回路可共槽敷设。槽盒内电线或电缆的总截面不应超过其截面的 40%，载流导体不宜超过 30 根。槽盒内非载流导体总截面不应超过线槽内截面的 50%，由线或电缆根数不限。

4. 刚性塑料导管（槽）布线

用于室内场所和有酸碱腐蚀性介质的场所，在高温和易受机械损伤的场所不宜采用明敷设。塑料导管按其抗压、抗冲击及弯曲等性能分为重型、中型及轻型三种类型。

暗敷于墙内或混凝土内的刚性塑料导管应采用燃烧性能等级 B2 级、壁厚 1.8mm 及以上的导管。明敷时应采用燃烧性能等级 B1 级、壁厚 1.6mm 及以上的导管。

布线时，绝缘电线总截面积不应超过导管内截面积的 40%。同一路径的无电磁兼容要求的配电线路，可敷设于同一线槽内。线槽内电线或电缆的总截面积及根数同金属线槽布线的规定。不同回路的线路能否共管敷设，应根据发生故障的危害性和相互之间在运行和维修时的影响决定。

5. 室内电缆敷设

室内电缆敷设应包括电缆在室内沿墙及建筑构件明敷设、电缆穿金属导管埋地暗敷设。

无铠装的电缆在室内明敷时，水平敷设至地面的距离不宜小于 2.20m；垂直敷设至地面的距离不宜小于 1.8m。除明敷在电气专用房间外，当不能满足上述要求时，应有防止机械损伤的措施。

室内埋地暗敷，或通过墙、楼板穿管时，其穿管的内径不应小于电缆外径的 1.5 倍。

6. 电缆桥架布线

此种方法用于电缆数量较多，或较集中的场所。桥架水平敷设时，距地高度一般不宜低于 2.20m，垂直敷设时，距地 1.80m 以下应加金属盖板保护。架桥穿过防火墙及防火楼板时，应采取防火隔离措施。

电缆桥架多层敷设时，层间距离应满足敷设和维护需要，并符合下列规定：

1）电力电缆的电缆桥架间距不应小于 0.3m；

2）电信电缆与电力电缆的电缆桥架间距不宜小于 0.5m，当有屏蔽盖板时可减少到 0.3m；

3）控制电缆的电缆桥架间距不应小于 0.2m；

4）最上层的电缆桥架的上部距顶棚、楼板或梁等不宜小于 0.15m。

下列不同电压、不同用途的电缆，不宜敷设在同一层或同一个桥架内：

1）1kV 以上和 1kV 以下的电缆；

2）向同一负荷供电的两回路电源电缆；

3）应急照明和其他照明的电缆；

4）电力和电信电缆。

7. 封闭式母线布线

电流在400～2000A，采用封闭式母线布线。水平敷设时，至地面的距离不应低于2.20m，垂直敷设时，距地面1.80m，以下部分采取防止机械损伤的措施。封闭母线穿过防火墙及防火楼板时，应采取防火隔离措施。

8. 竖井布线

竖井布线一般适用于多层和高层建筑内强电及弱电垂直干线的敷设。

竖井的位置和数量应根据建筑物规模、用电负荷性质、供电半径、建筑物的沉降缝设置和防火分区等因素确定，选择竖井位置时，应考虑下列因素：

（1）靠近用电负荷中心；

（2）不得和电梯井、管道井共用同一竖井；

（3）避免临近烟道，热力管道及其他散热量大或潮湿的设施；

（4）在条件允许时宜避免与电梯井及楼梯间相邻；

（5）竖井的井壁应是耐火极限不低于1h的非燃烧体，竖井在每层楼应设维护检修门并应开向公共走廊，其耐火等级不应低于丙级，楼层间应做防火密封隔离，电缆和绝缘线在楼层间穿钢管时，两端管口空隙应做密封隔离；

（6）竖井大小除满足布线间隔及端子箱、配电箱布置所必需的尺寸外，并宜在箱体前留有不小于0.80m的操作、维护距离；竖井的进深不应小于0.6m。

（7）竖井内高压、低压和应急电源的电气线路，相互之间应保持0.3m及以上的距离或采用隔离措施，且高压线设有明显标志。

（8）向电梯供电的电源线路，不应敷设在电梯井道内。除电梯的专用线路外，其他线路不得沿电梯井道敷设。

9. 地面内暗装金属槽盒布线

此方式适用于正常环境下大空间，且隔断变化多，用电设备移动性大或敷有多种功能、线路的场所，暗敷于现浇混凝土地面、楼板或楼板垫层内。

10. 消防布线（见本章第六节第十条）

例8-3 高层建筑中向屋顶通风机供电的线路，其敷设路径应选择：

A 沿电气竖井　　B 沿电梯井道

C 沿给排水井道　　D 沿排烟管道

解析：见《民用建筑电气设计标准》GB 51348—2019 第8.11.2条：电气竖井①不应和电梯井、管道井共用同一竖井；②不应贴邻有烟道、热力管道及其他散热量大或潮湿的设施。

答案：A

第四节　电　气　照　明

电气照明就是将电能转换为光能，用电气照明可创造一个良好的光环境，以满足建筑物的功能要求。

一、照明的基本概念

1. 光

光是一种电磁辐射能，它在空间以电磁波的形式传播。光波的频谱很宽，波长为380～780nm（1nm＝10^{-9}m）为可见光，作用于人的眼睛时能产生视觉。不同波长的光呈现不同的颜色，780～380nm依次变化时会出现红、橙、黄、绿、青、蓝、紫七种不同的颜色。七种光混合在一起即为白色光。小于380nm的叫紫外线，大于780nm的叫红外线。

2. 光通量

光源在单位时间内向四周空间发射的、使人产生光感觉的能量，称为光通量，单位是流明（lm）。

3. 发光强度

光通量的空间密度，即单位立体角内的光通量，叫作发光强度，称为光强，单位是坎德拉（cd），1cd＝1lm/sr。

4. 亮度

发光（或反光）的物体单位面积上向视线方向发出的光通量，称为该物体的亮度，单位是坎德拉每平方米（cd/m^2）。

5. 照度

单位受光面积内的光通量，单位是勒克斯（lx），1 lx＝1 lm/m^2。

6. 色温

光源发射的光的颜色与黑体在某一温度下的光色相同时，黑体的温度称为该光源的色温。符号以T_e表示，单位为开（K）。光线的运用无不与色温有关，色温低，红色成分多，色温高，蓝色成分多。当我们用色温来表明光源色时，它只是一种标志、符号，与实际温度无关。

7. 相关色温

黑体辐射的色度与所研究的光源色度最接近时，黑体的温度定义为该光源的相关色温。符号以T_{cp}表示，单位为开（K）。

8. 眩光

若视野内有亮度极高的物体或强烈的亮度对比，则可引起不舒适或造成视觉降低的现象，称为眩光。

9. 显色指数

在规定条件下，由光源照明的物体色与由标准光源照明时相比较，表示物体色在视觉上的变化程度的参数。

10. 明暗适应

当光的亮度不同时，对人的视觉器官感受性也不同，亮度有较大变化时，感受性也随着变化，这种感受性对光刺激的变化的顺应性称为适应。眼睛从暗到亮时亮度适应快，称为明适应。而从亮到暗时亮度适应慢，称为暗适应。

二、照度标准分级

0.5lx、1lx、2lx、3lx、5lx、10lx、15lx、20lx、30lx、50lx、75lx、100lx、150lx、200lx、300lx、500lx、750lx、1000lx、1500lx、2000lx、3000lx、5000lx，此标准值是指

工作或生活场所，所参考平面上的维持平均照度值。当没有其他规定时，一般把室内照明的工作面假设为离地面0.75m高的水平面。

三、照明质量

良好的照明质量能最大限度地保护视力，提高工作效率，保证工作质量，为此必须处理好影响照明的几个因素。

（一）照明均匀度

它是规定工作面（参考面）上的最低照度与平均照度之比值，符号是U_0。

（1）办公室、阅览室等工作房间，其值不应小于0.6。

（2）作业面邻近周围照度可低于作业面照度，但不低于表8-6的数值。

（3）作业面背景区域一般照明的照度不宜低于作业面邻近周围照度的1/3。

作业面区域、作业面邻近周围区域、作业面背景区域关系见图8-18。

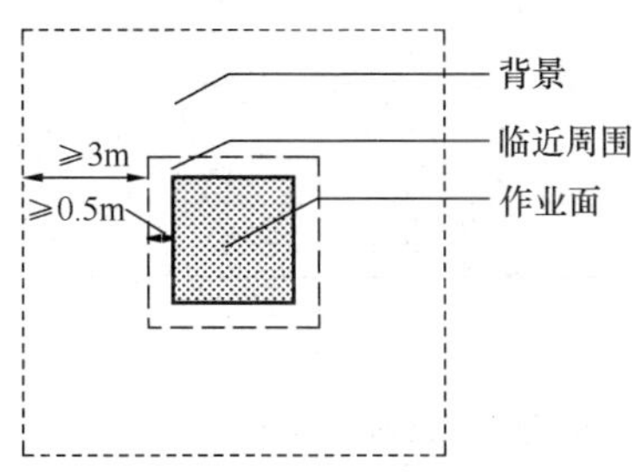

图8-18　作业面区域、邻近周围区域和背景之间的关系

作业面邻近周围照度　　表8-6

工作面照度（lx）	作业面邻近周围照度（lx）
≥750	500
500	300
300	200
≤200	与作业面照度相同

（二）眩光限制

统一眩光值（*UGR*）是评价室内照明不舒适眩光的量化指标，它是度量处于视觉环境中的照明装置发出的光对人眼引起不舒适感主观反应的心理参量，*UGR*值可分为28、25、22、19、16、13、10七档值。28为刚刚不可忍受，25为不舒适，22为刚刚不舒适，19为舒适与不舒适的界限，16为刚刚可接受，13为刚刚感觉到，10为无眩光感觉。在《建筑照明设计标准》GB 50034中多数采用25、22、19的*UGR*值。

眩光分为直接眩光和反射眩光。长期工作或停留的房间或场所，为限制视野内过高亮度或亮度对比引起的直接眩光，选用的直接型灯具的遮光角（图8-19）不应小于表8-7的数值。

直接型灯具的遮光角　　表8-7

光源平均亮度（kcd/m²）	遮光角（°）
1～20	10
20～50	15
50～500	20
≥500	30

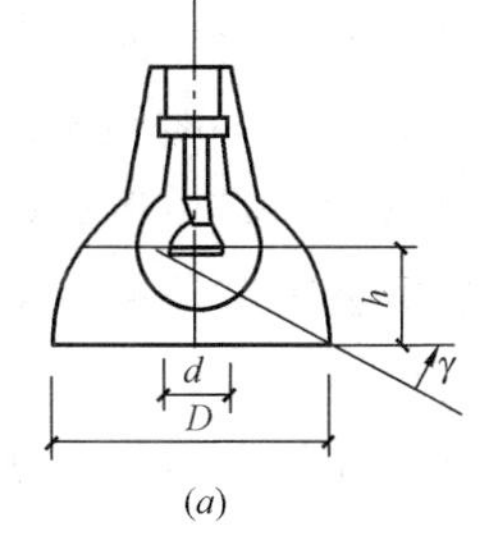

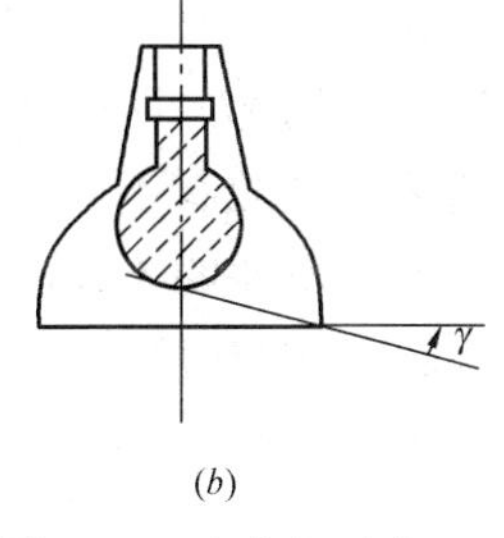

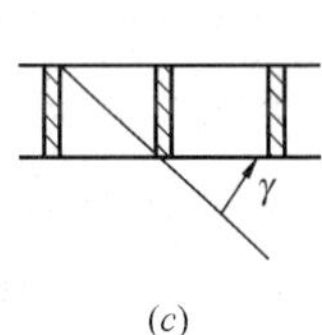

图8-19　遮光角示意

（*a*）透明玻璃壳灯泡；（*b*）磨砂或乳白玻璃壳灯泡；（*c*）格栅灯

(三) 光源颜色

光源的色表根据其相关色温分为三类，见表 8-8；光源的显色指数见表 8-9。

光源色表特征及适用场所 **表 8-8**

相关色温(K)	色表特征	适用场所
<3300	暖	客房、卧室、病房、酒吧……
3300～5300	中间	办公室、教室、阅览室、商场、诊室、检验实、实验室、控制室、机加工车间、仪表装配……
>5300	冷	热加工车间、高照度场所

光源的显色指数 **表 8-9**

显色指数分组	一般显色指数（R_a）	类属光源示例	适用场所
Ⅰ	$R_a \geqslant 80$	白炽灯、卤钨灯、三基色荧光灯	手术室、营业厅、多功能厅、科室、展厅、酒吧、办公室、教室、阅览室
Ⅱ	$60 \leqslant R_a < 80$	荧光灯、金属卤化物灯	自选商场、厨房
Ⅲ	$40 \leqslant R_a < 60$	荧光高压汞灯	库房、室外门廊
Ⅳ	$R_a < 40$	高压钠灯	室外道路照明

(四) 反射比

限制反射比其目的在于使视野内的亮度分布控制在眼睛能适应的水平。

长时间工作的房间，作业面的反射比宜限制在 0.2～0.6。

长时间工作，工作房间内表面反射比宜按表 8-10 选取。

工作房间内表面反射比 **表 8-10**

表面名称	反射比
顶棚	0.6～0.9
墙面	0.3～0.8
地面	0.1～0.5

四、照明方式与种类

(一) 照明方式

室内照明方式可分为一般照明、分区一般照明、混合照明和重点照明。

(1) 不固定或不适合装局部照明的场所，应设置一般照明；

(2) 同一场所内的不同区域有不同照度要求时，宜设置分区一般照明；

(3) 一般照明或分区一般照明不能满足照度要求的场所，应增设局部照明；

(4) 所有的工作房间不应只设局部照明；

(5) 在一些场所，为凸显某些特定的目标，应设置重点照明。

(二) 照明种类

照明种类可分为正常照明、应急照明、值班照明、警卫照明、景观照明和障碍照明。

应急照明包括备用照明（供继续和暂时继续工作的照明）、疏散照明和安全照明。

（三）应急照明和照度

应急照明分为三类：备用照明、安全照明、疏散照明。

（1）备用照明

1）应设置备用照明的场所

① 正常照明失效可能造成重大财产损失和严重社会影响的场所；

② 正常照明失效妨碍灾害救援工作进行的场所，如消防控制室、消防水泵房、自备发电机房、配电室、防排烟机房以及发生火灾时仍需正常工作的消防设备房；

③ 人员经常停留且无自然采光的场所；

④ 正常照明失效将导致无法工作和活动的场所；

⑤ 正常照明失效可能诱发非法行为的场所。

2）当正常照明的负荷等级与备用照明负荷等级相等时可不另设备用照明。

3）备用照明的照度标准值应符合下列规定：

① 供消防作业及救援人员在火灾时继续工作场所的备用照明，其作业面的最低照度不应低于正常照明的照度；

② 其他场所的备用照明照度标准值除另有规定外，应不低于该场所一般照明照度标准值的10％。

4）备用照明的设置应符合下列规定：

① 备用照明宜与正常照明统一布置；

② 当满足要求时应利用正常照明灯具的部分或全部作为备用照明；

③ 独立设置备用照明灯具时，其照明方式宜与正常照明一致或相类似。

5）备用照明最少持续供电时间

① 避难疏散区域（避难层）≥180min；

② 消防工作区域（消防控制室、电话机房、配电室、发电站、消防水泵房、防排烟机房）≥180min。

（2）安全照明

1）应设置安全照明的场所

① 人员处于非静止状态且周围存在潜在危险设施的场所；

② 正常照明失效可能延误抢救工作的场所；

③ 人员密集且对环境陌生时，正常照明失效易引起恐慌骚乱的场所；

④ 与外界难以联系的封闭场所。

2）安全照明的照度标准值应符合下列规定：

① 医院手术室、重症监护室应维持不低于一般照明照度标准值的30％；

② 其他场所不应低于该场所一般照明照度标准值的10％，且不应低于15lx。

3）安全照明的设置应符合下列规定：

① 应选用可靠、瞬时点燃的光源；

② 应与正常照明的照射方向一致或相类似并避免眩光；

③ 当光源特性符合要求时，宜利用正常照明中的部分灯具作为安全照明；

④ 应保证人员活动区获得足够的照明需求，而无须考虑整个场所的均匀性。

（3）当在一个场所同时存在备用照明和安全照明时，宜共用同一组照明设施并满足二者中较高负荷等级与指标的要求。

（4）疏散照明（含疏散照明灯和疏散指示标志灯）

1）应设置疏散照明的场所

住宅，民用建筑、厂房和丙类仓库的下列部位，应设置疏散应急照明：

① 开敞式疏散楼梯间、封闭楼梯间、防烟楼梯间及其前室、消防电梯间的前室或合用前室、避难走道、避难层（间）；

② 观众厅、展览厅、多功能厅和建筑面积超过 $200m^2$ 的营业厅、餐厅、演播室等人员密集的场所；建筑面积超过 $400m^2$ 的办公场所、会议场所。

③ 建筑面积大于 $100m^2$ 的地下或半地下公共活动场所；

④ 公共建筑中的疏散走道；

⑤ 人员密集的厂房内的生产场所及疏散走道。

2）疏散照明的照度标准值应符合下列规定：

① 对于疏散走道，有人值守的消防设备用房不应低于 1.0lx；

② 对于人员密集场所、避难层（间），不应低于 3.0lx；

③ 对于楼梯间、前室或合用前室、避难走道，不应低于 5.0lx；

④ 对于人员密集场所、老年人照料设施、病房楼或手术部内的楼梯间、前室或合用前室、避难走道、屋顶停机坪等不应低于 10.0lx。

3）疏散照明的设置应符合下列规定：

① 疏散照明灯应设置在墙面或顶棚上；

② 疏散指示标志灯在顶棚安装时，不应采用嵌入式安装方式。安全出口标志灯，应安装在疏散口的内侧上方，底边距地不宜低于 2.0m；疏散走道的方向标志灯具，应在走道及转角处离地面 1.0m 以下墙面上、柱上或地面上设置，采用顶装方式时，底边距地宜为 2.0～2.5m；

③ 设在墙面上、柱上的疏散指示标志灯具间距在直行段为垂直视觉时不应大于 20m，侧向视觉时不应大于 10m；对于袋形走道，不应大于 10m；

④ 交叉通道及转角处宜在正对疏散走道的中心的垂直视觉范围内安装，在转角处安装时距角边不应大于 1m；

⑤ 设在地面上的连续视觉方向标志灯具之间的间距不宜大于 3m。

4）疏散照明和疏散指示标识连续供电时间：

① 建筑高度大于 100m 的民用建筑，不应小于 1.5h；

② 医疗建筑、老年人照料设施、总建筑面积大于 $100000m^2$ 的公共建筑和总建筑面积大于 $20000m^2$ 的地下、半地下建筑，不应少于 1.0h；

③ 其他建筑，不应少于 0.5h。

（四）值班照明

可利用正常照明中能单独控制的一部分或备用照明的一部分或全部。

（五）警卫照明

有警戒任务的场所，应根据警戒范围的需要装设警卫照明。

（六）障碍照明

航空障碍标志灯的装设应符合下列要求：

(1) 航空障碍标志灯的水平安装间距不宜大于 52m；垂直安装自地面以上 45m 起，以不大于 52m 的等间距布置。

(2) 应装设在建筑物或构筑物的最高部位。当制高点平面面积较大或为建筑群时，除在最高端装设障碍标志灯外，还应在其外侧转角的顶端分别设置；

(3) 在烟囱顶上设置障碍标志灯时宜将其安装在低于烟囱口 1.5～3m 的部位并成三角水平排列。

(七) 景观照明

灯光的设置应能表现建筑物或构筑物的特征，并能显示出建筑的立体感。景观照明通常采用泛光灯。一般可采用在建筑物自身或在相邻建筑物上设置灯具的布灯方式；或是将两种方式相结合。也可以将灯具设置在地面绿化带中。整个建筑物或构筑物受光面的上半部的平均亮度宜为下半部的 2～4 倍。

(八) 路灯照明

室外照明主要是路灯照明，光源宜采用高压汞灯、高压钠灯、节能灯等。路灯伸出路牙宜为 0.6～1.0m，路灯的水平线上的仰角宜为 5°，路面亮度不宜低于 $1cd/m^2$。路灯安装高度不宜低于 4.5m，路灯杆间距为 25～30m，进入弯道处的灯杆间距应适当减小。路灯的照度均匀度（最小照度与最大照度之比）宜为 1∶10～1∶15 之间。住宅区道路的平均照度为 1～2lx。

庭园灯的高度可按 0.6*B*（单侧布灯时）～12*B*（双侧对称布灯时）选取，但不宜高于 3.5m，庭园灯杆间距为 15～25m。

注：*B*—道路宽度。

五、光源及灯具

(一) 光源

照明常用的光源基本上有两大类，一类是热辐射光源，如白炽灯、卤钨灯；另一类是气体放电光源，如荧光灯、高压汞灯、钠灯、金属卤化物灯等。近年来半导体照明技术快速发展，然而产品尚未成熟，目前发光二极管灯还不是室内照明应用中的主流照明产品。

光源的确定，应根据使用场所的不同，合理地选择光源的光效、显色性、寿命、启燃时间和再启燃时间等光电特性指标，以及环境条件对光源光电参数的影响。

1. 白炽灯

白炽灯能迅速点燃，不需要启动时间，能频繁开关，显色指数高，$95<R_a<100$，有良好的调光性能，防止电磁波干扰，光效低（40W 的灯泡 8.8lm/W），寿命短（平均 1000h）。主要用于对电磁干扰有严格要求且其他光源无法满足的特殊场所。

2. 荧光灯

广泛使用于工业和民用建筑照明设计中。

(1) 普通荧光灯。光效比白炽灯高（40W 的灯管 50lm/W），显色性较好，$60<R_a<72$，寿命长（平均 5000h）。RR 型为日光色（色温为 6500K），RL 型为冷白色（色温 4000K），RN 型为暖白色（色温 3000K）。

(2) 三基色荧光灯。光效高（100lm/W），显色性好，$R_a>80$，色温高（3200～

5000K），寿命长（12000～15000h）。通常情况下，灯具安装高度低于 8m 的房间，宜采用细管直管形三基色荧光灯。

3. 金属卤化物灯

如日光色镝灯，光效高（72lm/W），显色性好，$65<R_a<90$，色温高（5000～7000K），寿命长（5000～10000h）。用于体育场（馆）、广场、街道、大型建筑物、展览馆等。

4. 钠灯

光效高（100～140lm/W），寿命长（12000～24000h），光色柔和，体积小，透雾性强，辨色能力差，$R_a=23/60/85$，色温低（2100K）。广泛使用于公路、街道、车站、住宅区、商业中心、货场、矿区等辨色要求不高的高大空间。

（二）灯具

不包括光源在内的配照器及附件。灯具的作用有以下几点：

（1）对光源发出的光通量进行再分配；

（2）保护和固定光源；

（3）装饰美化环境。

灯具可分为吸顶式灯、嵌入式灯、悬挂式灯、花灯、壁灯、防潮灯、防爆灯、水下灯等。

（三）灯具的选择

优先选用直射光通比例高、控光性能合理的高效灯具。

（1）室内用直管型荧光灯灯具，开敞式不低于 75%，有透明保护罩不低于 70%，装有遮光格栅时不低于 65%。室外灯具不应低于 40%，但室外投光灯灯具的效率不宜低于 55%。

（2）根据使用场所不同，采用控光合理的灯具，如多平面反光镜定向射灯、蝙蝠翼式配光灯具、块板式高效灯具等。

（3）选用控光器变质速度慢、配光特性稳定、反射和透射系数高的灯具。

（4）灯具的结构和材质应易于维护清洁和更换光源。

（5）利用功率消耗低、性能稳定的灯具附件。

（四）照明节能

照明节能应该是在满足规定的照度和照明质量要求的前提下进行考核，采用一般照明的照明功率密度值（LPD）作为建筑节能评价指标，单位为 W/m^2。在《建筑照明设计标准》GB 50034 中规定了不同建筑中的不同房间或场所的照明功率密度限值。

1. 一般规定

（1）应在满足规定的照度水平和照明质量要求的前提下，进行照明节能评价。

（2）照明节能应采用一般照明的照明功率密度值（LPD）作为评价指标。

（3）照明设计的房间或场所的照明功率密度应满足《建筑照明设计标准》GB 50034 第 6.3 节规定的现行值的要求。

2. 电气照明的节能设计

（1）建筑照明应采用高光效光源、高效灯具和节能器材。

（2）照明功率密度值（*LPD*）宜满足现行国家标准《建筑照明设计标准》GB 50034 规定的目标值，体育建筑中的场地照明宜满足现行行业标准《体育建筑电气设计规范》

JGJ 354 目标值的规定。

（3）光源的选择应符合下列规定：

1）民用建筑不应选用白炽灯和自镇流荧光高压汞灯，一般照明的场所不应选用荧光高压汞灯；

2）一般照明在满足照度均匀度的前提下，宜选择单灯功率较大、光效较高的光源；在满足识别颜色要求的前提下，宜选择适宜色度参数的光源；

3）高大空间和室外场所的光源选择应与其安装高度相适应；灯具安装高度不超过 8m 的场所，宜采用单灯功率较大的直管荧光灯，或采用陶瓷金属卤化物灯以及 LED 灯；灯具安装高度超过 8m 的室内场所宜采用金属卤化物灯或 LED 灯；灯具安装高度超过 8m 的室外场所宜采用金属卤化物灯、高压钠灯或 LED 灯；

4）走道、楼梯间、卫生间和车库等无人长期逗留的场所宜选用三基色直管荧光灯、单端荧光灯或 LED 灯；

5）疏散指示标志灯应采用 LED 灯，其他应急照明、重点照明、夜景照明、商业及娱乐等场所的装饰照明等，宜选用 LED 灯；

6）办公室、卧室、营业厅等有人长期停留的场所，当选用 LED 灯时，其相关色温不应高于 4000K。

（4）气体放电灯应单灯采用就地无功补偿方式，补偿后功率因数不应低于 0.9。

（5）灯具的选择应符合下列规定：

1）在满足眩光限制和配光要求的条件下，应选用效率高的灯具，灯具效率不应低于现行国家标准《建筑照明设计标准》GB 50034 的相关规定，其中体育照明使用的金属卤化物灯具的效率应符合现行行业标准《体育建筑电气设计规范》JGJ 354 的相关规定。

2）除有装饰需要外，应选用直射光通比例高、控光性能合理的高效灯具。

（6）照明设计所选用的光源应配置不降低光源光效和光源寿命的镇流器及相关附件。当气体放电灯选用单灯功率小于或等于 25W 的光源时，其镇流器应选用谐波含量低的产品。

（7）照明控制应符合下列规定：

1）应结合建筑使用情况及天然采光状况，进行分区、分组控制；

2）天然采光良好的场所，宜按该场所照度要求、营运时间等自动开关灯或调光；

3）旅馆客房应设置节电控制型总开关，门厅、电梯厅、大堂和客房层走廊等场所，除疏散照明外宜采用夜间降低照度的自动控制装置；

4）功能性照明宜每盏灯具单独设置控制开关；当有困难时，每个开关所控的灯具数不宜多于 6 盏；

5）走廊、楼梯间、门厅、电梯厅、卫生间、停车库等公共场所的照明，宜采用集中开关控制或自动控制；

6）大空间室内场所照明，宜采用智能照明控制系统；

7）道路照明、夜景照明应集中控制；

8）设置电动遮阳的场所，宜设照度控制与其联动。

（8）建筑景观照明应符合下列规定：

1）建筑景观照明应至少有三种照明控制模式，平日应运行在节能模式；
2）建筑景观照明应设置深夜减光或关灯的节能控制。

六、照度计算

照度计算的方法，通常有利用系数法、单位容量法和逐点法三种。在具体设计中，一般采用单位容量法或逐点法进行计算。单位容量计算法适用于均匀的一般照明计算；一般民用建筑和生活福利设施及环境反射条件较好的小型生产房间，可利用此法计算，生产厂房可利用此法估算。

例 8-4 特级综合体育场的比赛照明，应选择的光源是：

A LED 灯　　B 荧光灯

C 金属卤化物灯　　D 白炽灯

解析： 金属卤化物灯的光电参数适合体育馆高大空间使用且节能。

答案： C

第五节 电气安全和建筑物防雷

一、安全用电

低压配电系统遍及生活、生产的各个领域，人们随时都要与其接触。当由于某种原因其外露导电部分带电时，人们若与其接触，就有可能遭受电击，也就是常说的触电，危及人们的生命安全。为了保证电气设备上的安全，低压配电系统必须采取相应的防触电保护措施。

（一）人体触电造成的伤害程度与下列因素相关

1. 流经人体电流的大小

流经人体的电流，当交流在 15～20mA 以下或直流 50mA 以下的数值，对人身是安全的，因为对大多数人来说，是可以不需要别人帮助而能自行摆脱带电体，但是，即使是这样大小的电流，如长时间的流经人体，依旧是会有生命危险的。试验证明：100mA（0.1A）左右的电流流经人体时，毫无疑问是要使人致命的。

2. 人体电阻

当人体皮肤处于干燥、洁净和无损伤的状态下，人体的电阻高达 4 万～10 万 Ω。若除去皮肤，人体电阻下降到 600～800Ω，可是，人体的皮肤电阻并不是固定不变的，当皮肤处于潮湿状态，如出汗、受到损伤或带有导电性的粉尘时，则人体电阻降到 1000Ω 左右。当触电时，若皮肤触及带电体的面积越大，接触的越紧密，也会使人体的电阻减小。

3. 作用于人体电压的高低

流经人体电流的大小，与作用于人体电压的高低并不是成直线关系，这是因为随着电压的增高，人体表皮角质层有电解和类似介质击穿的现象发生，使人体电阻急剧下降，而导致电流迅速增大。如人手是潮湿的，36V 以上的电压就成为危险电压。

4. 电流流经人体的持续时间

即使是安全电流，若流经人体的时间过久，也会造成伤亡事故。因为随着电流在人体内持续时间的增长，人体发热出汗，人体电阻会逐渐减小，而电流随之逐渐增大。

5. 电流流经人体的途径

电流流经人体的途径，对于触电的伤害程度影响甚大，实验证明，电流从手到脚，从一只手到另一只手或流经心脏时，触电的伤害最为严重。

6. 电源的频率

频率 50～60Hz 的电流对人体触电伤害的程度最为严重。低于或高于这些频率时，它的伤害程度都会减轻。

7. 身心健康状态

患有心脏病、结核病、精神病、内分泌器官疾病或酒醉的人，触电引起的伤害更为严重。

8. 电流通过人体的效应

电流通过人体，会引起四肢有暖热感觉，肌肉收缩，脉搏和呼吸神经中枢急剧失调、血压升高、心室纤维性颤动、烧伤、眩晕等。

（二）防触电保护

低压配电系统的防触电保护可分为：

1. 直接接触保护（正常工作时的电击保护）

（1）将带电导体绝缘，以防止与带电部分有任何接触的可能。

（2）采用遮栏和外护物的保护。

（3）采用阻挡物进行保护，阻挡物必须防止如下两种情况之一的发生：

①身体无意识地接近带电部分；

②在正常工作中设备运行期间无意识地触及带电部分。

（4）使设备置于伸臂范围以外的保护。

（5）用漏电电流动作保护装置作后备保护。

2. 间接接触保护（故障情况下的电击保护）

（1）用自动切断电源的保护（包括漏电电流动作保护），并辅以总等电位联结。

（2）使工作人员不致同时触及两个不同电位点的保护（即非导电场所的保护）。

（3）使用双重绝缘或加强绝缘的保护。

（4）特低电压（SELV 和 PELV）。

（5）采用电气隔离。

总等电位联结是在建筑物电源进线处，将保护干线、接地干线、总水管、采暖和空调管以及建筑物金属构件相互作电气联结。

辅助等电位联结是在某一范围内的等电位联结，包括固定式设备的所有可能同时触电的外露可导电部分和装置外可导电部分做等电位联结，可作为故障保护的附加保护措施。

3. 直接接触与间接接触兼顾的保护

宜采用安全超低压和功能超低压的保护方法来实现。

4. 特殊场所装置的安全保护

主要指澡盆、淋浴室、游泳池及其周围，由于人体电阻降低和身体接触地电位而增加电击危险的安全保护。

5. 设置剩余电流保护器

（1）在交流系统中装设额定剩余电流不大于 30mA 的剩余电流保护器 RCD，可用作基本保护失效和故障防护失效，以及用电不慎时的附加保护措施。

（2）下列设备的配电线路应设置剩余电流保护器：

1）手持式及移动式用电设备；

2）人体可能无法及时摆脱的固定式设备；

3）室外工作场所的用电设备；

4）家用电器回路或插座回路；

5）由 TT 系统供电的用电设备。

（3）不能将装设 RCD 作为唯一的保护措施，不能为此而取消线路必需的其他保护措施。

6. 一旦发生切断电源，会造成事故或重大经济损失的电气装置或场所，应安装报警式漏电保护器

（1）公共场所的通道照明、应急照明；

（2）消防用电梯及确保公共场所安全的设备；

（3）用于消防设备的电源，如火灾报警装置、消防水泵、消防通道照明等；

（4）用于防盗报警的电源；

（5）其他不允许停电的特殊设备和场所。

7. 常见的几种插座接线（图 8-20）

为避免意外触电事故的发生，中小学、幼儿园的电源插座必须采用安全型。幼儿活动场所电源插座底边距地不应低于 1.8m。

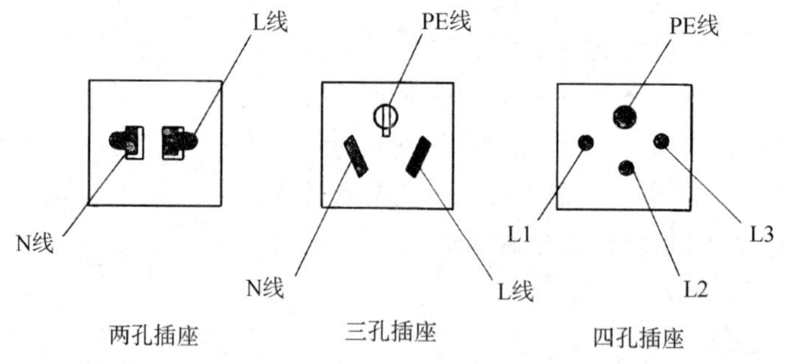

图 8-20　常见的插座接线

二、建筑物防雷

带负电荷的雷云在大地表面会感应出正电荷，这样雷云与大地间形成一个大的电容器，当电场强度超过大气被击穿的强度时，就发生了雷云与大地之间的放电，即常说的闪电，或者说是雷击。雷电流的幅值很大，有数千安到数百千安。而放电时间只有几十微秒。雷电流的大小与土壤电阻率、雷击点的散流电阻有关。

雷电的危害可分为三类，第一类是直击雷，即雷电直接击在建筑物，构成物和设备上发生的电效应、机械效应和热效应；第二类是闪电感应，即雷电流产生的电磁效应和静电效应；第三类是闪电电涌浸入，即雷电击中电气线路和管道，雷电流沿这些电气线路和管道引入建筑物内部。雷云的电位大约1万～10万kV。

建筑物易受雷击的部位，见表8-11。

建筑物易受雷击的部位 **表8-11**

建筑物屋面的坡度	易受雷击部位	示意图
平屋面或坡度不大于1/10的屋面	檐角、女儿墙、屋檐	平屋顶 坡度不大于1∶10
坡度大于1/10，小于1/2的屋面	屋角、屋脊、檐角、屋檐	坡度大于1∶10，小于1∶2
坡度大于或等于1/2的屋面	屋角、屋脊、檐角	坡度大于1∶2

注：1. 屋面坡度用a/b表示，a——屋脊高出屋檐的距离（m）；b——房屋的宽度（m）；

2. 示意图中：—×——×—为易受雷击部位，○为雷击率最高部位。

（一）建筑物的防雷分类

根据建筑物的重要性、使用性质、发生雷电事故的可能性及后果以及防雷要求分为三类。

1. 第一类防雷建筑物

在可能发生对地闪击的地区遇到下列情况之一时，应划为第一类防雷建筑物：

（1）凡制造、使用或贮存炸药、起爆药、火工品等大量爆炸物质的建筑物，因电火花而引起爆炸，会造成巨大破坏和人身伤亡者；

（2）具有0区或20区爆炸危险环境的建筑物；

（3）具有1区或21区爆炸危险环境的建筑物，因电火花而引起爆炸，会造成巨大破坏和人身伤亡者。

2. 第二类防雷建筑物

（1）高度超过100m的建筑物；

（2）国家级重点文物保护建筑物；

（3）国家级会堂、办公建筑物、档案馆、大型博展建筑物；特大型、大型铁路旅客站；国际性的航空港、通信枢纽；国宾馆、大型旅游建筑物；国际港口客运站；

(4) 国家级计算中心、国家级通信枢纽等对国民经济有重要意义且装有大量电子设备的建筑物；

(5) 特级和甲级体育建筑；

(6) 年预计雷击次数大于 0.05 的部、省级办公建筑物及其他重要或人员密集的公共建筑物；

(7) 年预计雷击次数大于 0.25 的住宅、办公楼等一般民用建筑物。

3. 第三类防雷建筑物

(1) 省级重点文物保护建筑物及省级档案馆；

(2) 省级大型计算中心和装有重要电子设备的建筑物；

(3) 100m 以下，高度超过 54m 的住宅建筑和高度超过 50m 的公共建筑物；

(4) 年预计雷击次数大于或等于 0.01 且小于或等于 0.05 的部、省级办公建筑物及其他重要或人员密集的公共建筑物；

(5) 年预计雷击次数大于或等于 0.05 且小于或等于 0.25 的住宅、办公楼等一般民用建筑物；

(6) 建筑群中最高的建筑物或位于建筑群边缘高度超过 20m 的建筑物；

(7) 通过调查确认当地遭受过雷击灾害的类似建筑物；历史上雷害事故严重地区或雷害事故较多地区的较重要建筑物；

(8) 在平均雷暴日大于 15d/a 的地区，高度大于或等于 15m 的烟囱、水塔等孤立的高耸构筑物；在平均雷暴日小于或等于 15d/a 的地区，高度大于或等于 20m 的烟囱、水塔等孤立的高耸构筑物。

(二) 建筑物的防雷保护措施

1. 第一类防雷建筑物的防雷措施

(1) 第一类防雷建筑物防直击雷的措施，应符合下列要求：

1) 应装设独立接闪杆或架空接闪线（网），使被保护的建筑物及风帽、放散管等突出层面的物体均处于接闪器的保护范围内。架空接闪网的网格尺寸不应大于 5m×5m 或6m×4m；

2) 独立接闪杆的杆塔、架空接闪线的端部和架空接闪网的每根支柱处应至少设一根引下线。对用金属制成或有焊接、绑扎连接钢筋网的杆塔、支柱，宜利用其作为引下线；

3) 独立接闪杆和架空接闪线（网）的支柱及其接地装置至被保护建筑物及与其有联系的管道、电缆等金属物之间的距离应符合相关计算式的要求，但不得小于 3m；

4) 架空接闪线（网）至屋面和各种突出屋面的风帽、放散管等物体之间的距离，应符合相关计算式的要求，但不应小于 3m；

5) 独立接闪杆、架空接闪线或架空接闪网应有独立的接地装置，每一根引下线的冲击接地电阻不宜大于 10Ω。在土壤电阻率高的地区，可适当增大冲击接地电阻。

(2) 第一类防雷建筑物防闪电感应的措施，应符合下列要求：

1) 建筑物内的设备、管道、构架、电缆金属外皮、钢屋架、钢窗等较大金属物和突出屋面的放散管、风管等金属物，均应接到防闪电感应的接地装置上。

金属屋面周边每隔 18～24m 应采用引下线接地一次。

现场浇制或由预制构件组成的钢筋混凝土屋面，其钢筋宜绑扎或焊接成闭合回路，并应每隔 18～24m 采用引下线接地一次。

2）防闪电感应的接地装置应与电气和电子系统的接地装置共用，其工频接地电阻不应大于 10Ω。

屋内接地干线与防雷电感应接地装置的连接，不应少于两处。

（3）第一类防雷建筑物防止闪电电涌侵入的措施，应符合下列要求：

1）室外低压线路应全线采用电缆直接埋地敷设，在入户端应将电缆的金属外皮、钢管接到防闪电感应的接地装置上。当全线采用电缆有困难时，应采用钢筋混凝土杆和铁横担的架空线，并应使用一段金属铠装电缆或护套电缆穿钢管直接埋地引入，架空线与建筑物的距离不应小于 15m。

在电缆与架空线连接处，尚应装设户外型电涌保护器。电涌保护器、电缆金属外皮、钢管和绝缘子铁脚、金具等应连在一起接地，其冲击接地电阻不应大于 30Ω。

2）架空金属管道，在进出建筑物处，应与防闪电感应的接地装置相连。距离建筑物 100m 内的管道，应每隔 25m 接地一次，其冲击接地电阻不应大于 30Ω，并宜利用金属支架或钢筋混凝土支架的焊接、绑扎钢筋网作为引下线，其钢筋混凝土基础宜作为接地装置。

埋地或地沟内的金属管道，在进出建筑物处亦应等电位连接到等电位连接带或防闪电感应的接地装置上。

（4）当难以装设独立的外部防雷装置时，可将接闪杆或网格不大于 5m×5m 或 6m×4m 的接闪网或其他混合组成的接闪器直接装在建筑物上，接闪网应按表 8-10 所示沿屋角、屋脊、屋檐和檐角等易受雷击的部位敷设。并必须符合下列要求：

1）接闪器之间应互相连接；

2）引下线不应少于两根，并应沿建筑物四周均匀或对称布置，其间距不应大于 12m；

3）建筑物应装设等电位连接环，环间垂直距离不应大于 12m，所有引下线，建筑物的金属结构和金属设备均应连到环上。均压环可利用电气设备的接地干线环路；

4）外部防雷的接地装置应围绕建筑物敷设成环形接地体，每根引下线的冲击接地电阻不应大于 10Ω，并应与电气和电子系统等接地装置及所有进入建筑物的金属管道相连，此接地装置可兼作防闪电感应之用；

5）当建筑物高于 30m 时，尚应采取以下防侧击的措施：

从 30m 起，每隔不大于 6m，沿建筑物四周设水平接闪带并与引下线相连；

30m 及以上外墙上的栏杆、门窗等较大的金属物与防雷装置连接。

（5）当树木邻近建筑物且不在接闪器保护范围之内时，树木与建筑物之间的净距不应小于 5m。

2. 第二类防雷建筑物的防雷措施

第二类防雷建筑物的防雷措施与第一类防雷建筑物的防雷措施类同，只是屋面网格组成不大于 10m×10m 或 12m×8m，引下线不应少于 2 根，其间距不应大于 18m。当建筑物高于 45m 时，应采取相应的防侧击和等电位的保护措施。

3. 第三类防雷建筑物的防雷措施

第三类防雷建筑物的防雷措施与第一类防雷建筑物的防雷措施类同，只是屋面网格组成不大于 20m×20m 或 24m×16m，引下线不应少于 2 根，其间距不应大于 25m。周长不超过 25m 且高度不超过 40m 的建筑物可只设一根引下线。当建筑物高于 60m 时，应采取相应的防侧击和等电位的保护的措施。

4. 接闪器

(1) 接闪杆采用热镀锌圆钢或钢管制成时，其直径不应小于：

杆长 1m 以下：圆钢为 12mm；

钢管为 20mm。

杆长 1～2m：圆钢为 16mm；

钢管为 25mm。

独立烟囱顶上的杆：圆钢为 20mm；

钢管为 40mm。

(2) 接闪网和接闪带采用热镀锌圆钢或扁钢，优先采用圆钢。圆钢直径不应小于 8mm。扁钢截面不应小于 $50mm^2$，其厚度不应小于 2.5mm。

当独立烟囱上采用热镀锌接闪环时，其圆钢直径不应小于 12mm。扁钢截面不应小于 $100mm^2$，其厚度不应小于 4mm。

(3) 用铁板、铜板、铝板等做屋面的建筑物，常利用屋面做接闪器，当需要防金属板雷击穿孔时，其厚度不应小于下列数值：

铁板为 4mm；

铜板为 5mm；

铝板为 7mm。

5. 引下线

引下线宜采用热镀锌圆钢或扁钢。圆钢直径不应小于 8mm，扁钢截面不应小于 $50mm^2$，其厚度不应小于 2.5mm。

独立烟囱上的引下线，圆钢直径不应小于 12mm，扁钢截面不应小于 $100mm^2$，扁钢厚度不应小于 4mm。

6. 接地装置

民用建筑宜优先利用钢筋混凝土中的钢筋作为接地装置，当不具备条件时，宜采用热镀锌圆钢、钢管、角钢或扁钢等金属体作人工接地极。

防直击雷的人工接地体距建筑物出入口或人行道不应小于 3m。当小于 3m 时，应采取相应的保护措施。

例 8-5 建筑物防雷装置专设引下线的敷设部位及敷设方式是：

A 沿建筑物所有墙面明敷设　　B 沿建筑物所有墙面暗敷设

C 沿建筑物外墙内表面明敷设　　D 沿建筑物外墙外表面明敷设

解析：《建筑物防雷设计规范》GB 50057—2010 第 5.3.4 条：专设引下线应沿建筑物外墙外表面明敷，并应以最短路径接地。

答案：D

第六节　火灾自动报警系统

火灾自动报警系统是火灾探测与消防联动控制系统的简称，是以实现火灾早期探测和报警、向各类消防设备发出控制信号并接收、显示设备反馈信号，进而实现预定消防功能为基本任务的一种自动消防设施。

一、火灾自动报警系统的组成及设置场所

1. 系统组成

火灾自动报警系统由火灾探测报警系统、消防联动控制系统、可燃气体探测报警系统及电气火灾监控系统组成。火灾自动报警系统的组成如图 8-21。

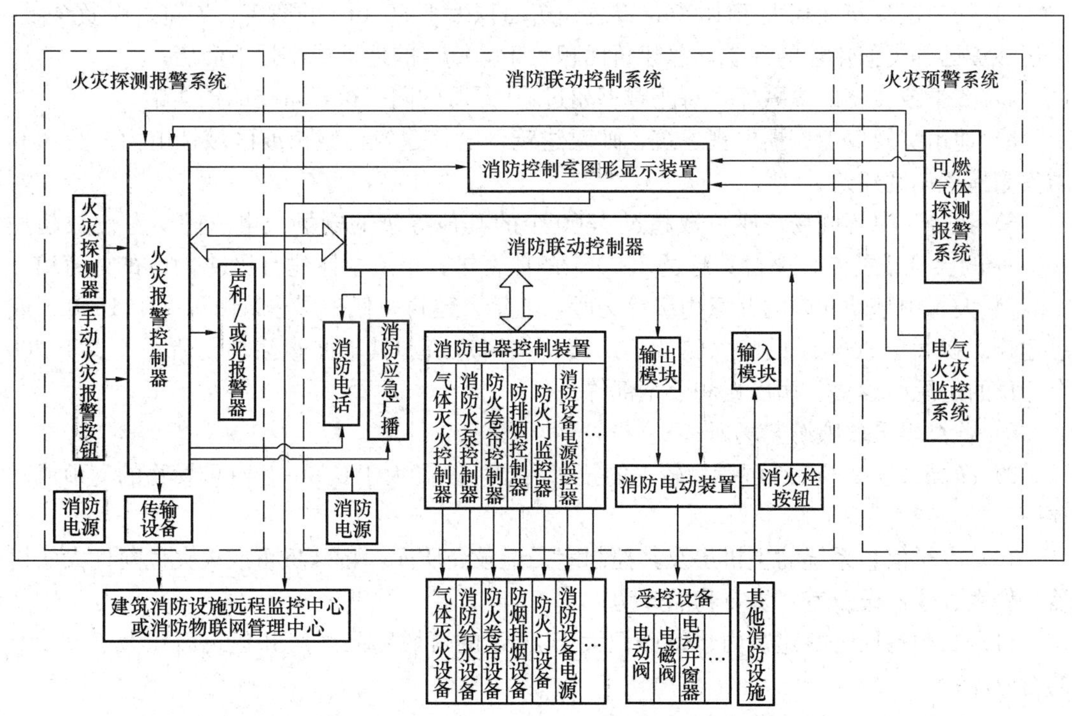

图 8-21　火灾自动报警系统的组成

（1）火灾探测报警系统

火灾探测报警系统是实现火灾早期探测并发出火灾报警信号的系统，一般由火灾触发器件（火灾探测器、手动火灾报警按钮）、声和/或光警报器、火灾报警控制器等组成。

（2）消防联动控制系统

消防联动控制系统是火灾自动报警系统中，接收火灾报警控制器发出的火灾报警信号，按预设逻辑完成各项消防功能的控制系统。由消防联动控制器、消防控制室图形显示装置、消防电气控制装置（防火卷帘控制器、气体灭火控制器等）、消防电动装置、消防联动模块、消火栓按钮、消防应急广播设备、消防电话等设备和组件组成。

（3）可燃气体探测报警系统

可燃气体探测报警系统是火灾自动报警系统的独立子系统，属于火灾预警系统，由可燃气体报警控制器、可燃气体探测器和火灾声光警报器组成。

（4）电气火灾监控系统

电气火灾监控系统是火灾自动报警系统的独立子系统，属于火灾预警系统，由电气火灾监控器、电气火灾监控检测器和火灾声光警报器组成。

2. 系统设置场所

（1）下列建筑或场所应设置火灾自动报警系统：

1）任一层建筑面积大于 1500m^2 或总建筑面积大于 3000m^2 的制鞋、制衣、玩具、电子等类似用途的厂房；老年人照料设施、幼儿园的儿童用房等场所；

2）每座占地面积大于 1000m^2 的棉、毛、丝、麻、化纤及其制品的仓库，占地面积大于 500m^2 或总建筑面积大于 1000m^2 的卷烟仓库；

3）任一层建筑面积大于 1500m^2 或总建筑面积大于 3000m^2 的商店、展览、财贸金融、客运和货运等类似用途的建筑，总建筑面积大于 500m^2 的地下或半地下商店；

4）图书或文物的珍藏库，每座藏书超过 50 万册的图书馆，重要的档案馆；

5）地市级及以上广播电视建筑、邮政建筑、电信建筑，城市或区域性电力、交通和防灾等指挥调度建筑；

6）特等、甲等剧场，座位数超过 1500 个的其他等级的剧场或电影院，座位数超过 2000 个的会堂或礼堂，座位数超过 3000 个的体育馆；单层主体建筑超过 24m 的体育馆；

7）大、中型幼儿园的儿童用房等场所，老年人建筑，任一层建筑面积大于 1500m^2 或总建筑面积大于 3000m^2 的疗养院的病房楼、旅馆建筑和其他儿童活动场所，不少于 200 个床位的医院门诊楼、病房楼和手术部等；

8）歌舞娱乐放映游艺场所；

9）净高大于 2.6m 且可燃物较多的技术夹层，净高大于 0.8m 且有可燃物的闷顶或吊顶内；

10）电子信息系统的主机房及其控制室、记录介质库，特殊贵重或火灾危险性大的机器、仪表、仪器设备室、贵重物品库房；

11）二类高层公共建筑内建筑面积大于 50m^2 的可燃物品库房和建筑面积大于 500m^2 的营业厅；

12）其他一类高层公共建筑；

13）设置机械排烟、防烟系统，雨淋或预作用自动喷水灭火系统，固定消防水炮灭火系统、气体灭火系统等需与火灾自动报警系统联锁动作的场所或部位。

（2）建筑高度大于 100m 的住宅建筑，应设置火灾自动报警系统。

建筑高度大于 54m 但不大于 100m 的住宅建筑，其公共部位应设置火灾自动报警系统，套内宜设置火灾探测器。

建筑高度不大于 54m 的高层住宅建筑，其公共部位宜设置火灾自动报警系统。当设置需联动控制的消防设施时，公共部位应设置火灾自动报警系统。

高层住宅建筑的公共部位应设置具有语音功能的火灾声警报装置或应急广播。

（3）建筑内可能散发可燃气体、可燃蒸气的场所应设置可燃气体报警装置。

火灾自动报警系统应设有自动和手动两种触发装置。

二、系统形式的选择

火灾自动报警系统根据保护对象及设立的消防安全目标不同，分为区域报警系统、集中报警系统和控制中心报警系统三种形式。

（1）仅需要报警，不需要联动自动消防设备的保护对象宜采用区域报警系统。

（2）不仅需要报警，同时需要联动自动消防设备，且只设置一台具有集中控制功能的火灾报警控制器和消防联动控制器的保护对象，应采用集中报警系统，并应设置一个消防控制室。

（3）设置两个及以上消防控制室的保护对象，或已设置两个及以上集中报警系统的保护对象，应采用控制中心报警系统。

控制中心报警系统一般适用于建筑群或体量很大的保护对象，这些保护对象中可能设置几个消防控制室，也可能由于分期建设而采用不同企业的产品或同一企业不同系列的产品，或由于系统容量限制而设置了多个起集中作用的火灾报警控制器等情况，这些情况下均应选择控制中心报警系统。

三、报警区域和探测区域的划分

1. 报警区域、探测区域的概念

报警区域：将火灾自动报警系统的警戒范围按防火分区或楼层等划分的单元。

探测区域：将报警区域按探测火灾的部位划分的单元。

2. 报警区域的划分

报警区域应根据防火分区或楼层划分；可将一个防火分区或一个楼层划分为一个报警区域，也可将发生火灾时需要同时联动消防设备的相邻机构防火分区或楼层划分为一个报警区域。

3. 探测区域的划分

（1）探测区域应按独立房（套）间划分。一个探测区域的面积不宜超过 $500m^2$；从主要入口能看清其内部且面积不超过 $1000m^2$ 的房间，也可划为一个探测区域。

（2）红外光束感烟火灾探测器和缆式线型感温火灾探测器的探测区域的长度，不宜超过 100m；空气管差温火灾探测器的探测区域长度宜为 20～100m。

4. 应单独划分探测区域的场所

（1）敞开或封闭楼梯间、防烟楼梯间。

（2）防烟楼梯间前室、消防电梯前室、消防电梯与防烟楼梯合用的前室、走道、坡道。

（3）电气管道井、通信管道井、电缆隧道。

（4）建筑物闷顶、夹层。

四、消防控制室

（1）具有消防联动功能的火灾自动报警系统的保护对象中应设置消防控制室。

消防控制室内设置的消防设备应包括火灾报警控制器、消防联动控制器、消防控制室图形显示装置、消防专用电话总机、消防应急广播控制装置、消防应急照明和疏散指示系统控制装置、消防电源监控器等设备，或具有相应功能的组合设备等。

（2）严禁与消防控制室无关的电气线路和管路穿过。

（3）消防控制室应有相应的竣工图纸、各分系统控制逻辑关系说明、设备使用说明书、系统操作规程、应急预案、值班制度、维护保养制度及值班记录等文件资料。

（4）消防控制室的设置应符合下列规定：

1）单独建造的消防控制室，其耐火等级不应低于二级；

2）附设在建筑内的消防控制室，宜设置在建筑内首层或地下一层，并宜布置在靠外墙部位；

3）不应设置在电磁场干扰较强及其他可能影响消防控制设备正常工作的房间附近；

4）疏散门应直通室外或安全出口；

5）消防控制室内的设备构成及其对建筑消防设施的控制与显示功能以及向远程监控系统传输相关信息的功能，应符合现行国家标准《火灾自动报警系统设计规范》GB 50116 和《消防控制室通用技术要求》GB 25506 的规定。

五、消防联动控制

（一）消防联动控制输出供电要求

（1）电压控制输出应采用直流 24V；

（2）电源容量应满足受控消防设备同时启动且维持工作的控制容量要求；

（3）供电应满足传输线径要求，线路压降超过 5%时，应采用现场设置的消防设备直流电源供电；

（4）消防联动控制器宜能控制现场设置的消防设备直流电源供电。

（二）消防设备有效动作要求

消防水泵、防烟和排烟风机的控制设备，除了采用联动控制方式外，还应在消防控制室设置手动直接控制装置。

（三）消防联动控制对象

1. 灭火设施

（1）消火栓系统

1）消火栓泵的联锁控制，应由消火栓泵出口干管的压力开关与高位水箱出口流量开关的动作信号“或”逻辑直接联锁启动消防泵，同时向消防控制室报警时，应选择带两对触点的压力开关和流量开关；否则，控制信号与报警信号之间应采取隔离措施；作用在压力开关和流量开关上的电压应采用 24V 安全电压；

2）消火栓泵的联动控制应由消火栓按钮的动作信号启动消火栓泵；

3）消火栓泵手动控制，应将消火栓泵控制箱的启动、停止按钮直接连接至消防控制室手动控制盘上。

（2）自动喷水灭火系统

1）湿式自动喷水灭火系统的控制应符合下列要求：

① 湿式自动喷水灭火系统的连锁控制，应由喷淋消防泵出口干管的湿式报警阀压力开关信号作为触发信号，作用在压力开关上的电压应采用 24V 安全电压，并直接接于喷淋消防泵控制回路，当压力开关同时向消防控制室报警时，控制信号与报警信号之间应采取隔离措施；

② 喷淋消防泵的联动控制，应由湿式报警阀压力开关信号与一个火灾探测器或一个手动报警按钮的报警信号的“与”逻辑信号启动喷淋消防泵；

③ 喷淋消防泵手动控制，应将喷淋消防泵控制箱的启动、停止按钮直接连接至消防控制室手动控制盘上。

2）预作用自动喷水灭火系统的控制应符合下列要求：

① 预作用自动喷水灭火系统的联动控制，应由同一报警区域内两只烟感火灾探测器或一只烟感火灾探测器和一个手动报警按钮的“与”逻辑控制信号作为预作用阀组开启的触发信号，由消防联动控制器控制预作用阀组的开启，压力开关动作启动喷淋消防泵，系统由干式转变为湿式；当系统设有快速排气阀和压缩空气机时，应联动开启快速排气阀和关闭压缩空气机；

② 预作用自动喷水灭火系统的手动控制，将预作用阀组控制箱手动控制按钮、压缩空气机控制箱启停按钮和喷淋消防泵控制箱的启停按钮采用耐火控制电缆直接引至消防控制室手动控制盘上。

2. 防排烟系统

（1）防烟系统

1）加压送风机的启动应符合下列规定：

① 现场手动启动；

② 通过火灾自动报警系统自动启动；

③ 消防控制室手动启动；

④ 系统中任一常闭加压送风口开启时，加压送风机应能自动启动。

2）当防火分区内火灾确认后，应能在 15s 内联动开启常闭加压送风口和加压送风机，并应符合下列规定：

① 应开启该防火分区楼梯间的全部加压送风机；

② 应开启该防火分区内着火层及其相邻上下层前室及合用前室的常闭送风口，同时开启加压送风机。

（2）排烟系统

排烟风机、补风机的控制方式应符合下列规定：

1）现场手动启动；

2）火灾自动报警系统自动启动；

3）消防控制室手动启动；

4）系统中任一排烟阀或排烟口开启时，排烟风机、补风机自动启动；

5）排烟防火阀在 280℃时应自行关闭，并应连锁关闭排烟风机和补风机。

机械排烟系统中的常闭排烟阀或排烟口应具有火灾自动报警自动开启、消防控制室手动开启和现场手动开启功能，起开启信号应与排烟风机联动。当火灾确认后，火灾自动报警系统应在 15s 内联动开启相应防烟分区的全部排烟阀、排烟口、排烟风机和补风设施，并应在 30s 内自动关闭与排烟无关的通风、空调系统。

3. 防火门及防火卷帘系统

（1）疏散通道上设置的防火卷帘的联动控制设计，应符合下列规定：

1）自动控制方式。防火分区内任两只独立的感烟火灾探测器或任一只专门用于联动防火卷帘的感烟火灾探测器的报警信号联动控制防火卷帘下降至距楼板面 1.8m 处；任一只专门用于联动防火卷帘的感温火灾探测器的报警信号联动控制防火卷帘下降到楼板面；在卷帘的任一侧距卷帘纵深 0.5～5m 内应设置不少于 2 只专门用于联动防火卷帘的感温火灾探测器。

2）手动控制方式。由防火卷帘两侧设置的手动控制按钮控制防火卷帘的升降。

（2）非疏散通道上设置的防火卷帘的联动控制设计，应符合下列规定：

1）自动控制方式。由防火卷帘所在防火分区内任两只独立的火灾探测器的报警信号，作为防火卷帘下降的联动触发信号，由防火卷帘控制器联动控制防火卷帘直接下降到楼板面。

2）手动控制方式。由防火卷帘两侧设置的手动控制按钮控制防火卷帘的升降，并应能在消防控制室内的消防联动控制器上手动控制防火卷帘的降落。

4. 电梯的联动控制

（1）消防联动控制器应具有发出联动控制信号强制所有电梯停于首层或电梯转换层的功能。

（2）电梯运行状态信息和停于首层或转换层的反馈信号应传送给消防控制室，轿箱内应设置能直接与消防控制室通话的专用电话。

5. 火灾警报和消防应急广播系统

（1）火灾自动报警系统应设置火灾声光警报器，并在确认火灾后启动建筑内的所有火灾声光警报器。

（2）未设置消防联动控制器的火灾自动报警系统，火灾声光警报器应由火灾报警控制器控制；设置消防联动控制器的火灾自动报警系统，火灾声光警报器应由火灾报警控制器或消防联动控制器控制。

（3）火灾声光警报器单次发出火灾警报时间宜在 8～20s 之间；同时设有消防应急广播时，火灾声光警报应与消防应急广播交替循环播放。

（4）消防应急广播系统的联动控制信号应由消防联动控制器发出。当确认火灾后，应同时向全楼进行广播。

6. 消防应急照明和疏散指示系统

（1）集中控制型消防应急照明和疏散指示系统，应由火灾报警控制器或消防联动控制器启动应急照明控制器实现。

（2）集中电源非集中控制型消防应急照明和疏散指示系统，应由消防联动控制器联动应急照明集中电源和应急照明分配电装置实现。

（3）自带电源非集中控制型消防应急照明和疏散指示系统，应由消防联动控制器联动消防应急照明配电箱实现。

（4）当确认火灾后，由发生火灾的报警区域开始，顺序启动全楼疏散通道的消防应急照明和疏散指示系统，系统全部投入应急状态的启动时间不应大于 5s。

7. 相关联动控制

（1）消防联动控制器应具有切断火灾区域及相关区域的非消防电源的功能，当需要切断正常照明时，宜在自动喷淋系统、消火栓系统动作前切断。

（2）火灾时可立即切断的非消防电源有：普通动力负荷、自动扶梯、排污泵、空调用电、康乐设施、厨房设施等。

（3）火灾时不应立即切掉的非消防电源有：正常照明、生活给水泵、安全防范系统设施、地下室排水泵、客梯和 Ⅰ～Ⅲ 类汽车库作为车辆疏散口的提升机。

六、火灾探测器的选择

1. 火灾探测器的分类

火灾探测器根据其探测火灾特征参数的不同，分为以下 5 种基本类型：

（1）感烟火灾探测器；

（2）感温火灾探测器；

（3）感光火灾探测器；

（4）气体火灾探测器；

（5）复合火灾探测器。

2. 火灾探测器的选择规定

（1）对火灾初期有阴燃阶段，产生大量的烟和少量的热，很少或没有火焰辐射的场所，应选择感烟火灾探测器；

（2）对火灾发展迅速，可产生大量热、烟和火焰辐射的场所，可选择感温火灾探测器、感烟火灾探测器、火焰探测器或其组合；

（3）对火灾发展迅速，有强烈的火焰辐射和少量的烟、热的场所，应选择火焰探测器；

（4）对火灾初期有阴燃阶段且需要早期探测的场所，宜增设一氧化碳火灾探测器；

（5）对使用、生产或聚集可燃气体或可燃蒸气的场所，应选择可燃气体探测器；

（6）根据保护场所可能发生火灾的部位和燃烧材料的分析，选择相应的火灾探测器（包括火灾探测器的类型、灵敏度和响应时间等），对火灾形成特征不可预料的场所，可根据模拟试验的结果选择火灾探测器；

（7）同一探测区域内设置多个火灾探测器时，可选择具有复合判断火灾功能的火灾探测器和火灾报警控制器，提高报警时间和报警准确率的要求。

3. 点型火灾探测器的选型原则

点型感温火灾探测器的分类见表 8-12。

点型感温火灾探测器分类表 **表 8-12**

探测器类别	典型应用温度（℃）	最高应用温度（℃）	动作温度下限值（℃）	动作温度上限值（℃）
A1	25	50	54	65
A2	25	50	54	70
B	40	65	69	85
C	55	80	84	100
D	70	95	99	115
E	85	110	114	130
F	100	125	129	145
G	15	140	144	160

（1）对不同高度的房间，可按表 8-13 选择点型火灾探测器。

对不同高度的房间点型火灾探测器的选择　　表 8-13

房间高度 h（m）	点型感烟火灾探测器	感温探测器		火焰探测器
		A1	A2、B、C、D、E、F、G	
$12<h\leqslant 20$	不适合	不适合	不适合	适　合
$8<h\leqslant 12$	适　合	不适合	不适合	适　合
$6<h\leqslant 8$	适　合	适　合	不适合	适　合
$h\leqslant 6$	适　合	适　合	适　合	适　合

（2）下列场所宜选择点型感烟火灾探测器：

1）饭店、旅馆、教学楼、办公楼的厅堂、卧室、办公室、商场、列车载客车厢等；

2）计算机房、通信机房、电影或电视放映室等；

3）楼梯、走道、电梯机房、车库等；

4）书库、档案库等。

（3）符合下列条件之一的场所，不宜选择点型离子感烟火灾探测器：

1）相对湿度经常大于 95%；

2）气流速度大于 5m/s；

3）有大量粉尘、水雾滞留；

4）可能产生腐蚀性气体；

5）在正常情况下有烟滞留；

6）产生醇类、醚类、酮类等有机物质。

（4）符合下列条件之一的场所，不宜选择点型光电感烟火灾探测器：

1）有大量粉尘、水雾滞留；

2）可能产生蒸汽和油雾；

3）高海拔地区；

4）在正常情况下有烟滞留。

（5）符合下列条件之一的场所，宜选择点型感温火灾探测器；且应根据使用场所的典型应用温度和最高应用温度选择适当类别的感温火灾探测器：

1）相对湿度经常大于 95%；

2）无烟火灾；

3）有大量粉尘；

4）吸烟室等在正常情况下有烟或蒸汽滞留的场所；

5）厨房、锅炉房、发电机房、烘干车间等不宜安装感烟火灾探测器的场所；

6）需要联动熄灭“安全出口”标志灯的安全出口内侧；

7）其他无人滞留且不适合安装感烟火灾探测器，但发生火灾时需要及时报警的场所。

（6）可能产生阴燃火或发生火灾不及时报警将造成重大损失的场所，不宜选择点型感温火灾探测器；温度在 0℃以下的场所，不宜选择定温探测器；温度变化较大的场所，不宜选择具有差温特性的探测器。

（7）符合下列条件之一的场所，宜选择点型火焰探测器或图像型火焰探测器：

1）火灾时有强烈的火焰辐射；

2）液体燃烧等无阴燃阶段的火灾；

3）需要对火焰做出快速反应。

（8）符合下列条件之一的场所，不宜选择点型火焰探测器和图像型火焰探测器：

1）在火焰出现前有浓烟扩散；

2）探测器的镜头易被污染；

3）探测器的“视线”易被油雾、烟雾、水雾和冰雪遮挡；

4）探测区域内的可燃物是金属和无机物；

5）探测器易受阳光、白炽灯等光源直接或间接照射；

6）探测区域内正常情况下有高温物体的场所，不宜选择单波段红外火焰探测器；

7）正常情况下有阳光、明火作业，探测器易受X射线、弧光和闪电等影响的场所，不宜选择紫外火焰探测器。

（9）下列场所宜选择可燃气体探测器：

1）使用可燃气体的场所；

2）燃气站和燃气表房以及存储液化石油气罐的场所；

3）其他散发可燃气体和可燃蒸气的场所。

（10）在火灾初期产生一氧化碳的下列场所可选择点型一氧化碳火灾探测器：

1）烟不容易对流或顶棚下方有热屏障的场所；

2）在棚顶上无法安装其他点型火灾探测器的场所；

3）需要多信号复合报警的场所。

（11）污物较多且必须安装感烟火灾探测器的场所，应选择间断吸气的点型采样吸气式感烟火灾探测器或具有过滤网和管路自清洗功能的管路采样吸气式感烟火灾探测器。

4. 线型火灾探测器的选择

（1）无遮挡的大空间或有特殊要求的房间，宜选择线型光束感烟火灾探测器。

（2）符合下列条件之一的场所，不宜选择线型光束感烟火灾探测器：

1）有大量粉尘、水雾滞留；

2）可能产生蒸汽和油雾；

3）在正常情况下有烟滞留；

4）固定探测器的建筑结构由于振动等原因会产生较大位移的场所。

（3）下列场所或部位，宜选择缆式线型感温火灾探测器：

1）电缆隧道、电缆竖井、电缆夹层、电缆桥架；

2）不易安装点型探测器的夹层、闷顶；

3）各种皮带输送装置；

4）其他环境恶劣不适合点型探测器安装的场所。

（4）下列场所或部位，宜选择线型光纤感温火灾探测器。

1）除液化石油气外的石油储罐；

2）需要设置线型感温火灾探测器的易燃易爆场所；

3）需要监测环境温度的地下空间等场所宜设置具有实时温度监测功能的线型光纤感温火灾探测器；

4）公路隧道、敷设动力电缆的铁路隧道和城市地铁隧道等。

（5）线型定温火灾探测器的选择，应保证其不动作温度高于设置场所的最高环境温度。

5. 吸气式感烟火灾探测器的选择

（1）下列场所宜选择吸气式感烟火灾探测器：

1）具有高速气流的场所；

2）点型感烟、感温火灾探测器不适宜的大空间、舞台上方、建筑高度超过 12m 或有特殊要求的场所；

3）低温场所；

4）需要进行隐蔽探测的场所；

5）需要进行火灾早期探测的重要场所；

6）人员不宜进入的场所。

（2）灰尘比较大的场所，不应选择没有过滤网和管路自清洗功能的管路采样式吸气感烟火灾探测器。

七、系统设备的设置

（一）探测器的具体设置部位

（1）财贸金融楼的办公室、营业厅、票证库；

（2）电信楼、邮政楼的机房和办公室；

（3）商业楼、商住楼的营业厅、展览楼的展览厅和办公室；

（4）旅馆的客房和公共活动用房；

（5）电力调度楼、防灾指挥调度楼等的微波机房、计算机房、控制机房、动力机房和办公室；

（6）广播电视楼的演播室、播音室、录音室、办公室、节目播出技术用房、道具布景房；

（7）图书馆的书库、阅览室、办公室；

（8）档案楼的档案库、阅览室、办公室；

（9）办公楼的办公室、会议室、档案室；

（10）医院病房楼的病房、办公室、医疗设备室、病历档案室、药品库；

（11）科研楼的办公室、资料室、贵重设备室、可燃物较多和火灾危险性较大的实验室；

（12）教学楼的电化教室、理化演示和实验室、贵重设备和仪器室；

（13）公寓（宿舍、住宅）的卧室、书房、起居室（前厅）、厨房；

（14）甲、乙类生产厂房及其控制室；

（15）甲、乙、丙类物品库房；

（16）设在地下室的丙、丁类生产车间和物品库房；

（17）堆场、堆垛、油罐等；

（18）地下铁道的地铁站厅、行人通道和设备间，列车车厢；

（19）体育馆、影剧院、会堂、礼堂的舞台、化妆室、道具室、放映室、观众厅、休息厅及其附设的一切娱乐场所；

(20) 陈列室、展览室、营业厅、商业餐厅、观众厅等公共活动用房；

(21) 消防电梯、防烟楼梯的前室及合用前室、走道、门厅、楼梯间；

(22) 可燃物品库房、空调机房、配电室（间）、变压器室、自备发电机房，电梯机房；

(23) 净高超过 2.6m 且可燃物较多的技术夹层；

(24) 敷设具有可延燃绝缘层和外护层电缆的电缆竖井，电缆夹层、电缆隧道、电缆配线桥架；

(25) 贵重设备间和火灾危险性较大的房间；

(26) 电子计算机的主机房、控制室、纸库、光或磁记录材料库；

(27) 经常有人停留或可燃物较多的地下室；

(28) 歌舞娱乐场所中经常有人滞留的房间和可燃物较多的房间；

(29) 高层汽车库，Ⅰ类汽车库，Ⅰ、Ⅱ类地下汽车库，机械立体汽车库，复式汽车库，采用升降梯作汽车疏散出口的汽车库（敞开车库可不设）；

(30) 污衣道前室、垃圾道前室、净高超过 0.8m 的具有可燃物的闷顶、商业用或公共厨房；

(31) 以可燃气为燃料的商业和企事业单位的公共厨房及燃气表房；

(32) 其他经常有人停留的场所、可燃物较多的场所或燃烧后产生重大污染的场所；

(33) 需要设置火灾探测器的其他场所。

（二）点型火灾探测器的设置应符合下列规定：

(1) 探测区域的每个房间至少应设置一只火灾探测器。

(2) 感烟火灾探测器和 A1、A2、B 型感温火灾探测器的保护面积和保护半径，应按表 8-14 确定；C、D、E、F、G 型感温火灾探测器的保护面积和保护半径应根据生产企业的设计说明书确定，但不应超过表 8-14 规定。

感烟火灾探测器和 A1、A2、B 型感温火灾探测器的保护面积和保护半径　　表 8-14

<table>
<tr><th rowspan="4">火灾探测器的种类</th><th rowspan="4">地面面积 S（m²）</th><th rowspan="4">房间高度 h（m）</th><th colspan="6">一只探测器的保护面积 A 和保护半径 R</th></tr>
<tr><th colspan="6">屋顶坡度 θ</th></tr>
<tr><th colspan="2">$\theta \leqslant 15°$</th><th colspan="2">$15° < \theta \leqslant 30°$</th><th colspan="2">$\theta > 30°$</th></tr>
<tr><th>A（m²）</th><th>R（m）</th><th>A（m²）</th><th>R（m）</th><th>A（m²）</th><th>R（m）</th></tr>
<tr><td rowspan="3">感烟火灾探测器</td><td>$S \leqslant 80$</td><td>$h \leqslant 12$</td><td>80</td><td>6.7</td><td>80</td><td>7.2</td><td>80</td><td>8.0</td></tr>
<tr><td rowspan="2">$S > 80$</td><td>$6 < h \leqslant 12$</td><td>80</td><td>6.7</td><td>100</td><td>8.0</td><td>120</td><td>9.9</td></tr>
<tr><td>$h \leqslant 6$</td><td>60</td><td>5.8</td><td>80</td><td>7.2</td><td>100</td><td>9.0</td></tr>
<tr><td rowspan="2">感温火灾探测器</td><td>$S \leqslant 30$</td><td>$h \leqslant 8$</td><td>30</td><td>4.4</td><td>30</td><td>4.9</td><td>30</td><td>5.5</td></tr>
<tr><td>$S > 30$</td><td>$h \leqslant 8$</td><td>20</td><td>3.6</td><td>30</td><td>4.9</td><td>40</td><td>6.3</td></tr>
</table>

注：建筑高度不超过 14m 的封闭探测空间且火灾初期会产生大量的烟时，可设置点型感烟火灾探测器。

(3) 一个探测区域内所需设置的探测器数量，不应小于式（8-3）的计算值：

$$N = \frac{S}{K \cdot A} \tag{8-3}$$

式中　N——探测器数量（只），N 应取整数；

S——该探测区域面积（m^2）；

A——探测器的保护面积（m^2）；

K——修正系数，容纳人数超过 1 万人的公共场所宜取 0.7～0.8；容纳人数为 2000～1 万人的公共场所宜取 0.8～0.9，容纳人数为 500～2000 人的公共场所宜取 0.9～1.0，其他场所可取 1.0。

（4）在有梁的顶棚上设置点型感烟火灾探测器、感温火灾探测器时，应符合下列规定：

1）当梁突出顶棚的高度小于 200mm 时，可不计梁对探测器保护面积的影响；

2）当梁突出顶棚的高度为 200～600mm 时，应据《火灾自动报警系统设计规范》GB 50116 中附录 F、附录 G 确定梁对探测器保护面积的影响和一只探测器能够保护的梁间区域的数量；

3）当梁突出顶棚的高度超过 600mm 时，被梁隔断的每个梁间区域至少应设置一只探测器；

4）当被梁隔断的区域面积超过一只探测器的保护面积时，被隔断的区域应按式(8-3)计算探测器的设置数量；

5）当梁间净距小于 1m 时，可不计梁对探测器保护面积的影响。

（5）在宽度小于 3m 的内走道顶棚上设置点型探测器时，宜居中布置。感温火灾探测器的安装间距不应超过 10m；感烟火灾探测器的安装间距不应超过 15m；探测器至端墙的距离不应大于探测器安装间距的一半。

（6）点型探测器至墙壁、梁边的水平距离不应小于 0.5m。

（7）点型探测器周围 0.5m 内不应有遮挡物。

（8）房间被书架、设备或隔断等分隔，其顶部至顶棚或梁的距离小于房间净高的 5%时，每个被隔开的部分至少应安装一只点型探测器。

（9）点型探测器至空调送风口边的水平距离不应小于 1.5m，并宜接近回风口安装。探测器至多孔送风顶棚孔口的水平距离不应小于 0.5m。

（10）当屋顶有热屏障时，点型感烟火灾探测器下表面至顶棚或屋顶的距离，应符合表 8-15 的规定。

点型感烟火灾探测器下表面至顶棚或屋顶的距离　　表 8-15

探测器的安装高度 h（m）	点型感烟火灾探测器下表面至顶棚或屋顶的距离 d（mm）					
	顶棚或屋顶坡度 θ					
	$\theta \leqslant 15°$		$15° < \theta \leqslant 30°$		$\theta > 30°$	
	最小	最大	最小	最大	最小	最大
$h \leqslant 6$	30	200	200	300	300	500
$6 < h \leqslant 8$	70	250	250	400	400	600
$8 < h \leqslant 10$	100	300	300	500	500	700
$10 < h \leqslant 12$	150	350	350	600	600	800

（11）锯齿形屋顶和坡度大于 15°的人字形屋顶，应在每个屋脊处设置一排点型探测

器，探测器下表面至屋顶最高处的距离，应符合表 8-14 的规定。

（12）点型探测器宜水平安装。当倾斜安装时，倾斜角不应大于 45°。

（13）在电梯井、升降机井设置点型探测器时，其位置宜在井道上方的机房顶棚上。

（14）一氧化碳火灾探测器可设置在气体可以扩散到的任何部位。

（15）火焰探测器和图像型火灾探测器的设置应符合下列规定：

1）应考虑探测器的探测视角及最大探测距离，避免出现探测死角，可以通过选择探测距离长、火灾报警响应时间短的火焰探测器，提高保护面积和报警时间要求；

2）探测器的探测视角内不应存在遮挡物；

3）应避免光源直接照射在探测器的探测窗口；

4）单波段的火焰探测器不应设置在平时有阳光、白炽灯等光源直接或间接照射的场所。

（16）线型光束感烟火灾探测器的设置应符合下列规定：

1）探测器的光束轴线至顶棚的垂直距离宜为 0.3～1.0m，距地高度不宜超过 20m；

2）相邻两组探测器的水平距离不应大于 14m，探测器至侧墙水平距离不应大于 7m 且不应小于 0.5m，探测器的发射器和接收器之间的距离不宜超过 100m；

3）探测器应设置在固定结构上；

4）探测器的设置应保证其接收端避开日光和人工光源直接照射；

5）选择反射式探测器时，应保证在反射板与探测器间任何部位进行模拟试验时，探测器均能正确响应。

（17）线型感温火灾探测器的设置应符合下列规定：

1）探测器在保护电缆、堆垛等类似保护对象时，应采用接触式布置；在各种皮带输送装置上设置时，宜设置在装置的过热点附近；

2）设置在顶棚下方的线型感温火灾探测器，至顶棚的距离宜为 0.1m。探测器的保护半径应符合点型感温火灾探测器的保护半径要求；探测器至墙壁的距离宜为1～1.5m；

3）光栅光纤感温火灾探测器每个光栅的保护面积和保护半径应符合点型感温火灾探测器的保护面积和保护半径要求；

4）设置线型感温火灾探测器的场所有联动要求时，宜采用两只不同火灾探测器的报警信号组合；

5）与线型感温火灾探测器连接的模块不宜设置在长期潮湿或温度变化较大的场所。

（18）管路采样式吸气感烟火灾探测器的设置应符合下列规定：

1）非高灵敏型探测器的采样管网安装高度不应超过 16m；高灵敏型探测器的采样管网安装高度可以超过 16m；采样管网安装高度超过 16m 时，灵敏度可调的探测器必须设置为高灵敏度，且应减小采样管长度，减少采样孔数量；

2）探测器的每个采样孔的保护面积、保护半径应符合点型感烟火灾探测器的保护面积、保护半径的要求；

3）一个探测单元的采样管总长不宜超过 200m，单管长度不宜超过 100m，同一根采样管不应穿越防火分区。采样孔总数不宜超过 100，单管上的采样孔数量不宜超过 25；

4）当采样管道采用毛细管布置方式时，毛细管长度不宜超过 4m；

5）吸气管路和采样孔应有明显的火灾探测器标识；

6）有过梁、空间支架的建筑中，采样管路应固定在过梁、空间支架上；

7）当采样管道布置形式为垂直采样时，每2℃温差间隔或3m间隔（取最小者）应设置一个采样孔，采样孔不应背对气流方向；

8）采样管网应按经过确认的设计软件或方法进行设计；

9）探测器的火灾报警信号、故障信号等信息应传给火灾报警控制器；涉及消防联动控制时，探测器的火灾报警信号还应传给消防联动控制器。

（19）感烟火灾探测器在隔栅吊顶场所的设置应符合下列规定：

1）镂空面积与总面积的比例不大于15%时，探测器应设置在吊顶下方；

2）镂空面积与总面积的比例大于30%时，探测器应设置在吊顶上方；

3）镂空面积与总面积的比例在15%～30%范围时，探测器的设置部位应根据实际试验结果确定；

4）探测器设置在吊顶上方且火警确认灯无法观察时，应在吊顶下方设置火警确认灯；

5）地铁站台等有活塞风影响的场所，镂空面积与总面积的比例在30%～70%范围内时，探测器宜同时设置在吊顶上方和下方。

（三）手动火灾报警按钮的设置

（1）每个防火分区应至少设置一只手动火灾报警按钮 。从一个防火分区内的任何位置到最邻近的手动火灾报警按钮的步行距离不应大于30m。手动火灾报警按钮宜设置在疏散通道或出入口处。列车上设置的手动火灾报警按钮，应设置在每节车厢的出入口和中间部位。

（2）手动火灾报警按钮应设置在明显和便于操作的部位。当安装在墙上时，其底边距地高度宜为1.3～1.5m，且应有明显的标志。

（四）区域显示器的设置

（1）每个报警区域宜设置一台区域显示器（火灾显示盘）；宾馆、饭店等场所应在每个报警区域设置一台区域显示器。当一个报警区域包括多个楼层时，宜在每个楼层设置一台仅显示本楼层的区域显示器。

（2）区域显示器应设置在出入口等明显和便于操作的部位。当安装在墙上时，其底边距地高度宜为1.3～1.5m。

（五）火灾警报器的设置

（1）火灾警报器应设置在每个楼层的楼梯口、消防电梯前室、建筑内部拐角等处的明显部位，且不宜与安全出口指示标志灯具设置在同一面墙上。

（2）每个报警区域内应均匀设置火灾警报器，其声压级不应小于60dB；在环境噪声大于60dB的场所，其声压级应高于背景噪声15dB。

（3）火灾警报器设置在墙上时，其底边距地面高度应大于2.2m。

（六）消防应急广播的设置

（1）消防应急广播扬声器的设置，应符合下列规定：

1）民用建筑内扬声器应设置在电梯前室、疏散楼梯间内、走道和大厅等公共场所。每个扬声器的额定功率不应小于3W，其数量应能保证从一个防火分区内的任何部位到最近一个扬声器的直线距离不大于25m，走道末端距最近的扬声器距离不应大于12.5m。

2）在环境噪声大于 60dB 的场所设置的扬声器，在其播放范围内最远点的播放声压级应高于背景噪声 15dB；

3）客房设置专用扬声器时，其功率不宜小于 1.0W。

（2）壁挂扬声器的底边距地面高度应大于 2.2m。

（七）消防专用电话的设置

（1）消防专用电话网络应为独立的消防通信系统。

（2）消防控制室应设置消防专用电话总机。

（3）多线制消防专用电话系统中的每个电话分机应与总机单独连接。

（4）电话分机或电话插孔的设置，应符合下列规定：

1）消防水泵房、发电机房、配变电室、计算机网络机房、主要通风和空调机房、防排烟机房、灭火控制系统操作装置处或控制室、企业消防站、消防值班室、总调度室、消防电梯机房及其他与消防联动控制有关的且经常有人值班的机房应设置消防专用电话分机。消防专用电话分机应固定安装在明显且便于使用的部位，应有区别于普通电话的标识。

2）设有手动火灾报警按钮或消火栓按钮等处宜设置电话插孔，并宜选择带有电话插孔的手动火灾报警按钮。

3）各避难层应每隔 20m 设置一个消防专用电话分机或电话插孔。

4）电话插孔在墙上安装时，其底边距地面高度宜为 1.3～1.5m。

（5）消防控制室、消防值班室或企业消防站等处，应设置可直接报警的外线电话。

八、住宅建筑火灾报警系统

1. 住宅建筑火灾报警系统分类

住宅建筑火灾报警系统可根据实际应用过程中保护对象的具体情况分为 A、B、C、D 四类系统，其中：

A 类系统由火灾报警控制器和火灾探测器、手动火灾报警按钮、家用火灾探测器、火灾声光警报器等设备组成；

B 类系统由控制中心监控设备、家用火灾报警控制器、家用火灾探测器、火灾声光警报器等设备组成；

C 类系统由家用火灾报警控制器、家用火灾探测器、火灾声光警报器等设备组成；

D 类系统由独立式火灾探测报警器、火灾声光警报器等设备组成。

2. 住宅建筑火灾报警系统的选择

（1）有物业集中监控管理且设有需联动控制的消防设施的住宅建筑应选用 A 类系统；

（2）仅有物业集中监控管理的住宅建筑宜选用 A 类或 B 类系统；

（3）没有物业集中监控管理的住宅建筑宜选用 C 类系统；

（4）别墅式住宅和已经投入使用的住宅建筑可选用 D 类系统。

3. 家用火灾探测器的设置

（1）每间卧室、起居室内应至少设置一只感烟火灾探测器。

（2）可燃气体探测器在厨房设置时，应符合下列规定：

1）使用天然气的用户应选择甲烷探测器，使用液化气的用户应选择丙烷探测器，使用煤制气的用户应选择一氧化碳探测器；

2）连接燃气灶具的软管及接头在橱柜内部时，探测器宜设置在橱柜内部；

3）甲烷探测器应设置在厨房顶部，丙烷探测器应设置在厨房下部，一氧化碳探测器可设置在厨房下部，也可设置在其他部位；

4）可燃气体探测器不宜设置在灶具正上方；

5）宜采用具有联动燃气关断阀功能的可燃气体探测器；

6）探测器联动的燃气关断阀宜为用户可以自己复位的关断阀，且宜有胶管脱落自动关断功能。

4. 家用火灾报警控制器的设置

（1）家用火灾报警控制器应独立设置在每户内且应设置在明显和便于操作的部位。当安装在墙上时，其底边距地高度宜为 1.3～1.5m。

（2）具有可视对讲功能的家用火灾报警控制器宜设置在进户门附近。

九、系统供电

（一）一般规定

（1）火灾自动报警系统，应由主电源和直流备用电源供电。当系统的负荷等级为一级或二级负荷供电时，主电源应由消防双电源配电箱引来，直流备用电源宜采用火灾报警控制器的专用蓄电池组或集中设置的蓄电池组。当直流备用电源为集中设置的蓄电池时，火灾报警控制器应采用单独的供电回路，并应保证在消防系统处于最大负载状态下不影响报警控制器的正常工作。

（2）消防联动控制设备的直流电源电压，应采用 24V 安全电压。

（3）建筑物（群）的消防末端配电箱应设置在消防水泵房、消防电梯机房、消防控制室和各防火分区的配电小间内；各防火分区内的防排烟风机、消防排水泵、防火卷帘等可分别由配电小间内的双电源切换箱放射式、树干式供电。

（4）消防水泵、消防电梯、消防控制室等的两个供电回路，应由变电所或总配电室放射式供电。

（二）系统接地

（1）火灾自动报警系统接地装置的接地电阻值应符合下列规定：

1）采用共用接地装置时，接地电阻值不应大于 1Ω；

2）采用专用接地装置时，接地电阻值不应大于 4Ω。

（2）消防控制室内的电气和电子设备的金属外壳、机柜、机架、金属管、槽等应采用等电位连接。

（3）由消防控制室接地板引至各消防电子设备的专用接地线应选用铜芯绝缘导线，其线芯截面面积不应小于 $4mm^2$。

（4）消防控制室接地板与建筑接地体之间应采用线芯截面面积不小于 $25mm^2$ 的铜芯绝缘导线连接。

十、布线

（1）火灾自动报警系统的传输线路和 50V 以下供电的控制线路，应采用电压等级不低于交流 300/500V 的铜芯绝缘导线或铜芯电缆。采用交流 220/380V 的供电和控制线路应采用电压等级不低于交流 450/750V 的铜芯绝缘导线或铜芯电缆。

(2) 火灾自动报警系统的供电线路、消防联动控制线路应采用耐火铜芯电线电缆，报警总线、消防应急广播和消防专用电话等传输线路应采用阻燃或阻燃耐火电线电缆。

(3) 消防线路暗敷设时，应采用金属管、可挠(金属)电气导管或 B1 以上的刚性塑料管保护，并应敷设在不燃烧体的结构内，且保护层厚度不宜小于 30mm；线路明敷设时，应采用金属管可挠(金属)电气导管或金属封闭线槽保护，矿物绝缘类不燃性电缆可直接明敷。

十一、高度大于 12m 的空间场所的火灾自动报警系统

(1) 高度大于 12m 的空间场所宜同时选择两种以上火灾参数的火灾探测器。

(2) 火灾初期产生大量烟的场所，应选择线型光束感烟火灾探测器、管路吸气式感烟火灾探测器或图像型感烟火灾探测器。

(3) 线型光束感烟火灾探测器的设置应符合下列要求：

1) 探测器应设置在建筑顶部；

2) 探测器宜采用分层组网的探测方式；

3) 建筑高度不超过 16m 时，宜在 6～7m 增设一层探测器；

4) 建筑高度超过 16m 但不超过 26m 时，宜在 6～7m 和 11～12m 处各增设一层探测器；

5) 由开窗或通风空调形成的对流层在 7～13m 时，可将增设的一层探测器设置在对流层下面 1m 处；

6) 分层设置的探测器保护面积可按常规计算，并宜与下层探测器交错布置。

例 8-6 在下列情形的场所中，何者不宜选用火焰探测器？

A 火灾时有强烈的火焰辐射

B 探测器易受阳光或其他光源的直接或间接照射

C 需要对火焰做出快速反应

D 无阴燃阶段的火灾

解析： 火焰探测器是用于响应火灾的光特性，即探测火焰燃烧的光照强度和火焰的闪烁频率的一种火灾探测器。若探测器经常受阳光或其他光源的直接或间接照射，容易产生误报警，和感烟探测器不宜设在烟雾长期滞留的场所道理是一样的。

答案： B

第七节　电话、有线广播和扩声、同声传译

(一) 电话

电话设备，主要包括电话交换机(含配套辅助设备)、话机及各种线路设备和线材。

目前主要用的电话交换机有纵横制自动电话交换机、数字程控交换机，简称程控交换机。

1. 程控交换机

由于使用数字电脑对交换机的工作进行程序控制，因此它可以根据不同需要实现众多的服务功能，这是其他各种交换机所难以企及的，而且它的传话距离、信息总量和话音清晰度都有了很大的提高。由于其优越性，所以得到了用户的普遍欢迎，得到了广泛的应用。程控交换机一般分为办公楼用的和酒店宾馆用的两大类。

2. 程控交换机的辅助设备

主要包括交流配电盘、直流配电盘、蓄电池组及总配线架，这些设备可以随交换机配套供应。

3. 话机

程控交换机一般宜配用双音多频按钮式话机，采用 2 芯线连接。标准型话机是含 8 功能键的多功能话机，豪华型话机为 8 功能键兼有扬声对讲功能的话机。这两种话机采用 4 芯线连接。

4. 线路设备及件材

包括交接箱、组合式话机出线插座、电话电缆线、PVC－(4×0.5)、PVC－(2×0.5)。

5. 电话站的设置

(1) 当电话用户数量在 50 门以下，而市话局又能满足市话用户要求时，可不设电话站，直接进入市话网。

(2) 电话用户数量在 50 门及以上的，一般设电话站，但是住宅、公寓、出租写字楼不设电话站，电话用户直接进入市话网。

6. 电话站站址选择

(1) 应结合建筑工程远、近期规划及地形、位置等因素确定。

(2) 与其他建筑合建时，宜设在 4 层以下首层以上房间，宜朝南向并有窗。在潮湿地区，首层不宜设电话交换机室。

(3) 合建电话站时，技术性用房不宜设置在以下地点：

1) 浴室、卫生间、开水房及其他易积水房间的附近；

2) 变压器、配电室的楼上、楼下或隔壁；

3) 空调及通风机房等振动场所附近。

(4) 独建电话站时，不宜设置在以下地点：

1) 汽车库附近；

2) 水泵房、冷冻空调机房及其他有较大振动场所附近；

3) 配电室所附近。

(5) 电话站内主要房间或通道，不应被其他公用通道、走廊或房间隔开。电话站内不宜存有其他与电话工程无关的管道通过。

(6) 独建电话站，站址应选在建筑群内位于用户负荷中心配出线方便的地方。

7. 电话站对建筑的要求

(1) 独建电话站时，建筑物耐火等级应为二级，抗震设计按站址所在地区规定烈度提高一度考虑。

(2) 电话站与其他建筑物合建时，200 门及以下自动电话站宜设有交换机室、话务室和维修室等，如有发展可能则宜将交换机室与总配线架室分开设置。

(3) 800 门及以上（程控交换机 1000 门及以上）电话站应考虑有电缆进线室、配线室（包括传输室）、交换机室、转接台室、电池室、电力室以及维修器材备件用房、办公用房等。

(4) 电话站各技术用房的配置及总面积可参考《民用建筑电气设计标准》GB 51348—2019 表 23.4.2，电话站选用程控交换机时，房间面积可根据需要考虑。北京地区电话站设计由北京市电话局负责，机房面积、房间布置由他们做，具体工程设计，只按提供的建筑面积预留，做进出管线设计。

(5) 电话站的技术用房，室内最低高度一般应为梁下 3m，如有困难亦应保证梁的最低处距机架顶部电缆走架应有 0.2m 的距离。程控交换机的机架，低架一般为 2～2.4m，高架 2.6～2.9m。

(6) 电话站与其他建筑物合建时，宜将位置选择在楼层一端组成独立单元，并要与建筑物内其他房间隔开。

(7) 交换机室转接台室之间，宜设玻璃隔断，若无条件时可设玻璃观察窗，一般长 2m，高 1.2m，底边距地 0.8m。

(8) 技术用房的地面（除蓄电池），应采用防静电的活动地板或塑料地面，有条件时亦可采用木地板。

8. 北京地区电讯技术规定

住宅建筑面积在 10 万 m^2 以下的住宅区，每 1000 户左右应设置一个电话专用交换间，使用面积不少于 $12m^2$，其房间内应干燥通风良好，有采暖和电源插座。

9. 交换机容量

一般按总建筑面积估算，50～$60m^2$ 一门，写字楼按 20～$30m^2$ 一门估算。

（二）有线广播

(1) 公共建筑应设有线广播系统。系统的类别应根据建筑规模、使用性质和功能要求确定，一般可分为：

1) 业务性广播系统；

2) 服务性广播系统；

3) 火灾事故广播系统。

(2) 办公楼、商业楼、院校、车站、客运码头及航空港等建筑物，应设业务性广播，满足以业务及行政管理为主的语言广播要求，由主管部门管理。

(3) 一至三级的旅馆、大型公共活动场所应设服务性广播，满足以欣赏性音乐类广播为主的要求。

(4) 民用建筑内所设置的火灾事故广播，应满足火灾时引导人员疏散的要求。

(5) 公共建筑宜设广播控制室，当建筑物中的公共活动场所（如多功能厅、咖啡厅等）需单独设置扩声系统时，宜设扩声控制室，但广播控制室与扩声控制室间应设中继线联络或采用用户线路转换措施，以实现全系统广播。

(6) 有线广播的功放设备宜选用定电压输出。定电压扩音机的输出电压，当负载在一定的范围内变化时基本上保持不变，音质也较好，所以一般采用定电压功放设备。定电压输出的馈电线路，输出电压宜采用70V或100V。当功放设备容量小或广播范围小时，也可根据情况选用定阻输出功放设备。定阻抗扩音机的输出电压随负载阻抗的改变而变化较大，因此要求负载阻抗与扩音机的输出阻抗相匹配。

（7）办公室、生活间、客房等，可采用1～2W的扬声器箱，走廊、门厅及公共活动场所的背景音乐、业务性广播等扬声器箱，宜采用3～5W；在建筑装饰和室内净高允许的情况下，对大空间的场所，宜采用声柱（或组合音箱）；在噪声高、潮湿的场所，应采用号筒扬声器；室外扬声器应采用防水防尘型。

（8）广播控制室的设置原则：

1）办公楼类建筑，广播控制室宜靠近主管业务部门，当消防值班室与其合用时，应符合消防规范的有关规定。

2）旅馆类建筑，服务性广播宜与电视播放合并设置控制室。

3）航空港、铁路旅客站、港口码头等建筑，广播控制室宜靠近调度室。

4）设置塔钟自动报时扩音系统的建筑，控制室宜设在楼房顶屋。

（三）会议系统

（1）会议系统根据使用要求，可分为会议讨论系统、会议表决系统和同声传译系统。

（2）根据会议厅的规模，会议讨论系统宜采用手动、自动控制方式。

（3）会议表决系统的终端，应设有同意、反对、弃权三种可能选择的按键。

（4）同声传译系统的信号输出方式分为有线、无限和两者混合方式。无线方式可分为感应式和红外辐射式两种，具体选用应符合下列规定：

1）设置固定式座席的场所，宜采用有线式。在听众的座席上应设置具有耳机插孔、音量调节和语种选择开关的收听盒。

2）不设固定座席的场所，宜采用无线式。当采用感应式同声传译设备时，在不影响接收效果的前提下，感应天线宜沿吊顶、装修墙面敷设，亦可在地面下或无抗静电措施的地毯下敷设。

3）红外辐射器布置安装时应有足够的高度，保证对准听众区的直射红外光畅通无阻，且不宜面对大玻璃门窗安装。

4）特殊需要时，宜采用有线和无线混合方式。

例 8-7 关于电话站技术用房位置的下述说法哪种不正确？

A 不宜设在浴池、卫生间、开水房及其他容易积水房间的附近

B 不宜设在水泵房、冷冻空调机房及其他有较大振动场所附近

C 不宜设在锅炉房、洗衣房以及空气中粉尘含量过高或有腐蚀性气体、腐蚀性排泄物等场所附近

D 宜靠近配变电所设置，在变压器室、配电室楼上、楼下或隔壁

解析：根据《民用建筑电气设计标准》GB 51348—2019第23.2.1条，机房位置选择应符合下列规定：

1 机房宜设在建筑物首层及以上各层，当有多层地下层时，也可设在地下一层；

2 机房不应设置在厕所、浴室或其他潮湿、易积水场所的正下方或与其贴邻；

3 机房应远离强振动源和强噪声源的场所，当不能避免时，应采取有效的隔振、消声和隔声措施；

4 机房应远离强电磁场干扰场所，当不能避免时，应采取有效的电磁屏蔽措施。

电话站技术用房靠近配变电所，易受到电磁干扰。

答案：D

第八节　共用天线电视系统和闭路应用电视系统

（一）共用天线电视系统（CATV）

1. 原理

共用天线电视系统是若干台电视机共同使用一套天线设备，这套公共天线设备将接收来的广播电视信号，先经过适当处理（如放大、混合、频道变换等），然后由专用部件将信号合理地分配给各电视接收机。由于系统各部件之间采用了大量的同轴电缆作为信号传输线，因而CATV系统又叫作电缆电视系统。有了CATV系统、电视图像将不会因高山或高层建筑的遮挡或反射，出现重影或雪花干扰，人们可以看到很好的电视节目。

共用天线电视系统发展极为迅速，并向大型化、多路化和多功能方面发展。它不仅能用来传送电视台发送的节目，而且只要在系统的前端设备中增加如同录像机、影碟机、电影电视播发设备等若干设备，或配备全套小型演播室设备，就可以自办节目，形成完整的闭路电视系统，这将大大地丰富电视观众选择节目的内容，提高人们的文化生活水平，所以CATV系统已成为人们生活中不可缺少的设备。

2. 分类

CATV系统按其容纳的用户输出口数量分为四类：

A类：10000户以上。

B类：2001～10000户。

B类又分：

B1类，5001～10000户；

B2类，2001～5000户。

C类：301～2000户。

D类：300户以下。

3. 大型共用天线系统

对大型共用天线系统，它的前端设备有开路和闭路两套系统，开路系统有VHF（甚高频电视广播用，即1～12频道），UHF（特高频电视广播用，即13～68频道），FM（调频广播用）和SHF（超高频，卫星广播电视用）等频段的接收设备；闭路系统有摄像机、录音机、电影电视设备等。

4. CATV 系统构成

CATV 系统由接收天线、前端设备、信号分配网络和用户终端四部分组成。

用户终端的电平控制值为：

（1）电视图像：强场强区 $73\pm5dB_{\mu}V$，弱场强区 $70\pm5dB_{\mu}V$。

（2）FM：立体声调频广播，$65\pm5dB_{\mu}V$；单声道调频广播，$58\pm5dB_{\mu}V$。线路传输用 75Ω 同轴电缆。

5. 天线位置选择

（1）选择在广播电视信号场强较强、电磁波传输路径单一的地方，宜靠近前端（距前端的距离不大于 20m），避开风口。

（2）天线朝向发射台的方向不应有遮挡物和可能的信号反射，并尽量远离汽车行驶频繁的公路，电气化铁路和高压电力线路等。

（3）安装在建筑物的顶部或附近的高山顶上。由于它高于其他的建筑物，遭受雷击的机会就较多，因此，一定要安装避雷装置，从竖杆至接地装置的引下线至少用两根，从不同方位以最短的距离泄流引下，接地电阻应小于 4Ω，当系统采用共同接地时，其接地电阻不应大于 1Ω。

（4）群体建筑系统的接收天线，宜位于建筑群中心附近的较高建筑物上。

（二）闭路应用电视系统（CCTV）

（1）在民用建筑中，闭路应用电视系统主要用在闭路监视电视系统、医疗手术闭路电视系统、教学闭路电视系统、工业管理闭路电视系统等。

（2）闭路应用电视系统一般由摄像、传输、显示及控制等四个主要部分组成，根据具体工程要求可按下列原则确定：

1）在一处连续监视一个固定目标时，宜采用单头单尾型。

2）在多处监视同一固定目标时，宜装置视频分配器，采用单头多尾型。

3）在一处集中监视多个目标时，宜装置视频切换器，采用多头单尾型。

4）在多处监视多个目标时，宜结合对摄像机功能遥控的要求，设置多个视频分配切换装置或者矩阵连接网络，采用多头多尾型。

5）摄像机应安装在监视目标附近不易受外界损伤的地方，安装高度，室内 2.5～5m 为宜，室外 3.5～10m 为宜，不得低于 3.5m。

6）系统的监控室，宜设在监视目标群的附近及环境噪声和电磁干扰小的地方。监控室的使用面积，应根据系统设备的容量来确定，一般为 12～50m^2。监控室内温度宜为 16～30℃，相对湿度宜为 40%～65%，根据情况可设置空调。

例 8-8 共用天线电视系统（CATV）接收天线位置的选择，下述原则哪个提法不恰当？

A 宜设在电视信号场强较强，电磁波传输路径单一处

B 应远离电气化铁路和高压电力线处

C 必须接近大楼用户中心处

D　尽量靠近CATV的前端设备处

解析： 共用电视天线是多家电视用户为了获取高质量的电视信号通过电缆分配网共用一套电视接收装置（天线等）。CATV可以解决偏僻地区电视信号场强弱的问题，同时也解决城市电视接收中的重影和干扰问题。因此A、B选项正确。共用天线尽量靠近CATV的前端设备处，同时靠近负荷中心，可减少损耗，保证质量，D选项正确。C选项太绝对，正确的应是：尽量接近大楼用户中心、较高建筑物处。

答案： C

第九节　呼应（叫）信号及公共显示装置

（一）呼应信号是民用建筑中保证建筑功能的重要设施

1. 医院呼应信号

（1）护理呼应信号，主要满足患者呼叫护士的要求，各管理单元的信号主控装置应设在医护值班室。

（2）候诊呼应信号，主要满足医生呼叫就诊患者的要求。

（3）寻叫呼应信号，主要满足大中型医院寻呼医护人员的要求。寻叫呼应信号的控制台宜设在电话站内，由值机人员统一管理。

2. 旅馆呼应信号

一至四级旅馆及服务要求较高的招待所，宜设呼应信号。主要满足旅客呼叫服务员的要求。

3. 住宅（公寓）呼应信号

根据保安、客访情况，宜设住宅（公寓）对讲系统。

（1）对讲机—电门锁保安系统；

（2）可视—对讲—电门锁系统；

（3）闭路电视保安系统；

（4）老年人居住建筑中，居室、浴室、厕所应设紧急报警求助按钮，养老院、护理院等床头应设呼叫信号装置。

4. 无线呼应系统

在大型医院、宾馆、展览馆、体育馆（场）、演出中心，民用航空港等公共建筑，根据指挥、调度、服务需要，宜设置无线传呼系统，按呼叫程式可分无线播叫和无线对讲两种方式，无线呼叫系统应向当地无线通信管理机构申报。

5. 医院、旅馆的呼应（叫）信号装置

应使用50V以下安全工作电压，一般采用24V。

（二）公共信号显示装置

（1）体育馆（场）应设置计时记分装置。

（2）民用航空港、中等以上城市火车站、大城市的港口码头，长途汽车客运站、应设置班次动态显示牌。

（3）大型商业、金融营业厅、宜设置商品、金融信息显示牌。

（4）中型以上火车站、大型汽车客运站、客运码头、民用航空港、广播电视信号大楼，以及其他有统一计时要求的工程，宜设时钟系统。对旅游宾馆宜设世界时钟系统。母钟站宜与电话机房、广播电视机房合并设置，并应避开强烈振动、腐蚀、强电磁干扰的环境。

例 8-9 医院呼叫信号装置使用的交流工作电压范围应是：

A 300V 及以下　　B 220V 及以下

C 110V 及以下　　D 50V 及以下

解析： 医院呼叫信号系统分：医院病房护理呼叫信号系统、医院候诊呼叫信号系统。根据《民用建筑电气设计标准》GB 51348—2019 第 17.2.2 条第 3 款，护理呼叫信号系统呼叫分机单元，应使用 50V 及以下安全电压。

答案： D

第十节　住宅建筑电气设计

（一）用电负荷

每套住宅的用电负荷应根据套内建筑面积和用电负荷计算确定，且不应小于 2.5kW。

（二）变电所

1. 所址选择

（1）单栋住宅建筑用电设备总容量为 250kW 以下时，宜多栋住宅建筑集中设置变电所；单栋住宅建筑用电设备总容量在 250kW 及以上时，宜每栋住宅建筑设置变电所。

（2）当变电所设在住宅建筑内时，变电所不应设在住户的正上方、正下方、贴邻和住宅建筑疏散出口的两侧，不宜设在住宅建筑地下的最底层。当只有地下一层时，应抬高变电所地面标高。

（3）当配变电所设在住宅建筑外时，配变电所的外侧与住宅建筑的外墙间距，应满足防火、防噪声、防电磁辐射的要求，配变电所宜避开住户主要窗户的水平视线。

2. 变压器选择

（1）设置在住宅建筑内的变压器，应选择干式、气体绝缘或非可燃性液体绝缘的变压器。

（2）当变压器低压侧电压为 0.4kV 时，配变电所中单台变压器容量不宜大于 1600kVA，预装式变电站中单台变压器容量不宜大于 800kVA。

3. 自备电源

（1）建筑高度为 100m 或 35 层及以上的住宅建筑宜设柴油发电机组。

（2）应急电源装置（EPS）不宜作为消防水泵、消防电梯、消防风机等电动机类负载的应急电源，可作为住宅建筑应急照明系统的备用电源。

（三）供电系统

（1）应采用 TT、TN-C-S 或 TN-S 接地方式，并应进行总等电位联结。

（2）建筑高度为 100m 或 35 层及以上的住宅建筑，用于消防设施的供电干线应采用矿物绝缘电缆；建筑高度为50～100m且19～34层的一类高层住宅建筑，用于消防设施的供电干线应采用阻燃耐火线缆，宜采用矿物绝缘电缆；10～18层的二类高层住宅建筑，用于消防设施的供电干线应采用阻燃耐火类线缆。

（3）住宅建筑套内的电源线应选用铜材质导体。建筑面积小于或等于60m^2且为一居室的住户，进户线不应小于6mm^2，照明回路支线不应小于1.5mm^2，插座回路支线不应小于2.5mm^2。建筑面积大于60m^2的住户，进户线不应小于10mm^2，照明和插座回路支线不应小于2.5mm^2。

（4）中性导体和保护导体截面的选择应符合表8-16的规定。

中性导体和保护导体截面的选择（mm^2） **表8-16**

相导体的截面 S	相应中性导体的截面 S_N (N)	相应保护导体的最小截面 S_{PE} (PE)
$S \leqslant 16$	$S_N = S$	$S_{PE} = S$
$16 < S \leqslant 35$	$S_N = S$	$S_{PE} = 16$
$S > 35$	$S_N = S$	$S_{PE} = S/2$

（5）套内的空调电源插座、一般电源插座与照明应分路设计，厨房插座应设置独立回路，卫生间插座宜设置独立回路。

（6）除壁挂式分体空调电源插座外，电源插座回路应设置剩余电流保护装置，剩余动作电流不应大于30mA。

（7）设有洗浴设备的卫生间应作局部等电位联结，包括卫生间内给排水管、金属浴盆、金属洗脸盆、金属采暖管、金属散热器、卫生间电源插座的PE线以及建筑物钢筋网。

（8）每幢住宅的总电源进线应设剩余电流动作保护或剩余电流动作报警。

（四）配电箱

每套住宅应设置户配电箱，其电源总开关装置应采用可同时断开相线和中性线的开关电器。供电回路应装设短路和过负荷保护电器。

（五）插座安装

套内安装在1.80m及以下的插座均应采用安全型插座。

（六）共用照明

共用部位应设置人工照明，应采用高效节能的照明装置和节能控制措施。当应急照明采用节能自熄开关时，必须采取消防时应急点亮的措施。

（七）套内电源插座数量

住宅套内电源插座应根据住宅套内空间和家用电器设置，电源插座的数量不应少于表8-17的规定。

电源插座的设置要求及数量 **表8-17**

序号	名称	设置要求	数量
1	起居室(厅)、兼起居的卧室	单相两孔、三孔电源插座	≥3
2	卧室、书房	单相两孔、三孔电源插座	≥2

续表

序号	名称	设置要求	数量
3	厨房	IP54 型单相两孔、三孔电源插座	≥2
4	卫生间	IP54 型单相两孔、三孔电源插座	≥1
5	洗衣机、冰箱、排油烟机、排风机、空调器、电热水器	单相三孔电源插座	≥1

注：表中序号 1～4 设置的电源插座数量不包括序号 5 专用设备所需设置的电源插座数量。

（八）信息设施系统

每套住宅应设有线电视系统、电话系统和信息网络系统，宜设置家居配线箱。有线电视、电话、信息网络等线路宜集中布线，并应符合下列规定：

（1）有线电视系统的线路应预埋到住宅套内。每套住宅的有线电视进户线不应少于 1 根，起居室、主卧室、兼起居的卧室应设置电视插座。

（2）电话通信系统的线路应预埋到住宅套内。每套住宅的电话通信进户线不应少于 1 根，起居室、主卧室、兼起居的卧室应设置电话插座。

（3）信息网络系统的线路宜预埋到住宅套内。每套住宅的进户线不应少于 1 根，起居室、卧室或兼起居室的卧室应设置信息网络插座。

（九）安全防范系统

住宅建筑宜设置安全防范系统。

（十）门禁

当发生火警时，疏散通道上和出入口处的门禁应能集中解锁或能从内部手动解锁。

例 8-10 用电负荷分为一级负荷、二级负荷、三级负荷，负荷等级依次降低。在同一栋二类高层建筑中，下列哪项设备的用电负荷等级最高？

A 客梯　　B 消防电梯　　C 自动扶梯　　D 自动人行道

解析： 依据现行标准《民用建筑电气设计标准》GB 51348—2019 第 9.3.1 条，电梯、自动扶梯和自动人行道的负荷分级，应符合本标准附录 A 民用建筑各类建筑物的主要用电负荷分级的规定。附录 A 中二类高层建筑中客梯和消防电梯均属于二级负荷。第 9.3.1 第 3 款，自动扶梯和自动人行道应为二级及以上负荷。本题同为二级负荷情况下，消防负荷更重要。从供电角度分析，例如，二类高层住宅建筑的消防电梯应由专用回路供电，其客梯如果受条件限制，可与其他动力共用电源。

答案： B

第十一节　电气设计基础

（一）单相正弦交流电

大小和方向随时间按正弦规律作周期性变化，并且在一个周期内的平均值为零的电动势、电压和电流，统称为交流电。一般表达式为：

$$x = X_m \cdot \sin(\omega t + \varphi_0) \tag{8-4}$$

式中　x——正弦量的瞬时值。

当时间 t 连续变化时，正弦量的值在 X_m 和 $-X_m$ 之间变化。因此 X_m 为正弦量的幅值，如电压和电流的幅值为 U_m、I_m。正弦函数是周期函数。

$(\omega t + \varphi_0)$ 是角度。在一个周期 T 内，$(\omega t + \varphi_0)$ 变化 2π 弧度。由于周期和频率互为倒数，即

$$f = \frac{1}{T} \tag{8-5}$$

周期的单位为 s（秒），频率的单位为 Hz（赫兹）。我国和世界上大多数国家使用的工业频率为 50Hz，周期为 0.02s，也有些国家使用的是 60Hz。

（二）三相交流电路

1. 三相电源的连接

（1）星形连接（Y 连接）

若将发电机的三相定子绕组末端 U_2、V_2、W_2 连接在一起，分别由三个首端 U_1、V_1、W_1 引出三条输电线，称为星形连接。这三条输电线称为相线，俗称火线，用 A、B、C 表示；U_2、V_2、W_2 的联结点称为中性点。由三条输电线向用户供电，称为三相三线制供电方式。在低压系统中，一般采用三相四线制，即由中性点再引出一条称为中性线的线路与三条相线一同向用户供电。星形联结的三相四线制电源如图 8-22 所示。

三相电源的每一相线与中线构成一相，其间的电压称为相电压（即每相绕组上的电压），常用 U_A、U_B、U_C 表示。每两条相线之间的电压称为线电压，如果三个相电压大小相等，相位互差 120°，则为对称的三相电源。对称三相电源星形连接时，三个线电压也是对称的。线电压的值为相电压的 $\sqrt{3}$ 倍。

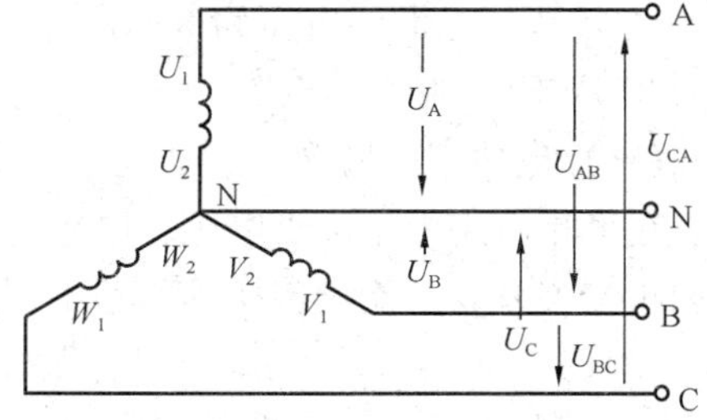

图 8-22　星形连接

由图 8-19 可知，三相四线制给用户提供相、线两种电压。我国的低压系统使用的三相四线制电源额定电压为 220/380V，即相电压 220V，线电压为 380V。三相三线制只提供 380V 的线电压。

（2）三角形连接（△连接）

电源的三相绕组还可以将一相的末端与另一相的首端依次连成三角形，并由三角形的三个顶点引出三条相线 A、B、C 给用户供电，如图 8-23 所示。因此，三角形接法的电源只能采用三相三线制供电方式，且相电压等于线电压。

2. 负载的连接

交流用电设备分为单相和三相两大类。一些小功率的用电设备（例如电灯、家用电器等）为使用方便都制成单相的，用单相交流电供电，称为单相负载。

三相用电设备内部结构有相同的三部分，根据要求可接成 Y 形或△形连接，用对称三相电源供电，称为三相负载，例如三相异步电动机等。

负载接入电源时应遵守两个原则：一是加于负载的电压必须等于负载的额定电压；二

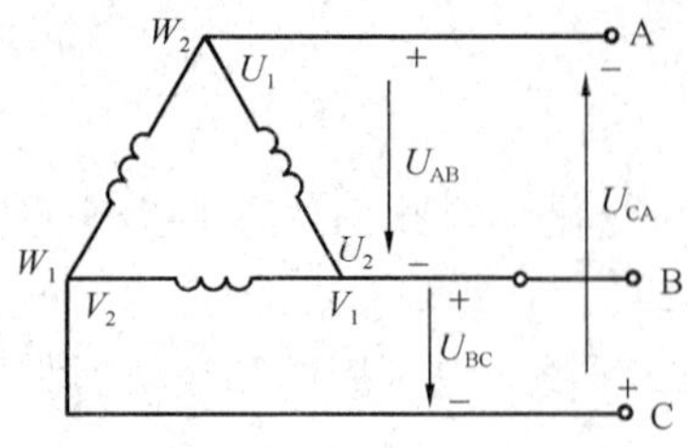

图 8-23　三角形连接电路图

是应尽可能使电源的各相负荷均匀、对称，从而使三相电源趋于平衡。

根据以上两个原则，单相负载应平均分接于电源的三个相电压或线电压上。在 220/380V 三相四线制供电系统中，额定电压为 220V 的单相负载，如白炽灯、日光灯等分接于各相线与中性线之间，如图 8-24（*a*）所示，从总体看，负载连接成星形；380V 的单相负载应均匀分接于各相线之间，从总体看，负载连接成三角形，如图 8-24（*b*）所示。

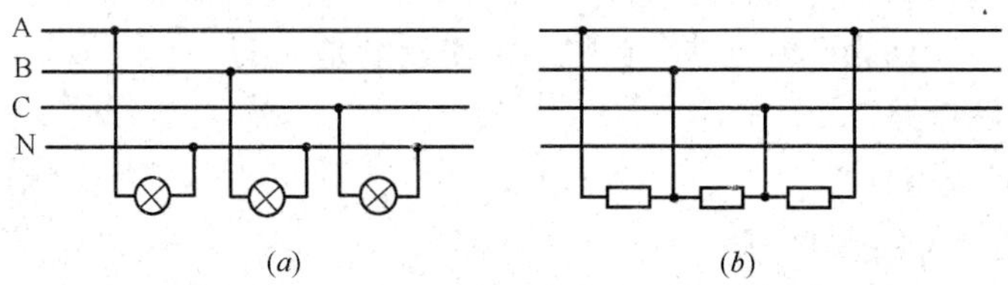

图 8-24　负载接入电源的接法

（*a*）负载连接成星形；（*b*）负载连接成三角形

三相负载本身为对称负载，额定电压和相应接法同时在铭牌上给出。三相负载的额定电压如不特别指明系指线电压。例如，三相异步电动机额定电压为 380/220V，连接方式为 Y/△，指当电源线电压为 380V 时，此电动机的三相对称绕组接成 Y 形，当电源线电压为 220V 时，则接成△形。

（三）电功率的概念

在交流电路中，由于电感、电容对交流电路的影响作用，使得电路中电压、电流的大小和相位关系以及能量转换等问题不同于直流电路。

我国电路负载多为感性负载，即电路呈电感性，电压超前电流 φ 角，功率三角形如图 8-25 所示。

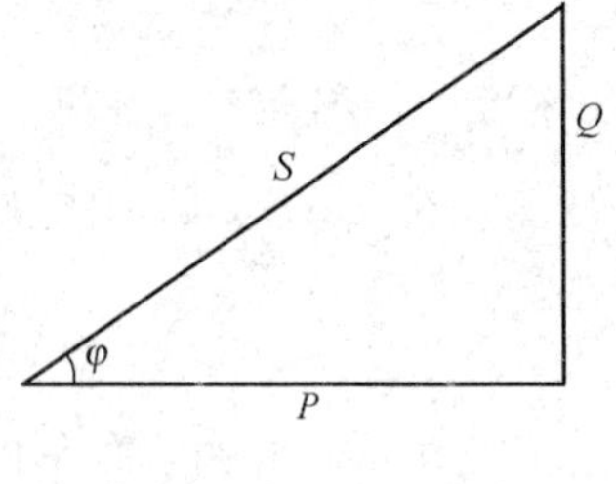

图 8-25　功率三角形

$$S=\sqrt{P^2+Q^2} \tag{8-6}$$

$$\cos\varphi=\frac{P}{S} \tag{8-7}$$

$$S=UI \tag{8-8}$$

$$P=UI\cos\varphi=S\cdot\cos\varphi \tag{8-9}$$

$$Q=UI\sin\varphi=S\cdot\sin\varphi \tag{8-10}$$

三相电路的功率：

$$S=\sqrt{3}U_1I_1 \tag{8-11}$$

$$P=\sqrt{3}U_1I_1\cos\varphi \tag{8-12}$$

$$Q=\sqrt{3}U_1I_1\sin\varphi \tag{8-13}$$

式中 U_l——线电压，V（伏），kV（千伏），$1kV=10^3V$；

I_l——线电流，A（安），kA（千安），$1kV=10^3A$；

P——有功功率，W（瓦），kW（千瓦），$1kW=10^3W$；

Q——无功功率，Var（乏），kVar（千乏），$1kVar=10^3var$；

S——视在功率，V·A（伏安），kVA（千伏安），$1kVA=10^3VA$；

$\cos\varphi$——功率因数（亦称力率）。

（四）变压器与电动机

1. 变压器

变压器是利用电磁感应作用传递交流电能的。它由一个铁芯和绕在铁芯上的两个或多个匝数不等的线圈（绕组）组成，变压器具有变换电压、电流的功能。

在电力系统中，为减小线路上的功率损耗，实现远距离输电，用变压器将发电机发出的电源电压升高后再送入电网。在配电地点，为了用户安全和降低用电设备的制造成本，先用变压器将电压降低，然后分配给用户。

在电子技术中，测量和控制也广泛使用变压器，有用于整流、传递信号和实现阻抗匹配的整流变压器、耦合变压器和输出变压器。这些变压器的容量都较小，效率不是主要的性能指标。除此之外，尚有自耦变压器、仪用互感器及用作金属热加工的电焊变压器、电炉变压器等。

变压器在运行时因有铜损和铁损而发热，使绕组和铁芯的温度升高。为了防止变压器因温度过高而烧坏，必须采取冷却散热措施。常用的冷却介质有两种，即空气和变压器油。用空气作为介质的变压器称为干式变压器，用油作为介质的变压器称为油浸式变压器。小型变压器的热量由铁芯和绕组直接散发到空气中，这种冷却方式称为空气自冷式，即在空气中自然冷却。油浸式又分为油浸自冷式、油浸风冷式和强迫循环式三种。容量较大的变压器多采用油冷式，即把变压器的铁芯和绕组全部浸在油箱中。油箱中的变压器油（矿物油）除了使变压器冷却外，它还是很好的绝缘材料。相对于油浸式变压器，干式变压器因没有油，也就没有火灾、爆炸、污染等问题，故电气规范、规程等均不要求干式变压器置于单独房间内。特别是新的系列，损耗和噪声降到了新的水平，更为变压器与低压屏置于同一配电室内创造了条件。

目前国内使用变压器种类较多，各类变压器性能比较如表 8-18 所示。

各类变压器性能比较 **表 8-18**

类　别	矿油变压器	硅油变压器	六氟化硫变压器	干式变压器	环氧树脂浇注变压器
价格	低	中	高	高	较高
安装面积	中	中	中	大	小
体积	中	中	中	大	小
爆炸性	有可能	可能性小	不爆	不爆	不爆
燃烧性	可燃	难燃	不燃	难燃	难燃
噪声	低	低	低	高	低
耐湿性	良好	良好	良好	弱（无电压时）	优

续表

类　别	矿油变压器	硅油变压器	六氟化硫变压器	干式变压器	环氧树脂浇注变压器
耐尘性	良好	良好	良好	弱	良好
损失	大	大	稍小	大	小
绝缘等级	A	A或H	E	B或H	B或F
重量	重	较重	中	重	轻

变压器选择应考虑以下因素：

1）变电所的位置；

2）建筑物的防火等级；

3）建筑物的使用功能及对供电的要求；

4）当地供电部门对主变压器的管理体制。

在额定功率时，变压器的输出功率和输入功率的比值，叫作变压器的效率，即：

$$\eta=\frac{P_2}{P_1}\times 100\% \tag{8-14}$$

式中　η——变压器的效率；

P_1——输入功率；

P_2——输出功率。

当变压器的输出功率 P_2 等于输入功率 P_1 时，效率 η 等于 100%，变压器将不产生任何损耗。但实际上这种变压器是没有的。变压器传输电能时总要产生损耗，这种损耗主要有铜损和铁损。

铜损是指变压器线圈电阻所引起的损耗。当电流通过线圈电阻发热时，一部分电能就转变为热能而损耗。由于线圈一般都由带绝缘的铜线缠绕而成，因此称为铜损。

变压器的铁损包括两个方面：一是磁滞损耗，当交流电流通过变压器时，通过变压器硅钢片的磁力线其方向和大小随之变化，使得硅钢片内部分子相互摩擦，放出热能，从而损耗了一部分电能，这便是磁滞损耗。另一是涡流损耗，当变压器工作时，铁芯中有磁力线穿过，在与磁力线垂直的平面上就会产生感应电流，由于此电流自成闭合回路形成环流，且成旋涡状，故称为涡流。涡流的存在使铁芯发热，消耗能量，这种损耗称为涡流损耗。

变压器的效率与变压器的功率等级有密切关系，通常功率越大，损耗与输出功率就越小，效率也就越高。反之，功率越小，效率也就越低。

2. 电动机

电能是现代最主要的能源之一。电机是与电能的生产、输送和使用有关的能量转换机械。它不仅是工业、农业和交通运输的重要设备，而且在日常生活中的应用也越来越广泛。

旋转电机的分类方法很多，按功能大致可分为：

(1) 发电机，是一种把机械能转换成电能的旋转机械；

(2) 电动机，是一种把电能转换成机械能的旋转机械；

(3) 控制电机，是控制系统中应用的一种元件。

通常把旋转电机按它产生或耗用电能种类的不同，分为直流电机和交流电机。交流电机又按它的转子转速与旋转磁场转速的关系不同，分为同步电机和异步电机。异步电机按转子结构的不同，还可分为绕线式异步电机和鼠笼式异步电机。这种分类法可以归纳如下：

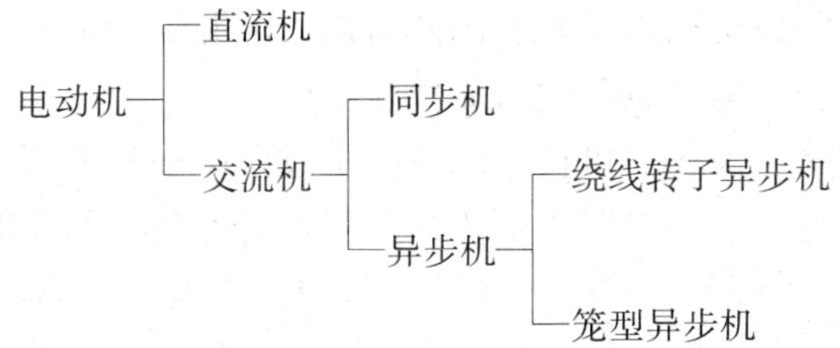

应该指出，不论是动力电机的能量转换，还是控制电机的信号变换，它们的工作原理都依赖于电磁感应定律。

工农业生产和日常生活中应用得最广泛的是鼠笼式异步电动机。

考生应了解三相异步电动机的启动、反转、调速和制动方法。

（五）低压配电线路保护电器

低压配电线路应根据不同故障类别和具体工程要求装设短路保护、过负荷保护、过电压及欠电压保护、电弧故障保护、接地故障保护，当配电线路发生故障时，保护装置应切断供电电源或发出报警信号，或将状态及故障信息上传。

常用的低压配电线路保护电器包括：

1. 短路保护

短路：是由电源通向用电设备的导线不经过负载（或负载为零）而相互直接连接的状态。

短路的危害：电气线路会因机械损伤、外部热源、内部热源等因素影响，使绝缘受到损害而发生短路。机械损伤是线路受到外力作用使绝缘损坏；外部热源因素是线路与热源接触、受到热源辐射使绝缘损坏；而内部热源因素则是线路本身过负荷导致过热使绝缘损坏。

短路保护要求：在短路故障产生后的极短时间内切断电源。常用方法是在线路中串接熔断器或低压断路器。

2. 过负荷保护

过负荷：电气设备或线路消耗或传输的功率或电流超过额定值或规定的允许值，它是设备或线路的一种运行状态。

过负荷的危害：配电线路短时间的过负荷是难免的，它并不一定会对线路造成损害。但长时间的过负荷将对线路的绝缘、接头、端子或导体周围的介质造成损害。绝缘因长期超过允许温升会加速老化而缩短线路使用寿命。严重的过负荷将使绝缘介质在短时间内软化变形，介质损耗增大，耐压水平下降，最后导致短路，引起火灾和触电事故。过负荷保护的目的在于防止此种情况的发生。

过负荷保护要求：正常情况下电气设备或线路的保护装置，在选型得当、整定值正确时，能将过负荷设备或线路从电源切除，设备和线路不会过热、温度升高，就不会有引发火灾的危险。快速熔断器、直流快速断路器、过电流继电器是较为常用的保护器。

3. 过电压及欠电压保护

过电压、欠电压：通常情况下，当加载在电气设备上的电压超过额定值的10%，且持续时间大于 60s 时，视为过压，此时电气设备会因承受的电压超出额定值而损坏；当电压低于额定值的 10%，且持续时间大于 60s 时，视为欠压，此时控制电路部分会异常工作，电气设备的使用年限也会因而缩短。因此对输入电源的上限和下限要有所限制，为此采用过压、欠压保护以提高电气设备的可靠性和安全性。

过欠电压保护：过欠压保护器可用于当线路中过电压和欠电压超过规定值时能自动断开，并能自动检测线路电压，当线路中电压恢复正常时能自动闭合的装置。主要用于（单相 AC230V，三相四线 AC415V）线路中作为过电压、欠电压、断相、断零线保护。

4. 电弧故障保护

线路短路有金属性短路和电弧性短路两种情况。

金属性短路即导体间直接接触短路，特点是接触阻抗很小，可忽略不计。短路电流非常大，两导体间接触点往往被高温熔焊，如果保护电器不能有效切断短路电流，会造成严重的危害。

电弧性短路即导体间相互接触短路但未能完全熔焊在一起而建立电弧，或线路导体因绝缘劣化被雷电瞬态过电压、电网故障暂时过电压击穿而建立电弧。特点是故障回路具有很大的阻抗和电压降，短路电流较小。若短路电流持续存在，极易引发火灾。带电导体对地短路及带电导体间的间隙爬电，也是以电弧为通路的电弧性短路。

电弧故障保护器：金属性短路可采用短路保护器切断电路，而电弧性短路因短路电流小，短路保护器很难有效切断电路，可采用电弧故障保护器。区别于传统的断路器只对过流、短路起保护作用，电弧故障保护器有检测并区别电气启停或开关时产生的正常电弧和故障电弧的能力，可在发现故障电弧时及时切断电源。

5. 接地故障保护

接地故障：指导体与大地的意外连接。

接地故障保护：电线路所设置的过电流保护兼作接地故障保护；利用零序电流来实现接地故障保护；利用剩余电流实现接地故障保护。

接地故障保护器：安装在低压电网中的剩余电流动作保护器，是防止人身触电、电气火灾及电气设备损坏的一种有效的防护措施。其功能是：检测供电回路的剩余电流，将其与基准值相比较，当剩余电流超过该基准值时，分断被保护电路，或不断电发出警报信号。

例 8-11 下面哪一条关于采用干式变压器的理由可以成立？

A 耐湿性好　　B 体积较小，便于安装和搬运

C 没有噪声　　D 可以和高低压开关柜布置在同一房间内

解析：干式变压器较其他型变压器耐湿性弱，A 选项错。干式变压器是靠空气制冷、靠自然制冷、靠风机散热，体积大、好散热，B 选项错。干式变压器运行噪声高，C 选项错。干式变压器防火性能好，可以和无油设备的高低压开关柜布置在同一房间内。

答案：D

习　题

8-1 表示照度的单位是(　　)。

A 流明　　B 勒克斯　　C 坎德拉　　D 瓦特

8-2 关于高压和低压的定义，下面哪种划分是正确的?

A 1000V 及以上定为高压　　B 1000V 以上定为高压

C 1000V 以下定为低压　　D 500V 及以下定为低压

8-3 评价电能质量最主要根据哪一组技术指标?

A 电流、频率、波形　　B 电压、电流、频率

C 电压、频率、负载　　D 电压、频率、波形

8-4 **(2018)**关于普通住宅楼的电气设计，每套住宅供电电源负荷等级应为(　　)。

A 三级负荷　　B 二级负荷

C 一级负荷　　D 一级负荷中的特别重要负荷

8-5 **(2019)**当建筑物内有一、二、三级负荷时，向其同时供电的两路电源中的一路中断供电后，另一路应能满足(　　)。

A 一级负荷的供电　　B 二级负荷的供电

C 三级负荷的供电　　D 全部一级负荷及二级负荷的供电

8-6 **(2018)**每套住宅的用电负荷应根据套内建筑面积和用电负荷计算确定，但不应小于下列哪个数值?

A 8kW　　B 6kW　　C 4kW　　D 2.5kW

8-7 **(2018)**关于配变电所设计要求中，下列哪一项是正确的?

A 低压配电装置室的耐火等级不应低于三级

B 10kV 配电装置室的耐火等级不得低于二级

C 难燃介质的电力变压器室的耐火等级不应低于三级

D 低压电容器室的耐火等级不应低于三级

8-8 **(2018)**有人值班的配变所应设单独的值班室，下列说法错误的是(　　)。

A 值班室可以和高压配电装置室合并　　B 值班室可经过走道与配电装置室相通

C 值班室可以和低压配电装置室合并　　D 值班室的门应直通室外或走道

8-9 **(2018)**关于柴油发电机房设计要求中，下列说法正确的是(　　)。

A 机房设置无环保要求　　B 发电机间不应贴邻浴室

C 发电机组不宜靠近一级负荷　　D 发电机组不宜靠近配变电所

8-10 **(2019)**关于汽车库消防设备的供电，下列说法错误的是(　　)。

A 配电设备应有明显标志

B 消防应急照明线路可与其他照明线路同管设置

C 消防配电线路应与其他动力配电线路分开设置

D 消防用电设备应采用专用供电回路

8-11 **(2018)**关于住宅楼内配电线路，下列说法错误的是(　　)。

A 应采用符合安全要求的敷设方式配线　　B 应采用符合防火要求的敷设方式配线

C 套内应采用铜芯导体绝缘线　　D 套内宜采用铝合金导体绝缘线

8-12 某一多层住宅采用三相 TN-C-S 系统供电，其进线电缆的导体是(　　)。

A 三根相线、一根中性线　　B 三根相线、一根中性线、一根保护线

C 一根相线、一根中性线、一根保护线　　D 一根相线、一根中性线

8-13 带金属外壳的手持式单相家用电器，应采用插座的形式是(　　)。

A 单相双孔插座 B 单相三孔插座
C 四孔插座 D 五孔插座

8-14 (2018)关于电力缆线敷设，下列说法正确的是( )。
A 配电线路穿金属导管保护可紧贴通风管道外壁敷设
B 电力电缆可与丙类液体管道同一管沟内敷设
C 电力电缆可与热力管道同一管沟内敷设
D 电力电缆可与燃气管道同一管沟内敷设

8-15 (2019)在住宅电气设计中，错误的做法是( )。
A 供电系统进行总等电位联结 B 卫生间的洗浴设备做局部等电位联结
C 厨房固定金属洗菜盆做局部等电位联结 D 每幢住宅的总电源进线设剩余电流动作保护

8-16 (2018)下列哪个说法跟电气节能无关?
A 配电系统三相负荷宜平衡 B 配电系统的总等电位联结
C 配变电所应靠近负荷中心 D 配变电所应靠近大功率用电设备

8-17 (2018)电气照明设计中，下列哪种做法不能有效节省电能?
A 采用高能效光源 B 采用高能效镇流器
C 采用限制眩光灯具 D 采用智能灯控系统

8-18 (2019)关于可燃料仓库的电气设计，下列说法错误的是( )。
A 库内都应采用防爆灯具
B 库内采用的低温灯具应采用隔热防火措施
C 配电箱应设置在仓库外
D 开关应设置在仓库外

8-19 (2018)在住宅小区室外照明设计中，下列说法不正确的是( )。
A 应采用防爆型灯具 B 应采用高能效光源
C 应采用寿命长的光源 D 应避免光污染

8-20 (2018)在确定照明方案时，下列哪种方法不宜采用?
A 考虑不同类型建筑对照明的特殊要求 B 为节省电能，降低规定的照度标准值
C 处理好电气照明与天然采光的关系 D 处理好光源、灯具与照明效果的关系

8-21 下列场所的照明适合用节能自熄灭开关的是( )。
A 住宅建筑共用部位 B 消防控制室
C 酒店大堂 D 宴会厅前厅

8-22 下列哪种光源不能作为应急照明的光源?
A 卤钨灯 B ED灯
C 金属卤化物灯 D 紧凑型荧光灯

8-23 (2018)在住宅设计中，下列哪种做法跟电气安全无关?
A 供电系统的接地形式 B 卫生间做局部等电位联结
C 插座回路设置剩余电流保护装置 D 楼梯照明采用节能自熄开关

8-24 (2018)除另有规定外，下列电气装置的外露可导电部分可不接地的是( )。
A 配电设备的金属框架
B 手持式及移动式电器
C 干燥场所的直流额定电压110V及以下的电气装置
D 类照明灯具的金属外壳

8-25 下列场所和设备设置的剩余电流（漏电）动作保护，在发生接地故障时，只报警而不切断电源的是( )。

A 手持式用电设备　　B 潮湿场所的用电设备
C 住宅内的插座回路　　D 医院用于维持生命的电气设备回路

8-26 **(2018)**关于住宅户内配电箱中的电源总开关的设置，下列说法正确的是(　　)。
A 应只断开相线，不断开中性线和保护线（PE线）
B 应只断开中性线，不断开相线和保护线（PE线）
C 应同时断开相线和中性线，不断开保护线（PE线）
D 应同时断开相线、中性线和保护线（PE线）

8-27 下列场所中，灯具电源电压可大于36V的是(　　)。
A 乐池内谱架灯　　B 化妆室台灯
C 观众席座位排灯　　D 舞台面光灯

8-28 **(2019)**下列旅馆建筑物场所中，不需设置等电位联结的是(　　)。
A 浴室　　B 喷水池　　C 健身房　　D 游泳池

8-29 **(2019)**关于建筑物的防雷要求，下列说法正确的是(　　)。
A 不分类　　B 分为两类　　C 分为三类　　D 分为四类

8-30 **(2018)**关于建筑物防雷设计，下列说法错误的是(　　)。
A 应考查地质、地貌情况　　B 应调查气象等条件
C 应了解当地雷电活动规律　　D 不应利用建筑物金属结构做防雷装置

8-31 **(2018)**关于住宅小区安防监控中心的设置，下列说法错误的是(　　)。
A 可与小区管理中心合用　　B 不应对家庭入侵报警系统进行监控
C 应预留与接警中心联网的接口　　D 应做好自身的安防设施

8-32 **(2018)**关于火灾报警系统的设置，下列说法错误的是(　　)。
A 歌舞、娱乐、放映、游艺场所应设火灾自动报警系统
B 图书或文物的珍藏库应设火灾自动报警系统
C 中型幼儿园的儿童用房应设火灾自动报警系统
D 总面积为2000m^2的商店应设火灾自动报警系统

8-33 下列场所中，不应选择点型感烟火灾探测器的是(　　)。
A 厨房　　B 电影放映室　　C 办公楼厅堂　　D 电梯机房

8-34 **(2019)**下列哪个场所或部位，可以不考虑设置可燃气体报警装置?
A 宾馆餐厅　　B 公建内的燃气锅炉房
C 仓库中的液化气储存间　　D 仓库中使用燃气加工的部位

8-35 **(2019)**下列消防控制室的位置选择要求，错误的是(　　)。
A 当设在首层时，应有直通室外的安全出口
B 应设在交通方便和消防人员容易找到并可接近的部位
C 不应与防灾监控、广播等用房相临近
D 应设在发生火灾时不易延燃的部位

8-36 建筑物内电信间的门应是(　　)。
A 外开甲级防火门　　B 外开乙级防火门
C 外开丙级防火门　　D 外开普通门

8-37 电信机房、扩声控制室、电子信息机房位置选择时，不应设置在变配电室的楼上、楼下、隔壁场所，其原因是(　　)。
A 防火　　B 防电磁干扰　　C 线路敷设方便　　D 防电击

参考答案及解析

8-1 **解析：**光通量的单位是流明；照度的单位是勒克斯；光强的单位是坎德拉；功率的单位是瓦特。

答案：B

8-2 解析：依据《民用建筑电气设计标准》GB 51348—2019 第 7.1.1 条，工频交流电压 1000V 及以下称为低压配电线路，所以 1000V 以上称为高压。

答案：B

8-3 解析：目前我国电能质量评价在国家标准中有 8 项指标，其中有关电压质量的 5 项，有关频率质量的 1 项，有关波形质量的 2 项。所以电压、频率、波形是评价电能质量主要技术指标。

答案：D

8-4 解析：根据《住宅建筑电气设计规范》JGJ 242—2011 第 3.2.1 条，住宅套户内的供电电源负荷不属于公共部位或场所，其等级应为三级。

答案：A

8-5 解析：《民用建筑电气设计标准》GB 51348—2019 第 3.2.8 条：一级负荷应由双重电源供电，当一个电源发生故障时，另一个电源不应同时受到损坏。本条为强制性条文。一级负荷应由双重电源供电，而且这两个电源不能同时损坏。只有满足这个基本条件，才可能维持其中一个电源继续供电，这是一级负荷的供电必须满足的要求。

答案：A

8-6 解析：《住宅设计规范》GB 50096—2011 第 8.7.1 条：每套住宅的供电负荷应根据住在的套内建筑面积和用电负荷计算确定，且不应小于 2.5W。

答案：D

8-7 解析：《民用建筑电气设计标准》GB 51348—2019 第 4.10.1 条：可燃油油浸变压器室以及电压为 35kV、20kV 或 10kV 的配电装置室和电容器室的耐火等级不得低于二级。第 4.10.2 条：非燃或难燃介质的配电变压器室以及低压配电装置室和电容器室的耐火等级不宜低于二级。按国家现行标准，4 个选项全部错误。

答案：B

8-8 解析：根据《民用建筑电气设计标准》GB 51348—2019 第 4.5.8 条，有人值班的变电所应设值班室。值班室应能直通或经过走道与配电装置室相通，且值班室应有直接通向室外或通向疏散走道的门。值班室也可与低压配电装置室合并，此时值班人员工作的一端，配电装置与墙的净距不应小于 3m。

答案：A

8-9 解析：《民用建筑电气设计标准》GB 51348—2019 第 6.1.2 条，自备应急柴油发电机组和备用柴油发电机组的机房设计应符合下列规定：

1 机房宜布置在建筑的首层、地下室、裙房屋面。当地下室为三层及以上时，不宜设置在最底层，并靠近变电所设置。机房宜靠建筑外墙布置，应有通风、防潮、机组的排烟、消声和减振等措施并满足环保要求；

2 机房宜设有发电机间、控制室及配电室、储油间、备品备件储藏间等。当发电机组单机容量不大于 1000kW 或总容量不大于 1200kW 时，发电机间、控制室及配电室可合并设置在同一房间；

3 发电机间、控制室及配电室不应设在厕所、浴室或其他经常积水场所的正下方或贴邻；

4 民用建筑内的柴油发电机房，应设置火灾自动报警系统和自动灭火设施。故 A、C、D 项错。

答案：B

8-10 解析：《民用建筑电气设计标准》GB 51348—2019 第 8.3.4 条，除下列情况外，不同回路的线路不宜穿于同一根金属导管内：

1 标称电压为 50V 及以下的回路；

2 同一用电设备或同一联动系统设备的主回路和无电磁兼容要求的控制回路；

3　同一照明灯具的若干个回路。

不同回路的线路能否共管敷设，应根据发生故障的危险性和相互之间在运行和维修时的影响决定。一般情况下，不同回路的线路不应穿于同一导管内。消防应急照明线路与其他照明线路不在同时间工作，从供电可靠性考虑不能共管敷设。

答案：B

8-11　**解析：**《住宅设计规范》GB 50096—2011 第 8.7.2 2 条：电气线路应采用符合安全和防火要求的方式配线，住宅套内的电气管线应采用穿管暗敷设方式配线。导线应采用铜芯绝缘线……

答案：D

8-12　**解析：**TN-C-S 系统的形式：供电系统前部分是 TN-C 方式供电，在系统后部分总配电箱分出 PE 线，构成 TN-C-S 供电系统。题目中该住宅进线是 TN-C 方式，电缆是 4 根导体，即为三根相线、一根中性线。

答案：A

8-13　**解析：**带金属外壳的手持式单相家用电器，其功率小，单相供电，为防止发生接地故障使金属外壳带电，供电系统需提供接地保护，所以采用单相三孔插座。

答案：B

8-14　**解析：**电力电缆布线应避免电缆遭受机械性外力、过热、腐蚀等危害。丙类液体是一种闪点≥60℃的液体，是可燃液体，热力管道会使周围温度升高，导体产生过热，燃气管道有泄漏爆炸的危险，三者不能与电缆同沟敷设。

答案：A

8-15　**解析：**《住宅设计规范》GB 50096—2011 第 8.7.2 条，住宅供电系统设计，应符合下列基本要求：

1　应采用 TN-C-S 或 TN-S 接地方式，并进行总等电位联结；

……

5　设洗浴设备的卫生间应做局部等电位联结；

6　每栋建筑的总电源进线应设剩余电流动作保护或剩余电流动作报警。

答案：C

8-16　**解析：**配电系统的总等电位联结用来均衡电位，降低人体受到电击时的接触电压，是接地保护的一项重要措施。

答案：B

8-17　**解析：**限制灯具眩光是照明质量的一项指标。

答案：C

8-18　**解析：**防爆灯具是用于可燃性气体和粉尘存在的危险场所，能防止灯内部可能产生的电弧、火花和高温引燃周围环境里的可燃性气体和粉尘，从而达到防爆要求的灯具。若可燃料仓库非可燃性气体和粉尘场所，可以不用防爆灯具。

答案：A

8-19　**解析：**住宅小区室外环境不存在爆炸危险物品，无需将灯具设计为防爆型灯具。

答案：A

8-20　**解析：**照明节能是在保证符合国家照明标准基础上的节能要求，而不是以降低标准为代价的节能设计。

答案：B

8-21　**解析：**《住宅设计规范》GB 50096—2011 第 8.7.5 条：共用部位应设置人工照明，应采用高效节能的照明装置和节能控制设施。当应急照明采用节能自熄开关时，必须采用消防时应急点亮的措施。

答案：A

8-22 解析：金属卤化物光源启燃和再启燃时间较长，不适宜作为应急照明的光源。

答案：C

8-23 解析：楼梯照明采用节能自熄开关是照明节能设计的一项措施，不是安全措施。

答案：D

8-24 解析：电气装置的外露可导电部分接地是一种故障防护措施，为了保证可触及的可导电部分（如金属外壳）在正常情况下或在单一故障情况下不带危险电位。我国标准规定安全电压限值：工频电压有效值 50V，直流电压的限值为 120V。干燥场所的直流额定电压 110V 及以下的电气装置，除有爆炸危险的场所外，外露可导电部分可不做接地。

答案：C

8-25 解析：对一旦发生切断电源时，会造成事故或重大经济损失的电气装置或场所，应安装报警式漏电保护器。如① 公共场所的通道照明、应急照明；② 消防用电梯及确保公共场所安全的设备；③ 用于消防设备的电源，如火灾报警装置、消防水泵、消防通道照明等；④ 用于防盗报警的电源；⑤ 其他不允许停电的特殊设备和场所。

答案：D

8-26 解析：《住宅设计规范》GB 50096—2011 第 8.5.4 条：每套住宅应设置电源总断路器，总断路器应采用可同时断开相线和中性线的开关电器。

答案：C

8-27 解析：根据《民用建筑电气设计标准》GB 51348—2019 第 9.5.4 条，乐池内谱架灯和观众厅座位牌号灯宜采用 24V 及以下电压供电，光源可采用 24V 的半导体发光照明装置（LED），当采用 220V 供电时，供电回路应增设剩余电流动作保护器。B 项中灯具电源离人较近，应采用安全电压。

答案：D

8-28 解析：保护性的等电位联结是将人体可同时触及的可导电部分连通的联结，用来消除或尽可能地降低不同电位部分的电位差，进而防止引起电击危险。总接地端子和进入建筑物的供应设施的金属管道导电部分，以及常使用时可触及的电气装置外可导电部分等，应实施保护等电位联结。健身房无与建筑外连接的金属管道，无需设置等电位联结。

答案：C

8-29 解析：建筑物应根据其重要性、使用性质、发生雷电事故的可能性及后果，按防雷要求进行分类。根据现行国家标准《建筑物防雷设计规范》GB 50057 规定，建筑物应划分为第一类、第二类和第三类防雷建筑物。

答案：C

8-30 解析：《民用建筑电气设计标准》GB 51348—2019 第 11.1.4 条：建筑物防雷设计应调查地质、地貌、气象、环境等条件和雷电活动规律以及被保护物的特点等，因地制宜地采取防雷措施，防止或减少雷击建筑物所引发的人身伤亡和财产损失，以及雷电电磁脉冲引发的电气和电子系统的损坏和错误运行。第 11.1.5 条：新建建筑物防雷宜利用建筑物金属结构及钢筋混凝土结构中的钢筋等导体作为防雷装置，并根据建筑及结构形式与相关专业配合。

答案：D

8-31 解析：《安全防范工程技术规范》GB 50348—2018 第 5.2.5 条：住宅小区安防工程周界的防护应满足以下要求：

1 沿小区周界设置实体防护设施（栅栏、围墙等）或电子防护系统；

2 实体防护设施沿小区周界封闭设置，高度不低于 1.8m。栅栏孔洞宽度不应大于 15cm。栅栏 1m 以下不应有横撑；

3 电子防护系统沿小区周界封闭设置（小区出入口除外），应采用电子地图或模拟地形图显示周界报警的具体位置，同时应有声、光指示。应具备防拆和断路报警功能。

答案：B

8-32 **解析：**《建筑设计防火规范》GB 50016—2014（2018年版）任一层建筑面积大于1500m²或总建筑面积大于3000m²的商店、展览、财贸金融、客运和货运等类似用途的建筑，总建筑面积大于500m²的地下或半地下商店应设置火灾自动报警系统。

答案：D

8-33 **解析：**厨房运行时有大量烟雾存在，不适宜选择点型感烟火灾探测器。

答案：A

8-34 **解析：**有可燃气体源的场所应设置可燃气体探测器。宾馆餐厅内无可燃气体，可以不考虑设置可燃气体报警装置。

答案：A

8-35 **解析：**《民用建筑电气设计标准》GB 51348—2019 第23.2.1条，机房位置选择应符合下列规定：

1 机房宜设在建筑物首层及以上各层，当有多层地下层时，也可设在地下一层；

2 机房不应设置在厕所、浴室或其他潮湿、易积水场所的正下方或与其贴邻；

3 机房应远离强振动源和强噪声源的场所，当不能避免时，应采取有效的隔振、消声和隔声措施；

4 机房应远离强电磁场干扰场所，当不能避免时，应采取有效的电磁屏蔽措施。

第23.2.3条，大型公共建筑宜按使用功能和管理职能分类集中设置机房，并应符合下列规定：

1 信息设施系统总配线机房宜与信息网络机房及用户电话交换机房靠近或合并设置；

2 安防监控中心宜与消防控制室合并设置；

3 与消防有关的公共广播机房可与消防控制室合并设置；

4 有线电视前端机房宜独立设置；

5 建筑设备管理系统机房宜与相应的设备运行管理、维护值班室合并设置或设于物业管理办公室；

6 信息化应用系统机房宜集中设置，当火灾自动报警系统、安全技术防范系统、建筑设备管理系统、公共广播系统等的中央控制设备集中设在智能化总控室内时，不同使用功能或分属不同管理职能的系统应有独立的操作区域。

答案：C

8-36 **解析：**《建筑设计防火规范》GB 50016—2014 第6.2.9条第2款：电缆井、管道井、排烟道、排气道、垃圾道，应分别独立设置。井壁上的检查门应采用丙级防火门。

答案：C

8-37 **解析：**变配电室是产生电磁干扰的场所，电磁场的干扰强度若超过系统设备的承受能力，就会影响设备的正常运行。

答案：B

附录　全国二级注册建筑师资格考试大纲

一、总则

本大纲供全国二级注册建筑师资格考试的命题及备考用，其基本原则为：

（一）全国二级注册建筑师资格考试的应知应会范围和难度标准，均以《中华人民共和国注册建筑师条例》（以下简称《条例》）有关条文规定为准。制定考试大纲的目标是为巩固现行注册建筑师管理体制和保证我国二级注册建筑师的总体素质。

（二）全国二级注册建筑师的“职业定性”，按《条例》规定：“注册建筑师是依法取得注册建筑师资格证书，并从事房屋建筑设计及相关业务的人员”，大纲应明确按照“房屋建筑设计专业”定性职业分工。

（三）全国二级注册建筑师的“执业范围”已在《条例》中划定为：

（1）建筑设计；

（2）建筑设计技术咨询；

（3）建筑物调查与鉴定；

（4）对本人主持的设计项目进行施工指导和监督；

（5）建设部行政主管部门规定的其他业务。考题范围据此确定。

（四）《条例》规定注册建筑师执行业务，应当加入建筑设计单位。国家建设部颁布的《建筑设计资质分级标准》中将二级注册建筑师的“执业定位”相应划定为“丙级设计单位的专职技术骨干”，并且明确其具体“执业范围”是“承担三级民用建筑工程设计项目”。因此全国二级注册建筑师资格考试的“命题范围和难度标准”均严格遵照部颁的《建筑设计等级分类表》。

（五）《条例》规定有五种学历或技术水平和相应建筑设计业务实践经历的人员可以申请参加二级注册建筑师资格考试。对以上学历的人员均要求应具有房屋建筑学领域有关学科理论概念和基本知识，并已经具有一般城市中小型公共建筑和住宅宿舍工程设计的实践能力、能胜任丙级设计单位专职技术骨干、可以承担三级民用建筑工程设计项目的考试合格者准予注册。

二、第一考试科目《场地与建筑设计》（作图题）

总体要求：应试者应具有建筑学领域有关学科理论概念和基本知识，以及相关专业理论的基本概念与技术知识，具有中小型建筑工程设计的实践能力。

1.1　场地设计

1.1.1　理解建筑基地的地理、环境及规划条件。掌握建筑场地的功能布局、环境空间、交通组织、竖向设计、绿化布置，以及有关指标、法规、规范等要求。具有对场地总体建筑环境的基本的规划设计与实践能力。能对试题做出符合要求及有关法规、规范规定的解答。

1.2　建筑设计

1.2.1　熟悉建筑设计的基础理论，掌握低、多层住宅、宿舍及一般中小型公共建筑的环境关系、功能分区、流线组织、空间组合、内外交通、朝向、采光、日照、通风、热工、防火、节能、抗震、结构选型及其他设计要点，以及建筑指标和有关法律、法规、规范、标准，并具有设计构思和实践能力。能对试题做出符合要求及有关法规、规范规定的解答。

三、第二考试科目《建筑构造与详图》（作图题）

总体要求：应试者应正确理解低、多层住宅、宿舍及一般中小型公共建筑的建筑技术，常用节点构造及其涉及的相关专业理论与技术知识，建筑安全防护设施等。并具有绘图表达能力。

2.1　建筑构造

2.1.1　熟悉低、多层住宅、宿舍及一般中小型公共建筑的房屋构造。掌握建筑重点部位的节点内容、构造措施及用料做法；掌握常用建筑构配件详图构造；了解与相关专业的配合条件，并能正确绘图表达。

2.2　综合作图

2.2.1　熟悉低、多层住宅、宿舍及一般中小型公共建筑中有关结构、设备、电气等专业的系统与设施的基本知识，掌握其与建筑布局的综合关系并能正确绘图表达。

2.3　安全设施

2.3.1　掌握建筑法规中一般建筑的安全防护规定及其针对儿童、老年人、残疾人的特殊防护要求。掌握一般建筑防火构造措施。并能正确绘图表达。

四、第三考试科目《建筑结构与设备》

3.1　建筑结构

3.1.1　对建筑力学的概念有基本了解，对荷载的取值及计算，结构的模型及受力特点有清晰的概念。对一般杆系结构在不同的荷载作用下的内力及变形有一个基本概念。

3.1.2　对砌体结构、钢筋混凝土结构的基本性能、使用范围及主要构造能进行较为深入的了解及分析，对钢结构及木结构的基本概念有一般了解。

3.1.3　了解多层建筑砖混结构，底框及底部两层框架及中小跨度单层厂房建筑结构选型基本知识，了解建筑抗震基本知识及各类建筑的抗震构造，各类结构在不同烈度下的使用范围，了解地质条件的基本概念，各类天然地基及人工地基的类型及选择原则。

3.2　建筑设备

3.2.1　了解在中小型建筑中给水储存，加压及分配；热水及饮水供应；消防给水与自动灭火系统；排水系统、通气管及小型污水处理等。

3.2.2　了解中小型建筑中采暖各种方式和分户计量系统，及其所使用的热源、热媒，了解通风防排烟、空调基本知识，以及风机房、制冷机房、锅炉房主要设备和土建关系，了解建筑节能基本知识，了解燃气供应系统。

3.2.3　了解在中小型建筑中电力供配电系统，室内外电气线路敷设，电气照明系统，电气设备防火要求，电气系统的安全接地及建筑物防雷；了解电信、广播、呼叫、保安、共用天线及有线电视、网络布线及节能环保等措施。

五、第四考试科目《法律、法规、经济与施工》

4.1　法律、法规

4.1.1　了解与工程勘察设计有关的法律、行政法规和部门规章的基本精神；熟悉注册建筑师考试、注册、执业、继续教育，及注册建筑师权利与义务等方面的规定；了解设计业务招标投标、承包发包，及签订设计合同等市场行为方面的规定；熟悉设计文件编制的原则、依据、程序、质量和深度要求，及修改设计文件等方面的规定；熟悉执行工程建设标准，特别是强制性标准管理方面的规定；了解城市规划管理、房地产开发程序和建设工程监理的有关规定；了解对工程建设中各种违法、违纪行为的处罚规定。

4.2　技术规范

4.2.1　熟悉并正确运用一般中小型建筑设计相关的规范、规定与标准，特别是掌握并遵守国家规定的强制性条文，全面保证良好的设计质量。

4.3　经济

4.3.1 了解基本建设费用的组成；了解工程项目概、预算内容及编制方法；了解一般建筑工程的技术经济指标和土建工程分部分项单价；了解建筑材料的价格信息，能估算一般建筑工程的单方造价；掌握建筑面积的计算规则。

4.4 施工

4.4.1 了解砌体工程、混凝土结构工程、防水工程、建筑装饰装修工程、建筑地面工程的施工质量验收规范基本知识。